Arzneimittel pocket 2019

	1
	2
	3
	4
Nephrologie	5
Endokrinologie	6
Hämatologie, Onkologie	7
Rheumatologie	8
Infektiologie	9
Immunologie	10
Anästhesie	11
Neurologie	12
Psychiatrie	13
Dermatologie	14
Ophthalmologie	15
HNO	16
Urologie	17
Gynäkologie	18
Toxikologie	19
Geriatrie	20
Zusatzinfos	21

Autor:
Dr. med. Andreas Ruß
Fachärztliche Internistische Praxis
Kirchplatz 1
83734 Hausham
andreas.russ@media4u.com

Mitarbeit:
Opioid-Analgetika-Tabelle: Dr. med. Marek Humpich
Geriatrie: PD Dr. Michael Drey

Lektorat: Andrea Rauneker, Dr. med. Anja Schäfer
Herstellung: Tobias Angermann
Umschlaggestaltung: Mariona Dieguez

Wichtiger Hinweis
Der Stand der medizinischen Wissenschaft ist durch Forschung und klinische Erfahrung ständig im Wandel. Autor und Verlag haben größte Mühe darauf verwandt, dass die Angaben in diesem Werk korrekt sind und dem derzeitigen Wissensstand entsprechen. Für die Angaben kann von Autor und Verlag jedoch keine Gewähr übernommen werden. Jeder Benutzer ist dazu aufgefordert, Angaben dieses Werkes gegebenenfalls zu überprüfe und in eigener Verantwortung am Patienten zu handeln.
Geschützte Warennamen (Warenzeichen) werden nicht besonders kenntlich gemacht. Aus dem Fehlen eines solchen Hinweises kann also nicht geschlossen werden, dass es sich um einen freien Handelsnamen handelt.

Die Deutsche Bibliothek verzeichnet diese Publikation in der Deutschen Nationalbibliografi detaillierte bibliografische Daten sind im Internet über <http://dnb.ddb.de> abrufbar.

Emil-Geis-Str. 4, 82031 Grünwald, www.media4u.com

24. Auflage, August 2018
ISBN 978-3-89862-795-5
Druck: Kösel GmbH & Co. KG

1 Notfall 29

1.1 **Notfallmedikamente** 29
1.2 **Adult Advanced Life Support** 33

2 Kardiologie, Angiologie 34

2.1 **Antihypertensiva** 34
2.1.1 ACE-Hemmer 34
2.1.2 Angiotensin-II-Blocker (Sartane) 38
2.1.3 Betablocker 40
2.1.4 Direkte Renininhibitoren 43
2.1.5 Kalziumantagonisten (Non-Dihydropyridine) 43
2.1.6 Kalziumantagonisten (Dihydropyridine) 44
2.1.7 Zentral angreifende Alpha-2-Rezeptoragonisten 45
2.1.8 Alphablocker 46
2.1.9 Direkte Vasodilatatoren 47
2.1.10 ACE-Hemmer-Kombinationen 47
2.1.11 Angiotensin-II-Blocker + Diuretikum 49
2.1.12 Angiotensin-II-Blocker + Kalziumantagonist 50
2.1.13 Angiotensin-II-Blocker + Kalziumantagonist + Diuretikum 51
2.1.14 Neprilysinhemmer + Angiotensin-II-Blocker 52
2.1.15 Betablocker + Diuretikum 52
2.1.16 Direkte Renininhibitoren + Diuretikum 53
2.1.17 Kalziumantagonisten + Diuretikum 53
2.1.18 Kalziumantagonisten + Betablocker 53
2.1.19 Kalziumantagonisten + ACE-Hemmer 54
2.1.20 Statin + ACE-Hemmer + Kalziumantagonist 54
2.2 **Diuretika** 55
2.2.1 Schleifendiuretika 55
2.2.2 Benzothiadiazine und Analoga 56
2.2.3 Kaliumsparende Diuretika 57
2.2.4 Aldosteronantagonisten 57
2.2.5 Osmotische Diuretika 58
2.2.6 Diuretika-Kombinationen 58
2.3 **Antianginosa** 59
2.3.1 Nitrate 59
2.3.2 I_f-Kanal-Hemmer 60
2.3.3 I_{Na}-late Inhibitor 61
2.4 **Antiarrhythmika** 61
2.4.1 Klasse-Ia-Antiarrhythmika 61
2.4.2 Klasse-Ib-Antiarrhythmika 62
2.4.3 Klasse-Ic-Antiarrhythmika 63
2.4.4 Klasse-II-Antiarrhythmika 64
2.4.5 Klasse-III-Antiarrhythmika 64
2.4.6 Klasse-IV-Antiarrhythmika 64
2.4.7 Mehrkanalblocker 64
2.4.8 Weitere Antiarrhythmika 65
2.5 **Digitalisglykoside** 66
2.6 **Sympathomimetika** 67
2.7 **Parasympatholytika** 69
2.8 **Kardiostimulanzien** 69
2.9 **Gerinnung** 70
2.9.1 Unfraktioniertes Heparin 70
2.9.2 Niedermolekulare Heparine 71
2.9.3 Heparinoide, Faktor-Xa-Hemmer 73
2.9.4 Direkte Thrombininhibitoren 75
2.9.5 Sonstige antithrombotische Mittel 76
2.9.6 Antidota für Antikoagulantien 76
2.9.7 Cumarinderivate 76
2.9.8 Thromboembolische Risiken und Ziel-INR bei oraler Antikoagulation 77
2.9.9 Fibrinolytika 77
2.9.10 Protein C 78
2.9.11 Antifibrinolytika 78
2.9.12 Thrombozytenaggregationshemmer 79
2.9.13 Durchblutungsfördernde Mittel 82
2.9.14 Gerinnungsfaktoren 82
2.9.15 Thrombininhibitoren 83
2.9.16 Enzyminhibitoren 84
2.9.17 Fusionsproteine 85
2.9.18 Sonstige Hämostatika 85

3 Pneumologie 86

3.1 **Inhalative Beta-2-Sympathomimetika** 86
3.1.1 SABA (short acting beta-agonist) 86
3.1.2 LABA (long acting beta-agonist) 87

3.2 **Systemische Beta-2-Sympathomimetika** 87
3.3 **Inhalative Alpha- und Beta-Sympathomimetika** 89
3.4 **Inhalative Anticholinergika** 89
3.4.1 SAMA (short acting muscarinergic-antagonist) 89
3.4.2 LAMA (long acting muscarinergic-antagonist) 89
3.4.3 Kombinationen 90
3.5 **Inhalative Glukokortikoide** 91
3.5.1 Kombinationen 92
3.6 **Methylxanthine** 93
3.7 **Leukotrienrezeptorantagonisten** 94
3.8 **Phosphodiesterase-4-Inhibitor** 94
3.9 **Sekreto- und Mukolytika** 95
3.10 **Antitussiva** 96
3.11 **Antihistaminika** 97
3.12 **Mastzellstabilisatoren und Kombinationen** 100
3.13 **Monoklonale Antikörper** 100
3.14 **Immunsuppressiva** 101
3.15 **Proteinkinaseinhibitoren** 101
3.16 **Mittel zur Therapie der pulmonalen Hypertonie** 102

4 Gastroenterologie 105

4.1 **Ulkustherapeutika** 105
4.1.1 H2-Blocker 105
4.1.2 Protonenpumpenblocker 106
4.1.3 Kombinationen zur Helicobacter-pylori-Therapie 107
4.1.4 Antazida 108
4.1.5 Anticholinergika, Schleimhautprotektiva 109
4.2 **Motilitätssteigernde Mittel** 109
4.3 **Spasmolytika** 111
4.4 **Laxantien** 111
4.5 **Darmlavage-Lösungen** 113
4.6 **Karminativa** 113
4.7 **Antidiarrhoika** 114
4.8 **Lebertherapeutika** 114
4.9 **Gallensäuren, -regulatoren** 115
4.10 **Verdauungsenzyme** 115
4.11 **Aminosalicylate** 116
4.12 **Glukokortikoide** 117
4.13 **Antikörper bei CED** 117
4.14 **Antiemetika, Antivertiginosa** 118
4.14.1 H1-Antihistaminika 118
4.14.2 Partielle Histaminagonisten 118
4.14.3 Prokinetika 118
4.14.4 Serotoninantagonisten 119
4.14.5 Anticholinergika 120
4.14.6 Neuroleptika 120
4.14.7 Neurokinin-1-Antagonisten 120
4.14.8 Cannabinoide 121
4.14.9 Kombination 121
4.15 **Regulatorische Peptide** 121
4.16 **Serotoninsyntheseinhibitoren** 122
4.17 **Hämorrhoidalmittel** 123
4.18 **Glyceroltrinitrat** 123

5 Nephrologie 124

5.1 **Phosphatbinder** 124

6 Endokrinologie 125

6.1 **Antidiabetika** 125
6.1.1 Sulfonylharnstoffe 125
6.1.2 Glinide 126
6.1.3 Biguanide 126
6.1.4 Alpha-Glukosidase-Inhibitoren 127
6.1.5 GLP1-Agonisten 127
6.1.6 DPP-4-Inhibitoren 128
6.1.7 DPP-4-Inhibitor-Kombinationen 129
6.1.8 Glitazone und Kombinationen 129
6.1.9 SGLT-2-Inhibitoren 130
6.1.10 SGLT-2-Inhibitor-Kombinationen 130
6.1.11 Insuline – Übersicht 131
6.1.12 Sehr kurz wirksame Insulin-Analoga 131
6.1.13 Kurz wirksame Insuline 131
6.1.14 Mittellang wirksame Insuline 131
6.1.15 Insulin-Kombinationen 132
6.1.16 Lang und sehr lang wirksame Insulin-Analoga 132

6.2	**Antihypoglykämika**	**132**
6.3	**Lipidsenker**	**133**
6.3.1	Fibrate	133
6.3.2	Statine (CSE-Hemmer)	134
6.3.3	Statin-Kombinationen	136
6.3.4	Gallensäurenkomplexbildner	137
6.3.5	Cholesterinresorptionshemmstoffe, Omega-3-Fettsäuren	138
6.3.6	Sonstige Mittel, den Lipidstoffwechsel beeinflussend	138
6.4	**Schilddrüse, Nebenschilddrüse**	**139**
6.4.1	Schilddrüsenhormone	139
6.4.2	Thyreostatika	140
6.4.3	Nebenschilddrüsenhormone	141
A 6.4.4	Kalzimimetikum	142
6.5	**Gichtmittel**	**142**
6.5.1	Urikosurika	142
6.5.2	Xanthin-Oxidase-Inhibitoren	143
6.5.3	Allopurinol-Kombinationen	143
6.5.4	Weitere Gichtmittel	143
6.6	**Kalziumstoffwechselregulatoren**	**144**
6.6.1	Bisphosphonate	144
6.6.2	Calcitonin	146
6.6.3	RANKL-Inhibitoren	146
6.6.4	Knochenmorphogene Proteine	147
6.7	**Abmagerungsmittel**	**147**
6.7.1	Zentral wirksame Mittel	147
6.7.2	Lipasehemmer	147
6.8	**Orphan Drugs**	**147**
6.9	**Steroidgenesehemmer**	**152**
6.10	**Hypothalamushormone**	**153**
6.10.1	Somatostatin-Analagon	153
6.11	**Hypophysenhinterlappenhormone**	**153**
6.11.1	Agonisten	153
6.11.2	Vasopressinantagonisten	154
6.12	**Wachstumshormonrezeptor-antagonisten**	**155**
6.13	**Endokrinologische Diagnostik**	**155**

7 Hämatologie, Onkologie 156

7.1	**Antianämika**	**156**
7.1.1	Eisen	156
7.1.2	Erythropoetin	157
7.2	**Eisenchelatbildner**	**159**
7.3	**Vitamine**	**159**
7.3.1	Vitamin B	159
7.3.2	Vitamin C	160
7.3.3	Vitamin D	160
7.3.4	Vitamin K	162
7.3.5	Carotinoide	162
7.3.6	Folsäure	162
7.4	**Wachstumsfaktoren**	**162**
7.5	**Benutzerhinweise**	**164**
7.6	**Allgemeine unerwünschte Wirkungen von Zytostatika**	**164**
7.7	**Alkylierende Mittel**	**165**
7.7.1	Stickstofflost-Analoga	165
7.7.2	Alkylsulfonate	166
7.7.3	Nitrosoharnstoffe	167
7.7.4	Platinhaltige Verbindungen	167
7.7.5	Weitere alkylierende Mittel	168
7.8	**Antimetabolite**	**169**
7.8.1	Folsäure-Analoga	169
7.8.2	Purin-Analoga	170
7.8.3	Pyrimidin-Analoga	171
7.9	**Alkaloide und andere natürliche Mittel**	**173**
7.9.1	Vinca-Alkaloide und -Analoga	173
7.9.2	Podophyllotoxin-Derivate	175
7.9.3	Taxane	175
7.10	**Zytotoxische Antibiotika**	**176**
7.10.1	Anthracycline	176
7.10.2	Weitere zytotoxische Antibiotika	178
7.11	**Topoisomerase-I-Hemmer**	**179**
7.12	**Proteinkinase-Inhibitoren**	**180**
7.13	**mTOR-Inhibitoren**	**190**
7.14	**Antikörper**	**190**
7.15	**Weitere antineoplastische Mittel**	**199**
7.16	**Entgiftungsmittel bei Zytostatikatherapie**	**208**

8 Rheumatologie 209

8.1 Non-steroidale Antirheumatika 209
8.1.1 Salicylsäurederivate (Salizylate) 209
8.1.2 Propionsäurederivate 209
8.1.3 Essigsäurederivate 211
8.1.4 Oxicame 212
8.1.5 Coxibe 213
8.2 Pyrazolonderivate 214
8.3 Analgetika-Kombinationen 215
8.4 Analgetika + Schleimhautprotektiva 216
8.5 Rheuma-Basistherapeutika 216
8.6 Glukokortikoide 219
8.7 Selektive Immunsuppressiva 222

9 Infektiologie 227

9.1 Keimempfindlichkeit 227
9.2 Penicilline 228
9.2.1 Beta-Lactamase-sensitive Penicilline 228
9.2.2 Beta-Lactamase-resistente Penicilline 229
9.2.3 Penicilline mit erweitertem Spektrum 230
9.2.4 Penicilline mit Pseudomonaswirkung 231
9.3 Beta-Lactamase-Inhibitoren 231
9.3.1 Penicilline + Beta-Lactamase-Inhibitoren 232
9.4 Cephalosporine 233
9.4.1 Parenterale Cephalosporine Gruppe 1 (Cefazolin-Gruppe) 233
9.4.2 Parenterale Cephalosporine Gruppe 2 (Cefuroxim-Gruppe) 234
9.4.3 Parenterale Cephalosporine Gruppe 3a (Cefotaxim-Gruppe) 234
9.4.4 Parenterale Cephalosporine Gruppe 3b (Ceftazidim-Gruppe) 235
9.4.5 Parenterale Cephalosporine Gruppe 4 (Cefepim-Gruppe) 236
9.4.6 Parenterale Cephalosporine Gruppe 5 (Ceftarolin-Gruppe) 236
9.4.7 Parenterale Cephalosporine + Beta-Lactamase-Inhibitoren 237
9.4.8 Oralcephalosporine Gruppe 1 238
9.4.9 Oralcephalosporine Gruppe 2 239
9.4.10 Oralcephalosporine Gruppe 3 239
9.5 Monobactame 240
9.6 Cycline 240
9.6.1 Tetracycline 240
9.6.2 Glycylcycline 241
9.7 Makrolide, Ketolide 242
9.8 Lincosamide 243
9.9 Aminoglykoside 244
9.10 Chinolone 245
9.10.1 Fluorierte Chinolone Gruppe I 245
9.10.2 Fluorierte Chinolone Gruppe II 245
9.10.3 Fluorierte Chinolone Gruppe III 246
9.10.4 Fluorierte Chinolone Gruppe IV 247
9.11 Folsäureantagonisten 247
9.11.1 Sulfonamide 247
9.11.2 Trimethoprim und Sulfonamid-Kombinationen 248
9.12 Nitroimidazole 249
9.13 Nitrofurane/Harnwegantibiotika 249
9.14 Carbapeneme 250
9.15 Glykopeptide 251
9.16 Lipopeptide 253
9.17 Oxazolidinone 253
9.18 Intestinale Antibiotika 254
9.19 Inhalative Antibiotika 255
9.20 Antiprotozoenmittel 256
9.21 Weitere Antibiotika 257
9.22 Antimikrobielle Spüllösung 257
9.23 Tuberkulostatika 257
9.23.1 Monopräparate 257
9.23.2 Kombinationspräparate 260
9.23.3 Tuberkulostatika – Reservemittel 260
9.24 Virustatika 261
9.24.1 Herpes-Präparate 261
9.24.2 CMV-Präparate 262
9.24.3 Influenza-Präparate 263
9.24.4 Nukleosidische und nukleotidische Reverse-Transkriptase-Inhibitoren 264
9.24.5 Non-nukleosidische Reverse-Transkriptase-Inhibitoren 267
9.24.6 Protease-Inhibitoren 268
9.24.7 NS5A-Inhibitoren 270
9.24.8 NS5B-Inhibitoren, nukleos(t)idisch 270

9.24.9 NS5B-Inhibitoren, nicht-nukleosidisch 271
9.24.10 Hepatitis-C-Virustatika-Kombinationen 271
9.24.11 Weitere antivirale Mittel und Kombinationen 273
9.25 Antimykotika zur systemischen Anwendung 276
9.25.1 Azole 276
9.25.2 Polyene 278
9.25.3 Echinocandine 278
9.25.4 Weitere Antimykotika 279
9.26 Topische Antimykotika 280
9.27 Anthelminthika 280
9.28 Antimalariamittel 282

10 Immunologie 284

10.1 Immunsuppressiva 284
10.2 Interferone 287
10.3 Immunglobuline 288
10.4 Spezifische Immunglobuline 288
10.5 Immunstimulanzien 288
10.6 Impfstoffe 289
10.6.1 Bakterielle Impfstoffe 289
10.6.2 Virale Impfstoffe 290
10.6.3 Bakterielle und virale Impfstoffe 292
10.7 Impfkalender 293

11 Anästhesie 294

11.1 Opioid-Analgetika 294
11.1.1 Äquianalgetische Dosierungen 294
11.1.2 Opioid-Umstellung auf Pflaster 294
11.1.3 Opioid-Umstellung, allgemein 294
11.1.4 Opioidagonisten 295
11.1.5 Opioide mit gemischt-agonistischer-antagonistischer Aktivität 299
11.1.6 Opioidantagonisten 300
11.1.7 Weitere Opioid-Analgetika 301
11.2 Opioidrezeptor-Agonist 302
11.3 Weitere zentral wirksame Analgetika 302
11.4 Anilinderivate 303
11.5 Narkotika 303
11.5.1 Injektionsnarkotika: Barbiturate 303
11.5.2 Injektionsnarkotika: Benzodiazepine 303
11.5.3 Injektionsnarkotika: Nichtbarbiturate 304
11.5.4 Injektionsnarkotika: Alpha-2-Agonisten 305
11.5.5 Inhalationsnarkotika 305
11.6 Muskelrelaxantien 306
11.6.1 Stabilisierende Muskelrelaxantien 306
11.6.2 Depolarisierende Muskelrelaxantien 307
11.6.3 Relaxans-Antagonisten 307
11.7 Xanthinderivate 307
11.8 Lokalanästhetika 307
11.8.1 Säureamide und Esther 307
11.8.2 TRPV1-Rezeptoragonisten 309
11.9 Synthetische Anticholinergika 309
11.10 Mineralstoffe 309
11.10.1 Kaliumpräparate 309
11.10.2 Kalziumpräparate 310
11.10.3 Magnesiumpräparate 310
11.10.4 Magnesium-Kombinationen 310
11.10.5 Spurenelemente 311
11.11 Parenterale Ernährung 311
11.11.1 Tagesbedarf 311
11.11.2 Stufenschema 311
11.11.3 Vollelektrolytlösungen 312
11.11.4 Zweidrittelelektrolytlösungen 312
11.11.5 Halbelektrolytlösungen 312
11.11.6 Kaliumfreie Lösungen 312
11.11.7 Kohlenhydratlösungen 313
11.11.8 Aminosäurelösungen 313
11.11.9 Aminosäurelösungen bei Niereninsuffizienz 313
11.11.10 Aminosäurelösungen bei Leberinsuffizienz 313
11.11.11 Fettlösungen 314
11.12 Plasmaersatzmittel 314
11.12.1 Stärkederivate 314
11.12.2 Gelatinederivate 314
11.13 Azidose, Alkalose 315
11.13.1 Azidosetherapeutika 315
11.13.2 Alkalosetherapeutika 315

12 Neurologie 316

12.1 Antiepileptika 316
12.1.1 Natrium-Blocker 316
12.1.2 Kalzium-Blocker 319
12.1.3 GABA-erge Substanzen 319
12.1.4 Benzodiazepine 320
12.1.5 Natrium-Blocker und GABA-erge Substanzen 320
12.1.6 Antiepilektika mit anderen Wirkmechanismen 321
12.1.7 Antiepilektika mit unbekannten Wirkmechanismen 323
12.2 Antiparkinsonmittel 325
12.2.1 L-Dopa 325
12.2.2 Dopaminagonisten 327
12.2.3 MAO-B-Hemmer 329
12.2.4 COMT-Hemmer 329
12.2.5 Zentral wirksame Anticholinergika 330
12.2.6 Glutamatrezeptorantagonisten 331
12.2.7 Weitere Antiparkinsonmittel 332
12.3 Migränemittel 333
12.3.1 Secale-Alkaloide 333
12.3.2 Triptane 333
12.3.3 Weitere Migränemittel 335
12.4 Muskelrelaxantien 336
12.4.1 Peripher wirksame Muskelrelaxantien 336
12.4.2 Zentral wirksame Muskelrelaxantien 337
12.5 Cholinergika 339
12.6 Antidementiva 340
12.7 Kaliumkanalblocker 342
12.8 Cannabinoide 343
12.9 Selektive Immunsuppressiva 343
12.10 Interferone 345
12.11 Kalziumantagonisten 346
12.12 Neuropathiepräparate 346
12.13 VMAT2-Inhibitoren 346
12.14 Dopaminantagonisten 347
12.15 Antisense-Oligonukleotide 347

13 Psychiatrie 348

13.1 Antidepressiva 348
13.1.1 Nichtselektive Monoamin-Reuptake-Inhibitoren,trizyklische Antidepressiva 348
13.1.2 Alpha-2-Rezeptor-Antagonisten, tetrazyklische Antidepressiva 351
13.1.3 MOI (MAO-Hemmer) 352
13.1.4 Selektive Serotonin-Reuptake-Inhibitoren 352
13.1.5 Serotonin-Noradrenalin-Reuptake-Inhibitoren 355
13.1.6 Noradrenalin-Reuptake-Inhibitoren 356
13.1.7 Melatonin-Rezeptoragonisten 356
13.1.8 Weitere Antidepressiva 357
13.2 Stimmungsstabilisierer/Antimanika 358
13.3 Anxiolytika 359
13.4 Neuroleptika 359
13.4.1 Schwach potente Neuroleptika 359
13.4.2 Mittelstark potente Neuroleptika 362
13.4.3 Stark potente Neuroleptika 362
13.4.4 Sehr stark potente Neuroleptika 363
13.4.5 Atypische Neuroleptika 365
13.5 Sedativa, Hypnotika 369
13.5.1 Benzodiazepine 369
13.5.2 Weitere Sedativa und Hypnotika 374
13.6 Psychoanaleptika 376
13.7 Zentral wirksame Alpha-Sympathomimetika 378
13.8 Alkoholentwöhnungsmittel 379
13.9 Rauchentwöhnungsmittel 380

14 Dermatologie 381

14.1 Antipruriginosa, Antiphlogistika 381
14.2 Glukokortikoide 381
14.2.1 Schwach wirksame topische 381
14.2.2 Mittelstark wirksame topische 381
14.2.3 Stark wirksame topische 382
14.2.4 Sehr stark wirksame topische 383
14.2.5 Glukokortikoid + Triclosan 383

14.3	**Dermatitistherapeutika**	**384**
14.4	**Antipsoriatika**	**385**
14.4.1	Externa	385
14.4.2	Interna	385
14.5	**Aknemittel**	**388**
14.5.1	Antibiotikahaltige Externa	388
14.5.2	Peroxide	389
14.5.3	Topische Retinoide, Kombinationen	389
14.5.4	Weitere Externa	389
14.5.5	Interna	390
14.6	**Antiinfektiva**	**390**
14.6.1	Antibiotika	390
14.6.2	Virustatika	391
14.6.3	Antimykotika	391
14.6.4	Antimykotika-Glukokortikoid-Kombinationen	393
14.6.5	Antiparasitäre Mittel	394
14.7	**Keratolytika**	**395**
14.8	**Haarwuchsmittel**	**395**
14.9	**Photosensitizer**	**396**
14.10	**Protektiva gegen UV-Strahlen**	**396**
14.11	**Topische Antihistaminika**	**397**
14.12	**Weitere Externa**	**397**

15 Ophthalmologie 399

15.1	**Oberflächenanästhetika**	**399**
15.2	**Antiinfektiva**	**399**
15.2.1	Aminoglykoside	399
15.2.2	Breitspektrumantibiotika	399
15.2.3	Virustatika	400
15.2.4	Antiseptika	400
15.3	**Antiphlogistika**	**401**
15.3.1	Kortikoide	401
15.3.2	Antibiotika-Kortikoid-Kombinationen	402
15.3.3	Nichtsteroidale Antiphlogistika	402
15.3.4	Immunsuppressiva	403
15.4	**Glaukommittel**	**403**
15.4.1	Betablocker	403
15.4.2	Parasympathomimetika	404
15.4.3	Sympathomimetika	404
15.4.4	Carboanhydrasehemmer	404
15.4.5	Prostaglandin-Derivate	404
15.4.6	Kombinationen	405
15.4.7	Interna	406
15.5	**Mydriatika und Zykloplegika**	**406**
15.6	**Antiallergika**	**407**
15.7	**Vasokonstriktiva**	**407**
15.8	**Hornhautpflegemittel**	**408**
15.9	**Antineovaskuläre Mittel, Enzyme**	**409**
15.10	**Neutralisierungslösungen bei Verätzungen**	**410**

16 HNO 411

16.1	**Rhinologika**	**411**
16.1.1	Sympathomimetika	411
16.1.2	Antihistaminika	411
16.1.3	Kortikoide	412
16.1.4	Antihistaminika + Kortikoide	412
16.1.5	Topische Antibiotika	413
16.2	**Nasale Dekongestiva + Antihistaminikum**	**413**
16.3	**Otologika**	**413**
16.4	**Weitere Hals-Rachen-Therapeutika**	**414**
16.4.1	Antiseptika	414
16.4.2	Lokalanästhetika	414
16.4.3	Antiseptika-Kombinationen	415
16.4.4	Antiphlogistika	415

17 Urologie 416

17.1	**Urospasmolytika**	**416**
17.2	**Prostatamittel**	**417**
17.3	**Erektile Dysfunktion**	**419**
17.4	**Sexualhormone**	**420**
17.4.1	Androgene	420
17.4.2	Antiandrogene	421
17.4.3	Gn-RH-Antagonisten	422
17.4.4	Gn-RH-Agonisten	422
17.5	**Urolithiasismittel**	**423**
17.6	**Phosphatbinder**	**423**
17.7	**Kationenaustauscher**	**423**
17.8	**Weitere Urologika**	**424**

18 Gynäkologie 425

18.1 Hormonpräparate 425
18.1.1 Östrogene 425
18.1.2 Gestagene 426
18.1.3 Kombinationspräparate, synthetische Steroide 429
18.1.4 Selektive Östrogenrezeptor-Modulatoren 431
18.1.5 Antiöstrogene 432
18.1.6 LH-RH-Agonisten 433
18.1.7 FSH-Agonisten 433
18.2 Hormonelle Kontrazeptiva 434
18.2.1 Depotpräparate 434
18.2.2 Einphasenpräparate 434
18.2.3 Zweiphasenpräparate 436
18.2.4 Dreiphasenpräparate 436
18.2.5 Minipille 437
18.2.6 Postkoitalpille 437
18.2.7 Intrauterine und sonstige Kontrazeptiva 438
18.3 Weheninduktion, Geburtseinleitung 438
18.4 Prolaktinhemmer 440
18.5 Wehenhemmer 440
18.6 Schwangerschaft, Stillzeit 441
18.6.1 Beratungsstelle für Arzneimittel 441
18.6.2 Schwangerschaftsrisikoklassen 441
18.6.3 Laktation (Stillperiode) 441
18.6.4 Arzneimittel in Schwangerschaft und Stillzeit 442

19 Toxikologie 443

19.1 Allgemeines 443
19.2 Ärztliche Behandlung 443
19.3 Antidota 444
19.4 Transport 448
19.5 Asservierung 448
19.6 Giftinformationszentralen 449

20 Geriatrie 450

20.1 Potenziell inadäquate Medikation 450

21 Zusatzinfos 454

21.1 Pharmakologische Grundbegriffe 454
21.1.1 Resorption 454
21.1.2 Verteilung 454
21.1.3 Wirkung 454
21.1.4 Dosis-Wirkungs-Beziehung 455
21.1.5 Elimination 455
21.1.6 Wechselwirkungen 456
21.1.7 Unerwünschte Wirkungen 456
21.1.8 Indikation 456
21.1.9 Schwangerschaft und Stillzeit 456
21.1.10 Verschreibungspflicht 457
21.2 Dosisanpassung bei Niereninsuffizienz 457
21.2.1 Chronische Niereninsuffizienz 457
21.2.2 Glomeruläre Filtrationsrate 457
21.2.3 Estimated GFR 457
21.2.4 Stadien der chronischen Niereninsuffizienz 458
21.2.5 Elimination von Arzneimitteln 458
21.2.6 Individuelle Eliminationskapazität 458
21.2.7 Dosisanpassung bei Niereninsuffizienz 458
21.3 Zytochrom-P450-System 459
21.4 Körperoberfläche 461
21.5 Doping 464
21.5.1 Verbotene Arzneimittel im Sport 464
21.5.2 Liste der nach WADA verbotenen Wirkstoffe 464
21.6 Betäubungsmittelverordnung 468
21.7 Unerwünschte Arzneimittelwirkungen 470
21.8 Internetlinks zur Arzneimitteltherapie 471

Index 472

Neuzulassungen 2017

Kapitel	Wirkstoff	Handelsname	Klasse; Indikation	Seite
Kardiologie, Angiologie	Landiolol	**Rapibloc**	Betablocker; supraventr. Tachykardie, nicht kompensator. Sinustachykardie	→ 41
	Lonoctocog alfa (Fakt. VIII)	**Afstyla**	Gerinnungsfaktor; Hämophilie A	→ 83
	Nonacog beta pegol (Fakt. IX)	**Refixia**	Gerinnungsfaktor; Hämophilie B	→ 83
Pneumologie	Formoterol + Beclometason + Glycopyrronium	**Trimbow**	Moderate bis schwere COPD	→ 93
	Vilanterol + Fluticasonfuroat + Umeclidinium	**Elebrato, Trelegy Ellipta**	Moderate bis schwere COPD	→ 93
	Reslizumab	**Cinqaero**	Interleukin-5 AK; eosinophil. Asthma	→ 101
Gastro-enterologie	Nabilon	**Canemes**	Synth. Cannabinoid; Übelkeit, Erbrechen bei Chemother.	→ 121
	Obeticholsäure	**Ocaliva**	Agonist am Farnesoid-X-Rezeptor; Primär biliäre Cholangitis	→ 115
	Rolapitant	**Varuby**	Neurokinin-1-Antagonist; Übelkeit, Erbrechen bei Chemotherapie	→ 121
	Telotristatethyl	**Xermelo**	Serotoninsyntheseinhibitor; Karzinoid-Syndrom-bed. Diarrhoe	→ 122
Endokrinologie	ASS + Atorva-statin + Ramipril	**Iltria**	Sekundär-PRO kardiovaskulärer Ereignisse	→ 137
	Cerliponase alfa	**Brineura**	Neuronale Ceroid-Lipofuszinose Typ 2	→ 150
	Etelcalcetid	**Parsabiv**	Kalzimimetikum; sek. HPT bei dialysepflichtiger term. Niereninsuff.	→ 142
	Parathyroid-hormon	**Natpar**	Chronischer Hypoparathyreoidis-mus	→ 141
Hämatologie, Onkologie	Alectinib	**Alecensa**	ALK-/RET-Tyrosinkinaseinhib.; NSCLC	→ 185
	Atezolizumab	**Tecentriq**	Antikörper; Urothel-Ca, NSCLC	→ 194
	Avelumab	**Bavencio**	Antikörper; Merkelzellkarzinom	→ 195
	Inotuzumab Ozogamicin	**Besponsa**	Antikörper; rezidivierte oder refraktäre CD22-pos. Vorläufer-ALL	→ 196
	Ixazomib	**Ninlaro**	Multiples Myelom	→ 206
	Midostaurin	**Rydapt**	Proteinkinase-Inhib.; AML, Mastozytose, Mastzell-Leukämie	→ 187

Neuzulassungen 2017 (Fortsetzung)

Kapitel	Wirkstoff	Handelsname	Klasse; Indikation	Seite
Hämatologie, Onkologie (Fortsetzung)	Niraparib	**Zejula**	Ovarial-Ca, Eileiter-Ca, primäre Peritonealkarzinose	→ 207
	Ribociclib	**Kisqali**	Proteinkinase-Inhib.; Mamma-Ca	→ 188
	Rituximab	**Truxima**	Antikörper; follikuläres Lymphom, B-Zell-Lymphom, CLL	→ 198
	Tivozanib	**Fotivda**	Proteinkinase-Inhib.; Nierenzell-Ca	→ 189
	Venetoclax	**Venclyxto**	BCL-2 Inhibitor; CLL	→ 208
Rheumatologie	Baricitinib	**Olumiant**	Spez. Immunsuppr.; chronische Polyarthritis	→ 224
	Rituximab	**Truxima**	Chron. Polyarthr., rheumat. Arthr.	→ 226
	Sarilumab	**Kevzara**	Spez. Immunsuppr.; chron. Polyarthr.	→ 226
	Tofacitinib	**Xeljanz**	Spez. Immunsuppr.; chron. Polyarthr.	→ 226
Infektiologie	Cobicistat + Darunavir + Emtricitabin + Tenofovir-Diso.	**Symtuza**	HIV-Infektion	→ 274
	Ceftazidim + Avibactam	**Zavicefta**	Kompliz. intraabd. Inf., Harnweg-, nosokom. Inf., Pneumonie	→ 237
	Glecaprevir + Pibrentasvir	**Maviret**	Chronische Hepatitis C, Genotyp 1-6	→ 272
	Sofosbuvir + Velpatasvir + Voxilaprevir	**Vosevi**	Chronische Hepatitis C, Genotyp 1-6	→ 273
	Tenofovir-Alafenamid	**Vemlidy**	NRTI; chron. Hepatitis B	→ 266
Neurologie	Cladribin	**Mavenclad**	Purin-Analogon; Haarzell-Leukämie	→ 170
	Nusinersen	**Spinraza**	5q-assoz. spinale Muskelatrophie	→ 347
Dermatologie	Brodalumab	**Kyntheum**	Mittelschwere bis schwere Psoriasis	→ 386
	Dupilumab	**Dupixent**	Atopische Dermatitis	→ 384
	Guselkumab	**Tremfya**	Mittelschwere bis schwere Psoriasis	→ 387
	Ixekizumab	**Taltz**	Mittelschwere bis schwere Psoriasis	→ 387
Urologie	Pentosanpoly-sulfat-Natrium	**Elmiron**	Chron. Blasenschmerzen durch Glomerulationen oder Hunner-Läs.	→ 424
Gynäkologie	Follitropin delta	**Rekovelle**	FSH-Agonist; kontroll. ovarielle Stimulation	→ 434

Neuzulassungen 2018

Kapitel	Wirkstoff	Handelsname	Klasse; Indikation	Seite
Kardiologie, Angiologie	Emicizumab	**Helimbra**	PRO Blutungen bei Hämophilie A und Faktor-VIII-Hemmkörpern	→ 85
	Rurioctocog alpha (Fakt. VIII)	**Adynovi**	Gerinnungsfaktor; Hämophilie A	→ 83
	Perindopril + Amlodipin + Indapamid	**Viacorind**	Arterielle Hypertonie	→ 48
Pneumologie	Benralizumab	**Fasenra**	Monoklonaler AK; schweres refrakt. eosinophiles Asthma	→ 100
Gastro-enterologie	Budesonid	**Jorveza**	Glukokortikoid; eosinophile Ösophagitis	→ 117
Endokrinologie	Ertuglifozin + Sitagliptin	**Steglujan**	Diabetes mellitus Typ 2	→ 130
Hämatologie, Onkologie	Sonidegib	**Odomzo**	Basalzellkarzinom	→ 207
	T-Zellen, genet. modifiziert	**Zalmoxis**	Stammzelltransplantation	→ 208
Immunologie	Bezlotoxumab	**Zinplava**	Spez. Immunglob.; PRO Rekurrenz Clostridium-difficile-Infektion	→ 288
	Meningokokk.-B-Adsorbat	**Trumenba**	Meningokokken-B-Immunisierung	→ 289
	Varicella-Zost.-Impfstoff	**Shingrix**	Pro. Herpes zoster und postherpetische Neuralgie	→ 292
Infektiologie	Letermovir	**Prevymis**	Pro. CMV-Reaktivierung bei hämatopoetischer Stammzell-Tx	→ 262
Neurologie	Ocrelizumab	**Ocrevus**	Selektive Immunsuppressiva; schubförmige, remitt. MS	→ 345
Psychiatrie	Cariprazin	**Reagila**	Atyp. Neurolept.; Schizophrenie	→ 367
Urologie	Desfesoterodin	**Tovedeso**	Urospasmolyt.; Dranginkontinenz, Pollakisurie, imperativer Harndrang	→ 416
	Patiromer	**Veltassa**	Kationenaustauscher; Hyperkaliämie	→ 423

Wichtige Rufnummern

	Tel-Nummer/Funk	
Herzalarm/Notruf		
Stationen		
–		
–		
–		
–		
–		
–		
–		
–		
–		
Ärzte		
–		Funk
–		Funk
–		Funk
–		Funk
–		Funk
–		Funk
–		Funk
–		Funk
–		Funk
–		Funk

	Tel-Nummer/Funk	
Diensthabender Arzt (Fachbereich)		
–		
–		
–		
–		
–		
–		
–		
–		
–		
Funktionsbereiche		
– Röntgen		
– Röntgen		
– Röntgen		
– Röntgen		
– CT		
– CT		
– EKG		
– Lungenfunktion		
– Labor		
– Labor		
– Labor		
– Blutbank		

	Tel-Nummer/Funk	
– Endoskopie		
– Endoskopie		
– Herzkatheter		
– Ultraschall		
– Ultraschall		
– UKG		
– Ambulanz		
– Ambulanz		
– Notaufnahme		
– OP		
– OP		
– OP		
– OP		
– OP		
– Kreißsaal		
– Mikrobiologie		
– Pathologie		
–		
–		
–		
–		
–		
–		
–		

	Tel-Nummer/Funk	
Sonstiges		
– Sekretariat		
– Sekretariat (Fax)		
– Telefonzentrale		
– Patientenaufn.		
– Verwaltung		
– Personalabteilung		
– Hol-/Bring-Dienst		
– Cafeteria		
– Hausmeister		
–		
–		
–		
–		
–		
–		
Externe Nummern		
– Polizei		
– Taxi		
–		
–		
–		
–		
–		

November 2018

Do	1	Allerheiligen	
Fr	2	Allerseelen	
Sa	3		
So	4		
Mo	5		45 Woche
Di	6		
Mi	7		
Do	8		
Fr	9		
Sa	10		
So	11	Martinstag	
Mo	12		46. Woche
Di	13		
Mi	14		
Do	15		
Fr	16		
Sa	17		
So	18	Volkstrauertag	
Mo	19		47. Woche
Di	20		
Mi	21	Buß- und Bettag	
Do	22		
Fr	23		
Sa	24		
So	25	Totensonntag	
Mo	26		48. Woche
Di	27		
Mi	28		
Do	29		
Fr	30		

Dezember 2018

Sa	1		
So	2	1. Advent	
Mo	3		49. Woche
Di	4		
Mi	5		
Do	6	Nikolaus	
Fr	7		
Sa	8		
So	9	2. Advent	
Mo	10		50. Woche
Di	11		
Mi	12		
Do	13		
Fr	14		
Sa	15		
So	16	3. Advent	
Mo	17		51. Woche
Di	18		
Mi	19		
Do	20		
Fr	21		
Sa	22		
So	23	4. Advent	
Mo	24	Heiligabend	52. Woche
Di	25	1. Weihnachtstag	
Mi	26	2. Weihnachtstag	
Do	27		
Fr	28		
Sa	29		
So	30		
Mo	31	Silvester	1. Woche

Januar 2019

Di	1	Neujahrstag
Mi	2	
Do	3	
Fr	4	
Sa	5	
So	6	Heilige Drei Könige
Mo	7	2. Woche
Di	8	
Mi	9	
Do	10	
Fr	11	
Sa	12	
So	13	
Mo	14	3. Woche
Di	15	
Mi	16	
Do	17	
Fr	18	
Sa	19	
So	20	
Mo	21	4. Woche
Di	22	
Mi	23	
Do	24	
Fr	25	
Sa	26	
So	27	
Mo	28	5. Woche
Di	29	
Mi	30	
Do	31	

Februar 2019

Fr	1	
Sa	2	
So	3	
Mo	4	6. Woche
Di	5	
Mi	6	
Do	7	
Fr	8	
Sa	9	
So	10	
Mo	11	7. Woche
Di	12	
Mi	13	
Do	14	Valentinstag
Fr	15	
Sa	16	
So	17	
Mo	18	8. Woche
Di	19	
Mi	20	
Do	21	
Fr	22	
Sa	23	
So	24	
Mo	25	9. Woche
Di	26	
Mi	27	
Do	28	

März 2019

Fr	1		
Sa	2		
So	3		
Mo	4	Rosenmontag	10. Woche
Di	5	Fastnacht	
Mi	6	Aschermittwoch	
Do	7		
Fr	8		
Sa	9		
So	10		
Mo	11		11. Woche
Di	12		
Mi	13		
Do	14		
Fr	15		
Sa	16		
So	17		
Mo	18		12. Woche
Di	19		
Mi	20	Frühlingsanfang	
Do	21		
Fr	22		
Sa	23		
So	24		
Mo	25		13. Woche
Di	26		
Mi	27		
Do	28		
Fr	29		
Sa	30		
So	31		

April 2019

Mo	1		14. Woche
Di	2		
Mi	3		
Do	4		
Fr	5		
Sa	6		
So	7		
Mo	8		15. Woche
Di	9		
Mi	10		
Do	11		
Fr	12		
Sa	13		
So	14	Palmsonntag	
Mo	15		16. Woche
Di	16		
Mi	17		
Do	18	Gründonnerstag	
Fr	19	Karfreitag	
Sa	20		
So	21	Ostersonntag	
Mo	22	Ostermontag	17. Woche
Di	23		
Mi	24		
Do	25		
Fr	26		
Sa	27		
So	28		
Mo	29		18. Woche
Di	30		

Mai 2019

Mi	1	Tag der Arbeit
Do	2	
Fr	3	
Sa	4	
So	5	
Mo	6	19. Woche
Di	7	
Mi	8	
Do	9	
Fr	10	
Sa	11	
So	12	Muttertag
Mo	13	20. Woche
Di	14	
Mi	15	
Do	16	
Fr	17	
Sa	18	
So	19	
Mo	20	21. Woche
Di	21	
Mi	22	
Do	23	
Fr	24	
Sa	25	
So	26	
Mo	27	22. Woche
Di	28	
Mi	29	
Do	30	Christi Himmelfahrt, Vatertag
Fr	31	

Juni 2019

Sa	1	
So	2	
Mo	3	23. Woche
Di	4	
Mi	5	
Do	6	
Fr	7	
Sa	8	
So	9	Pfingstsonntag
Mo	10	Pfingstmontag 24. Woche
Di	11	
Mi	12	
Do	13	
Fr	14	
Sa	15	
So	16	
Mo	17	25. Woche
Di	18	
Mi	19	
Do	20	Fronleichnam
Fr	21	Sommeranfang
Sa	22	
So	23	
Mo	24	26. Woche
Di	25	
Mi	26	
Do	27	
Fr	28	
Sa	29	
So	30	

Juli 2019

Mo	1	27. Woche
Di	2	
Mi	3	
Do	4	
Fr	5	
Sa	6	
So	7	
Mo	8	28. Woche
Di	9	
Mi	10	
Do	11	
Fr	12	
Sa	13	
So	14	
Mo	15	29. Woche
Di	16	
Mi	17	
Do	18	
Fr	19	
Sa	20	
So	21	
Mo	22	30. Woche
Di	23	
Mi	24	
Do	25	
Fr	26	
Sa	27	
So	28	
Mo	29	31. Woche
Di	30	
Mi	31	

August 2019

Do	1	
Fr	2	
Sa	3	
So	4	
Mo	5	32. Woche
Di	6	
Mi	7	
Do	8	Friedensfest (Augsburg)
Fr	9	
Sa	10	
So	11	
Mo	12	33. Woche
Di	13	
Mi	14	
Do	15	Mariä Himmelfahrt
Fr	16	
Sa	17	
So	18	
Mo	19	34. Woche
Di	20	
Mi	21	
Do	22	
Fr	23	
Sa	24	
So	25	
Mo	26	35. Woche
Di	27	
Mi	28	
Do	29	
Fr	30	
Sa	31	

September 2019

So	1	
Mo	2	36. Woche
Di	3	
Mi	4	
Do	5	
Fr	6	
Sa	7	
So	8	
Mo	9	37. Woche
Di	10	
Mi	11	
Do	12	
Fr	13	
Sa	14	
So	15	
Mo	16	38. Woche
Di	17	
Mi	18	
Do	19	
Fr	20	
Sa	21	
So	22	
Mo	23	Herbstanfang 39. Woche
Di	24	
Mi	25	
Do	26	
Fr	27	
Sa	28	
So	29	
Mo	30	40. Woche

Oktober 2019

Di	1	
Mi	2	
Do	3	Tag der Deutschen Einheit
Fr	4	
Sa	5	
So	6	
Mo	7	41. Woche
Di	8	
Mi	9	
Do	10	
Fr	11	
Sa	12	
So	13	
Mo	14	42. Woche
Di	15	
Mi	16	
Do	17	
Fr	18	
Sa	19	
So	20	
Mo	21	43. Woche
Di	22	
Mi	23	
Do	24	
Fr	25	
Sa	26	
So	27	
Mo	28	44. Woche
Di	29	
Mi	30	
Do	31	Reformationstag

November 2019

Fr	1	Allerheiligen	
Sa	2	Allerseelen	
So	3		
Mo	4		45. Woche
Di	5		
Mi	6		
Do	7		
Fr	8		
Sa	9		
So	10		
Mo	11	Martinstag	46. Woche
Di	12		
Mi	13		
Do	14		
Fr	15		
Sa	16		
So	17	Volkstrauertag	
Mo	18		47. Woche
Di	19		
Mi	20	Buß- und Bettag	
Do	21		
Fr	22		
Sa	23		
So	24	Totensonntag	
Mo	25		48. Woche
Di	26		
Mi	27		
Do	28		
Fr	29		
Sa	30		

Dezember 2019

So	1	1. Advent	
Mo	2		49. Woche
Di	3		
Mi	4		
Do	5		
Fr	6	Nikolaus	
Sa	7		
So	8	2. Advent	
Mo	9		50. Woche
Di	10		
Mi	11		
Do	12		
Fr	13		
Sa	14		
So	15	3. Advent	
Mo	16		51. Woche
Di	17		
Mi	18		
Do	19		
Fr	20		
Sa	21		
So	22	4. Advent, Winteranfang	
Mo	23		52. Woche
Di	24	Heiligabend	
Mi	25	1. Weihnachtstag	
Do	26	2. Weihnachtstag	
Fr	27		
Sa	28		
So	29		
Mo	30		1. Woche
Di	31	Silvester	

Schulferien 2019

Land	Weihnacht 2018/19	Winter 2019	Ostern 2019	Pfingsten 2019	Sommer 2019	Herbst 2019	Weihnacht 2019/20
Baden-Württemberg	24.12.–05.01.	–	15.04.–27.04.	11.06.–21.06.	29.07.–10.09.	28.10.–31.10.	23.12.–04.01.
Bayern	22.12.–05.01.	04.03.–08.03.	15.04.–27.04.	11.06.–21.06.	29.07.–09.09.	28.10.–31.10., 20.11.	23.12.–04.01.
Berlin	22.12.–05.01.	04.02.–09.02.	15.04.–26.04.	31.05., 11.06.	20.06.–02.08.	04.10.–19.10.	23.12.–04.01.
Brandenburg	22.12.–05.01.	04.02.–09.02.	15.04.–26.04.	31.05.	20.06.–03.08.	04.10.–18.10., 01.11.	23.12.–03.01.
Bremen	24.12.–04.01.	31.01.–01.02.	06.04.–23.04.	31.05., 11.06.	04.07.–14.08.	04.10.–18.10.	21.12.–06.01.
Hamburg	20.12.–04.01.	01.02.	04.03.–15.03.	13.05.-17.05., 31.05.	27.06.–07.08.	04.10.–18.10.	23.12.–03.01.
Hessen	24.12.–12.01.	–	15.04.–27.04.	–	01.07.–09.08.	30.09.–12.10.	23.12.–11.01.
Mecklenburg-Vorpommern	24.12.–05.01.	04.02.–15.02.	15.04.–24.04.	31.05., 07.06.–11.06.	01.07.–10.08.	04.10.. 07.10.–12.10, 01.11.	23.12.–04.01.
Niedersachsen	24.12.–04.01.	31.01.–01.02.	08.04.–23.04.	31.05., 11.06.	04.07.–14.08.	04.10.–18.10.	23.12.–06.01.
Nordrhein-Westfalen	21.12.–04.01.	–	15.04.–27.04.	11.06.	15.07.–27.08.	14.10.–26.10.	23.12.–06.01.
Rheinland-Pfalz	20.12.–04.01.	25.02.–01.03.	23.04.–30.04.	–	01.07.–09.08.	30.09.–11.10.	23.12.–06.01.
Saarland	20.12.–04.01.	25.02.–05.03.	17.04.–26.04.	–	01.07.–09.08.	07.10.–18.10.	23.12.–03.01.
Sachsen	22.12.–04.01.	18.02.–02.03.	19.04.–26.04.	31.05.	08.07.–16.08.	14.10.-25.10.	21.12.–03.01.
Sachsen-Anhalt	19.12.–04.01.	11.02.–15.02.	18.04.–30.04.	31.05.–01.06.	04.07.–14.08.	04.10.–11.10., 01.11.	23.12.–04.01.
Schleswig-Holstein	21.12.–04.01.	–	04.04.–18.04.	31.05.	01.07.–10.08.	04.10.–18.10.	23.12.–06.01.
Thüringen	21.12.–04.01.	11.02.–15.02.	15.04.–27.04.	31.05.	08.07.–17.08.	07.10.–19.10.	21.12.–03.01.

Kongresskalender 2019

Datum	Fachrichtung	Ort	Kongress
27.02.–02.03.	Thrombose	Berlin	63. Jahrestagung der Gesellschaft für Thrombose- und Hämostaseforschung (GTH)
27.02.–03.03.	Radiologie	Wien	25th European Congress of Radiology (ECR)
07.03.–09.03.	Schmerz	Frankfurt	30. Deutscher Schmerz- und Palliativtag der DGS
13.03.–16.03.	Pneumologie	München	60. Kongress der Deutschen Gesellschaft für Pneumologie und Beatmungsmedizin (DGP)
26.03.–29.03.	Chirurgie	München	136. Kongress der Dt. Ges. für Chirurgie (DGCH)
28.03.–30.03.	Osteologie	Frankfurt	Osteologie-Kongress 2019 des DVO
24.04.–27.04.	Kardiologie	Mannheim	85. Jahrestagung der Dt. Gesellsch. f. Kardiologie (DGK)
01.05.–04.05.	Innere Medizin	Berlin	50. Tagung der Dt. Dermatologischen Ges. (DDG)
04.05.–07.05.	Innere Medizin	Wiesbaden	125. Kongress der Dt. Ges. f. Innere Medizin (DGIM)
09.05.–11.05.	Anästhesie	Leipzig	66. Deutscher Anästhesiecongress (DAC) der Dt. Ges. für Anästhesiologie und Intensivmedizin (DGAI)
09.05.–12.05.	Radiologie	Leipzig	100. Deutscher Röntgenkongress der DRG
29.05.–01.06.	Diabetologie	Berlin	54. Jahrestagung der Dt. Diabetes Gesellschaft (DDG)
29.05.–01.06.	HNO	Berlin	90. Jahresversammlung der Deutschen Gesellschaft für HNO-Heilkunde, Kopf- und Hals-Chirurgie
12.06.–14.06.	Internistische Intensivmed., Notfallmedizin	Berlin	51. Gemeinsame Jahrestagung der Deutschen und Österreichischen Gesellschaft für Internistische Intensiv- und Notfallmedizin
04.09.–07.09.	Rheumatologie	Dresden	47. Kongress der Dt. Ges. für Rheumatologie (DGRh)
11.09.–14.09.	Angiologie	Leipzig	48. Jahrestagung der Dt. Ges. für Angiologie (DGA)
11.09.–14.09.	Pädiatrie	München	115. Jahrestagung der Deutschen Gesellschaft für Kinder- und Jugendmedizin (DGKJ)
18.09.–21.09.	Urologie	Hamburg	71. Jahrestagung der Dt. Ges. für Urologie (DGU)
26.09.–29.09.	Ophthalmologie	Berlin	117. Kongress der Dt. Ophthalmolog. Ges. (DOG)
02.10.–05.10.	Viszeralmedizin	Wiesbaden	74. Jahrestagung der Dt. Ges. für Gastroenterologie, Verdauungs- und Stoffwechselkrankheiten (DGVS)
09.10.–12.10.	Schmerz	Mannheim	Deutscher Schmerzkongress der DSG
10.10.–13.10.	Nephrologie	Düsseldorf	11. Jahrestagung der Dt. Ges. für Nephrologie (DGfN)
11.10.–15.10.	Hämatologie und Onkologie	Berlin	Jahrestagung der Dt., Österreichischen und Schweizerischen Gesellschaft für Hämatologie und Onkologie
22.10.–25.10.	Orthopädie und Chirurgie	Berlin	Deutscher Kongress für Orthopädie und Unfallchirurgie (DKOU)
18.11.–21.11.	interdisziplinär	Düsseldorf	Medica 2019 – Weltforum der Medizin
20.11.–23.11.	Hypertonie, Diabetologie	Berlin	43. Wissensch. Kongress der Dt. Hochdruckliga (DHL) - Dt. Gesellschaft für Hypertonie und Prävention
27.11.–30.11.	Psychiatrie	Berlin	Kongress der Dt. Ges. für Psychiatrie u. Psychotherapie, Psychosomatik u. Nervenheilkunde (DGPPN)

1 Notfall

1.1 Notfallmedikamente

Acetylsalicylsäure	HWZ 15min (3-22h), dosisabhängig → 209
Aspirin i.v. *Inj.Lsg. 0.5g/5ml*	**Akutes Koronarsyndrom:** 500mg i.v.; **akuter Migräneanfall:** 1g i.v.; **akute Schmerzen:** 0.5-1g i.v., max. 5g/d
Adenosin	HWZ < 10s → 65
Adrekar *Inj.Lsg. 6mg/2ml*	**Paroxysmale AV-junktionale Tachykardien:** 3-6-9-12mg jeweils als Bolus je nach Wi
Adrenalin (Epinephrin)	HWZ 1-3min → 68
Suprarenin *Amp. 1mg/1ml; Inj.Fl. 25mg/25ml*	**Kardiopulmonale Reanimation:** alle 3-5min 1mg i.v. (ggf. intraossär); **schwere Anaphylaxie:** 1 : 10 verdünnen, 0.1mg langsam i.v., je nach Wi. initial alle 1-2min, später alle 5min wiederholen
Ajmalin	HWZ 1.6h → 62
Gilurytmal *Amp. 50mg/10ml*	**Supraventrikuläre Tachykardie bei WPW-Syndrom:** 50mg über 5min i.v.; ggf. Wdh. n. 30min; ggf. Dauerinfusion 20-50mg/h; Perf. (250mg) = 5mg/ml ⇒ 4-10ml/h; max. 1200mg/24h
Amiodaron	HWZ 20h-100d → 64
Cordarex *Amp.150mg/3ml*	**Reanimation mit rezidiv. Kammerflimmern oder pulsloser ventrikulärer Tachykardie:** 300mg i.v.
Atropin	HWZ 2h → 69
Atropinsulfat *Amp. 0.5mg/1ml, 100mg/10ml*	**Bradykardie:** 0.5-1.5mg i.v. alle 4-6h; **Alkylphosphatintoxikation:** 2-5mg alle 10-15min i.v. bis zum Rückgang der Bronchialsekretion, bis 50mg
Biperiden	HWZ 11-36h → 331
Akineton *Amp. 5mg/1ml*	**Dyskinesien durch Neuroleptika:** 2.5-5mg i.m./ i.v.
Butylscopolamin	HWZ 5h → 111
Buscopan *Amp. 20mg/1ml*	**Koliken:** 20-40mg i.v./i.m./s.c., max. 100mg/d
Clemastin	HWZ 8h → 98
Tavegil *Amp. 2mg/5ml*	**Allergische Reaktion, Anaphylaxie:** 2mg langsam i.v.
Diazepam	HWZ 24-48h → 372
Diazepam Desitin rectal tube *Rektallsg. 5, 10mg* **Valium** *Amp. 10mg/2ml* **Stesolid** *Amp. 10mg/2ml; Rectiole 5, 10mg*	**Erregungszustände:** 2-10mg i.v./rekt.; **Status epilepticus:** 5-10mg i.v./rekt.

Digoxin	HWZ 30-50h → 66
Lanicor *Amp. 0.25mg/1ml*	**Tachyarrhythmie bei Vorhofflimmern:** ini 0.25mg i.v., bis 0.75mg an d1 in 3ED
Dopamin	HWZ 5-10min → 68
Dopamin *Amp. 50mg/5ml; Amp. 250mg/50ml*	**Schockzustände, schwere Hypotension:** 2-20μg/kg/min i.v., max. 50μg/kg/min; Perf. (250mg) = 5mg/ml ⇒ 1.7-17ml/h
Esketamin	HWZ 2-4h → 304
Ketanest S *Amp. 25mg/5ml, 50mg/2ml; Inj.Lsg. 100mg/20ml, 250mg/10ml*	**Narkoseeinleitung, Narkoseerhaltung:** 0.5-1mg/kg i.v.; 2-4mg/kg i.m., dann 50% der Initialdosis alle 10-15min; **Analgesie:** 0.125-0.25mg/kg i.v.; 0.25-0.5mg/kg i.m.
Esmolol	HWZ 9min → 41
Brevibloc *Amp. 100mg/10ml, 2.5g/250ml*	**Supraventrikuläre Tachykardie:** ini 0.5mg/kg über 1min i.v., dann 50μg/kg/min, max. 200μg/kg/min
Etomidat	HWZ 3-5h → 304
Hypnomidate *Amp. 20mg/10ml*	**Kurznarkose, Narkoseeinleitung:** 0.15-0.30mg/kg i.v.
Fenoterol	HWZ 3.2h → 86
Berotec N *DA 0.1mg/Hub* **Partusisten** *Amp. 0.5mg/10ml*	**Asthma bronchiale:** 1 Hub, ggf. Wdh. nach 5min; **vorzeitige Wehentätigkeit:** 0.5-3μg/min i.v., Perf. (0.5mg) = 10μg/ml ⇒ 3-18ml/h
Fentanyl	HWZ 3-12h → 296
Fentanyl-Janssen *Amp. 0.1mg/2ml, 0.5mg/10ml*	**Analgesie:** 1.5-3μg/kg i.v.; **Narkose:** 2-50μg/kg i.v.
Flumazenil	HWZ 53min → 447
Anexate *Amp. 0.5mg/5ml, 1mg/10ml*	**Benzodiazepinintoxikation:** ini 0.2mg i.v., ggf. minütlich Nachinjektion von 0.1mg bis max. 1mg Gesamtdosis
Furosemid	HWZ 1h → 55
Lasix *Amp. 20mg/2ml, 40mg/4ml*	**Lungenödem:** 20-40mg i.v.
Glucose 40%	HWZ 15 min → 313
Glucose 40 Braun *Amp. 10ml*	**Hypoglykämie:** 20-100ml i.v.
Haloperidol	HWZ 13-30h → 364
Haldol *Amp. 5mg/1ml*	**Akute Psychose:** ini 5mg i.m., bei Bedarf stündlich 5mg i.m. bis ausreichende Symptomkontrolle erreicht ist, max. 20mg/d

Heparin	HWZ 1.5-2h → 71
Heparin-Natrium-ratioph. *Amp. 25.000IE/5ml*	**Akutes Koronarsyndrom, Lungenembolie, Gefäßverschluss:** 5000IE i.v.
Ketamin	HWZ 2-4h → 304
Ketamin-ratioph. *Amp. 50mg/5ml, 100mg/2ml, 500mg/10ml*	**Narkoseeinleitung, Narkoseerhaltung:** 1-2mg/kg i.v.; 4-8mg/kg i.m., dann 50% der Initialdosis alle 10-15min; **Analgesie:** 0.25-0.5mg/kg i.v., 0.5-1mg/kg i.m.
Mepivacain	HWZ 3h → 308
Scandicain 1% *Amp. 50mg/5ml*	**Lokalanästhesie:** max. 30ml infiltrieren
Metamizol	HWZ 1.8-4.6h → 214
Novalgin *Amp. 1g/2ml, 2.5g/5ml*	**Starke Schmerzen:** 1-2.5g i.v., max. 5g/d
Metoclopramid	HWZ 2.6-4.6h → 110
Paspertin *Amp. 10mg/2ml*	**Übelkeit:** 10mg i.v., bis 3x/d
Metoprololtartrat	HWZ 3-5h → 41
Beloc, Lopresor *Amp. 5mg/5ml*	**Tachykarde Herzrhythmusstörungen:** 5mg langsam i.v., ggf. Wdh. alle 5-10min bis max 15mg; **akuter MI:** 5mg langsam i.v., ggf. Wdh. in Abständen v. 2min bis max 15mg
Morphin	HWZ 2.5h → 297
Morphin, MSI *Amp.10mg/1ml, 20mg/1ml*	**Stärkste Schmerzen, Lungenödem:** 2.5–10mg i.v.; 5–30 mg s.c./i.m.
Naloxon	HWZ 3-4h → 300
Naloxon-ratioph. *Amp. 0.4mg/1ml*	**Opiatintoxikation**: 0.4-2mg i.v./i.m./s.c., ggf. Wdh.; **Opiatüberhang nach Narkose:** 0.1-0.2mg i.v., Wdh. alle 2-3min bis Spontanatmung einsetzt
Natriumhydrogencarbonat 8.4%	→ 315
Natriumhydrogencarbonat 8.4% *Inf.Lsg. 100ml (100ml = 100mmol HCO_3^-)*	**Metabolische Azidose:** Base excess (-) x 0.3 x kgKG=mmol; max. 1.5mmol/kgKG/h i.v.
Nifedipin	HWZ 2.5-5h → 44
Adalat *Kps. 5, 10, 20mg*	**Hypertensiver Notfall:** 10-mg-Kapsel zerbeißen und schlucken, ggf. Wdh. nach 30 min
Nitroglycerin (Glyceroltrinitrat)	HWZ 2-4.4min → 60
Nitrolingual *Spray 0.4mg/Hub; Amp. 5mg/5ml, 25mg/25ml, 50mg/50ml*	**AP, Linksherzinsuffizienz, hypertensiver Notfall, akuter Herzinfarkt:** 0.4-1.2mg s.l., ggf. nach 10min wiederholen; ini 0.5-1mg/h i.v., je nach Wi und RR 2-8mg/h, Perfusor 50mg/50ml (1mg/ml): 0.5-8ml/h

Oxytocin		HWZ 1-12min → 439
Oxytocin HEXAL *Amp. 3IE/1ml, 5IE/1ml, 10IE/1ml*	**Postpartale Nachblutung:** 5-6IE langsam i.v.; 5-10IE i.m.	
Phenytoin		HWZ 20-60h → 318
Phenhydan *Amp. 250mg/5ml, 750mg/50ml*	**Status epilepticus:** 750mg über 20-30min i.v. (bis 50mg/min), ggf. Wdh., max. 17mg/kg/d bzw. 1500mg/d	
Prednisolon		HWZ 1.7-2.7h → 221
Infectocortikrupp *Supp. 100mg* **Klismacort** *Rektalkps. 100mg* **Solu-Decortin H** *Amp. 50mg/1ml, 250mg/5ml, 1000mg/10ml*	**Anaphylaktischer Schock:** 1g i.v.; **toxisches Lungenödem:** 1g i.v., evtl. Wdh. nach 6, 12 u. 24h; **Status asthmaticus:** 100-500mg i.v.; **Pseudokrupp:** 100mg rekt., bei Bedarf nach 1h (Infectocortikrupp) bzw. 2-4h (Klismacort) erneut 100mg; 3-5mg/kg i.v., evtl. Wdh. nach 2-3h; **Addison-Krise:** 25-50mg i.v.	
Promethazin		HWZ 8-15h → 361
Atosil N *Amp. 50mg/2ml*	**Unruhezustände:** 25mg i.v., ggf. Wdh. nach 2h, max. 100mg/d, schw. Fälle 200mg/d; **Ki.: 2-18J:** 12.5-25mg i.v., max. 0.5mg/kg/d	
Propofol 1%		HWZ 40-200min → 305
Disoprivan *Amp. 200mg/20ml, 500mg/50ml; Fertigspritze 500mg/50ml* **Propofol lipuro** *Amp. 200mg/20ml, 500mg/50ml, 1g/100ml*	**Narkoseeinleitung:** 1.5-2.5mg/kg langsam i.v.; Patient > 55J oder Risikopatient 1mg/kg; **Narkoseaufrechterhaltung:** 4-12mg/kg/h i.v.; **Sedierung bei chirurgischen oder diagnost. Eingriffen:** ini 0.5-1mg/kg über 1-5min i.v., dann 1.5-4.5mg/kg/h	
Terbutalin		HWZ 16h → 86
Bricanyl *Amp. 0.5mg/1ml*	**Status asthmaticus:** 0.25-0.5mg s.c., ggf. Wdh. nach 15-20min, max. 4x/d	
Theophyllin		HWZ 7-9h (Erw.); 3-5h (Ki.) → 94
Bronchoparat, Euphylong *Amp. 200mg/10ml*	**Asthma-Anfall:** 4-5mg/kg über 20min i.v. (2-2.5mg/kg bei Theophyllin-Vorbehandlung), dann 9.5mg/kg/d; Perfusor 800mg/50ml (16mg/ml): 2ml/h	
Urapidil		HWZ 2-3h → 47
Ebrantil *Amp. 25mg/5ml, 50mg/10ml*	**Hypertensiver Notfall:** 10-50mg langsam i.v., ggf. Wdh. nach 5min; Dauerinfusion: ini 2mg/min, mittlere Erh.Dos. 9mg/h; Perfusor 100mg/50ml (2mg/ml): 4.5-60ml/h	
Verapamil		HWZ 3-7(12)h → 43
Isoptin *Amp. 5mg/2ml* **VeraHEXAL** *Amp. 5mg/2ml*	**Supraventrikuläre Tachykardie, absolute Arrhythmie mit schneller Überleitung:** 5mg langsam i.v., ggf. Wdh. nach 5-10min; Perf. (100mg) = 2mg/ml ⇒ 2-5ml/h	

1.2 Adult Advanced Life Support (ALS)[1]

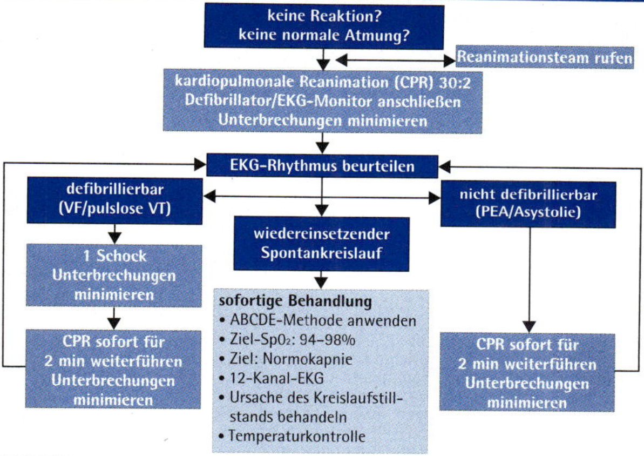

während der CPR
- CPR hoher Qualität sichern: Rate, Tiefe, Entlastung
- Unterbrechungen der Thoraxkompression minimieren
- Sauerstoff geben
- Kapnographie verwenden
- Thoraxkompression ohne Unterbrechung, wenn Atemweg gesichert
- Adrenalin alle 3–5 min
- Amiodaron nach dem 3. Schock

reversible Ursachen behandeln

Hypoxie	Herzbeuteltamponade
Hypovolämie	Intoxikation
Hypo-/Hyperkaliämie/ metabolisch	Thrombose (kardial oder pulmonal)
Hypo-/Hyperthermie	Spannungspneumathorax

erwägen
- Ultraschall Untersuchung
- Verwendung von mechanischen Reanimationsgeräten für Transports oder weitere Behandlung
- Koronarangiographie und perkutane Koronarintervention (PCI)
- extrakorporale CPR

[1] J. Soar, J.P. Nolan et al. Erweiterte Reanimationsmaßnahmen für Erwachsene, Kapitel 3 der Leitlinien zur Reanimation 2015 des ERC. Notfall Rettungsmed 2015; 18:770-832. DOI 10.1007/s10049-015-0085-x. © European Resuscitation Council (ERC), German Resuscitation Council (GRC), Austrian Resuscitation Council (ARC). Mit Genehmigung von Springer im Namen der GRC.

2 Kardiologie, Angiologie

2.1 Antihypertensiva

2.1.1 ACE-Hemmer

Wm: kompet. Hemmung des Angiotensin-Konversions-Enzyms ⇒ Angiotensin II ↓, Bradykinin ↑;
Wi: Vasodilatation ⇒ RR ↓, Nierendurchblutung ↑, Aldosteronfreisetzung ↓, Katecholaminfreisetzung ↓, Rückbildung von Herz- u. Gefäßwandhypertrophie, protektive Wi bei diabetischer Nephropathie;
UW (Benazepril): Hb/Hkt/Leukozyten/Thrombozyten ↓, Kopfschmerzen, Gleichgewichtsstrg., Müdigkeit, Apathie, Schläfrigkeit, Hypotonie, Orthostase, Schwindel, Ohnmacht, Sehvermögen ↓, Palpitationen, Husten, Bronchitis, Übelkeit, Bauchschmerzen, gastrointestinale Beschwerden, Verdauungsstrg., Nierenfktstrg., Pollakisurie; **UW** (Captopril): Schlafstrg., Geschmacksstrg., Schwindel, Reizhusten, Dyspnoe, Übelköleit, Erbrechen, Obstipation, Diarrhoe, Bauchschmerzen, Mundtrockenheit, Magenverstimmung, Pruritus, Ausschlag, Alopezie;
UW (Cilazapril): Kopfschmerz, Schwindel, Husten, Übelkeit, Müdigkeit;
UW (Enalapril): Husten, Verschwommensehen, Schwindel, Übelkeit, Asthenie, Kopfschmerzen, Depression, Hypotonie, orthostatische Hypotonie, Synkope, Brustschmerzen, Herzrhythmusstrg., Angina pectoris, Tachykardie, Dyspnoe, Diarrhö, Bauchschmerzen, Geschmacksveränderungen, Hautausschlag, Überempfindlichkeit, angioneurotisches Ödem, Müdigkeit;
UW (Fosinopril): Schwindel, Kopfschmerzen, Tachykardie, Hypotonie, Orthostase, Husten, Übelkeit, Erbrechen, Diarrhoe, Hautausschlag, Angioödem, Dermatitis, Brustschmerz, Schwächegefühl, aP/LDH/Bili/Transaminasen ↑; **UW** (Lisinopril): Benommenheit, Kopfschmerz, orthostatische Wirkungen, Husten, Durchfall, Erbrechen, Nierenfktsstrg.;
UW (Moexipril): übermäßige initiale RR-Senkung, Schwindel, Schwäche, Sehstrg., Synkope, Nierenfktstrg., Bronchitis, trockener Reizhusten, dyspeptische Beschwerden, Kopfschmerzen, Müdigkeit, Hb-Abfall, Leuko-/Thromobopenie;
UW (Perindopril): Kopfschmerzen, Schwindel, Parästhesie, Benommenheit, Sehstrg., Tinnitus, Hypotonie und Folgeerscheinungen, Husten, Dyspnoe, Übelkeit, Erbrechen, Bauchschmerzen, Geschmacksstrg., Dyspepsie, Diarrhoe, Obstipation, Ausschlag, Pruritus, Muskelkrämpfe, Asthenie;
UW (Quinapril): Nervosität, Benommenheit, Müdigkeit, Schlaflosigkeit, Niedergeschlagenheit, Schwindel, Gleichgewichtsstrg., Schlafstrg., Somnolenz, Hypotonie, Husten, Übelkeit, Erbrechen, Diarrhoe, Exanthem, Kopfschmerz, Thoraxschmerz;
UW (Ramipril): Kopfschmerzen, Schwindel, Reizhusten, Bronchitis, Sinusitis, Dyspnoe, Entzündungen des Magen-Darm-Trakts, Verdauungsstrg., abdominelle Schmerzen, Dyspepsie, Übelkeit, Erbrechen, Diarrhoe, Exanthem, Muskelkrämpfe, Myalgie, Kalium ↑, Hypotonie, Orthostase, Synkope, Brustschmerz, Müdigkeit;
UW (Trandolapril): Kopfschmerzen, Schwindel, Husten, Abgeschlagenheit, Asthenie, Hypotonie;
UW (Zofenopril): Schwindel, Kopfschmerzen, Übelkeit, Erbrechen, Husten, Müdigkeit;
KI (Benazepril): bek. Überempfindlichkeit, anamnestisch bekanntes, durch vorhergehende Therapie mit einem ACE-Hemmer ausgelöstes angioneurotisches Ödem, hereditäres oder idiopathisches Angioödem, bds. Nierenarterienstenose, Nierentransplantation, hämodynamisch relevante Aorten-/Mitralklappenstenose, HCMP, primärer Hyperaldosteronismus, Grav. (2. u. 3. Trimenon);

KI (Captopril, Cilazapril, Enalapril, Fosinopril, Lisinopril, Perindopril, Quinapril): bekannte Überempfindlichkeit, anamnestisch bekanntes, durch vorhergehende Therapie mit einem ACE-Hemmer ausgelöstes angioneurotisches Ödem, hereditäres oder idiopathisches Angioödem, Grav. (2. u. 3. Trimenon); **KI** (Moexipril): bekannte Überempfindlichkeit, anamnestisch bekanntes, durch vorhergehende Therapie mit einem ACE-Hemmer ausgelöstes angioneurotisches Ödem, hereditäres oder idiopathisches Angioödem, Grav. (2. und 3. Trimenon), CrCl < 40, keine ausreichende Therapieerfahrung, Dialyse, primäre Lebererkrankung/Leberfunktionsstrg., unbehandelte, dekompensierte Herzinsuffizienz, Kinder;
KI (Ramipril): bekannte Überempfindlichkeit, anamnestisch bekanntes, durch vorhergehende Therapie mit einem ACE-Hemmer ausgelöstes angioneurotisches Ödem, hereditäres oder idiopathisches Angioödem, Grav. (2. und 3. Trimenon), bds. Nierenarterienstenose oder Nierenarterienstenose bei Einzelniere, extrakorporale Behandlungen mit Kontakt zwischen Blut und negativ geladenen Oberflächen, hypotensive/hämodynamisch instabile Patienten;
KI (Trandolapril): bek. Überempfindlichkeit, anamnestisch bekanntes, durch vorhergehende Therapie mit einem ACE-Hemmer ausgelöstes angioneurotisches Ödem, hereditäres oder idiopathisches Angioödem, Grav./Lakt., Nierenarterienstenose (bds. oder bei Einzelniere), Z.n. Nierentransplantation, hämodynamisch relevante Mitral-/Aortenklappenstenose, HCM, Hypotonie systolisch ≤ 100mmHg, Schock, primärer Hyperaldosteronismus;
KI (Zofenopril): bek. Überempfindlichkeit gegen Z. bzw. andere ACE-Hemmer; angioneurotisches Ödem durch ACE-Hemmern in der Vorgeschichte; angeborenes/idiopathisches angioneurotisches Ödem; schwere Leberfunktionsstörung; Frauen im gebärfähigen Alter ohne ausreichenden Konzeptionsschutz; Nierenarterienstenose (beidseitig oder einseitig bei Einzelniere), Grav. (2. und 3. Trimenon)

Benazepril Rp	HWZ 6h, Qo 0.05, PPB 95%, PRC C (1.), D (2., 3. Trim.), Lact +
Benazepril AL *Tbl. 5, 10, 20mg* **Benazepril HEXAL** *Tbl. 10mg* **Cibacen** *Tbl. 5, 10, 20mg*	**Art. Hypertonie:** 1 x 10-20mg p.o.; max. 40mg/d; **Herzinsuffizienz:** ini 1 x 2.5mg p.o., Erh.Dos. 1 x 5-10mg p.o., max. 20mg/d p.o.; **DANI** CrCl < 30: max. 10mg/d; **DALI** KI

Captopril Rp	HWZ 2(12) h, Qo 0.15, PPB 30%, PRC C (1.), D (2., 3.Trim.), Lact +
ACE-Hemmer-ratioph. *Tbl. 12.5, 25, 50mg* **Captogamma** *Tbl. 6.25, 12.5, 25, 50, 100mg* **CaptoHEXAL** *Tbl. 25, 50, 100mg*	**Art. Hypertonie:** ini 2 x 12.5-25mg p.o., nach Wi steigern bis 2 x 50-75mg, max. 150mg/d; **Ki.** 0.3mg/kg, s. FachInfo; **Herzinsuff.:** ini 2-3 x 6.25-12.5mg p.o., langsam steigern auf 75-150mg/d p.o., max. 150mg/d; **post Herzinfarkt:** ini 1 x 6.25mg p.o., nach 2h 1 x 12.5mg, nach 12h 1 x 25mg, ab d2 2 x 50mg; **diabet. Nephropathie bei D.m. Typ 1:** 75-100mg/d; **DANI (Ki.)** 0.15mg/kg; **DANI** CrCl > 40: ini 25-50mg, max. 150mg/d; 21-40: ini 25mg, max. 100mg/d; 10-20: ini 12.5, max. 75mg/d; < 10: ini 6.25mg, max. 37.5mg/d

Cilazapril Rp	HWZ (9)h, Q0 0.2, PPB 25-30%
Dynorm *Tbl. 0.5, 1, 2.5, 5mg*	**Art. Hypertonie:** ini 1 x 1.25mg p.o., je nach Wi steigern auf 1 x 2.5mg, max. 5mg/d; **Herzinsuffizienz:** ini 0.5mg, wöchentl. setigern auf 1-2.5mg, max. 5mg/d; **DANI** CrCl 40-60: 1 x 0.5-1mg, max. 2.5mg/d; < 40: KI; **DALI** KI
Enalapril Rp	HWZ (11)h, Q0 0.1, PPB < 50%, PRC C (1.), D (2., 3. Trim.), Lact +
Benalapril *Tbl. 5, 10, 20mg* **Corvo** *Tbl. 2.5, 5, 10, 20mg* **EnaHEXAL** *Tbl. 2.5, 5, 10, 20, 30, 40mg* **Enalapril-ratioph.** *Tbl. 2.5, 5, 10, 20mg* **Jutaxan** *Tbl. 5, 10, 20mg* **Xanef** *Tbl. 5, 10, 20mg*	**Art. Hypertonie:** ini 1 x 20mg p.o., Erh.Dos. 20mg/d, max. 2 x 20mg/d; **Herzinsuff., asympt. linksventr. Dysfunktion:** d1-3: 2.5mg, d4-7: 2 x 2.5mg, d8-14: 10mg, d15-28: 20mg/d, max. 40mg/d; **DANI** CrCl 30-80: 5-10mg/d; 10-30: 2.5mg/d p.o.; HD: 2.5mg/d
Fosinopril Rp	HWZ 11.5 h, Q0 0.5, PPB > 95%, PRC C (1.), D (2., 3. Trim.), Lact +
Fosinorm *Tbl. 10, 20mg* **Fosino Teva** *Tbl. 10, 20mg*	**Art. Hypertonie, Herzinsuff.:** ini 1 x 10mg p.o.; je n. Wi steigern auf 1 x 20mg, max. 40mg/d; **DANI, DALI** nicht erforderlich
Lisinopril Rp	HWZ 12h, Q0 0.3, PPB 3-10%, PRC C (1.), D (2., 3. Trim.), Lact +
Lisinopril 1A *Tbl. 5, 10, 20, 30mg* **Lisinopril AL** *Tbl. 2.5, 5, 10, 20mg* **LisiHEXAL** *Tbl. 2.5, 5, 10, 20mg* **Lisi Lich** *Tbl. 5, 10, 20mg*	**Art. Hypertonie:** ini 1 x 10mg p.o., Erh.Dos. 1 x 20mg, max. 80mg/d; **Herzinsuffizienz:** ini 1 x 2.5mg p.o., langs. steigern bis 1 x 10mg, max. 35mg/d; **post Herzinfarkt:** ini 1 x 5mg p.o., nach 24h 1 x 5mg, nach 48h 1 x 10mg, Dosisanpassung je nach RR; **diab. Nephropathie bei D.m. Typ 2:** 1 x 10-20mg; **DANI** CrCl 30-80: ini 5-10mg/d; 10-30: ini 2.5-5mg; < 10: ini 2.5mg; jeweils langsam steigern bis max. 40mg/d
Perindopril-Arginin Rp	HWZ (17)h, Q0 (0.56), PPB 20%, PRC C (1.), D (2., 3. Trim.), Lact +
Coversum Arginin *Tbl. 2.5, 5, 10mg*	**Art. Hypertonie:** ini 1 x 2.5-5mg p.o., ggf. nach 4W 1 x 10mg; **Herzinsuff.:** ini 1 x 2.5mg, ggf. n. 2 W. 1 x 5mg; **stab. KHK:** ini 1 x 5mg, n. 2W. 1 x 10mg; **DANI** CrCl > 60: 5mg/d; 30-60: 2.5mg/d; 15-< 30: 2.5mg alle 2d; HD: 2.5mg jeweils nach HD; **DALI** nicht erforderlich

Quinapril Rp	HWZ (3)h, Qo 0.2, PPB ca. 97%, PRC C (1.), D (2., 3. Trim.), Lact +
Accupro *Tbl. 5, 10, 20mg*	**Art. Hypertonie:** ini 1 x 10mg p.o., je nach Wi steigern bis 1-2 x 10mg, max. 40mg/d; **Herzinsuffizienz:** ini 2 x 2.5mg p.o., langs. steigern bis 10-20mg/d, max. 2 x 20mg/d; **DANI** CrCl 30-60: ini 1 x 5mg p.o., dann 5-10mg/d, max. 20mg/d; 10-29: 1 x 2.5mg/d, max. 5mg/d; < 10: KI; **DALI** KI
Ramipril Rp	HWZ 3 (13-17)h, Qo 0.15, PPB 73%, PRC C (1.), D (2., 3. Trim.), Lact +
Delix *Tbl. 2.5, 5, 10mg* **Ramilich** *Tbl. 2.5, 5, 10mg* **Ramipril-CT** *Tbl. 2.5, 5, 10mg* **Ramipril HEXAL** *Tbl. 1.25, 2.5, 5, 7.5, 10mg* **Ramipril-ratioph.** *Tbl. 2.5, 5, 10mg*	**Art. Hypertonie:** ini 1 x 2.5mg p.o., je nach Wi steigern bis 1 x 5mg, max. 10mg/d; **Herzinsuff., post Herzinfarkt:** ini 2 x 1.25-2.5mg p.o., langsam steigern bis max. 2 x 5mg; **kardiovask. Prävention:** ini 1 x 2.5mg, alle 1-2W. Dosisverdoppelung auf Erh.Dos. 1 x 10mg; **diabet. Nephropathie:** ini 1 x 1.25mg, n. 2W. 2.5mg, n. 4W. 5mg; **DANI** CrCl 30-60: ini 1 x 2.5mg/d, max. 5mg/d; 10-30, HD: ini 1.25mg/d, max. 5mg/d; **DALI** KI
Trandolapril Rp	HWZ 1 (16-24)h, Q0 0.44, PPB > 80%, PRC C (1.), D (2., 3. Trim.), Lact +
Udrik *Kps. 0.5, 1, 2mg*	**Art. Hypertonie:** ini 1 x 1mg p.o., je nach Wi steigern bis 1 x 2mg, max. 4mg/d; **post Herzinfarkt:** ini 1 x 0.5mg p.o., nach 24h 1 x 1mg, dann langsam steigern bis 1 x 4mg; **DANI** CrCl 30-60: 100%; < 30: KI; **DALI** ini 0.5mg/d, max. 2mg/d; KI bei schwerer LI
Zofenopril Rp	HWZ 5h, PPB 88%, PRC C (1.), D (2., 3. Trim.), Lact ?
Zofenil *Tbl. 7.5, 15, 30, 60mg*	**Art. Hypertonie:** ini 1 x 15mg p.o., je nach Wi steigern auf 30mg/d, max. 60mg/d; **akuter Myokardinfarkt:** d1-2: 2 x 7.5mg; d3-4: 2 x 15mg; ab d5: 2 x 30mg; Dosis ggf. an RR anpassen, s. FachInfo; **DANI** CrCl < 45: 50% 1-x-Gabe; HD: 25% **DALI** leichte bis mittelschwere LI: 50%; schwere LI: KI

2.1.2 Angiotensin-II-Blocker (Sartane)

Wm: Blockade des Angiotensin-II-Typ-1-Rezeptors;
Wi: spezifische Hemmung der Angiotensin-II-Wi, ohne Wi auf Bradykinin;
UW (Azilsartan): Schwindel, Diarrhoe, Kreatinphosphokinasespiegel ↑; **UW** (Candesartan): Atemwegsinfektionen, Kopfschmerzen, (Dreh-)Schwindel, Hyperkaliämie, Hypotonie, Einschränkung der Nierenfkt.; **UW** (Eprosartan): Kopfschmerzen, Schwindel, Rhinitis, allergische Hautreaktionen, unspezifische gastrointestinale Beschwerden, Asthenie;
UW (Irbesartan): (orthostatischer) Schwindel, orthostatische Hypotonie, Übelkeit, Erbrechen, muskuloskelettale Schmerzen, Erschöpfung, Hyperkaliämie, Kreatinkinase ↑, Hb ↓;
UW (Losartan): Schwindel, Asthenie, Müdigkeit, Hypotonie, Hyperkaliämie, Hypoglykämie;
UW (Olmesartan): Schwindel, Bronchitis, Husten, Pharnygitis, Rhinitis, Diarrhoe, Übelkeit, Dyspepsie, Gastroenteritis, Arthritis, Abdominal-/Rücken-/Knochenschmerzen, Hämaturie, Infektion der Harnwege, Brustschmerz, Müdigkeit, periphere Ödeme, grippeähnliche Symptome, Kreatinphosphokinase/Harnsäure/Triglyceride/Leberenzyme ↑; **UW** (Telmisartan): keine sehr häufigen/häufigen UW; **UW** (Valsartan): Schwindel, Hypotonie, Nierenfktstörung;
KI (Azilsartan, Irbesartan): bek. Überempf., Grav. (2., 3. Trim.); **KI** (Candesartan): bek. Überempf., schwere LI, Cholestase, Grav. (2., 3. Trim.); **KI** (Eprosartan): bek. Überempf., schwere LI, Grav. (2., 3. Trim.), Nierenarterienstenose (bds. o. bei Einzelniere); **KI** (Losartan): bek. Überempf., schwere LI, Grav. (2., 3. Trim.); **KI** (Olmesartan): bek. Überempf., Grav. (2., 3. Trim.), Gallenwegobstruktion; **KI** (Telmisartan): bek. Überempf., Grav. (2., 3. Trim.), obstruktive Gallenfunktionstörung, stark eingeschränkte Leberfunktion;
KI (Valsartan): bek. Überempf., schwere LI, Cholestase, biliäre Zirrhose, Grav. (2., 3. Trim.)

Azilsartanmedoxomil Rp	HWZ 11 h, PPB >99%, PRC D (1.), X (2., 3. Trim.), Lact -
Edarbi *Tbl. 20, 40, 80mg*	**Art. Hypertonie:** ini 1 x 40mg p.o., je nach Wi steigern bis max. 1 x 80mg/d; **DANI** bei schwerer Nierenfktstrg. keine Erfahrungen; **DALI** bei schwerer Funktionsstörung Anw. nicht empfohlen, bei leichter bis mäßiger Funktionsstrg. ini 1 x 20mg/d
Candesartan Rp	HWZ 9 h, Qo 0.4, PPB 99%, PRC C (1.), D (2., 3. Trim.), Lact ?
Atacand *Tbl. 4, 8, 16, 32mg* **Blopress** *Tbl. 4, 8, 16, 32mg* **Candecor** *Tbl. 4, 8, 16, 32mg* **Candesartan HEXAL** *Tbl. 4, 8, 16, 32mg* **Candesartan Stada** *Tbl. 4, 8, 16, 32mg* **Candesartan Q-Pharm** *Tbl. 8, 16, 32mg*	**Art. Hypertonie:** ini 1 x 8mg p.o., je nach Wi steigern bis 1 x 16mg, max. 32mg/d; **Ki. ab 6J:** ini 1 x 4mg, ggf. steigern; < 50kg: max. 8mg/d; > 50kg: 8-16mg; **Herzinsuffizienz**: ini 1 x 4mg, alle 2W Dosis verdoppeln je nach Verträgl. bis 32mg/d; **DANI** ini 4mg; CrCl < 15: Anw. nicht empf.; **DALI** leichte-mittelgradige LI: ini 4mg; schwere LI: KI
Eprosartan Rp	HWZ 5-9 h, Qo 0.9, PPB 98%, PRC C (1.), D (2., 3. Trim.), Lact -
Eprosartan-ratioph. *Tbl. 600mg* **Teveten Mono** *Tbl. 600mg*	**Art. Hypertonie**: 1 x 600mg p.o.; **DANI** CrCl > 30: 100%; < 30: sorgfältige Dosiseinstellung; **DALI** KI bei schwerer LI

Irbesartan Rp	HWZ 11-15h, Q0 1.0, PPB 96%, PRC C (1.), D (2., 3. Trim.), Lact ?
Aprovel *Tbl. 75, 150, 300mg* **Ifirmasta** *Tbl. 75, 150, 300mg* **Irbesartan 1A** *Tbl. 75, 150, 300mg* **Irbesartan AL** *Tbl. 75, 150, 300mg* **Karvea** *Tbl. 75, 150, 300mg*	**Art. Hypertonie, diabet. Nephropathie bei D.m. Typ 2:** ini 1 x 150mg p.o., je nach Wi steigern bis max. 300mg/d; **DANI** Dialyse: ini 75mg; **DALI** leichte-mittelgradige LI: nicht erforderlich; schwere LI: keine Daten

Losartan Rp	HWZ 2 (6-9)h, Q0 0.95, PPB 99%, PRC C (1.), D (2., 3. Trim.), Lact ?
Cozaar Protect *Tbl. 50mg* **Lorzaar** *Tbl. 12.5, 50, 100mg* **Losar-Q** *Tbl. 50, 100mg* **Losartan HEXAL** *Tbl. 12.5, 25, 50, 75, 100mg* **Losar Teva** *Tbl. 25, 50, 100mg*	**Art. Hypertonie**: 1 x 50mg p.o., je nach Wi steigern bis max. 100mg/d; **Herzinsuffizienz**: ini 1 x 12.5mg p.o., langsam steigern bis 1 x 25-50mg; **Hypertonie + D.m. + Proteinurie:** (> 0.5g/d): ini 1 x 50mg, ggf. nach 1 Monat 1 x 100mg; **Hypertonie + LVH zur Risikoreduktion zerebr. Insult:** 1 x 50mg; ggf. 1 x 100mg; **DANI** nicht erforderlich; **DALI** Dosisreduktion., KI bei schwerer LI

Olmesartan Rp	HWZ 10-15h, PPB 99%, PRC C (1.), D (2., 3. Trim.), Lact ?
Belsar *Tbl. 40mg* **Olmecor** *Tbl. 10, 20, 40mg* **Olmesartan AbZ** *Tbl. 10, 20, 40mg* **Olmetec** *Tbl. 10, 20, 40mg* **Votum** *Tbl. 10, 20, 40mg*	**Art. Hypertonie**: 1 x 10mg p.o., je nach Wi steigern bis max. 40mg/d; **DANI** CrCl > 20: max. 20mg; < 20: nicht empf.; **DALI** leichte Funktionsstrg.: 100%; mäßige: ini 10mg, max. 20mg/d; schwere LI: Anw. nicht empfohlen

Telmisartan Rp	HWZ > 20h, Q0 1.0, PPB 99%, PRC C (1.), D (2., 3. Trim.), Lact ?
Kinzal mono *Tbl. 20, 40, 80mg* **Micardis** *Tbl. 20, 40, 80mg* **Telmisartan HEXAL** *20, 40, 80mg* **Tolura** *20, 40, 80mg*	**Art. Hypertonie**: 1 x 20-40mg p.o., max. 80mg/d; **kardiovask. Präv.:** 1 x 80mg p.o.; **DANI** leichte-mäßige NI: 100%; schwere NI, HD: ini 20mg/d; **DALI** max. 40mg/d, KI bei schwerer Leberfktstrg.

Valsartan Rp	HWZ 6h, Q0 0.7, PPB 94-97%, PRC C (1.), D (2., 3. Trim.), Lact ?
Diovan *Tbl. 40, 80, 160, 320mg; Lsg. 3mg/ml* **Provas** *Tbl. 40, 80, 160, 320mg* **Valsacor** *Tbl. 40, 80, 160, 320mg* **Valsartan Puren** *Tbl. 40, 80, 160, 320mg* **Valsartan HEXAL** *Tbl. 40, 80, 160, 320mg* **Valsartan Stada** *Tbl. 40, 80, 160, 320mg*	**Art. Hypertonie**: 1 x 80mg p.o.; ggf. ↑ auf max. 320mg/d; **Ki. 6-18J.:** < 35kg: ini 1 x 40mg p.o., max. 80mg/d; > 35kg: ini 1 x 80mg, 35-80kg: max. 160mg/d; 80-160kg: max. 320mg/d; **Herzinsuff.:** ini 2 x 40mg p.o., steigern auf max. 2 x 160mg; **post Herzinfarkt**: ini 2 x 20mg p.o., steigern auf max. 2 x 160mg; **DANI** CrCl > 10: 100%; < 10, HD: nicht empfohlen; **DALI** leichte bis mittelschwere LI: max. 80mg/d, KI bei schwerer LI

2.1.3 Betablocker

Wm/Wi: kompet. Betarez.-Hemmung ⇒ neg. ino-/chronotrop ⇒ HZV ↓, kard. O_2-Verbrauch ↓, Reninsekretion ↓; hochdosiert: unspez., membranstabilisierende, chinidinartige Wi; **UW** (Atenolol): Bradykardie, Kältegefühl an Extremitäten, Schwindel, Schwitzen, Magen-Darm-Beschwerden, Müdigkeit; **UW** (Betaxolol): Schlaflosigkeit, Schwindel, Müdigkeit, Kopfschmerz, Schwitzen, Bradykardie, Kältegefühl an Extremitäten, Magen-Darm-Beschwerden, allerg. Hautreaktionen, Haarausfall, Schwäche; **UW** (Bisoprolol): Bradykardie (bei chron. Herzinsuff.), Verschlechterung der Herzinsuff., Schwindel, Kopfschmerzen, Übelkeit, Erbrechen, Diarrhö, Obstipation, Kälte- oder Taubheitsgefühl in den Extremitäten, Hypotonie, Asthenie, Müdigkeit; **UW** (Esmolol): Hypotonie, Diaphorese, Anorexie, Depression, Angstzustände, Schwindelgefühl, Somnolenz, Kopfschmerzen, Parästhesie, Aufmerksamkeitsstrg., Verwirrtheitszustand, Unruhe, Übelkeit, Erbrechen, Asthenie, Reakt. an Injektionsstelle; **UW** (Landiolol): Hypotonie, Bradykardie; **KI** (Atenolol): Überempf., manifeste Herzinsuffizienz, Schock, AV-Block II–III°, Sick-Sinus-Syndrom, sinuatrialer Block, Bradykardie, Hypotonie, Azidose, bronchiale Hyperreagibilität, Spätstadium pAVK, gleichzeitige MAO-Hemmer-Therapie; **KI** (Betaxolol): manif. Herzinsuff., kardiogener Schock, anamn. anaphylakt. Reakt., AV-Block II–III°, Sick-Sinus-Syndrom, sinuatrialer Block, Bradykardie, Hypotonie, Prinzmetal-Angina, Raynaud-Syndrom, Spätstadium pAVK, gleichzeit. MAO-Hemmer-Ther., schwere Formen von Asthma/COPD, unbeh. Phäochromozytom, Komb. mit Floctafenin, Sultoprid; **KI** (Bisoprolol): akute Herzinsuff., dekomp. Herzinsuff. mit erford. inotroper i.v.-Ther., kardiogener Schock, AV-Block II°/III°, Sinusknotensyndrom, SA-Block, Bradykardie < 60/min, Hypotonie, schwere Formen von Asthma bronchiale, schwere COPD, Spätstadium pAVK, Raynaud-Syndrom, unbehand. Phäochromozytom, metabol. Azidose; **KI** (Esmolol): bek. Überempf. gegen E. oder and. Betablocker, schwere Sinusbradykardie (< 50/min); Sinusknotensyndrom, schw. Strg. der AV-Knotenleitung (ohne Herzschrittmacher), AV-Block II–III°, kardiogener Schock, schw. Hypotonie, dekompensierte Herzinsuff., gleichzeitige oder kürzlich (bis 48h) erfolgte i.v. Verapamil-Verabreichung; unbehand. Phäochromozytom, pulmonale Hypertonie, akuter Asthmaanfall, metabolische Azidose; **KI** (Landiolol): Bradykardie < 50/Min, Sinusknotensyndrom, AV-Block II–III (ohne Schrittmacher), kardiogener Schock, schwere Hypotonie, dekompensierte Herzinsuffizienz, pulmonale Hypertonie, unbehandeltes Phäochromozytom, akuter Asthmaanfall, schwere, nicht korrigierbare metabol. Azidose

Atenolol Rp	HWZ 6h, Q_0 0.12, PPB 3%, PRC D, Lact ? ✋	β_1	ISA
Atenolol-ratioph. *Tbl. 25, 50, 100mg* **AteHEXAL** *Tbl. 25, 50, 100mg* **Juvental** *Tbl. 25, 50mg* **Tenormin** *Tbl. 50mg*	**Hyperkin. Herzsyndrom:** 1 x 25mg p.o.; **art. Hypertonie, KHK, supraventrik. und ventrik. HRST:** 1 x 50–100mg p.o.; **DANI** CrCl 10–30: 50%; < 10: 25%	+	0
Betaxolol Rp	HWZ 18h, Q_0 0.8, PPB 50%, PRC C, Lact ? ✋	+	0
Kerlone *Tbl. 20mg*	**Art. Hypertonie:** 1 x 10–20mg p.o.; **DANI** CrCl > 30: 100%; < 30, HD: max. 10mg/d		
Bisoprolol Rp	HWZ 11h, Q_0 0.48, PPB 30%, PRC C, Lact ? ✋	+	0
Bisobeta *Tbl. 5, 10mg* **BisoHEXAL** *Tbl. 1.25, 2.5, 3.75, 5, 7.5, 10mg* **Bisoprolol-ratioph.** *Tbl. 1.25, 2.5, 3.75, 5, 10mg* **Concor, Jutabis** *Tbl. 5, 10mg* **Concor Cor** *Tbl. 1.25, 2.5, 3.75, 5, 7.5, 10mg*	**Art. Hypertonie, KHK:** 1 x 2.5–10mg p.o.; **Herzinsuff.:** ini 1 x 1.25mg p.o., je nach Verträglichkeit steigern um 1.25–2.5mg/W bis 10mg/d; **DANI** CrCl < 20: max. 10mg/d; **DALI** max. 10mg/d		

		β_1	ISA
Carvedilol Rp	HWZ 6-10h, Qo 1.0, PPB 99%, PRC C, Lact ? ✋	β_1	ISA
Carvedilol HEXAL *Tbl. 3.125, 6.25, 12.5, 25, 50mg* **Carvedilol-ratioph.** *Tbl. 6.25, 12.5, 25mg* **Dilatrend** *Tbl. 3.125, 6.25, 12.5, 25mg* **Querto** *Tbl. 6.25, 12.5, 25mg*	**Art. Hypertonie**: ini 1 x 12.5mg, n. 2d 1 x 25mg, ggf. n. 14d 2 x 25mg p.o.; **chron. stab. AP:** ini 2 x 12.5mg, n. 2d 2 x 25mg, ggf. nach 14d 2 x 50mg; **Herzinsuff.**: ini 2 x 3.125mg, je nach Verträglichkeit alle 2W steigern um 3.125-12.5mg; bis 85kg: max. 2 x 25mg; > 85kg: max. 2 x 50mg; **DANI** nicht erforderlich	0	0
Celiprolol Rp	HWZ 5-7h, Qo 0.6 ✋	+	+
Celipro Lich *Tbl. 200mg* **Celitin** *Tbl. 200, 400mg*	**Art. Hypertonie, KHK**: 1 x 200-400mg p.o.; **DANI** CrCl < 10: 1 x 100mg		
Esmolol Rp	HWZ 9min, Qo 1.0, PPB 55%, PRC C, Lact ? ✋	+	0
Brevibloc *Amp. 100mg/10ml, 2500mg/250ml* **Esmocard** *Amp. 100mg/10ml, 2500mg/10ml*	**Supraventrik. Tachykardie**: ini 500µg/kg i.v. über 1min, dann 50µg/kg/min, max. 200µg/kg/min; **DANI** CrCl 30-60: Anw. max. 4h; < 30: KI; **DALI** KI bei schw. Leberfktsstrg.		
Landiolol Rp	HWZ 3-4min	+	0
Rapibloc *Inf.Lsg. 300mg*	**Supraventr. Tachykardie, nicht kompensator. Sinustachykardie:** ini 100µg/kg i.v. über 1min, dann 10-40µg/kg/min, max. 80µg/kg/min; **DANI** nicht erf.; **DALI** vorsicht. Anw.		
Metoprololsuccinat Rp	HWZ 3-4h, PPB 10% ✋	+	0
Beloc-Zok *Tbl. 23.75(ret.), 47.5(ret.), 95(ret.), 190(ret.)mg* **MetoHEXAL-Succ** *Tbl. 23.75(ret.), 47.5(ret.), 95(ret.), 142.5(ret.), 190(ret.)mg* **Meto-Succinat Sandoz** *Tbl. 23.75(ret.), 47.5(ret.), 95(ret.), 142.5(ret.), 190(ret.)mg*	**Art. Hypertonie, KHK, tachyk. HRST, hyperkin. Herzsyndr.:** 1 x 47.5-190mg p.o.; **Herzinsuff.:** ini 1 x 23.75mg, nach Verträglichkeit Dosis alle 2W verdoppeln bis max. 1 x 190mg; **Migräne-Pro.:** 1 x 95mg p.o.		
Metoprololtartrat Rp	HWZ 3-5(8)h, Qo > 0.8, PPB 12% ✋	+	0
Beloc *Amp. 5mg/5ml* **Jutabloc** *Tbl. 100, 200(ret.)mg* **MetoHEXAL** *Tbl. 50, 100, 100(ret.), 200(ret.)mg* **Metoprolol AL** *Tbl. 50, 100, 200(ret.)mg* **Metoprolol-ratioph.** *Tbl. 50, 50(ret.), 100, 100(ret.), 200(ret.)mg*	**Art. Hypertonie, KHK, tachykarde HRST, hyperkinet. Herzsyndrom:** 1-2 x 50-100mg p.o.; 1 x 100-200mg (ret.); 5-10mg langs. i.v., max. 20mg i.v.; **Migräne-Pro.:** 1-2 x 50-100mg p.o.; 1 x 100-200mg (ret.); **DANI** nicht erforderlich		

Wirkstoff / Präparate	Dosierung	β_1	ISA
Nebivolol Rp — HWZ 10-50h, Qo 0.95, PPB 98%		β_1	ISA
Nebilet *Tbl. 5mg* **Nebivolol Actavis** *Tbl. 5mg* **Nebivolol Stada** *Tbl. 5mg*	**Art. Hypertonie:** 1 x 5mg p.o.; **chron. Herzinsuffizienz bei > 70J:** ini 1.25mg, max. 10mg/d; **DANI** ini 2.5mg; **DALI** KI	+	0
Pindolol Rp — HWZ 3-4h, Qo 0.5, PPB 40%, PRC B, Lact ?		0	+
Visken *Tbl. 5mg*	**Art. Hypertonie:** 3 x 5-10mg p.o.; **KHK:** 3 x 5mg p.o.; 1 x 15mg; **tachyk. HRST:** 3 x 5-10mg p.o.; **hyperkinet. Herzsyndrom:** 2-3 x 2.5mg; **DALI** Dosisreduktion		
Propranolol Rp — HWZ 3-4h, Qo 1.0, PPB 90%, PRC C, Lact ?		0	0
Dociton *Tbl. 10, 40, 80mg; Kps. 80(ret.), 160(ret.)mg; Amp. 1mg/1ml* **Hemangiol** *Lsg. (1ml = 3.75mg)* **Inderal** *Tbl. 40mg* **Obsidan** *Tbl. 25, 40, 100mg* **Propra-ratioph.** *Tbl. 10, 40, 80mg* **Propranolol Stada** *Tbl. 40, 80mg*	**Art. Hypertonie:** 2-3 x 40-80mg p.o.; 2 x 160mg; 1 x 160-320mg (ret.); **KHK, tachykarde HRST:** 2-3 x 40-80mg; 1 x 1mg langsam i.v., max. 10mg i.v.; **Arrhythmien Ki.:** 3-4 x 0.25-0.5mg/kg, max. 4 x 1mg/kg bzw. 160mg/d; **hyperkin. Herzsyndrom:** 3 x 10-40mg; **primäres Angstsyndrom, essentieller Tremor, Migräne-Pro.:** 2-3 x 40mg; **Hyperthyreose:** 3-4 x 10-40mg; **proliferative infantile Hämangiome:** (Hemangiol) Ki. 5W-5M: ini 1mg/kg/d p.o. in 2ED, nach 1W 2mg/kg/d, nach 2W 3mg/kg/d; Ther.-Dauer 6M; **DANI** nicht erforderlich		
Sotalol Rp — HWZ 15h, Qo 0.15, keine PPB, PRC B, Lact ?		0	0
Darob *Tbl. 160mg* **Rentibloc** *Tbl. 40, 160mg* **SotaHEXAL** *Tbl. 40, 80, 160mg* **Sotalex** *Tbl. 80, 160mg;* **Sotalol-ratioph.** *Tbl. 40, 80, 160mg*	**Ventrikuläre HRST**: ini 2 x 80mg p.o., ggf. steigern bis 3 x 80 od. 2 x 160mg; max. 640mg/d in 2-3 ED; **PRO chron. Vorhofflimmern nach DC-Kardioversion**: 2-3 x 80mg p.o., max. 2 x 160mg/d; **PRO paroxysmales Vorhofflimmern**: 2-3 x 80mg p.o.; **DANI** CrCl 30-60: 50%; 10-30: 25%; <10: keine oder vorsichtige Anw.		

β_1: selektive Hemmung von Beta-1-Rezeptoren; **ISA:** intrinsische sympathomimetische Aktivität = partieller Agonismus und partieller Antagonismus

2.1.4 Direkte Renininhibitoren

Wm/Wi: selektive direkte Hemmung des humanen Renins ⇒ Blockade der Umwandlung von Angiotensinogen zu Angiotensin I ⇒ Plasmareninaktivität ↓; AT-I- und II-Spiegel ↓ ⇒ RR ↓;
UW: Schwindel, Diarrhoe, Arthralgie, Hyperkaliämie, Hautausschlag, Hypotonie, Einschränkung der Nierenfunktion, periphere Ödeme;
KI: angeborenes/idiopathisches Angioödem, Angioödem unter Aliskiren in Vorgeschichte, gleichzeitige Anwendung mit Ciclosporin, Itraconazol u. anderen potenten P-gp-Inhibitoren (z. B. Chinidin), gleichzeitige Anwendung mit Angiotensin-II-Rezeptor-Blockern oder ACE-Hemmern bei Patienten mit Diabetes mellitus oder eingeschränkter Nierenfkt. (CrCl < 60), Grav. (2./3. Trim.), bek. Überempfindlichkeit gegen Wirkstoff oder sonstige Bestandteile

Aliskiren Rp	HWZ 40h, PPB 49%, PRC C (1.), D (2., 3. Trim.), Lact ?
Rasilez *Tbl. 150, 300mg*	**Art. Hypertonie:** ini 1 x 150mg p.o., ggf. nach 2W steigern auf 1 x 300mg; **DANI** CrCl < 30: vorsichtige Anw.; < 60: KI bei gleichzeitiger Einnahme v. ACE-Hemmern oder AT-II-Blockern; **DALI** nicht erforderlich

2.1.5 Kalziumantagonisten (Non-Dihydropyridine)

Wm: Hemmung des Ca^{2+}-Einstroms; **Wi:** negativ inotrop, kardialer O_2-Verbrauch ↓, Vasodilatation (v.a. Arteriolen ⇒ Nachlast ↓, Vorlast unbeeinflusst!), negativ chronotrop, AV-Überleitungszeit ↑, AV-Refraktärzeit ↑;
UW (Verapamil): Übelkeit, Brechreiz, Völlegefühl, Obstipation, Müdigkeit, Nervosität, Schwindel, Benommenheit, Schläfrigkeit, Parästhesie, Neuropathie, Tremor, Entwicklung/Verschlechterung einer Herzinsuffizienz, Hypotonie, Orthostase, Sinusbradykardie, AV-Block I°, Knöchelödeme, Flush, Hautrötung, Wärmegefühl, allergische Reaktionen, Erythem, Pruritus, Urtikaria, makulopapulöses Exanthem, Erythromelalgie, Schwitzen, Kopfschmerzen;
KI (Verapamil): Herz-Kreislauf-Schock, akuter MI mit Komplik., ausgeprägte Reizleitungsstrg. (z.B. SA- bzw. AV-Block II° u. III°), Sinusknotensyndr., manifeste Herzinsuff., Vorhofflimmern/-flattern u. gleichzeit. WPW-Syndrom, i.v.-Appl. von Betablockern (Ausnahme Intensivmedizin)

Diltiazem Rp	HWZ 6h, Q_0 > 0.9, PPB 70-85%, PRC C, Lact -
DiltaHEXAL *Tbl. 60, 90(ret.)mg* **Diltiazem-ratioph.** *Tbl. 60mg; Kps. 90(ret.), 120(ret.), 180(ret.)mg* **Dilzem** *Tbl. 90(ret.), 120(ret.), 180(ret.)mg*	**Art. Hypertonie, KHK:** 3 x 60mg; 2 x 90-180mg (ret.); **DANI, DALI** vorsichtige Anw.

Verapamil Rp	HWZ 3-7h, Q_0 > 0.8, PPB 90%, PRC C, Lact +
Isoptin *Tbl. 40, 80, 120, 120(ret.), 240(ret.)mg; Inj.Lsg. 5mg/2ml* **VeraHEXAL** *Tbl. 40, 80, 120, 120(ret.), 240(ret.)mg; Kps. 120(ret.), 240(ret.)mg; Inj.Lsg. 5mg/2ml* **Veramex** *Tbl. 40, 80, 120, 240(ret.)mg* **Verapamil-ratioph.** *Tbl. 40, 80, 120, 240(ret.)mg; Inj.Lsg. 5mg/2ml*	**Art. Hypertonie, KHK, supraventr. Tachyk.:** 3 x 80-120mg; 2 x 120-240mg (ret.) p.o.; 5mg langs. i.v., dann 5-10mg/h, max. 100mg/d; Perf. (100mg) = 2mg/ml ⇒ 2-5ml/h; **Ki. 6-14J:** 80-360mg/d, 2.5-5mg i.v.; **< 6J:** 80-120mg/d, 2-3mg i.v.; **Sgl.:** 0.75-2mg i.v.; **NG:** 0.75-1mg i.v.; **DANI** nicht erforderlich; **DALI** 2-3 x 40mg

2.1.6 Kalziumantagonisten (Dihydropyridine)

Wm/Wi: Hemmung des Ca^{2+}-Einstroms ⇒ negativ inotrop, kardialer O_2-Verbrauch ↓, Vasodilatation v.a. der Arteriolen ⇒ Nachlast ↓, Vorlast unbeeinflusst!;
UW (Amlodipin): Knöchelschwellung, Kopfschmerzen, Schläfrigkeit, Schwindel, Schwäche, Palpitationen, Übelkeit, Dyspepsie, Bauchschmerzen, Gesichtsrötung mit Hitzeempfindung;
KI (Amlodipin): Überempfindlichkeit gegen Amlodipin oder andere Dihydropyridine, schwere Hypotonie, Schock, kardiogener Schock, Herzinsuffizienz nach akutem Herzinfarkt (erste 4W), hochgradige Aortenstenose, instabile Angina pectoris

Amlodipin Rp	HWZ 40h, Q_0 0.85, PPB 93%, PRC C, Lact ?
Amlobesilat Sandoz *Tbl. 5mg* **Amlodipin besilat Dexcel** *Tbl. 5, 10mg* **Amlodipin HEXAL** *Tbl. 5, 7.5, 10mg* **Amlodipin-ratioph.** *Tbl. 5, 10mg* **Norvasc** *Tbl. 5mg*	**Art. Hypertonie, chron. stabile AP:** 1 x 5-10mg p.o.; **DANI** nicht erforderlich; **DALI** KI b. schwerer LI
Felodipin Rp	HWZ 10-16h, Q_0 1.0, PPB 99%, PRC C, Lact ?
Felocor *Tbl. 2.5(ret.), 5(ret.), 10(ret.)mg* **Felodipin-CT** *Tbl. 5(ret.), 10(ret.)mg* **Felodipin Stada** *Tbl. 2.5(ret.), 5(ret.), 10(ret.)mg* **Modip** *Tbl. 5(ret.), 10(ret.)mg*	**Art. Hypertonie:** ini 1 x 2.5-5mg; Erh.Dos. 1 x 5-10mg (ret.) p.o.; **DANI** CrCl < 30: KI; **DALI** sorgf. Dosiseinstellg., KI bei Child C
Isradipin Rp	HWZ 8.4h, Q_0 1.0, PPB 95%, PRC C, Lact ?
Lomir Sro *Kps. 5(ret.)mg* **Vascal uno** *Kps. 2.5(ret.), 5(ret.)mg*	**Art. Hypertonie:** 2 x 2.5-5mg; 1 x 5-10mg (ret.) p.o.; **DANI** CrCl > 30: ini 50%; < 30: nicht empfohlen; **DALI** KI
Lercanidipin Rp	HWZ 8-10h, PPB > 98%
Carmen, Corifeo *Tbl. 10, 20mg* **Lercanidipin Heumann** *Tbl. 10, 20mg* **Lercanidipin Stada** *Tbl. 10, 20mg*	**Art. Hypertonie:** 1 x 10-20mg p.o.; **DANI** CrCl > 30: 100%; < 30: nicht empf.; **DALI** KI bei schwerer Leberfktstrg.
Manidipin Rp	PPB 99%
Manyper *Tbl. 10, 20mg*	**Art. Hypertonie:** ini 1 x 10mg p.o., nach 4W je nach Wi 1 x 20mg; **DANI** CrCl < 10: KI; **DALI** max. 10mg/d
Nifedipin Rp	HWZ 2.5-5h, Q_0 1.0, PPB 98%, PRC C, Lact +
Adalat *Kps. 10mg; Tbl. 20(ret.), 30(ret.), 60(ret.)mg; Inf.Lsg. 5mg/50ml* **Aprical** *Kps. 10mg; Tbl. 60(ret.)mg* **NifeHEXAL** *Tbl. 10(ret.), 20(ret.), 30(ret.), 60(ret.)mg; Gtt. (1ml = 20mg)* **Nifical** *Tbl. 10(ret.), 20(ret.)mg; Gtt. (1ml = 20mg)*	**Art. Hypertonie, KHK:** 3 x 10-20mg p.o.; 1 x 30-60mg (ret.), 2 x 20mg (ret.); max. 60mg/d p.o.; 0.63-1.25mg/h i.v.; Perf. (5mg) = 0.1mg/ml ⇒ min1-5: 60-120ml/h, dann 6-12ml/h; **hypertensive Krise:** 10mg p.o. (Kps. zerbeißen), evtl. Wdh. nach 30min; **Raynaud-Syndrom:** 3 x 10-20mg p.o.; **DANI** nicht erforderlich; **DALI** sorgfältige Dosiseinstellung

Nilvadipin Rp	HWZ 15-20h, Q_0 1.0, PPB 99%
Escor *Kps. 8(ret.), 16(ret.)mg* **Nivadil** *Kps. 8(ret.), 16(ret.)mg*	**Art. Hypertonie:** ini 1 x 8mg p.o., je nach Wi steigern bis 1 x 16mg; **DANI** CrCl < 30: nicht empfohlen; **DALI** max. 8mg/d

Nisoldipin Rp	HWZ 7-12h, Q_0 1.0, PPB 99%, PRC C, Lact ?
Baymycard *Tbl. 5, 10mg* **Baymycard RR** *Tbl. 10(ret.), 20(ret.), 30(ret.)mg*	**Art. Hypertonie:** 2 x 5-10mg, max. 2 x 20mg p.o.; 1 x 10-40mg (ret.); **chronisch stabile AP:** 2 x 5-10mg, max. 2 x 20mg p.o.; **DANI** nicht erforderlich; **DALI** KI bei schwerer Leberfktstrg.

Nitrendipin Rp	HWZ 8-12h, Q_0 1.0, PPB 99%, PRC C
Bayotensin *Tbl. 10, 20mg; Phiole 5mg* **Jutapress** *Tbl. 10mg* **Nitrendipin-ratioph.** *Tbl. 10, 20mg* **Nitrepress** *Tbl. 10, 20mg*	**Art. Hypertonie:** 1-2 x 10-20mg p.o.; **hypertensive Krise:** 5mg s.l., evtl. Wdh. nach 30 min; **DANI** nicht erforderlich; **DALI** ini 10mg/d, häufige RR-Kontrolle

2.1.7 Zentral angreifende Alpha-2-Rezeptoragonisten

Wm: Stimulation zentraler Alpha-2-Rez. ⇒ präsynaptisch ⇒ Noradrenalinfreisetzung ↓ ⇒ postsynaptisch ⇒ peripherer Sympathikotonus ↓, Reninfreisetzung ↓ ⇒ Hemmung des RAAS; **Wm** (Alpha-Methyldopa): bildet zusätzl. „falschen" Transmitter Alpha-Methylnoradrenalin; **Wm** (Moxonidin): Stimulation von zentralen Imidazolinrezeptoren; relativ schwache Stimulation zentraler Alpha-2-Rez.; **Wi:** peripherer Widerstand ↓, HF ↓, HZV ↓ ⇒ RR ↓; **UW** (Alpha-Methyldopa): Sedierung, Schwindel, orthostatische Strg., Benommenheit, Kopfschmerzen, HF ↓, Mundtrockenheit, Ödeme, Schlafstrg., Depression, Halluzinationen, Libidostrg., Gynäkomastie, Amenorrhoe; **UW** (Clonidin): Schlafstrg., Depression, Kopfschmerzen, AV-Block, HF ↓, Sedierung, Mundtrockenheit, Potenz- u. Libidostrg.; **UW** (Moxonidin): Benommenheit, Mundtrockenheit, Schläfrigkeit, Schwäche, Schwindel, Kopfschmerzen, gestörte Denkprozesse, Schlafstrg., Übelkeit, Obstipation, Vasodilatation; **KI** (Alpha-Methyldopa): akute u. chronische Lebererkrankungen, schwere Nierenfktstrg., Phäochromozytom, Depression, schwere Herzinsuffizienz, hämolytische Anämie; **KI** (Clonidin): Depressionen, HF ↓ < 50/min, AV-Block II°-III°, Sick Sinus; Grav./Lact. **KI** (Moxonidin): Sick Sinus, sinuatrialer Block, AV-Block II°-III°, HF ↓ < 50, maligne Arrhythmien, Herzinsuffizienz, schwere Koronarinsuffizienz, instabile AP, schwere Nierenfunktionsstörung, Angioödem, schwere Lebererkrankung

Alpha-Methyldopa Rp	HWZ 2h, Q_0 0.4, PPB 10-15%, PRC B, Lact +
Dopegyt *Tbl. 250mg* **Methyldopa Stada** *Tbl. 250mg* **Presinol** *Tbl. 125, 250, 500mg*	**Art. Hypertonie:** ini 1-3 x 125mg p.o., je nach Wi steigern bis 2-3 x 250mg; **Schwangerschaftshypertonie:** 250-2000mg/d; **DANI** sorgf. Dosiseinst., Erh.Dos. max. 50%

Clonidin Rp	HWZ 10-20h, Qo 0.4, PPB 30-40%, PRC C, Lact ?
Catapresan *Tbl. 0.075, 0.15, 0.3mg* **Clonidin-ratioph.** *Tbl. 0.075, 0.15, 0.3mg; Kps. 0.25mg; Amp. 0.15mg/1ml* **Clonistada** *Tbl. 0.15, 0.3, 0.25 (ret.)mg*	**Art. Hypertonie:** 2 x 0.075-0.3mg; 1-2 x 0.25mg (ret.), max. 0.9mg/d p.o.; **hypertensive Krise:** 1-4 x 0.075-0.15mg i.m./s.c./i.v.; Perf. (0.45mg) = 9µg/ml ⇒1-5ml/h; s. a. Alkoholentwöhnungsmittel → 379; **DANI** max. 0.3mg/d p.o./i.v.

Moxonidin Rp	HWZ 2-3h, Qo 0.4, PPB 7%
Moxobeta *Tbl. 0.2, 0.3, 0.4mg* **Moxonidin HEXAL** *Tbl. 0.2, 0.3, 0.4mg* **Physiotens** *Tbl. 0.2, 0.3, 0.4mg*	**Art. Hypertonie:** 1-2 x 0.2-0.4mg p.o., max. 0.6mg/d; **DANI** CrCl: 30-60: max. 0.4mg/d; < 30: KI; **DALI** KI bei schwerer LI

2.1.8 Alphablocker

Wm: revers. Alpha-1-Rezeptorblock.; (Phenoxybenzamin) irrev. Alpha-1-/Alpha-2-Rez.-Block.; **Wi:** Vasodilatation, Pre- und Afterload ↓; Urapidil: zusätzlich Agonist am 5-HT1A-Rezeptor; **UW** (Doxazosin): Atemwegsinfekte, Harnwegsinfekt, Benommenheit, Kopfschmerzen, Somnolenz, Schwindel, Hypotonie, othostat. Hypotonie, Palpitationen, Tachykardie, Bronchitis, Dyspnoe, Rhinitis, Bauchschmerzen, Dyspepsie, Mundtrockenheit, Übelkeit, Pruritus, Rückenschmerzen, Myalgien, Zystitis, Harninkontinenz, Schwächegefühl, Brustschmerz, Grippesymptome, periph. Ödeme; **KI** (Doxazosin): bekannte Überempfindlichkeit, orthostatische Hypotonie, Pat. mit benigner Prostatahyperplasie, die gleichzeitig eine Stauung der oberen Harnwege, einen chronischen; Harnwegsinfekt oder Blasensteine aufweisen, Pat. mit gastrointest. Obstruktion, ösophagealer Obstruktion oder verringertem Lumendurchmesser des GI-Trakts in der Anamnese, Lakt., benigne Prostatahyperplasie mit Überlaufblase, Anurie oder progressiver Niereninsuffizienz als Monotherapie

Doxazosin Rp	HWZ 8.8-22h, Qo 0.95, PPB 98%, PRC C, Lact ?
Cardular PP *Tbl. 4(ret.), 8(ret.)mg* **Diblocin PP** *Tbl. 4(ret.)mg* **Doxacor** *Tbl. 1, 2, 4, 8mg* **Doxazosin-ratioph.** *Tbl. 2, 4, 4(ret.), 8(ret.)mg* **Doxazosin Stada** *Tbl. 1, 2, 4, 4(ret.), 8mg* **Jutalar** *Tbl. 2, 4, 4(ret.), 8mg*	**Art. Hypertonie:** ini 1 x 1mg/d, bei Bedarf um 1mg/W steigern bis 1 x 8mg/d p.o., max. 16mg/d; **DANI** nicht erforderlich; **DALI** leichte LI: sorgfältige Dosiseinstellung; schwere LI: Anw. nicht empfohlen

Phenoxybenzamin Rp	HWZ 24h, PRC C, Lact ?
Dibenzyran *Kps. 10mg*	**Phäochromozytom:** 1-3W präop.: ini 1 x 10mg p.o., je nach Wi steigern bis 100mg/d; inop.: ini 10mg/d, Erh.Dos. 2-3 x 20-40mg; **Ki.:** ini 0.2-0.4mg/kg/d; **DANI** KI

Terazosin Rp	HWZ 8-14h, Qo 0.95, PPB 90-94%, PRC C, Lact ?
Heitrin *Tbl. 1, 2, 5mg* **Terazosin Stada** *Tbl. 2, 5, 10mg*	**Art. Hypertonie:** ini 1 x 1mg p.o., je nach Wi steigern bis max. 20mg/d; **DANI** nicht erford.; **DALI** Dosisreduktion

Urapidil Rp	HWZ 4.7 (10)h, Qo 1.0, PPB 80%
Ebrantil *Kps. 30(ret.), 60(ret.), 90(ret.)mg; Amp. 25mg/5ml, 50mg/10ml* **Urapidil Carino** *Amp. 25mg/5ml, 50mg/10ml, 100mg/20ml* **Urapidil Stragen** *Amp. 25mg/5ml, 50mg/10ml, 100mg/20ml*	**Art. Hypertonie:** 2 x 30-90mg (ret.) p.o.; **hypertensiver Notfall:** 10-50mg langs. i.v., ggf. Wdh. nach 5min; Dauerinf. ini 2mg/min, mittlere Erh.Dos. 9mg/h; Perfusor 100mg/50ml (2mg/ml): 4.5-60ml/h; **DANI, DALI** sorgfältige Dosiseinstellung

2.1.9 Direkte Vasodilatatoren

Wm: direkter Angriff an der glatten Muskulatur kleinerer Arterien und Arteriolen ⇒ peripherer Widerstand ↓ (Afterload) ⇒ RR ↓;
UW (Dihydralazin): orthostat. Hypotonie, Schwindel, Appetit ↓, Übelkeit, Erbrechen, Durchfall, Verstopfung, paralytischer Ileus, migräneartige Kopfschmerzen, Nasenverstopfung, Hautrötung, Ödeme, periphere Neuropathie, Parästhesien, Tremor, Muskelkrämpfe; **UW** (Minoxidil): Salz- u. Wasserretention, Tachykardie, Perikarditis, Perikarderguss u. -tamponade, Magen-Darm-Unverträglichkeit, Hypertrichose, Veränderung der Haarfarbe, EKG-Veränderungen;
KI (Dihdralazin): bek. Überempf. (auch gegen Hydralazin); idiopathisch u. medikamentös induzierter Lupus erythem., Aortenaneurysmen, Herzklappenstenosen, hypertrophe Kardiomyopathie, isolierte Rechtsherzinsuff. infolge pulmonaler Hypertonie, Grav. (1. Trimenon);
KI (Minoxidil): bek. Überempf., pulm. Hypertonie wegen Mitralstenose, Phäochromozytom

Dihydralazin Rp	HWZ 4-5h, PPB 84-90%, PRC B
Nepresol *Tbl. 25, 50mg; Amp. 25mg/2ml*	**Art. Hypertonie:** ini 2 x 12.5mg p.o., je nach Wi steigern bis 2 x 25mg; max. 100mg/d; **hypertensive Krise, Eklampsie:** 12.5-25mg i.m.; 6.25-12.5mg langs. i.v., evtl. Wdh. nach 20min; Perf. (75mg) = 1.5mg/ml ⇒ 1-5ml/h; max. 100mg/24h; **DANI, DALI** sorgfältige Dosiseinstellung

Minoxidil Rp	HWZ 4h, Qo 0.9, keine PPB, PRC C, Lact +
Loniten *Tbl. 2.5, 10mg* **Lonoten** *Tbl. 10mg* **Lonolox** *Tbl. 2.5, 10mg*	**Therapieresistente art. Hypertonie:** ini 2 x 2.5mg p.o., alle 3d um 5-10mg steigern, ab 50mg um 25mg/d steigern bis max. 100mg/d; Komb. mit Diuretikum u. Betablocker; **Ki. bis 12J:** ini 0.1mg/kg, alle 3d steigern um 0.1-0.2mg/kg, max. 1mg/kg bzw. 50mg/d; **DANI** CrCl < 30, HD: sorgfältige Dosiseinst.

2.1.10 ACE-Hemmer-Kombinationen

Benazepril + Hydrochlorothiazid Rp	PPB (H) 64%, PRC C (1.), D (2., 3. Trim.), Lact -
Benazeplus AL *Tbl. 10+12.5, 20+25mg* **Benazeplus Stada** *Tbl. 10+12.5, 20+25mg* **Benazepril HEXAL comp., Benazepril Winthrop comp.** *Tbl. 10+12.5, 20+25mg* **Cibadrex** *Tbl. 10+12.5, 20+25mg*	**Art. Hypertonie:** 1 x 10-20 + 12.5-25mg p.o., max. 2 x 20+25mg; **DANI** CrCl 30-60: sorgfältige Dosiseinstellung; < 30: KI; **DALI** KI

Captopril + Hydrochlorothiazid Rp	PRC C (1.), D (2., 3. Trim.), Lact -
ACE-Hemmer-ratioph. comp. *Tbl. 25+12.5, 25+25, 50+25mg* **CaptoHEXAL comp.** *Tbl. 25 +12.5, 25+25, 50+25mg*	**Art. Hypertonie:** 1 x 25-50+12.5-25mg p.o.; **DANI** CrCl 30-80: ini 1 x 25+12.5mg; < 30: KI; **DALI** sorgfältige Dosiseinstellung, KI bei schwerer LI
Cilazapril + Hydrochlorothiazid Rp	
Dynorm Plus *Tbl. 5+12.5mg*	**Art. Hypertonie:** 1 x 5+12.5mg p.o.; **DANI** CrCl 30-60: sorgfältige Dosiseinstellung; < 30: KI; **DALI** KI bei schwerer LI
Enalapril + Hydrochlorothiazid Rp	PPB (E) < 50%, PRC C (1.), D (2., 3. Trim.), Lact -
Corvo HCT *Tbl. 10+25mg* **EnaHEXAL comp.** *Tbl. 10+25mg, 20+6mg, 20+12.5mg* **Enalagamma HCT** *Tbl. 10+25, 20+12.5mg* **Enalapril HCT Sandoz** *Tbl. 10+25, 20+6, 20+12.5mg* **Enaplus Al** *Tbl. 10+25mg, 20+6mg, 20+12.5mg* **Renacor** *Tbl. 10+25mg*	**Art. Hypertonie:** 1 x 10-20+6-25mg p.o.; **DANI** CrCl 30-60: sorgfältige Dosiseinstellung; < 30: KI; **DALI** KI bei schwerer LI
Fosinopril + Hydrochlorothiazid Rp	
Fosinopril Act comp. *Tbl. 20+12.5mg*	**Art. Hypertonie:** 1 x 20+12.5mg p.o.; **DANI** CrCl 30-60: sorgf. Dosiseinstellung; < 30: KI; **DALI** KI
Lisinopril + Hydrochlorothiazid Rp	PRC C (1.), D (2., 3. Trim.), Lact -
Acercomp *Tbl. 10+12.5, 20+12.5mg* **Lisibeta comp.** *Tbl. 10+12.5, 20+12.5mg* **Lisigamma HCT** *Tbl. 10+12.5, 20+12.5mg* **Lisinopril 1A plus** *Tbl. 10+12.5, 20+12.5mg*	**Art. Hypertonie:** 1 x 10-20+12.5mg p.o.; **DANI** CrCl 30-60: sorgf. Dosiseinstellung; < 30: KI; **DALI** KI bei schwerer LI
Moexipril + Hydrochlorothiazid Rp	PRC C (1.), D (2., 3. Trim.), Lact -
Fempress Plus *Tbl. 15+25mg*	**Art. Hypertonie:** 1 x 15+25mg p.o.; **DANI** CrCl 40-60: 50%; < 40: KI; **DALI** KI
Perindopril + Indapamid Rp	
BiPreterax N *Tbl. 5+1.25mg* **Perindo In 1A** *Tbl. 2+0,625mg, 4+1.25mg* **Preterax N** *Tbl. 2.5+0.625mg*	**Art. Hypertonie:** 1 x 2.5-5+0.625-1.25mg p.o.; **DANI** CrCl 30-60: max. 1 x 2.5+0.625mg; < 30: KI; **DALI** KI
Perindopril + Amlodipin + Indapamid Rp	
Viacorind *Tbl. 7+5+2.5mg*	**Art. Hypertonie:** 1 x 7 + 5 +2.5mg p.o.; **DANI** CrCl < 30: KI; **DALI** schwere LI: KI

Quinapril + Hydrochlorothiazid Rp	PRC C (1.), D (2., 3. Trim.), Lact -
Accuzide *Tbl. 10+12.5, 20+12.5mg* **Accuzide diuplus** *Tbl. 20+25mg* **Quinaplus Stada** *Tbl. 10+12.5, 20+12.5, 20+25mg* **Quinapril HEXAL comp.** *Tbl. 10+12.5, 20+12.5, 20+25mg*	**Art. Hypertonie:** 1 x 10-20+12.5-25mg p.o.; **DANI** CrCl 30-60: sorgfältige Dosiseinstellung; < 30: KI; **DALI** KI bei schwerer LI

Ramipril + Piretanid Rp	
Arelix ACE *Tbl. 5+6mg* **Ramipril Piretanid Actavis** *Tbl. 5+6mg* **Ramitanid AL** *Tbl. 5+6mg*	**Art. Hypertonie:** 1 x 5-10+6-12mg p.o.; **DANI** CrCl 30-60: sorgfältige Dosiseinstellung, max. 1 x 5+6mg; < 30: KI; **DALI** schwere LI: KI

Ramipril + Hydrochlorothiazid Rp	
Delix plus *Tbl. 2.5+12.5, 5+25mg* **Ramiplus AL** *Tbl. 2.5+12.5, 5+12.5, 5+25mg* **Ramipril comp.-CT** *Tbl. 2.5+12.5, 5+12.5, 5+25mg* **Ramipril-ratioph. comp.** *Tbl. 2.5+12.5, 5+12.5, 5+25mg*	**Art. Hypertonie:** 1 x 2.5-5+12.5-25mg p.o.; **DANI** CrCl 30-60: sorgfältige Dosiseinstellung; < 30: KI; **DALI** KI bei schwerer LI

2.1.11 Angiotensin-II-Blocker + Diuretikum

Candesartan + Hydrochlorothiazid Rp	
Atacand plus *Tbl. 8+12.5, 16+12.5, 32+12.5, 32+25mg* **Blopresid plus** *Tbl. 16+12.5, 32+12.5, 32+25mg* **Blopress plus** *Tbl. 8+12.5; 16+12.5, 32+12.5, 32+25mg* **Candesartan-ratioph. comp.** *Tbl. 8+12.5, 16+12.5, 32+12.5, 32+25mg*	**Art. Hypertonie:** 1 x 8-16+12.5mg p.o.; **DANI** CrCl > 30: 100%; < 30: KI; **DALI** KI bei schwerer LI

Eprosartan + Hydrochlorothiazid Rp	PRC C (1.), D (2., 3. Trim.), Lact -
Eprosartan-ratioph. comp. *Tbl. 600+ 12.5mg* **Teveten plus** *Tbl. 600+12.5mg*	**Art. Hypertonie:** 1 x 600+12.5mg p.o.; **DANI** CrCl > 30: 100%; < 30: KI; **DALI** leichte bis mittelschwere Leberfktstrg.: nicht empfohlen, schwere LI: KI

Irbesartan + Hydrochlorothiazid Rp	PRC C (1.), D (2., 3. Trim.), Lact -
CoAprovel *Tbl. 150+12.5, 300+12.5, 300+25mg* **Irbecor comp.** *Tbl. 150+12.5, 300+12.5, 300+25mg* **Irbesartan comp. HEXAL** *Tbl. 150+12.5, 300+12.5, 300+25mg* **Karvezide** *Tbl. 150+12.5, 300+12.5, 300+25mg*	**Art. Hypertonie:** 1 x 150-300+12.5-25mg p.o.; **DANI** CrCl > 30: 100%; < 30: KI; **DALI** KI bei schwerer LI

Losartan + Hydrochlorothiazid Rp	PRC C (1.), D (2., 3. Trim.), Lact -
Cozaar comp. *Tbl. 50+12.5mg* **Fortzaar** *Tbl. 100+25mg* **Lorzaar plus** *Tbl. 50+12.5, 100+12.5mg* **Losar-Q comp.** *Tbl. 50+12.5; 100+25mg* **Losartan HEXAL comp.** *Tbl. 50+12.5; 100+25mg*	**Art. Hypertonie:** 1 x 50+12.5-25mg p.o.; ggf. steigern bis max. 1 x 100+25mg; **DANI** CrCl > 30: 100%; < 30: KI; **DALI** KI bei schwerer LI
Olmesartan + Hydrochlorothiazid Rp	PRC C (1.), D (2., 3. Trim.), Lact -
Belsar plus *Tbl. 20+12.5mg, 20+25mg* **Mencord plus** *Tbl. 40+12.5mg, 40+25mg* **Olmetec plus** *Tbl. 20+12.5mg, 20+25mg, 40+12.5mg, 40+25mg* **Votum plus** *Tbl. 20+12.5mg, 20+25mg, 40+12.5mg, 40+25mg*	**Art. Hypertonie:** 1 x 20-40+12.5-25mg p.o.; **DANI** CrCl 30-60: max. 1 x 20+12.5-25 mg/d; < 30: KI; **DALI** leichte bis mäßige LI: vorsichtige Anwendung bzw. max. 20+12.5-25 mg/d; starke Leberfktstrg.: KI
Telmisartan + Hydrochlorothiazid Rp	PRC C (1.), D (2., 3. Trim.), Lact -
Actelsar *Tbl. 40+12.5, 80+12.5, 80+25mg* **Kinzalkomb** *Tbl. 40+12.5, 80+12.5, 80+25mg* **Micardis plus** *Tbl. 40+12.5, 80+12.5, 80+25mg* **Tolucombi** *Tbl. 40+12.5, 80+12.5, 80+25mg*	**Art. Hypertonie:** 1 x 40-80+12.5-25mg p.o.; **DANI** CrCl > 30: 100%; < 30: KI; **DALI** max. 40+12.5mg, KI bei schwerer Leberfktstrg.
Valsartan + Hydrochlorothiazid Rp	PRC C (1.), D (2., 3. Trim.), Lact -
CoDiovan *Tbl. 80+12.5, 160+12.5, 160+25, 320+12.5, 320+25mg* **Cotareg** Tbl. 80+12.5, 160+12.5, 160+25 320+12.5, 320+25mg **Provas comp.** *Tbl. 80+12.5, 160+12.5, 320+12.5mg* **Provas maxx** *Tbl. 160+25mg, 320+25mg* **Valsacor comp.** *Tbl. 80+12.5, 160+12.5, 160+25, 320+12.5, 320+25mg* **Valsartan-ratioph. comp.** *Tbl. 80+12.5, 120+12.5, 160+12.5, 160+25, 320+12.5, 320+25mg*	**Art. Hypertonie:** 1 x 80-320+12.5-25mg p.o.; ggf. steigern auf max. 320+25mg/d; **DANI** CrCl > 30: 100%; < 30: KI; **DALI** Anwendung nicht empfohlen

2.1.12 Angiotensin-II-Blocker + Kalziumantagonist

Candesartan + Amlodipin Rp	
Camlostar *Tbl. 8+5, 8+10, 16+10mg* **Candeamlo HEXAL** *Tbl. 8+5, 8+10, 16+10mg* **Caramlo** *Tbl. 8+5, 16+10mg*	**Art. Hypertonie**: 1 x 8-16 + 5-10mg p.o.; max. 32+10mg; **DANI** bei mäßiger NI: Ka^+ u. Krea kontrollieren; **DALI** schw. LI und/oder Cholestase: KI

Losartan + Amlodipin Rp	
LosAmlo *Tbl. 50+5, 50+10, 100+5, 100+10mg*	**Art. Hypertonie:** 1 x 50-100 + 5-10mg p.o.; max. 100+10mg; **DANI** nicht erf.; **DALI** vors. Anw.; schwere LI: KI
Olmesartan + Amlodipin Rp	
Olmeamlo *Tbl. 20+5, 40+5, 40+10mg* **Olmedipin** *Tbl. 20+5, 40+5, 40+10mg* **Sevikar** *Tbl. 20+5, 40+5, 40+10mg* **Vocado** *Tbl. 20+5, 40+5, 40+10mg*	**Art. Hypertonie:** 1 x 20-40 + 5-10mg p.o.; **DANI** CrCl 20-60: max. 20+5mg; < 20: Anw. nicht empf.; **DALI** leicht bis mäßig eingeschr. Leberfkt: vorsichtige Anw.; KI bei schwerer LI, Gallenwegsobstruktion
Telmisartan + Amlodipin Rp	
Twynsta *Tbl. 40+5, 40+10, 80+5, 80+10mg*	**Art. Hypertonie:** 1 x 40-80 + 5-10mg p.o.; **DANI** leicht bis mäßig eingeschr. Nierenfkt.: 100%, vorsichtige Anw. bei schwerer NI; **DALI** leicht bis mäßig eingeschr. Leberfkt: vorsichtige Anwendung; KI bei schwerer LI, Gallenwegsobstruktion
Valsartan + Amlodipin Rp	
Amlodipin HEXAL Valsartan *Tbl. 80+5, 160+5, 160+10mg* **Copalia** *Tbl. 160+5, 160+10mg* **Dafiro** *Tbl. 80+5, 160+5, 160+10mg* **Exforge** *Tbl. 80+5, 160+5, 160+10mg*	**Art. Hypertonie:** 1 x 5-10+80-160mg p.o.; **DANI** CrCl < 30, HD: KI; **DALI** schwere LI, biliäre Leberzirrhose, Cholestase: KI

2.1.13 Angiotensin-II-Blocker + Kalziumantagonist + Diuretikum

Amlodipin + Valsartan + Hydrochlorothiazid Rp	
Copalia HCT *Tbl. 10+160+25mg* **Dafiro HCT** *Tbl. 5+160+12,5, 5+160+25, 10+160+12.5, 10+160+25, 10+320+25mg* **Exforge HCT** *Tbl. 5+160+12.5, 5+160+25, 10+160+12.5, 10+160+25, 10+320+25mg*	**Art. Hypertonie:** 1 x 5-10+160-320+12,5-25 mg p.o.; **DANI** leichte bis mittelschwere Nierenfktstrg.: 100%; CrCl < 30, Anurie, HD: KI; **DALI** KI bei Leberfktstrg., Cholestase, biliärer Zirrhose
Amlodipin + Olmesartan + Hydrochlorothiazid Rp	
Sevikar HCT *Tbl. 20+5+12,5, 40+5+12,5, 40+5+25, 40+10+12,5, 40+10+25mg* **Vocado HCT** *Tbl. 20+5+12.5, 40+5+12.5, 40+5+25, 40+10+12.5, 40+10+25mg*	**Art. Hypertonie:** 1 x 20-40+5-10+12,5-25 mg p.o.; **DANI** CrCl 30-60: max. 1 x 20+5+12.5mg, < 30: KI; **DALI** Child A: vorsichtige Anw., Child B: max. 1 x 20+5+12,5mg, Child C/Cholestase/Gallenwegsobstruktion: KI

2.1.14 Neprilysinhemmer + Angiotensin-II-Blocker

Wm/Wi (Sacubitril): Hemmung von Neprilysin ⇒ Anreicherung natriuretischer Peptide ⇒ Diurese u. Natriurese ↑, Sympathikolyse, Vasodilatation, antiproliferative Wi; **UW** (Sacubitril + Valsartan): Anämie, Hyperkaliämie, Hypokaliämie, Hypoglykämie, Schwindel, Kopfschmerzen, Synkope, Hypotonie, Husten, Diarrhoe, Übelkeit, Gastritis, Nierenfktstrg., Nierenversagen, Asthenie, Ermüdung; **KI** (Sacubitril + Valsartan): bek. Überempf., gleichz. Anw. von ACE-Hemmern, anamnest. bek. Angioödem im Zusammenhang mit einer früheren ACE-Hemmer- oder ARB-Therapie; hereditäres oder idiopathisches Angioödem; gleichz. Anw. mit aliskirenhaltigen Arzneimitteln bei Pat. mit D.m. oder bei Pat. mit Nierenfktstrg. (CrCl < 60); schwere LI, biliäre Zirrhose, Cholestase, Grav. (2. u. 3 Trim.)

Sacubitril + Valsartan Rp

Entresto *Tbl. 24+26, 49+51, 97+103mg*	**Herzinsuffizienz mit reduzierter EF:** ini 2 x 49 + 51mg p.o., bei guter Verträglichkeit nach 2-4W steigern auf 2 x 97 + 103mg; **DANI** CrCl 30-60: evtl. ini 2 x 24 + 26mg; < 30: ini 2 x 24 + 26mg; chron. Nierenversagen: Anw. nicht empf.; **DALI** Child A: 100%; B: vors. Anw.; C, biliäre Zirrhose, Cholestase: KI

2.1.15 Betablocker + Diuretikum

Atenolol + Chlortalidon Rp — PRC D, Lact -

AteHEXAL comp. *Tbl. 50+12.5, 100+25mg* **Atenogamma comp.** *Tbl. 50+12.5, 100+25mg* **Atenolol comp. Stada** *Tbl. 50+12.5, 100+25mg* **Teneretic** *Tbl. 100+25mg*	**Art. Hypertonie:** 1 x 50-100+12.5-25mg p.o.; **DANI** sorgfältige Dosiseinst.; CrCl < 30: KI; **DALI** KI bei schwerer LI

Bisoprolol + Hydrochlorothiazid Rp — PRC C, Lact ?

Bisolich comp. *Tbl. 5+12.5, 10+25mg* **Bisoplus AL** *Tbl. 5+12.5mg, 10+25mg* **Bisoplus Stada** *Tbl. 5+12.5mg, 10+25mg* **Concor plus** *Tbl. 5+12.5mg, 10+25mg*	**Art. Hypertonie:** 1 x 5-10+12.5-25mg p.o.; **DANI** sorgfältige Dosiseinstellung; CrCl < 30: KI

Metoprololtartrat + Hydrochlorothiazid Rp

MetoHEXAL comp. *Tbl. 100+12.5mg* **Metoprolol-ratioph. comp.** *Tbl. 100+ 12.5mg*	**Art. Hypertonie:** 1 x 100+12.5mg p.o.; **DANI** sorgfältige Dosiseinst.; CrCl < 30: KI; **DALI** KI bei Coma/Praecoma hepaticum

Metoprololsuccinat + Hydrochlorothiazid Rp

Beloc-Zok comp *Tbl. 95(ret.)+12.5mg* **MetoHEXAL Succ comp.** *Tbl. 95(ret.) +12.5mg* **Metoprololsuccinat plus 1A** *Tbl. 95(ret.) +12.5mg*	**Art. Hypertonie:** 1 x 95-190+12.5-25mg p.o.; **DANI** sorgfältige Dosiseinstellung; CrCl < 30: KI; **DALI** KI bei Coma/Praecoma hepaticum

Penbutolol + Furosemid Rp

Betasemid *Tbl. 20+10, 40+20mg*	**Art. Hypertonie:** 1 x 20-40+10-20mg p.o., max. 80+40mg/d; **DANI** KI bei termin. NI; **DALI** KI bei Coma/Praecoma hepaticum

Propranolol + Triamteren + Hydrochlorothiazid Rp	
Beta-Turfa *Tbl. 80+25+12.5mg* **Dociteren** *Tbl. 80+25+12.5mg* **Propra comp.-ratioph.** *Tbl. 80+25+12.5mg*	**Art. Hypertonie:** 1-2 x 80-160+25-50+12.5-25mg p.o.; **DANI** sorgfältige Dosiseinst.; CrCl < 30: KI; **DALI** Dosisreduktion, KI bei schwerer LI

2.1.16 Direkte Renininhibitoren + Diuretikum

Aliskiren + Hydrochlorothiazid Rp	
Rasilez HCT *Tbl. 150+12.5, 150+25, 300+12.5, 300+25mg*	**Art. Hypertonie:** 1 x 150–300+12.5–25mg p.o.; **DANI** CrCl < 30: KI; < 60: KI in Komb. mit ACE-Hemmern oder AT-II-Blockern; **DALI** KI bei schw. LI

2.1.17 Kalziumantagonisten + Diuretikum

Verapamil + Hydrochlorothiazid Rp	
Isoptin RR plus *Kps. (ret.) 240+12.5mg*	**Art. Hypertonie:** 1 x 240+12.5mg p.o.; **DANI** CrCl < 30: KI; **DALI** KI bei (Prae-)Coma hepat.
Verapamil + Hydrochlorothiazid + Triamteren Rp	
Veratide *Tbl. 160+25+50mg*	**Art. Hypertonie:** 1-2 x 160+25+50mg p.o.; **DANI** CrCl 50-75: max. 50mg Triamteren; 30-50: max. 25mg Triamteren; < 30: KI; **DALI** sorgfältige Dosiseinstellung

2.1.18 Kalziumantagonisten + Betablocker

Amlodipin + Bisoprolol Rp	
Biramlo *Tbl. 5+5, 5+10, 10+5, 10+10mg* **Bisodipin** *Tbl. 5+5, 5+10, 10+5, 10+10mg*	**Art. Hypertonie:** 1 x 5-10+5-10mg p.o.; **DANI** CrCl < 20: max. 10mg Bisoprolol/d; HD: vorsicht. Anw.; **DALI** leichte bis mäßige LI: vorsicht. Anw.; schwere LI: max.10mg Bisoprolol/d
Felodipin + Metoprololsuccinat Rp	
Logimat *Tbl. (ret.) 5+47.5mg* **Logimax** *Tbl. (ret.) 5+47.5mg* **Mobloc** *Tbl. (ret.) 5+47.5mg*	**Art. Hypertonie:** 1 x 5-10+47.5-95mg p.o.; **DANI** CrCl > 30: nicht erf., < 30: KI; **DALI** KI bei schwerer Leberfunktionsstörung
Nifedipin + Atenolol Rp	
Bresben Sandoz *Kps. 10(ret.)+25, 20(ret.)+50mg* **Nifatenol** *Kps. 20(ret.)+50mg* **Nif Ten** *Kps. 10(ret.)+25, 20(ret.)+50mg*	**Art. Hypertonie:** 1 x 10-20(ret.)+25-50mg p.o.; **DANI** CrCl > 30: 100%; < 30: nicht empf.
Nifedipin + Metoprololtartrat Rp	
Belnif *Kps. (ret.) 15+50mg*	**Art. Hypertonie:** 1-2 x 15+50mg p.o.; **chronisch stabile AP:** 2 x 15+50mg; **DANI** CrCl < 30: nicht empf.; **DALI** KI bei schwerer LI

2.1.19 Kalziumantagonisten + ACE-Hemmer

Amlodipin + Perindopril-Arginin Rp	
Viacoram *Tbl. 2.5+3.5mg, 5+7mg*	**Art. Hypertonie:** ini 1 x 2.5+3.5mg p.o., ggf. nach 4W steigern auf 1 x 5+7mg; **DANI** CrCl 30-60: ini 2.5+3.5mg alle 2d, ggf. steigern auf 2.5+3.5mg/d; < 30: KI; **DALI** schwere LI: vorsichtige Anw.
Amlodipin + Ramipril Rp	
Ramidipin *Tbl. 5+5, 5+10, 10+5, 10+10mg* **Ramipril HEXAL plus Amlodipin** *Tbl. 5+5, 5+10, 10+5, 10+10mg* **Tonotec** *Tbl. 5+5, 5+10, 10+5, 10+10mg*	**Art. Hypertonie:** 1 x 5-10+5-10mg p.o.; **DANI** CrCl < 60: max. 5mg Ramipril; HD: vorsichtige Anw.; **DALI** Anw. nicht empf.
Felodipin + Ramipril Rp	
Delmuno *Tbl. (ret.) 2.5+2.5mg, 5+5mg*	**Art. Hypertonie:** 1 x 2.5-5+2.5-5mg p.o.; **DANI** CrCl 20-60: s. Einzelsubstanz; < 20: KI; **DALI** s. Einzelsubstanz
Lercanidipin + Enalapril Rp	
Carmen ACE *Tbl. 10+10mg, 10+20mg* **Enacanpin** *Tbl. 10+10mg, 10+20mg* **Lercaprel** *Tbl. 10+10mg, 10+20mg* **Zanipress** *Tbl. 10+10mg, 10+20mg*	**Art. Hypertonie:** 1 x 10 +10-20mg p.o.; **DANI** CrCl < 30, HD: KI; **DALI** KI bei schwerer Leberfunktionsstörung
Nitrendipin + Enalapril Rp	
Eneas *Tbl. 20+10mg*	**Art. Hypertonie:** 1 x 20+10mg p.o.; **DANI** CrCl < 10, HD: KI; **DALI** KI bei schwerer LI
Verapamil + Trandolapril Rp	PRC D, Lact -
Tarka *Tbl. (ret.) 180+2, 240+2, 240+4mg*	**Art. Hypertonie:** 1 x 180-240+2-4mg p.o.; **DANI** CrCl < 10: KI; **DALI** bei schwerer LI nicht empfohlen, KI bei Leberzirrhose mit Aszites

2.1.20 Statin + ACE-Hemmer + Kalziumantagonist

Atorvastatin + Perindopril + Amlodipin Rp (UW, KI → 137)	
Triveram *Tbl. 10+5+5, 20+5+5, 20+10+5, 20+10+10, 40+10+10mg*	**Hypertonie und/oder stabile KHK + primäre Hypercholesterinämie oder gemischte Hyperlipidämie:** 1 x 10-40 + 5-10 + 5-10mg p.o.; **DANI** CrCl ≥ 60: 100%; < 60: Anw. nicht empfohlen; **DALI** KI bei aktiver Lebererkr.

2.2 Diuretika

2.2.1 Schleifendiuretika

Wm: Rückresorption ↓von Na^+, Cl^-, K^+, H_2O, v.a. im aufsteigenden Teil der Henle-Schleife;
Wi: Exkretion von Na^+, Cl^-, K^+, H_2O, Ca^{2+}, Mg^{2+} ↑;
UW (Furosemid): Hämokonzentration, Dehydratation, Hypotonie, Orthostasesyndrom, Hyponatriämie, Hypochlorämie, Hypokaliämie, Hyperurikämie, Hypercholesterinämie, Hypertriglyzeridämie, hepat. Enzephalopathie bei Pat. mit LI, Kreatinin ↑, Urinvolumen ↑;
KI (Furosemid): bek. Überempf. gegen Furosemid/Sulfonamide, Nierenversagen mit Anurie (spricht auf Furosemid nicht an), hepat. Enzephalopathie mit (Prae-)Coma hepaticum, schwere Hypokaliämie, schwere Hyponatriämie, Hypovolämie, Dehydratation, Lakt.; bei Tbl. 500mg, Inf.Lsg. 250mg: normale Nierenfkt. bzw. CrCl > 20 wegen Gefahr des zu starken Flüssigkeits-/Elektrolyt-Verlusts

Furosemid Rp	HWZ 30-120min, Qo 0.3, PPB 95%, PRC C, Lact ?
Furanthril *Tbl. 40, 500mg* **Furorese** *Tbl. 40, 80, 125, 250, 500mg; Kps. 30(ret.), 60(ret.), 120(ret.)mg; Amp. 20mg/2ml, 40mg/4ml* **Furosemid-ratioph.** *Tbl. 20, 40, 125, 250, 500mg; Kps. 30(ret.)mg; Amp. 20mg/2ml, 40mg/4ml, 250mg/25ml* **Fusid** *Tbl. 40mg* **Lasix** *Tbl. 40, 500mg; Kps. 30(ret.)mg; Gtt. (1ml = 10mg); Amp. 20mg/2ml, 40mg/4ml, 250mg/25ml*	**Ödeme, Aszites, art. Hypertonie:** 1-2 x 20-40mg p.o.; 1 x 60mg (ret.) p.o.; 20-40mg i.v., Wdh. je nach Diurese; **Ki.:** 1-2mg/kg/d, max. 40mg/d p.o., 0.5mg/kg/d i.v.; **Oligurie bei terminaler Niereninsuffizienz:** 250-1000mg/d p.o.; ini 100-200mg i.v., je nach Diurese bis 1000mg/d; **akutes Nierenversagen:** ini 40mg i.v., je nach Diurese 50-100mg/h, max. 1500mg/d; **DANI** nicht erforderlich, s. auch FachInfo; **DALI** KI bei Praecoma/Coma hepaticum
Piretanid Rp	HWZ 1-1.7h, Qo 0.5, PPB 90%
Arelix *Tbl. 3, 6mg; Kps. 6(ret.)mg* **Piretanid 1A** *Tbl. 3, 6mg* **Piretanid HEXAL** *Tbl. 3, 6mg* **Piretanid Stada** *Tbl. 6mg*	**Ödeme:** ini 1 x 6mg p.o., Erh.Dos. 1 x 3-6mg; **arterielle Hypertonie:** ini 2 x 6mg (ret.), nach 2-4W 1 x 6mg (ret.) p.o.; **DANI** Dosisreduktion; **DALI** KI bei Coma hepaticum
Torasemid Rp	HWZ 3-4h, Qo 0.75, PPB 99%
Toragamma *Tbl. 2.5, 5, 10, 20, 200mg* **Torasemid HEXAL** *Tbl. 2.5, 5, 10, 20, 50, 100, 200mg* **Torem** *Tbl. 2.5, 5, 10, 200mg; Amp. 10mg/2ml, 20mg/4ml; Inf.Lsg. 200mg/20ml* **Unat** *Tbl. 5, 10mg*	**Art. Hypertonie:** 1 x 2.5-5mg p.o.; **kard. Ödeme:** 1 x 5mg p.o., je nach Wi bis 20mg/d steigern; 10mg i.v., max. 40mg/d; **Oligurie bei terminaler Niereninsuffizienz:** ini 50mg, je nach Diurese bis 200mg/d p.o./i.v.; **DANI** nicht erforderlich, s. auch FachInfo

2.2.2 Benzothiadiazine und Analoga

Wm: Hemmung der Rückresorpt. von Na^+, Cl^- und H_2O im dist. Tubulus, K^+-Sekretion ↑;
Wi: Ausscheidung von Na^+, Cl^-, H_2O und K^+ ↑; Exkretion von Ca^{2+} und PO_4^{3-} ↓;
UW (Chlortalidon): Hypokaliämie, Hyperurikämie, Gichtanfälle, Cholesterin-/Triglyzeridspiegel ↑, Hyponatriämie, Hypomagnesiämie, Hyperglykämie, Glukosurie, diabet. Stoffwechsellage ↓; Krea/Harnstoff ↑; Kopfschmerzen, Schwindel, Schwächegefühl, Hypotonie, Orthostase, Palpitationen, Appetit ↓, Mundtrockenheit, Übelkeit, Erbrechen, Oberbauchschmerzen, Bauchkrämpfe, Obstipation, Diarrhoe, allerg. Reakt., Pruritus, Hypotonie der Skelettmuskulatur, Muskelkrämpfe, Impotenz;
UW (Hydrochlorothiazid): Hypokaliämie, Serumlipide ↑, Hyponatriämie, Hypomagnesiämie, Hyperurikämie, Urtikaria, Exanthem, Appetitlosigtkeit, Übelkeit, Erbrechen; orthostatische Hypotonie, die durch Alkohol, Anästhetika od. Sedativa verstärkt werden kann;
UW (Xipamid): Hypokaliämie, Störungen des Elektrolyt- und Flüssigkeitshaushalts, Hypermagnesiurie, Kopfschmerzen, Schwindel, Mundtrockenheit, Müdigkeit, orthostat. Hypotonie, Antriebsarmut, Lethargie, Muskelspasmen/-krämpfe, Herzklopfen, Schwitzen, Angst, Agitiertheit, Oberbauchbeschwerden, Bauchkrämpfe, Diarrhoe oder Obstipation, reversibler Anstieg von Harnstoff, Kreatinin;
KI (Chlortalidon): bek. Überempf. gegen C., andere Thiazide und Sulfonamide; Anurie, schwere Nierenfktsstrg., CrCl < 30, Serum-Krea >1,8mg/100ml, GN, schwere Leberfktsstrg., Hyperkalzämie, therapieresist. Hypokaliämie oder Zustände mit erhöhten Kaliumverlusten, schwere Hyponatriämie, symptomatische Hyperurikämie;
KI (Hydrochlorothiazid): bek. Überempf. gegen H., andere Thiazide und Sulfonamide, Weizenstärke, Anurie, schwere Nierenfktsstrg., CrCl < 30, Serum-Krea > 1,8mg/100ml, Glomerulonephritis, Coma und Praecoma hepaticum, therapieresist. Hypokaliämie oder Hyperkalzämie, therapierefrakt. Hyponatriämie, Hypovolämie, symptomatische Hyperurikämie/Gicht, Grav./Lakt.;
KI (Xipamid): bek. Überempf. gegen X., and. Thiazide u. Sulfonamide, schwere Leberfktsstrg., therapieres. Hypokaliämie, schw. Hyponatriämie, Hyperkalzämie, Hypovolämie, Gicht, Grav./Lakt.

Bemetizid nur in Komb. mit anderen Diuretika — HWZ 6h, Q0 0.8

Bendroflumethiazid nur in Komb. mit anderen Diuretika — HWZ 3.5h, Q0 0.7

Chlortalidon Rp — HWZ 50h, Q0 0.5, PPB 76%

Hygroton *Tbl. 25, 50mg*	**Ödeme, Herzinsuffizienz:** ini 1 x 50-100mg, max. 200mg p.o., Erh.Dos. 1 x 25-50mg; **art. Hypertonie:** ini 1 x 12.5-50mg, Erh.Dos. alle 2d 25-50mg; **renaler Diabetes insipidus:** ini 2 x 100mg, Erh.Dos. 1 x 50mg; **DANI** CrCl > 30: 100%; < 30: KI; **DALI** KI bei schwerer LI

Clopamid nur in Komb. mit anderen Diuretika — HWZ 4-5h, Q0 0.6

Hydrochlorothiazid Rp — HWZ 6-8h, Q0 0.05, PPB 64%, PRC B, Lact +

Disalunil *Tbl. 25mg* **Esidrix** *Tbl. 25mg* **HCT Beta** *Tbl. 12.5, 25mg* **HCT HEXAL** *Tbl. 12.5, 25mg* **HCTad** *Tbl. 25mg*	**Ödeme:** ini 1 x 25-50mg p.o., Erh.Dos. 1 x 25-100mg; **art. Hypertonie:** 1 x 12.5-25mg; **DANI** CrCl > 30: 100%; < 30: KI; **DALI** KI bei Coma hepaticum

Indapamid Rp	HWZ 15-18h, Qo 0.95, PPB 76-79%, PRC B, Lact ?
Indapamid AL *Tbl. 1.5(ret.)mg* **Indapamid Heumann** *Tbl. 1.5(ret.)mg, 2.5mg* **Natrilix** *Tbl. 1.5(ret.), 2.5mg*	**Art. Hypertonie:** 1 x 2.5mg p.o.; 1 x 1.5mg(ret.); **DANI** CrCl > 30: 100%; < 30: KI; **DALI** KI bei Coma hepaticum
Mefrusid nur in Komb. mit anderen Diuretika	HWZ 3-12(10-14)h
Xipamid Rp	HWZ 7h, Qo 0.6, PPB 99%
Xipamid AL *Tbl. 10, 20, 40mg* **Xipamid HEXAL** *Tbl. 10, 20, 40mg* **Xipamid Stada** *Tbl. 10, 20, 40mg*	**Ödeme:** 1 x 10-40mg p.o., max. 2 x 40mg; **art. Hypertonie:** 1 x 10-20mg; **DANI** vorsichtige Anw., Wirkungsverlust bei mittlerer-schwerer NI; **DALI** Dosis anpassen, KI bei schwerer Leberfunktionsstörung

2.2.3 Kaliumsparende Diuretika

Wm: Hemmung der Rückresorption von Na^+, Cl^- und H_2O, Hemmung der K^+-Sekretion im distalen Tubulus; **Wi:** vermehrte Ausscheidung von Na^+, Cl^- und H_2O, K^+-Ausscheidung ↓

Amilorid nur in Komb. mit anderen Diuretika	HWZ 9.6h, Qo 0.25, PPB 40%, PRC B, Lact ?
Triamteren nur in Komb. mit and. Diuretika	HWZ 1.5-2.5h, Q0 0.8, PPB 60%, PRC D, Lact -

2.2.4 Aldosteronantagonisten

Wm: kompetitive Blockade des Aldosteronrezeptors im spätdistalen Tubulus;
Wi: Ausscheidung von Na^+, Cl^- und H_2O ↑; K^+-Ausscheidung ↓;
UW (Eplerenon): Eosinophilie, Hyperkaliämie, Dehydrierung, Hypercholesterinämie, Hypertriglyzeridämie, Hyponatriämie, Schlaflosigkeit, Benommenheit, Kopfschmerz, Vorhofflimmern, MI, Linksherzinsuff., Hypotonie, Beinarterienthrombose, Pharyngitis, Durchfall, Übelkeit, Erbrechen, Blähungen, Juckreiz, Schwitzen ↑, Rückenschmerzen, Beinkrämpfe, Nierenfktsstrg., Kreatinin ↑, Harnsäure ↑, Kraftlosigkeit, Unwohlsein, Pyelonephritis; **UW** (Spironolacton): Hyperkaliämie, Gynäkomastie, Kopfschmerzen, Schläfrigkeit, Ataxie, Verwirrtheit, Impotenz, Amenorrhoe, Hirsutismus, Stimm-, Hautveränderungen, Harnsäure ↑; **KI** (Eplerenon): Kalium > 5 mmol/l bei Behandlungsbeginn, NI CrCl < 50, LI Child C, Kombination mit kaliumsparenden Diuretika/starken CYP3A4-Hemmern (Itraconazol, Ketoconazol, Ritonavir, Nelfinavir, Clarithromycin, Telithromycin); **KI** (Spironolacton): bek. Überempf., NI CrCl < 30 oder Krea > 1,8mg/dl, Anurie, akutes Nierenversagen, Hyperkaliämie, Hyponatriämie, Hypovolämie, Dehydratation, Grav./Lakt.

Eplerenon Rp	HWZ 3-5h, PPB 50%
EplerenHEXAL *Tbl. 25, 50mg* **Eplerenon Stada** *Tbl. 25, 50mg* **Inspra** *Tbl. 25, 50mg*	**Herzinsuffizienz mit linksventrikulärer Dysfunktion nach MI:** ini 1 x 25mg p.o., innerhalb von 4W auf 1 x 50mg steigern; **DANI** CrCl < 50: KI; **DALI** Child C: KI
Kaliumcanrenoat Rp	HWZ 23h, PPB > 98%
Aldactone *Amp. 200mg/10ml*	**Primärer/sekundärer Hyperaldosteronismus:** 1-2 x 200mg i.v., max. 800mg/d; **Ki.:** ini 4-5mg/kg i.v., dann max. 2-3mg/kg; **Sgl.:** ini 2-3mg/kg i.v., dann max. 1.5-2mg/kg/d; **DANI** CrCl 30-60: sorgf. Dosiseinstellg.; < 30: KI

Spironolacton Rp	HWZ 1-2(13-15)h, Q0 1.0, PPB 98%, PRC D, Lact +
Aldactone *Tbl. 25, 50mg; Kps. 100mg* **Osyrol** *Tbl. 50mg* **Spiro-CT** *Tbl. 50, 100mg* **Spironolacton-ratioph.** *Tbl. 50, 100mg*	**Primärer/sekundärer Hyperaldosteronismus:** ini 100-200mg, max. 400mg/d p.o., nach 3-6d 50-100mg, max. 200mg/d; **Ki.:** ini 3mg/kg/d, nach 3-5d 2-3mg/kg/d; **Sgl.:** ini 2-3mg/kg/d, nach 3-4d 1.5-2mg/kg/d; **DANI** CrCl 30-60: sorgf. Dosiseinstellg.; < 30: KI

2.2.5 Osmotische Diuretika

Wm: osmotische Bindung von Wasser im Tubuluslumen der Niere;
Wi: vermehrte Wasserausscheidung bei geringer Mehrausscheidung von Elektrolyten;
UW: Exsikkose, Hypernatriämie, Volumenbelastung; **KI:** Herzinsuffizienz, Lungenödeme

Mannitol OTC	HWZ 71-100min, Q0 0.05, PRC C, Lact ?
Mannit, Mannitol, Osmofundin, Osmosteril *Inf.Lsg. 10, 15, 20%*	**Beginnendes akutes Nierenvers. nach Trauma, Schock:** bis 1.5g/kg/d, max. 0.3g/kg/h i.v.; **Hirnödem:** 1.5-2g über 30-60min i.v.; **Ki.:** ini 1ml/kg über 3-5min, dann 2.5-7.5ml/kg

2.2.6 Diuretika-Kombinationen

Amilorid + Bendroflumethiazid Rp	
Tensoflux *Tbl. 5+2.5mg*	**Ödeme, art. Hypertonie:** 1-2 x 1 Tbl. p.o.; **Aszites:** 1 x 1 Tbl.; **DANI** CrCl < 30: KI; **DALI** KI bei Coma hepat.

Amilorid + Hydrochlorothiazid Rp	PRC B, Lact -
Amiloretik *Tbl. 2.5+25mg; 5+50mg* **Amilorid comp.-ratioph.** *Tbl. 5+50mg* **Diursan** *Tbl. 5+50mg*	**Art. Hypertonie:** ini 1 x 2.5+25mg p.o., Erh.Dos. 1 x 1.25+12.5mg; **Ödeme:** 1 x 2.5-5+25-50mg, max. 10+100mg/d; **DANI** CrCl < 60: KI; **DALI** KI bei Coma hepat.

Amilorid + Furosemid Rp	
Diaphal *Tbl. 5+40mg*	**Ödeme, Aszites, art. Hypertonie:** 1-2 x 5+40mg p.o.; **DANI** CrCl 30-60: max. 5+40mg/d; < 30: KI; **DALI** KI bei Coma hepaticum

Triamteren + Hydrochlorothiazid Rp	PRC D, Lact -
Dytide H *Tbl. 50+25mg* **Nephral** *Tbl. 50+25mg* **Triampur comp.** *Tbl. 25+12.5mg* **Triamteren comp.-ratioph.** *Tbl. 50+25mg* **Triarese** *Tbl. 50+25mg* **Tri Thiazid** *Tbl. 50+25mg* **Turfa Gamma** *Tbl. 50+25mg*	**Art. Hypertonie:** ini 1-2 x 50+25mg, Erh.Dos. 1 x 25-50+12.5-25mg p.o.; **Ödeme:** ini 2 x 50-100+25-50mg, Erh.Dos. 1 x 25+12.5mg oder 50+25mg alle 2d; **Herzinsuffizienz:** 1-2 x 50+25mg; **DANI** CrCl 75-100: max. 100mg Triamteren/d; 50-74: max. 50mg Triamteren/d; 30-49: max. 25mg Triamteren/d; < 30: KI; **DALI** KI bei Praecoma/Coma hepaticum

Triamteren + Furosemid Rp	
Furesis comp. *Tbl. 50+40mg*	**Ödeme, art. Hypertonie, Herzinsuff.:** 1-2 x 50+40mg p.o.; **DANI** CrCl 30-60: sorgfältige Dosiseinstellung; < 30: KI; **DALI** KI bei Coma hepaticum
Triamteren + Xipamid Rp	
Neotri *30+10mg*	**Art. Hypertonie:** 1 x 30+10mg p.o.; **Ödeme:** 1 x 30-60 + 10-20mg; **DANI** CrCl 30-60: sorgfältige Dosiseinstellung; < 30: KI; **DALI** KI bei Coma hepaticum
Triamteren + Bemetizid Rp	
Diucomb *Tbl. 20+10, 50+25mg* **Dehydro sanol tri** *Tbl. 20+10mg*	**Ödeme, art. Hypertonie:** 1 x 10-50+5-25mg p.o.; **DANI** CrCl 30-60: sorgfältige Dosiseinst.; < 30: KI; **DALI** KI bei Coma hepaticum
Spironolacton + Furosemid Rp	
Osyrol-Lasix *Kps. 50+20, 100+20mg* **Spiro comp.** *Tbl. 50+20, 100+20mg* **Spiro D** *Tbl. 100+20mg*	**Hyperaldosteronismus mit Ödemen, Aszites:** ini 1-4 x 50-100 + 20mg p.o., nach 3-6d Erh.Dos. 50-300 + 20-60mg/d, evtl. nur alle 2-3d; **DANI** CrCl 30-60: sorgfältige Dosiseinst.; < 30: KI; **DALI** KI bei Coma hepaticum

2.3 Antianginosa

2.3.1 Nitrate

Wm (Nitrate): Metabolit NO relaxiert glatte Gefäßmuskulatur; **Wi** (Nitrate): Vorlast ↓ durch venöses Pooling, Koronarspasmolyse, Nachlast ↓; **Wm/Wi** (Trapidil): Hemmung der Phosphodiesterase ⇒ Hemmung der intrazellulären cAMP- und cGMP-Degradation ⇒ Vasorelaxation; Thromboxan-A_2-Bildung ↓ ⇒ Thrombozytenaggregation ↓;
UW (ISDN): Tachykardie, Schwächegefühl, Kopfschmerzen, Benommenheit, Schwindelgefühl, Schläfrigkeit, Hypotonie; **UW** (Molsdomin): Kopfschmerzen, reflektorische Tachykardie, orthostat. Dysregulation; **UW** (Trapidil): keine sehr häufigen bzw. häufigen UW;
KI (Glyceroltrinitrat): bek. Überempf. ggü. Nitraten, akutes Kreislaufversagen, kardiogener Schock, ausgeprägte Hypotonie (RR < 90 mmHg), tox. Lungenödem; Erkr., die mit erhöhtem intrakraniellem Druck einhergehen; gleichz. Anw. von Sildenafil, Vardenafil, Tadalafil;
KI (ISDN): bek. Überempf. gegen ISDN bzw. andere Nitrate; akutes Kreislaufversagen, nicht ausreichend behandelter kardiogener Schock, HOCM, konstriktive Perikarditis, Hypotonie mit RR < 90 mmHg, gleichzeitige Anwendung von Sildenafil, Vardenafil, Tadalafil;
KI (Molsidomin): bek. Überempf., akutes Kreislaufversagen, schwere Hypotonie, Lakt., gleichz. Anw. von Sildenafil, Vardenafil, Tadalafil;
KI (Trapidil): bek. Überempf., Schock, Hypotonie, Grav./Lakt.

Glyceroltrinitrat (Nitroglycerin) Rp	HWZ 2-4.4min, Q0 1.0, PPB 60%, PRC C, Lact ?
Minitrans *TTS 5, 10mg/d* **Nitro Carino** *Inf.Lsg. 50mg/50ml* **Nitroderm** *TTS 5, 10mg/d* **Nitrolingual** *Spray 0.4mg/Hub* **Nitronal** *Kps. 0.8mg*	**AP, Ther. und Pro.:** 0.4-1.2mg s.l.; TTS 1 Pfl. (5-10mg)/d; **akute Linksherzinsuff., akuter MI** (RR syst. >100): 0.4-1.2mg s.l., ggf. Wdh. n. 10min; 2-8mg/h i.v.; Perf. (50mg) = 1mg/ml ⇒ 2-8ml/h; **Pro. katheterinduzierte koron. Spasmen:** 0.4-0.8mg vor Koronarangio; **DANI** nicht erf.
Isosorbidmononitrat Rp	HWZ 4-5h, Q0 0.8, PRC C, Lact ?
IS 5 mono-ratioph. *Tbl. 20, 40, 40(ret.), 60(ret.), 100(ret.)mg; Kps. 50(ret.)mg* **ISMN Heumnn** *Tbl. 20, 40mg* **Ismo** *Tbl. 20, 40(ret.)mg* **Monoclair** *Tbl. 20mg* **Mono-Mack Depot** *Tbl. 100(ret.)mg*	**Pro., Langzeit-Therapie der AP:** 2 x 20-40mg; 1 x 40-100mg (ret.) p.o.; **DANI** nicht erforderlich
Isosorbiddinitrat Rp	HWZ 0.5(5)h, Q0 1.0, PPB 16-40%, PRC C, Lact ?
ISDN HEXAL *Kps. 20(ret.), 40(ret.), 60(ret.)mg* **ISDN-ratioph.** *Tbl. 5mg; Kps. 20(ret.), 40(ret.), 60(ret.), 80(ret.)mg* **Isoket** *Subling.Tbl. 5mg; Tbl. 10, 20, 40, 20(ret.), 40(ret.), 60(ret.)mg; Kps. 80(ret.), 120(ret.)mg; Spray 1.25mg/Hub; Amp. 10mg/10ml*	**Akute AP:** 5mg s.l.; 1-3 Hübe, evtl. Wdh. nach 10min; ini 1-2mg/h, max. 8-10mg/h i.v.; **Pro., Langzeit-Therapie der AP:** 2 x 10-40mg p.o.; 2 x 20mg (ret.); 1-2 x 40-60mg (ret.); 1 x 80-120mg (ret.); **DANI** nicht erforderlich
Molsidomin Rp	HWZ 0.25(1-2)h, Q0 0.9, PPB 3-11%
Corvaton *Tbl. 2, 4, 8(ret.)mg; Amp. 2mg/1ml* **Molsidomin Heumann** *Tbl. 2, 4, 8(ret.)mg* **MolsiHEXAL** *Tbl. 8(ret.)mg*	**Pro., Langzeit-Therapie der AP:** 2 x 2-4mg, max. 3-4 x 4mg p.o.; 1-2 x 8mg (ret.), max. 3 x 8mg (ret.); **instabile AP:** ini 2-4mg i.v., dann 4mg/h; **DANI/DALI** niedrigere Initialdosis i.v.
Pentaerithrityltetranitrat Rp	HWZ 0.1 h
Pentalong *Tbl. 50, 80mg*	**Pro., Langzeit-Therapie der AP:** 2-3 x 50-80mg p.o.
Trapidil Rp	HWZ 2-4h, PPB 80%
Rocornal *Kps. 200mg*	**Chronisch stabile AP:** 2-3 x 200mg p.o.

2.3.2 I_f-Kanal-Hemmer

Wm/Wi: selektive Hemmung des I_f-Kanals, der die spontane Depolarisation am Sinusknoten kontrolliert ⇒ negativ chronotrop, myokardialer O_2-Verbrauch ↓, O_2-Versorgung ↑; **UW:** lichtbed. visuelle Symptome, Verschwommensehen, HF ↓, AV-Block I°, VES, SVES, Vorhofflimmern, Palpitationen, Kopfschmerzen, Schwindel, Übelkeit; **KI:** bek. Überempf. gegen I_f-Kanal-Hemmer, HF in Ruhe < 70/min, kardiogener Schock, akuter MI, schwere Hypotonie, schwere LI, Sick Sinus, SA-Block, AV-Block III°, instabile oder akute Herzinsuff., Herzschrittmacherabhängigkeit, instab.AP, gleichzeitige Anw. starker CYP 3A4-Hemmer (Ketoconazol, Itraconazol, Clarithromycin, Erythromycin p.o., Josamycin, Telithromycin, Nelfinavir, Ritonavir, Nefazodon), Kombination mit Verpamil oder Diltiazem, Grav./Lakt.

Ivabradin Rp	HWZ 2h, PPB 70%
Ivabradine Anpharm *Tbl. 5, 7.5mg* **Procoralan** *Tbl. 5, 7.5mg*	**Symptomat. KHK:** ini 2 x 5mg p.o., je n. Ansprechen auf Ther. n. 3-4W ↑ auf 2 x 7.5mg; **chron. stabile Herzinsuff. NYHA II-IV:** ini 2 x 5mg p.o., bei HF > 60 nach 2W ↑ auf 2 x 7.5mg; **DANI** CrCl > 15: 100%; CrCl < 15: vorsichtige Anw.; **DALI** KI bei schwerer LI
Metoprololtratrat + Ivabradin Rp	
Implicor *Tbl. 25+5, 25+7.5, 50+5, 50+7.5mg*	**Chron. stabile AP:** 2 x 5-7.5+25-50mg p.o.; **DANI** CrCl > 15: 100%; CrCl < 15: vorsicht. Anw.; **DALI** KI bei schwerer LI

2.3.3 I_{Na}-late Inhibitor

Wm/Wi: weitestgehend unbekannt; Hemmung des späten Natriumeinstroms in die kardialen Myozyten, dadurch Reduktion der intrazellulären Kalziumüberladung ⇒ O_2- Bedarf ↓, O_2-Angebot ↑, Verbesserung der myokardialen Relaxation und Mikrozirkulation; hämodynamisch neutral, nur minimale Beeinflussung von RR und HF;
UW: Schwindel, Kopfschmerzen, Obstipation, Erbrechen, Übelkeit, Asthenie;
KI: bek. Überempf.; schwere NI und/oder mäßige bis schwere LI; gleichz. Anw. von starken CYP3A4-Inhibitoren (z.B. Itraconazol, Ketoconazol, Voriconazol, Posaconazol, HIV-Proteasehemmer, Clarithromycin, Telithromycin, Nefazodon); gleichz. Anw. von Antiarrhythmika der Klasse Ia (Chinidin) oder Klasse III (z.B. Dofetilid, Sotalol) mit Ausnahme von Amiodaron

Ranolazin Rp	HWZ 7h, PPB 62% PRC C, Lact -
Ranexa *Tbl. 375(ret.), 500(ret.), 750(ret.)mg*	**Stabile AP:** ini 2 x 375 mg p.o., nach 2-4W 2 x 500mg, dann je nach Anspr. auf max. 2 x 750mg steigern; **DANI** CrCl < 30: KI; **DALI** KI bei mäßiger oder schwerer LI

2.4 Antiarrhythmika

2.4.1 Klasse-Ia-Antiarrhythmika

Wm/Wi: Na^+-Einstrom ↓ ⇒ Depolarisation ↓, Leitungsgeschwindigkeit ↓ (neg. dromotrop), Schwellenpot. AP ↑ (Erregbark. ↓), neg. inotrop, K^+-Ausstrom ↓ ⇒ AP-Dauer ↑, Refraktärzeit ↑;
UW (Ajmalin): Transaminasen ↑, Cholestase, BB-Veränd., Proarrhythmien, Reizleitungsstrg., Kammerfrequenz ↑ bei Vorhofflimmern, Flush-, GI-Sympt.; **UW** (Chinidin): Übelkeit, Erbrechen, Durchfall, Proarrhythmien, ventrik. Tachykardie, Torsade de pointes; **UW** (Prajmaliumbitartrat): Übelkeit, Appetitlosigkeit, Erbrechen, Durchfall, Verstopfung, intrahepatische Cholestase;
KI (Ajmalin): bek. Überempf., AV-Block II° und III°, vorbestehende intraventr. Erregungsleitungsstrg., Adam-Stokes-Anfälle, manifeste Herzinsuff., erhebliche Verbreiterung des QRS-Komplexes bzw. Verlängerung der QT-Zeit, Intox. mit herzwirksamen Glykosiden, hypertrophe Kardiomyopathie, Bradykardien < 50/min; Tachykardien aufgrund v. Herzdekompensation, Myasthenia gravis, innerhalb der ersten drei Monate nach MI oder bei Pat. mit einer linksventrikulären Auswurffraktion von < 35% (Ausnahme: Pat. mit lebensbedrohl. ventrikulären Herzrhythmusstörungen); **KI** (Chinidin): kardiale Dekompensation, Digitalisüberdosierung, AV-Block II°-III°, Myokarditis, Thrombopenie, QT-Zeit ↑, bis 90d nach MI;
KI (Prajmaliumbitartrat): s. Ajmalin, Z.n. medikamentös induzierter Cholestase

Ajmalin Rp	HWZ 1.6h, Q0 0.85, PPB 75%
Gilurytmal *Amp. 50mg/10ml*	**(Supra-)ventrikuläre Tachykardie:** 50mg langsam i.v., ggf. Wdh. nach 30min; ggf. Dauerinf. 20-50mg/h, max. 1200mg/24h; **DANI** sorgfältige Dosiseinst.; **DALI** 10-30mg/h

Chinidin nur in Komb. mit anderen Antiarrhythmika	HWZ 6-7h, Q0 0.8

Chinidin + Verapamil Rp	
Cordichin *Tbl. 160+80mg*	**Nach Kardioversion von Vorhofflimmern:** 2 x 160+80 p.o., ab d2 3 x 160+80mg; **Vorhofflimmern, Rezidiv-Pro.:** d1: 1 x 160+80mg, d2-3: 2 x 160+80mg, ab d4: 3 x 160+80mg

Prajmaliumbitartrat Rp	HWZ 4-7h, Q0 0.95, PPB 60%
Neo-Gilurytmal *Tbl. 20mg*	**(Supra-)ventrikuläre Tachykardie:** ini 3-4 x 20mg p.o., nach 2-3d 2-4 x 10mg; **DANI** CrCl 30-60: 50%; < 30: KI; **DALI** nicht erforderlich

2.4.2 Klasse-Ib-Antiarrhythmika

Wm: Na^+-Einstrom ↓, K^+-Ausstrom ↑, Phase-4-Depolarisation verlangsamt;
Wi: Erregbarkeit ↓, v.a. am Ventrikel (s. Kl. Ia), AP-Dauer + Refraktärzeit (Purkinje-System) ↓, an Vorhof/Ventrikel ↑; Ausfilterung hochfrequenter Erregungen (Extrasystolen), AV-Überleitung evtl. ↑, negative Inotropie geringer als Klasse Ia; in hohen Konz. negativ dromo-, inotrop;
UW (Lidocain): Benommenheit, Schwindel, Sprachstrg., Parästhesien bis hin zu generalisierten Krämpfen, kardiovaskuläre Strg., Blutdruckabfall, Bradykardie, AV-Blockierungen, Asystolie, proarrhythmische Wirkungen mit der möglichen Folge eines Herzstillstandes, Erhöhung der Defibrillationsschwelle bei Herz-Kreislauf-Stillstand, respiratorische Strg.;
KI (Lidocain): bek. Überempf. gegen Lidocain bzw. gegen Lokalanästhetika vom Säureamid-Typ; bei AV-Block II. und III. Grades ohne verfügbaren Herzschrittmacher, innerhalb der ersten drei Monate nach Myokardinfarkt oder bei eingeschränkter Herzleistung (linksventrikuläres Auswurfvolumen < 35%) außer bei Pat. mit lebensbedrohenden ventrikulären HRST

Lidocain Rp	HWZ 1.5-2(3.5)h, Q0 0.9, PPB 60%, PRC B, Lact +
Xylocain 2% *Amp. 100mg/5ml, 1000mg/50ml* **Xylocitin Cor 1%, 2%** *Amp. 100mg/10ml, 100mg/5ml, 200mg/10ml*	**Ventrikuläre HRST:** ini 50-100mg bzw. 1-1,5mg/kg langsam über 2-3min. i.v.; ggf. Wdh. in Abständen v. 5-10min. dann Dauerinfusion: 1mg/min.; max. 4 mg/min. bzw. 200-300mg/h; alternativ: Erh.Dos. 30µg/kg/min. über 24-30h; **endotracheopulmonale Anwendung:** 2- bis 2,5-fache der i.v. initialen Bolusgabe; **DANI, DALI** sorgfältige Dosiseinstellung, 50% bei ausgeprägter NI, LI

2.4.3 Klasse-Ic-Antiarrhythmika

Wm/Wi (Flecainid): bindet an schnelle Natriumkanäle und verlangsamt die Depolarisationsgeschwindigkeit; Überleitung in Vorhof, AV-Knoten, Ventrikel und Purkinje-Fasern ↓; **Wm/Wi** (Propafenon): Blockade von Natriumkanälen ⇒ neg. dromotrop; Refraktärzeiten ↑ in Vorhof, AV-Knoten, akzessorischen Bahnen (WPW-Syndrom) und Kammern; **UW** (Flecainid): Schwindel, Depression, Angstzustände, Schlaflosigkeit, Kopfschmerzen, Parästhesien, Hypästhesien, Ataxien, Synkope, Hautrötung, Schwitzen ↑, Zittern, Sehstrg., Tinnitus, proarrhythm. Wi., Atemnot, Übelkeit, Erbrechen, Durchfall, Verdauungsstrg., Verstopfung, Exanthem, Schwäche, Müdigkeit, Ödeme; **UW** (Propafenon): Schwindel, Benommenheit, Überleitungsstrg. (SA-Block, AV-Block, intraventr. Block), Angst, Schlafstörungen, Kopfschmerzen, Geschmacksstrg., Sehstrg., Sinusbradykardie, Bradykardie, Tachykardie, Vorhofflattern, Dyspnoe, Bauchschmerzen, Erbrechen, Übelkeit, Durchfall, Verstopfung, Mundtrockenheit, Anomalien der Leberfkt., Brustschmerzen, Asthenie, Müdigkeit, Pyrexie; **KI** (Flecainid): bek. Überempf., strukturelle Herzerkr. und/oder eingeschränkte linksventr. Fkt. (EF < 35 %); nach MI (außer bei Pat. mit lebensbedrohenden ventrik. Herzrhythmusstörungen); kardiogener Schock, schwere Bradykardie, SA-Blockierungen, AV-Block II–III u. intraventrik. Leitungsstrg. bei Pat. ohne Herzschrittmacher; Sinusknotensyndrom oder Bradykardie-Tachykardie-Syndrom bei Pat. ohne Herzschrittmacher; permanentes Vorhofflimmern, hämodynamisch wirksame Herzklappenfehler, gleichz. Anw. von Antiarrhythmika der Klasse I; **KI** (Propafenon): bek. Überempf., Brugada-Syndrom, manifeste Herzinsuff., kardiogener Schock (außer wenn dieser durch eine Störung der Herzschlagfolge bedingt ist); schwere symptomatische Bradykardie, innerhalb der ersten drei Monate nach MI oder bei eingeschränkter Herzleistung (EF < 35%), außer bei Pat. mit lebensbedrohenden ventrik. Herzrhythmusstörungen; ausgeprägte Reizleitungsstrg. wie SA- bzw. AV-Block II–III°, Schenkelblock ohne Schrittmacherimplant., bei Sinusknotensyndrom (ohne Schrittmacherimplant.); ausgeprägte Hypotonie, manifeste Strg. des Elektrolythaushalts, schwere obstruktive Atemwegerkr., Myasthenia gravis, gleichz. Anw. von Ritonavir

Flecainid Rp	HWZ 20h, Qo 0.7, PPB 40%, PRC C, Lact +
Flecadura *Tbl. 50, 100mg* **Flecainid HEXAL** *Tbl. 50, 100mg* **Tambocor** *Tbl. 50, 100mg; Inj.Lsg. 150mg/15ml*	**(Supra-)ventrikuläre Tachykardie:** 2 x 50-150mg p.o.; 1mg/kg langsam i.v., evtl. nach 15-20min 0.5mg/kg; Dauerinfusion: 200-400mg/d; **DANI, DALI** CrCl < 50: ini max. 2 x 50mg p.o., Erh.Dos. max. 2 x 150mg oder 200-300mg i.v.
Propafenon Rp	HWZ 5-8h, Qo 1.0, PPB 85-95%, PRC C, Lact ?
Propafenon-ratioph. *Tbl. 150, 300mg* **Rytmonorm** *Tbl. 150, 300mg; Amp. 70mg/20ml* **Rytmonorm SR** *Kps. 225(ret.), 325(ret.), 425(ret.)mg*	**(Supra-)ventrikuläre Tachykardien:** 3 x 150 oder 2 x 300mg, max. 3 x 300mg p.o.; **Ki.:** 10-20mg/kg p.o. in 3-4ED; 0.5-1mg/kg i.v., ggf. 2mg/kg Kurzzeitinf. über 1-3h mit 0.5-1mg/Min; Langzeitinf. max. 560mg/d **Rezidiv-Pro. Vorhofflimmern:** ini 2 x 225mg p.o., ggf. nach 5d 2 x 325mg bzw. nach 10d 2 x 425mg; **DANI** sorgfältige Dosiseinstellung; **DALI** ggf. Dosisred.

2.4.4 Klasse-II-Antiarrhythmika = Betablocker → 40

2.4.5 Klasse-III-Antiarrhythmika

Wm/Wi: Blockade von K^+Kanälen ⇒ AP-Dauer ↑;
UW (Amiodaron): Korneaablagerung, Lungenfibrose, Photosensibilität, Leberschäden, Sehstrg., Erythema nodosum, Hypo-, Hyperthyreose;
UW (Sotalol): AV-Block, HF ↓, Hypotonie, Herzinsuffizienz ↑, QT-Verlängerung, ventrikuläre Tachyarrhythmien, Torsade de pointes, Bronchokonstriktion, periphere Vasokonstriktion, Insulinsekretion ↓, Glykogenolyse ↓, Hypoglykämiesymptome maskiert, Potenzstörung;
KI (Amiodaron): bek. Überempfindlichkeit, Sinusbradykardie (< 55/min), alle Formen einer Leitungsverzögerung (sinuaurikuläre und nodale Leitungsverzögerung, einschließlich Sick-Sinus, AV-Block II und III sowie bi- und trifaszikuläre Blöcke, sofern kein Herzschrittmacher eingesetzt ist); Schilddrüsenerkrankungen, vorbestehende QT-Verlängerung, Hypokaliämie, Jodallergie, gleichzeitige Ther. mit MAO-Hemmern, gleichzeitige Ther. mit Arzneimitteln, die Torsade de pointes auslösen können; Kreislaufkollaps, Hypotonie, schwere Ateminsuffizienz, Kardiomyopathie, Herzinsuffizienz, Kinder bis 3J., Grav./Lakt.;
KI (Sotalol): Herzinsuff. NYHA IV, akuter Herzinfarkt, AV-Block II°–III°, SA-Block, Sick Sinus, HF↓ < 50/min, vorbestehende QT-Verlängerung, COPD, schwere pAVK s. Betablocker → 40

Amiodaron Rp HWZ 64d, Qo 1.0, PPB 95%, PRC D, Lact -

Amiodaron-ratioph. *Tbl. 100, 200mg; Amp. 150mg/3ml* **AmioHEXAL** *Tbl. 200mg* **Cordarex** *Tbl. 200mg; Amp. 150mg/3ml* **Cordarone** *Tbl. 200mg; Amp. 150mg/3ml*	**(Supra-)ventrikuläre HRST:** d1-10: 3-6 x 200mg, Erh.Dos. 1 x 200mg an 5d/W p.o.; 5mg/kg über 3min i.v.; Dauerinfusion: 10-20mg/kg in 250-500ml Glucose 5% für max. 7d; **DANI** nicht erforderlich

Sotalol (s. auch Betablocker → 42) Rp HWZ 7-18h, Qo 0.015, keine PPB, PRC B, Lact ?

2.4.6 Klasse-IV-Antiarrhythmika = Ca-Antagonisten mit antiarrhythmischer Wi → 43

2.4.7 Mehrkanalblocker

Wm/Wi: (Dronedaron): Hemmung des Kalium-, Natrium- u. Kalziumstroms, AP und Refraktärzeit verlängert, nicht kompetitiver Antagonist adrenerger Aktivität ⇒ effektive Refraktärzeit von Vorhof, AV-Knoten und Ventrikel verlängert ⇒ Verhinderung von Vorhofflimmern oder Wiederherstellung eines Sinusrhythmus, Reduktion der Herzfrequenz;
Wm/Wi (Vernakalant): Blockade von elektrischen Strömen in allen Phasen des atrialen Aktionspotentials ⇒ antiarrhythmische Wi v.a. im Vorhof, atriale Refraktärzeit ↑, Überleitungsgeschwindigkeit ↓ ⇒ Konversion in Sinusrhythmus;
UW (Dronedaron): Kreatininanstieg, QTc-Verlängerung, Bradykardie, Diarrhoe, Erbrechen, Übelkeit, Bauchschmerzen, Dyspepsie, Exanthem, Juckreiz, Müdigkeit, Asthenie;
UW (Vernakalant): Dysgeusie, Parästhesie/Hypoästhesie, Schwindel, Kopfschmerz, Bradykardie, Vorhofflattern, Hypotonie, Niesen, Husten, nasale Beschwerden, Übelkeit, Erbrechen, Mundtrockenheit, Pruritus, Hyperhidrose, Schmerzen/Parästhesien an Inf.Stelle, Hitzegefühl;

KI (Dronedaron): bek. Überempf., AV-Block II°/III° oder Sick-Sinus-Syndrom (außer bei gleichzeitigem Schrittmacher), Bradykardie < 50/min; Herzinsuff. NYHA IV oder instabile NHYA III, hämodyn. instabile Pat.; gleichz. Anw. starker CYP-3A4-Inhibitoren (z.B. Ketoconazol, Itraconazol, Voriconazol, Posaconazol, Telithromycin, Clarithromycin, Nefazodon, Ritonavir); gleichz. Anw. von Arzneimitteln, die Torsade de pointes verursachen können (z.B. Phenothiazine, Cisaprid, Bepridil, trizyklische Antidepressiva; Terfenadin, bestimmte orale Makrolid-Antibiotika, Klasse-I- und-III-Antiarrhythmika), QTc-Verlängerung ≥ 500 ms, schwere Leberfktsstrg., stark eingeschränkte Nierenfunktion (CrCl < 30ml/min);
KI (Vernakalant): Überempf., schwere Aortenklappenstenose, RR < 100mmHg (systolisch), NYHA III/IV, QT-Verlängerung, schwere Bradykardie, AV-Block II°/III°/Sinusknotenerkr. (ohne Schrittmacher), i.v.-Anw. von Antiarrhythmika in letzten 4h, ACS innerhalb der letzten 30d

Dronedaron Rp — HWZ 25-30h, PRC X, Lact ?

Multaq *Tbl. 400mg*	**Nichtpermanentes Vorhofflimmern:** 2 x 400mg p.o.; **DANI** CrCl ≥ 30: 100%; < 30: KI; **DALI** KI bei schwerer LI

Vernakalanthydrochlorid Rp — HWZ 3-5,5h , PRC X, Lact ?

Brinavess *Inf.Lsg. 20mg/ml*	**Kürzlich aufgetret. Vorhofflimmern:** (ohne herzchir. Eingriff < 7d, mit herzchir. Eingriff < 3d): ini 3mg/kg über 10min i.v. (max. 339mg), nach 15min ggf. Wdh. mit 2mg/kg über 10min. (max. 226mg); max. 5mg/kg/24h; **DANI, DALI** nicht erforderlich

2.4.8 Weitere Antiarrhythmika

Wm/Wi (Adenosin): über Purin-1-Rezeptoren vermittelte Verlangsamung der Überleitungszeit am AV-Knoten und Sinusknoten ⇒ Terminierung von Reentry-Tachykardien; Relaxierung von Gefäßmuskelzellen; **UW** (Adenosin): Flush, thorakale Schmerzen, HF ↓, Asystolie (meist transient), Sinuspause, ventrikuläre und supraventrikuläre Extrasystolen, AV-Block, ventrikuläre Tachykardien, Vorhofflimmern, Dyspnoe, Kopfschmerzen, Schwindel, innere Unruhe, Verschwommensehen, metallischer Geschmack, Bronchospasmus, RR ↓;
KI (Adenosin): bek. Überempfindlichkeit, AV-Block II°-III°, Sick-Sinus-Syndrom, Vorhofflimmern/-flattern, chronisch obstruktive Lungenerkrankungen, verlängertes QT-Intervall, schwere Hypotonie, dekomp. Herzinsuffizienz, gleichzeitige Anw. v. Dipyridamol

Adenosin Rp — HWZ < 10s, Qo 1.0, PRC C, Lact ?

Adenoscan *Inj.Lsg. 30mg/10ml* **Adenosin Life Medical** *Inj.Lsg. 10mg/2ml, 50mg/10ml, 250mg/50ml* **Adrekar** *Inj.Lsg. 6mg/2ml* **Rotop Adenosin** *Inj.Lsg. 50mg/10ml, 75mg/15ml, 250mg/50ml*	**Paroxysmale AV-junktionale Tachykardien:** 3-6-9-12mg jeweils als Bolus je nach Wi; **Ki.:** ini 100µg/kg i.v., je nach Wi steigern um 50µg/kg alle 2min bis 250µg/kg; **pharmakologische Provokation einer Myokardischämie:** 140µg/kg/min über 4-6min i.v.; **DANI** nicht erforderlich

2.5 Digitalisglykoside

Wm: Hemmung des aktiven Na^+-K^+-Transports an der Muskelzelle ⇒ intrazelluläres Na^+ ↑ ⇒ Na^+-Ca^{2+}-Austausch ↓ ⇒ intrazelluläres Ca^{2+} ↑; Vagusaktivität ↑, Sympathikusaktivität ↓;
Wi: positiv inotrop, Schlagvolumen ↑ ⇒ Wirkungsgrad des insuffizienten Herzens ↑, Gewebs- und Koronarperfusion ↑, negativ chrono-, dromotrop, Refraktärzeit am AV-Knoten ↑, am Myokard ↓ ⇒ Aktivierung ektoper Schrittmacher, positiv bathmotrop;
UW: AV-Block, Arrhythmie, Extrasystolie, Nausea, Erbrechen, Diarrhoe, Farbsehstörung, Verwirrtheit;
KI: AV-Block II°-III°, WPW-Syndrom, ventrikuläre Tachykardie, Carotissinussyndrom, HOCM, Hyperkalzämie, Hypokaliämie, thorakales Aortenaneurysma

Digitoxin Rp	HWZ 7-8d, Q_0 > 0.7, PPB 90-97%, PRC C, Lact + therap. Serumspiegel (ng/ml): 10-30
Digimed *Tbl. 0.07, 0.1mg* **Digimerck** *Tbl. 0.05, 0.07, 0.1mg; Amp. 0.1mg/1ml, 0.25mg/2.5ml* **Digitoxin Philo** *Amp. 0.25mg/1ml* **Digitoxin AWD** *Tbl. 0.07mg*	**Herzinsuff., tachykardes Vorhofflimmern:** d1-3: 3 x 0.07-0.1mg p.o., dann: 1 x 0.07-0.1mg; d1: 0.5mg i.v., d2, 3: 0.25mg i.v., dann 0.07-0.1mg/d p.o./i.v.; **Ki.:** bis zur Sättigung 0.03mg/kg/d, dann 0.003mg/kg/d p.o.; **DANI** CrCl < 10: Dosisreduktion

Digoxin Rp	HWZ 30-50h, Q_0 0.3, PPB 20%, PRC C, Lact + therap. Serumspiegel (ng/ml): 0.8-2.0
Digacin *Tbl. 0.25mg* **Lanicor** *Tbl. 0.25mg; Amp. 0.25mg/1ml* **Lenoxin** *Tbl. 0.125, 0.25mg; Gtt. (1ml = 0.05mg)*	**Herzinsuff., tachykardes Vorhofflimmern:** d1-3: 1 x 0.25-0.5mg p.o.; 2-3 x 0.25mg i.v., dann 1 x 0.25-0.375mg p.o.; 1 x 0.25mg i.v.; **Ki.:** s. FachInfo; **DANI** CrCl 50-100: 50%; 20-49: 33-50%; < 20: 33%; **DALI** nicht erforderlich

Beta-Acetyldigoxin Rp	HWZ (36)h, Q_0 0.3, PPB 30%; therap. Serumspiegel (ng/ml): 0.8-2.0
Novodigal *Tbl. 0.1, 0.2mg*	**Herzinsuff., tachykardes Vorhofflimmern:** d1-2: 3 x 0.2mg p.o., dann: 1 x 0.2-0.3mg; **Ki. 1-3J:** d1 40µg/kg in 3ED, dann 10µg/kg; **4-12J:** d1: 25-30µg/kg in 3ED, dann 5µg/kg; **DANI** CrCl 50-100: 50%; 20-49: 33-50%; < 20: 33%; **DALI** nicht erforderl.

Metildigoxin Rp	HWZ 48h, Q_0 0.35, PPB 20-30%; therap. Serumspiegel (ng/ml): 0.8-2.0
Lanitop *Tbl. 0.05, 0.1, 0.15mg; Gtt. (15Gtt. = 0.2mg)*	**Herzinsuff., tachykardes Vorhofflimmern:** d1-2: 1 x 0.3-0.4mg p.o., dann 1 x 0.1-0.3mg; **Ki.:** s. Packungsbeilage; **DANI** CrCl 50-100: 50%; 20-49: 33-50%; < 20: 33%

2.6 Sympathomimetika

Wm/Wi (Dobutamin): v.a. beta-1- u. alpha-1-, geringer auch beta-2- u. alpha-2-agonistisch, Kontraktilität ↑, Schlagvolumen ↑, linksventrikulärer Füllungsdruck ↓, systemischer Gefäßwiderstand ↓; **Wm/Wi** (Dopamin): dosisabhängig dopaminerg, alpha-/beta-agonistisch, renale Vasodil., HZV ↑, Vasokonstriktion, RR ↑; **Wm/Wi** (Ephedrin): sympathomimet. Amin, das direkt an Alpha- und Betarez. wirkt; indirekte Wi über ↑ Freisetzung von Noradrenalin, Wi als MAO-Hemmer; **Wm/Wi** (Epinephrin): beta- > alphaagonistisch, pos. ino-, chrono-, bathmotrop, syst. RR ↑, diast. RR ↓, Bronchodilatation; **Wm/Wi** (Etilefrin): alpha-/betaagonistisch, RR ↑ durch Vasokonstriktion, positiv ino- und chronotrop; **Wm/Wi** (Midodrin): alpha-1-agonistisch, syst. u. diast. RR ↑; **Wm/Wi** (Norepinephrin): alpha-/beta-1-agonistisch, Vasokonstriktion, syst. und diast. RR ↑; **Wm/Wi** (Theodreanlin + Cafedrin): beta-agonistisch, Kontraktilität ↑, Schlagvolumen ↑, peripherer Gefäßwiderstand ↑;
UW (Cafedrin + Theodrenalin): Herzklopfen, pektanginöse Beschwerden, ventrikuläre Herzrhythmusstörungen, Miktionsbeschwerden, Muskeltremor, Gewöhnung, Abhängigkeit; **UW** (Dobutamin): HRST, Palpitationen, AP, RR ↑ u. RR ↓, Kopfschmerzen, Übelkeit, Exanthem, Fieber, Bronchospasmus, Hemmung d. Thrombozytenfkt.; **UW** (Dopamin): HRST, AP, Dyspnoe, Übelkeit, Erbrechen, Angstgefühl, Kopfschmerzen, RR ↑ und RR ↓; **UW** (Ephedrin): Verwirrtheit, Angstzustände, Depressionen, Nervosität, Reizbarkeit, Unruhe, Schwäche, Schlaflosigkeit, Kopfschmerz, Schwitzen, Palpitationen, Hypertonie, Tachykardie, Dyspnoe, Übelkeit, Erbrechen; **UW** (Epinephrin): tachykarde HRST, Kammerflimmern, AP, hypertone Rkt., Vasokonstriktion, Hyperglykämie, metabol. Azidose, Übelkeit, Tremor, Angst, Halluzinationen; **UW** (Etilefrin): Palpitationen, HRST, RR ↑, AP, Unruhe, Angstzustände, Schwitzen, Tremor, Kopfschmerzen, Schwindel; **UW** (Midodrin): Liegendhypertonie, Reflexbradykardie, Palpitationen, Tachykardie, Parästhesien, Pruritus, Piloarrektion, Kältegefühl, Nausea, Dyspepsie, Harnverhalt; **UW** (Norepinephrin): Herzklopfen, AP, Myokardischämie, starker RR ↑, Lungenödem, Vasokonstriktion, ischämische Nekrosen, Oligurie, Anurie;
KI (Cafedrin + Theodrenalin): bek. Überempf., Hypertonie, Mitralstenose, Hyperthyreose, Engwinkelglaukom, Phäochromozytom, Prostataadenom mit Restharnbildung, Bronchialasthmatiker mit Sulfitüberempf.; **KI** (Dobutamin): mechan. Behinderung der ventrik. Füllung u./o. des Ausflusses, Hypovolämie; **KI** (Dopamin): Thyreotoxikose, Phäochromozytom, Glaukom, Blasenentl.-Strg., hochfrequ. absol. Arrhythmie, Hypovolämie, Kammerflimmern, Grav.; **KI** (Ephedrin): bek. Überempf., Behandlung mit MAO-Hemmern, Koronarthrombose, Diabetes mellitus, ischämische Herzerkrankung, Hypotonie, Thyreotoxikose, Winkelblockglaukom, ältere Patienten, Prostathypertrophie; **KI** (Epinephrin): system. Anw.: bek. Überempf., Hypertonie, Hyperthyreose, Phäochromozytom, Engwinkelglaukom, Prostataadenom mit Restharnbildung, paroxysmale Tachykardie, hochfrequente absolute Arrhythmie, schwere Nierenfktsstrg., Koronar- und Herzmuskelerkrankungen, sklerotische Gefäßveränderungen, Cor pulmonale, Sulfitüberempfindlichkeit, intraarterielle Anwendung; lokale Anw.: bek. Überempfindlichkeit, Engwinkelglaukom, paroxysmale Tachykardie, hochfrequente absolute Arrhythmie; Anästhesien im Endstrombereich (insbes. Finger, Zehen, Penis, Nasenspitze); Sulfitüberempfindlichkeit; **KI** (Etilefrin, Midodrin): Thyreotoxikose, Phäochromozytom, Glaukom, Blasenentleerungsstrg., RR ↑, KHK, tachykarde HRST, Herzklappenstenose, HOCM; **KI** (Norepinephrin): Hypertonie, Hyperthyreose, Phäochromozytom, Engwinkelglaukom, Prostataadenom mit Restharnbildung, paroxysmale Tachykardie, hochfrequente absol. Arrhythmie, schwere Nierenfunktionsstörungen, Koronar- und Herzmuskelerkrankungen, Arteriosklerose, Cor pulmonale, bek. Überempf., Sulfit-Überempf., intraarterielle Anw.

Adrenalin (Epinephrin) Rp	HWZ 1-3 min, Q0 > 0.7, PRC C, Lact ?
Adrenalin Infectopharm *Amp. 1mg/1ml* **Emerade** *Pen 0.15/0.15ml, 0.3/0.3ml, 0.5mg/0.5ml* **Epipen** *Autoinjektor 0.15mg/0.3ml, 0.3mg/0.3ml* **Fastjekt** *Autoinjektor 0.15, 0.3mg/ED* **Jext** *Autoinjektor 0.15mg/0.3ml, 0.3mg/0.3ml* **Suprarenin** *Amp. 1mg/1ml; Inj.Lsg. 25mg/25ml*	**Kardiopulmonale Reanimation** → 29: 1mg i.v. alle 3-5min; **Ki.:** 0.01mg/kg i.v./i.o., ggf. Wdh. nach 3-5min; bei persist. Erfolglosigkeit 0.1mg/kg i.v./i.o., max. 1mg; **Anaphylaxie:** 1 : 10 verdünn., 0.1mg i.v.; Wdh. nach Wi; **Ki.:** 0.01mg/kg über 1-2min i.v.; ggf. Perfusor mit 0.05-0.5µg/kg/min i.v.; Autoinj. Pen: Selbstmedikation 0.3mg i.m., 15-30kg: 0.15-0.3mg i.m., > 30kg: 0.3mg i.m.; **Septischer Schock:** 0.014-0.28µg/kg/min als Dauerinf. i.v.; **lokale Blutstillung:** 1:10 verdünnen, davon 10 Gtt. auf Tupfer bzw. einige ml in Harnröhre instillieren; **Blasenblutung:** 1:10-50 verdünnen, davon 100-150ml zur Spülung
Dobutamin Rp	HWZ 2-3 min, Q0 0.7, PRC B, Lact ?
Dobutamin Carino, Dobutamin Fresenius *Inf.Lsg. 250mg/50ml, 500mg/50ml* **Dobutamin HEXAL** *Inf.Lsg. 250mg/50ml* **Dobutamin-ratioph.** *Inf.Lsg. 250mg/10ml*	**Akute Herzinsuffizienz:** 2.5-10µg/kg/min i.v.; Perf. (250mg) = 5mg/ml ⇒ 2-10ml/h; **Ki.:** 1-15µg/kg/min i.v.
Dopamin Rp	HWZ 5-10 min, Q0 0.95, PRC C, Lact ?
Dopamin Carino *Amp. 50mg/5ml, 250mg/50ml* **Dopamin Fresenius** *Amp. 50mg/5ml, 200mg/5ml; Inf.Lsg. 250mg/50ml*	**Kardiale und andere Schockzustände:** 2-20µg/kg/min i.v.; Perf. (250mg) = 5mg/ml ⇒ 2-18ml/h; max. 50µg/kg/min i.v.; **Ki.:** 5-10µg/kg/min i.v.
Ephedrin Rp	HWZ 3-6h
Ephedrin Carino *Inj.Lsg. 30mg/ml* **Ephedrin Meduna** *Inj.Lsg. 50mg/5ml*	**Verringerung des RR-Abfalls während Spinalanästhesie:** bis zu 30mg in Teildosen von 3-7.5mg i.v.
Etilefrin OTC	HWZ 2.5h, Q0 0.7, PPB 23%, PRC C
Bioflutin *Gtt. (1ml = 5mg)* **Effortil** *Tbl. 5mg, Gtt. (1ml = 7.5mg)*	**Hypotone Kreislaufregulationsstörung:** 3 x 5-10mg p.o.; 1-2 x 25mg (ret.) p.o.; **Ki. 2-6J:** 3 x 2.5-5mg p.o.; < **2J:** 3 x 2-5Gtt. (1-2.5mg)
Midodrin OTC	HWZ 0.5h, Q0 0.4, PRC C, Lact ?
Gutron *Tbl. 2.5mg; Gtt. (1ml = 10mg)*	**Orthostat. Hypotonie:** 2-3 x 2.5mg (= 7Gtt.) p.o.; ggf. ↑, max. 30mg/d
Norepinephrin (Noradrenalin) Rp	HWZ 1-3 min, Q0 > 0.8, PPB 50%, PRC C, Lact ?
Arterenol *Amp 1mg/1ml; Inj.Lsg. 25mg/25ml* **Sinora** *Inf.Lsg. 1mg/1ml, 10mg/10ml*	**Sept. Schock:** 0.014-0.28µg/kg/min i.v.; Perf. (5mg) = 0.1mg/ml ⇒ 0.6-12ml/h

Theodrenalin + Cafedrin OTC	HWZ 1h (Cafedrin)
Akrinor *Amp. 10+200mg/2ml*	**Anästhesie-bedingte, klinisch relevante Blutdruckabfälle; klinisch relevante Hypotonien i.d. Notfallmedizin:** 1 Amp. mit 8ml NaCL 0.9% verdünnen (1ml = 1 + 20mg); nach Wi. Einzelgaben von 1 + 20mg i.v./i.m., max 30 + 600mg/d

2.7 Parasympatholytika

Wm: kompetitiver Antagonismus an muscarinartigen Cholinozeptoren; **Wi:** HF ↑, Spasmolyse, Tränen-/Speichel-/Schweiß-/Bronchialsekretion ↓, Mydriasis; **UW** (Atropin) ohne Häufigkeitsangabe: Mundtrockenheit, Schweißsekretion ↓, Tachykardie, Sehstrg. infolge Mydriasis und Störung der Akkomodation, supraventrik. und ventrik.Arrhythmien, Verkürzung der AV-Überleitung, Muskelschwäche, muskuläre Koordinationsstrg., Miktionsstrg., Strg. der Darmperistaltik, Schluckstrg., gastroösophagealer Reflux, Sprachstrg., Unruhe- und Erregungszustände, Halluzinationen, Verwirrtheitszustände, Krämpfe, Delirien, komatöse Zustände, Glaukomanfall; **KI** (Atropin): bek. Überempf. gegen A./andere Anticholinergika, Engwinkelglaukom, Tachykardie bei Herzinsuff. und Thyreotoxikose, tachykarde Herzrhythmusstrg., Koronarstenose, mech. Verschlüsse des Magen-Darm-Trakts, paralytischer Ileus, Megakolon, obstrukt. Harnwegerkrankungen, bestehende Prostatahypertrophie mit Restharnbildung, Myasthenia gravis, akutes Lungenödem, Schwangerschaftstoxikose

Atropin Rp	HWZ 2h, Qo 0.45, PPB 2-40%, PRC C, Lact ?
Atropinsulfat *Amp. 0.5mg/1ml; Inj.Lsg. 100mg/10ml* **Atropinum sulfuricum** *Amp. 0.25mg/1ml, 0.5mg/1ml, 1mg/1ml*	**Bradykarde HRST:** 0.5-1.5mg i.v./i.m. alle 4-6h; **Ki.:** 0.01mg/kg i.v. (min. 0.1, max. 0.5mg); **Narkoseprämed.:** 0.01mg/kg i.v.; **Alkylphosphatintoxikation:** 2-5mg alle 10-15min i.v. bis zum Rückgang der Bronchialsekretion, max. 50mg in Einzelfällen; Erh.Dos. 0.5-1mg alle 1-4h; **Ki.:** 0.5-2mg i.v., Erh.Dos. nach Klinik; **Neostigmin-/Pyridostigminintox.:** 1-2mg i.v.

2.8 Kardiostimulanzien

Wm: Hemmung der Phosphodiesterase ⇒ intrazelluläre cAMP-Konzentration ↑ und Ca^{2+} ↑ ⇒ Kontraktion ↑; **Wi:** positiv chrono- und inotrop (Schlagvolumen und HZV ↑), Broncho-/Vasodilatation (Vor-/Nachlast ↓); **Wm** (Levosimendan): ↑ Kalziumsensitivität der kontraktilen Proteine durch Bindung an kardiales Troponin C; Öffnung der ATP-sensitiven Kaliumkanäle ⇒ Vasodilatation systemischer und koronarer art. Widerstandsgefäße und systemischer ven. Kapazitätsgefäße; **Wi** (Levosimendan): positiv ino- u. chronotrop, Vasodilatation, Vor- und Nachlast ↓, aktiviert "stunned" Myokard, myokardiale Durchblutung ↑, Endothelin-1-Spiegels ↓; **UW** (Enoximon): Hb-Wert/Hämatokrit ↓ um mind. 5 %, ventrik. Tachykardie, andere Arrhythmien, Hypotonie, Schlaflosigkeit, Gedächtnisstrg., Somnolenz, Angst, Unruhe, Kopfschmerzen, Übelkeit, Erbrechen, Muskelschmerzen, Thrombopenie, petechiale Blutungen, Purpura, and. Blutungskomplik., GOT ↑, Bilirubin ↑, bei schwerer Herzinsuff. bedrohliche ventrik. Arrhythmien

UW (Levosimendan): Hypokaliämie, Schlaflosigkeit, Kopfschmerzen, Schwindel, ventrik. Tachykardie, Vorhofflimmern, Tachykardie, ventrik. Extrasystolen, Herzversagen, Myokardischämie, Eytrasystolen, Hypotonie, Übelkeit, Obstipation, Diarrhoe, Erbrechen, Hämoglobinwerte ↓; **UW** (Milrinon): ventrik. Ektopien, ventrik. Tachykardie, supraventrik. Arrhythmien, Hypotonie, Kopfschmerzen; **KI** (Enoximon): bek. Überempf., extravasale Injektion, Gabe der Erh.Dos. als Inf. bei Kreatinin-Clearance < 40ml/min, Grav.; **KI** (Levosimendan): bek. Überempf., schwere Hypotonie und Tachykardie; signif. mech. Behinderung, die die ventrikuläre Füllung und/oder den Ausstrom beeinflussen; CrCl < 30ml/min, schwer beeinträchtigte Leberfkt., Torsades de Pointes in der Anamnese; **KI** (Milrinon): bek. Überempfindlichkeit, schwere Hypovolämie

Enoximon Rp	HWZ 4.2-6.2h, Qo 1.0 (0), PPB ca. 85%
Perfan *Inj.Lsg. 100mg/20ml*	**Akute Herzinsuff.:** ini 90µg/kg/min i.v., nach 10-30 min 2.5-10µg/kg/min; 0.5mg/kg (max. 12.5mg/min, max. 8 x/d); **DANI** CrCl 0-5: 33%, 6-15: 50%, 16-30: 67%, 31-40: 80%, > 40: 100%; **DALI** s. FachInfo

Levosimendan Rp	HWZ 1h, PPB ca. 97%
Simdax *Inf.Lsg. 12.5mg/5ml, 25mg/10ml*	**Akut dekompensierte schwere chronische Herzinsuffizienz:** ini 6-12µg/kg i.v. über 10min, dann 0.1µg/kg/min über 24h i.v., ggf. Dosisanpassung auf 0.05-0.2µg/kg/min; **DANI** CrCl < 30: KI; **DALI** KI bei schwerer LI

Milrinon Rp	HWZ 2.3h, Qo 0.2, PPB 70-91%
Milrinon Carino *Amp. 10mg/10ml* **Milrinon Hikma** *Amp. 10mg/10ml* **Milrinon Stragen** *Amp. 10mg/10ml*	**Schwere Herzinsuff.:** ini 50µg/kg i.v. langsam über 10min, anschließend Erh.Dos. 0.375-0.75µg/kg/min; max. 1.13mg/kg/d; **DANI** CrCl 0-5: 0.2µg/kg/min, 6-10: 0.23µg/kg/min, 11-20: 0.28µg/kg/min, 21-30: 0.33µg/kg/min, 31-40: 0.38µg/kg/min, 41-50: 0.43µg/kg/min

2.9 Gerinnung

2.9.1 Unfraktioniertes Heparin

Wm/Wi: Komplexbildung mit AT-III ⇒ beschleunigt inhibierende Wi von AT-III um Faktor 1000 ⇒ v.a. Hemmung von Thrombin, Xa, XIa, XIIa und Kallikrein, Aktivierung der Lipoproteinlipase; **UW** (Heparin): Heparininduzierte Thrombopenie Typ 1, Blutungen, Reakt. an Injektionsstelle, Transaminasen/gGT/Lipase/LDH ↑; **KI** (Heparin): bek. Überempf., aktive Blutungen, Heparininduzierte Thrombopenie Typ II (HIT-II), mit hämorrhagischer Diathese verbundene Erkrankungen und Organschäden wie Koagulopathien, Thrombozytopenie, schwere Erkrankungen von Leber und Pankreas; Krankheiten, bei denen der Verdacht von Gefäßschäden besteht, z.B. Blutungen im Magen-Darm-Trakt; nicht eingestellte und schwere arterielle Hypertonie mit einem diastolischen Blutdruck von mehr als 110 mmHg, intrakranielle Blutungen, Hirnarterienaneurysma, Retinopathien, Glaskörperblutungen, ophthalmologische Eingriffe oder Verletzung, aktive Tuberkulose, infektiöse Endokarditis, Abortus imminens

Heparin Rp	HWZ 90-120 min, Qo 0.8, PPB 90%, PRC C, Lact +
Heparin-Calcium-ratioph. *Amp. 12500IE/0.5ml;* **Heparin-Natrium-ratioph.** *Amp. 5000IE/0.2ml, 25000IE/5ml; Fertigspr. 5000IE/0.2ml, 7500IE/0.3mg*	**Thrombose-Pro.:** 3 x 5000IE od. 2 x 7500IE s.c.; **Ther. Thromboemb.:** 5000IE als Bolus i.v., dann 300-600IE/kg/d; Perf. (25000IE) = 50IE/ml: 1.7-3.3ml/h; Dosisanp. nach PTT (1.5-2.5 x Normwert); **Ki.:** ini 50IE/kg i.v., dann 20IE/kg/h; **DANI** nicht erforderlich

2.9.2 Niedermolekulare Heparine

Wm/Wi: Molekulargewicht ↓ ⇒ Thrombinhemmung ↓, während Faktor-Xa-Hemmung ↑; Wi auf Thrombozytenfkt. ↓, Thrombolyse ↑⇒ antithrombotische Wi ↑, Blutungsgefahr ↓; geringere Neutralisation durch Plättchenfaktor 4; bei s.c.-Anwendung deutlich höhere Bioverfügbarkeit; längere HWZ; **UW** (Enoxaparin): Blutung, Thrombozytose, Thrombopenie, Transaminasen ↑, allergische Reaktion, Urtikaria, Pruritus, Erythem, Hämatom/Schmerzen an Injektionsstelle; **KI** (Enoxaparin): bek. Überempf., < 6W zurückliegende OP an ZNS, Auge, Ohr, < 30d zurückliegende, klin. relevante Blutung, < 6M zurückliegender hämorrhagischer Schlaganfall oder andere intrakranielle Blutungen, akute oder anamnestisch bek. intrakranielle Erkrankung (Neoplasma, arteriovenöse Malformation, Aneurysma), klinisch relevante Gerinnungsstrg., Magen- od. Darmulzera, Abortus imminens, schwere Leber- oder Pankreaserkr., unkontrollierbare schwere Hypertonie, Endokarditis, allergisch bed. Thrombozytopenie (HIT-Typ II) auf Heparin, V. a. vaskuläre Retinopathie, Glaskörperblutungen oder andere intraokuläre Blutungen, gleichzeitige Lumbalpunktion, Epidural- oder Periduralanaesthesie

Certoparin Rp	HWZ 4.3h
Mono-Embolex *Fertigspr. 3000IE/0.3ml, 8000IE/0.8ml* **Mono-Embolex multi** *Inj.Lsg. 90000IE/15ml (3000 IE/0.5ml)*	**Postop. Thromb.-Pro.:** ini 3000IE s.c. 1-2h vor OP-Beginn, dann 1 x tgl. 3000IE; **Thromb.-Pro. internist. Pat. u. bei ischäm. Schlaganfall:** 1 x 3000IE s.c.; **Ther. tiefe VT:** 2 x 8000IE s.c.; **Antikoagulation bei Dialyse:** ini 3000IE i.v., dann 600IE/h, individ. Dosisanp.; **DANI** vorsichtige Anw. bei schwerer NI (CrCl < 30); **DALI** KI bei schwerer LI

Dalteparin Rp	HWZ 2-5h, PRC B, Lact ?
Fragmin P *Fertigspr. 2500IE/0.2ml* **Fragmin P forte** *Fertigspr. 5000IE/0.2ml* **Fragmin** *Amp. 10000IE/1ml; Fertigspr. 10000IE/0.4ml, 12.500IE/0.5ml, 15000IE/0.6ml, 18000/0.72ml* **Fragmin D** *Amp. 10000IE/4ml* **Fragmin Multidose** *Inj.Lsg. 100000IE/4ml, 100000IE/10ml*	**Postop. Thrombose-Pro.:** ini 2500IE s.c. 2h vor OP-Beginn, dann 1 x 2500IE; bei hohem Risiko: 5000IE am Abend vor OP, dann 1 x 5000IE; **Thrombose-Pro. internist. Pat.:** 1 x 5000IE; **Ther. tiefe Venenthrombose:** 1 x 200IE/kg s.c. oder 2 x 100IE/kg s.c., max. 18000IE/d; **Rezidiv-Pro. Thromboembolie bei onkologischen Pat.:** 1 x 150IE/kg s.c., Dosisred. bei Thrombopenie (s. FachInfo) **Antikoag. bei Dialyse:** Bolus 85IE/kg i.v.; **kontinuierliche Antikoagulation:** ini 30-35IE/kg, dann 10-15IE/kg/h, bei hohem Blutungsrisiko ini 5-10IE/kg, dann 4-5IE/kg/h; **DANI, DALI** vorsichtige Anwendung

Enoxaparin Rp	HWZ 4.5h
Clexane *Fertigspr. 20mg/0.2ml, 40mg/0.4ml, 60mg/0.6ml, 80mg/0.8ml, 100mg/1ml* **Clexane multidose** *Inj.lsg. 1000mg/10ml* **Lovenox** *Fertigspr. 20mg/0.2ml, 40mg/0.4ml, 60mg/0.6ml, 80mg/0.8ml, 100mg/1ml*	**Postop. Thrombose-Pro.:** 1 x 20mg s.c., Beginn 2h präop.; hohes Risiko 1 x 40mg s.c., Beginn 12h präop.; **Thrombose-Pro. nicht-chirurg. Pat.:** 1 x 40mg s.c.; **Ther. TVT:** 2 x 1mg/kg s.c.; **Antikoagul. bei Dialyse:** 0.01ml/kg (Lsg. multidose) i.v. bzw. individ. Dosis; **NSTEMI, instabile AP:** 2 x 1mg/kg s.c.; **STEMI:** Pat. < 75J: Bolus 30mg i.v., 2 x 1mg/kg s.c.; Pat. > 75J: kein Bolus, 2 x 0.75mg/kg s.c.; **DANI** CrCl > 30: 100%; < 30: s. FachInfo; **DALI** KI bei schwerer LI

Nadroparin Rp	HWZ 3.3h
Fraxiparin *Fertigspr. 1900IE/0.2ml, 2850IE/0.3ml, 3800IE/0.4ml, 5700IE/0.6ml, 7600IE/0.8ml, 9500IE/1ml* **Fraxiparin Multi** *Amp. 47.500IE/5ml, 142.500IE/15ml (1ml = 9500IE)* **Fraxodi** *Fertigspr. 11400IE/0.6ml, 15200IE/0.8ml, 19000IE/1.0ml*	**Postop. Thromb.-Pro.:** 2850IE 2h vor OP, dann 1 x tgl. 2850IE s.c. für 7d; Hüft-OP: s. Packungsbeil.; **Antikoagul. bei Dialyse:** 2850-5700IE i.v.; **Therapie TVT:** Fraxiparin: < 50kg: 2 x 0.4ml; 50-59kg: 2 x 0.5ml; 60-69kg: 2 x 0.6ml; 70-79kg: 2 x 0.7ml; 80-89kg: 2 x 0.8ml; > 90kg: 2 x 0.9ml s.c.; Fraxodi: 1 x tgl. s.c. ml/kg s.o.; **DANI** KI bei schw. NI (CrCl < 30), vorsichtige Anw. bei CrCl 30–60; **DALI** KI bei schwerer LI

Reviparin Rp	HWZ 3.3h
Clivarin 1750 *Fertigspr. 1750IE/0.25ml* **Clivarin 5726IE/ml** *Fertigspr. 3436IE/0.6ml* **Clivarodi** *Fertigspr. 17178IE/ml*	**Thrombose-Pro. perioperativ bzw. bei Immobilisation:** ini 1750IE s.c. 2h vor OP-Beginn, dann 1 x tgl. 1750IE s.c.; **Pro. bei hohem Thromboserisiko:** ini 3436IE/0.6ml s.c. 12 h vor OP-Beginn, dann 1 x tgl. 3436IE/0.6ml s.c.; **Therapie TVT:** 35-45kg: 2 x 2863IE s.c.; 46-60kg: 2 x 3436IE; > 60kg: 2 x 5153IE oder 1 x tgl. 10307IE/0.6ml s.c. (Clivarodi); **DANI, DALI:** KI bei schwerer NI/LI

Tinzaparin Rp	HWZ 3-4h, PRC B, Lact
innohep *Fertigspr. 3500IE/0.3ml* **innohep multi** *20000IE/2ml, 50000IE/5ml* **innohep 20000** *Fertigspr. 8000IE/0.4ml, 10000IE/0.5ml, 12000IE/0.6ml, 14000IE/0.7ml, 16000IE/0.8ml, 18000IE/0.9ml; Amp. 40000IE/2ml*	**Postop. Thrombose-Pro.:** ini 3500IE s.c. 2h vor OP-Beginn, dann 1 x tgl. 3500IE s.c.; **Ther. TVT:** 1 x tgl. 175IE/kg s.c.; **Thromboembolie-Ther./Rezidiv-Pro. bei aktiver Tumorerkr.:** 1 x tgl. 175IE/kg s.c. f. 3-6M; **DANI** CrCl < 30 vorsichtige Anw.; **DALI** keine Daten

2.9.3 Heparinoide, andere Faktor-Xa-Hemmer

Wm/Wi (Apixaban, Edoxaban, Rivaroxaban als NOAK): selektiver, direkter Inhibitor von Faktor Xa; **Wm/Wi** (Danaparoid; Fondaparinux): Faktor-Xa-Hemmung;
UW (Apixaban): Anämie, Blutungen, Übelkeit, Hämatome, Hämaturie, Kontusion;
UW (Danaparoid): Blutungskomplikationen, allergische Reaktionen, Thrombopenie;
UW (Edoxaban): Anämie, Epistaxis, GI-Blutungen, Mund/Pharynx-Blutungen, Hämaturie, vaginale Blutung, Blutung an Punktionsstelle, Übelkeit, Erhöhung von gGT, Bilirubin, anomaler Leberfunktionstest, kutane Weichteilgewebsblutung, Exanthem, Juckreiz;
UW (Fondaparinux): Blutungskomplik., Anämie, Thrombopenie, Ödeme, veränderte Leberfunktionstests; **UW** (Rivaroxaban): postop. Blutungen, Anämie, Schwindel, Kopfschmerzen, Augeneinblutungen, Hypotonie, Hämatome, Epistaxis, Hämoptyse, Zahnfleischbluten, GI-Blutungen, GI-Schmerzen, Dyspepsie, Verstopfung, Durchfall, Erbrechen, Übelkeit, Transaminasen ↑, Pruritus, Hautrötung, Ekchymose, kutane und subkutane Blutung, Extremitätenschmerzen, Blutung im Urogenitaltrakt, Nierenfunktion ↓, Fieber, Ödeme, Leistungsfähigkeit ↓;
KI (Apixaban): bek. Überempf., klinisch relevante aktive Blutung, Lebererkrankung mit Koagulopathie, Läsionen oder klinische Situationen mit hohem Blutungsrisiko;
KI (Danaparoid): hämorrhagische Diathese, kurz zuvor Schlaganfall/OP am Gehirn, bakterielle Endokarditis, diabetische Retinopathie, fortgeschrittene NI und LI, Überempfindlichkeit gegen Wirkstoff bzw. Sulfit, Grav./Lakt.;
KI (Edoxaban): bek. Überempf., klinisch relevante akute Blutung; Lebererkrankungen, die mit Koagulopathie und klinisch relevantem Blutungsrisiko einhergehen; Läsionen oder signif. Risiko für eine schwere Blutung (z.B. gastrointestinale Ulzerationen, maligne Neoplasien mit hohem Blutungsrisiko, kürzlich aufgetretene Hirn- oder Rückenmarksverletzungen, kürzlich durchgeführte chirurgische Eingriffe an Gehirn, Rückenmark oder Augen, kürzlich aufgetretene intrakranielle Blutungen, Ösophagusvarizen, arteriovenöse Fehlbildungen, vaskuläre Aneurysmen, größere intraspinale oder intrazerebrale vaskuläre Anomalien); nicht eingestellte schwere Hypertonie, gleichzeitige Anw. anderer Antikoagulanzien, Grav./Lakt.;
KI (Fondaparinux): bek. Überempf., aktive Blutung, bakterielle Endokarditis, CrCl < 20 (1.5–2.5mg); < 30 (5–10mg);
KI (Rivaroxaban): aktive Blutungen, Läsionen oder signif. Risiko einer schweren Blutung, bek. Überempf., Lebererkrankung mit Koagulopathie oder klin. relevantem Blutungsrisiko, gleichz. Anw. anderer Antikoagulanzien außer bei Umstellung der antikoag. Ther., Grav./Lakt.

Apixaban Rp — HWZ 12h, PPB 87%

Eliquis *Tbl. 2.5, 5mg*	**Pro. ven. Thromboembolien bei Hüft-/Kniegelenkersatz:** 2 x 2.5mg p.o., Beginn 12–24h post OP, für 32–38d (Hüfte) bzw. 10–14d (Knie); **Ther. tiefer Venenthrombosen und Lungenembolien:** 2 x 10mg, nach 7d 2 x 5mg; **Pro. rezidiv. TVT/LE:** 2 x 2.5mg; **Pro. Schlaganfall/system. Embolien bei VHF:** 2 x 5mg p.o.; Pat. mit mind. 2 Kriterien (≥ 80J, ≤ 60kg oder Krea ≥ 1.5mg/dl): 2 x 2.5 mg; **DANI:** CrCl > 30: 100%, 15–29: vors. Anw., < 15: Anw. nicht empfohlen; **DALI:** Child A/B: vors. Anw., Child C: Anw. nicht empfohlen

Danaparoid Rp	HWZ 7-14h, Q0 0.58, PRC B, Lact ?
Orgaran *Amp. 750E/0.6ml*	**Thrombose-Pro.:** 2 x 750E s.c.; **Ki.:** 2 x 10E/kg s.c.; **Thromboembolie bei HIT-2:** ini 2500E (< 55kg: 1250E; > 90kg: 3750E) i.v., dann 400E/h für 4h, dann 300E/h für 3h, Erh.Dos. 150-200E/h; **Ki.:** ini 30E/kg, dann 1.2-4E/kg/h i.v.; **DANI, DALI** KI bei schwerer NI/LI
Edoxaban Rp	HWZ 10-14h, PPB 55% , PRC C, Lact ?
Lixiana *Tbl. 15, 30, 60mg*	**Pro. Schlaganfall/system. Embolien bei VHF:** 1 x 60mg p.o.; **Ther. tiefe VT, LE, Pro. rezidiv. TVT, LE:** ini parent. Antikoagulans über 5d, dann 1 x 60mg p.o; Pat. ≤ 60kg od. gleichz. Anw. von Ciclosporin, Erythromycin, Ketoconazol, Dronedaron: 1 x 30 mg p.o.; **DANI** CrCl > 50: 100%; 15-50: 1 x 30mg; < 15: Anw. nicht empfohlen; **DALI** leichte bis mäßige LI: 100%; schwere LI: Anw. nicht empfohlen; Lebererkr. mit Koagulopathie: KI
Fondaparinux Rp	HWZ 17-21h, PRC B, Lact ?
Arixtra *Fertigspr. 1.5mg/0.3ml, 2.5mg/0.5ml, 5mg/0.4ml, 7.5mg/0.6ml, 10mg/0.8ml* **Fondaparinux-Natrium beta** *Fertigspr. 2.5mg/0.5ml, 5mg/0.4ml, 7.5mg/0.6ml, 10mg/0.8ml*	**Thrombose-Pro.:** ini 6h post-OP 2.5mg s.c., dann 1 x 2.5mg für 5-9d; **DANI** CrCl > 50: 100%; 20-50: 1.5mg/d; < 20: KI; **Ther. oberfl. VT unt. Extr.:** 1 x 2.5mg s.c. für 30-45d; **Ther. tiefe VT, LE:** < 50kg: 1 x 5mg s.c.; 50-100kg: 1 x 7.5mg; > 100kg: 1 x 10mg; **NSTEMI, instab. AP:** 1 x 2.5mg s.c. für max. 8d; **STEMI:** 1 x 2.5 mg, 1. Dosis i.v., dann s.c. max. 8d; **DANI** untersch. je nach Ind/Dos. s. FachInfo; KI s.o.; **DALI** schwere LI: vors. Anw.
Rivaroxaban Rp	HWZ 7-11h, PPB 94%
Xarelto *Tbl. 2,5, 10, 15, 20 mg*	**Pro. Thromboembolie bei elekt. Knie-/Hüftgelenkersatz:** 1 x 10mg p.o. 6-10h post-OP, dann 10mg/d für 35d (Hüfte) bzw. 14d (Knie); **Ther./Pro. rez. tiefer VT:** d1-21 2 x 15mg p.o., ab d22 1 x 20mg; **Ther./Pro. rez. LE bei hämodyn. stabilen Pat.:** d1-21 2 x 15mg p.o., ab d22 1 x 20mg; **Sek.-Pro. nach ACS mit ↑ kard. Biomarkern:** 2 x 2.5 mg in Komb. mit ASS oder mit ASS + Clopidogrel/Ticlopidin; **Pro. von Schlaganfällen/system. Embolien bei Vorhofflimmern:** 1 x 20mg p.o.; **DANI** CrCl > 50: 100%; 15-49: s. Fachinfo; < 15: Anw. nicht empf.; **DALI** KI bei Lebererkr. mit Koagulopathie und ↑ Blutungsrisiko

2.9.4 Direkte Thrombininhibitoren

Wm/Wi (Argatroban, Bivalirudin; Dabigatran als NOAK): direkter spezif. Thrombininhibitor; **UW** (Argatroban): Blutungskomplikationen, Anämie, Leukopenie, Thrombopenie, Thrombose, Thrombophlebitis, Purpura, Übelkeit, Erbrechen, Kopfschmerzen; **UW** (Bivalirudin): Blutungskomplik., allerg. Rkt., Fieber, Anämie, Thrombopenie, Kopfschmerz, HRST, Exanthem, Rückenschmerz; **UW** (Dabigatran): Anämie, Nasenbluten, GI-Blutung, Bauchschmerzen, Diarrhoe, Übelkeit, Dyspepsie, abnorme Leberfkt. bzw. Leberfunktionstests, urogenitale Blutung; **KI** (Argatroban): unkontrollierbare Blutungen, bek. Überempfindlichkeit, schwere Leberfktsstrg.; **KI** (Bivalirudin): aktive Blutungen, Gerinnungsstrg., unkontrollierte Hypertonie, subakute bakt. Endokarditis, NI mit CrCl < 30, Hämodial.; **KI** (Dabigatran): bek. Überempf., schwere NI (CrCl < 30), akute klin. relev. Blutung, Läsionen od. klin. Situationen mit signif. Risiko einer schweren Blutung; Beeinträchtigung der Leberfkt. oder Lebererkr. mit evtl. Auswirkungen auf das Überleben; gleichzeit. Anw. anderer Antikoagulanzien außer bei Umstellung der Antikoagulationsther.; gleichzeit. Anw. von Ketoconazol, Ciclosporin, Itraconazol, Tacrolimus und Dronedaron; Pat. mit künstlichen Herzklappen, die eine gerinnungshemmende Therapie benötigen

Argatroban Rp	HWZ 1 h PPB 54% PRC B, Lact ?
Argatra *Inj.Lsg. 250mg/2.5ml; Inf.Lsg. 50mg/50ml*	**Antikoagulation bei HIT-2:** 2µg/kg/min i.v., Dosisanp. n. PTT (Ziel: 1.5-3 x Ausgangswert), max. 10µg/kg/min, Ther.-Dauer max. 14d; **DANI** nicht erforderlich; **DALI** Child B: ini 0.5µg/kg/min; Child C: KI
Bivalirudin Rp	HWZ 13-37 min
Bivalirudin Accord *Inj.Lsg. 250mg*	**Instabile AP, NSTEMI:** ini 0.1mg/kg i.v., dann 0.25mg/kg/h bis zu 72h; s. FachInfo für Dosierung bei nachfolgenden Interventionen; **perkutane Koronarintervention:** ini 0.75mg/kg i.v.-Bolus, dann 1.75mg/kg/h für Dauer des Eingriffs, ggf. weitere 4h; **DANI** CrCl 30–59: 1.4mg/kg/h, akt. Gerinnung (ACT) kontr.; < 30, HD: KI; **DALI** nicht erf.
Dabigatran Rp	HWZ 12–14 h PPB 35%
Pradaxa *Kps. 75, 110, 150mg*	**Pro. Thromboembolie bei elektivem Knie-/Hüftgelenkersatz:** 110mg p.o. 1-4h post-OP, dann 1 x 220mg für 10d (Knie) bzw. 28-35d (Hüfte); > 75J. oder Pat., die Verapamil, Amiodaron od. Chinidin einnehmen: 1 x 150mg; **Pro. von Schlaganfällen/system. Embolien bei Vorhofflimmern:** 2 x 150mg p.o., > 80J. oder Pat., die Verapamil, Amiodoran oder Chinidin einnehmen: 2 x 110mg; **Ther./Pro. rez. tiefer VT und LE:** 2 x 150mg; > 80J. oder Pat., die Verapamil, Amiodoran oder Chinidin einnehmen: 2 x 110mg; **DANI:** CrCl < 30: KI; 30-50: s. FI; > 50: 100%; **DALI:** GPT > 2 x ob. Grenzwert: Anw. nicht empf.

2.9.5 Sonstige antithrombotische Mittel

Wm/Wi (Defibrotid): schützt Endothelzellen vor Fludarabin-induz. Apoptose, Funktion des Gewebeplasminogenaktivators (t-PA) ↑, Aktivität des Plasminogenaktivator-Inhibitors (PAI-1) ↓;
UW (Defibrotid): Koagulopathie, Blutungen, Hypotonie, Erbrechen, Hämaturie;
KI (Defibrotid): bek. Überempfindlichkeit, gleichzeitige Anw. einer thrombolytischen Ther.

Defibrotid Rp	HWZ 1 h
Defitelio *Inf.Lsg. 200mg/2.5ml*	**Schwere hepatische venookklusive Erkrankung bei Stammzell-Tx.:** 6.25mg/kg alle 6h i.v., Anw. f. mindestens 21d; **DANI, DALI** vorsichtige Anwendung

2.9.6 Antidota für Antikoagulantien

Wm/Wi (Idarucizumab): monoklonales Fab-AK-Fragment ⇒ bindet an Dabigatran und neutralisiert dessen antikoagulatorische Wi.; **Wm/Wi** (Protamin): bildet salzartige Heparinverbindung ⇒ Inaktivierung von Heparin; **UW** (Idarucizumab): keine; **UW** (Protamin): Wärmegefühl, Flush, Hypotonie; **KI** (Idarucizumab): keine; **KI** (Protamin): bek. Überempf.

Idarucizumab Rp	HWZ 10h
Praxbind *Inj.Lsg. 2.5g/50ml*	**Antagonisierung der Dabigatran-Wi:** 5g i.v., ggf. Wh innerhalb von 24h; **DANI, DALI** nichterforderlich

Protamin OTC	HWZ (24min) PRC C, Lact ?
Protamin Me *Amp. 5000IE/5ml, 25000IE/5ml* **Protaminsulfat Leo** *Amp. 7000IE/5ml*	**Antagonisierung der Heparin-Wi:** 1000IE inaktivieren 1000IE Heparin, langsam i.v.; **Antagonisierung von niedermolekularen Heparinen:** s. FachInfo

2.9.7 Cumarinderivate

Wm/Wi: Hemmung der Vit.-K-vermittelten Carboxylierung Ca^{2+}-abhäng. Gerinnungsfakt. (II, VII, IX, X) in der Leber; **UW** (Phenprocoumon): Hämaturie, Epistaxis, Zahnfleischbluten, Hämatome nach Verletzungen, Hepatitis, Ikterus; **KI** (Phenprocoumon): bek. Überempf., Erkr. mit erhöhter Blutungsbereitschaft, frischer Apoplex, Endocarditis lenta, Perikarditis, Hirnarterienaneurysma, dissez. Aortenaneurysma, Magen-Darm-Ulzera, OPs am Auge, OPs od. Traumen am ZNS, Retinopathien ↑, Blutungsrisiko, fixierte u. behandlungsrefraktäre Hypertonie (> 200/105 mmHg), kavernöse Lungen-Tbc, nach Uro-OP mit Makrohämaturie, ausgedehnte offene Wunden, schwere Leberparenchymschäden, Grav. (Ausnahme: absolute Ind. zur Antikoagulation bei lebensbedrohlicher Heparinunverträglichkeit)

Phenprocoumon Rp	HWZ 150h, Q_0 1.0, PPB 99%
Falithrom *Tbl. 1.5, 3mg* **Marcumar** *Tbl. 3mg* **Phenprocoumon Acis** *Tbl. 3mg* **Phenpro-ratioph.** *Tbl. 3mg* **Phenprogamma** *Tbl. 3mg*	**Langzeitantikoagulation, Pro. arterieller und venöser Thrombosen und Embolien:** d1: 6-9mg p.o., d2: 6mg; Erh.Dos. je nach INR-Wert 1 x 1.5-4.5mg (abends); **DANI** nicht erforderlich; **DALI** schwere Leberparenchymschäden: KI

Warfarin Rp	HWZ 35-45h, Qo 1.0, PPB 99%, PRC X, Lact +
Coumadin *Tbl. 5mg*	**Langzeitantikoagulation, Pro. arterieller und venöser Thrombosen und Embolien:** ini 2.5-10mg, Erh.Dos. je nach INR-Wert 2.5-10mg (abends); **DANI** nicht erf.

2.9.8 Thromboembolische Risiken und Ziel-INR bei oraler Antikoagulation

Indikation	Risiko ohne OAK	RR durch OAK	Ziel-INR
Akute venöse Thromboembolie, 1. M	40%	80%	2.0-3.0
Akute venöse Thromboembolie 2. + 3. M	10%	80%	2.0-3.0
Rezidiv venöse Thromboembolie	15%	80%	2.0-3.0
Arterielle Embolie	15%	66%	2.0-3.0
Absolute Arrhythmie + Z.n. Embolie	12%	66%	2.0-3.0
Absolute Arrhythmie ohne Klappenbeteiligung	4.5%	66%	2.0-3.0
Aortenklappenersatz*	12%	80%	2.0-3.0
Mitralklappenersatz*	22%	85%	2.5-3.5
Doppelklappenersatz*	90%	95%	2.5-3.5

* Bei Bioklappen OAK nur in den ersten 3M postop., INR 2.0-3.0; OAK: orale Antikoagulation; RR: Risikoreduktion; INR: International Normalized Ratio; Bauersachs R.: Moderne Antikoagulation; Internist 2004, 45 Heft 6: 717-726, Springer Verlag

2.9.9 Fibrinolytika

Wm (Urokinase, rtPA): proteolytische Umwandlung von Plasminogen in Plasmin; **Wm** (Streptokinase): bildet Streptokinase-Plasminogen-Komplex ⇒ freies Plasminogen → Plasmin (Plasmin baut Fibrin ab); **Wi:** Auflösung noch nicht organisierter Thromben; **UW:** Blutungskomplik., Kopf-/Rückenschmerzen, anaphylaktische Reaktionen; **KI:** schwere Hypertonie, Aortenaneurysma, Endokarditis, Ulzera, Pankreatitis, fortgeschrittenes Malignom, pathol. Hämostase, OP/Punktion < 10d, i.m.-Injektion < 7d, Ösophagusvarizen, Grav.: 1. Trimenon

Alteplase (rt-PA) Rp	HWZ 26-46min, Qo 1.0, PPB 0%, PRC C, Lact ?
Actilyse *Inj.Lsg. 10mg/10ml, 20mg/20ml, 50mg/50ml* **Actilyse Cathflo** *Inj.Lsg. 2mg/2ml*	**Herzinfarkt, akut:** 15mg über 2min i.v., dann 50mg über 0.5h, dann 35mg über 1h; < 65kg: 15mg über 2min i.v. , dann 0.75mg/kg, dann 0.5mg/kg; **Lungenembolie:** 10mg i.v. über 2min, dann 90mg über 2h; < 65kg: Gesamtdosis max. 1.5mg/kg; **zerebr. Ischämie:** 0.9mg/kg, max. 90mg über 1h, davon 10% als Initialbolus, kein Heparin! **DALI** KI bei schwerer Lebererkrankung; **Thrombolyse verschlossener ZVK, Port-Hämodialysekatheter:** ≥ 30kg: 2mg in den dysfunktionalen Venenkatheter instillieren, ggf. Wdh. nach 2h; < 30kg: s. FachInfo

Streptokinase Rp	HWZ 18-83min, Q_0 1.0, PRC C, Lact ?
Streptase *Inf.Lsg. 250000IE*	**Herzinfarkt, akut:** 1.5 Mio IE i.v. über 1h; **periph. ven./art. Gefäßverschluss:** 0.25 Mio IE i.v. über 30min, dann 1.5 Mio IE/h über 6h, evtl. Wdh. nach 1d oder 100000IE/h über max. 5d

Tenecteplase Rp	HWZ 17-20min, PRC C, Lact ?
Metalyse *Inj.Lsg. 10000U (50mg)/10ml*	**Herzinfarkt, akut:** < 60kg: 30mg; 60-69kg: 35mg; 70-79kg: 40mg; 80-89kg: 45mg; > 90kg: 50mg als Bolus i.v.; **DALI** KI bei schwerer Leberfunktionsstrg.

Urokinase Rp	HWZ 20min od. weniger, PRC B, Lact ?
Urokinase medac *Inf.Lsg. 10000IE, 50000IE, 100000IE, 250000IE, 500000IE*	**Art. Thrombose:** 0.25-0.6 Mio IE über 10-20 min i.v., dann 80000-150000IE/h über 4-5d; **Lungenembolie:** 2000-4400IE/kg über 10-20min i.v., dann 2000IE/kg/h; **ven. Thrombose:** 0.25-0.6 Mio IE über 10-20min i.v., 40000-100000IE/h über 7-14d; **DANI, DALI** KI bei schwerer NI, LI

2.9.10 Protein C

Protein C Rp	
Ceprotin *Inj.Lsg. 500, 1000IE*	**Purpura fulm., cumarininduz. Hautnekrosen, schwerer angeborener Protein-C-Mangel:** ini 60-80IE/kg i.v., dann n. Protein-C-Spiegel; **DANI, DALI** engmaschige Kontrolle

2.9.11 Antifibrinolytika

Wm/Wi (Aminomethylbenzoesäure, Aprotinin): Hemmung der Plasminbildung/-wirkung ⇒ sofortige Fibrinolysehemmung; **Wm/Wi** (Aprotinin): Hemmung von Trypsin, Plasmin, Plasma- u. Gewebekallikrein ⇒ Fibrinolysehemmung;
Wm/Wi (Tranexamsäure): Plasminogenaktivatorhemmung ⇒ verzögerte Fibrinolysehemmung;
UW (Aminomethylbenzoes., Aprotinin): keine sehr häufigen bzw. häufigen UW;
UW (Tranexamsäure): Diarrhoe, Übelkeit, Erbrechen;
KI (Aminomethylbenzoesäure): bek. Überempf., schwere NI, Glaskörperblutungen, akute Thrombosen oder thromboembolische Erkr., außer als Antidot bei vital bedrohl. Blutungen unter fibrinolyt. Therapie;
KI (Aprotinin): bek. Überempf.; pos. Aprotinin-Antkörpertest; erneute Gabe innerhalb von 12M, wenn zuvor Aprotinin-Antkörpertest nicht durchgeführt werden kann;
KI (Tranexamsäure): bek. Überempf.; akute venöse oder arterielle Thrombosen, hyperfibrinolytische Zustände infolge Verbrauchskoagulopathie, außer vorherrschender Aktivierung des fibrinolytischen Systems mit akuten schw. Blutungen, schwere Nierenfktsstrg., Krampfanfälle in Anamnese, intrathekale und intraventrikuläre Injektion, intrazerebr. Applikation

Aminomethylbenzoesäure Rp	
Pamba *Tbl. 250mg*	**Lokale und generalis. hyperfibrinolytische Blutungen:** 2-3 x 250mg p.o., max. 1000mg/d; **DANI** KI bei schwerer NI
Aprotinin Rp	HWZ 5-10h
Trasylol *Inf.Lsg. 500.000KIE/50ml*	**Pro. eines hohen Blutverlusts bei extrakorp. Zirkulation:** zunächst Testdosis mit 10.000 KIE; dann 1-2 Mio KIE über 20-30min i.v., weitere 1-2 Mio KIE in das Priming-Volumen der Herz-Lungen-Maschine, dann 250.000-500.000 KIE/h bis OP-Ende, max. 7 Mio KIE Gesamtdosis; **DANI** nicht erforderl.; **DALI** keine Daten
Tranexamsäure Rp	HWZ 1.9-3.3 h, Q0 0.03
Cyklokapron *Tbl. 500mg; Inj.Lsg. 500mg/5ml* **Tranexamsäure HEXAL** *Inj.Lsg. 500mg/5ml*	**Pro./Ther. hyperfibrinolytische Blutung:** 6-8 x 500mg p.o.; 2-3 x 500-1000mg i.v./i.m.; **Ki.:** ini 10mg/kg i.v./i.m. in 15min, dann 1mg/kg/h; **DANI** Krea (mg/dl): 1.35-2.82: 2 x 10mg/kg i.v., 2 x 15mg/kg p.o.; 2.82-5.65: 1 x 10mg/kg i.v., 1 x 15mg/kg p.o.; > 5.65: 1 x 5mg/kg i.v., 1 x 7.5mg/kg p.o.; schwere NI: KI; **DALI** nicht erforderl.

2.9.12 Thrombozytenaggregationshemmer

Wm (Abciximab, Eptifibatid, Tirofiban): Antagonist des Glykoprotein-IIb/IIIa-Rezeptors; **Wm** (ASS): Hemmung der Cyclooxygenase ⇒ ↓ Synthese v. Thromboxan A2 (Aggregationsaktivator von Thrombozyten) und von Prostacyclin (Aggregationsinhibitor im Endothel); **Wm** (Clopidogrel, Prasugrel, Ticagrelor, Ticlopidin): Blockade des ADP-Rezeptors an Thrombozyten; **Wm** (Dipyridamol): Hemmg. der Phosphodiesterase ⇒ aggregationshemm. cAMP in Thromboz. ↑; **UW** (Abciximab, Tirofiban): Blutung, Thrombopenie, Übelkeit, Fieber, Kopfschmerz; **UW** (ASS): Ulkus, allerg. Hautreakt., Schwindel, Tinnitus, Sehstrg., Nausea, Bronchospasmus, Alkalose, Azidose; **UW** (Cangrelor): Blutungen, Hämatom, Ekchymose, Hb-Abfall, Ausfluss aus Punktionsstelle; **UW** (Clopidogrel): Bauchschmerzen, Dyspepsie, Durchfall, Übelkeit, Exanthem, Juckreiz, Kopfschmerzen, Schwindel, Parästhesien, Blutungen, Thrombopenie; **UW** (Prasugrel): Anämie, Hämatom, Epistaxis, GI-Blutung, Exanthem, Ekchymose, Hämaturie, Hämatom/Blutung an Punktionsstelle; **UW** (Ticagrelor): Dyspnoe, Epistaxis, GI-Blutung, subkutane/dermale Blutungen; **UW** (Ticlopidin): Agranulozytose, Panzytopenie, allerg. Hautreakt.; **KI** (Abciximab, Tirofiban): zerebrovask. Komplik. in letzten 2J, OP/Trauma in letzten 2M, Thrombopenie, Vaskulitis, Aneurysma, AV-Fehlbildungen, hypertensive/diabet. Retinopathie; **KI** (ASS): Ulzera, hämorrhag. Diathese, Anw.Beschr. Grav./Lakt., Ki.; **KI** (Cangrelor): bek. Überempf., aktive Blutungen od. ↑ Risiko von Blutungen bei beeinträchtigter Hämostase u./od. irreversiblen Koagulationsstrg. oder kürzlich erfolgten großen chirurgischen Eingriffen, Traumata oder unkontrollierter schwer einstellbarer Hypertonie; Schlaganfall oder TIA i.d. Anamnese; **KI** (Clopidogrel): schwere Leberfktsstrg., akute Blutung, Grav./Lakt.; **KI** (Prasugrel): bek. Überempf., Schlaganfall u./od. TIA in Anamnese, aktive pathol. Blutung, Leberfktsstrg. Child C; **KI** (Ticagrelor): bek. Überempf., aktive pathol. Blutung, intrazerebrale Blutung in Anamnese, mäßige/schwere Leberfktsstrg.; **KI** (Ticlopidin): BB-Veränderung, Grav./Lakt.

Abciximab Rp	HWZ 10-30min, Qo 1.0, PRC C, Lact ?
ReoPro *Inf.Lsg. 10mg/5ml*	**Koronarintervention, instab. AP:** ini 0.25mg/kg i.v., dann 0.125µg/kg/min über 12h; **DANI, DALI** KI bei HD, schwerer NI, LI
Acetylsalicylsäure (ASS) OTC	HWZ 15min (3h), Qo 1.0 (0.8), PRC D, Lact ?
Aspirin *Tbl. 100, 300mg* **ASS Dexcel protect** *Tbl. 75, 100mg* **ASS-ratioph.** *Tbl. 100, 300mg* **Godamed** *Tbl. 50, 100, 300mg* **Herz ASS-ratioph.** *Tbl. 50, 100mg*	**Instabile AP, akuter Herzinfarkt:** 1 x 75-300mg p.o.; **Sekundär-Pro. KHK, AVK, zerebrale Ischämie, TIA:** 1 x 30-300mg p.o.; s. auch → 209
Cangrelor Rp	HWZ 3-6 min, PPB 98% PRC C, Lact ?
Kengrexal *Inf.Lsg. 50mg*	**Pro. thrombotisch-kardiovaskulärer Ereignisse bei PCI:** ini 30µg/kg als Bolus i.v., dann 4µg/kg/min f. die Dauer der Intervention, mindest. 2h, max 4h; Komb. mit ASS; **DANI, DALI** nicht erforderlich
Cilostazol Rp	HWZ 10h, PPB 98%
Cilostazol AL *Tbl. 50,100mg* **Cilostazol HEXAL** *Tbl. 100mg* **Pladizol** *Tbl. 100mg* **Pletal** *Tbl. 50, 100mg*	**AVK:** 2 x 100mg p.o.; **DANI:** CrCl > 25: 100%; < 25: KI; **DALI** KI bei mittelschwerer bis schwerer LI
Clopidogrel Rp	HWZ 8h, Qo > 0.8, PRC B, Lact ?
Clopidogrel HEXAL *Tbl. 75mg* **Clopidogrel-ratioph.** *Tbl. 75mg* **Grepid** *Tbl. 75mg* **Iscover** *Tbl. 75, 300mg* **Plavix** *Tbl. 75, 300mg*	**Sek.-Pro. KHK, AVK, zerebrale Ischämie, TIA:** 1 x 75mg p.o.; **NSTEMI** (inkl. Pat. nach PCI mit Stenting), **STEMI** (f. Thrombolyse infrage kommende Pat.): ini 300mg p.o., dann 1 x 75mg, Komb. mit ASS; **Pro. atherothrombotischer und thromboembolischer Ereignisse bei Vorhofflimmern:** 1 x 75mg. Komb. m. ASS; **DANI** vors. Anw.; **DALI** KI bei schwerer LI
Clopidogrel + ASS Rp	
Clopidogrel HEXAL plus ASS 100 *Tbl. 75+100mg* **DuoPlavin** *Tbl. 75+100mg*	**ACS ohne ST-Hebung** (inkl. Pat. PCI mit Stenting), **STEMI** (für Thrombolyse infrage kommende Pat.): 1 x 75 + 100mg p.o.; **DANI, DALI** KI bei schwerer NI, LI
Dipyridamol + ASS Rp	
Aggrenox *Kps. 200+25(ret.)mg* **Asasantin Retard** *Kps. 200+25(ret.)mg* **Dipyridamol Ass beta** *Kps. 200+25(ret.)mg*	**Sekundär-Pro. nach TIA, zerebraler Ischämie:** 2 x 1Kps. p.o.

Eptifibatid Rp	HWZ 1.13-2.5h, Q0 0.6, PRC B, Lact ?
Eptifibatid Accord *Inj.Lsg. 20mg/10ml; Inf.Lsg. 75mg/100ml* **Integrilin** *Inj.Lsg. 20mg/10ml; Inf.Lsg. 75mg/100ml*	**Instabile AP, Non-Q-wave-Infarkt:** ini 180µg/kg i.v., dann 2µg/kg/min bis 20-24h n. PCI, max für 72h; **DANI** CrCl 30-50: 1µg/kg/min; < 30: KI
Prasugrel Rp	HWZ 7h, PPB 98%
Efient *Tbl. 5, 10mg*	**Pro. atherothrombotischer Ereignisse bei akutem Koronarsyndrom (instabile AP, NSTEMI, STEMI) mit prim./verzögerter PCI:** ini 60mg p.o., dann 1 x 10mg, Komb. mit ASS; < 60kg: 1 x 5mg; > 75J: Anw. nur nach sorgfältiger Nutzen-Risiko-Abwägung, 1 x 5mg; **DANI** nicht erforderlich; **DALI** Child C KI
Ticagrelor Rp	HWZ 7(8.5)h, PPB > 99%, PRC C, Lact ?
Brilique *Tbl. 60, 90mg*	**Akutes Koronarsyndrom:** (komb. mit ASS), ini 1 x 180mg, dann 2 x 90mg p.o. für 12M; **Z.n. MI (> 1J) und hohem atherothrombot. Risiko:** 2 x 60-90mg (Komb. mit ASS); **DANI** nicht erf., HD: Anw. nicht empfohlen; **DALI** mäßige LI: vorsicht. Anw.; schwere LI: KI
Ticlopidin Rp	HWZ 30-50h, Q0 1.0, PPB 98%, PRC B, Lact ?
Tiklyd *Tbl. 250mg* **Ticlopidin AL** *Tbl. 250mg* **Ticlopidin Neuraxph.** *Tbl. 250mg*	**Sekundär-Pro. nach TIA, PRIND, zerebraler Ischämie:** 2 x 250mg p.o.
Tirofiban Rp	HWZ 1.5h, Q0 0.6, PRC B, Lact ?
Aggrastat *Inf.Lsg. 12.5mg/50ml, 12.5mg/250ml* **Tirofiban HEXAL** *Inf.Lsg. 12.5mg/50ml, 12.5mg/250ml* **Tirofiban Hikma** *Inf.Lsg. 12.5mg/50ml, 12.5mg/250ml*	**Instabile AP, Non-Q-wave-Infarkt:** ini 0.4µg/kg/min in 30min i.v., dann 0.1µg/kg/min, Ther.-Dauer mind. 48h, max. 108h bzw. mind. 12h und max. 24h nach PCI, Komb. mit unfraktioniertem Heparin und ASS; **bei vorgesehener PCI innerhalb der ersten 4h:** ini 25µg/kg als Bolus i.v. über 3min, dann 0.15 µg/kg/min über 12-24h, max. 48h, Kombination mit Heparin und oralen Thrombozytenaggregationshemmern; **DANI** CrCl < 30: 50%; **DALI** KI bei schwerer LI

2.9.13 Durchblutungsfördernde Mittel

Wm/Wi (Alprostadil, Iloprost): Prostaglandine ⇒ Vasodilatation, Hemmung der Thrombozytenaggregation;
Wm/Wi (Pentoxifyllin): Vasodilatation, Erythrozytenverformbarkeit ↑, Blutviskosität ↓;
UW (Alprostadil): Temperatur ↑, Verwirrtheit, Krampfanfälle, RR ↓, Tachykardie, Kopfschmerz, Durchfall, Übelkeit, Erbrechen, Flush-Reaktion, Schmerz, Erytheme, Ödeme an infundierter Extremität, Rötungen der infundierten Vene; **UW** (Pentoxifyllin): Hautreaktionen, Flush, Kopfschmerzen, Schwindel, GI-Störung, Tachykardie, RR ↓, Stenokardien;
KI (Alprostadil): schwere Herzinsuffizienz, HRST, KHK, Lungenödem, Lungeninfiltrationen, schwere COPD, Lebererkrankung, Magenulkus, Grav./Lakt.;
KI (Pentoxifyllin): frischer MI, Massenblutungen, großflächige Retinablut., Grav., Cave in Lakt.

Alprostadil Rp	HWZ 5-10 (0.5) min, PRC X, Lact -
Pridax *Amp. 20µg/1ml* **Prostavasin** *Amp. 20µg*	**AVK Stadium III-IV:** 2 x 40µg in 250ml NaCl über 2h i.v.; 1 x 10-20µg in 50ml NaCl über 60-120min i.a.; **DANI** Krea (mg/dl) > 1.5: ini 2 x 20µg i.v., nach 2-3d evtl. 2 x 40µg i.v.; **DALI** KI bei Lebererkrankung

Iloprost Rp	HWZ 0.5 h, Q0 1.0, PPB 60%
Ilomedin *Amp. 20mg/1ml* **Iloprost Ibisqus** *Amp. 50µg/0.5ml*	**Thrombangitis obliterans:** 0.5-2ng/kg/min über 6h i.v.; **DANI** CrCl > 30: 100%; HD: sorgfältige Dosiseinstellung, Dosisintervall mind. 3h; **DALI** Dosisred.

Naftidrofuryl Rp	HWZ 1 h
Dusodril *Kps. 100mg; Tbl. 100(ret.), 200mg* **Naftilong** *Kps. 100(ret.), 200(ret.)mg* **Nafti-ratioph.** *Kps. 100(ret.), 200(ret.)mg*	**AVK Stadium II:** 3 x 100-200mg p.o.; 3 x 100-200mg (ret.) p.o.; **DALI** KI bei Leberfunktionsstrg.

Pentoxifyllin Rp	HWZ 1.6 h, Q0 1.0, PRC C, Lact ?
PentoHEXAL *Tbl. 400(ret.), 600(ret.)mg* **Rentylin** *Tbl. 400(ret.)mg* **Trental** *Tbl. 400(ret.), 600(ret.)mg*	**AVK Stadium IIb:** 2-3 x 400mg (ret.) p.o.; 2 x 600mg (ret.) p.o.; **DANI** CrCl < 30: 50-70%; **DALI** Dosisreduktion

2.9.14 Gerinnungsfaktoren

Faktor I (Fibrinogen) Rp	HWZ 72-96 h
Haemocomplettan P *Inf.Lsg. 1, 2g*	**Hypo-, Dys-, Afibrinogenämie:** 1-2g i.v., weiter nach Bedarf

Faktor VIIa (Eptacog alfa) Rp	HWZ 2.9 h
NovoSeven *Inj.Lsg. 50, 100, 250, 400kIE*	**Angeb. Hämophilie, erworb. Hemmkörper gegen Fakt. VIII u. IX:** ini 4.5kIE/kg über 2-5min i.v., dann 3-6kIE/kg pro Inj.

Faktor VIII (antihämophiles Globulin A) Rp	HWZ 8-24h
Beriate P, Haemate HS, Haemoctin, Immunate *Inj.Lsg. 250, 500, 1000IE* **Advate, Adynovi, Helixate, Iblias, Kogenate, Kovaltry** *Inj.Lsg. 250, 500, 1000, 2000IE* **Afstyla, Elocta, NovoEight** *Inj.Lsg. 250, 500, 1000, 1500, 2000, 3000 IE* **Nuwiq** *Inj.Lsg. 250, 500, 1000, 2000IE* **Obizur** *Inj.Lsg. 500 IE* **Recombinate** *Inj.Lsg. 250, 500, 1000IE*	**Hämophilie A:** 1IE/kg erhöht den Faktor-VIII-Spiegel um 2%; **erworbene Hämophilie mit Faktor-VIII-AK:** Obizur: ini 200 IE/kg i.v., weitere Gaben nach Faktor-VIII-Aktivität
Faktor IX (Christmasfaktor, antihämophiles Globulin B) Rp	
Alphanine *Inj.Lsg. 500, 1000IE* **Alprolix** *Inj.Lsg. 250, 500, 1000, 2000, 3000IE* **Benefix** *(rekombinant) Inj.Lsg. 250, 500, 1000, 2000, 3000IE* **Berinin P** *Inj.Lsg. 300, 600, 1200IE* **Idelvion** *nj.Lsg. 250, 500, 1000, 2000IE* **Immunine** *Inj.Lsg. 600, 1200IE* **Mononine, Octanine** *Inj.Lsg. 500, 1000IE* **Refixia** *Inj.Lsg. 500, 1000, 2000IE* **Rixubis** *Inj.Lsg. 250, 500, 1000, 2000, 3000IE*	**Hämophilie B:** 1IE/kg erhöht den Faktor-X-Spiegel um 0.5-1.5%
Faktor XIII (fibrinstabilisierender Faktor) Rp	HWZ 96-168h
Fibrogammin *Inj.Lsg. 250, 1250IE*	**Angeborener und erworbener Faktor-XIII-Mangel:** 10-35 E/kg i.v.
Prothrombinkomplex (Faktor II, VII, IX, X) Rp	
Beriplex *Inj.Lsg. 250, 500, 1000IE* **Octaplex** *Inj.Lsg. 500IE*	**Angeborener und erworbener Mangel an Faktor II, VII, IX, X, Cumarinüberdosierung:** 1IE/kg hebt Quick-Wert um ca. 1%
Prothrombinkomplex (Faktor II, VII, VIII, IX, X) Rp	
FEIBA *Inj.Lsg. 500E, 1000IE*	**Hämophilie-A und B und erworbener Mangel an Faktor VIII, IX, XI;** **in Kombination mit Faktor-VIII-Konzentrat für LZ-Therapie mit F VIII:** 50–100E/kgKG (max. 100E/kg, max. 200E/kg/d)

2.9.15 Thrombininhibitoren

Antithrombin III Rp	HWZ 36-72h
Anbinex *Inj.Lsg. 500, 1000IE* **AT III Nf** *Inj.Lsg. 500, 1000IE* **Atenativ, Kybernin Hs** *Inj.Lsg. 500, 1000IE*	**Angeborener und erworbener AT-III-Mangel:** 1IE/kg erhöht den AT-III-Spiegel um ca. 1-1.5%

2.9.16 Enzyminhibitoren

Wm/Wi (Alpha-1-Proteinase-Inhibitor): Hemmung der Neutrophilen-Elastase ⇒ Hemmung der Proteolyse des Lungengewebes;
Wm/Wi (C1-Esterase-Inhibitor): Hemmung des Komplementsystems;
Wm/Wi (Conestat alfa): rekombin. Analagon des humanen C1-Esterase-Inhibitors;
Wm/Wi (Icatibant): selektiver kompetitiver Antagonist des Bradykininrezeptors Typ 2;
UW (Alpha-1-Proteinase-Inhibitor): Schwindel, Kopfschmerzen;
UW (C1-Esterase-Inhibitor): Hautausschlag;
UW (Conestat alfa): Kopfschmerzen, allergische Reaktion;
UW (Icatibant): Erythem, Schwellung, Brennen, Jucken, Hautschmerzen, Wärmegefühl, Übelkeit, Bauchschmerzen, Schwächegefühl, Schwindel, Kopfschmerzen, verstopfte Nase, Exanthem, CK-Erhöhung, abnorme Leberfunktionswerte;
KI (Alpha-1-Proteinase-Inhibitor): bek. Überempf., IgA-Mangel und bek. AK gegen IgA;
KI (Conestat alfa): Allergie gegen Kaninchen, bekannte Überempfindlichkeit;
KI (C1-Esterase-Inhibitor, Icatibant): bekannte Überempfindlichkeit

Alpha-1-Proteinase-Inhibitor Rp	HWZ 5d
Prolastin *Inf.Lsg. 1g* **Respreeza** *Inf.Lsg. 1g*	**Schwerer Alpha-1-Proteinase-Inhibitor-Mangel:** 60mg/kg 1x/W i.v.; **DANI, DALI** keine Daten

C1-Esterase-Inhibitor Rp	HWZ 4.5d
Berinert *Inj.Lsg. 500E*	**Erbliches Angioödem:** 500–1000E i.v., ggf. Wdh. je nach Wi; **Ki.:** s. Erw.
Cinryze *Inj.Lsg. 500E*	**Erbliches Angioödem:** 1000E i.v., ggf. Wdh. nach 60 min od. früher; **Pro:** alle 3–4 d 1000E i.v. bzw. 24h vor Eingriff; **Ki.:** s. Erw.; **DANI/DALI** nicht erforderlich

Conestat alfa Rp	HWZ 2h, PRC C, Lact ?
Ruconest *Inj.Lsg. 2100IE (150IE/ml)*	**Attacke eines hereditären Angioödems:** Erw. < 84kg: 50IE/kg i.v. über 5min; > 84kg: 4200IE i.v.; max. 2 Dosen/24h; < 18J: KI; **DANI** nicht erforderlich; **DALI** keine Daten

Icatibant Rp	HWZ 1-2h PPB 44%
Firazyr *Fertigspr. 30mg/3ml*	**Attacke eines hereditären Angioödems:** 30mg s.c., max. 3 x 30mg/24h; **DANI, DALI** nicht erforderlich

2.9.17 Fusionsproteine

Wm/Wi (Eltrombopag): Aktivierung der Thrombozytenproduktion über Interaktion mit der Transmembrandomäne des Thrombopoetin-Rez.; **Wm/Wi** (Romiplostim): Fusionsprotein, aktiviert über den Thrombopoetin-Rezeptor die Thrombozytenproduktion;
UW (Eltrombopag): Schlaflosigkeit, Kopfschmerzen, Katarakt, Augentrockenheit, Übelkeit, Diarrhoe, Obstipation, Bauchschmerzen, Transaminasen- u. Bilirubinerhöhung, Exanthem, Juckreiz, Haarausfall, Arthralgie, Myalgie, Knochenschmerzen, Fatigue, peripheres Ödem;
UW (Romiplostim): Kopfschmerzen, Knochenmarkstrg., Thrombopenie, Schlaflosigkeit, Schwindel, Parästhesie, Migräne, Übelkeit, Dyspepsie, Bauchschmerzen, Diarrhoe, Obstipation, Pruritus, Ekchymose, Exanthem, Arthralgie, Myalgie, Knochenschmerzen, Müdigkeit, Ödeme, grippeähnl. Sympt., Schmerzen, Fieber, Asthenie, Reakt. an Injektionsstelle, Kontusion;
KI (Eltrombopag): bek. Überempf.; **KI** (Romiplostim): Überempf. gg. Romiplostim, E.-coli-Proteine

Eltrombopag Rp	HWZ 21-32h; PPB 99%
Revolade *Tbl. 25, 50, 75mg*	**Immunthrombozytopenische Purpura mit Splenektomie; Thrombopenie b. chron. Hepatitis C; schwere aplastische Anämie:** ini 1 x 50mg p.o. (Ostasiaten 25mg), dann Dosisanpassung an Thrombozytenzahl (s. FI), max. 75mg/d; **DANI** vorsichtige Anw.; **DALI** mäßige bis schwere LI: Anw. nicht empf.
Romiplostim Rp	HWZ 3.5d
Nplate *Inj.Lsg. 250, 500µg*	**Immunthrombozytopenische Purpura:** ini 1x/W 1µg/kg s.c., weitere Dosis je nach Thrombozytenzahl (s. FachInfo), max. 10µg/kg/W; **DANI, DALI** keine Daten

2.9.18 Sonstige Hämostatika

Wm/Wi (Emicizumab): verbindet aktivierten Faktor IX und Faktor X, um die Funktion des fehlenden aktivierten Faktor VIII wiederherzustellen, die für eine effektive Hämostase notwendig ist;
UW (Emicizumab): thrombot. Mikroangiopathie, Kopfschmerzen, Diarrhoe, Arthralgie, Myalgie, Fieber, Reaktion an der Injektionsstelle;
KI (Emicizumab): bek. Überempfindlichkeit

Emicizumab Rp	HWZ 4-5W
Helimbra *Inj.Lsg. 30mg/1ml, 60mg/0.4ml, 105mg/0.7ml, 150mg/1ml*	**PRO von Blutungsereignissen bei Hämophilie A und Faktor-VIII-Hemmkörpern:** 3mg/kg s.c. 1 x/W f. 4W, dann 1.5mg/kg 1 x/W; **DANI, DALI** leichte bis mäßige NI, LI: 100%; schwere NI, LI: keine Daten

3 Pneumologie

3.1 Inhalative Beta-2-Sympathomimetika

3.1.1 SABA (short acting beta-agonist)

Wm/Wi (alle): Stimulation der Beta-2-Rezeptoren ⇒ Erschlaffung der Bronchialmuskulatur, Anregung der mukoziliären Clearance;
Wi (Fenoterol): pos. ino-/chronotrop, Relaxation der Uterusmuskulatur;
UW (Fenoterol): Tremor, Schwindel, Husten, Übelkeit, Schwitzen;
UW (Salbutamol): Tremor, Übelkeit, Kopfschmerzen, Schwindel, Palpitationen, Tachykardie, Arrhythmie, Urtikaria, Myalgien, Schlafstrg., K^+↓;
KI (alle): bekannte Überempfindlichkeit;
KI (Fenoterol): HOCM, tachykarde Arrhythmien;
KI (Terbutalin): Hyperthyreose, Thyreotoxikose, Tachykardie, idiopathische hypertrophe subvalvuläre Aortenstenose, Phäochromozytom

Fenoterol Rp	HWZ 3.2h, Q_0 0.85
Berotec N *DA 100µg/Hub*	**Asthma bronchiale, COPD (akute Atemnot): Erw., Ki. ab 6J:** 100µg, evtl. Wdh. nach 5min; **Ki. 4-6J:** 100µg ED; **Dauerther.:** 3-4 x 100-200µg, max. 800µg/d; **4-6J:** 4 x 100µg; **Pro. Anstrengungsasthma:** 100-200µg 10min zuvor; **4-6J:** 100µg

Salbutamol Rp	HWZ 2.7-5h, Q_0 0.7, PPB 10%
Apsomol N *DA 0.1mg/Hub* **Bronchospray** *DA u. Autohaler 0.1mg/Hub* **Pentamol** *Fert.Inh.Lsg. 1.25mg/2.5ml* **SalbuHEXAL** *DA 0.1mg/Hub; Fert.Inh.Lsg. 1.25mg/2.5ml; Inh.Lsg. (1ml = 5mg)* **Salbulair N** *Easi-Breathe 0.1mg/Hub* **Salbutamol-ratioph.** *DA 0.1mg/Hub; Fert. Inh.Lsg.1.25mg/2.5ml; Inh.Lsg. (1ml = 5mg)* **Sultanol** *DA 0.12mg/Hub; Fert.Inh.Lsg. 1.25mg/2.5ml; 2.5mg/2.5ml; Inh.Lsg. (1ml = 5mg)* **Ventilastin Novolizer** *DA 0.1mg/Hub*	**Asthma bronchiale, COPD (akute Atemnot):** 0.1-0.2mg; **Ki. < 12J:** 0.1mg; **Dauerther.:** 3-4 x 0.1-0.2mg, max. 1.0mg/d; **Ki. < 12J:** 3-4 x 0.1mg, max. 0.4mg/d; **Akute Atemnot: Erw., Ki. 4-18J:** 1.25mg über Vernebler inhalieren lassen, ggf. nach 5-10min wiederholen, max. 7.5mg/d; **Pro. Anstrengungsasthma:** 0.1-0.2mg 10min zuvor; **4-11J:** 0.1mg

Terbutalin Rp	HWZ 3-4h, Q_0 0.4, PPB 25%, PRC B, Lact +
Aerodur *Turbohaler 0.5mg/Hub* **Bricanyl** *Turbohaler 0.5mg/Hub*	**Asthma bronchiale, COPD (akute Atemnot): Erw., Ki. ab 5J:** 0.5mg, evtl. Wdh. nach 5min; **Dauerther.:** 3 x 0.5mg, max. 6mg/d; **< 12J:** max. 4mg/d; **Pro. Anstrengungsasthma:** 0.5mg 10min zuvor

3.1.2 LABA (long acting beta-agonist)

Wm/Wi (alle): Stimulation der Beta-2-Rezeptoren ⇒ Erschlaffung der Bronchialmuskulatur, Anregung der mukoziliären Clearance; **Wm/Wi** (Formoterol, Salmeterol): lang wirksame Beta-2-Sympathomimetika, nicht zur Therapie des akuten Asthma-Anfalls geeignet;
UW (Formoterol): Kopfschmerzen, Tremor, Palpitationen; **UW** (Indacaterol): Nasopharyngitis, Infektion der oberen Atemwege, Sinusitis, Diabetes mellitus, Hyperglykämie, Kopfschmerzen, Schwindel, ischämische Herzerkrankung, Palpitationen, Husten, pharyngolaryngealer Schmerz, Rhinorrhoe, Atemwegsobstruktion, Muskelspasmus, periphere Ödeme;
UW (Olodaterol): keine häufigen bzw. sehr häufigen UW;
UW (Salmeterol): Tremor, Kopfschmerzen, Palpitationen, Muskelkrämpfe;
KI (alle): bekannte Überempfindlichkeit

Formoterol Rp	HWZ 2-3h, Qo 0.9
Atimos *DA 12µg/Hub* **Foradil P** *Inh.Kps. 12µg/Hub; DA 12µg/Hub* **Forair** *DA 12µg/Hub* **Formoterol-ratioph.** *Inh.Kps. 12µg* **Formatris** *Novolizer 6, 12µg/Hub* **Formotop** *Novolizer 6, 12µg/Hub* **Oxis** *Turbohaler 6, 12µg/Hub*	**Asthma bronchiale, COPD:** 1-2 x 6-12µg, max. 48µg/d; **Ki. > 6J:** 1-2 x 12µg/d, max. 24µg/d
Indacaterol Rp	HWZ 40-52h, PPB 95%
Onbrez Breezhaler *150, 300µg*	**COPD:** 1 x 150-300µg, max. 300µg/d; **DANI** nicht erf.; **DALI** leichte bis mittelschwere LI: nicht erf.; schwere LI: keine Daten
Olodaterol Rp	HWZ 45h, PPB 60%
Striverdi Respimat *DA 2.5µg/Hub*	**COPD:** 1 x 5µg; **DANI** nicht erf.; **DALI** leichte bis mittelschwere LI: nicht erf.; schwere LI: keine Daten
Salmeterol Rp	HWZ 5.5h, PRC C, Lact ?
Salmeterol HEXAL *DA 0.025mg/Hub* **Serevent** *DA 0.025mg; Diskus 0.05mg/Hub*	**Asthma bronchiale, COPD Dauerther.:** 2 x 0.025-0.1mg, max. 0.2mg/d; **Ki. ab 4J:** 2 x 0.05mg

3.2 Systemische Beta-2-Sympathomimetika

Wm: Stimulation der Beta-2-Rezeptoren; **Wi:** Erschlaffung der Bronchialmuskulatur, Anregung der mukoziliären Clearance, antiallergisch;
UW (Bambuterol): Urtikaria, Exanthem, Palpitationen, Überempfindlichkeitsreakt., Verhaltensstrg., Schlafstrg., Tremor, Kopfschmerzen, Muskelkrämpfe; **UW** (Clenbuterol): Tremor, Kopfschmerzen, Unruhegefühl, Übelkeit, Palpitationen; **UW** (Orciprenalin): Nervosität, Kopfschmerzen, Schwindel, Tachykardie, Arrhythmie, Palpitationen, Husten, lokale Irritationen, Hautreaktionen, Muskelkrämpfe, Myalgie; **UW** (Reproterol): Kopfschmerzen, Unruhe, Tremor, Palpitationen, Muskelkrämpfe; **UW** (Terbutalin): Tremor, Palpitationen, Kopfschmerzen, Muskelkrämpfe, Tachykardie, Hypokaliämie, Urtikaria, Exantheme;

KI (Bambuterol): bek. Überempf., frischer MI, Tachykardie, subvalvuläre Aortenstenose; **KI** (Clenbuterol): bek. Überempf., schwere Hyperthyreose, tachykarde Arrhythmien, HOCM; **KI** (Orciprenalin): bek. Überempf., HOCM, Tachyarrhythmien, schwere Hyperthyreose, Phäochromozytom; **KI** (Reproterol): bek. Überempfindlichkeit, schwere Hyperthyreose, HOCM, Phäochromozytom; **KI** (Terbutalin): bekannte Überempfindlichkeit, Tachykardie, Hyperthyreose, Phäochromozytom, idiopathische subvalvuläre Aortenstenose

Bambuterol Rp	HWZ 13(22)h, Q0 0.45
Bambec *Tbl. 10mg*	**Asthma bronchiale, COPD:** ini 1x 10mg p.o. z.N., nach 1-2W evtl. 1 x 20mg; **Ki. 2-6J:** 1 x 10mg p.o.; **6-12J:** s. Erw.; **DANI** CrCl < 60: 50%
Clenbuterol Rp	HWZ 34h, Q0 0.4
Spiropent *Tbl. 0.02mg;*	**Asthma bronchiale, COPD:** 2 x 0.01-0.02mg p.o.; **Ki. 0-8M:** 2 x 2.5µg; **8-24M:** 2 x 5µg; **2-4J:** 2 x 7.5µg; **4-6J:** 2 x 10µg; **6-12J:** 2 x 15µg
Reproterol Rp	HWZ 1.5h
Bronchospasmin *Amp. 0.09mg/1ml*	**Bronchospastischer Anfall, Status asthmaticus:** 0.09mg langsam i.v.; Dauerinfusion: 18-90µg/h i.v.; **Ki.:** 1.2µg/kg langsam i.v.; Dauerinfusion: 0.2µg/kg über 36-48h
Orciprenalin Rp	HWZ 2.6h, PRC C, Lact ?
Alupent *Inj.Lsg. 0.5mg/1ml; Inf.Lsg. 5mg/10ml*	**Akute Zustände bei Asthma bronchiale oder bronchopulmonale Erkr. mit asthmat. Komponente:** 0.5-1mg i.m./s.c.; 0.25mg unter Monitoring langsam i.v.; 5-10µg/min i.v.; **DANI, DALI** keine Daten
Salbutamol Rp	HWZ 2.7-5h, PPB 10%
Salbubronch Elixier *Gtt. (1ml enth. 1mg)* **Salbubronch Forte** *Gtt. (1ml enth. 5mg)* **Volmac** *Tbl. 8mg (ret.)*	**Asthma bronchiale, chronische Bronchitis, Emphysem: Ki. 2-23M:** ini 0.15mg/kg/d p.o. in 3ED, max. 0.6mg/kg/d; **2-13J:** 2-4 x 1-2mg p.o., max. 8mg/d; **ab 14J.**, Erw.: 3-4 x 2-4mg p.o., max. 16mg/d; **DANI, DALI** keine Daten
Terbutalin Rp	HWZ 11-26h, PPB 25% PRC B, Lact +
Bricanyl *Amp. 0.5mg/1ml* **Terbutalin AL** *Tbl. 2.5mg; Kps. 7.5(ret.)mg*	**Asthma bronchiale, COPD:** 2-3 x 2.5-5mg p.o.; 2 x 7.5mg (ret.) p.o., max. 15mg/d p.o.; bis 4 x 0.25mg s.c.; **Ki. < 3J:** 2-3 x 0.75mg p.o.; **3-6J:** 2-3 x 0.75-1.5mg p.o.; **7-14J:** 2-3 x 1.5-3mg p.o.

3.3 Inhalative Alpha- und Beta-Sympathomimetika

Wm: Stimulation von Alpha-/Beta-Rezeptoren;
Wi: Bronchodilatation, Abschwellung der Schleimhäute im Bereich der Luftwege;
UW (Epinephrin inhalativ): Herzklopfen, Rhythmusstörung, Blutzuckeranstieg;
KI (Epinephrin inhalativ): bekannte Überempfindlichkeit, paroxysmale Tachykardie, Engwinkelglaukom, hochfrequente absolute Arrhythmie

Epinephrin (Adrenalin) Rp — HWZ 1-3min

InfectoKrupp Inhal *Inh.Lsg. (4mg/ml = 0.56mg/Hub)*	**Akute stenosierende Laryngotracheitis:** 7-14 Hübe über Vernebler applizieren

3.4 Inhalative Anticholinergika

3.4.1 SAMA (short acting muscarinergic-antagonist)

Wm/Wi: Hemmung der vagusinduzierten Reflexbronchokonstriktion, Freisetzung bronchospastisch wirksamer Mediatoren ↓;
UW (Ipratropium): Kopfschmerzen, Schwindel, Husten, Rachenreizung, trockener Mund, Übelkeit, Geschmacksstörung, gastrointestinale Mobilitätsstörungen;
KI: bek. Überempfindlichkeit, auch gegen Atropinderivate

Ipratropiumbromid Rp — HWZ 4h, PRC B, Lact ?

Atrovent *DA 20µg/Hub; Fert.Inh.Lsg. 0.25mg/2ml; 0.5mg/2ml* **Atrovent Ls** *Inh.Lsg. (1ml = 0.25mg)* **Iprabronch** *Inh.Lsg. 0.25mg/1ml; 0.5mg/2ml* **Ipratropium Teva** *Inh.Lsg. 0.25mg/1ml; 0.5mg/2ml* **Ipratropiumbromid HEXAL** *DA 20mg/Hub*	**Asthma bronchiale, COPD:** DA: 3-6 x 20-40µg, max. 240µg/d; **Ki.:** s. Erw.; Inh.Lsg.: 3-4 x 0.5mg; **Ki. 6-12J:** 3-4 x 0.25mg; < **6J:** 3-4 x 0.1-0.25mg

3.4.2 LAMA (long acting muscarinergic-antagonist)

Wm/Wi: Hemmung der vagusinduzierten Reflexbronchokonstriktion, Freisetzung bronchospastisch wirksamer Mediatoren ↓;
UW (Aclidinium): Sinusitis, Nasopharyngitis, Kopfschmerz, Husten, Diarrhoe;
UW (Glycopyrronium): trockener Mund, Insomnie, Kopfschmerzen, Gastroenteritis, Harnweginfekt; **UW** (Tiotropium): trockener Mund; **UW** (Umeclidinium): Nasopharyngitis, Infektion der oberen Atemwege, Harnweginfekt, Sinusitis, Kopfschmerzen, Tachykardie, Husten;
KI (alle): bek. Überempfindlichkeit, auch gegen Atropinderivate

Aclidiniumbromid Rp — HWZ 2-3h

Eklira Genuair *Inh.Pulver 322µg/Hub* **Bretaris Genuair** *Inh.Pulver 322µg/Hub*	**COPD:** 2 x 322µg/d; **DANI** nicht erf.; **DALI** nicht erf.

Glycopyrroniumbromid Rp — HWZ 33-57h

Seebri Breezhaler *Inh.Kps. 44µg* **Tovanor Breezhaler** *Inh.Kps. 44µg*	**COPD:** 1 x 44µg/d; **DANI** CrCl > 30: 100%; < 30: vorsichtige Anw.; **DALI** nicht erforderl.

Tiotropiumbromid Rp	HWZ 5-6d, PRC C, Lact ?
Braltus Zonda *Inh.Kps. 10µg* **Spiriva HandiHaler** *Inh.Kps. 18µg* **Spiriva Respimat** *Inh.Lsg. 2.5µg/Hub*	**COPD:** Spiriva HandiHaler: 1 x 18µg, max. 18µg/d; Spiriva Respimat: 1 x 5µg, max. 5µg/d; Braltus Zonda: 1 x 10µg, max. 10µg/d; **Asthma bronchiale** zusätzlich zu ICS + LABA; Spiriva Respimat: 1 x 5µg; **DANI** CrCl > 50: 100%; < 50: vorsichtige Anw.; **DALI** nicht erf.

Umeclidiniumbromid Rp	HWZ 19h
Incruse Ellipta *55µg* **Rolufta Ellipta** *55µg*	**COPD:** 1 x 55µg/d, max. 55µg/d **DANI** nicht erf.; **DALI** schwere LI: vors. Anw.

3.4.3 Kombinationen

Wm/Wi (Vilanterol): selektiver, langwirksamer beta-2-adrenerger Agonist ⇒ zyklisches AMP ↑ ⇒ Relaxation der glatten Bronchialmuskulatur, Hemmung der Freisetzung von Mediatoren d. allerg. Sofortreaktion; **UW** (Aclidinium + Formoterol): Nasopharyngitis, Sinusitis, Harnwegsinf., Zahnabszesse, Schlafstg., Angstzustände, Kopfschmerzen, Schwindel, Tremor, Husten, Diarrhoe, Übelkeit, Mundtrockenheit, Myalgie, Muskelkrämpfe, Ödeme, CK ↑; **UW** (Umeclidinium + Vilanterol): Harnwegsinf., Sinusitis, Nasopharyngitis, Pharyngitis, Inf. der oberen Atemwege, Kopfschmerzen, Husten, Schmerzen im Oropharynx, Obstipation, trockener Mund

Aclidiniumbromid + Formoterol Rp	
Brimica Genuair *Inh.Pulver 340+12µg/Hub* **Duaklir Genuair** *Inh.Pulver 340+12µg/Hub*	**COPD:** 2 x 340 + 12µg/d; **DANI, DALI:** nicht erforderl.

Glycopyrroniumbromid + Indacaterol Rp	
Ultibro Breezhaler *Inh.Kps. 43+85µg* **Ulunar Breezhaler** *Inh.Kps. 43+85µg* **Xoterna Breezhaler** *Inh.Kps. 43+85µg*	**COPD:** 1 x 43 + 85µg/d; **DANI:** CrCl > 30: 100%; < 30: vorsichtige Anw.; **DALI:** schwere LI: vorsichtige Anw.

Ipratropiumbromid + Fenoterol Rp	
Berodual N *DA 0.02mg+0.05mg/Hub* **Berodual Ls** *Inh.Lsg., Pumpspender (1ml = 0.25+0.5mg; 1Hub = 0.1ml)* **Duovent** *DA 0.02mg+0.05mg/Hub*	**Asthma bronchiale, COPD:** DA: **Erw., Ki. ab 6J:** 3-4 x 0.02-0.04+0.05-0.1mg; **Akut-Ther. plötzlicher Bronchialkrämpfe:** Berodual Ls: **Erw., Ki. ab 12J:** 1-2.5, max. 4ml inhalieren; **Ki. 6-12J.:** 0.5-2ml inhalieren; **Pro. Anstrengungsasthma, allerg. Asthma:** Berodual LS: **Erw., Ki. ab 6J:** 0.1-0.2ml inhal.

Ipratropiumbromid + Salbutamol Rp	
Combiprasal, Ipramol, SalbuHEXAL plus Ipratropiumbromid *Inh.Lsg. (2.5ml = 0.5+2.5mg)*	**COPD:** Erw., **Ki. ab 12J:** 3-4 x 0.5 +2.5mg inhalieren; **DANI, DALI** keine Daten

Umeclidiniumbromid + Vilanterol Rp	PRC C, Lact ?
Anoro Ellipta *Inh.Pulver 55+22µg*	**COPD:** 1 x 55+22µg p.i.; **DANI** nicht erf.; **DALI** vorsichtige Anw. bei schwerer LI

Tiotropiumbromid + Olodaterol Rp	
Spiolto Respimat *DA 2.5+2.5µg/Hub*	**COPD:** 1 x 5+5µg p.i.; **DANI, DALI** nicht erf.

3.5 Inhalative Glukokortikoide

Wi: Entzündungsreakt. ↓, Empfindlichkeit v. Beta-Rezeptoren ↑, antiallergisch, antiödematös, antiexsudativ;
UW (Beclometason): Laryngitis, Pharyngitis, Übelkeit, Dyspepsie, Husten;
UW (Budesonid): oropharnygeale Candida-Inf., Reizungen im Rachenraum, Husten, Heiserkeit;
UW (Ciclesonid): keine sehr häufigen bzw. häufigen UW;
UW (Fluticasonpropionat): Heiserkeit, Blutergüsse, Pneumonie bei COPD-Patienten, Candidose der Mund- und Rachenschleimhaut;
UW (Mometason): Candidose, Pharyngitis, Dysphonie, Kopfschmerzen;
KI (alle): bekannte Überempfindlichkeit

Beclometason Rp	
BecloHEXAL *DA 0.1mg/Hub* **Beclomet** *Easyhaler 0.1, 0.2, 0.4mg/Hub* **Beclometason-ratioph.** *DA 0.05, 0.1, 0.2, 0.25mg/Hub* **Junik** *DA 0.05, 0.1mg/Hub; Autohaler 0.05, 0.1mg/Hub* **Sanasthmax** *DA 0.05, 0.25mg/Hub; Jetspacer 0.05, 0.25mg; Inh.Susp. 0.4mg/1ml* **Ventolair** *DA 0.05, 0.1, 0.25mg/Hub*	**Asthma bronchiale, COPD:** 2 x 0.2-0.5mg, max. 1.5-2mg/d; **Ki. 6-12J:** 2 x 0.25mg, max. 0.5mg/d; **Rauchgasinhalation:** unmittelbar nach Exposition 0.4mg, nach ambulanter Aufnahme erneut 0.4mg, nach weiteren 2h 0.4mg; bei persistierenden Symptomen alle 2h 0.4mg bis zum Abklingen
Budesonid Rp	HWZ 2-3h, PRC C, Lact ?
Budes N *DA 0.2mg/Hub* **Budiair** *DA 0.2mg/Hub* **Cyclocaps Budesonid** *Inh.Kps. 0.1, 0.2, 0.4, 0.8mg* **Larbex** *Inh.Lsg. 0.5mg/2ml* **Miflonide** *Inh.Kps. 0.2, 0.4mg* **Novopulmon** *Novolizer 0.2, 0.4mg/Hub* **Pulmicort** *Turbohaler 0.2, 0.4mg/Hub; Inh.Lsg. 0.5mg/2ml, 1mg/2ml*	**Asthma bronchiale, COPD:** 2 x 0.2-0.4mg, max. 1.6mg/d; **Ki. < 12J:** 1-2 x 0.1-0.2mg, max. 0.8mg/d; Inh.Lsg.: 2 x 0.5-1mg über Vernebler
Ciclesonid Rp	
Alvesco *DA 80, 160µg/Hub*	**Asthma bronchiale:** ini 1 x 160µg, ggf. reduz. auf 1 x 80µg; **DANI** nicht erforderl.
Fluticasonpropionat Rp	HWZ 7.8h, PRC C, Lact ?
Fluticason Cipla *DA 0.125, 0.25mg/Hub* **Flutide** *DA 0.05, 0.125, 0.25mg/Hub; Diskus 0.05, 0.1, 0.25, 0.5mg;* **FlutiHEXAL** *DA 0.125, 0.25mg/Hub*	**Asthma bronchiale, COPD:** 2 x 0.25-0.5mg; **Ki. > 4J:** 2 x 0.05-0.1mg
Mometason Rp	HWZ 4.5h
Asmanex *Twisthaler 200, 400µg/Hub*	**Asthma bronchiale:** 1-2 x 200µg, 1 x 400µg, max. 2 x 400µg

3.5.1 Kombinationen

Wm/Wi: Stimulation der Beta-2-Rezeptoren ⇒ Erschlaffung der Bronchialmuskulatur ⇒ Bronchodilatation, Anregung der mukoziliären Clearance, Entzündungsreaktion ↓, Empfindlichkeit von Beta-Rezeptoren ↑; **Wm/Wi** (Vilanterol): selektiver, langwirksamer beta-2-adrenerger Agonist ⇒ zyklisches AMP ↑ ⇒ Relaxation der glatten Bronchialmuskulatur, Hemmung der Freisetzung von Mediatoren der allergischen Sofortreaktion;
UW (Formoterol + Beclometason): Pharyngitis, Kopfschmerzen, Dysphonie;
UW (Formoterol + Budesonid): Candidiasis Mund/Rachenraum, Kopfschmerzen, Tremor, Palpitationen, leichte Reizung des Rachens, Husten, Heiserkeit;
UW (Salmeterol + Fluticasonpropionat): Kopfschmerzen, Nasopharyngitis, Candidiasis Mund/Rachenraum, Pneumonie, Bronchitis, Hypokaliämie, Heiserkeit, Dysphonie, Sinusitis, Blutergüsse, traumatische Frakturen, Arthralgien, Myalgien;
UW (Vilanterol + Fluticasonfuroat): Pneumonie, Infektion der oberen Atemwege, Bronchitis, Influenza, Candidiasis im Mund- u. Rachenraum, Kopfschmerzen, Nasopharyngitis, Schmerzen im Oropharynx, Sinusitis, Pharyngitis, Rhinitis, Husten, Dysphonie, Bauchschmerzen, Arthralgie, Rückenschmerzen, Frakturen, Fieber;
UW (Vilanterol + Fluticasonfuroat + Umeclidinium): Pneumonie, Infektion d. oberen Atemwege, Pharyngitis, Rhinitis, Influenza, Nasopharyngitis, Kopfschmerzen, Husten, Arthralgie, Rückenschmerzen;
UW (Formoterol + Beclometason + Glycopyrronium): Pneumonie, Pharyngitis, orale Candidose, Harnwegsinfektion, Nasopharyngitis, Kopfschmerzen, Dysphonie;
KI: bek. Überempfindlichkeit

Formoterol + Beclometason Rp

Inuvair *DA 6+100µg/Hub* **Formodual** *DA 6+100µg/Hub* **Foster** *DA 6+100, 6+200µg/Hub; Nexthaler 6+100, 6+200µg/Hub* **Kantos** *DA 6+100, 6+200µg/Hub; Nexthaler 6+100, 6+200µg/Hub*	**Asthma bronchiale:** Erhaltungsther.: 2 x 6-12 + 100-400µg; Erhaltungs- und Bedarfstherapie: 2 x 6 + 100µg, ggf. 6 zusätzliche Gaben bis max. 48 + 800µg/d; **COPD:** 2 x 12 + 200µg; Pat. < 18J: nicht empf.; **DANI, DALI** keine Daten

Formoterol + Budesonid Rp

DuoResp *Spiromax 4.5+160, 9+320µg/Hub* **Gibiter** *Easyhaler 4.5+160, 9+320µg/Hub* **Pulmelia** *Elpenhaler 5.5+97, 5.5+194, 11+380µg/Hub* **Symbicort** *Turbohaler 4.5+80, 4.5+160, 9+320µg/Hub*	**Asthma bronchiale:** Erhaltungsther.: 2 x 4.5+80-160mg - 9+320µg; zusätzliche Bedarfsther. möglich mit 4.5+160µg, max. 12 Inh./d mit 4.5+160µg f. begrenzten Zeitraum; DuoResp: nur Erw. ab18J; Symbicort: **Ki. 6-12J:** 2 x 2 Inh.; Erhaltungs- u. Bedarfsther.: 2 x 1 Inh., max. 12 Inh./d; 4.5+160µg: Erhaltungsther.: 2 x 1-2 Inh., max. 8 Inh./d; **12-17J:** 2 x 1-2 Inh.; Erhaltungs- u. Bedarfsther.: 2 x 1-2 Inh., max. 12 Inh./d; 9+320µg: 2 x 1 Inh., max. 4 Inh./d; **COPD:**4.5+160µg: 2 x 2 Inh.; 9+320µg: 2 x 1 Inh.

Formoterol + Fluticasonpropionat Rp	
Flutiform *DA 5+50, 5+125, 10+250µg/Hub*	**Asthma bronchiale:** Erw.: 2 x 5-10 + 50-250µg; **Ki ab 12J.:** 2 x 5-10 + 50-125µg; **DANI, DALI** keine Daten
Salmeterol + Fluticasonpropionat Rp	
Aerivio Spiromax *50+500µg* **Airflusal** *DA 25+125, 25+250µg/Hub; Inh.Pulver 50+500µg* **Atmadisc** *DA 25+50, 25+125, 25+250µg/Hub; Diskus 50+100, 50+250, 50+500µg* **Flusarion Easyhaler** *50+250, 50+500µg* **Rolenium** *Inh.Pulver 50+250µg, 50+500µg* **Seretide** *DA 25+250µg/Hub; Diskus 50+250, 50+500µg* **Serroflo** *DA 25+125, 25+250µg/Hub* **Viani** *DA 25+50, 25+125, 25+250µg/Hub; Diskus 50+100, 50+250, 50+500µg*	**Asthma bronchiale:** 2 x 50+100-500µg; **Ki. 4-12J:** 2 x 50+100µg; **COPD:** 2 x 50+500µg; **DANI** nicht erforderlich; **DALI** keine Daten
Vilanterol + Fluticasonfuroat Rp	
Relvar Ellipta *Inh.Pulver 22+92, 22+184µg*	**Asthma bronchiale:** Erw., **Ki. ab 12J:** 1 x 22+92-184µg; **COPD :** Erw. ab 18J: 1 x 22+92µg; **DANI** nicht erforderlich; **DALI** vorsi. Anw.; Child B, C: max. 22+92µg/d
Formoterol + Beclometason + Glycopyrronium Rp	
Trimbow *DA 5+87+9µg/Hub*	**Moderate bis schwere COPD:** Erw. ab 18J: Erhaltungstherapie 2 x 10+174+18µg; **DANI, DALI:** schwere NI, LI: vorsichtige Anw.
Vilanterol + Fluticasonfuroat + Umeclidinium Rp	
Elebrato *Inh.Pulver 22+92+55µg* **Trelegy Ellipta** *Inh.Pulver 22+92+55µg*	**Moderate bis schwere COPD:** Erw. ab 18J: Erhaltungstherapie 1 x 22+92+55µg; **DANI:** nicht erf.; **DALI:** leichte LI: 100%; mittelschwere bis schwere LI: vors. Anw.

3.6 Methylxanthine

Wm: Hemmung der intrazell. Phosphodiesterase ⇒ cAMP ↑; **Wi:** Bronchospasmolyse, zentr. Atemstimulation, positiv ino-/chronotrop, Vasodilatation (Ausnahme Hirngefäße), Diurese ↑; **UW** (Aminophyllin, Theophyllin): Tachykardie, Arrhythmie, Palpitationen, RR ↓, Magen-Darm-Beschwerden, Übelkeit, Erbrechen, Diarrhoe, Hypokaliämie, Hyperkalziämie, Hyperglykämie, Hyperurikämie, Kopfschmerzen, Erregungszustände, Tremor, Unruhe, Schlaflosigkeit, Schwindel, Krampfanfälle, verstärkte Diurese, Krea ↑; **KI** (Aminophyllin, Theophyllin): bek. Überempf., frischer MI, akute tachykarde Arrhythmien

Aminophyllin Rp	HWZ 6h, Q0 0.8, PRC C, Lact ?
Aminophyllin 125 *Tbl. 125mg*	**Asthma bronchiale, COPD:** 11-13mg/kg p.o. in 3-4 ED; **Ki. 6-8J:** 24mg/kg/d; **8-12J:** 20mg/kg/d; **12-16J:** 18mg/kg/d; Dosisanpassung an Serumspiegel

Theophyllin Rp	HWZ (5-10)h, Q0 0.8, ther. Serumspiegel: 8-20mg/l
Bronchoretard *Kps. 100(ret.), 200(ret.), 350(ret.), 500(ret.)mg* **Contiphyllin** *Tbl. 300(ret.)mg* **Euphylong** *Kps. 125(ret.), 200(ret.), 250(ret.), 300(ret.), 375(ret.) mg, Amp. 200mg/10ml* **Solosin** *Tbl. 135(ret.), 270(ret.)mg; Gtt. (24Gtt. = 104mg); Amp. 624mg/15ml* **Theophyllin-ratioph.** *Kps. 125(ret.), 250(ret.), 375(ret.), 500(ret.)mg* **Uniphyllin** *300(ret.), 400(ret.), 600(ret.)mg*	**Asthma bronchiale, COPD:** 11-13mg/kg/d p.o. in 2ED; **Ki. 1-8J:** 24mg/kg/d p.o.; **8-12J:** 20mg/kg/d p.o.; **12-16J:** 18mg/kg/d p.o.; Dosisanpassung an Theophyllinserumspiegel; **akute Bronchokonstr.:** ohne Theophyllin-vorbeh.: 4-5mg/kg über 20min i.v.; mit Theophyllinvorbeh.: 2-2.5mg/kg in 20min i.v.; Erh.Dos. 9.5mg/kg/d i.v.; Raucher: 15mg/kg/d i.v.; > 60J: 5.5mg/kg/d i.v.; **Ki. 6M-9J:** 19mg/kg/d i.v.; **9-16J:** 15mg/kg/d i.v.; Dosisanp. an Theophyllinserumspiegel; **DANI** nicht erf.

3.7 Leukotrienrezeptorantagonisten

Wm: Blockade d. Leukotrienrezeptoren; **Wi:** Bronchodilatation, bronchiale Hyperreagibilität ↓; **UW:** Infektion der oberen Atemwege, Fieber, Diarrhoe, Nausea, Erbrechen, Erhöhung von GOT/GPT, Ausschlag, Pyrexie; **KI:** bekannte Überempfindlichkeit

Montelukast Rp	HWZ 2.7-5h, PRC B, Lact -
Monkasta *Tbl. 10mg* **Montelair HEXAL, Montelubronch** *Tbl. 10mg; Kautbl. 4, 5mg; Gran. 4mg* **Montelukast AL** *Tbl. 10mg; Kautbl. 4, 5mg* **Singulair** *Tbl. 10mg; Kautbl. 4, 5mg; Gran. 4mg*	**Asthma bronchiale:** 1 x 10mg p.o. z.N.; **Ki. 6-14J:** 1 x 5mg p.o. z.N.; **6M-5J:** 1 x 4mg; **Pro. Anstrengungsasthma Ki. 2-5J:** 1 x 4mg p.o.; **DANI** nicht erforderlich; **DALI** Child-Pugh < 9: > 9: keine Daten

3.8 Phosphodiesterase-4-Inhibitor

Wm/Wi: Phosphodiesterase-4-Inhibitor, nicht-steroidale antiinflammatorische Substanz ⇒ cAMP-Spiegel intrazellulär ↑ ⇒ systemische u. pulmonale Entzündung ↓; **UW:** Gewicht ↓, Appetit ↓, Schlafstrg., Kopf-/Bauchschmerzen, Diarrhoe, Übelkeit; **KI:** Überempfindlichkeit, Child-Pugh B/C

Roflumilast Rp	HWZ 17 (30)h, PPB 99%, PRC C, Lact -
Daxas *Tbl. 500µg*	**Begleitther. bei schw. COPD/häufiger Exazerbation:** 1 x 1 Tbl.; **DANI** nicht erforderl.; **DALI** Child A: vorsichtige Anw., Child B/C: KI

3.9 Sekreto- und Mukolytika

Wm/Wi (ACC): Spaltung von Disulfidbrücken der Schleimproteine ⇒ Sputumviskosität ↓; **Wm/Wi** (Ambroxol, Bromhexin): Schleimproduktion ↑ ⇒ Sputumviskosität ↓; **Wm/Wi** (Carbocistein): Hemmung der Becherzellhyperplasie und der Neuraminidaseaktivität ⇒ Hemmung des Bradykininsystems über Sialoglykoproteine ⇒ Sputumviskosität ↓; **Wm/Wi** (Mannitol): verändert viskoelastische Eigenschaften des Schleims, steigert Hydration der periziliären Solschicht und hat mukoziliäre Aktivität ⇒ verstärkte Sputumclearance; **Wm** (Tyloxapol): Oberflächenspannung u. Mucusviskosität ↓; **UW** (ACC): keine sehr häufigen bzw. häufigen UW; **UW** (Ambroxol): i.v.: Tachykardie, Palpitationen, Übelkeit, Erbrechen; p.o.: Übelkeit; **UW** (Bromhexin): keine sehr häufigen bzw. häufigen UW; **UW** (Carbocistein): Sodbrennen, Übelkeit, Erbrechen, Diarrhoe, Kopfschmerzen; **UW** (Mannitol): Kopfschmerzen, Husten, Hämoptysen, Rachen-/Kehlkopfschmerzen, Thoraxbeschwerden, Giemen, Rachenreizung, (posttussives) Erbrechen, Asthma; **UW** (Tyloxapol): Überempfindlichkeitsreaktion, Übelkeit, initialer Hustenreiz; **KI** (ACC, Bromhexin): bek. Überempfindlichkeit; **KI** (Carbocistein): bek. Überempfindlichkeit, akute Magen-Darm-Ulzera; **KI** (Mannitol): bek. Überempfindlichkeit, bronchiale Hyperreaktivität gegen inh. Mannitol; **KI** (Tyloxapol): Lungenödem, Flüssigkeitsansammlung in der Lunge, Sekretstau durch Strg. des Abtransportes des Schleims aus der Lunge, Grav./Lakt.

Acetylcystein (ACC) OTC/Rp	HWZ 2h, Qo 0.7, PRC B, Lact ?
ACC HEXAL *Tbl. 100, 200, 600mg; Brausetbl. 100, 200, 600mg; Saft (5ml = 100mg); Amp. 300mg/3ml* **Fluimucil** *Brausetbl. 200, 600mg; Gran. 200mg; Saft (5ml = 100mg); Amp. 300mg/3ml, 5g/25ml* **NAC-ratioph.** *Trinktbl. 200, 600mg; Brausetbl. 200, 600mg; Gran. 200, 600mg; Amp. 300mg/3ml* **NAC Stada akut** *Brausetbl. 600mg*	**Erkältungsbedingte Bronchitis:** 600mg/d in 1-3ED; **Ki. 6-14J:** 3-4 x 100mg p.o.; **Akute/chron. bronchopulmonale Erkrankung:** 2-3 x 200-300mg p.o.; 1 x 600mg p.o.; 1-2 x 300mg i.v.; **Ki. < 2J:** 2-3 x 50mg p.o.; **2-5J:** 2-3 x 100mg p.o.; **6-14J:** 3-4 x 100mg p.o.; **Mukoviszidose: Ki. < 2J:** 3 x 50mg p.o.; **2-6J:** 4 x 100mg p.o.; **> 6J:** 3 x 200mg p.o.; **Paracetamolintoxikation** → 444; **DANI** nicht erforderlich
Ambroxol OTC/Rp	HWZ 9h, Qo 0.9, PPB 85%
AmbroHEXAL *Tbl. 30mg; Brausetbl. 60mg; Gtt. (1ml= 7.5mg); Saft (5ml = 15, 30mg);* **Mucosolvan** *Tbl. 60mg; Brausetbl. 60mg; Lutschtbl. 15mg; Kps. 75(ret.)mg; Gtt. (20Gtt. = 15mg); Saft (5ml = 30mg); Inh.Lsg. (1ml = 7.5mg); Amp. 15mg/2ml; Inf.Lsg. 1g/50ml* **Paediamuc** *Saft (5ml = 30mg)*	**Akute/chronische bronchopulmonale Erkrankung:** ini 2-3 x 30mg p.o., nach 3d 2 x 30mg oder 3 x 15mg; 1 x 75mg (ret.) p.o.; 2-3 x 15-30mg i.v.; 1-2 x 2-3ml inhalieren; **Ki. < 2J:** 2 x 7.5mg p.o./i.v.; **2-5J:** 3 x 7.5mg p.o./i.v.; **6-12J:** 3 x 15mg p.o./i.v.; **Atelektasenpro. Intensivpat.:** 1 x 1g über 3-4h i.v.; **Atemnotsyndrom FG- u. NG:** 30mg/kg/d in 4ED i.v.
Bromhexin OTC	HWZ 1h
Bisolvon *Tbl. 8mg; Saft (5ml = 8mg)* **Bromhexin Berlin Chemie** *Tbl. 8mg, Gtt. (1ml = 12mg)* **Bromhexin KM** *Tbl. 12mg; Gtt. (1ml = 8, 12mg); Saft (10ml = 8mg)*	**Akute/chronische bronchopulmonale Erkrankung:** 3 x 8-16mg p.o.; **Ki. 3-6J:** 3 x 4mg p.o.; **6-14J:** 3 x 8mg p.o.

Carbocistein Rp	HWZ 23 min
Transbronchin *Kps. 375mg*	**Akute/chronische bronchopulmonale Erkrankung: Erw., Ki. ab 13J.:** 3 x 750mg p.o.; **DANI, DALI** keine Angaben

Mannitol Rp	HWZ 4-5h, PRC B, Lact ?
Bronchitol *Inh.Kps. 40mg*	**Mukoviszidose:** 2 x 400mg p.i.; nach Initialdosis-Test (s. Fachinfo); **DANI, DALI** nicht erforderlich

Tyloxapol OTC	
Tacholiquin *Inh.Lsg. 1%*	**Entzündungen/akute/chron. Reizzustände d. Atemwege:** 3–5 x 5ml d. 1%-Lsg. inhalieren; bei Dauerinh. 0.1%- od. 1%-Lsg. verwenden

3.10 Antitussiva

Wm/Wi: (Codein): Bindung an supraspinale Opiatrezeptoren (μ) ⇒ zentral analgetisch und antitussiv (dosisabhängig); **Wm/Wi** (Dextromethorphan, Pentoxyverin): Derivat des Levorphanols ⇒ antitussiv, nur schwaches Abhängigkeitspotenzial; **Wm/Wi** (Dihydrocodein): opioid-agonistische Wirkung ⇒ antitussiv, zentral analgetisch; **Wm/Wi** (Dropropizin): vagale Afferenzen in der Lunge ↓ ⇒ Hustenreflex wird unterbrochen; **Wm/Wi** (Noscapin): Hemmung des Hustenzentrums im Gehirn ⇒ Häufigkeit, Intensität von Hustenstößen ↓;
UW (Codein): Kopfschmerzen, Schläfrigkeit, Übelkeit, Erbrechen, Obstipation;
UW (Dextromethorphan, Pentoxyverin): Müdigkeit, Schwindel, Übelkeit/Erbrechen, Magen-Darm-Beschwerden; **UW** (Dihydrocodein): Sedierung, Kopfschmerzen, Schwindel, Obstipation, Übelkeit, Erbrechen, Abdominalschmerz, Mundtrockenheit; **UW** (Dropropizin): keine sehr häufigen bzw. häufigen UW; **UW** (Noscapin): Kopfschmerzen, Benommenheit;
KI (Codein): bek. Überempf., Ateminsuffizienz, Atemdepression, Pneumonie, akuter Asthmaanfall, Koma, Ki. < 12J., nahende Geburt, drohende Frühgeburt, tiefe Bewusstlosigkeit;
KI (Dextromethorphan, Pentoxyverin): bek. Überempfindlichkeit, Ateminsuff., -depression, Pneumonie, Asthma bronchiale, COPD, Lakt.; **KI** (Dihydrocodein): bek. Überempfindlichkeit, Ateminsuffizienz, Asthmaanfall, akute/chron. Pankreatitis; **KI** (Dropropizin): bek. Überempf., eingeschränkte Leber-/Nierenfkt., Ki. < 12J, schwere Herz-/Kreislaufbeschwerden, Grav./Lakt., Asthma bronchiale; **KI** (Noscapin): bek. Überempfindlichkeit, produktiver Husten;
KI (Pentoxyverin): bek. Überempfindlichkeit gegen P., Methyl(4-hydroxybenzoat), Propyl(4-hydroxybenzoat); Grav./Lakt., Ki. < 2J.

Codein Rp	HWZ 3-5h, PRC C, Lact +
Bronchicum Mono Codein *Gtt. (30Gtt= 24mg)* **Codeintropfen-CT** *Gtt. (20Gtt. = 20mg)* **Codicaps Mono** *Kps. 30mg* **Codicompren** *Tbl. 50(ret.)mg* **Tryasol Codein** *Gtt. (30Gtt. = 30mg); Lsg. (10ml = 25mg)*	**Reizhusten:** 2-4 x 30-50mg p.o.; 2 x 30-50mg (ret.), max. 200mg/d;

Dextromethorphan OTC	HWZ 1.2-2.2h
Dextro Bolder *Pastillen 7.7mg* **Hustenstiller-ratioph. Dmp.** *Kps. 30mg* **Wick Husten** *Pastillen 7.3mg; Saft (15ml = 15mg)*	**Reizhusten:** Kps.: 30mg alle 6h p.o., max. 120mg/d; **Ki. 1-6J:** Saft: 3 x 5ml; **7-12J:** 3 x 7.5ml; **>13J:** 3 x 15ml
Dihydrocodein Rp	HWZ 3.3-5.8h
DHC *Tbl. 60(ret.), 90(ret.), 120(ret.)mg* **Paracodin** *Tbl. 6.7mg; Saft (1ml = 2.43mg); Gtt. (20Gtt. = 10mg)* **Tiamon** *Kps. 23.4(ret.)mg*	**Reizhusten:** 1-3 x 10-30mg p.o.; 1-2 x 40-80mg (ret.); **mäßig starke bis starke Schmerzen:** 2 x 60-120mg (ret.) p.o.
Dropropizin OTC	HWZ 2h
Larylin Hustenstiller *Pastillen 20mg; Saft (10ml = 30mg)*	**Reizhusten:** 1-3 x 20-60mg p.o., max. 180mg/d; **DANI, DALI** KI
Noscapin Rp	HWZ 4.5h
Capval *Tbl. 25mg; Gtt. (30Gtt. = 25mg); Saft (5ml = 25mg)*	**Reizhusten: Tbl.:** 1-3 x 50mg p.o.; **Ki. > 6M:** 2 x 12.5mg p.o.; **3-12J:** 3 x 25mg; **Saft:** 3 x 10ml; **Ki. > 6M:** 2 x 2.5ml; **3-12J:** 3 x 5ml; **Gtt.:** 6 x 30Gtt.; **Ki. > 6M:** 6 x 8Gtt.; **3-12J:** 6 x 15Gtt.
Pentoxyverin OTC	HWZ 2-6h
Sedotussin *Saft (5ml = 6.76mg); Gtt. (1ml = 19mg);* **Silomat Pentoxyverin** *Saft (10ml = 13.5mg); Gtt. (30Gtt. = 30mg)*	**Reizhusten:** 4-6 x 20-30mg, max. 120mg/d p.o.; 2 x 50mg p.o.; **Ki. 2-5J:** 0.5-1mg/kg/d p.o. in 3ED; **6-14J:** 1-2mg/kg/d p.o. in 3ED

3.11 Antihistaminika

Wm/Wi (alle): kompetitive Blockade von H1-Rezeptoren ⇒ antiallergisch; **UW** (Azelastin): Müdigkeit, Schläfrigkeit, Mundtrockenheit; **UW** (Cetirizin): Müdigkeit, Schläfrigkeit, Bauchschmerzen, Kopfschmerzen, Schwindel, Agitiertheit, Mundtrockenheit, Übelkeit, Pharyngitis, Rhinitis; **UW** (Clemastin): Sedierung, Erregungszustände des ZNS, Somnolenz; **UW** (Desloratadin): Diarrhoe, Fieber, Schlaflosigkeit, Kopfschmerzen, Müdigkeit; **UW** (Dimetinden): Erschöpfung, Schläfrigkeit, Nervosität; **UW** (Ebastin, Hydoxyzin): Somnolenz, Kopfschmerzen, Mundtrockenheit; **UW** (Fexofenadin): Kopfschmerzen, Schläfrigkeit, Schwindel, Übelkeit; **UW** (Levocetirizin): Somnolenz, Kopfschmerzen, Schwindel, Pharyngitis, Rhinitis, Bauchschmerzen, Mundtrockenheit, Übelkeit, Müdigkeit; **UW** (Loratadin): Kopfschmerzen, Nervosität, Müdigkeit; **UW** (Mizolastin): Diarrhoe, Übelkeit, Abdominalschmerzen, Mundtrockenheit; **UW** (Rupatadin): Somnolenz, Kopfschmerzen, Schwindel, Müdigkeit, Schwäche, Mundtrockenheit;
KI (Cetirizin): bek. Überempf., schwere NI; **KI** (Clemastin): bek. Überempf., Porphyrie, LI, NI; **KI** (Dimetinden): bek. Überempf., Ki. < 3J.; **KI** (Ebastin): bek. Überempf., schwere LI; **KI** (Hydroxyzin): bek. Überempf., Porphyrie, QT-Zeit-Verlängerung, Engwinkelglaukom, Prostataadenom mit Restharnbildung, Ther. mit MAO-Hemmern, Intox. mit Alkohol/zentral dämpfenden Med., Ki. < 6 J., Grav./Lakt.; **KI** (Levocetirizin): bek. Überempf., schwere NI;

KI (Mizolastin): bek. Überempf. gleichzeitige Ther. mit Makroliden/Imidazol-Antimykotika/ QT-Zeit-verlängernden Medikamenten, schwere Leberfkt.strg., manifeste Herzerkr./Arrythmien, QT-Zeit-Verlängerung, Strg. d. Elektrolythaushaltes, relevante Bradykardie;
KI (Terfenadin): bek. Überempf., schwere Leberfkt.strg., gleichz. Ther. mit Azolabkömmlingen/Makroliden/Mibefradildihydrochlorid, QT-Verlängerung, QT-verlängernde Umstände

Azelastin Rp	HWZ 20h, PRC C, Lact -
Allergodil *Tbl. 2mg*	**Allerg. Rhinitis:** **Erw., Ki. ab 6J:** 2 x 2mg p.o.
Cetirizin OTC	HWZ 7.4h, Q0 0.3, PRC B, Lact ?
Cetidex *Tbl. 10mg* **Cetirizin 1A** *Tbl. 10mg* **Cetirizin HEXAL** *Tbl. 10mg; Gtt. (20Gtt. = 10mg); Saft (10ml = 10mg)* **Reactine** *Tbl. 10mg* **Zyrtec** *Tbl. 10mg; Gtt. (20Gtt. = 10mg)*	**Allergische Rhinokonjunktivitis, Urtikaria:** 1 x 10mg p.o.; **Ki. 2-6J:** 2 x 2.5mg p.o.; **6-12J:** 2 x 5mg p.o.; **DANI** CrCl >50: 100%; 30-49: 1 x 5mg; 10-29: 5mg alle 2d; < 10: KI; **DALI** nicht erforderlich
Clemastin OTC	HWZ 8h, Q0 1.0, PRC B, Lact -
Tavegil *Tbl. 1mg; Amp. 2mg/5ml*	**Chron. idiopathische Urticaria, allergische Rhinitis:** 2 x 1mg, max. 6mg/d p.o.; **Ki. 6-12J:** 2 x 0.5mg p.o., max. 2 x 1mg; **Akute allergische Zustände, anaphylakt. Schock:** 2mg langsam i.v.; **Prophylaxe v. Kontrastmittel-Allergien:** 2mg i.v./i.m.; **Ki. ≥ 1J:** 0.03mg/kg langs. i.v.; **DANI** KI; **DALI** KI
Desloratadin Rp	HWZ 27h, PRC C, Lact -
Aerius *Tbl. 5mg; Schmelztbl. 2.5mg, 5mg; Gtt. (1ml = 0.5mg)* **Dasselta** *Tbl. 5mg* **Desloraderm** *Tbl. 5mg; Gtt. (1ml = 0.5mg)* **Desloratadine-ratioph.** *Tbl. 5mg*	**Allergische Rhinitis, chronische Urtikaria:** 1 x 5mg p.o.; **Ki. 1-5J:** 1 x 1.25mg; **6-11J:** 1 x 2.5mg; **> 12J:** s. Erw.
Dimetinden OTC	HWZ 5-7h, Q0 0.9, PRC B
Fenistil *Tbl. 1mg; Kps. 4(ret.)mg; Gtt. (20Gtt. = 1mg); Amp. 4mg/4ml*	**Allergische Haut-, Schleimhautprozesse:** 3 x 1-2mg p.o.; 1 x 4mg (ret.) p.o.; 1-2 x 4mg i.v.; **Ki. > 3J:** Tbl. 3 x 1mg p.o.; **Ki. 1-8J:** Gtt. 3 x 0.5-0.75mg p.o.; **> 9J:** Gtt. 3 x 1mg p.o.
Ebastin Rp	HWZ (15-19h)
Ebastel *Tbl. 10, 20mg* **Ebastin Aristo** *Schmelztbl. 10mg; Tbl. 10, 20mg* **Ebastin Lindopharm** *Tbl. 10, 20mg*	**Allergische Rhinitis, Urtikaria:** 1 x 10-20mg p.o.; **Ki. ab 12J:** s. Erw.; **DANI** bei Therapie < 6d nicht erforderlich; **DALI** bei Therapie < 8d nicht erforderlich

Fexofenadin Rp	HWZ 11-15h, PRC C, Lact -
Fexofenaderm *Tbl. 120, 180mg* **Fexofenadin Winthrop** *Tbl. 120, 180mg* **Telfast** *Tbl. 30, 120, 180mg*	**Allergische Rhinitis:** 1 x 120-180mg p.o.; **Ki. 6-11J:** 2 x 30mg; **Ki. ab 12J:** s. Erw.; **DANI, DALI** nicht erforderlich
Hydroxyzin Rp	HWZ 5-24h, PRC C, Lact -
AH 3 N *Tbl. 25mg* **Atarax** *Tbl. 25mg* **Hydroxyzin Bluefish** *Tbl. 25mg*	**Allergische Haut-, Schleimhautprozesse, Angst-, Spannungszustände:** 2-3 x 12.5-25mg p.o.; **Ki. 6-10J:** 25-50mg/d; **Schlafstrg.:** 37.5-75mg z.N.
Levocetirizin Rp	HWZ 6-10h, Q0 0.15
Levocetirizin HEXAL *Tbl. 5mg* **Levocetirizin Stada** *Tbl. 5mg* **Xusal** *Tbl. 5mg, Gtt. (20Gtt. = 1mg), Saft (10ml=5mg)* **Xyzall** *Tbl. 5mg; Gtt. (20Gtt. = 1mg)*	**Allergische Haut-, Schleimhautprozesse:** 1 x 5mg p.o.; **Ki. 2-6J:** 2 x 1.25mg; **6-12J:** 1 x 5mg; **DANI** CrCl 30-49: 5mg alle 2d; < 30: 5mg alle 3d; < 10, Dialyse: KI
Loratadin OTC	HWZ 12-15h, Q0 1.0 (0.5), PRC B, Lact ?
Loraderm *Tbl. 10mg* **Lorano** *Tbl. 10mg* **Loratadin Stada** *Tbl. 10mg*	**Allergische Haut-, Schleimhautprozesse:** 1 x 10mg p.o.; **Ki. 2-12J: < 30kg:** 1 x 5mg p.o.; > 30kg: 1 x 10mg; **DALI** Erw., **Ki. > 30kg:** ini 10mg alle 2d; **Ki.** < 30kg: ini 5mg alle 2d
Mizolastin Rp	HWZ 13h, Q0 1.0
Mizollen *Tbl. 10mg* **Zolim** *Tbl. 10mg*	**Allergische Haut-, Schleimhautprozesse:** 1 x 10mg p.o.; **Ki. ab 12J:** s. Erw.
Rupatadin Rp	HWZ 6-9h
Rupafin *Tbl. 10mg* **Rupatadin AL** *Tbl. 10mg* **Urtimed** *Tbl. 10mg; Saft (10ml = 10mg)*	**Allergische Rhinitis, chron. idiopathische Urtikaria: Erw. u. Ki. > 12J:** 1 x 10mg p.o.; **Ki. < 12J:** nicht empfohlen; **DANI, DALI** nicht empfohlen
Terfenadin Rp	HWZ (20h), Q0 0.6, PRC C
Terfenadin AL *Tbl. 60mg*	**Allergische Haut-, Schleimhautprozesse:** **Erw. u. Ki.** > **12J:** 1-2 x 60mg p.o.; 1 x 120mg; **DANI** CrCl < 40: 50%
S. auch Rhinologika, Antiallergika → 411	

3.12 Mastzellstabilisatoren und Kombinationen

Wm/Wi (Cromoglicinsäure): Stabilisierung der Mastzellmembran ⇒ Mediatorfreisetzung ↓; Permeabilität der Darmmukosa ↓ ⇒ Durchtritt von Allergenen, Mediatoren ↓; **Wm/Wi** (Ketotifen): Stabilisierung der Mastzellmembran, H1-Rezeptor-Antagonist; **UW** (Cromoglicinsäure): oral/inhalativ: Überempfindlichkeitsreaktionen, Irritation Rachenraum, Husten, Heiserkeit, unangenehmer Geschmack, Übelkeit, Myalgien, Arthralgien, Dermatitis, Myositis, Gastroenteritis; **UW** (Ketotifen): Müdigkeit, initial Verschlechterung d. Asthma bronchiale, Kopfschmerzen, Schwindel, Mundtrockenheit, Übelkeit; **KI** (Cromoglicinsäure): oral: bek. Überempf., Sgl. im 1. u. 2. M; inhalativ: bek.Überempf.; **KI** (Cromoglicinsäure + Reproterol): bek. Überempf., eosinophile Pneumonie, Ki. < 2J.; **KI** (Ketotifen): bek. Überempf.

Cromoglicinsäure OTC	HWZ 1.4h, Qo 0.€
Allergoval *Kps. 100mg* **Colimune** *Gran. 200mg* **DNCG Oral paedia** *Kps. 100mg* **Intal** *DA 1mg/Hub* **Pentatop** *Kps. 100mg; Gran. 200mg*	**Asthma bronchiale: Erw., Ki. ab 5J:** DA: 4 x 2mg; **Nahrungsmittelallergien:** 4 x 200mg p.o. vor den Mahlzeiten, max. 2g/d; **Ki. 2-14J:** 4 x 100mg p.o., max. 40mg/kg/d; **Sgl., Ki. bis 2J:** 20-40mg/kg/d in 4 ED

Cromoglicinsäure + Reproterol Rp	
Aarane N *DA 1mg+0.5mg/Hub* **Allergospasmin N** *DA 1mg+0.5mg/Hub*	**Asthma bronchiale:** 4 x 2 Hub, max. 16 Hub/d

Ketotifen Rp	HWZ 21h, Qo 1.(
Ketof *Kps. 1mg* **Ketotifen Stada** *Kps. 1mg*	**Allergische Haut-, Schleimhautprozesse; Asthma-Pro.: Erw., Ki. ab 3J:** d1-4: 1mg p.o. z.N., dann 2 x 1mg; **Ki. 6M-3J:** 2 x 0.5mg p.o.

3.13 Monoklonale Antikörper

Wm/Wi (Benralizumab): humanisierter monoklonaler AK, der an den Interleukin-5-Rez. auf Eosinophilen bindet ⇒ Apoptose von Eosinophilen ⇒ Hemmung der eosinophilen Entzündung; **Wm/Wi** (Mepolizumab, Reslizumab): humanisierter monoklonaler Antikörper, der an Interleukin-5 bindet ⇒ Hemmung von Produktion bzw. Überleben der Eosinophilen; **Wm/Wi** (Omalizumab): rekombinanter monoklon. AK, der an IgE bindet ⇒ freies IgE ↓, Hemmung der allerg. Kaskade; **UW** (Benralizumab): Pharyngitis, Überempfindlichkeitsreaktionen, Kopfschmerzen, Pyrexie, Reaktion an Einstichstelle; **UW** (Mepolizumab): Kopfschmerzen, Infektion d. unt. Atemwege, Pharyngitis, Harnweginfektion, Überempfindlichkeitsreaktionen, nasale Kongestion, Oberbauchschmerzen, Rückenschmerzen, Ekzem, Fieber, Reaktionen an der Injektionsstelle; **UW** (Omalizumab): Kopfschmerzen, Reakt. an der Injektionsstelle, Fieber, Oberbauchschmerzen; **UW** (Reslizumab): CK-Anstieg; **KI** (Benralizumab): bek. Überempf.; **KI** (Mepolizumab): bek. Überempf.; **KI** (Omalizumab): bek. Überempf.

Benralizumab Rp	HWZ 16-22d
Fasenra *Fertigspr. 30mg*	**Schweres refrakt. eosinophiles Asthma:** 30mg W0, 4, 8, dann alle 8W s.c.; **DANI, DALI** nicht erf.

Mepolizumab Rp	HWZ 16-22d
Nucala *Inj.Lsg. 100mg*	**Schweres refrakt. eosinophiles Asthma:** 100mg alle 4W s.c.; **DANI, DALI** nicht erf.
Omalizumab Rp	HWZ 26d
Xolair *Fertigspr. 75, 150mg; Inj.Lsg. 75, 150mg*	**Schweres persistierendes allergisches Asthma bronchiale:** je nach Gewicht und IgE-Serumspiegel 75-600mg s.c., s. FachInfo; **Ki. > 6J:** s. Erw.
Reslizumab Rp	HWZ 24d
Cinqaero *Inf.Lsg. 100mg/10ml*	**Schweres refrakt. eosinophiles Asthma:** 3mg/kg alle 4W i.v.; **DANI, DALI** nicht erf.

3.14 Immunsuppressiva

Wm/Wi (Pirfenidon): reduziert Akkumulation von Entzündungszellen, dämpft die Fibroblastenproliferation ⇒ antifibrotisch, antiinflammatorisch; **UW** (Pirfenidon): Infektion der oberen Atemwege, Harnwegsinfektion, Gewicht ↓, Appetit ↓, Anorexie, Insomnie, Kopfschmerzen, Schwindel, Somnolenz, Dysgeusie, Hitzewallung, Dyspnoe, Husten, Auswurf, Dyspepsie, Übelkeit, Durchfall, Reflux, Erbrechen, abdominelle Beschwerden, Gastritis, Obstipation, Flatulenz, AST/ALT/GGT ↑, Photosensibilitätsreaktion, Hautausschlag, Juckreiz, Erythem, Myalgie, Arthralgie, Müdigkeit, Asthenie, nichtkard. Thoraxschmerz, Sonnenbrand; **KI** (Pirfenidon): Überempf., gleichzeitige Anw. von Fluvoxamin, schwere NI/LI

Pirfenidon Rp	HWZ 2.4h, PPB 50-58%, PRC C, Lact ?
Esbriet *Kps. 267mg, Tbl. 267, 534, 801mg*	**Idiopathische Lungenfibrose:** d1-7: 3 x 267mg p.o., d8-14: 3 x 534mg, ab d15: 3 x 801mg; **DANI** CrCl > 30: nicht erforderlich, < 30: KI; **DALI** Child A, B: nicht erford., Child C: KI

3.15 Proteinkinaseinhibitoren

Wm/Wi (Nintedanib): Tyrosinkinaseinhibitor ⇒ Hemmung des von Blutplättchen abgeleiteten Wachstumsfaktor-Rezeptors α und β, des Fibroblasten-Wachstumsfaktor-Rez. 1-3 und VEGFR 1-3 ⇒ Hemmung der Proliferation, Migration und Differenzierung von Lungenfibroblasten/Myofibroblasten ⇒ antifibrotisch, antiinflammatorisch; **UW** (Nintedanib): Gewicht ↓, Appetit ↓, Diarrhoe, Übelkeit, Bauchschmerzen, Erbrechen, GPT/GOT/γGT ↑; **KI** (Nintedanib): bekannte Überempfindlichkeit, Erdnuss-, Sojallergie

Nintedanib Rp	HWZ 10-15h, PPB 98%, PRC C, Lact ?
Ofev *Kps. 100, 150mg*	**Idiopath. Lungenfibrose:** 2 x 150mg p.o., bei schlechter Verträglichkeit ggf. 2 x 100mg p.o.; **DANI** CrCl > 30: nicht erf., CrCl < 30: keine Daten; **DALI** Child A: nicht erf.; Child B, C: Anwendung nicht empfohlen

3.16 Mittel zur Therapie der pulmonalen Hypertonie

Wm/Wi (Ambrisentan): selektiver Antagonist am Endothelinrezeptor Typ ET_A ⇒ Hemmung der Vasokonstriktion und Proliferation glatter Muskelzellen;
Wm/Wi (Bosentan, Macitentan): spezifischer und kompetitiver Antagonist am Endothelinrezeptor Typ ET_A und ET_B ⇒ Inh. von Endothelin-1-Wi ⇒ pulmonal arterieller Druck ↓;
Wm/Wi (Iloprost): Prostaglandin ⇒ Vasodilatation;
Wm/Wi (Riociguat): Stimulator der löslichen Guanylatcyclase, nach Bindung an NO wird die cGMP-Synthese gesteigert ⇒ Verminderung von Tonus, Proliferation, Fibrose und Entzündung in pulmonalarteriellen Gefäßen;
Wm/Wi (Selexipag): Stimulation des IP-Rezeptors ⇒ Vasodilatation, Hemmung von Zellproliferation und Fibrose;
Wm/Wi (Sildenafil, Tadalafil): Hemmung der Phosphodiesterase Typ 5 ⇒ cGMP-Abbau ↓ ⇒ pulmonal arterieller Druck ↓ (Phosphodiesterase-5-Inhibitor);
Wm/Wi (Ambrisentan): selektiver Antagonist am Endothelinrezeptor Typ ET_A ⇒ Hemmung der Vasokonstriktion und Proliferation glatter Muskelzellen;
Wm/Wi (Bosentan, Macitentan): spezifischer und kompetitiver Antagonist am Endothelinrezeptor Typ ET_A und ET_B ⇒ Inh. von Endothelin-1-Wi ⇒ pulmonal arterieller Druck ↓;
Wm/Wi (Iloprost): Prostaglandin ⇒ Vasodilatation;
Wm/Wi (Riociguat): Stimulator der löslichen Guanylatcyclase, nach Bindung an NO wird die cGMP-Synthese gesteigert ⇒ Verminderung von Tonus, Proliferation, Fibrose und Entzündung in pulmonalarteriellen Gefäßen;
Wm/Wi (Selexipag): Stimulation des IP-Rezeptors ⇒ Vasodilatation, Hemmung von Zellproliferation und Fibrose;
Wm/Wi (Sildenafil, Tadalafil): Hemmung der Phosphodiesterase Typ 5 ⇒ cGMP-Abbau ↓ ⇒ pulmonal arterieller Druck ↓ (Phosphodiesterase-5-Inhibitor);
UW (Ambrisentan): Kopfschmerzen, periphere Ödeme, Flüssigkeitsretention, Palpitationen, Anämie, Schleimhautschwellungen in oberen Atemwegen, Sinusitis, Rhinitis, abdominelle Schmerzen, Obstipation, Hautrötungen;
UW (Bosentan): Kopfschmerzen, Nasopharyngitis, Hypotension, Flush, Ödeme, Anämie, Transaminasen ↑, Leberschaden;
UW (Macitentan): Nasopharyngitis, Bronchitis, Influenza, Harnwegsinfekt, Anämie, Kopfschmerzen, Hypotonie;
UW (Riociguat): Schwindel, Kopfschmerz, Diarrhoe, Übelkeit, Erbrechen, Dyspepsie, Ödeme, Gastroenteritis, Anämie, Palpitationen, Hypotonie, Hämoptoe, Epistaxis, vertsopfte Nase, Gastritis, Reflux, Bauchschmerzen, Dysphagie, Obstipation, Meteorismus;
UW (Selexipag): Kopfschmerzen, Flush, Nasopharyngitis, Diarrhoe, Übelkeit, Erbrechen, Kieferschmerzen, Myalgie, Arthralgie, Extremitätenschmerz, Anämie, Hyperthyreose, Appetit ↓, Gewichtsverlust, Hypotonie, Bauchschmerzen, Exanthem, Urtikaria, Erythem, Schmerzen;
UW (Sildenafil): Kopfschmerzen, Flush, Gliederschmerzen, Myalgie, Dyspepsie, Diarrhoe, Husten, Epistaxis, Schlaflosigkeit, Fieber, Grippe, Sehstörung;
UW (Tadalafil): Kopfschmerzen, Verschwommensehen, Hautrötung, Hypotonie, Epipharyngitis, Epistaxis, Übelkeit, Erbrechen, Muskelschmerzen, vermehrte uterine Blutung;
UW (Treprostinil): Kopfschmerzen, Vasodilatation, Diarrhoe, Übelkeit, Hautausschlag, Kieferschmerzen, Schmerzen an der Infusionsstelle, Reaktionen an der Infusionsstelle, Blutung oder Hämatom, Benommenheit, Hypotonie, Pruritus, Ödem, Blutungen;

KI (Ambrisentan): bekannte Überempfindlichkeit, stark eingeschränkte Leberfunktion, keine Kontrazeption, Grav./Lakt.; **KI** (Bosentan): Grav.;
KI (Macitentan): bek. Überempfindlichkeit, Grav./Lakt., Frauen im gebärfähigen Alter, die keine zuverlässigen Verhütungsmethoden anwenden; schwere Leberfunktionsstörung, vor Behandlungsbeginn bestehende Transaminasenerhöhung (>3 ONW);
KI (Riociguat): bek. Überempfindlichkeit, gleichzeitige Anwendung von PDE-5-Hemmern (wie z.B. Avanafil, Sildenafil, Tadalafil, Vardenafil); schwere Leberfunktionsstörung (Child C); gleichzeitige Anwendung von Nitraten oder Stickstoffmonoxid-Donatoren (wie z.B. Amylnitrit) in jeglicher Form; RR syst. < 95 mmHg bei Behandlungsbeginn; Grav.
KI (Selexipag): bek. Überempfindlichkeit, schwere KHK oder instabile Angina pectoris, Myokardinfarkt innerhalb der letzten 6M, dekomp. Herzinsuffizienz, sofern nicht engmaschig überwacht, schwere Arrhythmien, zerebrovaskuläre Ereignisse innerhalb der letzten 3M, angeborene oder erworbene Klappendefekte mit klinisch relevanten myokardialen Funktionsstörungen, die nicht mit einer pulmonalen Hypertonie in Verbindung stehen;
KI (Tadalafil): bek. Überempfindlichkeit, schw. Hypotonie, Herzinfarkt < 90d, gleichzeitige Anwendung von Nitraten, nichtarteriitische anteriore ischämische Optikusatrophie (NAION);
KI (Treprostinil): bek. Überempf., pulmonale arterielle Hypertonie in Verbindung mit einer Venenverschlusserkrankung; kongestive Herzinsuff. infolge einer schweren LV-Dysfunktion; schwere Leberinsuffizienz (Child C); aktives Magen-Darm-Geschwür, intrakranielle Blutung, Verletzung oder andere Blutungen; kongenitale oder erworbene Herzklappenfehler mit klin. relevanter myokardialer Funktionsstörung, die nicht mit pulmonaler Hypertonie zusammenhängt; schwere KHK oder instabile Angina; Herzinfarkt innerhalb der letzten sechs Monate; dekompensierte Herzinsuffizienz, wenn diese nicht unter genauer ärztlicher Aufsicht steht; schwere Arrhythmien; zerebrovaskuläre Ereignisse (z.B. transitorischer ischämischer Schlaganfall, Schlaganfall) innerhalb der letzten drei Monate

Ambrisentan Rp	HWZ 14-17h, PPB 99%, PRC X Lact ?
Volibris *Tbl. 5, 10mg*	**Pulmonale Hypertonie** (WHO II-III): 1 x 5mg p.o.; **PAH + Bindegewebserkrankung:** ini 1 x 5mg, evtl. auf 10mg/d steigern; **Ki. < 18J:** Anw. nicht empfohlen; **DANI** CrCl > 30: 100%; < 30: vorsicht. Anw.; **DALI** Transaminasenerhöhung > 3 x ULN: KI
Bosentan Rp	HWZ 5h, PPB 98%, PRC X, Lact -
Tracleer *Tbl. 32, 62.5, 125mg*	**Pulmonale Hypertonie** (WHO III-IV): ini 2 x 62.5mg p.o., nach 4W 2 x 125mg; max. 2 x 250mg; **Ki. > 3J: 10-20kg:** ini 1 x 31.25mg, Erh.Dos. 2 x 31.25mg; **20-40kg:** ini 2 x 31.25mg, Erh.Dos. 2 x 62.5mg; **> 40kg:** ini 2 x 62.5mg, Erh.Dos. 2 x 125mg; **DANI** nicht erforderlich; **DALI** Child B-C: KI
Iloprost Rp	HWZ 0.5h, Q0 1.0, PPB 60%
Ventavis *Amp. 10µg/1ml, 20µg/2ml*	**Primäre pulmonale Hypertonie NYHA III:** 6-9 x 2.5-5µg inhalieren; **DANI** CrCl > 30: 100%; HD: sorgf. Dosiseinst., Dosisintervall mind. 3h; **DALI** Dosisreduktion

Macitentan Rp	HWZ 16 (48)h, PPB 99%
Opsumit *Tbl. 10mg*	**Pulm. Hypertonie NYHA II–III:** 1 x 10mg p.o.; **DANI** nicht erford.; HD: Anw. nicht empfohlen; **DALI** schwere LI: KI
Selexipag Rp	HWZ 0.8–2.5 (6.2–13.5)h, PPB 99%
Uptravi *Tbl. 200, 400, 600, 800, 1000, 1200, 1400, 1600mg*	**Pulmonale Hypertonie WHO II–III:** ini 2 x 200mg p.o., wöchentl. um 2 x 200mg steigern bis zur höchsten individuell verträglichen Dosis, max. 2 x 1600mg; **DANI** CrCl < 30: vorsichtige Dosistitration; **DALI** Child A: 100%; B: ini 1 x 200mg, um 1 x 200mg steigern; C: Anw. nicht empf.
Riociguat Rp	HWZ 7–12h, PPB 95%
Adempas *Tbl. 0.5, 1, 1.5, 2, 2.5mg*	**Pulmonale Hypertonie, chronisch thromboembolische pulm. Hypertonie NYHA II–III:** ini 3 x 1mg p.o. f. 3W, dann alle 2W um 3 x 0.5mg steigern sofern syst. RR ≥ 95mmHg, bis max. 3 x 2.5mg; **DANI** CrCl 30–50: vorsichtige Dosistitration; < 30: Anw. nicht empfohlen; **DALI** Child B: vorsichtige Dosistitration; C: KI
Sildenafil Rp	HWZ 3–5h, PPB 96%, PRC B, Lact ?
Granpidam *Tbl. 20mg* **SildeHEXAL PAH** *Tbl. 20mg* **Revatio** *Tbl. 20mg; Trockensaft (1ml = 10mg); Inj.Lsg. 10mg/12.5ml*	**Pulmonale Hypertonie** (WHO III): 3 x 20mg p.o.; 3 x 10mg i.v.; **Ki. 1–17J:** < 20kg: 3 x 10mg p.o; > 20kg: 3 x 20mg; **DANI** CrCl < 30: bei schlechter Verträglichkeit 2 x 20mg; **DALI** Child-Pugh A, B: evtl. 2 x 20mg; C: KI
Tadalafil Rp	HWZ 16h, PPB 94%, PRC B, Lact ?
Adcirca *Tbl. 20mg*	**Pulmonale Hypertonie** (WHO II–III): 1 x 40mg p.o.; **DANI** leichte bis mäßige NI: ini 20mg, ggf. steigern auf 40mg/d; schwere NI: Anw. nicht empfohlen; **DALI** Child-Pugh A, B: evtl. ini 20mg; C: Anwendung nicht empfohlen
Treprostinil Rp	
Remodulin *Inf.Lsg. 20mg/20ml, 50mg/20ml, 100mg/20ml, 200mg/20ml*	**Idiopathische oder familiäre pulmonalarterielle Hypertonie (NYHA III):** ini 1.25ng/kg/min i.v.; in den ersten 4W um 1.25ng/kg/min/W steigern, dann 2.5ng/kg/min; s.a. FachInfo; **DANI, DALI** vorsichtige Anw.

4 Gastroenterologie

4.1 Ulkustherapeutika

4.1.1 H_2-Blocker

Wm: kompetetiver Antagonismus am H_2-Rezeptor der Belegzellen;
Wi: basale und Histamin-stimulierte Säuresekretion ↓;
UW (Cimetidin): keine sehr häufigen bzw. häufigen UW;
UW (Famotidin): Kopfschmerzen, Schwindel, Verstopfung, Durchfall;
UW (Ranitidin): Diarrhoe, Hepatitis, Obstipation, Exantheme;
KI (Cimetidin): bek. Überempfindl., Kinder u. Jugendliche im Wachstumsalter, Grav., Lakt.;
KI (Famotidin): bekannte Überempfindlichkeit, Kinder;
KI (Ranitidin): bek. Überempf., Ki. < 10J, akute Porphyrie, schwere Niereninsuffizienz

Cimetidin Rp	HWZ 2h, Qo 0.3, PPB 20%, PRC B, Lact +
Cimetidin Acis *Tbl. 200, 400, 800mg* **Cim Lich** *Tbl. 800mg* **H_2-Blocker-ratioph.** *Amp. 200mg/2ml* **Tagamet** *Amp. 200mg/2ml*	**Gastroduodenale Ulzera:** 800–1000mg/d p.o. in 1–2ED; **Stressulkus-Pro.:** 1–2g/d i.v. in 3–5ED oder Dauerinfusion, max. 80mg/h; **Prämed. zur Vermeidung anaphylaktoider Reaktionen:** 5mg/kgKG i.v.; **Refluxösophagitis:** 2 x 400–800mg p.o.; **Zollinger-Ellison-Syndrom:** 1–2g/d p.o. in 2–3ED; **Ki.:** 15–30mg/kg/d p.o., max. 1600mg/d in 4ED; **DANI** CrCl 0–15: 400mg/d; 15–30: 600mg/d; 30–50: 800mg/d
Famotidin Rp	HWZ 2.6–4h, Qo 0.2, PPB 20% PRC B, Lact ?
Famotidin-ratioph. *Tbl. 20, 40mg* **Famotidin STADA** *Tbl. 20mg* **Pepdul** *Tbl. 20, 40mg*	**Gastroduod. Ulzera:** 1 x 40mg p.o. z.N., Rezidiv-Pro.: 1 x 20mg; **Zollinger-Ellison-Syndrom:** 4 x 20mg p.o., je nach Wi steigern bis 800mg/d; **DANI** CrCl < 30, HD:50%
Ranitidin Rp/OTC	HWZ 2.5h, Qo 0.25, PPB 15%, PRC B, Lact +
Ranibeta *Tbl.150, 300mg* **Ranitic** *Tbl. 75, 150, 300mg; Amp. 50mg/5ml* **Ranitidin-ratioph.** *Tbl. 150, 300mg; Brausetbl. 150, 300mg; Amp. 50mg/5ml* **Zantic** *Tbl. 75mg*	**Gastroduod. Ulzera, Refluxösophagitis:** 1 x 300mg oder 2 x 150mg p.o.; **Stressulkus-Pro.:** 3–4 x 50mg i.v.; **Zollinger-Ellison-Syndrom:** 3 x 150mg, je nach Wi steigern bis 900mg/d; **Ki. > 10J:** 2 x 2mg/kg p.o.; **Sodbrennen:** 1–2 x 75mg p.o., max. 300mg/d; **DANI** CrCl < 10: KI; < 30: 150mg/d p.o.; 3–4 x 25mg i.v.; > 30: 300mg/d; 3–4 x 50mg i.v.

4.1.2 Protonenpumpenblocker

Wm/Wi: Blockade der H^+/K^+-ATPase ⇒ stärkste Suppression der Säurebildung; **UW** (Dexlansoprazol): Kopfschmerzen, Diarrhoe, Bauchschmerzen, Übelkeit, Flatulenz, Obstipation; **UW** (Esomeprazol): Bauchschmerzen, Verstopfung, Diarrhoe, Blähungen, Übelkeit/Erbrechen, Kopfschmerzen; **UW** (Lansoprazol): Kopfschmerzen, Schwindel, Übelkeit, Diarrhoe, Magenschmerzen, Obstipation, Erbrechen, Flatulenz, trockener Mund/Hals, Anstieg der Leberenzyme ↑, Urtikaria, Juckreiz, Hautausschlag, Müdigkeit; **UW** (Omeprazol): Diarrhoe, Verstopfung, Flatulenz, Bauchschmerzen, Übelkeit, Erbrechen, Müdigkeit, Schläfrigkeit, Schlafstörungen, Schwindel, Kopfschmerzen; **UW** (Pantoprazol): Diarrhoe, Kopfschmerzen; **UW** (Rabeprazol): Infekte, Kopfschmerzen, Schwindel, Schlaflosigkeit, Pharyngitis, Rhinitis, Husten, Diarrhoe, Erbrechen, Übelkeit, Bauchschmerzen, Obstipation, Flatulenz, unspezifische Schmerzen, Rückenschmerzen, Asthenie, Influenza-ähnliche Symptome;
KI (Dexlansoprazol): bek. Überempf., Kombination mit Atazanavir; **KI** (Esomeprazol): bek. Überempf., Kombination mit Atazanavir, Nelfinavir; **KI** (Lansoparzol): bek. Überempf., Kombination mit Atazanavir; **KI** (Omeprazol): bek. Überempf., Kombination mit Atazanavir; **KI** (Pantoprazol): bek. Überempf., gegen P., Soja, Erdnuss; Kombination mit Atazanavir; **KI** (Rabeprazol): bek. Überempf., Kombination mit Atazanavir, Grav./Lakt.

Dexlansoprazol Rp	HWZ 1-2h, PPB 98%
Dexilant *Kps 30, 60mg*	**Erosive Refluxösophagitis:** 1 x 60mg p.o. für 4W, ggf. f. 8W, dann 1 x 30mg f. bis zu 6M; **nichterosive Refluxkrankheit:** 1 x 30mg für bis zu 4W.; **DANI** nicht erforderlich; **DALI** schwere LI Anw. nicht empfohlen

Esomeprazol Rp/OTC*	HWZ 1.5h, Q0 > 0.9, PPB 97%, PRC B, Lact ?
Esomep *Tbl. 20, 40mg* **Esomeprazol-CT** *Tbl. 20, 40mg* **Esomeprazol Normon** *Inf.Lsg. 40mg* **Esomeprazol-ratioph.** *Tbl. 20, 40mg* **Nexium Mups** *Tbl. 20, 40mg* **Nexium** *Tbl. 20, 40mg; Gran. 10mg; Inf.Lsg. 40mg* ** 20mg Tbl. teils als OTC in kleinen Packungsgrößen verfügbar*	**Refluxösophagitis:** Erw. u. **Ki. ab 12J:** ini 1 x 40mg p.o. für 4-8W, dann 1 x 20mg; 1 x 20-40mg i.v.; **Ki 1-11J:** 10-20kg: 1 x 10mg p.o.; ≥ 20kg: 1 x 10-20mg bis zu 8W; **H.P.-Erad.:** 2 x 20mg p.o. + Antibiose; **Pro. gastroduodenale Ulzera bei NSAR-Ther.:** 1 x 20mg; **Zollinger-Ellison-Syndrom:** 2 x 40mg p.o., ggf. bis 2 x 80mg; **DANI** nicht erforderlich; **DALI** bei schwerer LI max. 20mg/d

Lansoprazol Rp	HWZ 0.9-1.5h, Q0 1.0 (0.7), PPB 97%, PRC B, Lact ?
Agopton *Kps. 15, 30mg* **Lansoprazol AL** *Kps. 15, 30mg* **Lansoprazol HEXAL** *Kps. 15, 30mg* **Lansoprazol-ratioph.** *Kps. 15, 30mg*	**Gastroduod. Ulzera, Refluxösophagitis:** 1 x 30mg p.o.; Rezidiv-Pro.: 1 x 15mg; **H.P.-Erad.:** 2 x 30mg + Antibiose; **Pro. gastroduodenale Ulzera bei NSAR-Ther.:** 1 x 15mg; **Zollinger-Ellison-Syndrom:** ini 1 x 60mg, je nach Wi bis 180mg/d; **DANI** max. 30mg/d; **DALI** leichte bis mäßige LI: 30 bzw. 15mg/d; schwere LI: Anwendung nicht empfohlen

Omeprazol Rp/OTC*	HWZ 0.5–1.5h, Q_0 1.0, PPB > 90%, PRC C, Lact ?
Antra Mups *Tbl. 10, 20mg* **Omebeta** *Kps. 20, 40mg* **Omep** *Kps. 10, 20, 40mg; Inf.lsg. 40mg* **Omeprazol-ratioph. NT** *Kps. 10, 20, 40mg* **Omeprazol Dexcel** *Kps. 10, 20, 40mg* **Ome Tad** *Kps. 20mg* ** 20mg Tbl. teils als OTC in kleinen Packungsgrößen verfügbar*	**Gastroduodenale Ulzera:** 1 x 20–40mg p.o.; 1 x 10–20mg i.v.; **Refluxösophagitis:** 1 x 20–40mg p.o.; **Ki. > 2J:** < 20kg: 1 x 10mg; > 20kg: 1 x 20mg; **H.P.-Eradikation:** 2 x 20mg; **Pro. gastroduoden. Ulzera bei NSAR-Ther.:** 1 x 20mg; **Zoll.-Ellison-Syndr.:** ini 1 x 60mg p.o., je nach Wi steigern bis 2 x 40–60mg, max. 200mg/d i.v.; **DANI** nicht erforderlich; **DALI** max. 20mg/d

Pantoprazol Rp/OTC*	HWZ 1h, Q_0 0.7, PPB 98%, PRC B, Lact ?
Gastrozol *Tbl. 20* **Pantoprazol HEXAL** *Tbl. 20, 40mg; Inj.Lsg. 40mg* **Pantoprazol NYC** *Tbl. 20, 40 mg* **Pantoprazol Stada** *Tbl. 20, 40mg* **Pantorc** *Tbl. 20, 40mg* **Pantozol** *Tbl. 20, 40mg; Inj.Lsg. 40mg* **Pantozol control** *Tbl. 20mg* **Rifun** *Tbl. 20, 40mg* ** 20mg Tbl. teils als OTC in kleinen Packungsgrößen verfügbar*	**Gastroduodenale Ulzera, Refluxösophagitis:** 1 x 40mg p.o.; 1 x 40mg i.v.; **Langzeittherapie u. Rezidiv-Pro. Refluxösophagitis, Pro. gastroduod. Ulzera bei NSAR-Therapie:** 1 x 20mg; **Zollinger-Ellison-Syndrom:** 1 x 80mg p.o./i.v., ggf. zeitweilig 2 x 80mg; **H.P.-Eradik.:** 2 x 40mg p.o. + Antib.; **DANI** nicht erforderlich; **DALI** schwere LI max. 40mg alle 2d

Rabeprazol Rp	HWZ 1–2h, Q_0 0.8, PPB 97%, PRC B, Lact ?
Pariet *Tbl. 10, 20mg* **Rabeprazol Puren** *Tbl. 10, 20mg* **Rabeprazol-ratioph.** *Tbl. 10, 20mg*	**Gastroduod. Ulzera, Refluxösophagitis:** 1 x 20mg p.o.; Rezidiv-Pro. 1 x 10mg; **H.P.-Eradikation:** 2 x 20mg p.o. + Antibiose; **Zollinger-Ellison-Syndrom:** 1 x 60mg, ggf. bis 2 x 60mg; **DANI, DALI** nicht erforderlich

4.1.3 Kombinationen zur Helicobacter-pylori-Therapie

Wm/Wi (Bismut): genauer Wm nicht bekannt, scheint mit direkter Toxizität für die Membranfunktion, Hemmung der Protein- und Zellwandsynthese, Hemmung der Urease-Enzymaktivität, Verhinderung von Zytoadhärenz, der ATP-Synthese und einer unspez. kompetitiven Beeinträchtigung des Eisentransportes zusammenzuhängen;
UW (Pylera): metallischer Geschmack, Übelkeit, Diarrhoe, Schwarzfärbung des Stuhls, Vaginalinfektion, Anorexie, verminderter Appetit, Kopfschmerzen, Schwindel, Somnolenz, Erbrechen, Bauchschmerzen, Dyspepsie, Obstipation, Mundtrockenheit, Flatulenz, Transaminasenerhöhung, Exanthem, Chromurie, Schwächezustände;
KI (Pylera): bek. Überempf.., Ki. bis 12J., Nieren- oder Leberfunktionsstrg., Grav./Lakt.

Pantoprazol + Amoxicillin + Clarithromycin Rp	
ZacPac *Packung enth. 14 Tbl. Pantozol 40mg, 14 Tbl. Amoxicillin 1g, 14 Tbl. Clarithromycin 500mg*	**H.P.-Eradikation:** 2 x 1Tbl. p.o. für 7d; **DANI** CrCl < 30: KI; **DALI** KI bei mittelschwerer bis schwerer LI

Omeprazol + Amoxicillin + Clarithromycin Rp	
Omep plus *Packung enth. 14 Tbl. Omeprazol 20mg, 14 Tbl. Amoxicillin 1g, 14 Tbl. Clarithromycin 500mg*	**H.P.-Eradikation:** Erw. u. **Ki. ab 12J:** 2 x 1Tbl. p.o. für 7d; **DANI, DALI** Anw. nicht empf.
Bismut-III-Oxid-Citrat + Metronidazol + Tetracyclin Rp	
Pylera *Kps. 140+125+125mg*	**H.P.-Eradikation, PRO rezidivierender peptischer H.P.-induzierter Ulzera:** 4 x 3 Kps. n. d. Essen p.o. + 2 x 20mg Omeprazol für 10d; **DANI, DALI** KI

4.1.4 Antazida

Wm/Wi: Neutralisierung der Magensäure; **UW** (Hydrotalcit): weiche Stühle, Diarrhoe; bei NI: Hypermagnesiämie, Aluminiumeinlagerung v.a. in Knochen und Nervengewebe, Phosphatverarmung; **KI** (Hydrotalcit): Niereninsuffizienz (CrCl < 30) nur unter Kontrolle des Magnesium- u. Aluminiumspiegels, Hypophosphatämie, Ki. < 12J

Almasilat OTC	
Megalac Almasilat *Btl. 1g* **Simagel** *Tbl. 430mg*	**Säurebedingte Magenbeschwerden:** bis zu 6 x 430–860mg p.o.; **DANI** CrCl < 30: Al- und Mg-Spiegel-Kontrolle erforderlich
Hydrotalcit OTC	
Ancid *Kautbl. 500, 1000mg* **Hydrotalcit-ratioph.** *Kautbl. 500mg* **Talcid** *Kautbl. 500mg; Btl. 1000mg; Saft 1g/Messl.* **Talidat** *Kautbl. 500mg*	**Säurebedingte Magenbeschwerden:** 3–4 x 500–1000mg p.o., max. 6g/d; **DANI** CrCl < 30: Al- und Mg-Spiegel kontrollieren
Magaldrat OTC	PRC B, Lact ?
Magaldrat-ratioph. *Tbl. 800mg* **Marax** *Tbl. 800mg* **Riopan** *Tbl. 800mg; Btl. 1600mg*	**Säurebedingte Magenbeschwerden:** 3–4 x 400–1600mg p.o.; max. 6400mg/d; **DANI** CrCl < 30: Al- und Mg-Spiegel kontrollieren
Al-Na-carbonat-Dihydroxid OTC	
Kompensan *Tbl. 300mg; Btl. 300mg*	**Säurebedingte Magenbeschwerden:** 3–4 x 300–600mg p.o.; **DANI** CrCl < 30: KI
Al-Mg-Silicat OTC	
Gelusil Lac *Kautbl. 500mg*	**Säurebedingte Magenbeschwerden:** bis 3 Kautbl. mehrmals/d p.o.; **DANI** Kontrolle von Al- und Mg-Spiegel erf.; CrCl < 30: KI
Mg-hydroxid + Al-oxid OTC	PRC B, Lact ?
Maalox *Kautbl. 400+200mg* **Maaloxan** *Kautbl. 400+200mg; Btl. 400+230mg; Susp. (10ml = 400+230mg)*	**Säurebedingte Magenbeschwerden:** 3–4 x 400–800 + 200–900mg p.o.; **DANI** CrCl < 30: Al-/Mg-Spiegel kontrollieren

4.1.5 Anticholinergika, Schleimhautprotektiva

Wm/Wi (Misoprostol): prostaglandinvermittelte Hemmung der Säuresekretion, Aktivierung der Bikarbonat- und Schleimsekretion; **Wm/Wi** (Pirenzepin): Parasympathikolyse durch kompetitive Blockade der Muscarinrezeptoren ⇒ Säure- und Pepsinogensekretion ↓;
UW (Misoprostol): Diarrhoe, Schwindel, Kopfschmerzen, Metrorrhagien, Übelkeit, Erbrechen;
UW (Pirenzepin): Kopfschmerzen, Akkommodationsstörung, Mundtrockenheit, Diarrhoe, Obstipation, Exanthem; **UW** (Sucralfat): Obstipation, Aluminiumspiegel ↑ bei NI;
KI (Misoprostol): entzündliche Darmerkrankungen, Grav./Lakt.;
KI (Pirenzepin): bek. Überempf., in Grav./Lakt. zu vermeiden; **KI** (Sucralfat): bek. Überempf.; relative KI bei schwerer Einschränkung der Nierenfunktion, Ki. < 14 J, Grav./Lakt.

Misoprostol Rp	HWZ 0.5 h, Q0 1.0, PPB 85%, PRC X, Lact -
Cytotec *Tbl. 200µg*	**Ulkus-Pro. bei NSAR-Ther.:** 2–4 x 200µg p.o.; **Gastroduod. Ulzera:** 4 x 200µg/d
Pirenzepin Rp	HWZ 10–14h, Q0 0.6, PPB 12%
Gastrozepin *Tbl. 50mg*	**Ulcus ventrikuli/duodeni:** 2 x 50mg p.o.; max. 3 x 50mg; **DANI** nicht erforderlich
Sucralfat Rp	PRC B, Lact +
Sucrabest *Tbl. 1g; Gran. 1g*	**Gastroduodenale Ulzera, Refluxösophagitis:** 4 x 1g p.o.; Rezidiv-Pro.: 2 x 1g; **DANI** KI bei dialysepflichtiger NI

4.2 Motilitätssteigernde Mittel

Wm/Wi (Domperidon, MCP): Antagonismus an zentr. u. periph. Dopaminrezeptoren ⇒ Acetylcholinfreisetzung ↑; **Wm/Wi** (Linaclotid): Agonist am Guanylatzyklase-C-Rezeptor des Darmepithels ⇒ prokinetische Wi, Verringerung viszeraler Schmerzen, Sekretion von Chlorid und Bikarbonat ins Darmlumen; **Wm/Wi** (Methylnaltrexon): selektiver Opioid-Antagonist am µ-Rezeptor; **Wm/Wi** (Naloxegol): peripher wirkender µ-Opioidrezeptor-Antagonist im GI-Trakt, wobei es die obstipierenden Wirkungen der Opioide reduziert;
Wm/Wi (Prucaloprid): selektiver Serotonin-(5HT4)-Agonist ⇒ enterokinet. Aktivität ↑;
UW (Domperidon): Mundtrockenheit; **UW** (Linaclotid): Diarrhoe, Bauchschmerzen, Flatulenz, abdominelle Distension, Schwindel, virale Gastroenteritis; **UW** (MCP): Durchfall, Müdigkeit, akute Dyskinesien, Dystonien, Parkinsonismus, Kopfschmerzen, Schwindel, Angst, Ruhelosigkeit, Exanthem, HRST, Prolaktin ↑; **UW** (Methylnaltrexon): abdom. Schmerzen, Übelkeit, Diarrhoe, Flatulenz, Schwindel, allg. Injektionsbeschwerden; **UW** (Naloxegol): Bauchschmerzen, Diarrhoe, Nasopharyngitis, Kopfschmerzen, Flatulenz, Übelkeit, Erbrechen, Hyperhidrose;
UW (Prucaloprid): Kopfschmerzen, Schwindel, Übelkeit, Bauchschmerzen, Diarrhoe, Erbrechen, Dyspepsie, Rektalblutung, Flatulenz, anormale Darmgeräusche, Pollakisurie, Müdigkeit;
KI (Domperidon): bek. Überempf., Prolaktinom, mäßige oder schwere Leberfunktionsstrg., best. Verlängerung des kard. Reizleitungsintervalls, insbes. der QTc-Zeit, signif. Elyt.Strg., kongestive HI; gleichzeitige Anw. von Disopyramid, Chinidin, Amiodaron, Dofetilid, Dronedaron, Ibutilid, Sotalol, Haloperidol, Pimozid, Sertindol, Citalopram, Escitalopram, Erythromycin, Clarithromycin, Telithromycin Levofloxacin, Moxifloxacin, Spiramycin, Pentamidin, Halofantrin, Lumefantrin, Cisaprid, Dolasetron, Prucaloprid, Mequitazin, Mizolastin, Toremifen, Vandetanib, Vincamin, Bepridil, Diphemanil, Methadon, Proteasehemmer, systemische Azol-Antimykotika;
KI (Linaclotid): bek. Überempf., bek. oder vermutete mechanische gastrointestinale Obstruktion;

KI (MCP): bek. Überempf., Phäochromozytom, prolaktinabhängige Tumoren, mechan. Darmverschluss, Darmdurchbruch, Epilepsie, M. Parkinson, extrapyramidalmotor. Störung, Vorgeschichte neurolept. oder durch Metoclopramid verursachter Spätdyskinesie, Komb. mit Levodopa oder dopaminergen Agonisten, bekannte Vorgeschichte von Methämoglobinämie mit Metoclopramid oder eines NADH-Cytochrom-b5-Reduktase-Mangels, Ki. < 1J;
KI (Methylnaltrexon): bek. Überempfindlichkeit, Darmverschluss, akutes chirurg. Abdomen;
KI (Naloxegol): bek. Überempf., bek. oder vermuteter gastrointestinaler Verschluss, Krebserkrankung mit erhöhtem Risiko f. GI-Perforation (Malignome des GI-Trakts bzw. Peritoneums, rezidiv. oder fortgeschr. Ovarial-Ca, Ther. mit VGEF-Inhibitoren), gleichzeitige Anw. von starken CYP3A4-Inhibitoren (z. B. Clarithromycin, Ketoconazol, Itraconazol, Telithromycin, Ritonavir, Indinavir, Saquinavir; Grapefruitsaft in großen Mengen);
KI (Prucaloprid): bek. Überempfindlichkeit, Dialysepflicht, Darmperforation od. Verstopfung infolge einer strukturellen od. funkt. Erkrankung der Darmwand, obstruktiver Ileus, schwere chron. entzündl. Darmerkrankungen, toxisches Megakolon

Domperidon Rp	HWZ 7h, Qo 1.0, PPB 80–90%
Domperidon HEXAL *Tbl. 10mg* **Domperidon Teva** *Tbl. 10mg* **Motilium** *Tbl. 10mg; Gtt. (1ml = 10mg)*	**Übelkeit, Erbrechen: Erw., Ki. ab 12J u. > 35kg:** 1–3 x 10mg p.o.; max. 30mg/d für max. 1W; **DANI** schwere NI: 1–2 x 10mg; **DALI** mäßige bis schwere LI: KI
Linaclotid Rp	(keine Resorption)
Constella *Kps. 290mg*	**Mittelschweres bis schweres Reizdarm-syndrom mit Obstipation:** 1 x 290mg p.o.; **DANI, DALI** nicht erforderlich
Metoclopramid Rp	HWZ 2.5–5h, Qo 0.7, PPB 40%, PRC B, Lact ?
Gastronerton *Tbl. 10 mg* **Gastrosil** *Tbl. 10mg* **MCP HEXAL** *Tbl. 10mg; Amp. 10mg/2ml* **MCP-ratioph.** *Tbl. 10mg; Kps. 30(ret.)mg; Lsg. (10ml = 10mg); Supp. 10mg; Amp. 10mg/2ml* **MCP Stada** *Tbl. 10mg; Lsg. (10ml = 10mg);* **Paspertin** *Tbl. 10mg; Amp. 10mg/2ml*	**Prävent. von verzögerter chemo-/strahlentherapieinduzierter/postop. Übelkeit u. Erbrechen, symptomat. Beh. von Übelkeit und Erbrechen:** 1–3 x 10mg p.o.; max. 2 x 15mg (ret.) p.o.; 3 x 10mg rekt.; 1–3 x 10mg i.v.; Behandlungsdauer max. 5d; **Ki./Jug. 1–18J:** 0.1–0.15mg/kg/ED, max. 0.5mg/kg/d; **Übelkeit, Erbrechen bei Chemotherapie:** 30min vor Chemother. 2mg/kg über 15min i.v., Wdh. nach 2, 4, 6 und 9h, max. 10mg/kg/d; 2h vor Chemother. 1mg/kg/h i.v., während Chemother. 0.5mg/kg/h über 24h i.v.; **DANI** CrCl < 15: 25%, CrCl 15–60: 50%; **DALI** schwere LI mit Aszites: 50%
Methylnaltrexon Rp	HWZ 8h , PPB 13%, PRC B, Lact ?
Relistor *Inj.Lsg. 12mg/0.6ml*	**Opioid-induzierte Obstipation:** Erw. 38–61kg: 1 x 8mg (0.4ml) alle 2d s.c.; 62–114kg: 1 x 12mg (0.6ml) alle 2d s.c., < 38kg, > 114kg: 0.15mg/kg alle 2d s.c.; **DANI** CrCl < 30: 62–114kg: 1 x 8mg s.c., < 62kg:1 x 0.075mg/kg s.c.; terminale NI: Anw. nicht empf.; **DALI** Child C: Anw. nicht empf.

Naloxegol Rp	HWZ 6-11h, PPB 0-20%
Moventig *Tbl. 12.5, 25mg*	**Opiod-induzierte Obstipation:** 1 x 25mg p.o.; **DANI** mittelschwere bis schwere NI: ini 1 x 12.5mg, bei guter Verträglichkeit 1 x 25mg; **DALI** schwere LI: Anw. nicht empfohlen
Prucaloprid Rp	HWZ 24h, PPB 30%
Resolor *Tbl. 1, 2mg*	**Chron. Obstipation:** 1 x 2mg p.o.; > 65J: ini 1 x 1mg, ggf. steigern auf 2mg/d; **DANI** CrCl < 30: 1mg/d; **DALI** Child C: 1mg/d

4.3 Spasmolytika

Wm/Wi: Antagonismus am Muscarinrezeptor (Parasympatholyse); **Wm/Wi** (Mebeverin): zusätzlich papaverinartige Wi (direkte Wi auf glatte Muskulatur); **UW** (Butylscopolamin): keine sehr häufigen bzw. häufigen UW; **UW** (Mebeverin): keine sehr häufigen bzw. häufigen UW; **KI** (Butylscopolamin): bek. Überempf., mechanische Stenosen des MD-Trakts, Megakolon, Harnverhaltung bei subvesikaler Obstruktion, Engwinkelglaukom, Tachykardie, Tachyarrhythmie, Myasthenia gravis; **KI** (Mebeverin): bek. Überempf., paralytischer Ileus

Atropin Rp	HWZ 2-3h, Qo 0.45, PPB 2-40%, PRC C, Lact?
Dysurgal *Tbl. 0.5mg*	**Magen-Darm-/Harnwegsspasmen:** 1-3 x 0.5-1mg p.o.; **Ki. 2-5J:** 1-3 x 0.25mg; **6-14J:** 1-3 x 0.5mg
Butylscopolamin OTC/Rp	HWZ 5h, Qo 0.55, PPB 3-11%, PRC C
BS Inj. Carino *Amp. 20mg/1ml* **BS-ratioph.** *Amp. 20mg/1ml* **Buscopan** *Tbl. 10mg; Amp. 20mg/1ml* **Butylscopolamin Rotexmed** *Amp. 20mg/1ml*	**Magen-Darm-Spasmen:** 3-5 x 10-20mg p.o.; 20-40mg i.v./i.m./s.c., max. 100mg/d; **Ki. ab 6J, Jug.:** 0.3-0.6mg/kg i.v./i.m./s.c., max. 1.5mg/kg/d
Mebeverin Rp	HWZ 2h, PPB 76%
Duspatal *Tbl. 135mg; Kps. 200(ret.)mg* **Duspatalin** *Tbl. 135mg* **Mebeverin Puren** *Tbl. 135mg*	**Reizdarmsyndrom:** 2 x 200mg (ret.) p.o.; 3 x 135mg, evtl. Dosisreduktion nach einigen W

4.4 Laxantien

Wm/Wi (Bisacodyl, Natriumpicosulfat): nach Resorption und Metabolisierung in der Leber biliäre Exkretion, im Darm als freies Diphenol wirksam ⇒ antiresorptiv, hydragog; **Wm/Wi** (Lactulose): osmotische Wirkung, Vergärung durch Bakterien zu Säuren ⇒ Anregung der Peristaltik; **Wm/Wi** (Macrogol) = Polyethylenglycol: nicht resobierbar, keine Metabolisierung, Wasserbindung ⇒ Auslösung von Diarrhoe; **Wm/Wi** (Plantago ovata): Stuhlvolumen ↑ ⇒ Darmpassage ↑ (Gleit- u. Füllmittel); **Wm/Wi** (Senna): Spaltung der enthaltenen Anthraglykoside durch Colibakt. zu Anthronen bzw. Anthranolen ⇒ antiresorptive und hydragoge Wi; **UW** (Laxantien): Elektrolytverlust (v.a. K^+), Melanosis coli, Albuminurie, Hämaturie; **UW** (Plantago ovata): Blähungen, Völlegefühl, allerg. Reakt.; **KI** (Laxantien): Ileus, Grav./Lakt.

Bisacodyl OTC	PRC B, Lact ?
Dulcolax *Tbl. 5mg; Supp. 10mg* **Hemolax** *Tbl. 5mg* **Laxans-ratioph.** *Tbl. 5mg; Supp. 10mg* **Pyrilax** *Supp. 10mg* **Tirgon** *Tbl. 5mg*	**Obstipation:** 5–10mg p.o.; 10mg rekt.; **Ki.** > **2J:** 5mg p.o./rekt.
Lactulose OTC	PRC B, Lact ?
Bifiteral *Saft (10ml = 6.67g); Btl. 10g* **Lactuflor** *Saft (10ml = 6.5g)* **Lactulose-ratioph.** *Saft (10ml = 6.67g)*	**Obstipation:** 1–2 x 5–10g p.o.; **Ki.:** 1–2 x 3–6g p.o.; **hepatische Enzephalopathie:** ini 3–4 x 5–10g p.o., langsam steigern bis 3–4 x 20–30g bis 2–3 weiche Stühle/d entleert werden
Macrogol OTC	
Bellymed Abführpulver *(1 Messl. = 14g)* **Dulcolax M Balance** *Lsg. (1ml = 500mg)* **Kinderlax** *Btl. 6g* **Laxofalk** *Btl. 10g*	**Obstipation:** 1–2 x 10–14g p.o.; **Ki. 6M–1J:** 4g/d; **1–4J:** 4-8g/d; **4–8J:** 8-16g/d; **> 8J:** 10-20g/d
Macrogol + NaCl + $NaHCO_3$ + KCl Rp/<u>OTC</u>	
Isomol <u>*Btl. 13.1g+351mg+179mg+47mg*</u> **Macrogol Stada** <u>*Btl. 13.1g+350mg+ 179mg +46mg*</u> **Movicol** <u>*Btl. 13.1g+351mg+179mg+47mg*</u> **Movicol Junior** *Btl. 6.56g+175mg+89mg+23mg*	**Obstipation**: 1–3 x 1Btl. p.o.; **Koprostase**: 8Btl./d p.o.; **Ki. 5–11J:** Movicol Junior: 4–12Btl./d
Natriumpicosulfat OTC	
Agiolax Pico *Tbl. 5mg* **Guttalax** *Gtt. (1ml = 7.5mg)* **Laxoberal** *Tbl. 5mg; Perlen 2.5mg; Gtt. (14Gtt. = 7.5mg)* **Regulax picosulfat** *Würfel 10mg; Gtt. (14Gtt. = 5mg)*	**Obstipation:** 1 x 5–10mg p.o.; **Ki.** > **4J:** 1 x 2.5–5mg p.o.
Paraffin OTC	
Obstinol M *Emulsion (1ml = 332mg)*	**Obstipation:** 10–45ml/d; **Ki. 2–6J:** 10–20ml/d; **6–12J:** 10–30ml
Plantago ovata (Flohsamen) OTC	
Agiocur *Gran. (5g enth. 3.25g)* **Mucofalk** *Gran. (5g enth. 3.25g)* **Flosine Balance** *Gran. (5g enth. 3g)* **Metamucil** *Pulver (10g enth. 5.3g)*	**Obstipation:** Granulat: 1–3 x 5–10g; Pulver: 1–3 x 7.5g (1TL)
Plantago ovata (Flohsamen) + Sennoside OTC	
Agiolax *Gran. (5g enth. 2.6g+15mg)*	**Obstipation:** 1–2 x 1TL Granulat

4.5 Darmlavage-Lösungen

Wm/Wi (Macrogol): Polyethylenglycol, nicht resorbierbar, keine Metabolisierung, Wasserbindung ⇒ Diarrhoe; **Wm/Wi** (Na_2SO_4 = Natriumsulfat): verhindert Resorption von Na-Ionen ⇒ osmotische Diarrhoe; **UW:** Übelkeit, Völlegefühl, Erbrechen, Magenkrämpfe, Reizung des Darmausgangs; **KI:** Ileus, V.a. Ileus, GI-Obstruktion oder Perforation, hochfloride Kolitis, tox. Megacolon, Entleerungsstrg. des Magens, Bewusstseinsstrg. mit Aspirationsneigung

Citronensäure + Magnesiumoxid + Natriumpicosulfat OTC

Citrafleet *Btl. 12g+3.5g+10mg* **Picoprep** *Btl. 12g+3.5g+10mg*	**Koloskopie-Vorbereitung:** 1Btl. in 150ml Wasser lösen; am Vortag um 8 Uhr und 6–8h später je 1 Btl. trinken; Picoprep: **Ki. 1–2J:** 2 x 1/4 Btl.; **2–4J:** 2 x 1/2 Btl.; **4–9J:** 1Btl. morgens, 1/2Btl. nachmittags; > **9J:** s. Erw.

Kaliumsulfat + Magnesiumsulfat + Natriumsulfat OTC

Eziclen *2 x Konzentrat 3.13+3.28+17.51g/176ml*	**Koloskopie-Vorbereitung:** Konzentrat mit Wasser auf 0.5l auffüllen; am Vortag um 18 u. 20Uhr 0.5l Lösung + jeweils 1l klare Flüssigkeit trinken; auch 2-d-Schema möglich, s. FachInfo

Macrogol + Na_2SO_4 + $NaHCO_3$ + NaCl + KCl OTC

Delcoprep *Lsg. (1l = 59+12.88+1.68+1.46+0.75g)* **Klean Prep** *Btl. 59+5.68+1.68+1.46+0.74g*	**Koloskopie-Vorbereitung:** 1Btl. in 1l Wasser lösen; 3–4l über 4–6h trinken

Macrogol + Na_2SO_4 + NaCl + KCl + Ascorbinsäure + Natriumascorbat OTC

Moviprep *Lsg. (1l = 100+7.5+2.69+1.01+4.7+5.9g)* **Plenvu** *(Dosis 1: 100g Macrogol + 9g Na_2SO_4 + 2gNaCl + 1g KCl; Dosis 2: Btl. A: 40g Macrogol + 3.2g NaCl + 1.2g KCl; Btl. B: 7.54g Ascorbins. + 4.11g Na-Ascorbat)*	**Koloskopie-Vorbereitung:** Moviprep: Btl. A und B in 1l Wasser lösen; 2l über 2–4h trinken, zusätzl. 1l klare Flüssigkeit trinken; Plenvu: Dosis 1 + 2 je in 500ml Wasser lösen und innerhalb 30min trinken, dann jeweils 500ml klare Flüssigkeit innerhalb 30min trinken

Macrogol + $NaHCO_3$ + NaCl + KCl OTC

Endofalk Classic *Btl. 52.5+0.71+1.4+0.18g* **Isomol** *Btl. 13+0.18+0.35+0.05g*	**Koloskopie-Vorbereitung:** 2 Btl. in 1l Wasser lösen; 3–4l über 4–6h trinken

4.6 Karminativa

Wm/Wi: Oberflächenspannung ↓ ⇒ entschäumend, antimeteoristisch; **UW/KI:** keine

Simeticon OTC

Elugan *Kautbl. 40mg;* **Endo-Paractol** *Susp. (1ml = 5mg)* **Espumisan** *Kautbl. 40mg; Kps. 40mg; Emulsion (1ml = 40mg)* **Imogas** *Kps. 120, 240mg* **Lefax** *Kautbl. 41, 100mg; Kps. 250mg; Granul. 250mg; Gtt. (1ml = 40mg); Susp. (5ml = 40mg)* **sab simplex** *Kautbl. 80mg; Gtt. (25Gtt. = 69mg)* **Simethicon-ratioph.** *Kautbl. 80mg*	**Meteorismus:** 3–4 x 40–240mg p.o.; **Sgl.:** 15Gtt. zu jeder Flaschennahrung; **Kleinki.:** 3–4 x 15 Gtt. p.o.; **Schulki.:** 4–6 x 20–30 Gtt; **Spülmittelintoxikation:** 5–20ml Suspension p.o.; **Ki.:** 2.5–10ml Suspension; **Vorbereitung vor Gastroskopie:** Endo-Paractol: 10ml p.o. **DANI** nicht erforderlich

4.7 Antidiarrhoika

Wm/Wi (Loperamid): Stimulation peripherer Opiatrezeptoren ⇒ Hemmung der Peristaltik; **Wm/Wi** (Carbo medicinalis): Adsorption von Bakterientoxinen; **Wm/Wi** (Racecadotril): Hemmung der Enkephalinase ⇒ Enkephalinabbau ↓ ⇒ antisekretorisch; **UW** (Loperamid): Kopfschmerzen, Müdigkeit, Schwindel, Mundtrockenheit, Nausea; **UW** (Racecadotril): Kopfschmerzen, Übelkeit, Erbrechen, Fieber, K^+ ↓, Ileus, Bronchospasmus; **KI** (Loperamid): Ileus, Ki. < 2J, Grav./Lakt.; **KI** (Racecadotril): Sgl. < 3M, Nieren-/Leberfkt. ↓, Fruktoseintoleranz, Glukose-Galaktose-Malabsorption, Saccharase-Isomaltase-Mangel; **KI** (Saccharomyces boulardii): Überempf. gegen Hefe, lebensbedrohliche Erkrankung, Pat. mit geschwächter Immunabwehr, Pat.mit liegendem ZVK, Säuglinge und Ki. < 2J

Carbo medicinalis OTC	
Kohle-Compretten *Tbl. 250mg* **Kohle Hevert** *Tbl. 250mg* **Kohle Pulvis** *Pulver 10g* **Ultracarbon** *Granulat 50g*	**Diarrhoe:** 3–4 x 500–1000mg p.o.; **Ki.:** 3–4 x 250–500mg p.o.; **Vergiftungen:** 50g in 400ml H_2O suspendieren ⇒ p.o. oder über Magensonde
Loperamid Rp/OTC	HWZ 7–15h, Q0 1.0, PRC B, Lact +
Imodium *Lingualtbl. 2mg; Kps. 2mg; Lsg. (1ml = 0.2mg)* **Lopedium** *Tbl. 2mg; Brausetbl. 2mg; Kps. 2mg* **Loperamid-ratioph.** *Tbl. 2mg* **Loperhoe** *Tbl. 2mg*	**Akute Diarrhoe:** ini 4mg p.o., nach jedem Durchfall 2mg, max. 16mg/d; **Ki. 2–8J:** 0.04mg/kg/d p.o.; > **8J:** ini 2mg p.o.; max. 8mg/d; **chronische Diarrhoe:** 4mg/d p.o.; **DANI** nicht erf.; **DALI** vorsichtige Anw.
Racecadotril Rp/OTC	HWZ 3h, PPB 90%
Tiorfan *Kps. 100mg; Granulat 10, 30mg* **Vaprino** *Kps. 100mg*	**Akute Diarrhoe:** 3 x 100mg p.o. für max. 7d; **Ki. > 3M:** 3 x 1.5mg/kg p.o. (5–7d)
Saccharomyces boulardii OTC	
Eubiol *Kps. 375mg* **Perenterol** *Kps. 50, 250mg; Btl. 250mg* **Perocur forte, Yomogi** *Kps. 250mg*	**Akute Diarrhoe, Reisediarrhoe-Pro.:** 3 x 100–200mg p.o.; 1–2 x 250mg p.o.; 1 x 375mg p.o.; **Ki. > 2J:** s. Erw.; **chronische Akne:** 2 x 375mg p.o.
Smektit OTC	
Colina *Btl. 3g*	**Diarrhoe, funkt. Magen-Darm-Strg.:** 3 x 3–6g p.o.; **Ki. < 2J:** 1–2 x 3g; **Ki. > 2J:** 2–3 x 3–6g

4.8 Lebertherapeutika

Wm/Wi: (Ornithinaspartat): Ammoniakentgiftung ↑ über günstige Beeinflussung der Harnstoff- und Glutaminsynthese; **UW:** (Ornithinaspartat): keine sehr häufigen bzw. häufigen UW; **KI:** (Ornithinaspartat): bek. Überempf., schwere Nierenfunktionsstörung

Ornithinaspartat OTC	HWZ 0.3–0.4h
Hepa Merz *Granulat 3000, 6000mg; Inf.Lsg. 5g/10ml* **Hepa-Vibolex** *Btl. 5000mg*	**Latente/manifeste hep. Enzephalopathie:** 3 x 3000–6000mg p.o.; 20g/d i.v., max.5g/h; bei beginnend. **Bewusstseinsstrg./Koma:** 40g/d; **DANI:** Krea > 3mg/dl KI; **DALI** nicht erf.

4.9 Gallensäuren, Gallensäureregulatoren

Wm/Wi (Obeticholsäure): Agonist am Farnesoid-X-Rezeptor ⇒ ↓ der de-novo-Gallensäuresynthese, Förderung der Cholerese ⇒ Verminderung des zirkulierenden Gallensäurepools; **Wm/Wi** (Ursodeoxycholsäure/UDC): Hemmung der biliären Cholesterinsekretion und intestinalen Cholesterinresorption, Hemmung der HMG-CoA-Reduktase ⇒ Cholesterinsynthese ↓, Auflösung von Cholesterinsteinen; relativer Austausch lipophiler, detergentienartig wirkender, toxischer Gallensäuren gegen die hydrophile, zytoprotektive, untoxische Ursodesoxycholsäure ⇒ Verbesserung der sekretor. Leistung der Leberzelle, Einfluss auf immunregulat. Prozesse; **UW** (Obeticholsäure): Pruritus, Bauchschmerzen, Müdigkeit, Schilddrüsenfktsstrg. Schwindel, Herzklopfen, Schmerzen im Mund- und Rachenraum, Obstipation, Ekzem, Hautausschlag, Gelenkschmerz, periph. Ödem, Fieber; **UW** (UDC): Durchfall, schw. rechtsseitige Oberbauchschmerzen, Verkalkung von Gallensteinen, Dekompensation einer Leberzirrhose, Urtikaria; **KI** (Obeticholsäure): bek. Überempf., totaler Gallengangsverschluss; **KI** (UDC): Entzünd. der Gallenblase/-wege, Choledochus- oder Zystikusverschluss, gestörte Kontraktionsfähigkeit der Gallenblase, kalzifizierte Gallensteine, bek. Überempf., Grav./Lakt.

Obeticholsäure Rp	Q0 1.0, PPB 99%
Ocaliva *Tbl. 5, 10mg*	**Primär biliäre Cholangitis: Monother. oder Komb. mit UDC:** ini 1 x 5mg p.o., nach 6M 1 x 10mg; **DANI** nicht erforderl.; **DALI** Child A: 100%; B, C: ini 1x/W 5mg für 3M, dann je nach Ansprechen 2 x 5mg/W, ggf. 2 x 10mg/W

Ursodeoxycholsäure (UDC) Rp	HWZ 3.5–5.8d
UDC *Tbl. 250, 400mg* **Urso** *Tbl. 250, 400mg* **Ursochol** *Tbl. 150, 300mg* **Ursofalk** *Tbl. 500mg; Kps. 250mg; Susp. (5ml = 250mg)*	**Auflösung von Cholesteringallensteinen** (bis 15mm)**:** 10mg/kg p.o.; **Gallenrefluxgastritis:** 1 x 250mg p.o.; **prim. biliäre Cholangitis:** 10–15mg/kg p.o.; **hepatobiliäre Erkr. bei zystischer Fibrose; Ki. 6–18J:** 20mg/kg/d p.o. in 2-3 ED, ggf. 30mg/kg/d

4.10 Verdauungsenzyme

Pankreatin OTC	PRC C, Lact ?
Cotazym *Kps. 20000, 30000, 40000E** **Kreon** *Kps. 10000, 25000, 40000E*; Btl. 20800E** **Kreon f. Kinder** *Granulat (1 Messl. = 5000E*)* **Ozym** *Kps. 10000, 20000, 40000E** **Pangrol** *Kps. 10000, 25000, 40000E*; Tbl. 20000E** **Pankreatin Mikro-ratioph.** *Kps. 20000E** **Panzytrat** *Kps. 10000, 25000, 40000E*; Pellets (1 Messl. = 20000E*)*	**Bei exokriner Pankreasinsuffizienz:** mind. 25000–40000E zu den Hauptmahlzeiten, mind. 10000–25000E zu den Nebenmahlzeiten; Faustregel: pro Gramm Nahrungsfett ca. 2000E Lipase; **Störung der Pankreasfunktion bei Mukoviszidose: Sgl.:** 5000E zu jeder Mahlzeit, nach Bedarf steigern, max. 20.000E/kg

Pankreatin + Simeticon (Dimeticon) OTC	
Enzym Lefax *Kautbl. 2100E*+41.2mg; Kps. 10500E*+40mg*	**Verdauungsstörung, Meteorismus bei exokriner Pankreasinsuffizienz:** 3 x 1–2 Kautbl. p.o.; 2–4 Kps. zu jeder Mahlzeit
Meteozym *Tbl. 15000E* + 100mg*	**Verdauungsstörung, Meteorismus bei exokriner Pankreasinsuffizienz:** 1–2 Tbl. zu jeder Mahlzeit p.o.
** Gehalt an Triacylglycerollipase*	

4.11 Aminosalicylate

Wm/Wi (Mesalazin): Beeinflussung der Prostaglandinbiosynthese, Hemmung der Leukotrien-Bildung ⇒ lokal antiphlogistisch;
Wi (Sulfasalazin): antiinflammatorisch, immunsuppressiv, bakteriostatisch;
UW (Mesalazin): Flatulenz, Kopfschmerzen, Nausea;
UW (Sulfasalazin): Folsäuremangelanämie, Leukopenie, Kopfschmerzen, Schwindel, Geschmacksstörung, Husten, Nausea, Bauchschmerzen, Appetitlosigkeit, Dyspepsie, Magenbeschwerden, Proteinurie, Arthralgie, Exantheme, Pruritus, Müdigkeit, Fieber, Schlaflosigkeit, Konzentrationsstörung, Leberenzyme ↑, reversible Oligospermie;
KI (Mesalazin): bek. Überempf., schwere Leber-/Nierenfunktionsstörung, bestehendes Ulcus ventriculi/duodeni, hämorrhagische Diathese, Cave in Grav./Lakt. (absolute KI in letzten 2W!);
KI (Sulfasalazin): bek. Überempfindlichkeit, Erkrankung der blutbildenden Organe, akute intermittierende Porphyrie, schwere NI/LI, Glucose-6-Phosphat-Dehydrogenase-Mangel, Leuko-/Thrombozytopenie, Ileus, Erythema exsudativum multiforme (auch in der Anamnese)

Mesalazin (= 5-ASA) Rp	HWZ 0.5–2.4(6–9)h, Qo 0.75, PPB 43%
Asacol *Tbl. 400, 800mg* **Claversal** *Tbl. 500mg; Pellets 1.5g; Supp. 250, 500mg; Klysma 4g; Rektalschaum (5g enth. 1g)* **Mesalazin Kohlpharma** *Tbl. 500mg; Supp. 500mg; Rektalschaum (5g enth. 1g)* **Mesavancol** *Tbl. 1.2g* **Mezavant** *Tbl. (ret.) 1.2g* **Pentasa** *Tbl. 500(ret.), 1000(ret)mg; Granulat 1(ret.), 2(ret.), 4(ret.)g; Supp. 1g; Klysma 1g* **Salofalk** *Tbl. 250, 500mg, 1g; Gran. 500(ret.), 1000(ret.), 1500(ret.), 3000(ret.)mg; Supp. 250, 500, 1000mg; Klysma 2, 4g; Rektalschaum (5g enth. 1g)*	**Chron. entzündl. Darmerkr.:** akuter Schub: 3 x 400–1000mg p.o.;1–2 x 2g p.o.; 1 x 1.5–4.8g(ret.) p.o.; 3 x 250–500mg rekt.; 1 x 1g rekt.; Klysma: 1 x 1–4g rekt. z.N.; Rektalschaum: 1 x 2g rekt.; Rezidivpro. 1500mg/d p.o.; 0.75–1g rekt.; **Ki.:** akuter Schub 30–50mg/kg/d p.o., max. 75mg/kg/d; >6J.: 1–1,5g/d rekt.; Rezidivpro. 15–30mg/kg/d p.o.; > 6J. 0.75–1g rekt.; **DANI/DALI** KI bei schwerer Nieren- bzw. Leberinsuffizienz
Olsalazin Rp	HWZ 0.9h, PRC C, Lact ?
Dipentum *Kps. 250mg; Tbl. 500mg*	**Colitis ulcerosa:** Akuttherapie: 3 x 500–1000mg p.o.; Rezidiv-Pro.: 2 x 500mg; **DANI/DALI** KI bei schwerer NI/LI

Sulfasalazin Rp	HWZ 7.6h, PPB > 95%, PRC B, Lact ?
Azulfidine *Tbl. 500mg* **Colo-Pleon** *Tbl. 500mg* **Salazopyrine** *Tbl. 500mg* **Sulfasalazin HEXAL** *Tbl. 500mg* **Sulfasalazin Heyl** *Tbl. 500mg*	**Chronisch entzündl. Darmerkrankungen, Strahlen-, kollagene Kolitis:** Akut: 3–4 x 1g p.o.; Rezidiv-Pro.: 2 x 1–1.5g p.o.; 2 x 500–1000mg rekt.; **Ki.:** ini 40–60mg/kg, Erh.Dos. 30–40mg/kgKG p.o. in 3–4ED; **DANI/DALI** KI bei schwerer NI/LI

4.12 Glukokortikoide

Wm/Wi (Budesonid): Induktion spezifischer Proteine ⇒ Hemmung der Phospholipase A2 ⇒ verhindert Bildung entzündungsauslösender Mediatoren ⇒ antientzündlich, antiallergisch, antiexsudativ, antiödematös;
UW (Budesonid): cushingoid, Dyspepsie, Mukelkrämpfe, Palpitationen, Nervosität, Schlaflosigkeit, Verschwommensehen, Exantheme, Urtikaria, Menstruationsstrg., K^+ ↓;
UW (rektal): Brennen im Enddarm, Schmerzen;
KI (Budesonid): bek. Überempf., lokale Infekt. des Darms, Leberzirrhose, portale Hypertension

Betamethason Rp	Qo 0.95
Betnesol *Lsg. (100ml = 5mg)*	**Colitis ulcerosa:** 1 x 5mg rekt. für 2–4 W
Budesonid Rp	HWZ 2–3h, Qo 1.0, PPB 90%, PRC C, Lact ?
Budenofalk *Kps. 3mg; Granulat 9mg; Rektalschaum 2mg/Hub* **Cortiment MMX** *Tbl. 9(ret.)mg* **Entocort Kapseln** *Kps. 3(ret.)mg* **Entocort rektal** *Klysma 2.3mg* **Intestifalk** *Kps. 3mg; Granulat 9mg; Rektalschaum 2mg/Hub* **Jorveza** *Schmelztbl. 1mg*	**M. Crohn, kollagene Colitis:** 1 x 9mg oder 3 x 3mg p.o.; **Autoimmunhepatitis:** 3 x 3mg p.o., nach Erreichen einer Remission 2 x 3mg; **Colitis ulcerosa:** Cortiment zur Remissionsinduktion, wenn Mesalazin nicht ausreicht: 1 x 9mg p.o. für max. 8W; Entokort rektal: 1 x 2.3mg rekt. für 4–8W; **eosinophile Ösophagitis:** Jorveza 2 x 1 mg p.o. für 6 W, ggf. 12W
Hydrocortison Rp	HWZ 1–2h, Qo 1.0, PRC C, Lact –
Colifoam *Schaum (1g enth. 90mg)*	**Proktosigmoiditis bei M. Crohn, Colitis ulcerosa:** 1–2 x 90mg rekt., nach 2W 1 x 90mg

4.13 Antikörper bei CED

Adalimumab → 224
Golimumab → 225
Infliximab → 226
Ustekinumab → 388
Vedolizumab → 226

4.14 Antiemetika, Antivertiginosa

4.14.1 H_1-Antihistaminika

Wm/Wi: kompetitive Hemmung zentraler Histaminrezeptoren ⇒ antiemetisch;
UW: Somnolenz, Benommenheit, Schwindel, Muskelschwäche, Mundtrockenheit, Tachykardie, Sehstrg., Miktionsstörungen, Glaukom, Magen-Darm-Beschwerden, Stimmungsschwankungen;
KI: bekannte Überempfindlichkeit, akuter Asthma-Anfall, Engwinkelglaukom, Phäochromozytom, Porphyrie, Prostatahyperplasie mit Restharn, Epilepsie, Eklampsie

Dimenhydrinat Rp/OTC — HWZ 5–10h, Q0 > 0.7, PPB 99%, PRC B, Lact +

Dimenhydrinat AL *Tbl. 50mg* **Reisegold, Reisetabletten-ratioph., Rodavan S, Rubiemen** *Tbl. 50mg;* **Superpep** *Tbl. 50mg; Kautbl. 20mg;* **Vertigo-Vomex** *Kps. 120(ret.)mg; Supp. 80mg* **Vomacur** *Tbl. 50mg; Supp. 40, 70mg* **Vomex A** *Tbl. 50, 200(ret.)mg; Kps. 150(ret.)mg; Supp. 40, 70, 150mg; Saft (10ml = 33mg); Amp. (i.v.) 62mg/10ml, (i.m.) 100mg/2ml*	**Reisekrankheit:** Pro.: 3 x 20–50mg p.o.; 2 x 200mg (ret.) p.o.; Ther.: 50–100mg p.o. alle 4h, max. 300mg/d; **Ki. 6–12J:** 5mg/kg p.o. in 4ED, max. 150mg/d; **Übelkeit, Erbrechen, zentrales vestibuläres Reizsyndrom:** 3–4 x 50–100mg p.o.; 2 x 120–200mg (ret.) p.o.; 3–4 x 80–150mg rekt.; 100–200mg i.m.; 62–124mg i.v.; **Ki.:** 1–2mg/kg i.v./i.m.; 6–15kg: 1–2 x 40mg rekt.; 15–25kg: 2–3 x 40mg rekt.; > 25kg: 2–4 x 40mg rekt.; 6–14J: 3 x 50mg p.o.

4.14.2 Partielle Histaminagonisten

UW: Magen-Darm-Unverträglichkeit, Übelkeit, Augenbrennen, Herzklopfen, Brustbeklemmungen, Kopfdruck, Hitzegefühl, Benommenheit, Nervosität, flüchtiger Hautausschlag;
KI: Asthma bronchiale, Phäochromozytom, Grav.

Betahistin Rp — PPB 1–5%

Aequamen *Tbl. 6, 12mg* **Betahistin-ratioph.** *Tbl. 6, 12mg* **Betavert** *Tbl. 6, 12mg* **Vasomotal** *Tbl. 16, 24mg; Gtt. (1ml = 8mg)*	**Schwindelanfälle, M. Menière:** 3 x 6–16mg p.o.; 1–2 x 24mg

4.14.3 Prokinetika

Wm/Wi: Antagonismus an zentralen + peripheren Dopaminrezeptoren ⇒ stark antiemetisch und gastroprokinetisch; **UW/KI:** s. motilitätssteigernde Mittel → 109

Alizaprid Rp — HWZ 3h, PPB 75%

Vergentan *Tbl. 50mg; Amp. 50mg/2ml*	**Übelkeit, Erbrechen bei Chemotherapie, Bestrahlung:** 30min vor + nach Chemotherapie jeweils 150mg p.o., dann 3 x 50mg; jeweils 100mg vor + 4h nach Chemotherapie i.v./i.m.; **DANI** CrCl < 10: 25%; < 50: 50%

Domperidon → 110

Metoclopramid → 110

4.14.4 Serotoninantagonisten

Wm/Wi (Granisetron, Ondansetron, Palonosetron): selektive Blockade zentraler 5-HT3-Rezeptoren ⇒ antiemetisch; **Wm/Wi** (Netupitant): selektiver Antagonist an hum. Substanz P/Neurokinin 1-Rezeptoren ⇒ antiemetisch, insbes. bei verzögert einsetzender Nausea; **UW** (Ondansetron): Kopfschmerzen, Wärmegefühl, Flush, Obstipation, lokale Irritation an Applikationsstelle; **UW** (Palonosetron + Netupitant): Kopfschmerzen, Obstipation, Ermüdung; **KI** (Ondansetron): bek. Überempfindlichkeit, gleichzeitige Anw. v. Apomorphin; **KI** (Palonosetron + Netupitant): bek. Überempfindlichkeit, Grav.

Granisetron Rp	HWZ 10–11 h, Qo 0.85, PPB 65%, PRC B, Lact ?
Axigran *Amp. 1mg/1ml; Tbl. 2mg* **Granisetron HEXAL** *Tbl. 1, 2mg; Amp. 1mg/1ml, 3mg/3ml* **Granisetron-ratioph.** *Tbl. 1, 2mg; Amp. 1mg/1ml, 3mg/3ml* **Granisetron Stada** *Tbl. 2mg* **Kevatril** *Tbl. 2mg; Amp. 1mg/1ml, 3mg/3ml* **Kytril** *Amp. 3mg/3ml* **Sancuso** *TTS 3.1mg/24h*	**Übelkeit, Erbrechen bei Chemother.:** 1h vor Chemother. 2mg p.o.; vor Chemother. 1–3mg i.v., max. 3 x 3mg/d i.v.; **TTS:** 24–48h vor bis 24h nach Chemother. applizieren, max. 7d; **Ki.** > **1J:** 20µg/kg p.o. 1h vor Chemother., bis 2 x 20µg/kg p.o. für 5d; > **2J:** 40µg/kg i.v. vor Chemother., ggf. zus. 2 x 20µg/kg i.v.; **DANI/DALI** nicht erforderlich
Ondansetron Rp	HWZ 3h, Qo > 0.8, PPB 70–76%, PRC B, Lact ?
Axisetron *Tbl. 4, 8mg; Lingualtbl. 4, 8mg; Amp. 4, 8mg* **Cellondan** *Tbl. 8mg; Amp. 4, 8mg* **Ondansetron HEXAL** *Tbl. 4, 8mg; Lingualtbl. 4, 8mg; Amp. 4, 8mg* **Ondansetron-ratioph.** *Tbl. 4, 8mg; Lingualtbl. 4, 8mg; Amp. 4, 8mg* **Zofran** *Tbl. 4, 8mg; Lingualtbl. 4, 8mg; Saft (5ml = 4mg); Amp. 4mg/2ml, 8mg/4ml*	**Übelkeit, Erbrechen bei Chemother.:** 1–2h vor Chemother. 8mg p.o., dann 2 x 8mg bis max. 5d; bei hochemetogener Chemother. ggf. bis 24mg p.o. + 12mg Dexamethason p.o.; 8mg vor Chemother. i.v., ggf. zusätzl. 2 x 8mg i.v.; bei hochemetogener Chemotherapie ggf. 16mg in 50-100ml NaCl 0.9% über 15min i.v + 20mg Dexamethason i.v.; **Ki. 6M–17J:** ≤10kg: d1 bis 3 x 0.15mg/kg i.v., d2-6 2 x 2mg i.v. ; >10kg: d1 bis 3 x 0.15mg/kg i.v., d2-6 2 x 4mg i.v./p.o.; **postop. Übelkeit, Erbrechen:** 16mg p.o. 1h präop. oder 4mg i.v. bei Narkosebeginn; **Ki. 1M–17J:** 0.1mg/kgKG, max. 4mg i.v.; **DANI** nicht erf.; **DALI** max. 8mg/d p.o.
Palonosetron Rp	HWZ 40h, PPB 62%
Aloxi *Kps. 500µg; Inj.Lsg. 250µg/5ml* **Palonosetron HEXAL** *Inj.Lsg. 250µg/5ml* **Palonosetron Riboseph.** *Inj.Lsg. 250µg/5ml*	**Übelkeit, Erbrechen bei Chemother.:** einmalig 1h vor Chemotherapie 500µg p.o. oder 30min vor Chemotherapie 250µg i.v.; **DANI/DALI** nicht erforderlich
Netupitant + Palonosetron Rp	
Akynzeo *Kps. 300mg + 0.5mg*	**Pro. akut u. verzögert auftretender Übelkeit, Erbrechen bei mäßig/stark emetogener Chemother.:** einmalig 1h vor Chemother. 300mg+500µg p.o.; **DANI** HD: Anw. nicht empf.; **DALI** Child-Pugh ≥ 9: vorsichtige Anw.

Tropisetron Rp	HWZ 8h, Q0 0.9, PPB 71%
Navoban *Kps. 5mg; Amp. 2mg/2ml, 5mg/5ml*	**Übelkeit, Erbrechen bei Chemother.:** vor Chemother. 5mg i.v., dann 1 x 5mg p.o.; **Ki.:** 0.2mg/kg i.v.; **DANI/DALI** nicht erf.

4.14.5 Anticholinergika

Wm/Wi: Antagonist am Muscarinrezeptor ⇒ Parasympathikolyse, zentrale antiemetische Wi durch Hemmung der cholinergen Reizübertragung; **UW:** Mundtrockenheit, Mydriasis, Verschwommensehen, Glaukom; **KI:** Ki. bis 10J, Engwinkelglaukom

Scopolamin Rp	HWZ 1(4,5)h, Q0 0.9
Scopoderm TTS *TTS 1mg/72h*	**Reisekrankheit:** 1 Pflaster 5–6h oder am Abend vor Reiseantritt auf unbehaarte Haut hinter dem Ohr aufkleben; Wi-Dauer: bis 72h

4.14.6 Neuroleptika

Wm/Wi: Neuroleptikum, wirkt hemmend auf dopaminerge Rez. in der Area postrema, keine antihistaminerge, keine anticholinerge Wi ⇒ antiemetisch; **UW:** Benommenheit, Hypotonie, Halluzinationen, Epilepsie, Parkinson-S., Koma, QT-Verläng., Bronchospasmus, Laryngospasmus; **KI:** Überempf. gg. Droperidol bzw. Butyrophenone, bek./vermutetes verlängertes QT-Intervall, Hypokaliämie od. Hypomagnesiämie, Bradykardie (< 55/min); Begleitmed., die evtl. zu Bradykardie führt; Phäochromozytom, komatöse Zustände, M. Parkinson, schwere Depression

Droperidol Rp	HWZ 2h; PPB 85-90%
Droperidol Rotexmedica *Inj.Lsg. 2.5mg/1ml* **Ponveridol** *Inj.Lsg. 1.25mg/1ml* **Xomolix** *Inj.Lsg. 2.5mg/1ml*	**Postoperative Übelkeit/Erbrechen:** Pro. u. Ther.: 0.625–1.25mg i.v.; **Ki. > 2J:** 20–50µg/kg, max. 1.25mg; **DANI, DALI** max. 0.625mg; **morphininduzierte Übelkeit/Erbrechen:** Pro.: 15–50µg/mg Morphin, max. 5 mg/d

4.14.7 Neurokinin-1-Antagonisten

Wm/Wi: selektiver Antagonismus am Human-Substanz-P-Neurokinin-Rez. ⇒ antiemetisch; **UW** (Aprepitant), Fosaprepitant): Kopfschmerzen, Schluckauf, Appetitlosigkeit, Obstipation, Diarrhoe, Müdigkeit, Abgeschlagenheit Transaminasen ↑; **UW** (Rolapitant): Kopfschmerzen, Obstipation, Ermüdung; **KI** (Aprepitant), Fosaprepitant): bek. Überempf., Komb. mit Pimozid, Terfenadin, Astemizol, Cisaprid; **KI** (Rolapitant): bek. Überempf., Komb. mit Johanniskraut

Aprepitant Rp	HWZ 9-13h, PPB 97%
Emend *Kps. 80, 125mg; Btl. 125mg*	**Übelkeit, Erbrechen bei Chemotherapie:** 1h vor Chemother. 125mg p.o., d2+3 jeweils 1 x 80mg p.o.; Kombin. mit Dexamethason und 5-HT3-Antagonisten; **DANI** nicht erf.

Fosaprepitant Rp	HWZ 9-13h; PPB 97%
Ivemend *Inj.Lsg. 150mg*	**Übelkeit, Erbrechen bei Chemotherapie:** 150mg über 15min i.v. 30min vor Chemother. an d1; Kombination mit Dexamethason und 5-HT3-Antagonist; **DANI** nicht erf.; **DALI** vors. Anw.

Rolapitant Rp	HWZ 7d; PPB 99%
Varuby *Tbl. 90mg*	**Übelkeit, Erbrechen bei mäßig bis hoch emetogener Chemotherapie:** 180mg p.o. 2h vor Chemother. an d1; Kombination mit Dexamethason und 5-HT3-Antagonist; **DANI, DALI** vors. Anw. bei schwerer NI, LI

4.14.8 Cannabinoide

Wm/Wi (Nabilon): synthetische Variante von Tetrahydrocannabinol ⇒ antiemetisch; **UW** (Nabilon): Somnolenz, Vertigo, Euphorie, Ataxie, Sehstörungen, Konzentrationsschwierigkeiten, Schlafstörungen, Dysphorie, Kopfschmerzen, Hypotonie, Mundtrockenheit, Nausea; **KI** (Nabilon): bek. Überempf.

Nabilon Rp (Btm)	HWZ 2(5-10)h
Canemes *Kps. 1mg*	**Übelkeit, Erbrechen bei Chemotherapie:** 2 x 1-2mg p.o., max 6mg/d in 3 ED; **DANI** keine Daten, vorsichtige Anw.; **DALI** schwere LI: Anw. nicht empfohlen

4.14.9 Kombination

Dimenhydrinat + Cinnarizin Rp	PPB (Cinnarizin) 80%
Arlevert *Tbl. 40+20mg* **Cinna/Dimen-neuraxpharm** *Tbl. 40+20mg*	**Schwindel verschiedener Genese:** 3 x 1 Tbl. p.o., max. 5 Tbl./d

4.15 Regulatorische Peptide

Wm/Wi (Lanreotid): Octapeptidanalogon des natürlichen Somatostatins, Hemmung der Wachstumshormonsekretion durch Bindung an Somatostatinrezeptoren, v.a. SSTR 2 und 5; **Wm/Wi** (Octreotid, Somatostatin): Hemmung d. Freisetzung von Wachstumshormon, Gastrin, Insulin u. Glucagon, Vasokonstr. im Splanchnikusbereich; **Wm/Wi** (Teduglutid): GLP-2-Analogon, Hemmung der Magensäuresekretion u. Darmaktivität, Darmzottenhöhe/Darmkryptentiefe ↑; **UW** (Lanreotid): Diarrhoe, Bauchschmerzen, Nausea, Erbrechen, Dyspepsie, Flatulenz, Cholelithiasis, Kopfschmerzen, Müdigkeit, Sinusbradykardie, Hypo- und Hyperglykämie; **UW** (Octreotid): Übelkeit, Erbrechen, Diarrhoe, Bauchschmerzen, Hepatitis; **UW** (Somatostatin): ini Blutzucker ↓, Brechreiz, Hitzegefühl; **UW** (Teduglutid): Atemweginf., Kopfschmerzen, Bauchschmerzen, Blähungen, Übelkeit, Erbrechen, gastrointestinale Stomakomplikationen, periph. Ödem, Reaktionen an Injektionsstelle, Grippe, Appetit ↓, Angstzustände, Schlafstrg., Parästhesie, kongestive Herzinsuffizienz, Hitzegefühl, Dyspnoe, Husten, Pankreatitis, Darm-verschluss, Cholestase, Cholezystitis, allergische Dermatitis, Gelenkschmerzen, Nierenkolik, Empfindl. im Nierenlager, Brustschmerzen, nächtl. Schwitzen, CRP ↑; **KI** (Lanreotid): bekannte Überempfindlichkeit, Anwendung in Grav./Lakt. nicht empfohlen; **KI** (Octreotid): Cave in Grav./Lakt.; **KI** (Somatostatin): peri- u. postnatal, Grav./Lakt.; **KI** (Teduglutid): bek. Überempfindlichkeit gegen T. bzw. Tetracyclin, aktives oder vermutetes Malignom, Vorgeschichte eines Malignoms im GI-Trakt in den vergangenen 5J

Lanreotid Rp	HWZ 23-33d (s.c.)
Somatuline Autogel *Fertigspr. 60, 90, 120mg*	**Akromegalie, karzinoide Tumoren:** ini 60mg s.c., Wdh. alle 4W; nach 3M Dosisanp. je nach Wi bzw. GH- und IGF-1-Spiegel; **gastropankreatische neuroendokrine Tumore:** 120mg s.c., Wdh. alle 4W; **DANI, DALI** nicht erforderlich

Octreotid Rp	HWZ 1.5h, Q0 0.8, PPB 65%, PRC B, Lact ?
Sandostatin *Inj.Lsg. 0.05mg/1ml, 0.1mg/1ml, 0.5mg/1ml, 1mg/5ml; Pen 1500µg/3ml* **Sandostatin LAR Monatsdepot** *Inj.Lsg. 10(ret.)mg/2ml, 20(ret.)mg/2ml, 30(ret.)mg/2ml* **Octreotid HEXAL** *Inj.Lsg 0.05mg/1ml, 0.1mg/1ml, 0.5mg/1ml*	**Hormonaktive Tumoren des GI-Trakts:** ini 1-2 x 0.05mg s.c., dann ↑ bis 3 x 0.1-0.2mg, max. 3 x 0.5mg; 10-30mg (ret.) alle 4W i.m.; **Akromegalie:** ini 2-3 x 0.05-0.1mg s.c., Erh.Dos. 0.3mg/d, max. 1.5mg/d; **Pro. postoperative pankreatische Komplik.:** 3 x 0.1mg s.c. für 7d; **DANI, DALI** nicht erf.

Somatostatin Rp	HWZ 1.1-3min
Somatostatin HEXAL *Inj.Lsg. 3mg* **Somatostatin Inresa** *Inj.Lsg. 3mg*	**Schwere gastrointestinale Blutung, stark sezernierende postop. Pankreasfisteln:** ini 3.5µg/kg in 1min. i.v., dann 3.5µg/kg/h i.v.

Teduglutid Rp	HWZ 2h
Revestive *Inj.Lsg. 1.25/0.5ml; 5mg/0.5ml*	**Kurzdarmsyndrom:** 1 x 0.05mg/kg s.c.; **DANI** CrCl < 50: 50%; **DALI** Child A, B: 100%; C: keine Daten

4.16 Serotoninsyntheseinhibitoren

Wm/Wi (Telotristatethyl): Hemmung der Tryptophan-Hydroxylasen ⇒ Hemmung der Serotoninsynthese;
UW (Telotristatethyl): Bauchschmerzen, gGT/aP/Transaminasen ↑, Müdigkeit, Appetit ↓, Kopfschmerzen, aufgeblähtes Abdomen, Obstipation, Flatulenz, per. Ödeme, Pyrexie;
KI (Telotristatethyl): bekannte Überempf.

Telotristatethyl Rp	HWZ 11h, PPB 99%
Xermelo *Tbl. 250mg*	**Karzinoid-Syndrom-bedingte Diarrhoe:** 3 x 250mg p.o.; **DANI** leichte-mäßige NI: vorsichtige Anw.; schwere NI, HD: Anw. nicht empfohlen; **DALI** Child A: evtl. 2 x 250mg; B: evtl. 1 x 250mg; C: Anw. nicht empfohlen

4.17 Hämorrhoidalmittel

Wm/Wi (Cinchocain, Lidocain): Lokalanästhetika ⇒ schmerzstillend; **Wm/Wi** (Bismut): Adstringentium ⇒ blutstillend, austrocknend, antiphlogistisch; **Wm/Wi** (Glukokortikoide): antiphlogistisch, antiinflammatorisch; **UW** (Glukokortikoide): Hautatrophie, Sekundärinfektionen; **KI** (Glukokortikoide): vorhandene lokale Infektionen

Cinchocain Rp	
Dolo Posterine N *Creme 25, 50, 100g (1g enth. 5mg); Supp. 6mg;* **Dolo Posterine Haemotamp** *Supp. mit Mulleinlage 6mg*	**Hämorrhoiden, Pruritus, Fissuren:** 2 x tgl. auftragen bzw. 2 x 1 Supp. rekt.
Hydrocortison Rp	
Postericort *Salbe (1g enth. 2.96mg); Supp. 2.96mg*	**Analekzem:** 2 x tgl. auftragen bzw. 2 x 1 Supp. rekt.; Ther.-Dauer max. 10d
Lidocain OTC	
Posterisan Akut *Salbe (1g enth. 50mg); Supp. 60mg*	**Hämorrhoiden, Fissuren, Proktitis:** 2–3 x tgl. auftragen bzw. 2 x 1 Supp. rekt.; max. 4g Salbe/Einzelanwendung
Fluocinonid + Lidocain Rp	
Jelliproct *Salbe (1g enth. 0.25+50mg); Supp. 0.25+60mg; Kombipackung (Supp. + Salbe)*	**Hämorrhoiden, Analekzem:** 2 x/d auftragen bzw. 2 x 1 Supp. rekt.; Ther.-Dauer max. 14d
Fluocortolon + Lidocain Rp	
Doloproct *Creme (1g enth. 1+20mg); Supp. 1+40mg*	**Hämorrhoiden, Proktitis:** ini bis 3 x/d auftragen bzw. 2–3 x 1 Supp. rekt., dann 1–2 x/d; Ther.-Dauer max. 14d
Prednisolon + Bismut + Zinkoxid Rp	
Bismolan H Corti *Salbe (1g enth. 1+22+33mg)*	**Hämorrhoiden I–II° mit Brennen, Juckreiz:** Salbe ein oder mehrmals tgl. auftragen; Ther.-Dauer max. 14d

4.18 Glyceroltrinitrat zur topischen Anwendung

Wm/Wi (Glyceroltrinitrat): Gefäßerweiterung ⇒ Durchblutung ↑ ⇒ bessere Abheilung; **UW** (Glyceroltrinitrat): Kopfschmerzen, Schwindelgefühl, Übelkeit, anales Brennen/Jucken; **KI** (Glyceroltrinitrat): bek. Überempf.; gleichzeitige Anw. anderer Nitraten, Sildenafil, Vardenafil, Tadalafil, orthostatischer Hypotonus, unbeh. Hypovolämie, erhöhter Schädelinnendruck, zerebrale Durchblutungsstrg., Migräne, Aorten- oder Mitralstenose, HOCM, konstriktive Perikarditis, Perikardtamponade, ausgeprägte Anämie, Engwinkelglaukom

Glyceroltrinitrat Rp	
Rectogesic *Salbe (1g enth. 4mg)*	**Chronische Analfissuren:** 2 x tgl. 2,5cm langen Salbenstrang auftragen

5 Nephrologie

5.1 Phosphatbinder

Wm (Sevelamer): Ca- u. Al-freies Polymer; **Wi** (alle): Hemmung d. enteralen Phosphatresorption; **UW** (Aluminiumchlorid-OH-Komplex): Obstipation, Ileus, Al-Einlagerung in Nerven/Knochen; **UW** (Lanthancarbonat): Bauchschmerzen, Obstipation, Diarrhoe, Dyspepsie, Blähungen, Übelkeit, Erbrechen, Hypokalzämie; **UW** (Calciumacetat): Hyperkalziämie, Aufstoßen, Blähungen, Übelkeit, Erbrechen, Obstipation, Diarrhoe; **UW** (Sevelamer): Schmerz, Übelkeit, Erbrechen, Diarrhoe, Obstipation, Dyspnoe; **UW** (Sucroferric-Oxyhydroxid): Diarrhoe, Stuhlverfärbung, Obstipation, Übelkeit, Erbrechen, Dyspepsie, Bauchschmerzen, Flautulenz, Zahnverfärbung; **KI** (Aluminiumchlorid-OH-Komplex): manifeste Al-Intox.; **KI** (Calciumacetat): bek. Überempf., Hyperkalziämie; **KI** (Lanthancarbonat): Hypophosphatämie, bek. Überempf.; **KI** (Sevelamer): Hypophosphatämie, Ileus, Cave in Grav./Lakt.; **KI** (Sucroferric-Oxyhydroxid): bek. Überempfindlichkeit, Hämochromatose

Aluminiumchloridhydroxid-Komplex OTC	
Phosphonorm *Kps. 300mg*	**Hyperphosphatämie bei NI:** 3–6 x 300mg p.o.
Calciumdiacetat OTC	
Calcet *Tbl. 475, 900mg* **Calciumacetat** *Tbl. 475, 900mg* **Calciumacetat-Nefro** *Tbl. 500, 700, 950mg* **Calciumacetat Prorenal** *Tbl. 500mg* **Renacet** *Tbl. 475, 900mg*	**Hyperphosphatämie bei NI:** 2500-7000mg/d p.o. in mehreren ED zu den Mahlzeiten
Calciumdiacetat + Mg^{2+} OTC	
OsvaRen *Tbl. 435 + 60mg* **RenaMag** *Tbl. 435 + 55mg*	**Hyperphosphatämie bei NI:** 3-10 Tbl./d p.o. in mehreren ED zu den Mahlzeiten; max. 12 Tbl./d
Lanthancarbonat Rp	PRC C, Lact ?
Fosrenol *Kautbl. 500, 750, 1000mg, Btl. 750, 1000mg*	**Hyperphosphatämie bei NI:** nach Serumphosphat (mmol/l): 1.8-2.4: 750mg/d p.o., > 2.4–2.9: 1500mg/d, > 2.9: 2250mg/d
Sevelamer Rp	PRC C, Lact ?
Renagel *Tbl. 800mg* **Renvela** *Tbl. 800mg; Btl. 2.4g* **Sevelamer HEXAL** *Tbl. 800mg*	**Hyperphosphatämie bei NI:** nach Serumphosphat (mmol/l): 1.76-2.42: 3 x 800mg p.o., > 2.42: 3 x 1600mg
Sucroferric Oxyhydroxide Rp	
Velphoro *Tbl. 500mg*	**Hyperphosphatämie bei NI:** ini 3 x 1 Tbl. p.o. zu den Mahlzeiten, je n. P-Sp. ↑, max. 6 Tbl./d

5.2 Kationenaustauscher → 423
5.3 Eisen → 156
5.4 Erythropoetin → 157
5.5 Vitamin D → 160
5.6 Vitamin-D-Analoga → 160
5.7 Azidosetherapeutika → 315

6 Endokrinologie

6.1 Antidiabetika

6.1.1 Sulfonylharnstoffe

Wm: Blockade ATP-abhängiger K^+-Kanäle; **Wi:** Insulinfreisetzung aus Pankreas-Beta-Zellen ↑;
UW (Glibenclamid): Hypoglykämie, Gewichtszunahme; **UW** (Gliclazid): ohne Häufigkeitsangabe: Hypoglykämie, GI-Störungen, Anstieg der Leberenzyme, Rash, Pruritus, Urtikaria, Erythem, makulopapulöses Exanthem, bullöse Reaktionen, Blutbildveränderungen;
UW (Glimepirid): keine sehr häufigen oder häufigen UW;
UW (Gliquidon): Hypoglykämie, Gewichtszunahme;
KI (Glibenclamid): bekannte Überempfindlichkeit gegen Glibenclamid oder andere Sulfonylharnstoffe/Sulfonamide, Typ-1-D.m., diabetisches Koma, Ketoazidose, schwere Nieren- und Leberfunktionsstörung; gleichzeitige Anw. von Bosentan; Grav./Lakt.;
KI (Gliclazid): bekannte Überempfindlichkeit gegen Gliclazid oder andere Sulfonylharnstoffe/Sulfonamide, Typ-1-D.m., diabetisches Koma, Ketoazidose, schwere Nieren- und Leberfunktionsstörung; gleichzeitige Anwendung von Miconazol, Stillzeit;
KI (Glimepirid): bek. Überempf. gegen Glimepirid oder andere Sulfonylharnstoffe/Sulfonamide, insulinpflichtiger D.m., diabetisches Koma und Präkoma, Ketoazidose, schwere Nieren- und Leberfunktionsstörung;
KI (Gliquidon): bekannte Überempf. gegen Gliquidon oder andere Sulfonylharnstoffe/Sulfonamide, komplettes Sekundärversagen einer Sulfonylharnstofftherapie bei D.m. Typ 2; Typ-1-D.m., diabetisches Koma, Ketoazidose, schwere Nieren- und Leberfunktionsstörung

Glibenclamid Rp	HWZ 2-5h, Q0 1.0, PPB 99%
Glib-ratioph. *Tbl. 1.75, 3.5mg* **Gliben-CT** *Tbl. 3.5mg* **GlibenHEXAL** *Tbl. 3.5mg* **Maninil** *Tbl. 1, 1.75, 3.5, 5mg*	**D.m. Typ 2:** ini 1.75-3.5mg/d p.o., Steigerung bis max. 10.5mg/d; **DANI** CrCl < 30: KI; **DALI** KI bei schwerer Leberinsuffizienz
Gliclazid Rp	HWZ 12h, Q0 0.8, PPB 95%
Diamicron Uno *Tbl. 60mg* **Gliclazid Axcount** *Tbl. 30mg*	**D.m. Typ 2:** ini 1 x 30mg p.o., ggf. steigern auf 1 x 60-120mg; **DANI** CrCl < 30: KI; **DALI** KI bei schwerer LI
Glimepirid Rp	HWZ 5-8h, Q0 1.0, PPB 99%, PRC C, Lact -
Amaryl *Tbl. 1, 2, 3, 4, 6mg* **Glimepirid-CT** *Tbl. 1, 2, 3mg* **Glimepirid HEXAL** *Tbl. 1, 2, 3, 4, 6mg* **Glimepirid Stada** *1, 2, 3, 4mg*	**D.m. Typ 2:** ini 1 x 1mg p.o. morgens, ggf. schrittweise steigern bis max. 6mg/d; **DANI** CrCl < 30: KI; **DALI** KI bei schwerer Leberinsuffizienz
Gliquidon Rp	HWZ 1.5h
Glurenorm *Tbl. 30mg*	**D.m. Typ 2:** ini 1 x 15, ggf. schrittweise steigern bis max. 120mg/d p.o.; **DANI** CrCl < 30: KI; **DALI** KI

6.1.2 Glinide

Wm: Blockade von ATP-abhängigen K^+-Kanälen;
Wi: Insulinfreisetzung aus Pankreas-Beta-Zellen ↑;
UW (Nateglinid): Hypoglykämie, Nausea, Dyspepsie, abdominelle Schmerzen;
UW (Repaglinid): Hypoglykämie, grippeähnliche Symptome, Rücken-/Kopfschmerzen, Rhinitis, Bronchitis, abdominelle Schmerzen, Diarrhoe, Arthralgien;
KI (Nateglinid): bekannte Überempfindlichkeit, Typ-1-D.m., Ketoazidose, Grav./Lakt., schwere Lebererkrankung;
KI (Repaglinid): bekannte Überempfindlichkeit, Typ-1-D.m., Ketoazidose, Grav./Lakt., schwere Lebererkrankung, gleichzeitige Einnahme v. Gemfibrozil

Nateglinid Rp	HWZ 1,5h, Q0 > 0.8, PPB 98%
Starlix *Tbl. 60, 120mg*	**D.m. Typ 2, Komb. m. Metformin:** 3 x 60-120mg vor den Hauptmahlzeiten p.o., max. 3 x 180mg; **DANI** nicht erforderlich; **DALI** KI bei schwerer Leberinsuffizienz

Repaglinid Rp	HWZ < 1h, PPB 98%, PRC C, Lact ?
Enyglid *Tbl. 0.5, 1, 2mg* **Novonorm** *Tbl. 0.5, 1, 2mg* **Prandin** *Tbl. 0.5, 1, 2mg* **Repaglinid HEXAL** *Tbl. 0.5, 1, 2, 4mg* **Repaglinid Stada** *Tbl. 0.5, 1, 2mg*	**D.m. Typ 2:** ini 0.5mg vor den Hauptmahlzeiten p.o., je nach BZ-Verlauf steigern bis 4mg, max. 16mg/d; **DANI** sorgfältige Dosiseinstellung; **DALI** KI bei schwerer Leberinsuffizienz

6.1.3 Biguanide

Wm (Metformin): Glukoseaufnahme in die Zelle ↑, nichtoxidativer Glukosemetabolismus ↑;
UW (Metformin): Nausea, Erbrechen, Diarrhoe, Bauchschmerzen, Appetitverlust, Geschmacksveränderung, Laktatazidose (sehr selten);
KI (Metformin): bek. Überempf., diabetische Ketoazidose, diabetisches Präkoma; Niereninsuffizienz (CrCl < 45); akute Zustände, die zu einer Beeinträchtigung der Nierenfunktion führen können, z.B.: Dehydration, schwere Infektionen, Schock; Erkrankungen, die zu einer Gewebshypoxie führen können, wie dekompensierte Herzinsuffizienz, respiratorische Insuffizienz, frischer Myokardinfarkt, Schock; Leberinsuffizienz, akute Alkoholintoxikation, Alkoholismus

Metformin Rp	HWZ 1.5-6.2h, Q0 < 0.1, PPB 0%, PRC B, Lact ?
Diabesin *Tbl. 500, 850, 1000mg* **Glucophage** *Tbl. 500, 850, 1000mg* **Juformin** *Tbl. 500, 850, 1000mg* **Metfoliquid Geriasan** *Lsg. (5ml = 500mg)* **Metformin-ratioph.** *Tbl. 500, 850, 1000mg* **Metformin Dura** *Tbl. 500, 850, 1000mg* **Metsop** *Tbl. 500, 850, 1000mg* **Siofor** *Tbl. 500, 850, 1000mg*	**D.m. Typ 2:** 2-3 x 500-850mg p.o., max. 3 x 1g; **Ki. ab 10J.:** ini 1 x 500-850mg p.o., max. 2g/d in 2-3ED; **DANI** CrCl 45-59: ini 1 x 500-850mg, max. 2 x 500mg; < 45: KI; **DALI** KI

6.1.4 Alpha-Glukosidase-Inhibitoren

Wm/Wi: Glukosidasehemmung ⇒ intestinale Glukosefreisetzung ↓;
UW: Meteorismus, Bauchschmerzen, Diarrhoe;
KI: bek. Überempfindlichkeit, chronisch entzündliche Darmerkrankungen mit deutlichen Verdauungs- und Resorptionsstörungen, Kolon-Ulzerationen, bei teilweisem Darmverschluss oder bei Pat. mit prädisponiertem Darmverschluss; Zustände, die sich durch eine vermehrte Gasbildung im Darm verschlechtern können (z. B. Roemheldscher Symptomenkomplex, größere Hernien, Verengungen und Geschwüre des Darms); schwere Niereninsuff. (CrCl < 25); schwere Leberfunktionsstrg.

Acarbose Rp	HWZ 2h, PRC B, Lact ?
Acarbose AL *Tbl. 50, 100mg* **Acarbose Stada** *Tbl. 50, 100mg* **Glucobay** *Tbl. 50, 100mg*	**Zusatzther. bei D.m.:** ini 3 x 50mg p.o. vor den Hauptmahlzeiten, ggf. steigern bis 3 x 100mg p.o., max. 3 x 200mg/d; **DANI** CrCl < 25: KI
Miglitol Rp	HWZ 2h, PPB < 4%, PRC B, Lact -
Diastabol *Tbl. 50, 100mg*	**Zusatzther. bei D.m.:** ini 3 x 50mg p.o., nach 4 W ggf. 3 x 100mg; **DANI** CrCl > 25: 100%; < 25: KI; **DALI** nicht erforderlich

6.1.5 GLP1-Agonisten

Wm/Wi (Albiglutid, Exenatid, Liraglutid): Inkretin-Mimetikum mit verschiedenen antihyperglykämischen Wirkungen des Glucagon-like-Peptide (GLP-1);
UW (Albiglutid): Hypoglykämie, Diarrhoe, Übelkeit, Reaktionen an Inj.Stelle, Pneumonie, Erbrechen, Obstipation, Dyspepsie, gastroösophageale Refluxerkrankung, Vorhofflimmern, Vorhofflattern; **UW** (Dulaglutid): Hypoglykämie, Übelkeit, Diarrhoe, Erbrechen, Bauchschmerzen, Appetit ↓, Obstipation, Meteorismus, Dyspepsie, abdominale Distension, gastroösophageale Refluxerkrankung, Aufstoßen, Fatigue, Sinustachykardie, AV-Block I°;
UW (Exenatid): Übelkeit, Erbrechen, Diarrhoe, Hypoglykämie, Appetit ↓, Kopfschmerzen, Schwindel, Bauchschmerzen, Reflux, vermehrtes Schwitzen, innere Unruhe;
UW (Liraglutid): Übelkeit, Erbrechen, Diarrhoe, Obstipation, Bauchschmerzen, Dyspepsie, Kopfschmerzen, Nasopharyngitis, Hypoglykämie, Schwindel, Schlaflosigkeit, Geschmacksstörung, Cholelithiasis, Refluxkrankheit, Asthenie, Erschöpfung;
KI (Albiglutid, Exenatid, Liraglutid): bek. Überempfindlichkeit

Albiglutid Rp	HWZ 5d PRC C Lact ?
Eperzan *Pen 30, 50mg/Dosis*	**D.m. Typ 2 als Monotherapie oder in Komb. mit anderen Antidiabetika inkl. Basalinsulin:** 1x/W 30mg s.c., ggf. steigern auf 1x/W 50mg; **DANI** CrCl ≥,30: nicht erforderlich; CrCl < 30: Anw. nicht empfohlen; **DALI** nicht erforderlich

Dulaglutid	HWZ 4.6d PRC C Lact ?
Trulicity *Pen 0.75, 1.5mg*	**D.m. Typ 2 als Monother. oder in Komb. mit anderen Antidiabetika inkl. Insulin:** Monoth. 1 x/W 0.75mg s.c.; Komb. Ther. 1x/W 1.75mg; **DANI** CrCl ≥ 15: nicht erforderl.; CrCl < 15: Anwendung nicht empfohlen; **DALI** nicht erforderlich
Exenatid Rp	HWZ 2.4h PRC C Lact ?
Bydureon *Inj.Lsg. 2mg, Pen 2mg* **Byetta** *Pen 5µg/Dosis, 10µg/Dosis*	**D.m. Typ 2 in Komb. mit Metformin, Sulfonylharnstoff, Thiazolidindion oder Metformin und Sulfonylharnstoff oder Metformin und Thiazolidindion:** 2 x 5µg s.c. für 1M, dann ggf. 2 x 10µg, jeweils < 1h vor Mahlzeit; 1 x 2mg/W. s.c.; **DANI** CrCl > 50: nicht erforderl.; CrCl 30-50: konservative Dosiseskalation von 5 auf 10µg; **DALI** nicht erforderlich
Liraglutid Rp-L/Rp	HWZ 13h, PPB 98%
Saxenda *Pen 18mg/3ml* **Victoza** *Pen 18mg/3ml*	**D.m. Typ 2 in Komb. mit Basalinsulin oder Metformin u./o. Sulfonylharnstoff oder Thiazolidindion:** ini 1 x 0.6mg s.c., nach 1W 1.2mg, ggf. nach 2W 1.8mg; **Gewichtsregulierung bei BMI ≥ 30 oder BMI 27-29 + mindestens 1 Erkr. (Prädiabetes, D.m., Hypertonie, Dyslipidämie, obstr. Schlafapnoe):** Saxenda: W1: 1 x tgl. 0.6mg s.c., wöchentl. um 0.6mg steigern, ab W5: 1 x tgl. 3mg; **DANI** CrCl ≥ 30: nicht erforderlich.; < 30: Anw. nicht empf.; **DALI** schwere LI: Anw. nicht empf.

6.1.6 DPP-4-Inhibitoren

Wm/Wi (Saxagliptin, Sitagliptin): Dipeptidylpeptidase-4-Inhibitor ⇒ Spiegel aktiver Inkretin-Hormone (GLP-1, GIP) ↑ ⇒ glukoseabhängige Insulinfreisetzung aus Pankreas-Beta-Zellen ↑, Glukagonfreisetzung aus Pankreas-Alpha-Zellen ↓;
UW (Saxagliptin): Infektion der oberen Atemwege/Harnwege, Gastroenteritis, Sinusitis, Nasopharyngitis, Hypoglykämie, Kopfschmerzen, Erbrechen, periphere Ödeme;
UW (Sitagliptin): Kopfschmerzen, Obstipation, Schwindel, Hypoglykämie;
KI (Saxagliptin): bekannte Überempfindlichkeit gegen S. bzw. andere DDP-4-Inhibitoren;
KI (Sitagliptin): bekannte Überempfindlichkeit, Grav./Lakt.

Saxagliptin Rp	HWZ 2.5-3.1h, PRC B, Lact?
Onglyza *Tbl. 2.5, 5mg*	**D.m. Typ 2** als Monother. oder in Komb. mit Metformin, Sulfonylharnstoff, Thiazolidindion od. Insulin (mit/ohne Metformin): 1 x 5mg p.o.; **DANI** CrCl > 50: 100%, 30-50: 1 x 2.5mg, < 30: vorsicht. Anw.; HD: Anw. nicht empf.; **DALI** leichte bis mäßige LI: vorsicht. Anw.; schwere LI: Anwendung nicht empfohlen

Sitagliptin Rp	HWZ 12.4h, PPB 38% PRC B Lact ?
Januvia *Tbl. 25, 50, 100mg* **Xelevia** *Tbl. 25, 50, 100mg*	**D.m. Typ 2** als Monotherapie (bei Gegenanzeigen/Unverträgl. von Metformin) oder in Komb. mit Metformin, Pioglitazone (mit/ohne Metformin), Sulfonylharnstoffen (mit/ohne Metformin) oder Insulin (mit/ohne Metformin): 1 x 100mg p.o.; **DANI** CrCl ≥ 50: 100mg, 30-49: 50mg, < 30: 25mg; **DALI** leichte bis mäßige LI: 100%; schwere LI: keine Daten

6.1.7 DPP-4-Inhibitor-Kombinationen

Saxagliptin + Metformin Rp	
Komboglyze *Tbl. 2.5 + 850mg, 2.5 + 1000mg*	**D.m. Typ 2:** 2 x 2.5+850-1000mg p.o., Komb. mit Insulin oder Sulfonylharnstoff möglich; **DANI** CrCl < 60: KI; **DALI** KI

Sitagliptin + Metformin Rp	
Janumet *Tbl. 50+850mg, 50+1000mg* **Velmetia** *Tbl. 50+850mg, 50+1000mg*	**D.m. Typ 2:** 2 x 50+850-1000mg p.o., Komb. mit Sulfonylharnstoff, Thiazolidindion oder Insulin mögl.; **DANI** CrCl < 60: KI; **DALI** KI

6.1.8 Glitazone und Kombinationen

Wm/Wi (Glitazone) = Thiazolidindione = Insulinsensitizer: spezifische Bindung an Peroxisome Proliferator Activated(PPA)-Rezeptor in Insulinzielgeweben ⇒ verbesserte Insulinwirkung ⇒ zelluläre Glukoseaufnahme ↑, hepatische Glukoneogenese ↓;
UW: Kombination mit Metformin: Anämie, Hypo-/Hyperglykämie, Kopf-/Bauchschmerzen, Durchfall, Übelkeit, Müdigkeit, Ödeme, Kombination mit Sulfonylharnstoff, Anämie, Thrombopenie, Hypo-/Hyperglykämie, Gewicht ↑, Ödeme; **KI** (Pioglitazon): bek. Überempf., Herzinsuff. (auch i.d. Anamnese), eingeschränkte Leberfkt., diabetische Ketoazidose

Pioglitazon Rp	HWZ 3-7h, Q0 > 0.8, PPB 99%, PRC C, Lact ?
Actos *Tbl. 15, 30, 45mg* **Pioglitazon Aurobindo** *Tbl. 15, 30, 45mg*	**D.m. Typ 2:** 1 x 15-30mg p.o., max. 45mg/d; Monother. oder Komb. m. Metformin und/oder Sulfonylharnstoff oder Insulin; **DANI** CrCl > 4: 100%; HD: KI; **DALI** KI

Pioglitazon + Metformin Rp	
Competact *Tbl. 15+850mg*	**D.m. Typ 2:** 2 x 15+850mg p.o.; **DANI** CrCl < 60: KI; **DALI** KI

6.1.9 SGLT-2-Inhibitoren

Wm/Wi (Dapagliflozin, Empaglifozin): selektiver reversibler Inhibitor des renalen Natrium-Glucose-Cotransporters 2 ⇒ renale Glucose-Reabsorption ↓ ⇒ Glucose-Ausscheidung mit Harn ↑ ⇒ Nüchtern- und postprandialer Plasma-Glucosespiegel ↓;
UW (Dapagliflozin): Infektion des Genitalbereichs, Harnweginfekte, Hypoglykämie, Rückenschmerzen, Dysurie, Polyurie, Dyslipidämie, Hämatokrit ↑;
UW (Empagliflozin): Hypoglykämie (bei Komb.-Ther.), vaginale Moniliasis, Vulvovaginitis, Balanitis, genitale Infektionen, Harnwegsinfekt, Pruritus, verstärkte Harnausscheidung;
KI (Dapagliflozin, Empagliflozin): bekannte Überempfindlichkeit

Dapagliflozin Rp	HWZ 13 h, PPB 91%
Forxiga *Tbl. 5, 10mg*	**D.m. Typ 2:** 1 x 10mg p.o. Monother. oder Komb. mit anderen Antidiabetika; **DANI** CrCl > 60: 100%, < 60: Anw. nicht empf.; **DALI** Child-Pugh A, B: 100%; C: ini 1 x 5mg/d

Empagliflozin Rp	HWZ 12 h, PPB 86%
Jardiance *Tbl. 10, 25mg*	**D.m. Typ 2:** 1 x 10mg p.o. Monotherapie oder Kombination mit anderen Antidiabetika; ggf. steigern auf 1 x 25mg p.o.; **DANI** CrCl > 60: 100%, 45-60: 1 x 10mg; < 45: Anw. nicht empf.; **DALI** Child-Pugh A, B: 100%; C: Anw. nicht empf.

6.1.10 SGLT-2-Inhibitor-Kombinationen

UW (Dapaglifozin + Metformin): Vulvovaginitis, Balanitis, Infektion des Genitalbereichs, Harnweginfektion, Hypoglykämie, Geschmackstrg., gastrointest. Symptome, Rückenschmerzen, Dysurie, Polyurie, Dyslipidämie, Hämatokrit ↑; **UW** (Ertugliflozin + Sitagliptin): vulvovaginale/genitale Pilzinfektionen bei Frauen, vulvovaginaler Pruritus; Balanitis, andere genitale Pilzinfektionen beim Mann; Hypoglykämie, Kopfschmerzen, Hypovolämie, erhöhter Harndrang, Durst, veränderte Serumlipide, Erhöhung von Hb, BUN;
KI (Dapaglifozin+Metformin): bek. Überempf., diabetische Ketoazidose, diabetisches Präkoma, moderate/schwere Nierenfunktionsstörung, akute Erkrankung, die potenziell die Nierenfkt. beeinflussen kann (Dehydratation, schwere Infektion, Schock), akute/chronische Erkrankung, die zur Gewebehypoxie führen kann (Herz-/Lungeninsuff., Myokardinfarkt, Schock), Leberfunktionsstörung, akute Alkoholvergiftung, Alkoholismus;
KI (Ertugliflozin + Sitagliptin): bek. Überempf.

Dapaglifozin + Metformin Rp	PRC C, Lact ?
Xigduo *Tbl. 5+850, 5+1000mg*	**D.m. Typ 2:** 2 x 5 + 850-1000mg p.o. **DANI** CrCl > 60: 100%; < 60: KI; **DALI** KI

Ertuglifozin + Sitagliptin Rp	
Steglujan *Tbl. 5+100, 15+100mg*	**D.m. Typ 2:** 1 x 5 + 100mg p.o., ggf. steigern auf 1 x 15 + 100mg; **DANI** CrCl ≥ 60: 100%; < 60: Anw. nicht empfohlen; **DALI** leichte bis mäßige LI: 100%; schwere LI: Anw. nicht empfohlen

6.1.11 Insuline – Übersicht

Wm/Wi (Insuline): Glukoseaufnahme in Muskel- und Fettzellen ↑, anaboler Stoffwechsel ↑ (Glykogen-/Lipid-/Proteinsynthese ↑), katabol. Stoffwechsel ↓ (Glykogeno-, Lipo-, Proteolyse ↓)

Insuline/Insulin-Analoga (IA)	Wirkstoff (Handelsname)	Wirk-beginn	Wirk-max.	Wirk-dauer
Sehr kurz wirksame IA	**Insulin glulisin** (Apidra®); **Insulin lispro** (Humalog®, Liprolog®); **Insulin aspart** (NovoRapid®, Fiasp®)	0.25h	0.5–3h	2–5h
Kurz wirksame Insuline (humane Insuline)	**Normalinsulin = Altinsulin** (Berlinsulin H Normal®, Huminsulin Normal®, Insuman Rapid®, Actrapid HM®, Humulin Normal®)	0.25–0.5h	1–4h	6–9h
Mittellang wirksame Insuline (Verzögerungs-insuline)	**NPH-Insulin** (Berlinsulin H Basal®, Huminsulin Basal®, Insuman Basal®, Protaphane HM®, Humulin Basal®, Insulatard®)	0.75–1.5h	3–12h	11–20h
Lang wirksame IA	**Insulin detemir** (Levemir®)	3–4h	10–14h	16–20h
Sehr lang wirksame IA	**Insulin glargin** (Abasaglar®, Lantus®, Toujeo®)	3–4h	10–16h	20–30h

6.1.12 Sehr kurz wirksame Insulin-Analoga

Wm/Wi (Insulinaspart, Insulinglulisin, Insulin lispro): schnellere Resorption durch Veränderung der Aminosäuresequenz ⇒ Verkürzung des Spritz-Ess-Abstands

Insulin aspart Rp — HWZ 81min, PRC ?, Lact ?

NovoRapid, Fiasp	**D.m. Typ 1/2:** nach Bedarf

Insulin glulisin Rp — HWZ 42min, PRC C, Lact ?

Apidra	**D.m. Typ 1/2:** nach Bedarf

Insulin lispro Rp — HWZ 26-52min, PRC B, Lact ?

Humalog, Insulin Lispro Sanofi, **Liprolog**	**D.m. Typ 1/2:** nach Bedarf

6.1.13 Kurz wirksame Insuline (Normalinsulin)

Insulin normal (Altinsulin) human Rp — HWZ wenige min (i.v.), 2-5h (s.c.), PPB gering, PRC B

Actrapid, Berlinsulin H Normal, Huminsulin Normal, Humulin Normal, Insuman Infusat, Insuman Rapid	**D.m. Typ 1/2:** nach Bedarf

6.1.14 Mittellang wirksame Insuline (Verzögerungsinsuline)

Wm/Wi: plus Protamin als Depotstoff ⇒ Wi-Dauer ↑; NPH = *N*eutrales *P*rotamin *H*agedorn

Verzögerungsinsulin (NPH-Insulin), human Rp

Berlinsulin H Basal, Huminsulin Basal, Humulin Basal, Protaphane, Insuman Basal, Insulatard	**D.m. Typ 1/2:** nach Bedarf

6.1.15 Insulin-Kombinationen

Insulin normal (Altinsulin) + Verzögerungsinsulin Rp	
Actraphane 30, 50 *30/70, 50/50%* **Berlinsulin H 30/70** *30/70%* **Huminsulin Profil III** *30/70%* **Insuman Comb 15, 25, 50** *15/85, 25/75, 50/50%* **Mixtard 30** *30/70%*	**D.m. Typ 1/2:** nach Bedarf
Insulin lispro + Verzögerungsinsulin (NPL-Insulin) Rp	
Humalog Mix 25, 50 *25/75, 50/50%* **Liprolog Mix 25, 50** *25/75, 50/50%*	**D.m. Typ 1/2:** nach Bedarf
Insulinaspart + Verzögerungsinsulin (NPA-Insulin) Rp	
Novomix 30 *30/70%*	**D.m. Typ 1/2:** nach Bedarf

6.1.16 Lang und sehr lang wirksame Insulin-Analoga

Wm/Wi (Insulindetemir): gentechnisch verändertes Insulinmolekül, starke Selbstassoziation an der Injektionsstelle, Bindung an Albumin ⇒ langsamere Abgabe in peripheres Zielgewebe; **Wm/Wi** (Insulin glargin): gentechnisch verändertes Insulinmolekül, im physiologischen pH-Bereich schwer löslich ⇒ langsame Resorption ⇒ Wirkdauer ↑

Insulin detemir Rp	HWZ 5-7h, PRC C, Lact ?
Levemir	**D.m. Typ 1/2:** nach Bedarf
Insulin glargin Rp	PRC C, Lact ?
Abasaglar, Lantus, Toujeo	**D.m. Typ 1/2:** nach Bedarf

6.2 Antihypoglykämika

Wm/Wi (Diazoxid): reversible Hemmung der Insulinausschüttung an Pankreas-Beta-Zellen **Wm/Wi** (Glucagon): cAMP-vermittelte Glykogenolyse in der Leber ⇒ Glukoneogenese ↑ ⇒ Blutglukose ↑; **UW** (Diazoxid): Übelkeit, Erbrechen, Ödeme, Kaliumverlust, Tachykardie, Hypotonie, Hautausschlag, Hypertrichose, BB-Veränd., IgG ↓; **UW** (Glucagon): Übelkeit, Erbrechen, Bauchschmerzen, Hypotonie, Tachykardie, sekundäre Hypoglykämie; **KI** (Diazoxid): bek. Überempf., MI, Herzinsuff., idiop. postprandiale Hypoglykämie, Lakt.; **KI** (Glucagon): bek. Überempf., Phäochromozytom; **KI** (Glucose 40%): Hyperglykämie, Hypokaliämie, Azidose

Diazoxid Rp	HWZ 24-36h, Q0 0.8, PPB 90%, PRC C, Lact ?
Proglicem *Kps. 25, 100mg*	**Hypoglykämie verschiedener Genese:** ini 5mg/kg p.o. in 2-3ED, ggf. steigern; **Ki.:** u.U. 15-20mg/kg; **DANI** Dosisreduktion
Glucagon Rp	HWZ 8-18min, PRC B, Lact ?
GlucaGen *Inj.Lsg. 1mg/1ml*	**Hypoglykämie: Erw., Ki. > 25kg** oder **> 6-8J:** 1mg s.c./i.m./i.v.; **Ki. < 25kg** oder **< 6-8J:** 0.5mg; **Relaxation Magen-Darm-Trakt:** 0.2-0.5mg i.v.; 1-2mg i.m.

Glucose 40% Rp/OTC	
Glucose 40 Miniplasco *Amp. 4g/10ml* **Glucosteril 40%** *Amp. 4g/10ml*	**Hypoglykämie:** 20-100ml i.v.

6.3 Lipidsenker

Therapieziele abhängig von Begleiterkrankung[2]	
Diabetes mellitus	**D.m. plus makro- u./od. mikrovaskuläre Komplikationen oder weitere RF wie arterielle Hypertonie oder Albuminurie**
• Hypercholesterinämie LDL-Zielwert < 100 mg/dl • Kombinierte Hyperlipidämie LDL-Zielwert < 100 mg/dl TG-Zielwert < 150 mg/dl	• Hypercholesterinämie LDL-Zielwert < 70 mg/dl • Kombinierte Hyperlipidämie LDL-Zielwert < 70 mg/dl TG-Zielwert < 150 mg/dl

[2] Vereinfachte schematische Darstellung nach aktuellen DDG/DEGIM-und DGK-Empfehlungen 2012; ESC/EAS Guidelines for the management of dyslipidaemias, European Society of Cardiology. European Heart Journal (2011) 32, 1769–1818.

6.3.1 Fibrate

Wm: Lipoproteinlipase-Aktivität ↑ ⇒ Triglyzeride ↓, LDL ↓, HDL ↑;
UW (Bezafibrat): Krea/CPK/AP ↑, Appetitlosigkeit;
UW (Fenofibrat): Bauchschmerzen, Übelkeit, Diarrhoe, Erbrechen, Flatulenz, Transaminasen ↑;
UW (Gemfibrozil): Dyspepsie, Diarrhoe, Übelkeit, Bauchschmerzen, Erbrechen, Meteorismus, Obstipation, Ekzem, Exanthem, Müdigkeit;
KI (Bezafibrat): bek. Überempf., Gallenblasen-/Lebererkrankungen (Ausnahme: Fettleber), bek. photoallergische/-toxische Reaktion auf Fibrate, schwere Niereninsuff. (Krea > 6mg/dl bzw. CrCl < 15), Dialyse, Grav./Lakt., Ki.;
KI (Fenofibrat): bek. Überempf., Leberinsuffizienz, primär biliäre Zirrhose, unerklärbar persistierende Leberfunktionsabnormität, Gallenblasenerkrankungen, schwere chronische Nierenerkrankung, chron. oder akute Pankreatitis mit Ausnahme einer akuten Pankreatitis aufgrund schwerer Hypertriglyceridämie, bek. photoallergische oder phototoxische Reaktionen unter Behandlung mit Fibraten oder Ketoprofen;
KI (Gemfibrozil): bek. Überempf., eingeschränkte Leberfunktion, schwere Niereninsuff., bek. Gallenblasen- oder Gallenwegserkrankung mit Cholelithiasis, auch in der Anamnese, gleichzeitige Anw. von Repaglinid oder Simvastatin; photoallergische oder phototoxischen Reaktionen unter Behandlung mit Fibraten in der Anamnese

Bezafibrat Rp	HWZ 2.5h, Q0 0.15, PPB 95%
Befibrat *Tbl. 200, 400(ret.)mg* **Bezafibrat AL** *Tbl. 400(ret.)mg* **Bezafibrat-ratioph.** *Tbl. 200, 400(ret.)mg* **Cedur** *Tbl. 200, 400(ret.)mg*	**Schwere Hypertriglyzeridämie, gemischte Hyperlipidämie** (bei Statin-KI/-Unverträgl.): 3 x 200mg p.o.; 1 x 400mg (ret.); **DANI** CrCl: > 60: 100%; 40-60: 2 x 200mg; 15-40: 200mg alle 1-2d; < 15: KI; HD: KI; **DALI** KI

Fenofibrat Rp	HWZ 21h, Q0 0.2, PPB 99%, PRC C, Lact -
Cil *Kps. 160, 200mg* **Durafenat** *Kps. 200mg* **Fenofibrat-ratioph.** *Kps. 100, 250(ret.)mg* **Lipidil** *Kps. 200mg* **Lipidil 145 ONE** *Tbl. 145mg (Nanopartikel)* **Lipidil Ter** *Tbl. 160mg*	**Schwere Hypertriglyzeridämie, gemischte Hyperlipidämie** (bei Statin-KI/-Unverträgl.), **gemischte Hyperlipidämie** (bei hohem kardiovask. Risiko zusätzl. zu Statin, wenn Triglyzerid- u. HDL-Cholest. nicht ausreich. kontrolliert werden können): 3 x 100mg p.o.; 1 x 160-200mg; 1 x 145mg; 1 x 250mg (ret.); **DANI** Krea (mg/dl) > 2: 1 x 100mg/d; HD: 100mg alle 2d; Krea (mg/dl) > 6: KI; **DALI** KI

Gemfibrozil Rp	HWZ 1.5h, Q0 1.0, PPB > 97%, PRC C, Lact -
Gevilon *Tbl. 600, 900mg*	**Schwere Hypertriglyzeridämie; gemischte Hyperlipidämie od. prim. Hypercholesterinämie** (bei Statin-KI/-Unverträglichkeit), **Pro. kardiovask. Morbidität** (Männer mit Nicht-HDL-Hypercholesterinämie u. Statin-KI/-Unverträglichkeit): 1 x 900mg p.o.; 2 x 600mg; **DANI** CrCl 50-80: ini 900mg/d; KI bei schw. NI; **DALI** KI

6.3.2 Statine (CSE-Hemmer)

Wm: kompetitive Hemmung der HMG-CoA-Reduktase (= Cholesterol-Synthese-Enzym = CSE); **Wi:** intrazelluläre Cholesterinsynthese ↓, LDL ↓, HDL ↑; **UW** (Atorvastatin): Nasopharyngitis, allerg. Reakt., Hyperglykämie, Kopfschmerzen, Epistaxis, pharyngolaryngeale Schmerzen, Obstipation, Diarrhoe, Dyspesie, Übelkeit, Meteorismus, Myalgie, Arthralgie, Extremitätenschmerzen, Muskelspasmen, Gelenkschwellungen, Rückenschmerzen, veränderte Leberfunktionstests, CK ↑; **UW** (Rosuvastatin): D.m., Kopfschmerzen, Schwindel, Verstopfung Übelkeit, Bauchschmerzen, Myalgie, Asthenie; **UW** (Simvastatin): Transaminasen ↑, Myopathie, Myalgie, CK ↑, Rhabdomyolyse, Exanthem, Anämie, periph. Neuropathie, Kopfschmerzen, Hypersensitivitätssyndrom; **KI** (Atorvastatin): bek. Überempf., aktive Lebererkr., Transaminasen ↑ > 3 x oberer Normwert, Grav./Lakt., Frauen im gebärfähigen Alter ohne geeignete Empfängnisverhütung; **KI** (Rosuvastatin): bek. Überempf., aktive Lebererkr., unklare Transaminasen ↑, schwere Niereninsuff., Myopathie, gleichzeitige Anw. von Ciclosporin, Grav./Lakt.; 40mg-Dosis bei Pat. mit prädisponierenden Faktoren für eine Myopathie/Rhabdomyolyse wie mittelschwere Niereninsuff., Hypothyreose, erbliche Muskelerkr. in der pers. oder fam. Anamnese, Alkoholmissbrauch, asiatische Abstammung, gleichzeitige Anw. von Fibraten, muskelschädigende Wi. durch frühere Einnahme eines Fibrats oder and. Statins; **KI** (Simvastatin): bek. Überempf., aktive Lebererkr., unklare Transaminasen ↑, Grav./Lakt., gleichz. Anw. potenter CYP3A4-Inhibit. (z.B. Itraconazol, Ketoconazol, Proteaseinhibitoren, Erythromycin, Clarithromycin, Telithromycin, Nefazodon)

Atorvastatin Rp	HWZ 14h, Q0 > 0.7, PPB 98%, PRC X, Lact -
Atoris *Tbl. 10, 20, 30, 40, 60, 80mg* **Atorvastatin-CT** *Tbl. 10, 20, 30, 40mg* **Atorvastatin HEXAL** *Tbl. 10, 20, 30, 40, 60, 80mg* **Lipitor** *Tbl. 20mg* **Sortis** *Tbl. 10, 20, 40, 80mg*	**Hypercholesterin-, komb. Hyperlipidämie, Primärpräv. kardiovask. Erkr.:** ini 1 x 10mg p.o., je nach Wi steigern auf 1 x 20-40mg, max. 80mg/d; **DANI** nicht erforderlich; **DALI** regelmäßige Transaminasenkontr., KI bei aktiver Lebererkr.

Fluvastatin Rp	HWZ 1-3h, Q0 1.0, PPB 98%, PRC X, Lact -
Fluvastatin PUREN *Kps. 20, 40mg; Tbl. 80(ret.)mg* **Fluvastatin HEXAL** *Kps. 20, 40mg; Tbl. 80(ret.)mg* **Locol** *Tbl. 80(ret.)mg*	**Hypercholesterin-, kombinierte Hyperlipidämie, KHK nach Herzkatheter:** 1 x 20-40mg p.o., max. 2 x 40mg oder 1 x 80mg (ret.); **Ki. < 18J:** KI; **DANI** nicht erford.; **DALI** KI bei aktiver Lebererkrankung/unklarer Transaminasenerhöhung
Lovastatin Rp	HWZ 1.4h, Q0 1.0, PPB 95%, PRC X, Lact -
Lovabeta *Tbl. 10, 20, 40mg* **LovaHEXAL** *Tbl. 10, 20, 40mg* **Lovastatin-ratioph.** *Tbl. 20, 40mg*	**Hypercholesterin-, komb. Hyperlipidämie:** 1 x 20-40mg p.o., max. 80mg/d; **DANI** CrCl: > 30: 100%; < 30: 20mg/d; **DALI** KI
Pravastatin Rp	HWZ 1.5-2h, Q0 0.55, PPB 45%, PRC X, Lact -
Prava Basics *Tbl. 10, 20, 40mg* **Pravalich** *Tbl. 10, 20, 40mg* **Pravasin protect** *Tbl. 10, 20, 40mg* **Pravastatin-CT** *Tbl. 10, 20, 40mg* **Pravastatin HEXAL** *Tbl. 10, 20, 30, 40mg*	**Hypercholesterin-, kombin. Hyperlipidämie:** 1 x 10-40mg p.o.; **Primär-/Sekundärpräv. kardiovask. Erkr.:** 1 x 40mg/d; **Post-Transplantations-Hyperlipidämie:** ini 1 x 20mg, ggf. steigern auf 1 x 40mg; **Ki. 8-13J:** max. 1 x 20mg; **DANI, DALI** ini 1 x 10mg/d, Anpassung unter med. Kontrolle; KI bei aktiver Lebererkrankung/unklarer Transaminasenerhöhung
Rosuvastatin Rp	HWZ 19h, PPB 90%, PRC X, Lact -
Crestor *Tbl. 5, 10, 20mg* **Rosuhexal** *Tbl. 5, 10, 20mg* **Rosuvador** *Tbl. 5, 10, 20mg* **Rosuvastatin Heumann** *Tbl. 5, 10, 20mg*	**Hypercholesterin-, kombinierte Hyperlipidämie, homozygote, familiäre Hypercholesterinämie:** ini 1 x 5-10mg/d, max. 40mg/d; > 70J: ini 1 x 5mg; **Ki. 6-9J:** 1 x 5-10mg; **10-17J:** 1 x 5-20mg; **Pro. kardiovaskulärer Ereignisse:** 1 x 20mg; **DANI** CrCl > 60: 100%, 30-60: ini 1 x 5mg, max. 20mg/d, < 30: KI; **DALI** Child-Pugh < 7: 100%, 8-9: Bestimmung Nierenfunktion, > 9: keine Daten, KI bei aktiver Lebererkr.
Simvastatin Rp	HWZ 1.9h, Q0 1.0, PPB 95%, PRC X, Lact -
Simva Aristo *Tbl. 10, 20, 30, 40, 60, 80mg* **Simvabeta** *Tbl. 5, 10, 20, 30, 40, 80mg* **SimvaHEXAL** *Tbl. 5, 10, 20, 30, 40, 60, 80mg* **Simvastatin-ratioph.** *Tbl. 5, 10, 20, 30, 40, 60, 80mg* **Zocor** *Tbl. 10, 20, 40mg*	**Hypercholesterin-, komb. Hyperlipidämie, KHK:** ini 1 x 10-20mg, je nach Wi alle 4W steigern bis max. 80mg/d; **homozygote, famil. Hypercholesterinämie:** 1 x 40mg/d oder 80mg/d in 3ED (20-20-40mg); **DANI** CrCl > 30: 100% < 30: 10mg/d; **DALI** KI bei aktiver Lebererkrankung/unklarer Transaminasenerhöhung

6.3.3 Statin-Kombinationen

UW (Fenofibrat + Pravastatin): Abdominelles Spannungsgefühl, Bauchschmerzen, Oberbauchschmerzen, Obstipation, Diarrhoe, Mundtrockenheit, Dyspepsie, Aufstoßen, Flatulenz, Übelkeit, abdominelle Beschwerden, Erbrechen, Transaminasen ↑;
UW (ASS + Atorvastatin + Ramipril): Sodbrennen, Übelkeit, Erbrechen, Magenschmerzen, Diarrhoe, Obstipation, Dyspepsie, geringfügige Blutverluste aus GI-Trakt, paroxysmaler Bronchospasmus, schwerwiegende Dyspnoe, Rhinitis, Nasophyryngitis, allergische Reaktionen, Hyperglykämie, Kopfschmerzen, Schwindel, pharyngolaryngeale Schmerzen, Epistaxis, Myalgie, Arthralgie, Schmerzen in den Extremitäten, Muskelkrämpfe, Gelenkschwellungen, Rückenschmerzen, Leberenzymerhöhungen, CK ↑, Reizhusten, Bronchitis, Sinusitis, Exanthem, Muskelkrämpfe, Myalgie, Hyperkaliämie, Hypotonie, orthostat. RR-Abfall, Synkope, Thoraxschmerz, Erschöpfung;
UW (Atorvastatin + Perindopril + Amlodipin): Nasopharyngitis, allerg. Reakt., Hyperglykämie, Schläfrigkeit, Schwindel, Kopfschmerzen, Geschmackstörungen, Parästhesie, Sehstörungen, Tinnitus, Palpitationen, Hypotonie, Flush, pharyngolaryngeale Schmerzen, Nasenbluten, Husten, Dyspnoe, Übelkeit, Erbrechen, Bauchschmerzen, Diarrhoe, Obstipation, Blähungen, Exanthem, Pruritus, Gelenkschwellungen, Knöchelschwellungen, Extremitätenschmerzen, Arthralgie, Myalgie, Muskelkrämpfe, Rückenschmerzen, Asthenie, Ödeme, CK ↑, veränderte Leberfunktionstests;
KI (Fenofibrat + Pravastatin): Überempfindlichkeit gegen Pravastatin oder Fenofibrat; schwere Leberfunktionsstörung inkl. biliärer Zirrhose oder aktive Lebererkrankung einschließl. nicht abgeklärter, persistierend erhöhter Werte bei Leberenzymen (> 3 x ULN); Ki. (< 18J), mittelschwere bis schwere NI, bek. Lichtallergie oder phototoxische Reaktion während Therapie mit Fibraten oder Ketoprofen, Gallenblasenerkr., chronische oder akute Pankreatitis mit Ausnahme einer akuten Pankreatitis infolge schw. Hypertriglyzeridämie, Myopathie u./od. Rhabdomyolyse unter Statinen und/oder Fibraten in der Anamnese oder gesicherte Erhöhung der Creatinphosphokinase (CK) > 5 x ULN unter einer früheren Behandlung mit Statinen, Grav./Lakt.;
KI (ASS + Atorvastatin + Ramipril): Überempfindlichkeit gegen Wirkstoffe, Soja, Erdnuss, andere Salicylate, NSAR, andere ACE-Hemmer, bei anamnest. bek. Asthmaanfällen oder anderen allergischen Reaktionen auf Salicylsäure oder andere NSAR, akute Magen-Darm-Ulzera, Hämophilie und andere Blutungsstörungen, stark eingeschränkte Nieren- und Leberfunktion, Hämodialyse-Patienten, schwere Herzinsuffizienz, gleichzeitige Behandlung mit Methotrexat (in einer Dosierung von 15mg oder mehr pro Woche), Patienten mit Nasenpolypen im Zusammenhang mit Asthma, das durch ASS ausgelöst oder verschlimmert wird; aktive Lebererkrankung oder unerklärte anhaltende Transaminasenerhöhung (> 3 x ULN), Grav./Lakt.; Frauen im gebärfähigen Alter, die keine geeigneten Empfängnisverhütungsmethoden anwenden; gleichzeitige Behandlung mit Tipranavir, Ritonavir, Ciclosporin; Angioödem in der Vorgeschichte (hereditär, idiopathisch oder früheres Angioödem bei Einnahme von ACE-Hemmern oder AT-II-Rezeptorantagonisten); extrakorporale Behandlungen, bei denen es zu einem Kontakt zwischen Blut und negativ geladenen Oberflächen kommt; signifikante beidseitige Nierenarterienstenose oder Nierenarterienstenose bei nur einer funktionsfähigen Niere, hypotensive oder hämodynamisch instabile Zustände, Ki. < 18J., gleichzeitige Anwendung von Aliskiren bei Patienten mit Diabetes mellitus oder eingeschränkter Nierenfunktion mit CrCl < 60;

KI (Atorvastatin + Perindopril + Amlodipin): bek. Überempf. gegen die Wirkstoffe; aktive Lebererkr. oder unklare dauerhafte ↑ der Serumtransaminasen (> 3 x ULN); Grav./Lakt.; Frauen im gebärfähigen Alter, die keine geeigneten Empfängnisverhütungsmethoden anwenden; schwere Hypotonie, Schock, Obstruktion des linksventrikulären Ausflusstrakts, hämodynamisch instabile Herzinsuff. nach einem akuten Myokardinfarkt, Angioödem (Quincke-Ödem) in Anamnese im Zusammenhang mit vorausgegangener ACE-Hemmer-Ther., hereditäres oder idiopathisches Angioödem; gleichzeit. Anw. mit Aliskiren-haltigen Arzneimitteln bei Patienten mit D.m. oder Nierenfunktionstrg. (CrCl < 60)

Fenofibrat + Pravastatin Rp

Pravafenix *Tbl. 160+40mg*	**Komb. Hyperlipidämie und hohes KHK-Risiko:** 1 x 160 + 40 mg p.o.; **DANI** CrCl < 60: KI; **DALI** mittelschwere LI: Anw. nicht empfohlen; schwere LI: KI

ASS + Atorvastatin + Ramipril Rp

Iltria *Kps. 100+20+2.5mg, 100+20+5mg, 100+20+10mg, 100+40+2.5mg, 100+40+5mg, 100+40+10mg*	**Sekundär-Pro. kardiovask. Ereignisse:** 1 x 100+20(–40)+2.5(–10)mg p.o.; **DANI** CrCl 30-60: max. 5mg Ramipril; < 30, HD: KI; **DALI** vors. Anw. unter Transaminasenkontr., max. 2.5mg Ramipril; schwere LI: KI

Atorvastatin + Perindopril + Amlodipin Rp

Triveram *Tbl. 10+5+5, 20+5+5, 20+10+5, 20+10+10, 40+10+10mg*	**Hypertonie und/oder stabile KHK + prim. Hypercholesterinämie od. gemischte Hyperlipidämie:** 1 x 10-40 + 5-10 + 5-10mg p.o.; **DANI** CrCl ≥ 60: 100%; < 60: Anw. nicht empf.; **DALI** KI bei aktiver Lebererkr.

6.3.4 Gallensäurenkomplexbildner

Wm/Wi: Bindung von Gallensäuren im Darm ⇒ Unterbrechung des enterohepat. Kreislaufs der Gallensäuren ⇒ Gallensäureprod. aus Cholesterin ↑ ⇒ Cholesterin i.S. ↓; LDL-Rezeptoraktivität ↑ ⇒ LDL-Aufnahme der Leber ↑ ⇒ Cholesterin i.S. ↓;
UW (Cholestyramin): Obstipation, Völlegefühl, Nausea, Diarrhoe, Resorptionsstörung (Medikamente, lipophile Vit.); **UW** (Colesevelam): Dyspepsie, Obstipation, Myalgie;
KI (Cholestyramin): Gallengangverschluss;
KI (Colesevelam): bek. Überempf., Darmverschluss, Gallengangsobstruktion

Colestyramin Rp

Colestyramin HEXAL, Colestyramin-ratioph., Quantalan, Questran *Btl. 4g* **Lipocol** *Kautbl. 2g* **Vasosan** *Btl. 4g; Gran. (2 Messl. enth. 4g)*	**Hypercholesterinämie:** 3 x 4-8g p.o.; **Pruritus/Ikterus bei partiellem Gallengangverschluss:** 1-2 x 4g p.o.; **chologene Diarrhoe:** 3 x 4g p.o.; **Ki.:** kg x Erw.-Dosis/70kg

Colesevelam Rp

Cholestagel *Tbl. 625mg*	**Hypercholesterinämie:** 4–6 Tbl./d; max. 3 x 2Tbl.

6.3.5 Cholesterinresorptionshemmstoffe, Omega-3-Fettsäuren

Wm/Wi (Ezetimib): selektive Hemmung der intestinalen Cholesterinresorption;
UW (Ezetimib): Kopfschmerzen, Bauchschmerzen, Diarrhoe, bei Komb. mit CSE-Hemmer auch Transaminasen ↑, Myalgie; **UW** (Omega-3-S.): Oberbauchschmerzen, Meteorismus, Obstipation, Diarrhoe, Dyspepsie, Flatulenz, Aufstoßen, Refluxösophagitis, Übelkeit, Erbrechen;
KI (Ezetimib): Grav./Lakt.; **KI** (Omega-3-S.): bek. Überempfindlichkeit

Ezetimib Rp	HWZ 22h, PPB 99%
Ezetrol *Tbl. 10mg* **Zetia** *Tbl. 10mg*	**Primäre Hypercholesterinämie, homozygote familiäre Hypercholesterinämie, homozygote Sitosterinämie:** 1 x 10mg p.o. allein oder in Kombination mit CSE-Hemmer; **Ki. < 10J:** KI; **DANI** nicht erforderlich; **DALI** Child-Pugh 5-6: nicht erforderl.; > 7: KI
Ezetimib + Atorvastatin Rp	
Atozet *Tbl. 10+10mg, 10+20mg, 10+40mg, 10+80mg* **Tioblis** *Tbl. 10+10mg, 10+20mg, 10+40mg, 10+80mg*	**Primäre Hypercholesterinämie:** 1 x 10+10 bis 10+80mg p.o.; **homozygote fam. Hypercholesterinämie:** 1 x 10+40 bis 10+80mg; **DANI** nicht erforderl.; **DALI** KI bei aktiver Lebererkr./unklarer Transaminasenerhöhung
Ezetimib + Simvastatin Rp	
Goltor *Tbl. 10+10mg, 10+20mg, 10+40mg, 10+80mg* **Inegy** *Tbl. 10+10mg, 10+20mg, 10+40mg, 10+80mg* **Vytorin** *Tbl. 10+40mg*	**Primäre Hypercholesterinämie:** 1 x 10+10 bis 10+80mg p.o.; **homozygote fam. Hypercholesterinämie:** 1 x 10+40 bis 10+80mg; **DANI** CrCl < 30: sorgf. Dosisanp.; **DALI** Child-Pugh 5-6: nicht erf.; > 7: KI ; KI bei aktiver Lebererkr./unklarer Transaminasenerh.
Omega-3-Säurenethylester Rp	
Omacor *Kps. 1g* **Zodin** *Kps. 1g*	**Pro. nach Herzinfarkt:** 1g/d; **Hypertriglyzeridämie:** 2g/d p.o., ggf. steigern bis 4g/d; **DANI, DALI** keine Daten

6.3.6 Sonstige Mittel, den Lipidstoffwechsel beeinflussend

Wm/Wi (Alirocumab, Evolocumab): Proproteinkonvertase Subtilisin/Kexin Typ 9 (PCSK9) bindet an und zerstört LDL-Rez. an der Leberzelle ⇒ LDL-Chol.-Aufnahme und Abbau in Leberzelle ↓⇒ LDL-Cholesterin im Blut ↑; PCSK9-Inhibitoren binden PCSK9 ⇒ LDL-Cholesterin-Aufnahme und -Abbau in Leberzelle ↑ ⇒ LDL-Chol. im Blut ↓;
UW (Alirocumab): lokale Reaktionen an Injektionsstelle, klinische Zeichen und Symptome im Bereich der oberen Atemwege, Pruritus;
UW (Evolocumab): Influenza, Nasopharyngitis, Inf. d. oberen Atemwege, Hautausschlag, Urtikaria, Übelkeit, Rückenschmerzen, Arthralgie, Reaktionen an Injektionsstelle;
KI (Alirocumab): bek. Überempfindlichkeit; **KI** (Evolocumab): bek. Überempfindlichkeit

Alirocumab Rp	HWZ 17-20d
Praluent *Pen 75, 150mg*	**Primäre Hypercholesterinämie, gemischte Dyslipidämie:** ini 75mg s.c. alle 2W; ggf. 150mg alle 2W je nach Ansprechen/Ther.-Ziel; **DANI** leichte-mittelschw.NI: 100%; schw. NI: vorsichtige Anw.; **DALI** leichte-mittelschw. LI: 100%; schw. LI: vorsichtige Anw.

Evolocumab Rp	HWZ 11–17d
Repatha *Pen 140mg/1ml*	**Primäre Hypercholesterinämie, gemischte Dyslipidämie:** 140mg alle 2W oder 420mg 1 x /M s.c.; **homozygote familiäre Hypercholesterinämie:** ini 420mg 1x/M s.c., nach 12W ggf.420mg s.c. alle 2W; **DANI** CrCl < 30: vorsichtige Anw.; **DALI** geringe LI: 100%; mäßige LI: engmaschige Überwachung; schw. LI.: vorsichtige Anw.

6.4 Schilddrüse, Nebenschilddrüse

6.4.1 Schilddrüsenhormone

Wm/Wi: Stimulierung von Wachstum, körperlicher/geistiger Entwicklung, Proteinsynthese ↑, oxidativer Abbau von Fetten/Kohlenhydraten ↑ (Grundumsatz ↑);
UW: Herzrhythmusstörungen (z. B. Vorhofflimmern und Extrasystolen), Tachykardie, Herzklopfen, pektanginöse Zustände, Kopfschmerzen, Muskelschwäche und Krämpfe, Flush, Fieber, Erbrechen, Menstruationsstörungen, Pseudotumor cerebri, Tremor, innere Unruhe, Schlaflosigkeit, Hyperhidrosis, Gewichtsabnahme, Diarrhoe; **KI:** bek. Überempf., unbehandelte Nebennierenrindeninsuff., unbehandelte Hypophyseninsuff., unbehandelte Hyperthyreose; Ther.-Beginn bei akutem Myokardinfarkt, akuter Myokarditis und akuter Pankarditis; Komb. Ther. mit T4 und Thyreostatika bei Hyperthyreose während der Schwangerschaft

Levothyroxin (T4) Rp	HWZ 7d (22h), Q0 1.0 (1.0), PPB 99%, PRC A, Lact ?
Berlthyrox *Tbl. 50, 75, 100, 125, 150µg* **Eferox** *Tbl. 25, 50, 75, 100, 125, 150, 175, 200µg* **Euthyrox** *Tbl. 25, 50, 75, 88, 100, 112, 125, 137, 150, 175, 200µg* **L-Thyrox HEXAL** *Tbl. 25, 50, 75, 88, 100, 112, 125, 150, 175, 200µg* **L-Thyroxin inject Henning** *Inj.Lsg. 500µg/5ml* **L-Thyroxin-Na ratioph.** *Tbl. 25, 50, 75, 100, 125, 150, 175, 200µg* **Thevier** *Tbl. 50, 100µg*	**Hormonsubstitution bei Hypothyreose:** ini 1 x 25-50µg p.o., alle 2-4W um 25-50µg steigern bis 100-200µg/d; **Ki.:** ini 12.5-50µg/m² KOF, dann 100–150µg/m² KOF; **euthyreote Struma, Pro. Rezidivstruma:** 75-200µg/d; **hypothyreotes Koma:** ini 0.3-0.5mg i.v.; ab d2: 100µg/d; **Suppressionstherapie bei SD-Malignom:** 150-300µg/d

Liothyronin (T3) Rp	HWZ 22h, Q0 1.0, PPB 99%, PRC A, Lact ?
Thybon *Tbl. 20, 100µg* **Thyrotardin-inject** *Inf.Lsg. 100µg*	**Hormonsubstitution bei Hypothyreose:** ini 20µg/d p.o., Erh.Dos. 50-75µg/d in 3 ED; **hypothyreotes Koma:** 0.1mg i.v.; **SD-Suppressionstest**: 60-100µg/d für 6-10d

T4 + T3 Rp	PRC A, Lact ?
Novothyral *Tbl. 75+15, 100+20µg* **Prothyrid** *Tbl. 100+10µg*	**Hormonsubst. bei Hypothyreose, euthyr. Struma, Pro. Rezidivstruma:** ini 50µg T4/d, nach 2W evtl. 75µg T4/d, Erh.Dos. 50-100µg T4/d; **SD-Malignom postop.:** 100-200µg T4/d

T4 + Kaliumiodid Rp	PRC A
Eferox-Jod *Tbl. 50+150, 75+150, 88+150, 100+100, 100+150, 112+150, 125+150, 150+150µg* **Jodthyrox** *Tbl. 100+131µg* **L-Thyrox Jod HEXAL** *Tbl. 50+150, 75+150, 88+150, 100+100, 100+150, 112+150, 125+150, 150+150µg* **Thyronajod** *Tbl. 50+196, 75+196, 100+196, 125+196, 150+196µg*	**Euthyreote Struma, Pro. Rezidivstruma:** 1 x 50-150µg T4 p.o.

6.4.2 Thyreostatika

Wm/Wi (Carbimazol, Propylthiouracil, Thiamazol): Hemmung thyreoidaler Peroxidase ($J^- \rightarrow J$) und Hormonsynthese, Inkretion bereits fertiger Hormone wird nicht gehemmt, Propylthiouracil: zusätzl. part. Hemmung d. Konversion T4 → T3; **Wm/Wi** (Natriumperchlorat): kompet. Hemmung thyreoidaler Iodidaufnahme;
UW: (Carbimazol, Thiamazol): Agranulozytose, Leukos ↓, allerg. Hautreaktion, Strumaentwicklung, GI-Beschwerden, Hepatitis, transiente Cholestase;
UW: (Natriumperchlorat): flüchtiges Exanthem, Übelkeit, Brechreiz, Mundtrockenheit, pharyngitische Reizungen, Lymphadenopathie, Leukopenie, Purpura, fieberhafte Arthralgie;
KI (Carbimazol, Thiamazol): bek. Überempf., Granulozytopenie, frühere Knochenmarkschädigung durch Thyreostatika, Cholestase, bei zusätzl. Therapie mit SD-Hormonen in der Grav.;
KI (Natriumperchlorat): retrosternale Struma, bek. Überempf.; zuvor unter Perchlorat-Gabe aufgetretene BB-Veränd., v.a. Agranulozytose; während Plummerung zur OP-Vorbereitung

Carbimazol Rp	HWZ 0.5(4)h, Q0 1.0 (0.9), PPB 0%, PRC C
Carbimazol Aristo *Tbl. 5, 10mg* **Carbimazol Henning** *Tbl. 5, 10mg* **Carbimazol HEXAL** *Tbl. 5, 10mg*	**Hyperthyreose:** ini 40-60mg p.o., Erh.Dos. 1 x 5-20mg; **Ki.:** ini 0.5-0.7 mg/kg/d, Erh.Dos. 0.3-0.5 mg/kg/d; **DALI** möglichst niedrige Dosis

Propylthiouracil Rp	HWZ 0.9-4.3h, Q0 0.9, PPB 80%, PRC D, Lact ?
Propycil *Tbl. 50mg*	**Hyperthyreose:** ini 3 x 75-100mg/d p.o., in schweren Fällen: 300-600mg/d in 4-6ED, Erh.Dos. 25-150mg/d; **Ki. 6-10J:** ini 50-150mg/d, Erh.Dos. 25-50mg/d; **neonatal:** ini 5-10mg/d in 3ED, Erh.Dos. 3-4mg/kg/d; **DANI** milde bis mäßige NI: 75%, schwere NI: 50%; **DALI** ggf. Dosisreduktion

Thiamazol Rp	HWZ 3h, Q0 0.9, PPB 0%, PRC C
Methizol *Tbl. 5, 20mg* **Thiamazol Henning** *Tbl. 5, 20mg; Amp. 40mg/1ml* **Thiamazol HEXAL** *Tbl. 5, 10, 20mg* **Thyrozol** *Tbl. 5, 10, 20mg*	**Hyperthyreose:** ini 20-40mg/d p.o. in 2-4ED, Erh.Dos. 1 x 5-20mg; **Ki.:** ini 0.3-0.5mg/kg/d, Erh.Dos. 0.2-0.3mg/kg/d; **thyreotoxische Krise:** ini 80mg i.v., dann Dauerinfusion 120-240mg/d; **DALI** möglichst niedrige Dosis

Natriumperchlorat Rp	
Irenat *Gtt. (15Gtt. = 300mg)*	**Hyperthyreose:** ini 4-5 x 10Gtt., nach 1-2W 4 x 5Gtt.; **Ki. 6-14J:** 3-6 x 1Gtt. oder 4-6 x 2Gtt.; **Schilddrüsenblockade vor szintigraphischer Untersuchung:** 10-20Gtt.; **Perchlorat-Discharge-Test:** 30-50 Gtt. nach Radiojodtracerdosis; **Ki.:** 300-600mg/m^2 KOF

6.4.3 Nebenschilddrüsenhormone u. Analoga

Wm/Wi (Parathyroidhormon, Teriparatid): rekombinantes Parathormon ⇒ Knochenbildung ↑ durch Osteoblastenstimulation, intest. Kalziumresorption ↑, tubuläre Kalziumreabsorption ↑, renale Phosphatausscheidung ↑;
UW (Parathyroidhormon): Hyperkalzämie, Hypokalzämie, Kopfschmerzen, Hypoästhesie, Parästhesie, Diarrhoe, Übelkeit, Erbrechen, Arthralgie, Muskelspasmen, Hypomagnesiämie, Tetanie, Angst, Schlaflosigkiet, Somnolenz, Palpitationen, Hypertonie, Husten, Oberbauchschmerzen, Muskelzucken, Schmerzen des Muskel- und Skelettsystems, Myalgie, Nackenschmerzen, Extremitätenschmerzen, Hyperkalzurie, Pollakisurie, Asthenie, Thoraxschmerz, Ermüdung, Durst, Reaktionen an Inj.Stelle, pos. PTH-AK, erniedrigtes Vitamin D;
UW (Teriparatid): Gliederschmerzen, Kopfschmerzen, Schwindel, Nausea, Emesis, Depression, Anämie, Hypercholesterinämie, Müdigkeit, Thoraxschmerzen, Schwitzen;
KI (Parathyroidhormon): bek. Überempf., maligne Skeletterkrankungen oder Konchenmetastasen, erhöhtes Risiko für Osteosarkome (M. Paget, Erbkrankheiten), laufende oder Z.n. Strahlentherapie des Skeletts, unklare Erhöhung der knochenspezifischen aP, Pseudohypoparathyreoidismus;
KI (Teriparatid): bek. Überempf., Ca++m, schwere NI, M. Paget, Hyperparathyreoidismus, ungeklärte aP m, Z.n. Strahlentherapie des Skeletts

Parathyroidhormon Rp	HWZ 3h
Natpar *Inj.Lsg 25, 50, 75, 100µg*	**Chronischer Hypoparathyreoidismus:** ini 1 x 50µg/d s.c., Dosisanpassung n. Serumkalzium s. FachInfo; **DANI** CrCl 30-80: 100%; < 30: keine Daten; **DALI** Child A, B: 100%; C: keine Daten

Teriparatid Rp	HWZ 1h, PRC C, Lact -
Forsteo *Injector 750µg/3ml (20µg/Dosis), 600µg/2.4ml (20µgDosis)*	**Manifeste Osteoporose:** 1 x 20µg s.c. für max. 18M; **DANI** KI bei schw. NI; **DALI** keine Daten

6.4.4 Kalzimimetikum

Wm/Wi: erhöht Empfindlichkeit des kalziumsensitiven Rez. der Nebenschilddrüse auf extrazelluläres Kalzium ⇒ Parathormonspiegel ↓ ⇒ Serumkalziumspiegel ↓;
UW (Cinacalcet): Übelkeit, Erbrechen, Anorexie, Schwindel, Parästhesien, Rash, Myalgien, Asthenie, Hypokalzämie, Testosteronspiegel ↓, allergische Reaktionen, Krampfanfälle, Hypotonie, Verschlechterung einer Herzinsuffizienz, Dyspepsie, Diarrhoe;
UW (Etelcalcetid): Hypokalzämie, Hyperkaliämie, Hypophosphatämie, Kopfschmerzen, Parästhesien, Verschlechterung der Herzinsuffizienz, QT-Verlängerung, Hypotonie, Übelkeit, Erbrechen, Diarrhoe, Muskelkrämpfe, Myalgie;
KI (Cinacalcet): bek. Überempf., Galaktoseintol., Laktasemangel, Glukose-Galaktose-Malabsorption, Ki./Jug.; **KI** (Etelcalcetid): bek. Überempf., korrig. Serumkalzium unter Normbereich

Cinacalcet Rp	HWZ 30-40h, Q0 0.2, PPB 97%, PRC B, Lact ?
Mimpara *Tbl. 30, 60, 90mg*	**Sek. HPT bei dialysepflichtiger, terminaler NI:** ini 1 x 30mg p.o., Dosistitration alle 2-4W nach PTH-Spiegel, max. 180mg/d; regelmäßige Ca- u. PTH-Kontr.; **Hyperkalzämie bei Nebenschilddrüsen-Ca, prim. HPT:** ini 2 x 30mg p.o., alle 2-4W ED um 30mg steigern bis 2 x 90mg, max. 3-4 x 90mg; regelmäßige Ca-Kontrollen; **DALI** sorgfältige Dosiseinstellung
Etelcalcetid Rp	HWZ 3-5d
Parsabiv *Inj.Lsg. 2.5, 5, 10mg*	**Sek. HPT bei dialysepflicht. terminaler NI:** ini 5mg 3x/W i.v., dann Dosistitration nach PTH-Spiegel 2.5-15mg 3x/W i.v., max. 3 x 15mg/W; **DALI** keine Daten

6.5 Gichtmittel

6.5.1 Urikosurika

Wm/Wi (Benzbromaron, Probenecid): Hemmung der tubulären Harnsäurerückresorption;
UW (Benzbromaron): Nausea, Brechreiz, Völlegefühl, Diarrhoe, Gichtanfall, Uratsteine;
UW (Probenecid): Anorexie, Nausea, Brechreiz, Völlegefühl, Hautreakt., Zahnfleischentzündung, Haarausfall, Hautjucken, Kopfschmerzen, Benommenheit, Gichtanfall, Uratsteine;
KI (Benzbromaron): bek. Überempf., Nierensteindiathese, NI, akuter Gichtanfall, Lebererkr., Grav.;
KI (Probenecid): bek. Überempf., akuter Gichtanfall, Ki. < 2J, Nierensteindiathese, NI, Grav./Lakt.

Benzbromaron Rp	HWZ 3(17-20)h, Q0 1.0 (1.0), PPB 99%
Benzbromaron AL *Tbl. 100mg* **Narcaricin mite** *Tbl. 50mg*	**Hyperurikämie:** ini 1 x 20-25mg p.o., Erh.Dos. 1 x 100mg; **DANI, DALI** KI
Probenecid Rp	HWZ 3-17h, Q0 0.9, PPB 90%, PRC B, Lact ?
Probenecid *Tbl. 500mg*	**Hyperurikämie:** W1: 2 x 250mg p.o., dann 2 x 500mg; **Ki. > 2J:** ini 25mg/kg, dann 40mg/kg; **DANI** KI

6.5.2 Xanthin-Oxidase-Inhibitoren

Wm/Wi: Hemmung der Xanthinoxidase ⇒ Harnsäureproduktion ↓ (Urikostatikum);
UW (Allopurinol): Nausea, Erbrechen, Hautreakt., Diarrhoe, Leukopenie, reakt. Gichtanfall;
UW (Febuxostat): Leberfkt. Strg., Durchfall, Übelkeit, Hautausschlag, Kopfschmerzen;
KI (Allopurinol): bek. Überempf., Cave in Grav./Lakt.;
KI (Febuxostat): bek. Überempf.

Allopurinol Rp — HWZ 1.5(19)h, Q0 0.8 (0.1), PPB < 1%, PRC C, Lact ?

Allo-CT *Tbl. 100, 300mg* **Allopurinol-ratioph.** *Tbl. 100, 300mg* **Epidropal** *Tbl. 300mg* **Jenapurinol** *Tbl. 100mg* **Zyloric** *Tbl. 100, 300mg*	**Hyperurikämie, Uratnephropathie, Pro. von Ca-Oxalatsteinen, Lesch-Nyhan-Syndrom:** 1 x 100-300mg p.o., max. 800mg/d; **Ki. < 15J:** 10mg/kg/d in 3ED; max. 400mg/d; **DANI** CrCl 10-20: 100-200mg/d; < 10: 100mg/d; HD: 2-3 x/W 300-400mg; **DALI** s. DANI

Febuxostat Rp — HWZ 5-8h, PPB 99%, PRC C, Lact ?

Adenuric *Tbl. 80, 120mg*	**Chron. Hyperurikämie mit Uratablagerungen:** 1 x 80mg p.o.; ggf. 1 x 120mg, wenn Harnsäurespiegel nach 2-4W > 6mg/dl; **DANI** leichte-mittelschw. NI: 100%; schwere NI: keine Daten; **DALI** leichte LI: 80mg/d; mittelschwere bis schwere LI: keine Daten

6.5.3 Allopurinol-Kombinationen

Allopurinol + Benzbromaron Rp

Allopurinol-ratioph. comp. *Tbl. 100+20mg*	**Hyperurikämie:** 1 x 100+20mg p.o., evtl. vorübergehend 300+60mg/d; **DANI** KI; **DALI** KI

6.5.4 Weitere Gichtmittel

Wm/Wi (Colchicin): verhindert Phagozytose abgelagerter Uratkristalle durch Leukozyten, die Entzündungsmediatoren freisetzen = Mitosehemmstoff; **Wm/Wi** (Rasburicase): Katalyse der enzymat. Oxidation von Harnsäure in Allantoin, das leichter über die Niere ausgeschieden wird;
UW (Colchicin): Durchfälle, Nausea, Erbrechen, Leukopenie, Alopezie;
UW (Rasburicase): Fieber, Erbrechen, Übelkeit, Diarrhoe, Kopfschmerzen, allerg. Reaktionen;
KI (Colchicin): Grav./Lakt.; **KI** (Rasburicase): G-6-PDH-Mangel, Grav./Lakt.

Colchicin Rp — HWZ 4.4h, Q0 1.0, PRC D, Lact +

Colchicum-Dispert *Tbl. 0.5mg* **Colchysat** *Gtt. (25Gtt. = 0.5mg)*	**Akuter Gichtanfall:** ini 1mg p.o., dann alle 1-2h 0.5-1.5mg bis Besserung, max. 8mg/d bzw. 12mg/Anfall; **DANI, DALI** KI

Rasburicase Rp — HWZ 19h, keine PPB

Fasturtec *Inj.Lsg. 1.5mg/1ml, 7.5mg/5ml*	**Akute Hyperurikämie, Tumorlyse bei Therapie hämatologischer Malignome:** 1 x 0.2mg/kg über 30min i.v. über 5-7d; **DANI, DALI** nicht erforderlich

6.6 Kalziumstoffwechselregulatoren

6.6.1 Bisphosphonate

Wm/Wi: Osteoklastentätigkeit ↓ ⇒ ossäre Kalziumfreisetzung ↓, Knochenabbau ↓;
UW (Alendronsäure): Kopfschmerzen, Bauchschmerzen, Dyspepsie, Obstipation, Diarrhoe, Flatulenz, Ösophagusulzera, Dysphagie, aufgetrieb. Abdomen, saures Aufstoßen, muskuloskelettaler Schmerz; **UW** (Zolendronsäure): Anämie, Kopfschmerzen, Konjunktivitis, Übelkeit, Erbrechen, Appetit ↓, Knochenschmerzen, Myalgie, Arthralgie, generalisierte Schmerzen, Nierenfktsstrg., Fieber, grippeähnliche Symptome, Hypophosphatämie, Hypokalzämie, Serum-Krea/-Harnstoff ↑;
KI (Alendronsäure): bek. Überempf.; Ösophagusanomalien und and. Faktoren, die die Ösophagusentleerung verzögern wie Striktur oder Achalasie; Unfähigkeit, für mind. 30 Min zu stehen oder aufrecht zu sitzen; Hypokalzämie;
KI (Zoledronsäure): bek. Überempfindlichkeit, Lakt.

Alendronsäure Rp	HWZ bis zu 10a (im Knochen), Q0 0, PPB 78%, PRC C, Lact ?
Alendron Beta *Tbl. 70mg* **Alendron HEXAL** *Tbl. 10, 70mg* **Alendronsäure Basics** *Tbl. 10, 70mg* **Alendronsäure-ratioph.** *Tbl. 70mg* **Binosto** *Brausetbl. 70mg* **Fosamax** *Tbl. 10, 70mg* **Tevanate** *Tbl. 10, 70mg*	**Postmenopausale Osteoporose, Osteoporose bei Männern, Ther./Pro. der glukokortikoid-induzierten Osteoporose:** 1 x 10mg p.o.; **postmenopausale Osteoporose:** 1 x 70mg/W; **DANI** CrCl 35-60: 100%; < 35: Anw. nicht empfohlen; **DALI** nicht erforderlich
Alendronsäure + Colecalciferol Rp	
Alendronsäure/Colecalciferol AbZ *Tbl. 70mg+5600IE* **Alendronsäure-ratioph. + Colecalciferol** *Tbl. 70mg+2800IE, 70mg+5600IE* **Fosavance** *Tbl. 70mg+2800IE, 70mg+5600IE*	**Postmenopausale Osteoporose bei Risiko für Vit.-D-Mangel:** 1 x/W 70mg + 2800IE p.o.; bei fehlender zusätzlicher Vitamin-D-Supplementierung 1 x/W 70mg+5600IE; **DANI** CrCl 35-60: 100%; < 35: Anw. nicht empf.
Alendronsäure + Colecalciferol + Calcium Rp	
Alendron HEXAL plus Calcium D *Kombipck. mit Tbl. Alendronsäure 70mg u. Brausetbl. Calcium 1000mg + Colecalciferol 880 IE* **Alendrokit Dura** *Kombipck. mit Tbl. Alendronsäure 70mg u. Tbl. Calcium 600mg + Colecalciferol 400 IE*	**Postmenopausale Osteoporose bei Risiko für Vit.-D- u. Calcium-Mangel:** 1 x/W 70mg Alendrons. p.o.+1 x tgl. 600-1000mg Ca + 400-880IE Colecalciferol p.o.; **DANI** CrCl 35-60: 100%; < 35: Anw. nicht empfohlen
Alendronsäure + Alfacalcidol Rp	
Alendronsäure-ratioph. plus *Kombipack. mit Alendrons. Tbl. 70mg u. Alfacalcidol Kps.1µg* **Tevabone** *Kombipck. mit Alendronsäure Tbl. 70mg und Alfacalcidol Kps.1µg*	**Postmenopausale Osteoporose:** 1 x/W 70mg Alendronsäure + 1 x tgl. 1µg Alfacalcidol p.o.; **DANI** CrCl 35-60: 100%; < 35: Anw. nicht empfohlen

Clodronsäure Rp	HWZ 2h, geringe PPB
Bonefos *Amp. 300mg/5ml, 1.5g/25ml* **Clodron HEXAL** *Tbl. 400, 800mg* **Ostac** *Tbl. 520mg*	**Tumorinduz. Hyperkalzämie, Osteolyse:** ini 2400-3200mg/d p.o., langsam auf 1600mg/d reduzieren; 1500mg i.v. einmalig oder 300mg/d i.v. für 10d; **DANI** CrCl 50-80: 75% i.v. bzw. 1600mg/d p.o.; 12-50: 50-75% i.v. bzw. 1200mg/d p.o.; < 12: 50% i.v. bzw. 800mg/d p.o.
Etidronsäure Rp	HWZ 1-6h, PRC C, Lact -
Etidronat Jenapharm *Tbl. 200mg*	**Postmenopausale Osteoporose, Pro. der glukokortikoid-induzierten Osteoporose:** 400mg p.o. für 14d, dann 500mg Ca für 76d; **M. Paget:** 5mg/kg für max. 6M, Steigerung auf max. 20mg/kg/d; Wdh. evtl. nach 3M; **DANI** KI bei schw. NI
Ibandronsäure Rp	HWZ 10-16h, PRC C, Lact ?
Ascendra *Fertigspr. 3mg/3ml* **Bondronat** *Tbl. 50mg; Amp. 2mg/2ml, 6mg/6ml* **Bonviva** *Tbl. 150mg; Fertigspr. 3mg/3ml* **Ibandronsäure HEXAL** *Tbl. 150mg; Inf.Lsg. 2mg/2ml, 3mg/3ml, 4mg/4ml, 6mg/6ml* **Ibandronsäure-ratioph.** *Tbl. 50, 150mg; Fertigspr. 3mg/3ml* **Ibandronsäure Stada** *Tbl. 150mg; Inf.Lsg. 2mg/2ml, 3mg/6ml, 6mg/6ml* **Ribobandron** *Inf.Lsg. 2mg/2ml, 6mg/6ml*	**Tumorinduzierte Hyperkalzämie:** 2-4mg, max. 6mg i.v. als ED; **Pro. skelettbezogener Komplikationen bei Knochenmetastasen:** 1 x 50mg p.o.; 6mg i.v. alle 3-4W; **postmenopausale Osteoporose:** 150mg p.o. 1 x/M; 3mg i.v. alle 3M; **DANI** CrCl > 30: 100%; < 30: 2mg i.v. alle 3-4W bzw. 50mg p.o. 1 x/W; **DALI** nicht erforderlich
Pamidronsäure Rp	HWZ 1.6-27h, Q0 0.5, PPB 54%, PRC C, Lact ?
Aredia *Inj.Lsg. 15mg/5ml, 30mg/10ml, 60mg/10ml, 90mg/10ml* **Axidronat** *Inj.Lsg. 15mg/5ml, 30mg/10ml, 60mg/10ml, 90mg/10ml* **Pamidron HEXAL** *Inj.Lsg. 15mg/1ml, 30mg/2ml, 60mg/4ml, 90mg/6ml* **Pamifos** *Inj.Lsg. 15mg/5ml, 30mg/10ml, 60mg/20ml, 90mg/30ml* **Ribodronat** *Inj.Lsg. 60mg/20ml, 90mg/30ml*	**Tumorinduzierte Hyperkalzämie, osteolytische Metastasen, Multiples Myelom:** 90mg i.v. alle 4W; **M. Paget:** 1 x 30mg/W über 6W i.v.; **DANI** CrCl > 30: 100%, max. 90mg/4h; < 30: KI; **DALI** leichte bis mittlere LI: 100%, schwere LI: keine Daten
Risedronsäure Rp	HWZ 1.5(24)h, PPB 24%, PRC C, Lact ?
Acara *Tbl. 35mg* **Actonel** *Tbl. 5, 30, 35, 75mg* **Risedronat Heumann** *Tbl. 35mg* **Risedron HEXAL** *Tbl. 35, 75mg* **Risedronsäure-CT** *Tbl. 75mg*	**Osteoporose:** 1 x 5mg p.o.; 1 x/W 35mg; **postmenopausale Osteoporose mit erhöhtem Frakturrisiko:** 75mg p.o. d1+2, Wh d29; **M. Paget:** 1 x 30mg p.o. für 2M, evtl. Wdh. nach 2M; **DANI** CrCl < 30: KI

Zoledronsäure Rp	HWZ 167h, Q0 0.1, PPB 56%, PRC D, Lact ?
Aclasta *Inf.Lsg. 5mg/100ml* **Ribometa** *Inf.Lsg. 4mg/5ml* **Steozol** *Inf.Lsg. 4mg/5ml* **Zerlinda** *Inf.Lsg. 4mg/100ml* **Zoledron HEXAL** *Inf.Lsg. 4mg/5ml, 4mg/100ml* **Zoledronsäure Actavis** *Inf.Lsg. 4mg/5ml* **Zoledronzentiva** *Inf.Lsg. 4mg/5ml, 4mg/100ml* **Zometa** *Inf.Lsg. 4mg/5ml, 4mg/100ml*	**Tumorinduzierte Hyperkalzämie, Pro. skelettbezogener Komplikationen bei Knochenmetastasen:** Zometa: 4mg in 100ml NaCl 0.9% über 15min i.v., alle 3-4W; **DANI** CrCl 50-60: 3.5mg; 40-49: 3.3mg; 30-39: 3mg; < 30: Anw. nicht empfohlen; **M. Paget:** Aclasta: einmalig 5mg i.v.; **erhöhtes Frakturrisiko bei postmenopaus./ cortisoninduz. Osteoporose, Osteoporose bei Männern:** Aclasta: 1 x/J 5mg i.v.; **DANI** CrCl > 35: 100%; < 35: KI; **DALI** nicht erf.

6.6.2 Calcitonin

Wm/Wi: ossärer Kalzium- und Phosphateinbau ↑, renale Kalzium- und Phosphatausscheidung ↑;
UW: Flush, Übelkeit, Erbrechen, Malignombildg.; **KI:** bek. Überempf., Hypokalzämie, Pat. < 18J

Calcitonin (vom Lachs) Rp	HWZ 5h, PPB 30-40%, Q0 0.95, PRC C, Lact ?
CalciHEXAL *Amp. 100IE/1ml* **Calcitonin Rotexmedica** *Amp. 50IE/1ml, 100IE/1ml*	**Pro. von akutem Knochenverlust nach plötzlicher Immobilisation:** 100IE s.c./i.m. in 1-2ED für 2-4W; **Hyperkalzämie durch Malignome:** ini 100IE i.m./s.c. alle 6-8h, Steigerung bis max. 400IE alle 6-8h; in schweren Fällen 5-10IE/kg über 6h i.v.; **M. Paget:** ini 1 x 100IE s.c./i.m., Erh.Dos. 100IE alle 2d; **DANI, DALI** nicht erforderlich

6.6.3 RANKL-Inhibitoren

Wm/Wi: humaner monoklon. AK, inhibiert RANKL, hemmt Bildung, Funktion und Überleben der Osteoklasten u. Vorläuferzellen ⇒ Knochenresorption im kortikalen u. trabekulären Knochen ↓;
UW: Hypokalzämie (v.a. bei renaler Funktionsstörung), Hypophosphatämie, Dyspnoe, Diarrhoe, Hyperhidrose, Kieferosteonekrose, Zahnextraktion, Katarakt, Harnwegsinfektion, Infekte der oberen Atemwege, Ischiassyndrom, Obstipation, Exanthem, Gliederschmerzen;
KI: Hypokalzämie, bekannte Überempfindlichkeit, Anwendung in Grav./Lakt. nicht empf.

Denosumab Rp	HWZ 26d, PRC C Lact-
Prolia *Fertigspr. 60mg/1ml*	**Postmenop. Osteoporose, O. bei Männern u. bei Z.n. Androgenentzug bei Prostata-Ca:** 60mg s.c. alle 6M; **DANI** nicht erf.; **DALI** k. Dat.
Xgeva *Inj.Lsg. 120mg*	**Pro. skelettbez. Komplik. bei Knochenmetast. solider Tumore:** 120mg alle 4W. s.c., Komb. mit mind. 500mg Kalzium und 400IE Vit. D, außer bei Hyperkalzämie; **Riesenzelltumore des Knochens:** 120mg s.c. d1, 8, 15, Wdh. d29; **DANI** nicht erforderlich; **DALI** keine Daten

6.6.4 Knochenmorphogene Proteine

Wm/Wi: osteoinduktives Protein, bindet an Oberflächenrezeptoren von Mesenchymzellen ⇒ Bildung von trabekulärem Knochen; **UW:** Amylase ↑, Kopfschmerzen, Tachykardie, Hypomagnesiämie; **KI:** bek. Überempf. gegen Dibotermin alfa bzw. Rinderkollagen Typ I, noch nicht ausgewachsener Knochenbau, akute Infektion an der Frakturstelle, Kompartment-syndrom, pathologische Frakturen, M. Paget, Malignome, Grav.

Dibotermin alfa Rp

InductOs *Implantationskit 12mg/8ml*	**Zur anterioren Lendenwirbelfusion, Tibiafraktur:** Lsg. auf Matrix auftragen und Frakturoberfläche damit bedecken

6.7 Abmagerungsmittel

6.7.1 Zentral wirksame Mittel

Wm/Wi (Amfepramon): indirektes Sympathomimetikum durch präsynaptische Freisetzung adrenerger Amine ⇒ Appetithemmung durch Erregung der Neuronen im lat. Hypothalamus; **UW** (Amfepramon): Psychosen, Depression, Nervosität, Schwindel, Tachykardie, Herzklopfen, präkardiale Schmerzen, Mundtrockenheit, Abhängigkeit, pulmonale Hypertonie; **KI** (Amfepranon): tachyk. Arrhythmien, Phäochromozytom, Hyperthyreose, schwere AP, Engwinkelglaukom, pulm. Hypertonie, schwere art. Hypertonie, Psychosen, Anorexia nerv., Grav./Lakt.

Amfepramon Rp-L! — HWZ 4-6h, PRC B, Lact ?

Regenon *Kps. 25, 60(ret.)mg* **Tenuate** *Tbl. 75(ret.)mg*	**Adipositas** (BMI > 30kg/m²): bis 3 x 25mg p.o.; 1 x 60-75mg (ret.); Therapiedauer max. 12W

6.7.2 Lipasehemmer

Wm: hemmt gastrische und der pankreatische Lipase; **Wi:** Triglyzeride können nicht mehr in freie Fettsäuren und Monoglyzeride hydrolysiert und somit nicht resorbiert werden; **UW:** Bauchschmerzen, Fettstuhl, Flatulenz mit Stuhlabgang, Stuhldrang, Kopfschmerzen, Abgeschlagenheit, Resorption fettl. Vit. ↓; **KI:** chron. Malabsorptionssyndrom, Cholestase, Grav./Lakt.

Orlistat Rp-L!/OTC — HWZ 1-2h, PPB 99%, PRC B, Lact ?

Orlistat HEXAL *Kps. 60, 120mg* **Orlistat-ratioph.** *Kps. 60, 120mg* **Xenical** *Kps. 120mg*	**Adipositas:** BMI > 30kg/m² oder > 28kg/m² + Risikofakt.: 3 x 120mg; BMI > 28kg/m²: 3 x 60mg; jeweils zur oder bis 1h nach der Hauptmahlzeit; **DANI, DALI** nicht erf.

6.8 Orphan Drugs

Orphan Drugs: Medikamente zur Therapie seltener Erkrankungen; **Wm** (Agalsidase, Cerliponase alfa, Galsulfase, Imiglucerase, Laronidase, Sebelipase alfa, Velaglucerase alfa): Enzymsubstitution der entsprechenden Mangelerkrankung; **Wm/Wi** (Amifampridin): Blockade spannungsabhängiger Kaliumkanäle ⇒ Verlängerung der Depolarisation ⇒ Erhöhung der intrazellulären Kalziumkonzentration ⇒ Steigerung der Exozytose acetylcholinhaltiger Vesikel; **Wm/Wi** (Asfotase alfa): humanes rekombinantes Fusionsprotein ⇒ Förderung der Sklettmineralisierung;

Wm/Wi (Ataluren): verhindert die durch ein Stopcodon bedingten vorzeitige Beendigung des Translationsprozess am Ribosom ⇒ Proteine können in voller Länge erzeugt werden; **Wm/Wi** (Betain): Methylgruppendonator ⇒ Remethylierung von Homocystein zu Methionin; **Wm/Wi** (Canakinumab): bindet an Interleukin-1-beta ⇒ Bildung von Entzündungsmediatoren; **Wm/Wi** (Carglumsäure): Aktivierung der Carbamoylphosphatsynthetase (erstes Enzym des Harnstoffzyklus) ⇒ Normalisierung des Ammoniakspiegels; **Wm/Wi** (Cholsäure): Substitution der vorherrschenden primären Gallensäure; **Wm/Wi** (Eliglustat): Inhibitor der Glukocerebrosid-Synthase ⇒ Hemmung der pathologischen Glucocerebrosid-Anreicherung; **Wm/Wi** (Elosulfase alfa): liefert exogenes Enzym N-Acetylgalactosamin-6-Sulfatase ⇒ wird in Lysosomen aufgenommen ⇒ steigert Katabolismus der Glukosaminglykane; **Wm/Wi** (Hemin): Ausgleich des bei Porphyrien auftretenden Häminmangels, Verhinderung einer erhöhten Delta-Amino-Laevulinsäure-Synthase-Aktivität, Reduktion der Porphyriensynthese bzw. Bildung toxischer Zwischenprodukte; **Wm/Wi** (Ivacaftor): selek. Potentiator des CFTR-Proteins, ↑ CFTR-Kanal-Gating-Aktivität und Chloridtransport; **Wm/Wi** (Lumacaftor): CFTR-Korrektor, der die Menge an funktionellem CFTR an der Zelloberfläche erhöht; **Wm/Wi** (Migalastat): bindet mutierte, fehlgefaltete alpha-Gal-A-Formen => fördert den Abtransport in Lysosomen; **Wm** (Miglustat): Hemmung der Glucosylceramidsynthase; **Wm/Wi** (Natriumphenylbutyrat): Prodrug, Verstoffwechslung zu Phenylacetat u. Phenylacetatglutamin ⇒ alternativer Träger zur Stickstoffausscheidung; **Wm/Wi** (Tafamidis): Stabilisator von Transthyretin ⇒ Verlangsamung des Krankheitsverlaufs; **Wm/Wi** (Sapropterin): synthetische Form des 6R-Tetrahydrobiopterins ⇒ Aktivität der Phenylalaninhydroxylase ↑;
UW, KI (alle): s. Packungsbeilage; **UW** (Asfotase alfa): Zellulitis an der Injektionsstelle, Hämatomneigung ↑, Kopfschmerzen, Hitzewallung, orale Hypästhesie, Übelkeit, Erythem, Lipohypertrophie, Cutis laxa, Hautverfärbung mit Hypopigmentierung, gespannte Haut, Extremitätenschmerzen, Myalgie, Fieber, Reizbarkeit, Schüttelfrost, Kontusion, Narbe; **UW** (Ataluren): Kopfschmerzen, Übelkeit, Erbrechen, Appetit ↓, Schwindel, Hypertonie, Epistaxis, Husten, Oberbauchschmerzen, Flatulenz, Diarrhoe, Magenbeschw., Bauchschmerzen, Obstipation, Regurgitation, Erythem, Schmerzen in Extremitäten, Einnässen, Nierenzyste, Pollakisurie, anomale Urinfarbe, Pyrexie, Müdigkeit, Gewicht ↓; **UW** (Cerliponase alfa): Infekt. der oberen Atemwege, Konjunktivitis, vorrichtungsbedingte Infektionen, Überempfindlichkeitsreaktionen, Reizbarkeit, Bradykardie, Krampfanfälle, Kopfschmerzen, CSF-Pleozytose, Dropped-head-Syndrom, Erbrechen, Bauchschmerzen, Blasenbildung der Mundschleimhaut/Zunge, Urtikaria, Beschwerden am Verabreichungsort, Fieber, Nervosität, Schmerzen, CSF-Protein ↑/↓; EKG-Abweichungen; **UW** (Cholsäure): ohne Häufigkeitsangabe: Diarrhoe, Pruritus, Gallensteine, Transaminasen ↑; **UW** (Eliglustat): Kopfschmerzen, Übelkeit, Diarrhoe, Bauchschmerzen, Blähungen, Arthralgie, Ermüdung; **UW** (Elosulfase alfa): Überempf., Kopfschmerzen, Schwindel, Dyspnoe, Diarrhoe, Erbrechen, Schmerzen im Mundrachenbereich, Oberbauchschmerzen, Übelkeit, Myalgie, Schüttelfrost, Pyrexie; **UW** (Ivacaftor): Nasopharyngitis, Inf. ob. Atemwege, Rhinitis, Kopfschmerzen, Schwindel, Ohrbeschwerden, Tinnitus, Trommelfellhyperämie, verstopfte Nase/NNH, oropharyngeale Schmerzen, Rachenrötung, Bauchschmerzen, Diarrhoe, Hautausschlag, Bakt. im Sputum; **UW** (Ivacaftor + Lumacaftor): Nasopharyngitis, Inf. ob. Atemwege, Rhinitis, Kopfschmerzen, Schwindel, Ohrbeschwerden, Tinnitus, Trommelfellhyperämie, vestibuläre Störung, verstopfte Nase/NNH, Dyspnoe, oropharyng. Schmerzen, Rachenrötung, Bauchschmerzen, Diarrhoe, Übelkeit, Erbrechen, Flatulenz, Transaminasenerhöhung, Hautausschlag, Dysmennorhoe, Metorrhagie, gutartige Knoten i.d. Brust, Bakt. im Sputum; **UW** (Migalastat): Kopfschmerzen, Depression, Parästhesie, Hypästhesie, Benommenheit, Schwindel, Herzklopfen, Dyspnoe, Epistaxis, Diarrhoe, Übelkeit, Bauchschmerzen, Obstipation, Mundtrockenheit, Stuhldrang, Dyspepsie, Exanthem, Juckreiz, Muskelspasmen, Myalgie, Schiefhals, Proteinurie, Müdigkeit, Gewicht ↑, CK ↑;

UW (Natriumphenylbutyrat): Anämie, Thrombozytopenie, Leukopenie, Leukozytose, Thrombozytose, metabolische Azidose, Alkalose, Appetit ↓, Depression, Reizbarkeit, Synkope, Kopfschmerzen, Ödem, abdom. Schmerzen, Erbrechen, Übelkeit, Verstopfung, Dysgeusie, Hautausschlag, abnormaler Hautgeruch, renaltubuläre Azidose, Amenorrhoe, unregelmäßige Menstr., Hypokaliämie, Hypalbuminämie, Hypoproteinämie, Hypophosphatämie, aP/GOT/GPT/Bilirubin/Harnsäure/Chlorid/Phosphat/Natrium ↑; Gewicht ↑;
UW (Sebelipase alfa): Augenlidödem, Agitiertheit, Reizbarkeit, Hypotonus, Herzerkr., Tachykardie, Gefäßerkrankungen, Hypertonie, Blässe, Atemnot, Giemen, Husten, Rhinitis, Nasenverstopfung, Niesen, Diarrhoe, gastroösophageale Refluxkrankheit, Brechreiz, Erbrechen, Urtikaria, Ausschlag, Ekzem, Pruritus, makulopapulöser Ausschlag, Schüttelfrost, Hyperthermie, Pyrexie, Ödem, Körpertemperatur ↑, Sauerstoffsättigung ↓, RR ↑, Herzfrequenz ↑, Atemfrequenz ↑, Harnwegsinf., anaphylaktische Reaktion, Hypercholesterinämie, Hypertriglyzeridämie, Angst, Schlaflosigkeit, Schwindelgefühl, Hyperämie, Kehlkopfödem, Abdominalschmerz, aufgetriebener Bauch, Übelkeit, Menorrhagie, thorakale Beschwerden, Ödem, Ermüdung, Induration an Infusionsstelle, Pyrexie; **UW** (Tafamidis): Harnwegsinfekte, Scheideninfektionen, Diarrhoe, Oberbauchschmerzen;
KI (Asfotase alfa): bek. Überempf.; **KI** (Ataluren): bek. Überempf., gleichzeitige i.v.-Anw. von Aminoglykosiden; **KI** (Cerliponase alfa): bek. lebensbedrohliche anaphylaktische Reaktion auf C., ventrikulo-peritonealer Shunt, Anzeichen für Defekt/Undichtigkeit/Infektion an der Zugangsvorrichtung; **KI** (Cholsäure): bek. Überempf., gleichzeitige Anw. von Phenobarbital; **KI** (Eliglustat): bek. Überempf.; **KI** (Elosulfase alfa): bek. Überempf.; **KI** (Ivacaftor, Lumacaftor): bek. Überempf.; **KI** (Migalastat): bek. Überempf.; **KI** (Natriumphenylbutyrat): bek. Überempf., Grav., Lakt.; **KI** (Sebelipase alfa): lebensbedrohl. Überempf.; **KI** (Tafamidis): bek. Überempf.

Agalsidase alfa Rp	Keine PPB zu erwarten
Replagal *Inf.Lsg. 3.5mg/3.5ml*	**M. Fabry (Alpha-Galactosidase-A-Mangel):** alle 2W 0.2mg/kg über 40min i.v.; **DANI** nicht erforderlich; **DALI** keine Daten
Agalsidase beta Rp	HWZ 45-102min, PRC B, Lact ?
Fabrazyme *Inf.Lsg. 35mg*	**M. Fabry (Alpha-Galactosidase-A-Mangel):** alle 2W 1mg/kg über 2h i.v.; **DANI** nicht erf.
Alglucosidase alfa Rp	HWZ 2-3h, PRC B, Lact ?
Myozyme *Inf.Lsg. 50mg*	**M. Pompe (Alpha-Glucosidase-Mangel):** alle 2W 20mg/kg i.v.; **DANI, DALI** keine Daten
Amifampridin Rp	HWZ 2h
Firdapse *Tbl. 10mg*	**Lambert-Eaton-Myasthenisches-Syndrom:** ini 15mg/d p.o., alle 4-5d um 5mg steigern bis max. 60mg in 3-4ED, max. 20mg/ED; **DANI, DALI** leichte NI/LI ini 10mg; mäßige bis schwere NI/LI ini 5mg
Asfotase alfa Rp	
Strensiq *Inj.Lsg. 12, 18, 28, 40, 80mg*	**Hypophosphatasie bei Ki. und Jug.:** 3x/W 2mg/kg s.c. oder 6x/W 1mg/kg; **DANI, DALI** keine Daten

Ataluren Rp	HWZ 2-6h, PPB 99%
Translarna *Granulat 125, 250, 1000mg*	**Duchenne-Muskeldystrophie mit Nonsense-Mutation im Dystrophin-Gen:** Erw., **Ki. ab 5J:** 3 x tgl. Einnahme mit 10-10-20mg/kg p.o.; **DANI**, **DALI** vorsichtige Anw.
Betain Rp	HWZ 14h
Cystadane *Pulver (1g enth. 1g)*	**Homocystinurie:** Erw., **Ki >10J:** 2 x 3g p.o.; Ki <10J: 100mg/kg/d in 2 ED; **DANI, DALI** nicht erforderlich
Canakinumab Rp	HWZ 26d
Ilaris *Inj.Lsg. 150mg*	**Cryopyrin-assoziierte periodische Syndrome ab 4J: ≥ 15-40kg:** 2mg/kg alle 8W s.c.; **> 40kg:** 150mg alle 8W s.c.; **DANI** nicht erforderlich; **DALI** keine Daten
Carglumsäure Rp	HWZ 28h
Carbaglu *Tbl. 200mg*	**Hypermammonämie bei N-Acetylglutamat-synthasemangel:** ini 100-250mg/kg in 2-4 ED p.o., Erh.Dos. 10-100mg/kg; **DANI, DALI** keine Daten
Cerliponase alfa Rp	
Brineura *Inf.Lsg. 150mg*	**Neuronale Ceroid-Lipofuszinose Typ 2 (Tripeptidyl-Peptidase-1-Mangel):** 300mg intrazerebroventrikulär alle 2W; **Ki. < 6M:** 100mg; **6M bis < 1J**: 150mg; **1J bis < 2J:** 200mg die ersten 4 Dosen, dann 300mg; **≥ 2J**: 300mg jeweils alle 2W.; ini 100-250mg/kg in 2-4 ED p.o., Erh.Dos. 10-100mg/kg; **DANI, DALI** keine Daten
Cholsäure Rp	
Orphacol *Kps. 50, 250mg*	**Angeb. Störung d. primären Gallensäure-synthese:** Erw., **Ki. ab 1M:** 5-15mg/kg p.o., Mindestdosis 50mg, Erw. max. 500mg, Dosiseinst. n. Gallensäurespiegel in Blut/Urin; **DANI** keine Daten, **DALI** vorsichtige Anw.
Eliglustat Rp	HWZ 4-9h PPB 76-83%
Cerdelga *Kps. 84mg*	**M. Gaucher Typ 1:** 2 x 84mg p.o. (intermed. und schnelle CYP2D6-Metabolisierer); 1 x 84mg (langsame CYP2D6-Metabolisierer); **DANI, DALI** keine Daten
Elosulfase alfa Rp	HWZ 7-36min, PRC B, Lact ?
Vimizim *Inf.Lsg. 5mg/5ml*	**Mucopolysaccharidose Typ IVa:** 1 x 2mg/kg KG/W über 4h i.v.; **DANI, DALI** keine Daten

Galsulfase Rp	PRC B, Lact ?
Naglazyme *Inj.Lsg. 5mg/5ml*	**Mukopolysacch. VI:** 1 x/W 1mg/kg über 4h i.v.
Hemin Rp	HWZ 11h
Normosang *Amp. 250mg/10ml*	**Akute Schübe d. akuten intermitt. Porphyrie, Porphyria variegata, hered. Koproporphyrie:** 1 x 3mg/kg i.v. für 4-7d; **DANI, DALI** KI
Idursulfase Rp	HWZ 45min
Elaprase *Inj.Lsg. 6mg/3ml*	**Hunter-Syndrom (Mukopolysacch. II):** 1 x/W 0.5mg/kg über 3h i.v.; **DANI, DALI** keine Daten
Imiglucerase Rp	
Cerezyme *Inf.Lsg. 400U*	**M. Gaucher Typ I/III:** alle 2W 60U/kg über 3h i.v.; **DANI** nicht erforderlich
Ivacaftor Rp	HWZ 12h, PPB 99%, PRC B, Lact ?
Kalydeco *Tbl. 150mg*	**Mukoviszidose mit G551D-Mutation:** 2 x 150mg/d p.o.; **DANI** CrCl > 30: 100%, < 30: vors. Anw.; **DALI** Child-Pugh A: 100%; B: 1 x 150mg/d; C: keine Dat., ini 1 x 150mg alle 24h
Ivacaftor + Lumacaftor Rp	
Orkambi *Tbl. 125 + 200mg*	**Mukoviszidose mit homozyg. F508del-Mutation:** Erw., **Ki. ab 12J:** 2 x 250+400mg p.o.; **DANI** CrCl > 30: 100%, < 30: vors. Anw.; **DALI** Child-Pugh A: 100%; B: 375+600mg/d; C: keine Daten, 250+400mg/d
Laronidase Rp	HWZ 1.5-3.6h PRC B, Lact ?
Aldurazyme *Inf.Lsg. 500U/5ml*	**Mukopolysaccharidose I:** 1 x/W 100U/kg i.v.
Migalastat Rp	HWZ 3-5h, keine PPB
Galafold *Kps. 123mg*	**M. Fabry:** Erw., **Ki. ab 16J:** 1 x 123mg alle 2d p.o.; **DANI** CrCl < 30: Anw. nicht empf.; **DALI** nicht erf.
Miglustat Rp	HWZ 6-7h, keine PPB
Zavesca *Kps. 100mg*	**M. Gaucher Typ I:** 3 x 100mg p.o.; **DANI** CrCl 50-70: 2 x 100mg; 30-50: 1 x 100mg; < 30: KI; **DALI** keine Daten
Natriumphenylbutyrat Rp	HWZ 1.3-2.4h
Pheburane *Granulat 483mg/g* **Ammonaps** *Granulat 940mg/g;Tbl. 500mg*	**Zusatztherapie bei Stoffwechselstörungen des Harnstoffzyklus:** < 20kg: 450-600mg/kg/d p.o. in mehreren ED zu den Mahlzeiten; > 20kg: 9.9-13 g/m2/d, max. 20g/d; **DANI, DALI** vorsichtige Anwendung

Nitisinon Rp	
Orfadin *Kps. 2, 5, 10mg*	**Tyrosinämie Typ I:** ini 1mg/kg/d p.o. in 2 ED, ggf. 1.5-2mg/kg/d
Sapropterin Rp	
Kuvan *Tbl. 100mg*	**Hyperphenylalaninämie bei Phenylketonurie:** ini 1 x 10mg/kg/d p.o. morgens, ggf. 5-20mg/kg/d; **bei Tetrahydrobiopterin-Mangel:** ini 1 x 2-5mg/kg/d p.o., ggf. bis 20mg/kg/d steigern, evtl. in 2-3 ED; **DANI, DALI** keine Daten
Sebelipase alfa Rp	HWZ 0.1h
Kanuma *Inf.Lsg 20mg/10ml*	**Lysosomale saure Lipase-Mangel: Ki. < 6M** ini 1 x/W 1mg/kg i.v., ggf. 1 x/W 3mg/kg; **Ki > 6M, Erw.** 1mg/kg alle 2W i.v.; **DANI, DALI** nicht erforderlich
Tafamidis Rp	HWZ 59h, PPB 99,9%
Vyndaqel *Kps. 20mg*	**Transthyretin-Amyloidose mit symptomatischer PNP (Stadium I):** 1 x 20mg/d p.o.; **DANI** nicht erf.; **DALI** schwere LI: vors. Anw.
Velaglucerase alfa Rp	PRC B, Lact ?
Vpriv *Inf.Lsg. 400IE (100IE/1ml)*	**M. Gaucher Typ I:** 60 IE/kg i.v. alle 2 W.; **DANI, DALI** nicht erforderlich

6.9 Steroidgenesehemmer

Wm/Wi (Ketoconazol): Hemmung der 17-alpha-Hydroxylase und der 11-Hydroxylierung ⇒ Hemmung der Cortison- u. Aldosteronsynthese, Hemmung kortikotroper Tumorzellen bei Cushing-Syndrom; **UW** (Ketoconazol): Nebennierenrindeninsuffizienz, Übelkeit, Erbrechen, Bauchschmerzen, Diarrhoe, erhöhte Leberenzyme, Pruritus, Exanthem;
KI (Ketoconazol): bek. Überempf. gegen K. bzw. Imidazol enthaltende Antimykotika; Grav./Lakt., akute oder chron. Lebererkr. und/oder Leberenzymerhöhung (> 2 x ULN), gleichzeitige Anw. Simvastatin, Atorvastatin, Lovastatin, Eplerenon, Methadon, Disopyramid, Chinidin, Dronedaron, Pimozid, Sertindol, Saquinavir, Saquinavir/Ritonavir, Ranolazin, Mizolastin, Halofantrin, Dabigatran, Triazolam, orales Midazolam und Alprazolam, Ergotalkaloide, Lurasidon, Quetiapin, Felodipin, Nisoldipin, Colchicin, Irinotecan, Everolimus, Sirolimus, Vardenafil bei Männern über 75J; bei Patienten mit eingeschränkter Nierenfunktion: Telithromycin, Clarithromycin, Fesoterodin, Solifenacin

Ketoconazol Rp	HWZ 2h, PPB 99%
Ketoconazole HRA *Tbl. 200mg*	**Endogenes Cushing-Syndrom:** Erw., **Ki ab12J:** ini 400-600mg/d in 2-3ED, rasche Steigerung auf 800-1200mg/d mögl.; Dosisanpassung an Plasmacortisolspiegel; Erh. Dos. 400-1200mg/d; s. FachInfo; **DANI:** nicht erforderlich; **DALI:** KI

6.10 Hypothalamushormone

6.10.1 Somatostatin-Analagon

Wm/Wi (Pasireotid): Bindung an Somatostatin-Rezeptoren (Subtypen hsst 1-5) mit starker Affinität zu hsst5 der kortikotropen Zellen von ACTH-produzierenden Adenomen ⇒ Hemmung der ACTH-Sekretion; **UW** (Pasireotid): Anämie, Nebenniereninsuffizienz, Hyperglykämie, Diabetes mellitus, Appetit ↓, Kopfschmerzen, Sinusbradykardie, QT-Verlängerung, Hypotonie, Durchfall, Bauchschmerzen, Übelkeit, Erbrechen, Cholelithiasis, Haarausfall, Pruritus, Myalgie, Arthralgie, Reaktion an Injektionsstelle, Erschöpfung, glykosyliertes Hb/γGT/ALAT/BZ/Lipase/Amylase, Prothrombinzeit ↑;
KI (Pasireotid): Überempfindlichkeit gegen Wirkstoff oder Bestandteile, Child-Pugh C

Pasireotid Rp	HWZ 12h, PPB 88% PRC C, Lact -
Signifor *Inj.Lsg. 0.3, 0.6, 0.9mg/ml; 10, 20, 30, 40, 60mg*	**M. Cushing:** 2 x 0.6mg/d s.c., ggf. steigern auf 2 x 0.9mg/d s.c.; ini 10mg alle 4W i.m., ggf. alle 2-4M steigern, max. 40mg alle 4W; **DANI** nicht erf.; **DALI** Child-Pugh A: 100%; B: 2 x 0.3mg/d, max. 2 x 0.6mg/d; C: KI **Akromegalie:** 40mg i.v. alle 4W; ggf. nach 3M steigern auf max. 60mg; ggf. Dosisred. um 20mg bei UW bzw. Überreaktion; **DANI** nicht erf.; **DALI** Child-Pugh A: 100%; B: ini 20mg alle 4W, max. 40mg alle 4W; C: KI

6.11 Hypophysenhinterlappenhormone

6.11.1 Agonisten

Wm/Wi (Argipressin): = Vasopressin, renale H_2O-Rückresorption ↑; vasokonstriktiv;
Wm/Wi (Desmopressin): renale H_2O-Rückresorption ↑; vasokonstriktiv;
Wm/Wi (Oxytocin): Kontraktion der Uterusmuskulatur, Förderung der Milchejektion durch Kontraktion der glatten Muskulatur der Milchdrüse;
Wm/Wi (Terlipressin): Durchblutung im Portalgefäßgebiet ↓ + Kontraktion der glatten Ösophagusmuskulatur ⇒ Kontraktion der Ösophagusvarizen ⇒ portale Hypertension ↓;
UW (Argipressin): ohne Häufigkeitsangabe: Herzstillstand, Anaphylaxie, Bronchokonstriktion, Hautnekrose, digitale Ischämie, Arrhythmien, Myokardinfarkt, Übelkeit, Erbrechen, intestinale Ischämie; **UW** (Terlipressin): Bronchospasmus, RR-Schwankungen, Kopfschmerzen, Diarrhoe;
KI (Argipressin): bek. Überempf.; **KI** (Terlipressin): schwere Hypertonie, Arteriosklerose, AP, Epilepsie, Grav.; Anw. Beschr. bei Asthma bronchiale, Herzinsuffizienz

Argipressin Rp	HWZ 10-20min
Empressin *Inj.Lsg. 40 IE/2ml*	**Katecholaminrefraktäre Hypotonie bei septischen Schockzuständen:** ini 0.01IE/min i.v., ggf. alle 15-20min steigern bis 0.03IE/min; Perfusor 40IE/50ml (0.8IE/ml) 0.75-2.25 ml/h; **DANI, DALI** keine Daten

Desmopressin Rp	HWZ 75min i.v./90-150min p.o., Q0 1.0, PRC B, Lact ?
Desmogalen *Spray (10µg/Hub)* **Desmopressin** *Tbl. 0.1, 0.2mg* **Desmotabs** *Tbl. 0.1, 0.2mg* **Minirin** *Schmelztbl. 60, 120, 240µg; Tbl. 0.1, 0.2mg; Spray (10µg/Hub); Rhinyle (0.1ml = 10µg); Amp. 4µg/1ml* **Nocturin** *Tbl. 0.1mg* **Nocutil** *Tbl. 0.1, 0.2mg; Spray (10µg/Hub)* **Octostim** *Spray (150µg/Hub)*	**Zentr. Diabetes insipidus:** 3 x 60-200µg p.o.; 1 x 10-20µg nasal; 1-2 x 0.5-2µg i.v./i.m./s.c.; **Ki.:** 2-3 x 10-40µg p.o.; 1 x 10µg nasal; 1-2 x 0.2-0.5µg i.v./i.m./s.c.; **diagnostisch:** 1 x 40µg nasal; 4µg i.m./s.c.; **Ki. < 1J:** 1 x 10µg nasal; 0.4µg i.m./s.c.; **> 1J:** 1 x 20µg nasal; 1-2µg i.m./s.c.; **Nykturie bei nächtl. Polyurie:** ini 60µg p.o. z.N., ggfs. steigern auf 120-240µg; **Enuresis noct. Ki. ab 5J:** ini 120-200µg p.o. z.N., evtl. 240-400µg; **Steigerung der F-VIII-Gerinnungs-aktivität, Thrombozytendysfkt:** 0.3-0.4µg/kg über 30min i.v. präop.; 300µg nasal 1-2h präop.
Oxytocin → 32, → 439	HWZ 15min, PRC X, Lact -, Nasenspray +
Terlipressin Rp	HWZ 24min
Glycylpressin *Inj.Lsg. 0.1mg/ml* **Haemopressin** *Inj.Lsg. 1mg/5ml* **Variquel** *Inj.Lsg. 0.2mg/ml*	**Ösophagusvarizenblutung:** ini 1-2mg i.v., Erh.Dos. 1mg alle 4-6h für 2-3d; max. 6 x 20µg/kg/d

6.11.2 Vasopressinantagonisten

Wm/Wi: selektiver Vasopressin-V2-Rezeptorantagonist ⇒ Harnausscheidung ↑ ⇒ Aquaresis ↑, Osmolarität des Urins ↓, Serumnatriumkonzentration ↑;
UW: Polydipsie, Hyperkaliämie, Dehydration, Hyperglykämie, Appetit ↓, orthostatische Hypotonie, Obstipation, Mundtrockenheit, Ecchymosis, Pruritus, Polyurie, Pollakisurie, Durst, Asthenie, Pyrexie, Blukreatininwerte ↑;
KI: bek Überempf., Anurie, Volumendepletion, hypovolämische Hyponatriämie, Hypernatriämie, Patient ohne Durstgefühl, Grav./Lakt.

Tolvaptan Rp	HWZ 12h, PPB 98%, Q0 1.0, PRC C, Lact ?
Jinarc *Tbl. 15, 30mg* **Samsca** *Tbl. 15, 30mg*	**Hyponatriämie bei SIADH:** ini 1 x 15mg/d p.o., max. 60mg/d; **Verlangsamung der Progression von Zystenentwicklung und NI bei autosomal-dominanter polyzystischer Nierenerkr.:** Jinarc: ini 60mg/d, nach 1W 90mg/d, nach 2W 120mg/d; **DANI** CrCl > 10: nicht erf.; < 10: keine Daten; Anurie: KI; **DALI** Ch. A-B: nicht erf.; C: vors. Anw.

6.12 Wachstumshormonrezeptorantagonisten

Wm/Wi: selektive Bindung an Wachstumshormonrezeptoren ⇒ Hemmung der Wachstumshormonwirkung ⇒ IGF-1 ↓, IGF-Bindungsproteine ↓; **UW:** Diarrhoe, Übelkeit, Erbrechen, grippeähnliche Symptome, Müdigkeit, Arthralgie, Myalgie, Kopfschmerzen, Schwindel, Somnolenz, Tremor, Schwitzen, Pruritus, Exanthem; **KI:** bekannte Überempfindlichkeit

Pegvisomant Rp	6d, PRC B, Lact ?
Somavert *Inj.Lsg. 10mg/1ml, 15mg/1ml, 20mg/1ml*	**Akromegalie**: ini 80mg s.c., dann 10-20mg/d s.c., Dosisanp. alle 4-6W in 5-mg-Schritten n. IGF-1-Serumsp., max.30mg/d; **DANI, DALI** keine Daten

6.13 Endokrinologische Diagnostik

Corticorelin (CRH) Rp	
Cortirel *Inj.Lsg. 0.1mg/1ml* **CRH Ferring** *Inj.Lsg. 0.1mg/1ml*	**Test der kortikotropen Partialfunktion des HVL:** 0.1mg i.v., bei übergewichtigen Pat. 2µg/kg; ACTH- und Cortisolbestimmung zuvor und nach 15, 30, 60, 90min
Gonadorelin (LHRH) Rp	PPB < 15% ✋
LhRh Ferring *Amp. 0.1mg/1ml* **Relefact LHRH** *Amp. 0.1mg/1ml*	**Diagnostik hypothalamischer, hypophys. u. gonadaler Funktionsstörung:** 0.1mg i.v.; **Ki.:** 60µg/m² KOF, mindestens 25µg i.v.; LH-/FSH-Bestimmung zuvor und nach 30min
Metyrapon Rp	HWZ 2h ✋
Metopiron *Kps. 250mg*	**ACTH-Insuffizienz-Kurztest:** 30mg/kg, max. 3g um 0 Uhr p.o., nach 7.5-8h Bestimmung von 11-Desoxycortisol und/oder ACTH; **Mehrfachdosistest:** s. FachInfo; Ther. **Cushing-Syndrom:** ini 250-1000mg p.o., Erh.Dos. 500-6000mg/d in 3-4 ED
Protirelin (TRH) Rp	✋
Antepan *Spray 1mg/Hub, Amp. 0.2mg/1ml* **TRH Ferring** *Amp. 0.2mg/1ml*	**Diagnostik v. Hypophysen- u. Schilddrüsenfunktionsstörung:** 2mg nasal; 0.2-0.4mg i.v.; **Ki.:** 1mg nasal; 1µg/kg oder 50-100µg i.v.; erneute Diagnostik nach 30-45min (Spray) bzw. nach 30min (Amp.)
Somatorelin (GHRH) Rp	✋
GHRH Ferring *Inj.Lsg. 0.05mg/1ml*	**Test der somatotropen Partialfkt. des HVL:** 0.05mg i.v.; **Ki.:** 1µg/kg i.v.; Wachstumshormonbest. zuvor und nach 30, 60, 90, 120min
Tetracosactid (ACTH) Rp	✋
Synacthen *Amp. 0.25mg/1ml (= 25IE)*	**Test d. Nebennierenrindenfkt:** 0.25mg i.v./i.m.; Cortisolbestimmung zuvor und nach 30min

7 Hämatologie, Onkologie

7.1 Antianämika

7.1.1 Eisen

UW (Eisen-II-Ion): Übelkeit, Erbrechen, Diarrhoe, Obstipation, epigastrische Beschwerden, Dunkelfärbung des Stuhls;
UW (Eisen-III-Ion): Geschmacksstörung;
UW (Eisen-III-Maltol): Bauchschmerzen, Flatulenz, Obstipation, Diarrhoe, Übelkeit, aufgetriebener Bauch;
KI (Eisen-II-Ion): bek. Überempf., Hämochromatose, chron. Hämolysen mit Zeichen der Eisenüberladung, Bleianämie, Thalassämie, sideroachrestische Anämie;
KI (Eisen-III-Ion): bek. Überempf.; Anämien, die nicht durch Eisenmangel verursacht sind; Hämochromatose, Hämosiderose, Thalassämie, sideroachrestische Anämie, gleichzeitige Anw. oraler Eisenpräparate;
KI (Eisen-III-Maltol): bek. Überempfindlichkeit, Hämochromatose und sonstige Eisenüberladungssyndrome; Pat., die wiederholt Bluttransfusionen erhalten

Eisen-II-Ion OTC	
Eisentabletten-ratioph. *Tbl. 50, 100mg* **Eryfer** *Kps. 100mg* **ferro sanol** *Tbl. 40mg; Gtt. (20Gtt. = 30mg)* **ferro sanol duodenal** *Kps. 50, 100mg* **Ferrum Hausmann** *Kps. (ret.) 100mg* **Lösferron** *Brausetbl. 80.5mg* **Tardyferon** *Tbl. (ret.) 80mg* **Vitaferro** *Brausetbl. 80.5mg*	**Eisenmangelanämie:** 1-2 x 50-100mg p.o. für mind. 8 W; nach Normalisierung des Hb-Werts Weiterbehandlung für 6-8W
Eisen-III-Ion Rp	
Ferrlecit *Amp. 40mg/3.2ml, 62.5mg/5ml* **Venofer** *Amp. 100mg/5ml*	**Ausgeprägte Eisenmangelzustände:** 1 x 40-62.5mg langsam i.v.; Venofer: 2-3x/W 100-200mg i.v.; **Ki.:** 2-3x/W 0.15ml/kg i.v.
Eisen-III-Hydroxid-Dextran-Komplex Rp	
CosmoFer *Amp. 625mg (= 100mg Fe^{3+})/2ml*	**Ausgeprägte Eisenmangelzustände:** 2-3x/W 100-200mg Fe^{3+} i.v., max. 20mg Fe^{3+}/kg/Infusion
Eisen-III-Hydroxid-Oxidcitrat-Isomaltooligosaccharidalkohol-Hydrat-Komplexe Rp	
MonoFer *Amp. 100mg Fe^{3+}/1ml, 500mg Fe^{3+}/5ml, 1000mg Fe^{3+}/10ml*	**Eisenmangelanämie:** bis 3x/W 100-200mg Fe^{3+} i.v.; Ges. Dosis max. 20mg Fe^{3+}/kg/Inf. in 500ml NaCl über 60min i.v.; s.a. FachInfo

Eisen-III-Hydroxid-Polymaltose-Komplex Rp	
Ferinject *Amp. 370mg (=100mg Fe^{3+})/2ml, 1850mg (= 500mg Fe^{3+})/10ml* **Ferrum Hausmann** *Gtt. 186mg (= 50mg Fe^{3+})/1ml; Saft 186mg (= 50mg Fe^{3+})/5ml*	**Ausgeprägte Eisenmangelzustände:** max. 2-3x/W 200mg Fe^{3+} i.v.-Inj. oder max. 15mg Fe^{3+}/kg bzw. max. 1x/W 1g Fe^{3+} als Inf.; Gesamtdosis indiv. berechnen, s. FI; **Erw.:** 1 x 100-200mg Fe^{3+}/d p.o.; **Ki.:** 1 x 50-100mg Fe^{3+}/d p.o.; **< 2J:** 1 x 25-50mg Fe^{3+}/d p.o.; **FG:** 2.5-5mg Fe^{3+}/kg/d p.o.; **DANI, DALI** KI b. schwerer NI, LI

Eisen-III-Maltol Rp	
Feraccru *Kps. 30mg*	**Eisenmangelanämie bei CED:** 2 x 30mg p.o.; **DANI, DALI** keine Daten

7.1.2 Erythropoetin

Wm/Wi (Erythropoetin): spez. Interaktion mit dem Erythropoetinrezeptor auf erythroiden Vorläuferzellen im Knochenmark ⇒ Erythropoese ↑;
Wm/Wi (Darbepoetin): s. Erythropoetin, längere HWZ durch veränderte Molekülstruktur;
UW (Darbepoetin): Kopfschmerz, Hypertonie, Shuntthrombose, Schmerz an der Einstichstelle;
UW (Erythropoetin): Hypertonie, Hautreaktion, Schwindel, Kopfschmerz, grippeähnliche Symptome, epileptische Anfälle;
UW (Epoetin theta): Kopfschmerzen, Hypertonie, hypertensive Krise, Hautreaktionen, Arthralgie, grippeähnliche Erkrankung, Shuntthrombose;
UW (Epoetin zeta): Kopfschmerzen, Benommenheit, Thrombosen, Lungenembolie, Exanthem, Gelenkschmerzen, Blutdruckanstieg, Schwächegefühl, grippeähnliche Symptome, Müdigkeit, Blutgerinnsel in künstlichen Nieren;
KI (alle): bek. Überempf. gegen Inhaltsstoffe;
KI (Darbepoetin): schwer kontrollierbare Hypertonie, Lakt., keine Daten bezüglich Grav.;
KI (Erythropoetin): schwer kontrollierbare Hypertonie, Ki. < 2J;
KI (Epoetin theta): bek. Überempf., unkontrollierte Hypertonie;
KI (Epoetin zeta): bek. Überempf., unkontrollierte Hypertonie, bek. Erythroblastopenie nach Epoetin-Therapie, Pat. ohne adäquat durchführbare Thromboseprophylaxe; bei Ind. autologe Blutspende: MI, Schlaganfall innerhalb 1M vor Ther., instabile AP, Risiko für Thromboembolien ↑; bei Ind. vor großen orthopädischen OPs: schwere Koronar-, periphere Gefäß-, Karotiden- oder Hirngefäßkrankheit, inkl. Pat. mit kürzlichem MI oder zerebrovaskulärem Ereignis

Darbepoetin alfa Rp	HWZ 49h (s.c.); 21h (i.v.), Q0 > 0.7
Aranesp *Fertigspr. 10, 15, 20, 30, 40, 50, 60, 80, 100, 130, 150, 300, 500µg*	**Anämie bei chron. Niereninsuff., Anämie nach Chemotherapie:** ini 0.45µg/kg 1x/W i.v./s.c.; Dosisanpassung nach Hb (s. Packungsbeilage)

Epoetin alfa Rp	HWZ 16h
Abseamed/Binocrit/Epoetin Alfa HEXAL *Fertigspr. 1000IE/0.5ml, 2000IE/1ml, 3000IE/0.3ml, 4000IE/0.4ml, 5000IE/0.5ml, 6000IE/0.6ml, 8000IE/0.8ml, 10000IE/1ml* **Erypo** *Fertigspr. 1000IE/0.5ml, 2000IE/0.5ml, 3000 IE/0.3ml, 4000 IE/0.4ml, 5000 IE/0.5ml, 6000 IE/0.6ml, 8000IE/0.8ml, 10000IE/1ml, 20000IE/0.5ml, 30000IE/0.75ml, 40000 IE/1ml*	**Anämie bei chron. Niereninsuff.:** ini 50IE/kg 3x/W s.c./i.v., Dosisanpassung +/- 25IE/kg je nach Hb (Ziel: 10-12g/dl); **Tumoranämie bei Chemotherapie:** 150IE/kg 3x/W s.c., alternativ: 450IE/kg 1x/W s.c., bei Hb↑ < 1g/dl: 300IE/kg; **autologe Blutspende:** 600IE/kg 2x/W s.c. für 3W prä-OP
Epoetin beta Rp	HWZ 4-12h, Q0 0.9
NeoRecormon *Inj.Lsg. 10000IE/1ml, 20000IE/1ml, 50000IE/10ml, 100000IE/5ml; Fertigspr. 500IE/0.3ml, 1000IE/0.3ml, 2000IE/0.3ml, 3000IE/0.3ml, 4000IE/0.3ml, 5000IE/0.3ml, 6000IE/0.3ml, 10000IE/0.6ml, 20000IE/0.6ml, 30000IE/0.6ml*	**Anämie bei chron. Niereninsuff.:** ini 20IE/kg 3x/W s.c., evtl. Dosis ↑ um 20IE/kg; Erh.Dos. 50% der Initialdosis; **Anämie bei Chemotherapie:** 150IE/kg 3x/W s.c., max. 900IE/kg/W; **Pro. der Frühgeborenen-anämie:** 250IE/kg 3x/W s.c. für 6W
Epoetin theta Rp	HWZ 22-41h, Q0 0.9
Biopoin *Fertigspr. 1000IE/0,5ml, 2000IE/0,5ml, 3000IE/0,5ml, 4000IE/0,5ml, 5000IE/0,5ml, 10.000IE/1ml* **Eporatio** *Fertigspr. 1000IE/0,5ml, 2000IE/0,5ml, 3000IE/0,5ml, 4000IE/0,5ml, 5000IE/0,5ml, 10.000IE/1ml, 20.000IE/1ml, 30.000IE/1ml*	**Anämie bei chron. Niereninsuff.:** ini 20IE/kg 3x/W s.c., evtl. nach 4W 40IE/kg falls Hb-Anstieg < 1g/dl; ini 40IE/kg 3x/W i.v., evtl. nach 4W 80IE/kg; max 700 IE/kg/W; Erh.Dos. je nach Hb; **Anämie bei Chemother.:** ini 20.000IE 1x/W s.c., evtl. nach 4W 40.000IE falls Hb-Anstieg < 1g/dl; Ther. bis 4W nach Chemotherapie; s.a. FachInfo
Epoetin zeta Rp	HWZ 4-12h, Q0 0.9
Retacrit *Fertigspr. 1000IE/0.3ml, 2000IE/0.6ml, 3000IE/0.9ml, 4000IE/0.4ml, 5000IE/0.5ml, 6000IE/0.6ml, 8000IE/0.8ml, 10.000IE/1.0ml, 20.000IE/0.5ml, 30.000IE/0.75ml, 40.000IE/1.0ml* **Silapo.** *Fertigspr. 1000IE/0.3ml, 2000IE/0.6ml, 3000IE/0.9ml, 4000IE/0.4ml, 5000IE/0.5ml, 6000IE/0.6ml, 8000IE/0.8ml, 10.000IE/1.0ml, 20.000IE/0.5ml, 30.000IE/0.75ml, 40.000IE/1.0ml*	**Anämie bei chron. Niereninsuff.:** ini 50IE/kg 2-3 x/W s.c./i.v., evtl. nach 4W steigern um 25IE/kg je nach Hb-Verlauf; Erh. Dos. 17-300IE/kg/W; **Ki. + HD:** ini 3 x 50 IE/kg i.v., evtl. nach 4W steigern um 25IE/kg je nach Hb-Verlauf, Erh.Dos. 30-150IE/kg; **Anämie bei Chemother.:** ini 150IE/kg 3 x/W oder 450IE 1 x/W s.c., ggf. nach 4W 300IE/g 3x/W. falls Hb-Anstieg < 1g/dl; **autologe Blutspende:** 600IE/kg 2 x/W s.c. für 3W; **vor großem orthopädischem Eingriff:** 600IE/kg 1x/W s.c. 3W vor OP und am OP-Tag; s.a. FachInfo
PEG-Epoetin beta Rp	HWZ 140h
Mircera *Fertigspr. 30, 50, 75, 100, 120, 150, 200, 250, 360µg*	**Anämie bei chron. Niereninsuff.:** ini 0.6µg/kg alle 2W s.c./i.v.; Dosisanp. nach Hb, z.B. 25% steigern, wenn Hb < 1g/dl in 1M ansteigt; bei EPO-Vorbehandlung: s. FachInfo

7.2 Eisenchelatbildner

Wm/Wi (Deferasirox, Deferipron, Deferoxamin): Komplexbildung mit 3-wertigen Eisenionen und Aluminiumionen ⇒ Ausscheidung des chelatgebundenen Eisens über Urin bzw. Stuhl; **UW** (Deferasirox): Diarrhoe, Obstipation, Erbrechen, Übelkeit, Bauchschmerzen, Blähungen, Dyspepsie, Transaminasenerhöhung, Exanthem, Juckreiz, Kreatininerhöhung, Proteinurie; **UW** (Deferipron): Übelkeit, Erbrechen, Bauchschmerzen, Chromaturie, Neutropenie, Agranulozytose, Appetitzunahme, Kopfschmerz, Diarrhoe, Arthralgie, Mattigkeit, erhöhte Leberwerte; **UW** (Deferoxamin): Kopfschmerzen, Übelkeit, Urtikaria, Arthralgie, Myalgie, Fieber; Schmerzen, Rötung, Schwellung a.d. Inj.Stelle;
KI (Deferasirox): bek. Überempf., Komb. mit anderen Eisenchelattherapien, CrCl < 60ml/min;
KI (Deferipron): bek. Überempf., anamnest. belegte rezidivierende; Neutropenie-Schübe bzw. Agranulozytose, Grav./Lakt., gleichzeitige Anw. von Arzneimitteln, die zu Neutropenie oder Agranulozytose führen können; **KI** (Deferoxamin): bek. Überempfindlichkeit

Deferasirox Rp	HWZ 8-16h, PPB 90%, PRC C, Lact ?
Exjade *Tbl. 125, 250, 500mg*	**Eisenüberladung durch Transfusionen bei Thalassaemia, Eisenüberladung bei anderen Anämien:** Erw., **Ki. ab 2J:** ini 10-30mg/kg p.o., Dosisanpassung an Ferritinspiegel, max 40mg/d; s.a. FachInfo; **DANI** CrCl < 60: KI; **DALI** Child B: Dosisreduktion; C: Anw. nicht empfohlen

Deferipron Rp	HWZ 2-3h, PRC D, Lact ?
Ferriprox *Tbl. 500, 1000mg; Lsg. (1ml enth. 100mg)*	**Eisenüberladung bei Thalassaemia major:** Erw., **Ki. ab 10J:** 3 x 25mg/kg p.o.; **DANI, DALI** vorsichtige Anw.

Deferoxamin Rp	HWZ 3-6h, PRC C, Lact ?
Desferal *Inj.Lsg. 0.5, 2g*	**Chron. Eisenüberladung:** 20-60mg/kg/d als s.c.-Infusion über 8-12h, 5-7 x/W; **DANI** vorsichtige Anw.; **DALI** keine Daten

7.3 Vitamine

7.3.1 Vitamin B

B_1 (Thiamin) OTC	PRC A, Lact +
B1 Asmedic *Tbl. 100mg* **Novirell B_1** *Amp. 50mg/1ml* **Vitamin B1 Hevert** *Amp. 200mg/2ml* **Vitamin-B_1-ratioph.** *Tbl. 200; Amp.100mg/2ml*	**Thiaminmangelzustände:** 1-3 x 100mg p.o.; 1 x 100mg i.v.; i.m.

B_2 (Riboflavin) OTC	PRC A, Lact +
B_2-Asmedic *Tbl. 10mg* **Vitamin B_2 Jenapharm** *Tbl. 10mg*	**Riboflavinmangelzustände:** 1-2 x 100mg p.o.; **Ki.:** 1-2 x 5mg p.o.

B_6 (Pyridoxin) OTC	HWZ 15-20d, PRC A, Lact +
B6 Asmedic *Tbl. 40mg* **B_6-Vicotrat** *Tbl. 300mg* **Vitamin B6 Hevert** *Tbl. 100mg; Amp. 25mg/2ml* **Vitamin B_6-ratioph.** *Tbl. 40mg*	**Pro. Vit.-B_6-Mangel-Neuropathie:** 1 x 25-50mg p.o.; **Therapie von Vit.-B_6-Mangelzuständen:** 50-300mg/d p.o.; ini 100-250mg/d i.v./i.m.
B_{12} (Cyanocobalamin) OTC	HWZ 6d PRC A, Lact +
B_{12}-Ankermann *Tbl. 1000µg; Gtt. (1ml = 50µg); Amp. 100µg/1ml, 1000µg/1ml* **Lophakomp B_{12}** *Amp. 3mg/2ml* **Novirell B_{12}** *Amp. 1mg/1ml* **Vitamin B_{12}-ratioph.** *Tbl. 10µg; Amp. 100µg/1ml*	**Perniziöse Anämie, funikuläre Myelose:** ini 100µg tgl. oder 1000-2000µg/W i.m. für 14d, dann 1 x 100µg/M. i.m.; 1 x 300-1000µg p.o.
B_1 + B_6 OTC	
Medivitan N Neuro *Tbl. 100+100mg* **Neuro-ratioph. 100/100 N** *Tbl. 100+100mg* **Neurotrat S forte** *Tbl. 100+100mg*	**Neurol. Systemerkrankung durch B1- und B6-Mangel:** 1 x 1Tbl. p.o., bei manifestem nachgewiesenem Mangel max. 3 x 1 Tbl. p.o.
B_6 + B_{12} + Folsäure (+ Lidocain) OTC	
Medivitan IM mit Lidocain *Amp. 5+1+1.1mg*	**B_6-, B_{12}-, Folsäure-Mangelzustände:** 2 x 1 Amp./W i.m. über 4 W

7.3.2 Vitamin C

UW: z.T. osmotische Diarrhoe;
KI: Anw. Beschr. bei Oxalaturolithiasis, Thalassämie, Hämochromatose

Ascorbinsäure OTC	HWZ 3h, Qo 0.3, PRC C, Lact ?
Ascorvit *Tbl. 200, 500mg* **Cetebe** *Kps. 500(ret.)mg* **Pascorbin** *Inj.Lsg. 7.5g/50ml; Amp. 750mg/5ml* **Vitamin C Loges** *Amp. 500mg/5ml*	**Vitamin-C-Mangel:** 200-1000mg/d p.o.; 100-500mg i.v.; **Ki.:** 5-7mg/kg/d i.v.; **Methämoglobinämie:** 500-1000mg i.v.

7.3.3 Vitamin D

UW: Hyperkalzämie, Nausea, Erbrechen, Kalzifizierung verschiedener Organe, Nierensteine;
KI: Hyperkalzämie, Cave in Grav./Lakt.

Alfacalcidol Rp	HWZ (35)h
Alfacalcidol HEXAL *Kps. 0.25, 0.5, 1µg* **Bondiol** *Kps. 0.25, 0.5, 1µg* **Doss** *Kps. 0.25, 0.5, 1µg* **EinsAlpha** *Kps. 0.25, 0.5, 1µg; Gtt. (20Gtt. = 2µg); Amp. 1µg/0.5ml, 2µg/1ml* **One-Alpha** *Kps. 0.25, 0.5, 1µg; Gtt. (20Gtt. = 2µg); Amp. 1µg/0.5ml, 2µg/1ml*	**Renale Osteodystrophie, postmenopausale Osteoporose, Osteomalazie:** 1 x 1µg p.o.; **Ki. < 20kg:** 0.05µg/kg/d; 1µg/Dialyse i.v., max. 12µg/W i.v.; Doss: **zur Sturzprophylaxe bei Älteren:** 1 x 1µg p.o.

Calcitriol Rp	HWZ 5-8h, PRC C, Lact ?
Calcitriol Kyramed *Tbl. 0.25, 0.5μg* **Decostriol** *Tbl. 0.25, 0.5μg; Amp. 1μg/1ml, 2μg/1ml* **Osteotriol** *Kps. 0.25, 0.5μg* **Renatriol** *Tbl. 0.25, 0.5μg* **Rocaltrol** *Tbl. 0.25, 0.5μg*	**Renale Osteodystrophie:** 0.25μg alle 2d. p.o.; ini 0.5μg i.v. 3 x/W nach Dialyse, Erh.Dos. 0.5-3μg 3 x/W nach Dialyse; **Hypoparathyreoidismus, hypophosphatämische Rachitis:** 0.25μg/d; Dosissteigerung nach Serum-Ca
Colecalciferol OTC/Rp	HWZ 12h
D 3 Vicotrat *Amp. 100.000IE/1ml* **Dekristol** *Tbl. 400, 500, 1000IE; Kps. 20000IE* **Heliodrei** *Lsg. 25.000,100.000/1ml* **Vigantol** *Gtt. (30Gtt. = 20000IE)* **Vigantoletten** *Tbl. 500, 1000IE* **Vitamin D_3-Hevert** *Tbl. 1000IE*	**Osteoporose:** 1000-3000IE/d p.o.; **Malabsorption:** 3000-5000IE/d p.o.; 50000-100000IE i.m. alle 3 M; **Vitamin-D-Mangelzustände:** ini 1x/W 100.000 IE p.o.; Erh.Dos. im Verlauf niedriger; **Rachitis, Osteomalazie:** 1000-5000IE/d für 1J; **Rachitis-Pro. Sgl.:** 500IE/d
Colecalciferol + Calciumcarbonat OTC	
Calci Aps D_3 *Brausetbl. 880IE+2.5g* **Calcicare D_3** *Kautbl. 400IE+1.5g; Brausetbl. 880IE+2.5g* **Calcimagon D_3** *Kautbl. 400IE+1.25g* **Calcivit D** *Kautbl. 400IE+1.5g; Brausetbl. 400IE+1.5g; 880IE+2.5g* **DEOS** *Kautbl. 400IE+1.25g* **Ossofortin D** *Brausetbl. 800IE+3g* **Ossofortin forte** *Brausetbl. 400IE+1.5g; Kautbl. 400IE+1.5g* **Sandocal-D** *Gran. 440/880IE+1.25/2.5g*	**Osteoporose, Vitamin-D-, Kalziummangel bei älteren Patienten:** 800-880IE/d Colecalciferol p.o. in 1-2 ED; **DANI** KI bei schwerer NI; **DALI** nicht erforderlich
Colecalciferol + Fluorid OTC	
D-Fluoretten *Tbl. 500IE+0.25mg* **Fluor-Vigantoletten** *Tbl. 500IE+0.25mg, 1000IE+0.25mg* **Zymafluor D** *Tbl. 500IE+0.25mg, 1000IE+0.25mg*	**Rachitis- und Karies-Pro.:** **FG:** 1 x 1000IE p.o.; **Sgl., Ki. bis 2J:** 1 x 500IE p.o.
Dihydrotachysterol Rp	HWZ 16-18h PRC C, Lact ?
A.T. 10 *Kps. 0.5mg; Gtt. (26Gtt. = 1mg)* **Atiten** *Gtt. (26Gtt. = 1mg)*	**Hypoparathyreoidismus:** 0.5-1.5mg/d p.o., je nach Serum-Ca-Spiegel
Paricalcitol Rp	HWZ 15h PPB 99%
Paricalcitol HEXAL *Amp. 4μg/2ml, 5μg/1ml, 10μg/2ml* **Pasonican** *Kps. 1, 2μg* **Zemplar** *Kps. 1, 2μg; Amp. 5μg/1ml, 10μg/2ml*	**Pro. Hyperparathyreoidismus bei chron. Niereninsuff.:** nach PTH-Serumspiegel [pg/ml]: Dosis in μg = PTH/80, alle 2d i.v. während Dialyse; Dosisanpassung nach PTH s. FachInfo; **DALI** nicht erforderlich

7.3.4 Vitamin K

UW: bei i.v.-Anwendung anaphylaktische Reaktionen mit Atemstillstand

K1 (Phytomenadion) OTC — HWZ 1.5-3h, Q0 0.95

Ka Vit *Gtt. (20Gtt. = 20mg)* **Konakion** *Amp. 2mg/0.2ml, 10mg/1ml*	**Blutung bei Cumarinüberdosierung:** 5-10mg p.o.; 1-10mg langsam i.v.; **Pro. M. haemorrhagicus: NG:** 2mg p.o. oder 2mg i.m./s.c. bei U1, U2, U3

7.3.5 Carotinoide

Wm/Wi (Betacaroten): Antioxidans, Fänger von Singulett-Sauerstoff und freien Radikalen; protektive Wi bei phototoxischen Prozessen;
UW (Betacaroten): keine häufigen oder sehr häufigen UW;
KI (Betacaroten): bek. Überempfindlichkeit, Leberschäden, starke Raucher (≥ 20 Zigaretten)

Betacaroten OTC

Carotaben *Kps. 25mg*	**Erythropoetische Protoporphyrie, polymorphe Lichtdermatosen:** ini 150-200mg p.o.; Dosisanp. nach Schweregrad bzw. Stärke der Sonneneinstrahlung; **Ki., Vorschulki.:** 50-75mg; **Schulki.:** 50-125mg; **Pigmentstörungen:** ini 75-125mg, nach 3-5W 25-50mg; **DANI** vorsichtige Anwendung

7.3.6 Folsäure

UW (Folsäure): selten ZNS-Strg., GI-Strg.;
KI (Folsäure): megaloblastäre Anämie infolge Vitamin-B_{12}-Mangels

Folsäure OTC — HWZ 1.5-2h PRC A, Lact +

Folarell *Tbl. 5mg; Amp. 5mg/1ml* **Folsan** *Tbl. 0.4, 5mg* **Folsäure Hevert** *Tbl. 5mg; Amp. 5mg/2ml, 20mg/2ml* **Rubiefol** *Tbl. 5mg*	**Folsäuremangel: Pro.:** 0.4-0.8mg/d; 1-5mg i.v./i.m.; **Therapie:** ini 1-20mg i.v./i.m., dann 5-20mg 1-3x/W i.v./i.m.; ini 5-15mg/d p.o., dann 1-3x/W; **Ki.:** 2.5-7.5mg p.o.

Folsäure + Fe^{2+} OTC

Plastulen Duo *Kps. 0.5+102mg* **Tardyferon-FOL** *Tbl. 0.35+80mg*	**Eisen- und Folsäuremangelzustände:** 1-3 x 1Tbl. p.o.

7.4 Wachstumsfaktoren

Wm/Wi (Filgrastim, Lenograstim): humaner Granulozytenkolonie-stimul. Faktor (G-CSF) reguliert Entstehung und Freisetzung funktionsfähiger neutrophiler Granulozyten aus dem Knochenmark; **Wm/Wi** (Lipegfilgrastim): kovalentes Konjugat von Filgrastim mit verlängerter Verweildauer; **Wm/Wi** (Plerixafor): selektiver, reaktiver Antagonist des CXCR4-Chemokin-Rezeptors ⇒ Leukozytose u. Spiegel zirkulierender, hämatopoetischer Progenitorzellen ↑; Mobilisierung von $CD34^+$-Zellen (funktional und transplantionsfähig);

UW (Filgrastim): Knochenschmerzen, Miktionsbeschwerden, LDH/aP/gGT/Harnsäure ↑, Übelkeit, Erbrechen, Kopfschmerzen;
UW (Lipefilgrastim): Thrombozytopenie, Hypokaliämie, Kopfschmerzen, Hautreaktionen, Schmerzen des Muskel- und Skelettsystems/ im Brustraum;
UW (Plerixafor): Schlaflosigkeit, Benommenheit, Kopfschmerzen, Durchfall, Übelkeit, Erbrechen, Bauchschmerzen, Obstipation, Flatulenz, Mundtrockenheit, orale Hypästhesie, Hyperhidrose, Erytheme, Arthralgie, Reaktion am Injektionsort, Müdigkeit, Unwohlsein;
KI (Filgrastim): Überempf. gegen Filgrastim, Kostmann-Syndrom (kongenitale Neutropenie);
KI (Lipegfilgrastim): bekannte Überempfindlichkeit;
KI (Plerixafor): bekannte Überempfindlichkeit

Filgrastim (G-CSF) Rp	HWZ 2-7 h, PRC C, Lact ?
Accofil *Fertigspr. 300, 480µg* **Filgrastim HEXAL** *Fertigspr. 300, 480µg* **Grastofil** *Fertigspr. 300, 480µg* **Neupogen 30, 48** *Inj.Lsg. 300, 480µg; Fertigspr. 300, 480µg* **Nivestim** *Inj.Lsg. 120, 300, 480µg* **Ratiograstim** *Fertigspr. 300, 480µg* **Zarzio** *Fertigspr. 300, 480µg*	**Neutropenie nach Chemotherapie:** 5µg/kg/d s.c.; **Mobilisierung peripherer Blutstammzellen:** 10µg/kg/d als s.c.-Dauerinfusion über 24h für 5-7d; **schwere kongenitale Neutropenie:** 12µg/kg/d, max. 24µ/kg/d; **Neutropenie bei HIV:** 1µg/kg/d, max. 4µg/kg/d; **Spender von allogener Stammzellspende:** 10µg/kg/d für 4-5d
Lenograstim (G-CSF) Rp	HWZ 3-4h
Granocyte 13 *Inj.Lsg. 105µg (13.4 Mio IE)* **Granocyte 34** *Inj.Lsg. 263µg (33.6 Mio IE)*	**Neutropenie nach Chemotherapie, Mobilisierung peripherer Blutstammzellen:** 150µg/m² KOF/d s.c.
Lipegfilgrastim (G-CSF) Rp	HWZ 32-62h, PRC C, Lact -
Lonquex *Fertigspr. 6mg/0.6ml (13.4 Mio IE)*	**Neutropenie nach Chemotherapie:** 1 x 6mg s.c. je Zyklus, 24h nach CTX
Pegfilgrastim (G-CSF) Rp	
Neulasta *Fertigspr. 6mg/0.6ml*	**Neutropenie nach Chemotherapie:** 6mg s.c. einmalig pro Chemo-Zyklus
Plerixafor Rp	HWZ 3-5h, PPB 58%, PRC D, Lact ?
Mozobil *Inj.Lsg 24mg/1.2ml*	**Mobilisierung peripherer Blutstammzellen zur autologen Tx bei Lymphom/Multiplem Myelom:** 0.24mg/kg/d s.c. 6-11h vor Apherese nach 4-tägiger G-CSF-Vorbehandl., Anw. für 2-7d; **DANI** CrCl > 50: 100%, 20-50: 0.16mg/kg/d, < 20: keine Daten

7.5 Benutzerhinweise für Chemotherapeutika

Die Angaben zu Indikation und Dosierung sind den aktuellen Fachinformationen der entsprechenden Handelspräparate entnommen. Hierbei ist zu beachten, dass Chemotherapeutika bei einigen angegebenen Indikationen heute kaum mehr eingesetzt werden. Andererseits erfolgt der Einsatz zahlreicher Substanzen bei hier nicht aufgeführten Indikationen nach aktuellen Therapiestandards.
Bei den Dosierungsangaben unterscheiden sich die hier abgebildeten Angaben aus den FachInfos teils erheblich von der in Klinik und Praxis etablierten Vorgehensweise. Auch kann nicht immer auf die in der Onkologie häufig durchgeführten Kombinationstherapien mit mehreren Substanzen eingegangen werden. Hier sei auf aktuelle Therapieleitlinien von Fachgesellschaften und Tumorzentren verwiesen.
Am Anfang dieses Kapitels sind die unerwünschten Wirkungen (UW) angegeben, die bei nahezu allen Zytostatika auftreten können. Weitere substanzspezifische UW sind in den Tabellen der jeweiligen Wirkstoffgruppe aufgeführt.

7.6 Allgemeine unerwünschte Wirkungen von Zytostatika

Sofortreaktionen
Übelkeit, Erbrechen, Fieber, allergische Reaktionen, RR ↓, HRST, Venenentzündungen
Verzögert einsetzende, reversible Nebenwirkungen
Knochenmarkdepression (Leuko- und Thrombopenie, weniger häufig Anämie), Mukositis, Stomatitis, aregenerative Enteropathie mit Appetitlosigkeit und Diarrhoe, Haarausfall, Hautveränderungen (Pigmentierungen, Hyperkeratosen), Hautausschläge, Lungen-, Nieren-, Leberfunktionsstörung, Gerinnungsstörung, Amenorrhoe, Azoospermie, Wachstumshemmung bei Kindern
Bleibende chronische Toxizität
Kardiotoxizität, Nieren- und Leberschädigung, Neurotoxizität (Lähmungen, Sensibilitätsstörung, Polyneuropathie), Mutagenität, Teratogenität, Karzinogenität (Zweittumor)
Indirekte Wirkungen, Paravasat
Immunsuppressive Wirkung als Folge der Leukopenie, Infektanfälligkeit, Hyperurikämie, akute Nephropathie und akutes Nierenversagen; Zytostatika-Paravasat: initial Ödem, Rötung, Schmerzen, Überwärmung, im weiteren Verlauf Gewebsnekrose, Superinfektion möglich

7.7 Alkylierende Mittel

7.7.1 Stickstofflost-Analoga

Wm/Wi (alkylierende Mittel): Quervernetzung von DNA-Einzel und -Doppelsträngen durch Alkylierung, Strg. von Matrixfunktion und Synthese der DNA;
UW (alle) s. allgemeine UW von Zytostatika → 164;
UW (Bendamustin): Infektion, Leukopenie, Thrombopenie, Übelkeit, Erbrechen, Mukositis, Erschöpfung, Fieber, Hb-Abfall, Krea/Harnstoff-Anstieg, Tumorlysesyndrom, Schlaflosigkeit, Palpitationen, Angina pectoris, Arrhythmie, Hypotonie, Hypertonie, Lungenfunktionsstörung, Diarrhoe, Obstipation, Stomatitis, Hautveränderungen, Alopezie, Schmerzen, Schüttelfrost, Dehydrierung, Appetitlosigkeit, Transaminasen/aP/Bili-Anstieg, Hypokaliämie;
UW (Cyclophosphamid): transiente Transaminasen ↑, Cholestase, hämorrhagische Zystitis, Blasenfibrose, bei Hochdosistherapie akute Myo-/Perikarditis, Herzinsuffizienz, hämorrhagische Myokardnekrosen, akute Enzephalopathie, Lungenfibrose, Pneumonitis;
UW (Chloroambucil): Lungenfibrose v.a. bei kumulativer Dosis > 2000mg, transiente Transaminasen ↑, Lebertoxizität, periphere/zentrale Neurotoxizität, Zystitis;
UW (Melphalan): pulmonale Fibrose;
UW (Ifosfamid): transiente Transaminasen ↑, Cholestase, hämorrhagische Zystitis, akute Enzephalopathie und zerebelläre Neurotoxizität, Verwirrtheit, Psychose, Ataxie, Krampfanfälle, Somnolenz, Koma;
UW (Trofosfamid): transiente Transaminasen ↑, hämorrhagische Zystitis bei hochdosierter oder Langzeittherapie

Bendamustin Rp	HWZ 30min, PPB 95%
Bendamustin HEXAL *Inf.Lsg. 25, 100mg* **Bendamustin Ribosepharm** *Inf.Lsg. 25, 100mg* **Levact** *Inf.Lsg. 25, 100mg*	**Non-Hodgkin-Lymphome:** 120mg/m² d1-2, Wdh. d22; **Multiples Myelom:** 120-150mg/m² d1-2, Wdh. d29 + Prednison; **CLL:** 70-100mg/m² d1-2, Wdh. d29; **DANI** CrCl ≥ 10: 100%; **DALI** Serumbili 1.2-3mg/dl: 70%; > 3mg/dl: keine Daten; s.a. FachInfo

Cyclophosphamid Rp	HWZ (4-8h), Qo 0.5, PPB 15%
Cyclophosphamid Baxter *Inf. Lsg, 1000, 2000mg* **Endoxan** *Tbl. 50mg; Inf.Lsg. 200, 500, 1000mg*	**ALL, AML, maligne Lymphome, Hoden-, Mamma-, Ovarial-Ca, Ewing-Sarkom, Neuroblastom, kleinzell. Bronchial-Ca, Rhabdomyosarkom, Autoimmunerkrankung, immunsuppressive Therapie nach Organ-Tx:** Dauertherapie 120-240mg/m² i.v. tgl. oder 1 x 50-200mg p.o.; Intervalltherapie 400-600mg/m² i.v. in Abständen von 2-5d; 800-1600mg/m² i.v. alle 21-28d; **DANI** CrCl < 10: 50%; **DALI** Serumbili 3.1-5mg/dl: 75%

Chlorambucil Rp	HWZ 1-1.5(2.4)h, Qo 1.0, PPB 98%
Leukeran *Tbl. 2mg*	**CLL, niedrig maligne Non-Hodgkin-Lymphome:** 1 x 0.4mg/kg p.o. d1, Wdh. d15, ggf. um 0.1mg/Zyklus steigern; bei Komb. mit Prednison 5mg/m² d1-3, Wdh. d15, ggf. um 1.3mg/m² steigern; **M. Waldenström:** 0.1mg/kg tgl. oder 0.3mg/kg für 7d, Wdh. alle 6W; **DANI** nicht erforderlich; **DALI** Dosisreduktion empfohlen
Melphalan Rp	HWZ (1.5-2h), Qo 0.9, PPB 90%
Alkeran *Tbl. 2mg; Inf.Lsg. 50mg*	**Multiples Myelom:** 0.25mg/kg p.o. d1-4, Wdh. nach 4-6W, Kombination mit Prednison; 15mg/m² i.v. d1, Wdh. nach 4W; Hochdosistherapie: 100-200mg/m²; **fortgeschrittenes Ovarial-Ca:** 0.2mg/kg p.o. d1-5, Wdh. nach 4-8W; **DANI** CrCl 30-50: 50%
Ifosfamid Rp	HWZ 6-8(4-7)h, Qo 0.5, PPB gering
Holoxan *Inf.Lsg. 1, 2, 3g* **IFO-cell** *Inf.Lsg. 1, 2, 5g*	**Hoden-, Zervix-, Mamma-, nichtkleinzelliges Bronchial-Ca, kleinzelliges Bronchial-Ca, Weichteil-, Ewing-Sarkome, Non-Hodgkin-Lymphome, M. Hodgkin:** 1200-2400mg/m² i.v. d1-5 oder 5-8g/m² über 24h d1; **DANI** KI bei schwerer Niereninsuffizienz
Trofosfamid Rp	HWZ 1-1.5(4-8)h
Ixoten *Tbl. 50mg*	**Non-Hodgkin-Lymphome:** 3 x 50mg p.o.; **DANI** k.A.

7.7.2 Alkylsulfonate

Wm/Wi (alkylierende Mittel): Quervernetzung von DNA-Einzel- und -Doppelsträngen durch Alkylierung, Strg. von Matrixfunktion und Synthese der DNA;
UW (alle): s. allgemeine UW von Zytostatika → 164;
UW (Busulfan): Lungenfibrose, insbesondere bei kumulativer Dosis > 300mg, bei Hochdosistherapie Lebervenenverschlusssyndrom, Katarakt, Gynäkomastie, retroperitoneale Fibrose, Endokardfibrose, hämorrhagische Zystitis;
UW (Treosulfan): Lungenfibrose, allergische Alveolitis, Pneumonie, Cholestase, Sklerodermie, Psoriasis, Parästhesien, hämorrhagische Zystitis

Busulfan Rp	HWZ 2.5h, Qo 1.0, PPB 32%
Busilvex *Inf.Lsg. 60mg/10ml* **Myleran** *Tbl. 2mg*	**Konditionierung vor konventioneller Stammzell-Tx:** 0.8mg/kg i.v. alle 6h über 4d; **CML:** Remissionseinleitung 0.06mg/kg p.o., Erhaltungstherapie 0.5-2mg/d; **Polycythaemia vera:** 4-6mg/d; **DANI** nicht erforderlich
Treosulfan Rp	HWZ 1.5-1.8h
Ovastat *Kps. 250mg; Inf.Lsg. 1, 5g*	**Ovarial-Ca:** 4 x 100-150mg/m² p.o. für 28d, Wdh. d56; 5-8g/m² i.v. d1, Wdh. d21-28; **DANI** k.A.

7.7.3 Nitrosoharnstoffe

Wm/Wi (alkylierende Mittel): Quervernetzung von DNA-Einzel- und -Doppelsträngen durch Alkylierung, Strg. von Matrixfunktion und DNA-Synthese;
UW: s. allgemeine UW von Zytostatika → 164;
UW (Lomustin): pulmonale Infiltrate, Lungenfibrose, transiente Transaminasen ↑, periphere und zentrale Neurotoxizität

Lomustin Rp	HWZ (72h), PPB 60%
Cecenu *Kps. 40mg*	**M. Hodgkin, Hirntumoren, Hirnmetastasen, malignes Melanom, kleinzell. Bronchial-Ca:** 70-100mg/m² p.o. d1, Wdh. nach 6W; **DANI** Dosisreduktion, KI bei stark eingeschränkter Nierenfunktion

7.7.4 Platinhaltige Verbindungen

Wm/Wi (alkylierende Mittel): Quervernetzung von DNA-Einzel- und -Doppelsträngen durch Alkylierung, Störung von Matrixfunktion und Synthese der DNA;
UW: s. allg. UW von Zytostatika → 164; **UW** (Carboplatin): transiente Transaminasen ↑, Nephrotoxizität, periphere Neurotoxizität, Hörstörung, Optikusneuritis;
UW (Cisplatin): Herzinsuff., Enteritis, transiente Transaminasen ↑, Elektrolytveränderungen (Ca^{2+} ↓, Mg^{2+} ↓, K^+ ↓, Na^+ ↓), kumulative Nephrotoxizität mit Tubulusschädigung, Otoxizität, periphere Neurotoxizität, Geschmacksstörung, fokale Enzephalopathie, Sehstörung, Optikusneuritis, Schwindel; **UW** (Oxaliplatin): meist transiente periphere Neuropathie mit Dysästhesien, Parästhesien der Extremitäten (ausgelöst/verstärkt durch Kälteexposition), akute laryngeale/pharyngeale Dysästhesie mit Erstickungsgefühl

Carboplatin Rp	HWZ 2(24)h, Qo 0.25, PPB < 25%
Axicarb *Inf.Lsg. 10mg/ml* **Carboplatin-GRY** *Inf.Lsg. 10mg/ml* **CARBO-cell** *Inf.Lsg. 10mg/ml* **Carboplatin HEXAL** *Inf.Lsg. 50, 150, 450, 600, 1000mg* **Ribocarbo-L** *Inf.Lsg. 50, 150, 450, 600mg*	**Ovarial-, Zervix-Ca, kleinzelliges Bronchial-Ca, Plattenepithel-Ca des Kopf-/Halsbereichs:** 300-400mg/m² i.v., Wdh. nach 4W; alternativ Dosierung nach AUC; **DANI** CrCl 40-60: 250mg/m²; 20-40: 200mg/m²; < 20: KI

Cisplatin Rp	HWZ 58-90h, Qo 0.6, PPB > 90%
Cisplatin-Lsg.-Ribosepharm *Inj.Lsg. 10, 25, 50mg* **Cisplatin medac** *Inf.Lsg. 10, 25, 50, 100mg* **Cisplatin HEXAL PI** *Inf.Lsg. 10, 50mg* **Cisplatin Neocorp** *Inf.Lsg. 10, 50, 100mg*	**Hoden-, Prostata-, Ovarial-Ca, kleinzelliges und nicht-kleinzelliges Bronchial-Ca, Oesophagus-, Zervix-, Blasen-, Endometrium-Ca, Kopf-Hals-Ca, Osteosarkom:** 50-120mg/m² i.v. d1 oder 15-20mg/m² d1-5, Wdh. nach 3-4W; **DANI** KI bei Niereninsuffizienz

Oxaliplatin Rp	HWZ biphasisch 0.4h und 38h
Croloxat *Inf. Lsg. 150mg/30ml* **Eloxatin** *Inf.Lsg. 100, 200mg* **Medoxa** *Inf.Lsg. 50mg/10ml, 100mg/20ml, 150mg/30ml* **Oxaliplatin HEXAL** *Inf.Lsg. 50, 100, 150ml* **Riboxatin** *Inf. Lsg. 50mg/10ml, 100mg/20ml*	**Kolorektales Karzinom, adjuvant und metastasiert:** 85mg/m² i.v. d1, Wdh. d15, Kombination mit 5-FU; **DANI** CrCl < 30: KI

7.7.5 Weitere alkylierende Mittel

Wm/Wi (alkylierende Mittel): Quervernetzung von DNA-Einzel- und -Doppelsträngen durch Alkylierung, Strg. von Matrixfunktion und Synthese der DNA;
Wm/Wi (Procarbazin): hemmt die Inkorporation von kleinen DNA-Präkursoren sowie die RNA- und Protein-Synthese, direkte Schädigung der DNA durch Alkylierungsreaktion, schwacher Inhibitor der MAO im ZNS;
UW: s. allgemeine UW v. Zytostatika → 164;
UW (Dacarbazin): transiente Transaminasen ↑, Lebervenenverschlusssyndrom, Lebernekrose, Photosensitivität, ZNS-Strörung (Kopfschmerzen, Sehstörung, Verwirrtheit, Lethargie, Krämpfe), Parästhesien, Thrombophlebitis, ausgeprägte Nausea;
UW (Procarbazin): KM-Suppression, Anämie, Neutropenie, Leukopenie, Thrombozytopenie mit Blutungstendenz, Panzytopenie, allergische Reaktionen mit makulopapillarem Exanthem, Hypereosinophilie, Fieber, Hautrötung, Urtikaria, Neuropathien, Parästhesien der Extremitäten, Schläfrigkeit, Verwirrtheit, interstitielle Pneumonie, Nausea, Erbrechen, Anorexie, Obstipation, Diarrhoen, Stomatitis, Leberfktsstrg., Azoospermie, Beendigung der Ovarialfunktion, Alopezie, inkurrente Infektionen, Herpes zoster; **UW** (Temozolomid): Obstipation, Kopfschmerzen, Schwindel, Geschmacksanomalien, Parästhesien;
KI (Procarbazin): bek. Überempf., Myelosuppression mit Granulozyto- und Thrombozytopenie (nicht durch maligne Grunderkrankung bedingt), Lakt., schwere Nieren- und Leberschäden

Dacarbazin Rp	HWZ 0.5-3.5h, Qo 0.3, PPB 5%
Dacarbazin Lipomed *Inf.Lsg. 100, 200mg* **Detimedac** *Inf.Lsg. 100, 200, 500, 1000mg*	**Malignes Melanom:** 200-250mg/m² i.v. d1-5 oder 850mg/m² d1, Wdh. nach 3W; **Weichteilsarkom:** 250mg/m² d1-5, Wdh. nach 3W; **M. Hodgkin:** 375mg/m² d1, Wdh. d15; **DANI** leichte bis mittlere NI: 100%, schwere NI: KI; **DALI** leichte bis mittlere LI: 100%, schwere LI: KI

Procarbazin Rp	PRC D, Lact -
Natulan *Kps. 50mg*	**M. Hodgkin:** 100mg/m² KOF für 7-14 d p.o. in Kombination mit anderen Zytostatika

Temozolomid Rp	HWZ 1.8h, PPB 10-20%
Temodal *Kps. 5, 20, 100, 140, 180, 250mg* **Temozo Cell** *Kps. 5, 20, 100, 140, 180, 250mg* **Temozolomid HEXAL** *Kps. 5, 20, 100, 140, 180, 250mg*	**Rezidivierende oder progrediente maligne Gliome:** 200mg/m² d1-5, Wdh. nach 4W; vorbehandelte Patienten beim 1. Zyklus 150mg/m²; **DANI** nicht erforderlich

7.8 Antimetabolite

7.8.1 Folsäure-Analoga

Wm/Wi (Antimetabolite): Einbau als falsches Substrat in die DNA oder RNA, Hemmung der DNA- oder RNA-Polymerase;
UW: s. allgemeine UW von Zytostatika → 164;
UW (Methotrexat): GI-Blutungen, Transaminasen ↑, Tubulusschädigung, reversible akute Enzephalopathie nach i.v.-/intrathekaler Applikation, Leukenzephalopathie, Konjunktivitis;
UW (Pemetrexed): Transaminasen ↑, Fieber, motorische und sensible Neuropathie, Diarrhoe, Fatigue, Hautrötung, Appetitverlust, Stomatitis, Angina pectoris, kardiovaskuläre Ereignisse

Methotrexat → 218 Rp	HWZ 12-24h, Q0 0.06, PPB 50%
Methotrexat-Gry *Inf.Lsg. 5, 50, 500, 1000, 5000mg* **Methotrexat medac** *Inj.Lsg. 5, 15, 50mg; Inf.Lsg. 250, 500, 1000, 5000mg* **MTX HEXAL** *Tbl. 2.5, 5, 7.5, 10, 15mg; Inj.Lsg. 5, 7.5, 10, 15, 25, 50, 500, 1000mg; Fertigspritze 2.5mg/0.33ml, 7.5mg/1ml, 10mg/1ml, 10mg/1.33ml, 15mg/2ml, 20mg/2.67ml, 25mg/3.33ml*	**Chorionepitheliom, Mamma-Ca, Kopf-Hals-Ca, Non-Hodgkin-Lymphom, ALL, kleinzelliges Bronchial-Ca, Osteosarkom, Meningeosis leucaemica + carcinomatosa, maligne Lymphome im Kindesalter, ZNS-Tumoren:** ED i.v. je nach Therapie-Schema, niedrigdosierte Therapie: < 100mg/m²; mittelhochdosierte Therapie: 100-1000mg/m²; hochdosierte Therapie: > 1000mg/m²; intrathekal: 8-12mg/m², max. 15mg absolut, ini alle 2-3d, später alle 4W; **DANI** CrCl > 80: 100%; 80: 75%; 60: 63%; < 60: KI

Pemetrexed Rp	HWZ 3.5h, PPB 81%
Alimta *Inf.Lsg. 100, 500mg*	**Malignes Pleuramesotheliom:** 500mg/m² i.v. d1, Kombination mit Cisplatin 75mg/m² d1, Wdh. d22; **NSCLC:** 500mg/m² d1, Wdh. d22; **DANI** CrCl ≥ 45: 100%; < 45: Anwendung nicht empfohlen

7.8.2 Purin-Analoga

Wm/Wi (Antimetabolite): Einbau als falsches Substrat in die DNA oder RNA, Hemmung der DNA- oder RNA-Polymerase; **Wm/Wi** (Cladribin): DNA-Synthese und -Reparatur werden blockiert, Einfluss auf Kaskade immunologischer Ereignisse über B- und T-Lymphozyten; **Wm/Wi** (Nelarabin): wird zu ara-G metabolisiert; **UW:** s. allgemeine UW von Zytostatika → 164; **UW** (Cladribin): parenterale Anw.: schwere Neutropenien bzw. Anämien, Thrombozytopenien, Infektionen, Fieber, Müdigkeit, Übelkeit, Hautausschlag, Kopfschmerz, Appetit ↓, Schüttelfrost, Asthenie, Hyperhidrosis, Erbrechen, Obstipation, Diarrhoe, Purpura, Benommenheit, anomale Atem-/Brustkorbgeräusche, Husten, Reakt. an Injektionsstelle: Rötung, Schwellung, Schmerz, Unwohlsein, Körperschmerz, Bauchschmerzen, Flatulenz, Petechien, Schlaflosigkeit, Angstgefühl, Ödeme, Tachykardie, Herzgeräusche, Kurzatmigkeit, Juckreiz, Hautrötung, Schmerzen, Myalgie, Arthralgie, schwere Infektionen, Exitus (nicht klar von Grunderkr. abzugrenzen); orale Anw.: oraler Herpes, Herpes zoster, Lymphopenie, Neutropenie, Exanthem, Alopezie; **UW** (Clofarabin): febrile Neutropenie, Ängstlichkeit, Kopfschmerzen, Nausea, Erbrechen, Diarrhoe, Dermatitis, Pruritus, Schleimhautentzündung, Pyrexie, Erschöpfung; **UW** (Fludarabin): akute Kardiotoxizität mit Arrhythmien, Hypotonie, transiente Transaminasen ↑, periphere Neuropathie mit Parästhesien, ZNS-Strg., Immunsuppression mit T-Zell-Defizienz, (CD^{4+} ↓↓, CD^{8+} ↓), Tumorlysesyndr., Hämolyse; **UW** (Mercaptopurin): transiente Transaminasen ↑, Cholestase, Lebervenenverschlusssyndrom; **UW** (Nelarabin): Infektionen, Tumorlysesyndrom, Hypoglykämie, Hypokalzämie, Hypomagnesiämie, Hypokaliämie, Verwirrtheit, Somnolenz, Kopfschmerzen, periphere neurologische Strörung, Schwindel; **UW** (Tioguanin): transiente Transaminasen ↑, Cholestasen, Lebervenenverschlusssyndrom, Darmperforation

Cladribin Rp	HWZ 3-22h (kontinuierl. Infusion an 7d), 11h (s.c.-Bolus an 5d), PPB 20%
Leustatin *Inf.Lsg. 10mg/10ml* **LITAK** *Inj.Lsg. 10mg/5ml* **Mavenclad** *Tbl. 10mg*	**Haarzell-Leukämie:** 0.14mg/kg s.c. d1-5 oder 0.09mg/kg i.v. über 24h d1-7; **DANI, DALI** vors. Anw.; Mavenclad: **Multiple Sklerose:** 2 Behandlungsphasen in 2J mit je 1.75mg/m² p.o. über 5d; s.a. FachInfo; Child-Pugh > 6: Anw. nicht empf.
Clofarabin Rp	HWZ 5.2h
Evoltra *Inf.Lsg. 20mg/20ml*	**ALL: Ki > 21kg:** 52mg/m² über 2h i.v. d1-5; **DANI, DALI** KI bei schwerer NI, LI
Fludarabin Rp	HWZ 10-30h, PPB nicht ausgeprägt
Bendarabin *Inf.Lsg. 50mg* **Fludara** *Inf.Lsg. 50mg* **Fludarabinphosphat-GRY** *Inj.Lsg. 50mg*	**CLL vom B-Zell-Typ:** 25mg/m² i.v. d1-5, Wdh. d29; **DANI** CrCl 30-70: 50%; < 30: KI; **DALI** vorsichtige Anwendung
Mercaptopurin Rp	HWZ 1.5h, Q0 0.8, PPB 20%
Mercaptopurin Medice *Tbl. 10mg* **Puri-Nethol** *Tbl. 50mg* **Xaluprine** *Susp. (1ml = 20mg)*	**ALL:** 2.5mg/kg/d p.o., Therapiedauer je nach Schema; **DANI, DALI** Dosisreduktion erwägen
Nelarabin Rp	HWZ 0.5(3)h, PPB 25%
Atriance *Inf.Lsg. 250mg/50ml*	**T-ALL, T-LBL:** 1.5g/m² i.v. d 1, 3, 5, Wdh. d22; **Ki., Jugendl. < 21J:** 650mg/m² i.v. d1-5, Wdh. d22; **DANI, DALI** keine Daten

Tioguanin Rp	HWZ (0.5-6h)
Thioguanin Aspen *Tbl. 40mg* **Thioguanin Wellcome** *Tbl. 40mg*	**AML:** Induktion: 100mg/m² alle 12h p.o.; **ALL:** 60mg/m² p.o.; Therapiedauer je nach Schema; **DANI, DALI** Dosisreduktion erwägen

7.8.3 Pyrimidin-Analoga

Wm/Wi (Antimetabolite): Einbau als falsches Substrat in die DNA oder RNA, Hemmung der DNA- oder RNA-Polymerase; **Wm/Wi** (Gimeracil): Dihydropyrimidindehydrogenase-(DPD)-Hemmer ⇒ verhindert Abbau von 5-FU ⇒ 5-FU-Plasmakonzentration ↑;
Wm/Wi (Oteracil): Orotatphosphoribosyltransferase-(OPRT)-Hemmer ⇒ setzt Aktivität von 5-FU in der normalen Magen-Darm-Mukosa herab;
UW: s. allgemeine UW von Zytostatika → 164;
UW (Azacitidin): Pneumonie, Nasopharyngitis, Anorexie, Schwindel, Kopf-, Bauch-, Brustschmerzen, Diarrhoe, Obstipation, Petechien, Exanthem, Pruritus, Ekchymosen, Arthralgien, Erythem an der Injektionsstelle, Hypokaliämie, Myalgie;
UW (Capecitabin): Ödeme der unteren Extremitäten, Hand-Fuß-Syndrom, Kopfschmerzen, Parästhesien, Geschmacksstörung, Schwindel, Schlaflosigkeit, Lethargie, Dehydrierung;
UW (Cytarabin): bei hochdosierter Therapie akute Pulmotoxizität, Lungenödem, ARDS, Pankreatitis, Ulzera, Darmnekrose, Ösophagitis, transiente Transaminasen ↑, Cholestase, Konjunktivitis, Keratitis, periphere und zentrale Neurotoxizität, zerebrale und zerebelläre Störung, bei intrathekaler Gabe akute Arachnoiditis, Leukenzephalopathie, Myalgien, Arthralgien, Knochenschmerzen; **UW** (Fluorouracil): akute Kardiotoxizität mit Arrhythmien, Ischämie, Herzinfarkt, Konjunktivitis, hoher Tränenfluss, ZNS-Strg. (Somnolenz, Verwirrtheit), reversible zerebelläre Strg. (Ataxie, Müdigkeit, Sprachstrg.), Palmar- und Plantarveränderungen;
UW (Gemcitabin): Fieber, Schüttelfrost, Kopf-, Rückenschmerzen, transiente Transaminasen ↑, mäßiggradige Proteinurie/Hämaturie, Lungenödem, periph. Ödeme;
UW (Tegafur + Gimeracil + Oteracil): Neutro-/Leuko-/Lymphopenie, Anämie, Thrombopenie, febrile Neutropenie, Anorexie, Dehydratation, Hypokaliämie, Hyponatriämie, Hypokalzämie, Hypomagnesiämie, Hypalbuminämie, Hyperkaliämie, Schlaflosigkeit, periphere Neuropathie, Schwindel, Kopfschmerzen, Dysgeusie, Sehstrg., Erkr. der Tränenwege, Konjunktivitis, Augenerkr., Hörschäden, Taubheit, Hypotonie, Hypertonie, tiefe Venenthrombose, Dyspnoe, Epistaxis, Singultus, Husten, Diarrhoe, Erbrechen, Obstipation, Übelkeit, gastrointest. Blutung/Entzündung, Stomatitis, Flatulenz, abdominelle Beschwerden, Dysphagie, Dyspepsie, trockener Mund, Bilirubin/GPT/GOT ↑, Erythrodysästhesie-Syndrom der Handflächen und Fußsohlen, Ausschlag, Pruritus, Hyperpigmentation der Haut, trockene Haut, Alopezie, Schmerzen des Bewegungsapparats, Nierenversagen, Kreatinin/Harnstoff ↑, CrCl ↓, Müdigkeit, Asthenie, Gewichtsverlust, Pyrexie, Schleimhautentzündung, peripheres Ödem, Schüttelfrost;
UW (Trifluridin): Neutropenie, Leukopenie, Anämie, Thrombopenie, Appetit ↓, Diarrhoe, Übelkeit, Erbrechen, Ermüdung, Infektion d. unteren/oberen Atemwege, febrile Neutropenie, Lymphopenie, Monozytose, Hypoalbuminämie, Schlaflosigkeit, Geschmacksstrg., periph. Neuropathie, Schwindelgefühl, Kopfschmerzen, Flush, Dyspnoe, Husten, Abdominalschmerz, Obstipation, Stomatitis, Erkrank. d. Mundraums, Hyperbilirubinämie, palmar-plantares Erythrodysästhesie-Syndrom, Hautausschlag, Alopezie, Pruritus, trockene Haut, Proteinurie, Fieber, Ödem, Schleimhautentzünd., Unwohlsein, Leberenzyme ↑, alkalische Phosphatase ↑, Gewicht ↓;

KI (Tegafur + Gimeracil + Oteracil): bek. Überempf., schwere UW bei Fluoropyrimidin-Therapie in der Vorgeschichte, bek. Mangel an DPD, Grav./Lakt., schwere Knochenmarkdepression, terminale/dialysepflichtige Niereninsuffizienz, gleichzeitige Gabe von anderen Fluoropyrimidinen, Behandlung mit DPD-Hemmern innerhalb von 4W;
KI (Trifluridin): bek. Überempf.

Azacitidin Rp	HWZ 41min
Vidaza *Inj.Lsg. 100mg*	**Myelodysplastische Syndrome, CMML, AML:** 75mg/m^2 s.c. d1-7, Wdh. d29; **DANI** s. FachInfo; **DALI** sorgf. Überwachung
Capecitabin Rp	HWZ 0.25h, Qo 1.0, PPB 54%
Capecitabin Accord *Tbl. 150, 300, 500mg* **Capecitabin HEXAL** *Tbl. 150, 500mg* **Capecitabin Medac** *Tbl. 150, 500mg* **Ecansya** *Tbl. 150, 300, 500mg* **Xeloda** *Tbl. 150, 500mg*	**Kolorektales Ca:** 2 x 1250mg/m^2/d p.o. d1-14, Wdh. d22; **Mamma-Ca:** 2 x 1250mg/m^2/d p.o. d1-14, Wdh. d22, Komb. mit Docetaxel; **Kombinationsther. bei Kolorektal- und Magen-Ca:** 2 x 800-1000mg/m^2 d1-14, Wdh. d22; bei fortlaufender Gabe 2 x 625mg/m^2; **DANI** CrCl 30-50: 75%; < 30: KI
Cytarabin Rp	HWZ (1-3h), Qo 0.9, PPB 15%
DepoCyte *Inj.Susp. 50mg* **ARA-cell** *Inj.Lsg. 40mg/2ml, 100mg/5ml; Inf.Lsg. 1g/20ml, 4g/80ml, 5g/50ml, 10g/100ml* **Alexan** *Inj.Lsg. 100mg/5ml; Inf.Lsg. 1000mg/20ml*	**Akute Leukämien:** Induktion 100-200mg/m^2 i.v. für 5-10d; Remissionserhaltung: 70-200mg/m^2 i.v./s.c. d1-5, Wdh. d29; **NHL:** 300mg/m^2 i.v. je nach Schema, z.B. d8; **Meningeosis lymphomatosa:** DepoCyte: 50mg intrathekal W1+3, dann W5, 7, 9, 13, 17, 21, 25, 29; **DANI** CrCl < 10: 50-75%
Fluorouracil (5-FU) Rp	HWZ 8-40min, Qo 1.0, PPB 0%
Fluorouracil-GRY *Inf.Lsg. 1000mg/20ml, 5000mg/100ml* **5-FU HEXAL** *Lsg. 5000mg* **5-FU medac** *Inf.Lsg. 500, 1000, 5000, 10000mg* **Benda 5 Fu** *Inf.Lsg. 1g/20ml, 5g/200ml* **Eurofluor** *Inf.Lsg. 500mg/10ml, 1g/20ml, 5g/100ml* **Ribofluor** *Inf.Lsg. 250mg/5ml, 500mg/10ml, 1000mg/20ml, 5000mg/100ml* **Efudix** *Salbe (1g enth. 50mg)*	**Kolorektales Karzinom:** 370-600mg/m^2 als i.v.-Bolus; 200-750mg/m^2 als Dauerinfusion; **Pankreas-Ca:** 400-500mg/m^2 als i.v.-Bolus; 1000mg/m^2 als Dauerinfusion; **Mamma-Ca, Magen-Ca:** 500-600mg/m^2; **DANI** CrCl < 10: 50-75%; **solare und solide Keratosen, M. Bowen, Basaliome:** Effudix: 1-2 x tgl. auftragen

Gemcitabin Rp	HWZ 42-94min (0.7-12h), Qo > 0.9
Gemci Cell *Inf.Lsg. 200, 1000, 1500, 2000mg* **Gemcitabin HEXAL** *Inf.Lsg. 200, 1000, 2000mg* **Gemedac** *Inf.Lsg. 200, 1000, 1500mg* **Gemzar** *Inf.Lsg. 200, 1000mg*	**Blasen-Ca:** $1g/m^2$ i.v. d1, 8, 15, Wdh. d29, Komb. mit Cisplatin $70mg/m^2$ d2; **nichtkleinzelliges Bronchial-Ca:** $1250mg/m^2$ d1, 8, Wdh. d22 oder $1000mg/m^2$ d1, 8, 15, Wdh. d29; **Mamma-Ca:** $1250mg/m^2$ d1, 8, Wdh. d22, Komb. mit Paclitaxel $175mg/m^2$ d1; **Ovarial-Ca:** $1g/m^2$ d1, 8, Wdh. d22, Komb. mit Carboplatin d1 (Ziel-AUC 4.0mg/ml × min); **Pankreas-Ca:** $1g/m^2$ 1 x/W für 7W, dann d1, 8, 15, Wdh. d29; **DANI** vorsichtige Anwendung
Tegafur + Gimeracil + Oteracil Rp	Lact -
Teysuno *Kps. 15+4.35+11.8mg, 20+5.8+15.8mg*	**Fortgeschrittenes Magen-Ca in Komb. mit Cisplatin:** 2 x 25mg Tegafur/m^2/d p.o. d1-21, Wh. d29; **DANI** CrCl > 50: 100%, 30-50: 2 x 20mg Tegafur/m^2/d, < 30: Anwendung nicht empfohlen; **DALI** nicht erforderlich
Trifluridin + Tipiracil Rp	
Lonsurf *Tbl. 15+6.14, 20+8.19mg*	**Metastasierendes kolorektales Ca:** 2 x $35mg/m^2$ p.o. d1-5 und d8-12, Wdh. d29; **DANI** CrCl 30-89: 100%, <30: keine Daten; **DALI** leichte LI: 100%; mäßige bis schwere LI: keine Daten

7.9 Alkaloide und andere natürliche Mittel

7.9.1 Vinca-Alkaloide und -Analoga

Wm/Wi (Vinca-Alkaloide und -Analoga): Bindung an mikrotubuläre Proteine mit Depolarisation, Verhinderung der mitotischen Spindel, Strg. der Protein-, DNA- und RNA-Synthese;
UW: s. allgem. UW von Zytostatika → 164;
UW (Vinca-Alkaloide und -Analoga): kardiovaskuläre Strg., RR ↑, RR ↓, akute interstitielle Pneumonitis/Bronchospasmus v.a. bei Gabe mit Mitomycin C, Obstipation, Ileus, Polyurie (ADH-Sekretion ↓), Dysurie, Harnverhalten (Blasenatonie), dosisabhängige periphere Neurotoxizität, autonome Neurotoxizität, Hirnnervenausfälle und ZNS-Strg.: Hypästhesie, Parästhesien, motorische Strg., Areflexie, Paralyse, Ataxie, paralytischer Ileus, Optikusatrophie, Erblindung, Krampfanfälle, Muskelkrämpfe/Schmerzen in Unterkiefer/Hals/Rücken/Extremitäten nach Injektion, Pankreatitis, schwere Gewebsnekrose bei Paravasat;
UW (Vinflunin): Panzytopenie, Infektionen, Anorexie, Dehydratation, Überempf., Insomnie, periph. sensorische Neuropathie, Synkope, Kopf-, Ohrenschmerzen, Neuralgie, Tachykardie, Hypo-, Hypertension, Venenthrombose, gastrointestinale Strg., Husten, Dyspnoe, Alopezie, Myalgie, Hautreaktionen, muskuloskeletale Schmerzen, Asthenie, Reaktion an der Applikationsstelle, Schüttelfrost

Vinblastin Rp	HWZ 25h, Qo 0.95, PPB 44-75%
Vinblastinsulfat Teva *Inf.Lsg. 10mg*	**Hoden-Ca, Mamma-Ca, M. Hodgkin, Non-Hodgkin-Lymphom, Histiocytosis X:** ini 3.7mg/m²/W, dann steigern um 1.8-1.9mg/m²/W bis 6mg/m² i.v. 1 x/W; **Ki.:** ini 2.5mg/m² 1 x/W, steigern auf max. 7.5mg/m²/W; **DANI** nicht erforderlich; **DALI** Bilirubin i.S. (µmol/l) < 25: 100%; 20-50: 50%; > 50: KI
Vincristin Rp	HWZ 85h, Qo 0.95, PPB 44%
Cellcristin *Inj.Lsg. 1mg/1ml, 2mg/2ml* **Vincristinsulfat HEXAL** *Inj.Lsg. 1mg, 2mg* **Vincristin Liquid L** *Inj.Lsg. 1mg/1ml* **Vincristinsulfat Teva** *Inj.Lsg. 1mg/1ml, 2mg/2ml, 5mg/5ml*	**ALL, M. Hodgkin, Non-Hodgkin-Lymphom, Mamma-Ca, kleinzelliges Bronchial-Ca, Sarkome, Wilms-Tumor, Neuroblastom, M. Werlhof:** 1.4mg/m² i.v. 1 x/W, max. 2mg/W; **Ki.:** < 10kg: 0.05mg/kg 1 x/W; > 10kg: 2mg/m² 1 x/W; **DANI** k.A.; **DALI** Bili > 3mg/dl: 50%
Vindesin Rp	HWZ 25h
Eldisine *Inj.Lsg. 5mg*	**Akute Leukämien, Blastenschub der CML, maligne Lymphome, malignes Melanom, NSCLC und SCLC, Mamma-, Ösophagus-, Kopf-Hals-, Hoden-Ca:** 3mg/m² i.v.; **Ki.:** 4mg/m²; **DANI** k.A.; **DALI** Bili > 3mg/dl: 50%
Vinflunin Rp	HWZ 40h, PPB 67%
Javlor *Inf.Lsg. 25mg/ml*	**Fortgeschrittenes/metastasiertes Urothel-Übergangszell-Ca:** 320mg/m² über 20min. i.v. d1, Wdh. d22; **DANI** CrCl > 60: 100%; 40-60: 280mg/m²; 20-39: 250mg/m² alle 3W; **DALI** s. FachInfo
Vinorelbin Rp	HWZ 38-40h, Qo > 0.7, PPB 14%
Bendarelbin *Inf.Lsg. 10mg/1ml, 50mg/5ml* **Navelbine** *Inf.Lsg. 10mg/1ml, 50mg/5ml; Kps. 20, 30, 80mg* **Navirel** *Inf.Lsg. 10mg/1ml, 50mg/5ml* **Vinorelbin Actavis** *Inf.Lsg. 10mg/1ml, 50mg/5ml* **Vinorelbin Nc** *Inf.Lsg. 10mg/1ml*	**Fortgeschrittenes nichtkleinzelliges Bronchial-Ca, anthrazyklinresistentes Mamma-Ca:** 25-30mg/m² i.v. d1, Wdh. d29; 60mg/m² p.o. 1 x/W, nach 3 Gaben 80mg/m²; **DANI** nicht erforderlich; **DALI** massive Lebermetasen/schwere LI: 66%

7.9.2 Podophyllotoxin-Derivate

Wm/Wi (Podophyllotoxin-Derivate): Interaktion mit Topoisomerase II, DNA-Einzel- und -Doppelstrangbrüche; **UW:** s. allgemeine UW von Zytostatika → 164;
UW (Etoposid): Hypotonie bei i.v.-Gabe, Ischämie, Dysphagie, Obstipation, transiente Transaminasen ↑, allerg. Reaktionen bis zur Anaphylaxie, periphere Neuropathie/ZNS-Störung;
UW (Tenisposid): transiente Transaminasen ↑, Lebervenenverschlusssyndrom, allergische Reaktionen bis zur Anaphylaxie, periphere Neuropathie/ZNS-Störung

Etoposid Rp — HWZ 6-8h, Q0 0.65, PPB 98%

Eto Cell *Inf.Lsg. 100, 500mg* **Eto-GRY** *Inf.Lsg. 20mg/ml* **Etomedac** *Inf.Lsg. 100mg/5ml, 500mg/25ml* **Etopophos** *Inf.Lsg. 100, 1000mg* **Etoposid HEXAL** *Inf.Lsg. 50, 100, 200, 400, 1000mg* **Lastet** *Kps. 25, 50, 100mg* **Riboposid** *Inf.Lsg. 100mg/5ml, 200mg/10ml, 400mg/20ml* **Vepesid** *Kps. 50, 100mg*	**Kleinzelliges Bronchial-Ca, nichtkleinzelliges Bronchial-Ca, M. Hodgkin, NHL, AML, Hoden-, Chorion-, Ovarial-Ca:** 50-100mg/m² i.v. d1-5 oder 120-150mg/m² d1, 3, 5; 100-200mg/m² p.o. d1-5, Wdh. nach 3-4W; **DANI, DALI** KI bei schwerer Nieren-/Leberinsuffizienz

7.9.3 Taxane

Wm/Wi (Taxane): pathol. Bildung und Stabilisierung von Mikrotubuli ⇒ Störung der Mitose; **UW**: s. allgemeine UW von Zytostatika → 164; **UW** (Cabazitaxel): Hyperglykämie, Hypokaliämie, Dehydratation, Angst, Verwirrtheitszustände, Geschmacksstörungen, Schwindel, Kopfschmerzen, Lethargie, Ischialgie, Konjunktivitis, Tränenfluss ↑, Tinnitus, TVT, Dyspnoe, Husten, Schmerzen im Oropharynx, Abdominalschmerz, Hämorrhoiden, Reflux, Mundtrockenheit, Rückenschmerzen, Arthralgie, Myalgie, Hämaturie, Dysurie; **UW** (Docetaxel): Ischämiesymptomatik, Obstipation, transient Transaminasen ↑, Dermatoxizität, Dysästhesien, Epidermiolyse, periphere Neurotoxizität mit Parästhesien und motor. Störungen, paralytischer Ileus, ZNS-Störung, Hypersensitivitätsreaktion, Flüssigkeitsretention (Kapillarpermeabilität ↑) mit Gewichtszunahme u. Ödemen, Hypotonie, Pleuraerguss, Aszites; **UW** (Paclitaxel): Erregungsleitungsstrg. (Herz), Ischämie, Obstipation, transiente Transaminasenerhöhung, periphere Neurotoxizität mit Parästhesien, paralytischer Illeus, ZNS-Strg., Hypersensitivitätsreaktion

Cabazitaxel Rp — HWZ 95h, Q0 > 0.95, PPB 89-92%

Jevtana *Inf.Lsg. 60mg*	**Hormonrefraktäres, metast. Prostata-Ca (nach Vorbehandlung mit Docetaxel):** 25mg/m² über 1h i.v. d1, Wdh. d22; **DANI** CrCl > 50: 100%, < 50: vorsichtige Anwendung; **DALI** KI bei schw. LI

Docetaxel Rp — HWZ 11h, Q0 > 0.9, PPB 95%

Bendadocel *Inf.Lsg. 20, 80, 140mg* **Docetaxel Nc** *Inf.Lsg. 20, 80, 160mg* **Ribodocel** *Inf.Lsg. 20, 80, 160mg* **Taxceus** *Inf.Lsg. 20, 80, 140mg* **Taxotere** *Inf.Lsg. 20, 80, 160mg*	**Mamma-Ca:** 75-100mg/m² i.v. d1, Wdh. d22; **nichtkleinzell. Bronchial-Ca, Prostata-, Magen-Ca, Plattenepithel-Ca des Kopf-/Halsbereichs:** 75mg/m² i.v. d1, Wdh. d22; **DANI** k.A.; **DALI** KI bei schwerer LI

Paclitaxel Rp	HWZ 6.4-12.7h, Q0 > 0.8, PPB 89-98%
Abraxane *Inf.Lsg. 5mg/ml* **Celltaxel** *Inf.Lsg. 300mg* **Neotaxan** *Inf.Lsg. 30, 100, 150, 300, 600mg* **Paclitaxel HEXAL** *Inf.Lsg. 30, 100, 150, 300mg* **Ribotax** *Inf.Lsg. 30, 100, 300mg* **Taxomedac** *Inf.Lsg. 30, 100, 300mg*	**Ovarial-Ca:** 175mg/m² über 3h i.v. d1; 135mg/m² über 24h i.v. d1, Wdh. d22; **Mamma-Ca, fortgeschr. nichtkleinzell. Bronchial-Ca:** 175mg/m² über 3h i.v. d1, Wdh. d22; **Kaposi-Sarkom bei AIDS:** 100mg/m² über 3h i.v. d1, Wdh. d15; **DANI** k.A.; **DALI** auf verstärkte Myelosuppression achten; KI bei schwerer LI

7.10 Zytotoxische Antibiotika

7.10.1 Anthracycline

Wm/Wi (Anthracycline): Interkalation in die Doppelhelix der DNA, Hemmung der Topoisomerase I und II; **Wm/Wi** (Pixantron): schwacher Inhibitor der Topoisomerase II, alkyliert direkt DNA ⇒ bildet stabile DNA-Addukte und Doppelstrangbrüche;
UW: s. allg. UW von Zytostatika → 164; **UW** (Daunorubicin): akute Kardiotoxizität (EKG-Veränd., Arrhythmien, Ischämie, Infarkt) u. chron. Kardiotoxizität (dilatative Kardiomyopathie, LVEF ↓), Tubulusschädigung, Rezidiv früherer Strahlendermatitis; **UW** (Doxorubicin): akute Kardiotoxizität (EKG-Veränd., Arrhythmien, Ischämie, Infarkt) u. chron. Kardiotoxizität (dilatative Kardiomyopathie, LVEF ↓), Rezidiv früherer Strahlendermatitis;
UW (Doxorubicin liposomal): im Vergleich zu Doxorubicin geringere chron. Kardiotoxizität;
UW (Epirubicin): Kardiotoxizität geringer als bei Dauno-/Doxorubicin: akute Kardiotoxizität (EKG-Veränd., Arrhythmien, Ischämie, Infarkt) u. chron. Kardiotoxizität (dilatative Kardiomyopathie mit LVEF ↓), Rezidiv früherer Strahlendermatitis; **UW** (Idarubicin): Kardiotoxizität ist geringer als bei anderen Anthrazyklinen: akute Kardiotoxizität (EKG-Veränderungen, Arrhythmien, Ischämie, Infarkt) u. chron. Kardiotoxizität (dilatative Kardiomyopathie);
UW (Mitoxantron): chron. Kardiotoxizität: Kardiomyopathie, Herzinsuff. (im Vergleich zu Doxorubicin weniger ausgeprägt), GI-Blutungen, Transaminasen ↑ (transient), Cholestase, Pruritus, bläuliche Verfärbung von Skleren/Fingernägeln/Injektionsstelle u. Urin;
UW (Pixantron): neutropenische Infektion, Inf. der Atemwege, Neutro-, Leuko-, Lymphopenie, Anämie, Thrombozytopenie, febrile Neutropenie, Bluterkrankung, Anorexie, Hypophosphatämie, Geschmacksstrg., Kopfschmerzen, Somnolenz, Parästhesie, Konjunktivitis, linksventr. Dysfunktion, Herzerkrankung, kongestive Herzinsuff., Tachykardie, Schenkelblock, Blässe, Venenverfärbung, Hypotonie, Dyspnoe, Husten, Übelkeit, Erbrechen, Stomatitis, Diarrhoe, Obstipation, Abdominalschmerz, Dyspepsie, Mundtrockenheit, Hautverfärbung, Haarausfall, Erythem, Pruritus, Nagelstörungen, Knochenschmerzen, Chromaturie, Proteinurie, Hämaturie, Asthenie, Müdigkeit, Entzündung der Schleimhaut, Fieber, Schmerzen in der Brust, Ödeme, GOT/GPT/aP/Kreatinin ↑; **KI** (Pixantron): Überempfindlichkeit, Immunisierung mit Lebendvirusimpfstoff, starke Knochenmarkdepression, schwere Leberfunktionsstörung

Daunorubicin Rp	HWZ 11-27h, Q0 0.9
Daunoblastin *Inf.Lsg. 20mg*	**AML, ALL:** 24-60mg/m²/d i.v.; Kumulativdosis max. 550mg/m²; **Ki. > 2J** max. 300mg/m²; **DANI** Krea (mg/dl) > 3: 50%; **DALI** Bili 1.2-3: 50%; 3.1-5: 25%

Daunorubicin liposomal Rp	
Daunoxome *Inf. Lsg. 50mg/25ml*	**AIDS-assoziiertes Kaposi-Sarkom:** 40mg/m² d1, Wdh. d15; **DANI, DALI** Anw. nicht empfohlen; **AML, ALL:** 20-120mg/m² alle 7-14d i.v.; Kumulativdosis max. 550mg/m²

Doxorubicin Rp	HWZ 30-50h, Q0 0.95, PPB 75%
Adrimedac *Inf.Lsg. 10, 20, 50, 200mg* **DOXO-cell** *Inj.Lsg. 10, 50, 150mg, 50mg+BIS* **Doxorubicin HEXAL** *Inj.Lsg. 10, 50, 100, 200mg* **Doxorubicin NC** *Inf.Lsg. 10, 50, 100mg* **Ribodoxo** *Inf.Lsg. 10, 50mg* **UROKIT Doxo-cell** *Instillationsset 50 mg*	**Kleinzell. Bronchial-Ca, Mamma-Ca, Ovarial-Ca, Harnblasen-Ca, Osteosarkom, Weichteilsarkom, Ewing-Sarkom, Hodgkin-Lymphom, Non-Hodgkin-Lymphom, ALL, AML, Multiples Myelom, Endometrium-Ca, Wilms-Tu., Schilddrüsen-Ca, Neuroblastom, Magen-Ca, AIDS-ass. Kaposi-Sarkom:** Monotherapie: 50-80mg/m² i.v. d1, Wdh. d22; Polychemotherapie: 30-60mg/m² d1; Wdh. d22/29; Kumulativdosis max. 450-550mg/m²; **Rezidiv-Pro. Harnblasen-Ca nach TUR:** 50mg 1x/W intravesikale Instillation f. 1-2h; **DANI** CrCl < 10: 75%; **DALI** Bili 1.2-3: 50%; 3.1-5: 25%; > 5: KI

Doxorubicin liposomal Rp	
Myocet *Inf.Lsg. 50mg*	**Metastasiertes Mamma-Ca:** 60-75mg/m² i.v. d1 in Kombination mit Cyclophosphamid, Wdh. d22; **DANI** nicht erforderlich

Doxorubicin liposomal, polyethylenglykolisiert Rp	HWZ 74h
Caelyx *Inf.Lsg. 20mg/10ml, 50mg/25ml*	**Mamma-Ca, Ovarial-Ca:** 50mg/m² i.v. d1, Wdh. d29; **AIDS-ass. Kaposi-Sarkom:** 20mg/m² i.v. d1, Wdh. nach 2-3W; **Multiples Myelom:** 30mg/m² i.v. d4 in Komb. mit Bortezomib; **DANI** nicht erforderlich

Epirubicin Rp	HWZ 30-40h, Q0 1.0
Axirubicin *Inj.Lsg. 50, 200mg* **Bendaepi** *Inj.Lsg. 50, 100, 200mg* **EPI-cell** *Inj.Lsg. 10, 50, 200mg* **Epirubicin HEXAL** *Inj.Lsg. 10, 50, 200mg* **Farmorubicin** *Inf.Lsg. 50mg* **Riboepi** *Inf.Lsg. 10, 50, 100, 200mg*	**Mamma-Ca, Ovarial-Ca, kleinzell. Bronchial-Ca, Magen-Ca, Weichteilsarkom:** konventionelle Dos.: 75-90mg/m² i.v. d1, Wdh. d22; intensivierte Dosierung: bis 135mg/m² d1, Wdh. d22/29; Kumulativdosis max. 1g/m²; **Harnblasen-Ca, Rezidiv-Pro.:** 50mg intravesical 1 x/W, Wdh. s. FachInfo; **DANI** CrCl < 10: 75%; **DALI** Bili 2.1-3: 75%, > 3: 50%

Idarubicin Rp	HWZ 11-35(41-69)h
Zavedos *Inj.Lsg. 5mg/5ml, 10mg/10ml, 20mg/20ml* **Zavedos Oral** *Kps. 5, 10, 25mg*	**AML, ALL:** 15-30mg/m² p.o. d1-3; 12mg/m² i.v. d1-3 od. 8mg/m² d1-5; Kumulativdosis max. 120mg/m² i.v.; **DANI** Krea (mg/dl) > 2.5: KI; **DALI** Bili > 2: KI

Mitoxantron Rp	HWZ 5-18d, Q0 0.95, PPB 90%
Mitoxantron HEXAL *Inj.Lsg. 10mg, 20mg* **Novantron** *Inf.Lsg. 10mg/5ml, 20mg/10ml* **Onkotrone** *Inf.Lsg. 10mg /5ml, 20mg/10ml, 25mg/12.5ml, 30mg/15ml* **Ralenova** *Inf.Lsg. 10mg/5ml; 20mg/10ml*	**Mamma-Ca, Non-Hodgkin-Lymphom:** 12-14mg/m² i.v. d1, Wdh. d22; intrapleural: 20-30mg; **AML:** 10-12mg/m² d1-5; **Prostata-Ca:** 12mg/m² d1, Wdh. d22; **Multiple Sklerose:** Ralenova: 12mg/m² i.v. alle 3M; **DANI** k.A.

Pixantron Rp	HWZ 14.5-44.8h , PPB 50%, PRC C, Lact -
Pixuvri *Inj.Lsg. 29mg*	**Mehrfach rezidiv. oder therapierefrakt. Non-Hodgkin-B-Zell-Lymphom:** 50mg/m² i.v. d1, 8 und 15, Wh. d29, bis zu 6 Zyklen; **DANI** keine Daten/vors. Anw.; **DALI** leichte-mittelschwere LI: vors. Anw.; KI bei schwerer LI

7.10.2 Weitere zytotoxische Antibiotika

Wm/Wi (Bleomycin): Einzel- und Doppelstrangbrüche der DNA infolge einer Redoxreaktion; **Wm/Wi** (Mitomycin): Alkylierung der DNA ⇒ Hemmung der DNA-Synthese, DNA-Brüche; **UW:** s. allgemeine UW von Zytostatika → 164; **UW** (Bleomycin): interstitielle Pneumonitis und Lungenfibrose, Nagelveränderungen, Pruritus, Striae, Ödeme, idiosynkratische Reaktionen bis zur Anaphylaxie; **UW** (Mitomycin): Herzinsuffizienz, Ischämie, Pulmotoxizität (Pneumonitis, Fibrose), transiente Transaminasen ↑, hämolytisch-urämisches Syndrom, Photosensitivität, Neurotoxizität: Sehstörungen, Parästhesien

Bleomycin Rp	HWZ 3h, Q0 0.45
BLEO-cell *Inj.Lsg. 15mg* **Bleomedac** *Inj.Lsg. 15, 30mg* **Bleomycin HEXAL** *Inj.Lsg. 15mg*	**Hoden-Ca:** 30mg i.v. d1, 8, 15; **M. Hodgkin:** 10mg/m² i.v.; **NHL:** 5mg/m² i.v.; **maligne Pleuraergüsse:** 60mg intrapleural; **DANI** k.A.

Mitomycin Rp	HWZ 30-70min
Ametycine *Inj.Lsg. 20mg* **Mitem** *Inj.Lsg. 10, 20mg* **Mito-extra** *Inj.Lsg. 40mg (zur Blaseninstillation)* **Mito-medac** *Inj.Lsg. 20mg (zur Blaseninstillation)* **Mitomycin medac** *Inj.Lsg. 2, 10, 15mg* **Mitomycin HEXAL** *Inj.Lsg. 10, 20mg*	**Blasentumoren:** 20-40mg intravesikal 1 x/W; **Magen-, Bronchial-, Pankreas-, Kolon-, Rektum-, Mamma-, Leberzell-, Zervix-, Ösophagus-Ca, CML, Osteosarkom, Karzinome im Kopf-Hals-Bereich:** 10-20mg/m² i.v. d1, Wdh. nach 6-8W oder 8-12mg/m², Wdh. nach 3-4W; **DANI** k.A.

7.11 Topoisomerase-I-Hemmer

Wm/Wi (Topoisomerase-I-Hemmer): Hemmung der Topoisomerase I;
UW: s. allgemeine UW von Zytostatika → 164;
UW (Irinotecan): cholinerges Frühsyndrom (u.a. Diarrhoe, Bauchkrämpfe, Konjunktivitis, HF ↓, Miosis, Flush), verzögert einsetzende Diarrhoe, Fieber, Dyspnoe, Bauchschmerzen, Transaminasen ↑;
UW (Irinotecan liposomal): septischer Schock, Sepsis, Pneumonie, febrile Neutropenie, Gastroenteritis, orale Candidose, Neutropenie, Leukopenie, Anämie, Thrombopenie, Hypokaliämie, Hypomagnesiämie, Dehydratation, Appetitmangel, Hypoglykämie, Hyponatriämie, Hypophosphatämie, Schlaflosigkeit, Schwindel, cholinerges Syndrom, Geschmacksstörung, Hypotonie, Lungenembolie, Embolie, tiefe Beinvenenthrombose, Dyspnoe, Dysphonie, Diarrhoe, Erbrechen, Übelkeit, Abdominalschmerz, Stomatitis, Kolitis, Hämorrhoiden, Hypalbuminämie, Alopezie, akutes Nierenversagen, Fieber, peripheres Ödem, Schleimhautentzündung, Ermüdung, Asthenie, Reaktion im Zusammenhang mit der Infusion, Ödem, Gewichtsverlust, Transaminasenerhöhung, INR-Erhöhung;
UW (Topotecan): schwere Zytopenie, Hautausschläge, Dyspnoe;
KI (Irinotecan): bek. Überempf., CED und/oder Darmverschluss, Lact., Bilirubin > 3fach ULN, schwere Knochenmarkdepression, WHO Performance Status > 2, gleichzeitige Anw. von Johanniskrautpräparaten;
KI (Irinotecan liposomal): bek. Überempfindlichkeit, Lact.;
KI (Topotecan): bek. Überempfindlichkeit, Lact., schwere Knochenmarkdepression

Irinotecan Rp	HWZ 14.2h, Q0 0.8, PPB 65%
Irinotecan HEXAL *Inf.Lsg. 40mg/2ml, 100mg/5ml, 150mg/7.5ml, 300mg/15ml, 500mg/25ml* **Riboirino** *Inf.Lsg. 40mg/2ml, 100mg/5ml, 300mg/15ml, 500mg/25ml*	**Kolorektales Karzinom:** Monotherapie: 350mg/m² i.v. d1, Wdh. d22; Kombinationstherapie mit 5-FU: 180mg/m² d1, Wdh. d15; weitere Kombinationen mgl. mit Cetuximab, Bevacizumab, Capecitabin s. FachInfo; **DANI** Anwendung nicht empfohlen; **DALI** s. FachInfo

Irinotecan liposomal Rp	Q0 0.8, PPB < 1%
Onivyde *Inf.Lsg. 50mg/10ml*	**Vorbehandeltes (Gemcitabin) metas. Pankreas-Ca:** 80mg/m² über 90min i.v. d1, Komb. mit 5-FU, Folins. Wdh. d15; **DANI** CrCl < 30: Anw. nicht empfohlen; **DALI** Bili > 2.0mg/dl oder GOT/GPT > 2,5-fach ULN bei Leberfiliae: Anw. nicht empfohlen

Topotecan Rp	HWZ 2-3h, Q0 0.6, PPB 35%
Hycamtin *Kps. 0.25, 1mg; Inf.Lsg. 1mg, 4mg* **Potactsol** *Inf. Lsg. 1, 4mg* **Topotecan Medac** *Inf.Lsg. 1, 2, 4mg*	**Ovarial-Ca, kleinzelliges Bronchial-Ca** (sec. line): 1.5mg/m² i.v. d1-5, Wdh. d22; **DANI** CrCl 20-40: 50%; < 20: Anw. nicht empfohlen

7.12 Proteinkinase-Inhibitoren

Wm/Wi (Afatinib): selektiver irreversibler Blocker der ErbB-Familie (u.a. EGFR, HER2);
Wm/Wi (Alectinib): ALK- und RET-Tyrosinkinaseinhibitor ⇒ Tumorzell-Apoptose;
Wm/Wi (Axitinib): selektiver Tyrosinkinase-Inhibitor der vaskulären, endothelialen Wachstumsfaktor-Rez. (VEGFR-1 bis 3) ⇒ Verzögerung des Tumorwachstums, Tumorregression, Hemmung von Metastasen; **Wm/Wi** (Bosutinib): hemmt die pathologisch veränderte BCR-ABL-Kinase und die Aktivität von Kinasen der Src-Familie, minimale Hemmung von PDGF-Rezeptoren und c-Kit; **Wm/Wi** (Cabozantinib): Hemmung mehrerer Tyrosinkinasen, die an Tumorwachstum, Angiogenese und pathologischem Knochenumbau beteiligt sind;
Wm/Wi (Crizotinib): selekt. Inhibitor der ALK-Rezeptor-Tyrosinkinase (RTK) + Inhibitor der Hepatozyten-Wachtstumsfaktor-Rezeptor-RTK; **Wm/Wi** (Cobimetinib): Inhibitor der Kinasen MEK1 und 2 ⇒ antiproliferativ; **Wm/Wi** (Dabrafenib): Inhibitor der RAF-Kinasen;
Wm/Wi (Dasatinib): Hemmung der BCR-ABL-Kinase und anderer onkogener Kinasen;
Wm/Wi (Erlotinib): Hemmung der Tyrosinkinase und dadurch Hemmung der Aktivierung des Wachstumsfaktors HER1/EGFR; **Wm/Wi** (Geftinib): Hemmung der Tyrosinkinase des epidermalen Wachstumusfaktors (EGF); **Wm/Wi** (Ibrutinib): Bruton-Tyrosinkinase-Inhibitor ⇒ wichtiges Signalmolekül im Signalweg des B-Zell-Antigen-Rezeptors und des Zytokin-Rezeptors ⇒ effektive Hemmung der Proliferation und des Überlebens maligner B-Zellen;
Wm/Wi (Imatinib): Protein-Tyrosinkinase-Inhibitor, starke Hemmung der Tyrosinkinase-Aktivität von BCR-ABL, Inhibition der Proliferation und Induktion von Apoptose;
Wm/Wi (Lapatinib): Inhibition der intrazell. Tyrosinkinase-Domänen, des EGFR- und ErbB2-Rez.;
Wm/Wi (Lenvatinib): Hemmung von Kinasen, u.a. VEGFR (Vascular Endothelial Growth Factor Receptor) ⇒ antitumoral, antiangiogenet.; **Wm/Wi** (Midostaurin): Hemmung multipler Tyrosinkinasen, einschl. der Kinasen FLT3 und KIT ⇒ Zellzyklusstillstand und Apoptose bei Leukämiezellen; **Wm/Wi** (Nilotinib): Hemmung der BCR-ABL-Kinase;
Wm/Wi (Nintedanib): Angiokinaseinhibitor ⇒ blockiert vaskulär endotheliale, von Blutplättchen abgeleitete Wachstumsfaktorrezeptoren und die Kinaseaktivität von Fibroblasten-Wachstumsfaktorrezeptoren; **Wm/Wi** (Osimertinib): irreversible Hemmung des EGF-Rezeptors;
Wm/Wi (Palbociclib): hochselektiver und reversibler Inhibitor der cyclinabhängigen Kinase 4 und 6 ⇒ Hemmung der Zellproliferation;
Wm/Wi (Pazopanib): Multi-Tyrosinkinase-Inhibitor ⇒ antiproliferativ, antiangiogen;
Wm/Wi (Ponatinib): starker pan-BCR-ABL-Inhibitor ⇒ Hemmung von Tyrosinkinaseaktivitäten;
Wm/Wi (Ribociclib): selektive Hemmung der der Cyclin-abhängigen Kinasen CDK 4 und 6;
Wm/Wi (Ruxolitinib): selektive Hemmung der JAK1- und JAK2-Kinasen ⇒ Hemmung des Signalwegs und der Zellproliferation von Zytokin-abh. Zellmodellen hämatologischer Malignome; **Wm/Wi** (Sorafenib): Multi-Kinase-Inhibitor ⇒ antiproliferativ, antiangiogen;
Wm/Wi (Tivozanib): Inhibitor von VEGFR 1, 2, 3 ⇒ antiangiogen, antiproliferativ;
Wm/Wi (Trametinib): Inhibitor der Kinasen MEK1 und 2 ⇒ antiproliferativ;
Wm/Wi (Vandetanib): Inhibitor von VEGFR-2, EGFR, der RET-Tyrosinkinase und der vaskulären endothelialen Rezeptor-3-Tyrosinkinase ⇒ antiangiogen, antiproliferativ;
Wm/Wi (Vemurafenib): Inhibitor der BRAF-Serin-Threonin-Kinase;
UW (Afatinib): Paronychie, Zystitis, Appetit ↓, Dehydratation Hypokaliämie, Geschmacksstrg., Konjunktivitis, trockenes Auge, Epistaxis, Rhinorrhoe, Diarrhoe, Stomatitis, Dyspepsie, Cheilitis, GPT/GOT ↑, Ausschlag, akneiforme Dermatitis, Pruritus, palmar-plantares Erythrodysästhesie-Syndrom, Muskelspasmen, eingeschränkte Nierenfunktion/Nierenversagen, Fieber, Gewicht ↓;
UW (Alectinib): Anämie, Sehstrg., Bradykardie, Übelkeit, Erbrechen, Diarrhoe, Obstipation, Exanthem, Lichtempf., Myalgie, Ödeme, CK-, Krea-, Transaminasen-, Bilirubin-Erhöhung;

UW (Axitinib): Anämie, Thrombozytopenie, Hypothyreose, Appetit ↓, Dehydrierung, Kopfschmerzen, Dysgeusie, Schwindel, Tinnitus, Hypertonie, Hämorrhagie, arterielle/venöse thrombot./embol. Ereignisse, Dysphonie, Dyspnoe, Husten, oropharyngealer Schmerz, Diarrhoe, Erbrechen, Nausea, Stomatitis, Obstipation, (Ober-)Bauchschmerzen, Dyspepsie, Blähungen, Hämorrhoiden, Hand-Fuß-Syndrom, Ausschlag, trockene Haut, Pruritus, Erytheme, Alopezie, Myalgie, Arthralgie, Schmerz in Extremitäten, Proteinurie, Nierenversagen, Müdigkeit, Asthenie, Mukositis, Gewicht ↓, TSH/GOT/GPT/aP/Amylase/Lipase ↑; **UW** (Bosutinib): Atemwegsinfekt., Pneumonie, Grippe, Bronchitis, Nasopharyngitis, Thrombozytopenie, (febrile) Neutropenie, Anämie, Leukopenie, Arzneimittelüberempf., Appetit ↓, Dehydratation, Hyperkaliämie, Hypophosphatämie, Kopfschmerzen, Schwindel, Geschmacksstörung, Perikarderguss, QT-Verlängerung, Husten, Dyspnoe, Pleuraerguss, Diarrhoe, Erbrechen, Übelkeit, Oberbauchschmerz, Gastritis, GOT/GPT/Bilirubin/γGT/Lipase/Amylase/Kreatinin/Kreatinphosphokinase ↑, Hepatotoxizität, anormale Leberfunktion, Hautausschlag, Urtikaria, Akne, Pruritus, Arthralgie, Myalgie, Rückenschmerzen, Nierenversagen, Fieber, Ödem, Fatigue, Thoraxschmerz, Asthenie; **UW** (Cabozantinib): Appetit ↓, Hypokalzämie, Hypophosphatämie, Hyperbilirubinämie, Hypokaliämie, Hypomagnesämie, Dysgeusie, Kopfschmerzen, Schwindel, Hypertonie, Dysphonie, orophar. Schmerzen, Diarrhoe, Übelkeit, Stomatitis, Obstipation, Erbrechen, abdominale Schmerzen, Dyspepsie, Dysphagie, Glossodynie, palmoplantares Erythrodysästhesie-Syndrom, farbliche Veränderung der Haare; Exanthem, Erythem, trockene Haut, Alopezie, Arthralgie, Muskelkrämpfe, Erschöpfung, Schleimhautentzündung, Asthenie, Gewichts ↓, Leberenzyme/LDH/TSH ↑, Lymphopenie, Thrombopenie, Neutropenie, Abszess, Pneumonie, Follikulitis, Pilzinfektion, Hypothyreose, Dehydratation, Angst, Depression, Verwirrtheit, periph. Neuropathie, Parästhesien, Ageusie, Tremor, Verschwommensehen, Ohrschmerz, Tinnitus, Vorhofflimmern, Hypotonie, Thrombose, periph. Durchblutungsstrg., tracheale Fistelbildung, Lungenembolie, Blutung d. Atemwege, Aspirationspneumonie, GI-Perforation, GI-Blutung, Pankreatitis;
UW (Cabozantinib, Fortsetzung): Hämorrhoiden, Analfissur, Cholelithiasis, Hyperkeratose, Akne, Blasen, unnatürliches Haarwachstum, Hautabschälung, Hypopigmentierung, muskuloskelettaler Brustschmerz, Kieferosteonekrose, Proteinurie, Dysurie, Hämaturie, gestörte Wundheilung, Schüttelfrost, Gesichtsödem, Kreatinin/CPK ↑;
UW (Cobimetinib): Anämie, seröse Retinopathie, Hypertonie, Blutungen, Übelkeit, Erbrechen, Diarrhoe, Lichtempfindlichkeit, Exanthem (makulopapulös, akneiform), Hyperkeratose, Pyrexie, CPK/GOT/GPT/γGT/aP/Bili ↑; Basalzell-Ca, kutanes Plattenepithel-Ca, Keratoakanthom, Dehydration, Hypophosphatämie, Hyponatriämie, Hyperglykämie, verschwommenes Sehen, Sehschwäche, Pneumonitis, Schüttelfrost, verminderte Auswurffraktion;
UW (Crizotinib): Neutro-, Leuko-, Lymphopenie, Anämie, Appetit ↓, Hypophosphatämie, Neuropathie, Schwindel, Dysgeusie, Sehstörungen, Bradykardie, Pneumonitis, Übelkeit, Erbrechen, Diarrhoe, Obstipation, ösophageale Störungen, Dyspepsie, Ausschlag, Müdigkeit, Ödeme, GPT/GOT/aP ↑, QT-Zeit-Verlängerung; **UW** (Dabrafenib): Papillom, Plattenepithelkarzinom der Haut, seborrhoische Keratose, Akrochordon, Basalzellkarzinom, Appetit ↓, Hypophosphatämie, Hyperglykämie, Kopfschmerzen, Husten, Übelkeit, Erbrechen, Durchfall, Obstipation, Hyperkeratose, Haarausfall, Hautausschlag, palmar-plantares Erythrodysästhesiesyndrom, trockene Haut, Pruritus, aktinische Keratose, Hautläsion, Erythem, Arthralgie, Myalgie, Schmerzen in Extremitäten, Pyrexie, Fatigue, Schüttelfrost, Asthenie, grippeartige Erkrankung, Verringerung der LVEF; **UW** (Dasatinib): Flüssigkeitsretention, Diarrhoe, Hautausschlag, Kopfschmerzen, Blutungen, Erschöpfung, Übelkeit, Dyspnoe, febrile Neutropenie; **UW** (Erlotinib): Exanthem, Pruritus, Diarrhoe, Übelkeit, Erbrechen, Husten, Konjunktivitis, Stomatitis, Bauchschmerzen, Ermüdung, Anorexie;

UW (Geftinib): Anorexie, Konjunktivitis, Blepharitis, trockene Augen, Hämorrhagie, Epistaxis, Hämaturie, interstitielle Lungenerkrankung, Diarrhoe, Übelkeit, Erbrechen, Stomatitis, Dehydratation, Transaminasen- und Bilirubin ↑, Hautreaktionen, Alopezie, Nagelstörung, Krea ↑, Proteinurie, Asthenie, Pyrexie; **UW** (Ibrutinib): Pneumonie, Inf. der oberen Atemwege, Sinusitis, Sepsis, Harnweginfektion, Infektion der Haut, Neutropenie, Thrombozytopenie, Anämie, Leukozytose, Lymphozytose, Dehydratation, Hyperurikämie, Schwindel, Kopfschmerz, Verschwommensehen, Vorhofflimmern, Blutung, Bluterguss, Petechien, subdurales Hämatom, Epistaxis, Diarrhoe, Erbrechen, Stomatitis, Übelkeit, Obstipation, trockener Mund, Hautausschlag, Arthralgie, muskuloskelettale Schmerzen, Fieber, periphere Ödeme;
UW (Imatinib): Hepatotoxizität mit reversibler Enzymerhöhung, Flüssigkeitsretention, Ödeme, Muskelkrämpfe, Arthralgie; **UW** (Lapatinib): linksventrikuläre Ejektionsfraktion ↓, Diarrhoe, Erbrechen, Hautausschlag, Nagelveränderungen, Anorexie, Müdigkeit, Hyperbilirubinämie, Hepatotoxizität, Dyspepsie, trockene Haut, Kopfschmerzen, Stomatitis, Obstipation, palmar-plantare Erythrodysästhesie, Schmerzen in Extremitäten/Rücken, Schlaflosigkeit;
UW (Lenvatinib): (sehr) häufig: Harnwegsinfektion, Thrombozytopenie, Lymphopenie, Hypothyreose, Thyreoidea-stimulierendes Hormon im Blut ↑, Hypokalzämie, Hypokaliämie, Gewichtsverlust, Appetit ↓, Dehydrierung, Hypomagnesiämie, Hypercholesterinämie, Insomnie, Schwindel, Kopfschmerz, Dysgeusie, Schlaganfall, MI, Herzinsuff., verlängerte QT-Zeit im EKG, red. Ejektionsfraktion, Blutung, Hypertonie, Hypotonie, Dysphonie, Lungenembolie, Diarrhoe, gastrointest. u. abd. Schmerzen, Erbrechen, Übelkeit, orale Entzündung, Schmerzen im Mundbereich, Verstopfung, Dyspepsie, Mundtrockenheit, Analfistel, Flatulenz, AST ↑, Hypalbuminämie, ALT ↑, aP ↑, Leberfunktionsstrg.; **UW** (Lenvatinib): γGT ↑, Bili ↑, palmar-plantares Erythrodysästhesie-Syndrom, Hautausschlag, Alopezie, Hyperkeratose, Rückenschmerzen, Arthralgie, Myalgie, Schmerzen der Extremitäten, Muskel- und Knochenschmerzen, Proteinurie, Fälle von NI, Nierenfunktionsstörungen, Kreatinin ↑, Harnstoff ↑, Ermüdung, Asthenie, peripheres Ödem, Unwohlsein;
UW (Midostaurin): Infektion durch med. Gerät, Infektion der Atemwege, febrile Neutropenie, Petechien, Lymphopenie, Überempfindlichkeit, Hyperurikämie, Schlaflosigkeit, Kopfschmerzen, Synkope, Tremor, Lidödem, Hypotonie, Sinustachykardie, Hypertonie, Perikarderguss, Epistaxis, Kehlkopfschmerzen, Dyspnoe, Pleuraerguss, Nasopharyngitis, akutes Atemnotsyndrom, Übelkeit, Erbrechen, Stomatitis, Schmerzen im Oberbauch, Hämorrhoiden, anorektale Beschwerden, Bauchbeschwerden, Dermatitis exfoliativa, Hyperhidrose, trockene Haut, Keratitis, Rückenschmerzen, Arthralgie, Knochenschmerzen, Extremitätenschmerz, Nackenschmerzen, Pyrexie, Katheter-bedingte Thrombose, Anämie, verringerte ANC, Transaminasen ↑, Hypokaliämie, Hyperglykämie, Hypernatriämie, verlängerte PTT, Hyperkalzämie, Gewichtszunahme;
UW (Nilotinib): Exanthem, Pruritus, Diarrhoe, Übelkeit, Obstipation, Ödeme, Knochenschmerzen, Arthralgien, Muskelspasmen;
UW (Nintedanib): Neutropenie, Abszesse, Sepsis, Appetit ↓, Elektrolytverschiebung, Dehydratation, periph. Neuropathie, Blutung, venöse Thromboembolie, Hypertonie, Diarrhoe, Erbrechen, Übelkeit, Abdominalschmerz, GOT/GPT/Bilirubin ↑, Mukositis;
UW (Osimertinib): interstit. Lungenerkr., Diarrhoe, Stomatitis, Exanthem, trockene Haut, Paronychie, Pruritus, Thrombo-, Leuko-, Neutropenie;
UW (Palbociclib): Infektionen, Neutropenie, Leukopenie, Anämie, Thrombopenie, febrile Neutropenie, Appetit ↓, Dysgeusie, verschwommenes Sehen, verstärkte Tränensekretion, trockenes Auge, Epistaxis, Stomatitis, Übelkeit, Erbrechen, Diarrhö, Exanthem, Alopezie, trockene Haut, Fatigue, Asthenie, Pyrexie, Transaminasenerhöhung;

UW (Pazopamib): Hypothyreose, Appetit ↓, Thrombo-, Leuko-, Neutropenie, Geschmacksstrg., Kopfschmerzen, Lethargie, Parästhesie, Schwindel, Hypertonie, Hitzewallungen, Nasenbluten, Dysphonie, Diarrhoe, Übelkeit, Erbrechen, Bauchschmerzen, Dyspepsie, Flatulenz, Stomatitis, Leberfunktionsstrg., Hyperbilirubinämie, Haarausfall, Verfärbung der Haare, Hautausschlag, palmar-plantares Erythrodysästhesiesyndrom, Hypopigmetierung der Haut, Erythem, Pruritus, trockene Haut, Hyperhidrose, Myalgie, Muskelkrämpfe, Proteinurie, Fatigue, Asthenie, Mukositis, Ödeme, Brustschmerzen, GPT/GOT/Krea/Lipase/γGT ↑, Gewicht ↓, Zahnfleischinfektion, Tumorschmerzen, Hyperalbuminämie, Dehydratation, Schlaflosigkeit, periphere sensorische Neuropathie, verschwommenes Sehen, kardiale Dysfunktion, Bradykardie, venöses thromboembolisches Ereignis, Dyspnoe, Pneumothorax, Singultus, orale/anale Blutungen; **UW** (Ponatinib): Pneumonie, Sepsis, Infekt. der oberen Atemwege, Follikulitis, Anämie, Thrombopenie, Neutropenie, Panzytopenie, Appetit ↓, Dehydratation, Flüssigkeitsretention, Hypokalzämie, -kaliämie, -phosphatämie Hyperglykämie/-urikämie/-triglyzeridämie, Gewicht ↓, Schlaflosigkeit, Kopfschmerzen, periphere Neuropathie, Müdigkeit, Benommenheit, Migräne, Hyper-/Hypo-/Parästhesie, Verschwommensehen, trockene Augen, Herzinsuff., MI, KHK, Vorhofflimmern, Perikarderguss, Angina pectoris, LVEF ↓, Hypertonie, TVT, Hitzewallungen, Flush, Dyspnoe, Husten, Pleuraerguss, Epistaxis, Dysphonie, Bauchschmerzen, Diarrhoe, Erbrechen, Obstipation, Übelkeit, Lipase/Amylase/GOT/GPT/Bilirubin/aP/γGT ↑, Pankreatitis, GERD, Stomatitis, Dyspepsie, Meteorismus, Mundtrockenheit, Hautausschlag, Hauttrockenheit, Erythem, Alopezie, Pruritus, Hyperhidrosis, Petechien, Ekchymose, periorbitales/peripheres/Gesichts-Ödem, Knochenschmerzen, Arthralgie, Myalgie, Gliederschmerzen, Rückenschmerzen, erektile Dysfunktion, Asthenie, Pyrexie, Schüttelfrost, grippaler Infekt, nicht-kardialer Thoraxschmerz, tastbare Knoten; **UW** (Ribociclib): Harnwegsinfektion, (febrile) Neutropenie, Leukopenie, Anämie, Thrombopenie, Lymphopenie, Hypokalzämie, Hypokaliämie, Hypophosphatämie, Kopfschmerzen, Schlaflosigkeit, Tränenfluss ↑, trockenes Auge, Synkope, Dyspnoe, Epitaxis, Übelkeit, Diarrhoe, Erbrechen, Obstipation, Stomatitis, Abdominalschmerzen, Dysgeusie, Dyspepsie, Hepatotoxizität, Alopezie, Exanthem, Pruritus, Erythem, Rückenschmerzen, Fatigue, periph. Ödem, Asthenie, Fieber, Leberenzyme ↑, Krea ↑, QT-Verlängerung; **UW** (Ruxolitinib): Harnweginfektionen, Herpes zoster, Anämie, Thrombozytopenie, Neutropenie, Blutungen, Gewicht ↑, Hypercholesterinämie, Schwindel, Kopfschmerzen, Flatulenz, Obstipation, GOT/GPT ↑, Hypertonie; **UW** (Sorafenib): Lymphopenie, Hypophosphatämie, Blutungen, Hypertonie, Durchfall, Übelkeit, Erbrechen, Exanthem, Hand-Fuß-Syndrom, Müdigkeit, Pruritus, Schmerzen, Leukopenie, Anämie, Thrombopenie, Depression; **UW** (Sunitinib): Anämie, Kopfschmerzen, Geschmacksstrg., Verfärbung der Haut, Übelkeit, Erbrechen, Diarrhoe, Bauchschmerzen, palmoplantare Erythrodysästhesie;
UW (Tivozanib): Anämie, Hypothyreose, Appetit ↓, Anorexie, Schlaflosigkeit, Kopfschmerz, periphere Neuropathie, Schwindelgefühl, Dysgeusie, Sehbehinderung, Vertigo, Tinnitus, Myokardinfarkt, Angina pectoris, Tachykardie, Hypertonie, Hämorrhagie, art. und venöse Thromboembolie, venöse thromboembolische Ereignisse, Hitzegefühl, Dyspnoe, Dysphonie, Husten, Epistaxis, Rhinorrhoe, Nasenverstopfung, Bauchschmerzen, Übelkeit, Diarrhoe, Stomatitis, Pankreatitis, Dysphagie, Erbrechen, gastroösophag. Refluxerkrankung, aufgetriebener Bauch, Glossitis, Gingivitis, Dyspepsie, Obstipation, Mundtrockenheit, Flatulenz, palmar-plantares Erythrodysästhesie-Syndrom/Hand-Fuß-Syndrom, Exfoliation der Haut, Erythem, Pruritus, Alopezie, Ausschlag, Akne, trockene Haut, Rückenschmerzen, Arthralgie, Myalgie, Brustkorbschmerzen, Proteinurie, Schmerzen, Asthenie, Ermüdung, Brustkorbschmerz, Schüttelfrost, Fieber, peripheres Ödem, Gewicht ↓; Transaminasen, gGT, AP, Amylase, Lipase, TSH, Krea ↑

UW (Trametinib): Anämie, Überempf., Dehydratation, verschwommenes Sehen, periorbitales Ödem, Sehstörung, linksventrikuläre Dysfunktion, Auswurffraktion ↓, Hypertonie, Hämorrhagie, Lymphödem, Husten, Atemnot, Pneumonitis, Diarrhoe, Übelkeit, Erbrechen, Obstipation, Mundtrockenheit, Exanthem, Stomatitis, akneiforme Dermatitis, trockene Haut, Juckreiz, Haarausfall, Erythem, palmoplantares Erythrodysästhesie-Syndrom, Hautfissuren, Fatigue, periph. Ödem, Pyrexie, Gesichtsödem, Schleimhautentzündung, Asthenie, Follikulitis, Nagelbettentzündung, Zellulitis, pustulärer Huatausschlag, Transaminasen/gGT/aP/CK ↑, Harnwegsinfekt, Nasopharyngitis, kutanes Plattenepithel-Ca, Papillom, seborrhoische Keratose, Akrochordon, Anämie, Leukopenie, Thrombopenie, Kopfschmerz, Schwindel, Arthralgie, Myalgie; **UW** (Vandetanib): Nasopharyngitis, Bronchitis, Infektion der oberen Atemwege, Harnweginfektionen, Pneumonie, Sepsis, Influenza, Zystitis, Sinusitis, Laryngitis, Follikulitis, Furunkel, Pilzinfektion, Pyelonephritis, Hypothyreose, Appetit ↓, Hypo-/Hyperkalziämie, Hypokaliämie, Hyperglykämie, Dehydratation, Hyponatriämie, Insomnia, Depression, Angst, Kopfschmerzen, Parästhesie, Dysästhesie, Schwindel, Tremor, Lethargie, Bewusstseinsverlust, Gleichgewichtsstrg., Dysgeusie, verschwommenes Sehen, Strukturveränderungen der Hornhaut, Sehstörung, Dyspepsie, Kolitis, Mundtrockenheit, Stomatitis, Halos, Photopsie, Glaukome; Konjunktivitis, Augentrockenheit, Keratopathie, QT-Zeit-Verlängerung, Hypertonie, hypertensive Krisen, ischämische zerebrovaskuläre Störungen, Epistaxis, Hämoptyse, Pneumonitis, Abdominalschmerz, Diarrhoe, Übelkeit, Erbrechen, Dyspepsie, Colitis, Mundtrockenheit, Stomatitis, Dysphagie, Obstipation, Gastritis, gastrointest. Hämorrhagie, Cholelithiasis, Ausschlag und andere Hautreaktionen, palmar-plantares Erythrodysästhesie-Syndrom, Alopezie, Proteinurie, Nephrolithiasis, Dysurie, Hämaturie, Nierenversagen, Pollakisurie, Harndrang, Asthenie, Erschöpfung, Schmerzen, Ödeme, Pyrexie, GOT/GPT/Kreatinin ↑, Gewicht ↓; **UW** (Vemurafenib): Follikulitis, Plattenepithelkarzinom der Haut, seborrhoische Keratose, Hautpapillom, Basalzellkarzinom, neue primäre Melanome, Kopfschmerzen, Dysgeusie, Lähmung des N. facialis, Schwindelgefühl, Uveitis, Husten, Diarrhoe, Erbrechen, Übelkeit, Obstipation, Lichtempfindlichkeitsreaktionen, aktinische Keratose, Ausschlag, Pruritus, Hyperkeratose, Erythem, Alopezie, trockene Haut, Sonnenbrand, palmar-plantares Erythrodysästhesie-Syndrom, Pannikulitis, Keratosis pilaris, Arthralgie, Myalgie, Schmerzen in den Extremitäten, Schmerzen des Bewegungsapparats, Rückenschmerzen, Arthritis, Abgeschlagenheit, Pyrexie, periphere Ödeme, Asthenie, γGT/GPT/aP/Bilirubin ↑, Gewicht ↓, QT-Verlängerung; **KI** (Afatinib): bek. Überempf.; **KI** (Alectinib): bek. Überempf.; **KI** (Axitinib): bek. Überempf.; **KI** (Bosutinib): bek. Überempf., Leberinsuff.; **KI** (Cabozantinib): bek. Überempf.; **KI** (Cobimetinib): bek. Überempf.; **KI** (Crizotinib): bek. Überempf., schwere Leberfkt. Strg.; **KI** (Dabrafenib): bek. Überempf.; **KI** (Ibrutinib): bek. Überempf., gleichzeitige Anw. mit Johanniskraut-Präparaten; **KI** (Levatinib): bek. Überempf.; **KI** (Midostaurin): bek. Überempf.; gleichzeitige Einnahme von Rifampicin, Johanniskraut, Carbamazepin, Enzalutamid, Phenytoin; **KI** (Nintedanib): bek. Überempf., Soja-, Erdnussallergie; **KI** (Osimertinib): bek. Überempf., gleichzeitige Anw. von Johanniskraut-Präparaten; **KI** (Palbociclib): bek. Überempf., gleichzeitige Anw. von Johanniskraut-Präparaten; **KI** (Pazopanib): bek. Überempf.; **KI** (Ponatinib): bek. Überempf.; **KI** (Ribociclib): bek. Überempf. gegen R_x, Erdnuss, Soja; **KI** (Ruxolitinib): bek. Überempf., Grav./Lakt.; **KI** (Tivozanib): bek. Überempf., gleichzeitige Anw. von Johanniskraut; **KI** (Trametinib): bek. Überempf.; **KI** (Vandetanib): bek. Überempf., kongenitales Long-QT-Syndrom, QT-Intervall > 480ms, gleichzeitige Anw. von arsenhaltiger Arzneimittel, Cisaprid, Erythromycin (i.v.), Toremifen, Mizolastin, Moxifloxacin, Antiarrhythmika der Klasse IA und III; **KI** (Vemurafenib): bek. Überempf.

Afatinib Rp	HWZ 37h, PPB 95%, PRC B, Lact -
Giotrif *Tbl. 20, 30, 40, 50mg*	**Lokal fortgeschrittenes u./od. metastasiertes NSCLC mit aktivierenden EGFR-Mutationen:** 1 x 40mg/d p.o., ggf. steigern auf 1 x 50mg/d; **DANI** CrCl > 30: 100%, < 30: Anw. nicht empf.; **DALI** Child-Pugh A, B: 100%; C: Anw. nicht empf.
Alectinib Rp	HWZ 32h, PPB 99%
Alecensa *Kps. 150mg*	**Fortgeschrittenes, ALK-pos. NSCLC Crizotinib-vorbehandelt:** 2 x 600mg p.o., Dosisanpassung n. Toxizität, s. FachInfo; **DANI** nicht erforderl.; **DALI** leichte LI: 100%; mittlere-schwere LI: Anw. nicht empf.
Axitinib Rp	HWZ 2.5-6h, PPB 99%, PRC C, Lact -
Inlyta *Tbl. 1, 5mg*	**Fortgeschrittenes Nierenzell-Ca:** 2 x 5mg/d p.o., ggf. steigern auf max. 2 x 10mg/d; **DANI** CrCl > 15: 100%, < 15: keine Daten; **DALI** vorsichtige Dosiseinstellung
Bosutinib Rp	HWZ 34h, PPB 95%, PRC C, Lact -
Bosulif *Tbl. 100, 500mg*	**Ph-positive CML in chron./akzelerierter Phase und Blastenkrise mit mind. einer Vorbeh.:** 1 x 500mg/d p.o., ggf. steigern auf max. 1 x 600mg/d; **DANI, DALI** keine Daten
Cabozantinib Rp	HWZ 120h, PPB 99%
Cometriq *Kps. 20, 80mg*	**Fortgeschrittenes medulläres Schilddrüsen-Ca.:** 1 x 140mg p.o.; ggf. Dosisanpassung bei Toxizität s. FachInfo.; **DANI** leichte-mittelschwere NI: vorsichtige Anw.; schwere NI: Anw. nicht empfohlen; **DALI** leichte-mittelschwere LI: 1 x 60mg; schwere LI: Anw. nicht empfohlen
Ceritinib Rp	HWZ 31-41h, PPB 97%, PRC D, Lact ?
Zykadia *Kps. 150mg*	**ALK-posit. NSCLC, Crizotinib-vorbehandelt:** 1 x 750mg p.o.; **DANI** leichte-mäßige NI: 100%; schwere NI: vorsichtige Anw.; **DALI** mäßig-starke LI: Anw. nicht empfohlen
Cobimetinib Rp	HWZ 44h, PPB 95%, Lact -
Cotellic *Tbl. 20mg*	**Nicht-resezierbares oder metastasiertes Melanom (BRAF-V600-Mutation-positiv):** 1 x 60mg p.o. d1-21, Wdh. d29; Komb. mit Vemurafenib; **DANI** schw. NI: vorsicht. Anw.; **DALI:** mäßige bis schwere LI: vorsicht. Anw.

Crizotinib Rp	HWZ 42h, PPB 91%, PRC C, Lact -
Xalkori *Kps. 200, 250mg*	**Vorbehandeltes ALK-positives NSCLC:** 2 x 250mg/d p.o.; **DANI** CrCl > 30: 100%, < 30: keine Daten; **DALI** leichte bis mäßige Funktionsstörung: vors. Anw., KI bei schwerer Funktionsstörung
Dabrafenib Rp	HWZ 10h, PPB 99%, PRC C, Lact ?
Tafinlar *Kps. 50, 75mg*	**Nicht-resezierbares oder metastasiertes Melanom (BRAF-V600-Mutation-positiv):** 2 x 150mg/d p.o.; Monother. oder Kombination mit Trametinib; **DANI** leichte bis mäßige Funktionsstörung: 100%, schwere Funktionsstrg.: vors. Anw.; **DALI** mäßige bis schwere Funktionsstörung: vorsichtige Anwendung
Dasatinib Rp	HWZ 5-6h, Q0 0.99, PPB 96%
Sprycel *Tbl. 20, 50, 70, 80, 100, 140mg*	**Chron. Phase neu diagnost. Ph+CML, chron./akzelerierte Phase der CML oder Blastenkrise mit Resistenz/Intoleranz gegen vorherige Behandlung (einschl. Imatinibmesilat), Ph+ALL oder lymphat. Blastenkrise der CML:** chron. Phase: 1 x 100mg/d p.o; akzelerierte Phase, myeloische oder lymphatische Blastenkrise: 1 x 140mg/d p.o; **DANI** nicht erf.; **DALI** vors. Dosiseinstellung
Erlotinib Rp	HWZ 36h, Q0 0.97
Tarceva *Tbl. 25, 100, 150mg*	**Nichkleinzell. Bronchial-Ca:** 1 x 150mg p.o.; **Pankreas-Ca:** 1 x 100mg p.o., Komb. mit Gemcitabin; **DANI, DALI:** Anw. bei schwerer Nieren-/Leberinsuff. nicht empf.
Gefitinib Rp	HWZ 41h, Q0 0.9, PPB 90%
Iressa *Tbl. 250mg*	**Nichtkleinzelliges Bronchial-Ca:** 1 x 250mg p.o.; **DANI** CrCl > 20: 100%; < 20: vorsichtige Anwendung; **DALI** Child B, C: engmaschige Überwachung hinsichtlich UW
Ibrutinib Rp	HWZ 4-13h, PPB 97% PRC D, Lact ?
Imbruvica *Kps. 140mg*	**Rezidiv. oder refrakt. Mantelzell-Lymphom:** 1 x 560mg/d p.o.; **CLL:** 1 x 420mg/d p.o.; **DANI** CrCl > 30: nicht erf.; < 30: vors. Anw.; **DALI** Child A: 1 x 280mg/d p.o.; B: 1 x 140mg/d p.o.; C: Anw. nicht empfohlen

Imatinib Rp	HWZ 18h, Q0 0.95, PPB 95%
Glivec *Tbl. 100, 400mg* **Imanivec** *Tbl. 100, 400mg* **Imatinib Heumann** *Tbl. 100, 400mg* **Imatinib Onkovis** *Kps. 100, 200, 400mg*	**Ph+CML:** chronische Phase: 1 x 400mg p.o.; akzelerierte Phase, Blastenkrise: 600mg p.o.; **Ki. > 2J:** 340mg/m², max. 570mg/m² bzw. 800mg/d; **Ph+ALL:** 1 x 600mg; **MDS:** 1 x 400mg; **hypereosinophiles Syndr., chron. eosinophile Leukämie:** 1 x 100mg, ggf. bis 400mg/d steigern; **CD117+GIST:** 1 x 400mg; **Dermatofibrosarcoma protuberans:** 1 x 800mg; **DANI** vors. Anw. bei schwerer NI; **DALI** 400mg/d
Lapatinib Rp	HWZ 24h PPB 99%
Tyverb *Tbl. 250mg*	**Fortgeschritt./metastasiertes Mamma-Ca mit Her2-Überexpression:** 1 x 1250mg/d p.o. in Komb. mit Capecitabin; **DANI** CrCl > 30: 100%; < 30: keine Daten; **DALI** Child A, B: keine Daten, Child C: KI
Lenvatinib Rp	HWZ 17h, Q0 0.9, PPB 98%
Kisplix *Kps. 4, 10mg* **Lenvima** *Kps. 4, 10mg*	**Fortgeschrittenes Nierenzell-Ca, VGEF-vorbehandelt:** Kisplyx: 1 x 18mg p.o., Dosisanpassung n. Toxizität s. FachInfo; Komb. m. Everolimus; **DANI, DALI** schwere NI/LI: ini 10mg; **Progr., lokal fortgeschritt. od. metastasiertes differenziertes (papilläres/follikuläres/Hürthle-Zell-)Schilddrüsen-Ca** (DTC), das nicht auf Radiojodtherapie (RAI) angesprochen hat: Lenvima: 24mg p.o.; **DANI** nicht erford.; **DALI** nicht erford.
Midostaurin Rp	HWZ 20 (482)h, PPB 98%
Rydapt *Kps. 25mg*	**AML mit FLT3-Mutation:** 2 x 50mg p.o. d8-21 der Induktions- u. Konsolidierungschemother., weitere Gaben s. FachInfo; **aggressive system. Mastozytose, system. Mastozytose mit assoziierter hämatolog. Neoplasie, Mastzell-Leukämie:** 2 x 100mg p.o.; **DANI** leichte bis mäßige NI: 100%; schwere NI: keine Daten; **DALI** Child A, B: 100%; C: keine Daten
Nilotinib Rp	HWZ 17h, Q0 0.9, PPB 98%
Tasigna *Kps. 150, 200mg*	**Ph+CML:** 2 x 400mg p.o., ggf. Dosisanpass. nach Blutbild, s. FachInfo; **DANI** nicht erf.

Nintedanib Rp	HWZ 10-15h, PPB 98%
Vargatef *Kps. 100, 150mg*	**Lokal fortgeschrittenes, metastasiertes oder lokal rezidiviertes NSCLC:** 2 x 200mg p.o. d2-21 in Komb. mit Docetaxel; **DANI** CrCl > 30: 100%, < 30: keine Daten; **DALI** Child A: 100%, Child B, C: Anw. nicht empf.
Osimertinib Rp	HWZ 48h
Tagrisso *Kps. 40, 80mg*	**Lokal fortgeschrittenes oder metast. NSCLC mit T790M-Mutation:** 1 x 80mg p.o.; **DANI** schwere NI, HD: vorsichtige Anw.; **DALI** mittlere bis schw. LI: Anw. nicht empf.
Palbociclib Rp	HWZ 29h, PPB 85%
Ibrance *Kps. 75, 100, 125mg*	**Lokal fortgeschrittenes oder metastasiertes Mamma-Ca, HR-pos., HER-2-neg.:** 1 x 125mg p.o. d1-21, dann 7d Pause; je nach UW Dosisreduktion auf 100-75mg.; **DANI** CrCl < 30, HD: keine Daten, vorsichtige Anw.; **DALI** mittlere bis schw. LI: vors. Anw.;
Pazopanib Rp	HWZ 31h, PPB 99%, PRC C, Lact ?
Votrient *Tbl. 200, 400mg*	**Fortgeschrittenes Nierenzell-Ca, Weichteilsarkom (WTS, STS):** 1 x 800mg/d p.o.; **DANI** CrCl > 30: 100%, < 30: keine Daten; **DALI** Child A: keine Daten, B: max. 20mg/d, C: KI
Ponatinib Rp	HWZ 22h, PPB >99%, PRC C, Lact -
Iclusig *Tbl. 15, 30, 45mg*	**CML in chron. oder akzelerierter Phase oder Blastenkrise und Ph+ALL:** 1 x 45mg/d p.o.; **DANI** CrCl > 50: 100%, < 50: vorsichtige Anwendung; **DALI** vors. Anwendung
Ribociclib Rp	HWZ 30-55h, PPB 70%
Kisqali *Tbl. 200mg*	**Fortgeschr. oder metast. Mamma-Ca, HR-pos, HER2-neg.:** 1 x 600mg p.o. d1-21, Wdh. d28, Komb. mit Aromatasehemmer; **DANI** leichte bis mittelschwere NI: 100%, schwere NI: auf Toxizität achten; **DALI** Child A: 100%; B, C: ini 400mg/d
Ruxolitinib Rp	HWZ 3h, PPB 97%
Jakavi *Tbl. 5, 10, 15, 20mg*	**Myelofibrose (MF):** ini 2 x 15-20mg p.o., max. 2 x 25mg/d; **Polycythaemia vera (PV):** ini 2 x 10mg p.o., max. 2 x 25mg/d; **DANI** CrCl > 30: 100%, < 30: MF: 50%, PV: ini 2 x 5mg/d; HD: MF: 1 x 15-20mg oder 2 x 10mg am Dialysetag; PV: 1 x 10mg oder 2 x 5mg am Dialysetag; **DALI** 50%

Tivozanib Rp	HWZ 4.5-5d, PPB 99%
Fotivda *Kps. 890, 1340µg*	**Fortgeschrittenes Nierenzell-Ca:** 1 x 1340µg p.o. d1-21, Wdh. d 29; je n. UW Dosisreduktion auf 890µg, s. FachInfo; **DANI** schwere NI, HD: vorsichtige Anw.; **DALI** leichte LI: 100%; mittelschw. LI: 1340µg alle 2d; schwere LI: Anw. nicht empfohlen
Sorafenib Rp	HWZ 25-48h, Q0 > 0.9
Nexavar *Tbl. 200mg*	**Leberzell-Ca, fortgeschr. Nierenzell-Ca, Schilddrüsen-Ca:** 2 x 400mg p.o.; **DANI** CrCl > 30: 100%, < 30: keine Daten; **DALI** Child A, B: 100%, C: keine Daten
Sunitinib Rp	HWZ 40-60(80-110)h, Q0 >0.7, PPB 95%
Sutent *Kps. 12.5, 25, 50mg*	**GIST, fortgeschr. Nierenzell-Ca:** 1 x 50mg p.o., ggf. Dos. in 12.5mg-Schritten anpassen; mind. 25mg/d, max. 75mg/d; über 4W, dann 2W Pause; **pankreat. neuroendokrine Tumore:** 1 x 37.5mg ohne Therapie-Pause; **DANI** nicht erf.; **DALI** Child A, B: 100%; C: keine Daten, Anw. nicht empfohlen
Vandetanib Rp	HWZ 19d, PPB 93%, PRC C, Lact -
Caprelsa *Tbl. 100, 300mg*	**Medull. SD-Ca mit nicht resektabler, lokal fortgeschritt. od. metast. Erkr.:** 1 x 300mg p.o.; **DANI**: CrCl 30-50: ggf. ini 200mg/d, < 30: Anw. nicht empf.; **DALI** keine Daten
Trametinib Rp	HWZ 5d, PPB 97%, PRC D, Lact ?
Mekinist *Tbl. 0.5, 2mg*	**BRAF-V600-Mutation-positives, nicht resezierbares oder metastasiertes Melanom:** 1 x 2mg p.o. Monother. oder Komb. mit Dabrafenib; **DANI** leichte bis mäßige NI: 100%; schwere NI: keine Daten; **DALI** leichte LI: 100%; mäßige bis schwere LI: vors. Anw.
Vemurafenib Rp	HWZ 51.6h, PPB > 99%, PRC B, Lact ?
Zelboraf *Tbl. 240mg*	**BRAF-V600-Mutation-pos., nicht resezierbares od. metastas. Melanom:** 2 x 960mg p.o.; **DANI, DALI** engmaschige Überwachung bei schw. Nierenfunktionsstrg. bzw. mittlerer bis schw. Leberfunktionsstrg.

7.13 mTOR-Inhibitoren

Wm/Wi (Everolimus, Temsirolimus): Hemmung des mTOR (mammalian target of rapamycin) = Enzymkomplex, der u.a. das Zellwachstum reguliert ⇒ antitumorale und antiangiogene Wi; **UW** (Everolimus): Stomatitis, Hautausschlag, Hauttrockenheit, Nagelveränd., Hand-Fuß-Syndr., Erythem, Exfoliation, akneförmige Dermatitis, Hautläsionen, Alopezie, Erschöpfung, Asthenie, Diarrhoe, Übelkeit, Appetitlosigkeit, Mukositis, Infektionen, Erbrechen, Husten, Pruritus, Epistaxis, Pneumonitis, Dyspnoe, Anämie, Cholesterin/Triglyzeride/GOT/GPT/Krea/Blutzucker ↑, Thrombopenie, Leukopenie, Neutropenie, Lymphopenie, D.m., Hypophosphatämie, Hypokaliämie, Hypokalzämie, Dehydratation, Hyperlipidämie, Schlaflosigkeit, Dysgeusie, Kopfschmerzen, Konjunktivitis, Ödeme der Augenlider, Hypertonie, Blutungen, Lungenembolie, Bluthusten, Mundtrockenheit, Abdominalschmerzen, Schmerzen im Mund, Dysphagie, Dyspepsie, Arthralgie, Nierenversagen, Proteinurie, peripheres Ödem, Pyrexie, Brustschmerzen, Gewichtsverlust; **UW** (Temsirolimus): Kreatinin ↑, Thrombopenie, Anämie, Dysgeusie, Atemnot, Nasenbluten, Husten, Bauchschmerzen, Erbrechen, Stomatitis, Diarrhoe, Übelkeit, Exanthem, Hautjucken, Akne, Nagelveränderungen, Rückenschmerzen, Arthralgie, Hypokaliämie, bakterielle und virale Infektionen, Pharyngitis, Rhinitis, Mukositis, Schmerzen, Schmerzen im Brustkorb, Ödeme, Pyrexie, Asthenie; **KI** (Everolimus): bekannte Überempfindlichkeit

Everolimus Rp	HWZ 30h, PPB 74%, PRC D, Lact ?
Afinitor *Tbl. 2.5, 5, 10mg*	**Nierenzell-Ca, Hormonrezeptor-pos. Mamma-Ca, neuroendokrine Tumore pankreatischen Ursprungs:** 1 x 10mg p.o., ggf. 5mg bei intolerablen UW; **DANI** nicht erf.; **DALI** Child A: 1 x 7.5mg/d; Child B: 5mg/d; Child C: nach Nutzen-Risiko-Abwägung, max. 1 x 2.5mg/d
Temsirolimus Rp	HWZ 17(55)h, PRC D, Lact ?
Torisel *Inf.Lsg. 30mg*	**Nierenzell-Ca:** 1 x/W 25mg über 30-60min i.v., zuvor Antihistaminikum; **DANI** vorsichtige Anw. bei schwerer NI; **DALI** Anw. bei schwerer LI nicht empfohlen

7.14 Antikörper

Wm/Wi (Antikörper): Bindung an spezifisches Antigen, durch Komplementfixierung entsteht antikörperabhängige, zellvermittelte Zytotoxizität; **Wm/Wi** (Atezolizumab, Avelumab): monoklonaler IgG1-AK, der an PD-L1 bindet, Wiederherstellung der antitumorösen T-Zell-Antwort bzw. direkte Tumorzelllyse über natürliche Killerzellen; **Wm/Wi** (Bevacizumab): bindet an Gefäßwachstumsfaktor VEGF, Hemmung der Tumorvaskularisierung; **Wm/Wi** (Blinatumomab): bindet an CD19 und CD3 ⇒ Bildung einer zytolytischen Synapse zwischen T-Zelle und Tumorzelle mit Freisetzung proteolytischer Enzyme; **Wm/Wi** (Brentuximab Vedotin): AK-Wirkstoff-Konjugat ⇒ setzt Zytostatikum frei ⇒ bindet an CD30-tragende Tumorzellen ⇒ Unterbrechung des Zellzyklus und programmierter Zelltod; **Wm/Wi** (Cetuximab): Blockierung von EGFR, dadurch Reduktion der Invasion von Tumorzellen ins Normalgewebe und Reduktion von Metastasenbildung;

Wm/Wi (Daratumumab): humaner monoklonaler IgG-AK, der an CD38-Protein bindet, welches in hoher Konz. auf Tumorzellen des mult. Myeloms exprimiert wird ⇒ Apoptose;
Wm/Wi (Eculizumab): rekombinanter humanisierter IgG-AK, der an das Komplementprotein C5 bindet, Hemmung der komplementvermittelten intravaskulären Hämolyse;
Wm/Wi (Elotuzumab): Monoklonaler IgG1-Antikörper, der an SLAMF bindet, welches stark auf Myelomzellen exprimiert wird ⇒ erleichtert die Interaktion mit natürlichen Killerzellen;
Wm/Wi (Inotuzumab): IgG4-Antikörper, der an CD22 exprimierende Zellen bindet ⇒ Induktion von Apoptose; **Wm/Wi** (Ipilimumab): monoklonaler Ak, der die vom CTLA-4-Signalweg induzierten inhibitorischen Signale auf die T-Zellen blockiert ⇒ Anzahl der Tumor-reaktiven T-Effektorzellen m **Wm/Wi** (Necitumumab): humaner, monoklonaler IgG1-Antikörper, der an EGFR bindet ⇒ Hemmung der Angiogenese, Induktion von Apoptose bzw. Zelltod;
Wm/Wi (Nivolumab, Pembrolizumab): PD-1-Inhibitor (Programmed-Cell-Death-Protein-1-Inhibitor) blockiert Bindung von PD-L1 u. PD-L2 an PD-1-Rezeptoren auf T-Zellen ⇒ T-Zell-Proliferation ↑, Zytokinbildung ↑, Immunantwort gegen Krebszellen ↑;
Wm/Wi (Obinutuzumab): monoklon., humanisierter AK ⇒ bindet an CD-20-Transmembranantigen auf der Oberfläche nicht-maligner und maligner prä-B- und reifer B-Lymphozyten ⇒ direkter Zelltod, antikörperabhängige zelluläre Zytotoxizität und Phagozytose;
Wm/Wi (Ofatumumab): humaner monoklonaler Antikörper ⇒ bindet an CD20-Epitope, Lyse von Tumorzellen, Zelltodinduktion durch antikörperabhängige, zellvermittelte Zytotoxizität;
Wm/Wi (Olaratumab): humaner monoklonaler IgG1-Antikörper bindet an PDGFR-alpha ⇒ Hemmung des Tumorzellwachstums;
Wm/Wi (Panitumomab): humaner monoklonaler IgG2-Antikörper gegen EGF-Rezeptor, dadurch Hemmung des Zellwachstums, Induktion der Apoptose und Verminderung der Produktion von Interleukin 8 und vaskulärem, endothelialem Wachstumsfaktor;
Wm/Wi (Pertuzumab): humanisierter monoklonaler Antikörper ⇒ bindet an HER2 und hemmt Heterodimerisierung von HER2 mit anderen Rezeptoren der HER-Rezeptorfamilie ⇒ zellulärer Wachstumsstopp bzw. Apoptose;
Wm/Wi (Ramucirumab): humaner Antikörper ⇒ bindet sepzifisch an VEGF Rezeptor-2 ⇒ verhindert die Liganden-stimulierte Aktivierung des VEGF Rezeptor-2 und der nachfolgenden Signalkaskaden ⇒ Proliferation und Migration der humanen Endothelzellen wird neutralisiert;
Wm/Wi (Rituximab): bindet spezifisch an das Transmembran-Antigen CD20, das auf > 95% aller Zellen von Non-Hodgkin-Lymphomen des B-Zell-Typs exprimiert wird;
Wm/Wi (Trastuzumab): monoklonaler AK gg. menschl. epidermalen Wachstumsfaktor 2 (HER2);
Wm/Wi (Trastuzumab Emtansin): gegen HER2 gerichtetes Antikörper-Wirkstoff-Konjugat; Emtansin verleiht Zytostatikum Selektivität für Tumorzellen mit Überexpression von HER2;
UW: s. allgemeine UW von Zytostatika → 164;
UW (Atezolizumab): Thrombopenie, Hypersensitivität, Hypo-/Hyperthyreose, Appetit ↓, Hypokaliämie, Hyponatriämie, Hypotonie, Dyspnoe, Pneumonitis, Hypoxie, verstopfte Nase, Übelkeit, Erbrechen, Diarrhoe, Bauchschmerzen, Kolitis, Dysphagie, Transaminasenerhöhung, Exanthem, Pruritus, Arthralgie, Schmerzen d. Bewegungsapparats, Fieber, Fatigue, Asthenie, infusionsbedingte Reaktionen, grippeähnliche Erkrankung, Schüttelfrost;
UW (Avelumab): Anämie, Lymphopenie, Hypothyreose, verminderter Appetit, Kopfschmerzen, Schwindel, periphere Neuropathie, Hypertonie, Hypotonie, Husten, Dyspnoe, Pneumonitis, Übelkeit, Erbrechen, Bauchschmerzen, Diarrhoe, Obstipation, Mundtrockenheit, Ausschlag, trockene Haut, Rückenschmerzen, Arthralgie, Myalgie, Ermüdung, Fieber, per. Ödem, Asthenie, Schüttelfrost, influenza-ähnliche Erkr., Gewicht ↓; γGT/aP/Amylase/Lipase/Krea ↑; infusionsbedingte Reaktion;

UW (Bevacizumab): Sepsis, Abszess, Infektion, (febrile) Neutropenie, Leuko-, Thrombozytopenie, Anämie, Ovarialinsuff., Dehydrierung, Anorexie, periphere sensorische Neuropathie, Schlaganfall, Synkope, Somnolenz, Kopfschmerzen, Dysgeusie, Dysarthrie, Augenerkrankungen, Tränenfluss ↑, kongestive Herzinsuff., supraventrikuläre Tachykardie, Hypertonie, arterielle/venöse Thromboembolie, Asthenie, Fatigue, Lethargie, Schleimhautentzündung, Pyrexie, Diarrhoe, Übelkeit, Erbrechen, Obstipation, Schmerzen, Magen-Darm-Perforation, Ileus, Bauchschmerzen, Erkrankung des GI-Trakts, Blutungen, Lungenembolie, Dyspnoe, Hypoxie, Epistaxis, Rhinitis, Stomatitis, palmoplantares Erythrodysäthesiesyndrom, exfoliative Dermatitis, trockene Haut, Hautverfärbung, Muskelschwäche, Myalgie, Arthralgie, Proteinurie, Harnwegsinfektion; **UW** (Blinatumomab): Infektionen, (febrile) Neutropenie, Anämie, Thrombopenie, Leukopenie, Zytokinfreisetzungssyndrom, Hypokaliämie, Hypomagnesiämie, Hyperglykämie, Appetit ↓, Schlaflosigkeit, Kopfschmerzen, Tremor, Schwindel, Hypotonie, Husten, Übelkeit, Verstopfung, Diarrhoe, Bauchschmerzen, Erbrechen, Exanthem, Rückenschmerzen, Gliederschmerzen, Arthralgie, Knochenschmerzen, Fieber, periph. Ödeme, Schüttelfrost, Fatigue, Brustschmerzen, Transaminasen und γGT ↑, Infusionsreaktionen, Sepsis, Pneumonie, Leukozytose, Lymphopenie, Überempfindlichkeit, Hypophosphatämie, Hypalbuminämie, Tumorlysesyndrom, Verwirrtheit, Desorientiertheit, Enzepahlopathie, Aphasie, Parästhesie, Krämpfe, kognitive Störungen, Gedächtnisstörungen, Tachykardie, Ödem, Immunglobuline ↓, Bilirubinerhöhung; **UW** (Brentuximab Vedotin): Infektion, Infektion d.oberen Atemwege, Herpes zoster, Pneumonie, Neutropenie, Anämie, Thrombozytopenie, Hyperglykämie, periphere sensorische/motorische Neuropathie, Schwindel, demyelinisierende Polyneuropathie, Husten, Dyspnoe, Diarrhoe, Übelkeit, Erbrechen, Obstipation, Haarausfall, Juckreiz, Hautausschlag, Myalgie, Arthralgie, Rückenschmerzen, Fatigue, Fieber, infusionsbedingte Reaktionen, Schüttelfrost; **UW** (Catumaxomab): Lymphopenie, Leukozytose, Anämie, Neutrophilie, Thrombozythämie, Tachykardie, Vertigo, Bauchschmerzen, Übelkeit, Erbrechen, Diarrhoe, Ileus, Obstipation, Flatulenz, Reflux, Stomatitis, Fieber, Schüttelfrost, Schmerzen, Asthenie, Ödeme, Durst, Hyperbilirubinämie, Hepatitis, Infektionen, Anorexie, Elektrolytstrg., Arthralgie, Rückenschmerzen, Myalgie, Angst, Oligurie, Proteinurie, Hämaturie, Dyspnoe, Hautausschlag, Hypo-/Hypertonie, Hitzewallungen; **UW** (Cetuximab): Atemnot, Paronychie, Konjunktivitis, akneartiges Exanthem; **UW** (Daratumumab): Pneumonie, Nasopharyngitis, Infektion der oberen Atemwege, Anämie, Thrombopenie, Leukopenie, Lymphopenie, Appetit ↓, Kopfschmerzen, Hypertonie, Husten, verstopfte Nase, Dyspnoe, Übelkeit, Diarrhoe, Obstipation, Erbrechen, Rückenschmerzen, Arthralgie, Gliederschmerzen, muskuloskelettale Brustschmerzen, Fatigue, Pyrexie, Schüttelfrost, infusionsbed. Reaktion; **UW** (Eculizumab): Schwindel, Dysgeusie, Parästhesie, Vertigo, progressive Hypertonie, Husten, verstopfte Nase, Pharynx-/Larynxschmerzen, Bauchschmerzen, Obstipation, Diarrhoe, Dyspepsie, Übelkeit, Erbrechen, Alopezie, trockene Haut, Pruritus, Exanthem, Arthralgie, Rückenschmerzen, Myalgie, Nackenschmerzen, Extremitätenschmerzen, Dysurie, Spontanerektion, Thoraxbeschwerden, Schüttelfrost, Fatigue, Asthenie, infusionsbed. Reaktion, Ödeme, Fieber, pos. Coombs-Test; **UW** (Elotuzumab): Herpes zoster, Nasopharyngitis, Pneumonie, Infekt d. oberen Atemwege, Lymphopenie, Hypersensitivität, Stimmungsschwankungen, Kopfschmerzen, Hypästhesie, Husten, tiefe Venenthrombose, oropharyngeale Schmerzen, Diarrhoe, Nachtschweiß, Brustschmerzen, Fatigue, Fieber, Gewicht ↓, infusionsbed. Reaktionen; **UW** (Inotuzumab): Infektionen, febrile Neutropenie, Thrombopenie, Leukopenie, Lymphopenie, Anämie, Panzytopenie, Appetit ↓, Kopfschmerzen, Blutungen (ZNS, GI-Trakt), Epistaxis, Bauchschmerzen, Erbrechen, Übelkeit, Diarrhoe, Stomatitis, Obstipation, Bilirubin/Transaminasen/γGT/aP ↑; Pyrexie, Schüttelfrost, Fatigue, infusionsbed. Reaktion, Überempfindlichkeit, Tumorlysesyndrom, Hyperurikämie, Aszites, Bauchdeckenspannung, venookklusive Lebererkrankung, QT-Verlängerung;

UW (Ipilimumab): Tumorschmerzen, Anämie, Lymphopenie, Hypopituitarismus, Hypothyreose, Appetit ↓, Dehydratation, Hypokaliämie, Verwirrtheit, periphere sensor. Neuropathie, Schwindel, Kopfschmerzen, Lethargie, verschwommenes Sehen, Augenschmerzen, Hypotonie, Hautrötungen, Hitzewallungen, Dyspnoe, Husten, Übelkeit, Erbrechen, Diarrhoe, GI-Hämorrhagie, Kolitis, Obstipation, Refluxkrankheit, Bauchschmerzen, Schleimhautentzündung, Leberfunktionsstörung, Exanthem, Pruritus, Dermatitis, Urtikaria, Vitiligo, Ekzem, Alopezie, Nachtschweiß, trockene Haut, Arthralgie, Myalgie, Skelettschmerzen, Muskelspasmus, Müdigkeit, Pyrexie, Reaktion a.d. Injektionsstelle, Schüttelfrost, Asthenie, Ödeme, grippeähnliche Erkrankung; Erhöhung von Transaminasen, aP, Bilirubin; Gewicht ↓;
UW (Necitumumab): Harnwegsinekt, Kopfschmerzen, Dysgeusie, Konjunktivitis, venöse/arterielle thromboembolische Ereignisse; Phlebitis, Hämoptysen, Epistaxis, oropharyngeale Schmerzen, Erbrechen, Stomatitis, Dysphagie, Mundulzerationen, Hautreaktionen, Überempfindlichkeitsreaktionen, Muskelkrämpfe, Dysurie, Pyrexie, Hypomagnesiämie, Hypokalzämie, Hypophosphatämie, Hypokaliämie, Gewicht ↓;
UW (Nivolumab): häufig: Infekt. der oberen Atemwege, infusionsbedingte Reaktion, Hypothyreose, Hyperthyreose, Hyperglykämie, Hyponatriämie, Appetit ↓, periphere Neuropathie, Kopfschmerzen, Schwindelgefühl, Hypertonie, Pneumonitis, Dyspnoe, Husten, Diarrhö, Übelkeit, Kolitis, Stomatitis, Erbrechen, Bauchschmerzen, Obstipation, Hautausschlag, Juckreiz, Vitiligo, trockene Haut, Erythem, Alopezie, Muskel- und Skelettschmerzen, Arthralgie, Müdigkeit, Pyrexie, Ödeme (einschließl. peripheres Ödem), AST/ALT/Gesamtbilirubin/aP/Kreatinin ↑, Lymphozytopenie, Thrombozytopenie, Anämie, Lipase/Amylase ↑, Neutropenie;
UW (Obinutuzumab): Harnweginfektion, Nasopharyngitis, Lippenherpes, Rhinitis, Pharyngitis, Plattenepithelkarzinom der Haut, Neutropenie, Thrombozytopenie, Anämie, Leukopenie, Tumorlysesyndrom, Hyperurikämie, Vorhofflimmern, Hypertonie, Husten, Diarrhoe, Obstipation, Alopezie, Arthralgie, Rückenschmerzen, muskuloskelettale Thoraxschmerzen, Fieber, Gewichtszunahme, infusionsbedingte Reaktionen; **UW** (Ofatumumab): Infektionen, Sepsis, Neutropenie, Anämie, Thombopenie, allerg. Reaktion, Tachykardie, Hypo-/Hypertonie, Bronchospasmus, Husten, Hypoxie, Dyspnoe, Brustbeschwerden, Exanthem, Fatigue, Hyperhidrose, Dünndarmobstruktion, Diarrhoe, Übelkeit, Pruritus, Rückenschmerzen, Fieber, Schüttelfrost; **UW** (Olaratumab): Neutropenie, Lymphopenie, Kopfschmerzen, Diarrhoe, Übelkeit, Erbrechen, Mukositis, muskuloskelettale Schmerzen, infusionsbedingte Reaktionen;
UW (Panitumomab): Exanthem, akneiforme Dermatitis, Exfoliation, Paronychie, Pruritus, Fissuren, Diarrhoe, Fatigue, Infusionsreaktionen, Elektrolytverschiebungen, Nausea, Emesis, Dyspnoe, Husten, Kopfschmerzen, Konjunktivitis, Wimpernwachstum, Stomatitis, Onycholyse, Hypertrichose, Alopezie, trockene Haut/Nase/Mund, Lungenembolie;
UW (Pembrolizumab): häufig: Anämie, Thrombozytopenie, Hypophysitis, Hyper-/Hypothyreose, Appetit ↓, Dehydrierung, Kopfschmerzen, Dysgeusie, periphere Neuropathie, Schwindel, Parästhesie, trockene Haut, Vertigo, Hitzewallungen, Pneumonitis, Dyspnoe, Husten, Diarrhö, Übelkeit, Komitees, Erbrechen, Abdominalschmerzen, Obstipation, Mundtrockenheit, aufgeblähtes Abdomen, Hautausschlag, Pruritus, Schwere Hautreaktionen, Vitiligo, Hauttrockenheit, Erythem, Ekzem, Hyperhidrose, Hypopigmentierung der Haut, Alopezie, Athralgie, Myalgie, Muskelschwäche, muskuloskelettale Schmerzen, Schmerzen in den Extremitäten, Rückenschmerzen, Arthritis, Muskelkrämpfe, muskuloskelettale Steifheit, Müdigkeit, Erschöpfung, Asthenie, Fieber, Schleimhautentzündungen, periphere Ödeme, grippeähnliche Erkr., Schüttelfrost, Aspartataminotransferase (AST) ↑, Alaninaminotransferase (ALT) ↑, Gewicht ↓, alkalischer Phosphatase im Blut ↑, infusionsbed. Reaktionen;

UW (Pertuzumab): Infektion der oberen Atemwege, Nasopharyngitis, (febrile) Neutropenie, Leukopenie, Anämie, Überempfindlichkeit, anaphylakt. Reaktion, infusionsbedingte Reaktion/ Zytokin-Freisetzungs-Syndrom, Appetit ↓, Schlaflosigkeit, periphere (sensorische) Neuropathie, Kopfschmerzen, Schwindel, Dysgeusie, Tränensekretion ↑, linksventrikuläre Dysfunktion, Dyspnoe, Husten, Pleuraerguss, Diarrhoe, Erbrechen, Stomatitis, Übelkeit, Obstipation, Dyspepsie, Alopezie, Exanthem, Nagelveränderungen, Pruritus, trockene Haut, Myalgie, Arthralgie, Mukositis, Ödem, Schmerzen, Pyrexie, Fatigue, Asthenie, Schüttelfrost;
UW (Ramucirumab): Neutro-/Leukopenie, Thrombozytopenie, Hypoalbuminämie, Hypertonie, Epistaxis, gastrointestinale Blutungsereignisse, Stomatitis, Diarrhoe, Proteinurie, Fatigue/Asthenie, periph. Ödeme, Hypokaliämie, Hyponatriämie, Kopfschmerzen, abd. Schmerzen; **UW** (Rituximab): Hypertonie, Angina pectoris od. Herzinsuff. bei bek. Herzerkrankung, Husten, Sinusitis, Bronchitis (obliterans), Dyspepsie, Transaminasen ↑, Kopfschmerz, Tumorschmerz, Parästhesien, Schwindel, Angstgefühl, allerg. Reaktionen (u.a. Dyspnoe, Bronchospasmus, Angioödem), Nachtschweiß, periphere Ödeme, Arthralgien, Myalgien, Knochenschmerz, Konjunktivitis, Hyperkalzämie, LDH ↑, Lymphadenopathie, Geschmacksveränderungen; **UW** (Trastuzumab): Vasodilatation, Tachykardie, Herzinsuff., Kardiomyopathie, Ischämie, Perikarderguss, Herzstillstand, Kopfschmerzen, Schwindel, Parästhesien, Neuropathie, Tremor, Depression, allerg. Reaktionen (u.a. Dyspnoe, Bronchospasmus, Urtikaria, Angioödem, Anaphylaxie), Arthralgie, Myalgie, Mastitis, transienter Tumorschmerz, Ödeme, AK-Bildung; **UW** (Trastuzumab Emtansin): Harnweginfektion, Neutro-, Leukozytopenie, Arzneimittelüberempfindlichkeit, Hypokaliämie, Insomnie, periph. Neuropathie, Kopfschmerzen, Schwindel, Dysgeusie, Gedächtnisstrg., trockenes Auge, Konjunktivitis, verschwommenes Sehen, Tränensekretion ↑, LV-Dysfkt., Blutung, Hypertonie, Epistaxis, Husten, Dyspnoe, Stomatitis, Diarrhoe, Erbrechen, Übelkeit, Obstipation, Mundtrockenheit, Abdominalschmerz, Dyspepsie, Zahnfleischbluten, Ausschlag, Pruritus, Alopezie, Nagelstörungen, Hand-Fuß-Syndrom, Urtikaria, Myalgie, Arthralgie, Fatigue, Fieber, Asthenie, Schüttelfrost, peripheres Ödem, Transaminasen/aP ↑, infusionsbed. Reaktionen;
KI (Atezolizumab, Avelumab): bek. Überempf.;
KI (Bevacizumab): Überempf. gegen Wirkstoff, CHO-Zellprodukte o. a. rekomb. humane/ humanisierte AK, Grav.; **KI** (Blinatomomab): bek. Überempfindlichkeit, Lact.;
KI (Brentuximab Vedotin): bek. Überempfindlichkeit, kombin. Anw. mit Bleomycin;
KI (Daratumumab): bek. Überempf.; **KI** (Elotuzumab): bek. Überempf.;
KI (Inotuzumab): bek. Überempf., vorbestehende venookklusive Lebererkrankung, schwere Lebererkrankung; **KI** (Ipilimumab): bek. Überempf.; **KI** (Necitumumab): bek. schwere oder lebensbedrohliche Überempf.; **KI** (Nivolumab): siehe FI; **KI** (Obinutuzumab, Olaratumab): bek. Überempf.; **KI** (Pembrolizumab): siehe FachInfo; **KI** (Pertuzumab): bek. Überempf.;
KI (Ramucirumab): bek. Überempf.; **KI** (Rituximab): bek. Überempf., aktive/schw. Infektionen, stark geschwächte Immunabwehr; **KI** (Trastuzumab Emtansin): bek. Überempf.

Atezolizumab Rp — HWZ 27d

Tecentriq *Inf.Lsg. 1200mg/20ml*	**Fortgeschr. oder metas. Urothel-Ca, fortgeschr. oder metast. NSCLC:** 1200mg i.v. d1, Wdh. d22; **DANI** leichte bis mäßige NI: 100%; schwere NI: keine Daten; **DALI** leichte LI: 100%; mäßige bis schwere LI: keine Daten

Avelumab Rp	HWZ 6d
Bavencio *Inf.Lsg. 200mg/10ml*	**Merkelzellkarz.:** 10mg/kg i.v. d1, Wdh. d15; **DANI** leichte bis mäßige NI: 100%; schwere NI: keine Daten; **DALI** leichte LI: 100%; mäßige bis schwere LI: keine Daten
Bevacizumab Rp	HWZ 20d, Lact ?
Avastin *Inf.Lsg. 100mg/4ml, 400mg/16ml*	**Kolorektales Karzinom:** 5-10mg/kg i.v. d1, Wdh. d15 oder 7.5-15mg/kg d1, Wdh. d22; Kombination mit 5-FU/Folinsäure/Irinotecan; **Mamma-Ca:** 10mg/kg i.v. d1, Wdh. d15 oder 15mg/kg d1, Wdh. d22; **nichtkleinzelliges Bronchial-Ca:** 7.5 bzw. 15mg/kg d1, Wdh. d22, Komb. mit platinhaltiger Chemoth.; **Nierenzell-Ca:** 10mg/kg d1, Wdh. d15, Komb. mit Interferon; **epitheliales Ovarial-Ca, Eileiter-Ca, prim. Peritoneal-Ca:** Primärbeh.: 15mg/kg i.v. d1, Wdh. d22, in Komb. mit Carboplatin und Paclitaxel; Rezidiv: 15mg/kg d1, Wdh. d22, in Komb. mit Carboplatin und Gemcitabin; **DANI, DALI** keine Daten
Blinatumomab Rp	HWZ 2h, PRC C, Lact ?
Blincyto *Inf.Lsg. 38.5µg*	**Philadelphia-Chrom.-neg., rezidiv. oder refr. B-Vorläufer ALL:** 9µg/d Dauerinf. i.v. d1-7, 28µg/d d8-28, dann 2W Pause, danach 28µg/d d1-28; **DANI** leichte-mäßige NI: 100%; schw. NI: keine Daten; **DALI** keine Daten
Brentuximab Vedotin Rp	HWZ 4-6d, PPB 68-82% PRC C, Lact ?
Adcetris *Inf.Lsg. 50mg/10ml*	**Rezidiviertes/refraktäres CD30+Hodgkin-Lymphom, rezidiv. refraktäres großzelliges anaplastisches Lymphom:** 1.8mg/kg i.v. über 30min alle 21d, 8-16 Zyklen; **DANI, DALI** k.A.
Catumaxomab Rp	HWZ 0.7-17
Removab *Inf.Lsg. 10µg/0.1ml, 50µg/0.5ml*	**Maligner Aszites bei EpCAM-pos. Ca:** 10µg intraperitoneal an d1, 20µg d3, 50µg d7, 150µg d10; **DANI, DALI** k.A.
Cetuximab Rp	HWZ 70-100h
Erbitux *Inf.Lsg. 100mg/20ml, 500mg/100ml*	**Kolorektales Karzinom, fortgeschrittenes Plattenepithel-Camim Kopf-/Halsbereich:** ini 400mg/m² i.v. d1, dann 1 x/W 250mg/m²; **DANI, DALI** k.A.

Daratumumab Rp	HWZ 18d
Darzalex *Inf.Lsg. 100mg/5ml*	**Rezidiviertes und refraktäres multiples Myelom:** 16mg/kg i.v. W1-8: 1x/W; W9-24: alle 2W; W25 bis Progress: alle 4W; Begleit-Medikation beachten, s. FachInfo; **DANI** nicht erforderl.; **DALI** leichte LI: 100%; mäßige bis schwere LI: keine Daten
Eculizumab Rp	HWZ 11d
Soliris *Inf.Lsg. 300mg/30ml*	**Par. nächt. Hämoglobinurie:** ini 600mg i.v. 1x/W f. 4W, dann 900mg alle 14d; **atyp. häm.-uräm. Synd.:** ini 900mg i.v. 1 x/W für 4W, dann 1200mg alle 14d; **DANI** nicht erforderlich; **DALI** keine Daten
Elotuzumab Rp	
Empliciti *Inf.Lsg. 300, 400mg*	**Multiples Myelom mit mindestens einer Vorbehandlung:** 10mg/kg i.v. d1, 8, 15, 22 Wdh. d29, nach 2 Zyklen: d1, 15, Wdh. d29; Kombination mit Lenalidomid; **DANI** nicht erford.; **DALI** leichte LI: 100%; mäßige bis schwere Li: keine Daten
Inotuzumab Ozogamicin Rp	HWZ 12d
Besponsa *Inf.Lsg. 1mg*	**Rezidivierte oder refraktäre CD22-pos. Vorläufer-ALL:** Zyklus 1: 0.8mg/m2 i.v. d1; 0.5 mg/m2 d8, 15; weitere Zyklen je n. Th-Ansprechen s. FachInfo; DANI leichte - mittelschwere NI: 100%; schwere NI: keine Daten; DALI schwere LI: KI
Ipilimumab Rp	HWZ 15d
Yervoy *Inf.Lsg. 50, 200mg*	**Fortgeschrittenes oder metast. Melanom: Erw., Ki. ab 12J:** 3mg/kg über 90 min i.v. alle 3W, Induktion mit 4 Zyklen; s.a. FachInfo; **DANI** leichte bis mittelschwere NI: 100%; schwere NI: keine Daten; **DALI** leichte LI: 100%; mittelschwere bisschwere LI: s. FachInfo
Necitumumab Rp	HWZ 14d
Portrazza *Inf.Lsg. 800mg/50ml*	**Fortgeschrittenes EGFR-exprimierendes NSCLC:** 800mg i.v. d1, 8, Wdh. d22, Kombination mit Gemcitabin, Cisplatin; **DANI** (leicht-moderat) nicht erforderlich; schwer: keine Daten; **DANI** (moderat-schwer) keine Daten

Nivolumab Rp	HWZ 11d
Opdivo *Inf.Lsg. 40mg/4ml, 100mg/10ml*	**Fortgeschr. (nicht-resezierbares od. metastasierendes) Melanom:** 3mg/kg alle 2W über 60min i.v.; bei Komb. mit Ipilimumab: 1mg/kg alle 3W f. 4 Gaben, dann 3mg/kg alle 2W; **NSCLC, Nierenzell-Ca, Hodgkin-Lymphom, Kopf-Hals-Plattenepithel-Ca, Urothel-Ca:** 3mg/kg alle 2W über 60min i.v.; **DANI** (leicht, moderat) nicht erford., (schwer) keine Daten; **DALI** (leicht, mäßig) nicht erford., (schwer) keine Daten
Obinutuzumab Rp	HWZ 30d, PRC C, Lact ?
Gazyvaro *Inf.Lsg. 1000mg/40ml*	**CLL Komb. mit Chlorambucil: Zyklus 1:** 100mg i.v. d1, 900mg d2, 1000mg d8 und 15, Wh. d29, **Zyklus 2-6:** 1000mg an d1; **DANI** CrCl > 30: nicht erforderlich, < 30: keine Daten; **DALI** keine Daten
Ofatumumab Rp	HWZ 1.3d (1.), 11.5d (4.), 15.8d (8.Inf.), PRC C, Lact ?
Arzerra *Inf.Lsg. 100mg/5ml, 1000mg/50ml*	**CLL** (refraktär auf Fludarabin u. Alemtuzumab): ini 300mg i.v. (12ml/h, steigern bis max. 200ml/h), dann 2000mg (25ml/h, steigern bis max. 400ml/h) 1 x/W für 8 W, dann 2000mg 1 x alle 4W; **DANI** CrCl > 30: 100%, < 30: keine Daten; **DALI** keine Daten
Olaratumab Rp	HWZ 11d
Lartruvo *Inf.Lsg. 500mg/50ml*	**Fortgeschrittenes Weichgewebesarkom:** 15mg/kg i.v. d1, 8, Wdh. d22, Komb. mit Doxorubicin; **DANI, DALI** leichte-moderate NI, LI: 100%; schwere NI, LI: keine Daten
Panitumumab Rp	HWZ 7.5d
Vectibix *Inf.Lsg. 100mg/5ml, 400mg/20ml*	**Metastasiertes EGFR-exprimierendes kolorektales Karzinom:** 6mg/kg alle 14d über 60min. i.v., Verdünnung mit NaCl auf < 10mg/ml; **DANI, DALI** k.A.
Pembrolizumab Rp	HWZ 26d
Keytruda *Inf.Lsg. 50mg/2ml*	**Fortgeschrittenes (nicht-resezierbares oder metastasierendes) Melanom:** 2mg/kg alle 3W über 30min i.v.; **DANI** (leicht, moderat) nicht erforderlich, (schwer) keine Daten; **DALI** (leicht) nicht erforderlich, (moderat, schwer) keine Daten; Grav.: keine Daten

Pertuzumab Rp	HWZ 18d, PRC C, Lact ?
Perjeta *Inf.Lsg. 420mg/14ml (30mg/ml)*	**HER2-positives metastasiertes oder lokal rezidivierendes, inoperables Mamma-Ca:** ini 840mg über 60 min. i.v., Erhaltungsdosis 420mg alle 3 Wochen über 30-60 min. i.v.; **DANI** CrCl > 30: 100%, < 30: k.A.; **DALI** k.A.
Ramucirumab Rp	HWZ 15d, PRC C, Lact ?
Cyramza *Inf.Lsg. 100mg/10ml, 500mg/50ml*	**Fortgeschritt Adeno-Ca des Magens oder gastroösophagealen Übergangs mit Tumorprogress nach Platin- und Fluoropyrimidinhaltiger Chemotherapie:** Monotherapie: 8mg/kg über 60min i.v. alle 2W; Komb. mit Paclitaxel: 8mg/kg KG i.v. d1, 15, Wdh. d29; **DANI/DALI** keine Daten
Rituximab Rp	HWZ 76-206h
MabThera *Inf.Lsg. 100, 500mg* **MabThera SC** *Inj.Lsg. 1400mg/11.7ml* **Truxima** *Inf.Lsg. 500mg*	**Follikuläres Lymphom:** Monotherapie: 375mg/m² i.v. d1, Wdh. d8, 15, 22; Komb. mit CVP-Schema: 375mg/m² d1; Induktionstherapie: 1 x 1400mg s.c. pro Zyklus; Erhaltungstherapie: 1 x 1400mg s.c. alle 2M bzw. alle 3M beim rezidivierenden/refraktärem follilulärem Lymphom; **CD20+ großzellig diffuses B-Zell-Lymphom:** 375mg/m² i.v. d1 bzw. 1 x 1400mg s.c. pro Zyklus, Komb. mit CHOP-Schema; **CLL:** 375mg/m² d1 + Chemotherapie, ab 2. Zyklus 500mg/m², insgesamt 6 Zyklen; **rheumatoide Arthritis:** 1g i.v. d1, Wdh. d15; **DANI, DALI** k.A.
Siltuximab Rp	HWZ 12-18d
Sylvant *Inf.Lsg. 100, 400mg*	**Multizentrische Castlemann-Krankheit, HIV- u. HHV-8 neg.:** 11mg/kg über 1h i.v. d1, Wdh. d22 bis zum Therapieversagen; **DANI, DALI** keine Daten
Trastuzumab Rp	HWZ 28.5d
Herceptin *Inf.Lsg. 150mg* **Herceptin s.c.** *Inj.Lsg. 600mg/5ml*	**Mamma-Ca mit HER2-Überexpression:** metastasiert: ini 4mg/kg i.v. d1, dann 2mg/kg 1 x/W; Frühstadium: ini 8mg/kg i.v., dann 6mg/kg alle 3W; 600mg s.c. alle 3W; **metastasiertes Magen-Ca mit HER2-Überexpression:** ini 8mg/kg i.v. d1, dann 6mg/kg alle 3W; 600mg s.c. alle 3W, Kombination mit Capecitabin oder 5-FU und Cisplatin; **DANI** k.A.

Trastuzumab Emtansin Rp	HWZ 4d
Kadcyla *Inf.Lsg. 100, 160mg*	**Inoperables o. metastasiertes Mamma-Ca (HER2-positiv):** 3.6mg/kg i.v. d1, Wdh. d22; **DANI** leicht bis mäßig eingeschränkte Fkt.: nicht erf.; schwere Funktionseinschränkung: engmaschige Überwachung; **DALI** keine Daten

7.15 Weitere antineoplastische Mittel

Wm/Wi (Aflibercept): agiert als löslicher Rezeptor und bindet an VEGF-A, -B und PIGF ⇒ blockiert rezeptorvermittelte Signalübertragung ⇒ hemmt Wachstum von neuen Gefäßen; **Wm/Wi** (Aldesleukin): vergleichbar mit nativem humanen IL-2 ⇒ vielfältige immunologische Effekte ⇒ inhibiert Wachstum und Ausbreitung von Tumoren; **Wm/Wi** (Alitretinoin): Vitamin A verwandtes Hormon, steuert Prozess der Zelldifferenzierung und -proliferation; **Wm/Wi** (Amsacrin): Interkalation in die DNA, dadurch Hemmung der DNA-Synthese, DNA-Brüche, Chromosomenaberrationen und falsche Chromosomenteilungen; **Wm/Wi** (Anagrelid): Hemmung der zyklischen AMP-Phosphodiesterase III, Verzögerung der Megakaryozytenreifung; **Wm/Wi** (Asparaginase): Senkung des Asparaginspiegels ⇒ Stillstand der Proteinsynthese; **Wm/Wi** (Bexaroten): selektive Bindung und Aktivierung der drei RXR; **Wm/Wi** (Bortezomib, Carfilzomib): Proteasom-Inhibitor; **Wm/Wi** (Eribulin): hemmt die Wachstumsphase der Mikrotubuli und kapselt Tubulin in nicht produktive Aggregate ab ⇒ Mitoseblockade und apoptotischer Zelltod; **Wm/Wi** (Estramustin): antimitotische und antimikrotubuläre Effekte durch Interaktion mit mikrotubuliassoziierten und Tau-Proteinen; estragene Komponente ⇒ LH ↓, FSH ↓ ⇒ Androgenproduktion ↓; **Wm/Wi** (Folinsäure): Blockade der Thymidilatsynthase, Hemmung der DNA-Synthese; **Wm/Wi** (Histaminhydrochlorid): Hemmung der NAPDH-Oxidase ⇒ Schutz der von IL-2 aktivierten NK- und T-Zellen vor sauerstofffreier Radikal-induzierter Inhibition u. Apoptose; **Wm/Wi** (Hydroxycarbamid): Blockade des Ribonukleotidreduktase-Systems ⇒ Hemmung der DNA-Synthese; **Wm/Wi** (Idelalisib): Hemmung der Phosphatidylinositol-3-Kinase p110□ ⇒ induziert Apoptose und hemmt die Proliferation in Zelllinien aus malignen B-Lymphozyten und Primärtumorzellen; **Wm/Wi** (Ixazomib): Proteasom-Inhibitor ⇒ bindet und hemmt die Chymotrypsin-ähnliche Aktivität der Beta-5-Untereinheit des 20S-Proteasoms ⇒ Apoptose-Induktion; **Wm/Wi** (Lenalidomid): Proliferationshemmung bestehender hämatopoetischer Tumorzellen, Hemmung der Angiogenese, Produktionshemmung von TNF-alpha und IL-6; **Wm/Wi** (Mifamurtid): Analogon von Muramyldipeptid (Bestandteil der Zellwand von Mycobacterium sp.) ⇒ bindet an NOD2, ein starker Monozyten-/Makrophagenaktivator; **Wm/Wi** (Miltefosin): Hemmung membranständiger Enzymsysteme; **Wm/Wi** (Mitotan): bindet kovalent an die Makromoleküle der Mitochondrien ⇒ Zerstörung der Mitochondrien, Zelltod und Nekrose, wirkt selektiv zytotoxisch auf die Zonae fasciculata und retikularis, hemmt die Produktion von Kortikosteroiden und beeinflusst den extraadrenalen Metabolismus von endogenen und exogenen Steroiden; **Wm/Wi** (Niraparib, Olaparib): Inhibitor der humanen Poly(ADP-ribose)-Polymerase-Enzyme (PARP), die zur effizienten Reparatur von DNA-Einzelstrangbrüchen benötigt werden ⇒ genomische Instabilität ⇒ Absterben der Tumorzelle; **Wm/Wi** (Panobinostat): Hemmung der Histon-Deacetylase ⇒ Akkumulation acetylierter Histone ⇒ Stillstand des Zellzyklus und/oder Apoptose transformierter Zellen; **Wm/Wi** (Pentostatin): Hemmung der Adenosin-Deaminase, direkte Hemmung der RNA-Synthese und erhöhte Schädigung der DNA;

Wm/Wi (Pomalidomid): direkt gegen das Myelom gerichtete, tumorizide Wirkung, immunmodulierende Wirkungen, hemmt das Tumorzellwachstum beim multiplen Myelom, hemmt die Proliferation und induziert die Apoptose hämatopoetischer Tumorzellen, hemmt die Proliferation von Lenalidomid-resistenten Zelllinien, hemmt die Angiogenese, verstärkt die durch T-Zellen und Killerzellen vermittelte Immunität, hemmt die Bildung von proinflammatorischen Zytokinen; **Wm/Wi** (Sonidegib): Hemmung des Hedgehog-Signalwegs ⇒ antiproliferativ durch Hemmung der Signalübertragung;
Wm/Wi (Talimogen laherparepvec): modifiziertes HSV-Virus, das sich in Melanomzellen vermehrt ⇒ Produktion von GM-CSF ⇒ systemische Anti-Tumor-Immunantwort;
Wm/Wi (Thalidomid): Suppression der TNF-alpha-Produktion, Hemmung bestimmter Adhäsionsmoleküle und der antiangiogenetischen Aktivität ⇒ immunmodulatorisch, antiinflammatorisch, antineoplastisch; **Wm/Wi** (T-Zellen, genet. modifiz.): genetisch veränderte T-Lymphozyten zur Expression eines Suizid-Gens ⇒ Apoptose von T-Lymphozyten, die die GvHD-Reaktion initiieren; **Wm/Wi** (Venetoclax): selektiver Inhibitor des antiapoptotischen B-Zell-Lymphom(BCL)-2-Proteins ⇒ Einleitung des programmierten Zelltods;
UW (Aflibercept): (neutropenische) Infektion, Sepsis, HWI, Nasopharyngitis, Leuko-, Neutro-, Thrombopenie, Überempf., Appetit ↓, Gewicht ↓, Dehydratation, Kopfschmerzen, Hypertonie, Blutung, arterielle/venöse Thromboembolie, Dyspnoe, Epistaxis, Dysphonie, Schmerzen im Oropharynx, Rhinorrhoe, Diarrhoe, Stomatitis aphtosa, Abdominalschmerz, Rektalblutung, Fistel, Hämorrhoiden, Zahnschmerzen, Proktalgie, GOT/GPT ↑, palmoplantares Erythrodysästhesiesyndrom, Hauthyperpigmentierung, Proteinurie, Kreatinin ↑, Schwächezustände;
UW (Aldesleukin): Infektion des Respirationstrakts, Sepsis, Anämie, Thrombozytopenie, Leukopenie, Koagulopathie (u.a. DIC), Eosinophilie, Hypothyreose, Hyperthyreose, Anorexie, Azidose, Hyperglykämie, Hypo-/Hyperkalziämie ⇒, Hyperkaliämie, Dehydratation, Angstgefühl, Verwirrtheit, Depression, Schlaflosigkeit, Reizbarkeit, Agitiertheit, Halluzinationen, Schwindel, Kopfschmerzen, Parästhesie, Somnolenz, Neuropathie, Synkopen, Sprachstrg., Verlust des Geschmacksinns, Lethargie, Konjunktivitis, Tachykardie, Arrhythmie, Brustschmerzen, Zyanose, vorübergehende EKG-Veränderungen, Myokardischämie, Palpitationen, kardiovask. Erkrankungen (u.a. Herzversagen), Hypotonie, Hypertonie, Phlebitis, Dyspnoe, Husten, Lungenödem, Pleuraergüsse, Hypoxie, Hämoptyse, Epistaxis, nasale Kongestion, Rhinitis, Übelkeit, Erbrechen, Diarrhoe, Stomatitis, Dysphagie, Dyspepsie, Obstipation, gastrointest. Blutungen, Hämatemesis, Aszites, Cheilitis, Gastritis, GOT/GPT/aP/LDH/Bilirubin/Harnstoff/Kreatinin ↑, Hepatomegalie, Hepatosplenomegalie, Erythem, Ausschlag, exfoliative Dermatitis, Pruritus, Schwitzen, Alopezie, Urtikaria, Myalgie, Arthralgie, Oligurie, Hämaturie, Nierenversagen, Anurie, Reaktion/Schmerzen/Entzündung/Knötchen an der Injektionsstelle, Fieber, Schüttelfrost, Unwohlsein, Asthenie, Müdigkeit, Schmerzen, Ödeme, Gewicht ↑/↓, Hypothermie; **UW** (Alitretinoin, lokal): Erythem, Ödem, Pruritus, Krustenbildung, Nässen, exfoliative Dermatitis, Schmerzen; **UW** (Amsacrin): Herzinsuffizienz, Herzstillstand, transient Transaminasen ↑, Gelbfärbung, periphere und zentrale Neurotoxizität mit Kopfschmerzen, Verwirrtheit, Krampfanfällen; **UW** (Anagrelid): Anämie, Flüssigkeitsretention, Kopfschmerzen, Schwindel, Palpitationen, Tachykardie, Müdigkeit, Exanthem, Übelkeit, Erbrechen, Diarrhoe, Bauchschmerzen; **UW** (Asparaginase): Transaminasen ↑, Hepatitis, Pankreatitis, Hyperglykämie, Strg. der Gerinnungsfaktorsynthese, thromboembolische Ereignisse, Blutungen, akutes Nierenversagen, reversible Enzephalopathie: Antriebslosigkeit, Somnolenz, Verwirrtheit, hirnorganisches Psychosyndrom (chronisch), allergische Reaktionen bis zum anaphylaktischen Schock;
UW (Bexaroten): Hyperlipämie, Hyperthyroidismus, Hypercholesterinämie, Kopfschmerzen, Schmerzen; **UW** (Bortezomib): Dehydratation, periph. Neuropathie, Kopfschmerzen, orthostatische Hypotonie, Dyspnoe, Myalgie, Anorexie, Obstipation; **UW** (Carfilzomib): s. FachInfo;

UW (Eribulin): HWI, orale Candidiasis, Infektion der oberen Atemwege, Nasopharyngitis, Rhinitis, Neutropenie, Leukopenie, Anämie, Thrombozytopenie, Lymphopenie, Appetit ↓, Hypokaliämie, Hypomagnesiämie, Dehydratation, Hyperglykämie, Hypophosphatämie, Insomnie, Depression, periphere Neuropathie, Kopfschmerzen, Dysgeusie, Schwindel, Hypoästhesie, Lethargie, Neurotoxizität, Tränenfluss ↑, Konjunktivitis, Vertigo, Tachykardie, Hitzewallungen, Dyspnoe, Husten, oropharyngeale Schmerzen, Epistaxis, Rhinorrhoe, Übelkeit, Obstipation, Diarrhoe, Erbrechen, Bauchschmerzen, Stomatitis, Mundtrockenheit, Dyspepsie, gastroösophageale Refluxkrankheit, Mundschleimhautgeschwüre, aufgetriebenes Abdomen, GOT/GPT ↑, Alopezie, Hautausschlag, Pruritus, Nagelerkrankungen, nächtl. Schweißausbrüche, palmarplantare Erythrodysästhesie, trockene Haut, Erythem, Hyperhidrose, Arthralgie, Myalgie, Schmerzen in Extremitäten, Muskelspasmen, muskuloskelettale Schmerzen, Muskelschwäche, Knochenschmerzen, Rückenschmerzen, Müdigkeit, Asthenie, Pyrexie, peripheres Ödem, Schüttelfrost, grippeähnl. Zustand, Gewicht ↓;
UW (Estramustin): Ischämie, Herzinsuff., Ödeme, transient Transaminasen ↑, Gynäkomastie, Missempfindungen im Perineum bzw. Prostatabereich; **UW** (Folinsäure): hochdosiert GI-Strg.;
UW (Histamindihydrochlorid + IL-2): Eosinophilie, Thrombozytopenie, Anorexie, Schlaflosigkeit, Kopfschmerzen, Benommenheit, Geschmacksstörungen, Tachykardie, Palpitationen, Flush, Hypotonie, Husten, Dyspnoe, verstopfte Nase, Übelkeit, Dyspepsie, Durchfall, Erbrechen, Oberbauchbeschwerden, trockener Mund, Hautausschlag, Erytheme, vermehrtes Schwitzen, Nachtschweiß, Pruritus, Arthralgie, Myalgie, Gliederschmerzen, Rückenschmerzen, influenzaartige Erkrankung, Schüttelfrost, Entzündung/Schmerzen/Urtikaria/Pruritus/Exanthem/blaue Flecke/Granulome an der Injektionsstelle, Schwächegefühl, Schmerzen in der Brust;
UW (Hydroxycarbamid): akute Pulmotoxizität mit diffuser pulmonaler Infiltration/Lungenödem, Obstipation, transiente Transaminasenerhöhung, Proteinurie, Hyperurikämie, periphere/zentrale Neurotoxizität; **UW** (Idelalisib): Infektionen, Neutropenie, Pneumonitis, Diarrhoe, Kolitis, Transaminasen/Triglyceride ↑, Exanthem, Pyrexie; **UW** (Ixazomib): Infektion d. oberen Atemwege, Herpes zoster, Thrombopenie, Neutropenie, periph. Neuropathie, Übelkeit, Erbrechen, Diarrhoe, Obstipation, Exanthem, Rückenschmerzen, per. Ödem;
UW (Lenalidomid): Neutropenie, Müdigkeit, Asthenie, Obstipation, Muskelkrämpfe, Thrombopenie, Anämie, Diarrhoe, Exanthem, venöse Thromboembolie;
UW (Mifamurtid): Infektionen und parasitäre Erkrankungen, Tumorschmerzen, Anämie, Leukopenie, Thrombopenie, Anorexie, Dehydratation, Verwirrtheit, Depression, Angstzustände, Verschwommensehen, Hörstörungen, Tachykardie, Hypo-/Hypertonie, Dyspnoe, Pleuraerguss, Husten, Diarrhoe, Emesis, Hyperhidrosis, Exanthem, Arthralgien, Myalgien, Dysurie, Dysmenorrhoe, Fieber, Schüttelfrost, Schmerzen, Ödeme;
UW (Mitotan): subjektive und objektive Symptome einer Hypervitaminose A, Retinoic-Acid-Syndrome, Lethargie, Ataxie, Schwäche, Schwindel, Anorexie, Hypertonie, Hämaturie, hämorrhagische Zystitis, Albuminurie, Leberveränderungen, bei hoher Dosierung M. Addison;
UW (Niraparib): Harnweginfektion, Bronchitis, Konjunktivitis, Thrombozytopenie, Anämie, Neutropenie, Leukopenie, Panzytopenie, Appetit ↓, Hypokaliämie, Schlaflosigkeit, Angst, Depression, Kopfschmerz, Schwindelgefühl, Geschmacksstörung, Palpitationen, Tachykardie, Hypertonie, Dyspnoe, Husten, Nasopharyngitis, Epistaxis, Übelkeit, Obstipation, Erbrechen, Abdominalschmerz, Diarrhoe, Dyspepsie, Mundtrockenheit, Aufblähung des Abdomens, Schleimhautentzündung, Stomatitis, Photosensitivität, Exanthem, Rückenschmerzen, Arthralgie, Myalgie, Ermüdung, Asthenie, Ödem peripher, γGT/Transaminasen/Krea/aP ↑, Gewicht ↓;

UW (Olaparib): Appetit ↓, Kopfschmerzen, Schwindel, Dysgeusie, Übelkeit, Erbrechen, Diarrhoe, Dyspepsie, Oberbauchschmerzen, Stomatitis, Erschöpfung, Anämie, Neutropenie, Lymphopenie, Thrombozytopenie, Anstieg des Kreatinin-Wertes/MCV;
UW (Olaparib): Appetit ↓, Kopfschmerzen, Schwindel, Dysgeusie, Übelkeit, Erbrechen, Diarrhoe, Dyspepsie, Oberbauchschmerzen, Stomatitis, Erschöpfung, Anämie, Neutropenie, Lymphopenie, Thrombozytopenie, Kreatinin-Wert/MCV ↑;
UW (Panobinostat): Infektion d. oberen u. unteren Atemwege, Pneumonie, septischer Schock, Harnwegsinf., Virusinf., orale Herpesinf., Clostridium-difficile-Kolitis, Otitis media, Zellulitis, Sepsis, Gastroenteritis, Candidiasis, Panzytopenie, Thrombopenie, Anämie, Leukopenie, Neutropenie, Lymphopenie, Hypothyreose, Appetit ↓, Hypophosphatämie, Hyponatriämie, Hypokaliämie, Hyperglykämie, Dehydration, Hypalbuminämie, Flüssigkeitsretention, Hyperurikämie, Hypokalzämie, Hypomagnesiämie, Schlaflosigkeit, Schwindel, Kopfschmerz, intrakranielle Blutung, Synkope, Tremor, Geschmacksstrg., Bindehautblutung, Bradykardie, Vorhofflimmern, Sinustachykardie, Tachykardie, Palpitation, QT-Verlängerung, Hypotonie, Hypertonie, Hämatom, orthostatische Hypotonie, Husten, Dyspnoe, respiratorische Insuff., Lungenrasseln, Giemen, Epistaxis, Diarrhoe, Übelkeit, Erbrechen, Abdominalschmerz, Dyspepsie, GI-Blutung, Hämatochezie, Gastritis, Cheilitis, aufgeblähter Bauch, Mundtrockenheit, Flatulenz, anomale Leberfkt., Bilirubin/Transaminasen/aP/Kreatinin/Harnstoff ↑; GFR ↓, Hautläsionen, Ausschlag, Erythem, Gelenkschwellung, Nierenversagen, Hämaturie, Harninkontinenz, Fatigue, peripheres Ödem, Fieber, Asthenie, Schüttelfrost, Unwohlsein, Gewicht ↓;
UW (Pentostatin): EKG-Veränderungen, Herzinsuffizienz, transiente Transaminasenerhöhung, Photosensibilität, Pruritus, Keratokonjunktivitis, periorbitales Ödem;
UW (Pomalidomid): (Broncho-)Pneumonie, neutropenische Sepsis, Bronchitis, Atemweginfektion, Nasopharyngitis, (febrile) Neutropenie, Thrombozytopenie, Anämie, Leukopenie, Appetit ↓, Hyperkaliämie, Hyponatriämie, Verwirrtheit, Bewusstseinstrübung, periphere sensorische Neuropathie, Schwindel, Tremor, Vertigo, tiefe Venenthrombose, Dyspnoe, Husten, Lungenembolie, Diarrhoe, Nausea, Obstipation, Erbrechen, Hautausschlag, Pruritus, Knochenschmerzen, Muskelkrämpfe, Nierenversagen, Harnverhalt, Unterleibsschmerzen, Fatigue, Pyrexie, periphere Ödeme; GPT/Bilirubin/aP/γGT/Transaminasen ↑;
UW (Sonidegib): Appetit ↓, Dehydratation, Dysgeusie, Kopfschmerzen, Übelkeit, Diarrhoe, Bauchschmerzen, Erbrechen, Dyspepsie, Obstipation, gastroösophageale Refluxkrankheit, Alopezie, Pruritus, Hautausschlag, unnormales Haarwachstum, Skelettmuskulatur-, Bindegewebs- und Knochenerkrankungen, Muskelkrämpfe, muskuloskeletale Schmerzen, Myalgie, Myopathie, Amenorrhoe, Fatigue, Schmerzen, Gewichtsabnahme, Anämie, Lymphopenie, Krea/CK/Amylase/Lipase/Blutzucker/Transaminasen ↑; **UW** (Talimogen laherparepvec): Zellulitis, oraler Herpes, Tumorschmerzen, infizierte Neoplasien, periph. Ödem, Anämie, immunvermittelte Ereignisse, Dehydratation, Kopfschmerzen, Verwirrtheit, Angst, Depression, Schwindel, Schlaflosigkeit, Ohrenschmerzen, Tachykardie, tiefe Venenthrombose, Hypertonie, Erröten, Husten, Belastungsdyspnoe, oropharyngeale Schmerzen, Infektion der oberen Atemwege, Erbrechen Diarrhoe, Obstipation, Übelkeit, Bauchschmerzen, abdomin. Unwohlsein, Vitiligo, Exanthem, Dermatitis, Myalgie, Arthralgie, Schmerzen in Extremitäten, Rückenschmerzen, Schmerzen in d. Leiste, grippeähnl. Erkr., Pyrexie, Schüttelfrost, Fatigue, Schmerzen, Reaktion a.d. Inj.Stelle, Unwohlsein, Schmerzen i.d. Achselhöhle, Gewicht ↓, Wundkomplik., Wundsekretion, Quetschung, Schmerzen durch Eingriff;
UW (Thalidomid): Neutro-, Leuko-, Thrombozytopenie, Anämie, periphere Neuropathie, Tremor, Schwindel, Somnolenz, Obstipation, periphere Ödeme, Herzinsuffizienz, Bradykardie, Koordinationsstrg., thromboembolische Ereignisse, Bronchopneumopathie, Erbrechen, toxische Hautausschläge, Fieber, Verwirrtheit, Teratogenität;

UW (Trabectedin): CK-Erhöhung, Obstipation, Anorexie, Asthenie, Abgeschlagenheit; **UW** (Tretinoin): Cheilitis, Konjunktivitis, Kopfschmerzen, intrakranieller Druck ↑, Pseudotumor-cerebri-Syndrom, Schwindelgefühl, Verwirrtheit, Depression, Parästhesien, Seh-/Hörstrg., Pankreatitis, Kreatinin/Transaminasen/Triglyceriden/Cholesterol/VLDL/LDL ↑, Hyperkalzämie, Dyspnoe, Ateminsuffizienz, Knochen-, Brust-, Muskelschmerzen; **UW** (T-Zellen, genetisch modifiz.): akute GvHD, chronische GvHD, lympyhoproliferative Erkrankung nach Tx., intestinale Blutung, Leberinsuffizienz, febrile Neutropenie, Hb ↓, Thrombozyten ↓, Bronchitis, Pyrexie; **UW** (Venetoclax): Infektion d. oberen Atemwege, Harnwegsinfekt, Pneumonie, febrile Neutropenie, Lymphopenie, Hyperphosphatämie, Tumorlysesyndrom, Hyperkaliämie, Hyperurikämie, Hypokalzämie, Diarrhoe, Übelkeit, Erbrechen, Obstipation, Fatigue, Krea ↑; **UW** (Vismodegib): Leberenzyme ↑, Appetit ↓, Dehydratation, Hyponatriämie, Dys-/Hypo-/Ageusie, Übelkeit, Diarrhoe, Obstipation, Erbrechen, Dyspepsie, Oberbauchschmerzen, Alopezie, Pruritus, Ausschlag, Madarosis, unnorm. Haarwachstum, Muskelspasmen, Myalgie, Arthralgie, Glieder-/Rücken-/Brustmuskel-/Leistenschmerzen, Amenorrhoe, Gewicht ↓, Müdigkeit, Asthenie; **KI** (Aflibercept): bek. Überempf., Anw. am Auge/intravitreale Anw.; Autoimmunkrankheit; **KI** (Aldesleukin): bek. Überempfindlichkeit, ECOG ≥ 2, ECOG ≥ 1 plus metastatischer Befall in > 1 Organ plus Intervall < 24 M zwischen Erstdiagnose und Indikationsstellung zur Aldesleukin-Therapie, bek. schwere Herzkrankheit, akute schwere Infektion mit Ind. zur Antibiose, PaO_2 < 60mmHg in Ruhe, bestehende schwere organische Erkr., ZNS-Metastasierung, Anfallsleiden, Leukozyten < 4.000/mm^3, Thrombozyten < 100.000/mm^3, Hkt <30%, Serumbilirubin-/Kreatininwerte außerhalb der Norm, Pat. mit allogener Organtransplantation, potenzielle Notwendigkeit zur Kortikosteroidgabe, bestehende Autoimmunkrankheit; **KI** (Carfilzomib): bek. Überempf., Lakt.; **KI** (Eribulin): bek. Überempfindlichkeit, Lakt.; **KI** (Histamindihydrochlorid): bek. Überempf.; **KI** (Idelalisib): bek. Überempf.; **KI** (Ixazomib): bek. Überempf.; **KI** (Niraparib, Olaparib): bek. Überempf., Lakt. (während u. 1M nach letzter Dosis); **KI** (Pomalidomid): bek. Überempf., Grav., gebärfähige Frauen (ohne Grav.-Verhütungsprogramm), männliche Patienten ohne Einhalt der erford. Verhütungsmaßnahmen; **KI** (Sonidegib): bek. Überempf. Grav., Lact.; Frauen im gebärfähigen Alter, die sich nicht an das Odomzo-Schwangerschaftsverhütungsprogramm halten; **KI** (Talimogen laherparepvec): bek. Überempf., schwere Immunschwäche; **KI** (Thalidomid): bek. Überempf., Grav., gebärfähiges Alter; **KI** (T-Zellen, genet. modif.): bek. Überempf., Immunrekonstitution, definiert als ≥ 100/µl zirkulierende T-Lymphozyten am Tag der geplanten Infusion nach haploidentischer HSCT, GvHD, die eine systemische immunsuppressive Therapie erfordert; **KI** (Venetoclax): bek. Überempf., gleichzeitige Anw. von Johanniskraut, Ketoconazol, Ritonavir, Clarithromycin, Itraconazol, Voriconazol, Posaconazol; **KI** (Vismodegib): bek. Überempf., Grav./Lakt., gebährfähiges Alter, gleichzeitige Anwendung von Johanniskraut

Aflibercept Rp — HWZ 6d, PRC D, Lact ?

Zaltrap *Inf.Lsg. 100mg/4ml, 200mg/8ml*	**Metastasiertes kolorektales Ca in Komb. mit FOLFIRI:** 4mg/kg i.v. über 1h, gefolgt von FOLFIRI, Wdh. nach 14d

Aldesleukin Rp	PRC C, Lact ?
Proleukin S *Inj./Inf.Lsg 1.1mg/ml (18 x 10^6 IE/ml)*	**Metastasiertes Nierenzellkarzinom:** 18 x 106 IE/m^2 KÖ i.v. d1-5, nach 2-6d weit. 5d Therapie, Wdh. nach weiteren 3W Pause; Erhaltung: bis zu 4 Zyklen (18 x 106 IE/m^2 d1-5) alle 4W; 18 x 106 IE s.c. d1-5, Pause an d6+7, dann 18 x 106 IE s.c. an d1+2 und 9 x 106IE s.c. an d3-5 der folgenden 3W, Zyklus an d8 wdh.; **DANI, DALI** keine Daten
Alitretinoin Rp	
Panretin *Gel 0.1% (1g enth. 1mg)*	**Kaposi-Sarkom bei AIDS:** ini 2 x tgl. auf die Hautläsionen auftragen, nach 14d je nach Wi und Verträglichkeit ggf. auf 3-4 x tgl. steigern
Amsacrin Rp	HWZ 6.3h, PPB 95%
Amsidyl *Inf.Lsg. 75mg*	**AML, ALL:** Induktion, Monotherapie: 90mg/m^2 i.v. d1-5; Erhaltungstherapie: 50mg/m^2 d1-3, Wdh. nach 3-4W; **DANI, DALI** 60-75mg/m^2 i.v. d1-5; Kontrolle der Nieren-/Leberwerte bei NI/LI
Anagrelid Rp	HWZ 1.3h
Xagrid *Kps. 0.5mg*	**Essentielle Thrombozythämie:** ini 2 x 0.5mg p.o., nach 1W je nach Thrombo-Zahl (Ziel: 150-400/nl) steigern um max. 0.5mg/W; Erh.Dos. 1-3mg/d; **DANI** CrCl < 30: KI; **DALI** Child-Pugh C: KI
Asparaginase Rp	HWZ 14-22h
Asparaginase Medac *Inf.Lsg. 5000, 10.000 IE* **Oncaspar** *Inf.Lsg. 3750IE*	**Non-Hodgkin-Lymphom:** 200E/kg oder 6000E/m^2 i.v. tgl.; 45000E/m^2 und mehr 2 x/W; 100-400E/kg/d oder 3000-12000E/m^2 /d i.m.; **Oncaspar: ALL:** 2500IE/m^2 alle 14d; **Ki. mit KOF < 0.6m²:** 82.5 IE/kg; **DANI** keine Angaben
Bexaroten Rp	HWZ 1-3h, PPB 99%
Targretin *Kps. 75mg*	**Kutanes T-Zell-Lymphom:** 300mg/m^2/d p.o.; **DANI** sorgfältige Überwachung; **DALI** KI
Bortezomib Rp	HWZ 5-15h PPB 83%
Velcade *Inf.Lsg. 3.5mg*	**Multiples Myelom:** 1.3mg/m^2 i.v. d1, 4, 8, 11, Wdh. d22; **DANI, DALI** sorgfältige Überwachung, evtl. Dosisreduktion

Carfilzomib Rp	HWZ 1h PPB 97%
Kyprolis *Inf.Lsg. 60mg*	**Multiples Myelom:** 20mg/m², max. 44mg i.v. d1, 2, 8, 9, 15, 16, Wdh. d29; bei guter Verträglichkeit im 1. Zyklus ab d8 27mg/m², max. 60mg; Komb. m. Lenalidomid u. Dexamethason; **DANI** nicht erforderlich; **DALI** sorgfältige Überwachung
Eribulin Rp	HWZ 40h, PPB 49-65% , PRC C, Lact -
Halaven *Inj.Lsg. 0.44mg/ml*	**Lokal fortgeschr. oder metast. Mamma-Ca:** 1.23mg/m² über 2-5min i.v. d1, 8, Wdh. d22; **DANI** CrCl < 40: ggfs. Dosisreduktion; **DALI** Child A: 0.97mg/m² d1, 8, Wdh. d22; Child B: 0.62mg/m²; Child C: keine Daten;
Estramustin Rp	HWZ 20-24h, Q0 1.0, PPB 99%
Cellmustin *Kps. 140, 280mg* **Estracyt** *Kps. 140mg* **Estramustin HEXAL** *Kps. 140, 280mg*	**Prostata-Ca:** 300-450mg i.v. für 5-10d; ini 3 x 280mg p.o., nach 4W 2 x 280mg; **DANI** k.A.
Folinsäure Rp	HWZ 0.5-2(2.25-6)h
Calciumfolinat HEXAL *Kps. 15mg; Amp. 30mg; Inf.Lsg. 100, 200, 300, 400, 500, 800, 1000mg;* **Foli Cell** *Inf.Lsg. 200, 500, 1000mg* **Leukovorin** *Tbl. 15mg; Amp. 10, 30, 50mg* **Oncofolic** *Inf.Lsg. 100, 200, 300, 400, 500, 900mg* **Vorina** *Inf.Lsg. 100, 350, 500, 1000mg*	**Kolorektales Karzinom:** 20-500mg/m² i.v. + 5-FU; **Pro. von Intoxikationserscheinungen bei Methotrexat-Therapie:** nach MTX-Serumspiegel, s. FachInfo; **DANI** k.A.
Histamindihydrochlorid Rp	HWZ 0.75-1.5h
Ceplene *Inj.Lsg. 0.5mg/0.5ml*	**AML in erster Remission mit gleichzeitiger IL-2-Th.:** 0.5mg über 5-15min i.v., jeweils 1-3 Minuten nach jeder IL-2-Injektion; **DANI, DALI** vorsichtige Anwendung
Hydroxycarbamid Rp	HWZ 2-4.5h, Q0 0.5
Hydrea *Kps. 500mg* **Hydroxycarbamid 1A** *Kps. 500mg* **Litalir** *Kps. 500mg* **Syrea** *Kps. 500mg* **Siklos** *Tbl. 1000mg*	**CML:** ini 40mg/kg p.o., wenn Leukozyten < 20/nl 20mg/kg, Leukozytenziel: 5-10/nl; **essent. Thrombozythämie:** ini 15mg/kg p.o., Dosisanpassg. n. Thrombozyten (Ziel < 600/nl); **Polycythaemia vera:** ini 15-20mg/kg p.o., Dosisanpassung je nach Hkt, Leukozyten; **DANI** k.A.

Idelalisib Rp	HWZ 8.2h, PPB 93-94%, Lact ?
Zydelig *Tbl. 100, 150mg* **Zydlig** *Tbl. 100, 150mg*	**CLL in Komb. mit Rituximab** (als Zweitlinientherapie oder bei Vorliegen einer 17p-Deletion oder TP53-Mutation), **Follikuläres Lymphom** (Drittlinientherapie): 2 x 150mg p.o.; **DANI** nicht erforderlich; **DALI** schwere LI: vorsichtige Anw.
Ixazomib Rp	HWZ 9.5d, PPB 99%
Ninlaro *Kps. 2.3, 3, 4mg*	**Multiples Myelom:** 4mg p.o. d1, 8, 15, Wdh. d29; Komb. mit Lenalidomid und Dexamethason; Dosisanpassung n. Toxizität; **DANI** CrCl < 30: 3mg; **DALI** mäßige-schwere LI: 3mg
Lenalidomid Rp	HWZ 3h, PPB 22-29%, PRC X, Lact -
Revlimid *Kps. 2.5, 5, 7.5, 10, 15, 20, 25mg*	**Multiples Myelom:** ini 1 x 25mg p.o. d1-2, Wdh. d29, Komb. mit Dexamethason, ggf. Dosisanpassung nach Blutbild, s. FachInfo; **myelodysplastische Syndrome:** ini 1 x 10mg p.o. d1-21, Wdh. d29; Dosisanpassung nach Blutbild, s. FachInfo; **DANI** CrCl 30-50: 1 x 10mg; < 30: 15mg alle 2d; HD: 15mg 3 x/W
Mifamurtid Rp	HWZ 18h
Mepact *Inf.Lsg. (4mg/50ml)*	**High-grade Osteosarkom:** 2-30J als postop. Kombinationstherapie: W1-12: 2mg/m² i.v. 2 x/W, W13-24: 2mg/m² 1 x/W, jeweils als Inf. über 60min; **DANI, DALI** keine Daten
Miltefosin Rp	HWZ 150-200h
Impavido *Kps. 10, 50mg*	**Hautmetastasen bei Mamma-Ca:** 1 x tgl. auftragen (1-2Gtt./10cm²), nach 1W 2 x tgl.; **viszerale Leishmaniasis:** 1.5-2.5mg/kg/d p.o. in 2-3ED für 28d; **kutane Leishmaniasis:** 30-45kg: 2 x 50mg; > 45kg: 3 x 50mg für 28d; **DANI, DALI** KI bei schwerer NI, LI
Mitotan Rp	HWZ 0.14h
Lysodren *Tbl. 500mg*	**Nebennierenrinden-Ca:** ini 2-3g/d p.o., nach 8W 1-2g/d; **< 18J:** ini 1.5-3.5g/m²/d; **DANI, DALI** Anwendung bei schwerer NI, LI nicht empfohlen

Niraparib Rp	HWZ 48-51h, PPB 83%
Zejula *Kps. 100mg*	**Platin-sensitives Rezidiv eines serösen Ovarial-Ca oder Eileiter-Ca, primäre Peritonealkarzinose:** 1 x 300mg/d p.o.; **DANI, DALI** leichte bis mäßige NI/LI: 100%; schwere NI/LI: vorsichtige Anw.
Olaparib Rp	HWZ 11.9h, PPB 82%, PRC D, Lact ?
Lynparza *Kps. 50mg*	**Platin-sensitives Rezidiv eines epithelialen Ovarial-Ca, Eileiter-Ca, primären Peritoneal-Ca:** 2 x 400mg/d p.o.; **DANI** CrCl ≥ 50: 100%; < 50: Anw. nicht empfohlen; **DALI** Anw. nicht empfohlen
Panobinostat Rp	HWZ 37h, PPB 90%
Farydak *Kps. 10, 15, 20mg*	**Multiples Myelom, rezidiviert und/oder refraktär:** 1 x 20mg p.o. d 1, 3, 5, 8, 10, 12 eines 21-tägigen Zyklus, Kombination mit Bortezomib, Dexamethason; **DANI** leichte-schwere NI: 100%; HD: keine Daten; **DALI** leichte LI: ini 15mg, bei guter Verträglichkeit 20mg; mittelschwere LI: ini 10mg, bei guter Verträglichkeit 15mg; schwere LI: Anw. nicht empfohlen
Pentostatin Rp	HWZ 5.7h, PPB 4%
Nipent *Inf.Lsg. 10mg*	**Haarzell-Leukämie:** 4mg/m² i.v. d1, Wdh. d15; **DANI** CrCl < 60: KI; **DALI** vorsichtige Anw.
Pomalidomid Rp	HWZ 7.5h, PPB 12-44%, PRC X, Lact ?
Imnovid *Kps. 3, 4mg*	**Rezidiviertes oder refraktäres Multiples Myelom:** 1 x 4mg p.o. d1-21, Wdh. d29 in Kombination mit Dexamethason; **DANI, DALI** vorsichtige Dosiseinstellung
Sonidegib Rp	HWZ 28d, PPB 97%
Odomzo *Kps. 200mg*	**Lokal fortgeschrittenes Basalzellkarzinom:** 1 x 200mg p.o.; **DANI** leichte bis mittelschwere NI: 100%, schwere NI: keine Daten; **DALI** nicht erforderlich
Talimogen laherparepvec Rp	
Imlygic *Inj.Lsg. 10^6, 10^8 Plaque-bildende Eineiten (PFU)/ml*	**Mal. Melanom, lokal od. entfernt metastasiert (Stadien IIIB, IIIC, IVM1a):** je nach Läsionsgröße bis zu 4ml intraläsional, Wdh. n. 3 u. 5W; s. FachInfo; **DANI, DALI** nicht erf.

Thalidomid Rp	HWZ 5.5-7.3h, PPB 55-65%, PRC X, Lact -
Thalidomide Celgene *Kps. 50mg*	**Multiples Myelom bei Pat. > 65J oder bei KI für hochdosierte Chemother.:** 1 x 200mg abends, max. 12 x 6W; in Kombination mit Melphalan und Prednison; **DANI, DALI** vorsichtige Dosiseinstellung
Trabectedin Rp	HWZ 180h, PPB 96%
Yondelis *Inf.Lsg. 0.25, 1mg*	**Fortgeschrittene Weichteilsarkome:** 1.5mg/m² i.v. (ZVK) d1, Wdh. d22; **DANI** CrCl < 30: KI; **DALI** KI bei ↑ Bilirubin
Tretinoin Rp	HWZ 0.7h
Vesanoid *Kps. 10mg*	**Akute Promyelozytenleukämie:** 45mg/m² p.o. in 2ED bis Vollremission erreicht, max. 90d; **DANI, DALI** 25mg/m²
T-Zellen, genetisch modifiziert Rp	
Zalmoxis *Infusionsdispersion 5-20 x 10^6 Zellen/ml*	**Begleitth. bei haploidentischer hämatopoetischer Stammzell-Tx:** 1 ± 0.2 x 10^7 Zellen/kg i.v.; s.a. FachInfo; **DANI, DALI** keine Angaben
Venetoclax Rp	HWZ 26h PPB99%
Venclyxto *Tbl. 10, 50, 100mg*	**CLL nach Ther.-Versagen bzw. bei 17p-Deletion oder TP53-Mutation:** W1 20mg/d, W2 50mg/d, W3 100mg/d, W4 200mg/d; W5 u. danach 400mg/d p.o.; **DANI** CrCl 30-90: 100%; < 30, HD: keine Daten; **DALI** leichte-mittelschwere LI: vorsichtige Anw.; schw. LI: Anw. nicht empf.
Vismodegib Rp	HWZ 12d, PPB > 99%, PRC X, Lact -
Erivedge *Kps. 150mg*	**Symptomatisches metast. oder lokal fortgeschrittenes Basalzellkarzinom:** 1 x 150mg/d p.o.; **DANI, DALI** keine Daten

7.16 Entgiftungsmittel bei Zytostatikatherapie

Wm/Wi (Mesna): Stabilisierung urotoxischer Hydroxymetaboliten, Bildung atoxischer Additionsverbindungen mit Acrolein; **UW** (Mesna): Überempfindlichkeitsreaktionen, Übelkeit, Erbrechen, Juckreiz, Exantheme, Enantheme, Fieber; **KI** (Mesna): bek. Überempf., Ki. < 3J

Mesna Rp	
Mesna Cell *Inj.Lsg. 400, 1000, 5000mg* **Uromitexan** *Tbl. 400, 600mg; Inj.Lsg. 400, 1000, 5000mg*	**Verhütung der Harnwegstoxizität von Oxazaphoshorinen (Ifosfamid, Cyclophosphamid, Trofosfamid):** ini 20% der Oxazaphosphorindosis i.v., n. 2 u. 6h 40% p.o.

8 Rheumatologie

8.1 Non-steroidale Antirheumatika (NSAR)

8.1.1 Salicylsäurederivate (Salizylate)

Wm: Hemmung der Cyclooxygenase ⇒ Prostaglandinsynthese ↓; **Wi:** analgetisch, antiphlogistisch, antipyretisch, (ASS): thrombozytenaggregationshemmend; **UW** (NSAR-Säuren): allergische Hautreaktion, Schwindel, Nausea, Tinnitus, Magen-Darm-Ulzera, Bronchospasmus, Blutbildungsstörung, Nierenfunktionsstörung, Abszesse bei i.m.-Anwendung; **UW** (ASS): zusätzlich Panzytopenie, Störung des Säure-Basen-Haushalts, Blutungszeit ↑; **KI** (NSAR-Säuren): Magen-Darm-Ulzera, Blutbildungsstörung, Grav./Lakt. (nicht alle Wirkstoffe); **KI** (ASS): Grav. (nach 36. SSW, vorher strenge Ind.Stell.); Anw.Beschr. bei Ki. und Jugendlichen mit fieberhaften Erkrankungen (Cave: Reye-Syndrom)

Acetylsalicylsäure (ASS) OTC/Rp — HWZ (2-4)h, Q0 1.0, PPB 70-90%, PRC D, Lact ?

Acesal *Tbl. 500mg* **Aspirin** *Tbl. 100, 300, 500mg; Kautbl. 500mg; Brausetbl. 500mg; Gran. 500mg* **Aspirin i.v.** *Inj.Lsg. 500mg/5ml* **ASS HEXAL** *Tbl. 100, 500mg* **ASS-ratioph.** *Tbl. 100, 300, 500mg* **Delgesic** *Pulver 100, 500, 1000mg* **Godamed** *Tbl. 50, 100, 300mg*	**Leichte, mäßig starke Schmerzen, Fieber:** 2-3 x 0.5-1g p.o., max. 3g/d; 1-2 x 0.5-1g i.v., max. 5g/d; **Thrombozytenaggregationshemmung:** **Ki. 6-14J:** 1-3 x 250-500mg p.o.; max. 13mg/kg/ED; 10-25mg/kg/d i.v.; **DANI, DALI** Dosisreduktion

8.1.2 Propionsäurederivate

Wm/Wi (Ibuprofen): Hemmung der Cyclooxygenase ⇒ Prostaglandinsynthese ↓ ⇒ analgetisch, antiphlogistisch, antipyretisch, gering thrombozytenaggregationshemmend; **Wm/Wi** (Naproxen): Hemmung der Cyclooxygenase ⇒ Prostaglandinsynthese ↓ ⇒ analgetisch, antiphlogistisch, antipyretisch; **UW** (Ibuprofen): Sodbrennen, Bauchschmerzen, Obstipation, Übelkeit, Erbrechen, GI-Blutungen/Ulzera, Diarrhoe, Stomatitis, Verschlechterung von Colitis ulcerosa bzw. M. Crohn, Kopfschmerzen, Schwindel, Schlaflosigkeit, Erregung, Reizbarkeit, Müdigkeit; **UW** (Naproxen): Kopfschmerzen, Schwindel, Schlaflosigkeit, Erregung, Reizbarkeit, Müdigkeit, Sehstrg., Hörststrg., Tinnitus, Übelkeit, Erbrechen, Sodbrennen, Magenschmerzen, Völlegefühl, Obstipation, Diarrhoe; geringfügige Blutverluste im Magen-Darm-Trakt, die in Ausnahmefällen eine Anämie verursachen können; GI-Ulzera, GI-Blutung, periph. Ödeme, Exanthem, Pruritus, Purpura, Ekchymosen; **KI** (Ibuprofen): bek. Überempf., bek. bronchospastische Reaktion, Asthma, Rhinitis oder Urtikaria nach ASS-/NSAR-Einnahme in der Anamnese, ungeklärte Blutbildungsstrg., akute oder in der Anamnese wiederholt aufgetretene peptische Ulzera oder Blutungen, zerebrovaskuläre oder andere aktive Blutungen, schwere Leber- oder Nierenfktsstrg., schwere Herzinsuffizienz, Grav. (3. Trimenon); **KI** (Naproxen): bek. Überempf., bek. Reaktionen von Bronchospasmus, Asthma, Rhinitis, Urtikaria nach Einnahme von ASS oder anderen NSAR; ungeklärte Blutbildungsstrg., bestehende oder Z.n. peptischen Ulzera oder Hämorraghien (mind. 2 unterschiedliche Episoden nachgewiesener Ulzeration od. Blutung), NSAR-induzierte GI-Blutungen oder Perforation i.d. Vorgeschichte, zerebrovaskuläre oder andere aktive Blutungen, schwere Leber- oder Nierenfktsstrg.; schwere Herzinsuffizienz, Grav. (3. Trimenon), Ki. < 5J.

Dexibuprofen Rp	HWZ 1.8-3.5h, Q0 1.0, PPB 99%
Deltaran *Tbl. 200, 300, 400mg* **Dolomagon** *Tbl. 400mg*	**Schmerzen bei degen. Gelenkerkrankung, Dysmenorrhoe:** 2-3 x 200-300mg p.o., max. 1200mg/d; **DANI** CrCl < 30: KI; **DALI** KI bei schwerer Leberfktsstrg.
Dexketoprofen Rp	HWZ 0.35-1.65h, PPB 99%
Sympal *Tbl. 12.5, 25mg; Granulat 25mg; Inj.Lsg. 50mg/2ml*	**Leichte, mäßig starke Schmerzen:** 4-6 x 12.5mg p.o.; 3 x 25mg p.o., max. 75mg/d; **DANI** CrCl 50-80: max. 50mg/d; < 50: KI; **DALI** Child A-B: max. 50mg/d, C: KI
Ibuprofen OTC/Rp	HWZ 1.8-3.5h, Q0 1.0, PPB 99%, PRC D, Lact +
Aktren *Tbl. 200, 400mg; Kps. 400mg* **Dolgit** *Tbl. 200, 400, 600, 800mg; Gel (1g enth. 50mg)* **Dolormin** *Tbl. 200, 400mg; Saft (5ml = 100, 200mg); Gran. 200mg; Supp. 542mg; Gel (1g enth. 50mg)* **IbuHEXAL** *Tbl. 200, 400, 600, 800, 800(ret.)mg; Supp. 600mg; Gel (1g enth. 50mg); Saft (5ml = 100, 200mg)* **Ibu-ratioph.** *Tbl. 200, 400, 600, 800, 800(ret.)mg; Saft (5ml = 100, 200mg)* **ib-u-ron** *Supp. 75, 150mg* **Imbun IBU-Lysinat** *Tbl. 500, 1000mg; Supp. 500mg* **Nurofen** *Schmelztbl. 200mg; Supp. 60, 125mg; Saft (1ml = 100, 200mg)* **Pedea** *Inj.Lsg. 10mg/2ml*	**Leichte, mäßig starke Schmerzen, Dysmenorrhoe, Fieber, rheumatische Erkrankungen:** 2-3 x 200-600mg p.o.; 1-2 x 800mg (ret.) p.o.; 2-3 x 500mg rekt.; max. 2400mg/d; **Ki. ≥ 6M:** 7-10mg/kg p.o./rekt. Einzeldosis, max. 30mg/kg/d; **Schwellung, Entzündung gelenknaher Weichteile, Prellungen, Verstauchungen, Zerrungen:** Gel mit 4-10 cm langem Strang 3 x tgl. auftragen, max. 15g Gel (=750mg)/d; **Offener Ductus arteriosus Botalli, Frühgeborene vor 34. SSW:** Pedea: ini 10mg/kg i.v., nach 6 und 12h jeweils 5mg/kg; **DANI, DALI** leichte-mäßige NI, LI: 100%; schwere NI, LI: KI
Ketoprofen Rp	HWZ 1.5-2.5h, Q0 0.9, PPB 99%, PRC B, Lact ?
Alrheumun *Kps. 50, 100mg* **Gabrilen N** *Kps. 50, 100, 200(ret.)mg; Amp. 100mg/2ml* **Phardol Ketoprofen** *Gel (1g enth. 25mg)*	**Arthritiden, rheumat. Erkr., schmerzhafte Schwellung, Dysmenorrhoe:** 1-2 x 50-150mg p.o.; 1 x 200mg (ret.) p.o.; 1 x100mg i.m.; **Zerrungen, Prellungen:** 3-4 x 2-4g Gel lokal, max. 16g Gel/d; **DANI** sorgfältige Dosiseinstellung

Naproxen OTC/Rp	HWZ 12-15h, Qo 0.9, PPB 100%
Aleve *Tbl. 200mg* **Naproxen AL** *Tbl. 250, 500mg* **Naproxen HEXAL** *250, 500mg* **Naproxen Infectoph.** *Susp. (1=50mg)* **Naproxen Stada** *Tbl. 250, 500, 750mg*	**Arthritiden, rheumat. Erkr., schmerzhafte Schwellung, Dysmenorrhoe:** 500-1250mg/d p.o. in 2-3ED, max. 1000mg ED; **leichte bis mäßig starke Schmerzen, Fieber:** ini 200-500mg p.o., max. 750mg/d; **akuter Gichtanfall:** ini 750mg p.o., dann 250mg alle 8h bis Anfall vorüber ist; **Juvenile rheumatoide Arthritis, Ki. ab 2J:** 10mg/kg/d p.o. in 2ED; **DANI** CrCl < 30: KI; **DALI** KI bei schwerer LI
Tiaprofensäure Rp	HWZ 1.5-3h, Qo 0.55, PPB 98-99%
Surgam *Tbl. 300mg*	**Arthritiden, rheumat. Erkrankung, schmerzhafte Schwellung:** 2 x 300mg p.o., max. 600mg/d; **DANI, DALI** KI bei schwerer NI, LI

8.1.3 Essigsäurederivate

Wm/Wi (Diclofenac, Indometacin): Hemmung der Cyclooxygenase ⇒ Prostaglandinsynthese ↓ ⇒ analgetisch, antiphlogistisch, antipyretisch, gering thrombozytenaggregationshemmend;
UW (Diclofenac): Erbrechen, Diarrhoe, Nausea, GI-Blutung, Überempfindlichkeit, anaphylaktische Reaktionen, Gesichtsödem, Zungenschwellung, Kehlkopfschwellung mit Einengung der Luftwege, Luftnot, Asthmaanfall, Herzjagen, RR ↓, Schock, Reizbarkeit, Schlaflosigkeit, Kopfschmerzen, Erregung, Müdigkeit, Schwindel, Benommenheit, Dyspepsie, Bauchschmerzen, Blähungen, Anorexie, GI-Ulzera, Transaminasen ↑, Exanthem, Juckreiz, Verschlechterung chronisch entzündlicher Darmerkrankungen;
UW (Indometacin): Exanthem, Juckreiz, Depression, Kopfschmerzen, Benommenheit, Schwindel, Schläfrigkeit, leichte Ermüdbarkeit, Erschöpfung, Tinnitus, Übelkeit, Erbrechen Diarrhoe, geringfügige Magen-Darm-Blutverluste (evtl. mit Anämie), Dyspepsie, Flatulenz, Bauchkrämpfe, Bauchschmerzen, Inappetenz, GI-Ulzera, Transaminasenerhöhung;
KI (Diclofenac): bek. Überempfindlichkeit, bek. Reaktionen von Bronchospasmus, Asthma, Rhinitis oder Urtikaria nach der Einnahme von ASS oder anderen NSAR in der Vergangenheit, ungeklärte Blutbildungsstrg., bestehende oder in der Vergangenheit wiederholt aufgetretene peptische Ulzera od. Hämorrhagien, GI-Blutungen od. Perforationen in der Anamnese im Zusammenhang mit einer vorherigen Therapie mit NSAR; zerebrovaskuläre oder andere aktive Blutungen, schwere Leber-/Nierenfunktionsstrg., Herzinsuff. (NYHA II-IV), ischämische Herzkrankheit, pAVK, zerebrovask. Erkrankung, Grav. (3. Trim.), Ki. <15J;
KI (Indometacin): bek. Überempfindlichkeit, bek. Reaktionen von Bronchospasmus, Asthma, Rhinitis od. Urtikaria nach Einnahme von ASS oder anderen NSAR i. d. Vorgeschichte; bestehende oder Z.n. peptischen Ulzera oder Hämorraghien (mindestens 2 unterschiedliche Episoden nachgewiesener Ulzeration oder Blutung); NSAR-induzierte GI-Blutungen oder Perforation i.d. Vorgeschichte; ungeklärte Blutbildungs- und Blutgerinnungsstörungen, zerebrovaskuläre oder andere aktive Blutungen, schw. Herzinsuffizienz, Grav. (3. Trimenon)

Aceclofenac Rp	HWZ 4-4.3h, PPB 99%
Beofenac *Tbl. 100mg*	**Aktivierte Arthrose, chron. Polyarthritis, M. Bechterew:** 1-2 x 100mg p.o.; **DANI** KI bei schwerer Nierenfunktionsstrg.; **DALI** ini 100mg/d, KI bei schw. Leberfktsstrg.
Acemetacin Rp	HWZ 4.5(6)h, Q0 0.6 (0.85), hohe PPB
Acemetacin Stada *Kps. 30, 60mg* **Azeat** *Kps. 60mg* **Rantudil** *Kps. 60, 90(ret.)mg* **Ziloxicum** *Kps. 60mg*	**Arthrose, chron. Polyarthritis, M. Bechterew:** 1-3 x 30-60mg p.o.; 1-2 x 90mg (ret.) p.o.
Diclofenac OTC/Rp	HWZ 1-2(1-3)h, Q0 1.0, PPB 99%, PRC B, Lact ?
Arthrex Schmerzgel *Gel (1g enth. 9.3mg)* **Diclac Dolo** *Tbl. 12.5, 25mg* **Diclac** *Tbl. 25, 50, 75(ret.), 100(ret.), 150(ret.)mg; Supp. 50, 100mg; Amp. 75mg/3ml* **Diclofenac-ratioph.** *Tbl. 25, 50mg; Supp. 50, 100mg; Pflaster 130mg; Amp. 75mg/2ml; Gel (1g enth. 10mg); Gtt. (20Gtt. = 50mg)* **Effekton** *Tbl. 50mg; Amp. 75mg/3ml* **Voltaren** *Tbl. 12.5, 25, 50, 100(ret.)mg; Kps. 75mg; Supp. 25, 50, 100mg; Pflaster 130mg; Gel (1g enth. 9.3mg)*	**Arthritiden, rheumat. Erkr., schmerzh. Schwellungen:** 1-3 x 25-50mg p.o./rekt.; 2 x 75mg p.o.; 1 x 100mg rekt.; 2 x 1 Pfl.; 1 x 100mg (ret.) p.o.; 1 x 75mg (ret.) i.m.; max. 150mg/d (ret.) p.o./rekt./i.m.; **Ki. >16J.:** 1-3 x 25mg p.o.; **DANI, DALI** leichte bis mäßige NI, LI: 100%; schwere NI, LI: KI; **äußerl. Therapie von Schmerzen, Entzündungen, Schwellungen bei rheumat. und degenerativen Erkr., Sportverletzungen:** 3-4 x tgl. auftragen
Indometacin Rp	HWZ 4-11h, Q0 0.85, PPB > 90%, PRC D
Indo-CT *Kps. 50, 75(ret.)mg; Supp. 50, 100mg* **Indometacin AL** *Tbl. 50mg* **Indomet-ratioph.** *Kps. 25, 50, 75(ret.)mg; Supp. 50, 100mg; Gel (1g enth. 10mg)* **Indo-paed** *Susp. (1ml = 5mg)*	**Arthritiden, rheumat. Erkr., schmerzhafte Schwellungen:** 2-3 x 25-50mg p.o.; 1-2 x 75mg (ret.) p.o.; 1-3 x 50mg oder 1 x 100mg rekt.; max. 200mg/d kurzfristig; Gel: 2-4 x lokal; **Ki. 6-14J:** 1-3mg/kg/d p.o. in 2-3ED; **DANI** sorgfältige Dosiseinstellung

8.1.4 Oxicame

Wm/Wi (Meloxicam): Hemmung der Cyclooxygenase ⇒ Prostaglandinsynthese ↓ ⇒ analgetisch, antiphlogistisch, antipyretisch; **Wm/Wi** (Piroxicam): Hemmung der Cyclooxygenase ⇒ Prostaglandinsynthese ↓ ⇒ analgetisch, antiphlogistisch, thrombozytenaggregationshemmend; **UW** (Meloxicam): Dyspepsie, Übelkeit, Erbrechen, Bauchschmerzen, Diarrhoe, Obstipation, Blähungen, Kopfschmerzen; **UW** (Piroxicam): Kopfschmerzen, Schwindel, Übelkeit, Tinnitus, Sodbrennen, Bauchschmerzen, Übelkeit, Erbrechen, Blähungen, Diarrhoe, Obstipation, GI-Ulzera/-Blutung, GI-Perforation, ulzerative Stomatitis, Verstärkung Colitis/M. Crohn, Harnstoff ↑, Transaminasen ↑, aP ↑; Exanthem; **KI** (Meloxicam): bek. Überempf. gegen Meloxicam/andere NSAR, Ki. und Jugendliche < 16J, NSAR-induzierte GI-Blutungen oder Perforation in der Anamnese, peptische Ulzera/Hämorrhagien (mind. 2 unterschiedliche Episoden), schw. Leberinsuff., schw. nichtdialysiertes Nierenversagen, GI-Blutung, zerebrovaskuläre Blutung/andere erhöhte Blutungsneigung in der Anamnese, Grav. (letztes Trim.);

KI (Piroxicam): bek. Überempf. gegen Piroxicam/andere NSAR, GI-Ulzera/-Blutungen oder -Perforationen aktuell oder anamnestisch, andere gastrointestinale Erkrankungen, die für Blutungen prädisponieren, z.B. Colitis ulcerosa, M. Crohn, gastrointestinale Malignome, Divertikulitis, entzündliche GI-Erkrankungen, Komb. mit anderen NSAR incl. COX-2-selektiven NSAR und ASS in analgetisch wirksamen Dosen, Komb. mit Antikoagulanzien, schwere (allergische) Arzneimittelreaktionen in der Anamnese, v.a. Hautreaktionen (z.B. Erythema multiforme, Stevens-Johnson-Syndrom, toxische epidermale Nekrolyse), ungeklärte Blutbildungs-/Blutgerinnungsstörung, zerebrovaskuläre/andere aktive Blutungen, schwere Leber-/Nierenfktsstrg., mäßige/schwere Herzinsuffizienz, Grav. (letztes Trim.)

Meloxicam Rp	HWZ 15-20h, Qo 1.0, PPB 99%, PRC N, Lact ?
Meloxicam AL *Tbl. 7.5, 15mg* **Meloxicam-ratioph.** *Tbl. 7.5, 15mg* **Mobec** *Tbl. 7.5, 15 mg*	**Arthrose, chron. Polyarthritis, M. Bechterew:** 1 x 7.5-15mg p.o., max. 15mg/d; **DANI** CrCl > 25: 100%; Dialyse max. 7.5mg/d
Piroxicam OTC/Rp	HWZ 50h, Qo 0.9, PPB 98%, PRC C, Lact +
Piroxicam AL *Tbl. 10, 20mg; Gel (1g enth. 5mg)* **Piroxicam HEXAL** *Tbl. 10, 20mg; Amp. 20mg/1ml* **Piroxicam-ratioph.** *Amp. 20mg/1ml*	**Arthritiden, rheumat. Erkr., schmerzhafte Schwellungen:** 10-20mg p.o./i.m., max. 20mg/d; **Entzündungen von Sehnen/Sehnenscheiden, schmerzhafte Schultersteife, Prellung, Zerrung, Verstauchung:** Creme, Gel: 3-4 x lokal; **DANI, DALI** leichte/mittlere Fktsstrg.: 100%, schwere Fktsstrg.: KI

8.1.5 Coxibe

Wm: selektive Hemmung der Cyclooxygenase-2 ⇒ Prostaglandinsynthese ↓;
Wi: analgetisch, antiphlogistisch;
UW (Celecoxib): Sinusitis, Infektionen der oberen Atemwege, Harnwegsinfektionen, Verschlechterung einer Allergie, Schlaflosigkeit, Schwindel, Muskeltonus ↑, Herzinfarkt, Hypertonie, Pharyngitis, Rhinitis, Husten, Dyspnoe, Bauchschmerzen, Diarrhoe, Dyspepsie, Flatulenz, Erbrechen, Dysphagie, Exanthem, Pruritus, grippeähnliche Symptome, periphere Ödeme, Flüssigkeitsretention; **UW** (Etoricoxib): alveoläre Osteitis, Ödeme, Schwindel, Kopfschmerzen, Palpitationen, Hypertonie, Bauchschmerzen, Dyspepsie, Meteorismus, Sodbrennen, Übelkeit, Diarrhoe, Transaminasen ↑, Ekchymose, Asthenie, Müdigkeit, grippeartige Erkrankung;
KI (Celecoxib): bek. Überempf. gegen C. bzw. Sulfonamide; aktive peptische Ulzera oder GI-Blutungen, allergische Reaktionen auf ASS, NSAR, COX-2-Hemmer i. d. Vorgeschichte, Grav., Lakt., gebärfähige Frauen (Ausnahme: sichere Methode zur Schwangerschaftsverhütung); schwere Leberfunktionsstrg. (Serumalbumin < 25 g/l oder Child-Pugh >10), Niereninsuff. CrCl < 30; entzündliche Darmerkrankungen, Herzinsuff. (NYHA II–IV), klinisch gesicherte KHK, pAVK, zerebrovaskuläre Erkrankungen;
KI (Etoricoxib): bek. Überempf., aktives peptisches Ulkus, aktive GI-Blutung; allergische Reaktion auf ASS, NSAR, COX-2-Hemmer in der Anamnese, Grav., Lakt.; schw. Leberfunktionsstörungen (Serum-Albumin < 25 g/l oder Child-Pugh-Score > 10), Niereninsuffizienz mit CrCl < 30 ml/min., Ki. < 16J.; entzündliche Darmerkrankungen, Herzinsuff. (NYHA II–IV), Hypertonie mit RR > 140/90 mmHg; gesicherte KHK, AVK, zerebrovaskuäre Erkrankungen

Celecoxib Rp	HWZ 8-12h, Q0 > 0.7, PPB 97%, PRC C, Lact ?
Celebrex *Tbl. 100, 200mg* **Celecox HEXAL** *Tbl. 100, 200mg* **Celecoxib Actavis** *Tbl. 100, 200mg* **Celecoxib ratioph** *Tbl. 100, 200mg* **Celecoxib Stada** *Tbl. 100, 200mg*	**Aktivierte Arthrose, chronische Polyarthritis, M. Bechterew:** 1-2 x 100-200mg p.o., max. 400mg/d **DANI** vorsichtige Dosiseinstellung, CrCl < 30: KI; **DALI** Child-Pugh A, B: 50%, C: KI
Etoricoxib Rp	HWZ 22h, PPB 92%
Algix *Tbl. 90mg* **Arcoxia** *Tbl. 30, 60, 90, 120mg* **Etoriax** *Tbl. 30, 60, 90, 120mg* **Etoricoxib Libra** *Tbl. 30, 60, 90, 120mg* **Etoricoxib Puren** *Tbl. 30, 60, 90, 120mg* **Exxiv** *Tbl. 90mg* **Tauxib** *Tbl. 90mg*	**Arthrose:** 1 x 30mg p.o., ggf. steigern auf 1 x 60mg; **rheumatoide Arthritis, M. Bechterew:** 1 x 60mg p.o., ggf. steigern auf 1 x 90mg; **akute Gichtarthritis:** 1 x 120mg; **postop. Schmerzen nach Zahn-OP:** 1 x 90mg für 3d; **DANI** CrCl > 30: 100%; < 30: KI; **DALI** Child-Pugh A: max. 60mg/d; B: max. 30mg/d; C: KI
Parecoxib Rp	HWZ (8h) Q0 0.95 (> 0.7), PRC C, Lact ?
Dynastat *Inj.Lsg. 40mg/2ml*	**Postop. Schmerzen, Kurzzeittherapie:** 40mg i.v./i.m., nach 6-12h evtl. 20-40mg für 2d, max. 80mg/d, < 50kg: max. 40mg/d; **DANI** nicht erforderlich; **DALI** Child-Pugh A: 100%; B: 50%, max. 40mg/d; C: KI

8.2 Pyrazolonderivate

Wm/Wi: Hemmung der Cyclooxygenase ⇒ Prostaglandine ↓; analgetisch, antipyretisch;
Wi (Phenylbutazon): zusätzlich antiphlogistisch;
UW (Metamizol): allerg. Reaktionen, Bronchospasmus, RR ↓, Stevens-Johnson-/Lyell-Syndrom, Leukopenie, Agranulozytose, Nierenfunktion ↓, akute interstitielle Nephritis;
KI (Metamizol): bek. Allergie gegen Metamizol oder Pyrazolone/Pyrazolidine, bek. Analgetika-Asthma-Syndrom, bek. Analgetika-Intoleranz (Urtikaria-Angioödem-Typ), akute intermittierende hepatische Porphyrie, G-6-PDH-Mangel, Knochenmarksinsuff., Sgl. < 3M oder < 5 kg; letztes Grav.-Trimenon, keine i.v.-Gabe bei Hypotonie und instabilem Kreislauf oder bei Sgl. (3–11M)

Metamizol Rp	HWZ 2.5(4)h, Q0 > 0.8 (0.6), PRC D
Analgin *Tbl. 500mg; Amp. 1g/2ml* **Berlosin** *Tbl. 500mg; Supp. 1000mg; Amp. 1g/2ml* **Metamizol HEXAL** *Tbl. 500mg; Gtt. (20Gtt. = 500mg); Supp. 1000mg; Amp. 2.5g/5ml* **Novalgin** *Tbl. 500mg; Gtt. (20Gtt. = 500mg); Supp. 300, 1000mg; Amp. 1g/2ml, 2.5g/5ml* **Novaminsulfon-ratioph.** *Tbl. 500mg; Gtt. (20Gtt. = 500mg); Amp. 1g/2ml, 2.5g/2ml*	**Starke Schmerzen, Tumorschmerzen, Koliken, Fieber:** 1-4 x 8-16mg/kg p.o./rekt./i.v.; Erw., **Ki. ab 15J:** max. 4 x 1g/d p.o./rekt.; max 2.5g ED bzw. 5g/d i.v.; **Sgl. > 3M bzw. > 5kg:** 1-4 x 8-16mg/kg p.o./i.m.; **Ki.:** s. Erw.; **DANI, DALI** mehrfache höhere Dosen vermeiden

Phenazon OTC	HWZ 11-12h, Qo 0.95, geringe PPB
Eu-Med *Tbl. 500mg* **Migräne-Kranit** *Tbl. 500mg; Supp. 500mg*	**Leichte, mäßig starke Schmerzen, Fieber, Migräneanfall:** 1-4 x 0.5-1g p.o./rekt., max. 4g/d; **Ki. 7-15J:** 3-4 x 250mg p.o., max. 1250mg/d; **DANI** max. 500mg/ED, max. 2g/d
Phenylbutazon Rp	HWZ 70(48)h, Qo 1.0 (1.0), PPB 99%
Ambene *Tbl. 200mg*	**M. Bechterew, chron. Polyarthritis:** d1-2: 2-3 x 200mg p.o., dann: 1-2 x 200mg; Dauer max. 7d; **akuter Gichtanfall:** ini 400mg p.o., dann 2 x 200mg p.o.; **DANI, DALI** KI
Propyphenazon OTC	HWZ 1.5h, Qo 0.9
Demex *Tbl. 500mg*	**Leichte bis mäßig starke Schmerzen, Fieber:** 1-4 x 0.5-1g p.o., max. 4g/d; **Ki. 7-15J:** 1-4 x 250mg p.o.; max. 1200mg/d

8.3 Analgetika-Kombinationen

ASS + Codein Rp	
Dolviran N *Tbl. 500+30mg*	**Mäßig starke/starke Schmerzen:** 1-3 x 500-1000+30-60mg p.o.; **DANI, DALI** Dosisreduktion
ASS + Paracetamol + Coffein OTC	
Dolopyrin AL, Neuralgin, Neuranidal N, Temagin Pac, Thomapyrin Classic Schmerz, Thomapyrin Intensiv, Titralgan *Tbl. 250+200+50mg*	**Leichte, mäßig starke Schmerzen:** 1-3 x 250-500+200-400+50-100mg p.o.; **DANI** KI bei schwerer Nierenfunktionsstrg.
ASS + Paracetamol + Codein/Coffein Rp	
Dolomo TN *Kombipackung Tbl.-T: 250+250+50mg Coffein; Tbl.-N: 250+250+50mg Codein*	**Mäßig starke Schmerzen:** tagsüber: 1-3 x 1-2Tbl.-T p.o.; nachts: 1 x 1-2Tbl.-N p.o.; **DANI** CrCl < 10: Dosisintervall mindestens 8h; **DALI** Dosisreduktion, Child-Pugh > 9: KI
Diclofenac + Codein Rp	
Voltaren plus *Tbl. 50+50mg*	**Starke/sehr starke Schmerzen:** 1-3 x 50+50mg p.o.; **DANI** sorgf. Dosiseinstell.
Paracetamol + Codein Rp	PRC C, Lact ?
Gelonida Schmerztbl. *Tbl. 500+30mg* **Paracetamol comp. Stada** *Tbl. 500+30mg* **Talvosilen** *Tbl. 500+20, 500+30mg; Kps. 500+30mg; Supp. 1000+60mg* **Titretta** *Tbl. 500+30mg; Supp. 1g+60mg*	**Mäßig starke und starke Schmerzen:** Erw., **Ki. ab 12j:** 1-4 x 500-1000+20-60mg p.o./rekt.; **DANI** Dosisreduktion; **DALI** Dosisreduktion, Child-Pugh > 9: KI

Paracetamol + Coffein + Codein Rp	
Azur compositum *Tbl. 350+50+30mg; Supp. 600+50+40mg*	**Starke Schmerzen:** 1-4 x 350-700+50-100 +30-60mg p.o.; 1-4 x 600+50+40mg rekt.; **DANI** Dosisred.; **DALI** Dosisred., Child-Pugh > 9: KI
Paracetamol + Metoclopramid Rp	
Migraeflux Mcp *Tbl. 500+5mg* **Migränerton** *Kps. 500+5mg*	**Migräneanfall:** ini 1000+10mg p.o., ggf. alle 4h 500+5mg, max. 3000+30mg/d; **DANI** Dosisred.; **DALI** LI mit Aszites: 50%
Paracetamol + N-Butylscopolamin OTC	
Buscopan plus *Tbl. 500+10mg; Supp. 800+10mg*	**Krampfartige Magen-Darm-Schmerzen, Dysmenorrhoe:** 3 x 500-1000+10-20mg p.o.; 3-4 x 800+10mg rekt.; **DALI** KI bei schwerer LI
Paracetamol + Tramadol Rp	
Zaldiar *Tbl. 325+37.5mg*	**Mäßig starke und starke Schmerzen:** Erw. u. **Ki. > 12J:** ini 2Tbl., dann nach Bedarf bis max. 4 x 2Tbl.; **DANI** CrCl 10-30: Dosisintervall 12h; < 10: Anw. nicht empfohlen; **DALI** schwere LI Anw. nicht empfohlen
S. auch Migränemittel → 333	

8.4 Analgetika + Schleimhautprotektiva

Diclofenac + Misoprostol Rp	
Arthotec forte, Arthrotec forte, Artrotec forte *Tbl. 75+0.2mg*	**Aktivierte Arthrose:** 2 x 75+0.2mg p.o.; **DANI, DALI** sorgfältige Dosiseinstellung

8.5 Rheuma-Basistherapeutika DMARD (disease modifying antirheumatic drugs)

Wm (Chloroquin): Stabilisierung der Lysosomenmembran, Beeinflussung des Bindegewebsstoffwechsels; **Wm** (Cyclophosphamid): Alkylans ⇒ Strangbrüche und Vernetzungen der DNS; **Wm** (Gold: Auranofin): Hemmung der Leukozytenauswanderung in die Synovia; **Wm** (Leflunomid): Hemmung der Dihydroorotatdehydrogenase ⇒ ↓ Pyrimidinsynthese ⇒ Lymphozytenproliferation ↓; **Wm** (Methotrexat): immunsuppressiv, Zytokinsynthese ↓; **Wm** (Penicillamin): Spaltung von Rheumafaktoren, mesenchymsuppressiv; **Wm** (Sulfasalazin): Beeinflussung der Prostaglandinsynthese; **Wi:** Beeinflussung des rheumatischen Grundprozesses; **UW** (Chloroquin): Hornhauttrübung, Retinopathia pigmentosa, Exantheme; **UW** (Cyclophosphamid): Myelosuppression, Übelkeit, Erbrechen, hämorrhagische Zystitis, Haarausfall, Leberfktsstrg., Mukositis, venoocclusive disease; **UW** (Gold): Haarausfall, Dermatitis, Stomatitis, Panzytopenie, Nierenschäden;

UW (Penicillamin): Nierenschäden, BB-Veränderungen, Geschmackstrg., Muskellähmungen;
UW (Leflunomid): Leukopenie, allerg. Reaktionen, CK ↑, Parästhesie, Kopfschmerzen, Schwindel, RR ↑, Durchfall, Übelkeit, Erbrechen, Erkr. der Mundschleimhaut, Bauchschmerzen, Anstieg der Leberenzyme, Haarausfall, Ekzem, Exanthem, Pruritus, trockene Haut, Sehnenscheidenentzündung, Appetitlosigkeit, Gewichtsverlust, Asthenie;
UW (Methotrexat): Leukopenie, Anämie, Thrombopenie, Kopfschmerzen, Müdigkeit, Benommenheit, Pneumonie, interstitielle Alveolitis/Pneumonitis (oft verbunden mit Eosinophilie), Stomatitis, Dyspepsie, Übelkeit, Appetitlosigkeit, Ulzerationen der Mundschleimhaut, Diarrhoe, Transaminasenanstieg, Exanthem, Erythem, Pruritus;
KI (Chloroquin): Retinopathie, G-6-PDH-Mangel, Grav./Lakt.;
KI (Cyclophosphamid): floride Infektionen, schwere Knochenmarksuppression, Harnabflussstrg.;
KI (Gold und Penicillamin): Niereninsuff., Blutbildungsstrg., Leberschäden, Grav./Lakt.;
KI (Leflunomid): bek. Überempf., schw. Immundefekte, eingeschränkte Knochenmarkfunktion, schwere Infektion, eingeschränkte Leberfunktion, mittlere bis schwere Niereninsuff., schwere Hypoproteinämie, Grav./Lakt., Kinder und Jugendliche < 18J;
KI (Methotrexat): bek. Überempf., stark eingeschränkte Leberfkt., Alkoholabusus, stark eingeschränkte Nierenfkt., vorbestehende Blutbildveränderungen wie Knochenmarkhypoplasie, Leukopenie, Thrombozytopenie oder signifikante Anämie, schwere akute oder chronische Infektionen wie Tuberkulose, HIV oder andere Immundefizienzsyndrome, Ulzera der Mundhöhle und Ulzera des GI-Traktes, Grav./Lakt., gleichzeitige Impfung mit Lebendimpfstoffen

Auranofin Rp	HWZ 15-31d, Qo 0.9, PPB 60%, PRC C, Lact ?
Ridaura *Tbl. 3mg*	**Chronische Polyarthritis:** 1 x 6mg oder 2 x 3mg p.o.; nach 4-6M evtl. 3 x 3mg; **DANI** nicht erforderlich
Chloroquinphosphat Rp	HWZ 30-60d, Qo 0.3, PPB 50-60%, PRC C, Lact +
Resochin *Tbl. 50, 155mg; Amp. 155mg/5ml*	**Chron. Polyarthritis, Lupus erythematodes:** Erw. + **Ki.:** 2.5mg/kg/d; max. Kumulativdos. 100g
Cyclophosphamid → 165 Rp	HWZ 7(9)h, Qo 0.5, PPB 13%
Cyclophosphamid HEXAL *Inf.Lsg. 500, 2000mg* **Endoxan** *Tbl. 50mg; Inf.Lsg. 200, 500, 1000, 2000mg*	**Schwere Formen von Lupus-Nephritis, Wegener-Granulomatose:** ini 500-1000mg/m² i.v./p.o., dann 1-2mg/kg p.o.; **DANI** CrCl < 10: 50%; **DALI** Bilirubin 3.1-5mg/dl: 75%
Hydroxychloroquinsulfat Rp	HWZ 30-60d, PRC C, Lact ?
Plaquenil *Tbl. 200mg* **Quensyl** *Tbl. 200mg*	**Chron. Polyarthritis, juven. idiopath. Arthritis, Lupus erythematodes:** ini 2-3 x 200mg p.o., Erh.Dos. 1-2 x 200mg; **Ki.:** 5-6.5mg/kg/d; **DANI, DALI** Dosis anpassen

Leflunomid Rp	HWZ 4-28d, PPB 99%, PRC X, Lact -
Arava *Tbl. 10, 20, 100mg* **Leflunomid HEXAL** *Tbl. 10, 20mg* **Leflunomid medac** *Tbl. 10, 15, 20mg* **Leflunomid Stada** *Tbl. 10, 20, 100mg* **Leflunomid Winthrop** *Tbl. 10, 20, 100mg*	**Chron. Polyarthritis, Psoriasisarthritis:** d1-3: 1 x 100mg p.o., dann: 1 x 10-20mg p.o.; **DANI** KI bei mittlerer bis schwerer NI; **DALI** KI bei eingeschränkter Fkt.
Methotrexat → 169 Rp	HWZ 5.1-9.3h, Qo 0.06, PPB 60%, PRC X, Lact -
Lantarel *Tbl. 2.5, 7.5, 10mg; Fertigspr. 7.5mg/1ml, 10mg/1.34ml, 15mg/2ml, 20mg/2.67ml, 25mg/1ml* **Metex** *Tbl.2.5, 7.5, 10mg; Inj.Lsg., Fertigspr. 7.5mg/0.15ml, 10mg/0.20ml, 12.5mg/0.25ml, 15mg/0.30ml, 17.5mg/0.35ml, 20mg/0.40ml, 22.5mg/0.45 ml; 25mg/0.50ml, 27.5mg/0.55ml, 30mg/0.60ml* **MTX HEXAL** *Tbl. 2.5, 5, 7.5 10, 15mg; Inj.Lsg. 5mg/2ml, 7.5mg/1ml, 10mg/4ml, 15mg/2ml, 25mg/1ml, 50mg/2ml, 500mg/20ml, 1g/40ml* **Trexject** *Fertigspr. 7.5mg/0.75ml, 10mg/1ml, 15mg/1.5ml, 20mg/2ml, 25mg/2.5ml*	**Chronische Polyarthritis, Psoriasisarthritis:** ini 1 x/W 7.5mg p.o./i.v., bei guter Verträglichkeit evtl. 1 x/W 10-15mg, max. 20mg/W p.o./i.v.; **Juvenile idiopathische Arthritis: Ki. <16J:** 10-15mg/m²/W s.c./i.m.; bei therapierefraktären Fällen bis 20mg/m²/W; **M. Crohn:** ini 25mg/W s.c./iv./i.m., Wi-Eintritt nach 8-12 W, Erh.Dos. 15mg/W s.c./iv./i.m.; **DANI** CrCl > 50: 100%; 20-50: 50%, <20: KI; **DALI** Anw. nur mit großer Vorsicht; Bili > 5 mg/dl: KI
Penicillamin Rp	HWZ 1-7.5h, Q0 0.85, PPB 90%, PRC D, Lact -
Metalcaptase *Tbl. 150, 300mg*	**Chronische Polyarthritis:** W1-2 150mg/d p.o., dann alle 2W um 150mg steigern, max. 1200mg, nach Wi-Eintritt reduzieren auf Erh.Dos. 300-600mg/d; **Ki.:** ini 3-5mg/kg, max. 15-20mg/kg, nach Wi-Eintritt auf Erh.Dos. 5-10mg/kg/d reduzieren; **M. Wilson:** 1 x 10-20mg/kg p.o.; **DANI, DALI** KI
Sulfasalazin Rp	HWZ 7.6h, PPB > 95%, PRC B, Lact ?
Azulfidine RA *Tbl. 500mg* **Pleon RA** *Tbl. 500mg* **Salazopyrine RA** *Tbl. 500mg* **Sulfasalazin HEXAL** *Tbl. 500mg*	**Chronische Polyarthritis:** W1: 1 x 500mg/d p.o.; W2: 2 x 500mg/d; W3: 1500mg/d; W4: 2 x 1g/d; **DANI, DALI** KI bei schwerer NI, LI

8.6 Glukokortikoide

Wi: Gluconeogenese ↑, Proteinkatabolismus ↑, Lipolyse, Hemmung mesenchymaler Reaktionen (Entzündung, Exsudation, Proliferation), immunsuppressiv, antiallergisch (Lympho-/Eosinopenie, lymphatisches Gewebe ↓, B-/T-Zellaktivität ↓);
UW diabetogen: Glukose ↑, Glukosurie, Steroiddiabetes;
katabol: negative Stickstoffbilanz, Wachstum ↓, Osteoporose;
Fettstoffwechsel: Stammfettsucht, Vollmondgesicht, Fettsäurespiegel ↑;
BB: Thrombos ↑, Erys ↑, Neutrophile ↑, Eosinophile ↓, Basophile ↓, Lymphos ↓;
ulzerogen: Produktion von Magensäure ↑, Magenschleim ↓;
Augen: Hornhautulkus, Glaukom, Katarakt;
Haut: Atrophie, Striae rubrae, Akne;
Kapillarbrüchigkeit ↑: Petechien, Ekchymosen, Purpura;
mineralokortikoide Wi: H_2O-, Na-Retention, K^+ ↓, RR ↑, Alkalose;
Immunschwäche: Infektgefährdung, Tbc-Aktivierung;
endokrines Psychosyndrom: Euphorie, Depression, Verwirrung, Halluzination;
Muskeln: Schwäche, Atrophie;
NNR-Atrophie: Kortison-Entzugssyndrom (Schwäche, Schwindel, Schock);
KI (bei chronischer Anwendung): GI-Ulzera, schwere Osteoporose, akute virale/bakterielle Infektionen, Systemmykosen, Glaukom, psychiatrische Anamnese;
Glu: relative glukokortikoide Potenz; **Min:** relative mineralokortikoide Potenz

Die Dosierung richtet sich nach der Schwere der jeweiligen Erkrankung.

		Glu	Min
Betamethason Rp	HWZ 6h, Qo 0.95, PPB 58-70%, PRC C, Lact -	**Glu**	**Min**
Celestamine N *Tbl. 0.5mg; Gtt. (1ml = 0.5mg)* **Celestan Depot** *Amp. 5.7mg* **Celestan solubile** *Amp. 4mg/1ml* **Celestone** *Tbl. 0.5mg; Gtt. (1ml = 0.5mg); Amp. 4mg/1ml*	**Entzündliche/degenerative Gelenkerkr.:** 1.4-11.4mg (je nach Gelenkgröße) intraartikulär; **entzündl./degen. Bindegewebserkr.:** 1.4-5.7mg intraläsional; **Hauterkr.** (s. FachInfo): max. 1.1mg/cm², max. 5.7mg/Behandlung intradermal; **akuter Asthmaanfall:** 11.4mg i.m.; 8-20mg p.o.; **Induktion der Lungenreife bei drohender Frühgeburt:** 2 x 5.7mg im Abstand von 24h, ggf. Wdh. nach 7d; **Panarteriitis nodosa, aktive Phasen rheumat. Systemerkr., SLE, aktive rheumat. Arthritis:** 6-15mg/d p.o.; **juvenile idiopath. Arthritis (Still-Syndrom), rheum. Fieber mit Karditis:** 12-15mg/d p.o.; **interstit. Aspirationspneumonie:** ini 2-4mg/d, dann 0.25-1mg/d p.o.	25	0
Cloprednol Rp	HWZ 2h, Qo 1.0, PPB 67-84%	8	0
Syntestan *Tbl. 2.5, 5mg*	**Asthma bronchiale, chronische Polyarthritis:** 1 x 1.25-12.5mg/d p.o., langsame Dosisreduktion anstreben		

		Glu	Min
Deflazacort Rp	HWZ 1.5h, Q0 0.8	3	3
Calcort *Tbl. 6mg*	**Rheumatoide Arthritis:** 1 x 6-18mg p.o., Reduktion bis zur niedrigsten noch wirksamen Dosis		
Dexamethason Rp	HWZ 2-5h, Q0 0.9, PPB gering, PRC C, Lact -	30	0
Dexa-Allvoran *Amp. 4mg/1ml* **Dexaflam Inject** *Amp. 4mg/1ml* **DexaHEXAL** *Amp. 4mg/1ml, 8mg/2ml* **Dexamethason-ratioph.** *Tbl. 4, 8mg* **Fortecortin** *Tbl. 0.5, 2, 4, 8mg; Amp. 4mg/1ml, 8mg/2ml, 40mg/5ml, 100mg/10ml* **Lipotalon** *Amp. 4mg/1ml*	**Hirnödem:** ini 8-80mg i.v., dann 16-48mg/d p.o. in 3-6 ED; **Hirnödem bei bakt. Meningitis:** 0.15mg/kg alle 6h für 4d p.o./i.v.; **Ki:** 0.4mg/kg alle 12h für 2d; **schwerer, akuter Asthmaanfall:** 8-20mg p.o./i.v., bei Bedarf 8mg alle 4h; **Ki:** 0.15-0.4mg/kg p.o.; **akute Hauterkr.:** 8-40mg p.o./i.v.; **aktive Phasen rheumat. Systemerkrankung, rheumatische Arthritis:** 6-16mg/d p.o./i.v.; **schwere Infektionserkrankung:** 4-20mg/d p.o./i.v.; **Palliativtherapie maligner Tumore:** 8-16mg/d p.o./i.v.; **kongenitales AGS:** 1 x 0.25-0.75mg/d p.o.; **Pro./Therapie postoperatives/ Chemotherapie-induziertes Erbrechen:** 8-20mg vor Chemo/OP p.o./i.v., dann s. FachInfo; **posttraumatischer/anaphylakt. Schock:** 40-100mg i.v.; **lokale Infiltrations-/Injektionstherapie:** 2-8mg lokal		
Fludrocortison Rp	HWZ 3.5-4.8h, PRC C, Lact ?	10	125
Astonin H *Tbl. 0.1mg*	**Substitution bei M. Addison, Salzverlustsyndrom:** 0.05-0.2mg/d p.o.; **hypoadrenerge orthostatische Hypotension:** ini 0.1-0.2mg/d p.o., ggf. steigern, Therapie für max. 2M		
Hydrocortison (=Cortisol) Rp	HWZ 1-2h, Q0 1.0, PPB 75-95%, PRC C, Lact -	1	2
Alkindi *Granulat 0.5, 1, 2, 5mg* **Hydrocortison Acis** *Tbl. 10mg* **Hydrocortison Hoechst** *Tbl. 10mg* **Hydrocortison** *Amp. 100mg/2ml, 250mg/2ml, 500mg/4ml, 1g/8ml*	**Substitution bei primärer/sekundärer NNR-Insuff.:** 10-20mg/d, max. 30mg/d; **Ki:** 10-15mg/m²/d in 2-3 ED p.o.; **Hemmtherapie bei AGS:** 15-20mg/m²/d in 3 ED p.o.; **Schwere akute Schockzustände, akute NNR-Insuff.:** 10-50mg/h i.v., Wdh. nach Bedarf		

		Glu	Min
Methylprednisolon Rp	HWZ 2-3h, Q0 0.9, PPB 77%, PRC C, Lact ? ✋	**Glu**	**Min**
Methylprednisolon Acis *Tbl. 4, 8, 16, 32mg* **Metypred** *Tbl. 4, 8, 16, 40mg; Amp. 125mg/2ml, 250mg/4ml, 1g/16ml* **M PredniHEXAL** *Tbl. 4, 8, 16mg* **Urbason** *Tbl. 4, 8, 16, 40mg; Amp. 16mg/1ml, 32mg/1ml, 250mg/5ml, 1g/10ml*	Zahlreiche Ind (s. FachInfo); **Anfangsdosen:** 12-160mg/d p.o.; **Erhaltungsdosen:** 4-12mg/d p.o.; **Ki: Anfangsdosen:** 0.8-1.5mg/kg/d, max. 80mg/d; **Erhaltungsdosen:** 2-4mg/d; **Akut lebensbedrohliche Zustände** (s. FachInfo): 250-1000mg i.v.; **Ki:** 4-20mg/kg i.v.	5	0
Prednisolon Rp	HWZ 2.6-3h, Q0 0.75, PPB 95%, PRC C, Lact - ✋	4	1
Decortin H *Tbl. 1, 5, 10, 20, 50mg* **Infectocortikrupp** *Supp. 100mg* **Klismacort** *Rektalkps. 100mg* **PredniHEXAL** *Tbl. 5, 10, 20, 50mg* **Prednisolon Jenaph.** *Tbl. 1, 5, 10, 20, 50mg* **Prednisolon-ratioph.** *Tbl. 5, 50mg* **Prednisolut** *Amp. 10mg/2ml, 25mg/5ml, 50mg/2ml, 100mg/5ml, 250mg/5ml, 500mg/5ml, 1g/10ml* **Solu-Decortin H** *Amp. 10mg/1ml, 25mg/1ml, 50mg/1ml, 100mg/1ml, 250mg/5ml, 500mg/5ml, 1g/10ml*	Zahlreiche Ind (s. FachInfo); **hohe Dosis:** 80-100(250)mg/d; **mittl. Dosis:** 40-80mg/d; **niedrige Dosis:** 10-40mg/d; **sehr niedrige Dosis:** 1.5-7.5 (10) mg/d; **Ki: hohe Dosis:** 2-3mg/kg/d; **mittlere Dosis:** 1-2mg/kg/d; **Erhaltungsdosis:** 0.25mg/kg/d; **Anaphyl. Schock:** 1g i.v; **toxisches Lungenödem:** 1g i.v., **Ki. 10-15mg/kgKG**, evtl. nach 6, 12 u. 24h wiederholen; **Status asthmaticus:** 100-500mg i.v., **Ki. 2mg/kgKG**; Weiterbehandl. alle 6h mit gleicher oder niedrigerer Dosis, dann Dosisred.; **Pseudokrupp:** 100mg rekt., bei Bedarf nach 1h erneut 100mg; 3-5mg/kgKG i.v., evtl. nach 2-3h wdh.; **Addison-Krise:** 25-50mg i.v., dann orale Weiterbehandlung + Mineralokortikoid		
Prednison Rp	HWZ 1.7-3h, Q0 1.0, PPB 75%, PRC C, Lact + ✋	3.5	1
Cutason *Tbl. 20mg* **Decortin** *Tbl. 5, 20, 50mg* **Lodotra** *Tbl. (ret.) 1, 2, 5mg* **Prednison HEXAL** *Tbl. 5, 20, 50mg* **Rectodelt** *Supp. 100mg*	Zahlreiche Ind. (s.FachInfo); **hohe Dosis:** 80-100 (250) mg/d; **mittlere Dosis:** 40-80mg/d; **niedrige Dosis:** 10-40mg/d; **sehr niedrige Dosis:** 1.5-7.5 (10) mg/d; **Ki: hohe Dosis:** 2-3mg/kg/d; **mittlere Dosis:** 1-2mg/kg/d; **Erhaltungsdosis:** 0.25mg/kg/d; **(Pseudo-)Krupp, spastische Bronchitis bei Ki.:** 1 x 100mg rekt., max. 200mg/d		
Triamcinolon Rp	HWZ 2-3h, Q0 1.0, PPB 80%, PRC C, Lact ? ✋	5	0
TriamHEXAL *10/40(KS)mg/1ml* **Volon** *Tbl. 4, 8, 16mg* **Volon A** *Amp. 10(KS)mg/1ml, 40(KS)mg/1ml; Inj.Lsg. 50mg/5ml, 200mg/5ml; Fertigspr. 40(KS)mg/1ml*	**Anw. in Rheumatologie, Dermatologie, Nephrologie, Pulmologie:** 1-100mg/d p.o.; **intraartikuläre, intrafokale, intramuskuläre, subläsionale Anwendung:** 10-80mg		

8.7 Selektive Immunsuppressiva

Wm/Wi (Abatacept): Inhibierung der Aktivierung von T-Lymphozyten; **Wm/Wi** (Adalimumab): spezifische Bindung an Tumornekrosefaktor-Alpha (TNF-Alpha); **Wm/Wi** (Anakinra): kompetitiver Antagonist an Interleukin-1-Typ-I-Rez. ⇒ Neutralisierung der proinflammatorischen Interleukin-1-Aktivität; **Wm/Wi** (Apremilast): Phosphodiesterase-4-Inhibitor ⇒ Modulation eines Netzwerks pro- und antiinflammatorischer Mediatoren ⇒ Downregulation der Entzündungsreaktion; **Wm/Wi** (Baricitinib): selektiver und reversibler Inhibitor der JAK 1 u. 2 ⇒ Modulation der immunologischen und inflammatorischen Antwort; **Wm/Wi** (Belimumab): humaner monoklon. IgG1Kappa-AK ⇒ Bindung an B-Lymphozyten-Stimulator-Protein ⇒ hemmt Überleben von B-Zellen und reduziert deren Ausdifferenzierung; **Wm/Wi** (Canakinumab): humaner monoklonaler IL-1-beta-Antikörper ⇒ hemmt Bildung von Entzündungsmediatoren; **Wm/Wi** (Certolizumab): Fab-Fragment eines humanisierten AK ⇒ neutralisierende Wi auf TNF-Alpha ⇒ Hemmung der Entzündungsaktivität; **Wm/Wi** (Etanercept): rekombin., dimeres Protein: bindet TNF und hemmt kompetitiv; **Wm/Wi** (Golimumab): humaner, monoklonaler AK ⇒ Komplexbildung mit TNF-Alpha ⇒ Hemmung der Entzündungsaktivität; **Wm/Wi** (Infliximab): chimärer, monoklon., humanmuriner AK von TNF-Alpha ⇒ hemmt Entzündungsaktivität bei M. Crohn und rheumatoider Arthritis; **Wm/Wi** (Sarilumab): humaner, monoklonaler AK, der an IL-6 bindet ⇒ hemmt proinflammatorische IL-6-Wi; **Wm/Wi** (Tocilizumab): bindet an IL-6-Rez. ⇒ hemmt proinflammatorische IL-6-Wi; **Wm/Wi** (Tofacitinib): selektiver Inhibitor der JAK 1 u. 3 ⇒ ↓ Signalübertragung von Interleukinen ⇒ Modulation der immunologischen und inflammatorischen Antwort; **Wm/Wi** (Vedolizumab): humanisierter monoklonaler Antikörper, der an das α4-β7-Integrin von T-Helfer-Lymphozyten bindet ⇒ Hemmung der Migration in den GI-Trakt; **UW** (Abatacept): Kopfschmerzen, Übelkeit, Leberwerte ↑, Benommenheit, Husten, Bauchschmerzen, Übelkeit, Exanthem, Atemwegsinfekte, Hypertonie, Flush, Fatigue; **UW** (Adalimumab): BB-Veränd., Kopfschmerzen, Atemwegs- und Harnwegsinf., Übelkeit, Diarrhoe, Hautausschlag, Herpes simplex, Grippesyndrom; **UW** (Anakinra): Kopfschmerzen, Reaktion an Einstichstelle, Infekte, Neutrophile ↓; **UW** (Apremilast): Bronchitis, Infekt. der oberen Atemwege, Nasopharyngitis, Appetit ↓, Schlaflosigkeit, Migräne, (Spannungs-)Kopfschmerz, Husten, Diarrhoe, Übelkeit, Erbrechen, Dyspepsie, häufiger Stuhlgang, Oberbauchschmerzen, gastroösoph. Refluxkrankheit, Rückenschmerzen, Fatigue; **UW** (Baricitinib): Infektion der oberen Atemwege, Hypercholesterinämie, Herpes zoster, Herpes simplex, Gastroenteritis, Harnwegsinfektionen, Übelkeit, Thrombozytose, Übelkeit, ALT-Erhöhung; **UW** (Belimumab): Bronchitis, virale Gastroenteritis, (Naso-)Pharyngitis, Zystitis, Leukopenie, Überempfindlichkeitsreaktion, Depression, Schlaflosigkeit, Migräne, Diarrhoe, Übelkeit, Schmerzen an den Extremitäten, Infusionsreaktionen, Fieber; **UW** (Canakinumab): Nasopharyngitis, Harnwegsinfektion, Infektion der oberen Atemwege, Virusinfektion, Influenza, Pneumonie, Gastroenteritis, Sinusitis, Tonsillitis, Otitis media, Nasopharyngitis, Schwindel, Vertigo, Reaktion a. d. Injektionsstelle, Oberbauchbeschwerden, Gelenkschmerzen, Schmerzen der Skelettmuskulatur, Rückenschmerzen, renale CrCl ↓, Proteinurie, Leukopenie, Neutropenie, Erschöpfung, Asthenie; **UW** (Certolizumab): Infektionen der Harnwege/oberen Atemwege, Kopfschmerzen, Schwindel, Erbrechen, Hautausschlag, Pruritus, Erschöpfung, Reaktion an der Einstichstelle; **UW** (Etanercept): Kopfschmerzen, Reaktion an der Einstichstelle, Infektionen, Rhinitis;

UW (Golimumab): Infekt. d. oberen Atemwege, virale Inf., oberfl. Pilzinfektionen, Anämie, allerg. Reaktionen, Depression, Schlaflosigkeit, Schwindel, Parästhesien, Kopfschmerzen, Hypertonie, GI-Strg., Alopezie, Dermatitis, Juckreiz, Hautausschlag, Transamninasen ↑, verzögerte Wundheilung, Fieber, Asthenie, Reaktion an der Einstichstelle; **UW** (Infliximab): virale Infektionen, Bronchitis, Pneumonie, Sinusitis, Kopfschmerzen, Schwindel, Benommenheit, RR ↑, Nausea, Diarrhoe, Hautausschlag, Harnwegsinfekt., Brustschmerz, Ermüdung; **UW** (Sarilumab): Infektionen des oberen Respirationstrakts, Harnwegsinfektionen, Nasopharyngitis, oraler Herpes, Neutropenie, Thrombopenie, Hypercholesterinämie, Hypertriglyzeridämie, Transaminasenerhöhung, Rötung/Juckreiz an Inj.Stelle; **UW** (Tocilizumab): Infektionen des oberen Respirationstrakts, Leukopenie, Hypertonie, Kopfschmerzen, Konjunktivitis, Hypercholesterinämie, Schwindel, Transaminasen ↑, Exanthem, Pruritus, Mundulzera, Gastritis, Pneumonie, Herpes zoster/simplex; **UW** (Tofacitinib): Nasopharyngitis, Pneumonie, Influenza, Herpes Zoster, Harnwegsinfekt, Sinusitis, Bronchitis, Leukopenie, Anämie, Dyslipidämie, Hyperlipidämie, Insomnie, Kopfschmerzen, Hypertonie, Dyspnoe, Husten, Bauchschmerzen, Erbrechen, Diarrhoe, Übelkeit, Gastritis, Dyspepsie, Exanthem, Muskelschmerzen, Arthralgie, per. Ödem, Pyrexie, Fatigue, Leberenzymerhöhung, Gewichtszunahme, Erhöhung von Transaminasen, Cholesterin, CK; **UW** (Vedolizumab): Nasopharyngitis, Bronchitis, Gastroenteritis, Infektionen der oberen Atemwege, Grippe, Sinusitis, Pharyngitis, Kopfschmerzen, Parästhesie, Hypertonie, oropharyngeale Schmerzen, verstopfte Nase, Husten, anale Abszesse, Analfissur, Übelkeit, Verdauungsstrg., Verstopfung, Meteorismus, Hämorrhoiden, Exanthem, Juckreiz, Erythem, Ekzem, Nachtschweiß, Akne, Arthralgie, Muskelkrämpfe, Rückenschmerzen, Muskelschwäche, Müdigkeit, Fieber; **KI** (Abatacept): bek. Überempf., schwere/opportunistische Infekte; **KI** (Adalimumab): aktive Tbc, schwere/opportunistische Infekte, Herzinsuff. NYHA III–IV; **KI** (Anakinra): bek. Überempf., schwere Nierenfunktionsstrg.; **KI** (Apremilast): bek. Überempf., Grav.; **KI** (Baricitinib): bek. Überempf., Grav.; **KI** (Belimumab): bek. Überempf.; **KI** (Canakinumab): bek. Überempf., aktive schwere Infektionen; **KI** (Certolizumab, Golimumab): bek. Überempf., aktive Tbc, schwere/opportunistische Infekte, Herzinsuff., NYHA III–IV; **KI** (Etanercept): bek. Überempf., akute Infektionen; **KI** (Infliximab): Sepsis, manifeste Infektionen, Abszesse, Tbc, Grav./Lakt., Ki. < 17J, wiederholte Verabreichung nach arzneimittelfreiem Intervall von 15W bis 2J; **KI** (Sarilumab): bekannte Überempfindlichkeit, aktive schwere Infektionen; **KI** (Tocilizumab): bekannte Überempfindlichkeit, aktive schw. Infektionen; **KI** (Tofacitinib): bek. Überempfindlichkeit, aktive Tuberkulose, schw. Infektionen, opportunistische Infektionen, schwere Leberfunktionsstörung, Grav./Lakt.; **KI** (Vedolizumab): bekannte Überempfindlichkeit, aktive schw. Infektionen wie Tuberkulose, Sepsis, CMV-Infektion, Listeriose, opportunistische Infektionen, wie z.B. PML

Siehe auch Immunsuppressiva → 284

Abatacept Rp — HWZ 13d, PRC C, Lact ?

Orencia *Inj.Lsg. 125; Inf.Lsg. 250mg*	**Chron. Polyarthritis, Psoriasisarthritis:** Komb. mit MTX, W 0, 2, 4, dann alle 4W: < 60kg: 500mg i.v.; 60–100kg: 750mg i.v; > 100kg: 1g i.v.; 1 x 125mg s.c. wöchentlich, ggf. mit Aufsättigungsdosis i.v. an d0; **Juvenile idiopath. Arthritis: Ki. 6–17J:** 10mg/kg i.v., max. 1g W 0, 2, 4, dann alle 4W; **DANI, DALI** keine Daten

Adalimumab Rp	HWZ 10-20d, PRC B, Lact ?
Humira *Fertigspr./Pen/Inj.Lsg. 40mg/0.8ml*	**Chron. Polyarthritis:** 40mg alle 2W s.c. bei Komb. mit MTX; bei Monother. bis 40mg 1x/W; **Ankylosierende Spondylitis, axiale Spondylarthritis, Psoriasisarthritis:** 40mg s.c. alle 2W; **Hidradenitis suppurativa**: W0 160mg, W2 80mg, ab W4 40mg 1x/W; **juvenile idiopathische Arthritis: Ki. 2-12J:** $24mg/m^2$ s.c. alle 2W; **13-17J:** 40mg s.c. alle 2W; **Enthesitis-assoziierte Arthritis:** $24mg/m^2$ s.c. alle 2 W, max. ED 40mg; **M. Crohn:** W0: 80 (ggf. 160)mg; W2: 40 (ggf. 80)mg; dann 40mg s.c. alle 2W (ggf. 1x/W); **Ki. < 40kg:** W0: 40 (ggf. 80)mg; W2: 20 (ggf. 40)mg, dann 20mg s.c. alle 2W (ggf. 1x/W); **> 40kg:** W0 80 (ggf. 160)mg; W2: 40 (ggf. 80)mg, dann 40mg s.c. alle 2W (ggf. 1x/W); **Colitis ulcerosa:** W0: 160mg s.c.; W2: 80mg, dann 40mg alle 2W; **Psoriasis:** ini 80mg s.c., dann 40mg alle 2W; **Plaque-Psoriasis: Ki.** 0.8mg/kg, max. 40mg W0 und 1, dann 0.8mg/kg alle 2W; **Uveitis:** W0: 80mg s.c., W1: 40mg, dann 40mg alle 2W; **Ki. < 30kg:** 20mg alle 2W, Komb. m. MTX; **≥ 30kg:** 40mg alle 2W, Komb. m. MTX; **DANI, DALI** keine Daten
Anakinra Rp	HWZ 4-6h, PRC B, Lact ?
Kineret *Fertigspr. 100mg/0.67ml*	**Chron. Polyarthritis:** 1 x 100mg s.c.; Kombination mit Methotrexat → 218; **Cryopyrin-assoz. periodische Syndrome: Ki. ab 8M, 10kg:** ini 1-2mg/kg tgl. s.c., bei schwerem Verlauf ggf. ↑ auf 3-4mg/kg, max. 8mg/kg; **DANI** CrCl < 30: KI; **DALI** nicht erf.
Apremilast Rp	HWZ 9h, PPB 68%, PRC C, Lact ?
Otezla *Tbl. 10, 20, 30mg*	**Aktive Psoriasisarthritis, chron. Plaque-Psoriasis:** d1: 1 x 10mg p.o.; d2: 2 x 10mg; d3: 10mg morgens, 20mg abends; d4: 2 x 20mg; d5: 20mg morgens, 30mg abends; ab d6: 2 x 30mg p.o.; **DANI** CrCl ≥ 30: 100%; < 30: 1 x 30mg; **DALI** nicht erforderlich
Baricitinib Rp	HWZ 12.5h, PPB 50%
Olumiant *Tbl. 2, 4mg*	**Chron. Polyarthritis:** 1 x 4mg p.o.; Komb. mit Methotrexat → 218; **DANI** CrCl 30-60: 1 x 2mg; < 30: Anw. nicht empfohlen; **DALI** leichte-mittelschwere LI: 100%; schwere LI: Anw. nicht empfohlen;

Belimumab Rp	HWZ 19.4d, PRC C, Lact ?
Benlysta *Inf.Lsg. 120, 400mg; Fertigspr., Pen 200mg*	**Zusatztherapie bei aktivem systemischen Lupus erythematodes:** 10mg/kg i.v. an d0, 14, 28, dann alle 4W; 200mg s.c. 1x/W; **DANI, DALI** nicht erf.
Canakinumab Rp	HWZ 26d
Ilaris *Inj.Lsg. 150mg*	**Cryopyrin-assoziierte periodische Syndrome: Ki 2-<4J, ≥7.5kg:** 4mg/kg alle 8W s.c.; **Erw., Ki ≥4J, 7.5-<15kg:** 4mg/kg; **≥15-≤40kg:** 2mg/kg; **>40kg:** 150mg jeweils alle 8W s.c.; ggf. bis 8mg/kg od. 600mg alle 8W.; **Still-Syndrom, adultes Still-Syndrom, systemische juvenile idiopath. Arthritis: ≥7.5kg:** 4mg/kg, max. 300mg alle 4W s.c.; **Gichtarthritis:** 150mg s.c. als ED; **DANI** nicht erforderl.; **DALI** keine Daten
Certolizumab Pegol Rp	HWZ 14d, PRC B, Lact ?
Cimzia *Fertigspr. 200mg/ml*	**Alle Ind:** ini 400mg s.c. in W 0, 2 und 4; **Erh.Dos.: Chron. Polyarthritis, Psoriasis-arthritis:** Komb. mit MTX, 200mg s.c. alle 2W oder 400mg alle 4W; **axiale Spondylarthritis:** 200mg alle 2W oder 400mg alle 4W; **DANI, DALI** keine Daten
Etanercept	Rp HWZ 90-300h, PRC B, Lact ?
Benepali *Fertigspr., Pen 25, 50mg* **Enbrel** *Fertigspr. 25, 50mg; Inj.Lsg. 10mg/1ml, 25mg/1ml, 50mg/1ml* **Erelzi** *Fertigspr., Pen 25, 50mg*	**Chron. Polyarthritis:** 2 x 25mg/W oder 1 x 50mg/W s.c.; **Juv. idiopath. Arthritis: Ki. > 2J:** 2 x 0.4mg/kg/W s.c.; max. 25mg oder 1 x 0.8mg/kg/W, max. 50mg s.c.; **Psoriasisarthritis, M. Bechterew:** 2 x 25mg/W oder 1 x 50mg/W s.c.; **Plaque-Psoriasis:** 2 x 25mg/W od. 1 x 50mg/W, ggf. 2 x 50mg/W bis zu 12W, dann 2 x 25mg/W, max. für 24W; **Ki. > 6J.:** 1 x 0.8mg/kg/W s.c., max. 50mg bis zu 24W; **Ki. ab 6J:** 1 x 0.8mg/kg, max. 50mg für max. 24W; **DANI, DALI** nicht erforderlich
Golimumab Rp	HWZ 9-15d, PRC B, Lact ?
Simponi *Fertigspr. 50mg/0.5ml, 100mg/1ml; Inj.Lsg. 50mg/0.5ml*	**Chron. Polyarthr., Psoriasisarthr., M. Bechterew:** 1 x 50mg/M s.c.; > 100kg: bei fehlendem Ansprechen evtl. ↑ auf 1 x 100mg/M; **Colitis ulcerosa:** < 80kg: ini 200mg s.c., nach 2W 100mg, dann 50mg alle 4W; ≥ 80kg: ini 200mg s.c., nach 2W 100mg, dann 100mg alle 4W; **DANI, DALI** keine Daten

Infliximab Rp	HWZ 9.5d, PRC C, Lact ?
Flixabi *Inf. Lsg. 100mg* **Inflectra** *Inf. Lsg. 100mg* **Remicade** *Inf.Lsg. 100mg* **Remsima** *Inf.Lsg. 100mg*	**Chron. Polyarthritis:** 3mg/kg über 2h i.v., Wdh. nach 2 u. 6W, dann alle 8W; ggf. steigern bis max. 7.5mg/kg alle 8W od. 3mg/kg alle 4W; Kombination mit MTX → 218; **M. Crohn, Colitis ulcerosa:** **Erw., Ki 6-17J:** 5mg/kg über 2h i.v., Wdh. nach 2 und 6W, dann alle 8W; **M. Bechterew, Psoriasis, Psoriasisarthritis:** 5mg/kg über 2h i.v., in W2 und 6 wdh., bei gutem Ansprechen alle 6-8W wdh. (s. FachInfo); **DANI, DALI** keine Daten
Rituximab Rp	HWZ 76-206h
MabThera *Inf.Lsg. 100, 500mg; Inj.Lsg. 1400mg/11.7ml (120mg/ml)* **Rixathon** *Inf.Lsg. 100mg/10ml; 500mg/50ml* **Truxima** *Inf.Lsg. 500mg*	**Chron. Polyarthritis:** 1g i.v. d1, Wdh. d15; **Non-Hodgkin-Lymphom, CLL;** **Granulomatose mit Polyangiitis/mikroskopische Polyangiitis:** 1 x 375mg/m²/W i.v. für 4W; **DANI, DALI** keine Angaben
Sarilumab Rp	HWZ 21d
Kevzara *Fertigspr., Pen 150, 200mg*	**Chron. Polyarthritis:** 200mg alle 2W s.c., Komb. mit MTX od. Monoth.; bei Neutropenie, Leukopenie, erhöht. Leberenz.: 150mg alle 2W s.c.; **DANI** leichte bis mittelschwere NI: 100%, schwere NI: keine Daten; **DALI** keine Daten
Tocilizumab Rp	HWZ 8-14d
RoActemra *Inf.Lsg. 80mg/4ml, 200mg/10ml, 400mg/20ml; Inj.Lsg. 162mg/0.9ml*	**Chron. Polyarthritis:** alle 4W 8mg/kg über 1h i.v., max. 800mg/Inf.; 1 x 162mg s.c. alle 7d; Monoth. u./o. Komb. mit MTX → 218; **system. juvenile idiopath. Arthritis:** ≥ 30kg: 8mg/kg alle 2W i.v.; < 30kg: 12mg/kg alle 2W i.v.; **polyartikuläre juvenile idiopath. Arthritis:** ≥ 30kg: 8mg/kg alle 4W i.v.; < 30kg: 10mg/kg alle 4W i.v.; **DANI** nicht erforderlich; **DALI** keine Daten
Tofacitinib Rp	HWZ 3h, Q0 0.7, PPB 40%
Xeljanz *Tbl. 5mg*	**Chron. Polyarthritis:** 2 x 5mg p.o., Komb. mit MTX → 218; Dosisanpass. n. Toxizität s. FI; **DANI** CrCl < 30: 1x5mg; **DALI** Child-Pugh A: 100%; B: 1x5mg; C: KI
Vedolizumab Rp	HWZ 25d
Entyvio *Inf.Lsg. 300mg/5ml*	**Colitis ulcerosa, M. Crohn:** 300mg über 30min i.v. W0, 2 und 6, dann alle 8W; **DANI** keine Daten; **DALI** keine Daten

9 Infektiologie

9.1 Keimempfindlichkeit: Keime – Antibiotika

	Penicillin G	Penicillin V	Flucloxacillin	Ampicillin	Ampic. + Sulbact.	Piperac.+Tazobact.	Cefadroxil	Cefotaxim	Imipenem	Doxycyclin	Clarithromycin	Gentamicin	Moxifloxacin	Levofloxacin	Ciprofloxacin	Cotrimoxazol	Metronidazol	Vancomycin	Linezolid
Streptokokken A, B, C, G	1	1	M	G	G	G	A	G	G	M	M	–	1	A	M	M	–	G	A
Streptococcus viridans	1	G	M	G	G	G	A	G	G	M	A	–	A	A	M	M	–	G	A
Pneumokokken	1	G	G	M	1	G	A	A	G	G	M	–	1	1	M	M	–	A	A
Enterococcus faecalis	–	–	–	1	G	G	–	–	M	M	–	–	M	M	–	–	–	1	1
VRE[1]	–	–	–	M	M	M	–	–	–	G	–	–	–	–	–	M	–	–	1
Staph. aureus (MSSA[2])	M	M	1	M	M	G	A	G	G	G	A	A	A	A	M	G	–	A	A
Staph. aureus (MRSA[3])	–	–	–	–	–	–	–	–	–	–	–	–	M	–	–	A	–	1	1
Corynebact. diphtheriae	1	G	M	G	G	G	M	–	M	M	1	M	G	G	–	M	–	G	A
Neisseria meningitidis	1	M	M	G	G	G	M	A	G	–	–	G	1	A	A	–	–	–	–
Haemophilus influenzae	–	–	–	G	G	G	G	A	A	M	G	G	1	1	A	A	–	–	–
Escherichia coli	–	–	–	G	G	A	G	1	A	–	–	G	G	A	A	G	–	–	–
Klebsiella spp.	–	–	–	–	M	M	G	1	1	G	–	G	G	A	A	M	–	–	–
Proteus mirabilis	–	–	–	G	A	A	G	1	1	–	–	G	G	A	A	G	–	–	–
Proteus vulgaris	–	–	–	–	G	G	–	1	1	–	–	G	G	1	1	G	–	–	–
Enterobacter spp.	–	–	–	–	G	G	M	A	1	–	–	G	M	A	A	M	–	–	–
Serratia spp.	–	–	–	–	M	G	–	A	1	–	–	G	M	A	1	M	–	–	–
Salmonella enterica	–	–	–	M	G	G	M	A	A	M	–	G	G	A	1	G	–	–	–
Pseudomonas aeruginosa	–	–	–	–	–	A	–	M	1	–	–	A	–	A	A	–	–	–	–
Stenotrophomonas	–	–	–	–	–	M	–	M	–	M	–	M	–	A	A	1	–	–	–
Borrelia (systemisch)	A	A	M	M	M	M	M	A	M	A	M	M	M	M	M	M	–	–	–
Treponema	1	G	M	G	G	G	–	A	–	G	M	–	–	–	–	–	–	–	–
Legionella pneumophila	–	–	–	–	–	–	–	M	M	G	1	–	1	1	1	G	–	–	–
Actinomyces spp.	A	A	M	A	A	A	–	M	G	A	G	–	G	G	G	M	A	G	G
Clostridien (ohne Cl. difficile)	1	G	M	G	G	G	–	M	1	G	G	–	M	M	M	–	1	A	A
Bacteroides fragilis	–	–	–	M	G	G	–	M	1	G	–	–	A	A	M	–	1	–	–
Chlamydien	–	–	–	–	–	–	–	–	–	1	A	–	A	A	A	–	–	–	–
Mykoplasmen	–	–	–	–	–	–	–	–	–	A	1	–	A	A	M	–	–	–	–
Rickettsien	–	–	–	–	–	–	–	–	–	1	M	–	A	A	A	–	–	–	–

Symbol	Legende
1	Therapie 1. Wahl
A	Alternativtherapie
G	Gut wirksam
M	Mäßig wirksam
–	Nicht anzuraten
	Grampositiv (1. Spalte)

Quelle: Antibiotika pc Set 2018; Hof, Börm Bruckmeier Verlag; 1 = Vancomycinresistente Enterokokken; 2 = Methicillinsensitiver Staph. aureus; 3 = Methicillinresistenter Staph. aureus

9.2 Penicilline

9.2.1 Beta-Lactamase-sensitive Penicilline

Empf.: Pneumo-, Strepto-, Meningo-, Staphylokokken (nur noch wenige Stämme), Aktinomyceten, Leptospiren, C. diphtheriae, Treponemen, Borrelien, Pasteurella multocida, Fusobakterien, Peptokokken, Clostridien;
resist.: Enterobakterien, Pseudomonas, B. fragilis, E. faecium, Nocardia, Mykoplasmen, Chlamydien, Beta-Lactamase-Bildner;
UW (Penicillin G, Benzylpenicillin-Benzathin): dosisabhängige Neutropenie, allergische Hautreaktionen, angioneurotisches Ödem, Larynxödem, allergische Vaskulitis, Erythema nodosum, allergische Purpura, arterielle Gefäßverschlüsse, eosinophile pulmonale Infiltrate, Arzneimittelfieber, Bronchospasmen, Serumkrankheit, anaphylaktische Reaktionen, Benommenheit, Halluzinationen, Hyperreflexie, Myoklonien (Übergang in fokale, später generalisierte Krampfanfälle und komatöse Zustände möglich);
UW (Phenoxymethylpenicillin): Übelkeit, Erbrechen, Appetitlosigkeit, Magendrücken, Bauchschmerzen, Flatulenz, weiche Stühle, Diarrhoe, Exanthem, Urtikaria, Juckreiz, Schleimhautentzündungen (besonders Glossitis, Stomatitis);
KI: bekannte Überempfindlichkeit gegen Penicilline und Betalactam-Antibiotika

Penicillin G (Benzylpenicillin) Rp — HWZ 20-50 min, Q0 0.4, PPB 45-65%, PRC B, Lact +

Gewebe-gängigkeit	ZNS	entzünd.	Lunge	ELF	Galle	Leber	Prostata	Niere	Knochen
	+	++	++	++	++	++	++	++	+

Infectocillin Parent *Inf. Lsg. 1, 5, 10 Mio IE*
Penicillin G infectoph. *Inf. Lsg. 1, 5, 10 Mio IE*

Normal empfindliche Keime: 1-5 Mio IE/d i.v./i.m. in 4-6ED;
Meningitis, Endokarditis: 20-60 Mio IE/d i.v.;
NG: 0.05-0.1 Mio IE/kg/d i.v. in 2ED;
Ki. 1-12M: 0.05-1 Mio IE/kg/d i.v. in 3-4ED;
1-12J: 0.05-0.5 Mio IE/kg/d i.v. in 4-6ED;
DANI CrCl 46-120: 5 Mio IE in 3ED;
19-45: 4 Mio IE in 3ED;
9-18: 5 Mio IE in 2ED;
3-8: 3 Mio IE in 2ED;
< 2: 2 Mio IE in 2ED

Benzylpenicillin-Benzathin Rp — HWZ Tage bis Wochen

Gewebe-gängigkeit	ZNS	entzünd.	Lunge	ELF	Galle	Leber	Prostata	Niere	Knochen
	+	++	++	k.A.	++	++	++	++	+

Pendysin *Inj.Lsg. 1.2 Mio IE*
Tardocillin *Inj.Lsg. 1.2 Mio IE*

Rezidiv-Pro. rheumatisches Fieber: 1-2 x/M 1.2 Mio IE i.m.;
Lues I/II: 2.4 Mio IE i.m. (verteilt auf 2 Injektionsstellen);
Ki. > 1M: 50000 IE/kg/W, max. 2.4 Mio. IE, für 3 W

Penicillin V (Phenoxymethylpenicillin) Rp					HWZ 35 min Qo 0.6 PPB 71-89% PRC B Lact+				
Gewebe-gängigkeit	ZNS	entzünd.	Lunge	ELF	Galle	Leber	Prostata	Niere	Knochen
	-	-	++	++	++	++	++	++	k.A.

Infectocillin *Trockensaft (5ml = 0.25, 0.3, 0.4, 0.5 Mio IE)* **Isocillin** *Tbl. 1.2 Mio IE; Trockensaft (5ml = 0.3 Mio IE)* **Pen Mega** *Tbl. 0.4, 1, 1.5 Mio IE* **PenHEXAL** *Tbl. 1, 1.5 Mio IE; Trockensaft (4ml = 0.32 Mio IE)* **Penicillin V-CT** *Tbl. 1.5 Mio IE* **Penicillin V-ratioph.** *Tbl. 1, 1.5 Mio IE; Trockensaft (5ml = 0.4 Mio IE)*	**HNO-, Atemweg-, Haut-, Mund-Kiefer-Zahn-Infektionen, Endokarditispro., Rezidiv-Pro. rheumatisches Fieber, Scharlach, Erysipel, Lymphadenitis:** 3 x 0.6-1.5 Mio IE p.o.; **Ki. < 1M:** 45000-60000IE/kg/d; **2.-3.M:** 40000-64000IE/kg/d; **4.M-1J:** 400000-600000IE/d p.o. in 3-4ED; **1-2J:** 600000-900000IE/d; **2-4J:** 900000-1.4 Mio IE/d; **4-8J:** 1.2-1.8 Mio IE/d; **8-12J:** 1.2-2.4 Mio IE/d; **DANI** CrCl > 15: 100%; < 15: 2 x 0.6-1.5 Mio IE

9.2.2 Beta-Lactamase-resistente Penicilline (Isoxazolylpenicilline)

Empf. und resist.: gute Aktivität gegen Beta-Lactamase-bildende Staphylokokken; bei den übrigen grampositiven Bakterien jedoch schwächere Aktivität als Penicillin G;
UW (Flucloxacillin): Übelkeit, Erbrechen, Diarrhoe, Thrombophlebitis (bei i.v.-Gabe);
KI (Flucloxacillin): bekannte Überempfindlichkeit gegen Penicilline und Betalactam-Antibiotika, Ikterus/Leberenzymanstieg unter Flucloxacillin-Therapie in der Vorgeschichte; intraarterielle, intrathekale oder subkonjunktivale Anwendung

Flucloxacillin Rp					HWZ 0.7-1 h, Qo 0.3, PPB 92-96%				
Gewebe-gängigkeit	ZNS	entzünd.	Lunge	ELF	Galle	Leber	Prostata	Niere	Knochen
	-	-	k.A.	++	k.A.	k.A.	k.A.	k.A.	++

Fluclox *Inf.Lsg. 1, 2g* **Flucloxacillin Altamedics** *Kps. 500mg* **Staphylex** *Kps. 250, 500mg; Inf.Lsg. 0.25, 0.5, 1, 2g*	**Staphylokokken-Infektion:** 3 x 1g p.o.; 3 x 1-2g i.v./i.m., max. 12g/d p.o./i.v., max. i.m.-ED: 2g; **Ki. < 6J:** 40-50mg/kg/d p.o./i.v. in 3ED; **6-10J:** 3 x 250-500mg p.o./i.v.; **10-14J:** 3-4 x 500mg p.o./i.v.; **DANI** CrCl 18: 1.5g in 4ED; 8: 1.5g in 3ED; 2: 1g in 3ED; 0.5: 2g 1x/d; **DALI** nicht erforderlich

Methicillin	Wegen Toxizität nicht mehr im Handel
Verwendung nur noch zur Resistenzprüfung bei Staphylokokken; **MRSA** = Methicillin-resistant Staphylococcus-aureus; **MSSA** = Methicillin-sensitive Staphylococcus-aureus	

9.2.3 Penicilline mit erweitertem Spektrum

Empf. (Amoxicillin, Ampicillin): im Vergleich zu Penicillin G zusätzlich Enterokokken, H. influenzae, E. coli, Listerien, Proteus mirabilis, Salmonellen, Shigellen;
resist. (Amoxicillin, Ampicillin): Bacteroides fragilis, Pseudomonas, E. faecium, Nocardia, Mykoplasmen, Chlamydien, Beta-Lactamase-Bildner, Klebsiellen, Yersinien;
empf. (Pivmecillinam): Enterobacter spp., E. coli, Klebsiellaspp., Proteus mirabilis;
resist. (Pivmecillinam): Ent. faecalis, E. faecium, Pseudomonas spp.
UW (Amoxicillin): dosisabhängig Magenschmerzen, Übelkeit, Erbrechen, Meteorismus, weiche Stühle, Diarrhoe, Exanthem, Juckreiz, Enanthem;
UW (Ampicillin): Magenschmerzen, Übelkeit, Erbrechen, Meteorismus, weiche Stühle, Diarrhoe, Pruritus, Rash, Exanthem (masernartig);
UW (Pivmecillinam): Diarrhoe, Übelkeit, vulvovaginale Pilzinfektion
KI (Amoxicillin): bek. Überempfindlichkeit gegen Penicilline und Betalactam-Antibiotika;
KI (Ampicillin): bek. Überempfindlichkeit gegen Ampicillin bzw. Penicilline;
KI (Pivmecillinam): bek. Überempfindlichkeit gegen P., Penicilline und Cephalosporine, alle Bedingungen, die den Durchgang durch die Speiseröhre beeinträchtigen; genetische Stoffwechselstörungen, die zu einem schweren Carnitinmangel führen, z. B. Carnitin-Transporter-Defekte, Methylmalonazidurie und Propionazidämie

Amoxicillin Rp — HWZ 1-2h, Q0 0.12, PPB 17-20%, PRC B, Lact +

Gewebegängigkeit	ZNS	entzünd.	Lunge	ELF	Galle	Leber	Prostata	Niere	Knochen
	-	+	-	++	++	++	k.A.	k.A.	k.A.

Amoxicillin-ratioph. *Tbl. 500, 750, 1000mg Trockensaft (1 Messl. = 250, 500mg)*
AmoxiHEXAL *Tbl. 500, 750, 1000mg; Saft (1 Messl. = 250, 500mg)*
Amoxi-Saar *Tbl. 500, 100mg*
Infectomox *Tbl. 1g; Trockensaft (1 Messl. = 250, 500, 750mg)*

HNO-, Atemweg-, Harnweg-, MD-Trakt-, Haut-, Weichteilinfektionen, Listeriose: 3 x 750-1000mg p.o.;
Ki. < **6J:** 50mg/kg/d in 3-4ED;
6-12J: 900-2000mg/d in 3-4ED;
Endokarditis-Pro.: 3g p.o. 3h vor Eingriff;
Ki.: 50mg/kg;
H.P.-Eradikation: 2 x 1g p.o. + 2 x 500mg Clarithromycin + 2 x 20mg Omeprazol;
DANI CrCl: 20-30: 66%; < 20: 33%

Ampicillin Rp — HWZ 0.9h, Q0 0.06, PPB 20%, PRC B, Lact +

Gewebegängigkeit	ZNS	entzünd.	Lunge	ELF	Galle	Leber	Prostata	Niere	Knochen
	-	+	k.A.	++	++	k.A.	k.A.	k.A.	k.A.

Ampicillin-ratioph. *Tbl. 1g; Inf.Lsg. 0.5, 1, 2, 5g*

HNO-, Atemweg-, Harnweg-, MD-Trakt-, Haut-, Weichteilinf., Listeriose, Osteomyelitis, Typhus, Meningitis, Endokarditis: 2-6g/d p.o. in 3-4ED; 1.5-6g/d i.v. in 2-4ED, max. 15g/d;
Ki. < **6J:** 100(-150-200)mg/kg/d p.o./i.v. in 3-4ED; > **6J:** s. Erw.;
Meningitis < **6J:** 200-400mg/kg/d i.v.;
DANI CrCl: 20-30: 66%; < 20: 33%

Pivmecillinam Rp									HWZ 1h
Gewebe-gängigkeit	ZNS	entzünd.	Lunge	ELF	Galle	Leber	Prostata	Niere	Knochen
	k.A.	k.A.	k.A.	k.A.	+	k.A	k.A.	++	k.A.

X-Systo *Tbl. 400mg*

Akute, unkomplizierte Zystitis: 3 x 400mg p.o. für 3d; **DANI, DALI:** nicht erforderl.

9.2.4 Penicilline mit Pseudomonaswirkung (Acylaminopenicilline)

Empf. und resist.: weitgehend identisch mit Breitbandpenicillinen; Piperacillin: zusätzlich gute Aktivität bei Pseudomonas aeruginosa;
UW (Piperacillin): allergische Hautreaktionen, Juckreiz, Exanthem, Kopfschmerzen, Purpura, zentralnervöse Erregungszustände, Muskelzuckungen (Myoklonien), tonisch/klonische Krämpfe, Tremor, Schwindel, Schleimhautentzüdungen, Schleimhautblutungen, Anstieg von Serumkreatinin und Harnstoff;
KI (Piperacillin): bek. Überempf. gegen Penicilline und Betalactam-Antibiotika

Piperacillin Rp					HWZ 1h, Q0 0.3, PPB 16-21%, PRC B, Lact +				
Gewebe-gängigkeit	ZNS	entzünd.	Lunge	ELF	Galle	Leber	Prostata	Niere	Knochen
	0	+	++	++	++	k.A	k.A.	k.A.	+

Piperacillin Eberth *Inf.Lsg. 1, 2, 4g*
Piperacillin Fresenius *Inf.Lsg. 1, 2, 4g*
Piperacillin Ibisqus *Inf.Lsg. 1, 2, 3, 4g*
Piperacillin Hikma *Inf.Lsg. 2, 4g*

Sepsis, Endokarditis, Meningitis, Peritonitis, Pneumonie, abdominelle, gynäkologische, Knochen-, Weichteilinfektionen:
6-12g/d i.v. in 2-4ED max. 24g/d;
Ki. < **2kg:** 150mg/kg/d i.v. in 3ED;
> **2kg:** 300mg/kg/d in 3-4ED;
1M-12J: 100-200mg/kg/d in 2-4ED;
DANI CrCl 40-80: max. 4 x 4g; 20-40: 3 x 4g; < 20: 2 x 4g; HD: 3 x 2g

9.3 Beta-Lactamase-Inhibitoren

Empf.: Erweiterung des Spektrums von Penicillinen um Beta-Lactamase-bildende Stämme von Staphylokokken, Moraxella catarrhalis, E. coli, Haemophilus influenzae, Klebsiellen, Proteus, Gonokokken, Bact. fragilis; nur zusammen mit Beta-Lactam-Antibiotika wirksam!

Clavulansäure Nur in Kombination → 232 HWZ 60-75min

Sulbactam Rp						HWZ 1-2h, Q0 0.13, PPB 38%			
Gewebe-gängigkeit	ZNS	entzünd.	Lunge	ELF	Galle	Leber	Prostata	Niere	Knochen
	k.A.	k.A.	k.A.	k.A.	k.A.	k.A.	k.A.	k.A.	k.A.

Sulbactam Eberth *Inf.Lsg. 1g*

Kombination mit Beta-Lactam-Antibiotika: 3-4 x 0.5-1g i.v.; **Sgl., Ki.:** 50mg/kg/d in 3-4ED, max. 80mg/kg/d; **DANI** CrCl 15-30: max. 2g/d; < 15: max. 1g/d; HD: 1g alle 48h

Tazobactam Nur in Kombination → 233

9.3.1 Penicilline + Beta-Lactamase-Inhibitoren

Empf. (Amoxicillin + Clavulansäure): Enterococcus faecalis, Gardnerella vaginalis, Staph. aureus (Methicillin-empfindlich), Staph. agalactiae, Strept. pneumoniae, Strept. pyogenes und andere betahämolysierende Streptokokken, Strept.-viridans-Gruppe, Capnocytophaga spp., Eikenella corrodens, Haemophilus influenzae, Moraxella catarrhalis, Pasteurella multocida, Bacteroides fragilis, Fusobacterium nucleatum, Prevotella spp.;
resist. (Amoxicillin + Clavulansäure): Acinetobacter sp., Citrobacter freundii, Enterobacter sp., Legionella pneumophila, Morganella morganii, Providencia spp., Pseudomonas sp., Serratia sp., Stenotrophomonas maltophilia, Chlamydophila pneumoniae, Chlamydophila psittaci, Coxiella burnetti, Mycoplasma pneumoniae;
UW (Amoxicillin + Clavulansäure): Diarrhoe, mukocutane Candidose, Übelkeit, Erbrechen;
KI (Amoxicillin + Clavulansäure): bekannte Überempfindlichkeit gegen Amoxicillin + Clavulansäure, gegen Penicilline, schwere allergische Sofortreaktion gegen ein anderes Betalaktam-Antibiotikum in der Vorgeschichte, Gelbsucht/Leberfunktionsstrg. in der Vorgeschichte, die durch Amoxicillin/Clavulansäure hervorgerufen wurde; Trockensaft: Überempfindlichkeit gegen Schwefeldioxid

Amoxicillin + Clavulansäure Rp — PRC B, Lact +

Gewebegängigkeit	ZNS	entzünd.	Lunge	ELF	Galle	Leber	Prostata	Niere	Knochen
	-	+	k.A.	++	++	k.A.	k.A.	k.A.	++

Amoclav plus *Tbl. 500+125, 875+125mg; Trockensaft (5ml = 125+31.25, 250+62.5, 400+57mg)* **Amoxidura plus** *Tbl. 500+125, 875+125mg; Trockensaft (10ml = 250+62.5)* **Augmentan** *Tbl. 500+125, 875+125mg; Trockensaft (10ml = 500+125, 800+114mg)* **Augmentin** *Inf.Lsg. 1000+200mg* **Infectosupramox** *Trockensaft (5ml = 400+57mg)*	**Atemweg-, Harnweg-, Haut-, Weichteil-, abdominelle Infektionen, amb. erworbene Pneumonie, Knochen- u. Gelenkinfektionen:** 3 x 500+125mg p.o.; 2 x 875+125mg p.o.; 3 x 1000-2000+200mg i.v.; **Ki.** < **2J:** max. 40+10mg/kg/d p.o. in 3ED; **2-12J:** max. 60+15mg/kg/d p.o. in 3ED; **DANI** CrCl 10-30: 2 x 500+125mg p.o.; ini 1000+200mg, dann 2 x 500+100mg i.v.; < 10: 1 x 500+125mg p.o.; ini 1000+200mg, dann 1 x 500+100mg; **DALI** vorsichtige Anw.

Ampicillin + Sulbactam Rp — PRC B, Lact +

Gewebegängigkeit	ZNS	entzünd.	Lunge	ELF	Galle	Leber	Prostata	Niere	Knochen
	k.A.	+	k.A.	++	++	k.A.	k.A.	k.A.	++

Ampicillin/Sul Kabi *Inf.Lsg. 1+0.5g, 2+1g* **Ampicillin + Sulbactam Aurobindo** *Inf.Lsg. 1+0.5g, 2+1g* **Ampicillin + Sulbactam-ratioph.** *Inf.Lsg. 1+0.5g, 2+1g*	**Atemweg-, Harnweg-, Haut-, Weichteil-, abdominelle Infektionen, Gonorrhoe:** 3-4 x 1.5-3g i.v.; **Ki.** < **1W:** 75mg/kg/d i.v. in 2ED; > **1W:** 150mg/kg/d in 3-4ED; **DANI** > 30: 100%; 15-30: Dosierungsintervall 12h; 5-14: 24h; < 5: 48h

Piperacillin + Tazobactam Rp									PRC B, Lact +
Gewebe-gängigkeit	ZNS	entzünd.	Lunge	ELF	Galle	Leber	Prostata	Niere	Knochen
	-	+	++	++	++	k.A.	k.A.	k.A.	++

Piperacillin/Tazobactam Aurobindo *Inf.Lsg. 2 + 0.25g; 4+0.5g*
Piperacillin/Tazobactam HEXAL *Inf.Lsg. 4+0.5g*
Piperacillin/Tazobactam Kabi *Inf.Lsg. 2 + 0.25g; 4+0.5g*

Schwere (inkl. nosokomiale) Pneumonien: 4 x 4+0.5g i.v.; **kompliz. Harnweg-, Haut-, Weichteil-infektionen inkl. diabet. Fuß:** 3 x 4+0.5g i.v.; **Ki. 2-12J:** 3 x 100+12.5mg/kg i.v.; **abdominelle Inf.:** 3 x 100+12.5mg/kg i.v.; **DANI** CrCl 40: 100%; 20-40: max 3 x 4+0.5g; < 20: max. 2 x 4+0.5g; nach HD Zusatzdosis mit 2+0.25g; **DALI** nicht erforderl.

Sultamicillin (Ampicillin + Sulbactam) Rp									
Gewebe-gängigkeit	ZNS	entzünd.	Lunge	ELF	Galle	Leber	Prostata	Niere	Knochen
	-	+	k.A.	++	++	k.A.	k.A.	k.A.	++

Sultamicillin-ratioph. *Tbl. 375mg*
Unacid PD *Tbl. 375mg; Trockensaft (1 Messl. = 375mg)*
Unasyn PD oral *Tbl. 375mg*

Atemweg-, Harnweg-, Haut-, Weichteil-infektionen: 2 x 375-750mg p.o.; **Ki.:** 50mg/kg/d p.o. in 2ED; **DANI** CrCl 5-14: 1 x 375-750mg; < 5: 375-750mg alle 2d

9.4 Cephalosporine

9.4.1 Parenterale Cephalosporine Gruppe 1 (Cefazolin-Gruppe)

Empf.: Staphylo-, Strepto-, Meningo-, Pneumokokken, Escherichia coli, Klebsiella, Proteus mirabilis, Haemophilus influenzae; **resist.:** Enterokokken, Pseudomonas, Acinetobacter, Listerien, Chlamydien, Mykoplasmen, gramnegative Beta-Lactamase-Bildner;
UW (Cefazolin): Diarrhoe, Übelkeit, Erbrechen, Appetitmangel, Meteorismus, Bauchschmerzen, Exanthem, Urtikaria, Pruritus; **KI** (Cefazolin): bek. Überempf. gegen Cephalosporine, Frühgeborene/Säuglinge im 1. Lebensmonat

Cefazolin Rp					HWZ 2h, Qo 0.06, PPB 65-92%, PRC B, Lact +				
Gewebe-gängigkeit	ZNS	entzünd.	Lunge	ELF	Galle	Leber	Prostata	Niere	Knochen
	-	-	++	++	++	++	k.A.	++	++

Cefazolin HEXAL *Inf.Lsg. 2g*
Cefazolin Hikma *Inf.Lsg. 1, 2g*
Cefazolin Saar *Inf.Lsg. 2g*
Cephazolin Fresenius *Inf.Lsg. 1, 2g*

Atem-, Harn-, Gallenweg-, Haut-, Weichteil-, Knocheninfektionen, Sepsis, Endokarditis: grampositive Erreger: 1.5-2g/d; gramnegative Erreger: 3-4g/d i.v. in 2-3ED, max. 12g/d; **Ki. > 2M:** 25-50mg/kg in 3-4ED, max. 100mg/kg/d; **Ki. < 2M:** KI; **DANI** CrCl > 35: 100%; 10-34: 50% alle 12h; < 10: 50% alle 18-24h

9.4.2 Parenterale Cephalosporine Gruppe 2 (Cefuroxim-Gruppe)

Empf.: vgl. Cefazolin-Gruppe → 233; deutlich besser bei E. coli, Klebsiella, Proteus mirabilis, Haemophilus influenzae, Beta-Lactamase-Bildnern;
resist.: Enterokokken, Pseudomonas, Acinetobacter, Listerien, Chlamydien, Mykoplasmen;
UW: Serumkreatinin- u. Harnstoffkonzentration ↑, v.a. bei Pat. mit bereits bestehender Nierenfktstrg.; leichte, vorübergehende Erhöhung von Bilirubin, GOT, GPT, aP; Exanthem, Juckreiz, Urtikaria, Schwellungen, Thrombophlebitis;
KI: bekannte Überempfindlichkeit gegen Cephalosporine, intraarterielle Anwendung

Cefuroxim Rp — HWZ 80min, Q_0 0.1, PPB 30%, PRC B, Lact +

Gewebegängigkeit	ZNS	entzünd.	Lunge	ELF	Galle	Leber	Prostata	Niere	Knochen
	-	+	++	++	++	++	+	k.A.	++

Cefuroxim Fresenius *Inf.Lsg. 0.25, 0.75, 1.5g*
Cefuroxim-ratioph. *Inf.Lsg. 0.25, 0.75, 1.5g*
Zinacef *Inf.Lsg. 0.25, 0.75, 1.5g*

Atemweg-, Harnweg-, Haut-, HNO-, Knochen-, abdominelle Infektionen, Sepsis: unkompliziert: 1.5-2.25g/d i.v.; schwer: 3-4.5g/d i.v. in 2-3ED, max. 6g/d;
Ki. 1M-12J: 30-100mg/kg/d in 3ED;
DANI CrCl > 20: 100%; 10-20: 2 x 750mg; < 10: 1 x 750mg; nach HD Zusatzdosis von 750mg; **DALI** nicht erforderl.

Orales Cefuroxim s. Oralcephalosporine Gruppe 2 → 239

9.4.3 Parenterale Cephalosporine Gruppe 3a (Cefotaxim-Gruppe)

Empf.: Staphylokokken, Haemophilus influenzae, Proteus mirabilis, Streptokokken, Escherichia coli, Klebsiella pneumoniae, Gonokokken, Meningokokken, Salmonellen, Shigellen, Anaerobier, Morganella, Serratia; gegenüber der Cefuroximgruppe bessere Aktivität im gramnegativen Bereich;
resist.: Enterokokken, Listerien, Pseudomonas, Clostridien, Legionellen, Mykoplasmen, Chlamydien, Treponema, MRSA, Bacteroides fragilis;
UW (Ceftriaxon): Dermatitis, Exanthem, Urtikaria, Pruritus, Ödeme, Transaminasen u. aP ↑, Arzneimittelfieber, Schüttelfrost, Herxheimer-artige Reaktionen, Thrombophlebitis;
KI (Ceftriaxon): bek. Überempf. gegen Cephalosporine, schwere Überempfindlichkeitsreaktionen auf Penicilline oder anderes Betalactam-Arzneimittel in der Vorgeschichte, Frühgeborene bis zu einem korrigierten Alter von 41W (SSW + Lebenswoche), Hyperbilirubinämie, Ikterus, Hypoalbuminämie oder Azidose bei reifen Neugeborenen (bis zu einem Alter von 28d) bzw. die eine intravenöse Kalziumbehandlung oder Kalzium-haltige Infusionen erhalten haben oder erhalten werden (wegen des Risikos von Ceftriaxon-Kalzium-Präzipitationen)

Cefotaxim Rp					HWZ 1h, Qo 0.35, PPB 25-40%, PRC B, Lact +				
Gewebe-gängigkeit	ZNS	entzünd.	Lunge	ELF	Galle	Leber	Prostata	Niere	Knochen
	+	++	++	++	++	++	k.A.	k.A.	++
Cefotaxim Eberth *Inf.Lsg. 0.5, 1, 2g* **Cefotaxim Fresenius** *Inf.Lsg. 0.5, 1, 2g* **Cefotaxim HEXAL** *Inf.Lsg. 1g* **Claforan** *Inf.Lsg. 1, 2g*					**Atemweg-, Harnweg-, Haut-, Weichteil-, Knochen-, abdomin. Infektionen, Sepsis, Endokarditis, Meningitis:** 2 x 1-2g i.v.; schwere Infektion: 3-4 x 2-3g; **Gonorrhoe:** 1 x 0.5g i.v.; **Borreliose:** 6g/d i.v. in 2-3ED f. 14-21d; **Ki. bis 12J:** 50-100mg/kg/d i.v. in 2ED; **FG:** max. 50mg/kg/d; **DANI** CrCl < 10: 50%; < 5: 1g in 2ED; nach HD Zusatzdosis erforderlich				

Ceftriaxon Rp					HWZ 8h, Qo 0.5, PPB 85-95%, PRC B, Lact +				
Gewebe-gängigkeit	ZNS	entzünd.	Lunge	ELF	Galle	Leber	Prostata	Niere	Knochen
	++	++	+	+	++	++	k.A.	k.A.	++
Cefotrix *Inf.Lsg. 1, 2g* **Ceftriaxon HEXAL** *Inf.Lsg. 0.5, 1, 2g* **Ceftriaxon Kabi** *Inf.Lsg. 0.5, 1, 2g* **Ceftriaxon-ratioph.** *Inf.Lsg. 1, 2g* **Rocephin** *Inf.Lsg. 1, 2g*					**Atemweg-, Harnweg-, Haut-, Weichteil-, Knochen-, abdominelle Infektionen, Meningitis, Borreliose II-III:** 1 x 1-2g i.v.; schwere Infektion: 1 x 4g; **Gonorrhoe:** 1 x 250mg i.m.; **Ki. < 2W:** 1 x 20-50mg/kg; **2W-12J:** 1 x 20-80mg/kg; **Meningitis:** 1 x 100mg/kg i.v., max. 4g/d; **DANI** CrCl: < 10: max. 2g/d; **DALI** nicht erforderl. bei normaler Nierenfunktion				

9.4.4 Parenterale Cephalosporine Gruppe 3b (Ceftazidim-Gruppe)

Empf. und resist.: weitgehend identisch mit Cefotaxim-Gruppe → 234, jedoch erheblich stärkere Pseudomonas-Aktivität; **UW**: Diarrhoe, Thrombophlebitis, vorübergehende Erhöhung v. GOT, GPT, LDH, GGT, aP; makulopapulöse oder urtikarielle Ausschläge, pos. Coombs-Test; **KI**: bekannte Überempfindlichkeit gegen Cephalosporine

Ceftazidim Rp					HWZ 1.7h, Qo 0.05, PPB 10%, PRC B, Lact +				
Gewebe-gängigkeit	ZNS	entzünd.	Lunge	ELF	Galle	Leber	Prostata	Niere	Knochen
	-	++	+	++	++	k.A.	k.A.	k.A.	++
Ceftazidim Eberth *Inf.Lsg. 0.5, 1, 2g* **Ceftazidim HEXAL** *Inf.Lsg. 0.5, 1, 2g* **Ceftazidim Kabi** *Inf.Lsg. 0.5, 1, 2g*					**Atemweg-, Harnweg-, Haut-, Weichteil-, Knochen-, abdominelle Infektionen, Sepsis, Meningitis:** 2-3 x 1-2g i.v.; **Ki. 0-8W:** 2 x 12.5-30mg/kg i.v.; **2M-1J:** 2 x 25-50mg/kg; **1-14J:** 2 x 15-50mg/kg od. 3 x 10-33mg/kg; max. 3 x 50mg/kg bzw. 6g/d; **DANI** CrCl 31-50: 2 x 1g; 16-30: 1 x 1g; 6-15: 1 x 0.5g; < 5: 0.5g alle 48h				

9.4.5 Parenterale Cephalosporine Gruppe 4 (Cefepim-Gruppe)

Empf. und resist.: weitgehend identisch mit Cefotaxim-Gruppe → 234, jedoch erheblich stärkere Pseudomonas-Aktivität; **UW:** Verlängerung von Prothrombin- u. partieller Thromboplastinzeit, pos. Coombs-Test, Anämie, Eosinophilie, Gefäßwandentzündung, Reaktionen/Schmerzen an d. Inf.Stelle, Exanthem, Diarrhoe, ↑ GOT, GPT, aP, Bilrubin

Cefepim Rp — HWZ 2h, Qo 0.07, PPB < 19%, PRC B, Lact ?

Gewebe-gängigkeit	ZNS	entzünd.	Lunge	ELF	Galle	Leber	Prostata	Niere	Knochen
	-	+	++	++	++	k.A.	k.A.	k.A.	++

Cefepim Rotexmedica *Inf.Lsg. 1, 2g*
Maxipime *Inf.Lsg. 1, 2g*

Sepsis, schwere Pneumonie, Harnweg-, Gallenweginfektionen: 2-3 x 2g i.v.;
Ki. 1-2M: 2-3 x 30mg/kg/d;
2M bis 40kg: 2-3 x 50mg/kg/d;
DANI CrCl > 50: 100%; 30-50: 1-2 x 2g; 11-30: 1 x 1-2g; < 10: 1 x 0.5-1g; HD 1g an d1, dann 0.5g/d, bei febriler Neutropenie 1g/d;
DALI nicht erforderl.

9.4.6 Parenterale Cephalosporine Gruppe 5 (Ceftarolin-Gruppe)

Empf. (Ceftarolin): Staph. aureus (inkl. MRSA), Streptococcus pyogenes/agalactiae/ anginosus-Gruppe/dysgalactiae/pneumoniae, E. coli, Klebsiella pneumoniae/oxytoca, Morganella morganii, Haemophilus influenzae/parainfluenzae;
empf. (Ceftobiprol): Staph. aureus (inkl. MRSA), Streptococcus pneumoniae (inkl. MDRSP), E. coli, Klebsiella pneumoniae, Acinetobacter spp., Citrobacter spp., Enterobacter spp., Haemophilus influenzae, Klebsiella oxytoc, Moraxella catarrhalis, Morganella morganii, Proteus mirabilis, Providencia spp., Pseudomonas spp., Serratia spp.;
resist. (Ceftobiprol): Chlamydia pneumoniae, Burkholderia cepacia complex, Mycoplasma pneumoniae, Mykobakterien, Nocardia spp., Stenotrophomonas maltophilia;
Wm/Wi (Ceftarolin): bakterizid und Hemmung der Bakterienzellwand-Synthese;
Wm/Wi Ceftobiprol): bakterizid durch Bindung an wichtige penicillinbindende Proteine;
UW (Ceftarolin): Ausschlag, Pruritus, Kopfschmerzen, Schwindel, Phlebitis, Diarrhoe, Übelkeit, Erbrechen, Abdominalschmerzen, ↑ Transaminasen, Pyrexie, Reaktion an Einstichstelle, positiver direkter Coombs-Test; **UW** (Ceftobiprol): Pilzinfektionen, Überempf., Hyponatriämie, Geschmacksstörung, Kopfschmerzen, Schwindel, Schläfrigkeit, Übelkeit, Erbrechen, Diarrhoe, Bauchschmerzen, Dyspepsie, Anstieg der Leberenzyme, Hautausschlag, Pruritus, Reaktionen am Infusionsort; **KI** (Ceftarolin): bekannte Überempf., schwere Überempf. gegen Betalactam-Antibiotika; **KI** (Ceftobiprol): bek. Überempf. gegen C. oder Antibiotika der Cephalosporin-Gruppe oder gegen Betalaktam-Antibiotika (z.B. Penicilline, Carbapeneme)

Ceftarolinfosamil Rp — HWZ 2.5h, PPB 20%, PRC B, Lact ?

Gewebe-gängigkeit	ZNS	entzünd.	Lunge	ELF	Galle	Leber	Prostata	Niere	Knochen
	k.A.	k.A.	k.A.	++	k.A.	k.A.	k.A.	k.A.	++

Zinforo *Inf.Lsg. 600mg*

Komplizierte Haut-/Weichteilinfektionen, ambulant erworbene Pneumonie: 2 x 600mg über 60min i.v.;
DANI CrCl > 50: 100%, 31-50: 2 x 400mg, < 30: keine Daten; **DALI** nicht erforderlich

Ceftobiprol Rp					HWZ 3h, PPB 16%, PRC B, Lact ?				
Gewebe-gängigkeit	ZNS	entzünd.	Lunge	ELF	Galle	Leber	Prostata	Niere	Knochen
	-	+	++	++	k.A.	k.A.	k.A.	++	++
Zevtera *Inf.Lsg. 500mg*					**Nosokomiale Pneumonie** (nicht beatmungs-assoziiert), **ambulant erworbene Pneumonie:** 3 x 500mg über 2h i.v.; **DANI** CrCl > 50: 100%; 30–50: 2 x 500mg; < 30: 2 x 250mg i.v.; HD: 1 x 250mg/d i.v.; **DALI** nicht erforderlich				

9.4.7 Parenterale Cephalosporine + Beta-Lactamase-Inhibitoren

Empf. (Ceftazidim/Avib.): Citrobact. freundii, Ent. cloacae, E. coli, Klebsiella oxytoca, Klebsiella pneumoniae, P. aeruginosa, Proteus mirabilis; **resist.** (Ceftazidim/Avib.): S. aureus, Anaerobier, Enterococcus spp., Stenotrophomonas maltophilia, Acinetobacter spp.; **empf.** (Ceftolozan/Tazob.): Ent. cloacae, E. coli, Klebsiella oxytoca, Klebsiella pneumoniae, Proteus mirabilis, P. aeruginosa, Streptococcus anginosus, Streptococcus constellatus, Streptococcus salivarius; **resist.**: S. aureus, Ent. faecalis, Ent. faecium; **UW** (Ceftazidim/Avib.): pos. dir. Coombs Test, Candidose, Eosinophilie, Thrombozytose, Kopfschmerzen, Schwindel, Diarrhoe, Abdominalschmerz, Übelkeit, Erbrechen, Erhöhung v. GOT, GPT, gGT, aP, LDH, makulopapulöses Exanthem, Urtikaria, Phlebitis/Thrombose am Infusionsort, Pyrexie; **UW** (Ceftolozan/Tazob.): Thrombozytose, Hypokaliämie, Schlaflosigkeit, Angst, Kopfschmerzen, Schwindel, Hypotonie, Übelkeit, Erbrechen, Bauchschmerzen, Diarrhoe, Obstipation, Exanthem, ↑ Transaminasen; **KI** (Ceftazidim/Avib.; Ceftolozan/Tazob.): bek. Überempf. gegen Cephalosporine, schwerwiegende Überempfindlichkeitsreaktionen auf Penicilline oder anderes Betalactam-Arzneimittel in der Vorgeschichte

Ceftazidim + Avibactam Rp									
Gewebe-gängigkeit	ZNS	entzünd.	Lunge	ELF	Galle	Leber	Prostata	Niere	Knochen
	-	+	k.A.	++	k.A.	k.A.	k.A.	++	k.A.
Zavicefta *Inf.Lsg. 2+0.5g*					**Komplizierte intraabdominelle Infektionen, komplizierte Harnwegsinfektionen, nosokomiale Pneumonie, beatmungsassoziierte Pneumonie:** 3 x 2 + 0.5g über 2h i.v.; **DANI** CrCl ≥ 51: 100%; 31-50: 3 x 1+0.25g; 16-30: 2 x 0.75+0.1875g; 6-15: 1 x 0.75+ 0.1875g; terminale NI, HD: 1 x 0.75+0.1875g alle 48h; **DALI** nicht erforderl.				

Ceftolozan + Tazobactam Rp					PRC B, Lact ?				
Gewebe-gängigkeit	ZNS	entzünd.	Lunge	ELF	Galle	Leber	Prostata	Niere	Knochen
	k.A.	k.A.	k.A.	k.A.	k.A.	k.A.	k.A.	++	k.A.
Zerbaxa *Inf.Lsg. 1+0.5g*					**Komplizierte intraabdominelle Infektionen, akute Pyelonephritis, komplizierte Harnwegsinfektionen:** 3 x 1 + 0.5g über 1h i.v.; **DANI** CrCl 30-50: 3 x 500 + 250mg; 15-29: 3 x 250 + 125mg; HD: ini 500 + 250mg, dann 3 x 100 + 50mg; **DALI** nicht erforderl.				

9.4.8 Oralcephalosporine Gruppe 1

Empf.: ähnliches Spektrum wie Cefazolin-Gruppe → 233; gute Aktivität gegen grampositive, geringe gegen gramnegative Keime; **resist.:** Pseudomonas, Enterokokken, Proteus vulgaris, Morganella, Citrobacter, Serratia, Enterobacter, Acinetobacter, Bacteroides fragilis, Listerien, Mykoplasmen, Chlamydien;
UW (Cefaclor): Übelkeit, Erbrechen, Appetitlosigkeit, Bauchschmerzen, weiche Stühle, Diarrhoe, Juckreiz, urtikarielles Exanthem, makulopapulöse u. morbilliforme Exantheme;
KI (Cefaclor): bek. Überempf. gegen Cephalosporine, schwerwiegende Überempfindlichkeitsreaktionen auf Penicilline oder anderes Betalactam-Arzneimittel in der Vorgeschichte

Cefaclor Rp — HWZ 30-60 min, Q0 0.25, PPB 25%, PRC B, Lact +

Gewebegängigkeit	ZNS	entzünd.	Lunge	ELF	Galle	Leber	Prostata	Niere	Knochen
	k.A.	k.A.	+	++	++	k.A.	+	k.A.	+

CEC *Tbl. 250, 500mg; Brausetbl. 250, 500, 1000mg; Trockensaft (5ml = 125, 250mg)* **Cefaclor-ratioph.** *Kps. 500mg; Saft/Trockensaft (5ml = 125, 250mg)* **Infectocef** *Trockens. (5ml = 125, 250, 500mg)* **Panoral** *Kps. 500mg; Trockensaft (5ml = 125, 250mg)*	**Atemweg-, HNO-, Harnweg-, Haut-, Weichteilinfekt.:** 3 x 500mg p.o., max. 4g/d; unkomplizierte Infektion: 3 x 250mg; **Gonorrhoe:** 1 x 3g + 1g Probenecid p.o.; **Ki. < 6J:** 3 x 10mg/kg p.o., max. 1g/d; **6-10J:** 3 x 250mg p.o.; > **10J:** s. Erw.; **DANI** nicht erforderlich

Cefadroxil Rp — HWZ 1.2-1.7 h, Q0 0.1, PPB 20%, PRC B, Lact +

Gewebegängigkeit	ZNS	entzünd.	Lunge	ELF	Galle	Leber	Prostata	Niere	Knochen
	k.A.	k.A.	++	++	++	++	++	++	++

Cefadroxil 1A *Tbl. 1000mg; Trockensaft (5ml = 250, 500mg)* **Cefadroxil HEXAL** *Tbl. 1000mg; Trockensaft (5ml = 250, 500mg)* **Grüncef** *Tbl. 1g; Trockensaft (5ml = 500mg)*	**Atemweg-, HNO-, Harnweg-, Haut-, Weichteil-, Knochen-, gynäkologische Infektionen:** 2 x 1g p.o., max. 4g/d; **Ki. bis 40kg:** 25-100mg/kg/d p.o. in 2-4ED; **Streptokokken-Tonsillophyaryngitis:** Erw., **Ki. > 40kg:** 1 x 1g p.o. für 10d; **Ki. bis 40kg:** 1 x 30mg/kg; **DANI** CrCl 25-50: ini 1g, dann 2 x 500mg; 10-24: ini 1g, dann 1 x 500mg; < 10: ini 1g, dann 500mg alle 36h; nach HD Zusatzdosis 500-100mg erforderl.; **DALI** nicht erforderl.

Cefalexin Rp — HWZ 1 h, Q0 0.04, PPB 6-15%, PRC B, Lact +

Gewebegängigkeit	ZNS	entzünd.	Lunge	ELF	Galle	Leber	Prostata	Niere	Knochen
	-	-	+	++	+	+	k.A.	+	+

Cephalex-CT *Tbl. 500, 1000mg* **Cephalexin-ratioph.** *Tbl. 500, 1000mg*	**Atemweg-, HNO-, Harnweg-, Haut-, Weichteil-, Knocheninfektionen:** 3-4 x 0.5-1g p.o.; unkomplizierte Infektion: 2 x 500mg; **Ki. bis 12J:** 25-100mg/kg/d in 2-4ED; **DANI** CrCl 15-30: Dosisintervall 8-12h; 5-14: 24h; < 5: 48h; CrCl 20-50: max. 3g/d; 5-19: max. 1.5g/d; < 5: max. 0.5g/d

9.4.9 Oralcephalosporine Gruppe 2

Empf. u. resist.: weitgehend identisch mit Cefuroxim-Gruppe → 234;
UW: Candidose, Anstieg der Leberenzyme, Eosinophilie, Kopfschmerzen, Schwindel, Diarrhoe, Übelkeit, Bauchschmerzen; **KI:** bek. Überempf. gegen Cephalosporine, schwerwiegende Überempf.Reaktionen auf P. oder anderes Betalactam-Arzneimittel in der Vorgeschichte

Cefuroxim-Axetil Rp — HWZ 1.1-1.3h, Q0 0.1, PPB 20-50%, PRC B, Lact +

Gewebe-gängigkeit	ZNS	entzünd.	Lunge	ELF	Galle	Leber	Prostata	Niere	Knochen
	-	+	++	++	++	++	k.A.	k.A.	++

Cefurax *Tbl. 250, 500mg; Trockensaft (5ml = 125mg)*
CefuHEXAL *Tbl. 250, 500mg; Trockensaft (5ml = 125mg)*
Cefuroxim-ratioph. *Tbl. 250, 500mg; Trockensaft (5ml = 125mg)*
Elobact *Tbl. 125, 250, 500mg; Trockensaft (5ml = 125mg)*

Atemweg-, HNO-, Haut-, Weichteilinfektionen: 2 x 250-500mg p.o.;
Harnweginfektion: 2 x 125-250mg;
Erythema migrans: 2 x 500mg p.o. für 20d;
Ki. 3M-5J: 2 x 10mg/kg p.o.;
> 5J: 2 x 125-250mg;
DANI CrCl ≥ 30: 100%; 10-29: Standard-ED 1 x tgl; < 10: Standard-ED alle 2d; nach HD zusätzl. Standard-ED erforderl.

9.4.10 Oralcephalosporine Gruppe 3

Empf. u. resist.: höhere Aktivität und breiteres Spektrum als Gruppe 2 gegen gramnegative Keime; etwas geringere Aktivität gegen grampositive Keime;
UW (Cefpodoxim): Magendrücken, Übelkeit, Erbrechen, Appetitlosigkeit, Blähungen, Diarrhoe, Erythem, Exanthem, Urtikaria, Purpura;
KI (Cefpodoxim): bek. Überempf. gegen Cephalosporine, schwerwiegende Überempfindlichkeitsreakionen auf Penicilline oder anderes Betalactam-Arzneimittel in der Vorgeschichte

Cefixim Rp — HWZ 3-4h, Q0 0.5, PPB 65%, PRC B, Lact ?

Gewebe-gängigkeit	ZNS	entzünd.	Lunge	ELF	Galle	Leber	Prostata	Niere	Knochen
	k.A.	k.A.	++	++	++	k.A.	k.A.	k.A.	k.A.

Cefixdura *Tbl. 200, 400mg*
Cefixim AL *Tbl. 400mg; Trockensaft (5ml = 100mg)*
Cefixim-ratioph. *Tbl. 200, 400mg; Trockensaft (5ml = 100mg)*

Atemweg-, HNO-, Harnweg-, Gallenweginfektionen:
2 x 200mg p.o.; 1 x 400mg p.o.;
Ki. bis 12J: 8mg/kg/d p.o.;
DANI CrCl < 20: 50%

Cefpodoxim-Proxetil Rp — HWZ 2.4h, Q0 0.2, PPB 40%

Gewebe-gängigkeit	ZNS	entzünd.	Lunge	ELF	Galle	Leber	Prostata	Niere	Knochen
	k.A.	k.A.	++	++	k.A.	k.A.	++	++	k.A.

Cefpo Basics *Tbl. 100, 200mg*
Cefpodoxim-ratioph. *Tbl. 100, 200mg; Trockensaft (5ml = 40mg)*
Orelox *Tbl. 100, 200mg; Trockensaft (5ml = 40mg)*
Podomexef *Tbl. 100, 200mg; Trockensaft (5ml = 40mg)*

Atemweg-, HNO-, Harnweg-, Haut-, Weichteilinfektionen: 2 x 200mg p.o.;
Gonorrhoe: 1 x 200mg p.o.;
Ki. 4W-12J: 5-12mg/kg/d in 2ED;
DANI CrCl > 40: 100%; 10-40: Dosisintervall 24h; < 10: 48h; HD: 40-200mg nach Dialyse;
DALI nicht erforderl.

9.5 Monobactame

Empf.: gramnegative aerobe Bakterien; **resist.:** grampositive und anaerobe Bakterien; **UW:** Husten, verstopfte Nase, pfeifendes Atemgeräusch, pharyngolaryngeale Schmerzen, Dyspnoe, Bronchospasmus, Brustbeschwerden, Rhinorrhoe, Hämoptysen, Exanthem, Arthralgie, Fieber, verminderte Werte bei Lungenfunktionstests; **KI:** bekannte Überempfindlichkeit

Aztreonam Rp — HWZ 1.6h, Qo 0.2, PPB 56%, PRC B, Lact +

Gewebe-gängigkeit	ZNS	entzünd.	Lunge	ELF	Galle	Leber	Prostata	Niere	Knochen
	-	-	++	-	-	-	-	-	-

Cayston *Inh.Lsg. 75mg*	**Chronische Pseudomonas-aeruginosa-Lungeninfektion bei Mukoviszidose:** 3 x 75mg über 28d inhalieren; **Ki. ab 6J:** s. Erw.; **DANI, DALI** nicht erforderlich

9.6 Cycline

9.6.1 Tetracycline

Empf.: zahlreiche grampositive u. gramnegative Bakterien, u.a. Chlamydien, Mykoplasmen, Rickettsien, Yersinien, Borrelien, Leptospiren, Treponemen, Aktinomyceten; **resist.:** Pseudomonas aeruginosa, Providencia, Serratia, Proteus, Morganella; **UW:** allergische Hautreaktionen, phototoxische Reaktionen, reversible Knochenwachstumsverzögerung (Ki. < 8J), irreversible Zahnverfärbung und Zahnschmelzschädigung (Ki. < 8J), intrakranieller Druck ↑, BB-Veränderungen, Superinfektion durch Bakterien bzw. Sprosspilze; **KI:** bekannte Überempfindlichkeit, schwere Leberfktsstrg., Niereninsuff., Ki. < 8J, Grav./Lakt.

Doxycyclin Rp — HWZ 12-24h, Qo 0.7, PPB 80-90%, PRC D, Lact ?

Gewebe-gängigkeit	ZNS	entzünd.	Lunge	ELF	Galle	Leber	Prostata	Niere	Knochen
	-	-	++	+	++	++	++	++	++

Doxycyclin-ratioph. *Kps. 100mg; Amp. 100mg/5ml* **DoxyHEXAL** *Tbl. 100, 200mg; Amp. 100mg/5ml*	**HNO-, Atemweg-, Harnweginfektionen, diverse Infektionen mit o.g. Erregern:** d1: 1 x 200mg p.o./i.v.; dann 1 x 100mg p.o./i.v.; **Ki. > 8J:** d1: 1 x 4mg/kg, dann 1 x 2mg/kg; **Borreliose:** 1 x 200mg für 14-21d; **Lues bei Penicillinallergie:** 1 x 300mg f. 15d; **Akne vulgaris, Rosacea:** ini 100mg/d für 7-21d, dann 50mg/d; **DANI** nicht erforderlich; **DALI** KI bei schwerer Leberfunktionsstörung

Minocyclin Rp				HWZ 11-22h, Q0 0.85, PPB 70-75%, PRC D, Lact +					
Gewebe-gängigkeit	ZNS	entzünd.	Lunge	ELF	Galle	Leber	Prostata	Niere	Knochen
	-	+	++	+	++	++	++	++	++

Aknosan *Tbl. 50mg*
Minocyclin-ratioph. *Kps. 50, 100mg*
Skid *Tbl. 50, 100mg*
Udima *Kps. 50, 100mg*

HNO-, Atemweg-, Harnweginfektionen, diverse Infektionen mit o.g. Erregern: ini 200mg, dann 2 x 100mg p.o.; **Akne vulg.:** 100mg/d in 2ED; **Ki. > 8J:** ini 4mg/kg, dann 2 x 2mg/kg; **DANI** nicht erforderlich; **DALI** KI bei schwerer Leberfunktionsstörung

Tetracyclin Rp				HWZ 8-10h, Q0 0.12, PPB 36-64%, PRC D, Lact +					
Gewebe-gängigkeit	ZNS	entzünd.	Lunge	ELF	Galle	Leber	Prostata	Niere	Knochen
	-	-	+	+	++	++	++	++	++

Tetracyclin Wolff *Kps. 250, 500mg*

HNO-, Atemweg-, Urogenitaltrakt-, gastrointestinale Infektionen, diverse Infektionen mit o.g. Erregern: 4 x 250-500mg p.o., max. 2g/d; **Ki. > 8J:** 25-35mg/kg/d p.o. in 2-4ED; **DANI, DALI** KI

9.6.2 Glycylcycline

Empf.: gegen zahlreiche grampositive und gramnegative Bakterien inkl. Anaerobier und speziell gegen problematische Keime wie MRSA, VRE (E. faecalis und E. faecium), ESBL, Chinolon-resistente Escherichia coli, multiresistente Enterobacter und Acinetobacter; **resist.:** Pseudomonas aeruginosa;
UW: Übelkeit, Erbrechen, Diarrhoe, Abszess, Infektionen, verlängerte aPTT u. Prothrombinzeit, Schwindel, Phlebitis, Bauchschmerzen, Dyspepsie, Anorexie, Transaminasen ↑, Bilirubinämie, Pruritus, Exanthem, Kopfschmerzen, Amylase und Harnstoff ↑;
KI: bekannte Überempfindlichkeit gegen Tigecyclin bzw. gegen Tetracycline, Grav.;

Tigecyclin Rp				HWZ 42h, Q0 0.78, PPB 71-89%, PRC D, Lact ?					
Gewebe-gängigkeit	ZNS	entzünd.	Lunge	ELF	Galle	Leber	Prostata	Niere	Knochen
	++	++	k.A.	+	++	++	k.A.	++	k.A.

Tygacil *Inf.Lsg. 50mg*

Komplizierte Haut-, Weichteilinfektionen (außer diabetische Fußinfektion) und abdominelle Infektionen: ini 100mg i.v., dann 2 x 50mg i.v. für 5-14d; **DALI** Child-Pugh C: ini 100mg, dann 2 x 25mg; **DANI** nicht erforderlich

9.7 Makrolide, Ketolide

Empf.: Strepto-, Pneumokokken, Chlamydien, Legionellen, Mycoplasma pneumoniae, Listerien, Aktinomyceten, Campylobacter, Helicobacter, Mycobacterium avium intracellulare (MAC); **resist.:** Brucellen, Enterobakterien, Nocardia, Mycoplasma hominis, Bacteroides fragilis, Fusobakterien, Pseudomonas;
UW (Azithromycin): Diarrhoe, Übelkeit, Blähungen, Erbrechen, Dyspepsie, Arthralgie, Pruritus, Exanthem, Taubheit, Sehstrg., Benommenheit, Kopfschmerzen, Parästhesien, Störung des Geruchs- u. Geschmackssinnes, Lymphopenie, Eosinophilie, erniedrigtes Bicarbonat;
UW (Clarithromycin): Übelkeit, Erbrechen, epigastrisches Druckgefühl, Bauchschmerzen, Diarrhoe, Beeinträchtigung des Geruchssinnes, Dyspepsie, Stomatitis, Glossitis, Zahn- und Zungenverfärbungen, orale Candidose, Kopfschmerzen, erhöhte Blut-Harnstickstoffwerte;
KI (Azithromycin): bekannte Überempfindlichkeit gegen Makrolide bzw. Ketolide;
KI (Clarithromycin): bek. Überempf. gegen Makrolide; gleichzeitige Anwendung von Cisaprid, Pimozid, Terfenadin, Astemizol, Dihydroergotamin, Ergotamin

Azithromycin Rp — HWZ 40h, Q0 0.8, PPB 12-52%, PRC B, Lact ?

Gewebe-gängigkeit	ZNS	entzünd.	Lunge	ELF	Galle	Leber	Prostata	Niere	Knochen
	-	-	++	+	++	++	++	k.A.	k.A.

Azi Teva *Tbl. 250, 500mg; Trockensaft (5ml = 200mg)*
Azithrobeta *Tbl. 250, 500mg*
Azithromycin HEXAL *Tbl. 250, 500mg; Trockensaft (5ml = 200mg)*
Ultreon *Tbl. 600mg*
Zithromax *Tbl. 250, 500mg; Trockensaft (5ml = 200mg)*

HNO-, Atemweg-, Haut-, Weichteilinfekt., atyp. Pneumonie: 1 x 500mg für 3d p.o. oder 500mg an d1, dann 250mg d2-4;
Ki.: 1 x 10mg/kg für 3d oder 10mg/kg an d1, dann 5mg/kg d2-4;
Gonorrhoe, Genitalinfektion mit Chlamydia trachomatis: 1 x 1g p.o.;
MAC-Pro. bei HIV-Infektionen: 1 x/W 1200mg p.o.;
DANI CrCl > 40: 100%

Clarithromycin Rp — HWZ 3-7h, Q0 0.6, PPB 72%, PRC C, Lact ?

Gewebe-gängigkeit	ZNS	entzünd.	Lunge	ELF	Galle	Leber	Prostata	Niere	Knochen
	-	-	++	+	++	++	++	k.A.	k.A.

Clarilind *Tbl. 250, 500mg*
Clarithromycin 1A *Tbl. 250, 500mg; Trockensaft (5ml = 125, 250mg)*
Clarithromycin-ratioph. *Tbl. 250, 500mg; Trockensaft (5ml = 125, 250mg)*
Klacid *Tbl. 250, 500(ret.)mg; Trockensaft (5ml = 125, 250mg); Inf.Lsg. 500mg*

HNO-, Atemweg-, Haut-, Weichteilinfektionen, atypische Pneumonie: 2 x 250-500mg p.o.; 2 x 500mg i.v.;
Ki. 6M-12J: 15mg/kg/d p.o. in 2ED;
H.P.-Eradikation: 2 x 500mg p.o. + 2 x 1g Amoxycillin + 2 x 20mg Omeprazol;
DANI CrCl < 30: p.o.: 50%; i.v. d1: 100%, ab d2: 50%

Erythromycin Rp				HWZ 2-3h, Q0 > 0.8, PPB 60-70%, PRC B, Lact +					
Gewebe-gängigkeit	ZNS	entzünd.	Lunge	ELF	Galle	Leber	Prostata	Niere	Knochen
	-	-	++	k.A.	++	++	++	++	k.A.
EryHEXAL *Trockensaft (5ml = 200, 400mg)* **Erythrocin** *Tbl. 500mg; Inf.Lsg. 500, 1000mg* **Erythromycin-ratioph.** *Tbl. 500mg; Gran. 1000mg* **Infectomycin** *Trockensaft (5ml = 100, 200, 400, 600mg)* **Paediathrocin** *Trockensaft (5ml = 200mg)*					**HNO-, Haut-, Atemweginfektionen, atypische Pneumonie:** 3-4 x 500mg p.o., 4 x 0.5-1g i.v., max. 4g/d; **Ki. < 8J:** 30-50mg/kg/d p.o. in 3-4ED; **8-14J:** 1-2g/d p.o. in 3-4ED; **Gonorrhoe:** 3 x 1g p.o. für 7d; **Lues Primärstadium:** 3 x 1g p.o. für 15d; **Urethritis durch Chlamydia trachomatis, Ureaplasma urealyticum:** 3 x 1g p.o. für 7d; **DANI** Krea (mg/dl) > 2: max. 2g/d				

Roxithromycin Rp				HWZ 12h, Q0 0.7, PPB 95%					
Gewebe-gängigkeit	ZNS	entzünd.	Lunge	ELF	Galle	Leber	Prostata	Niere	Knochen
	-	-	++	k.A.	+	k.A.	++	k.A.	k.A.
Roxi Aristo *Tbl. 150, 300mg* **RoxiHEXAL** *Tbl. 50, 150, 300mg* **Roxithromycin Heumann** *Tbl. 150, 300mg* **Rulid** *Tbl.150, 300mg*					**HNO-, Atemweg-, Haut-, Urogenitaltrakt-infektionen:** 2 x 150mg, 1 x 300mg p.o.; **Ki. bis 40kg:** 5-7.5mg/kg/d p.o. in 2ED; **> 40kg:** s. Erw.; **DANI** nicht erforderlich; **DALI** 50%				

Telithromycin Rp				HWZ 10h, PPB 60-70%					
Gewebe-gängigkeit	ZNS	entzünd.	Lunge	ELF	Galle	Leber	Prostata	Niere	Knochen
	-	-	++	+	++	++	k.A.	k.A.	k.A.
Ketek *Tbl. 400mg*					**Amb. erworbene Pneumonie, Sinusitis, Exazerbation einer chron. Bronchitis:** 1 x 800mg p.o.; **Tonsilitis, Pharyngitis durch Strept. pyogenes: Ki. 12-18J:** 1 x 800mg; **DANI** CrCl < 30: 50%; **DALI** nicht erforderlich				

9.8 Lincosamide

Empf.: Pneumo-, Staphylo-, Streptokokken, Corynebacterium diphtheriae, Anaerobier, Bacteroides fragilis, Clostridium perfringens;
resist.: Enterobakterien, Pseudom. aeruginosa, Entero-, Gono-, Meningokokken, Haemophilus influenzae, Mykoplasmen, Listerien;
UW: Übelkeit, Erbrechen, Diarrhoe, pseudomembranöse Kolitis, allergische Hautreaktionen, Erythema exsudativum, Thrombophlebitis (i.v.-Anwendung);
KI: Grav./Lakt.; Anw.Beschr. bei Myasthenia gravis

Clindamycin Rp					HWZ 1.5-5h, Q0 > 0.8, PPB 90%, PRC B, Lact ?				
Gewebe-gängigkeit	ZNS	entzünd.	Lunge	ELF	Galle	Leber	Prostata	Niere	Knochen
	-	-	+	+	++	++	-	k.A.	++

ClindaHEXAL *Kps. 150, 300mg; Tbl. 450, 600mg; Amp. 600mg* **Clindamycin-ratioph.** *Kps. 150, 300mg; Tbl. 600mg; Amp. 300mg/2ml, 600mg/4ml, 900mg/6ml* **Clindasol** *Tbl. 150, 300, 600mg; Amp. 300mg/2ml, 600mg/4ml, 900mg/6ml;* **Clindastad** *Kps. 300mg* **Sobelin** *Kps. 75, 150, 300mg; Gran. (5ml = 75mg); Amp. 300/2ml, 600mg/4ml; Vaginalcreme (5g enth. 100mg)*	**HNO-, Zahn-, Kiefer-, Atemweg-, abdominelle, Haut-, Knochen-, Weichteil-infektionen:** 4 x 150-450mg p.o.; 2-4 x 200-600mg i.v./i.m., max. 4.8g/d i.v.; **Ki. 4W-14J:** 8-25mg/kg/d p.o. in 3-4ED; 20-40mg/kg/d i.v./i.m. in 3-4ED; **bakt. Vaginose:** 1 x 5g Creme vaginal f. 3-7d; **DANI** leichte bis mäßige NI: 100%; schwere NI: Plasmaspiegel-Kontrolle, ggf. Dosisanpassg.; **DALI** schwere LI: Plasmaspiegel-Kontrolle, ggf. Dosisanpassung

9.9 Aminoglykoside

Empf.: Enterobakterien, Pseudomonas, Staphylokokken, Serratia, Yersinien, Pasteurellen, Brucellen; **resist.:** Streptokokken, Pneumokokken, Enterokokken, Anaerobier;
UW: Schädigung des N. vestibulocochlearis, neuromusk. Blockade, Parästhesien, Nierenschäden, BB-Veränd., allerg. Reakt.; **KI:** Vorschädigung des N. vestibulocochlearis, terminale NI, Grav./Lakt.

Amikacin Rp	HWZ 2.3h, Q0 0.02, PPB 10%, ther. Serumspiegel (mg/l): min. < 10, max. 25								
Gewebe-gängigkeit	ZNS	entzünd.	Lunge	ELF	Galle	Leber	Prostata	Niere	Knochen
	-	+	++	++	++	k.A.	-	++	+

Amikacin B. Braun *Inf.Lsg. 250mg/100ml, 500mg/100ml* **Amikacin Fresenius** *Inf.Lsg. 250mg/50ml, 500mg/100ml*	**Atemweg-, abdom., Urogenitalinf., Sepsis, Endokarditis, Meningitis, Verbrennungen:** 10-15mg/kg i.v./i.m.; max. 1.5g/d, max. Gesamtdosis: 15g; **Ki. < 6J:** ini 10mg/kg, dann 2 x 7.5mg/kg i.v./i.m.; > **6J:** s. Erw.; **DANI** CrCl < 70: ini 7.5mg/kg, dann Krea (mg/dl) x 9 = Dosisintervall (h); Kontrolle Serumspiegel!

Gentamicin Rp	HWZ 2h, Q0 0.02, PPB < 10%, ther. Serumspiegel (mg/l): min. < 2, max. 10-12								
Gewebe-gängigkeit	ZNS	entzünd.	Lunge	ELF	Galle	Leber	Prostata	Niere	Knochen
	-	-	++	++	+	+	-	++	-

Gentamicin HEXAL *Amp. 40mg/1ml, 80mg/2ml, 160mg/2ml* **Gentamicin-ratioph.** *Amp. 40mg/1ml, 80mg/2ml, 160mg/2ml* **Refobacin** *Amp. 10mg/2ml, 40mg/1ml, 80mg/2ml, 120mg/2ml*	**Abdominelle, Urogenital-, Knocheninfek-tionen, nosokomiale Pneumonie, Sepsis, Endokarditis, gramneg. Meningitis:** ini 1.5-2mg/kg, Erhaltungsdosis 1 x 3-6mg/kg i.v./i.m. (als Kurzinfus. über 60min); **Ki. bis 3W:** 4-7mg/kg/d i.v./i.m. in 1-2 ED; > **4W:** 3 x 1.5-2.5mg/kg; **DANI** s. FI

Tobramycin Rp	HWZ 2h, Qo 0.02, keine PPB, ther. Serumspiegel (mg/l): min. < 2, max. 12							
Gewebe-gängigkeit	ZNS	entzünd.	Lunge	ELF	Galle	Leber	Prostata	Niere	Knochen
	-	-	+	++	+	+	-	++	-

Bramitob *Inh.Amp. 300mg/4ml* **Gernebcin** *Inj.Lsg. 40mg/1ml, 80mg/2ml, 160mg/2ml* **Tobi** *Inh.Amp. 300mg/5ml* **Tobi Podhaler** *Inh.Kps. 28mg* **Tobramycin B. Braun** *Inj. Lsg. 80, 240, 360mg* **Tobrazid** *Inj.Lsg. 40mg/1ml, 80mg/2ml* **Vantobra** *Inh.Amp. 170mg/1.7ml*	**Atemweg-, Harnweg-, abdom., Knochen-, Haut-, Weichteilinf., Sepsis, Endokarditis, gramneg. Meningitis:** ini 1.5-2mg/kg/d über 30-60min i.v., dann 3 x 1-2mg/kg i.v./ i.m.; **NG:** 2 x 2.5mg/kg i.v./i.m.; **Sgl.:** 3 x 1.5-2.5mg/kg i.v./i.m.; **Ki.:** 3 x 2-2.5mg/kg i.v./i.m.; **chron. Lungeninfektion mit Pseudomonas aeruginosa bei Mukoviszidose: Ki. > 6J:** 2 x 300mg (Amp.) bzw. 2 x 112mg (Kps.) inhalieren für 28d, dann 28d Pause; **DANI** s. Fachinfo

9.10 Chinolone (Gyrasehemmer)

9.10.1 Fluorierte Chinolone Gruppe I

Empf.: Enterobakterien, Salmonellen, Shigellen, Gonokokken;
resist.: Anaerobier, Chlamydien, Mykoplasmen, E. faecium, Ureaplasmen;
UW: Leukopenie, Neutropenie, Eosinophilie, Erhöhung von GOT, GPT, aP; Kopfschmerzen, Benommenheit, Schwindel, Magenbeschwerden, Bauchschmerzen, Übelkeit, Exanthem;
KI: bekannte Überempfindlichkeit gegen Chinolone; Tendinitis oder Sehnenruptur durch Chinolone in der Vorgeschichte

Norfloxacin Rp	HWZ 2-4h, Qo 0.7, PPB < 15%, PRC C, Lact ?							
Gewebe-gängigkeit	ZNS	entzünd.	Lunge	ELF	Galle	Leber	Prostata	Niere	Knochen
	-	-	k.A.	++	++	++	++	++	k.A.

Barazan *Tbl. 400mg* **NorfloHEXAL** *Tbl. 400mg* **Norflosal** *Tbl. 400mg* **Norfloxacin Stada** *Tbl. 400mg* **Norfluxx** *Tbl. 400mg*	**Harnweginf., Prostatitis, bakt. Enteritis:** 2 x 400mg p.o.; **Gonorrhoe:** 1 x 800mg p.o.; **Pro. gramnegative Infektion bei Neutropenie:** 2-3 x 400mg; **DANI** CrCl < 30: 1 x 400mg

9.10.2 Fluorierte Chinolone Gruppe II

Empf.: hohe Aktivität gegen Enterobakterien, Haemophilus influenzae, Legionella, unterschiedliche Aktivität gegen Pseudomonas aeruginosa, schwache Aktivität gegen Staphylo-, Pneumo-, Enterokokken, Mykoplasmen, Chlamydien;
UW (Ciprofloxacin): Übelkeit, Diarrhoe;
KI (Ciprofloxacin): bekannte Überempfindlichkeit gegen Chinolone; gleichzeitige Anwendung von Tizanidin

Ciprofloxacin Rp					HWZ 3-6h, Q0 0.5, PPB 20-30%, PRC C, Lact -				
Gewebe-gängigkeit	ZNS	entzünd.	Lunge	ELF	Galle	Leber	Prostata	Niere	Knochen
	+	+	++	++	++	++	++	++	++

Ciprobay *Tbl. 250, 500, 750mg; Trockensaft (5ml = 250, 500mg); Inf.Lsg. 200mg/100ml, 400mg/200ml* **Ciprobeta** *Tbl. 250, 500mg* **Cipro HEXAL** *Tbl. 100, 250, 500, 750mg; Inf.Lsg. 200mg/100ml, 400mg/200ml* **Ciprofloxacin-ratioph.** *Tbl. 100, 250, 500, 750mg* **Keciflox** *Tbl. 250, 500mg*	**HNO-, Atemweg-, Urogenital-, abdom., Haut-, Weichteil-, Knocheninfektionen, Sepsis, Neutropenie:** 2 x 250-750mg p.o.; 2 x 200-400mg i.v.; **unkomplizierte Harnweginfektion:** 2 x 100mg p.o./i.v.; **DANI** CrCl > 60: 100%; 30-60: 2 x 200-400mg i.v., 2 x 250-500mg p.o.; < 30, HD: 1 x 200-400mg i.v., 1 x 250-500mg p.o., nach HD geben; **DALI** nicht erforderl.

Ofloxacin Rp					HWZ 5-7.5h, Q0 0.1, PPB 25%, PRC C, Lact -				
Gewebe-gängigkeit	ZNS	entzünd.	Lunge	ELF	Galle	Leber	Prostata	Niere	Knochen
	k.A.	k.A.	++	++	k.A.	k.A.	++	++	k.A.

OfloHEXAL *Tbl. 100, 200, 400mg* **Oflox Basics** *Tbl. 100, 200, 400mg* **Ofloxacin-ratioph.** *Tbl. 100, 200, 400mg* **Ofloxacin Stada** *Tbl. 200, 400mg* **Tarivid** *Tbl. 200mg; Inf.Lsg. 200mg/100ml*	**HNO-, Atemweg-, Urogenital-, abdom., Weichteil-, Haut-, Knocheninf., Enteritis, Neutropenie:** 2 x 200mg p.o./i.v.; **unkompl. Harnweginf.:** 2 x 100mg p.o./i.v. f. 3d; **Gonorrhoe:** 1 x 400mg p.o. als Einmalgabe; **DANI** CrCl 20-50: 100-200mg/d; < 20, HD: 100mg/d; **DALI** max. 400mg/d

9.10.3 Fluorierte Chinolone Gruppe III

Empf.: zusätzlich Aktivität gegen Staphylokokken, Pneumokokken, Streptokokken, Chlamydien, Mykoplasmen; **UW:** Schlaflosigkeit, Diarrhoe, Erbrechen, Übelkeit, Kopfschmerzen, Benommenheit, Phlebitis (bei i.v.-Gabe); **KI:** bek. Überempf. gg. Chinolone, Epilepsie, anamnestisch bek. Sehnenbeschwerden nach früherer Anw. von Fluorchinolonen, Ki./Jug. im Wachstum, Grav./Lakt.

Levofloxacin Rp					HWZ 7h, Q0 0.23, PPB 30-40%, PRC C, Lact -				
Gewebe-gängigkeit	ZNS	entzünd.	Lunge	ELF	Galle	Leber	Prostata	Niere	Knochen
	+	k.A.	++	++	++	++	++	++	++

Levitis *Tbl. 250, 500mg* **Levoflox-CT** *Tbl. 500mg* **Levofloxacin Actavis** *Tbl. 250, 500mg; Inf.Lsg. 250mg/50ml, 500mg/100ml* **Levofloxacin HEXAL** *Tbl. 250, 500mg* **Levofloxacin Kabi** *Inf.Lsg. 250mg/50ml, 500mg/100ml* **Quinsair** *Lsg. f. Vernebler 240mg* **Tavanic** *Tbl. 250, 500mg; Inf.Lsg. 250mg/50ml, 500mg/100ml*	**Exazerbierte chron. Bronchitis, Sinusitis, kompl. Harnweginfektion, Prostatitis, Lungenmilzbrand:** 1 x 500mg p.o./i.v.; **amb. erw. Pneumonie, komplizierte Haut-/Weichteilinfektionen:** 1-2 x 500mg p.o./i.v.; **unkomplizierte Zystitis:** 1 x 250mg p.o. für 3d; **chron. Lungeninfektion mit Ps. aeruginosa bei Mukoviszidose, Erw.:** 2 x 240mg inhalieren für 28d, dann 28d Pause; **DANI** CrCl 20-50: max. 2 x 250mg; 10-19: max. 2 x 125mg; < 10, HD: max. 1 x 125mg; **DALI** nicht erforderlich

9.10.4 Fluorierte Chinolone Gruppe IV

Empf.: zusätzlich verbesserte Aktivität gegen Anaerobier;
UW: Superinfektionen durch resistente Bakterien oder Pilze; Übelkeit, Benommenheit, QT-Verlängerung bei Hypokaliämie, Übelkeit, Erbrechen, Bauchschmerzen, Diarrhoe;
KI: bekannte Überempfindlichkeit gegen Chinolone; anamnestisch bekannte Sehnenbeschwerden nach früherer Anwendung von Fluorchinolonen, Pat. < 18J; angeborene oder dokumentierte erworbene QT-Verlängerungen, unkorrigierte Hypokaliämie, klinisch relevante Bradykardie, klinisch relevante Herzinsuffizienz mit reduzierter LV-Auswurffraktion, symptomatische Herzrhythmusstrg. in der Vorgeschichte; gleichzeitige Anwendung von Arzneimitteln, die das QT-Intervall verlängern; eingeschränkte Leberfunktion (Child C bzw. Transaminasen > 5 x oberer Normwert), Grav./Lakt.

Moxifloxacin Rp — HWZ 12h, Q_0 0.8, PPB 41%, PRC C

Gewebe-gängigkeit	ZNS	entzünd.	Lunge	ELF	Galle	Leber	Prostata	Niere	Knochen
	+	k.A.	++	+	++	++	++	++	++

Actira *Tbl. 400mg*
Avalox *Tbl. 400mg; Inf.Lsg. 400mg/250ml*
Avelox *Tbl. 400mg*
Moxifloxacin Actavis *Tbl. 400mg*
Moxifloxacin HEXAL *Tbl. 400mg*
Moxifloxacin Kabi *Inf.Lsg. 400mg*

Exazerbierte chronische Bronchitis, ambulant erworbene Pneumonie, Sinusitis, komplizierte Haut- u. Weichteilinfektionen, Infektionen der weiblichen Beckenorgane: 1 x 400mg p.o./i.v.;
DANI nicht erforderlich;
DALI Child-Pugh C: KI

9.11 Folsäureantagonisten

9.11.1 Sulfonamide

Empf.: Toxoplasmen in Kombination mit Pyrimethamin;
UW: Übelkeit, Erbrechen, allergische Reaktionen, Erythema exsudativum multiforme, Photosensibilisierung, Nierenschädigung, Blutbildveränderungen;
KI: Sulfonamidüberempfindlichkeit, Erythema exsudativum in der Anamnese, schwere Leber- und Nierenfktsstrg., Grav. (1. + 3. Trim.), strenge Ind.Stell. in der Lakt.

Sulfadiazin Rp — HWZ 7-16h, Q_0 0.45, PPB 55%, PRC C, Lact -

Gewebe-gängigkeit	ZNS	entzünd.	Lunge	ELF	Galle	Leber	Prostata	Niere	Knochen
	++	k.A.	k.A.	++	k.A.	k.A.	k.A.	k.A.	k.A.

Sulfadiazin-Heyl *Tbl. 500mg*

Toxoplasmose: 2-4g/d p.o. in 3-6ED;
Ki. > 2M: 65-150mg/kg/d in 3-6ED; max. 1.5g/d; Komb. mit Pyrimethamin → 256;
DANI CrCl < 25: KI;
DALI KI bei schwerer Funktionsstrg.

9.11.2 Trimethoprim und Sulfonamid-Kombinationen

Empf. (Cotrimoxazol): fast alle aeroben Bakterien; Pneumocystis jirovecii (carinii);
resist. (Cotrimoxazol): Pseudomonas aeruginosa, Treponema, Clostridien, Leptospiren, Rickettsien, Chlamydia psittaci, Mykoplasmen;
UW (Cotrimoxazol): allergische Reaktionen (z.B. Exantheme), Pruritus, Purpura, Photodermatose, Erythema nodosum, Glossitis, Gingivitis, Stomatitis, abnormer Geschmack, epigastrische Schmerzen, Appetitlosigkeit, Übelkeit, Erbrechen, Diarrhoe;
KI (Cotrimoxazol): bekannte Überempfindlichkeit, Erythema exsudativum multiforme (auch in der Anamnese), Thrombozytopenie, Granulozytopenie, megaloblastische Anämie, angeborener Glukose-6-Phosphat-Dehydrogenase-Mangel der Erythrozyten, Hämoglobinanomalien wie Hb Köln u. Hb Zürich, Nierenschäden oder hochgradige Niereninsuffizienz (CrCl < 15 ml/min), schwere Leberschäden oder Leberfktsstrg., akute Hepatitis, akute Porphyrie, Frühgeborene, Neugeborene mit Hyperbilirubinämie, Osteomyelitis

Trimethoprim Rp — HWZ 5-17h, Q0 0.5, PRC C, Lact +

Gewebegängigkeit	ZNS	entzünd.	Lunge	ELF	Galle	Leber	Prostata	Niere	Knochen
	+	k.A.	k.A.	++	k.A.	k.A.	k.A.	k.A.	k.A.

Infectotrimet *Tbl. 50, 100, 150, 200mg; Saft (5ml = 50, 100mg)*	**Unkomplizierte Harnweginfektion:** 2 x 150-200mg p.o.; **Ki. < 12J:** 2 x 3mg/kg; **Pro. rezidivierende Harnweginfektion:** 1 x 100mg; **Ki. < 12J:** 1 x 2mg/kg **DANI** CrCl: 15-25: 2 x 200mg für 3d, dann 1 x 100mg; 10-15: 2 x 100mg; < 10: KI

Trimethoprim + Sulfamethoxazol Rp **(Cotrimoxazol)** — Q0 (T/S) 0.5/0.8, PPB 65%/40%, PRC C, Lact ?

Gewebegängigkeit	ZNS	entzünd.	Lunge	ELF	Galle	Leber	Prostata	Niere	Knochen
	++	++	++	++	++	++	++	++	++

CotrimHEXAL *Tbl. 160+800mg* **Cotrim-ratioph.** *Tbl. 80+400, 160+800mg; Saft (5ml = 40+200, 80+400mg); Amp. 80+400mg/5ml* **Cotrim 960 1A Pharma** *Tbl. 160+800mg* **Eusaprim** *Tbl. 160+800mg; Saft (5ml = 40+200, 80+400mg)* **Kepinol** *Tbl. 20+100mg, 80+400, 160+800mg*	**Atemweg-, HNO-, Harnweg-, Genitaltraktinfektionen, bakterielle Enteritis, Salmonellose, Shigellose, Nocardiose:** 2 x 160+800mg p.o./i.v.; **Ki. 6W-5M:** 2 x 20+100mg; **6M-5J:** 2 x 40+200mg; **6-12J:** 2 x 80+400mg; **Pneumocystis-jirovecii-Pneumonie:** **Ther.:** 20+100mg/kg/d p.o./i.v. in 4ED für 21d; **Pro.:** 160+800mg p.o. 3x/W; **DANI** CrCl > 30: 100%; 15-30: 50%; < 15: KI; **DALI** KI bei schwerer Funktionsstörung

9.12 Nitroimidazole

Empf.: obligat anaerobe Bakterien (u.a. Bacteroides, Clostridium), Campylobacter, Helicobacter, Gardnerella vaginalis; Protozoen: Trichomonas vaginalis, Giardia lamblia, Entamoeba histolytica;
resist.: alle aeroben u. fakultativ anaeroben Bakterien, Aktinomyceten, Propionibakterien;
UW: metallischer Geschmack, bitteres Aufstoßen, Zungenbelag, Glossitis, Stomatitis, Magendrücken, Übelkeit, Erbrechen, Appetitlosigkeit, Diarrhoe, Dunkelfärbung des Urins, allergische Hautreaktionen, Photodermatose, Erythema nodosum;
KI: bek. Überempfindlichkeit gegen M. bzw. andere 5-Nitroimidazole

Metronidazol Rp — HWZ 7 (10) h, Qo 0.85 (0.3), PPB < 20%, PRC B, Lact ?

Gewebe-gängigkeit	ZNS	entzünd.	Lunge	ELF	Galle	Leber	Prostata	Niere	Knochen
	++	++	k.A.	++	++	++	k.A.	k.A.	k.A.

Arilin *Tbl. 250, 500mg;*
Vaginalsupp. 100, 1000mg
Metronidazol Fresenius *Inf.Lsg. 500mg*
Metronidazol-ratioph. *Tbl. 400mg*
Metronidazol Serag *Inf.Lsg. 500mg*
Vagimid *Tbl. 500mg; Vaginaltbl. 100mg*

Abdominelle, Genital-, Atemweg-, Knochen-, Zahn-Mund-Kieferinfektionen, Sepsis, Endokarditis, Hirnabszess, Amöbiasis, Lambliasis:
0.8-1g/d p.o., max. 2g/d in 2-3ED;
2-3 x 500mg i.v., Ther.dauer max. 10d;
Ki.: 20-30mg/kg/d p.o./i.v.;
Trichomoniasis: 1 x 100mg vaginal für 6d, 1 x 1g für 1-2d; Mitbehandlung des Partners: 1 x 2g p.o.;
DANI CrCl < 10: max. 1g/d

9.13 Nitrofurane/Harnwegantibiotika

Empf. (Nitrofurantoin): Enterococcus faecalis, Staph. saprophyticus, E. coli;
resist. (Nitrofurantoin): Proteus mirabilis, Proteus vulgaris, Pseudomonas aeruginosa;
Empf. (Nitroxolin): Staph. aureus, Staph. epidermidis, ß-hämol. Streptokokken, Citrobacter, Enterobacter, E. coli, Klebsiella oxytoca, Morganella morganii, Proteus mirabilis/vulgaris, Providencia, Mycoplasma hominis, Ureaplasma urealyticum, Candida;
resist. (Nitroxolin): Burkholderia cepacia, Pseudomonas, Stenotrophomonas maltophilia, evtl. auch Enterococcus, koagulasenegative Staphylokokken, Acinetobacter, Klebsiella pneumoniae, Serratia;
UW (Nitrofurantoin): Schwindel, Ataxie, Nystagmus, Arzneimittelfieber, Pruritus, Urtikaria, angioneurotisches Ödem, Kopfschmerzen, allergisches Lungenödem, interstitielle Pneumonie, Pleurirtis, Atemnot, Husten, Thoraxschmerz, Appetitlosigkeit, Übelkeit, Erbrechen;
UW (Nitroxolin): Übelkeit, Erbrechen, Diarrhoe;
KI (Nitrofurantoin): bek. Überempf., NI jeden Grades, Oligurie, Anurie, pathologische Leberenzymwerte, Glukose-6-Phosphat-Dehydrogenase-Mangel, Polyneuropathien, Grav. im letzten Trimenon, FG u. Sgl. < 3M;
KI (Nitroxolin): bek. Überempfindlichkeit, schwere Nieren- und/oder Leberinsuffizienz

Nitrofurantoin Rp — HWZ 20min-1h, Qo 0.7, PPB 50-60%, PRC B, Lact ?

Gewebe-gängigkeit	ZNS	entzünd.	Lunge	ELF	Galle	Leber	Prostata	Niere	Knochen
	-	-	-	++	-	-	-	-	-

Furadantin *Kps. 50, 100(ret.)mg*
Nifurantin *Tbl. 50, 100mg*
Nifuretten *Tbl. 20mg*
Nitrofurantoin-ratioph. *Kps. 100(ret.)mg*
Uro-Tablinen *Tbl. 50mg*

Harnweginfektion: 3-4 x 100mg p.o.; 2-3 x 100mg ret.; **Ki.:** 5mg/kg/d; **Langzeittherapie:** 2-3 x 50mg; 1-2 x 100mg ret.; **Ki.:** 2-3mg/kg/d; **DANI** KI

Nitroxolin Rp — HWZ 2.6h, Qo 0.99, PPB 10%

Gewebe-gängigkeit	ZNS	entzünd.	Lunge	ELF	Galle	Leber	Prostata	Niere	Knochen
	-	-	-	+	-	-	+	+	-

Nilox mini *Kps. 80mg*
Nilox midi *Kps. 80mg*
Nitroxolin forte *Kps. 250mg*

Akute Harnweginfektion: 3 x 150-250mg p.o.; **Ki. ab 3J:** 5mg/kg/d; 10-20mg/kg/d in 3 ED; **Chron. Harnweginfekte:** 150-500mg/d; **DANI, DALI** KI bei schwerer NI/LI

9.14 Carbapeneme

Empf.: fast alle grampositiven u. gramnegativen Bakterien;
resist. (Ertapenem, Imipenem, Meropenem): MRSA, Burkholderia cepacia, Xanthomonas maltophilia, E. faecium;
UW (Ertapenem, Imipenem, Meropenem): Erbrechen, Diarrhoe, Transaminasen ↑, allergische Reaktion, BB-Veränderungen, ZNS-Strg.;
KI (Ertapenem, Imipenem, Meropenem): Grav./Lakt., Ki. < 3M

Ertapenem Rp — HWZ 4h, Q0 0.6, PPB 92-95%, PRC B, Lact ?

Gewebe-gängigkeit	ZNS	entzünd.	Lunge	ELF	Galle	Leber	Prostata	Niere	Knochen
	k.A.	k.A.	++	++	k.A.	k.A.	k.A.	++	k.A.

Invanz *Inf.Lsg. 1g*

Abdominelle, akute gynäk. Infektionen, ambulant erworbene Pneumonie, Haut- und Weichteilinfektionen bei diabet. Fuß; Pro. abdomineller Infektionen bei elektiven kolorektalen Eingriffen: 1 x 1g i.v.; **Ki. 3M-12J:** 2 x 15mg/kg/d i.v.; **DANI** CrCl > 30: 100%; < 30, HD: KI; **DALI** nicht erforderlich

Imipenem + Cilastatin Rp — HWZ 0.9/1 h, Qo 0.3/0.1, PPB 20/35%, PRC C, Lact ?

Gewebegängigkeit	ZNS	entzünd.	Lunge	ELF	Galle	Leber	Prostata	Niere	Knochen
	-	+	++	++	++	++	k.A.	k.A.	++

Imipenem/Cilastatin Actavis *Inf.Lsg. 500+500mg/100ml*
Imipenem/Cilastatin Basics *Inf.Lsg. 500+500mg/100ml*
Zienam *Inf.Lsg. 500+500mg/100ml*

Atemweg-, Harnweg-, abdominelle, Genital-, Haut-, Knochen-, Weichteilinfektionen, Sepsis, neutropenisches Fieber: 3-4 x 500+500-1000+1000mg i.v., max. 50+50mg/kg/d bzw. max. 4+4g/d; **Ki. < 3M:** 50+50mg/kg/d in 2-3ED; > **3M:** 60+60mg/kg/d i.v. in 4ED, max. 2+2g/d; **DANI** CrCl 41-70: max. 3 x 750+750mg; 21-40: max. 4 x 500+500mg; 6-20: max. 2 x 500+500mg; **DALI** nicht erforderl.

Meropenem Rp — HWZ 1 h, Qo 0.12, PPB 2%, PRC B, Lact ?

Gewebegängigkeit	ZNS	entzünd.	Lunge	ELF	Galle	Leber	Prostata	Niere	Knochen
	+	+	++	++	++	++	k.A.	k.A.	++

Meronem *Inf.Lsg. 500, 1000mg*
Meropenem HEXAL *Inf.Lsg. 500, 1000mg*
Meropenem Kabi *Inf.Lsg. 500, 1000mg*

Atemweg-, Harnweg-, abdominelle, intra- und postpartale Infektionen, Haut- und Weichteilinfektionen, Sepsis, neutropenisches Fieber: 3 x 0.5-1g i.v.; **Ki.** > **3M:** 3 x 10-20mg/kg i.v.; **Meningitis:** 3 x 2g i.v.; **Ki.:** 3 x 40mg/kg i.v.; **DANI** CrCl > 50: 100%; 26-50: 2 x 0.5-1g; 10-25: 2 x 250-500mg; < 10: 1 x 250-500mg; **DALI** nicht erforderl.

9.15 Glykopeptide

Empf.: an-/aerobe grampositive Bakterien, MRSA; Telavancin: MRSA, MSSA; Dalbavancin: Staph. aureus, Strept. pyogenes, Strept. agalactiae, Strept. dysgalactiae, Strept. anginosus, Strept. intermedius und Strept. constellatus;
resist.: alle gramnegativen Bakterien, Mykoplasmen, Chlamydien, Enterobakterien;
UW (Dalbavancin): Kopfschmerzen, Übelkeit, Diarrhoe
UW (Teicoplanin): Exanthem, Erythem, Juckreiz, Schmerzen, Fieber;
UW (Telavancin): Pilzinfektion, Schlaflosigkeit, Geschmackstörung, Kopfschmerzen, Schwindel, Übelkeit, Obstipation, Diarrhoe, Erbrechen, Transaminasenerhöhung, Juckreiz, Exanthem, akutes Nierenversagen, Kreatininerhöhung, schaumiger Urin, Müdigkeit, Schüttelfrost;
UW (Vancomycin i.v.): Venenentzündung, Rötung von Körper/Gesicht, Blutdruck ↓, Dyspnoe, Stridor, Exanthem, Schleimhautentzündung, Juckreiz, Nesselfieber, Nierenschädigung;
UW (Vancomycin oral): keine;
KI (Dalbavancin, Teicoplanin): bek. Überempfindlichkeit;
KI (Telavancin): bek. Überempfindlichkeit, schwere NI, akutes Nierenversagen, Grav.;
KI (Vancomycin i.v./oral): bek. Überempfindlichkeit

Dalbavancin Rp — HWZ 333-405h, PPB 93%

Gewebegängigkeit	ZNS	entzünd.	Lunge	ELF	Galle	Leber	Prostata	Niere	Knochen
	-	-	+	+	k.A.	k.A.	k.A.	k.A.	+

Präparat	Indikation/Dosierung
Xydalba *Inf.Lsg. 500mg*	**Haut- u. Weichteilinfektionen** einmalig 1500mg i.v. oder 1000mg d1 und 500mg d8; **DANI** CrCl 30-79, HD: 100%; < 30 ohne HD: einmalig 1g oder 750mg d1 und 375mg d8; **DALI** Child A: 100%; B, C: vorsichtige Anw.

Teicoplanin Rp — HWZ 70-100h, Q_0 0.3, PPB 90%

Gewebegängigkeit	ZNS	entzünd.	Lunge	ELF	Galle	Leber	Prostata	Niere	Knochen
	-	+	++	++	++	++	k.A.	k.A.	++

Präparat	Indikation/Dosierung
Targocid *Amp. 100/1.8ml, 200mg/3.2ml, 400mg/3.2ml*	**Kompliz. Haut- u. Weichteilinf., Knochen- u. Gelenkinf., nosokomiale Pneumonien, amb. erw. Pneumonien, komplizierte Harnweginf., infektiöse Endokarditis, Peritonitis, assoziiert mit kontin. amb. Peritonealdialyse (CAPD):** d1: 1 x 400mg, max. 800mg, dann 1 x 200-400mg i.v./i.m.; **Ki. < 2M:** d1: 16mg/kg i.v./i.m., dann 1 x 8mg/kg; **2M-12J:** d1: 10mg/kg alle 12h, dann 1 x 6-10mg/kg i.v./i.m.; **Cl. difficile Enterokolitis:** 2 x 100-200mg p.o. f. 7-14d; **DANI** CrCl 40-60: ab d4 50%; < 40: CrCl/100 x norm. Dos.; HD: ini 800mg, dann 1 x 400mg/W

Telavancin Rp — HWZ 8h, PPB 90%

Gewebegängigkeit	ZNS	entzünd.	Lunge	ELF	Galle	Leber	Prostata	Niere	Knochen
	k.A.	k.A.	k.A.	k.A.	k.A.	k.A.	k.A.	k.A.	k.A.

Präparat	Indikation/Dosierung
Vibativ *Inf.Lsg. 250, 750mg*	**Nosokomiale inkl. beatmungsassoziierte Pneumonie mit gesicherter od. vermuteter MRSA-Genese:** 1 x 10mg/kg i.v. f. 7-10d; **DANI** CrCl >50: 100%; 30-50: 7.5mg/kg; <30, HD: KI; **DALI** Child A, B: 100%; C: keine Daten, vorsichtige Anw.

Vancomycin Rp	HWZ 4-6(15)h, Q0 0.05, PPB 55%, ther. Serumsp. (mg/l) min. 5-10, max. 30-40								
Gewebe-gängigkeit	ZNS	entzünd.	Lunge	ELF	Galle	Leber	Prostata	Niere	Knochen
	-	+	+	++	+	+	k.A.	k.A.	+

Vanco Cell *Inf.Lsg. 0.5, 1g* **Vancomycin Enterocaps** *Kps. 250mg* **Vancomycin Hikma** *Inf.Lsg. 0.5, 1g* **Vancomycin-ratioph.** *Inf.Lsg. 0.5, 1g*	**Knochen-, Weichteilinf., Pneumonie, Sepsis, Endokarditis:** 4 x 500mg oder 2 x 1g i.v.; **NG/Sgl.:** ini 15mg/kg/d, Erhaltungsdosis: 2-3 x 10mg/kg/d; **Ki.** < **12J:** 4 x 10mg/kg i.v.; Spiegelkontr. bei längerer Anw., v.a. bei NI, gleichz. Anw. oto-/nephrotox. Substanzen; **DANI** CrCl: 100: 100%; 70: 70%; 30: 30%; 10: 10%; HD: ini 1g, dann 1g alle 7-10d; **DALI** nicht erforderl.; **C.-difficile- oder Staph.-Enterokolitis:** 0.5-2g/d p.o. in 3-4ED; **Ki.:** 40mg/kg/d

9.16 Lipopeptide

Empf.: Staph. aureus, alle anderen grampositiven Keime inkl. multiresistente Keime; **resist.:** alle gramnegativen Keime; **UW:** Pilzinfektionen, Kopfschmerzen, Übelkeit, Erbrechen, Durchfall, Exanthem, Reaktion an Infusionsstelle, Leberenzyme↑ (GOT, GPT, aP), CK↑, Geschmacksstrg., supraventr. Tachykardie, Extrasystolie, Flush, RR↑/RR↓, Obstipation, Bauchschmerzen, Dyspepsie, Glossitis, Ikterus, Pruritis, Urtikaria, Myositis, Muskelschwäche, Muskelschmerzen, Arthralgie, Vaginitis, Pyrexie, Schwäche, Erschöpfung, Schmerzen, Elektrolytstrg., Kreatinin ↑, Myoglobin ↑, LDH ↑; **KI:** bek. Überempf., Grav./Lakt.

Daptomycin Rp	HWZ 8-9h, Q0 0.5, PPB 90% PRC B, Lact ?								
Gewebe-gängigkeit	ZNS	entzünd.	Lunge	ELF	Galle	Leber	Prostata	Niere	Knochen
	k.A.	k.A.	k.A.	++	k.A.	k.A.	k.A.	k.A.	++

Cubicin *Inf.Lsg. 350, 500mg*	**Komplizierte Haut-/Weichteilinfektionen:** 1 x 4mg/kg i.v. für 10-14d; **Staph.-aureus-Bakteriämie, rechtsseitige Endokarditis mit Staph. aureus:** 1 x 6mg/kg i.v.; **DANI** CrCl > 30: 100%; < 30, HD: 4mg/kg alle 48h; **DALI** Child-P. A, B: 100%; C: keine Daten

9.17 Oxazolidinone

Empf. (Linezolid): alle grampositiven Keime; **resist.** (Linezolid): alle gramnegativen Keime; **empf.** (Tedizolid): St. aureus, S. pyogenes, S. agalactiae, S. anginosus-Gruppe; **resist.** (Tedizolid): St. lugdunensis; gramneg. Keime; **UW** (Linezolid): Kopfschmerzen, Juckreiz, Übelkeit, Erbrechen, Diarrhoe, Candidiasis, Mykosen, metallischer Geschmack, Blutbildveränderungen, Transaminasen ↑, aP ↑, LDH ↑, Harnstoff ↑, Lipase ↑, Amylase ↑, CK ↑, Glukose ↑, Gesamteiweiß ↓, Albumin ↓, Na ↓, Ca ↓, Kalium ↑↓, Bicarbonat ↑↓; **UW** (Tedizolid): Kopfschmerzen, Schwindel, Übelkeit, Erbrechen, Diarrhoe, Pruritus, Ermüdung;

KI (Linezolid): bek. Überempf., unkontrollierbare Hypertonie, Phäochromozytom, Karzinoid, Thyreotoxikose, bipolare Depression, schizoaffektive Psychose, akute Verwirrtheitszustände, gleichzeitige Anw. von Serotonin-Wiederaufnahmehemmer, trizyklische Antidepressiva, Serotonin-5HT1-Rezeptor-Agonisten (Triptane), direkt oder indirekt wirkende Sympathomimetika inkl. adrenerger Bronchodilatatoren, Pseudoephedrin, Phenylpropanolamin, Adrenalin, Noradrenalin, Dopamin, Dobutamin; **KI** (Tedizolid): bek. Überempfindlichkeit

Linezolid Rp — HWZ 5h, Q0 0.65, PPB 31%, PRC C, Lact ?

Gewebe-gängigkeit	ZNS	entzünd.	Lunge	ELF	Galle	Leber	Prostata	Niere	Knochen
	++	++	++	+	k.A.	k.A.	k.A.	k.A.	++

Linezolid 1A *Tbl. 600mg* **Linezolid HEXAL** *Tbl. 600mg; Inf.Lsg. 600mg/300ml* **Zyvoxid** *Tbl. 600mg; Gran. (5ml = 100mg); Inf.Lsg. 600mg/300ml*	**Nosokomiale, ambulant erw. Pneumonie, schw. Haut-, Weichteilinfektionen:** 2 x 600mg p.o./i.v. für 10-14d, max. 28d, nach 14d Blutbildkontrolle; **DANI, DALI** nicht erforderlich

Tedizolid Rp — HWZ 12h, Q0 0.9 PPB 70-90%, PRC C, Lact ?

Gewebe-gängigkeit	ZNS	entzünd.	Lunge	ELF	Galle	Leber	Prostata	Niere	Knochen
	+	k.A.	++	++	k.A.	++	k.A.	++	+

Sivextro *Tbl. 200mg; Inf.Lsg. 200mg*	**Haut- und Weichteilinf.:** 1 x 200mg p.o./i.v. für 6d; **DANI, DALI** nicht erforderlich

9.18 Intestinale Antibiotika

Empf. (Colistin): gramnegative Bakterien (außer Proteus spp.) inkl. Pseudomonas; **empf.** (Fidaxomicin): Clostridium difficile; **empf.** (Rifaximin): E. coli (ETEC, EAEC), Salmonella spp., Shigella spp., Non-V Vibrio cholerae, Plesiomonas spp., Aeromonas spp., Campylobacter spp.; **Wm/Wi** (Fidaxomicin): lokal wirksames Antibiotikum aus der Klasse der Makrozykline, bakterizid und Hemmung der RNA-Polymerase; **UW** (Colistin): Übelkeit, Erbrechen, Magenschmerzen, Diarrhoe; **UW** (Fidaxomicin): Erbrechen, Übelkeit, Obstipation; **UW** (Paromomycin): Diarrhoe, Appetitlosigkeit, Übelkeit, Erbrechen, Bauchschmerzen; **UW** (Rifaximin): Benommenheit, Kopfschmerz, Blähungen, Bauchschmerzen, Stuhldrang, Übelkeit, Erbrechen, Tenesmus ani, Erschöpfung, Pyrexie;
KI (Colistin): bek. Überempf., geschädigte Darmmukosa, FG- und NG;
KI (Fidaxomicin): bek. Überempf.; **KI** (Paromomycin): bek. Überempf., Myasthenia gravis, Obstipation, Ileus, Vorschädigung des Vestibular- oder Cochleaorgans, Grav.;
KI (Rifaximin): Überempf. gegen R. bzw. andere Rifamycinderivate

Colistin Rp

Gewebe-gängigkeit	ZNS	entzünd.	Lunge	ELF	Galle	Leber	Prostata	Niere	Knochen
	-	-	-	-	-	-	-	-	-

Diaroent Mono *Tbl. 95mg; Trockensaft (1ml = 5.95mg)*	**Selektive Darmdekontamination:** 3-4 x 95mg p.o.; **Ki 6-11J:** 3-4 x 47,5mg; **>12J:** 3-4 x 47,5-95mg

Fidaxomicin Rp — HWZ 8-10h, PRC B, Lact ?

Gewebe-gängigkeit	ZNS	entzünd.	Lunge	ELF	Galle	Leber	Prostata	Niere	Knochen
	-	-	-	-	-	-	-	-	-

Dificlir *Tbl. 200mg*	**Clostridium-difficile-Infektion:** 2 x 200mg p.o. für 10d; **DANI, DALI** nicht erforderl.

Paromomycin Rp

Gewebe-gängigkeit	ZNS	entzünd.	Lunge	ELF	Galle	Leber	Prostata	Niere	Knochen
	-	-	-	-	-	-	-	-	-

Humatin *Kps. 250mg; Pulver (1Fl. = 1g)*	**Präcoma/Coma hepat.:** 35-75mg/kg/d p.o.; **Pro. portosystem. Enzephalopathie:** 1-2g/d; **Darmdekontam. präop.:** 4g/d p.o. für 2d; **nichtinvas. Amöbenenteritis:** 15-100mg/kg/d p.o. für 5d; **DANI** vorsichtig dosieren

Rifaximin Rp

Gewebe-gängigkeit	ZNS	entzünd.	Lunge	ELF	Galle	Leber	Prostata	Niere	Knochen
	-	-	-	-	-	-	-	-	-

Tixteller *Tbl. 550mg* **Rifaxan** *Tbl. 200mg* **Xifaxan** *Tbl. 200, 550mg*	**Reisediarrhoe:** 3 x 200mg p.o. für 3d, max. 2 x 400mg/d; **hepatische Enzephalopathie:** 2 x 550mg p.o.

9.19 Inhalative Antibiotika

Wm/Wi (Colistimethatnatrium): zyklischer antibakterieller Polypeptid-Wirkstoff ⇒ Schädigung der Zellmembran von gramnegativen Bakterien;
UW (Colistimethatnatrium): Gleichgewichtsstrg., Kopfschmerzen, Tinnitus, Dyspnoe, Husten, Dysphonie, Rachenreizung, Hämoptysen, Bronchospasmus, Asthma, Keuchen, thorakale Beschwerden, Infektion der unteren Atemwege, produktiver Husten, Lungenknistern, Dysgeusie, Übelkeit, Erbrechen, Arthralgie, Pyrexie, Asthenie, Müdigkeit, FEV ↓;
KI (Colistimethatnatrium): bekannte Überempfindlichkeit

Colistimethatnatrium Rp — PRC C, Lact ?

Gewebe-gängigkeit	ZNS	entzünd.	Lunge	ELF	Galle	Leber	Prostata	Niere	Knochen
	-	-	++	-	-	-	-	-	-

Colistin CF *Inh.Lsg. 80mg = 1Mio IE* **Colobreathe** *Inh.Kps. 125mg* **Promixin** *Inh.Lsg. 80mg = 1Mio IE*	**Mukoviszidose, chron. pulmonale Infekte durch Pseudom. aeruginosa: Erw., Ki ab 6J:** 2 x 1 Kps. bzw. 2 x 1 Mio IE p.i., bei Erregerpersistenz bis 3 x 2 Mio IE; **DANI, DALI** nicht erforderlich

9.20 Antiprotozoenmittel

Empf. (Atovaquon): Pneumocystis jirovecii;
empf. (Pentamidin): Pneumocystis jirovecii, Leishmania, Trypanosoma;
empf. (Pyrimethamin): Malariaplasmodien, Toxoplasma gondii;
UW (Atovaquon): Übelkeit, Exanthem, Juckreiz, Durchfall, Erbrechen, Kopfschmerzen, Schlaflosigkeit, erhöhte Leberenzyme, Anämie, Neutropenie, Hyponatriämie, Überempfindlichkeitsreaktionen inkl. Angioödem, Bronchospasmus, Enge im Rachen, Urtikaria, Fieber;
UW (Pentamidin): i.v: Azotämie, akutes Nierenversagen, Hämaturie, lokale Reaktionen am Verabreichungsort wie Schwellung, Entzündung, Schmerz, Induration, Abszeß, Muskelnekrose, Anämie, Leukopenie, Thrombopenie, Hypoglykämie, Hyperglykämie, Diabetes mellitus, Hypermagnesiämie, Hyperkaliämie, Hypokalzämie, Hypertonie, Hypotonie, Kollaps, Hitzegefühl, Nausea, Erbrechen, Geschmacksstrg., Leberenzymem, Exanthem; inhalativ: Husten, Dyspnoe, Bronchospasmus, Giemen, Geschmacksstrg., Übelkeit;
UW (Pyrimethamin): Übelkeit, Erbrechen, Diarrhoe, Exanthem, Kopfschmerzen, Schwindel, Anämie, Leukopenie, Thrombopenie;
KI (Atovaquon, Pentamidin): bekannte Überempfindlichkeit;
KI (Pyrimethamin): bekannte Überempfindlichkeit, Lakt.

Atovaquon Rp — HWZ 50-84h, PPB 99%, PRC C, Lact ?

Gewebegängigkeit	ZNS	entzünd.	Lunge	ELF	Galle	Leber	Prostata	Niere	Knochen
	k.A.	k.A.	++	k.A.	k.A.	k.A.	k.A.	k.A.	k.A.

Wellvone *Susp. (5ml = 750mg)*	**P.-jirovecii-Pneumonie:** 2 x 750mg p.o.

Pentamidin Rp — HWZ 6-9h, Q_0 0.95, PPB 70%, PRC C, Lact -

Gewebegängigkeit	ZNS	entzünd.	Lunge	ELF	Galle	Leber	Prostata	Niere	Knochen
	k.A.	k.A.	++	k.A.	k.A.	k.A.	k.A.	k.A.	k.A.

Pentacarinat *Inf.Lsg. 300mg*	**Pneumocystis-jirovecii-Pneum.: Ther.:** für 14d 4mg/kg i.v. oder 300-600mg/d inhalieren; **Pro.:** 200mg für 4d, dann 300mg alle 4W inhalieren; **Leishmaniasis:** 3-4mg/kg alle 2d i.m., 10 x; **Trypanosomiasis:** 4mg/kg alle 2d i.v./i.m., 7-10 x; **DANI** s. FachInfo; **DALI** nicht erf.

Pyrimethamin Rp — HWZ 80-96h, Q_0 1.0, PPB 80%, PRC C, Lact +

Gewebegängigkeit	ZNS	entzünd.	Lunge	ELF	Galle	Leber	Prostata	Niere	Knochen
	+	+	k.A.	k.A.	k.A.	k.A.	k.A.	k.A.	k.A.

Daraprim *Tbl. 25mg*	**Toxoplasmose:** d1 100mg p.o., dann 1 x 25-50mg; **Ki. < 3M:** 6.25mg alle 2d; **3-9M:** 1 x 6.25mg; **10M-2J:** 1 x 1mg/kg/d, max. 25mg; **3-6J:** d1 2mg/kg, dann 1mg/kg; Kombination mit Sulfadiazin! → 247

9.21 Weitere Antibiotika

Empf. (Fosfomycin): Staphylokokken, Streptokokken, Escherichia coli, Enterobacter, Proteus, Pseudomonas aeruginosa, Neisseria, Haemophilus influenzae, Citrobacter, Serratia; **resist.** (Fosfomycin): Morganella, Bacteroides; **UW** (Fosfomycin i.v.): Brechreiz, Magendrücken, Phlebitis; **UW** (Fosfomycin, oral): Kopfschmerzen, Schwindel, Asthenie; **KI** (Fosfomycin i.v.): bek. Überempf. gegen F. bzw. gegen Bernsteinsäure; **KI** (Fosfonycin oral): bek. Überempf. gegen F.; schwere Niereninsuffizienz

Fosfomycin Rp — HWZ 2h, Qo 0.1, keine PPB, PRC B, Lact ?

Gewebe-gängigkeit	ZNS	entzünd.	Lunge	ELF	Galle	Leber	Prostata	Niere	Knochen
	++	++	+	++	++	++	k.A.	k.A.	++

Fosfouro *Granulat 3g*
Fosfomycin Aristo *Granulat 3g*
Infectofos *Inf.Lsg. 2, 3, 5, 8g*
Monuril *Granulat 3g*

Unkompl. Harnweginf. bei Frauen: Erw., **Ki. ab 12J:** 1 x 3g p.o.; **DANI** CrCl < 20: KI; **Atemweg-, HNO-, Harn-/Gallenweg-, Haut-, Weichteil-, Knocheninf., Meningitis, Sepsis, Endokarditis:** 2-3 x 3-5g i.v., max. 20g/d; **Ki < 4W:** 100mg/kg/d in 2ED i.v.; **5W-1J:** 200-250mg/kg/d in 3ED; **1-12J:** 100-200mg/kg/d in 3ED, max. 300mg/kg/d; **DANI** s. FachInfo

9.22 Antimikrobielle Spüllösung

Wm/Wi (Taurolidin): Methylolgruppen-Übertragung, Denaturierung von Oligosaccharid-Peptid-Komplexen der Bakterien, Entgiftung von Lipopolysacchariden; **UW** (Taurolidin): keine häufigen bzw. sehr häufigen UW; **KI** (Taurolidin): bek. Überempf., term. NI, Ki. < 6J

Taurolidin Rp — HWZ (3-6h), PPB 40%

Taurolodin Nova 2%
Instillationslsg. 2g/100ml, 5g/250ml

Lokale oder diffuse Peritonitis: 300-500ml 0.5% oder 100-250ml 2%; **Ki. 6-15J.:** bis max. 300ml 0.5% oder 50-100ml 2%; **DANI** KI bei terminaler NI

9.23 Tuberkulostatika

9.23.1 Monopräparate

Empf. (Bedaquilin): M. tuberculosis; **empf.** (Delamanid): M. tuberculosis; **empf.** (EMB): M. tuberculosis, M. kansasii, M. avium-intracellulare; **empf.** (INH): M. tuberculosis, M. kansasii; **empf.** (PTH): M. tuberculosis, M. kansasii, M. leprae; **empf.** (PZA): M. tuberculosis; **empf.** (RMP): M. tuberculosis, grampositive Kokken, Legionellen, Chlamydien, M. leprae, Meningokokken, Gonokokken, Haemophilus influenzae, Bacteroides; **empf.** (SM): M. tuberculosis, Brucellen, Yersinia pestis, Francisella tularensis; **Wm/Wi** (Bedaquilin): spezif. Hemmung der mykobakteriellen ATP-Synthase ⇒ bakterizide Wi in sich teilenden und sich nicht teilenden Tuberkulosebakterien; **Wm/Wi** (Delamanid): Hemmung der Synthese der Zellwandkomponenten Methoxy- und Keto-Mykolsäure;

UW (Bedaquilin): Kopfschmerzen, Schwindel, verlängerte QT-Zeit, Nausea, Erbrechen, Diarrhoe, Transaminasen ↑, Arthralgie, Myalgie;
UW (Delamanid): Anämie, Eosinophilie, Retikulozytose, Hypertriglyceridämie, Hypokaliämie, Hyperurikämie, Appetitlosigkeit, Schlaflosigkeit, Psychose, Erregung, Angststörung, Unruhe, Depression, Schwindel, Kopfschmerzen, Parästhesie, Tremor, Tinnitus, Herzklopfen, per. Neuropathie, Somnolenz, Hypästhesie, trockenes Auge, Photophobie, Ohrenschmerzen, Hypertonie, Hypotonie, Hämatome, Hitzewallungen, Dyspnoe, Husten, Oropharyngeale Schmerzen, Rachenreizung, trockener Rachen, Rhinorrhoe, Hämoptyse, Erbrechen, Diarrhoe, Dyspepsie, Gastritis, Obstipation, Bauchschmerzen, Dermatitis, Urtikaria, juckender Hautausschlag, Juckreiz, Exanthem, Akne, Hyperhidrose, Osteochondrose, Muskelschwäche, Muskel- und Skelettschmerzen, Flankenschmerz, Gliederschmerzen, Arthralgie, Myalgie, Hämaturie, Asthenie, Pyrexie, Brustschmerzen, Unwohlsein, thorakale Beschwerden, periph. Ödeme, Asthenie, QT-Verlängerung, Kortisolspiegel ↑;
UW (EMB): N.-opticus-Schädigung, Transaminasen ↑, allerg. Reaktionen;
UW (INH): periphere Neuropathie, Transaminasen ↑, Akne, Leukopenie, Mikrohämaturie;
UW (PTH): gastrointestinale Störung, Transaminasen ↑, allergische Reaktionen;
UW (PZA): Hyperurikämie, Transaminasen ↑, Erbrechen, Strg. der Hämatopoese;
UW (RMP): Transaminasen ↑, Cholestase, Rotfärbung des Urins, Neutro- und Thrombopenie, Nierenversagen; **UW** (SM): Schädigung des N. vestibularis, Nephrotoxizität;
KI (Bedaquilin): bek. Überempfindlichkeit;
KI (EMB): Vorschädigung des N. opticus;
KI (INH): akute Lebererkr., periphere Neuropathien;
KI (PTH): schwere Leberfktsstrg., Grav.;
KI (PZA): schwere Leberfunktionsstrg.; **KI** (RMP): schwere Leberfktsstrg., Lakt.; Cave in Grav.;
KI (SM): schwere Niereninsuffizienz, Innenohrschädigung, Grav./Lakt.

Bedaquilin Rp — HWZ 5.5 Monate, PPB >99%, PRC B, Lact ?

Gewebegängigkeit	ZNS	entzünd.	Lunge	ELF	Galle	Leber	Prostata	Niere	Knochen
	k.A.	k.A.	k.A.	k.A.	k.A.	k.A.	k.A.	k.A.	k.A.

Sirturo *Tbl. 100mg*	**Multiresistente pulmonale TBC:** W 1–2: 1 x 400mg/d p.o.; W 3–24: 200mg 3 x/W; Komb. mit anderen Tuberkulostatika; **DANI** CrCl > 30: nicht erforderlich; <30, HD: vorsichtige Anwendung; **DALI** Child A, B: nicht erforderlich; C: Anw. nicht empfohlen

Delamanid Rp — HWZ 30-38h PPB >99%

Gewebegängigkeit	ZNS	entzünd.	Lunge	ELF	Galle	Leber	Prostata	Niere	Knochen
	k.A.	k.A.	k.A.	k.A.	k.A.	k.A.	k.A.	k.A.	k.A.

Deltyba *Tbl. 50mg*	**Multiresistente pulm. TBC:** 2 x 100mg p.o. f. 24W, Komb. mit anderen Tuberkulostatika; **DANI** leichte-mäßige NI: 100%; schwere NI: Anw. nicht empfohlen; **DALI** mäßige bis schwere LI: Anw. nicht empf.

Ethambutol (EMB) Rp — HWZ 2.5-4h, Q_0 0.8, PPB 10-20%, PRC B, Lact +

Gewebe-gängigkeit	ZNS	entzünd.	Lunge	ELF	Galle	Leber	Prostata	Niere	Knochen
	-	+	++	++	k.A.	k.A.	k.A.	k.A.	k.A.

EMB-Fatol *Tbl. 100, 400, 500mg; Inf.Lsg. 1000mg/10ml*

TBC: 1 x 25mg/kg p.o./i.v./i.m., nach 2-3M 1 x 20mg/kg; **DANI** CrCl 40-75: 1 x 15mg/kg; 30-39: 15mg/kg alle 2d; < 30: nach Serumspiegel

Isoniazid (INH) Rp — HWZ 0.7-4h, Q_0 0.6, PPB 30%, PRC C, Lact +

Gewebe-gängigkeit	ZNS	entzünd.	Lunge	ELF	Galle	Leber	Prostata	Niere	Knochen
	+	++	++	k.A.	k.A.	k.A.	k.A.	k.A.	k.A.

Isozid *Tbl. 50, 100, 200mg; Inf.Lsg. 0.5g*

TBC: Therapie: 1 x 5mg/kg p.o./i.v.; 15mg 2-3 x/W; **Ki.:** 1 x 200mg/m² KOF; **Pro.:** 500mg p.o./i.v. für mindestens 6-9M; **Ki.:** 15mg/kg 3 x/W p.o., 5mg/kg/d i.v.; **DANI** nicht erforderlich, evtl. 1-2d/W Pause; **DALI** max. 100-200mg/d

Protionamid (PTH) Rp — HWZ 1-2h, keine PPB

Gewebe-gängigkeit	ZNS	entzünd.	Lunge	ELF	Galle	Leber	Prostata	Niere	Knochen
	++	++	++	++	k.A.	k.A.	k.A.	k.A.	k.A.

Peteha *Tbl. 250mg*

TBC: 10-15mg/kg p.o. in 1-3ED; **Ki.** < **4J:** 25mg/kg p.o.; **5-8J:** 20mg/kg; > **9J:** 15mg/kg; **DANI** 2-3 x/W 1g p.o.; **DALI** KI

Pyrazinamid (PZA) Rp — HWZ 9-23h, Q_0 1.0, PPB 50%, PRC C, Lact ?

Gewebe-gängigkeit	ZNS	entzünd.	Lunge	ELF	Galle	Leber	Prostata	Niere	Knochen
	++	++	++	++	k.A.	++	k.A.	++	k.A.

Pyrafat *Tbl. 500mg*
Pyrazinamid *Tbl. 500mg*

TBC: 1 x 20-30mg/kg p.o., max. 2.5g/d für 2-3M; **Ki.** 1 x 30mg/kg p.o., max. 1.5g/d; **DANI** 2 x/W 3g; **DALI** KI bei schwerer Fkt.Strg.

Rifampicin (RMP) Rp — HWZ 2-3h; Q_0 0.85, PPB 90%, PRC C, Lact -

Gewebe-gängigkeit	ZNS	entzünd.	Lunge	ELF	Galle	Leber	Prostata	Niere	Knochen
	++	++	++	-	k.A.	++	k.A.	++	+

Eremfat *Tbl. 150, 300, 450, 600mg; Saft (5ml = 100mg); Inf.Lsg. 300, 600mg*

TBC: 1 x 10mg/kg p.o./i.v., max. 600mg/d; minimal 450mg/d; **Ki.** < **2M:** 10mg/kg; **2M-6J:** 15mg/kg; > **6J:** 10-20mg/kg, max. 450mg/d; **andere Infektionen:** 600-1200mg/d p.o./i.v. in 2-3ED; **Meningokokken-Pro.:** 2 x 600mg p.o. für 2d; **Ki. 3-11M:** 2 x 5mg/kg für 2d; **1-12J:** 2 x 10mg/kg für 2d; **DANI** nicht erf.; **DALI** KI bei schwerer Fktsstrg.

Streptomycin (SM) Rp					HWZ 2.5h, Qo 0.04, PPB 32-35%, PRC D, Lact +				
Gewebe-	ZNS	entzünd.	Lunge	ELF	Galle	Leber	Prostata	Niere	Knochen
gängigkeit	-	-	++	++	k.A.	k.A.	k.A.	k.A.	k.A.

Strepto-Fatol *Inj.Lsg. 1g*	**TBC, Brucellose, Tularämie:** 1 x 15mg/kg i.m.; > **50J:** 1 x 0.5g/d; **Ki. < 3M:** 1 x 10mg/kg, max. 50mg/d; **3-6 M:** 1 x 15-25mg/kg; **0.5-12J:** 1 x 20-30mg/kg, max. 1g/d; **Enterokokkenendokarditis:** 1 x 2g für 10-14d; **DANI** CrCl 50-60: 1g alle 40h; 40-50: 1g alle 60h; 30-40: 1g alle 72h; < 30: KI; HD: zusätzlich 3.5-5mg

9.23.2 Kombinationspräparate

Rifampicin + Isoniazid Rp

Iso-Eremfat *Tbl. 150+100mg*	**TBC:** 1 x 10+5mg/kg p.o.

Isoniazid + Pyridoxin Rp

Isozid compositum *Tbl. 100+20mg, 200+40mg, 300+60mg*	**TBC:** 1 x 5mg/kg INH p.o.

9.23.3 Tuberkulostatika – Reservemittel

Empf. (Capreomycin): M. tuberculosis, auch streptomycinresistente Stämme;
empf. (Dapson): M. tuberculosis, M. leprae, Pneumocystis jirovecii (carinii);
empf. (Rifabutin): M. tuberculosis, M. marinum, M. kansasii, M. leprae, M. avium intracellulare, grampositive Kokken, Legionellen, Chlamydien;
UW (Rifabutin): rotorange Färbung des Urins, Übelkeit, Erbrechen, Leberenzyme↑, Gelbsucht, Leukopenie, Eosinophilie, Thrombopenie, Anämie, Fieber, Hautrötung, Bronchospasmen, Schock, reversible Uveitis, Wirkung hormoneller Kontrazeptiva u.a.↓;
KI (Rifabutin): Überempf. gegen andere Rifamycine, Verschlussikterus, Leberzirrhose, akute Hepatitis, Cave in Grav./Lakt.

Capreomycin									
Gewebe-	ZNS	entzünd.	Lunge	ELF	Galle	Leber	Prostata	Niere	Knochen
gängigkeit	k.A.	k.A.	k.A.	k.A.	k.A.	k.A.	k.A.	k.A.	k.A.

Ogostal *(Int. Apotheke) Inj.Lsg. 1g*	**TBC:** 1 x 1g i.m. für 1-2M, dann: 1g 2-3 x/W

Dapson Rp					HWZ 10-50h, PPB 70-90%, PRC C, Lact -				
Gewebe-	ZNS	entzünd.	Lunge	ELF	Galle	Leber	Prostata	Niere	Knochen
gängigkeit	k.A.	k.A.	++	+	k.A.	k.A.	k.A.	k.A.	k.A.

Dapson-Fatol *Tbl. 50mg*	**TBC:** 50-200mg p.o.; **Lepra:** 1 x 50-100mg p.o.

4-Aminosalicylsäure Rp									HWZ 26min, PPB 50-70%
Gewebe-gängigkeit	ZNS	entzünd.	Lunge	ELF	Galle	Leber	Prostata	Niere	Knochen
	-	+	+	+	k.A.	k.A.	k.A.	k.A.	k.A.

Granupas *Granulat 4g* **PAS-Fatol N** *Inf.Lsg. 13.5g*	**TBC:** 3 x 4g p.o.; **Ki. > 1M:** 150mg/kg/d in 2 ED p.o.; 1 x 10–15g i.v., max. 40g/d; **Ki. < 6J:** 200-300mg/kg/d; **> 6J:** 200mg/kg/d; **Jug. > 14J:** s. Erw.

Rifabutin Rp					HWZ 45h, Q0 0.9, PPB 91-94%, PRC B, Lact ?				
Gewebe-gängigkeit	ZNS	entzünd.	Lunge	ELF	Galle	Leber	Prostata	Niere	Knochen
	+	+	++	++	k.A.	k.A.	k.A.	k.A.	k.A.

Mycobutin *Kps. 150mg*	**TBC:** 1 x 150mg für 6-9M; vorbehand. u. immunsuppr. Patienten: 1 x 300-450mg p.o.; **Mycobacterium-avium-Infektion: Ther.:** 1 x 450-600mg p.o.; **Pro.:** 1 x 300mg; **DANI** CrCl < 30: 50%; **DALI** Dosisreduktion, KI bei schwerer Leberfktsstrg.

9.24 Virustatika

9.24.1 Herpes-Präparate

Wm (Aciclovir): Hemmung der viralen DNA-Polymerase; **Wm** (Brivudin): Nukleosidanalogon, Replikationshemmung des Varizella-Zoster-Virus; **Wm** (Famciclovir): Hemmung der viralen DNA-Polymerase; **Wm** (Valaciclovir): bessere Resorption als Aciclovir; **UW** (Aciclovir): Nierenfktsstrg., Exanthem, Blutbildveränderungen; **UW** (Brivudin): Übelkeit, Kopfschmerzen, Erbrechen, Diarrhoe, Schwindel, Pruritus; **KI** (Aciclovir): Grav./Lakt.; **KI** (Brivudin): bereits voll ausgeprägte Hautmanifestation, Immundefizienz, Kinder, Grav./Lakt., Einnahme von 5-FU oder anderen 5-Fluoropyrimidinen (Abstand zur Brivudineinnahme muss > 4W sein)

Aciclovir Rp	HWZ 3h, Q0 0.25, PPB 9-33%, PRC B, Lact ?
Acic *Tbl. 200, 400, 800mg; Inf.Lsg. 250, 500mg* **Aciclostad** *Tbl. 200, 400, 800mg* **Aciclovir-ratioph.** *Tbl. 200, 400, 800mg; Inf.Lsg. 250, 500mg* **Virzin** *Tbl. 200, 400, 800mg* **Zovirax** *Susp. (5ml = 200mg)*	**Herpes zoster:** 5 x 800mg p.o.; 3 x 5mg/kg i.v. (5-7d); immunsupprimierte Patienten: 3 x 10mg/kg i.v.; **Herpes genitalis:** 5 x 200mg p.o.; 3 x 5mg/kg i.v. (5d); **Herpes-Enzephalitis:** 3 x 10mg/kg i.v. für 10d; **Ki. < 3M > 12J:** s. Erw. (mg/kg); **3M-12J:** 3 x 250-500mg/m² KOF i.v.; **DANI** CrCl: > 50: 100%; 25-50: Dosisintervall 2 x i.v.; 10-25: Dosisintervall 1 x i.v.; < 10, HD: 50% 1 x i.v., nach Dialyse

Brivudin Rp	HWZ 16h, PPB > 95%
Zostex *Tbl. 125mg*	**Herpes zoster** (immunkompetente Pat.): 1 x 125mg p.o. für 7d; **DANI, DALI** nicht erf.

Famciclovir Rp	HWZ 2.2h, Q0 0.14, PPB < 20%, PRC B, Lact ?
Famvir *Tbl. 125, 250, 500mg*	**Herpes genitalis:** Ersterkrankung: 3 x 250mg p.o. für 5d, immunsupprimierte Pat.: 2 x 500mg; Frührezidiv: 2 x 125mg; **Herpes zoster:** 3 x 250mg für 7-10d; bei immunsupprimierten Patienten oder **Zoster ophthalmicus:** 3 x 500mg; **DANI** CrCl > 40: 100%; 30-39: 2 x 250mg; 10-29: 1 x 250mg; **DALI** nicht erforderlich

Valaciclovir Rp	HWZ 3h, Q0 0.25
Valaciclovir 1A Pharma *Tbl. 500, 1000mg* **Valaciclovir HEXAL** *Tbl. 500, 1000mg* **Valtrex** *Tbl. 500mg*	**Herpes zoster:** 3 x 1g p.o. für 7d; **DANI** CrCl 15-30: max. 2 x 1g; < 15, HD: max. 1 x 1g nach Dialyse; **Herpes genitalis:** 2 x 500mg p.o. für 10d; **DANI** CrCl < 15: 1 x 500mg

9.24.2 CMV-Präparate

Wm (Foscarnet): Hemmung viraler Polymerasen; **Wm** (Ganciclovir): Nukleosidanalogon, Hemmung der DNA-Synthese; **Wm** (Letermovir): hemmt den CMV-DNA-Terminase-Komplex, der für die Spaltung u. Verpackung viraler Nachkommen-DNA erf. ist **Wm** (Valganciclovir): Prodrug von Ganciclovir; **UW** (Ganciclovir): Neutropenie, Thrombopenie, Fieber, Kopfschmerzen, Nausea; **UW** (Letermovir): Übelkeit, Diarrhoe, Erbrechen; **KI** (Ganciclovir): schwere Leuko- bzw. Thrombopenie, Grav./Lakt., Kinder < 18J; **KI** (Letermovir): bek. Überempf.; Komb. mit Pimozid, Mutterkornalkaloiden; bei Komb. von L. mit Ciclosporin: die Komb. mit Dabigatran, Atorvastatin, Simvastatin, Rosuvastatin oder Pitavastatin ist KI

Foscarnet Rp	HWZ 3-6h, Q0 0.1, PPB < 20%, PRC C, Lact ?
Foscavir *Inf.Lsg. 6g*	**CMV-Infektion:** W1-3: 3 x 60mg/kg i.v., dann: 1 x 90-120mg/kg; **Herpesinfektion (Aciclovir-resistent):** 3 x 40mg/kg i.v.; **DANI** s. FachInfo

Ganciclovir Rp	HWZ 2.5-5h, Q0 0.05, PPB 2%, PRC C, Lact ?
Cymeven *Inf.Lsg. 500mg* **Ganciclovir HEXAL** *Inf.Lsg. 500mg*	**CMV-Retinitis:** W1-2: 2 x 5mg/kg i.v., dann 1 x 5mg/kg i.v.; **DANI** CrCl 50-69: 2 x 2.5mg/kg i.v.; 25-49: 1 x 2.5mg/kg; 10-24: 1 x 1.25mg/kg; < 10: 1.25mg 3 x/W

Letermovir Rp	HWZ 12h, Q0 1.0, PPB 98%
Prevymis *Inf.Lsg. 5240, 480mg; Tbl. 240, 480mg*	**PRO CMV-Reaktivierung bei hämatopoetischer Stammzell-Tx:** 1 x 480mg p.o./i.v. für 100d; Komb. mit Ciclosporin A: 1 x 240mg p.o./i.v.; **DANI** nicht erf.; **DALI** Child A, B: 100%; C: Anw. nicht empf.; bei gleichz. mäßiger-schwerer NI und mäßiger LI: Anw. nicht empfohlen

Valganciclovir Rp	HWZ 3h
Valcyte *Tbl. 450mg, Trockensaft (1ml = 50mg)* **Valganciclovir HEXAL** *Tbl. 450mg* **Valganciclovir Mylan** *Tbl. 450mg*	**CMV-Retinitis:** 2 x 900mg p.o. für 21d, dann 1 x 900mg/d; **DANI** CrCl > 60: 100%; 40-59: ini 2 x 450mg, dann 1 x 450mg; 25-39: ini 1 x 450mg, dann 450mg alle 2d; 10-24: ini 450mg alle 2d, dann 450mg 2 x/W; < 10, HD: KI

9.24.3 Influenza-Präparate

Wm (Amantadin): verhindert Uncoating und Reifung von Influenza-Viren;
Wm (Oseltamivir, Zanamivir): Hemmung der viralen Neuraminidase, Hemmung der Freisetzung neu gebildeter Influenza-A- und -B-Viren;
UW (Amantadin): Schlafstrg., motorische und psychische Unruhe, Ataxie, Angstzustände, Livedo reticularis, Gedächtnis- und Konzentrationsstrg.;
UW (Oseltamivir): Kopfschmerzen, Übelkeit, Erbrechen, Bronchitis, Herpes simplex, Nasopharyngitis, Infektionen der oberen Atemwege, Sinusitis, Schlaflosigkeit, Husten, Halsentzündung, Rhinorrhoe, Schmerzen, Bauchschmerzen, Dyspepsie, Benommenheit, Abgeschlagenheit, Fieber, Gliederschmerzen, Otitis media, Konjunktivitis, Ohrenschmerzen;
KI (Amantadin): HF ↓, Hypokaliämie, Hypomagnesiämie, Long-QT-Syndrom;
KI (Oseltamivir): bekannte Überempfindlichkeit

Amantadin Rp	HWZ 10-14h, Qo 0.1, keine PPB, PRC C, Lact -
Amantadin HEXAL *Tbl. 100, 200mg* **Amantadin-ratioph.** *Tbl. 100mg*	**Influenza-A-Virusgrippe:** 2 x 100mg p.o. für 10d, > 65J: 1 x 100mg; **Ki. 5-9J:** 1 x 100mg; **> 10J:** 2 x 100mg; **DANI** CrCl 50-60: 1 x 150mg; 30-49: 1 x 100mg; 20-29: 200mg 2 x/W; 10-19: 100mg 3 x/W; < 10, HD: 100mg 1 x/W

Oseltamivir Rp	HWZ 6-10h, Qo 0.01, PPB 3%
Tamiflu *Trockensaft (1ml = 6mg); Kps. 30, 45, 75mg*	**Influenza: Ther.:** 2 x 75mg p.o. (5d); **Pro.:** 1 x 75mg (7d); **Ki. > 1J: Ther.:** < 15kg: 2 x 30mg; 15-23kg: 2 x 45mg; 23-40kg: 2 x 60mg; > 40kg: 2 x 75mg; **DANI** CrCl > 30: Ther./Pro.: 2 x 75mg/1 x 75mg; 10-30: 1 x 75mg/75mg alle 2d oder tgl. 30mg; < 10, HD: nicht empf.; **DALI** nicht erforderl.

Zanamivir Rp	HWZ 1.6-5.1h, PRC B, Lact ?
Relenza *Diskhaler (ED = 5mg)*	**Influenza A, B: Erw. u. Ki ab 5J:** 2 x 10mg inhalieren für 5d; **Postexpositions-Pro.:** 1 x 10mg für 10d; **saisonale Pro.:** 1 x 10mg für bis zu 28d; **DANI, DALI** nicht erforderlich

A 9.24.4 Nukleosidische und nukleotidische Reverse-Transkriptase-Inhibitoren (NRTI)

Wm/Ind: Blockade der Umwandlung von RNA in DNA durch ein chemisch verändertes Nukleosid; **UW** (Abacavir): Übelkeit, Müdigkeit, Fieber, Kopfschmerzen, Diarrhoe, Anorexie; **UW** (Adefovir): Asthenie, Bauchschmerzen, Kopfschmerzen, Übelkeit, Diarrhoe, Krea ↑; **UW** (Didanosin, Stavudin): Polyneuropathie, Pankreatitis, Diarrhoe, Exanthem; **UW** (Emtricitabin): Kopfschmerzen, Übelkeit, Diarrhoe, CK ↑, Exanthem; **UW** (Lamivudin): Kopfschmerzen, Übelkeit, Pankreatitis; **UW** (Tenofovir-Alafenamid): Diarrhoe, Übelkeit, Erbrechen, Bauchschmerzen, Völlegefühl, Flatulenz, Erschöpfung, Kopfschmerzen, Schwindel, Exanthem, Pruritus, ALT ↑, Arthralgie; **UW** (Tenofovir-Disoproxil): Diarrhoe, Übelkeit, Erbrechen, Hypophosphatämie, Flatulenz; **UW** (Zidovudin): Anämie, Leuko ↓, Myopathie, Übelkeit, Kopfschmerzen; **KI** (Abacavir): schwere Leberfunktionsstrg., Grav./Lakt.; **KI** (Adefovir): bek. Überempf.; **KI** (Didanosin): akute Pankreatitis, Grav./Lakt.; **KI** (Emtricitabin): bek. Überempf.; **KI** (Lamivudin, Stavudin): Grav./Lakt.; **KI** (Tenofovir-Alafenamid/Disoproxil): bek. Überempf.; **KI** (Zidovudin): Leukozytenabnahme < 750/µl, Hb < 7.5g/dl, Grav./Lakt.

Abacavir (ABC) Rp	HWZ 1-2h, Qo 0.95, PPB 50%, PRC C, Lact -
Abacavir HEXAL *Tbl. 300mg* **Ziagen** *Tbl. 300mg; Saft (1ml = 20mg)*	**HIV-Infektion:** 2 x 300mg p.o.; **Ki. 3M-12J:** 2 x 8mg/kg, max. 600mg/d; **DANI** nicht erforderl.; **DALI** Anw. nicht empf.
Abacavir + Lamivudin Rp	PRC C, Lact -
Abacavir/Lamivudin beta *Tbl. 300+600mg* **Abacavir/Lamivudin HEXAL** *Tbl. 300+600mg* **Kivexa** *Tbl. 600+300mg*	**HIV-Infektion: Erw., Ki. ab 25kg:** 1 x 600+300mg p.o.; **DANI** CrCl < 50: Anw. nicht empfohlen; **DALI** Anwendung nicht empfohlen
Adefovir Rp	HWZ 1-2h, PPB < 4%, PRC C, Lact -
Hepsera *Tbl. 10mg*	**Chron. Hepatitis B:** 1 x 10mg p.o.; **DANI** CrCl > 50: 100%; 20-49: 10mg alle 48h; 10-19: 10mg alle 72h; HD: 10mg alle 7d
Didanosin (DDI) Rp	HWZ 1.3-1.5h, Qo 0.5, PPB < 5%, PRC B, Lact ?
Videx *Kps. 125, 200, 250, 400mg; Trockensaft (10ml = 200mg)*	**HIV-Infektion:** < 60kg: 250mg/d p.o.; > 60kg: 400mg/d in 1-2ED; **Ki. > 3M:** 240mg/m² KOF p.o. in 1-2ED, 180mg/m² bei Kombination mit Zidovudin; **DANI** CrCl > 60: 100%; 30-59: ≥ 60kg: 200mg/d, < 60kg: 150mg/d; 10-29: ≥ 60kg: 150mg/d, < 60kg: 100mg/d; < 10: ≥ 60kg: 100mg/d, < 60kg: 75mg/d; **DALI** nicht erf.

Emtricitabin (FTC) Rp	HWZ 10h, PPB < 4%, PRC B, Lact -
Emtriva *Kps. 200mg; Saft (1ml = 10mg)*	**HIV-Infektion:** 1 x 200-240mg p.o.; **Ki. < 33kg:** 6mg/kg/d, max. 240mg/d; **Ki. > 33kg:** s. Erw.; **DANI** CrCl > 50: 100%; 30-49: 200mg alle 48h; 15-29: 200mg alle 72h; < 15, HD: 200mg alle 96h (gilt für Tbl., Saft s. FachInfo)
Emtricitabin + Tenofovir-Alafenamid Rp	PRC B, Lact -
Descovy *Tbl. 200+10, 200+25mg* **Truvada** *Kps. 200+245mg*	**HIV-Infektion:** Descovy: Erw., **Ki. ab 12J, ≥ 35kg:** je n. Komb. mit anderen Virustatika (s. FachInfo) 1 x 200+10-25mg p.o.; **DANI** CrCl ≥30: 100%; < 30: Anw. nicht empf.; **DALI** Child A, B: 100%; C: Anw. nicht empf.; Truvada: Erw. ≥18J: 1 x 200+245mg p.o.; **DANI** CrCl > 50: 100%; 30-49: 1Kps. alle 48h; < 30, HD: Anw. nicht empf.; **DALI:** nicht erf.
Emtricitabin + Rilpivirin → 267 **+ Tenofovir-Alafenamid** Rp	PRC B, Lact -
Eviplera *Tbl. 200+25+245mg* **Odefsey** *Tbl. 200+25+245mg*	**HIV-Infektion:** Eviplera: Erw.: 1 x 200+25+245mg p.o. mit einer Mahlzeit; Odefsey: Erw., **Ki. ab 12J.:** 1 200+25+25mg; **DANI** Eviplera: CrCl < 50, Odefsey: < 30: Anwendung nicht empf.; **DALI** Child A, B: 100%; C: Anw. nicht empf.
Entecavir Rp	HWZ 128-149h, PPB 13%, PRC C, Lact-
Baraclude *Tbl. 0.5, 1mg; Saft (1ml = 0.05mg)* **Entecavir HEXAL** *Tbl. 0.5, 1mg*	**Chron. Hepatitis B:** nukleosid-naive Patienten, kompensierte Lebererkrankung: 1 x 0.5mg p.o.; Lamivudin-refraktäre Pat. und/oder dekompensierte Lebererkrankung: 1 x1mg p.o.; **Ki. 2-18J:** ab 10kg s. FachInfo; **DANI** CrCl 30-49: 0.25/0.5mg/d; 10-29: 0.15-0.3mg/d; < 10, HD: 0.05-0.1mg/d; **DALI** nicht erforderlich
Lamivudin (3TC) Rp	HWZ 3-7h, Qo 0.03, PPB 16-36%, PRC C, Lact ?
Epivir *Tbl. 150, 300mg; Saft (1ml = 10mg)* **Zeffix** *Tbl. 100mg; Saft (1ml = 5mg)* **Lamivudin HEXAL** *Tbl. 100, 150, 300mg* **Lamivudin Teva** *Tbl. 100, 150, 300mg*	**HIV-Infektion:** 300mg/d p.o. in 1-2ED; **Ki. > 3M:** 2 x 4mg/kg; **DANI** CrCl > 50: 100%; 30-50: 1 x 150mg; 15-29: 1 x 100mg; 5-14: 1 x 50mg; < 5: 1 x 25mg; **chron. Hepatitis B:** 1 x 100mg p.o.; **DANI** CrCl 30-49: ini 100mg, dann 50mg/d; 15-29: ini 100mg, dann 25mg/d; 5-14: ini 35mg, dann 15mg/d; < 5: ini 35mg, dann 10mg/d

Lamivudin + Zidovudin (CBV) Rp	PRC C, Lact ?
Combivir *Tbl. 150+300mg* **Lamivudin/Zidovudin HEXAL** *Tbl. 150+300mg* **Lamizido** *Tbl. 150+300mg*	**HIV-Infektion:** 2 x 1Tbl. p.o.; **Ki. 14-21kg:** 2 x 1/2Tbl.; **21-30kg:** 1 x 1/2Tbl. morgens + 1 x 1Tbl. abends; **DANI** CrCl < 50: Monopräparate empfohlen
Lamivudin + Zidovudin + Abacavir Rp	PRC C, Lact -
Trizivir *Tbl. 150+300+300mg*	**HIV-Infektion:** 2 x 1Tbl. p.o.; **DANI** CrCl < 50: Monopräp. empf.; **DALI** KI
Stavudin (D4T) Rp	HWZ 1-1.5h, Qo 0.6, PPB unerheblich, PRC C, Lact ?
Zerit *Kps. 20, 30, 40mg; Trockensaft (1ml = 1mg)*	**HIV-Infektion:** < 60kg: 2 x 30mg p.o.; > 60kg: 2 x 40mg; **Ki. > 3M < 30kg:** 2 x 1mg/kg; > **30kg:** s. Erw.; **DANI** CrCl 26-50: 2 x 15-20mg; < 26, HD: 1 x 15-20mg; **DALI** nicht erforderlich
Telbivudin Rp	HWZ 42h, PPB 3%, PRC B, Lact -
Sebivo *Tbl. 600mg*	**Chron. Hepatitis B:** 1 x 600mg p.o.; **DANI** CrCl 30-49: 400mg/d oder 600mg alle 48h, < 30: 200mg/d oder 600mg alle 72h, terminale NI: 120mg/d oder 600mg alle 96h; **DALI** nicht erforderlich
Tenofovir-Alafenamid Rp	HWZ 0.5h, PPB 80%
Vemlidy *Tbl. 25mg*	**Chron. Hepatitis B:** Erw., **Ki. ab 12J**, > 35kg: 1 x 25mg p.o.; **DANI** CrCl ≥ 15: 100%; HD: 100% (Gabe nach HD); < 15 ohne HD: keine Daten; **DALI** nicht erforderlich
Tenofovir-Disoproxil (TDF) Rp	HWZ 12-18h, PPB < 0,7%
Viread *Tbl. 123, 163, 204, 245mg, Granulat (1g enth. 33mg)*	**HIV-Infektion:** 1 x 245mg p.o.; **Ki. 6-12J**, 17-21kg: 1 x 123mg; 22-27kg: 1 x 163mg; 28-34kg: 1 x 204mg; **chron. Hepatitis B:** Erw., **Ki. ab 12J** > 35kg: 1 x 245mg p.o.; **DANI** CrCl 30-49: 245mg alle 48h; 10-29: 245mg alle 72-96h; HD: 1 x 245mg/W; **DALI** nicht erforderlich
Zidovudin (AZT) Rp	HWZ 1h, Qo 0.85, PPB 35%, PRC C, Lact ?
Retrovir *Kps. 100, 250mg; Saft (5ml = 50mg); Inf.Lsg. 200mg* **Zidovudin Aurobindo** *Kps. 100, 250mg*	**HIV-Infektion:** 500-600mg/d p.o. in 2-3ED; 6 x 1-2mg/kg i.v.; **Ki. 3M-12J:** 360-480mg/m^2 KOF p.o. in 3-4ED; 4 x 80-160mg/m^2 KOF i.v.; **DANI** CrCl < 10: 300-400mg/d p.o.; 3-4 x 1mg/kg i.v.

9.24.5 Non-nukleosidische Reverse-Transkriptase-Inhibitoren (NNRTI)

Wm/Ind: Blockade der reversen Transkriptase von HIV-1;
UW (Efavirenz): Schwindel, Benommenheit, Konzentrationsstörung, Schlaflosigkeit, Exanthem, Leberenzyme ↑; **UW** (Etravirin): Hautausschlag, Diarrhoe, Übelkeit;
UW (Nevirapin): Hautausschlag, Übelkeit, Fieber, Kopfschmerzen, Leberwerte ↑;
UW (Rilpivirin): Leukopenie, Anämie, Thrombopenie, erhöhtes Gesamt-/LDL-Cholesterin, erhöhte Triglyzeride, verminderter Appetit, Schlafstrg., abnorme Träume, Depression, Kopfschmerzen, Schwindel, Übelkeit, Somnolenz, Amylase ↑, Lipase ↑, Bauchschmerzen, Erbrechen, Mundtrockenheit, Transaminasen ↑, Bilirubin ↑, Exanthem, Fatigue;
KI (Efavirenz): Grav./Lakt., Ki. < 3J, bek. Überempf., schw. Leberschädigung, gleichz. Anw. von Johanniskrautpräparaten und verschiedenen anderen Präparaten (s. FachInfo);
KI (Etravirin): bek. Überempfi., Lakt., strenge Ind.Stell. in der Grav.;
KI (Nevirapin): bek. Überempf., schw. Leberfunktionsstrg., gleichzeitige Anw. von Johanniskrautpräparaten, Lakt., strenge Ind.Stell. in der Grav.;
KI (Rilpivirin): bek. Überempf., gleichzeitige Anw. von Carbamazepin, Oxcarbazin, Phenobarbital, Phenytoin, Rifabutin, Rifampicin, Rifapentin, Omeprazol, Esomeprazol, Pantoprazol, Rabeprazol, Lansoprazol, Dexamethason (außer Einzeldosis), Johanniskraut

Efavirenz (EFV) Rp	HWZ 40-55h, Q0 > 0.9, PPB 99%, PRC C, Lact -
Efavirenz Teva *Tbl. 600mg* **Stocrin** *Tbl. 600mg* **Sustiva** *Kps. 50, 100, 200mg; Tbl. 600mg; Saft (1ml = 30mg)*	**HIV-Infektion:** 1 x 600mg p.o.; 1 x 720mg p.o.; **Ki. 3-17J:** < 15kg: 200mg; 15-19kg: 250mg; 20-24kg: 300mg; 25-32kg: 350mg; 32.5-39kg: 400mg; > 40kg: 600mg; **DANI** nicht erforderlich; **DALI** Child C: KI
Efavirenz + Emtricitabin → 265 **+ Tenofovir-Disoproxil** → 266	
Atripla *Tbl. 600+200+245mg*	**HIV-1-Inf.:** 1 x 1Tbl. p.o.; **DANI** CrCl < 50: Anw. nicht empf.; **DALI** Child C: KI
Etravirin Rp	HWZ 30-40h, PPB 99.9%, PRC B, Lact -
Intelence *Tbl. 25, 100, 200mg*	**HIV-Inf.:** 2 x 200mg p.o.; **Ki. 16 bis < 20kg:** 2x100mg; **20 bis < 25kg:** 2x125mg; **25–30kg:** 2 x 150mg; ≥ **30kg:** 2 x 200mg; nur komb. mit geboosterten PI/antiretrovir. Substanzen; **DANI** nicht erf.; **DALI** Child C: Anw. nicht empf.
Nevirapin (NVP) Rp	HWZ 22-84h, Q0 0.95, PPB 60%, PRC C, Lact ?
Nevirapin Aurobindo *Tbl. 200mg* **Nevirapin HEXAL** *Tbl. 200mg* **Nevirapin-ratioph.** *Tbl. 200mg* **Viramune** *Tbl. 100(ret.), 200, 400(ret.)mg; Saft (5ml = 50mg)*	**HIV-Infektion:** 1 x 200mg p.o., nach 14d 2 x 200mg oder 1 x 400mg (ret.); **Ki. 2M-8J:** 1 x 4mg/kg p.o., nach 14d 2 x 7mg/kg; **8-16J:** 1 x 4mg/kg, nach 14d 2 x 4mg/kg; **DANI** HD: weitere 200mg n. jeder Dialyse; **DALI** Child C: KI
Rilpivirin Rp	HWZ 45h, PPB 99%, PRC B, Lact -
Edurant *Tbl. 25mg*	**HIV-Infekt.:** 1 x 25mg p.o. mit einer Mahlzeit; **DANI** leichte bis mäßige NI: 100%; schwere NI: vorsichtige Anw.; **DALI** Child A, B: 100%; Child C: Anw. nicht empf.

9.24.6 Protease-Inhibitoren (PI)

Wm/Ind: spezifische Hemmung der viralen Protease ⇒ Produktion wichtiger Virusproteine ↓ (z.B. reverse Transkriptase); **UW** (Atazanavir): Ikterus, Lipodystrophie, Kopfschmerzen, Schlaflosigkeit, Sklerenikterus, Bauchschmerzen, Diarrhoe, Dyspepsie, Übelkeit, Erbrechen, Ausschlag, Asthenie; **UW** (Boceprevir): Bronchitis, Entzündung von Haut/Bindegewebe, Herpes simplex, Influenza, orale Pilzinfektion, Sinusitis, Anämie, Neutropenie, Leukopenie, Thrombopenie, Struma, Hypothyreose, Appetit ↓, Dehydratation, Hyperglykämie, Hypertriglyzeridämie, Hyperurikämie, Angst, Depression, Schlaflosigkeit, Reizbarkeit, Affektlabilität, Agitiertheit, Libidostörung, Stimmungsänderung, Schlafstrg., Schwindel, Kopfschmerz, Hypästhesie, Parästhesie, Synkope, Amnesie, Aufmersamkeitsstrg., Gedächtnisstrg., Migräne, Parosmie, Tremor, Drehschwindel, trockenes Auge, Retinaexsudate, verschwommenes Sehen, Sehstrg., Tinnitus, Palpitation, Hypotonie, Hypertonie, Husten, Dyspnoe, Epistaxis, verstopfte Nase, oropharyngeale Schmerzen, Atemwegblockade, Diarrhoe, Übelkeit, Erbrechen, Mundtrockenheit, Dysgeusie, Bauchschmerzen, Obstipation, Reflux, Hämorrhoiden, aphtöse Stomatitis, Glossodynie, Alopezie, Hauttrockenheit, Pruritus, Ekzem, Exanthem, Erythem, Dermatitis, Lichtreaktion, Urtikaria, Arthralgie, Myalgie, Rücken-/Gliederschmerzen, Muskelkrämpfe, Muskelschwäche, Nackenschmerzen, Pollakisurie, erektile Dysfkt., Asthenie, Schüttelfrost, Erschöpfung, Pyrexie, Beschwerden im Brustbereich, Unwohlsein, Schleimhauttrockenheit, Gewicht ↓; **UW** (Fosamprenavir): Diarrhoe, Triglyzeride ↑, Kopfschmerzen, Schwindel, weiche Stühle, Übelkeit, Erbrechen, Unterleibschmerzen, Müdigkeit, erythematöse/makulopapuläre Hauteruptionen, Transaminasen ↑, Lipase ↑; **UW** (Indinavir, Ritonavir): Übelkeit, Diarrhoe, Kopfschmerzen, Müdigkeit, Exanthem; **UW** (Saquinavir): Diarrhoe, Übelkeit, Exanthem; **UW** (Tipranavir): Hautausschlag, Pruritus, Photosensibilität, Lebertoxizität, Hypertriglyzeridämie, Anorexie, Kopfschmerzen, Diarrhoe, Übelkeit, Erbrechen, Flatulenz, Bauchschmerzen, Dyspepsie; Erschöpfung;
KI (Atazanavir): bek. Überempf., mäßige/schwere Leberinsuff.; **KI** (Boceprevir): bek. Überempf., Autoimmunhepatitis, Grav., gleichzeitige Anwendung v. Midazolam, Triatolam, Bepridil, Pimozid, Lumefantrin, Halofantrin, Tyrosinkinaseinhibitoren, Ergotaminderivaten;
KI (Fosamprenavir): bek. Überempf., schwere LI; **KI** (Indinavir): Grav./Lakt.;
KI (Ritonavir): schwere LI, Cave in Grav./Lakt.; **KI** (Saquinavir): Grav./Lakt.;
KI (Tipranavir): bek. Überempf., Leberinsuff. (Child B-C)

Atazanavir (AZV) Rp	HWZ 8.6 h, PPB 86%, RCB, Lact -
Reyataz *Kps. 150, 200, 300mg*	**HIV-Infektion:** 1 x 300mg p.o., Kombination mit 1 x 100mg Ritonavir; **DANI** nicht erforderlich; **DALI** Child B, C: KI

Darunavir Rp	HWZ 15h, PPB 95%, PRC B, Lact -
Prezista *Tbl. 75, 150, 400, 600, 800mg; Susp. (1ml = 100mg)*	**HIV-Infektion:** Behandlungsnaive 1 x 800mg p.o. mit 1 x 100mg Ritonavir, Vorbehandelte 2 x 600mg p.o. mit 2 x 100mg Ritonavir; **Ki. 3-17J, vorbehandelt: 15 bis < 30kg:** 2 x 375mg mit 2 x 50mg Ritonavir; **30 bis < 40kg:** 2 x 450mg mit 2 x 60mg Ritonavir; **≥ 40kg:** 2 x 600mg mit 2 x 100mg Ritonavir; **DANI** nicht erforderlich; **DALI** Child C: KI

Fosamprenavir (FPV) Rp	HWZ 15-23h, PPB 90%, PRC C, Lact -
Telzir *Tbl. 700mg; Susp. (5ml = 250mg)*	**HIV-Infektion:** 2 x 700mg p.o., Kombination mit 2 x 100mg Ritonavir; **Ki. 25-39kg:** 2 x 18mg/kg + 2 x 3mg/kg Ritonavir; **DANI** nicht erf.; **DALI** Child-Pugh < 7: 100%; 7-9: 2 x 450mg + 2 x 100mg Ritonavir; > 9: KI
Indinavir (IDV) Rp	HWZ 1.5-2h, Q0 0.8, PPB 40%, PRC C, Lact -
Crixivan *Kps. 200, 400mg*	**HIV-Infektion:** 3 x 800mg p.o.; **Ki. 4-17J:** 3 x 500mg/m²; **DALI** leichte bis mittelschwere Leberfktsstrg.: 3 x 600mg
Lopinavir + Ritonavir Rp	
Kaletra *Tbl. 100+25, 200+50mg; Saft (5ml = 400+100mg)*	**HIV-Inf.:** 2 x 400+100mg p.o.; 2 x 5ml p.o.; **Ki.** > **2J:** 2 x 230 (max. 400) +57.5 (max. 100)mg/m²; s. auch FachInfo; **DANI** nicht erforderl.; **DALI** KI bei schwerer LI
Paritaprevir Rp nur in Kombation mit anderen Virustatika → 271	
Ritonavir (RTV) Rp	HWZ 3-3.5h, Q0 0.7, PPB 99%, PRC B, Lact ?
Norvir *Tbl. 100mg; Saft (7.5ml = 600mg)*	**Verbesserung der Pharmakokinetik von Proteaseinhibitoren:** 1-2 x 100-200mg p.o.; s. a. FachInfo d. jeweiligen Proteaseinhibitors; **HIV-Inf.:** ini 2 x 300mg p.o., steigern bis 2 x 600mg; **Ki. > 2J:** ini 2 x 250mg/m², alle 2-3d um 50mg/m² steigern bis 2 x 350mg/m²; **DANI** nicht erforderl.; **DALI** KI bei schw. LI
Saquinavir (SQV) Rp	HWZ 13h, Q0 > 0.95, PPB 97%, PRC B Lact ?
Invirase *Tbl. 500mg*	**HIV-Infektion:** 2 x 1g p.o., Kombination mit 2 x 100mg Ritonavir; **DANI** nicht erforderl.; **DALI** KI bei schw. LI
Simeprevir Rp	HWZ 10-13h, PPB 99%, PRC C Lact ?
Olysio *Kps. 150mg*	**Chronische Hepatitis C:** 1 x 150mg p.o., Komb. mit Ribavirin bzw. PEG-IFN-alfa bzw. Sofosbuvir f. 12W je nach Genotyp, s. FachInfo; **DANI** CrCl < 30: vors. Anw.; **DALI** Child A, B: 100%; C: keine Daten, vorsichtige Anw.
Tipranavir (TPV) Rp	HWZ 5-6h, PPB 99%, PRC C Lact -
Aptivus *Kps. 250mg; Saft (1ml = 100mg)*	**HIV-Infektion:** 2 x 500mg p.o., Kombination mit Ritonavir 2 x 200mg; **Ki. 2-12J:** 2 x 375mg/m² mit Ritonavir 2 x 150mg/m²; **DANI** nicht erforderlich; **DALI** Child B, C: KI
Voxilaprevir Rp nur in Kombation mit anderen Virustatika → 271	

9.24.7 NS5A-Inhibitoren

Wm/Wi (Daclatasvir): Inhibitor des Nichtstrukturproteins 5A ⇒ Hemmung der RNA-Replikation und der Virus-Assembly;
UW (Daclatasvir, Komb. mit Sofosbuvir + Ribavirin): Anämie, Appetit ↓, Depression, Angst, Schlaflosigkeit, Kopfschmerz, Schwindel, Migräne, Hitzewallung, Husten, Dyspnoe, Belastungsdyspnoe, Nasenverstopfung, Übelkeit, Diarrhoe, Oberbauchschmerzen, Obstipation, Flatulenz, gastroösophageale Refluxerkrankung, trockener Mund, Erbrechen, Pruritus, trockene Haut, Alopezie, Ausschlag, Arthralgie, Myalgie, Ermüdung, Reizbarkeit;
KI (Daclatasvir): bek. Überempf.; Komb. mit Phenytoin, Carbamazepin, Oxcarbazepin, Phenobarbital, Rifampicin, Rifabutin, Rifapentin, systemisch angewendetes Dexamethason, Johanniskraut

Daclatasvir (DCV) Rp — HWZ 12-15h, PPB 99%

Daklinza *Tbl. 30, 60, 90mg*	**Chronische Hepatitis C, Genotyp 1-4:** 1 x 60mg p.o., Komb. m. anderen Virustatika; s. FachInfo bei gleichzeitiger Anw. von CYP3A4-Inhibitoren/Induktoren; **DANI, DALI** nicht erforderlich

Ledipasvir (LDV) Rp nur in Komb. mit anderen Virustatika → 272

Ombitasvir (OMV) Rp nur in Komb. mit anderen Virustatika → 272

Pibrentasvir Rp nur in Komb. mit anderen Virustatika → 272

9.24.8 NS5B-Inhibitoren, nukleos(t)idisch

Wm/Wi (Sofosbuvir): Hemmung der NS5B-RNA-Polymerase ⇒ Hemmung der Virusreplikation;
UW (Sofosbuvir, Komb. mit Ribavirin und PEG-IFN): Anämie, Lymphopenie, Thrombopenie, Neuropenie, ↓ Appetit, Gewichtsabnahme, Schlaflosigkeit, Depresseion, Angst, Unruhe, Schwindel, Kopfschmerzen, Migräne, Gedächtnisstrg., Aufmerksamkeitsstrg., Sehstrg., Dyspnoe, Husten, Belastungsdyspnoe, Diarrhoe, Übelkeit, Erbrechen, Obstipation, Mundtrockenheit, Reflux, Bilirubinanstieg, Exanthem, Pruritus, Alopezie, trockene Haut, Arthralgie, Myalgie, Rückenschmerzen, Muskelkrämpfe, Schüttelfrost, Erschöpfung, grippeähnliche Symptome, Reizbarkeit, Schmerzen, Fieber, Brustschmerzen, Asthenie;
KI (Sofosbuvir): bek. Überempf.

Sofosbuvir Rp — HWZ 0.4 (27)h, PPB 85%

Sovaldi *Tbl. 400mg*	**Chronische Hepatitis C:** 1 x 400mg p.o., Komb. mit Ribavirin bzw. PEG-IFN-alfa für 12-24W je nach Genotyp, s. FachInfo; **DANI** CrCl > 30: 100%; ≤ 30: keine Daten; **DALI** nicht erforderlich

9.24.9 NS5B-Inhibitoren, nicht-nukleosidisch

Wm/Wi (Dasabuvir): nicht-nukleosidischer Inhibitor der RNA-abhängigen HCV-RNA-Polymerase, die durch das NS5B-Gen kodiert wird und von entscheidender Bedeutung für die Replikation des Virusgenoms ist;
UW (Dasabuvir in Komb. mit Ombitasvir, Paritaprevir, Ritonavir, Ribavirin): Anämie, Schlaflosigkeit, Übelkeit, Pruritus, Asthenie, Erschöpfung; Transaminasen ↑, Bilirubin;
KI (Dasabuvir): bek. Überempf., gleichzeitige Anw. von Ethinylestradiol, Carbamazepin, Phenytoin, Phenobarbital, Efavirenz, Nevirapin, Etravirin, Enzalutamid, Johanniskraut, Mitotan, Rifampicin, Gemfibrozil

Dasabuvir (DSV) Rp	HWZ 6h PPB 99% PRC B Lact ?
Exviera *Tbl. 250mg*	**Chron. Hepatitis C Genotyp 1:** 2 x 250mg p.o. nur in Komb. mit anderen Virustatika; **DANI** nicht erforderlich; **DALI** Child A: 100%; B: keine Daten; C: Anw. nicht empfohlen

9.24.10 Hepatitis-C-Virustatika-Kombinationen

UW (Elbasvir + Grazoprevir): Appetit ↓, Schlaflosigkeit, Kopfschmerzen, Angst, Depression, Schwindel, Übelkeit, Diarrhoe, Bauchschmerzen, Erbrechen, Mundtrockenheit, Pruritus, Alopezie, Arthralgie, Myalgie, Ermüdung, Asthenie, Reizbarkeit;
UW (Glecaprevir + Pibrentasvir): Kopfschmerzen, Diarrhoe, Übelkeit, Fatigue, Asthenie;
UW (Ledipasvir + Sofosbuvir): Kopfschmerzen, Erschöpfung;
UW (Ombitasvir + Paritaprevir + Ritonavir + Dasabuvir + Riavirin): Anämie, Schlaflosigkeit, Übelkeit, Pruritus, Asthenie, Erschöpfgung;
UW (Sofosbuvir + Velpatasvir): Kopfschmerzen, Erschöpfung, Übelkeit;
UW (Sofosbuvir + Velpatasvir + Voxilaprevir): Kopfschmerzen, Diarrhoe, Übelkeit, Erbrechen, Bauchschmerzen, Appetit ↓, Myalgie, Bilirubinerhöhung;
KI (Elbasvir + Grazoprevir): bek. Überempf., LI Child B, C; gleichz. Anw. von Rifampicin, Atazanavir, Darunavir, Lopinavir, Saquinavir, Tipranavir, Cobicistat, Ciclosporin, Efavirenz, Phenytoin, Carbamazepin, Bosentan, Etravirin, Modafinil, Johanniskraut;
KI (Glecaprevir + Pibrentasvir): bek. Überempf., schwere Leberfunktionsstörung Child C, gleichzeitige Anw. von Atazanavir, Atorvastatin, Simvastatin, Dabigatranetexilat, ethinylestradiolhaltigen Arzneimitteln, Rifampicin, Carbamazepin, Johanniskraut, Phenobarbital, Phenytoin, Primidon;
KI (Ledipasvir + Sofosbuvir): bek. Überempf.; gleichzeitige Anw. von Johanniskraut, Rosuvastatin;
KI (Ombitasvir + Paritaprevir + Ritonavir): bek. Überempf., schwere Leberfktsstrg. Child C, gleichz. Anw. von ethinylestradiolhaltigen Arzneimitteln, Alfuzosinhydrochlorid, Amiodaron, Astemizol, Terfenadin, Chinidin, Cisaprid, Colchicin bei Patienten mit Nieren- oder, Leberfunktionsstörung, Ergotamin, Dihydroergotamin, Ergometrin, Methylergometrin, Fusidinsäure, Lovastatin, Simvastatin, Atorvastatin, oral angew. Midazolam, Triazolam, Pimozid, Quetiapin, Salmeterol, Sildenafil (bei Behandlung einer pulmonalen arteriellen Hypertonie), Ticagrelor, Carbamazepin, Phenytoin, Phenobarbital, Efavirenz, Nevirapin, Etravirin, Enzalutamid, Johanniskraut, Mitotan, Rifampicin, Clarithromycin, Telithromycin, Cobicistat, Conivaptan, Indinavir, Lopinavir/Ritonavir, Saquinavir, Tipranavir, Itraconazol, Ketoconazol, Posaconazol, Voriconazol;

KI (Sofosbuvir + Velpatasvir): bek. Überempf., Komb. mit Rifampicin, Rifabutin, Johanniskraut, Carbamazepin, Phenobarbital, Phenytoin; **KI** (Sofosbuvir + Velpatasvir + Voxilaprevir): bek. Überempf., gleichzeitige Anw. von Rosuvastatin, Dabigatranetexilat, ethinylestradiolhaltigen Arzneimitteln, Rifampicin, Carbamazepin, Johanniskraut, Phenobarbital, Phenytoin	
Elbasvir + Grazoprevir	
Zepatier *Tbl. 50+100mg*	**Chronische Hepatitis C, Genotyp 1b:** 1 x 50 + 100mg p.o. f. 12W; **Genotyp 1a, 4:** 1 x 50 + 100mg p.o. f. 12W; bei initialer Viruslast > 800.000 IE/ml Ther.-Dauer 16W u. Komb. mit Ribavirin zu erwägen; **DANI** nicht erforderlich; **DALI** Child B, C: KI
Glecaprevir + Pibrentasvir	
Maviret *Tbl. 100+40mg*	**Chronische Hepatitis C, Genotyp 1-6:** therapienaiv, ohne Zirrhose: 1 x 300 + 120mg f. 8W; mit Zirrhose f. 12W; mit Vorbehandlung: s. FachInfo; **DANI** nicht erforderlich; **DALI** Child A: 100%; B: Anw. nicht empfohlen; C: KI
Ledipasvir + Sofosbuvir	
Harvoni *Tbl. 90+400mg*	**Chronische Hepatitis C, Genotyp 1, 3, 4:** 1 x 90 + 400mg, Ther.-Dauer, Kombination mit Ribavirin s. FachInfo; **DANI** CrCl ≥ 30: 100%; < 30: keine Daten; **DALI** nicht erforderlich
Ombitasvir + Paritaprevir + Ritonavir	
Viekirax *Tbl. 12.5+75+50mg*	**Chronische Hepatitis C, Genotyp 1, 4:** 1 x 25 + 150 +100mg, Ther.-Dauer, Komb. mit Ribavirin und/oder Dasabuvir s. FachInfo; **DANI** nicht erforderlich; **DALI** Child A: 100%; B: keine Daten; C: KI
Sofosbuvir + Velpatasvir	
Epclusa *Tbl. 400+100mg*	**Chronische Hepatitis C, alle Genotypen:** ohne Zirrhose 1 x 400+100mg p.o. f. 12W, bei Genotyp 3 u. komp. Zirrhose Komb. mit Ribavirin zu erwägen; bei dekomp. Zirrhose Komb. mit Ribavirin; s.a. FachInfo; **DANI** CrCl ≥ 30: 100%; < 30: keine Daten; **DALI** nicht erforderlich

Sofosbuvir + Velpatasvir + Voxilaprevir	
Vosevi *Tbl. 400+100+100mg*	**Chronische Hepatitis C, Genotyp 1-6:** ther.-naiv, ohne Zirrhose: 1 x 400 +100 + 100mg f. 8W; mit Zirrhose f. 12W (evtl. 8W bei Genotyp 3); mit Vorbehandlung, ohne Zirrhose oder komp. Zirrhose: f. 12W **DANI** leichte-mittelgradige NI: 100%; schwere NI: keine Daten; **DALI** Child A: 100%; B, C: Anw. nicht empfohlen

9.24.11 Weitere antivirale Mittel und Kombinationen

Wm/Wi (Cobicistat): selektiver Inhibitor der CYP3A-Unterfamilie der Cytochrome P450 ⇒ Steigerung der systemischen Exposition von CYP3A-Substraten wie Elvitegravir; **Wm/Wi** (Dolutegravir): HIV-Integrase-Strangtransfer-Inhibitor (INSTI) ⇒ verhindert Einbau der HIV-1-DNA in genomische Wirts-DNA; **Wm/Wi** (Elvitegravir): HIV-Integrase-Strangtransfer-Inhibitor (INSTI) ⇒ verhindert Einbau der HIV-1-DNA in genomische Wirts-DNA; **Wm/Wi** (Enfuvirtid): hemmt virale und zelluläre Membranenfusion ⇒ Hemmung des Eintritts von HIV-1 in menschl. Zellen; **Wm/Wi** (Maraviroc): bindet selektiv an den Chemokin-Rez. CCR5 beim Menschen ⇒ Hemmung des HIV-Eindringens in die Zielzellen; **Wm/Wi** (Raltegravir): hemmt virale Integrase ⇒ Hemmung der Integration des HIV-Genoms in das Wirtszellgenom; **Wm** (Ribavirin): Guanosinanalogon, Hemmung der RNA-Polymerase; **UW** (Cobicistat + Elvitegravir + Emtricitabin + Tenofovir): Neutropenie, allerg. Reaktion, Hypophosphatämie, Hyperglykämie, Hypertriglyceridämie, Appetit ↓, Schlaflosigk., abnorme Träume, Kopfschmerzen, Schwindelgefühl, Diarrhoe, Erbrechen, Übelkeit, Amylase/Lipase/Transaminasen/Bilirubin/CK/Kreatinin ↑, Abdominalschmerzen, Dyspepsie, Obstipation, Völlegefühl, Flatulenz, Hautausschlag, Pruritus, Urtikaria, Verfärbung der Haut, Asthenie, Schmerzen, Müdigkeit; **UW** (Cobicistat + Darunavir + Emtricitabin + Tenofovir): Arzneimittelüberempfindlichkeit, Anorexie, Diabetes mellitus, Hypercholesterinämie, Hypertriglyceridämie, Hyperlipidämie, anormale Träume, Kopfschmerzen, Schwindel, Diarrhoe, Übelkeit, Erbrechen, Bauchschmerzen, Meteorismus, Dyspepsie, Flatulenz, Pankreatitis, erhöhte Pankreasenzyme, Hepatitis, erhöhte Leberenzyme, Exanthem, Angioödem, Pruritus, Urticaria, Arthralgie, Myalgie, Ermüdung, Asthenie, Kreatininerhöhung; **UW** (Dolutegravir): Kopfschmerzen, Übelkeit, Diarrhoe, Schlafstrg., anormale Träume, Schwindel, Erbrechen, Meteorismus, Bauchschmerzen, Exanthem, Pruritus, Abgeschlagenheit, Transam./CK ↑; **UW** (Dolutegravir + Abacavir + Lamivudin): Überempfindlichkeitsreaktion, Anorexie, Schlaflosigkeit, anormale Träume, Depression, Albträume, Schlafstrg., Kopfschmerzen, Schwindel, Schläfrigkeit, Lethargie, Husten, nasale Symptome, Übelkeit, Diarrhoe, Erbrechen, Blähungen, abdominale Schmerzen, gastroösophageale Refluxkrankheit, Dyspepsie, Hautausschlag, Pruritus, Haarausfall, Arthralgie, Muskelbeschwerden, Fatigue, Asthenie, Fieber, allgemeines Unwohlsein, ↑ CK/GOT/GPT; **UW** (Enfuvirtid): Diarrhoe, Übelkeit, Müdigkeit, Pneumonie, Pankreatitis, Hautreaktion an der Einstichstelle; **UW** (Maraviroc): Leberenzyme ↑, Gewicht ↓, Schwindel, Parästhesien, Geschmacksstrg., Schläfrigkeit, Übelkeit, Husten, Erbrechen, Bauch-schmerzen, Dyspepsie, Exanthem, Juckreiz, Muskelkrämpfe, Rückenschmerzen, Myokard-ischämie, Panzytopenie; **UW** (Raltegravir): Schwindel, Bauchschmerzen, Obstipation, Flatulenz, Pruritus, Lipodystrophie, Hyperhidrose, Arthralgie, Müdigkeit, Schwächegefühl;

UW (Ribavirin oral; Komb. mit Peg-Interferon alfa-2a): Anämie, Anorexie, Depression, Schlaflosigkeit, Kopfschmerzen, Benommenheit, Konzentrationsschwäche, Dyspnoe, Husten, Diarrhoe, Übelkeit, Abdominalschmerzen, Haarausfall, Dermatitis, Pruritus, trockene Haut, Myalgie, Arthralgie, Fieber, Rigor, Schmerzen, Schwäche, Müdigkeit, Reakt. an Applikationsstelle, Reizbarkeit, Inf. der oberen Atemwege, Bronchitis, orale Candidamykose, Herpes simplex, Thrombopenie, Lymphadenopathie, Hypo-/Hyperthyreose, Stimmungsschwankungen, emotionale Verstimmung, Angstgefühl, Aggressivität, Nervosität, Libido ↑, Gedächtnisstrg., Synkopen, Schwäche, Migräne, Hypo-/Hyperästhesie, Parästhesie, Tremor, Geschmacksstrg., Albträume, Somnolenz, Verschwommensehen, Augenschmerzen, Augenentzündung, Xerophthalmie, Vertigo, Ohrenschmerzen, Tachykardie, Palpitationen, periphere Ödeme, Erröten, Belastungsdyspnoe, Epistaxis, Nasopharyngitis, Sinus-/Nasen-Sekretstauungen, Rhinitis, rauer Hals, Erbrechen, Dyspepsie, Dysphagie, Mundgeschwüre, Zahnfleischbluten, Glossitis, Stomatitis, Flatulenz, Verstopfung, Mundtrockenheit, Exanthem, Schwitzen ↑, Psoriasis, Urtikaria, Ekzem, Hauterkr., Lichtempfindlichkeitsreaktionen, Nachtschweiß, Rückenschmerzen, Arthritis, Muskelschwäche, Knochenschmerzen, Nackenschmerzen, Schmerzen der Skelettmuskulatur, Muskelkrämpfe, Impotenz, Schmerzen im Brustkorb, grippeähnliche Erkr., Unwohlsein, Lethargie, Hitzewallungen, Durst, Gewicht ↓;
KI (Cobicistat + Elvitegravir + Emtricitabin + Tenofovir): bek. Überempf., abgebrochene Vorbehandlung mit Tenofovir wegen Nierentoxizität, gleichz. Anw. mit zahlreichen anderen Med. (s. Fachinfo);
KI (Cobicistat + Darunavir + Emtricitabin + Tenofovir): bek. Überempf., gleichz. Anw. mit zahlreichen anderen Med. (s. Fachinfo);
KI (Dolutegravir): bek. Überempf., gleichzeitige Anw. von Dofetilid;
KI (Dolutegravir + Abacavir+Lamivudin): bekannte Überempfindlichkeit, gleichzeitige Anw. von Dofetilid;
KI (Enfuvirtid, Maraviroc, Raltegravir): bekannte Überempfindlichkeit;
KI (Ribavirin oral): bek. Überempf., schwere Herzkrankheit, schwere Leberfktsstrg. oder dekomp. Leberzirrhose, Hämoglobinopathien (z.B. Thalassämie, Sichelzellanämie), Grav./Lakt.

Cobicistat + Darunavir + Emtricitabin + Tenofovir-Disoproxil Rp

Symtuza *Tbl. 150+800+200+10mg*	**HIV-1-Inf.:** Erw., Ki. ab12J und ≥ 40kg: 1 x 1Tbl. p.o.; **DANI** CrCl ≥ 30: 100%; < 30: Anw. nicht empf.; **DALI** Child A, B: 100%; C: Anw. nicht empf.

Cobicistat + Elvitegravir + Emtricitabin + Tenofovir Rp — PRC C, Lact -

Genvoya *Tbl. 150+150+200+10mg* **Stribild** *Tbl. 150+150+200+136mg*	**HIV-1-Inf.:** Stribild: Erw. ab 18J: 1 x 1Tbl. p.o.; **DANI** vor Therapiebeginn: CrCl < 70: KI, 70-90: Anw. nicht empf., nur falls keine Alternat. verfügbar; während Ther.: CrCl < 70: Therapieabbruch empfohlen, < 50: KI; **DALI** Child-Pugh A, B: 100%; C: keine Daten; Genvoya: Erw., Ki. > 12J ≥ 35kg: 1 x 1Tbl. p.o.; **DANI** CrCl ≥ 30: 100%; < 30: Anw. nicht empfohlen; **DALI** Child-P. A, B: 100%; C: Anw. nicht empf.

Dolutegravir + Abacavir + Lamivudin Rp	PRC C, Lact -
Triumeq *Tbl. 50+600+300mg*	**HIV-1-Infektion:** 1 x 1Tbl. p.o.; **DANI** CrCl < 50: Anw. nicht empfohlen; **DALI** Child A: ggf. Dosisreduktion; B, C: Anw. nicht empfohlen
Dolutegravir Rp	HWZ 14h, PPB 99%, PRC B, Lact -
Tivicay *Tbl. 10, 25, 50mg*	**HIV-1-Infektion:** 1 x 50mg p.o., 2 x 50mg bei Kombination mit Efavirenz, Nevirapin, Tipranavir, Ritonavir, Rifampicin bzw. bei Integrase-Inhibitor-Resistenz; **Ki. 12-17J:** 1 x 50mg; **DANI** nicht erf.; **DALI** Child C vorsichtige Anwendung
Enfuvirtid (T20) Rp	HWZ 3.8h, PPB 92%, PRC B, Lact -
Fuzeon *Inj.Lsg. 90mg/1ml*	**HIV-1-Infektion:** 2 x 90mg s.c.; **Ki. 6-16J:** 2 x 2mg/kg s.c., max. 2 x 90mg; **DANI** nicht erforderlich
Maraviroc (MVC) Rp	HWZ 13h, PPB 76%, PRC B, Lact -
Celsentri *Tbl. 150, 300mg;* *Saft (5ml = 100mg)*	**HIV-1-Infektion:** 2 x 150-600mg p.o.; Dosis u. **DANI** abhängig von Komedikation (CYP3A4-Hemmer/-Induktor) s. FachInfo; **Ki. ≥ 2J** u. **≥ 10kg:** s. FachInfo; **DALI** vorsichtige Anwendung
Raltegravir Rp	HWZ 9h; PPB 83%; PRC C Lact -
Isentress *Kautbl. 25, 100mg; Tbl. 400mg;* *Granulat 100 mg*	**HIV-1-Inf.:** 2 x 400mg p.o.; **Ki. 2-11J:** 12bis < 14kg: 2 x 75mg; 14 bis < 20kg: 2 x 100mg; 20 bis < 28kg: 2 x 150mg; 28 bis < 40kg: 2 x 200mg; ≥ 40kg: 2 x 300mg; **DANI** nicht erforderlich; **DALI** vorsichtige Anwendung bei schwerer LI
Ribavirin Rp	HWZ 9.5h (Inhal.), 79h (p.o.), Q0 0.6, PRC X, Lact ?
Copegus *Tbl. 200, 400mg* **Rebetol** *Kps. 200mg; Saft (5ml = 200mg)* **Ribavirin-CT** *Tbl. 200, 400mg* **Ribavirin-ratioph.** *Tbl. 200, 400mg*	**Chronische Hepatitis C** (in Komb. mit Interferon → 287): 800-1200mg/d je nach Gewicht bzw. Virus-Genotyp, s. Fach-Info; **DANI** CrCl < 50: KI; **DALI** KI bei schwerer LI bzw. dekomp. Zirrhose

9.25 Antimykotika zur systemischen Anwendung

9.25.1 Azole

Empf. (Fluconazol): Candida-Arten (außer C. krusei, C. glabrata), Cryptococcus, Histoplasma, Blastomyces, Trichosporon, Dermatophyten, keine Aktivität gegen Schimmelpilze;
empf. (Isavuconazol): Aspergillus, Mucorales;
empf. (Itraconazol): Candida, Cryptococcus, Coccidioides, Histoplasma, Aspergillus, Dermatophyten;
empf. (Posaconazol): Candida-Arten, Cryptococcus, Coccidioides, Histoplasma, alle Aspergillus-Spezies, Cladosporium, Zygomyceten, Fusarium-Spezies;
empf. (Voriconazol): Candida-Arten, Trichosporon, Cryptococcus, Coccidioides, Histoplasma, einige Aspergillus-Spezies, eingeschränkt bei Scedosporium, Fusarium;
UW (Fluconazol): Nausea, Kopf-/Bauchschmerzen, Diarrhoe, Exantheme, periphere Neuropathie, Veränderung von Leberfunktionswerten;
UW (Isavuconazol): Hypokaliämie, Appetit ↓, Delirium, Kopfschmerzen, Somnolenz, Thrombophlebitis, Dyspnoe, akute resp. Insuffizienz, Übelkeit, Erbrechen, Diarrhoe, Bauchschmerzen, erhöhte Leberwerte, Exanthem, Pruritus, NI, thorakale Schmerzen, Müdigkeit;
UW (Itraconazol): Bauchschmerzen, Übelkeit, Dyspepsie, schlechter Geschmack;
UW (Posaconazol): Neutropenie, Anorexie, Schlaflosigkeit, Schwindel, Kopfschmerzen, Parästhesien, Somnolenz, Hitzewallungen, Bauchschmerzen, Diarrhoe, Übelkeit, Erbrechen, Exanthem, Pruritus, Rückenschmerzen, Asthenie, Müdigkeit, Fieber, Störung des Elektrolythaushalts, Geschmacksstörung, Hypertonie, Leberenzymerhöhung, Müdigkeit, anorektale Beschwerden;
UW (Voriconazol): Fieber, Kopf-/Bauchschmerzen, Übelkeit, Erbrechen, Durchfall, Panzytopenie, Ödeme, Exanthem, Sehstrg., akutes Nierenversagen, Halluzinationen, Depressionen, Ängstlichkeit, Benommenheit, Verwirrtheit, Tremor, Unruhe, Paraesthesie, Leberwerte ↑, Ikterus, Kreatinin ↑, Gastroenteritis, Grippesymptome, Sinusitis, Hypoglykämie, Hypokaliämie, Phlebitis, Hypotonie, Rückenschmerzen;
KI (Fluconazol): schwere Leberfktsstrg., Grav./Lakt.; Anw.Beschr. bei Ki.;
KI (Isavuconalzol): bek. Überempfindlichkeit, gleichzeitige Anw. von Ketoconazol, gleichzeitige Anw. von hochdosiertem Ritonavir (> 400mg/d), gleichzeitige Anw. von CYP3A4/5-Induktoren (z.B. Rifampicin, Rifabutin, Carbamazepin, Phenobarbital, Phenytoin, Johanniskraut, Efavirenz, Nafcillin, Etravirin); familiäres Short-QT-Syndrom;
KI (Itraconazol): NI CrCl < 30, Grav./Lakt.;
KI (Posaconazol): bek. Überempf.; gleichzeitige Anw. von Mutterkorn-Alkaloiden, Terfenadin, Astemizol, Pimozid, Halofantrin, Chinidin, Simvastatin, Lovastatin, Atorvastatin;
KI (Voriconazol): bek. Überempf., gleichzeitige Anw. von Terfenadin, Astemizol, Pimozid, Chinidin, Rifampicin, Carbamazepin, Phenobarbital, hochdosiertes Ritonavir, Mutterkorn-Alkaloide, Sirolimus, Johanniskraut

Fluconazol Rp	HWZ 30h, Qo 0.2, PPB 11%, PRC C, Lact -
Diflucan *Kps. 50, 100, 200mg; Saft (10ml = 50mg); Trockensaft (5ml = 50mg); Inf.Lsg. 100, 200, 400mg* **FluconazolHEXAL** *Kps. 50, 100, 150, 200mg; Inf.Lsg. 100mg/50ml, 200mg/100ml, 400mg/200ml* **Flucobeta** *Kps. 100, 150, 200mg* **Fluconazol-ratioph.** *Kps. 50, 150mg; Inf.Lsg. 100mg/50ml, 200mg/100ml, 400mg/200ml* **Flunazul** *Kps. 50, 100, 150, 200mg* **Fungata** *Kps. 150mg*	**Oropharyngeale, ösophageale Candidose:** 200-400mg an d1, dann 1 x 100-200mg p.o.; **Candidurie:** 200-400mg/d; **akute Vaginalcandidose, Candida-Balanitis:** einmalig 150mg p.o.; **Systemcandidosen, Kryptokokken-meningitis:** d1: 1 x 400mg, dann 1 x 200-400mg p.o/i.v., max. 800mg/d; **Ki. > 1M:** 1 x 6-12mg/kg p.o./i.v.; weitere Ind s. FachInfo; **DANI** CrCl: > 50: 100%; 11-50: 50%; HD: 100% nach jeder Dialyse; **DALI** vorsichtige Anw.

Isavuconazol Rp	HWZ 110h, Q0 1.0, PPB > 99%, PRC C, Lact -
Cresemba *Kps. 100mg; Inf.Lsg. 200mg*	**Invasive Aspergillose, Mukormykose, bei der Ampho B nicht angemessen ist:** d1-2 3 x 200mg i.v., dann 1 x 200mg i.v./p.o.; **DANI** nicht erforderl.; **DALI** Child A, B: 100%; C: Anw. nicht empfohlen

Itraconazol Rp	HWZ 24-36h, Qo 1.0, PPB > 95%, PRC C, Lact ?
Itraconazol-ratioph. *Kps. 100mg* **Sempera** *Kps. 100mg; Saft (1ml = 10mg); Inf.Lsg. 250mg* **Siros** *Kps. 100mg*	**Hautmykosen, Systemmykosen, Aspergillose:** 1-2 x 100-200mg p.o. (Saft wird deutlich besser resorbiert); **vulvovag. Candidose:** 2 x 200mg p.o. für 1d; **invasive Mykose:** 2 x 200mg p.o. (für 2-5M); **Histoplasmose, Systemmykosen:** d1 + 2: 2 x 200mg über 1h i.v., dann 1 x 200mg; max. 14d; **DANI** CrCl < 30: KI; **DALI** Dosisanpassung

Posaconazol Rp	HWZ 35h, PPB 98%
Noxafil *Inf.Lsg. 300mg; Tbl. 100, 300mg; Susp. (5ml = 200mg)*	**Systemcandidosen , Aspergillose, Fusariose, Myzetom, Chromoblasto-, Kokzidioido-mykose:** d1 2 x 300mg i.v. oder Tbl.: 2 x 300mg p.o.; Susp. 4 x 200mg p.o.; ab d2: 1 x 300mg i.v. oder Tbl.: 1 x 300mg p.o.; Susp. 4 x 200mg oder 2 x 400mg p.o. ; **Pro. invasiver Mykosen:** d1 2 x 300mg i.v. oder Tbl.: 2 x 300mg; ab d2: 1 x 300mg i.v. oder Tbl.: 1 x 300mg; Susp.: 3 x 200mg p.o.; **Oropharyngeale Candidose:** Susp.: d1: 1 x 200mg p.o., dann 1 x 200mg f. 13d; **DANI** CrCl < 50: orale Anw. empfohlen; **DALI** Child C: vorsichtige Anwendung

Voriconazol Rp	HWZ 6h, Q0 0.98, PPB ca. 58%, PRC D, Lact -
VFEND *Tbl. 50, 200mg; Trockensaft (1ml = 40mg); Inf.Lsg. 200mg* **Voriconazol Aristo** *Tbl. 50, 100, 200mg* **Voriconazol HEXAL** *Tbl. 50, 100, 200mg* **Voriconazol Mylan** *Tbl. 200mg; Inf.Lsg. 200mg* **Voriconazol Stada** *Tbl. 200mg; Inf.Lsg. 200mg*	**Invas. Aspergillose, Candidämie, schwere Candida-Infektion** (Fluconazol-resistent), **Pilzinfektion** (Scedosporium, Fusarium spp.): d1: 2 x 6mg/kg i.v.; 2 x 400mg p.o.; ab d2: 2 x 4mg/kg i.v.; 2 x 200mg p.o.; Pat. < 40kg: d1: 2 x 200mg p.o., ab d2: 2 x 100mg; **Ki. 2-12J:** 2 x 7mg/kg i.v., 2 x 200mg p.o.; **DANI** möglichst orale Anwendung; **DALI** Child A, B: d1: 100%, ab d2: 50%; Child C: nicht empfohlen

9.25.2 Polyene

Empf.: Candida-Arten, Aspergillus, Histoplasma, Sporothrix, Blastomyces, Cryptococcus, Coccidioides; **UW:** Fieber, Schüttelfrost, Nausea, Erbrechen, Diarrhoe, generalisierte Schmerzzustände, Anämie, Nierenfunktionsstörung, Hypokaliämie;
KI: schwere Leber-, Nierenfunktionsstörung; Cave in Grav./Lakt.

Amphotericin B Rp	HWZ 24h (15d), Q0 0.95, PPB 90-95%, PRC B Lact ?
Amphotericin B *Inf.Lsg. 50mg* **Fungizone** *Inf.Lsg. 50mg*	**Generalisierte Mykosen:** ini 0.1mg/kg i.v., dann: 1 x 0.5-0.7mg/kg i.v., max. 1mg/kg; **Ki.** 1-2mg/d, max. 0.25mg/kg/d i.v.; **DANI, DALI** KI bei schwerer NI/LI

Amphotericin B liposomal Rp	HWZ 7-153h, Q0 0.95, PRC B, Lact ?
AmBisome *Inf.Lsg. 50mg*	**Schwere systemische Mykosen:** ini 1 x 1mg/kg i.v., steigern bis 3-5mg/kg; **Ki.:** s. Erw.; **DANI, DALI** KI bei schwerer NI/LI

9.25.3 Echinocandine

Empf.: Candida albicans und Candida spp.: fungizid, Schimmelpilze: fungistatisch;
UW (Anidulafungin): Hautrötung, Hitzewallungen, Pruritus, Exanthem, Hypokaliämie, Übelkeit, Erbrechen, Diarrhoe, Transaminasen/aP/GGT/Bili/Kreatinin ↑, Koagulopathie, Konvulsionen, Kopfschmerzen; **UW** (Caspofungin): Fieber, Schüttelfrost, Kopfschmerzen, Hypokaliämie, lokale Phlebitis, Übelkeit, Erbrechen, Diarrhoe, Flush, Exanthem, Anämie, Thrombopenie, Leukopenie, Eosinophilie, Tachykardie, Leberenzyme ↑, Arthralgie;
UW (Micafungin): Leukopenie, Thrombopenie, Hämolyse, Anämie, Hypokaliämie, Hypokalzämie, Hypomagnesiämie, Kopfschmerzen, Phlebitis, Übelkeit, Erbrechen, Diarrhoe, Bauchschmerzen, Bilirubin/Transaminasen ↑, Exanthem, Fieber, Rigor;
KI (Anidulafungin): bek. Überempf. gegen Echinocandine;
KI (Caspofungin): bek. Überempf. gegen Caspofungin;
KI (Micafungin): bek. Überempf. gegen Echinocandine

Anidulafungin Rp	HWZ 40-50h, PPB 99%, PRC C, Lact ?
Ecalta *Inf.Lsg. 100mg*	**Invas. Candidose bei nichtneutropen. Pat.:** d1: 1 x 200mg i.v., dann 1 x 100mg für 14d; **DANI, DALI** nicht erforderlich

Caspofungin Rp	HWZ 9-11 h, PPB 93-96%, PRC C, Lact ?
Cancidas *Inf.Lsg. 50, 70mg* **Caspofungin-ratioph.** *Inf.Lsg. 50, 70mg* **Caspofungin Zentiva** *Inf.Lsg. 50, 70mg*	**Invasive Aspergillose/Candidose, neutropenisches Fieber mit V.a. Pilzinfektion:** d1: 1 x 70mg i.v., dann 1 x 50mg, > 80kg: 1 x 70mg; **Ki. 12M-17J:** d1: 70mg/m², max. 70mg, dann 50mg/m², ggf. 70mg/m² bei inadäquatem Ansprechen; **DANI** nicht erforderlich; **DALI** Child 7-9: d1: 70mg, dann 1 x 35mg/d
Micafungin Rp	HWZ 13-17 h, PPB 99%, PRC C, Lact ?
Mycamine *Inf.Lsg. 50, 100mg*	**Invasive Candidose:** 1 x 100mg i.v.; < 40kg: 2mg/kg/d; bei fehl. Ansprechen Dosis verdoppeln; **Ki.:** s. Erw.; **ösophageale Candidose:** 1 x 150mg i.v.; < 40kg: 3mg/kg/d; **Pro. Cand.:** 1 x 50mg/d; < 40kg: 1mg/kg/d; **Ki.:** s. Erw.; **DANI** nicht erforderlich; **DALI** leichte bis mittelschwere LI nicht erforderlich

9.25.4 Weitere Antimykotika

Empf. (Flucytosin): Candida, Cryptococcus, Aspergillus (nur fungistatisch);
UW (Flucytosin): Anämie, Leukopenie, Neutropenie, Granulozytopenie, Thrombozytopenie, Diarrhoe, Übelkeit, Erbrechen, Leberfunktionsstörungen, Transaminasenerhöhung;
UW (Griseofulvin): Unruhe, Depression, Schlaflosigkiet, Kopfschmerzen, Schwindel, Parästhesien, periphere Neuritiden, Nausea, Erbrechen, Diarrhoe, Bläschenschübe sowie Parästhesien an Händen/Füßen bei dyshidrosiformen Epidermophytien;
UW (Terbinafin): Appetitlosigkeit, Depression, Kopfschmerzen, Geschmackstörung, gastrointestinale Beschwerden, allergische Hautreaktionen, Myalgien, Arthralgien, Müdigkeit;
KI (Flucytosin): bek. Überempfindlichkeit, gleichzeitige Anw. von Ganciclovir und Valganciclovir, Brivudin, Sorivudin und Analoga; Grav.;
KI (Griseofulvin): bek. Überempfindlichkeit, Porphyrin-Stoffwechselstörungen, schwere Leberinsuffizienz, aktueller Kinderwunsch, Grav., Lakt.;
KI (Terbinafin): bek. Überempfindlichkeit, chronische oder akute Lebererkrankungen; Nagelmykosen infolge einer primär bakteriellen Infektion

Flucytosin Rp	HWZ 3-8 h, Q0 0.03, PPB 5%, PRC C, Lact ?
Ancotil *Inf.Lsg. 2.5g/250ml*	**Schwere Systemcandidose:** 100-150mg/kg i.v. in 4ED in Kombination mit Amphotericin B (0.5mg/kg/d); **FG/NG:** 50-100mg/kg/d in 2ED; **Kryptokokkenmeningitis:** 100mg/kg/d + 0.7-1mg/kg/d Amphotericin B; **Chromoblastomykose:** 70-100mg/kg/d i.v. in 4ED + 50mg Amphotericin B; **DANI** CrCl 20-40: Dosisintervall 12h; 10-19: Dosisintervall 24h; HD: 50mg/kg n. jed. Dialyse

Griseofulvin Rp	HWZ 22h, Q0 1.0, PPB 80%, PRC C
Griseo-CT *Tbl. 125, 500mg*	**Dermatophyteninfektion der Haut/Haare:** 1-4 x 125-500mg p.o. (Wirkungseintritt erst nach W!); **Ki. 2-14J:** 10mg/kg/d p.o. in 1-4ED; **DANI** nicht erforderl.; **DALI** KI bei schwerer LI

Terbinafin Rp	HWZ 17h, Q0 1.0, PPB 99%, PRC B, Lact -
Amiada, Dermatin, Lamisil, Myconormin *Tbl. 250mg* **Terbinafin HEXAL** *Tbl. 125, 250mg* **Terbinafin Sandoz** *Tbl. 125, 250mg*	**Schwere Dermatophyteninfektion der Haut:** 1 x 250mg p.o.; **DANI** CrCl < 50: 50%; **DALI** Anw. bei schwerer LI nicht empfohlen

9.26 Antimykotika zur topischen Anwendung

Empf. (Amphotericin B): Candida, Aspergillus fumigatus; **empf.** (Natamycin): Candida; **empf.** (Nystatin): Candida, Blastomyces, Coccidioides, Histoplasma, Aspergillus; **UW** (Amphotericin B): allergische Hautreaktionen, Glossitis, Übelkeit, Erbrechen, Diarrhoe; **UW** (Nystatin): bei hoher Dosis Brechreiz; **KI** (Amphotericin B): bek. Überempf.

Amphotericin B Rp	
Ampho-Moronal *Tbl. 100mg; Lutschtbl. 10mg; Susp. (1ml = 100mg)*	**Mundsoor:** 4 x 1Tbl. bzw. 4 x 1ml p.o., bis 2-3d nach Verschwinden der sichtbaren Sympt.; **Pro.** einer gastrointest. Hefepilzüberwucherung: 4 x 1 ml p.o.; **DANI** nicht erf.

Natamycin Rp	
Pimafucin *Lutschtbl. 10mg*	**Mundsoor:** 4-6 x 10mg p.o.

Nystatin OTC	PRC C, Lact ?
Adiclair, Biofanal *Tbl. 500000IE; Susp. (1ml = 100.000IE); Mundgel (1g = 100000IE)* **Moronal, Mykundex** *Tbl. 500000IE; Susp. (1ml = 100.000IE)* **Nystatin Stada** *Tbl. 500000IE*	**Candida-Infektion:** Mundhöhle: 4-6 x 100000IE p.o.; Magen-Darm-Trakt: 3 x 1-2Tbl.; **Ki.** s. Erw.; **DANI** nicht erforderlich

9.27 Anthelminthika

Wm/Wi (Ivermectin): bindet an glutamatgesteuerte Chloridkanäle in den Nerven- und Muskelzellen ⇒ Membranpermeabilität für Chloridionen ↑ ⇒ neuromuskuläre Paralyse der Parasiten durch Hyperpolarisation; **UW** (Albendazol): Kopfschmerzen, Schwindel, Bauchschmerzen, Diarrhoe, Übelkeit, Erbrechen, reversibler Haarausfall, Fieber; **UW** (Ivermectin): je n. Ind unterschiedliche UW, s. FachInfo; **UW** (Praziquantel): Kopfschmerzen, Benommenheit, Schwindel, Somnolenz, Unwohlsein, Bauchschmerzen, Übelkeit, Erbrechen, Diarrhoe, Urtikaria, Fieber, Anorexie, Myalgie; **KI** (Albendazol): bek. Überempf., Grav./Lakt.; **KI** (Ivermectin): bek. Überempfindlichkeit; **KI** (Praziquantel): bek. Überempf., intraokuläre Zystizerkose, gleichz. Anw. von Rifampicin

Albendazol Rp	HWZ 8h, PRC C, Lact ?
Eskazole *Tbl. 400mg*	**Echinokokkose:** 2 x 400mg p.o. für 28d, dann 14d Pause, 2-3 Zyklen; **Trichinose:** 2 x 400mg für 6d; **Strongyloidiasis:** 400-800mg/d für 3d; Pat. < 60kg: 15mg/kg/d in 2ED; **DANI** nicht erforderl.; **DALI** vorsichtige Anw., Transaminasen-Ktr.
Ivermectin Rp	HWZ 12h, Q0 1.0
Scabioral *Tbl. 3mg*	**Strongyloidiasis:** einmalig 200µg/kg p.o.; **Mikrofilarämie durch Wuchereria bancrofti:** einmalig 150-200µg/kg p.o. alle 6M oder 300-400µg/kg alle 12M; **Skabies:** einmalig 200µg/kg p.o., ggf. 2. Dosis nach 8-15d bei schweren Formen; **DANI, DALI:** keine Daten
Mebendazol Rp	HWZ 2-8h, Qo 0.95, PRC C, Lact ?
Surfont *Tbl. 100mg* **Vermox** *Tbl. 100, 500mg*	**Enterobiasis:** 1 x 100mg p.o. für 3d, Wdh. nach 2 und 4W; **Ascariasis, Ancylostomiasis:** 2 x 100mg f. 3d; **Trichuriasis:** 2 x 100mg f. 4d; **Taeniasis, Strongyloidiasis:** 2 x 300mg für 3d; **Ki.:** s. Erw., max. 2 x 100mg; **Trichinose:** d1: 3 x 250mg, d2: 4 x 250mg, d3-14: 3 x 500mg; **Echinokokkose:** d1-3: 2 x 500mg, d4-6: 3 x 500mg, dann 3 x 500-1500mg; **DANI** nicht erf.; **DALI** vors. Anw.; bei schwerer Hepatopathie u. hoher Dosis Anw. nicht empf.
Niclosamid OTC	
Yomesan *Tbl. 500mg*	**Taeniasis, Fischbandwurm:** 1 x 2g p.o.; **Ki. 2-6J:** 1 x 1g; < **2J:** 1 x 0.5g; **Zwergbandwurm:** d1: 1 x 2g, d2-7: 1 x 1g; **Ki. 2-6J:** d1: 1 x 1g, d2-7: 1 x 0.5g; **< 2J:** d1: 1 x 0.5g, d2-7: 1 x 250mg; **DANI** nicht erforderlich
Praziquantel Rp	HWZ 1-2.5(4)h, Qo 0.8, PPB 85%, PRC B
Biltricide *Tbl. 600mg* **Cysticide** *Tbl. 500mg*	**Schistosomiasis:** 40-60mg/kg p.o. in 2-3ED für 1d; **Leber- u. Lungenegel:** 75mg/kg in 3ED für 2-3d; **Neurozystizerkose:** 50mg/kg in 3ED für 15d; **Taeniasis:** 1 x 5-10mg/kg; **Fischbandwurm:** 1 x 10mg/kg; **Zwergbandwurm:** 15-25mg/kg, evtl. Wdh. nach 10d; **DALI** vorsichtige Anw. bei schwerer LI

Pyrantel Rp	HWZ 26h PRC C, Lact ?
Helmex *Kautbl. 250mg; Saft (5ml = 250mg)*	**Enterobiasis, Ascariasis, Ankylostomiasis:** 1 x 10mg/kg p.o., max. 1g; **Hakenwurm:** 20mg/kg für 2d; **DALI** KI bei vorbestehender Leberschädigung

Pyrvinium OTC	PRC B
Molevac *Tbl. 50mg; Saft (5ml = 50mg)* **Pyrcon** *Saft (5ml = 50mg)*	**Enterobiasis:** 1 x 5mg/kg p.o., max. 400mg; **DANI, DALI** KI

9.28 Antimalariamittel

Wm/Wi (Piperaquintetraphosphat): Wm nicht genau bekannt, evtl. ähnlich wie Chloroquin; **Wm/Wi** (Dihydroartemisinin): Schädigung in den parasitären Membransystemen durch freie Radikale;
UW (Artemether + Lumefantrin): Bauch-/Kopfschmerzen, Anorexie, Diarrhoe, Übelkeit, Schwindel, Pruritus, Exanthem, Husten, Palpitationen, Arthralgie, Myalgie, Asthenie, Müdigkeit; **UW** (Chloroquin): Hornhauttrübung, Retinopathia pigmentosa, Exanthem; **UW** (Mefloquin): GI-Strg., ZNS-Strg., Rhythmusstrg., Psychose, Leuko-/ Thrombopenie; **UW** (Piperaquintetraphosphat + Dihydroartemisinin): Anämie, Kopfschmerzen, QT-Verlängerung, Tachykardie, Asthenie, Fieber, Grippe, Plasmodium-falciparum-Infektion, Atemweg-/ Ohrinfektion, Leukozytose, Leuko-, Thrombo-, Neutropenie, Anorexie, Konjunktivitis, unregelmäßige Herzfrequenz, Husten, Bauchschmerzen, Erbrechen, Durchfall, Dermatitis, Rash; **UW** (Proguanil + Atovaquon): Kopfschmerzen, Übelkeit, Erbrechen, Diarrhoe, Bauchschmerzen, Anämie, Neutropenie, allergische Reakt., Hyponatriämie, Appetitlosigkeit, ungewöhnl. Träume, Depression, Schlaflosigkeit, Schwindel, Leberenzyme ↑, Pruritus, Exanthem, Fieber, Husten;
KI (Artemether + Lumefantrin): komplizierte Malaria, Herzerkrankung, QT ↑, Lakt.;
KI (Chloroquin): Retinopathie, G-6-PDH-Mangel, Grav./Lakt.;
KI (Mefloquin): bek. Überempf. gegen M., Chinin, Chinidin; aktive Depression, Depression in Anamnese, generalisierte Angsterkrankung, Psychose, Suizidversuche, suizidale Gedanken und selbstgefährdendes Verhalten, Schizophrenie, andere psychiatrische Störungen, Epilepsie, Komb. mit Halofantrin bzw. Ketoconazol gleichzeit bzw. bis 15 Wochen nach letzter Mefloquin-Einnhame, Schwarzwasserfieber i.d. Anamnese, schwere Leberfunktionsstrg.;
KI (Piperaquintetraphosphat + Dihydroartemisinin): bek. Überempf., schwere Malaria (nach WHO), plötzliche Todesfälle/angeborene QT-Verlängerung in Familienanamnese, bekannte QT-Verlängerung, symptomatische HRST, schwere Bradykardie, schwere Hypertonie, linksventrikuläre Hypertrophie, dekompensierte Herzinsuffizienz, Elektrolytstrg., Einnahme von Medikamenten, die QT-Intervall verlängern (unter Berücksichtigung der HWZ);
KI (Proguanil + Atovaquon): bekannte Überempfindlichkeit, schwere Nierenfunktionsstrg.

Artemether + Lumefantrin Rp	HWZ (A/L) 2h/2-6d
Riamet *Tbl. 20+120mg*	**Unkomplizierte Malaria-tropica-Ther.:** ini 4Tbl., Wdh. nach 8, 24, 36, 48, 60h; **Ki.:** 5-15kg: s. Erw. mit je 1Tbl.; 15-25kg: je 2Tbl.; 25-35kg: je 3Tbl.

Chloroquinphosphat Rp	HWZ 30-60d, Qo 0.3, PPB 50-60%, PRC C, Lact +
Resochin *Tbl. 81, 250mg; Amp. 250mg*	**Malaria-Pro.:** 1 x/W 8mg/kg p.o., 1W vor bis 4W nach Exposition; **Malaria-Ther.:** ini 16mg/kg p.o., nach 6h 8mg/kg, dann 1 x 8mg/kg für 2-3d; ini 16mg/kg über 4h i.v., dann 8mg/kg über 4h alle 12h bis Gesamtdosis von 40-50mg/kg; **Ki.:** s. Erw.
Mefloquin Rp	HWZ 13-30d, Qo 0.9, PPB 98%, PRC C, Lact ?
Lariam *Tbl. 250mg*	**Malaria-tropica-Pro.:** 1 x/W 250mg p.o., 1W vor bis 4W nach Exposition; **Ki.** > **5kg:** 1 x/W 5mg/kg; **Malaria-Ther.:** ini 750mg p.o., nach 6h 500mg, nach 12h 250mg; **Ki.** > **5kg:** 20-25mg/kg, Gesamtdosis in 2-3ED; **DANI** nicht erford.; **DALI** KI bei schwerer LI
Piperaquintetraphosphat + Dihydroartemisinin Rp	HWZ 22d bzw. 1h, PPB > 99% bzw. 44-93%, PRC C, Lact ?
Eurartesim *Tbl. 320+40mg*	**Unkomplizierte Plasmodium-falciparum-Malaria:** 5-6kg: 1 x 80+10mg p.o. für 3d, 7-12kg: 1 x 160+20mg, 13-23kg: 1 x 320+40mg, 24-35kg: 1 x 640+80mg, 36-74kg: 1 x 960+120mg, 75-100kg: 1 x 1280+160mg, > 100kg: keine Daten; **DANI, DALI** vorsichtige Anwendung bei mäßiger/schwerer Nieren-/Leberfunktionsstrg.
Primaquin Int. Apotheke	HWZ 4-7h, PRC C, Lact ?
Primaquine *Tbl. 15mg*	**Malaria-tertiana-Nachbehandlung:** 1 x 15mg p.o. für 14d
Proguanil + Atovaquon Rp	
Atovaquon Proguanil AL *Tbl. 100 + 250mg* **Atovaquon Proguanil Stada** *Tbl. 100 + 250mg* **Malarex** *Tbl. 100+250mg* **Malarone** *Tbl. 100+250mg* **Malarone junior** *Tbl. 25+62.5mg*	**Malaria-Pro.:** 1-2d vor bis 7d nach Exposition: 1 x 100+250mg p.o.; **Ki. 11-20kg:** 1 x 25+62.5mg p.o.; **21-30kg:** 1 x 50+125mg; **31-40kg:** 1 x 75+187.5mg; **unkomplizierte Malaria-tropica-Ther.:** 1 x 400+1000mg p.o. für 3d; **Ki. 11-20kg:** 1 x 100+250mg für 3d; **21-30kg:** 1 x 200+500mg für 3d; **31-40kg:** 1 x 300+750mg für 3d; **DANI** CrCl > 30: 100%; < 30: KI; **DALI** nicht erforderlich

10 Immunologie

10.1 Immunsuppressiva

Wm/Wi (Azathioprin): Umwandlung in 6-Mercaptopurin = Purinantimetabolit;
Wm/Wi (Belatacept): selektiver Kostimulationsblocker ⇒ blockiert CD28-vermittelte Kostimulation von T-Zellen ⇒ Hemmung der Immunantwort gegen transplantierte Niere;
Wm/Wi (Ciclosporin): Blockade ruhender Lymphozyten in der G0- oder G1-Phase, Hemmung der Produktion und Freisetzung von Lymphokinen und T-Zell-Wachstumsfaktor;
Wm/Wi (Mycophenolat): Hemmung der Inosinmonophosphatdehydrogenase ⇒ Hemmung der Synthese v. Guanosin-Nukleotiden ⇒ zytostatischer Effekt auf Lymphozyten;
Wm/Wi (Tacrolimus): hemmt Bildung zytotoxischer T-Zellen; hemmt Lymphokin-Bildung u. Expression des Interleukin-2-Rezeptors;
UW (Azathioprin): Nausea, Erbrechen, Diarrhoe, Panzytopenie, Fieber, Infektionsrisiko ↑, Cholestase, Pankreatitis, Alopezie; **UW** (Ciclosporin): Nierenschädigung, Störung der Leberfunktion, Kardiotoxizität, Tremor, Hirsutismus, Gingivahypertrophie, Ödeme;
UW (Belatacept): Infektionen (Harnweg-, Atemweg-, CMV-, Herpes-, Pilzinfektionen, lokale und Wundinfektionen, BK-Virus-Infektion, Sepsis, Influenza, Gastroenteritis), Zellulitis, Plattenepithelkarzinom der Haut, Basaliom, Hautpapillome, Anämie, Leukopenie, Leukozytose, Thrombopenie, Lymphopenie, Polyzythämie, IgG/M ↓, Cushingoid, Hypophosphatämie, -kaliämie, -kalzämie, -proteinämie, Dyslipidämie, Hyperglykämie, -kaliämie, Gewicht ↓ ↑, Diabetes mellitus, Dehydratation, Azidose, Flüssigkeitsretention, Schlaflosigkeit, Angst, Depression, Kopfschmerzen, Tremor, Schwindel, apoplektischer Insult, Parästhesie, Synkope, Lethargie, periphere Neuropathie, Katarakt, okuläre Hyperämie, Verschwommensehen, Vertigo, Tinnutus, Ohrschmerz, Herzfrequenz ↓ ↑, Vorhofflimmern, Herzinsuff., Angina pectoris, Linksherzhypertrophie, RR ↓ ↑, Schock, Infarkt, Hämatom, Angiopathie, Lymphozele, Arterienfibrosierung, Husten, Dyspnoe, Pulmonarödeme, Keuchen, Hypokapnie, Orthopnoe, Epistaxis, oropharyngeale Schmerzen, Diarrhoe, Konstipation, Übelkeit, Erbrechen, Bauchschmerzen, Dyspepsie, Stomatitis aphtosa, Abdominalhernie, Zytolytische Hepatitis, gestörte Leberfkt., Akne, Pruritus, Alopezie, Hautläsionen, Ausschlag, Nachtschweiß, Hyperhidrose, Arthralgie, Myalgie, Rücken-, Glieder-, Knochenschmerzen, Gelenkschwellung, Muskelschwäche, Muskelspasmus, Bandscheibenerkrankung, Osteoarthrose, Gelenksperre, Protein-, Dys-, Hämaturie, Kreatinin ↑, Nierentubulusnekrose, -arterienstenose, -venenthrombose, Glykosurie, Hydronephrose, vesikoureteraler Reflux, Nykturie, Harninkontinenz, Harnretention, Hydrozele, periph. Ödeme, Pyrexie, Brustschmerz, Müdigkeit, Unwohlsein, verzögerte Heilung, CRP ↑, Parathormon ↑, Dysfunktion des Transplantats, chron. Allotransplantatnephropathie, Narbenhernie;
UW (Everolimus): Infektionen, Knochemarkdepression, Hyperlipidämie, Hypertonie, Thromboembolie, Bauchschmerzen, Diarrhoe, Erbrechen, Nausea, Akne, Ödeme, Schmerzen;
KI (Azathioprin): Überempfindlichkeit gegen 6-Mercaptopurin, schwere Leber-, Nieren- und Knochenmarksschäden, schwere Infektionen;
KI (Belatacept): EBV-Serostatus negativ/unbekannt, bekannte Überempfindlichkeit;
KI (Ciclosporin): Nierenfunktionstörung, unkontrollierte arterielle Hypertonie, unkontrollierte Infektionen, Tumoren, schwere Lebererkrankungen, Lakt.; Cave in Grav.;
KI (Everolimus): Überempfindlichkeit gegenüber Everolimus oder Sirolimus

Azathioprin Rp	HWZ 4.5h, Q0 1.0, PPB 30%, PRC D, Lact -
Azafalk *Tbl. 50, 75, 100mg* **Azamedac** *Tbl. 50mg* **Aza Q** *Tbl. 50mg* **Azaimun** *Tbl. 50mg* **Azathioprin HEXAL** *Tbl. 25, 50, 75, 100mg* **Azathioprin-ratioph.** *Tbl. 25, 50mg* **Imurek** *Tbl. 25, 50mg; Inj.Lsg. 50mg* **Imurel** *Tbl. 50mg* **Zytrim** *Tbl. 50mg*	**Nach Organtransplantation (Organ-Tx):** d1: 5mg/kg p.o./i.v., dann 1–4mg/kg/d; **Multiple Sklerose, Myasthenia gravis:** 2–3mg/kg/d; **Autoimmunhepatitis:** ini 1–1.5mg/kg, Erh.Dos. bis 2mg/kg; **chronische Polyarthritis, M. Crohn, Colitis ulcerosa, system. Lupus erythematodes, Dermatomyositis, Panarteriitis nodosa, Pemphigus vulgaris, bullöses Pemphigoid, M. Behçet, refraktäre autoimmune hämolytische Anämie durch IgG-Wärmeantikörper, chron. refraktäre idiopath. thrombozytopenische Purpura:** 1-3mg/kg/d; **Ki.:** s. Erw.; **DANI, DALI** sorgfältige Dosiseinstellung
Basiliximab Rp	HWZ 173h, PRC B, Lact ?
Simulect *Amp. 10, 20mg*	**Pro. der akuten Transplantatabstoßung:** 20mg i.v. 2h vor Tx, 20mg 4d nach Tx; **Ki. < 35kg:** 10mg i.v. 2h vor Tx, 10mg 4d nach Tx; Kombination mit Ciclosporin u. Steroiden
Belatacept Rp	HWZ 8.2-9.8d, PRC C, Lact ?
Nulojix *Inf.Lsg. 250mg*	**Nach Nieren-Tx:** d1, 5, 14, 28 nach Tx: je 10mg/kg i.v.; Ende W8 und 12 nach Tx: je 10mg/kg i.v.; Erhaltungsphase ab Ende W16 nach Tx: 5mg/kg alle 4 W; **DANI** nicht erforderlich; **DALI** keine Daten
Ciclosporin Rp	HWZ 7-8 (16-19)h, Q0 1.0, PPB 90%, ther. Serumspiegel (µg/l): 100-300
Cicloral *Kps. 25, 50, 100mg* **Ciclosporin 1A** *Kps. 25, 50, 100mg* **Deximune** *Kps. 25, 50, 100mg* **Immunosporin** *Kps. 25, 50, 100mg* **Sandimmun** *Kps. 10, 25, 50, 100mg; Susp. (1ml = 100mg); Amp. 50mg/1ml, 250mg/5ml*	**Nach Organ-Tx:** ini 10-14mg/kg p.o. (3-5mg/kg i.v.) 4-12h vor Tx, dann 1 x 10-14mg/kg/d für 1-2W, dann 2-6mg/kg/d p.o. in 1-2ED; **nach KM-Tx:** 12.5-15mg/kg p.o. 1d vor Tx, dann 12.5-15mg/kg für 5d, dann 12.5mg/kg für 3-6M; **nephrotisches Syndrom:** 5mg/kg p.o.; **Ki.:** 6mg/kg p.o.; **schwere Psoriasis:** 2.5mg/kg p.o. in 2ED, max. 5mg/kg; **DANI** KI außer nephrotisches Syndrom

Everolimus Rp	HWZ 21-35h, PPB ca. 74%, ther. Serumspiegel (ng/ml): 3-8
Certican *Tbl. 0.25, 0.5, 0.75, 1mg; Susp. 0.1, 0.25mg*	**Pro. Transplantatabstoßung bei Nieren- und Herz-Tx:** 2 x 0.75mg p.o., Dosisanpas. nach Serumspiegel; Komb. mit Ciclosporin; **DANI** nicht erforderlich; **DALI** Child A, B: ini 50%; C: keine Daten
Mycophenolatmofetil Rp	HWZ 6h, Q0 > 0.7, PPB 97%, PRC D, Lact -
CellCept *Kps. 250mg; Tbl. 500mg; Trockensaft (5ml = 1g); Susp. (5mg = 1ml); Inj.Lsg. 500mg* **Mowel** *Tbl. 250, 500mg* **Mycophenolatmofetil AL** *Kps. 250mg; Tbl. 500mg* **Myfenax** *Kps. 250mg; Tbl. 500mg*	**Nach Nieren-Tx:** 2 x 1g p.o./i.v.; **nach Herz-Tx:** 2 x 1.5g p.o.; **nach Leber-Tx:** d1-4: 2 x 1g i.v., dann 2 x 1.5g p.o.; Pat. > 65J: 2 x 1g p.o./i.v.; **Ki. 2-18J:** 2 x 600mg/m² p.o., max. 2g/d; **DANI** CrCl < 25: max. 2 x 1g
Mycophenolatnatrium Rp	HWZ 12h, Q0 > 0.7
Myfortic *Tbl. 180, 360mg*	**Nach Nieren-Tx:** 2 x 720mg p.o.; **DANI** CrCl < 25: sorgfältige Überwachung, max. 1440mg/d; **DALI** nicht erforderlich
Sirolimus Rp	HWZ 57-63h, Q0 1.0, ther. Serumspiegel (ng/ml): 4-12 (12-20 nach Absetzen v. Ciclosporin)
Rapamune *Tbl. 0.5, 1, 2mg; Lsg. (1mg/ml)*	**Nach Nieren-Tx:** ini 6mg, dann 1 x 2mg p.o., bzw. nach Serumspiegel; Kombination in den ersten 2-3M mit Ciclosporin und Steroiden; **DANI** nicht erforderlich
Tacrolimus Rp	HWZ 11-15h, Q0 1.0, PPB 99%, PRC C, Lact -
Advagraf *Kps. (ret.) 0.5, 1, 3, 5mg* **Crilomus** *Kps. 0.5, 0.75, 1, 2, 5mg* **Envarsus** *Kps. (ret.) 0.75, 1, 4mg* **Modigraf** *Gran. 0.2, 1mg* **Prograf** *Kps. 0.5, 1, 5mg; Amp. 5mg/1ml* **Tacni** *Kps. 0.5, 1, 5mg* **Tacpan** *Kps. 0.5, 1, 5mg* **Tacrolimus HEXAL** *Kps. 0.5, 1, 5mg*	**Nach Nieren-Tx:** 0.2-0.3mg/kg/d p.o. in 2ED; 0.05-0.1mg/kg/d i.v. als 24h-Dauerinf.; **Ki.:** 0.3mg/kg/d p.o. in 2ED; 0.075-0.1mg/kg/d i.v. als 24h-Dauerinfusion; **nach Leber-Tx:** 0.1-0.2mg/kg/d p.o. in 2ED; 0.01-0.05mg/kg/d i.v. als 24h-Dauerinfusion; **Ki.:** 0.3mg/kg/d p.o. in 2ED; 0.05mg/kg/d i.v. als 24h-Dauerinfusion; **nach Herz-Tx:** 0.075mg/kg/d p.o. in 2ED; 0.01-0.02mg/kg/d i.v. als 24h-Dauerinf.; **Ki.:** 0.1-0.3mg/kg/d p.o. in 2ED; 0.03-0.05mg/kg/d i.v. als 24-h-Dauerinf.; Dosisreduktion bei allen Ind im Verlauf; ret. Kps. Gabe in 1 ED; **Th Tx-Abstoßung:** s. FachInfo; **DANI** nicht erforderlich; **DALI** individuelle Dosisreduktion in 20- bis 25-%-Schritten

S. auch Selektive Immunsuppressiva → 222

10.2 Interferone

Wm/Wi (Interferone): antiviral, wachstumshemmend und immunregulatorisch; **UW:** Fieber, Schwitzen, Schüttelfrost, Müdigkeit, Gelenk- und Weichteilschmerzen, BB-Veränderungen, HRST, Depression, Tremor, Krampfanfälle, Parästhesien, GI-Strörung, Haarausfall, Exantheme, Pruritus; **KI:** Herz-, ZNS-Erkrankung, schwere Leberfktsstörung, Niereninsuffizienz, schwere KM-Schäden, Cave in Grav./Lakt.

Interferon alfa-2a Rp	HWZ 3.7-8.5h, Q0 1.0
Roferon A *Fertigspr. 3, 4.5, 6, 9 Mio IE*	**Chronische Hepatitis B:** 3 x/W 2.5-5 Mio IE/m² KOF s.c.; **Ki.:** bis 10 Mio IE/m² KOF 3 x/W s.c.; **chron. Hepatitis C:** 3 x/W 3-4.5 Mio IE s.c.; Komb. mit Ribavirin; andere Ind. s. Pck. Beilage; **DANI, DALI** KI bei schwerer NI, LI
Interferon alfa-2b Rp	HWZ 2-3h, Q0 1.0
Intron A *Inj.Lsg. 18, 25 Mio IE; Pen 18, 25, 30, 60 Mio IE*	**Chronische Hepatitis B:** 3 x/W 5-10 Mio IE s.c.; **chronische Hepatitis C:** 3 x/W 3 Mio IE s.c.; Komb. mit Ribavirin; andere Ind. s. Pck. Beilage; **DANI, DALI** KI
Interferon beta-1a → 345	
Interferon beta-1b → 345	
Interferon gamma-1b Rp	HWZ 7h, Q0 1.0
Imukin *Inj.Lsg. 2 Mio IE*	**Septische Granulomatose, maligne Osteopetrose:** Pat. < 0.5m² KOF: 3 x/W 1.5µg/kg s.c.; Pat. > 0.5m² KOF: 3 x/W 50µg/m² KOF s.c.
Peginterferon alfa-2a Rp	HWZ 50-130h
Pegasys *Fertigspr. 90µg, 135µg, 180µg*	**Chron. Hepatitis B:** 180µg s.c. 1 x/W für 48W; **chron. Hepatitis C:** 180µg s.c. 1 x/W; **Ki.** ≥ 5J: s. FachInfo; Kombination mit Ribavirin → 275; **DANI** ini 135µg 1 x/W; **DALI** s. FachInfo
Peginterferon alfa-2b Rp	HWZ 27-33h
Pegintron *Inj.Lsg. 50, 80, 100, 120, 150µg*	**Chron. Hepatitis C:** 1 x/W 1.5µg/kg s.c.; Komb. mit Ribavirin → 275; **DANI** Monotherapie: CrCl 30-50: ini 75%, < 30: ini 50%; Kombinationstherapie: CrCl< 50: KI

10.3 Immunglobuline

Wm/Wi (Immunglobuline): antiviral, wachstumshemmend und immunregulatorisch;
UW: Schüttelfrost, Kopfschmerzen, Fieber, Übelkeit, Erbrechen, allergische Reaktionen, Hypotonie, Anaphylaxie, Gelenkschmerzen, Rückenschmerzen; **KI:** bek. Überempf.

Immunglobuline Rp	HWZ ca. 20-40d
Flebogamma 5% *Inf.Lsg. 0.5g/10ml, 2.5g/50ml, 5g/100ml, 10g/200ml (97% IgG; max. 0.05mg/l IgA)* **Gammagard S/D** *Inf.Lsg. 0.5g/10ml, 2.5g/50ml, 5g/100ml, 10g/200ml (92% IgG; max. 0.003mg/l IgA)* **Gamunex 10%** *Inf.Lsg. 1g/10ml, 5g/50ml, 10g/100ml, 20g/200ml (98% IgG; max. 0.084mg/l IgA)* **Kiovig** *Inf.Lsg. 1g/10ml, 2.5g/25ml, 5g/50ml, 10g/100ml, 20g/200ml, 30g/300ml (98% IgG; max. 140µg/ml IgA)* **Octagam** *Inf.Lsg. 1g/20ml, 2.5g/50ml, 5g/100ml, 10g/200ml (95% IgG; max. 0.2mg/l IgA)* **Privigen** *Inf.Lsg. 2.5g/25ml, 5g/50ml, 10g/100ml, 20g/200ml (98% IgG)*	**Primäre Immunmangelsyndrome:** ini 0.4-0.8g/kg i.v. alle 2-4W bis IgG-Spiegel 4-6g/l, dann 0.2-0.8g/kg; **sekundäre Immunmangelsyndrome (CLL, Myelom):** 0.2-0.4g/dl alle 3-4W; **Ki. mit AIDS:** 0.2-0.4g/kg alle 3-4W; **idiopathische thrombozytopenische Purpura (ITP):** 0.8-1g/kg an d1, ggf. Wdh. innerhalb von 3d oder 0.4g/kg über 2-5d; **Guillain-Barré-Syndrom:** 0.4g/kg d1-5; **Kawasaki-Syndrom:** 1.6-2g/kg über 2-5d; **allogene KM-Tx:** 0.5g/kg/W, s. auch FachInfo; **Chronisch inflammatorische demyelinisierende Polyneuropathie (CIDP):** Gamunex: ini 2g/kg, Erh.Dos. 1g/kg alle 3W alle Ind: s. FachInfo der einzelnen Präparate

10.4 Spezifische Immunglobuline

Wm/Wi (Bezlotuxumab): humaner, monoklonaler Antitoxin-Antikörper, bindet an Clostridium difficile Toxin B und neutralisiert dessen Aktivität;
UW (Bezlotuxumab): Kopfschmerzen, Fieber, Übelkeit, Diarrhoe, infusionsbed. Reaktionen;
KI (Bezlotuxumab): bek. Überempfindlichkeit

Bezlotoxumab Rp	HWZ 19d
Zinplava *Inf.Lsg. 1000mg/40ml*	**PRO Rekurrenz einer Cl.-difficile-Infektion bei hohem Risiko:** 10mg/kg über 60min einmalig i.v.; **DANI, DALI** nicht erf.

10.5 Immunstimulanzien

Wm/Wi (CD34⁺ Zellen): wandern ins Knochenmark ein, Wiederbesiedelung des hämatopoetischen Systems mit Zellen, die pharmakol. wirksame Spiegel des ADA-Enzyms exprimieren;
UW: Anämie, Neutropenie, Hypothyreose, Hypertonie, Asthma, allergische Rhinitis, atopische Dermatitis, Ekzem, Fieber, pos. ANA, erhöhte Leberenzyme, autoimmun-hämolyt. Anämie, autoimmunbedingte aplastische Anämie, Autoimmunthrombozytopenie, Autoimmunthyreoiditis, Guillain-Barré-Syndrom, Autoimmunhepatitis, ANCA pos., SMA pos.;
KI: bek. Überempf., bestehende oder frühere Anamnese von Leukämie oder Myelodysplasie; pos. Test auf das hum. Immundefizienz-Virus (HIV) oder jegliches andere Agens, das in der aktuellen Zell- und Geweberichtlinie der EU gelistet ist; Gentherapie in der Vorgeschichte

CD34⁺ Zellsuspension Rp	
Strimvelis *Inf.Lsg. 1-10Mio Zellen/ml*	**Schwerer kombinierter Immundefekt durch Adenosin-Desaminase-Mangel:** einmalig 2-20Mio Zellen/kg i.v.; **DANI, DALI:** vermutlich nicht erforderlich, keine Daten

10.6 Impfstoffe

10.6.1 Bakterielle Impfstoffe

Wm/Wi: Bildung von Antikörpern durch das Immunsystem nach Applikation von attenuierten, abgetöteten oder fragmentierten Krankheitserregern oder deren Toxinen; **UW** (TD-Impfstoff): Rötung, Schwellung, Schmerzen an der Injektionsstelle, Abszess, Granulombildung, Kopfschmerzen, Übelkeit, Fieber, Schweißausbruch, allergische Reaktionen; **UW** (Typhusimpfstoff): Asthma-Anfall, Übelkeit, Erbrechen, Diarrhoe, Bauchschmerzen, Arthralgien, Myalgien, Serumkrankheit; **KI** (TD-Impfstoff): bek. Überempf./Allergie, Infektion, fieberhafte Erkrankung; **KI** (Typhusimpfstoff.): akute Erkrankung, Immundefekte, bek. Überempf.

Meningokokken-C-Oligosaccharid Rp	PRC C, Lact +
Meningitec *Fertigspr. 10µg/0.5ml* **Menjugate** *Amp. 10µg/0.5ml* **Neisvac C** *Amp. 10µg/0.5ml*	**Meningokokken-Immunisierung:** **Sgl. bis 12M:** 2 x 0.5ml im Abstand von 8W; **Ki. > 1J, Erw.:** 1 x 0.5ml
Meningokokken-A-,-C-,-W135-,-Y-Oligosaccharid Rp	PRC C Lact+
Menveo *Inj.Lsg. 25µg/0.5ml*	**Meningokokken-Immunisierung:** **Erw., Ki. ab 11J:** 0.5ml als ED i.m.
Meningokokken-B-Adsorbat Rp	PRC C Lact+
Bexsero *Inj.Lsg. 175µg/0.5ml* **Trumenba** *Inj.Lsg. 120µg/0.5ml*	**Meningokokken-B-Immunisierung:** Bexsero: **Ki. 2-5M:** 3 x 0.5ml im 4-W-Abstand, **Ki. 6M-10J:** 2 x 0.5ml im Abstand von 8W; **Ki. 11J, Erw.:** 2 x 0.5ml im Abstand von 4W; Trumemba: **Ki. 10J, Erw.:** 2 x 0.5ml im Abstand von 6M oder 3 x 0.5ml M0, 1, 4
Pneumokokkenpolysaccharid Rp	PRC C, Lact +
Prevenar-13 *Fertigspr. 0.5ml* **Pneumovax 23** *Amp. 0.5ml* **Synflorix** *Fertigspr. 0.5ml*	**Pneumokokken-Immunisierung:** Prevenar, Synflorix: 0.5ml i.m. 2., 3. u. 4. Lebensmonat und 1 x 0.5ml im 2.Lj.; **Impfung bei erhöhtem Risiko:** Pneumovax: ab 2.Lj.: 0.5ml i.m.
Salmonella-typhi-Polysaccharid Rp	
Typhim Vi *Fertigspr. 25µg/0.5ml*	**Typhus-Immunisierung:** ab 2.Lj.: 25µg i.m., Wdh. nach 3J

Tetanus- + Diphtherie-Toxoid Rp	PRC C, Lact +
Td-Impfstoff Mérieux *Amp. 20IE+2IE/0.5ml* **Td-pur** *Fertigspr. 20IE+2IE/0.5ml* **TD Rix** *Fertigspr. 20IE+2IE/0.5ml*	**Tetanus-/Diphtherie-Grundimmunisierung:** ab 6J: 0.5ml i.m., Wdh. nach 4-8W und nach 6-12M; **Auffrischimpfung:** routinemäßig 0.5ml ab Beginn 6.Lj.; 0.5ml 11.-15.Lj., dann alle 10J 0.5ml; **Immunisierung bei Verletzung:** 0.5ml, wenn letzte Impfung 5-10J zurückliegt

Tetanus- + Diphtherie- + Pertussis-Toxoid Rp	PRC C, Lact +
Boostrix *Fertigspr. 20IE + 2IE + 8µg/0.5ml* **Covaxis** *Amp. 20IE + 2IE + 8µg/0.5ml* **Infanrix** *Fertigspr. 40IE + 30IE + 25µg/0.5ml*	**Tetanus/Diphtherie/Pertussis-Grundimmun.:** Infanrix: je 0.5ml i.m. 2., 3. und 4. Lebensmon. u. 1 x 0.5ml im 2. Lj.; **Auffrischimpfung:** Boostrix, Covaxis: ab 4. Lj.: 0.5ml

10.6.2 Virale Impfstoffe

Wm/Wi: Bildung von Antikörpern durch das Immunsystem nach Applikation von attenuierten, abgetöteten oder fragmentierten Krankheitserregern oder deren Toxinen;
UW (FSME-Impfstoff): Reakt. an Injektionsstelle, Kopfschmerzen, Übelkeit, Myalgie, Arthralgie, Müdigkeit, Krankheitsgefühl; **UW** (Gelbfieberimpfstoff): Kopfschmerzen, Übelkeit, Erbrechen, Diarrhoe, Myalgien, Lokalreaktionen an Injektionsstelle, Fieber, Abgeschlagenheit;
UW (Hepatitis-A-Impfstoff): Kopfschmerzen, Unwohlsein, Fieber, Appetitverlust;
UW (Hepatitis-B-Impfstoff): Rötung, Schwellung, Schmerzen an der Injektionsstelle, Kopfschmerzen, Übelkeit, Erbrechen, Bauchschmerzen, Fieber, Schweißausbruch, allerg. Reaktionen, Leberfunktionsstrg., Arthralgie, Myalgie; **UW** (MMR-Impfstoff): Fieber, Schweißausbruch, Schüttelfrost, Abgeschlagenheit, Kreislaufreaktionen, Kopfschmerzen, Katarrh, GI-Störung;
UW (Pandemrix): Lymphadenopathie, Kopfschmerzen, Hautblutungen/Verhärtung/Schwellung/Schmerzen an Injektionsstelle, verstärktes Schwitzen, Arthralgie, Myalgie, Schüttelfrost, Fieber;
UW (Rotavirusimpfstoff): Fieber, Durchfall, Erbrechen, Reizbarkeit, Bauchschmerzen;
UW (Tollwutimpfstoff): Schmerzen/Rötung an der Einstichstelle, Unwohlsein, Fieber, grippeähnl. Symptome, Lymphadenopathie, Kopfschmerzen, Myalgie, Exanthem;
UW (Zoster-Impfstoff): Kopfschmerzen, Erythem/Schwellung/Schmerz/Hämatom/Pruritus/Überwärmung an der Injektionsstelle;
KI (FSME-Impfstoff): bek. Überempf., schwere Überempf. gegen Eiprotein, Hühnereiweiß, moderate oder schwere akute Erkrankungen; **KI** (Gelbfieberimpfstoff): bek. Überempf. gegen G. bzw. Eier, Hühnereiweiße; Immunsuppression, kongenital od. idiopathisch od. nach Behandlung mit syst. Steroiden, nach Bestrahlung od. nach Th. mit Zytostatika, Dysfunktion des Thymus i. d. Anamnese (einschließlich Thymom u. Thymektomie); symptom. HIV-Inf., asymptom. HIV-Inf. bei nachgewiesener verminderter Immunfunktion, Ki. < 6M, akute, schwere, fieberhafte Erkrankung;
KI (Hepatitis-B-Impfstoff): bek. Überempf./Allergie, Infektion, fieberhafte Erkrankung;
KI (MMR-Impfstoff): bek. Überempf./Allergie, akute Erkrankung; angeborene, erworbene oder therapiebedürftige Immundefizienz, Schwangerschaft; **KI** (Pandemrix): bek. Überempf.;
KI (Rotavirusimpfstoff): bek. Überempfindlichkeit, angeborene Fehlbildungen im GI-Trakt, HIV-Infektion; **KI** (Tollwutimpfstoff): bek. Überempfindlichkeit;
KI (Zosterimpfstoff): bek. Überempfindlichkeit, angeborene/erworbene Immundefizienz, immunsuppressive Therapie, aktive/unbehandelte Tbc, Grav.

FSME-Impfstoff, Stamm K23 Rp	
Encepur Kinder *Fertigspr. 0.75µg* **Encepur Erwachsene** *Fertigspr. 1.5µg*	**FSME-Immunisierung:** 3 x M 0, 1-3 und 9-12; **Ki. 1-11J:** 0.75µg; **Ki. ab 12J**, Erw. jeweils 1.5µg i.m.; 1. Auffrischung nach 3J, danach alle 5J, Erw. > 49J. alle 3J
FSME-Impfstoff (Stamm Neudörfl) Rp	
FSME Immun Junior *Fertigspr. 1.2µg* **FSME Immun** *Fertigspr. 2.4µg*	**FSME-Immunisierung:** 3 x M 0, 1-3 und 5-12; **Ki. 1-15J** 1.2µg; **Ki. ab 16J**, Erw. jeweils 2.4µg i.m.; 1. Auffrischung nach 3J, danach alle 5J, Erw. >60J. alle 3J
Gelbfieber-Impfstoff Rp	PRC C, Lact ?
Stamaril *Inj.Lsg. 1000 IE/0.5ml*	**Gelbfieber-Immunisierung: Erw., Ki. ab 9M:** 1 x 1000 IE s.c./i.m., ggf. Wdh n. 10J
Hepatitis-A-Impfstoff Rp	PRC C, Lact ?
Havrix *Fertigspr. 720E/0.5ml, 1440E/1ml* **Vaqta** *Fertigspr. 25E/0.5ml, 50E/1ml*	**Hepatitis-A-Immunisierung:** **Erw.:** 50 bzw. 1440E i.m. M 0, Wdh. nach 6-12M; **Ki.:** 25 bzw. 720E i.m. M 0, Wdh. nach 6-12M; Auffrischung alle 10J
Hepatitis-B-Impfstoff Rp	PRC C, Lact ?
Engerix B Erwachsene *Fertigspr. 20µg/1ml* **Engerix B Kinder** *Fertigspr. 10µg/1ml* **Hbvaxpro** *Amp. 5µg/0.5ml, 10µg/1ml, 40µg/1ml; Fertigspr. 5µg/0.5ml, 10µg/1ml*	**Hepatitis-B-Immunisierung:** **Erw.:** 20µg i.m. M 0, 1 und 6; **NG, Ki. bis 16J:** 10µg i.m. M 0, 1, 2 und 12, alternativ M 0, 1, 6
Hepatitis-A- + -B-Impfstoff Rp	PRC C, Lact ?
Twinrix Erwachsene *Fertigspr. 720E+20µg/1ml* **Twinrix Kinder** *Fertigspr. 720E+10µg/0.5ml*	**Hepatitis-A- +-B-Immunisierung:** **Erw.:** 720E + 20µg i.m. M 0, 1 und 6; **Ki. 1-16J:** 720E + 10µg i.m. M 0, 1 und 6
Influenza-Impfstoff (epidemische Influenza) Rp	PRC C Lact +
Fluad 2016/2017 *Fertigspr. 0.5ml* **Influvac 2014/2015** *Fertigspr. 0.5ml*	**Pro. epidemische Influenza:** **Erw., Ki ab 3J:** 0.5ml i.m./s.c.; **Ki. 6M-3J:** 0.25ml i.m/s.c.; Wdh. bei Kindern nach 4W
Japanische-Enzephalitis-Virus-Impfstoff Rp	
Ixiaro *Fertigspr. 0.5ml*	**Japanische-B-Enzephalitis-Immunisierung:** 0.5ml i.m. M 0 und 1
Masern-Mumps-Röteln-Impfstoff Rp	PRC C, Lact +
MMR Triplovax *Fertigspr. 0.5ml* **MMR Vaxpro** *Fertigspr. 0.5ml* **Priorix MMR** *Fertigspr. 0.5ml*	**Masern-Mumps-Röteln-Immunisierung:** **Ki. ab 12. Lebensmonat:** 0.5ml i.m. M 0 und 4 (möglichst bis Ende 2.Lj.)

Masern-Mumps-Röteln-Varizellen-Impfstoff Rp	PRC C, Lact +
Priorix Tetra *Fertigspr. 0.5ml* **ProQuad** *Fertigspr. 0.5ml*	**Masern-Mumps-Röteln-Varizellen-Immunisierung:** **Ki. ab 9. M-12.Lj.:** 0.5ml s.c. W0 und 6
Papillomvirusimpfstoff Rp	
Cervarix *Fertigspr. 0.5ml* **Gardasil** *Fertigspr. 0.5ml*	**Pro. HPV-assoziiertes Zervix-Ca, Anal-Ca Dysplasien von Zervix und Vulva, Condylomata acuminata:** **9-13J:** 0.5ml i.m. M 0 und 6; **ab 14J:** 0.5ml i.m. M 0, 2 und 6
Poliomyelitis-Impfstoff (Typ I, II, III) Rp	PRC C, Lact +
IPV Merieux *Fertigspr. 40+8+32E/0.5ml* **Imovax Polio** *Fertigspr. 40+8+32E/0.5ml*	**Poliomyelitis-Immunisierung:** **Erw. u. Ki.:** 40+8+32E i.m. M 0, 2 und12; Auffrischung nach 10J
Rotavirusimpfstoff Rp	
Rotarix *Susp. 1ml* **RotaTeq** *Dosiertube 2ml*	**Rotaviren-Immunisierung:** 1 bzw. 2ml p.o., 1. Dosis 6.-12. Lebenswoche, Wdh. nach 4 und 8W
Tollwutimpfstoff Rp	
Rabipur *Inj.Lsg. 2.5IE/1ml* **Tollwutimpfstoff (HDC) inaktiviert** *Inj.Lsg. 2.5IE/1ml*	**Tollwut-Immunisierung:** 2.5IE i.m. d 0, 7, 21 oder 28; Auffrischung nach Titer oder alle 2-5J; **Impfung nach Exposition:** 2.5IE d 0, 3, 7, 14, 28
Varizellen-Impfstoff Rp	PRC C, Lact ?
Varilrix *Fertigspr. 2000E/0.5ml* **Varivax** *Fertigspr. 1350E/0.5ml*	**Varizellen-Immunisierung:** **Erw., Ki. > 12M:** 0.5ml i.m./s.c. W 0 und 6
Varicella-Zoster-Impfstoff Rp	PRC C Lact ?
Shingrix *Inj.Lsg. 50µg/0.5ml* **Zostavax** *Fertigspr. 19.400PBE/0.65ml*	**Pro. Herpes zoster und postherpetische Neuralgie:** Patienten > 50J: Shingrix: 50µg i.m. M0 und 2; Zostavax: 1 x 0.65ml s.c.

10.6.3 Bakterielle und virale Impfstoffe kombiniert

UW (Infanrix Hexa): Reaktionen an der Injektionsstelle, ungewöhnliches Schreien, Ruhelosigkeit, virale Infekte, Infekte der oberen Atemwege, Bronchitis, Konjunktivitis, Husten, Schnupfen, Diarrhoe, Erbrech., Dermatitis, Bauchschmerzen, Otitis media, Ekzem, Schläfrigkeit; **KI** (Infanrix Hexa): bek. Überempfindlichkeit gegen die enthaltenen Impfstoffe bzw. gegen Neomycin, Polymyxin; fühere Enzephalopathie innerhalb von 7d nach Pertussis-Impfung

Diphtherie-Tetanus-Pertussis-Poliomyelitis-Haemophilus-influenzae-Hepatitis-B-Impfstoff Rp	
Infanrix Hexa *Fertigspr. 0.5ml*	**Immunisierung o.g. Erreger:** 0.5ml i.m. z.B. 2. 3. 4. und 12. Lebensmonat

10.7 Impfkalender

Impfung	W	Monate					Jahre					
	6	2	3	4	11-14	15-23	2-4	5-6	9-14	15-17	>18	≥60
Diphtherie Tetanus Pertussis		G1	G2	G3	G4	N	N	A1	A2		A (ggf. N)	
HIB		G1	G2[c]	G3	G4	N	N					
Polio		G1	G2[c]	G3	G4	N	N		A1		ggf. N	
Hepatitis B		G1	G2[c]	G3	G4	N	N					
Pneumokokken[a]		G1		G2	G3	N						S[g]
Rotaviren	G1[b]	G2	(G3)									
Meningokokken C					G1 (ab 12 Mon)		N					
Masern, Mumps, Röteln					G1	G2	N				S[f]	
Varizellen					G1	G2	N					
Human Papilloma Virus									G1+2[d]	N[d]		
Influenza												S[h]

Zeitpunkt empfohlener Impfungen mit Impfstoff; (A) = Auffrischung

Grundimmunisierung aller noch nicht Geimpften bzw. Komplettierung eines vollständigen Impfschutzes (G)

Standardimpfungen mit allgemeiner Anwendung = Regelimpfung (S)

a Frühgeborene erhalten eine zusätzliche Impfstoffdosis im Alter von 3 Monaten, d. h. insgesamt 4 Dosen

b Die 1. Impfung sollte bereits ab dem Alter von 6 W erfolgen, je nach verwendetem Impfstoff sind 2 bzw. 3 Dosen im Abstand von mindestens 4 W erforderlich

c Bei monovalenter Anwendung kann diese Dosis entfallen

d Standardimpfung für Mädchen im Alter von 9–13 bzw. 9–14 J (je nach verwendetem Impfstoff) mit 2 Dosen im Abstand von 6 M, bei Nachholimpfung beginnend im Alter > 13 bzw. > 14 J oder bei einem Impfabstand von < 6 M zwischen 1. und 2. Dosis ist eine 3. Dosis erforderlich (Fachinformation beachten)

e Ab 5 oder 6J wird zur Auffrischung u. Grundimmunsisierung ein Impfstoff mit reduziertem Diphtherietoxoid-Gehalt (d) bzw. Pertussis-Antigen-Gehalt (ap) verwendet; Td-Auffrischung alle 10 J; bei allen Erw. wird die nächste fällige Td-Impfung einmalig als Tdap (bei entspr. Ind. als Tdap-IPV)-Kombinationsimpfung empfohlen

f Einmalig für nach 1970 geborene Personen ab 18J ohne Impfung, mit nur einer Impfung in der Kindheit oder mit unklarem Impfstatus, vorzugsweise mit einem MMR-Impfstoff

g Einmalige Impfung mit Polysaccharid-Impfstoff

h Jährlich mit dem von der WHO empfohlenen aktuellen Impfstoff

Impftabelle nach STIKO (Ständige Impfkommission am Robert Koch-Institut, Berlin), Stand 2018
http://www.rki.de/DE/Content/Kommissionen/STIKO/Empfehlungen/Aktuelles/Impfkalender.html

11 Anästhesie

11.1 Opioid-Analgetika

11.1.1 Äquianalgetische Dosierungen

Opioid	Parent. (mg)	Oral (mg)	Wi-dauer (h)	Btm
Alfentanil	0.5	-	0.2	X
Buprenorphin	0.3	-	6-8	X
Buprenorphin s.l.	0.4	-	6-8	X
Codein	-	120	3-5	-
Dihydrocodein	-	90	3-4	-
Fentanyl	0.1	-	0.4	X
Hydrocodon	7	-	4-8	-
Hydromorphon	2	4	4	X
Hydromorphon Oros	-	6	24	X
Levomethadon	4	7.5	6	X
Meptazinol	100	-	1-3	-
Methadon	8	15	6	X
Morphin	**10**	**30**	**2-4**	**X**
Oxycodon	7.5	15	4	X
Pethidin	75	-	2-4	X
Piritramid	15	-	4-6	X
Remifentanil	0.05	-	0.2	X
Sufentanil	0.02	-	0.5	X
Tilidin/Naloxon	-	300	3-4	-
Tramadol	100	300	3-4	-
Opioidähnliche Analgetika (MOR-NRI)				
Tapentadol	-	~75		X

11.1.2 Opioid-Umstellung auf Pflaster

Morphin → Fentanyl

Morphin mg/24h p.o.	Morphin mg/24h Parent.	Fentanyl µg/h TTS
0-45	-	12
46-90	0-22	25
91-150	23-37	50
151-210	38-52	75
211-270	53-67	100
271-330	68-82	125
331-390	83-97	150
391-450	98-112	175

Dosisbereiche gelten als Orientierung, die Dosisstärke des Pflasters muss individuell auf den Patienten abgestimmt werden.

Morphin → Buprenorphin

Morphin mg/24h p.o.	Morphin mg/24h Parent.	Buprenorphin mg/24h s.l.	Buprenorphin mg/24h Parent.	Buprenorphin µg/h TTS
0-90	0-30	Bis 1.1	Bis 0.8	35
91-130	31-43	Bis 1.6	Bis 1.2	52.5
131-170	44-57	Bis 2.1	Bis 1.5	70
171-340	58-113	Bis 4.3	Bis 3.1	87.5–140

Maximale Pflastergröße: Fentanyl 100µg/h, Buprenorphin 70µg/h; bei höherer Dosierung verschiedene Pflastergrößen für die korrekte Dosis kombinieren

11.1.3 Opioid-Umstellung, allgemein

1. Errechnung der Tagesdosis des bisherigen Opioids
2. Errechung der äquianalgetischen Tagesdosis des neuen Opioids (bezogen auf Applikationsart)
3. **50-%-Regel:** ini 30-50% d. rechnerisch ermittelten Äquivalenzdosis; Ausnahmen: bei L-Methadon individuelle Titration; bei Umstellung auf MOR-NRI i.d.R. keine Reduktion, da 2 Wirkmechanismen
4. Aufteilung der Tages- in Einzeldosen entsprechend der Wirkdauer der Substanz
5. Titration gegen den Schmerz mittels schnell freisetzender Bedarfsmedikation
6. Festlegen der neuen Basis- ggf. auch Bedarfsmedikation

11.1.4 Opioidagonisten

Wm: Stimulation zentraler Opioid-Rezeptoren; **Wi:** analgetisch, sedativ, atemdepressiv, antitussiv, emetisch und antiemetisch; vgl. auch UW;
UW (Fentanyl): Übelkeit, Erbrechen, Muskelrigidität, Dyskinesie, Sedierung, Schwindel, Sehstörung, Bradykardie, Tachykardie, Arrhythmie, Hypotonie, Hypertonie, Venenschmerz, Laryngospasmus, Bronchospasmus, Apnoe, allergische Dermatitis, postoperative Verwirrtheit, neurologische, anästhesiologische Komplikationen; **UW** (Fentanyl TTS): Somnolenz, Schwindel, Kopfschmerzen, Übelkeit, Erbrechen, Obstipation, immunologische Überempf., Appetitlosigkeit, Schlaflosigkeit, Depression, Angstgefühl, Verwirrtheitszustand, Halluzinationen, Tremor, Parästhesie, Konjunktivitis, Drehschwindel, Palpitationen, Tachykardie, Hypertonie, Dyspnoe, Diarrhoe, Mundtrockenheit, abdominale Schmerzen, Oberbauchschmerzen, Dyspepsie, Schwitzen, Pruritus, Hautausschlag, Erythem, Muskelkrämpfe, Harnverhalt, Fatigue, periphere Ödeme, Asthenie, Unpässlichkeit, Malaise, Kältegefühl; **UW** (Morphin): Stimmungsänderungen, Veränd. der Aktiviertheit, Schlaflosigkeit, Denkstrg., Wahrnehmungsstrg. wie Halluzinationen, Verwirrtheitszustände, Kopfschmerzen, Schwindel, Geschmacksstrg., Obstipation, Erbrechen, Dyspepsie, Schwitzen, Urtikaria, Pruritus, Harnretention; **UW** (Pethidin): Verwirrtheit, Stimmungsveränd., Veränderungen der kognitiven u. sensorischen Leistungsfähigkeit, Erregungszustände, Wahnvorstellungen, Halluzinationen, Sedierung, Schwindel, Atemdepression;
UW (Piritramid): Tachykardie, Hypotonie, Stupor, Schwindel, Somnolenz, Übelkeit, Erbrechen, Würgereiz, Blässe; **UW** (Oxycodon): Appetit ↓, Stimmungs- und Persönlichkeitsänderung, Aktivität ↓, Unruhe, psychomotorische Hyperaktivität, Agitiertheit, Nervosität, Schlaflosigkeit, Denkstörung, Verwirrtheitszustände, Sedierung, Schwindel, Kopfchmerz, Synkope, Parästhesien, Hypotonie, Dyspnoe, Obstipation, Erbrechen, Übelkeit, Abdominalschmerz, Diarrhoe, Mundtrockenheit, Schluckauf, Dyspepsie, Pruritus, Harnretention, Dysurie, Harndrang, Hyperhidrosis, Schüttelfrost, Asthenie; **UW** (Sufentanyl): Sedierung, Pruritus, Fieber, neonataler Tremor, Schwindel, Kopfschmerzen, Tachykardie, Hypertonie, Hypotonie, Blässe, neonatale Zyanose, Hautverfärbung, Muskelzuckungen, Harnverhalt, Harninkontinenz;
KI (Fentanyl): bek. Überempfindlichkeit.; Patienten mit Epilepsie, bei denen eine intraoperative Herdlokalisation vorgenommen werden soll; **KI** (Fentanyl TTS): akute oder postoperative Schmerzzustände, da bei einer kurzzeitigen Anwendung keine Dosistitration möglich ist; schwer beeinträchtigte ZNS-Funktion, schwere Atemdepression; **KI** (Morphin): bek. Überempf., Ileus, Atemdepression, schwere COPD, akutes Abdomen, Gerinnungsstörungen und Infektionen im Injektionsgebiet bei intrathekaler oder epiduraler Anw.; **KI** (Oxycodon): bek. Überempf., schwere Atemdepression mit Hypoxie und/oder Hyperkapnie, schwere chronisch obstruktive Lungenerkrankung, Cor pulmonale, schweres Bronchialasthma, paralytischer Ileus, Stillzeit; **KI** (Jurnista): Ki./Jug. < 18J; **KI** (Pethidin): bek. Überempf., gleichz. Anw. von MAO-Hemmern oder binnen 14d nach der letzten Einnahme, schwere respiratorische Insuffizienz, Ki. < 1J;
KI (Piritramid): bek. Überempfindlichkeit, Atemdepression, komatöse Zustände;
KI (Sufentanyl): bekannte Überempfindlichkeit, während der Lakt. (24h nach der Anästhesie kann wieder mit dem Stillen begonnen werden); unter der Geburt oder während des Kaiserschnittes vor Abnabelung des Kindes; akute hepatische Porphyrien; Krankheitszustände, bei denen eine Dämpfung des Atemzentrums vermieden werden soll

Alfentanil Rp (Btm)	HWZ 1.5h, Q0 1.0, PPB 92%, PRC C, Lact?
Alfentanil-Hameln *Amp. 1mg/2ml, 5mg/10ml* **Rapifen** *Amp. 1mg/2ml, 5mg/10ml*	**Anästhesie:** Erw. und Ki. nach OP-Dauer als Bolus: bis 10min: 15-20µg/kg i.v.; 10-30min: 20-40µg/kg; 0.5-1h: 40-80µg/kg; > 1h: 80-150µg/kg; Dauerinfusion: 0.5-3µg/kg/min

Fentanyl Rp (Btm)	HWZ 3-12h, Q0 0.9, PPB 80-85%, PRC C, Lact ?
Fentanyl Hameln *Amp. 0.1mg/2ml, 0.5mg/10ml, 2.5mg/50ml* **Fentanyl HEXAL** *Amp. 0.1mg/2ml, 0.5mg/10ml* **Fentanyl-Janssen** *Amp. 0.1mg/2ml, 0.5mg/10ml*	**Prämed.:** 50-100μg i.m. 30-60min. präOP; **analgetische Komponente bei Allgemeinanästhesie:** mittlere Dosis 2-20μg/kg i.v.; hohe Dosis 20-50μg/kg i.v.; Ki. 12-17J. s. Erw.; 2-11J.: ini 1-3μg/kg, ergänzend 1-1.25μg/kg; **analgetische Komponente bei Regionalanästhesie:** 50-100μg i.m. oder langsam i.v.; **Monoanästhetikum bei Allgemeinanästhsie:** 50-100μg/kg i.v., in Einzelfällen bis 150μg/kg; **DANI, DALI** verlängerte postOP Überwachung

Fentanyl oral/nasal Rp (Btm)	HWZ 4-22h Q0 0.9, PPB 85%, PRC C, Lact ?
Abstral *Lingualtbl. 100, 200, 300, 400, 600, 800μg* **Actiq** *Lutschtbl. 200, 400, 600, 800, 1200, 1600μg* **Breakyl** *Buccalfilm 200, 400, 600, 800, 1200μg* **Effentora** *Buccaltbl. 100, 200, 400, 600, 800μg* **Fentanyl HEXAL** *Lingualtbl. 67, 133, 267, 400, 533, 800μg* **Instanyl** *Nasenspray 50, 100, 200 μg/Stoß* **PecFent** *Nasenspray 100, 400μg/Stoß*	**Durchbruchschmerz bei chron. Tumorschm.:** **Actiq:** ini 200μg, ggf. Wdh nach 15min; weitere Dosistitration je nach Wi bis 1600μg; **Abstral, Effentora:** ini 100μg, ggf. Wdh nach 30min, weitere Dosistitr. je nach Wi bis max. 800μg; **Breakyl:** ini 200μg, ggf. nach 30min höhere Dosis, weitere Dosistitr. je nach Wi bis max. 1200μg; **Instanyl:** ini 50μg, ggf. Wdh. nach 10min, weitere Dosistitration je nach Wi; **Pecfent:** ini 100μg, ggf. nächste Dosis nach 4h, weitere Dosistitration je nach Wi bis 800μg; s.a. FachInfo der einzelnen Präparate; **DANI, DALI** sorgfältige Dosiseinstellung

Fentanyl transdermal Rp (Btm)	HWZ 13-22h , Q0 0.9, PPB 85%, PRC C, Lact ?
Durogesic SMAT *TTS 12, 25, 50, 75, 100μg/h* **Fentadolon** *TTS 25, 50, 75μg/h* **Fentamat** *TTS 12, 25, 37.5, 50, 75, 100μg/h* **Fentanyl HEXAL, Fentanyl Sandoz** *TTS 12, 25, 37.5, 50, 75, 100, 150μg/h* **Fentavera** *TTS 12, 25, 50, 75, 100μg/h* **Matrifen** *TTS 12, 25, 50, 75, 100μg/h*	**Chronische Schmerzen:** alle 3d 1 Pflaster, Dosis je nach Vortherapie → 294; **DANI, DALI** sorgfältige Dosiseinstellung

Hydromorphon Rp (Btm)	HWZ 2.5h, Q0 1.0, PPB 8%, PRC C, Lact ?
Hydromorphon HEXAL *Tbl. 4(ret.), 8(ret.); 16(ret.), 24(ret.)mg; Kps. 2(ret.), 4(ret.), 8(ret.), 16(ret.), 24(ret.)mg; Amp. 2mg/1ml, 10mg/1ml, 100mg/10ml* **Hydromorphon Stada** *Tbl. 4(ret.), 8(ret.), 16(ret.), 24(ret.)mg* **Palladon** *Kps. 1.3, 2.6mg; Kps. 4(ret.), 8(ret.), 16(ret.), 24(ret.)mg; Amp. 2mg/1ml, 10mg/1ml, 100mg/10ml*	**(Sehr) starke Schmerzen:** ini 1.3-2.6mg alle 4h p.o.; 2 x 4-24mg (ret.) p.o.; 1-2mg i.m./s.c.; 1-1.5mg i.v.; **Ki. < 6J:** 0.015mg/kg i.m./s.c.; **6-12J:** 0.5-1mg i.m/s.c.; **DANI, DALI** sorgfältige Dosiseinstellung

Hydromorphon Oros Rp (Btm)	HWZ 12.5-14.7h, Qo 1.0, PPB < 30%, PRC C, Lact ?
Jurnista *Tbl. 4(ret.), 8(ret.), 16(ret.), 32(ret.), 64(ret.)mg*	**Starke chron. Schmerzen:** 1 x 4-64mg p.o.; **DANI, DALI** sorgf. Dosiseinst.
Levomethadon Rp (Btm)	HWZ 15-60h, Qo 0.25, PPB 85%
L-Poladdict *Tbl. 5, 20, 30mg* **L-Polaflux** *Lsg. (1ml=5mg)* **L-Polamidon** *Tbl. 5, 20mg; Amp. 2.5mg/1ml, 5mg/2ml; Gtt. (1ml = 20Gtt. = 5mg)* **L-Polamidon Lsg. zur Substitution** *Lsg. (1ml = 5mg)*	**(Sehr) starke Schmerzen:** 2.5mg i.v.; bis 7.5mg i.m./s.c., evtl. Wdh. alle 4-6h; 4-6 x 2.5-7.5mg p.o., bei Tumorschmerz ggf. weitere Dosissteigerung; **Ki. 2-5J:** 0.25-0.5mg/d; > **5J:** 0.5-1.3mg; **Substitutionsther. bei Opiatabhängigkeit:** ini morgens 15-20mg p.o., abends 10-25mg, n. 1-6d Tagesdosis 1 x/d; **DANI, DALI** Dosisred.
Morphin Rp (Btm)	HWZ 2.5h, Qo 0.9 (0.3), PPB 20-35%, PRC C, Lact ?
Capros *Kps. 5, 10, 10(ret.), 20, 20(ret.), 30, 30(ret.), 60(ret.), 100(ret.)mg* **M-long** *Kps. 10(ret.), 30(ret.), 60(ret.), 100(ret.)mg* **Morphanton** *Brausetbl. 20mg; Tbl. (ret.) 10, 20, 30, 60, 100mg* **Morphin Merck** *Gtt. (1ml = 5, 20mg); Amp.10mg/1ml, 20mg/1ml, 100mg/10ml* **MSI** *Amp. 10mg/1ml, 20mg/1ml, 100mg/5ml, 200mg/10ml* **MSR** *Supp. 10, 20, 30mg* **MST** *Tbl. 10(ret.), 30(ret.), 60(ret.), 100(ret.), 200(ret.)mg; Gran. 20(ret.), 30(ret.), 60(ret.), 100(ret.), 200(ret.)mg* **Painbreak** *Brausetbl. 15mg* **Sevredol** *Tbl. 10, 20mg* **Substitol** *Kps. 30(ret.), 60(ret.), 100(ret.), 200(ret.)mg*	**(Sehr) starke Schmerzen:** 2-6 x 10-60mg p.o.; 1-2 x 30-200mg (ret.) p.o.; 4-6 x 5-10mg i.v./s.c./i.m.; **Ki. 0-1J:** 4-6 x 0.2mg/kg p.o.; **2-5J:** 4-6 x 2.5-5mg p.o.; **6-12J:** 4-6 x 5-10mg p.o.; **13-16J:** 4-6 x 10-20mg; **Ki. bis 6M:** 0.01mg/kg/h i.v. Dauerinfusion; **> 6M:** 4-6 x 0.05-0.1mg i.v.; **DANI, DALI** sorgfältige Dosiseinstellung; **Substitutionsbehandlung bei Opiod-abhängigkeit (Substitol):** ohne Vorbehandlung: ini 100-200mg p.o., ggf. n. 6h zusätzl. 200mg, Erh.Dos. individuell 500-800mg/d; Umstellung von Methadon im Verhältnis 1:6-1:8 (Metahdonhydrochlorid : Morphin)
Oxycodon Rp (Btm)	HWZ 3.2-8h, PPB 38-45%, PRC C, Lact ?
Oxycodon Beta *Tbl. 5(ret.), 10(ret.), 20(ret.), 30(ret.), 40(ret.), 60(ret.), 80(ret.)mg* **Oxycodon HEXAL** *Tbl. 5(ret.), 10(ret.), 20(ret.), 40(ret.), 60(ret.), 80(ret.)mg* **Oxycodon Stada** *Tbl. 10(ret.), 20(ret.), 40(ret.), 80(ret.)mg* **Oxycodon-ratioph.** *Tbl. 5 (ret.), 10(ret.), 20(ret.), 30(ret.), 40(ret.), 60(ret.), 80(ret.)mg* **Oxygesic** *Tbl. 5(ret.), 10(ret.), 20(ret.), 40(ret.), 80(ret.), 120(ret.)mg; Kps. 5, 10, 20mg; Lingualtbl. 5, 10, 20mg; Inj.Lsg. 10mg/1ml, 20mg/2ml, 50mg/1ml*	**(Sehr) starke Schmerzen:** ini 2 x 10mg p.o. (nicht opioidgewöhnte Pat.), nach Bedarf steigern; 1-10mg über 1-2min i.v. bzw. 5mg s.c. als Bolus, max. 6x/d; Infusion 2mg/h i.v.; **Nichttumorschmerz:** bis 40mg/d; **Tumorschmerz:** 80-120mg/d, max. 400mg/d; **DANI, DALI** ini 50%

Oxycodon + Naloxon Rp (Btm)	
Targin *Tbl. 5+2.5(ret.),10+5(ret.), 20+10(ret.), 40+20(ret.)mg*	**(Sehr) starke Schmerzen:** ini 2 x 10+5mg p.o., max. 80+40mg/d; **DANI, DALI** vorsichtige Dosiseinstellung

Pethidin Rp (Btm)	HWZ 3.5-4h, Q0 0.9, PPB 60%
Dolantin *Gtt. (21 Gtt. = 50mg); Amp. 50mg/1ml, 100mg/2ml* **Dolcontral** *Supp. 100mg* **Pethidin Hameln** *Amp. 50mg/1ml, 100mg/2ml*	**Starke Schmerzen:** 1-5 x 100mg rekt.; 25-150mg p.o./s.c./i.m.; 50mg i.v. Wdh. nach Bedarf, max. 500mg/d p.o./rekt./i.v.; **Ki.:** 0.6-1.2mg/kg/ED p.o.; **DANI** Dosisintervall verlängern; **DALI** sorgfältige Dosiseinstellung

Piritramid Rp (Btm)	HWZ 4-10h, Q0 1.0, PRC C
Dipidolor *Amp. 15mg/2ml* **Piritramid Hameln** *Amp. 7.5mg/1ml, 15mg/2ml, 45mg/6ml*	**(Sehr) starke Schmerzen:** bis 4 x 7.5-22.5mg i.v.; bis 4 x 15-30mg i.m./s.c.; **Ki.:** bis 4 x 0.05-0.2mg/kg i.m./s.c.; bis 4 x 0.05-0.1mg/kg i.v.; **DANI** nicht erforderlich; **DALI** Dosisreduktion

Remifentanil Rp (Btm)	HWZ 3-10min, Q0 > 0.9, PPB 70%, PRC C, Lact ?
Remifentanyl B. Braun *Inj.Lsg. 1, 2, 5mg* **Remifentanyl Hameln** *Inj.Lsg. 1, 2, 5mg* **Remifentanyl Kabi** *Inj.Lsg. 1, 2, 5mg* **Ultiva** *Inj.Lsg. 1mg/3ml, 2mg/5ml, 5mg/10ml*	**Anästhesie bei Spontanatmung:** ini 0.04µg/kg/min i.v., dann nach Bedarf 0.02-0.1µg/kg/min; **Anästhesie mit Beatmung:** ini 0.5-1µg/kg/min i.v., dann je nach Narkoseverfahren; **Ki. 1-12J:** ini 0.25µg/kg/min i.v., dann je nach Narkoseverfahren 0.05-1.3µg/kg/min; **DANI** nicht erforderlich

Sufentanil Rp (Btm)	HWZ 158-164min, Q0 1.0, PPB 92%, PRC C, Lact ?
Sufentanil Hameln *Amp. 0.01mg/2ml, 0.05mg/10ml, 0.25mg/5ml, 1mg/20ml* **Sufentanil Hikma** *50µg/10ml; 250µg/5ml*	**Anästhesie bei Kombinationsnarkose:** ini 0.5-2µg/kg i.v., dann 0.15-0.7µg/kg; **Monoanästhesie:** ini 15-20µg/kg i.v., dann 25-50µg nach Bedarf; **epidural:** intraop. 10-15ml Bupivacain 0.25% + 1µg Sufentanil/ml; postoperativ kontinuierlich Bupivacain 0.175% + 1µg Sufentanil/ml; 4-14ml/h; **DANI, DALI** ggf. Dosisreduktion

11.1.5 Opioide mit gemischt-agonistischer-antagonistischer Aktivität

Wm/Wi (Buprenorphin): kappa-Antagonist und μ-Agonist ⇒ analgetisch;
Wm/Wi (Nalbuphin): kappa-Agonist und μ-Antagonist ⇒ analgetisch;
UW (Buprenorphin): Übelkeit, Erbrechen, Erythem, Juckreiz, Schwindel, Kopfschmerzen, Dyspnoe, Schwitzen, Exanthem, Obstipation, Ödeme, Müdigkeit; **UW** (Nalbuphin): Sedierung, Schweißausbrüche, Schläfrigkeit, Vertigo, Mundtrockenheit, Kopfschmerzen, Dysphorie, Übelkeit, Erbrechen; **KI** (Buprenorphin TTS): bek. Überempf., opioidabhängige Pat. bzw. zur Drogensubstitution, Strg. des Atemzentrums bzw. der Atemfunktion, Myasthenia gravis, Kombination mit MAO-Hemmern, Delirium tremens, Grav.; **KI** (Nalbuphin): bek. Überempf., schwere NI, Leberschäden, gleichzeitige Therapie mit μ-agonistischen Opioiden

Buprenorphin Rp (Btm)	HWZ 5h, TTS 30h, Qo 1.0, PPB 96%, PRC C, Lact ?
Bup 4-Tagepflaster *TTS 35, 52.5, 70μg/h* **Bupensan** *Lingualtbl. 2, 4, 8mg* **Buprenaddict** *Lingualtbl. 0.4, 2, 8mg* **Buprenorphin AWD** *TTS 35, 52.5, 70μg/h* **Buprenorphin-ratioph. Matrixpflaster** *TTS 35, 52.5, 70μg/h* **Norspan** *TTS 5, 10, 20, 30, 40μg/h* **Subutex** *Lingualtbl. 0.4, 2, 8mg* **Temgesic** *Lingualtbl. 0.2, 0.4mg; Amp. 0.3mg/1ml* **Transtec PRO** *TTS 35, 52.5, 70μg/h*	**(Sehr) starke Schmerzen:** 3-4 x 0.2-0.4mg s.l., 3-4 x 0.15-0.3mg i.v./i.m.; max. 1.2mg/d; TTS: 35-70μg/h, Wechsel alle 4d (alle 3d bei Buprenorphin AWD und Buprenorphin-ratioph.); TTS (Norspan): 5-20μg/h, Wechsel alle 7d; **Ki.:** 3-4 x 3-6μg/kg i.v./i.m.; > 35kg: 3-4 x 0.2mg p.o.; > 45kg: 3-4 x 0.4mg p.o.; **Substitutionsther. bei Opiatabhängigkeit:** ini 1 x 2-4mg p.o., dann langsame Dosisred.; **DANI** nicht erforderlich; **DALI** Dosisreduktion, KI bei schwerer LI
Buprenorphin + Naloxon Rp (Btm)	
Suboxone *Lingualtbl. 2+0.5mg, 8+2mg, 16+4mg*	**Substitutionsther. bei Opiatabhängigkeit:** ini 2-4+0.5-1mg p.o., an d1 ggf. erneut 1-2 x 2+0.5mg, Dosisanp. nach klinischer Wi, max. 24mg Buprenorphin/d, s. a. FachInfo; **DANI** nicht erforderl., CrCl < 30: vors. Anw.; **DALI** Dosisreduktion, KI bei schwerer LI
Meptazinol Rp	HWZ 3h, Qo 0.95
Meptid *Amp. 100mg/1ml*	**Mittelstarke bis starke Schmerzen:** 50-100mg i.v., 75-100mg i.m., ggf. Wdh alle 2-4h
Nalbuphin Rp	HWZ 2-3h
Nalpain *Inj.Lsg. 10mg/1ml*	**Mittelstarke bis starke Schmerzen:** 0.1-0.3mg/kg i.v./i.m./s.c., dann je nach Wi nach 3-6h wdh., max. 20mg/d; **Ki.:** 0.1-0.2mg/kg i.v./i.m./s.c.; **Ki. < 1.5J:** keine Daten; **DANI** KI bei schweren Nierenschäden; **DALI** KI bei schweren Leberschäden

11.1.6 Opioidantagonisten

Wm: kompetitiver Antagonismus am Opioidrezeptor;
UW (Naloxon): Schwindel, Kopfschmerzen, Tachykardie, Hypotonie, Hypertonie, Übelkeit, Erbrechen, postoperative Schmerzen;
UW (Naltrexon): Bauchschmerzen, Übelkeit, Erbrechen, Diarrhoe, Obstipation, Appetit ↓, Schlafstörungen, Angstzustände, Nervosität, Affektstörungen, Reizbarkeit, Kopfschmerzen, Unruhe, Schwindel, gesteigerter Tränenfluss, Tachykardie, Palpitationen, Änderungen EKG, Thoraxschmerzen, Exanthem, Gelenk- und Muskelschmerzen, verzögerte Ejakulation, erektile Dysfunktion, Asthenie, Durst, gesteigerte Energie, Schüttelfrost, Hyperhidrose,
KI (Naloxon): bek. Überempfindlichkeit;
KI (Naltrexon): bek. Überempfindlichkeit, schwere Leberinsuffizienz, akute Hepatitis, schwere Nierenfunktionsstörung; Pat., die Opioid-Analgetika erhalten; opioidabhängige Pat. ohne erfolgreichen Entzug, oder Pat., die Opiat-Agonisten erhalten (z. B. Methadon); akute Opiat-Entzugssymptome, Pat. mit einem positiven Opioid-Nachweis im Urin oder einem negativen Ergebnis im Naloxon-Provokationstest

Naloxon Rp	HWZ 3-4h, Q0 1.0, PPB 32-45%, PRC B, Lact ?
Naloxon Hameln *Amp. 0.4mg/1ml* **Naloxon-ratioph.** *Amp. 0.4mg/1ml* **Naloxon Inresa** *Amp. 0.4mg/1ml*	**Opioidintox.:** ini 0.4-2mg i.v./i.m./s.c., dann je nach Wi alle 2min 0.4-2mg; **Ki.:** 0.01mg/kg i.v., je n. Wi Wdh. nach 3-5min; **postop. Atemdepression:** 0.1-0.2mg i.v., Wdh. alle 2-3min, bis Spontanatmung einsetzt; **Ki.:** 0.005-0.01mg/kg; **NG, deren Mutter Opiode erhalten hat:** 0.01mg/kg i.v./i.m., je nach Wirkung Wdh. nach 2-3min
Naltrexon Rp	HWZ 2.7(9)h, Q0 1.0, PPB 21%, PRC C, Lact ?
Nalorex *Tbl. 50mg* **Naltrexon-HCL neuraxpharm** *Tbl. 50mg* **Nemexin** *Tbl. 50mg*	**Unterstützung einer Entwöhnungstherapie nach erfolgter Opiatentgiftung:** nach neg. Naloxon-Test d1 25mg, dann 1 x 50mg p.o.; oder Montag, Mittwoch, Freitag 100, 100, 150mg; Adepend → 379 **DANI, DALI** KI bei schwerer NI, LI

11.1.7 Weitere Opioid-Analgetika

Wm/Wi (Tilidin+Naloxon): Kombination Opiodagonist und -Antagonist ⇒ analgetisch, gleichzeitig Verminderung des Missbrauchspotentials durch Opiatabhängige; **Wm/Wi** (Tramadol) zentral wirksamer Opioidrezeptor-Agonist, Hemmung der neuronalen Wiederaufnahme von Noradrenalin ⇒ analgetisch, antitussiv, nur gering artemdepressiv; **UW** (Tilidin+Naloxon): Übelkeit, Erbrechen, Diarrhoe, Bauchschmerzen, Schwindel, Benommenheit, Müdigkeit, Kopfschmerzen, Nervosität, Schwitzen ↑; **UW** (Tramadol): Schwindel, Kopfschmerzen, Benommenheit, Übelkeit, Erbrechen, Obstipation, Mundtrockenheit, Schwitzen, Erschöpfung; **KI** (Tilidin+Naloxon): bek. Überempf., Opiatabhängigkeit, andere Abhängigkeitserkrankungen, Porphyrie; **KI** (Tramadol): bek. Überempf., akute Alkohol-, Schlafmittel-, Analgetika-, Opioid- oder Psychopharmakaintox.; Pat., die MAO-Hemmer erhalten oder innerhalb der letzten 14d angewendet haben; nicht ausreichend kontrollierte Epilepsie; Anwendung zur Drogensubstitution

Tilidin + Naloxon Rp (Btm unretardierte Formen)	HWZ 3h, Qo 0.95
Tilicomp Beta *Tbl. 50+4(ret.), 100+8(ret.), 150+12(ret.)mg;* **Tilidin HEXAL comp.** *Kps. 50+4mg; Tbl. 50+4(ret.), 100+8(ret.), 150+12(ret.), 200+16(ret.)mg;* **Valoron N** *Tbl. 50+4(ret.), 100+8(ret.), 150+12(ret.), 200+16(ret.)mg; Gtt. (20 Gtt. = 50+4mg)*	**(Sehr) starke Schmerzen:** bis 4 x 50-100+4-8mg p.o., max. 600+48mg/d; 2 x 50-200+4-16mg (ret.) p.o.; **Ki. 2-13J:** bis 4 x 1Gtt./Lj., minimal 3Gtt./ED; **DANI** nicht erforderlich

Tramadol Rp	HWZ 6(5-10)h, Qo 0.6, PPB 20%, PRC C, Lact -
Tramadolor *Kps. 50, 50(ret.), 100(ret.), 150(ret.), 200(ret.)mg; Tbl. 50, 50(ret.), 100(ret.), 150(ret.), 200(ret.), 300(ret.)mg; Brausetbl. 100mg; Gtt. (20Gtt. = 50mg); Pumplsg. 100mg/1ml; Amp. 50mg/1ml, 100mg/2ml* **Tramadol-ratioph.** *Tbl. 50, 100(ret.)mg; Kps. 50, 50(ret.), 150(ret.), 200(ret.)mg; Brausetbl. 50mg; Gtt. (20Gtt. = 50mg); Pumplsg. 100mg/1ml; Amp. 50mg/1ml, 100mg/2ml* **Tramal** *Kps. 50mg; Supp. 100mg; Gtt. (20 Gtt. = 50mg); Amp. 50mg/1ml, 100mg/2ml* **Tramal long** *Tbl. 50(ret.), 100(ret.), 150(ret.), 200(ret.)mg* **Travex One** *Tbl. 150(ret.), 200(ret.), 300(ret.), 400(ret.)mg*	**Mäßige, starke Schmerzen:** bis 4 x 50-100mg p.o./i.v./i.m./s.c./rekt.; 1-2 x 50-200mg ret. p.o.; max. 400mg/d; **Ki. 1-11J:** 1-2mg/kg p.o./i.v.; max. 400mg/d bzw. 8mg/kgKG/d; **DANI** bei kurzfristiger Gabe keine Dosisanpassung erforderlich; bei schwerer NI Dauertherapie nicht empfohlen; CrCl < 10: KI; **DALI** KI bei schwerer LI

11.2 Opioidrezeptor-Agonist mit Noradrenalin-Reuptake-Hemmung (MOR-NRI)

Wm/Wi: µ-Opioidrezeptor-Agonist mit Noradrenalin-Wiederaufnahmehemmung ⇒ starke analgetische Wi bei chronischen nozizeptiven, neuropathischen und gemischten Schmerzen;
UW: Schwindel, Somnolenz, Kopfschmerz, Übelkeit, Obstipation, Appetit ↓, Angst, depressive Stimmung, Schlafstrg., Nervosität, Ruhelosigkeit, Aufmerksamkeitsstrg., Tremor, unwillkürliche Muskelkontraktionen, Erröten, Dyspnoe, Erbrechen, Diarrhoe, Dyspepsie, Pruritus, Hyperhidrose, Hautausschlag, Asthenie, Müdigkeit, Gefühl der Körpertemperaturveränderung, trockene Schleimhäute, Ödeme;
KI: bekannte Überempfindlichkeit, ausgeprägte Atemdepression, akutes/starkes Bronchialasthma, Hyperkapnie, paralytischer Ileus, akute Intoxikation mit Alkohol, Hypnotika, zentralen Analgetika, psychotropen Substanzen

Tapentadol Rp (Btm) HWZ 4h, PPB 20%

Palexia *Tbl. 25(ret.), 50, 50(ret.), 100(ret.), 150(ret.), 200(ret.), 250(ret.)mg; Lsg. (1ml = 20mg)*
Yantil *Tbl. 25(ret.), 50(ret.), 100(ret.), 150(ret.), 200(ret.), 250(ret.)mg*

Umdosierung:
< 80mg Morphin/d → 2 x 50mg/d Tapentadol
≥ 80- < 120mg Morph./d → 2 x 100mg/d Tapentadol
≥ 120- < 160mg Morph./d → 2 x 150mg/d Tapentadol
≥ 160- < 200mg Morph./d → 2 x 200mg/d Tapentadol

Starke chronische Schmerzen: ohne Opioid-Vorbehandlg. ini 2 x 50mg/d p.o., mit Opioid-Vorbehandlung ini ggf. höhere Dosis → 294; nach Bedarf steigern; max. 2 x 250mg/d;
DANI leichte bis mäßige NI: 100%, schwere NI: Anwendung nicht empfohlen;
DALI leichte LI: 100%; mäßige LI: ini 1 x 50mg/d, nach Verträglichkeit steigern; schwere LI: Anwendung nicht empfohlen

11.3 Weitere zentral wirksame Analgetika

Wm/Wi (Ziconotid): inhibiert spannungsabhängigen Kalziumeinstrom in die primären nozizeptiven afferenten Nerven, die im Rückenmarkshinterhorn enden;
UW (Ziconotid): Schwindel, Übelkeit, Nystagmus, Verwirrung, Gangabnormalitäten, Gedächtnisstrg., Verschwommensehen, Kopfschmerz, Asthenie, Erbrechen, Somnolenz;
KI (Ziconotid): bek. Überempfindlichkeit, Kombination mit intrathekaler Chemotherapie

Ziconotid Rp HWZ 4.5h, (intrathekal)

Prialt *Inf.Lsg. 100µg/1ml, 500µg/5ml*

Starke chron. Schmerzen: ini 2.4µg/d intrathekal, nach Bedarf um max. 2.4µg/d steigern, max. 21.6µg/d;
DANI, DALI keine Daten

11.4 Anilinderivate

Wm: Hemmung der zerebralen Prostaglandinsynthese, Hemmung des Effekts endogener Pyrogene auf die hypothalamische Temperaturregulation;
Wi: antipyretisch, analgetisch, nur sehr gering antiphlogistisch;
UW (Paracetamol): keine sehr häufigen/häufigen UW;
KI (Paracetamol): bekannte Überempfindlichkeit; schwere Leberinsuffizienz

Paracetamol (Acetaminophen) OTC/Rp*	HWZ 1-4h, Q0 > 0.9, PPB 10%, PRC B, Lact+
Ben-u-ron *Tbl. 500, 1000mg; Kps. 500mg; Brausetbl. 1000mg; Gran. 250, 500, 1000mg; Supp. 75, 125, 250, 500, 1000mg; Saft (5ml = 200mg)* **Enelfa** *Tbl. 500mg; Supp. 125, 250, 500mg;* **Paracetamol HEXAL** *Tbl. 500mg; Supp. 125, 250, 500, 1000mg; Saft (5ml = 200mg)* **Paracetamol-ratioph.** *Brausetbl. 500mg; Tbl. 500mg; Supp. 75, 125, 250, 500, 1000mg; Saft (5ml = 200mg)* **Perfalgan** *Inf.Lsg. 500/50, 1000mg/100ml* **Rubiemol** *Supp. 125, 250, 500mg; Saft (5ml = 250mg)*	**Leichte bis mäßig starke Schmerzen, Fieber:** 3-4 x10-15mg/kg, max. 60mg/kg/d p.o./rekt.; 1g i.v., ggf. Wdh. nach 4h, max. 4g/d i.v.; **Ki.:** p.o./rekt.: s. Erw.; i.v.: <10kg: 7.5mg/kg i.v., ggf. Wdh. nach 4h, max. 30mg/kg/d; 10-33kg: 15mg/kg i.v., max. 60mg/kg/d bzw. max. 2g/d; > 33kgKG: 15mg/kg i.v., ggf. Wdh. nach 4h, max. 60mg/kg/d bzw. max. 3g/d i.v.; **DANI** CrCl < 30: (i.v.) Dosisintervall 6h; **DALI** Dosisinterv. verlängern, Child-Pugh > 9: KI * Verschreibungspflichtig, wenn eine Packung > 10g enthält!

11.5 Narkotika

11.5.1 Injektionsnarkotika: Barbiturate

Wm/Wi (Methohexital): kurz wirksames Barbiturat, Hypnotikum, keine Analgesie;
Wm/Wi (Thiopental): Barbiturat, hypnotisch, antikonvulsiv, hirndrucksenkend;
UW (Methohexital): RR-Senkung, Atemdepression, Bronchospasmus;
UW (Thiopental): Atemdepression, euphorische Stimmungslagen, Traumerlebnisse z. T. unangenehmer Art, Übelkeit, Erbrechen, Singultus, Husten, Niesen, allergische und pseudoallergische Reaktionen, Broncho- und Laryngospasmus, Hautrötung;
KI (Methohexital): Cave in Grav./Lakt.; **KI** (Thiopental): bek. Überempf. gegen Barbiturate; akute Vergiftungen mit Alkohol, Schlafmitteln, Schmerzmitteln und Psychopharmaka; akute hepat. Porphyrie, maligne Hypertonie, Schock, Status asthmaticus, Lakt.; Cave in Grav.

Methohexital Rp	HWZ 70-125min, Q0 1.0, PPB 73%, PRC B, Lact ?
Brevimytal *Inj.Lsg. 500mg*	**Narkoseeinleitg.:** 50-120mg od. 1-1.5mg/kg i.v.; **DANI** nicht erf.; **DALI** vorsichtige Anw.

Thiopental Rp	HWZ 3-18h, Q0 1.0, PPB 50-80%
Thiopental Rotexmedica, Thiopental Inresa *Inj.Lsg. 0.5g/20ml, 1g/20ml*	**Narkoseeinleitung:** 5mg/kg i.v.; **DANI, DALI** Dosisreduktion

11.5.2 Injektionsnarkotika: Benzodiazepine

S. Psychiatrie → 369

11.5.3 Injektionsnarkotika: Nichtbarbiturate

Wm/Wi (Etomidat): Hypnotikum zur Narkoseeinleitung, keine Analgesie;
Wm/Wi (4-Hydroxybuttersäure): hypnotisch, keine Analgesie;
Wm/Wi (Ketamin): analgetisch, hypnotisch ohne wesentliche Atemdepression;
Wm/Wi (Propofol): Hypnotikum zur Narkoseeinleitung/-aufrechterhaltung, keine Analgesie;
UW (4-Hydroxybuttersäure): Myoklonien; **UW** (Ketamin): Aufwachreaktionen wie lebhafte Träume, Albträume, motor. Unruhe, Schwindel; verschwommenes Sehen, Anstieg von Blutdruck und Herzfrequenz, Tachykardie, pulmon. Hypertonie, pulmonale Mucussekretion ↑, Sauerstoffverbrauch ↑, Laryngospasmus, Atemdepression, Übelkeit, Erbrechen, Salivation ↑, Hyperreflexie, Muskeltonus ↑, Hirndruck und intraokulärer Druck ↑;
UW (Propofol): RR ↓, Apnoe, Exzitationssymptome, Husten, Übelkeit, Erbrechen, Kopfschmerzen, Euphorie, Hypertonie, Flush, Singultus, Brady-/Tachykardie, Arrhythmien, Kältegefühl, Hyperventilation, Überempfindlichkeitsreaktionen, Fieber, sexuelle Hemmschwelle ↓;
KI (Etomidat): Ki. < 6J; Lakt.; Cave in Grav.; **KI** (4-Hydroxybuttersäure): Nephropathie, Hypertonie, Epilepsie, Alkoholismus; **KI** (Ketamin): bek. Überempf., Pat., bei denen erhöhter RR oder gesteigerter Hirndruck ein ernsthaftes Risiko darstellt; Hypertonie (> 180/100 mmHg); Präeklampsie, Eklampsie, Hyperthyreose; Situationen, die einen muskelentspannten Uterus erfordern, z.B. drohende Uterusruptur, Nabelschnurvorfall; wenn es als einziges Anästhetikum bei Pat. mit manifesten ischämischen Herzerkrankungen angewendet wird;
KI (Propofol): bek. Überempfindlichkeit, Überempf. gegen Soja und Erdnuss, Kinder < 1M zur Narkose, Kinder < 16J zur Sedierung; Propofol 2%: Kinder < 3J

Esketamin Rp	HWZ 2-4h, PPB 47%
Ketanest S *Amp. 25mg/5ml, 50mg/2ml, 250mg/10ml; Inj.Lsg. 100mg/20ml*	**Narkose:** ini 0.5-1mg/kg i.v.; 2-4mg/kg i.m., dann 50% der Initialdosis alle 10-15min oder 0.5-3mg/kg/h; **Analgesie Notfallmedizin:** 0.125-0.25mg/kg i.v.; 0.25-0.5mg/kg i.m.; **Analgesie bei Beatmung:** ini 0.25mg/kg i.v., dann 0.2-0.5mg/kg/h; **Status asthmaticus:** 0.5-1mg/kg i.v., max. 2.5mg/kg
Etomidat Rp	HWZ 3-5h, Q0 1.0, PPB 76%, PRC C, Lact ?
Etomidat lipuro *Amp. 20mg/10ml* **Hypnomidate** *Amp. 20mg/10ml*	**Narkoseeinleitg.:** 0.15-0.3mg/kg i.v, max. 60mg Gesamtdosis; **Ki. bis 15J:** 0.15-0.2mg/kg i.v.
4-Hydroxybuttersäure Rp	
Somsanit *Amp. 2g/10ml*	**Narkose:** 60-90mg/kg i.v.; **DANI** KI bei schwerer NI
Ketamin Rp	HWZ 2-3h, Q0 1.0, PPB 47%, PRC D, Lact -
Ketamin Hameln *Amp. 500mg/10ml* **Ketamin Inresa** *Amp. 100mg/2ml, 500mg/10ml* **Ketamin Rotexmedica** *Amp. 50mg/5ml, 100mg/2ml, 500mg/10ml*	**Narkose:** ini 1-2mg/kg i.v.; 4-8mg/kg i.m., dann 50% der Initialdosis alle 10-15min; **Analgesie Notfallmedizin:** 0.25-0.5mg/kg i.v.; 0.5-1mg/kg i.m.; **Analgesie bei Beatmung:** ini 0.5mg/kg i.v., dann 0.4-1mg/kg/h; **Status asthmaticus:** 1-2mg/kg i.v., bei Bedarf bis 5mg/kg

Propofol Rp	HWZ 40-200min, Q0 1.0, PPB 98%, PRC B, Lact ?
Disoprivan *Amp. 200mg/20ml; Inj.Lsg. 500mg/50ml, 1g/50ml* **Propofol lipuro** *Amp. 200mg/20ml; Inj.Lsg. 500mg/50ml, 1g/50ml, 1g/100ml* **Propofol-ratioph.** *Amp. 200mg/20ml, 500mg/50ml, 1g/50ml*	**Narkoseeinleitung:** 1.5-2.5mg/kg langs. i.v.; Pat. > 55J oder Risikopat. 1mg/kg; **Narkoseaufrechterhaltung:** 4-12mg/kg/h i.v.; **Sedierung bei chirurgischen oder diagnostischen Eingriffen:** ini 0.5-1mg/kg über 1-5min i.v., dann 1.5-4.5mg/kg/h; **Sedierung bei Intensivbehandlung:** 0.3-4mg/kg/h i.v.

11.5.4 Injektionsnarkotika: Alpha-2-Agonisten

Wm/Wi: selektiver Alpha-2-Agonist ⇒ Noradrenalinfreisetzung ↓ sympatholytisch, sedierend, analgetisch, kardiovaskuläre Wi (HF↓, RR↓ bzw. bei höheren Dosen HF ↓, RR ↑);
UW: Hyper-/Hypoglykämie, Unruhe, Bradykardie, myokard. Ischämie/Infarkt, Tachykardie, RR ↑, RR ↓, Übelkeit, Erbrechen, Mundtrockenheit, Entzugssyndrom, Hyperthermie;
KI: bek. Überempf., AV-Block II-III°, unkontrollierte Hypotonie, akute zerebrovask. Ereignisse

Dexmedetomidin Rp	HWZ 1.9-2.5h, PPB 94%, PRC C, Lact ?
Dexdor *Inf.Lsg. 200µg/2ml, 400µg/4ml, 1000µg/10ml*	**Sedierung von intensivmed. Patienten:** ini 0,7µg/kg/h i.v., je n. Bed. 0,2-1,4µg/kg/h; **DANI** nicht erf., **DALI** vorsichtige Anw.

11.5.5 Inhalationsnarkotika

Wm: unbek., u.a. Hemmung spannungsabhängiger Ionenkanäle; **Wi:** narkotisch, analgetisch;
UW (Desfluran): Hypotonie, Atemdepression, Herzrhythmusstrg., Myokardischämie, Speichelfluss ↑, Laryngo- und Bronchospasmus, Husten, Übelkeit, Erbrechen;
UW (Isofluran): Hypotonie, negativ inotrope Effekte, Arrhythmien, Atemdepression, Husten, Laryngospasmus, Leberenzyme ↑, Frösteln, Übelkeit, Erbrechen, Ileus, passagere Leukozytose, maligne Hyperthermie; **UW** (Sevofluran): Hypotonie, Hypertonie, Übelkeit, Erbrechen, Husten, Fieber, Frösteln, Bradykardie, Tachykardie, Laryngospasmus, Bronchospasmus, Speichelfluss ↑, Agitiertheit, Schwindel;
KI: bekannte Überempfindlichkeit, maligne Hyperthermie (Vorgeschichte bzw. genetische Disposition), Pat. mit Leberfktsstrg., Leukozytose, unklares Fieber nach Inhalationsnarkose in der Anamnese; **KI** (Isofluran): Kombination mit nichtselektiven MAO-Hemmer

Desfluran Rp	Blut-Gas-Verteilungskoeffizient 0.42
Suprane *Inh.Lsg.*	**Narkoseeinleitung:** 4-11 Vol.% (nicht bei Kindern!); **Narkoseaufrechterhaltung:** 2-6 Vol.% bei Kombination mit Lachgas; 2.5-8.5% bei alleiniger Anwendung + O_2; **DANI, DALI** nicht erforderlich

Isofluran Rp	Blut-Gas-Verteilungskoeffizient 1.4
Forene *Inh.Lsg.* **Isofluran Baxter** *Inh.Lsg.* **Isofluran Piramal** *Inh.Lsg.*	**Narkoseeinleitung:** 1.5-3.0 Vol.%; **Narkoseaufrechterhaltung:** 1.0-2.5 Vol.%, bei Kombination mit Opioiden 0.5-1.5 Vol.%; **DANI, DALI** nicht erforderlich

Sevofluran Rp	Blut-Gas-Verteilungskoeffizient 0.65
Sevofluran Baxter *Inh.Lsg.* **Sevofluran Piramal** *Inh.Lsg.* **Sevorane** *Inh.Lsg.*	**Narkoseeinleitung:** bis zu 8 Vol.%; **Narkoseaufrechterhaltung:** 0.5-3 Vol.%; **DANI, DALI** nicht erforderlich

11.6 Muskelrelaxantien

11.6.1 Stabilisierende Muskelrelaxantien

Wm/Wi: kompetitive Verdrängung von Acetylcholin an Nikotinrezeptoren der motorischen Endplatte ⇒ Verhinderung der Depolarisation;
UW: Bronchospasmus, Tachykardie, Urtikaria, RR ↓;
KI: Unmöglichkeit der künstlichen Beatmung; Anw.Beschr. bei Myasthenia gravis und Eaton-Lambert-Syndrom

Atracurium Rp	HWZ 20-30min, Wi 25min, Q0 1.0, PPB 82%
Atracurium Hikma, Atracurium Hameln, Atracurium HEXAL *Amp. 25mg/2.5ml, 50mg/5ml*	**Muskelrelaxierung i.R. einer Narkose:** ini 0.3-0.6mg/kg i.v., dann 0.1-0.2mg/kg alle 15-20min oder 0.3-0.6mg/kg/h Dauerinf.; **DANI, DALI** nicht erforderlich
Cisatracurium Rp	HWZ 22-29min, Wi 35min, Q0 0.85, PRC B, Lact ?
Cisatracurium Accord, Cisatracurium Hameln, Cisatracurium HEXAL, Nimbex *Amp. 5mg/2.5ml, 10mg/5ml*	**Muskelrelaxierung i.R. einer Narkose:** ini 0.15mg/kg i.v., dann 0.03mg/kg alle 20min; **DANI, DALI** nicht erforderlich
Mivacurium Rp	HWZ 1.8-2min, Wi 15min, PRC C, Lact ?
Mivacron *Amp. 10mg/5ml, 20mg/10ml*	**Muskelrelaxierung i.R. einer Narkose:** ini 0.2mg/kg i.v., dann 0.1mg/kg alle 15min oder 0.5-0.6mg/kg/h; **DANI, DALI** ini 0.15mg/kg i.v.
Pancuronium Rp	HWZ 110-160min, Wi 50min, Q0 0.33, PPB 30%, PRC C, Lact ?
Pancuronium Hikma *Amp. 4mg/2ml* **Pancuronium Inresa** *Amp. 4mg/2ml* **Pancuronium Rotexmedica** *Amp. 4mg/2ml*	**Muskelrelaxierung i.R. einer Narkose:** ini 0.08-0.1mg/kg i.v., dann 0.01-0.02mg/kg
Rocuronium Rp	HWZ 84-131min, Wi 35min, Q0 0.8, PRC B, Lact ?
Esmeron *50mg/5ml, 100mg/10ml* **Rocuroniumbromid Inresa** *50mg/5ml, 100mg/10ml* **Rocuroniumbromid Kabi** *50mg/5ml, 100mg/10ml*	**Muskelrelaxierung i.R. einer Narkose:** ini 0.6mg/kg i.v., dann 0.15mg/kg; **DANI, DALI** vorsichtige Anwendung
Vecuronium Rp	HWZ 65-80min, Wi 25min, Q0 0.8, PPB30%, PRC C, Lact?
Vecuronium Inresa *Inj.Lsg. 10mg* **Vecuronium Hikma** *Inj.Lsg. 10mg*	**Muskelrelaxierung i.R. einer Narkose:** ini 0.08-0.1mg/kg i.v., dann 0.02-0.03mg/kg oder 0.8-1.4µg/kg/min

11.6.2 Depolarisierende Muskelrelaxantien

Wm/Wi: Dauerdepolarisation der mot. Endplatte, Verhinderung der sofortigen Repolarisation; **UW:** allerg.Hautreaktionen, Faszikulationen, Muskelschmerzen, HRST, maligne Hyperthermie; **KI:** bek. Überempf., Unmöglichkeit der künstlichen Beatmung, maligne Hyperthermie in der Anamnese, Pat. mit schwerwiegenden Verbrennungen/Verletzungen, schwerwiegende langandauernde Sepsis; subakute schwerwiegende Denervierung der Skelettmuskulatur oder nach Verletzungen der oberen Nervenbahnen; schwerwiegende Hyperkaliämie

Suxamethonium (Succinylcholin) Rp — HWZ 2-10min, Q0 1.0, PPB 30%

Lysthenon *100mg/2ml, 100mg/5ml* **Succinylcholin Inresa** *Inj.Lsg. 100mg/5ml*	**Muskelrelaxierung im Rahmen einer Narkose:** 1-1.5mg/kg i.v.; **Ki.:** 1-1.5mg i.v.; 2-3mg/kg i.m.

11.6.3 Relaxans-Antagonisten

Wm/Wi: Komplexbildung mit Rocuronium bzw. Vecuronium; **UW:** metallischer/bitterer Geschmack, Narkosekomplikationen; **KI:** bekannte Überempfindlichkeit

Sugammadex Rp — HWZ 1.8h, PPB 0%

Bridion *Inj.Lsg. 200mg/2ml, 500mg/5ml*	**Aufhebung einer durch Rocuronium bzw. Vecuronium induz. neuromusk. Blockade:** 2-4mg/kg i.v.; 16mg/kg für sofortige Aufhebung d. Blockade; **DANI** CrCl < 30: Anw. nicht empf.; **DALI** vors. Anw. bei schwerer LI

11.7 Xanthinderivate

Wm/Wi (Coffeincitrat): ZNS-Stimulans durch Antagonisierung der Adenosinrezeptoren ⇒ Stimulation des Atemzentrums, Erhöhung der Minutenventilation, Absenkung der Hyperkapnieschwelle, vermehrtes Ansprechen auf eine Hyperkapnie, Erhöhung des Skelettmuskeltonus, Verminderung der Zwerchfellerschöpfung, Erhöhung der Stoffwechselrate; **UW** (Coffeincitrat): Phlebitis/Entzündung an Infusionsstelle; **KI** (Coffeincitrat): bek. Überempf.

Coffeincitrat Rp — HWZ 3-4d, PPB keine Daten

Peyona *Inj.Lsg. 20mg/1ml; Lösung (oral) 20mg/1ml*	**Primäre Apnoe bei FG:** ini 20mg/kg über 30min i.v., nach 24h Erh.Dos. von 1 x 5mg/kg über 10min i.v. oder 1 x 5mg/kg über nasogastrale Sonde; **DANI, DALI** vors. Anw.

11.8 Lokalanästhetika

11.8.1 Säureamide und Esther

Wm: Membranpermeabilität für Kationen ↓, v.a. Na^+; **Wi:** Erregbarkeit von Nervenfasern ↓ bis aufgehoben; **UW:** Schwindel, Erbrechen, Benommenheit, Krämpfe, HF ↓, HRST, Schock; **KI:** schwere Überleitungsstrg., akut dekomp. Herzinsuff., Schock, Infekt. im Injektionsbereich, bek. Allergie; **UW** (Chloroprocain): Hypotonie, Übelkeit, Erbrechen, Angst, Unruhe, Parästhesien, Schwindel; **KI** (Chloroprocain): bek. Überempf., dekomp. Herzinsuff., hypovolämischer Schock, i.v. Regionalanästhesie, schwere kardiale Erregungsleitungsstrg., schwere Anämie

Bupivacain Rp	HWZ 3.5h, Q0 > 0.9, PPB 92-96%, PRC B
Bucain *0.25%, 0.5%, 0.5% (hyperbar), 0.75%; Amp. 2, 4, 5, 10, 20, 50ml* **Carbostesin** *0.25%, 0.5%, 0.5% (hyperbar), 0.75%; Amp. 4, 5, 20ml* **Dolanaest** *0.25%; Amp. 5ml*	**Leitungsanästhesie:** z.B. N.-ischiadicus-Blockade: 10-20ml 0.25-0.5%; max. 2mg/kg; **Spinalanästhesie:** 0.5-4ml 0.5% hyperbar subarachnoidal
Chloroprocain Rp	HWZ 19-26sec
Ampres *Amp. 50mg/5ml*	**Spinalanästhesie:** 40-50mg intrathekal, max. 50mg
Lidocain Rp	HWZ 1.5-2(3.5)h, Q0 0.9, PPB 60%, PRC B, Lact +
Heweneural *Amp. 1%: 2ml* **Licain** *Amp. 0.5%: 50, 100ml; Amp. 1%: 2, 5, 10, 50, 100ml* **Xylocain** *Amp. 1%: 50ml; Amp. 2%: 5, 50ml; Gel, Lösung (viskös) 2% (1g enth. 20mg); Spray (1 Sprühstoß = 10mg)* **Xylocitin Loc** *Amp. 0.5%: 10ml; Amp. 1%: 10ml; Amp. 2%: 2, 5, 10ml*	**Infiltrationsanästhesie:** max. 300mg 0.5-2%; **Periduralanästh.:** lumbal: 1-1.5ml/Segment 0.5-1%; **Schleimhautanästhesie b. Intubation:** 100mg (5g Gel) auf unteres Tubusdrittel, max. 320mg (16g Gel); **Haut-, Schleimhaut-anästhesie:** 1-5 Sprühstöße, max. 20 Sprühst. bzw. 3mg/kg; bis 6 x 5-15ml visköse Lsg. im Mund verteilen; **DANI, DALI** Dosisreduktion
Mepivacain Rp	HWZ 1.9-3.2h, Q0 0.95, PPB 65-78%, PRC C, Lact ?
Meaverin *Amp. 0.5%, 1%, 2%, 3%, 4% (hyperbar): 1.8, 2, 5, 50ml* **MepiHEXAL** *Amp. 1%: 5, 50ml* **Scandicain** *1%, 2%, 4% (hyperbar); Amp. 2, 5, 50ml*	**Infiltrationsanästhesie:** bis max. 300mg (30ml 1%), max. 200mg im HNO-Bereich; **Spinalanästhesie:** 0.5-2ml 4% (hyperbar); **Leitungsänasth.:** z.B. Interkostalblockade: 2-4ml 1%; **DANI, DALI** Dosisreduktion empf.
Prilocain Rp	HWZ 1.5h, PPB 55%
Takipril *Amp. 2% (hyperbar) 5ml* **Xylonest** *Amp. 0.5%, 1%, 2%: 10, 50ml*	**Spinalanästhesie:** Takipril: 40-60mg (2-3ml 2%) intrathekal; **Infiltrationsan.:** bis max. 400mg (40ml 1%); **Oberst-Leitungsanästhesie:** 2ml 2%
Procain OTC/Rp	HWZ 0.5-1h
Pasconeural Injectopas *Amp. 1%, 2%: 2, 5ml* **Procain Actavis** *Amp. 0.5%, 1%, 2%: 2, 5, 50ml*	**Schmerzen:** 4mg/kg als 1promillige Lsg. über 20min i.v.; **Neuralgie, Neuritis:** 5-30ml 1-2% perineural
Ropivacain Rp	HWZ 1.8h, Q0 1.0, PPB 94%
Naropin *Amp. 20mg/10ml, 40mg/20ml, 75mg/10ml, 100mg/10ml, 150mg/20ml, 200mg/20ml; Inf.Lsg. 200mg/100ml, 400mg/200ml* **Ropivacain Kabi** *Amp. 20mg/10ml, 40mg/20ml, 75mg/10ml, 100mg/10ml, 200mg/20ml, 200mg/100ml, 400mg/200ml*	**Postop. Analgesie:** 12-28mg/h epidural = Lsg. 2mg/ml: 6-14ml/h; **Plexusblockade:** 225-300mg = Lsg. 7.5mg/ml: 30-40ml

11.8.2 TRPV1-Rezeptoragonisten

Wm/Wi: TRPV1-Agonist ⇒ Aktivierung kutaner Nozizeptoren ⇒ im Verlauf dann Schmerzlinderung durch Desensibilisierung; **UW:** Schmerzen, Erythem, Pruritus, Papeln, Bläschen, Schwellung an der Anwendungsstelle; **KI:** bek. Überempfindlichkeit

Capsaicin Rp

Qutenza *Pflaster 179mg/280cm²*	**Periphere neuropathische Schmerzen:** Pflaster auf schmerzhafteste Areale für 60min aufkleben, an Füßen nur 30min; Wdh. n. 90d möglich; s.a. FachInfo; **DANI, DALI** nicht erf.

11.9 Synthetische Anticholinergika

Wm/Wi: synthet. Anticholinergikum ⇒ Speichelfluss ↓, Bronchialsekretion ↓, Vagushemmung; **UW:** Mundtrockenheit, Transpiration ↓, verzögerte Miktion, Akkomodationsstörung, Augendruck ↑, Tachykardie, Übelkeit, Erbrechen, Obstipation, Kopfschmerzen, Schwindel, Verwirrtheit, allerg. Reaktionen;
KI: bek. Überempf., Stenosen der Harnwege bzw. des GI-Trakts, paralyt. Ileus, schwere C. ulcerosa, tox. Megakolon, Myasthenia gravis, kardiovask. Labilität bei akuten Blutungen

Glycopyrroniumbromid Rp

Robinul *Inj.Lsg. 0.2mg/1ml*	**Periop. Sekretionshemmung** (Speichel, Bronchialsekret): 0.2-0.4mg i.m. 30-60min präop.; **Ki.:** 0.004-0.008mg i.m., max. 0.2mg; **Bradykardie bei Narkoseeinleitg.:** 0.1mg i.v.; **Schutz vor cholinergen Nebenwirkungen:** 0.2mg pro 1.0mg Neostigmin oder pro 5.0mg Pyridostigmin i.v.; **DANI, DALI** keine Angaben

11.10 Mineralstoffe

11.10.1 Kaliumpräparate

UW (Kalium oral): Nausea, Erbrechen, Aufstoßen, Sodbrennen, Blähungen, Leibschmerzen, Durchfälle; (ret.): Schleimhautulzera, GI-Blutungen;
KI: Hyperkaliämie, Hyperchlorämie, Niereninsuffizienz, M. Addison

Kalium OTC

Kalinor *Brausetbl. 40mmol K⁺* **Kalinor ret. P** *Kps. 8mmol K⁺* **Kalitrans** *Brausetbl. 25mmol K⁺* **Kalium Verla** *Gran. 20mmol K⁺* **Rekawan** *Tbl. 13.4mmol K⁺; Kps. (ret.) 8.05mmol K⁺*	**Kaliumsubstitution:** 40-100mmol/d p.o., max. 150mmol/d

Kaliumchlorid OTC PRC C, Lact ?

Kaliumchlorid 7.45% *Amp. 20mmol K⁺/20ml, 50mmol K⁺/50ml, 100mmol K⁺/100ml*	**Kaliumsubstitution:** max. 20mmol K⁺/h bzw. max. 2-3mmol K⁺/kg/d i.v.; als Zusatz zu Inf.Lsg. max. 40mmol/l

11.10.2 Kalziumpräparate

UW (Kalzium i.v.): starkes Wärmegefühl, Schweißausbruch, RR ↓, Übelkeit, Erbrechen, HRST;
KI (Kalzium i.v.): Hyperkalzämie, Nephrokalzinose, Digitalisintox., schwere Niereninsuffizienz;
KI (Calciumglukonat): bek. Überempf., Hyperkalziämie, Hyperkalziurie, Therapie bzw. Vergiftung mit herzwirksamen Glykosiden; gleichzeitige Gabe von Ceftriaxon und intravenösen kalziumhaltigen Produkten bei unreifen Neugeborenen und Neugeborenen (< 28d alt)

Calcium-Ion OTC

Calcitrat *Tbl. 200mg* **Calcium HEXAL** *Brausetbl. 500, 1000mg* **Calcium-Sandoz** *Brausetbl. 500, 1000mg, Amp. (10ml = 2.25mml)* **Frubiase Calcium T** *Trinkamp. 109mg/10ml*	**Kalziumsubstitution:** 1-3 x 500mg p.o.; **Ki.:** 500-1000mg/d; **Osteoporose:** 500-1500mg/d; **Hyperphosphatämie:** 2-8g/d in 2-4 ED

Calciumgluconat Rp — PRC C, Lact ?

Calciumgluconat Braun 10% *Amp. 2.26mmol/10ml*	**Flusssäureverätzungen der peripheren Extremitäten:** 10-20ml i.a. bis Schmerz nachlässt; an anderen Stellen Unterspritzung mit 10ml oder mehr bei großen Flächen; **akute symptomat. Hypokalzämie:** Erw. 10ml 10% Lsg. i.v.; **Ki.<4J:** 0.4-1ml/kg i.v.; **Ki. 4-12J:** 0.2-0.5ml/kg; **>12J:** s. Erw.

11.10.3 Magnesiumpräparate

UW: Müdigkeit, Diarrhoe, ZNS-Störungen, HRST, Muskelschwäche, Atemdepression;
KI: Anw.Beschr. bei eingeschränkter Nierenfunktion; i.v.: AV-Block, Myasthenia gravis

Magnesium OTC

Magium *Brausetbl. 5, 10mmol* **Magnetrans** *Kps. 6.2, 10mmol* **Magnesium Diasporal** *Kps. 6.2mmol; Lutschtbl. 4mmol; Gran. 12mmol; Amp. 2mmol/5ml, 4mmol/2ml* **Magnesium-ratioph.** *Kautbl. 5mmol* **Magnesium Verla** *Tbl. 1.65mmol; Kautbl. 5mmol; Brause 5mmol; Gran. 5mmol; Amp. 3.15mmol; Inf.Lsg. 20.3mmol* **Magnesiocard** *Tbl. 2.5mmol; Brausetbl. 7.5mmol; Gran. 5, 10mmol; Amp. 2.5mmol/5ml, 3mmol/10ml* **Mg 5-Longoral** *Kautbl. 5mmol* **Mg 5 Sulfat** *10% Amp. 4.05mmol/10ml, 50% Amp. 20.25mmol/10ml*	**Magnesiummangel:** ini 0.37mmol/kg/d p.o., Erh.Dos. 0.185mmol/kg/d; alle 1-2d 2.5-4mmol i.v./i.m.; **Torsade-de-pointes-Tachykardie:** ini 8mmol über 15min i.v., dann 3mmol/h für 10h; **Muskelrelaxierung bei Abortneigung, vorzeitige Wehen:** ini 8-16mmol über 15-30min i.v., dann 4-8mmol/h

11.10.4 Magnesium-Kombinationen

Kalium + Magnesium OTC

Tromcardin duo *Tbl. 117.3 + 36.5mg*	**Nahrungsergänzung mit K, Mg:** 2-4 Tbl. p.o.

11.10.5 Spurenelemente

Selen (Natriumselenit) OTC/Rp	
Cefasel *Tbl. 50, 100, 300µg; Amp. 300µg/1ml* **Selenase** *Tbl. 50, 300µg; Lsg. 50µg/1ml, 100µg/2ml; Amp. 100µg/2ml*	**Selenmangel:** 1 x 50-300µg p.o.; 1 x 100-300µg i.v.
Zink OTC	
Cefazink *Tbl. 10, 20mg* **Curazink** *Kps. 15mg* **Unizink** *Tbl. 10mg; Amp. 5.95mg/10ml* **Zinkit** *Brausetbl. 10mg*	**Zinkmangel:** 1 x 10-20mg p.o.; 1 x 5-20mg i.v.; Kleinkinder: 1 x 1-2mg/kg i.v.

11.11 Parenterale Ernährung

11.11.1 Tagesbedarf bei parenteraler Ernährung

Substrat	Einheit	Bedarf	Substrat	Einheit	Bedarf
Wasser	[ml/kg]	30-50	**K^+**	[mmol/kg]	0.5-2
Energie	[kcal/kg]	25-35	**Ca^{2+}**	[mmol/kg]	0.1
Kohlenhydrate	[g/kg]	3-4	**Cl^-**	[mmol/kg]	2-4
Aminosäuren	[g/kg]	1	**Mg^{2+}**	[mmol/kg]	0.1
Fett	[g/kg]	1	**PO_4^{3-}**	[mmol/kg]	0.2
Na^+	[mmol/kg]	1-2			

11.11.2 Stufenschema zur parenteralen Ernährung

		Infusionslösungen	Beispiel
Stufe 1	**Tag 1** nach kleinen Eingriffen, guter EZ, Nahrungskarenz < 2d	30 ml/kg als Vollelektrolytlsg., evtl. mit 5%igem Glucosezusatz	2000 ml Sterofundin, 500 ml Glucose 5%, evtl. 500ml NaCl 0.9%
Stufe 2	**Tag 2–3** bei mittelfristiger Nahrungskarenz und geringgradiger Katabolie	2.5–3.5%ige Aminosäurelsg., 5–10%ige Kohlenhydratlsg., 2/3-Elektrolytlsg.	1000ml Periamin G, 1000ml Glucose 10%, 500–1000ml Thomaejonin OP
Stufe 3	Ab **Tag 4** bei längerfristiger, vollständiger parenteraler Ernährung, ZVK erforderlich	10–15%ige Aminosäurelsg., 20–50%ige Kohlenhydratlsg., 10–20%ige Fettlsg., Vitamine, Spurenelemente	1.0l Aminomel 10, 0.5l Glucose 50%, 1.25l Normofundin OP, 0.25l Lipofundin 20% + 1A Multibionta + 1A Vitintra + 1A Addel

11.11.3 Vollelektrolytlösungen (Na^+ 121–160 mmol/l)

Ind.: plasmaisotoner Flüssigkeitsersatz bei isotoner und hypotoner Dehydratation

	Na^+ mmol/l	Ca^{2+} mmol/l	Cl^- mmol/l	K^+ mmol/l	Mg^{2+} mmol/l	Acet. mmol/l	Lact. mmol/l	Gluc. g/l
Ringer-Lösung	147	2.3	155	4.0	-	-	-	-
Ringer-Lactat	130	2.0	112	5.0	-	-	27	-
Jonosteril	137	1.65	110	4.0	1.25	36.8	-	-
Sterofundin	140	2.5	106	4.0	1.0	-	45	-
Tutofusin	140	2.5	153	5.0	1.5	-	-	-
Tutofusin HG5	140	2.5	153	5.0	1.5	-	-	50

11.11.4 Zweidrittelelektrolytlösungen (Na^+ 91–120 mmol/l)

Ind.: Flüssigkeitsersatz bei hypertoner und isotoner Deydratation, partielle Deckung des Energiebedarfs durch Kohlenhydratzusatz

	Na^+ mmol/l	Ca^{2+} mmol/l	Cl^- mmol/l	K^+ mmol/l	Mg^{2+} mmol/l	Acet. mmol/l	Gluc. g/l	Xyl. g/l	Kcal/l
Normofundin G5	100	2.0	90	18	3.0	38	50	-	200
Jonosteril Na 100	100	2.5	100	20	2.5	20	-	-	0
Tutofusin OPG	100	2.0	90	18	3.0	38	55		200

11.11.5 Halbelektrolytlösungen (Na^+ 61-90 mmol/l)

Ind.: Flüssigkeitsersatz bei hypertoner Dehydratation, partielle Deckung des Energiebedarfs durch Kohlenhydratzusatz

	Na^+ mmol/l	Ca^{2+} mmol/l	Cl^- mmol/l	K^+ mmol/l	Mg^{2+} mmol/l	Acet. mmol/l	Gluc. g/l	Xyl. g/l	Kcal/l
Jonosteril HD 5	68.5	0.82	73.4	2.0	0.62	-	55	-	200
Normofundin OP	80	2	76	18	3	32	-	-	0
Tutofusin H G5	70	1.25	76.5	2.5	0.75	-	55	-	200

11.11.6 Kaliumfreie Lösungen

Ind.: kaliumfreier Flüssigkeitsersatz bei gestörter bzw. unbekannter Nierenfunktion

	Na^+ mmol/l	Ca^{2+} mmol/l	Cl^- mmol/l	K^+ mmol/l	Mg^{2+} mmol/l	Acet. mmol/l	Gluc. g/l	Xyl. mmol/l	Kcal/l
NaCl 0.9%	154	-	154	-	-	-	-	-	-

11.11.7 Kohlenhydratlösungen

Ind.: Glucose 5%, 10%: Zufuhr freien Wassers bei hypertoner Dehydratation, partielle Deckung des Kohlenhydratbedarfs, Glucose 20-70%: partielle bis komplette Kohlenhydratzufuhr

	Na^+ mmol/l	Ca^{2+} mmol/l	Cl^- mmol/l	K^+ mmol/l	Mg^{2+} mmol/l	Gluc. g/l	Osmo mosm/l	Kcal/l
Glucose 5%	-	-	-	-	-	50	277	200
Glucose 10%	-	-	-	-	-	100	555	400
Glucose 20%	-	-	-	-	-	200	1110	800
Glucose 40%	-	-	-	-	-	400	2200	1600
Glucose 50%	-	-	-	-	-	500	2775	2000
Glucose 70%	-	-	-	-	-	700	3885	2870

11.11.8 Aminosäurelösungen

Ind.: Zufuhr von essentiellen und nichtessentiellen Aminosäuren zur parenteralen Ernährung; z.T. mit Kohlenhydraten und Elektrolyten kombiniert

	Na^+ mmol/l	Ca^{2+} mmol/l	Cl^- mmol/l	K^+ mmol/l	AS g/l	Gluc. g/l	Xyl. g/l	Osmo mosm/l	Kcal/l
Aminomix 3 Novum	-	-	-	-	50	120	-	1164	680
AKE 1100 mit Xylit	50	3	40	25	30	-	60	838	360
Nutriflex combi	60	4	60	30	100	100	50	1540	800

11.11.9 Aminosäurelösungen bei Niereninsuffizienz

Ind.: Zufuhr v.a. von essentiellen Aminosäuren ⇒ angestauter Harnstoff wird zur Synthese nicht essentieller Aminosäuren verwendet

	Na^+ mmol/l	Ca^{2+} mmol/l	Cl^- mmol/l	K^+ mmol/l	AS g/l	Osmo mosm/l	Kcal/l
Aminomel nephro	-	-	-	-	K.A.	510	222
Nephrotect	-	-	-	-	100	935	400

11.11.10 Aminosäurelösungen bei Leberinsuffizienz

Ind.: Zufuhr v.a. verzweigtkettiger AS ⇒ günstige Beeinflussung einer hep. Enzephalopathie

	Na^+ mmol/	Ca^{2+} mmol/l	Cl^- mmol/	K^+ mmol/l	AS g/l	Osmo mosm/l	Kcal/l
Aminoplasmal Hepa 10%	-	-	10	-	100	K.A.	400
Aminosteril N Hepa 8%	-	-	-	-	80	770	320

11.11.11 Fettlösungen

Ind.: Zufuhr von Lipiden in Form von langkettigen Triglyzeriden (LCT), mittelkettigen Triglyzeriden (MCT), Phospholipiden (Pholip) und Glyzerol (Glyc) zur parenteralen Ernährung

	LCT g/l	MCT g/l	Pholip g/l	Glyc. g/l	Osmo mosm/l	Kcal/l
Deltalipid 20%	200	-	12	25	350	2030
Lipofundin 20%	200	-	12	25		2000
Lipovenös MCT 20	100	100	12	25	273	1950

11.12 Plasmaersatzmittel

11.12.1 Stärkederivate

Wm/Wi: (Hydroxyethylstärke = HAES/HES) mit Wasserbindungsvermögen und i.v.-Verweildauer ⇒ intravasales Volumen ↑;
Ind: Hypovolämie aufgrund akuten Blutverlustes, wenn kristalloide Infusionslösungen allein nicht ausreichend sind;
UW: allergische Reaktionen, Hyperamylasämie;
KI: bek. Überempfindlichkeit, Sepsis, Verbrennungen, Nierenfunktionsstörung oder Nierenersatztherapie, intrakranielle oder cerebrale Blutung, kritisch kranke Pat. (in der Regel Pat., die auf die Intensivstation aufgenommen werden müssen), Hyperhydratation, Lungenödem, Dehydratation, schwere Hypernatriämie oder schwere Hyperchlorämie, schwere Leberfunktionsstörungen, dekompensierte Herzinsuffizienz, schwere Gerinnungsstörung, organtransplantierte Patienten

	HWZ	MW	HES g/l	Na^+ mmol/l	Ca^{2+} mmol/l	Cl^- mmol/l	K^+ mmol/l	Lact. mmol/l	Gluc. g/l
Venofundin 6% **Voluven 6%**	2–4 h	130000	60	154	-	154	-	-	-
Voluven 10%	2-4h	130000	100	154	-	154	-	-	-

11.12.2 Gelatinederivate

Wm/Wi: kolloidale Substanzen mit Wasserbindungsvermögen und intravenöser Verweildauer ⇒ intravasales Volumen ↑;
UW: selten allergische Reaktionen;
KI: bek. Überempfindlichkeit, Hypervolämie, Hyperhydratation, schwere Herzinsuffizienz, schwere Blutgerinnungsstörungen, Hypernatriämie, Hyperchlorämie

	HWZ	MW	Gela g/l	Na^+ mmol/l	Ca^{2+} mmol/l	Cl^- mmol/l	K^+ mmol/l	Azet. mmol/l	Gluc. g/l
Gelafusal	3–4h	30000	40	130	0.9	85	5.4	27	-
Gelafundin		30000	40	154	-	120	-	-	-

11.13 Azidose, Alkalose

11.13.1 Azidosetherapeutika

Wm/Wi (Na-Hydrogencabonat): $H^+ + HCO_3^- \Rightarrow H_2CO_3 \Rightarrow H_2O + CO_2$; H^+-Elimination v.a. aus dem Extrazellulärraum;
Wm/Wi (Trometamol): Ausscheidung von Tris-H über den Urin; H^+-Elimination im Intra- und Extrazellulärraum;
UW (Na-Hydrogencabonat): Alkalose, Hypernatriämie, Nekrose bei Paravasat, hypokalzämische Tetanie, CO_2-Retention bei respiratorischer Insuffizienz;
UW (Trometamol): Alkalose, Nekrose bei Paravasat, Atemdepression;
KI (Na-Hydrogencabonat): Alkalose, Hypernatriämie;
KI (Trometamol): Alkalose, Niereninsuffizienz

Natriumhydrogencabonat OTC

bicaNorm Tbl. 1g *(11.9mmol HCO_3^-)* **Natriumhydrogencabonat 4.2%** *Inf.Lsg. 250ml (100ml = 50mmol HCO_3^-)* **Natriumhydrogencabonat 8.4%** *Inf.Lsg. 20, 100, 250ml* *(100ml = 100mmol HCO_3^-)*	**Metabolische Azidose:** Base excess (-) x 0.3 x kg = mmol; max. 1.5mmol/kg/h i.v., 3-5g/d p.o.

Trometamol OTC — HWZ 5-6h, Qo 0.1

Tham Koehler 3M *Amp. 20ml = 60mmol*	**Metabolische Azidose:** Base excess (-) x 0.3 x kg = mmol; max. 1mmol/kg/h i.v., max. 5mmol/kg/d; Verdünnung auf 0.3mmol/ml; **DALI** KI

11.13.2 Alkalosetherapeutika

Wm/Wi (Argininhydrochlorid): Bikarbonat-Neutralisation durch HCl;
UW (Salzsäure): Nekrosen bei paravenöser oder intraarterieller Infusion;
KI (Argininhydrochlorid): Azidosen

Argininhydrochlorid OTC

L-Arginin-Hydrochlorid 21% *Amp. 20ml = 20mmol H^+*	**Metabolische Alkalose:** Base excess x 0.3 x kg = mmol; max. 1mmol/kg/h i.v., max. 1mmol/kg/d; Verdünnung erforderlich!

Salzsäure OTC

Salzsäure 7.25% *Amp. 10ml = 20mmol H^+*	**Metabolische Alkalose:** Base excess x 0.3 x kg = mmol; max. 0.25mmol/kg/h i.v.; Verdünnung erforderlich

12 Neurologie

12.1 Antiepileptika

12.1.1 Natrium-Blocker

Wm/Wi (Carbamazepin): hemmt die synaptische Übertragung ⇒ reduziert Fortleitung von konvulsiver Entladungen; **Wm/Wi** (Eslicarbazepinacetat): Hemmung wiederholter neuronaler Entladungen vermutl. durch Stabilisierung des inaktiven Zustands spannungsabhängiger Na^+-Kanäle; **Wm/Wi** (Lacosamid): Stabilisierung hypererregbarer Neuronalmembranen; **Wm/Wi** (Lamotrigin): exakter Wm unbekannt, Hemmung spannungsabh. Na^+-Kanäle, Glutamatfreisetzung ↓; **Wm/Wi** (Oxcarbazepin): Membranstabilisierung durch Blockade von Na^+-Kanälen, Durchlässigkeit der Zellmembran für K^+ ↑, Modulation spannungsaktivierter Kalziumkanäle; **Wm/Wi** (Phenytoin): Ionenpermeabilität ↓, Membranstabilisierung; **Wm/Wi** (Rufinamid): Modulation der Aktivität von Na^+-Kanälen; **Wm/Wi** (Zonisamid): Hemmung spannungsabhängiger Na^+- und Ca^{2+}-Kanäle, Modulation der GABA-Inhibition; **UW** (Carbamazepin): Somnolenz, Sedierung, Schläfrigkeit, Schwindel, Ataxie, cholestatische Hepatitis, Hämatopoesestrg., allergische Hautreaktionen, Appetitlosigk., Mundtrockenheit, Übelkeit, Erbrechen, Hyponatriämie; **UW** (Eslicarbazepinacetat): Schwindel, Schläfrigkeit, Kopfschmerzen, Koordinations-/Aufmerksamkeitsstrg., Tremor, Doppeltsehen, verschwommenes Sehen, Übelkeit, Erbrechen, Durchfall, Hautausschlag, Müdigkeit, Gangstörungen; **UW** (Lacosamid): Schwindel, Kopfschmerzen, Diplopie, Nausea, Depression, Verwirrtheit, Schlaflosigkeit, Gedächtnis-, Gleichgewichts-, Konzentrations-, Aufmerksamkeits-, kognitive Störungen, Somnolenz, Tremor, Nystagmus, Hypästhesie, Dysarthrie, Verschwommensehen, Vertigo, Tinnitus, Erbrechen, Obstipation, Flatulenz, Dyspepsie, Mundtrockenheit, Pruritus, Rash, Muskelspasmen, Asthenie, Gehstörung, Müdigkeit, Reizbarkeit, Stürze, Hautwunden; **UW** (Lamotrigin): Aggressivität, Reizbarkeit, Agitiertheit, Kopfschmerzen, Schläfrigkeit, Insomnie, Tremor, Ataxie, Nystagmus, Diplopie, Verschwommensehen, Müdigkeit, Schwindel, Übelkeit, Erbrechen, Diarrhoe, Hautausschlag, Arthralgie, Rückenschmerzen; **UW** (Oxcarbazepin): Hyponatriämie, Verwirrtheitszustände, Depression, Apathie, Unruhe, Affektlab., Müdigkeit, Schwächegefühl, Schläfrigkeit, Schwindel, Kopfschmerz, Ataxie, Tremor, Nystagmus, Konzentrationsschwäche, Amnesie, Übelkeit, Erbrechen, Obstipation, abdom. Schmerzen, Diarrhoe, Doppelbilder, Verschwommensehen, Sehstrg., Akne, Alopezie, Exanthem; **UW** (Phenytoin): zahlreiche UW ohne Häufigkeitsangabe, s. FachInfo; **UW** (Rufinamid): Schläfrigkeit, Kopfschmerzen, Schwindel, Übelkeit, Erbrechen, Oberbauchschmerzen, Obstipation, Diarrhoe, Dyspepsie, Ausschlag, Akne, Rückenschmerzen, Oligomenorrhoe, Müdigkeit, Pneumonie, Influenza, Infekte der oberen Atemwege/des Ohrs, Anorexie, Appetitminderung, Essstörung, Gewicht ↓, Angst, Schlaflosigkeit, Status epilepticus, Koordinationsstörung, Nystagmus, psychomotorische Hyperaktivität, Tremor, Diplopie, Verschwommensehen, Epistaxis, Gangstrg., Kopfverletzung, Kontusion; **UW** (Zonisamid): kleinflächige Hautblutungen, Überempfindlichkeit, Schläfrigkeit, Schwindel, Anorexie, Diplopie, Verwirrtheit, Depression, Agitiertheit, Reizbarkeit, Affektlabilität, Angst, Schlaflosigkeit, psychotische Störung, Ataxie, Gedächtnisstörung, abdominelle Schmerzen, Fieber, Obstipation, Dyspepsie, Diarrhoe, Übelkeit, Bradyphrenie, Aufmerksamkeitsstörung, Nystagmus, Parästhesie, Sprachstörung, Tremor, Hautausschlag, Pruritus, Alopezie, Nephrolithiasis, Müdigkeit, grippeähnliche Erkrankung, periphere Ödeme, Gewichtsabnahme, erniedrigter Bikarbonatspiegel;

KI (Carbamazepin): bek. Überempf., KM-Schädigung, KM-Depression in der Vorgeschichte, AV-Block, akute intermittierende Porphyrie, gleichzeitige Anw. mit MAO-Hemmern oder Voriconazol, schwere Leberfunktionsstörungen, Grav. (1. Trim.);
KI (Eslicarbazepinacetat): bek. Überempfindlichkeit, AV-Block II°-III°;
KI (Lacosamid): Überempfindlichkeit gegen Lacosamid/Soja/Erdnuss, AV-Block II°-III°;
KI (Lamotrigin): bek. Überempfindlichkeit; **KI** (Oxcarbazepin): bek. Überempf., Lakt.;
KI (Phenytoin): bek. Überempfindlichkeit, schwere Schädigungen der Blutzellen/des Knochenmarks, AV-Block II°-III°, Sick Sinus, in ersten 3M nach Myokardinfarkt, Herzinsuffizienz (EF < 35%), Cave in Grav./Lakt.;
KI (Rufinamid): bek. Überempfindlichkeit gegen Rufinamid und Triazolderivate, Lakt.;
KI (Zonisamid): bek. Überempfindlichkeit

Carbamazepin Rp	HWZ 15h (mult. Dosis), 36h (1 x Dosis), Qo 1.0, PPB 70-80%, ther. Serumspiegel: 3-8mg/l
Carbadura *Tbl. 300(ret.), 400(ret.), 600(ret.)mg* **Carbamazepin-ratioph.** *Tbl. 200(ret.), 400(ret.)mg* **Carbamazepin HEXAL** *Tbl. 200, 400mg* **Tegretal** *Tbl. 200, 200(ret.), 400(ret.)mg; Saft (5ml = 100mg)* **Timonil** *Tbl. 150(ret.), 200, 200(ret.), 300(ret.), 400(ret.) 600(ret.)mg; Saft (5ml = 100mg)*	**Alle Ind:** ini 200-400mg/d p.o., in 2-4 (unret.) bzw. 1-2 (ret.) ED, langsam steigern bis Erh.Dos.; **Epilepsien:** Erh.Dos. 600-1200mg p.o.; **Ki.:** Erh.Dos. 10-20mg/kg/d; **Trigeminusneuralgie:** Erh.Dos. 400-800mg/d; **diabetische PNP:** Erh.Dos. 600mg/d, max. 1200mg/d; **Pro. manisch-depressive Phasen:** Erh.Dos. 200-400mg/d, max. 800mg/d; **Anfalls-Pro. bei C2-Entzug:** 600mg/d, in schweren Fällen 1200mg/d in den ersten d; **DANI** nicht erforderlich

Eslicarbazepinacetat Rp	HWZ 20-24h, PPB < 40%, PRC B, Lact ?
Zebinix *Tbl. 800mg*	**Begleittherapie bei partiell epileptischen Anfällen:** ini 1 x 400mg, nach 1-2W 1 x 800mg, max. 1 x 1200mg/d; nur in Kombination mit bestehender Therapie; **DANI** CrCl > 60: 100%; 30-60: ini 400mg alle 2d, nach 2W 1 x 400mg/d; < 30: Anw. nicht empfohlen; **DALI** Anw. bei schwerer LI nicht empfohlen

Lacosamid Rp	HWZ 13h, PPB < 15%
Vimpat *Tbl. 50, 100, 150, 200mg; Saft (1ml = 10mg); Inf.Lsg. 200mg/20ml*	**Fokale Anfälle:** ini 2 x 50mg p.o./i.v., nach 1W: 2 x 100mg p.o./i.v., Dosissteigerung um 2 x 50mg/d/W; max. 2 x 200mg/d p.o./i.v.; **Ki. < 16J:** KI; **DANI** CrCl > 30: 100%; < 30: max. 250mg/d; **DALI** leichte bis mäßige LI: nicht erf.

Lamotrigin Rp (s.a. → 358)	HWZ 29h, Q_0 0.9, PPB 55%, PRC C, Lact ?
Lamictal *Tbl. 2, 5, 25, 50, 100, 200mg* **Lamotrigin Acis** *Tbl. 25, 50, 100, 200mg* **Lamotrigin HEXAL** *Tbl. 25, 50, 100, 200mg* **Lamotrigin-ratioph.** *Tbl. 5, 25, 50, 100, 200mg*	**Epilepsien:** d1-14: 1 x 25mg p.o., d15-29: 1 x 50mg, dann alle 1-2W um 50-100mg steigern, Erh.Dos. 100-200mg/d in 1-2ED; **Ki. 4-11J:** d1-14: 0.6mg/kg, d15-29: 1.2mg/kg, dann alle 1-2W um 1.2mg/kg steigern, Erh.Dos. 5-15mg/kg/d, max. 400mg/d; bei Kombinationstherapie s. FachInfo; **DANI** vorsichtige Anwendung; **DALI** Child B: 50%, Child C: 25%

Oxcarbazepin Rp	HWZ 1-2.5(9)h, Q_0 1.0(0.7), PPB 40%, PRC C, Lact ?
Apydan Extent *Tbl. 150, 300, 600mg* **Oxcarbazepin Dura** *Tbl. 150, 300, 600mg* **Timox extent** *Tbl. 150, 300, 600mg; Saft (5ml = 300mg)* **Trileptal** *Tbl. 150, 300, 600mg; Saft (5ml = 300mg)*	**Epilepsien:** ini 2 x 300mg p.o., um 600mg/W steigern, Erh.Dos. 600-2400mg/d; **Ki. > 6J:** ini 8-10mg/kg/d, max. 10mg/kg/W steigern, Erh.Dos. 30mg/kg/d, max. 46mg/kg/d; **DANI** CrCl < 30: ini 1 x 300mg

Phenytoin Rp	HWZ 22h, Q_0 1.0, PPB 83-94%, ther. Serumspiegel 10-20mg/l
Phenhydan *Tbl. 100mg; Amp. 250mg/5ml; Inf.Lsg. 750mg/50ml* **Phenytoin AWD** *Tbl. 100mg* **Zentropil** *Tbl. 100mg*	**Epilepsien:** ini 3 x 100mg p.o., dann nach Wi bzw. Serumspiegel; **Ki. < 12J:** ini 2mg/kg/d, dann alle 3d um 1mg/kg steigern, dann nach Serumspiegel; **Status epilept.:** 250mg über 10min i.v., ggf. Wdh. nach 20min, dann Wdh. alle 1.5-6h; 750mg über 20-30min i.v., max. 17mg/kg/d; **Ki. < 12J:** d1: 30mg/kg i.v.; d2: 20mg/kg; d3: 10mg/kg, max. 1mg/kg/min i.v.; **DANI** nicht erforderlich

Rufinamid Rp	HWZ 6-10h, PPB 34%
Inovelon *Tbl. 200, 400mg, Saft (10ml = 400mg)*	**Lennox-Gastaut-Syndrom: Erw., Ki. ab 4J:** ini 400mg/d, ggf. alle 2d um 400mg/d steigern, 30-50kg: max. 1800mg/d; 51-70kg: max. 2400mg/d; > 70kg: max. 3200mg/d; **Ki. ab 4J:** < 30kg: ini 200mg p.o., ggf. alle 2d um 200mg/d bis 1g steigern, bei Komb. mit Valproat max. 400mg; **DANI** nicht erforderlich; **DALI** Anw. bei schwerer LI nicht empfohlen

Zonisamid Rp	HWZ 60h, PPB 40-50%
Desizon *Kps. 50, 100mg* **Zonegran** *Kps. 25, 50, 100mg* **Zonisamid-ratioph.** *Kps. 25, 50, 100mg*	**Epilepsie:** ini 2 x 25mg p.o., nach 1W 2 x 50mg, dann wöchentlich um 100mg steigern, Erh.Dos. 300-500mg/d; **DANI** sorgfältige Dosiseinstellung; **DALI** KI bei schwerer Leberfunktionsstrg.

12.1.2 Kalzium-Blocker

Wm/Wi: Verringerung der Ströme spannungsabhängiger Kalzium-Kanäle vom T-Typ;
UW: Übelkeit, Erbrechen, Singultus, Leibschmerzen, Lethargie, Kopfschmerzen, Zurückgezogenheit, Ängstlichkeit, Schlaf-/Appetitstörung, Gewichtsverlust, Diarrhoe, Obstipation, Ataxie; **KI:** bekannte Überempfindlichkeit, Lakt.

Ethosuximid Rp	HWZ 33-55h, Qo 0.8, keine PPB, Serumspiegel: 40-100mg/l
Ethosuximid-neuraxpharm *Gtt. (1ml = 500mg); Saft (5ml=250mg)* **Petnidan** *Kps. 250mg; Saft (5ml = 250mg)* **Suxilep** *Kps. 250mg*	**Absencen, myoklonische Anfälle:** ini 5-10mg/kg p.o., alle 4-7d um 5mg/kg steigern; Erh.Dos. 15mg/kg, max. 30mg/kg; **Ki.:** Erh.Dos. 20mg/kg, max. 40mg/kg in 1-3ED; **DANI** nicht erforderlich

12.1.3 GABA-erge Substanzen

Wm/Wi (Phenobarbital): Verstärkung der GABA-ergen Hemmwirkung im ZNS ⇒ sedierend, schlafinduzierend, anxiolytisch, antiaggressiv, antikonvulsiv, muskelrelaxierend;
Wm/Wi (Vigabatrin): irreversible Hemmung des enzymatischen Abbaus von GABA (GABA-Transaminase);
UW (Phenobarbital): starke Beruhigung, Müdigkeit, Schwindel, Kopfschmerzen, Benommenheit, Ataxie, kognitive Störung, Verwirrtheit, Störung der Sexualfunktion, Überhangeffekte, paradoxe Erregungszustände;
UW (Vigabatrin): Gewichtszunahme, Somnolenz, Sprachstörungen, Kopfschmerzen, Schwindel, Parästhesien, Aufmerksamkeits- und Gedächtnisstörungen, psychische Beeinträchtigungen, Tremor, Gesichtsfelddefekte, Verschwommensehen, Diplopie, Nystagmus, Übelkeit, abdominale Schmerzen, Erregbarkeit, Ödeme, Müdigkeit, Agitation, Aggression, Nervosität, Depression, paranoide Reaktionen, Kinder: Erregung, Agitiertheit;
KI (Phenobarbital): bek. Überempfindlichkeit, akute Alkohol-, Schlafmittel- und Schmerzmittelvergiftung, Vergiftung durch Anregungsmittel oder dämpfende Psychopharmaka;
KI (Vigabatrin): bekannte Überempfindlichkeit

Phenobarbital Rp	HWZ 60-150h, Qo 0.7, PPB 40-60%, PRC D, Lact -
Luminal *Tbl. 100mg; Amp. 200mg/1ml* **Luminaletten** *Tbl. 15mg* **Phenobarbital-neuraxpharm** *Tbl. 15, 100mg*	**Epilepsien:** 1-3mg/kg/d p.o. in 2ED; 200-400mg i.v., max. 800mg/d i.v.; **Ki.:** 3-4mg/kg p.o. in 2ED; 2-3 x 20-75mg i.v.; **DANI** CrCl < 10: Dosisreduktion

Vigabatrin Rp	HWZ 5-8h, Qo 0.01, keine PPB
Sabril *Tbl. 500mg; Granulat 500mg*	**Fokale Anfälle:** ini 1g p.o., steigern um 0.5g/W, Erh.Dos. 2-3g/d; **Ki.:** ini 40mg/kg/d, Erh.Dos. 50-100mg/kg/d; **infantile Spasmen:** ini 50mg/kg/d p.o., Erh.Dos. bis 150mg/kg/d; **DANI** CrCl < 60: sorgfältige Dosiseinstellung

12.1.4 Benzodiazepine

Wm/Wi: Verstärkung natürlicher GABA-beteiligter Hemm-Mechanismen im ZNS ⇒ vorwiegend antikonvulsive aber auch beruhigende, schlafanstoßende, anxiolytische, muskelrelaxierende Eigenschaften; **UW**: Somnolenz, verlängerte Reaktionszeit, verminderter Muskeltonus, Muskelschwäche, Schwindel, Ataxie, Müdigkeit, Mattigkeit; **KI**: bek. Überempf. gegen C. oder andere Benzodiazepine; Medikamenten-, Drogen-, Alkoholabhängigkeit; Myasthenia gravis, schwere Ateminsuff., schwere Leberinsuff.

Clonazepam Rp	HWZ 30-40h, Q0 1.0, PPB 83-87%
Antelepsin *Tbl. 0.5, 2mg* **Clonazepam-neuraxpharm** *Gtt. (1ml = 2.5mg)* **Rivotril** *Tbl. 0.5, 2mg; Gtt. (25Gtt. = 2.5mg); Amp. 1mg/2ml*	**Epilepsien:** ini 2 x 0.5mg p.o., über 2-4W steigern bis Erh.Dos. 4-8mg/d in 3-4ED; **Sgl.:** ini 2 x 0.1mg/d, Erh.Dos. 0.5-1mg/d; **Kleinki.:** ini 3 x 0.2mg/d, Erh.Dos. 1.5-3mg/d; **Schulki.:** ini 2 x 0.25mg/d, Erh.Dos. 3-6mg/d; **Status epilepticus:** 1mg langsam i.v., Wdh. nach Bedarf, max. 13mg/d; **Sgl., Ki.:** 0.5mg i.v.; **DANI** nicht erforderlich

Diazepam → 372, **Dikaliumclorazepat** → 372, **Lorazepam** → 372

12.1.5 Natrium-Blocker und GABA-erge Substanzen

Wm/Wi (Topiramat): Membranstabilisierung durch Blockade von Na^+-Kanälen, Antagonisierung der exzitatorischen Glutamatwirkung, GABA-erge Hemmwirkung ↑; **Wm/Wi** (Valproinsäure): exakter Wm unklar, Blockade von Na^+-Kanälen, enzymatischer Abbau von GABA ↓; **UW** (Topiramat): Nasopharyngitis, Anämie, Hypersensitivität, Anorexie, verminderter Appetit, Depression, Sprachstrg., Bradyphrenie, Insomnie, Angst, Verwirrtheit, Desorientierung, Aggression, Stimmungsschwankungen, Parästhesie, Schwindel, Somnolenz, Gedächtnis-, kognitive, Aufmerksamkeits-, Koordinations-, Gleichgewichts-, Gangstörung, Tremor, Nystagmus, Dysarthrie, Dysgeusie, Sedierung, Sehstörung, Verschwommensehen, Diplopie, Tinnitus, Ohrschmerzen, Dyspnoe, Epistaxis, verstopfte Nase, Rhinorrhoe, Übelkeit, Erbrechen, Obstipation, Diarrhoe, abdominelle Schmerzen, Mundtrockenheit, Parästhesien, Alopezie, Hautausschlag, Pruritus, Arthralgie, Myalgie, Nephrolithiasis, Polla- kisurie, Dysurie, Fieber, Fatigue, Gewichtszu-/abnahme; **UW** (Valproinsäure): Anämie, Thrombopenie, Leukopenie, Hyperammonämie, Gewicht ↑/↓, Appetitlosigkeit, Appetit ↑, Hyponatriämie, Verwirrtheitszustände, Aggression, Agitiertheit, Aufmerksamkeitsstrg., Tremor, extrapyramidale Strg., Stupor, Schläfrigkeit, Parästhesien, Konvulsionen, eingeschränktes Erinnerungsvermögen, Kopfschmerzen, Nystagmus, Taubheit, Blutungen, Übelkeit, Diarrhoe, Oberbauchschmerzen, Haarausfall, Leberschäden, Dysmenorrhoe; **KI** (Topiramat): bek. Überempf., Prophylaxe von Migräne-Kopfschmerz in Grav. oder bei Frauen ohne Verhütung; **KI** (Valproinsäure): bek. Überempf., anamnestisch/fam. Lebererkr., schwerwiegende Leber- und Pankreasfunktionsstrg., Leberfunktionsstrg. mit tödlichem Ausgang während Valproinsäurether. bei Geschwistern, hepatische Porphyrie, Blutgerinnungsstrg., mitochondriale Erkr., die durch Mutationen durch das mitochondriale Enzym POLG kodierende Kerngen verursacht sind (z.B. Alpers-Huttenlocher-Syndrom); Ki. < 2J, bei denen der V. a. eine POLG-verwandte Erkr. besteht; bek. Strg. des Harnstoffzyklus; s. FachInfo bei Anw. in Grav.

Topiramat Rp	HWZ 18-24h, Q0 < 0.5, PPB 13-17%, PRC C, Lact ?
Topamax *Tbl. 25, 50, 100, 200mg; Kps. 25, 50mg* **Topiramat Heumann** *Tbl. 25, 50, 100, 200mg* **Topiramat-neuraxpharm** *Tbl. 25, 50, 100, 200mg*	**Epilepsie:** Monother.: ini 1 x 25mg abends p.o., alle 1-2W um 25-50mg steigern, Erh.Dos. 100mg/d, max. 500mg/d; **Ki. > 6J:** ini 0.5-1mg/kg/d abends p.o., alle 1-2W um 0.5-1mg/kg steigern, initiale Zieldosis 2mg/kg/d; Komb.Therapie s. FachInfo; **Migräne:** → 333; **DANI** CrCl < 60: sorgfältige Dosiseinstellung, HD Erh.Dos. 50%

Valproinsäure Rp	HWZ 6-16h, Q0 0.95, PPB 90-95%, ther. Serumspiegel: 50-100mg/l
Convulex *Kps. 300, 500mg* **Depakine** *Gtt. (1ml = 300mg)* **Ergenyl** *Tbl. 150, 300, 300(ret.), 500, 500(ret.)mg; Gtt. (1ml = 300mg); Amp. 400mg/4ml* **Leptilan** *Tbl. 150, 300, 600mg* **Orfiril** *Tbl. 150, 300, 500(ret.), 600, 1000(ret.)mg; Kps. 150(ret.), 300(ret.)mg; Saft (5ml = 300mg); Amp. 300mg/3ml, 1g/10ml* **Valproat HEXAL** *Tbl. 150, 300, 600mg; Lsg. (1ml = 300mg)*	**Epilepsien:** ini 5-10mg/kg/d p.o., alle 4-7d um 5mg/kg steigern, Erh.Dos. 20mg/kg/d; 5-10mg/kg i.v., dann 1mg/kg/h; max. 2.5g/d i.v.; **Jugendl.:** 25mg/kg/d; **Ki.:** 30mg/kg/d; **akute Manie:** ini 20mg/kg/d; Erh.Dos.1-2g/d; **DANI** nicht erforderlich; **DALI** KI bei Lebererkrankung

12.1.6 Antiepilektika mit anderen Wirkmechanismen

Wm/Wi (Gabapentin): GABA-Analogon, bindet an Bindungsstellen, die mit $alpha_2$delta-Untereinheiten von spannungsabhängigen Ca-Kanälen assoziiert sind ⇒ Freisetzung verschiedener Monoamin-Neurotransmitter ↓;
Wm/Wi (Pitolisant): Histamin-H3-Antagonist/inverser Agonist ⇒ Verstärkung der Aktivität histaminerger Neuronen; Modulation verschiedener Neurotransmitter ⇒ erhöhte Ausschüttung von Acetylcholin, Noradreanlin, Dopamin;
Wm/Wi (Pregabalin): GABA-Analogon, bindet an Bindungsstellen, die mit $alpha_2$delta-Untereinheiten von spannungsabhängigen Ca-Kanälen assoziiert sind ⇒ Veränderung der Calcium-Ströme, Modulation der Freisetzung verschiedener Monoamin-Neurotransmitter (u.a. Glutamat, Noradrenalin, Substanz P);
Wm/Wi (Stiripentol): GABA-Konzentration ↑; **Wm** (Sultiam): Hemmung der carboanhydrase;
UW (Gabapentin): Virusinfektionen, Infektionen der Atemwege/Harnwege, sonstige Infekte, Otitis media, Pneumonie, Leukopenie, Anorexie, gesteigerter Appetit, Feindseligkeit, Verwirrtheitszustände, Affektlabilität, Depressionen, Angst, Nervosität, Denkstörungen, Somnolenz, Schwindel, Ataxie, Krämpfe, Hyperkinesie, Dysarthrie, Amnesie, Tremor, Schlaflosigkeit, Kopfschmerzen, Missempfindungen, Koordinationsstörungen, Nystagmus, verstärkte/abgeschwächte/fehlende Reflexe, Sehstörungen, Palpitationen, Hypertonie, Vasodilatation, Dyspnoe, Bronchitis, Pharyngitis, Husten, Rhinitis, Erbrechen, Übelkeit, Zahnanomalien, Gingivitis, Diarrhoe, Bauchschmerzen, Dyspepsie, Obstipation, Mundtrockenheit, Flatulenz, Gesichtsödem, Purpura, Akne, Pruritus, Hautausschlag, Arthralgie, Myalgie, Rückenschmerzen, Muskelzucken, Inkontinenz, Impotenz, Ermüdung, Fieber, periphere oder generalisierte Ödeme, anormaler Gang, Asthenie, Schmerzen, Unwohlsein, Grippesymptome, Gewichtszunahme, unfallbedingte Verletzungen, Frakturen, Abschürfungen;

UW (Pitolisant): Schlaflosigkeit, Angst, Reizbarkeit, Depression, Schlafstörung, Kopfschmerzen, Schwindel, Tremor, Übelkeit, Erbrechen, Dyspepsie, Ermüdung;
UW (Pregabalin): gesteigerter Appetit, Benommenheit, Schläfrigkeit, Euphorie, Verwirrung, verringerte Libido, Reizbarkeit, Desorientierung, Schlaflosigkeit, Ataxie; Aufmerksamkeits-, Koordinations-, Gedächtnis- Gleichgewichtsstrg.; Tremor, Dysarthrie, Parästhesie, Sedierung, Lethargie, Kopfschmerzen, Verschwommensehen, Diplopie, Schwindel, Mundtrockenheit, Obstipation, Erbrechen, Flatulenz, erektile Dysfunktion, periphere Ödeme, Trunkenheitsgefühl, Ödeme, Gangstrg., Abgeschlagenheit, Gewichtszunahme;
UW (Stiripentol): Neutropenie, Anorexie, Gewichts-, Appetitverlust, Schlaflosigkeit, Aggressivität, Reizbarkeit, Verhaltensstörungen, ablehnendes Verhalten, Übererregbarkeit, Schlafstörungen, Benommenheit, Ataxie, Hypotonie, Dystonie, Übelkeit, Erbrechen, Hyperkinesie, erhöhte γGT; **UW** (Sultiam): Magenbeschwerden, Parästhesien in den Extremitäten und im Gesicht, Tachypnoe, Hyperpnoe, Dyspnoe, Schwindel, Kopfschmerzen, Stenokardien, Tachykardien, Doppelbilder, Singultus, Gewichtsverlust, Appetitlosigkeit;
KI (Gabapentin, Pregabalin, Retigabin): bek. Überempfindlichkeit;
KI (Pitolisant): bek. Überempf., schwere Leberfunktionsstörung, Lakt.;
KI (Stiripentol): bek. Überempf., Vorgeschichte mit Psychosen in Form deliranter Anfälle;
KI (Sultiam): bek. Überempf., akute Porphyrie, Hyperthyreose, arterielle Hypertonie, Grav./Lakt.

Gabapentin Rp	HWZ 5-7h, Q0 0.08, PPB < 3%, PRC C, Lact ?
Gabaliquid Geriasan *Lsg. (1ml = 50mg)* **Gabapentin HEXAL** *Kps. 100, 300, 400mg; Tbl. 600, 800mg* **Gabapentin-ratioph.** *Kps. 100, 300, 400mg; Tbl. 600, 800mg* **Gabapentin Stada** *Kps. 100, 300, 400mg; Tbl. 600, 800mg* **Neurontin** *Kps. 100, 300, 400mg; Tbl. 600, 800mg*	**Epilepsien, neuropath. Schmerzen:** d1: 300mg/d, d2: 600mg/d, d3: 900mg/d in 1-3ED p.o., dann 1800-3600mg/d in 3ED, max. 3600mg/d; **Ki. 6-12J:** d1: ini 10-15mg/kg/d, Erh.Dos. 25-35mg/kg/d, max 50mg/kg/d; **DANI** CrCl > 80: 900-3600mg/d; 50-79: 600-1800mg/d; 30-49: 300-900mg/d; 15-29: 150-600mg/d; <15: 150-300mg/d; HD: ini 300-400mg, nach 4-stündiger HD jeweils 200-300mg

Pitolisant Rp	HWZ 10-12h, PPB 90%
Wakix *Tbl. 4.5, 18mg*	**Narkolepsie mit oder ohne Kataplexie:** W1 1 x 9mg p.o., W2 4.5-18mg, W3 bis max. 36mg/d; **DANI** max. 18mg/d; **DALI** Child A: 100%; B: max 18mg/d; C: KI

Pregabalin Rp	HWZ 6.3h, keine PPB, PRC C, Lact ?
Lyrica *Kps. 25, 50, 75, 100, 150, 200, 225, 300mg* **Pregabador** *Kps. 25, 50, 75, 100, 150, 200, 225, 300mg* **Pregaba HEXAL** *Kps. 25, 50, 75, 100, 150, 200, 225, 300mg* **Pregabalin Glenmark** *Kps. 25, 50, 75, 100, 150, 200, 225, 300mg*	**Neuropath. Schmerzen, Epilepsie:** ini 150mg p.o. in 2-3ED, nach Bedarf nach 3-7d steigern auf 300mg/d, max. 600mg/d; **generalisierte Angststrg.:** ini 150mg/d, nach Bedarf nach 1W steigern auf 300mg/d, nach 2W ggf. 450mg/d, max.600mg/d; **DANI** CrCl 30-60: ini 75mg/d, max. 300mg/d; 15-29: ini 25-50mg/d, max. 150mg/d; < 15: ini 25mg/d, max. 75mg/d; **DALI** nicht erford.

Stiripentol Rp	HWZ 4.5-13h, PPB 99%
Diacomit *Kps. 250, 500mg; Pulver 250, 500mg/Beutel*	**Schwere myoklonische Epilepsie (Dravet-Syndr.):** Komb. mit Valproat und Clobazam; in 3d langsam steigern auf 50mg/kg/d p.o.; **DANI, DALI** Anwendung nicht empfohlen
Sultiam Rp	HWZ 3-30h, PPB 29%
Ospolot *Tbl. 50, 200mg*	**Rolando-Epil.:** Erh.Dos. 5-10mg/kg p.o.

12.1.7 Antiepilektika mit unbekannten Wirkmechanismen

Wm/Wi (Brivaracetam): antikonvulsive Wi durch Bindung an synapt. Vesikelprotein 2A (SV2A); **Wm/Wi** (Felbamat, Levetiracetam): genauer Wm unbek.; **Wm/Wi** (Mesuximid): genauer Wm unklar, Krampfschwelle ↑; **Wm/Wi** (Primidon): Hyperpolarisation von Membranen, gen. Wm unklar ⇒ sedierend, schlafinduzierend, anxiolytisch, antiaggressiv, antikonvulsiv, muskelrelax.; **Wm/Wi** (4-Hydroxybuttersäure): exakter Wm unbek., dämpfend auf ZNS, antikataplektisch; **UW** (Brivaracetam): Schwindel, Somnolenz, Konvulsion, Vertigo, Infektionen d. oberen Atemwege, Husten, Influenza, Übelkeit, Erbrechen, Obstipation, Fatigue, Depression, Angst, Insomnie, Reizbarkeit, Appetit ↓; **UW** (Felbamat): Gewicht ↓, Anorexie, Schlaflosigkeit, Somnolenz, Ataxie, Schwindel, Kopfschmerzen, Sehstrg., Diplopie, Übelkeit, Erbrechen, Dyspepsie, Abdominalschmerzen, Müdigkeit; **UW** (Levetiracetam): Nasopharyngitis, Anorexie, Depression, Feindseligkeit/Aggression, Angst, Insomnie, Nervosität/Reizbarkeit, Somnolenz, Kopfschmerzen, Konvulsion, Gleichgewichtsstrg., Schwindel, Lethargie, Tremor, Drehschwindel, Husten, Bauchschmerzen, Diarrhoe, Dyspepsie, Erbrechen, Nausea, Rash, Asthenie, Müdigkeit; **UW** (Mesuximid): Kopfschmerzen, Schwindel, Sedierung, Schlaflosigkeit, Gangstrg., Sehstrg., Magenbeschwerden, Singultus, Übelkeit, Erbrechen, Diarrhoe, Appetit ↓, Gewicht ↓, Euphorie, Reizbarkeit, Bewegungsdrang;
UW (Primidon): megaloblastäre Anämie, T4/fT4 ↓, Hypokalzämie, aP/γGT ↑, Teilnahmslosigkeit, Reizbarkeit, Verstimmung, Schwindel, Ataxie, Somnolenz, Akkommodationsstrg., Übelkeit, Erbrechen, makulopap. Exanthem, Müdigkeit, Gleichgewichtsstrg.;
UW (4-Hydroxybuttersäure): Anorexie, Appetit ↓, Gewicht ↓, Depression, Kataplexie, Angst, abnorme Träume, Verwirrtheitszustand, Desorientiertheit, Alpträume, Schlafwandeln, Schlafstrg., Nervosität, Schwindel, Kopfschmerzen, Schlaflähmung, Somnolenz, Tremor, Gleichgewichtsstrg., Aufmerksamkeitsstrg., Hypästhesie, Parästhesie, Sedierung, Dysgeusie, Schwindel, Palpitationen, Hypertonie, verschwomm. Sehen, Dyspnoe, Schnarchen, verstopfte Nase, Nausea, Erbrechen, Diarrhoe, Oberbauchschmerzen, Hyperhidrosis, Hautausschlag, Arthralgie, Muskelspasmen, Rückenschmerzen, Enuresis noct,, Harninkontinenz, Nasopharnygitis, Sinusitis, Asthenie, Müdigkeit, Gefühl des Betrunkenseins, periphere Ödeme, Stürze;
KI (Brivaracetam): bek. Überempf. gegen B. oder andere Pyrrolidon-Derivate;
KI (Felbamat): Bluterkrankungen, Leberfktstrg. (auch in Anamnese), bek. Überempf., Grav./Lakt.;
KI (Levetiracetam): bek. Überempf.;
KI (Mesuximid): bek. Überempf., hepatische Porphyrie, hämatol. Erkrankungen, Lakt.;
KI (Primidon): akute hepatische Porphyrie, schwere Leber- u. Nierenfktstrg., schwere Myokardschäden, akute Vergiftung mit zentral dämpfenden Pharmaka oder Alkohol;
KI (4-Hydroxybuttersäure): bek. Überempf., schwere Depression, Succinatsemialdehyddehydrogenase-Mangel, gleichzeitige Beh. mit Opioiden/Barbituraten

Brivaracetam Rp	HWZ 9h, PPB 20%, PRC C, Lact ?
Briviact *Lsg. (10mg/ml)*	**Zusatztherapie fokaler Anfälle mit/ohne sekundäre Generalisierung:** Erw., **Ki. ab 16J**: ini 2 x 25-50mg p.o./i.v., Erh.Dos. 50-200mg/d; **DANI** nicht erforderl.; HD: Anw. nicht empfohlen; **DALI** ini 50mg, max. 2 x 75mg
Felbamat Rp	HWZ 15-23h, PPB 22-25%, PRC ??, Lact ??
Taloxa *Tbl. 600mg; Lsg. 600mg/5ml*	**Lennox-Gastaut-Syndr.:** ini 600-1200mg p.o. in 2-3ED, wöchentlich steigern bis 3600mg/d in 3-4ED; **Ki., Jug. 4-14J:** ini 7.5-15mg/kg/d p.o. in 2-3ED, wöchentlich ↑ bis 45mg/kg/d (nicht > 3600mg/d) in 3-4ED; Dosisanpassung antiepileptischer Begleitmedikation (s. Fachinfo); **DANI** CrCl: > 50: Anfangsdosis 50%, vorsichtige Dosistitration
Levetiracetam Rp	HWZ 6-8h, PPB < 10%, PRC C, Lact ?
Keppra *Tbl. 250, 500, 750, 1000mg; Lsg. (1ml = 100mg); Inf.Lsg. 500mg/5ml* **Levetiracetam UCB** *Tbl. 250, 500, 750, 1000mg; Lsg. (1ml = 100mg); Inf.Lsg. 500mg/5ml* **Levetiracetam Winthrop** *Tbl. 250, 500, 750, 1000mg*	**Epilepsien:** ini 2 x 500mg p.o./i.v., nach Bedarf alle 2-4W um 2 x 500mg/d steigern bis 2 x 1500mg; **Ki (< 50kg):** ini 2 x 10mg/kg, dann max. 2 x 30mg/kg; **DANI** CrCl: > 80: 100%; 50-79: max. 2 x 1g; 30-49: max. 2 x 750mg; < 30: max. 2 x 500mg; HD: 1 x 0.5-1g, nach HD zusätzl. 250-500mg
Mesuximid Rp	HWZ 2.5(40)h, Q_0 1.0, PPB unerheblich
Petinutin *Kps. 150, 300mg*	**Epilepsien, Absencen:** d1-7 1 x 150mg p.o., dann über 7W um 150mg/W steigern, Erh.Dos. 9.5-11mg/kg/d, max. 15mg/kg/d
Primidon Rp	HWZ 8(80)h, Q_0 0.6(0.2), geringe PPB, ther. Serumspiegel 5-10mg/l
Liskantin *Tbl. 250mg; Saft (5ml =125mg)* **Mylepsinum** *Tbl. 250mg* **Primidon Holsten** *Tbl. 250mg*	**Epilepsien, Absencen:** ini 60-125mg/d p.o., alle 3d um 125mg ↑, Erh.Dos. 15mg/kg/d; **Ki.:** Erh.Dos. 20mg/kg/d; **DANI** Krea (mg/dl) > 8: max. 250mg/d
4-Hydroxybuttersäure (Natriumoxybat) Rp (Btm)	HWZ 0.5-1h, PPB < 1%
Xyrem *Saft (1ml = 500mg)*	**Kataplexie mit Narkolepsie:** ini 2 x 2.25g p.o., ggf. um 1.5g/d steigern bzw. reduzieren, max. 9g/d; **DANI** nicht erf.; **DALI** ini 50% Reduktion

12.2 Antiparkinsonmittel

12.2.1 L-Dopa (Dopaminergikum)

Wm/Wi (Levodopa): Levodopa passiert Blut-Hirn-Schranke, gelangt in dopaminerge Zellen, Decarboxylierung zu Dopamin, beeinflusst aller Parkinsonsymptome, v.a. Akinesie und psychische Störungen;
Wm/Wi (Decarboxylase-Hemmstoffe: Benserazid, Carbidopa; DDI = Dopamin-Decarboxylase-Inhibitoren): passieren Blut-Hirn-Schranke nicht, verhindern Decarboxylierung von L-Dopa in der Peripherie; **Wm/Wi** (Entacapon): spezifischer und v.a. peripher wirksamer COMT-Hemmer ⇒ klinisches Ansprechen auf L-Dopa wird verstärkt und verlängert;
UW (L-Dopa + Benserazid): fieberhafte Infektionen, Bronchitis, Schnupfen, Anorexie, Schlafstörungen, Depression, Halluzination, Ängstlichkeit, Dyskinesien, Fluktuationen im therapeutischen Ansprechen, Kopfschmerzen, Mundtrockenheit, Dysgeusie, Arrhythmie, Hypotonie, orthostatische Dysregulation, Übelkeit, Erbrechen, Diarrhoe, Erhöhung von aP/Harnstoff;
UW (L-Dopa + Carbidopa): Anorexie, Verwirrtheit, depressive Verstimmung, Alpträume, Halluzinationen, On-Off-Phänomene, Schwindel, Parästhesien, Schläfrigkeit, orthostatische Regulationsstörungen, Atemnot, Durchfall, Erbrechen, Brustschmerzen;
UW (L-Dopa + Carbidopa + Entacapon): Anämie, Gewichtsabnahme, Appetitverlust, Depression, Halluzinationen, Verwirrtheit, ungewöhnliche Träume, Angst, Schlaflosigkeit, Dyskinesie, Verstärkung der Parkinson-Symptome, On-Off-Phänomene, Tremor, Dystonie, mentale Beeinträchtigung, Somnolenz, Kopfschmerzen, Benommenheit, Verschwommensehen, Symptome der KHK, Arrhythmie, Hypertonie, orthostatische Hypotonie, Dyspnoe, Diarrhoe, Übelkeit, Erbrechen, Dyspepsie, Abdominalschmerzen, Mundtrockenheit, Hautausschlag, Hyperhidrosis, Myalgie, Arthralgie, Muskelkrämpfe, Urinverfärbung, Harnweginfektionen, Brustschmerzen, Ödeme, Stürze, Gangstörungen, Asthenie, Fatigue;
UW (L-Dopa + Carbidopa + Pramipexol): Appetitverlust, Gewichtsabnahme, Unruhe, Angst, Schlafstörungen, Halluzinationen, Wahnvorstellungen, Aggressivität, depressive Dysphorie mit oder ohne Suizidtendenzen, hypomanische Episoden, Verwirrtheit, Albträume, Hyperkinesie choreiformer oder dystonischer Art, Myoklonie der Gesichtsmuskeln, plötzliches Off-Phänomen, Schwindel, Benommenheit, metallischer Geschmack, Parästhesie, übermäßige Tagesschläfrigkeit und Schlafattacken, Verschwommensehen, Herzrhythmusstrg., Palpitationen, Kreislaufstörungen, Hitzewallungen, Hypertonie, Übelkeit, Erbrechen, Diarrhoe, Müdigkeit, Thoraxschmerz, Schwindel, Dyskinesien, Somnolenz, Amnesie, Kopfschmerzen, Sehstrg., Obstipation, Erbrechen, Müdigkeit, periphere Ödeme, Gewichtsverlust;
KI (L-Dopa + Benserazid): bek. Überempf., Pat. < 25J., schwere Schilddrüsenüberfunktion, Tachykardien, Phäochromozytom, schw. Stoffwechsel-, Herz-, Leber-, Nieren- und Knochenmarkserkr., endogene und exogene Psychosen, Behandlung mit Reserpin oder nicht selektiven MAO-Hemmern, Engwinkelglaukom, Grav.; **KI** (L-Dopa + Carbidopa): bek. Überempf., gleichzeitige Gabe von nichtselektiven MAO-Hemmern, verdächtige nicht diagnostizierte Hautveränderungen oder anamnestisch bek. Melanom, Engwinkelglaukom, Pat. < 18J.;
KI (L-Dopa + Carbidopa + Entacapon): bek. Überempf., schwere Leberinsuff., Engwinkelglaukom, Phäochromozytom, gleichzeitige Anw. mit nicht-selektiven oder selektiven MAO-Hemmern, malignes neuroleptisches Syndrom u./od. atraumatische Rhabdomyolyse in der Anamnese;
KI (L-Dopa + Carbidopa + Pramipexol): bek. Überempf., arzneimittel-induzierte Parkinson-Syndrome, Engwinkelglaukom, schw. Psychose, Ki. <18J, gleichzeitige Anw. von nicht-selektiven MAO-Hemmern und selektiven MAO-A-Hemmern

L-Dopa + Benserazid Rp	HWZ (L-D) 1.5 h, Q_0 (L-D/B) 1.0/1.0
Levodopa comp. *Tbl. 200+50mg* **Levopar** *Kps. 50+12.5, 100+25, 200+50mg* **Madopar** *Kps. 50+12.5, 100+25, 100(ret.)+25mg; Tbl. 100+25, 200+50mg* **Restex** *Tbl. 100+25mg; Kps.100(ret.)+25mg*	**M. Parkinson, Parkinson-Syndrome:** ini 100-200+25-50mg/d p.o. in 3ED, je nach Wi alle 3-7d um 50-100+12.5-25mg steigern, max. 800+200mg/d; **Restless-Legs-Syndrom:** 100+25mg p.o. z.N., evtl. zusätzlich 100(ret.)+25mg
L-Dopa + Carbidopa Rp	HWZ L/C 1.5/10h Q_0 L/C 1.0/> 0.7, PRC C, Lact ?
Duodopa *Gel (1ml enth. 20+5mg)* **Isicom** *Tbl. 100+25, 250+25mg; Tbl. 100(ret.)+25, 200(ret.)+50mg* **Levodopa-ratioph. comp.** *Tbl. 100+25, 100(ret.)+25mg, 200+50mg, 200(ret.)+50mg* **Nacom** *Tbl. 100+25, 100(ret.)+25, 200(ret.)+50, 250+25mg* **Sinemet** *Tbl. 100(ret.)+25, 200(ret.)+50mg*	**M. Parkinson, Parkinson-Syndrome:** ini 50-150+12.5-37.5mg/d p.o., je nach Wi alle 3-7d um 50-125+12.5-25mg steigern, max. 700+175mg/d in 3-4ED; (Duodopa): Gabe über intest. Sonde u. Pumpe: Morgendosis als Bolus 5-10ml, max. 15ml, Erh.Dos. individuell 1-10ml/h über 16h; s.a. FachInfo; **DANI, DALI** nicht erforderlich
L-Dopa + Carbidopa + Entacapon Rp	
LCE 1A-Pharma *Tbl. 50+12.5+200mg, 75+18.75+200mg, 100+25+200mg, 125+31.25+200mg, 150+37.5+200mg, 200+50+200mg* **Stalevo** *Tbl. 50+12.5+200mg, 75+18.75+200mg, 100+25+200mg, 125+31.25+200mg, 150+37.5+200mg, 200+50+200mg*	**M. Parkinson:** Einstellung entsprechend L-Dopa-Vormedikation; s. Pck.Beil.
L-Dopa + Carbidopa + Pramipexol Rp	
Pramidopa *Tbl. 100+25+0.18, 100+25+0.35mg, 100+25+0.7mg*	**M. Parkinson:** Einstellung entsprechend L-Dopa-Vormedikation; s. Pck.Beil.; **DANI** CrCl > 50: 100%; 20-50: max. 1.57mg Pramipexol/d; < 20: max 1.1mg Pramipexol/d; **DALI** keine Daten

12.2.2 Dopaminagonisten (Dopaminergika)

Wm/Wi: direkter dopaminerger Agonismus, Beeinflussung aller Parkinsonsymptome, v.a. Akinesie und psychische Störung;
UW (Bromocriptin): Übelkeit, Erbrechen, Magen-Darm-Beschwerden, Appetitlosigkeit, Obstipation, Kopfschmerzen, Schwindel, Müdigkeit, depressive Verstimmung, psychomotorische Unruhe, Schlafstrg., Sehstrg., visuelle Halluzinationen, Psychosen, Verwirrtheit, Benommenheit, Angst, Nervosität, Dyskinesie, Ataxien, Synkope, Miktionsbeschwerden, allergische Hautreaktionen, Ödeme, Erythromelalgie, Muskelkrämpfe, Mundtrockenheit, Haarausfall, Gefühl der verstopften Nase; **UW** (Cabergolin): Halluzinationen, Schlafstrg., Benommenheit, Schläfrigkeit, Dyskinesien, orthostatische Hypotonie, Übelkeit, Verstopfung, Dyspepsie, Gastritis, Erbrechen, periphere Ödeme, Verwirrtheit, Herzklappenveränderungen, Schwindel, Müdigkeit, Libido ↑, Kopfschmerzen, Ermüdung, Dyspnoe, Asthenie, abnormer Leberfunktionstest; bei Zusatztherapie zu Levodopa: Angina pectoris, Verringerung des Hämoglobinwerts, des Hämatokrits und/oder des roten Blutbilds;
UW (Pergolid): Schmerzen, Herzklappenveränderungen u.a. kardiale Erkrankungen, Übelkeit, Erbrechen, Dyspepsie, Dyskinesie, Halluzinationen, Schläfrigkeit, Rhinitis, Dyspnoe, Diplopie; **UW** (Piribedil): Übelkeit, Erbrechen, Blähungen, Halluzinationen, Erregung, Schwindel, Zerstreutheit, Schläfrigkeit; **UW** (Pramipexol): abnorme Träume, Impulskontrollstörungen, zwanghaftes Verhalten, Verwirrtheit, Halluzinationen, Schlaflosigkeit, Schwindel, Dyskinesie, Somnolenz, Kopfschmerzen, Sehstörungen, Hypotonie, Übelkeit, Obstipation, Erbrechen, Müdigkeit, periphere Ödeme, Gewichtsabnahme, Appetit ↓; **UW** (Ropinirol): Monotherapie: Halluzinationen, Somnolenz, Schwindel, Übelkeit, Erbrechen, Obstipation, peripheres Ödem, Synkope, Sodbrennen; Kombinationstherapie: Dyskinesie, (orthostatische) Hypotonie, Verwirrtheit, Übelkeit; **UW** (Rotigotin): Überempfindlichkeit, Schlafattacken, ungewöhnliche Träume, Störung des sexuellen Verlangens, Schlaflosigkeit, Kopfschmerzen, Somnolenz, Hypertonie, Übelkeit, Erbrechen, Dyspepsie, Juckreiz, Reaktionen an Applikationsstelle, Reizbarkeit, Schwächezustände, Gewichtsabnahme, Sturzneigung, Singultus, Obstipation, Schwindel, Mundtrockenheit, Dyskinesie, Lethargie, orthostatische Hypotonie, Palpitationen, peripheres Ödem, Halluzinationen, Bewusstseinsstörungen, Hyperhidrosis, Erythem;
KI (Bromocriptin): bek. Überempf., Schwangerschaftstoxikose, unkontrollierte Hypertonie, KHK, arterielle Verschlusskrankheiten, schwere psychische Störung, echokardiographischer Nachweis einer Herzklappenerkrankung; **KI** (Cabergolin): bek. Überempf.; fibrotische Veränderungen an Lunge, Herzbeutel oder im Retroperitonealraum; Präeklampsie, Eklampsie, unkontrollierte Hypertonie, echokardiographischer Nachweis einer Herzklappenerkrankung; **KI** (Pergolid): bek. Überempf., fibrotische Erkrankungen, echokardiographischer Nachweis von Herzklappenerkrankungen; **KI** (Piribedil): bek. Überempf., kardiovaskulärer Schock, akuter Herzinfarkt, Komb. mit Neuroleptika außer Clozapin; **KI** (Pramipexol): bek. Überempf.; **KI** (Ropinirol): bek. Überempf., schwere NI (CrCl < 30) ohne regelmäßige Hämodialyse, LI; **KI** (Rotigotin): bek. Überempf., MRT, elektrische Kardioversion

Bromocriptin Rp	HWZ 1(38)h, Q0 1.0, PPB 95%, PRC B, Lact -
Bromocriptin Abz *Tbl. 2.5mg* **Bromocriptin-ratioph.** *Tbl. 2.5mg; Kps. 5, 10mg* **Kirim** *Tbl. 2.5, 5mg* **Pravidel** *Tbl. 2.5mg; Kps. 5mg*	**M. Parkinson:** ini 1 x 1.25mg p.o. z.N., um 1.25mg/W steigern bis 3 x 2.5mg, max. 30mg/d; **DANI** nicht erforderlich

Cabergolin Rp	HWZ 63-68h, PPB 41-42%, PRC B, Lact ?
Cabaseril *Tbl. 1, 2mg* **Cabergolin HEXAL** *Tbl. 0.5, 1mg* **Cabergolin-ratioph.** *Tbl. 0.5, 1, 2mg* **Cabergolin Teva** *Tbl. 0.5, 1, 2mg*	**M. Parkinson:** bei Komb. mit L-Dopa: ini 1 x 1mg p.o., alle 1-2W um 0.5-1mg steigern, Erh.Dos. 1 x 2-3mg; Monotherapie: ini 0.5mg, langsam steigern bis 2mg/d, max. 3mg/d; **DANI** nicht erforderlich; **DALI** Child C: vorsichtige Anwendung

Pergolid Rp	HWZ 7-16h, PPB 90%, PRC B, Lact ?
Pergolid HEXAL *Tbl. 0.25, 1mg* **Pergolid-neuraxpharm** *Tbl. 0.05, 0.25, 1mg*	**M. Parkinson:** d1-2: 1 x 0.05mg p.o., dann alle 3d um 0.1-0.15mg steigern, ab d17 alle 3d um 0.25mg steigern, Erh.Dos.: 3 x 1mg p.o.

Piribedil Rp	HWZ 12h, PPB 70-80%
Clarium *Tbl. 50(ret.)mg* **Pronoran** *Tbl. 50(ret.)mg* **Trivastal** *Tbl. 50(ret.)mg*	**M. Parkinson:** Monotherapie: 150-250mg/d p.o. in 3ED; Kombination mit L-Dopa: 3 x 50mg

Pramipexol Rp	HWZ 8-12h, PPB < 20%, PRC C, Lact ?
Glepark *Tbl. 0.088, 0.18, 0.35, 0.7mg* **Mirapexin** *Tbl. 0.088, 0.18, 0.7mg; Tbl. ret. 0.26, 0.52, 1.05, 2.1, 3.15mg* **Oprymea** *Tbl. 0.088, 0.18, 0.35, 0.7mg; Tbl. ret. 0.26, 0.52, 1.05, 1.57, 2.1, 2.62, 3.15mg* **Pramipexol HEXAL** *Tbl. 0.088, 0.18, 0.35, 0.54, 0.7, 1.1 mg; Tbl. ret. 0.26, 0.52, 1.05, 1.57, 2.1, 2.62, 3.15mg* **Sifrol** *Tbl. 0.088, 0.18, 0.35, 0.7mg; Tbl. ret. 0.26, 0.52, 1.05, 1.57, 2.1, 2.62, 3.15mg*	**M. Parkinson:** W1: 3 x 0.088mg p.o., W2: 3 x 0.18mg, W3: 3 x 0.36mg, n. Bedarf weiter um 0.54mg/W steigern, max. 3.3mg/d; **Restless-Legs-Syndrom:** ini 1x 0.088mg, ggf. alle 4-7d steigern: 0.18, 0.35, 0.54mg, max. 0.54mg; **DANI** CrCl > 50: 100%; 20-49: 100% in 2ED; < 20: 100% in 1ED; **DALI:** keine Daten, vermutlich nicht erford.

Ropinirol Rp	HWZ 6h, Q0 0.9, PPB 10-40%, PRC C, Lact ?
Adartrel *Tbl. 0.25, 0.5, 2mg* **Ralnea** *Tbl. 2(ret.), 4(ret.), 8(ret.)mg* **ReQuip** *Tbl. 0.25, 0.5, 1, 2, 2(ret.), 4(ret.), 5, 8(ret.) mg* **Ropinirol dura** *Tbl. 0.25, 0.5, 1, 2, 5mg* **Ropinirol HEXAL** *Tbl. 0.25, 1, 2, 2(ret.), 3, 4, 4(ret.), 8(ret.)mg*	**M. Parkinson:** W1: 3 x 0.25mg p.o., W2: 3 x 0.5mg, W3: 3 x 0.75mg, W4: 3 x 1mg, dann um 0.5-1mg/W steigern, Erh.Dos. 3-9mg/d, max. 24mg/d; W1: 1 x 2mg (ret.), W2: 1 x 4mg (ret.), ggf. um 2mg/W weiter steigern, max. 24mg/d; **Restless-Legs-Syndrom:** d1+2: 1 x 0.25mg p.o., d3-7: 1 x 0.5mg p.o., d8-14: bis 1mg/d, dann nach Bedarf um 0.5mg/W bis 1 x 2mg steigern, max. 4mg/d; **DANI** CrCl > 30: 100%; < 30: KI

Rotigotin Rp	HWZ 5-7h, PPB 92%
Leganto *TTS 1mg/24h, 2mg/24h, 3mg/24h, 4mg/24h, 6mg/24h, 8mg/24h* **Neupro** *TTS 1mg/24h, 2mg/24h, 3mg/24h, 4mg/24h, 6mg/24h, 8mg/24h*	**M. Parkinson:** ini 1 x 2mg/24h, dann wöchentlich um 2mg/24h erhöhen auf 4-8mg/24h, max. 8mg/24h; **DANI** nicht erforderlich

12.2.3 MAO-B-Hemmer (Dopaminergika)

Wm: irreversible Hemmung der dopaminabbauenden Monoaminoxidase B (MAO-B) ⇒ Dopamingehalt im Striatum ↑, Verstärkung der Wi und UW von L-Dopa;
Wi: Beeinflussung aller Parkinsonsymptome, v.a. Akinesie und psychische Störungen;
UW (Rasagilin): Grippe, Leukopenie, Melanom, allerg. Reaktion, Depression, Halluzinationen, Kopfschmerzen, Konjunktivitis, Schwindel, Angina pectoris, Rhinitis, Flatulenz, Dermatitis, Myalgien, Arthritis, Harndrang, Unwohlsein, Nackenschmerzen, Fieber, Appetit ↓, Dyskinesie, Dystonie, Karpaltunnelsyndrom, Gleichgewichtsstörung, Dyspepsie, Bauchschmerzen, Obstipation, Übelkeit, Erbrechen, Mundtrockenheit, Hautausschlag, Gewichtsverlust, Stürze, Hypotonie; **UW** (Safinamid): Schlaflosigkeit, Dyskinesie, Somnolenz, Schwindel, Kopfschmerzen, Parkinson-Krankheit, Katarakt, orthostat. Hypotonie, Übelkeit, Stürze; **UW** (Selegilin): Schwindel, Bewegungsstrg., Kopfschmerzen, Bradykardie, Übelkeit, Erbrechen, Leberenzyme ↑, Blutdruckabfall, Psychosen, Schlaflosigkeit, Mundtrockenheit; **KI** (Rasagilin): bek. Überempf., gleichzeit. Anw. von anderen MAO-Hemmern oder Pethidin, stark eingeschränkte Leberfunktion; **KI** (Safinamid): bek. Überempf., gleichzeitige Behandlung mit and. MAO-Hemmern, gleichzeitige Behandlung mit Pethidin, schw. Leberinsuff., Albinismus, Netzhautdegeneration, Uveitis, erblich bedingte Retinopathie oder schwere progressive diabetische Retinopathie;
KI (Selegilin): bek. Überempf., aktive Magen-Darm-Geschwüre, Komb. mit SSRI, SNRI, trizykl. Antidepressiva, Sympathomimetika, MAO-Hemmer, Opioiden, Serotonin-Agonisten, Grav./Lakt.

Rasagilin Rp	HWZ 0.6-2h, PPB 60-70%
Azilect *Tbl. 1mg* **Rasagilin-ratioph.** *Tbl. 1mg*	**M. Parkinson:** 1 x 1mg p.o.; **DANI** nicht erforderl.; **DALI** KI bei schwerer LI

Safinamid Rp	HWZ 20-30h, PPB 88-90%
Xadago *Tbl. 50, 100mg*	**M. Parkinson:** ini 1 x 50mg p.o., ggf. steigern auf 1 x 100mg; **DANI** nicht erforderl.; **DALI** mittelschw. LI: max 50mg/d; schw. LI: KI

Selegilin Rp	HWZ 1.5h, Q_0 1.0, PPB 94%
Selegilin-neuraxpharm *Tbl. 5, 10mg* **Selegilin-ratioph.** *Tbl. 5mg*	**M. Parkinson:** 5-10mg/d p.o. in 1-2ED (morgens und mittags); max. 10mg/d; Lingualtbl.: 1 x 1.25mg; **DANI** KI; **DALI** KI

12.2.4 COMT-Hemmer (Dopaminergika)

Wm: Hemmung der Catechol-O-Methyltransferase ⇒ L-Dopa-Plasmaspiegel ↑ (Anw. nur komb. mit L-Dopa); **Wi:** beeinflusst alle Parkinsonsymptome, v.a Akinesie, psychische Strg.;
UW: (Entacapon): Schlaflosigkeit, Halluzinationen, Verwirrtheit, unangenehme Träume, Dyskinesien, Parkinsonsymptome ↑, Benommenheit, Dystonie, Hyperkinesie, KHK-Symptome, Übelkeit, Diarrhoe, Abdominalschmerzen, Mundtrockenheit, Urinverfärbung, Müdigkeit, Hyperhidrosis, Stürze, Obstipation, Erbrechen; **UW** (Opicapon): Dyskinesie, Halluzinationen, abnorme Träume, Schlaflosigkeit, Schwindel, Somnolenz, Kopfschmerzen, orthostatische Hypotonie, Obstipation, Mundtrockenheit, Erbrechen, Muskelspasmen, CK-Erhöhung;
UW (Tolcapon): Infekte der oberen Atemwege, Schlafstörungen, exzessives Träumen, Schläfrigkeit, Verwirrtheit, Halluzinationen, Dyskinesie, Dystonie, Kopfschmerzen, Schwindel, Hypokinesie, orthostatische Strg., Synkopen, Influenza, Übelkeit, Anorexie, Diarrhoe, Erbrechen, Verstopfung, Xerostomie, Bauchschmerzen, Dyspepsie, verstärktes Schwitzen, Urinverfärbung, Brustschmerzen;

KI (Entacapon): bek. Überempf., Leberinsuff., Phäochromozytom, malignes neuroleptisches Syndrom bzw. atraumatische Rhabdomyolyse in der Anamnese, Behandlung mit nicht-selektiven MAO-Hemmern, Behandlung mit selektiven MAO-A und MAO-B-Hemmern zusammen, Grav./Lakt.; **KI** (Opicapon): bek. Überempf., Phäochromozytom, Paragangliom oder andere Katecholamin-sezernierende Neubildungen, malignes neuroleptisches Syndrom und/oder atraumatische Rhabdomyolyse i.d. Anamnese; gleichzeitige Anw. von MAO-Hemmern (z. B. Phenelzin, Tranylcypromin, Moclobemid) mit Ausnahme der bei M. Parkinson angewendeten; **KI** (Tolcapon): bek. Überempf., Lebererkr., erhöhte Leberenzyme, schwere Dyskinesie, Phäochromozytom, malignes neurolept. Syndrom bzw. atraumatische Rhabdomyolyse oder Hyperthermie in der Anamnese, Behandlung mit nichtselektiven MAO-Hemmern

Entacapon Rp	HWZ 2.4 h, Q0 1.0, PPB 98%, PRC C, Lact ?
Comtess *Tbl. 200mg* **Entacapon-neuraxpharm** *Tbl. 200mg*	**M. Parkinson:** 200mg p.o. zu jeder L-Dopa-Dosis, max. 2g/d; **DANI** nicht erf.; **DALI** KI
Opicapon Rp	HWZ 0.7-3.2 h, Q0 1.0, PPB 99%
Ongentys *Kps. 50mg*	**M. Parkinson:** 1 x 50mg p.o. beim Zubettgehen; mind. 1 h vor oder nach L-Dopa-Einnahme; **DANI** nicht erforderlich; **DALI** Child A: 100%; B: vorsichtige Anw.; C: Anw. nicht empfohlen
Tolcapon Rp	HWZ 2 h, Q0 1.0, PPB 99%, PRC C, Lact ?
Tasmar *Tbl. 100mg* **Tolcapon-neuraxpharm** *Tbl. 100mg*	**M. Parkinson:** 100mg p.o. zu jeder L-Dopa-Dosis, in Ausnahmefällen 3 x 200mg; **DANI** CrCl < 30: vorsichtige Anw.; **DALI** KI

12.2.5 Zentral wirksame Anticholinergika

Wm: Hemmung zentraler cholinerger Neuronen;
Wi: Reduktion v.a. der Plus-Symptome Rigor und Tremor;
UW (Biperiden): Müdigkeit, Schwindelgefühl, Benommenheit; in höheren Dosen Unruhe, Angst, Erregung, Euphorie, Verwirrtheit; bei Hirnleistungsstrg. zentrale Erregung, Mundtrockenheit, Akkomodationsstrg., Mydriasis mit Photophobie, Schweißminderg., Obstipation, Tachykardie, Magenbeschwerden, Übelkeit, Miktionsstrg; **UW** (Bornaprin): zahlreiche UW ohne Häufigkeitsangabe (s. Fachinfo); **UW** (Procyclidin): Mundtrockenheit, Obstipation, Harnverhalt, verschwomm. Sehen; **UW** (Trihexyphenidyl): Akkommodationsstrg., Benommenheit, Nervosität, Übelkeit, Erbrechen, Mundtrockenheit;
KI (Biperiden): bek. Überempf., unbeh. Engwinkelglaukom, mechan. Stenosen im Magen-Darm-Trakt, Megakolon, Ileus; **KI** (Bornaprin): bek. Überempf., Engwinkelglaukom, mechan. Stenosen im Magen-Darm-Trakt, Megakolon, Ileus, Gedächtnisstrg.;
KI (Procyclidin): bek. Überempf., Demenz, unbehandeltes Engwinkelglaukom, Darmatonie, mechanische Stenosen im Magen-Darm-Trakt, Megakolon; Intox. mit Alkohol, Schlafmitteln, trizyklischen Antidepressiva, Antikonvulsiva, Antihistaminika und Tranquilizern;
KI (Trihexyphenidyl): bek. Überempf., akute Intoxikation mit zentral dämpfenden Pharmaka oder Alkohol, Prostatahypertrophie mit Restharnbildung, akute Delirien und Manien, unbehandeltes Engwinkelglaukom, Pylorusstenose, paralytischer Ileus, akutes Harnverhalten, Megakolon, Tachyarrhythmie, Ki., Jug., Grav., Lakt.

Biperiden Rp	HWZ 24h, Q0 1.0, PPB 94%, PRC C, Lact ?
Akineton *Tbl. 2, 4 (ret.)mg; Amp. 5mg/1ml* **Biperiden-neuraxpharm** *Tbl. 2, 4mg; Amp. 5mg/1ml*	**Parkinson-Syndrom:** ini 2 x 1mg p.o., um 2mg/d steigern, Erh.Dos. 3-4 x 1-2mg, max. 16mg/d; 10-20mg i.m./langsam i.v.; **medikamentös bedingte extrapyramidale Symptomatik:** 1-4 x 1-2mg p.o.; 2.5-5mg i.m./langsam i.v., ggf. Wdh. nach 30min, max. 10-20mg/d; **Ki. 3-15J:** 1-3 x 1-2mg p.o.; < **1J:** 1mg i.v.; **1-6J:** 2mg i.v.; < **10J:** 3mg i.v.; **Nikotinvergiftung:** 5-10mg i.m.
Bornaprin Rp	HWZ 5.2h, PPB 72%
Sormodren *Tbl. 4mg*	**Parkinson-Syndrom, medikamentös bedingte extrapyramidale Symptomatik:** ini 1 x 2mg p.o., Erh.Dos. 6-12mg/d in 2-3ED; **Hyperhidrosis:** ini 2mg/d, Erh.Dos. 4-8mg/d
Procyclidin Rp	HWZ 12h
Osnervan *Tbl. 5mg*	**Parkinson-Syndrom, medikamentös bedingte extrapyramidale Symptomatik:** ini 3 x 2.5mg p.o., alle 2-3d um 2.5-5mg steigern, Erh.Dos. 3 x 5-10mg
Trihexyphenidyl Rp	HWZ 8.6h
Artane *Tbl. 2, 5mg* **Parkopan** *Tbl. 2, 5mg*	**Parkinson-Syndrom:** ini 1mg/d p.o., dann tgl. um 1mg ↑, Erh.Dos. 6-16mg/d p.o. in 3-4ED, max. 16mg/d; **medik. bed. extrapyramidale Symptomatik:** 2-16mg/d p.o. in 1-4ED; Pat. > 60J: 50%

12.2.6 Glutamatrezeptorantagonisten

Wm: indirekt agonistische Wi am striatalen Dopaminrezeptor; Hemmung der NMDA-Rezeptor-vermittelten Freisetzung von Acetylcholin;
Wi: Beeinflussung v.a. von Akinesie und Rigor (s. auch Virustatika → 263);
UW: Schwindel, Schlafstörungen, motorische und psychische Unruhe, Harnretention bei BPH, Livedo reticularis, Übelkeit, Mundtrockenheit, orthostat. Dysregulation;
KI: bek. Überempf., schwere Herzinsuff. (NYHA IV), Kardiomyopathien, Myokarditis, AV-Block II-III°, Bradykardie (< 55/min), Long-QT-Syndrom oder erkennbare U-Welle oder QT-Syndrom in Familienanamnese, anamnestisch schwerwiegende ventrikuläre Arrhythmien (inkl. Torsade de pointes), Hypokaliämie, Hypomagnesiämie, gleichzeitige Therapie mit Budipin oder anderen QT-verlängernden Medikamenten

Amantadin Rp	HWZ 10-30h, Q0 0.1, PPB 67%, PRC C, Lact -
Amantadin HEXAL *Tbl. 100, 200mg* **Amantadin-neuraxpharm** *Tbl. 100, 200mg* **Amantadin Serag** *Inf.Lsg. 200mg/500ml* **PK-Merz** *Tbl. 100, 150mg; Inf.Lsg. 200mg/500ml* **Tregor** *Tbl. 100, 200mg*	**M. Parkinson, medik. bed. extrapyramidale Symptomatik:** ini 1 x 100mg p.o., um 100mg/W steigern, Erh.Dos. 200-600mg/d in 2-3ED; 1-3 x 200mg über 3h i.v.; **DANI** CrCl 60-80: 2 x 100mg p.o.; 50-59: 100/200mg im Wechsel; 30-49: 1 x 100mg; 20-29: 200mg 2 x/W; 10-19: 100mg 3 x/W; < 10, HD: 100mg 1 x/W

12.2.7 Weitere Antiparkinsonmittel

Wm/Wi (Apomorphin): direkte Stimulation von Dopaminrezeptoren;
Wm/Wi (Budipin): NMDA-antagonistische Eigenschaften, indirekte dopaminerge Wi ⇒ günstige Beeinflussung des Tremors;
Wm/Wi (Dihydroergocriptin): stimuliert D2-Rezeptoren und partiell D1-Rezeptoren;
UW (Apomorphin): Verwirrtheit, optische Halluzinationen, Sedierung, Somnolenz, Schwindel, Benommenheit, Gähnen, Übelkeit, Erbrechen, Reaktionen an Injektionsstelle;
UW (Budipin): Benommenheit, Mundtrockenheit, Übelkeit;
UW (Dihydroergocriptin): Übelkeit, Magenschmerzen, Schwächegefühl, Kopfschmerzen, Schwindel, Erbrechen, Sodbrennen, Magenkrämpfe, Blutdruckerniedrigung, orthostatische Kreislaufbeschwerden, Tachy-kardie, Unruhe, Ödeme, depressive Verstimmung, Schlaflosigkeit, Exantheme, Gewichts-veränderung, trockener Mund;
KI (Apomorphin): bek. Überempfindlichkeit, Atemdepression, Demenz, Psychosen, Leberinsuffizienz, Ki. <18J; **KI** (Budipin): bek. Überempfindlichkeit, Myasthenia gravis, fortgeschrittene neurologische Erkrankungen (außer durch Parkinson-Krankheit bedingt), Herzinsuffizienz NYHA IV, Kardiomyopathie, Myokarditis, AV-Block II°-III°, Bradykardie (< 55/min), Hypokaliämie, Hypomagnesiämie, QT-Zeitverlängerung, schwer-wiegende ventrikuläre HRST, Kombination mit Amantadin o.a. QT-Zeit-verlängernden Med., Grav./Lakt.; **KI** (Dihydroergocriptin): bek. Überempfindlichkeit gegen D. bzw. andere Mutter-kornalkaloide, Kinder, Grav., Lact.; gleichzeitige Einnahme anderer Mutterkornalkaloide; Herzklappenerkrankung (bei Langzeit-Anwendung)

Apomorphin Rp	HWZ 33min
Apomorphinhydrochlorid *Inf.Lsg. 100mg/20ml* **Apomorphin-Archimedes** *Amp. 50mg/5ml* **APO-go** *Amp. 50mg/5ml; Fertigspr. 50mg/10ml, Pen 30mg/3ml*	**M. Parkinson mit on-off-Phänomen:** ini 1mg s.c., ggf. alle 40min steigern bis Wi einsetzt, weiter n. Bedarf mit ermittelter Schwellendosis; Komb. mit Domperidon: 3 x 20mg, i.v.-Gabe s. FachInfo; **Abstinenzsyndrome bei Opiatabhängigen:** 3-4 x 10mg s.c., Komb. m. Etilefrin; **akute Alkoholintoxikation:** 10mg s.c./i.m., Komb. mit Etilefrin; **Auslösen von Erbrechen:** 10mg i.m., Komb. mit Etilefrin; **Schulkinder:** 0.1mg/kg s.c. + 7-10mg Etilefrin; **DANI** nicht erforderl.; **DALI:** KI

Budipin Rp	HWZ 31 (59)h, Q0 0.3, PPB 96%
Parkinsan *Tbl. 10, 20mg*	**M. Parkinson:** ini 3 x 10mg p.o., nach 1W 3 x 20 oder 2 x 30mg; **DANI, DALI** max. 30mg/d
Dihydroergocriptin Rp	HWZ 10-15h, PPB 45-64%
Almirid Cripar *Tbl. 20, 40mg*	**M. Parkinson:** Monother.: ini 2 x 5mg p.o., nach 2W 2 x 10mg, nach 4W 2 x 20mg, ggf. weiter erhöhen um 20mg alle 2W, Erh.Dos. 30-120mg/d; Komb. mit L-Dopa: ini 2 x 5mg p.o., nach 2W 2 x 10mg, nach 4W 2 x 15mg oder 3 x 10mg, ggf. weiter erhöhen um 10mg alle 2W, Erh. Dos. 60mg/d, max. 120mg/d; **DANI:** keine Angaben; **DALI:** KI

12.3 Migränemittel

12.3.1 Secale-Alkaloide (Ergotamine)

Wm/Wi (Ergotamin): Vasokonstriktion v.a. durch alpha-adrenergen Agonismus, serotoninerge Wirkung; **UW** (Ergotamin): Übelkeit, Erbrechen, Diarrhoe;
KI (Ergotamin): bek. Überempf., Sepsis, zentrale Durchblutungsstörungen, periph. art. Gefäßerkrankungen, Erkrankungen an Herzkranzgefäßen, arterielle Hypertonie, schwere Leber- und Nierenfunktionsstrg., Basilaris-Migräne, familiäre hemiplegische Migräne, Phäochromozytom, Thyreotoxikose, anamnestisch medikamenteninduzierte Fibrose, Komb. mit Betablockern/Makroliden/Tetracyclinen/Vasokonstriktoren, Grav./Lakt., < 16J., > 65J.

Ergotamin Rp	HWZ 20-34h, Q0 0.5, PPB > 90%
Ergo-Kranit Migräne *Tbl. 2mg*	**Migräneanfall, vask. Kopfschmerzen:** 1 x 2mg p.o., ggf. erneut 2mg nach 4-6h; max. 4mg/d bzw. 6mg/W; **DANI, DALI** KI bei schwerer NI/LI

12.3.2 Triptane

Wm/Wi: selektive 5-HT1-Rez.-Agonisten ⇒ Vasokonstriktion; **UW** (Almotriptan): Schwindel, Somnolenz, Übelkeit, Erbrechen, Müdigkeit; **UW** (Eletriptan): Pharyngitis, Rhinitis, Schläfrigkeit, Kopfschmerz, Benommenheit, abnorme Empfindungen, Muskeltonus ↑, Hypästhesie, Myasthenie, Schwindel, Palpitationen, Tachykardie, Flush, Engegefühl im Hals, abdominelle Schmerzen, Übelkeit, Mundtrockenheit, Dyspepsie, Schwitzen, Rückenschmerzen, Myalgie, Schwächegefühl, Brustschmerzen, Frösteln; **UW** (Frovatriptan): Schwindel, Parästhesien, Kopfschmerzen, Somnolenz, Dysästhesie, Hypoästhesie, Sehstörungen, Flush, Engegefühl des Halses, Übelkeit, Mundtrockenheit, Dyspepsie, Abdominalschmerzen, Hyperhidrosis, Ermüdung, Thoraxbeschwerden; **UW** (Naratriptan): Kribbeln, Schwindel, Schläfrigkeit, Übelkeit, Erbrechen, Hitzegefühl, Unwohlsein; **UW** (Rizatriptan): Schwindel, Schläfrigkeit, Parästhesien, Kopfschmerzen, Hypästhesie, Aufmerksamkeitsstrg., Tremor, Palpitationen, Tachykardie, Hitzewallungen, Rachenbeschwerden, Atemnot, Übelkeit, Mundtrockenheit, Erbrechen, Diarrhoe, Flush, Schwitzen, Hautausschlag, Schweregefühl, Schwäche, Müdigkeit, Bauch-/Brustschmerzen;

UW (Sumatriptan): Schwindel, Schläfrigkeit, Sensibilitätsstrg., RR ↑, Flush, Dyspnoe, Übelkeit, Erbrechen, Schweregefühl, Myalgie, Schmerzen, Hitze-/Kälte-/Druck-/Engegefühl, Schwäche, Müdigkeit; **UW** (Zolmitriptan): Sensibilitätsstrg., Schwindel, Kopfschmerzen, Schläfrigkeit, Palpitationen, abdominale Schmerzen, Übelkeit, Erbrechen, Mundtrockenheit, Muskelschwäche, Myalgien, Asthenie, Schwere-/Enge-/Druckgefühl;
KI (Almotriptan): bek. Überempfindlichkeit, ischämische Herzerkrankung, arterielle Hypertonie, anamnestisch Apoplex/TIA, periphere Gefäßkrankheit, Kombination mit Ergotamin(-derivaten)/5-HT1B1D-Agonisten, schwere Leberfunktionsstörung;
KI (Eletriptan): bek. Überempfindlichkeit, schwere Leber-/Nierenfunktionseinschränkung, arterielle Hypertonie, KHK, ischämische Herzerkrankungen (od. entsprechende Symptome), Prinzmetal-Angina, signifikante Arrhythmien oder Herzinsuffizienz, periphere Gefäßerkr., anamnestisch zerebrovaskuläre Ereignisse/TIA, Kombination mit Ergotamin(-derivaten)/ anderen 5-HT1-Rezeptor-Agonisten; **KI** (Frovatriptan): bek. Überempf., anamnestisch Myokardinfarkt, ischäm. Herzerkrankung, koronarer Vasospasmus, periphere Gefäßerkr., arterielle Hypertonie, anamnestisch zerebrovask. Ereignisse/TIA, schwere Leberinsuffizienz, Kombination mit Ergotamin(-derivaten)/anderen 5-HT1-Rezeptor-Agonisten;
KI (Naratriptan): bek. Überempfindlichkeit, zur Migräne-Prophylaxe, arterielle Hypertonie, anamnestisch Myokardinfarkt, ischäm. Herzerkrankung, koronarer Vasospasmus, periphere Gefäßerkrankung, anamnestisch zerebrovaskuläre Ereignisse/TIA, Leber-/Nierenfunktionsstörungen, Kombination mit Ergotamin(-derivaten)/anderen 5-HT1-Rezeptor-Agonisten, hemiplegische/ophtalmoplegische/Basilaris-Migräne;
KI (Rizatriptan): bek. Überempf., Kombination mit MAO-Hemmern/Ergotamin(-derivaten)/ anderen 5-HT1-Rezeptor-Agonisten, schwere Leber-/Nierenfunktionseinschränkung, anamnestisch zerebrovaskuläre Ereignisse/TIA, arterielle Hypertonie, anamnestisch Myokardinfarkt, ischäm. Herzerkrankung, koronarer Vasospasmus, periphere Gefäßerkrankung;
KI (Sumatriptan): bek. Überempf., Kombination mit MAO-Hemmern/Ergotamin(-derivaten)/ anderen 5-HT1-Rezeptor-Agonisten, anamnestisch Myokardinfarkt, ischäm. Herzerkrankung, koronarer Vasospasmus, periphere Gefäßerkrankung, anamnestisch zerebrovaskuläre Ereignisse/TIA, schwere Leberfunktionsstrg., arterielle Hypertonie;
KI (Zolmitriptan): bek. Überempfindlichkeit, arterielle Hypertonie, anamnestisch Myokardinfarkt, ischäm. Herzerkrankung, koronarer Vasospasmus, periph. Gefäßerkrankung, anamnestisch zerebrovaskuläre Ereignisse/TIA, schwere Nierenfunktionseinschränkung (CrCl < 15), Kombination mit Ergotamin(-derivaten)/anderen 5-HT1-Rezeptor-Agonisten

Almotriptan Rp/OTC	HWZ 3.5h
Almogran *Tbl. 12.5mg* **Dolortriptan** *Tbl. 12.5mg*	**Migräneanfall:** 12.5mg p.o., ggf. Wdh. nach 2h; **DANI** bei schwerer NI max. 12.5mg/d
Eletriptan Rp	HWZ 4h, PPB 85%
Relpax *Tbl. 20, 40mg*	**Migräneanfall:** 1 x 40mg p.o., ggf. Wdh. n. 2h, max. 80mg/d; **DANI** 20mg, max. 40mg/d; KI bei schwerer NI; **DALI** KI bei schwerer LI
Frovatriptan Rp	HWZ 26h, PPB ca. 15%
Allegro *Tbl. 2.5mg* **Tigreat** *Tbl. 2.5mg*	**Migräneanfall:** 2.5mg p.o., ggf. Wdh. nach 2h, max. 5mg/d; **DANI** nicht erf.; **DALI** Child C KI

Naratriptan Rp/OTC	HWZ 6h, Qo 0.5, PPB 30%, PRC C, Lact ?
Formigran *Tbl. 2.5mg* **Naratriptan Actavis** *Tbl. 2.5mg* **Naramig** *Tbl. 2.5mg* **Naratriptan-neuraxpharm** *Tbl. 2.5mg*	**Migräneanfall:** 1 x 2.5mg p.o., ggf. Wdh. nach 4h, max. 5mg/d; **DANI** CrCl < 15: KI; **DALI** Child C KI
Rizatriptan Rp	HWZ 2-3h, Qo > 0.8, PPB 14%, PRC C, Lact ?
Maxalt *Tbl. 5, 10mg; Lingualtbl. 5, 10mg* **Rizatriptan-neuraxpharm** *Tbl. 5, 10mg; Lingualtbl. 5,10mg* **Rizatriptan HEXAL** *Lingualtbl. 5, 10mg*	**Migräneanfall:** 1 x 10mg p.o., ggf. Wdh. n. 2h, max. 20mg/d; Komb. mit Propranolol; **DANI** 5mg, KI bei schwerer NI; **DALI** 5mg, KI bei schwerer LI
Sumatriptan Rp	HWZ 2h, Qo 0.8, PPB 14-21%, PRC C, Lact -
Imigran *Tbl. 50, 100mg; Supp. 25mg; Pen 6mg/0.5ml; Nasenspray (1 Hub = 10, 20mg)* **Sumatriptan 1A** *Tbl. 50, 100mg* **Sumatriptan-CT** *Tbl. 50, 100mg* **Sumatriptan HEXAL** *Tbl. 50, 100mg* **Sumatriptan-ratioph.** *Tbl. 50, 100mg*	**Migräneanfall, Horton-Syndrom:** 1 x 50–100mg p.o., ggf. Wdh. nach 2h, max. 300mg/d; 6mg s.c., ggf. Wdh. nach 2h, max. 12mg/d; 25mg rekt., ggf. Wdh. nach 2h, max. 50mg/d; 20mg nasal, ggf. Wdh. nach 2h, max. 40mg/d; **12-17J:** 10mg nasal, max. 20mg/d; s.c. Anw. nicht empfohlen; **DANI** nicht erforderlich; **DALI** 25-50mg/d, KI bei schwerer LI
Zolmitriptan Rp	HWZ 2.5-3h, Qo 0.7, PPB 25%, PRC C, Lact ?
AscoTop *Tbl. 2.5, 5mg; Lingualtbl. 2.5, 5mg; Nasenspray (5mg/ED)* **Zolmitriptan HEXAL** *Tbl. 2.5, 5mg; Lingualtbl. 2.5, 5mg* **Zolmitriptan Stada** *Tbl. 2.5, 5mg; Lingualtbl. 2.5, 5mg* **Zomig** *Tbl. 2.5mg; Lingualtbl. 2.5mg; Nasenspray (5mg/0.1ml)*	**Migräneanfall:** 1 x 2.5mg p.o., 1 x 2.5mg nasal, bei erneutem Anfall 2.5-5mg p.o./nasal, max. 10mg/d; **DANI** CrCl < 15: KI; **DALI** max. 5mg/d

S. auch Analgetika → 209–214

12.3.3 Weitere Migränemittel

Wm/Wi (Topiramat): genauer Wm unbekannt; antiepileptisch, Migräne-prophylaktisch;
UW (Topiramat): Gewichtsabnahme, -zunahme, Anämie, Parästhesie, Somnolenz, Schwindel, Aufmerksamkeits-/Gedächtnis-/Koordinations-/Gleichgewichts-/Gangstörung, Amnesie, kognitive Störung, Konvulsion, Tremor, Lethargie, Hypästhesie, Nystagmus, Dysgeusie, Dysarthrie, Sedierung, Sehstörungen, Schwindel, Tinnitus, Ohrenschmerzen, Dyspnoe, Epistaxis, Rhinorrhoe, verstopfte Nase, Übelkeit, Erbrechen, Diarrhoe, Obstipation, Reflux, abdominale Schmerzen, Mundtrockenheit, orale Parästhesie, Nephrolithiasis, Pollakisurie, Dysurie, Alopezie, Hautausschlag, Pruritus, Arthralgie, Myalgie, Muskelspasmen, Brustschmerz, Anorexie, verminderter Appetit, Nasopharyngitis, Fatigue, Fieber, Asthenie, Hypersensitivität, Depression, Angst, psychische Störungen;
KI (Topiramat): bek. Überempfindlichkeit, Grav., Frauen ohne wirksame Verhütung

Topiramat Rp	HWZ 18-24h, Q0 < 0.5, PPB 13-17%, PRC C, Lact ?
Topamax *Tbl. 25, 50, 100, 200mg; Kps. 25, 50mg* **Topiramat Migräne Stada** *Tbl. 25, 50, 100mg*	**Migräne-Pro.:** ini 1 x 25mg p.o., alle 1-2W um 25mg steigern, Erh.Dos. 50-100mg/d
S. auch Antiepileptika → 316	

12.4 Muskelrelaxantien

12.4.1 Peripher wirksame Muskelrelaxantien

Wm/Wi (Chininsulfat): Verlängerung der Refraktärzeit , Verminderung der Erregbarkeit an motorischer Endplatte, Beeinflussung der Verteilung von Kalzium in Muskelfaser ⇒ Häufigkeit und Intensität von Muskelkrämpfen ↓;
Wm/Wi (Clostridium-Toxine): spezif. Bindung an den präsynaptischen Akzeptor cholinerger Nervenenden, Blockierung der Acetylcholinfreisetzung;
Wm/Wi (Dantrolen): Interferenz mit Kalziumfreisetzung aus sarkoplasmatischem Retikulum ⇒ entkoppelt Nervenreiz und Kontraktion des Skelettmuskels;
UW (Chininsulfat): keine häufigen/sehr häufigen UW;
UW (Clostridium-Toxin A): Oberlidptosis, Keratitis punctata, Lagopthalmus, trockenes Auge, Photophobie, Augenreizung, Zunahme Lakrimation, Ekchymose, Irritationen, Gesichtsödem, Rhinitis, Infektion der oberen Atemwege, Schwindel, Muskelhypertrophie, Hypoästhesie, Somnolenz, Kopfschmerzen, Dysphagie, Mundtrockenheit, Übelkeit, Rigor, Schmerz, Asthenie, grippeähnliche Symptome, Virusinfektion, Ohrinfektion, Somnolenz, Gangstrg., Parästhesie, Myalgie, Harninkontinenz, Stürze, Hitzewallungen, Hyperhidrosis, Pruritus, Alopezie, Harnweginfekt, Dysurie, Harnverhalt, Pollakisurie, Insomnie, Obstipation;
UW (Clostridium-Toxin B): Mundtrockenheit, Kopfschmerzen, Dysphagie, Torticollis, Geschmacksveränderungen, Veschwommensehen, Dysphonie, Dysphagie, Verdauungsstrg, Myasthenie, Schmerzen an Injektionsstelle, Nackenschmerzen, grippeähnl. Symptome;
UW (Dantrolen): Kopfschmerz, Sprachstörungen, Krampfanfälle, Appetitlosigkeit, Bauchkrämpfe, Übelkeit, Erbrechen, erhöhte Leberwerte, Hautausschlag, Akne, Muskelschwäche, Schüttelfrost, Fieber;
KI (Chininsulfat): bek. Überempfindlichkeit, Grav., Glucose-6-Phosphat-Dehydrogenase-Mangel, Myasthenia gravis, bekannte Ohrgeräusche, Schädigungen des Sehnervs, Hypokaliämie, Bradykardie, klinisch relevante HRST, Herzinsuffizienz NYHA IV, Long-QT-Syndrom (oder familienanamnestisch), erworbene QT-Zeit-Verlängerung, Kombination mit Medikamenten, die Torsades de pointes hervorrufen oder QT-Intervall verlängern;
KI (Clostridium-Toxin A): bekannte Überempfindlichkeit, Infektionen an Injektionsstelle, bei Behandlung von Blasenfunktionsstörung: Harnweginfekt, akuter Harnverhalt;
KI (Clostridium-Toxin B): bek. Überempfindlichkeit, neuromuskuläre Erkrankungen;
KI (Dantrolen): bek. Überempfindlichkeit, Lebererkrankungen, eingeschränkte Lungenfunktion, schwere Herzmuskelschäden, Grav./Lakt.

Chininsulfat Rp	
Limptar N *Tbl. 200mg*	**Nächtliche Wadenkrämpfe:** 1-2 x 200mg p.o.; **DANI** nicht erforderlich

Clostridium-botulinum-Toxin Typ A Rp/Rp-L	
Azzalure *Inj.Lsg. 10 E* **Bocouture** *Inj.Lsg. 50 E* **Botox** *Inj.Lsg. 50, 100, 200E* **Dysport** *Inj.Lsg. 500E* **Vistabel** *Inj.Lsg. 50E* **Xeomin** *Inj.Lsg. 100E*	**Blepharospasmus:** ini 1.25-2.5E i.m., max. 5E/Inj.Stelle bzw. max. 25E/Auge, Wdh. nach 12W, max. Gesamtdosis 100E/12W; **zervikale Dystonie:** max. 50E/Inj.Stelle bzw. max. 100E in den M. sternocleidomastoideus bzw. max. 300E/Behandlung, Wdh. nach 12W; s. auch FachInfo; **Faltenbehandlung der Glabella:** Erw. < 65J: 50E Gesamtdosis; **fokale Spastizität bei infantiler Zerebralparese bzw. n. Schlaganfall, prim. Hyperhidrosis axillaris, idiopathische überaktive Blase, Harninkontinenz bei neurogener Detrusorhyperaktivität, chronische Migräne:** s. FachInfo
Clostridium-botulinum-Toxin Typ B Rp	Wirkdauer: 4-16W
NeuroBloc *Inj.Lsg. 2500E/0.5ml, 5000E/1ml, 10000E/2ml*	**Zervikale Dystonie:** 10000E i.m.
Dantrolen Rp	HWZ 8.7 h, Q0 0.95, PPB 90%, PRC C, Lact ?
Dantamacrin *Kps. 25, 50mg* **Dantrolen IV** *Inj.Lsg. 20mg/60ml*	**Spastik der Skelettmuskulatur:** W1: 2 x 25mg p.o., W2: 4 x 25mg, W3: 3 x 50mg, W4: 4 x 50mg; **Ki. > 5J:** ini 1mg/kg/d, W1: 1 x 25mg p.o., W2: 2 x 25mg, W3: 3 x 25mg; **maligne Hyperthermie:** 2.5mg/kg i.v., Infusion fortsetzen, so lange Hyperthermie anhält; Gesamtdosis ca. 10mg/kg/d

12.4.2 Zentral wirksame Muskelrelaxantien (Myotonolytika)

Wm/Wi (Baclofen): Verstärkung der präsynaptischen Hemmung ⇒ Dämpfung der Erregungsübertragung ⇒ spastischer Muskeltonus und pathologische Massenreflexe ↓; **Wm** (Methocarbamol): Hemmung der polysynaptischen Reflexleitung im Rückenmark und subkortikalen Zentren; **Wm/Wi** (Orphenadrin): spezifische Blockade des Förderzentrums in Formatio reticularis ⇒ Entspannung des pathologisch erhöhten Muskeltonus; **Wm/Wi** (Pridinol): Hemmung der Rezeptor-vermittelten Reizleitung in spinalen Motoneuronen ⇒ Muskeltonus im Ruhezustand ↓; **Wm/Wi** (Tizanidin): Stimulation präsynaptischer Alpha-2-Rezeptoren ⇒ Hemmung der polysynaptischen Signalübertragung ⇒ Reduktion des Muskeltonus; **Wm/Wi** (Tolperison): genauer Wm unbekannt; membranstabilisierend, Reduktion des Einstroms von Natrium durch isolierte Nervenmembranen, inhibitorisch auf spannungsabhängige Kalziumkanäle;
UW (Baclofen): Depression, Euphorie, Halluzinationen, Verwirrtheit, Alpträume, Schläfrigkeit, Sedation, Müdigkeit, Benommenheit, Tremor, Ataxie, Kopfschmerzen, Schwindel, Schlafstörungen, Atemdepression, Nystagmus, Akkommodationsstrg., Sehstrg., Palpitationen, abnehmende Herzleistung, Hypotonie, Übelkeit, Erbrechen, Mundtrockenheit, Diarrhoe, Obstipation, Magen-Darm-Störungen, Blasenentleerungsstörungen, Exantheme, Hyperhidrosis, Muskelschmerzen;

UW (Methocarbamol): keine häufigen/sehr häufigen UWs; **UW** (Orphenadrin): Müdigkeit, Schwindel, Übelkeit, Brechreiz, Sehstörungen; **UW** (Pridinol): keine häufigen/sehr häufigen UWs; **UW** (Tizanidin): Benommenheit, Müdigkeit, Schwindel, Brady-/Tachykardie, Blutdruckabfall, Rebound-Hypertonie, Mundtrockenheit, Übelkeit, gastrointestinale Störungen; **UW** (Tolperison): keine häufigen/sehr häufigen UWs;
KI (Baclofen): bekannte Überempf. gegen Wirkstoff oder Weizenstärke, zerebrale Anfallsleiden, terminale Niereninsuff., Behandlung von Spastizität bei Erkrankungen des rheumatischen Formenkreises, Parkinsonismus oder aufgrund peripherer Verletzungen;
KI (Methocarbamol): bek. Überempf., Grav./Lakt., (prä-)komatöse Zustände, ZNS-Erkrankungen, Myasthenia gravis, Ki. < 12J.; **KI** (Orphenadrin): bek. Überempf., Myasthenia gravis, < 16J.;
KI (Pridinol): bek. Überempf., Glaukom, Prostatahypertrophie, Harnverhalt, Obstruktionen im Magen-Darm-Trakt, Herzrhythmusstrg., Grav. (1.Trim.);
KI (Tizanidin): bek. Überempf., stark eingeschränkte Leberfkt., Komb. mit starken CYP1A2-Hemmern (z.B. Fluvoxamin, Ciprofloxacin);
KI (Tolperison): bek. Überempf., Myasthenia gravis, Lakt.

Baclofen Rp — HWZ 3.5h, Q_0 0.3, PPB 20-41%, PRC C, Lact +

Baclofen-neuraxpharm *Tbl. 10, 25mg* **Baclofen-ratioph.** *Tbl. 10, 25mg* **Lioresal** *Tbl. 5, 10, 25mg; Amp. 10mg/5ml, 10mg/20ml*	**Spastische Syndrome:** ini 3 x 5mg p.o., um 5mg/ED steigern je nach Wi, Erh.Dos. 30-75mg/d, max. 120mg/d; **Ki.:** ini 4 x 2.5mg p.o., langsam steigern, < **10J:** max. 0.75-2mg/kg/p.o.; > **10J:** 2.5mg/kg/d; intrathekal: Erh.Dos. 300-800µg/d; **DANI** KI bei terminaler NI

Methocarbamol Rp — HWZ 0.9-2h, PRC C, Lact +

Dolovisano Methocarbamol *Tbl. 750mg* **Methocarbamol Neuraxph.** *Tbl. 750mg* **Ortoton** *Tbl. 750mg; Amp. 1g/10ml*	**Verspannung und Spasmen der Skelettmuskulatur:** ini 4 x 1.5g p.o., dann 3 x 1.5g; 1-3g langsam i.v.

Orphenadrin Rp — HWZ 14h, Q_0 0.9, PPB 90%

Norflex *Tbl. 100(ret.)mg; Amp. 60mg/2ml*	**Skelettmuskelspasmen untersch. Genese:** 2 x100mg (ret.) p.o., max.400mg/d p.o.; 60mg langsam i.v./i.m, ggf. Wdh. nach 8-12h

Pridinol Rp — HWZ 4h

Myopridin *Inj.Lsg. 1.5mg/1ml; Tbl. 3mg*	**Zentrale u. periphere Muskelspasmen, Lumbalgie, Torticollis, allgemeine Muskelschmerzen:** 1-3 x 1.5mg i.m.; 3 x 1.5-3mg p.o.; **DANI, DALI** vorsichtige Anw. bei schw. NI, LI

Tizanidin Rp — HWZ 2.5h, Q_0 1.0, PPB 30%, PRC C, Lact ?

Sirdalud *Tbl. 2, 4, 6mg* **Tizanidin Teva** *Tbl. 2, 4, 6mg*	**Spasmen, schmerzhafte Muskelverspannungen:** ini 3 x 2mg p.o., alle 4-7d um 2-4mg/d steigern, Erh.Dos. 12-24mg/d in 3-4ED, max. 36mg/d; **DANI** CrCl < 25: ini 2mg/d, dann langsame Dosissteigerung; **DALI** KI bei schwerer LI

Tolperison Rp	HWZ 2.5h, Q0 1.0
Mydocalm *Tbl. 50mg* **Tolperison HEXAL** *Tbl. 50mg* **Tolperison Stada** *Tbl. 50, 150mg*	**Spastizität n. Schlaganfall:** 3 x 50-150mg p.o.; **Ki <15J:** nur in Ausnahmefällen, strenge Indikationsstellung; **DANI/DALI** schwere NI/LI Anw. nicht empf.

12.5 Cholinergika

Wm/Wi: Hemmung der Cholinesterase ⇒ Acetylcholinkonzentration ↑ im synaptischen Spalt ⇒ Parasympathikotonus ↑, Tonus der quergestreiften Muskulatur ↑;
UW (Bethanecholchlorid): verstärkte Speichel- u. Schweißbildung, Hypothermie, Bradykardie, Blutdruckabfall, Diarrhoe, verstärkter Harndrang, Hautrötung, Miliaria cristallina;
UW (Distigmin): Diarrhoe, Nausea, Erbrechen, verstärkte Salivation, Bradykardie, Schweißausbrüche, Miosis, Tränenfluss; **UW** (Neostigmin): Bradykardie;
UW (Pyridostigmin): zahlreiche UW ohne Häufigkeitsangabe;
KI (Bethanecholchlorid): bek. Überempf., Asthma bronchiale, Hypotonie, Hypertonie, Bradykardie, KHK, AV-Überleitungsstörungen, Epilepsie, Parkinsonismus; externe Detrusor-Sphinkter-Dyssynergie, wenn nicht zugleich eine effektive Relaxation des Sphinkter externus vorhanden ist; kürzlich erfolgte gastrointestinale Operationen, mechanischer Ileus oder andere Obstruktionen im Harn- bzw. Gastrointestinaltrakt, Hyperthyreose, ausgeprägter Vagotonus, Peritonitis, Ulkuskrankheit; **KI** (Distigmin): bek. Überempf., Obstruktionsileus, Stenosen/Spasmen des Darmtrakts, der Gallen- oder Harnwege, Myotonie, Asthma bronchiale, Iritis, Parkinsonismus, Thyreotoxikose, postoperative Schock- und Kreislaufkrisen, Lakt.; **KI** (Neostigmin): bek. Überempf., Obstruktionsileus, Stenosen oder Spasmen des Darmtraktes, der Gallen- oder Harnwege, Myotonie, Parkinsonismus, Kombination mit depolarisierenden Muskelrelaxantien, Iritis, Asthma bronchiale, Hyperthyreose, postoperative Schock- und Kreislaufkrisen; **KI** (Pyridostigmin): bek. Überempf., mechanische Verschlüsse der Verdauungs-/Harnwege, Asthma bronchiale, Iritis, Lakt.

Bethanecholchlorid Rp	
Myocholine-Glenwood *Tbl. 10, 25mg*	**Postoperative Blasenatonie:** bis 4 x 25-50mg p.o.
Distigmin Rp	HWZ 65-69h
Ubretid *Tbl. 5mg; Amp. 0.5mg/1ml*	**Postoperative Darm-/Blasenatonie:** 0.5mg i.m., ggf. steigern auf 0.01mg/kg; **neurogene Blasenstrg.:** 1 x 5mg p.o., 0.5mg i.m. alle 3-4d; Erh.Dos. 5mg p.o. alle 2-3d; **Myasthenia gravis:** W1: 1 x 5mg p.o., W2: 1 x 7.5mg, ab W3: 1 x 10mg; 0.5-0.75mg i.m. alle 2d
Neostigmin Rp	HWZ 24-80min, Q0 0.45, PRC C, Lact +
Neostig Carino *Amp. 0.5mg* **Neostigmin Rotexmedica** *Amp. 0.5mg/1ml*	**Antagonisierung nichtdepolarisierender Muskelrelaxantien:** 0.5-2mg i.v., ggf. bis 5mg; **Ki. < 20kg:** 50µg/kg i.v.; **Myasth. gravis:** mehrmals tgl. 0.5mg s.c./i.m.

Pyridostigmin Rp	HWZ 1.7h, Q0 0.2, PRC C, Lact +
Kalymin *Tbl. 10, 60, 180(ret.)mg; Amp. 5mg/1ml* **Mestinon** *Tbl. 10, 60, 180(ret.)mg; Amp. 25mg/5ml*	**Darm-/Blasenatonie:** 60mg p.o. alle 4h; 1-2mg alle 4-6h i.m. für 2d; **paralytischer Ileus: Sgl.:** 10mg p.o. alle 4h für 2d; 0.5mg/4h i.m. für 2d; **Klein-/Schulki.:** 20-30mg p.o. alle 4h für 2d; 1mg/4h i.m. für 2d; **Myasthenia gravis:** 2-4 x 60-180mg p.o.; 2 x 180-540mg (ret.) p.o.; 1-5mg/d i.m./s.c.; **Antagonisierung nichtdepolarisierender Muskelrelaxantien:** 5mg i.v., bei Überdosierung d. Relaxans bis zu 10-20mg langs. i.v.

12.6 Antidementiva

Wm/Wi (Dihydroergotoxin): zentrale und periphere Alpha-Sympatholyse ⇒ Abnahme des Gefäßtonus; zentral dopaminerg und serotoninerg, Noradrenalin-antagonistisch ⇒ Aufrechterhaltung der Funktionalität des Neurons; Hemmung der Adrenalin-induzierten Thrombozyten-Aggregation ⇒ Verbesserung der Fließeigenschaft des Bluts;
Wm/Wi (Donepezil, Galantamin, Rivastigmin): spezifische und reversible Hemmung der zerebralen Cholinesterase ⇒ Verbesserung der kognitiven Fähigkeiten;
Wm/Wi (Memantin): spannungsabhängiger NMDA-Rezeptorantagonist ⇒ Regulierung toxisch erhöhter Glutamatkonzentrationen; **Wm/Wi** (Nicergolin): Alpha-Rezeptor-Blockade ⇒ antagonistisch auf endogene und exogene Katecholamine; **Wm/Wi** (Nimodipin): Kalziumantagonist mit guter Passage der Blut-Hirn-Schranke ⇒ Stabilität und Funktionsfähigkeit von Nervenzellen ↑; **Wm/Wi** (Piracetam): zerebrale Durchblutung ↑, der Sauerstoffumsatzrate und der Glukoseumsatzrate in primär ischämisch geschädigten Hirnarealen;
UW (Dihydroergotoxin): Übelkeit, Erbrechen, Magen-Darm-Beschwerden, Appetitlosigkeit;
UW (Donepezil): Übelkeit, Diarrhoe, Appetitlosigkeit, Muskelkrämpfe, Müdigkeit, Erbrechen, Schlaflosigkeit, Kopfschmerzen, Schmerzen, Unfälle, Erkältungen, Magen-Darm-Beschwerden, Schwindel, Halluzinationen, Erregungszustände, aggressives Verhalten, abnormale Träume, Synkope, Juckreiz, Exanthem, Harninkontinenz; **UW** (Galantamin): Appetit ↓, Anorexie, Halluzination, Depression, Schwindel, Somnolenz, Synkope, Tremor, Kopfschmerz, Lethargie, Bradykardie, Hypertonie, Erbrechen, Übelkeit, Abdominalschmerz, Diarrhoe, Dyspepsie, Hyperhidrosis, Muskelkrämpfe, Müdigkeit, Asthenie, Malaise, Gewicht ↓, Stürze;
UW (Memantin): Schwindel, Gleichgewichtsstrg., Kopfschmerzen, Verstopfung, Dyspnoe, Schläfrigkeit, Hypertonus, Arzneimittelüberempfindlichkeitsreaktionen, Leberwerte ↑;
UW (Nicergolin): Schlaflosigkeit, Müdigkeit, Kopfdruck, Rötungen, Hitzegefühl;
UW (Nimodipin): Blutdrucksenkung, Übelkeit; **UW** (Piracetam): Nervosität, Aggressivität, Schlafstrg., Hyperkinesie, Gewicht ↑, psychomotor. Aktivität ↑, depressive Verstimmung, Angst, GI-Beschwerden; **UW** (Rivastigmin): Appetitlosigkeit, Agitiertheit, Verwirrtheit, Angst, Schwindel, Kopfschmerzen, Somnolenz, Tremor, Übelkeit, Erbrechen, Diarrhoe, abdominale Schmerzen, Dyspepsie, Hyperhidrosis, Müdigkeit, Asthenie, Unwohlsein, Gewicht ↓, Appetit ↓, Dehydratation, Schlaflosigkeit, visuelle Halluzinationen, Depression, Aggression, Dyskinesie, Hypokinesie, Verschlechterung einer Parkinson-Erkrankung, Bradykardie, Hypertonie, Hypersalivation, Stürze, Gangstrg.;

KI (Dihydroergotoxin): bek. Überempf. gegen Mutterkornalkaloide, Grav./Lakt., echokardiographischer Nachweis einer Herzklappenerkrankung;
KI (Donepezil, Memantin, Nimodipin): bek. Überempf.;
KI (Galantamin): bek. Überempf., schwere Leber-/Nierenfktsstrg.;
KI (Nicergolin): bek. Überempf. gegen Mutterkornalkaloide, frischer MI, akute Blutungen, Bradykardie (< 50/min), Kollapsneigung, orthostatische Dysregulation, Kombination mit Alpha-/Beta-Rezeptor-stimulierenden Sympathomimetika, Grav./Lakt.;
KI (Piracetam): bek. Überempf., zerebrale Blutungen, Chorea Huntington, terminale NI;
KI (Rivastigmin): bek. Überempfindlichkeit, allerg. Kontaktdermatitis mit Rivastigmin-Pflastern

Dihydroergotoxin Rp	HWZ 13-15h
Hydergin forte *Tbl. 2mg*	**Hirnleistungsstrg. im Alter:** 2-3 x 2mg p.o., max. 2 x 4mg; **DALI** mäßige-starke LI: vorsichtige Anw.

Donepezil Rp	HWZ 70h, Q0 0.95, PPB 95%, PRC C, Lact ?
Aricept *Tbl. 5, 10mg* **Doneliquid Geriasan** *Lsg. (1ml = 1mg)* **Donepezil HEXAL** *Tbl. 5, 10mg; Lingualtbl. 5, 10mg* **Yasnal** *Tbl. 5, 10mg; Lingualtbl. 5, 10mg*	**Alzheimer-Demenz:** 1 x 5mg p.o. z.N., nach 4W evtl. 1 x 10mg; **DANI** nicht erforderlich

Galantamin Rp	HWZ 7-8h, PPB 18%
Galantamin HEXAL *Kps. 8(ret.), 16(ret.), 24(ret.)mg; Lsg. (1ml = 4mg)* **Galnora** *Kps. 8(ret.), 16(ret.), 24(ret.)mg* **Reminyl** *Kps. 8(ret.), 16(ret.), 24(ret.)mg; Lsg. (1ml = 4mg)*	**Alzheimer-Demenz:** Kps. (ret.): ini morgens 1 x 8mg, nach 4W 1 x 16mg, evtl. nach 8W 1 x 24mg; Lsg.: 2 x 4mg p.o., nach 4W 2 x 8mg, evtl. nach 8W 2 x 12mg; **DANI** CrCl > 9: 100%; < 9: KI; **DALI** KI bei Child-Pugh > 9

Memantin Rp	HWZ (60-100)h, PPB 45%
Axura *Tbl. 10, 20mg; Lsg. (5mg/Pumpenhub)* **Ebixa** *Tbl. 10, 20mg; Lsg. (5mg/Pumpenhub)* **Memando** *Tbl. 10, 20mg* **Memantin-neuraxpharm** *Tbl. 5, 10, 15, 20mg; Lingualtbl. 10, 20mg; Gtt. (20Gtt. = 10mg)* **Memantin Hennig** *Tbl. 10, 20mg*	**Alzheimer-Demenz:** W1: 1 x 5mg p.o., W2: 1 x 10mg p.o., W3: 1 x 15mg p.o., ab W4: 1 x 20mg p.o.; **DANI** CrCl 40-60: 10mg/d; **DALI** Child A, B: 100%; C: Anw. nicht empf.

Nicergolin Rp	HWZ 7.3h, PPB 82-87%
Ergobel *Tbl. 30mg* **Nicergolin-neuraxpharm** *Tbl. 10, 30mg*	**Hirnleistungsstrg. im Alter:** 20-30mg/d, max. 60mg/d

Nimodipin Rp	HWZ 8-9h, Q0 1.0, PPB 98%, PRC C, Lact ?
Nimodipin Carino *Inf.Lsg. 10mg/50ml* **Nimodipin HEXAL** *Tbl. 30mg* **Nimotop** *Tbl. 30mg; Inf.Lsg. 10mg/50ml*	**Hirnleistungsstrg. im Alter:** 3 x 30mg p.o.; **Vasospasmen nach Subarachnoidalblutung:** ini 15µg/kg/h i.v., nach 2h 30µg/kg/h

Piracetam Rp	HWZ 4.5-5.5h, Qo 0.02, PPB 15%
Cebrotonin *Tbl. 800mg* **Nootrop** *Tbl. 800mg; 1200 mg; Amp. 3g/15ml; Inf.Lsg. 12g/60ml* **Piracetam-neuraxpharm** *Tbl. 800mg; 1200 mg; Lsg. (800mg/2.4ml); Btl. 2.4g; Inf.Lsg. 12g/60ml* **Piracetam-ratioph.** *Tbl. 800, 1200mg* **Piracetam Stada** *Tbl. 800, 1200mg*	**Dementielles Syndrom:** 2-3 x 2.4g/d, max. 3 x 4.8g/d; 3-12g i.v.; **postkommotionelles Syndrom:** 2-3 x 2.4g/d, bei Bedarf 3 x 4.8g/d; **postanoxisches Myoklonus-Syndrom:** ini 2 x 3.2g, dann alle 3d um 4.8g steigern, max. 24g/d p.o.; ini bis 12g/d i.v., nach 1-2W Dosisreduktion und Umstellung auf orale Therapie; **DANI** Krea (mg/dl) bis 3: 50%; 3-8: 12.5-25%; HD: 100%

Rivastigmin Rp	HWZ 1h, Qo 1.0, PPB 40%, PRC B, Lact ?
Exelon *Kps. 1.5, 3, 4.5, 6mg; TTS 4.6, 9.5, 13.3mg/24h; Lsg. (1ml = 2mg)* **Nimvastid** *Kps. 1.5, 3, 4.5, 6mg* **Rivastigmin HEXAL** *Kps. 1.5, 3, 4.5, 6mg; TTS 4.6, 9.5, 13.3mg/24h; Lsg. (1ml = 2mg)* **Rivastigmin Neuraxph.** *Kps. 1.5, 3, 4.5, 6mg; TTS 4.6, 9.5, 13.3mg/24h*	**Alzheimer-Demenz:** ini 2 x 1.5mg/d p.o., nach 2W 2 x 3mg, je nach Verträglichkeit alle 2W um 2 x 1.5mg steigern bis 2 x 6mg; TTS: ini 4.6mg/24h, Pflaster tgl. wechseln, bei guter Verträglichkeit nach 4W steigern auf 9.5mg/24h; ggf. nach weiteren 6W steigern auf 13.3mg/24h; **DANI** nicht erf.

12.7 Kaliumkanalblocker

Wm/Wi: Blockierung der Kaliumkanäle ⇒ Verlängerung der Repolarisation und Verstärkung der Aktionspotenzialbildung in demyelinisierten Axonen;
UW: Harnweginfekt, Schlaflosigkeit, Angst, Schwindel, Kopfschmerzen, Gleichgewichtsstörung, Parästhesie, Tremor, Dyspnoe, pharyngolaryngeale Schmerzen, Übelkeit, Erbrechen, Obstipation, Dyspepsie, Rückenschmerzen, Asthenie;
KI: bekannte Überempfindlichkeit, gleichzeitige Behandlung mit Arzneimitteln, die auch Fampridin enthalten, Krampfanfälle, Krampfanfälle in der Anamnese, Niereninsuffizienz (CrCl < 80), gleichzeitige Anwendung von Cimetidin

Fampridin Rp	HWZ 6h, PPB 7%
Fampyra *Tbl. 10(ret.)mg*	**MS mit Gehbehinderung:** 2 x 10mg (ret.) p.o.; **DANI** CrCl < 80: KI; **DALI** nicht erforderlich

12.8 Cannabinoide

Wm/Wi: Agonismus an Cannabinoidrezeptoren ⇒ Verbesserung der Motorik durch Linderung der Steifigkeit in Extremitäten; **UW:** Schwindel, Müdigkeit, Anorexie, reduzierter oder erhöhter Appetit, Depression, Desorientierung, Dissoziation, euphorische Stimmung, Amnesie, Gleichgewichtsstrg., Aufmerksamkeitsstrg., Dysarthrie, Dysgeusie, Lethargie, Gedächtnisstrg., Schläfrigkeit, verschwommenes Sehen, Obstipation, Diarrhoe, Mundtrockenheit, Glossodynie, Mundschleimhautaphten, Nausea, Erbrechen, Unbehagen/Schmerzen in der Mundhöhle, Trunkenheitsgefühl, Indisposition, Sturz; **KI:** bek. Überempf., Lakt., bek./vermutete Anamnese/ Familienanamnese von Schizophrenie oder einer anderen psychotischen Krankheit, Anamnese einer schweren Persönlichkeitsstrg. oder einer anderen erheblichen psychiatrischen Störung mit Ausnahme einer Depression, bedingt durch die zugrunde liegende Erkrankung

Tetrahydrocannabinol + Cannabidiol Rp — HWZ 2-9h, PPB 97%

Sativex *Spray 2.7+2.5mg/Hub*	**Multiple Sklerose mit mittelschwerer bis schwerer Spastik:** ini 1 Hub in die Mundhöhle, bei Bed. um 1 Hub/d steigern bis max. 12 Hub/d, aufgeteilt in 2ED; **DANI, DALI** keine Daten

12.9 Selektive Immunsuppressiva

Wm/Wi (Alemtuzumab): monoklonaler AK ⇒ bindet an CD52 von T- und B-Lymphozyten ⇒ antikörperabhängige, zellvermittelte Zytolyse und komplementvermittelte Lyse; **Wm/Wi** (Dimethylfumarat): genauer Wm nicht vollständig bekannt; Aktivierung des Nuclear factor (erythroid-derived 2)-like 2-Transkriptionswegs ⇒ Hochregulierung antioxidativer Gene ⇒ immunmodulatorisch, entzündungshemmend; **Wm/Wi** (Fingolimod): funktioneller Antagonist an Sphingosin-1-Phosphat-Rezeptoren ⇒ blockiert Migration von Lymphozyten ⇒ Infiltration pathogener Lymphozyten im ZNS ↓ ⇒ neuronale Entzündung ↓, Zerstörung von Nervengewebe ↓; **Wm/Wi** (Glatirameracetat): Polymer aus 4 AS mit spezifischen immunmodulatorischen Eigenschaften ⇒ Erhöhung der Zahl spezifischer Supressorzellen, die antiinflammatorische Zytokine sezernieren; **Wm/Wi** (Natalizumab): bindet spezifisch an ein Integrin auf Leukozytenoberfläche ⇒ Hemmung der transendothelialen Migration von Leukozyten in entzündliches Gewebe; **Wm/Wi** (Ocrelizumab): monoklonaler AK, der an CD-20-B-Zellen bindet; Immunmodulation durch Depletion CD-20-exprimierender Zellen; **Wm/Wi** (Teriflunomid): selekt. und reversible Hemmung der Dihydroorotat-Dehydrogenase ⇒ blockiert die Prolif. sich teilender Zellen ⇒ immunmodulatorisch, entzündungshemmend; **UW** (Alemtuzumab): Infektion der oberen/unteren Atemwege, Harnweginfektion, Herpes zoster, Gastroenteritis, oraler Herpes, orale Candidose, vulvovaginale Candidose, Grippe, Ohreninfektion, Lymphopenie, Leukopenie, Lymphadenopathie, Zytokin-Freisetzungs-Syndrom, Basedow-Krankheit, Hyperthyreose, Immunthyreoiditis, Hypothyreose, Struma, pos. Schilddrüsen-Antikörpertest, Schlaflosigkeit, Ängstlichkeit, Kopfschmerz, MS-Schub, Schwindel, Hypoästhesie, Parästhesie, Tremor, Geschmacksstörung, verschwommenes Sehen, Vertigo, Tachykardie, Bradykardie, Palpitationen, Hitzegefühl, Hypotonie, Hypertonie, Dyspnoe, Husten, Epistaxis, Schmerzen im Oropharynx, Übelkeit, Abdominalschmerz, Erbrechen, Diarrhoe, Dyspepsie, Stomatitis, Urtikaria, Ausschlag, Pruritus, Erythem, Ekchymose, Alopezie, Hyperhidrose, Akne, Myalgie, Muskelschwäche, Arthralgie, Rückenschmerzen, Schmerz in der unteren Extremität, Muskelspasmen, Nackenschmerzen, Proteinurie, Hämaturie, Pyrexie, Ermüdung, Beklemmungsgefühl in der Brust, Schüttelfrost, periphere Ödeme, Asthenie, Unwohlsein, Schmerzen an der Infusionsstelle, Prellung;

UW (Dimethylfumarat): Gastroenteritis, Lymphopenie, Leukopenie, brennende Schmerzen, Hitzegefühl, Hitzewallung, Diarrhoe, Übelkeit, Abdominalschmerz, Erbrechen, Dyspepsie, Gastritis, Gastrointestinale Erkrankung, Pruritus, Ausschlag, Erythem, Proteinurie, Ketonurie, Albuminurie, Erhöhung von GOT/GPT; **UW** (Fingolimod): Influenza, Herpesinfektion, Bronchitis, Sinusitis, Gastroenteritis, Tineainfektion, Lympho-/Leukopenie, Depression, Kopfschmerzen, Schwindel, Migräne, Parästhesie, Verschwommensehen, Augenschmerzen, Bradykardie, AV-Block, Hypertonie, Dyspnoe, Husten, Diarrhoe, Ekzem, Pruritus, Alopezie, Rückenschmerzen, Asthenie, Leberwerte ↑, Gewicht ↓; **UW** (Glatirameracetat): Infektionen, grippeähnliche Symptome, Neoplasma, Lymphadenopathie, Überempfindlichkeitsreaktionen, Anorexie, Gewicht ↑, Angst, Depression, Nervosität, Kopfschmerzen, Dysgeusie, Rigor, Sprachstrg., Synkope, Tremor, Diplopie, Funktionsstrg. der Augen/Ohren, Palpitationen, Tachykardie, Vasodilatation, Dyspnoe, Husten, Übelkeit, Obstipation, Karies, Dyspepsie, Dysphagie, Erbrechen, Darminkontinenz, Leberwerte ↑, Rash, Pruritus, Urtikaria, Arthralgie, Rückenschmerzen, Harndrang, Pollakisurie, Harnretention, Reaktionen an der Inj.Stelle, Schmerzen, Ödeme, Fieber; **UW** (Natalizumab): Harnweginfekte, Nasopharyngitis, Urtikaria, Kopfschmerzen, Schwindel, Übelkeit, Erbrechen, Arthralgien, Rigor, Fieber, Abgeschlagenheit, Überempfindlichkeitsreaktionen; **UW** (Ocrelizumab): Infektion d. oberen Atemwege, Nasopharyngitis, Sinusitis, Bronchitis, oraler Herpes, Gastroenteritis, Konjunktivitis, Zellulitis, virale Infektion, Husten, Katarrh, erniedrigtes IgG/IgM, Neutropenie, infuionsbedingte Reaktion; **UW** (Teriflunomid): Grippe, Infektion der oberen Atemwege, Harnweginfektion, Bronchitis, Sinusitis, Pharyngitis, Zystitis, virale Gastroenteritis, Herpes simplex labialis, Zahninfektion, Laryngitis, Tinea pedis, Neutropenie, Leukopenie, allergische Reaktionen, Angst, Parästhesie, Ischialgie, Karpaltunnelsyndrom, Hyperästhesie, Neuralgie, periphere Neuropathie, Hypertonie, Diarrhoe, Übelkeit, Erbrechen, Zahnschmerzen, Alopezie, Exanthem, Akne, Schmerzen im Muskel-/Skelettsystem, Pollakisurie, Menorrhagie, GOT/GPT/γGT ↑, posttraumat. Schmerzen; **KI** (Alemtuzumab): bek. Überempf. HIV-Inf.; **KI** (Dimethylfumarat): bek. Überempf.; **KI** (Fingolimod): Immundefizienzsyndrom, geschwächtes Immunsystem, schwere aktive Inf., aktive chron. Inf., aktive maligne Erkr., Überempf., Child C; **KI** (Glatirameracetat): bek. Überempf., Grav.; **KI** (Natalizumab): bek. Überempf., progressive multifok. Leukenzephalopathie, Immunschwäche, laufende immunsuppressive Ther., Komb. mit Interferon beta oder Glatirameracetat, aktive Malignome (Ausnahme: Basaliom), Ki./Jug. < 18J.;
KI (Ocrelizumab): bek. Überempf., aktive Infektion, schwer immunsupprimierter Zustand, aktive Malignome;
KI (Teriflunomid): bek. Überempf., Child-C-Leberzirrhose, Grav., Frauen ohne zuverlässige Verhütung, Lakt., Immunschwäche, signif. beeinträchtigte KM-Funktion, signif. Anämie/Neutropenie/Thrombopenie, schw. aktive Infektion, Dialyse, schwere Hypoproteinämie

Alemtuzumab Rp	PRC C, Lact ?
Lemtrada *Inf.Lsg. 12mg/1.2ml*	**Schubförmig-remittierende MS mit aktiver Erkrankung:** 1. Behandlungsjahr: 12mg/d i.v. über 4h an 5 aufeinander folgenden Tagen; 2. Behandlungsjahr: 12mg/d an 3 aufeinander folgenden Tagen; **DANI, DALI** keine Daten

Dimethylfumarat Rp	HWZ 1h, PPB 27-40%, PRC C, Lact ?
Tecfidera *Kps. 120, 240mg*	**Schubförmig-remittierend verlaufende MS:** ini 2 x 120mg/d p.o., nach 7d 2 x 240mg; **DANI, DALI** vorsicht. Anw. bei schwerer NI, LI

Fingolimod Rp	HWZ 6-9d, PPB >99%, PRC D, Lact -
Gilenya *Kps. 0.5mg*	**Hochaktive, schübförmig-remitt. verlauf. Multiple Sklerose:** 1 x 0.5mg/d p.o.; **DANI** nicht erforderl.; **DALI** Child C: KI
Glatirameracetat Rp	
Clift *Fertigspr. 20mg/1ml* **Copaxone** *Fertigspr. 20mg/1ml, 40mg/1ml*	**Schubförmig remittierende Multiple Sklerose:** 1 x 20mg s.c.; 3x/W 40mg s.c.; **DANI** vorsicht. Anw.; **DALI** keine Daten
Natalizumab Rp	HWZ 16d, PRC C, Lact ?
Tysabri *Inf.Lsg. 300mg/15ml*	**Hochaktive, remittierende MS:** 300mg über 1h i.v. alle 4W; **DANI, DALI** keine Daten, vermutl. nicht erf.
Ocrelizumab Rp	HWZ 26d
Ocrevus *Inf.Lsg. 300mg/10ml*	**Schubförmige, remittierende MS:** 300mg i.v. W0 und W2, dann 600mg alle 6M; **DANI, DALI** keine Daten, vermutl. nicht erf.
Teriflunomid Rp	HWZ 19d, PPB > 99%, PRC X, Lact -
Aubagio *Tbl. 14mg*	**Schubförmige remitt. MS:** 1 x 14mg/d p.o.; **DANI** nicht erforderlich, KI bei Dialyse; **DALI** Child A/B: nicht erforderl., Child C: KI

12.10 Interferone

Wm/Wi: antiviral, wachstumshemmend und immunregulatorisch;
UW: Fieber, Schwitzen, Schüttelfrost, Müdigkeit, Gelenk- und Weichteilschmerzen, BB-Veränd., HRST, Depression, Tremor, Krampfanfälle, Parästhesien, GI-Störung, Haarausfall, Exantheme, Pruritus;
KI: Herz-, ZNS-Erkrankung, schwere Leberfunktionsstörung, Niereninsuffizienz, schwere KM-Schäden, Cave in Grav./Lakt.

Interferon beta-1a Rp	HWZ 10h, Q0 1.0
Avonex *Inj.Lsg. 30µg; Fertigspr. 30µg* **Rebif** *Fertigspr. 8.8, 22, 44µg* **Plegridy** *Fertigspr. 63, 94, 125µg; Pen 63, 94,125µg*	**Multiple Sklerose:** Avonex: W1 7.5µg i.m.; W2 15µg, W3 22.5µg, ab W4 1 x/W30µg; Rebif: W1-2: 3 x/W 8.8µg s.c.; W3-4: 3x/W 22µg; ab W5 3x/W 44µg; Plegridy: d1 63µg s.c., W2 94µg, W4 125µg, dann 125mg alle 2W
Interferon beta-1b Rp	HWZ 5h, Q0 1.0
Betaferon *Inj.Lsg. 250µg/ml* **Extavia** *Inj.Lsg. 250µg/ml*	**Multiple Sklerose:** ini 62.5µg s.c. alle 2d, Dosis wchtl. um 62.5µg steigern, Erh.Dosis alle 2d 250µg; **DALI** KI bei dekompensierter LI

12.11 Kalziumantagonisten

Wm: Kalziumantagonist ⇒ Vasodilatation, genauer Wm unklar;
UW: Gewichtszunahme, Benommenheit, Müdigkeit;
KI: bek. Überempf., M. Parkinson, extrapyramidale Störungen, Depression

Flunarizin Rp	HWZ 18d, Q0 1.0, PPB > 90%
Flunarizin CT *Kps. 5, 10mg* **Flunavert** *Kps. 5, 10mg* **Natil N** *Kps. 5, 10mg*	**Vestibulärer Schwindel, Migräne-Intervall-Therapie:** ini 10mg z.N.; Pat. > 65J: 5mg; Erh.Dos. 5-10mg alle 2d

12.12 Neuropathiepräparate

Wm: Koenzymfunktion bei der oxidativen Decarboxylierung von alpha-Ketosäuren ⇒ es werden weniger sog. „advanced glycosylation end products" gebildet, Verbesserung des endoneuralen Blutflusses, physiologische Antioxidantienspiegel ↑; **UW:** Übelkeit, Schwindel; bei i.v.-Gabe Kopfdruck, Atembeklemmung; **KI:** bekannte Überempfindlichkeit

Alpha-Liponsäure OTC	HWZ 1h
Alpha-Lipogamma *Tbl. 600mg; Inf.Lsg. 600mg/50ml, 600mg/24ml* **Neurium** *Tbl. 600mg; Amp. 600mg/24ml* **Thioctacid** *Tbl. 200, 600mg; Amp. 600mg/24ml; Inf.Lsg. 600mg/50ml*	**Diabetische Polyneuropathie:** 600mg/d p.o. in 1-3ED; 300-600mg/d i.v.

12.13 VMAT2-Inhibitoren

Wm: reversible Hemmung des vesikulären Monoamintransporters 2 (VMAT2) ⇒ Entleerung der Speicher von Dopamin und anderen Monoaminen im ZNS;
UW: Depression, Erregung, Verwirrung, Angstgefühl, Schlaflosigkeit, Benommenheit, Parkinson-Symptome (Gleichgewichtsstörungen, Tremor, vermehrter Speichelfluss);
KI: bekanne Überempfindlichkeit, prolaktinabhängige Tumore, Phäochromozytom, Depression, gleichzeitige Gabe von Reserpin bzw. MAO-Hemmern, Parkinson-Syndrom, hyperkinetisch-rigides Syndrom, Lakt.

Tetrabenazin Rp	HWZ 5h, PPB 0%
Nitoman *Tbl. 25mg* **Tetmodis** *Tbl. 25mg* **Tetrabenazin neuraxph.** *Tbl. 12.5, 25mg* **Xenazine** *Tbl. 25mg*	**Hyperkinetische Bewegungsstrg bei Chorea Huntington:** ini 3 x 25mg p.o., nach Bedarf alle 3-4d um 25mg/d steigern, max. 200mg/d; **Spätdyskinesien:** ini 12.5mg, ggf. steigern; **DANI, DALI** sorgfältige Dosiseinstellung

12.14 Dopaminantagonisten

Wm: Blockade von Dop.-2-Rezeptoren in Nucleus caudatus, Putamen und Corpus striatum;
UW: Agitation, Apathie, Schlaflosigkeit, Benommenheit, Schwindel, Kopfschmerzen, extrapyramidale Symptome, orthostatische Hypotonie, Schwäche, Müdigkeit, Gleichgültigkeit, erhöhter Prolaktinspiegel;
KI: bek. Überempfindlichkeit, Prolaktinom, Mammakarzinom, Phäochromozytom, Komb. mit Levodopa, malignes neuroleptisches Syndrom

Tiaprid Rp	HWZ 3h, Qo 0.25, PPB 0%
Tiaprid-neuraxpharm *Tbl. 100, 200mg* **Tiaprid HEXAL** *Tbl. 100, 200mg* **Tiapridal** *Tbl. 100mg; Gtt. (1ml = 137.9mg)* **Tiapridex** *Tbl. 100mg; Amp. 100mg/2ml; Gtt. (1ml = 137.9mg)*	**Dyskinesien:** 3 x 100-200mg p.o./i.m./i.v.; **Chorea:** 300-1000mg/d in 3-5ED; **DANI** CrCl 50-80: 75%; 10-49: 50%; < 10: 25%

12.15 Antisense-Oligonukleotide

Wm (Nusinersen): Antisense-Oligonukleotid, Modulation der SMN-Gen-Expression;
UW (Nusinersen): Kopfschmerzen, Erbrechen, Rückenschmerzen;
KI (Nusinersen): bek. Überempfindlichkeit

Nusinersen Rp	HWZ 135-177d
Spinraza *nj.Lsg 12mg/5ml*	**5q-assoziierte spinale Muskelatrophie:** 12mg intrathekal d0, 14, 28, 63, dann alle 4M; **DANI** keine Daten, vorsichtige Anw.; **DALI** vermutlich nicht erforderl., keine Daten

13 Psychiatrie

13.1 Antidepressiva

13.1.1 Nichtselektive Monoamin-Reuptake-Inhibitoren (NSMRI), trizyklische Antidepressiva

Wm: Wiederaufnahmehemmung der Monoamine Noradrenalin u. Serotonin in die präsynaptischen Vesikel ⇒ Stimmungsaufhellung durch Verstärkung der noradrenergen und serotoninergen Übertragung im ZNS; antagonistische Eigenschaften an M-Cholinozeptoren, Histaminrezeptoren, Alpha-Adrenozeptoren und Serotoninrezeptoren;
Wi (Amitriptylin): ausgeprägte sedierende Komponente, antinozizeptiv;
Wi (Clomipramin): gering sedierend, antinozizeptiv, leicht antriebsfördernd;
Wi (Desipramin): gering sedierend, ausgeprägt antriebsfördernd;
Wi (Nortriptylin): gering sedierend; **Wi** (Trimipramin): stark sedierend, anxiolytisch;
UW (Amitryptilin): Gewichtszunahme, Aggression, innere Unruhe, Libidoverlust, Impotenz, delirante Syndrome, Benommenheit, Schwindel, Sprachstrg., Tremor, Akkommodationsstrg., Tachykardie, Herzrhythmusstrg., Hypotonie, orthostatische Dysregulation, verstopfte Nase, Mundtrockenheit, Obstipation, Anstieg der Leberenzyme (passager), Schwitzen, Hautausschläge, Miktionsstörung, Müdigkeit, Durstgefühl, Hyponatriämie;
UW (Amitryptilinoxid): s. Amitryptilin + Übelkeit, Erbrechen;
UW (Clomipramin): Benommenheit, Müdigkeit, Schläfrigkeit, innere Unruhe, Appetit ↑, Verwirrtheitszustände, Angstzustände, Erregung, Schlafstörung, Persönlichkeitsstörung, Depressionsverstärkung, Alpträume, Tremor, Schwindel, Kopfschmerzen, Myoklonien, Parästhesien, Sprachstörung, Delir, Muskelschwäche, -hypertrophie, Mundtrockenheit, verstopfte Nase, Akkommodationsstrg., verschwommenes Sehen, Schwitzen, Obstipation, Miktionssörung, Hitzewallungen, Mydriasis, Hypotonie, orthostatische Dysregulation, Tachykardie, EKG-Veränderungen, Übelkeit, Erbrechen, abdominale Schmerzen, Diarrhoe, Anorexie, Geschmacksstörung, Durstgefühl, Anstieg der Leberenzyme (passager), allergische Hautreaktionen, Pruritus, Photosensibilität, Gewichtszunahme, sexuelle Funktionsstörung, Galaktorrhoe, Gynäkomastie, Tinnitus;
UW (Doxepin): Mundtrockenheit, verstopfte Nase, Müdigkeit, Benommenheit, Schwitzen, Schwindel, Hypotonie, orthostatische Dysregulation, Tachykardie, Herzrhythmusstörung, Tremor, Akkommodationsstörung, Obstipation, Gewicht ↑, Leberenzyme ↑ (passager), Miktionsstörung, innere Unruhe, Durstgefühl, allergische Hautreaktionen, Pruritus, Libidoverlust, Ejakulationsstörung, Impotenz, Verwirrtheitszustände, delirante Syndrome;
UW (Imipramin): Benommenheit, Tremor, Schwindel, Mundtrockenheit, verstopfte Nase, Schwitzen, Akkommodationsstrg., verschwommenes Sehen, Hitzewallungen, Obstipation, Hypotonie, orthostatische Dysregulation, Tachykardie, EKG-Veränderungen, Obstipation, Anstieg der Leberenzyme (passager), Gewicht ↑;
UW (Nortryptilin): Gewicht ↑, EKG-Veränderungen, Verlängerung der QT-Zeit/QRS-Komplex, Palpitationen, Tachykardie, kardiale Erregungsleitungsstrg. (AV-Block, RSB, LSB), Tremor, Schwindel, Aufmerksamkeitsstörung, innere Unruhe, Dysgeusie, Parästhesie, Ataxie, Akkommodationsstrg., Mydriasis, verstopfte Nase, Mundtrockenheit, Obstipation, Übelkeit, Miktionsstrg., Schwitzen, Hautausschläge, Hypotonie, orthostatische Dysregulation, Müdigkeit, Durstgefühl, sexuelle Funktionsstörung, Verwirrtheitszustände, Libidoverlust;

UW (Trimipramin): Tachykardie, Müdigkeit, Benommenheit, Kopfschmerzen, Schwindel, Tremor, Mundtrockenheit, Akkommodationsstrg., Obstipation, Verdauungsstörung, Übelkeit, Miktionsstrg., Schwitzen, Hautausschläge, Hypotonie, orthostatische Dysregulation, Gewichtszunahme, Durstgefühl, Anstieg der Leberenzyme (passager), sexuelle Funktionsstörung, innere Unruhe, Schlafstörungen;
KI (Amitryptilin, -oxid): bek. Überempfindlichkeit, akute Alkohol-/Schlafmittel-/Schmerzmittel-/Psychopharmakavergiftungen, Harnretention, Delirien, unbehandeltes Engwinkelglaukom, Prostatahyperplasie mit Restharn, Pylorusstenose, paralytischer Ileus, Hypokaliämie, Bradykardie, Long-QT-Syndrom, klinisch relevante kardiale Störung, gleichzeitige Therapie mit MAO-Hemmern/QT-verlängernder Medikation;
KI (Clomipramin): bek. Überempfindlichkeit, akute Alkohol-/Schlafmittel-/Schmerzmittel-/Psychopharmakavergiftungen, akuter Harnverhalt, akute Delirien, unbehandeltes Engwinkelglaukom, Prostatahyperplasie mit Restharn, Pylorusstenose, paralytischer Ileus, gleichzeitige Therapie mit MAO-Hemmern, akuter Myokardinfarkt;
KI (Doxepin): bek. Überempfindlichkeit, akute Alkohol-/Schlafmittel-/Schmerzmittel-/Psychopharmakavergiftungen, akuter Harnverhalt, Prostatahyperplasie mit Restharn, paralytischer Ileus, Lakt., Ki. < 12J.;
KI (Imipramin): bek. Überempfindlichkeit, akute Alkohol-/Schlafmittel-/Schmerzmittel-/Psychopharmakavergiftungen, akuter Harnverhalt, akute Delirien, unbehandeltes Engwinkelglaukom, Prostatahyperplasie mit Restharn, Pylorusstenose, paralytischer Ileus, gleichzeitige Therapie mit MAO-Hemmern, Remissionsphase nach Myokardinfarkt;
KI (Nortryptilin): bek. Überempfindlichkeit, akute Alkohol-/Schlafmittel-/Schmerzmittel-/Psychopharmakavergiftung, akuter Harnverhalt, akutes Delir, unbehandeltes Engwinkelglaukom, Prostatahypertrophie mit Restharn, Pylorusstenose, paralytischer Ileus, gleichzeitige Therapie mit MAO-Hemmern;
KI (Trimipramin): bek. Überempfindlichkeit, akute Alkohol-/Schlafmittel-/Schmerzmittel-/Psychopharmakavergiftung, akuter Harnverhalt, akutes Delir, unbehandeltes Engwinkelglaukom, Prostatahypertrophie mit Restharn, Pylorusstenose, paralytischer Ileus, Grav./Lakt.

Amitriptylin Rp	HWZ 15h, Qo 1.0, PPB 95%, PRC D/C, Lact ?
Amineurin *Tbl. 10, 25, 50, 100 (ret.)mg* **Amitriptylin-neuraxpharm** *Tbl. 10, 25, 50, 75, 100mg; Kps. (ret.) 25, 50, 75mg; Lsg. (1ml = 40mg)* **Saroten** *Tbl. 50, 75 (ret.)mg; Amp. 50mg/2ml* **Syneudon** *Tbl. 50mg*	**Depression:** ini 3 x 20-25mg p.o., je nach Wi steig. bis 3 x 50 oder 2 x 75mg, ältere Pat. 50%; bis 300mg/d bei stationärer Behandlung; ini 25mg i.v./i.m. über 3-7d auf 150mg/d steigern; **Ki./Jugendl. < 18J:** 25-150mg/d, max. 4-5mg/kg/d; **chronische Schmerzen:** 50-150mg/d; **DANI** nicht erforderlich

Amitriptylinoxid Rp	HWZ 10-20(31)h, PPB 95%
Amioxid-neuraxpharm *Tbl. 30, 60, 90, 120mg*	**Depression:** ini 60mg/d p.o., nach Bedarf steigern auf 90-120mg, max. 150mg/d p.o. bzw. 300mg/d bei stationärer Behandlung

Clomipramin Rp	HWZ 21 (36)h, Qo 1.0, PPB 98%, PRC C, Lact +
Anafranil *Tbl. 10, 25, 75(ret.)mg;* **Clomipramin-neuraxpharm** *Tbl. 10, 25, 75(ret.)mg*	**Depression, Zwangsstörung, Phobien:** ini 50-75mg/d p.o., über 7d steigern auf 100-150mg/d, bis 300mg/d bei stationärer Behandlung; **Ki. 5-7J:** ini 10mg/d, über 10d steigern auf 20mg/d; **8-14J:** steigern auf 20-50mg/d; **> 14J:** steigern auf 50mg/d; **Narkolepsie:** 25-75mg/d; **chronische Schmerzen:** 25-150mg/d; **DANI** nicht erforderlich
Doxepin Rp	HWZ 17(51)h, Qo 1.0, PPB 80%, PRC C, Lact -
Aponal *Tbl. 5, 10, 25, 50, 100mg; Gtt. (20Gtt. = 10mg); Amp. 25mg/2ml* **Doneurin** *Tbl. 10, 25, 50, 75, 100mg; Kps. 10, 25, 50mg* **Doxepin-ratioph.** *Tbl. 10, 25, 50, 100mg* **Mareen** *Tbl. 50, 100mg*	**Depression, Angstsyndrome:** ini 1 x 50mg p.o. z.N., nach 3-4d 75mg, nach 7-8d 100-150mg/d; bis 300mg/d bei stationärer Behandlung; 25-75mg i.m./i.v.; **Entzugssyndrome:** ini 3 x 50mg p.o., nach 4d langsame Dosisreduktion; **DANI** nicht erforderlich
Imipramin Rp	HWZ 12(15)h, Qo 1.0 (1.0), PPB 90%, PRC D, Lact ?
Imipramin-neuraxpharm *Tbl. 10, 25, 100mg*	**Depression, Panik- und Angststörung, chron. Schmerzen:** ini 2-3 x 25mg p.o., nach 3d 3 x 50-75mg, max. 300mg/d; **Enuresis: Ki. 5-7J:** ini 10mg p.o., dann 20mg; **8-14J:** ini 10mg, dann 50mg; **DANI** nicht erfordl.
Nortriptylin Rp	HWZ 18-56h, Qo 1.0, PPB 94%, PRC D, Lact ?
Nortrilen *Tbl. 10mg*	**Depression:** 2-3 x 10-50mg p.o.; max. 3 x 75mg bei stat. Therapie; **DANI/DALI** Dosisreduktion
Trimipramin Rp	HWZ 24h, Qo 0.9, PPB 95%, PRC C, Lact ?
Stangyl *Tbl. 25, 100mg; Gtt. (40Gtt. = 40mg)* **Trimineurin** *Tbl. 25, 50, 100mg; Gtt. (40Gtt. = 40mg)* **Trimipramin-neuraxpharm** *Tbl. 25, 50, 75, 100mg; Gtt. (40Gtt. = 40mg)*	**Depression, chron. Schmerzen:** ini 25-50mg p.o., langsam steigern, Erh.Dos. 100-150mg/d, max. 400mg/d bei stationärer Behandlung; **DANI** sorgfältige Dosiseinstellung

13.1.2 Alpha-2-Rezeptor-Antagonisten, tetrazyklische Antidepressiva

Wm (Maprotilin): v.a. Hemmung des Noradrenalin-Reuptakes, daneben antihistaminerge, Alpha-1-antagonistische und geringe anticholinerge Wirkung;
Wi (Maprotilin): stimmungsaufhellend, sedierend;
Wm (Mianserin): starke antiserotonerge und antihistaminerge Wirkung;
Wi (Mianserin): stimmungsaufhellend, sedierend, anxiolytisch;
Wm/Wi (Mirtazapin): Blockade von zentralen Alpha-2-Rezeptoren ⇒ zentrale noradrenerge/serotonerge Transmission ↑ ⇒ antidepressiv; Histamin-antagonistische Wirkung ⇒ sedierend;
UW (Maprotilin): Müdigkeit, Schläfrigkeit, Benommenheit, Mundtrockenheit, Verstopfung, Akkommodationsstrg., Miktionsstrg., Schwindel, Myoklonien, Unruhe, Erregungszustände, Kopfschmerzen, Übelkeit, Erbrechen, Schlafstörungen, Angst, Delir, Halluzinationen, Hypomanie, Manie;
UW (Mianserin): keine sehr häufigen bzw. häufigen UW;
UW (Mirtazapin): Appetit ↑, Gewicht ↑, anormale Träume, Schlaflosigkeit, Verwirrtheit, Angst, Schläfrigkeit, Sedierung, Kopfschmerzen, Lethargie, Tremor, Schwindel, orthostatische Hypotonie, Mundtrockenheit, Übelkeit, Erbrechen, Diarrhoe, Exanthem, Arthralgie, Myalgie, Rückenschmerzen, Ödeme, Erschöpfung, Agranulozytose, Neutropenie, Müdigkeit, Benommenheit, Ikterus, Hypotonie, Tremor, HRST, epileptische Anfälle, Gewichtszunahme, erhöhte Transaminasen, Parästhesien, Verschlechterung psychotischer Symptome;
KI (Maprotilin): bek. Überempfindlichkeit, akute Alkohol-/Schlafmittel-/Opioid-/Psychopharmakavergiftung, akuter Harnverhalt, akute Delirien und Manien, unbehandeltes Engwinkelglaukom, Prostatahypertrophie mit Restharn, Pylorusstenose, paralytischer Ileus, relevante Störung der Blutdruckregulation, akuter Herzinfarkt, Erregungsleitungsstörung des Herzens, Ther. mit MAO-Hemmern in letzten 14d, Lakt.;
KI (Mianserin): bek. Überempfindlichkeit, akute Alkohol-/Schlafmittel-/Schmerzmittel-/Psychopharmakavergiftung, gleichz. Therapie mit MAO-Hemmern;
KI (Mirtazapin): bek. Überempfindlichkeit, gleichzeitige Anwendung von MAO-Hemmern

Maprotilin Rp	HWZ 27-58(43)h, Qo 1.0, PPB 88%, PRC B, Lact ?
Ludiomil *Tbl. 25, 50, 75mg* **Maprotilin-neuraxpharm** *Tbl. 25, 50, 75mg* **Maprotilin-ratioph.** *Tbl. 25, 50, 75mg* **Maprotilin-CT** *Tbl. 75mg*	**Depression:** ini 25-75mg p.o./i.v., nach 2W um 25mg/d steigern bis 150mg/d, max. 225mg/d bei stationärer Behandlung; **DANI** nicht erforderlich
Mianserin Rp	HWZ 21-61h, Qo 0.95, PPB 90%
Mianserin-neuraxpharm *Tbl. 10, 30, 60mg* **Mianserin Holsten** *Tbl. 10, 30mg*	**Depression:** ini 30mg p.o., Erh.Dos. 30-90mg/d; **DANI/DALI** ggf. Dosisanpassung
Mirtazapin Rp	HWZ 20-40h, PPB 85%, PRC C, Lact ?
Mirtazapin Stada *Tbl. 15, 30, 45mg; Lingualtbl. 15, 30, 45mg* **Mirtazelon** *Tbl. 15, 30, 45mg* **Remergil** *Lingualtbl. 15, 30, 45mg* **Remeron** *Lingualtbl. 15, 30, 45mg*	**Depression:** ini 15mg p.o., Erh.Dos. 1 x 15-45mg; **DANI** CrCl 11-40: 66%; < 10: 50%

13.1.3 MOI (MAO-Hemmer)

Wm/Wi (Moclobemid): selektive reversible Hemmung der MAO-A ⇒ Abbau von Noradrenalin, Dopamin, Serotonin ↓ ⇒ stimmungsaufhellend und antriebssteigernd; **Wm/Wi** (Tranylcypromin): irreversible Hemmung der MAO-A und der MAO-B ⇒ Hemmung des oxidativen Abbaus, dadurch Konzentration ↑ von Adrenalin, Noradrenalin, Serotonin an der Synapse; zunächst stark antriebssteigernd und psychomotorisch aktivierend, nach ca. 3-5W stimmungsaufhellend und antidepressiv; **UW** (Moclobemid): Schlafstörungen, Schwindel, Kopfschmerzen, Mundtrockenheit, Übelkeit; **UW** (Tranylcypromin): Schlafstörungen, Hypotonie, Orthostase-Reaktionen, Hypertonie, Angstzustände, Agitiertheit, Unruhe, Schwindelgefühl, Mundtrockenheit, Müdigkeit, Herzklopfen, Gewichtszunahme, Gewichtsabnahme, Schwäche; **KI** (Moclobemid): bek. Überempfindlichkeit, akute Verwirrtheitszustände, Phäochromozytom, Alter < 18J., Komb. m. Selegilin/SSRI/anderen Antidepressiva/Dextromethorphan/Pethidin/Tramadol/Triptanen; **KI** (Tranylcypromin): bek. Überempfindlichkeit, Phäochromozytom, Karzinoid, vaskuläre Erkrankungen des Gehirns, Gefäßfehlbildungen, schwere Formen von Hypertonie bzw. von Herz-Kreislauf-Erkrankungen, Leberfunktionsstörungen bzw. Lebererkrankungen, schwere Nierenfunktionsstörungen bzw. Nierenerkrankungen, Porphyrie, Diabetes insipidus, maligne Hyperthermie (auch in der Vorgeschichte), akutes Delir, akute Vergiftung mit zentral-dämpf. Pharmaka, Ki. u. Jugendliche, Kombination mit SSRI, Clomipramin, Venlafaxin, Duloxetin, Sibutramin, Milnacipran, L-Tryptophan, Serotonin-Agonisten wie Triptane, Buspiron, Imipramin, indirekte Sympathomimetika; Amphetamine, Pethidin, Tramadol, Dextrometorphan, Disulfiram, Levodopa ohne Decarboxylase-Hemmstoffe

Moclobemid Rp	HWZ 2-4h, Q0 1.0, PPB 50%
Aurorix *Tbl. 150, 300mg* **Moclobemid HEXAL** *Tbl. 150, 300mg* **Moclobemid Stada** *Tbl. 150, 300mg*	**Depression:** ini 300mg p.o., Erh.Dos. 300-600mg/d; **soziale Phobie:** ini 2 x 150mg, nach 4d 2 x 300mg; **DANI** nicht erforderlich

Tranylcypromin Rp	HWZ 2h, Q0 0.95, PRC C, Lact ?
Jatrosom *Tbl. 10, 20, 40mg* **Tranylcypromin Aristo** *Tbl. 10, 20mg* **Tranylcypromin-neuraxpharm** *Tbl. 10, 20mg*	**Depression:** ini 1 x 10mg morgens p.o., je nach Wi um 10mg/W steigern, Erh.Dos. 20-40mg/d in 1-3 ED, max. 60mg/d; **DANI** b. schw. NI Anw. nicht empf.; **DALI** KI

13.1.4 Selektive Serotonin-Reuptake-Inhibitoren (SSRI)

Wm: selektive Hemmung der Serotoninwiederaufnahme ⇒ Serotoninanreicherung im synaptischen Spalt; **Wi:** antidepressiv, psychomotorisch aktivierend; **UW** (Citalopram): Asthenie, Apathie, Appetit ↓, Gewicht ↓, Agitiertheit, verringerte Libido, Ängstlichkeit, Nervosität, Verwirrtheit, anormale Träume, Konzentrationsstörungen, Amnesie, Anorexie, Orgasmusstörungen (Frauen), Schläfrigkeit, Schlaflosigkeit, Kopfschmerzen, Schlafstörungen, Tremor, Geschmacksstörungen, Parästhesie, Migräne, Schwindel, Aufmerksamkeitsstörungen, Akkommodationsstörung, Tinnitus, Herzklopfen, Hypotonie, Hypertonie, Gähnen, Rhinitis, Sinusitis, Mundtrockenheit, Übelkeit, Obstipation, Diarrhoe, Erbrechen, Flatulenz, Speichelfluss ↑, Abdominalschmerzen, Dyspepsie, vermehrtes Schwitzen, Juckreiz, Myalgie, Arthralgie, Polyurie, Impotenz, Ejakulationsstörungen, Erschöpfungszustände;

UW (Escitalopram): verminderter/gesteigerter Appetit, Gewichtszunahme, Ängstlichkeit, Ruhelosigkeit, anormale Träume, verringerte Libido, Anorgasmie (Frauen), Schlaflosigkeit, Schläfrigkeit, Schwindel, Parästhesie, Tremor, Sinusitis, Gähnen, Übelkeit, Diarrhö, Obstipation, Erbrechen, Mundtrockenheit, vermehrtes Schwitzen, Arthralgie, Myalgie, Ejakulationsstörungen, Impotenz, Müdigkeit, Fieber;
UW (Fluoxetin): verminderter Appetit, Angst, Nervosität, Ruhelosigkeit, Angespanntheit, verminderte Libido, Schlafstörung, anormale Träume, Kopfschmerzen, Aufmerksamkeitsstörung, Schwindel, Geschmacksstörung, Lethargie, Somnolenz, Tremor, verschwommenes Sehen, Palpitation, Flush, Gähnen, Diarrhoe, Übelkeit, Erbrechen, Dyspepsie, Mundtrockenheit, Ausschlag, Nesselsucht, Hyperhidrose, Pruritus, Arthralgie, häufiges Wasserlassen, gynäkologische Blutung, erektile Dysfunktion, Ejakulationsstörung, Müdigkeit, Nervosität, Schüttelfrost, Gewichtsverlust;
UW (Fluvoxamin): Palpitationen, Tachykardie, Kopfschmerzen, Schwindel, Somnolenz, Tremor, Bauchschmerzen, Obstipation, Diarrhö, Mundtrockenheit, Dyspepsie, Schwitzen, Anorexie, Asthenie, Malaise, Agitiertheit, Angst, Schlafstörungen, Nervosität;
UW (Paroxetin): Erhöhung der Cholesterinwerte, verminderter Appetit, Schläfrigkeit, Schlaflosigkeit, Agitiertheit, ungewöhnliche Träume, Schwindelgefühl, Tremor, Kopfschmerzen, Konzentrationsschwierigkeiten, verschwommenes Sehen, Gähnen, Übelkeit, Obstipation, Diarrhö, Erbrechen, Mundtrockenheit, Schwitzen, sexuelle Dysfunktion, Schwächezustände, Gewichtszunahme, Schwindel, sensorische Störungen, Schlafstörungen, Angst, Kopfschmerzen;
UW (Sertralin): Schlaflosigkeit, Schläfrigkeit, Appetitlosigkeit, Gähnen, Agitiertheit, Angst, Tremor, Schwindel, Mundtrockenheit, Kopfschmerzen, Bewegungsstörungen, Parästhesie, Hypästhesie, vermehrtes Schwitzen, Sehstörung, Tinnitus, Palpitaion, Brustschmerz, Übelkeit, Diarrhoe, Dyspepsie, Verstopfung, Abdominalschmerz, Erbrechen, Hautausschlag, Menstruationsstörungen, Sexualstörungen, Asthenie, Müdigkeit, Hitzewallungen;
KI (Citalopram, Escitalopram): bekannte Überempfindlichkeit, verlängertes QT-Intervall, angeborenes Long-QT-Syndrom, gleichzeitige Anwendung von MAO-Hemmern, Linezolid, Pimozid, Arzneimittel mit bekannter QT-Intervall-Verlängerung;
KI (Fluoxetin, Fluvoxamin): bek. Überempfindlichkeit, gleichzeitige Anwendung von MAO-Hemmern;
KI (Paroxetin): bek. Überempf., gleichzeitige Anwendung von MAO-Hemmern, Thioridazin, Pimozid;
KI (Sertralin): bek. Überempf., gleichzeitige Anwendung von MAO-Hemmern, Pimozid

Citalopram Rp	HWZ 33-37h, Q_0 > 0.7, PPB 80%, PRC C, Lact ?
Cipramil *Tbl. 20, 40mg; Inf.Lsg. 20mg/0.5ml* **Citalich** *Tbl. 20mg* **Citalon** *Tbl. 20, 40mg* **Citalopram HEXAL** *Tbl. 10, 20, 30, 40mg* **Citalopram-ratioph.** *Tbl. 10, 20, 30, 40mg* **Citalopram Stada** *Tbl. 10, 20, 30, 40mg*	**Depression:** 1 x 20mg p.o., max. 40mg/d; > 65J.: max. 20mg/d; 20mg/d i.v., max. 40mg/d i.v.; **Panikstörung:** ini 1 x 10mg p.o., nach 1W 1 x 20mg, je nach Ansprechen bis max. 40mg/d steigern; **DALI** leichte-mittelschwere LI: ini 10mg/d für 14d, dann max. 20mg/d; **DANI** CrCl > 30: 100%; < 30: Anw. nicht empf.

Escitalopram Rp	HWZ 30h, PPB 80%
Cipralex *Tbl. 10, 20mg; Gtt. (20Gtt. = 20mg)* **Escitalex** *Tbl. 5, 10, 15, 20mg* **Escitalopram HEXAL** *Tbl. 5, 10, 15, 20mg; Lingualtbl. 10, 20mg; Gtt. (1ml = 20mg)* **Escitalopram-neuraxpharm** *Tbl. 5, 10, 15, 20mg; Lingualtbl. 10, 20mg* **Seroplex** *Tbl. 10, 20mg*	**Depression, Zwangsstörung, generalisierte Angststörung:** 1 x 10mg p.o., ggf. 1 x 20mg; **Panikstörung:** ini 1 x 5mg, nach 7d 1 x 10mg, ggf. 1 x 20mg; **soziale Angststörung:** ini 1 x 10mg, nach 2-4W Dosisanpassung 5-20mg; Pat. > 65J.: ini 1 x 5mg, ggf. 1 x 10mg; **DANI** CrCl < 30: sorgfältige Dosisanpassung; **DALI** W1+2: 5mg/d, dann max.10mg/d
Fluoxetin Rp	HWZ 4 (7)d, Q_0 0.85, PPB 95%, PRC C, Lact -
Fluoxetin 1A *Tbl. 10, 20, 40mg* **Fluoxetin HEXAL** *Tbl. 10, 20, 40mg; Kps. 10, 20mg;* **Fluoxetin-ratioph.** *Tbl. 20mg; Kps. 20mg*	**Depression:** 1 x 20mg p.o.; **Zwangsstörung:** 1 x 20mg, ggf. 60mg/d; **Bulimie:** 60mg/d; **Ki. > 8J:** ini 10mg/d, nach 1-2W max. 20mg/d; **DANI** nicht erforderlich; **DALI** 20mg alle 2d
Fluvoxamin Rp	HWZ 17-22h, Q_0 1.0, PPB 80%, PRC C, Lact ?
Fevarin *Tbl. 50, 100mg* **Fluvoxamin-neuraxpharm** *Tbl. 50, 100mg*	**Depression:** ini 50mg p.o., Erh.Dos. 1 x 100-200mg, max. 300mg/d; **Zwangsstörung:** ini 50mg/d, Erh.Dos. 200-300mg/d; **Ki. > 8J:** ini 25-50mg p.o., um 25-50mg/W steigern, max. 200mg/d; **DANI/DALI** Dosisreduktion
Paroxetin Rp	HWZ 17-24h, Q_0 0.95, PPB 95%, PRC C, Lact ?
Paroxat *Tbl. 10, 20, 30, 40mg* **Paroxetin-ratioph.** *Tbl. 20, 30, 40mg* **Paroxetin Stada** *Tbl. 20mg* **Seroxat** *Tbl. 20mg; Saft (1ml = 2mg)*	**Depression, Angststrg., soziale Phobie, posttraumat. Belastungsstörung:** 1 x 20mg p.o., ggf. steigern, max. 50mg/d; **Panik-, Zwangsstrg.:** ini 10mg, um 10mg/W steigern, Erh.Dos. 40mg, max. 60mg/d; **DANI** CrCl < 30: red. Dosis; **DALI** red. Dosis
Sertralin Rp	HWZ 24h, Q_0 1.0, PPB 98%, PRC C, Lact ?
Gladem *Tbl. 50mg* **Sertralin Aristo** *Tbl. 50, 100mg* **Sertralin HEXAL** *Tbl. 50, 100mg* **Sertralin-neuraxpharm** *Tbl. 50, 100mg* **Zoloft** *Tbl. 50, 100mg; Lsg. (1ml = 20mg)*	**Depression; Zwangsstrg.:** 1 x 50mg p.o., je nach Wi steig. auf 1 x 100mg, max. 200mg/d; **Panikstörung, posttraumat. Belastungs-störgung, soziale Angststörung:** ini 1 x 25mg, nach 1W 1x 50mg, ggf. um 50mg/W steigern bis 200mg/d; **Zwangsstörung: Ki. 6-12J.:** ini 1 x 25mg, nach 1W 1 x 50mg; **13-17J.:** ini 1 x 50mg; ggf. um 50mg/W steigern bis 200mg/d; **DANI** nicht erforderlich; **DALI** reduzierte Dosis

13.1.5 Serotonin-Noradrenalin-Reuptake-Inhibitoren (SNRI)

Wm/Wi (Duloxetin, Milnacipran, Venlafaxin): Hemmung der Serotonin- und der Noradrenalin-Wiederaufnahme ⇒ Erhöhung der extrazellulären Konzentration von Serotonin u. Noradrenalin in verschiedenen Gehirnarealen ⇒ schmerzhemmend und antidepressiv;
UW (Duloxetin): verminderter Appetit, Schlaflosigkeit, Agitiertheit, trockener Mund, Übelkeit, Erbrechen, Obstipation, Diarrhoe, Dyspepsie, Abdominalschmerz, Flatulenz, Müdigkeit, Angst, verminderte Libido, Anorgasmie, anomale Träume, Kopfschmerzen, Schläfrigkeit, Schwindel, Tremor, Verschwommensehen, Herzklopfen, Tinnitus, Blutdruckanstieg, Gähnen, Erröten, vermehrtes Schwitzen, Lethargie, Parästhesie, Hautausschlag, muskuloskeletale Schmerzen, Muskelkrämpfe, Dysurie, erektile Dysfunktion, Ejakulationsstörungen, Gewichtsabnahme;
UW (Milnacipran): Kopfschmerzen, Übelkeit, Agitiertheit, Ängstlichkeit, Depression, Essstörungen, Schlafstörungen, suizidales Verhalten, Migräne, Tremor, Schwindel, Empfindungsstörungen, Schläfrigkeit, Tachykardie, Palpitationen, Hitzewallungen, Hypertonie, Verstopfung, Diarrhoe, Bauchschmerzen, Dyspepsie, Erbrechen, Mundtrockenheit, Pruritus, Hautausschlag, Hyperhidrose, Muskelschmerzen, Dysurie, Pollakisurie, Ejakulationsstrg., Erektionsstrg., Hodenschmerzen, Müdigkeit;
UW (Venlafaxin): erhöhte Cholesterinwerte, Gewichtsabnahme, Mundtrockenheit, Obstipation, Übelkeit, Erbrechen, Nervosität, Schlaflosigkeit, Parästhesien, Sedierung, Tremor, Verwirrtheit, Depersonalisation, vermehrtes Schwitzen, sexuelle Störungen, Miktions-, Menstruationsstörungen, Libidoabnahme, erhöhter Muskeltonus, Kopfschmerzen, Asthenie, anomale Träume, Schwindel, Akkommodationsstörung, Mydriasis, Sehstörungen, Blutdruckanstieg, Vasodilatation, Palpitation, Gähnen, verminderter Appetit, Schüttelfrost;
KI (Duloxetin): bekannte Überempfindlichkeit, Leberfunktionsstörung, schwere Niereninsuffizienz, unkontrollierte Hypertonie, Kombination mit MAO-Hemmern, Fluvoxamin, Ciprofloxacin, Enoxacin;
KI (Milnacipran): bek. Überempfindlichkeit, Komb. mit MAO-Hemmern, unkontrollierte Hypertonie, schwere oder instabile KHK, Lact.;
KI (Venlafaxin): bekannte Überempfindlichkeit, Kombination mit MAO-Hemmern

Duloxetin Rp	HWZ 8-17 h, PPB 96%
Ariclaim *Kps. 30, 60mg* **Cymbalta** *Kps. 30, 60mg* **Xeristar** *Kps. 30, 60mg*	**Depression, Schmerzen bei diabetischer PNP:** 1 x 60mg p.o.; max. 2 x 60mg; **generalisierte Angststörung:** ini 1 x 30mg p.o., ggf. steigern auf 1 x 60mg; **DANI:** CrCl 30-80: 100%; < 30: KI; **DALI:** KI

Milnacipran Rp	HWZ 8h, PPB 13%
Milnaneurax *Kps. 25, 50mg*	**Depression:** 2 x 50mg p.o.; **DANI:** CrCl ≥ 60: 100%; 30-59: 2 x 25mg; < 30: 1 x 25mg; **DALI:** keine Daten

Venlafaxin Rp	HWZ 5(12) h, Qo 0.45 (0.5), PPB 27%, PRC C, Lact ?
Trevilor *Kps. 37.5(ret.), 75(ret.), 150(ret.)mg* **Venlafaxin-CT** *Tbl. 75(ret.), 150(ret.), 225(ret.)mg; Kps. 37.5(ret.), 75(ret.), 150(ret.)mg* **Venlafaxin-ratioph.** *Tbl. 75(ret.), 150(ret.), 225(ret.)mg; Kps. 37.5(ret.), 75(ret.), 150(ret.)mg*	**Depression:** ini 1 x 75mg p.o., ggf. alle 2W steigern bis max. 375mg/d; **generalisierte Angsstörung, soziale Angssstörung:** ini 1 x 75mg, ggf. steigern bis 225mg/d; **Panikstörung:** d1-7: 37.5mg/d, dann 75mg/d; ggf. steigern bis max. 225mg/d; **DANI** CrCl 30-70: vorsichtige Anwendung; < 30, HD: 50%; **DALI** 50%

13.1.6 Noradrenalin-Reuptake-Inhibitoren (NARI)

Wm/Wi (Reboxetin): Hemmung der Noradrenalin-Wiederaufnahme ⇒ Erhöhung der extrazellulären Konzentration von Noradrenalin in verschiedenen Gehirnarealen und Modifikation der noradrenergen Transmission;
UW (Reboxetin): verminderter Appetit, Schlaflosigkeit, Agitiertheit, Angst, Kopfschmerzen, Parästhesie, Akathisie, Geschmacksstörung, Mundtrockenheit, Übelkeit, Erbrechen, Verstopfung, Hyperhidrosis, Schwindel, Tachykardie, Palpitationen, Vasodilatation, Hypotonie, Hypertonie, Akkommodationsstörungen, Exanthem, Miktionsbeschwerden, Harnwegsinfektionen, Dysurie, Harnverhalt, Erektions-/Ejakulationsstörungen, Schüttelfrost;
KI (Reboxetin): bekannte Überempfindlichkeit

Reboxetin Rp	HWZ 13 h, Qo > 0.8, PPB 92-97%, PRC B, Lact ?
Edronax *Tbl. 4mg* **Solvex** *Tbl. 4mg*	**Depression:** 2 x 4mg p.o., max. 12mg/d; **DANI/DALI** ini 2 x 2mg, dann nach Wirkung steigern

13.1.7 Melatonin-Rezeptoragonisten

Wm/Wi (Agomelatin): Agonist an melatonergen MT_1- u. MT_2-Rezeptoren, Antagonist an postsynaptischen 5-HT2C-Rezeptoren ⇒ antidepressiv, Resynchronisierung der zirkadianen Rhythmik, Wiederherstellung des Schlaf-Wach-Rhythmus; speziell im frontalen Kortex Freisetzung von Dopamin und Noradrenalin ↑, kein Einfluss auf den extrazellulären Serotoninspiegel;
Wm/Wi (Melatonin): Hormon der Epiphyse, Agonist an melatonergen MT1-, MT2- und MT3-Rezeptoren ⇒ schlaffördernd, Beeinflussung des zirkadianen Rhythmus;
Wm/Wi (Tasimelteon): Agonist an melatonergen MT1- u. MT2-Rezeptoren ⇒ Regulierung des zirkadianen Rhythmus;
UW (Agomelatin): Kopfschmerzen, Schwindel, Schläfrigkeit, Schlaflosigkeit, Müdigkeit, Migräne, Übelkeit, Erbrechen, Diarrhoe, Obstipation, Bauch-, Rückenschmerzen, Schwitzen, Transaminasen (GOT und/oder GPT) ↑, Angst;
UW (Melatonin): keine sehr häufigen bzw. häufigen UW;
UW (Tasimelteon): Kopfschmerzen, Schlafstörungen, Schlaflosigkeit, ungewöhnliche Träume, Schläfrigkeit, Schwindel, Dyspepsie, Übelkeit, Mundtrockenheit, GPT-Erhöhung;
KI (Agomelatin): bek. Überempf., eingeschränkte Leberfunktion, Transaminasen ↑ > 3 ULN, gleichzeitige Anw. von starken CYP1A2-Inhibitoren (z.B. Fluvoxamin, Ciprofloxacin);
KI (Melatonin): bek. Überempf.; **KI** (Tasimelteon): bek. Überempf.

Agomelatin Rp	HWZ 1-2h, PPB 95%
Valdoxan *Tbl. 25mg*	**Depression:** 1 x 25mg p.o. z.N., ggf. steigern auf 1 x 50mg; **DANI** vorsichtige Anwendung; **DALI** KI
Melatonin Rp	HWZ 3.5-4h, PPB 60%
Circadin *Tbl. 2(ret.)mg*	**Insomnie ab 55J:** 1 x 2mg p.o. z.N.; **DANI** vors. Anw.; **DALI** Anw. nicht empfohlen
Tasimelteon Rp	HWZ 1.3h, PPB 90%
Hetlioz *Tbl. 20mg*	**Nicht-24h-Schlaf-Wach-Syndrom bei Blinden:** 1 x 20mg p.o. 1h vor dem Schlafengehen; **DANI** nicht erforderl.; **DALI** Child C: vorsichtige Anw.

13.1.8 Weitere Antidepressiva

Wm/Wi (Bupropion): neuronale Hemmung der Dopamin- und Noradrenalin-Wiederaufnahme ⇒ antidepressiv; **Wm/Wi** (Tianeptin): erhöhte elektrische Aktivität der Pyramidenzellen im Hippocampus, erhöhte Wiederaufnahme von Serotonin im Kortex und hippocampalen Neuronen, steigert den Dopamin-Stoffwechsel des Gehirns und verringert die Freisetzung von Acetylcholin ⇒ stimulierend und anxiolytisch, Auswirkungen auf somatische Störungen; **Wm/Wi** (Trazodon): präsynaptische Hemmung des Serotonin-Reuptakes, postsynaptische Blockade von 5-HT1-Rezeptoren, Blockade von Alpha-1-Rezeptoren ⇒ sedierend, antidepressiv, anxiolytisch, prosexuell;
UW (Bupropion): Urtikaria, Appetitlosigkeit, Schlaflosigkeit, Agitiertheit, Angst, Kopfschmerzen, Tremor, Schwindel, Geschmacks-/Sehstörungen, Tinnitus, Gesichtsröte, Mundtrockenheit, Übelkeit, Erbrechen, Bauch-/Brustschmerzen, Obstipation, Exanthem, Pruritus, Schwitzen, Hypertonie, Fieber, Asthenie; **UW** (Tianeptin): Anorexie, Alpträume, Schlaflosigkeit, Schläfrigkeit, Schwindel, Kopfschmerz, Zusammenbruch, Tremor, beeinträchtigtes Sehvermögen, Herzrasen, Herzklopfen, Extrasystolen, präkordiale Schmerzen, Hitzewallungen, Dyspnoe, trockener Mund, Darmträgheit, Bauchschmerzen, Übelkeit, Erbrechen, Dyspepsie, Diarrhö, Blähungen, Sodbrennen, Rückenschmerzen, Myalgie, Globusgefühl, Asthenie; **UW** (Trazodon): Hypotonie, HRST, Schwindel, Kopfschmerz, Unruhe, GI-Beschwerden, Mundtrockenheit, Schlafstörungen, Müdigkeit;
KI (Bupropion): bek. Überempfindlichkeit, Epilepsie, ZNS-Tumor, Alkoholentzug, schwere Leberzirrhose, Anorexia nervosa, Bulimie, gleichzeitige Anw. mit MAO-Hemmern;
KI (Tianeptin): bek. Überempf., Kombination mit nichtselektiven MAO-Hemmern;
KI (Trazodon): bekannte Überempf., akute Intoxikation mit zentral dämpfenden Pharmaka bzw. Alkohol, Karzinoid-Syndrom

Bupropion Rp	HWZ 20h, Q0 > 0.8, PPB 84%, PRC B, Lact ?
Bupropion-neuraxpharm *Tbl. 150, 300mg* **Elontril** *Tbl. 150, 300mg*	**Depression:** ini 1 x 150mg p.o., ggf. nach 4W auf 1 x 300mg steigern; **DANI** max. 150mg/d; **DALI** max. 150mg/d; KI bei schw. Leberzirrhose

Tianeptin	HWZ 2.5-3(7-8)h, PPB 95%
Tianeurax *Tbl. 12.5mg*	**Depression:** 3 x 12.5mg p.o., **DANI** 2 x 12.5mg; **DALI** nicht erforderlich

Trazodon Rp	HWZ 7(10-12)h, Q0 1.0 (0.7), PPB 89-95%, PRC C, Lact ?
Trazodon HEXAL *Tbl. 100mg* **Trazodon-neuraxpharm** *Tbl. 100mg*	**Depression:** W1: 100mg/d, W2: 200mg/d, ab W3: 200-400mg/d; **DANI** nicht erforderlich

13.2 Stimmungsstabilisierer/Antimanika

Wm/Wi (Lamotrigin): blockiert spannungsgesteuerte Na^+-Kanälen ⇒ repetitive Entladungen der Neurone und Glutamat-Freisetzung ↓ ⇒ antikonvulsiv, Prävention von Stimmungsepisoden; **Wm/Wi** (Lithiumcarbonat, -sulfat): beeinflusst viele neurochem. Systeme (Ionenkanäle, Neurotransmitter, Second-messenger-Systeme) ⇒ Phasenverschiebung biologischer Rhythmen; **UW** (Lamotrigin): Aggressivität, Reizbarkeit, Kopfschmerzen, Somnolenz, Schwindel, Tremor, Insomnie, Ataxie, Nystagmus, Diplopie, Verschwommensehen, Übelkeit, Erbrechen, Diarrhoe, Hautausschlag, Müdigkeit, Agitiertheit, Mundtrockenheit, Arthralgie, Rückenschmerzen, Schmerzen; **UW** (Lithiumcarbonat): Durst, Polyurie, GI-Strg., Tremor, Struma, Hypothyreose, Nierenschäden; **UW** (Lithiumsulfat): feinschläg. Tremor, Polyurie, Polydipsie, Übelkeit, Gewicht ↑; **KI** (Lamotrigin): bek. Überempf.; **KI** (Lithiumcarbonat): bek. Überempf., akutes Nierenversagen/schwere NI, akuter MI/Herzinsuff., ausgeprägte Hyponatriämie, Brugada-Syndrom, Grav.; **KI** (Lithiumsulfat): bek. Überempf., akutes Nierenversagen, akuter MI, ausgeprägte Hyponatriämie, Grav.

Lamotrigin Rp	HWZ 29h, Q0 0.9, PPB 55%, PRC C, Lact ?
Lamictal *Tbl, 2, 5, 25, 50, 100, 200mg* **Lamotrigin-neuraxpharm** *Tbl. 25, 50, 100, 200mg* **Lamotrigin-ratioph.** *Tbl. 5, 25, 50, 100, 200mg*	**Pro. depressiver Episoden bei bipolarer Störung:** W1-2: 1 x 25mg p.o.; W3-4: 50mg in 1-2ED, ab W5: 100mg/d in 1-2ED, Zieldosis 200mg/d, max. 400mg/d; bei Kombinationstherapie s. FachInfo

Lithiumcarbonat Rp	HWZ 14-24h, Q0 0.02, keine PPB, ther. Serumspiegel 0.6-1.2mmol/l
Hypnorex ret. *Tbl. 400(ret.)mg (= 10.8mmol Li^+)* **Lithium Apogepha** *Tbl. 295mg (= 8mmol Li^+)* **Quilonorm** *Tbl. 450 (ret.)mg* **Quilonum ret.** *Tbl. 450(ret.)mg (= 12.2mmol Li^+)*	**Ther./Pro. manisch-depressiver Erkr.:** d1-3: 12mmol/d p.o., d4-7: 24mmol/d, weitere Dosisanpassung nach Serumspiegel; **DANI** KI bei schwerer NI

Lithiumsulfat Rp	HWZ 14-24h, Q0 0.02, ther. Serumspiegel: 0.6-1.2mmol/l
Lithiofor *Tbl. 660(ret.)mg (= 12mmol Li^+)*	**Ther./Pro. manisch-depressiver Erkr.:** d1-3: 12mmol/d p.o., d4-7: 24mmol/d, dann Dosisanpassung nach Serumspiegel; **DANI** KI bei schwerer NI

13.3 Anxiolytika

Wm/Wi (Opipramol): Antagonismus an H1-, D2-, 5-HT2A-, Alpha-1-Rezeptoren, hohe Affinität für Sigmarezeptoren ⇒ Beeinflussung von NMDA-Rezeptoren sowie Transmission/ Stoffwechsel von Dopamin im ZNS ⇒ sedierend, anxiolytisch, stimmungsaufhellend; **UW** (Opipramol): Hypotonie, orthostatische Dysregulation, Müdigkeit, Mundtrockenheit, verstopfte Nase; **KI** (Opipramol): bek. Überempf., gleichzeitige Anw. mit MAO-Hemmern, akute Alkohol-, Schlafmittel-, Analgetika- und Psychopharmaka-Intox., akuter Harnverhalt, akute Delirien, unbehandeltes Engwinkelglaukom, Prostatahypertrophie mit Restharn, paralytischer Ileus, höhergrad. AV-Block, diffuse (supra-)ventrikuläre Reizleitungsstörungen

Opipramol Rp	HWZ 6-9h, PPB 91%
Insidon *Tbl. 50, 100mg; Gtt. (24Gtt. = 100mg)* **Ophel** *Tbl. 50, 100mg* **Opipram** *Tbl. 50, 100mg* **Opipramol-neuraxpharm** *Tbl. 50, 100, 150mg* **Opipramol-ratioph.** *Tbl. 50, 100mg*	**Generalisierte Angststörung, somatoforme Störung:** 50-50-100mg p.o., ggf. Dosisanpassung auf 150mg/d, max. 300mg/d; **Ki. > 6J:** 3mg/kg/d; **DANI** sorgfältige Dosiseinstellung, evtl. Dosisreduktion erforderlich

13.4 Neuroleptika

13.4.1 Schwach potente Neuroleptika

Wm (alle): Antagonismus an Dopamin-Rezeptoren im ZNS; **Wi** (Chlorprothixen): schwach antipsychotisch, stark sedierend (je höher die antipsychotische Wi, desto geringer die sedierende und umgekehrt); sympathikolytisch, anticholinerg, antihistaminerg, antiserotoninerg; **Wi** (Levomepromazin): ausgeprägt psychomotorisch dämpfend und sedierend, analgetisch, antiemetisch, antiallergisch, depressionslösend, lokalanästhetisch, schwach antipsychotisch; **Wi** (Melperon): affektive Entspannung, sedierend, antipsychotisch; **Wi** (Pipamperon): sedativ-hypnotisch, erregungsdämpfend, gering antipsychotisch; **Wi** (Promethazin): stark sedierend, gering antipsychotisch, antiemetisch, hypnotisch; **Wi** (Prothipendyl): sedierend, antiemetisch; **Wi** (Sulpirid): antidepressiv, Beeinflussung der schizophrenen Symptomatik, antivertiginös; **Wi** (Thioridazin): ausgeprägt antipsychotisch, günstige Beeinflussung katatoner Erregung, affektiv entspannend, stark sedierend; **UW** (Chlorprothixen): Frühdyskinesien, Dystonien, malignes neurolept. Syndrom, Müdigkeit, Reaktionszeit ↑, Benommenheit, Schwindel, Verwirrtheit, Asthenie, Abgeschlagenheit, Nervosität, Agitiertheit, Kopfschmerzen, Libido ↓, Hypotonie, orthostat. Dysregulation, Tachykardie, Palpitationen, Strg. der Erregungsausbreitung und -rückbildung am Herzen, Obstipation, Verdauungsstrg., Übelkeit, Miktionsstörungen, Leberenzyme ↑, Strg. der Speichelsekretion, Speichelfluss ↑, Schwitzen ↑ oder ↓, Sprech-, Seh-, Akkommodationsstrg., Mundtrockenheit, Dermatitis, Myalgie, Gewicht ↑, Appetit ↑; **UW** (Levomepromazin): Müdigkeit, extrapyramidalmotorische Strg. (wie Frühdyskinesien, Parkinson-Syndrom, Akathisie), Blickkrämpfe, Akkommodationsstrg., Augeninnendruck ↑, orthostat. Dysregulation, Hypotonie, Tachykardie, EKG-Veränd., verstopfte Nase, Obstipation, Übelkeit, Erbrechen, Diarrhoe, Appetit ↓, Mundtrockenheit, Miktionsstrg.; **UW** (Melperon): Müdigkeit, orthostat. Dysregulation, Hypotonie, Tachykardie, extrapyramidale Strg., Parkinson-Syndrom, Akathisie;

UW (Pipamperon): Depression, Somnolenz, Zahnradphänomen, Hypertonie, Akathisie, okulogyrische Krise, Opisthotonus, Dyskinesie, Tachykardie, orthostat. Hypotonie, Erbrechen, Urtikaria, muskuläre Spastik, Amenorrhoe, Gangstrg., Asthenie;
UW (Promethazin): Sedierung, Mundtrockenheit, Strg. d. Speichelsekretion;
UW (Prothipendyl): orthostat. Kreislaufstrg.;
UW (Sulpirid): Übelkeit, Mundtrockenheit, Speichelsekretion ↑, Transpiration, Kopfschmerzen, Schwindel, Müdigkeit, Hypokinesie, Tachykardie, Hypotonie, Hypertonie, Strg. des Hormonhaushalts, Obstipation, gastroint. Strg. mit Übelkeit und Erbrechen;
UW (Thioridazin): Sedierung, Schläfrigkeit, Schwindel, Mundtrockenheit, Sehstörung, Akkommodationsstörung, Nasenverstopfung, orthostatische Hypotonie, Galaktorrhö;
KI (Chlorprothixen): bek. Überempf. Kreislaufkollaps, Bewusstseinstrübungen verschiedener Ursache, komatöse Zustände, klinisch signif. Herz-Kreislauf-Störungen, ventrik. Arrhythmien, Torsades de Pointes (anamn.), Hypokaliämie, Hypomagnesiämie, angeb. Long-QT-Syndrom, sek. QT-Intervall-Verlängerung, gleichz. Anw. von QT-Zeit-verlängernden Med., Ki. < 3J;
KI (Levomepromazin): bek. Überempf., akute Alkohol-, Schlafmittel-, Analgetika- und Psychopharmaka-Intox., Kreislaufschock, Koma, BB-Strg., Ki. < 16J.;
KI (Promethazin): bek. Überempf., schwere Blutzell- und Knochenmarkschädigung, akute Intoxikation mit zentral-dämpfenden Medikamenten oder Alkohol, Kreislaufschock, Koma, anamnestisch malignes neuroleptisches Syndrom, Ki. < 2J.;
KI (Prothipendyl): bek. Überempf., akute Intoxikation mit zentraldämpfenden Medikamenten oder Alkohol, komatöse Zustände;
KI (Sulpirid): bek. Überempf., akute Intox. mit zentraldämpfenden Medikamenten od. Alkohol, maniforme Psychosen, organ. Psychosyndrom, M. Parkinson, Hyperprolaktinämie, Krampfanfälle, prolaktinabhängige Tumore, Mammatumore, Tumore der Nebennieren, Grav./Lakt.;
KI (Thioridazin): bek. Überempf., schw. Herzkrankheiten, Kombination mit QT-Zeit-verlängernden Med., Cytochrom P450 2D6-Isoenzym hemmenden Med. (SSRI, trizyklische Antidepressiva, Betablocker), den Metabolismus von Thioridazon verlangsamenden (Fluvoxamin, Pindolol, Propranolol) Medikamenten, angeb. oder erw. Cytochrom-P450-2D6-Isoenzym-Mangel, komatöse Zustände, schwere ZNS-Dämpfung, hämatol. Störungen in der Anamnese, Lakt.

Chlorprothixen Rp — HWZ 8-12h, Q0 1.0, PPB 99%

Chlorprothixen-neuraxpharm *Tbl. 15, 50, 100mg* **Chlorprotixen Holsten** *Tbl. 15, 50mg* **Truxal** *Saft (1ml = 20mg)*	**Unruhe-, Erregungszustände, Schizophrenie, Psychose:** 2-4 x 15-100mg p.o.; **Ki. > 3J:** 0.5-1mg/kg/d p.o. in 2ED; **DANI** sorgfältige Dosiseinst.

Levomepromazin Rp — HWZ 17h, Q0 1.0, PPB 98%

Levium *Tbl. 25, 100mg* **Levomepromazin-neuraxpharm** *Tbl. 10, 25, 50, 100mg; Gtt. (20Gtt. = 40mg); Amp. 25mg/1ml* **Neurocil** *Tbl. 25, 100mg; Gtt. (20Gtt. = 20mg); Amp. 25mg/1ml*	**Unruhe-, Erregungszustände, Psychose:** ini 15-30mg p.o., Erh.Dos. 75-150mg p.o.; bei stat. Behandl. ini 75-100mg/d p.o., auf 150-300mg/d steigern, max. 600mg/d; 25-50mg i.m., ggf. Wdh., bis 150mg/d i.m.; **Ki.:** 1mg/kg/d; **chron. Schmerzen:** ini 25-75mg/d p.o., langsam steigern bis 300mg/d; **DANI/DALI** sorgfältige Dosiseinstellung

Melperon Rp	HWZ 4-8h, Q0 0.9, PPB 50%
Melneurin *Tbl. 10, 25, 50mg; Saft (1ml = 5mg)* **Melperon-ratioph.** *Tbl. 25, 50, 100mg; Saft (1ml = 5mg)*	**Schlafstörung, Unruhe-, Erregungs-, Verwirrtheitszustände, Psychosen:** 3 x 25-100mg p.o., höhere Dosis abends, max. 400mg/d; **DANI/DALI** sorgf. Dosiseinstellung

Pipamperon Rp	HWZ 4h
Dipiperon *Tbl. 40mg; Saft (5ml = 20mg)* **Pipamperon-neuraxpharm** *Tbl. 40, 120mg; Saft (5ml = 20mg)* **Pipamperon HEXAL** *Tbl. 40mg; Saft (5ml = 20mg)*	**Schlafstörung:** 40mg/d; **Dysphorie, Verwirrtheit, psychomotorische Erregung:** ini 3 x 40mg p.o., ggf. steigern bis 3 x 120mg; **Ki. < 14J:** ini 1mg/kg/d p.o., je nach Wi um 1mg/kg/d steigern, Erh.Dos. 2-6mg/kg/d in 3ED

Promethazin Rp	HWZ 7-15h, Q0 1.0, PPB > 90%, PRC C, Lact ?
Atosil *Tbl. 25mg; Gtt. (20Gtt. = 20mg); Amp. 50mg/2ml* **Closin** *Tbl. 25mg* **Promethazin-neuraxpharm** *Tbl. 10, 25, 50, 75, 100mg; Gtt. (20Gtt. = 20, 100mg); Amp. 50mg/2ml* **Proneurin** *Tbl. 25mg* **Prothazin** *Tbl. 25mg; Gtt. (20Gtt. = 20mg)*	**Unruhe-, Erregungszustände, allergische Reaktion, Schlafstörung:** ini 1 x 25mg p.o. z.N., ggf. steigern auf 1 x 50mg, bis 4 x 25mg, max. 200mg/d; 25-50mg i.v./i.m.; **Ki. 2-18J:** 12.5-25mg i.v., max. 0.5mg/kgKG/d; **DANI/DALI** 50%

Prothipendyl Rp	HWZ 2.5h
Dominal *Tbl. 40, 80mg; Gtt. (10Gtt. = 25mg)*	**Unruhe-, Erregungszustände, Psychosen:** 2-4 x 40-80mg p.o.; **Ki. >6J:** 2-3 x 40mg p.o.; **DANI/DALI** nicht erf.

Sulpirid Rp	HWZ 8h, Q0 0.3, kaum PPB
Dogmatil *Kps. 50; Tbl. 200mg; Saft (1ml = 5mg); Amp. 100mg/2ml* **Meresa** *Tbl. 200mg* **Sulpirid-CT** *Tbl. 50, 200mg* **Sulpirid-ratioph.** *Tbl. 50, 200mg* **Sulpivert** *Kps. 50; Tbl. 100, 200mg* **Vertigo Meresa** *Kps. 50; Tbl. 200mg* **Vertigo Neogama** *Tbl. 50, 100, 200mg*	**Akute/chron. Psychose:** ini 3 x 100mg p.o., Erh.Dos. 400-800mg/d in 2-4ED, max. 1600mg/d; 200-1000mg/d i.m. in 2-4ED; **Ki. > 6J:** ini 1-2mg/kg/d p.o., Erh.Dos. 5mg/kg/d in 2-3ED; **Depression, Schwindel:** ini 1-3 x 50mg p.o., Erh.Dos. 150-300mg/d; **DANI** CrCl 30-60: 50%; 10-29: 30%; < 10: 20%; **DALI** Dosisreduktion

Thioridazin Rp	HWZ 10h, Q0 1.0, PPB > 95%, PRC C, Lact ?
Melleril *Tbl. 30(ret.), 200(ret.)mg* **Thioridazin-neuraxpharm** *Tbl. 25, 50, 100, 200mg*	**Chron. Psychose, Unruhe-/Erregungszustände:** ini 25-50mg/d, Erh.Dos. 200-300mg/d, bei stationärer Behandlung bis 600mg/d; **Ki.:** 1-2mg/kg/d p.o.; **DANI/DALI** Dosisredukt.

13.4.2 Mittelstark potente Neuroleptika

Wm/Wi (Perazin): antagonistisch auf Dopamin-D1- und D2-Rez. sowie auf alpha-adrenerge, cholinerge, histaminerge (H1stärker als H2) und serotonerge Rez.; antipsychotisch, anxiolytisch, affektiv entspannend, psychomotorisch dämpfend, schlafanstoßend, sedierend; **Wm/Wi** (Zuclopenthixol): potenter Blocker von Dopamin-D1 und -D2-Rez., starke Affinität zu Serotonin-2A und alpha-1-adrenergen Rez.; ausgeprägte antipsychotische Wi, stark wirksam bei manischer Symptomatik; **UW** (Perazin): Hypotonie bzw. orthostat. Dysregulation, Tachykardie, EKG-Veränderungen, Sedierung, Leberenzyme ↑, Hyperglykämie; **UW** (Zuclopenthixol): extrapyramidalmot. Strg. (z.B. Frühdyskinesien, Parkinson-Syndrom), Tremor, Akathisie, Müdigkeit, Unruhe, Hypokinese, Schwindel, Erregung, Depression, Kopfschmerzen, Dystonie, Parästhesie, Aufmerksamkeitsstrg., Amnesie, Gangstrg., Insomnie, Angst, anormale Träume, Akkommodationsstrg., Augeninnendruck ↑, Sehstrg., orthostatische Dysregulation, Tachykardie, EKG-Veränderungen, Palpitationen, Dyspnoe, verstopfte Nase, Obstipation, Übelkeit, Erbrechen, Diarrhoe, Dyspepsie, Miktionsstrg., Harnretention, Polyurie, Hautreaktionen, Photosensibilität, Myalgie, Hyperhidrosis, Hypotonie, Asthenie, Schmerzen, Gewichts-/Appetit ↑, Anorexie, Unwohlsein, Menstruationsstrg., sexuelle Funktionsstörungen; **KI** (Perazin): bek. Überempf., schwere Blutzell-/Knochenmarkschäd.; **KI** (Zuclopenthixol): bek. Überempf., akute Alkohol-, Schlaf-/Schmerzmittel- und Psychopharmakaintox., Kreislaufschock, Koma, Phäochromozytom, BB-Veränd., Leistung des hämatopoetischen Systems ↓

Perazin Rp — HWZ 8-16h, Q0 > 0.7, PPB 94-97%

Perazin-neuraxpharm *Tbl. 25, 100, 200mg* **Taxilan** *Tbl. 25, 100mg*	**Akute psychotische Syndrome, psychomot. Erregungszustände:** ini 50-150mg p.o., Erh.Dos. 300mg/d, bei stat. Behandlung 200-600mg/d, max. 1g/d; **chron. Psychose:** 75-600mg/d p.o.; **DANI** nicht erforderl.; **DALI** Dosisreduktion

Zuclopenthixol Rp — HWZ 15-25h, PPB 98%

Ciatyl-Z *Tbl. 2, 10, 25mg; Gtt. (20Gtt. = 20mg)* **Ciatyl-Z Acuphase** *Amp. 50mg/1ml* **Ciatyl-Z-Depot** *Amp. 200mg(Dep.)/1ml* **Clopixol** *Tbl. 2, 25mg; Amp. 200mg(Dep.)/1ml*	**Unruhe-, Verwirrtheitszustände bei Demenz:** 2-6mg/d p.o. in 2-3ED; **akute, chron. Psychosen:** ini 25-50mg/d p.o. in 2-3ED, ggf. nach 2-3d steigern auf 75mg/d, bis 150mg/d bei stationärer Behandlung; ini 50-150mg i.m., evtl. Wdh. nach 2-3d; 200-400mg Depot i.m. alle 2-4W

13.4.3 Stark potente Neuroleptika

Wm (Perphenazin): postsynaptische Blockade zentraler Dopamin-Rezeptoren; **Wi:** antipsychotisch, antiemetisch; **UW** (Perphenazin): zahlreiche UW ohne Häufigkeitsangabe, s. Fachinfo; **KI:** bekannte Überempfindlichkeit, akute Intoxikation mit zentral dämpfenden Medikamenten oder Alkohol, schwere Blutzell- oder Knochenmarkschädigung, schwere Depression, schwere Lebererkrankung, komatöse Zustände

Perphenazin Rp — HWZ 8-12h, Q0 1.0, PPB 90%, PRC C, Lact -

Perphenazin-neuraxpharm *Tbl. 8mg*	**Psychosen, katatone, delirante Syndrome, psychomot. Erregungszustände:** 3 x 4-8mg p.o.; **DANI/DALI** sorgf. Dosiseinst.

13.4.4 Sehr stark potente Neuroleptika

Wm (alle): spezif. Dopaminantagonist (D2); **Wi** (Benperidol): antipsychotisch, sedierend; **Wi** (Bromperidol): ausgeprägt antipsychotisch, antiemetisch; **Wi** (Fluphenazin): antipsychotisch, Dämpfung psychomot. Erregung und affektiver Gespanntheit; **Wi** (Fluspirilen): antipsychotisch, schwach sedierend; **Wi** (Haloperidol): antipsychotisch, sedierend, antiemetisch; **Wi** (Pimozid): antipsychotisch, aktivierende Eigenschaften; **UW** (Benperidol): Frühdyskinesien, Parkinson-Syndrom, Akathisie, malignes Neuroleptika-Syndrom, Hypotonie, orthostatische Dysregulation, Tachykardie, Müdigkeit; **UW** (Bromperidol): Agitiertheit, Insomnie, Depression, Schlafstrg., Somnolenz, Schwindel, Akathisie, extrapyram. Strg., Tremor, Dystonie, Parkinsonismus, Akinesie, Hypokinesie, Dyskinesie, Sedierung, Ataxie, verschwommenes Sehen, okulogyre Krise, Tachy-/Bradykardie, Mundtrockenheit, Obstipation, Hypersalivation, Übelkeit, Erbrechen, Muskelsteifheit, Sekretion aus Brustdrüse, Asthenie, Erschöpfung, EKG-Veränd., Gewicht ↑; **UW** (Fluphenazin): Frühdyskinesien, Parkinson-Syndr., Akathisie, malignes Neuroleptika-Syndr., Müdigkeit, Sedierung, Unruhe, Erregung, Benommenheit, Depression, Lethargie, Schwindelgefühl, Kopfschmerzen, verworrene Träume, delirante Symptome, zerebrale Krampfanfälle, Hypo-/Hyperthermie, Hypotonie, orthostat. Dysregulation, Tachykardie, ventrik. Arrhythmien; **UW** (Fluspirilen): Depression, Insomnie, Schlafstrg., Hypokinesie, extrapyramidale Strg., Akathisie, Parkinson-Syndrom, Tremor, Somnolenz, Dyskinesie, Schwindel, Sedierung, psychomot. Hyperaktivität, Frühdyskinesie, Dystonie, Bradykinesie, Übelkeit, muskuloskelettale Steifheit, Müdigkeit, Reaktion an Inj.Stelle; **UW** (Haloperidol): Agitation, Insomnie, psychotische Strg., Depression, extrapyramidale Strg., Hyperkinesie, Kopfschmerz, Tremor, Maskengesicht, Hypertonie, Dystonie, Somnolenz, Bradykinesie, Schwindel, Akathisie, Dyskinesie, Hypokinesie, tardive Dyskinesie, Sehstrg., oculogyrische Krise, orthostat. Hypotonie, Hypotonie, Obstipation, Mundtrockenheit, Hypersalivation, Erbrechen, Übelkeit, anomaler Leberfunktionstest, Exanthem, Harnretention, erektile Dysfunktion, Gewichtszu- u. abnahme; **UW** (Pimozid): Anorexie, Schlaflosigkeit, Depression, Agitation, Ruhelosigkeit, Schwindel, Somnolenz, Kopfschmerzen, Tremor, Lethargie, extrapyramidalmotorische Strg., Akathisie, verschwommenes Sehen, Obstipation, Mundtrockenheit, Erbrechen, Speichelfluss ↑, Hyperhidrose, Überfunktion der Talgdrüsen, Muskelsteifigkeit, Nykturie, Pollakisurie, erektile Dysfunktion, Erschöpfung, Gewicht ↑; **KI** (Benperidol): bek. Überempf., Parkinson-Syndrom, malignes neurolept. Syndrom nach Benperidol in der Anamnese; **KI** (Bromperidol): bek. Überempf., zentralnervöse Dämpfung, komatöse Zustände, depressive Erkr.; **KI** (Fluphenazin): bek. Überempf., akute Intox. mit zentral dämpfenden Medikamenten oder Alkohol, schwere Blutzell- oder Knochenmarkschädigung, prolaktinabhängige Tumore, Leukopenie u.a. Erkr. des hämatopoet. Systems, Parkinson-Syndrom, malignes neuroleptisches Syndrom nach Fluphenazin, schwere Lebererkr., schwere Depression, Koma, Ki. < 12J; **KI** (Fluspirilen): bek. Überempf., akute Intoxikation mit zentral dämpfenden Medikamenten oder Alkohol, Parkinson-Syndrom, Ki < 18J., in Geweben mit vermind. Durchblutung; **KI** (Haloperidol): bek. Überempf., komatöser Zustand, Depression des ZNS infolge von Alkohol oder and. sedierenden Arzneimitteln, Läsion der Basalganglien, Parkinson-Krankh., anamn. bek. malignes neurolept. Syndrom nach Haloperidol, Ki. < 3J; Ki. und Jug. (parenterale Applikationsformen); **KI** (Pimozid): bek. Überempf., akute Intox. mit zentral dämpfenden Medikamenten oder Alkohol, M. Parkinson, Depression, angeb./erw. Long-QT-Syndrom (auch in Familienanamnese), anamn. HRST/Torsades de pointes, Hypokaliämie, -magnesiämie, klinisch relevante Bradykardie, gleichzeitige Anwendung von Cytochrom-P450-3A4/-2D6-inhibierenden Arzneimitteln oder Serotonin-Reuptake-Hemmern anamn. HRST/Torsades de pointes, Hypokaliämie, Hypomagnesiämie, klinisch relevante Bradykardie, gleichzeitige Anwendung von Cytochrom-P450-3A4/-2D6-inhibierenden Arzneimitteln oder Serotonin-Reuptake-Hemmern

Benperidol Rp	HWZ 7-8h
Benperidol-neuraxpharm *Tbl. 2, 4, 10mg; Gtt. (20Gtt. = 2mg); Amp. 2mg/2ml* **Glianimon** *Tbl. 2, 5, 10mg; Gtt. (20Gtt. = 2mg); Amp. 2mg/2ml*	**Akute, chron. Psychose:** ini 2-6mg/d p.o./i.m./i.v. in 1-3ED, max. 40mg/d, Erh.Dos. 1-6mg/d; **psychomot. Erreungszustände:** ini 1-3mg/d p.o./i.m./i.v.
Bromperidol Rp	HWZ 36h, PPB > 90%
Impromen *Tbl. 5mg; Gtt. (20Gtt. = 2mg)*	**Akute Psychosen:** 1 x 10-50mg p.o.; **subakute, chronische Psychosen:** 1 x 5mg
Fluphenazin Rp	HWZ 20h, Q0 1.0, PPB > 95%, PRC C, Lact ?
Fluphenazin-neuraxpharm *Amp. (Dep.) 12.5mg/0.5ml, 25mg/1ml, 50mg/0.5ml, 100mg/1ml, 250mg/10ml* **Lyogen** *Tbl. 4mg*	**Akute, chronische Psychose, psychomot. Erregungszust.:** ini 2 x 0.25mg/d p.o.; Erh.Dos. 2-10mg/d, bei stat. Behandlg. 10-20mg/d; 10-20mg i.m./i.v., ggf. Wdh. nach 30min, max. 40mg/d; 12.5-100mg Depot i.m. alle 2-4W; **DANI/DALI** 50%
Fluspirilen Rp	HWZ 7-14d, PPB 81-95%
Imap *Amp. 1.5mg/0.75ml, 12mg/6ml*	**Akute, chronische Psychose:** ini 2-10mg i.m. alle 7d, Erh.Dos. 4-8mg alle 7d; **DANI, DALI** vorsichtige Anwendung
Haloperidol Rp	HWZ 24h, i.m.: ~3W; Q0 1.0, PPB 92%, PRC C, Lact ?
Haldol Janssen *Tbl. 1, 5, 10mg; Gtt. (20Gtt. = 2mg); Amp. 5mg/1ml; Amp. (Dep.) 50mg/1ml, 150mg/3ml* **Haloperidol-neuraxpharm** *Tbl. 1, 4, 5, 12, 20mg; Gtt. (20Gtt. = 2, 10mg); Amp. 5mg/1ml; Amp. (Dep.) 50mg/1ml, 100mg/1ml* **Haloperidol-ratioph.** *Tbl. 1, 2, 5, 10mg; Gtt. (20Gtt. = 2mg); Amp. 5mg/1ml*	**Schizophrenie, schizoaffektive Störung:** 2-10mg/d p.o. in 1-2 ED, max. 20mg/d; nach Stabilisierung Umstellg. mgl. auf H.-Decanoat: 25-200mg, max. 300mg alle 4W i.m.; Ki. 13-17J: 0.5-3mg/d p.o. in 2-3 ED, max. 5mg/d; **Delirium:** 1-10mg/d p.o. in 2-3 ED; 1-10mg i.m.; **manische Episoden mit bipol. Störung I:** 2-10mg/d p.o. in 2 ED, max. 15mg/d; **akute psychomot. Erregungszust.:** 5-10mg p.o., ggf. Wdh. n. 12h, max. 20mg/d; 5mg i.m., ggf. stdl. Wdh., max. 20mg/d; **Chorea Huntington:** 2-10mg/d p.o. in 1-2 ED; 2-5mg i.m., ggf. Wdh. stdl., max. 10mg/d; **Aggression und psychot. Sympt. bei Demenz:** 0.5-5mg/d p.o. in 1-2 ED; **Tics, Tourette-Syndrom:** 0.5-5mg/d p.o. in 1-2 ED; Ki. 10-17J: 0.5-3mg/d p.o. in 2-3 ED; **schwere Aggression bei Autismus oder Entwicklungsstörungen:** Ki. 6-11J: 0.5-3mg/d p.o.; 12-17J: 0.5-5mg/d in 2-3 ED; **organisch bedingte Psychosen:** ini 1-5mg p.o., max. 20mg/d, Erh.Dos. 3-15mg/d; **PRO u. Ther. von postoperativer Übelkeit/ Erbrechen:** 1-2mg i.m. **DANI** sorgf. Dosiseinst.; **DALI** ini 50%, dann sorgf. Dosiseinst.

Pimozid Rp	HWZ 5h, Qo 1.0, PPB 99%, PRC C, Lact ?
Orap *Tbl. 1, 4mg*	**Chronische Psychosen:** ini 1 x 2-4mg p.o., je nach Wi um 2-4mg/W steigern, Erh.Dos. 2-12mg/d, max. 16mg/d

13.4.5 Atypische Neuroleptika

Wm/Wi (Amisulprid): hohe Affinität zu D2- und D3-Rez. ⇒ klin. Wirksamkeit auf Positiv- und Negativsymptomatik schizophrener psychotischer Strg.; **Wm/Wi** (Aripiprazol): partiell agonistisch auf D2- und Serotonin-5HT1a-Rez. und antagonistische Wi auf 5HT2a-Rez.; **Wm** (Asenapin): u.a. Antagonismus an D2- und 5-HT2a-Rez.; **Wm** (Clozapin): hohe Affinität zu D4-Rez., starke anti-Alpha-adrenerge, anticholinerge und antihistaminerge Aktivität ⇒ stark sedierend, antipsychotisch; Wm (Cariprazin): partialagonistisch am D3-, D2- und 5HT1a-Rezeptor, antagonistisch am 5HT2b-, 5HT2a und H1-Rezeptor ⇒ antipsychotisch; **Wm/Wi** (Flupentixol): Bindung an D1- und D2-Rez. ⇒ antipsychotisch, antidepressiv; **Wm/Wi** (Loxapin) Antagonismus an D2- und 5HT2a-Rez. ⇒ Beruhigung, Unterdrückung aggressiven Verhaltens; **Wm/Wi** (Olanzapin): Antagonismus an D2- und 5HT2a-Rez. ⇒ antimanisch, stimmungsstabilisierend; **Wm/Wi** (Paliperidon): Hemmung von 5-HT2-, D2- und gering Alpha-2-Rez.; **Wm/Wi** (Quetiapin): Blockade von D1-/D2-Rez., antiserotoninerg, antihistaminerg und anti-alpha-1-adrenergen ⇒ antipsychotisch;
Wm/Wi (Risperidon): selekt. Hemmung serotonerger 5-HT2-Rez., D2-Rez. u. Alpha-1-Rez.;
Wm/Wi (Sertindol): selekt. Hemmung mesolimbischer und dopaminerger Neuronen; inhib. Effekte auf zentr. Dopamin-D2-, Serotonin-5HT2- und Alpha-1-Rez.;
Wm (Ziprasidon): hohe Affinität zu D2- u. 5HT2a/5HT2C/5HT1D u. 5HT1A-Rez.;
UW (Amisulprid): extrapyramidale Störungen, akute Dystonien, Schläfrigkeit, Schwindel, Prolaktinkonzentration ↑ (mit z.B. Gynäkomastie, Galaktorrhö, Zyklusstörungen, erektiler Dysfunktion), Hypotension, Gewicht ↑; **UW** (Aripiprazol): Schläfrigkeit, Schwindel, Kopfschmerzen, Akathisie, Übelkeit, Erbrechen, Ruhelosigkeit, Schlaflosigkeit, Angstgefühl, extrapyramidale Störungen, Tremor, Sedierung, verschwommenes Sehen, Dyspepsie, Übelkeit, Erbrechen, Obstipation, Hypersalivation, Abgeschlagenheit; **UW** (Asenapin): Angst, Appetit ↑, Gewicht ↑, Somnolenz, Dystonie, Schwindel, Parkinsonismus, Sedierung, Schwindel, Akathisie, Geschmacksstörung, orale Hypästhesie, Muskelrigidität, GPT ↑, Ermüdung; **UW** (Cariprazin): Akathisie, Parkinsonismus, Appetit ↓/↑, Gewicht ↑, Dylipidämie, Schlafstörungen, Angst, Sedierung, Schwindel, Dystonie, Bewegungsstörungen, extrapyramidale Erkrankungen, verschwommenes Sehen, Tachyarryhthmie, Hypertonie, Übelkeit, Obstipation, Erbrechen; Leberenzyme, CK ↑; Ermüdung; **UW** (Clozapin): Leukopenie, Neutropenie, Leukozytose, Eosinophilie, Gewicht ↑, Schläfrigkeit, Sedierung, verschwommenes Sehen, Kopfschmerzen, Tremor, Rigor, Akathisie, extrapyramidale Symptome, Krampfanfälle/Konvulsionen, myoklonische Zuckungen, Tachykardie, EKG-Veränderungen, Hypertonie, orthostatische Hypotonie, Synkope, Obstipation, Hypersalivation, Übelkeit, Erbrechen, Appetitlosigkeit, trockener Mund, Leberwerte ↑, Harninkontinenz, -verhalt, Müdigkeit, Fieber, benigne Hyperthermie, Strg. der Schweiß- und Temperaturregulation;
UW (Flupentixol): Frühdyskinesien, Parkinson-Syndrom, Akathisie, Hyper-/Hypokinesie, Dystonie, Schwindel, Kopfschmerzen, orthostatische Dysregulation, Hypotonie, Tachykardie, Dyspnoe, verstopfte Nase, Mundtrockenheit, Dyspepsie, Übelkeit, Erbrechen, Diarrhoe, Obstipation, Miktionsstrg., Harnverhalt, Pruritus, Hyperhidrose, Myalgie, Appetit ↑/↓, Gewicht ↑, Libidoverlust, abnormales Sehen, Akkommodationsstrg., Tränenfluss ↑, Augeninnendruck ↑, Müdigkeit, Asthenie; **UW** (Loxapin): Sedierung, Somnolenz, Schwindel, Rachenreizung, Geschmacksstrg., Mundtrockenheit, Müdigkeit;

UW (Olanzapin): Eosinophilie, Cholesterin-/Glukose-/Triglyzeride/Transaminasen ↑, Gewicht ↑, Glukosurie, Appetit ↑, Schläfrigkeit, Schwindel, Akathisie, Parkinsonismus, Dyskinesie, orthostatische Hypotonie, Obstipation, Mundtrockenheit, Ausschlag, erektile Dysfunktion, Libidoverlust, Asthenie, Müdigkeit, Ödeme; **UW** (Paliperidon): Kopf-, Bauchschmerzen, Akathisie, Schwindel, Dystonie, extrapyramidale Störung, Hypertonie, Parkinsonismus, Sedierung, Somnolenz, Tremor, AV-Block I°, Bradykardie, Schenkelblock, Sinustachykardie, orthostatische Hypotonie, Mundtrockenheit, Speichelfluss ↑, Erbrechen, Asthenie, Erschöpfung, Gewicht ↑; **UW** (Quetiapin): Blutbildveränderungen (z.B. Hb ↓, Leukopenie), Hyperprolaktinämie, T3/T4 ↓, TSH/Triglyzeride/Glucose/Gesamtcholesterin/Transaminasen/γGT ↑, Gewicht ↑, Appetit ↑, abnormale Träume, suizidale Gedanken/Verhalten, Schwindel, Somnolenz, Kopfschmerzen, Synkope, extrapyramidale Störungen, Dysarthrie, Tachykardie, Palpitationen, verschwommenes Sehen, orthostatische Hypotonie, Rhinitis, Dyspnoe, Mundtrockenheit, Dyspepsie, Obstipation, Erbrechen, Asthenie, periphere Ödeme, Gereiztheit, Pyrexie; **UW** (Risperidon): Kopfschmerzen, Angstzustände, Schlaflosigkeit, Agitation, Sedierung; **UW** (Sertindol): Rhinitis, Ejakulationsstrg., Schwindel, Mundtrockenheit, orthostatischer Hypotonus, Gewichtszunahme, Ödeme, Dyspnoe, Parästhesien, QT-Verlängerung; **UW** (Ziprasidon): Unruhe, Dystonie, Akathisie, extrapyramidale Störungen, Parkinsonismus, Tremor, Schwindel, Sedierung, Somnolenz, Kopfschmerzen, verschwommenes Sehen, Übelkeit, Erbrechen, Verstopfung, Dyspepsie, Mundtrockenheit, Speichelfluss, muskuloskelettale Rigidität, Asthenie, Müdigkeit;
KI (Amisulprid): bek. Überempf., prolaktin-abhängige Tumore, Phäochromozytom, stark eingeschränkte Nierenfkt.; Komb. mit Levodopa o. Med., die schwerwiegende HRST auslösen können; Ki < 3J., Lakt.; **KI** (Aripiprazol): bek. Überempf.;
KI (Asenapin): bek. Überempf.; **KI** (Cariprazin): bek. Überempf.; gleichzeitige Anwendung von starken oder moderaten CYP3A4-Induktoren und -Inhibitoren (s. FachInfo);
KI (Clozapin): bek. Überempf., anamn. toxische oder allerg. Granulozytopenie/Agranulozytose, wenn keine regelmäßigen Blutuntersuchungen durchgeführt werden können, Schädigung der Knochenmarkfkt., ungenügend kontrollierte Epilepsie, alkoholische o.a. vergiftungsbedingte Psychosen, Arzneimittelintox. und Bewusstseinstrübungen, Kreislaufkollaps u./od. ZNS-Depression jeglicher Genese, schw. Erkr. der Niere/des Herzens, aktive Lebererkr., paralytischer Ileus;
KI (Flupentixol): bek. Überempf. (auch gg. Neuroleptika vom Phenothiazin- u. Thioxanthentyp), akute Alkohol-, Opiat-, Hypnotika- oder Psychopharmakaintoxikation, Kreislaufschock, Koma;
KI (Loxapin): bek. Überempf. gg. L. bzw. Amoxapin; akute respirat. Symptome, COPD, Asthma;
KI (Olanzapin): bek. Überempf., unbehandeltes Engwinkelglaukom; **KI** (Paliperidon): bek. Überempf.; **KI** (Quetiapin): bek. Überempf., gleichzeitige Anw. von Cytochrom-P 450-3A4-Hemmern (z.B. Erythromycin, Antimykotika vom Azoltyp, HIV-Protease-Hemmer);
KI (Risperidon): bek. Überempf., nichtmedikamentös bedingte Hyperprolaktinämie;
KI (Sertindol): bek. Überempf. angeb. oder erworb. Long-QT-Syndrom, unbeh. Hypokaliämie bzw. Hypomagnesiämie, dekomp. HF, Arrhythmien, Bradykardie, schwere Leberinsuff.;
KI (Ziprasidon): bek. Überempf., bek. QT-Intervall-Verlängerung, angeborenes QT-Syndrom, akuter MI, nichtkompensierte Herzinsuff., HRST (mit Antiarrhythmika der Klassen IA und III behandelt), gleichzeitige Anwendung von QT-Zeit-verlängernden Medikamenten

Amisulprid Rp	HWZ 12 h, Q0 0.5, PPB 16%
Amisulprid HEXAL *Tbl. 50, 100, 200, 400mg* **AmisulpridLich** *Tbl. 50, 100, 200, 400mg* **Solian** *Tbl.100, 200, 400mg;* *Lsg. (1ml = 100mg)*	**Schizophrene Psychosen:** produktive Zustände: 400-800mg/d p.o., max. 1200mg/d; primär negative Zustände: 50-300mg/d; ED bis 300mg; **DANI** CrCl 30-60: 50%; 10-29: 33%; < 10: KI; **DALI** nicht erforderlich

Aripiprazol Rp	HWZ 75h, PPB > 99%, PRC C, Lact -
Abilify *Tbl. 5, 10, 15, 30mg; Lingualtbl. 10mg, 15mg; Saft (1ml=1mg); Inj.Lsg. 7.5mg/1ml* **Abilify Maintena** *Inj.Lsg. 300, 400mg* **Aripipan** *Tbl. 5, 10, 15, 30mg* **Aripiprazol-ratioph.** *Tbl, 5, 10, 15, 20, 30mg*	**Schizophrenie:** 1 x 15mg p.o.; ini 1 x 9.75mg i.m., dann 1 x 5.25-15mg i.m.; max. 30mg/d p.o./i.m.; **Erhaltungsther.:** 1 x 400mg/M i.m., ini für 14d gleichz. 10-20mg p.o.; bei Auftreten von UW 300mg/M; **Ki ab 15J.:** d1+2: 1 x 2mg p.o., d3+4 1 x 5mg, dann 1 x 10mg, ggf. steigern bis max. 30mg/d; **Man. Episoden:** 1 x 15mg p.o., max. 30mg/d; **Prävention d. Wiederauftretens manischer Episoden bei der Bipolar-I-Störung:** Weiterbehandlung mit gleicher Dosis; **DANI** nicht erf.; **DALI** schwere LI: vors. Dosiseinst.
Asenapin Rp	HWZ 24h , PPB 95% , PRC C, Lact ?
Sycrest *Lingualtbl. 5, 10mg*	**Manische Episode einer bipolaren Strg.:** 2 x 5-10mg p.o.; **DANI** CrCl > 15: 100%, < 15: keine Daten; **DALI** Child A: 100%, B: vorsichtige Anw., C: Anw. nicht empfohlen
Cariprazin Rp	HWZ 2(8)d , Q0 0.8, PPB 97%
Reagila *Kps. 1.5, 3, 4.5, 6mg*	**Schizophrenie:** ini 1 x 1.5mg p.o., ggf. langsam in 1.5mg-Schritten steigern bis max. 6mg/d; **DANI** CrCl ≥ 30: 100%, < 30: Anw. nicht empf.; **DALI** Child A, B: 100%; C: Anw. nicht empf.
Clozapin Rp	HWZ 8-12h, Q0 1.0, PPB 95%, PRC B, Lact -
Clozapin-neuraxpharm *Tbl. 25, 50, 100, 200mg* **Clozapin-ratioph.** *Tbl. 25, 50, 100, 200mg* **Leponex** *Tbl. 25, 50, 100mg*	**Akute, chron. schizophr. Psychose:** d1: 1-2 x 12.5mg p.o., dann um 25-50mg/d p.o. steigern, Erh.Dos. 200-450mg/d p.o., max. 900mg/d p.o.; Pck.Beil. beachten!
Flupentixol Rp	HWZ 22-36h, 70-190h (Dep.), PPB 99%
Fluanxol *Tbl. 0.5, 2, 5mg; Gtt. (1ml = 50mg); Amp. (Dep.) 20mg/1ml, 100mg/1ml* **Flupendura** *Amp. (Dep.) 20mg/1ml, 100mg/1ml, 40mg/2ml* **Flupentixol-neuraxpharm** *Amp. (Dep.) 20mg/1ml, 100mg/1ml, 40mg/2ml, 200mg/10ml*	**Akute, chronische Schizophrenie:** 5-60mg/d p.o. in 2-3ED; 20-100mg i.m. alle 2-4W
Loxapin Rp	HWZ 6-8h, PPB 97%, PRC C, Lact ?
Adasuve *Einzeldosisinhalator 4.5, 9.1mg*	**Leichte-mittelschwere Agitiertheit bei Schizophrenie oder bipolarer Störung:** 9.1mg inhalieren, ggf. Wdh. nach 2h; ggf. 4.5mg bei schlechter Verträglichkeit; **DANI, DALI** keine Daten

Olanzapin Rp	HWZ 34-52h, Qo > 0.7, PPB 93%, PRC C, Lact ?
Olanzapin HEXAL *Tbl. 2.5, 5, 7.5, 10, 15, 20mg; Lingualtbl. 5, 10, 15, 20mg;* **Zalasta** *Tbl. 2.5, 5, 7.5, 10, 15, 20mg; Lingualtbl. 5, 7.5, 10, 15, 20mg* **Zypadhera** *Inj. Lsg. 210, 300, 405mg* **Zyprexa** *Tbl. 2.5, 5, 7.5, 10, 15, 20mg; Lingualtbl. 5, 10, 15, 20mg*	**Schizophrenie, Phasenpro. bei bipolaren Störungen:** ini 1 x 10mg p.o.; **manische Episoden:** ini 15mg/d bei Monotherapie, 10mg bei Kombinationsther.; Erh.Dos. 5-20mg; **DANI** ggf. ini 5mg/d; **DALI** ini 5mg/d, dann vorsichtig steigern; Zypadhera: zur Erhaltungsther. nach Stabilisierung mit Olanzapin p.o.: z.B. bei 15mg/d ini 300mg i.m./2W, nach 2M 210mg/2W oder 405mg/4W; s.a. FachInfo
Paliperidon Rp	HWZ 7h, PPB 83%, PRC C, Lact ?
Invega *Tbl. (ret.) 3, 6, 9mg* **Trevicta** *Inj. Susp. (Dep.) 175, 263, 350, 525mg* **Xeplion** *Inj. Susp. (Dep.) 25, 50, 75, 100, 150mg*	**Schizophrenie, Erw., Ki. ab15J:** 1 x 6mg p.o., ggf. Dosisanpass. auf 3-12mg; Depot: 150 mg d1 i.m. deltoidal, 100mg d8 i.m. deltoidal, 75mg alle 4W i.m. deltoidal/gluteal, ggf. 25-150mg alle 4W; je nach Vor-Therapie (s. FachInfo) 175-525mg alle 3M i.m.; **DANI:** CrCl 50-80: 1 x 3mg, Dosissteigerung mögl.; 30-50: 1 x 3mg; 10-30: 3mg alle 2d, ggf. auf 1 x 3mg/d steigern; < 10: Anw. nicht empf.; Trevicta, Xeplion: < 50: Anw. nicht empf.; **DALI:** vorsichtige Anw. bei schwerer LI
Quetiapin Rp	HWZ 7h, PPB 83%, PRC C, Lact ?
Desiquet *Susp. (1ml = 20mg)* **Quentiax** *Tbl. 25, 100, 150, 200, 300mg; Tbl. (ret.) 150, 200, 300mg* **Quetiapin HEXAL** *Tbl. 25, 50, 100, 150, 200, 300, 400mg; Tbl. 50(ret.), 200(ret.), 300(ret.), 400(ret.)mg* **Quetiapin-neuraxpharm** *Tbl. 25, 50, 100, 150, 200, 300, 400mg; Tbl. 50(ret.), 200(ret.), 300(ret.), 400(ret.)mg* **Seroquel** *Tbl. 25, 100, 200, 300mg; Tbl. 50(ret.), 150(ret.), 200(ret.), 300(ret.), 400(ret.)mg*	**Schizophrenie:** d1: 2 x 25mg, d2: 2 x 50mg, d3: 2 x 100mg, d4: 2 x 150mg; Erh.Dos. 150-750mg; **manische Episoden bei bipol. Strg.:** d1: 2 x 50mg, d2: 2 x 100mg, d3: 2 x 150mg, d4: 2 x 200mg, ggf. steigern um max. 200mg/d, Erh.Dos. 400-800mg/d; **depressive Episoden bei bipol. Strg.:** d1: 1 x 50mg, d2: 1 x 100mg, d3: 1 x 200mg, d4: 1 x 300mg; Erh.Dos. 300mg; Erh.Dos. 150-750mg; **DANI** nicht erforderlich; **DALI** ini 25mg, um 25-50mg/d steigern

Risperidon Rp	HWZ 3 (24) h, Qo 0.95 (0.1), PPB 88%, PRC C, Lact ?
Risperdal *Tbl. 0.5, 1, 2, 3, 4mg; Lingualtbl. 1, 2, 3, 4mg; Gtt. (1ml = 1mg)* **Risperdal Consta** *Inj.Susp. (ret.) 25mg/2ml, 37.5mg/2ml, 50mg/2ml* **Risperidon AL** *Tbl. 0.25, 0.5, 1, 2, 3, 4, 6mg; Lsg. 1mg/1ml* **Rispolept Consta** *Inj.Susp. (ret.) 25mg/2ml, 37.5mg/2ml, 50mg/2ml*	**Chronische Schizophrenie:** d1: 2mg, d2: 4mg, dann 4-6mg p.o. in 1-2ED; 25mg alle 2W i.m., ggf. 37.5-50mg alle 2W; **Kurzzeitther. (≤ 6W) anhaltender Aggression bei mäßiger bis schwerer Alzheimer-Demenz mit Risiko für Eigen- u. Fremdgefährdung:** ini 2 x 0.25mg p.o., je nach Wi alle 2d um 2 x 0.25mg steigern, Erh.Dos. 2 x 0.5-1mg; **Verhaltensstörung: Ki. 5-18J., < 50kg:** ini 1 x 0.25mg p.o., nach Bedarf steigern auf 0.5-0.75mg; ≥ **50kg:** ini 1 x 0.5mg p.o., nach Bedarf steigern auf 1-1.5mg; **DANI, DALI** 50%
Sertindol Rp	HWZ 3d, PPB > 99%
Serdolect *Tbl. 4, 12, 16, 20mg*	**Schizophrenie:** ini 1 x 4mg p.o., alle 4-5d um 4mg steigern, Erh.Dos. 12-20mg, max. 24mg/d; **DANI** nicht erf.; **DALI** langsame Dosistitration, niedrigere Erh.Dos.; KI bei schwerer LI
Ziprasidon Rp	HWZ 6.6h, PPB > 99%
Zeldox *Kps. 20, 40, 60, 80mg; Susp. (2ml = 20mg); Inj.Lsg. 20mg/1ml* **Ziprasidon Actavis** *Kps. 20, 40, 60, 80mg* **Ziprasidon HEXAL** *Kps. 20, 40, 60, 80mg*	**Schizophrenie, bipol. Störung: Erw.** ini 2 x 40mg p.o., max. 2 x 80mg, Erh.Dos. 2 x 20mg; 10-20mg i.m., ggf. nach 2-4h erneut 10mg, max. 40mg/d; **bipol. Störungen: Ki. 10-17J.:** d1 1 x 20mg p.o., dann über 1-2W steigern, **> 45kg:** 120-160mg/d; **< 45kg:** 60-80mg/d; **DANI** nicht erf.; **DALI** sorgfältige Dosiseinst.

13.5 Sedativa, Hypnotika

13.5.1 Benzodiazepine

Wm: Öffnung von Chloridkanälen ⇒ Verstärkung der hemmenden Funktion GABA-erger Neuronen v.a. am limbischen System;
Wi: sedierend, schlafinduzierend, anxiolytisch, antiaggressiv, antikonvulsiv, muskelrelaxierend;
UW (Alprazolam): Verwirrtheit, Depression, Appetit ↓, Sedierung, Verschlafenheit, Ataxie, Koordinationsstrg., Erinnerungsvermögen ↓, schleppende Sprache, Konzentrationsstrg., Schwindel, Kopfschmerz, verschwommenes Sehen, Obstipation, Übelkeit, Asthenie, Reizbarkeit; **UW** (Bromazepam): Müdigkeit, Schläfrigkeit, Mattigkeit, Benommenheit, Reaktionszeit ↑, Konzentrationsstrg., Kopfschmerzen, Niedergeschlagenheit, anterograde Amnesie, Überhangeffekte, Tagessedierung; **UW** (Brotizolam): Benommenheit, Kopfschmerzen, Magen-Darm-Strg.; **UW** (Chlordiazepoxid): Müdigkeit, Schläfrigkeit, Mattigkeit, Schwindel, Benommenheit, Ataxie, Tagessedierung, Kopfschmerzen, Reaktionszeit ↑, Verwirrtheit, anterograde Amnesie; **UW** (Clobazam): zahlreiche UW ohne Häufigkeitsangabe, s. FachInfo; **UW** (Diazepam): Tagessedierung, Müdigkeit, Schwindel, Kopfschmerzen, Ataxie, Verwirrtheit, anterograde Amnesie, Reaktionsfähigkeit ↓, Sturzgefahr (bei älteren Pat.);

UW (Dikaliumclorazepat): zahlreiche UW ohne Häufigk., s. FachInfo; **UW** (Flunitrazepam): zahlreiche UW ohne Häufigkeiten, s. FachInfo; **UW** (Flurazepam): Somnolenz, Aufmerksamkeit ↓, Müdigkeit, Emotionen ↓, Verwirrtheit, Muskelschwäche, Ataxie, Bewegungsunsicherheit, Kopfschmerzen, Schwindel, Sehstrg., Überhangeffekte; **UW** (Lorazepam): Muskelschwäche, Mattigkeit, Sedierung, Müdigkeit, Benommenheit, Ataxie, Verwirrtheit, Depression, Demaskierung einer Depression, Schwindel; **UW** (Lormetazepam): Angioödem, Angstzustände, Libido ↓, Kopfschmerzen, Schwindel, Benommenheit, Sedierung, Schläfrigkeit, Aufmerksamkeitsstrg., Amnesie, Sehvermögen ↓, Sprachstrg., Dysgeusie, Bradyphrenie, Tachykardie, Erbrechen, Übelkeit, Oberbauchschmerzen, Konstipation, Mundtrockenheit, Pruritus, Miktionsstrg., Asthenie, Hyperhidrosis; **UW** (Medazepam): Schwindel, Kopfschmerzen, Ataxie, Tagessedierung, Müdigkeit, Verwirrtheit, anterograde Amnesie, Überhangeffekte; **UW** (Midazolam): i.v.: dosisabhängige Fluktuationen lebenswichtige Funktionen, v.a.: Atemzugvolumen und Atemfrequenz ↓; Apnoe, Blutdruckschwankungen, Änderungen der Herzfrequenz; **UW** (Nitrazepam): zahlreiche UW ohne Häufigkeiten, s. FachInfo; **UW** (Oxazepam): Kopfschmerzen, Schwindel, Somnolenz, Sedierung, Übelkeit, Mundtrockenheit; **UW** (Prazepam): Verwirrtheit, lebhafte Träume, Tagesmüdigkeit, Reaktionszeit ↑, Benommenheit, Schläfrigkeit, Ausgelassenheit, Ataxie, Kopfschmerzen, Tremor, verlangsamtes oder undeutliches Sprechen, Stimulation, Schwindel, Hyperaktivität, Sehstrg., Palpitationen, Mundtrockenheit, Magen-Darm-Beschwerden, Diaphorese, transienter Hautausschlag, muskuläre Hypotonie, Gelenkschmerzen, Erschöpfung, Schwächegefühl; **UW** (Temazepam): zahlreiche UW ohne Häufigkeitsangabe, s. FachInfo; **UW** (Triazolam): Schläfrigkeit, Schwindel, Ataxie, Kopfschmerzen; **KI** (Alprazolam): bek. Überempf., Myasthenia gravis, schwere Ateminsuff., schwere Leber-fktstrg., Schlafapnoe-Syndrom, akute Intoxikation durch Alkohol oder andere ZNS-aktive Substanzen; **KI** (Bromazepam): bek. Überempf., Drogen-, Alkohol- und Medikamentenabhängigkeit, akute Intox. mit Alkohol, Schlaf-/Schmerzmitteln oder Psychopharmaka, Myasthenia gravis; **KI** (Brotizolam): bek./angeb. Überempf., Abhängigkeitsanamnese; akute Vergiftung mit Alkohol, Schlaf- oder Schmerzmitteln sowie Psychopharmaka, Myasthenia gravis, schwere respirat. Insuff., Schlafapnoe-Syndrom, schwere Leberinsuff., Grav./Lakt., Ki. < 18J.; **KI** (Chlordiazepoxid): bek. Überempf., Abhängigkeitsanamnese, Ki/Jug.; **KI** (Clobazam): bek. Überempf., Abhängigkeitsanamnese, akute Intox mit Alkohol, Schlaf-/Schmerzmitteln oder Psychopharmaka, Myasthenia gravis, schw. respirat. Insuff., Schlafapnoe-Syndrom, schw. LI, Grav. im 1. Trim., Lakt.; **KI** (Diazepam): bek. Überempf., Abhängigkeitsanamnese, Myasthenia gravis, akute Alkohol-, Schlafmittel-, Schmerzmittel- oder Psychopharmakaintoxikation (Neuroleptika, Antidepressiva, Lithium); schwere Ateminsuff., schw. LI, Schlafapnoes; **KI** (Dikaliumclorazepat, Flurazepam): bek. Überempf., Abhängigkeitsanamnese, akute Vergiftung mit Alkohol, Schlaf-/Schmerzmitteln oder Psychopharmaka, Myasthenia gravis, schwere respiratorische Insuff., Schlafapnoe-Syndrom, schwere Leberschädigung, spinale/zerebelläre Ataxie; **KI** (Flunitrazepam): bek. Überempf., Abhängigkeitsanamnese, Myasthenia gravis, schwere Ateminsuff., Schlafapnoe-Syndrom, schwere Leberinsuffizienz; **KI** (Lorazepam): bek. Überempfindlichkeit; p.o.: Abhängigkeitsanamnese, Ki < 6J.; i.v.: Kollapszustände, Schock, gleichzeitige Anw. mit Scopolamin, Früh-/Neugeborene; **KI** (Lormetazepam): bek. Überempf., Abhängigkeitsanamnese, Myasthenia gravis, akute Intox. mit Alkohol, Schlaf- oder Schmerzmitteln sowie Psychopharmaka, i.v.-Gabe: zusätzl. FG und NG; **KI** (Medazepam): bek. Überempf., Abhängigkeitsanamnese, Myasthenia gravis; **KI** (Midazolam): bek. Überempf., schwere Ateminsuff.; p.o.: Myasthenia gravis, schwere LI, Schlafapnoe-Syndrom, Abhängigkeitsanamnese, akute Intox. mit Alkohol, Schlaf-/Schmerzmitteln sowie Psychopharmaka, Kinder, gleichz. Behandlung mit Ketoconazol, Itraconazol, Voriconazol und HIV-Proteaseinhibitoren; i.v.: akute Atemdepression;

KI (Nitrazepam): bek. Überempf., Myasthenia gravis, Abhängigkeitsanamnese, schwere Ateminsuffizienz, Schlafapnoe-Syndrom, schwere LI, spinale/zerebrale Ataxien; akute Vergiftung mit Alkohol, Sedativa, Hypnotika, Analgetika oder Psychopharmaka;
KI (Oxazepam): bek./angeb. Überempf., Abhängigkeitsanamnese, akute Alkohol-, Schlafmittel-, Schmerzmittel- (Opiattyp) sowie Psychopharmakavergiftung;
KI (Prazepam): bek. Überempf., Abhängigkeitsanamnese, akute Intox. mit Alkohol, Schlaf-/ Schmerzmitteln oder Psycho-pharmka, Myasthenia gravis, schw. Ateminsuff., Schlafapnoe-Syndrom, schwere LI, Engwinkelglaukom, Ki./Jug. < 18J.;
KI (Temazepam): bek. Überempf., Myasthenia gravis, schw. Ateminsuff., Schlafapnoe-Syndrom, schwere LI, Ki < 14J., spinale/zerebellare Ataxien, akute Intox. mit Alkohol, Sedativa, Hypnotika, Analgetika oder Psychopharmaka;
KI (Triazolam): bek. Überempf., Myasthenia gravis, schw. Ateminsuff., Schlafapnoe-Syndrom, schw. LI, Ki./Jug. < 18J., gleichz. Anw. von Ketoconazol, Itraconazol, Nefazodon oder Efavirenz, Grav., Lakt., spinale/zerebelläre Ataxien, akute Vergiftung mit zentraldämpfenden Mitteln, Abhängigkeitsanamnese

Alprazolam Rp	HWZ 13h, Q_0 > 0.7, PPB 80%, PRC D, Lact ?
Alprazolam 1A *Tbl. 0.25, 0.5, 1mg* **Alprazolam-ratioph.** *Tbl. 0.25, 0.5, 1mg* **Tafil** *Tbl. 0.5, 1mg*	**Spannungs-/Erregungs-, Angstzust.:** 3 x 0.25-0.5mg p.o., max. 4mg/d, für max. 8-12W; **Panikstrg.:** ini 0.5-1mg z.N., bei Bed. alle 3-4d um max. 1mg steigern, max. 10mg/d; **DANI, DALI** Dosisreduktion

Bromazepam Rp	HWZ 16h, Q_0 1.0, PPB 70%
Bromazanil *Tbl. 3, 6mg* **Bromazepam-ratioph.** *Tbl. 6mg* **Lexostad** *Tbl. 6mg* **Normoc** *Tbl. 6mg*	**Spannungs-, Erregungs-, Angstzustände:** ini 1 x 1.5-3mg p.o. z.N., ggf. steigern bis 1 x 6mg; bis 3 x 6mg bei stat. Behandlung; **DANI, DALI** 50%, ini 1.5mg z.N., max. 6mg/d

Brotizolam Rp	HWZ 5h, Q_0 1.0, PPB 89-95%
Lendormin *Tbl. 0.25mg* **Lendorm** *Tbl. 0.25mg*	**Ein-, Durchschlafstörung:** 0.125-0.25mg p.o. z.N., max. 0.25mg/d, für max. 2W; **DALI** Dosisreduktion, KI bei schwerer LI

Chlordiazepoxid Rp	HWZ 15(10-80)h, Q_0 1.0 (1.0), PPB 94-97%, PRC D, Lact ?
Librium *Tbl. 25mg*	**Spannungs-, Erregungs-, Angstzustände:** 2-3 x 5-10mg p.o., max. 60mg/d, max. 30mg ED; **DANI, DALI** 50%

Clobazam Rp	HWZ 18(50)h, Q_0 1.0, PPB 85-91%
Frisium *Tbl. 10, 20mg*	**Spannungs-, Erregungs-, Angstzustände:** 20-30mg/d p.o. in 1-2ED; **Ki. 3-15J:** 5-10mg/d; **Epilepsie:** ini 5-15mg/d, langs. Dosis steig., max. 80mg/d; **Ki. 3-15J:** ini 5mg, Erh.Dos. 0.3-1mg/kg; **DANI, DALI** Dosisreduktion

Diazepam Rp	HWZ 24-48(100)h, Q_0 1.0 (1.0), PPB 95-99%, PRC D, Lact ?
Diazepam Desitin rectal tube *Rektallsg. 5, 10mg* **Diazepam-ratioph.** *Tbl. 2, 5, 10mg; Supp. 10mg; Gtt. (20Gtt. = 10mg); Amp. 10mg/2ml* **Stesolid** *Rect. Tube 5, 10mg; Amp. 10mg/2ml* **Valocordin Diazepam** *Gtt. (28Gtt. = 10mg)*	**Spannungs-, Erregungs-, Angstzustände:** 5-20mg/d p.o./rekt. in 1-2ED, 30-60mg/d bei stat. Behandlung; 0.1-0.2mg/kg i.v., ggf. wdh. n. 3-8h; **Ki.:** 1-2mg i.v/i.m., ggf. wdh. nach 3-4h; **erhöhter Muskeltonus:** ini 10-20mg/d p.o./rekt. in 2-4ED, Erh.Dos. 1-2 x 5mg; ini 1-2 x 5-10mg i.m., max. 1-2 x 10-20mg/d; **Ki.:** 2-10mg i.m.; **Prämed. vor OP:** 10-20mg p.o./rekt./i.m. am Vorabend; **Status epilepticus:** 5-10mg i.v./i.m., Wdh. bei Bed. alle 10min bis 30mg; **Ki. bis 3J:** 2-5mg i.v., 5-10mg i.m.; > **3J:** 5-10mg i.v.; **DANI, DALI** 50%

Dikaliumclorazepat Rp	HWZ 2-2.5(25-82)h, Q_0 1.0 (1.0), PPB 95%
Tranxilium *Kps. 5, 10, 20mg; Tbl. 20, 50mg; Inj.Lsg. 50mg/2.5ml*	**Spannungs-, Erregungs-, Angstzustände:** 10-20mg p.o. in 1-3ED; max. 150mg/d, bei stationärer Behandl. max. 300mg/d; 50-100mg i.v., evtl. Wdh. n. 2h, max. 300mg/d; **Prämed. vor OP:** 20-100mg p.o./i.v.; **Ki.:** 0.3-1.25mg/kg; **DANI, DALI** 50%

Flunitrazepam Rp (Btm)	HWZ 16-35(28)h, Q_0 1.0, PPB 78%)
Fluninoc *Tbl. 1mg* **Flunitrazepam 1A** *Tbl. 1mg* **Rohypnol** *Tbl. 1mg*	**Schlafstörung:** 0.5-1mg, max. 2mg p.o. z.N.; **Ki. > 6J:** 0.015-0.03mg/kg i.m./i.v.; **DANI, DALI** sorgfältige Dosiseinstellung, KI bei schwerer LI

Flurazepam Rp	HWZ 2(10-100)h, Q_0 1.0 (0.7), PPB 95%, PRC X, Lact ?
Dalmadorm *Tbl. 30mg* **Flurazepam Real** *Tbl. 30mg* **Staurodorm Neu** *Tbl. 30mg*	**Schlafstörung:** 15-30mg p.o. z.N.; **DANI, DALI** Dosisreduktion, KI bei schwerer Leberinsuffizienz

Lorazepam Rp	HWZ 12-16h, Q_0 1.0, PPB 80-93%, PRC D, Lact ?
Lorazepam-neuraxpharm *Tbl. 1, 2.5mg* **Tavor** *Tbl. 0.5, 1, 2, 2.5mg; Lingualtbl. 1, 2.5mg; Amp. 2mg/1ml* **Tolid** *Tbl. 1, 2.5mg*	**Spannungs-, Erregungs-, Angstzustände:** 0.5-2.5mg/d p.o. in 2-3ED, bis 7.5mg/d bei stationärer Beandlung; **akute Angstzustände:** 0.05mg/kg i.v., evtl. Wdh. nach 2h; **Schlafstörung:** 0.5-2.5mg p.o. z.N.; **Prämed. vor OP:** 1-2.5mg p.o. am Vorabend und/oder 2-4mg p.o. 1-2h präop.; **Status epilepticus:** 4mg langsam i.v., ggf. Wdh. nach 10-15min, max. 8mg in 12h; **Ki.:** 0.05mg/kg i.v., ggf. Wdh. nach 10-15min; **DALI** Dosisreduktion

Lormetazepam Rp	HWZ 10(15)h, Qo 0.85 (1.0), PPB 88%
Ergocalm *Tbl. 1, 2mg* **Loretam** *Kps. 1, 2mg* **Lormetazepam-ratioph.** *Tbl. 0.5, 1, 2mg* **Noctamid** *Tbl. 1, 2mg* **Sedalam** *Amp. 2mg/10ml*	**Ein- u. Durchschlafstörung:** 1-2mg p.o. z.N.; **Prämed. vor OP:** 2mg p.o. am Vorabend und/oder 2mg bis 1h präoperativ; 0.4-1mg i.v.; **Sedierung bei chir. Eingriffen in Allgemeinnarkose:** 0.4-2mg i.v.; **Sedierung bei diagn. Eingriffen:** 1-2mg i.v.; **akute Spannungs-, Erregungs- und Angstzustände:** 0.4-1mg, max. 2mg i.v.
Medazepam Rp	HWZ 2(100)h, Qo 1.0
Rudotel *Tbl. 10mg*	**Spannungs-, Erregungs-, Angstzustände:** 10-30mg/d p.o. in 2-3ED, max. 60mg/d
Midazolam Rp (Btm: Amp > 50mg)	HWZ 1.5-2.2h, Qo 1.0, PPB 95%, PRC D, Lact ?
Buccolam *Lsg. zur Anw. i.d. Mundhöhle 2.5mg/0.5ml, 5mg/1ml, 7.5mg/1.5ml, 10mg/2ml* **Dormicum** *Tbl. 7.5mg; Amp. 5mg/1ml, 5mg/5ml, 15mg/3ml* **Midazolam HEXAL** *Amp. 5mg/1ml, 5mg/5ml, 15mg/3ml* **Midazolam-ratioph.** *Saft (1ml = 2mg); Amp. 5mg/1ml, 5mg/5ml, 15mg/3ml, 50mg/50ml, 100mg/50ml*	**Prämed. vor OP:** 7.5-15mg p.o. 30-60min präop., 3.5-7mg i.m. 20-30min präop.; **Sedierung:** ini 2-2.5mg i.v., je nach Wi in 1-mg-Schritten bis max. 7.5mg; Pat. > 60J: 50%; **Ki. 6M-5J:** 0.05-0.1mg/kg i.v., max. 6mg; **6-12J:** 0.025-0.05mg/kg i.v., max. 10mg; **Narkoseeinleitung:** 0.1-0.2mg/kg i.v.; **Sedierung Intensivtherapie:** ini 0.03-0.3mg/kg i.v., dann 0.03-0.2mg/kg/h; **länger anhaltende akute Krampfanfälle: Ki. 3M – < 1J:** 2.5mg buccal; **1– < 5J:** 5mg; **5 – < 10J:** 7.5mg; **10 – < 18J:** 10mg **DALI** Dosisreduktion, KI bei schwerer LI.
Nitrazepam Rp	HWZ 25-30h, Qo 1.0, PPB 87%
Eatan N *Tbl. 10mg* **Imeson, Mogadan** *Tbl. 5mg* **Nitrazepam-neuraxpharm** *Tbl. 5, 10mg* **Novanox** *Tbl. 5, 10mg*	**Schlafstörung:** 2.5-5mg, max. 10mg p.o. z.N.; **BNS-Krämpfe: Sgl., Kleinki.:** 2.5-5mg p.o.; **DANI, DALI** Dosisreduktion; KI bei schwerer Leberinsuffizienz
Oxazepam Rp	HWZ 6-25h, Qo 1.0, PPB 97%, PRC D, Lact ?
Adumbran *Tbl. 10mg* **Durazepam** *Tbl. 50mg* **Oxazepam-ratioph.** *Tbl. 10, 50mg* **Praxiten** *Tbl. 10, 15, 50mg*	**Spannungs-, Erregungs-, Angstzustände:** 1-2 x 10-20mg p.o., max. 3 x 20mg; bei stat. Behandlung 50-150mg/d in 2-4ED; **Ki.:** 0.5-1mg/kg/d in 3-4ED; **Durchschlafstrg.:** 10-20mg, max. 30mg p.o. z.N.
Prazepam Rp	HWZ 1-3h, Qo 1.0, PPB 88%
Demetrin *Tbl. 10mg* **Mono Demetrin** *Tbl. 20mg*	**Spannungs-, Erregungs-, Angstzustände:** 20mg p.o. z.N.; max. 60mg/d; **DANI, DALI** ini 10-15mg/d, vorsichtig steigern

Temazepam Rp	HWZ 3.5-18.4h, Qo 1.0, PPB 96%, PRC X, Lact ?
Planum *Kps. 20mg* **Remestan** *Kps. 10, 20mg* **Temazep-CT** *Kps. 10, 20mg*	**Schlafstrg.:** 10-20mg p.o. z.N., max. 40mg/d; **Jugendl. 14-18J:** 10mg/d; **DANI, DALI** 10mg/d, max. 20mg/d

Triazolam Rp	HWZ 1.4-4.6h, Qo 1.0, PPB 75-90%, PRC X, Lact ?
Halcion *Tbl. 0.25mg*	**Schlafstörung:** 0.125-0.25mg p.o. z.N.; **DALI** Dosisreduktion, KI bei schwerer LI

13.5.2 Weitere Sedativa und Hypnotika

Wm/Wi (Buspiron): Agonist an 5-HT1A-Rezeptoren, alpha-2-antagonistisch; anxiolytisch, antidepressiv; **Wm/Wi** (Chloralhydrat): verstärkt die elektrophysiologische Reaktion auf die inhibitorischen Neurotransmitter GABA und Glycin ⇒ sedativ, hypnotisch und antikonvulsiv; **Wm/Wi** (Clomethiazol): hypnotisch, sedativ, antikonvulsiv; **Wm/Wi** (Diphenhydramin, Doxylamin): kompetitive Blockade von H1-Rezeptoren ⇒ sedierend, antiemetisch, lokalanästhetisch; **Wm/Wi** (L-Tryptophan): Synthese von Serotonin ↑ durch Subst. der physiol. Vorstufe; **Wm/Wi** (Zolpidem, Zopiclon): benzodiazepinähnliche Wi; **UW** (Buspiron): nichtspez. Brustschmerzen, Alpträume, Zorn, Feindseligkeit, Verwirrtheit, Schläfrigkeit, Tinnitus, Halsentzündg, verstopfte Nase, Verschwommensehen, Muskelschmerzen, Taubheitsgefühl, Missempfindungen, Koordinationsstrg., Tremor, Ekzeme, Schwitzen, feuchte Hände; **UW** (Chloralhydrat): zahlreiche UW ohne Häufigkeitsangabe, s. FachInfo; **UW** (Clomethiazol): starke Speichelsekretion, Bronchialsekretion ↑; **UW** (Diphenhydramin): Somnolenz, Benommenheit, Konzentrationsstrg., Schwindel, Kopfschmerzen, Sehstrg., Magen-Darm-Beschwerden, Mundtrockenheit, Obstipation, Reflux, Miktionsstrg., Muskelschwäche; **UW** (Doxylamin): zahlreiche UW ohne Häufigkeitsangabe, s. FachInfo; **UW** (L-Tryptophan): keine (sehr) häufigen NW; **UW** (Zolpidem): Halluzinationen, Agitiertheit, Alpträume, gedämpfte Emotionen, Verwirrtheit, Somnolenz, Kopfschmerzen, Schwindelgefühl, verstärkte Schlafstrg., anterograde Amnesie, Schläfrigkeit am Folgetag, Aufmerksamkeit ↓, Doppelbilder, Schwindel, Muskelschwäche, Ataxie; **UW** (Zopiclon): Geschmacksstörung, Benommenheit am Folgetag, Mundtrockenheit; **KI** (Buspiron): bek. Überempf., akutes Engwinkelglaukom, Myasthenia gravis, schwere Leber-/ Nierenfktsstörung; **KI** (Chloralhydrat): bek. Überempf., schwere Leber-/Nierenschäden, schwere Herz-Kreislauf-Schwäche, Grav./Lakt., Beh. mit Antikoagulantien vom Cumarin-Typ, Ki/Jug. < 18 J.; **KI** (Clomethiazol): bek. Überempf., Schlafapnoe-Syndrom, zentr. Atemstrg., akute Intox. durch Alkohol o.a. zentraldämpfende Mittel, Abhängigkeitsanamnese (Ausnahme: akute Beh. des Prädelirs, Delirium tremens und akuter Entzugssymptomatik), Asthma bronchiale; **KI** (Diphenhydramin): bek. Überempf., akutes Asthma bronchiale, Engwinkelglaukom, Phäochromozytom, Prostatahypertrophie mit Restharn, Epilepsie, Hypokaliämie, Hypomagnesiämie, Bradykardie, angeb. Long-QT-Syndrom oder andere klinisch signif. kard. Strg.; gleichz. Anw. von Arzneimitteln, die das QT-Intervall verlängern/zu Hypokaliämie führen/Alkohol/MAO-Hemmern, Grav./Lakt., Ki < 8kg.; **KI** (Doxylamin): bek. Überempf., Engwinkelglaukom, Prostatahypertrophie mit Restharn, akuter Asthmaanfall, Phäochromozytom, gleichz. Anw. mit MAO-Hemmern, Epilepsie; akute Vergiftung durch Alkohol, Schlaf- oder Schmerzmittel sowie Psychopharmaka; **KI** (L-Tryptophan): bek. Überempf., schwere Leberinsuffizienz, hepatische Enzephalopathie, schwere Nierenerkrankungen und Niereninsuffizienz, Karzinoide, gleichzeitige Anwendung mit MAO-Hemmern/SSRI; **KI** (Zolpidem): bek. Überempf., schw. LI, Schlafapnoe-Syndrom, Myasthenia gravis, akute und/oder schw. Ateminsuff., Ki. u. Jug. < 18J; **KI** (Zopiclon): bek. Überempf., schw. LI, schw. Schlafapnoe-Syndrom, Myasthenia gravis, schwere Ateminsuff., Ki. und Jug. < 18J, Lakt.

Buspiron Rp	HWZ 4h, Qo 1.0, PPB > 95%, PRC B, Lact ?
Anxut *Tbl. 5, 10mg* **Busp** *Tbl. 5, 10mg*	**Angstzustände:** ini 3 x 5-10mg p.o., max. 60mg/d; **DANI/DALI** KI bei schwerer NI/LI
Chloralhydrat Rp	HWZ 4min (7h), Qo 1.0, PPB 40%, PRC C, Lact ?
Chloraldurat *Kps. 250, 500mg*	**Schlafstörung, Erregungszustände:** 250-1000mg p.o. z.N., max. 1.5g/d
Clomethiazol Rp	HWZ 2.3-5h, Qo 0.95, PPB 60-70%
Distraneurin *Kps. 192mg;* *Lsg. (1ml = 31.5mg)*	**Akute Entzugssymptomatik, Delirium tremens (stationäre Behandlung!):** ini 384-768mg p.o., max. 1152-1536mg in den ersten 2h, dann max. 384mg alle 2h; **Verwirrtheit, Unruhe älterer Patienten:** 3 x 192-384mg p.o.; **Schlafstörung älterer Patienten:** 384mg z.N., evtl. Wdh. nach 30-60min
Diphenhydramin OTC	HWZ 4-8h, Qo 0.9, PPB 85-99%, PRC B, Lact -
Betadorm D *Tbl. 50mg* **Diphenhydramin Hevert** *Inj.Lsg. 20mg/2ml* **Dolestan** *Tbl. 25, 50mg* **Dormutil N** *Tbl. 50mg* **Emesan** *Tbl. 50mg; RektalKps. 20, 50mg* **Halbmond** *Tbl. 50mg* **Nervo Opt N** *Tbl. 50mg* **Schlaftabletten N** *Tbl. 50mg* **Sodormwell** *Kps. 50mg* **Vivinox Sleep** *Tbl. 25, 50mg*	**Schlafstörung:** 25-50mg p.o. z.N.; 20-40mg i.v./i.m. z.N.; **vestibulärer Schwindel, Übelkeit, Erbrechen, Kinetose:** 1-3 x 50mg p.o./rekt.; 40mg i.m./i.v.; **Ki. ab 2J:** 1.25mg/kg i.m./i.v.; **Ki. 6-12J.:** 1-2 x 25mg p.o.; **> 12J:** 1-2 x 50mg p.o.; **Ki. 8-10kg:** 1 x 20mg rekt.; **10-20kg:** 1-2 x 20mg rekt.; **20-39kg:** 1-3 x 20mg rekt.; **>12J:** 1-2 x 50mg rekt.; **Unruhe, Angstzustände, Nervosität:** 10-40mg i.m./i.v in 2 ED; **Ki. 2-7J:** 10mg i.m./iv.; **ab 8 J:** 10-20mg i.m./i.v.; **DANI, DALI** Dosisanpassung
Doxylamin OTC	HWZ 10h
Gittalun *Brausetbl. 25mg* **Hoggar Night** *Tbl. 25mg* **Schlafsterne** *Tbl. 30mg* **SchlafTabs-ratioph.** *Tbl. 25mg* **Sedaplus** *Saft/Lsg. 12.5ml/5mg*	**Schlafstörung:** 25-50mg p.o. z.N.; **> 6M:** 6.25mg; **> 1J:** 6.25-12.5mg; **5-12J:** 12.5-25mg
L-Tryptophan OTC	HWZ 2.5h, Qo 1.0, PPB 85%
Ardeydorm *Tbl. 500mg* **Ardeytropin** *Tbl. 500mg* **Kalma** *Tbl. 500mg* **L-Tryptophan-ratioph.** *Tbl. 500mg*	**Schlafstörung:** 1-2g p.o. z.N.; **DANI/DALI** KI

Zolpidem Rp	HWZ 2-2.6h, Q0 1.0, PPB 92%, PRC B, Lact ?
Bikalm *Tbl. 10mg* **Stilnox** *Tbl. 10mg* **Zolpidem-ratioph.** *Tbl. 5, 10mg* **Zolpidem Stada** *Tbl. 5, 10mg*	**Schlafstörung:** 10mg p.o. z.N.; **Pat. > 65J, geschwächte Pat.:** 5mg; **DANI** nicht erforderlich; **DALI** max. 5mg/d, KI bei schwerer LI
Zopiclon Rp	HWZ 5h, Q0 0.95, PPB 45%
Optidorm, Somnosan, Ximovan, Zopiclon HEXAL *Tbl. 7.5mg* **Zopiclon-ratioph.** *Tbl. 3,75, 7.5mg*	**Schlafstörung:** 7.5mg p.o. z.N., ältere Pat. 3.75mg; **DANI, DALI** max. 3.75mg/d, KI bei schw. LI

13.6 Psychoanaleptika

Wm/Wi (Atomoxetin): selektive Hemmung des präsynaptischen Noradrenalintransporters;
Wm/Wi (Dexamfetamin): zentral stimulierendes Sympathomimemtikum;
Wm/Wi (Lisdexamfetamin): Prodrug von Dexamfetamin, zentral wirk. Sympathomimetikum;
Wm/Wi (Methylphenidat): Amphetaminderivat, zentral erregend durch Katecholaminfreisetzung;
Wm/Wi (Modafinil): Potenzierung der zerebralen Alpha-1-adrenergen Aktivität ⇒ Vigilanz ↑, Zahl plötzlicher Schlafepisoden ↓;
UW (Atomoxetin): Appetit ↓, Gewicht ↓, Anorexie, Reizbarkeit, Stimmungsschw., Schlaflosigkeit, Kopfschmerzen, Schläfrigkeit, Schwindel, abdom. Schmerzen, Erbrechen, Übelkeit, Obstipat., Dyspepsie, Dermatitis, Hautausschlag, Müdigkeit, Lethargie, Tachykardie, Hypertonie;
UW (Dexamfetamin): Arrhythmien, Tachykardie, Palpitationen, Abdominalschmerzen, Übelkeit, Erbrechen, Mundtrockenheit, Veränderung des Blutdrucks/Herzfrequenz, Appetit ↓, verringerte Gewichts- und Größenzunahme bei längerer Anw. bei Kindern, Arthralgie, Schwindel, Dyskinesie, Kopfschmerzen, Hyperaktivität, Schlaflosigkeit, Nervosität, abnormes Verhalten, Aggressivität, Erregungs- und Angstzustände, Depression, Reizbarkeit;
UW (Lisdexamfetamin): Appetit ↓, Anorexie, Schlafstörungen, Agitiertheit, Angst, Libido ↓, Tic, Affektlabilität, psychomotorische Hyperaktivität, Aggression, Kopfschmerzen, Schwindel, Unruhe, Tremor, Somnolenz, Mydriasis, Tachykardie, Palpitationen, Dyspnoe, Mundtrockenheit, Diarrhoe, Oberbauchschmerzen, Übelkeit, Erbrechen, Hyperhidrose, Hautausschlag, erektile Dysfunktion, Reizbarkeit, Müdigkeit, Zerfahrenheit, Fieber, Blutdruck ↑, Gewicht ↓;
UW (Methylphenidat): Anorexie, Appetitverlust, mäßige Verminderung der Gewichtszunahme und des Längenwachstums bei längerer Anwendung bei Kindern, Schlaflosigkeit, Nervosität, abnormes Verhalten, Aggression, Affektlabilität, Erregung, Anorexia, Ängstlichkeit, Depression, Reizbarkeit, Konzentrationsmangel und Geräuschempfindlichkeit (bei Erwachsenen mit Narkolepsie), Kopfschmerzen, Somnolenz, Schwindelgefühl, Dyskinesie, psychomotorische Hyperaktivität, Tachykardie, Palpitationen, Arrhythmien, Hypertonie, Bauchschmerzen, Magenbeschwerden, Übelkeit, Erbrechen, Mundtrockenheit, Diarrhoe, Schwitzen, Alopezie, Pruritus, Rash, Urtikaria, Arthralgien, Husten, Rachen- und Kehlkopfschmerzen, Nasopharyngitis, Fieber, Änderung v. Blutdruck/Herzfrequenz, Gewichtsverlust;
UW (Modafinil): verminderter Appetit, Nervosität, Insomnie, Angst, Depression, Denkstörungen, Verwirrtheit, Kopfschmerzen, Schwindelgefühl, Somnolenz, Parästhesien, verschwommenes Sehen, Tachykardie, Palpitationen, Vasodilatation, Bauchschmerzen, Übelkeit, Mundtrockenheit, Diarrhoe, Dyspepsie, Verstopfung, Asthenie, Brustschmerzen, dosisabhängige Erhöhung der γGT und aP, pathologische Leberfunktionstests;

KI (Atomoxetin): bek. Überempfindlichkeit, Engwinkelglaukom, gleichzeitige Anwendung von MAO-Hemmern, schwere kardio-/zerebrovaskuläre Erkrankungen, Phäochromozytom;
KI (Dexamfetamin): bek. Überempf. oder Idiosynkrasie ggü. sympathomimetischen Aminen, Glaukom, Phäochromozytom, Hyperthyreose oder Thyreotoxikose, Diagnose oder Anamnese schwerer Depression, Anorexia nervosa/anorekt. Störungen, Suizidneigung, psychotische Symptome, schwere affektive Störungen, Manie, Schizophrenie, psychopathischen/Borderline-Persönlichkeitsstörungen, Gilles-de-la-Tourette-Syndrom oder ähnliche Dystonien, Diagnose/Anamnese von schweren und episodischen (Typ I) bipolaren affektiven Störungen, vorbestehende Herz-Kreislauf-Erkrankungen einschließlich mittelschwerer und schwerer Hypertonie, Herzinsuff., arterieller Verschlusskrankheit, Angina pectoris, hämodynamisch signifikanter angeborener Herzfehler, Kardiomyopathien, Myokardinfarkt, potenziell lebensbedrohender Arrhythmien und Kanalopathien, zerebrale Aneurysmen;
KI (Dexamfetamin, Fortsetzung): Gefäßabnormalitäten inkl. Vaskulitis oder Schlaganfall, Porphyrie, anamnestisch Drogenabhängigkeit oder Alkoholismus, gleichzeitige Anwendung von MAO-Hemmern, Grav./Lakt.;
KI (Lisdexamfetamin): bek. Überempf., gleichzeitige Anw. von MAO-Hemmern, Hyperthyreose/Thyreotoxikose, Erregungszustände, symptomatische Herz-Kreislauf-Erkr., fortgeschrittene Arteriosklerose, mittelschw. bis schw. Hypertonie, Glaukom;
KI (Methylphenidat): bek. Überempf., Hyperthyreose oder Thyreotoxikose, Glaukom, Phäochromozytom, vorbestehende Herz-Kreislauf-/zerebrovaskuläre Erkr., gleichzeitige Anw. von MAO-Hemmern; Diagnose oder Anamnese von: schwerer Depression, Anorexia nervosa/anorektischen Störungen, Suizidneigung, psychotischen Symptomen, schweren affektiven Strg., Manie, Schizophrenie, psychopathischen/Borderline-Persönlichkeitsstrg., Gilles-de-la-Tourette-Syndrom oder ähnlichen Dystonien, schweren und episodischen (Typ I) bipolaren affektiven Störungen;
KI (Modafinil): bek. Überempf., nicht kontrollierte mittelschwere–schwere Hypertonie, HRST

Atomoxetin Rp	HWZ 3.6h, PPB 98%
Strattera *Kps. 10, 18, 25, 40, 60, 80, 100mg; Lsg. 4mg/ml*	**Aufmerksamkeitsdefizit-Hyperaktivitätsstörung: Ki. > 6J:** ini 0.5mg/kg/d p.o., nach 7d je nach Wi steigern auf 1.2mg/kg/d; >70kg: ini 1 x 40mg, dann 80mg, max. 100mg/d; **DANI** nicht erforderlich; **DALI** Child B: 50%, Child C: 25%

Dexamfetamin Rp (Btm)	HWZ 10h
Attentin *Tbl. 5, 10, 20mg*	**Aufmerksamkeitsdefizit-Hyperaktivitätsstörung mit fehlendem Ansprechen auf Atomoxetin bzw. Methylphenidat: Ki. > 6J:** ini 5-10mg p.o., ggf. um 5mg/W steigern, max. 20-40mg/d; **DANI, DALI** keine Daten

Lisdexamfetamin Rp (Btm)	HWZ 1(11)h, PRC B, Lact -
Elvanse *Kps. 30, 40, 50, 60, 70mg*	**ADHS mit fehlendem Ansprechen auf Methylphenidat: Ki. > 6J:** ini 1 x 30mg p.o., ggf. um 20mg/W steigern, max. 70mg/d; **DANI, DALI** keine Daten

Methylphenidat Rp (Btm)	HWZ 2-4h, Qo 0.95, PPB 10-33%, PRC C, Lact ?
Concerta *Tbl. 18(ret.), 27 (ret.), 36(ret.), 54(ret.)mg* **Equasym** *Kps. 10(ret.), 20(ret.), 30(ret.)mg* **Medikinet** *Tbl. 5, 10, 20mg; Kps. 5(ret.), 10(ret.), 20(ret.), 30(ret.), 40(ret.), 50(ret.), 60(ret.)mg* **Methylphenidat HEXAL** *Tbl. 10mg* **Ritalin** *Tbl. 10mg; Kps. (ret.) 20, 30, 40mg* **Ritalin Adult** *Kps. (ret.) 10, 20, 30, 40mg*	**ADHS: Ki. ab 6J:** ini 5mg p.o., um 5-10mg/W steigern, max. 60mg/d in 2-3ED; 1 x 18-36mg (ret.), max. 54mg/d (ret.); **Erw.:** ini 1 x 10-20mg (ret.), ggf. steigern um 10-20mg/W., max. 80mg/d; **Narkolepsie:** 10-60mg/d in 2-3ED; **> 6J:** ini 1-2 x 5mg/d, um 5-10mg/W steigern, max. 60mg/d; **DANI, DALI** keine Daten, vorsichtige Anw.

Modafinil Rp)	HWZ 10-12h, PPB 62%, PRC C, Lact ?
Modafinil-neuraxpharm *Tbl. 100, 200mg* **Modafinil Heumann** *Tbl. 100mg* **Vigil** *Tbl. 100, 200mg*	**Narkolepsie:** 200-400mg/d p.o. in 2ED (morgens, mittags); **DANI** keine Daten; **DALI** schwere LI: 50%

13.7 Zentral wirksame Alpha-Sympathomimetika

Wm/Wi (Clonidin): zentrale Stimulation Alpha-2-adrenerger Rezeptoren ⇒ Sympathikusaktivität ↓ ⇒ dämpft Überaktivität noradren. Neurone (die Alkoholentzug bewirken);
Wm/Wi (Guanfacin): zentrale Stimulation Alpha-2-adrenerger Rezeptoren ⇒ Veränderung der Signalübertragung im präfrontalen Kortex und in den Basalganglien;
UW (Clonidin): Depression, Schlafstrg., Schwindel, Sedierung, Kopfschmerzen, orthostatische Hypotonie, Mundtrockenheit, Obstipation, Übelkeit, Erbrechen, Schmerzen in Speicheldrüsen, erektile Dysfunktion, Müdigkeit;
UW (Guanfacin): Depression, Angst, Affektlabilität, Insomnie, Durchschlafstrg., Alpträume, Somnolenz, Kopfschmerze, Sedierung, Schwindel, Lethargie, Bradykardie, Hypotonie, orthostat. Hypotonie, Bauchschmerzen, Erbrechen, Übelkeit, Diarrhoe, Obstipation, Mundtrockenheit, Exanthem, Enuresis, Ermüdung, Reizbarkeit, Gewicht ↑;
KI (Clonidin): bek. Überempf., ausgeprägte Hypotonie, Major Depression, bestimmte Erregungsbildungs- und Erregungsleitungsstrg. des Herzens, Bradykardie, Grav./Lakt.;
KI (Guanfacin): bek. Überempf.

Clonidin Rp	HWZ 12-16h, Qo 0.4, PPB 30-40%, PRC C, Lact ?
Paracefan *Amp. 0.15mg/1ml, 0.75mg/5ml*	**Alkoholentzugssyndrom:** ini 0.15-0.6mg, max 0.9mg i.v. dann 0.3-4mg/d, max. 10mg/d; Perf. (0.75mg) = 15µg/ml ⇒ 2-8ml/h

Guanfacin Rp	HWZ 18h, PPB 70%, PRC B, Lact ?
Intuniv *Tbl. 1(ret.), 2(ret.), 3(ret.), 4(ret.)mg*	**Aufmerksamkeitsdefizit-Hyperaktivitätsstörung: Ki. 6-17J:** ini 1 x 1mg p.o., je nach Wi/Verträglichkeit steigern um max. 1mg/W, Erh.Dos. 0.05-0.12mg/kg/d; **DANI** CrCl < 30: Dosisreduktion; **DALI:** vorsichtige Anw.

13.8 Alkoholentwöhnungsmittel

Wm/Wi (Acamprosat): Stimulierung der inhibitorischen GABAergen Neurotransmission sowie antagonistischer Effekt auf die erregenden Aminosäuren, insbesondere Glutamat; **Wm/Wi** (Nalmefen): Agonist am "kappa"-Rezeptor, Antagonist am μ- und Δ-Rezeptor ⇒ Modulierung kortiko-mesolimbischer Funktionen ⇒ Verringerung des Alkoholkonsums; **Wm/Wi** (Naltrexon): kompetitiver Antagonismus am Opioidrezeptor; **UW** (Acamprosat): erniedrigte Libido, Durchfall, Übelkeit, Erbrechen, Bauchschmerzen, Blähungen, Pruritus, makulopapulöser Ausschlag, Frigidität, Impotenz; **UW** (Nalmefen): verminderter Appetit, Schlaflosigkeit, Schlafstörungen, Verwirrtheit, Ruhelosigkeit, verminderte Libido, Halluzinationen, Dissoziation, Schwindel, Kopfschmerzen, Somnolenz, Tremor, Aufmerksamkeitsstörungen, Parästhesie, Hypästhesie, Tachykardie, Palpitationen, Übelkeit, Erbrechen, trockener Mund, Hyperhidrose, Muskelspasmen, Ermüdung, Asthenie, Unwohlsein, Gefühl anomal; erniedrigtes Gewicht; **UW** (Naltrexon): Bauchschmerzen, Übelkeit, Erbrechen, Diarrhoe, Obstipation, Appetit ↓, Schlafstrg., Angstzustände, Nervosität, Affektstrg., Reizbarkeit, Kopfschmerzen, Unruhe, Schwindel, gesteigerter Tränenfluss, Tachykardie, Palpitationen, Änderungen EKG, Thoraxschmerzen, Exanthem, Gelenk- u. Muskelschmerzen, verzögerte Ejakulation, erektile Dysfunktion, Asthenie, Durst, gesteigerte Energie, Schüttelfrost, Hyperhidrose; **KI** (Acamprosat): bek. Überempf., Lakt., NI; **KI** (Nalmefen): bek. Überempf., gleichz. Anw. von Opioidagonisten bzw. Partialagonisten, Pat. mit bestehender oder kurz zurückliegender Opioidabhängigkeit, mit akuten Opioid-Entzugssymptomen, Pat. mit vermuteter kürzlicher Anw. von Opioiden; schwere LI, NI; Pat. mit in jüngster Vergangenheit aufgetretenen akuten Alkoholentzugserscheinungen (inkl. Halluzinationen, Krampfanfälle, Delirium tremens); **KI** (Naltrexon): bek. Überempf. schwere LI, akute Hepatitis, schwere Nierenfktsstrg.; Pat., die Opioid-Analgetika erhalten; opioidabhängige Pat. ohne erfolgreichen Entzug oder Pat., die Opiat-Agonisten erhalten (z.B. Methadon); akute Opiat-Entzugssymptome, Pat. mit positiven Opioid-Nachweis im Urin oder negativen Ergebnis im Naloxon-Provokationstest

Acamprosat Rp	HWZ 20.7h, keine PPB
Campral *Tbl. 333mg*	**Aufrechterhaltung der Abstinenz bei Alkoholabhängigkeit:** 3 x 666mg p.o.; Pat. < 60kg: 2-1-1Tbl.; **DANI** Krea > 120μmol/l: KI; **DALI** Child C: KI
Nalmefen Rp	HWZ 12.5h, PPB 30%
Selincro *Tbl. 18mg*	**Zur Reduktion des Alkokolkonsums bei Alkoholabhängigkeit mit hohem Risikoniveau:** n. Bed. 18mg p.o., max 18mg/d; **DANI, DALI** leichte bis mittelschwere NI/LI: 100%; KI bei schwerer NI/LI
Naltrexon → 300 Rp	HWZ 2.7(9)h, Q0 1.0, PPB 21%, PRC C, Lact ?
Adepend *Tbl. 50mg*	**Minderung des Rückfallrisikos nach Alkoholabhängigkeit:** 1 x 50mg p.o.; **DANI, DALI** vorsichtige Anw. bei leichter bis mäßiger NI/LI; KI bei schwerer NI/LI

13.9 Rauchentwöhnungsmittel

Wm/Wi (Bupropion): Hemmung des Katecholamin-Reuptakes im Gehirn ⇒ Noradrenalin ↑, Dopamin ↑ in bestimmten Hirnregionen ⇒ Milderung von Nikotinentzugssymptomen, Rauchdrang ↓;
Wm/Wi (Vareniclin): bindet an neuronale nikotinerge Acetylcholinrezeptoren ⇒ lindert Symptome des Rauchverlangens und des Rauchentzugs;
UW (Bupropion): Urtikaria, Fieber, Mundtrockenheit, Übelkeit, Erbrechen, Bauchschmerzen, Obstipation, Schlaflosigkeit, Agitiertheit, Zittern, Konzentrationsstörung, Kopfschmerzen, Schwindel, Geschmacksstörungen, Depression, Angst, Hautausschlag, Pruritus, Schwitzen;
UW (Vareniclin): Übelkeit, Erbrechen, Obstipation, Diarrhoe, Magenbeschwerden, Dyspepsie, Flatulenz, Mundtrockenheit, gesteigerter Appetit, abnorme Träume, Schlaflosigkeit, Kopfschmerzen, Somnolenz, Schwindel, Dysgeusie, Müdigkeit;
KI (Bupropion): bekannte Überempfindlichkeit, Epilepsie, ZNS-Tumore; abrupter Entzug von Alkohol/Medikamenten kann zu Entzugskrämpfen führen, Bulimie, Anorexie, bipolare Erkrankungen, gleichzeitige Anwendung von MAO-Hemmern, schwere Leberzirrhose, Grav.;
KI (Vareniclin): bekannte Überempfindlichkeit

Bupropion (Amfebutamon) Rp-L!	HWZ 20h, Q_0 > 0.8, PPB 84%, PRC C Lact-
Zyban *Tbl. 150(ret.)mg*	**Raucherentwöhnung:** d1-6: 1 x 150mg p.o., dann 2 x 150mg; **DANI** 150mg/d; **DALI** 150mg/d, KI bei schwerer LI
Vareniclin Rp-L!	HWZ 24h, PPB < 20%
Champix *Tbl. 0.5, 1mg*	**Raucherentwöhnung:** d1-3: 1 x 0.5mg p.o.; d4-7: 2 x 0.5mg; ab d8: 2 x 1mg, Dauer 12W; **DANI** CrCl > 30: 100%; < 30: max. 1mg/d; bei terminaler NI Anwendung nicht empf.; **DALI** nicht erforderlich

14 Dermatologie

14.1 Antipruriginosa, Antiphlogistika

Ammoniumbituminosulfonat OTC	
Ichtholan 10, 20, 50% *Salbe (100g enth. 10, 20, 50g)* **Ichtholan spezial** *Salbe (100g enth. 85g)* **Schwarze Salbe Lichtenstein** *Salbe (100g enth. 20, 50g)* **Thiobitum 20%** *Salbe (100 g enth. 20g)*	**Unspezifisch entzündliche Hauterkrankungen (Furunkel, Schweißdrüsenabszess):** Salbe dick auftragen und mit Verband abdecken, Verbandswechsel alle 2d
Phenolsulfonsäure (Gerbstoff) OTC	
Tannolact *Creme (100g enth. 400, 1000mg); Pulver (100g enth. 40g); Lotio (100g enth. 1g)* **Tannosynt** *Creme, Lotio (100g enth. 1g); Konzentrat (100g enth. 40g)* **Delagil** *Creme (100g enth. 400mg); Pulver (100g enth. 40g)*	**Hauterkrankungen mit Entzündung, Juckreiz oder Nässen:** Creme: 3 x tgl. dünn auftragen; Lotio: 1-2 x tgl. dünn auftragen; Pulver: in warmem Wasser auflösen für Bäder und Umschläge

14.2 Glukokortikoide

14.2.1 Schwach wirksame topische Glukokortikoide

Hydrocortison Rp	
Hydrocortison HEXAL *Salbe (100g enth. 250, 500, 1000mg)* **Hydrocutan** *Creme (100g enth. 250mg); Salbe (100g enth. 100, 1000mg)* **Linolacort Hydro** *Creme (100g enth. 500, 1000mg)*	**Entzündliche, allergische, pruriginöse Hauterkrankungen, chemisch und physikalisch induzierte Dermatitiden:** 1-3 x tgl. auftragen
Prednisolon Rp	
Linola-H N, Linola-H-Fett N *Creme (100g enth. 400mg)* **Prednisolon LAW** *Creme (100g enth. 250mg)*	**Akute Ekzeme, Dermatitiden:** 1-3 x tgl. auftragen

14.2.2 Mittelstark wirksame topische Glukokortikoide

Clobetason Rp	
Emovate *Creme (100g enth. 50mg)*	**Leichtere Formen von Ekzemen, seborrhoische Dermatitis und steroidempfindliche Dermatosen:** 2 x tgl. auftragen
Dexamethason Rp	
Dexa Loscon Mono *Lsg. (100g enth. 25mg)* **Dexamethason LAW** *Creme (100g enth. 50mg)* **Tuttozem N** *Creme (100g enth. 35mg)*	**Ekzeme, Psoriasis capitis, auf Kortikoide ansprechende akute Dermatitiden:** 1-3 x tgl. auftragen

Flumetason Rp	
Cerson *Creme, Fettcreme, Lsg. (100g enth. 20mg)* **Locacorten** *Creme (100g enth. 20mg)*	**Ekzeme, Neurodermitis, Psoriasis, Intertrigo, Lichen ruber, Lichen sclerosus, kutaner Lupus erythematodes:** 1 x tgl. auftragen
Flupredniden Rp	
Decoderm *Creme (100g enth. 100mg); Salbe (100g enth. 50mg)*	**Ekzeme, auf Kortikoide ansprechende Dermatitiden:** 1-3 x tgl. auftragen
Hydrocortisonbutyrat Rp	PRC C, Lact ?
Alfason *Creme, Salbe, Emulsion, Lsg. (Crinale) (100g enth. 100mg)* **Laticort** *Creme, Salbe (100g enth. 10mg)*	**Ekzeme, auf Kortikoide ansprechende Dermatitiden:** 2 x tgl. auftragen
Prednicarbat Rp	PRC C, Lact ?
Dermatop *Creme, Salbe, Fettsalbe, Lsg. (100g enth. 250mg)* **Prednicarbat Acis** *Creme, Salbe, Fettsalbe, Lsg. (100g enth. 250mg)* **Prednitop** *Creme, Salbe, Fettsalbe, Lsg. (Crinale) (100g enth. 250mg)*	**Ekzeme, auf Kortikoide ansprechende Dermatitiden:** 1-2 x tgl. auftragen
Triamcinolonacetonid Rp	PRC C, PPB 80% (bei syst. Anwendung), Lact ?
Delphicort *Creme (100g enth. 100mg)* **Kortikoid-ratioph.** *Creme, (100g enth. 100mg)* **Triamgalen** *Creme, Salbe, Lotion (100g enth. 100mg); Lsg. (100g enth. 200mg)* **Volon A** *Creme, Salbe, Haftsalbe, Lotio (100g enth. 100mg)* **Volonimat** *Creme, Salbe (100g enth. 25mg)*	**Ekzeme, auf Kortikoide ansprechende Dermatitiden:** 1-2 x tgl. auftragen

14.2.3 Stark wirksame topische Glukokortikoide

Amcinonid Rp	PRC C, Lact ?
Amciderm *Creme, Salbe, Fettsalbe, Lotio (100g enth. 100mg)*	**Ekzeme, Lichen ruber, steroidempfindliche Dermatosen:** 1-2 x tgl. auftragen
Betamethason Rp	PRC C, Lact -
Bemon *Creme, Salbe (100g enth. 122mg)* **Betnesol V** *Creme, Salbe, Lotio, Lsg. (Crinale) (100g enth. 100mg)* **Celestan V** *Salbe (100g enth. 100mg)* **Diprosis** *Salbe, Gel (100g enth. 50mg)* **Diprosone** *Creme, Salbe, Lsg. (100g enth. 50mg)*	**Ekzeme, steroidempfindliche Dermatosen:** 1-2 x tgl. auftragen
Desoximetason Rp	PRC C, Lact ?
Topisolon *Salbe (100g enth. 250mg)*	**Ekzeme, steroidempfindliche Dermatosen:** 1-2 x tgl. auftragen

Diflucortolon Rp	
Nerisona *Creme, Salbe, Fettsalbe (100g enth. 100mg)*	**Ekzeme, steroidempfindliche Dermatosen:** 1-2 x tgl. auftragen
Fluocinolon Rp	
Flucinar *Creme, Salbe (100g enth. 25mg)* **Jellin** *Creme, Salbe (100g enth. 25mg)*	**Entzündliche, entzündlich-juckende und allergische Dermatosen:** 1-2 x tgl. auftragen
Fluocinonid Rp	PRC C, Lact ?
Topsym *Creme, Salbe, Lsg. (100g enth. 50mg)*	**Entzündliche, entzündlich-juckende und allergische Dermatosen:** 1-2 x tgl. auftragen
Methylprednisolon Rp	HWZ 2-3h, PRC C, Lact ?
Advantan *Creme, Salbe, Fettsalbe, Lsg., Milch (100g enth. 100mg)*	**Endogene und exogene Ekzeme, Neurodermitis:** 1 x tgl. auftragen
Mometason Rp	PRC C, Lact ?
Ecural *Fettcreme, Salbe, Lsg. (100g enth. 100mg)* **Elocon** *Fettcreme, Salbe (100g enth. 100mg)* **Momegalen** *Fettcreme, Salbe, Lsg. (Crinale) (100g enth. 100mg)*	**Entzündliche und juckende steroidempfindliche Dermatosen:** 1 x tgl. auftragen

14.2.4 Sehr stark wirksame topische Glukokortikoide

Clobetasol Rp	
Butavate *Creme, Salbe, Lsg. (100g enth. 50mg)* **Clobegalen** *Creme, Salbe, Lsg., Lotion (100g enth. 50mg)* **Clobetasol Acis** *Creme, Salbe, Fettsalbe, Lsg. (Crinale) (100g enth. 50mg)* **Dermoxin** *Creme, Salbe (100g enth. 50mg)* **Dermoxinale** *Lsg. (Crinale) (100g enth. 50mg)* **Karison** *Creme, Salbe, Fettsalbe, Lsg. (Crinale) (100g enth. 50mg)*	**Psoriasis, akutes und chronisches Ekzem, Lichen ruber planus, Lichen sclerosus et atrophicans, Pustulosis palmaris et plantaris:** 1 x tgl. auftragen, max. 20% der KOF, max. 50g Salbe/Creme pro W

14.2.5 Glukokortikoid + Triclosan

Flumetason + Triclosan Rp	
Duogalen *Creme (100g enth. 17mg+3g)*	**Infiz. Ekzeme, Dermatomykosen mit Begleitentzündg., Impetigo, ekzematisierte Follikulitis:** 2 x tgl. dünn auftragen, Dauer ca. 7d
Halometason + Triclosan Rp	
Infectocortisept *Creme (100g enth. 50mg+1g)*	**Infiz. Ekzeme, Dermatomykosen mit Begleitentzündg., Impetigo, bakterielle Intertrigo:** 1-2 x tgl. dünn auftragen, Ther.-Dauer ca. 7d

14.3 Dermatitistherapeutika

Wm/Wi (Alitretinoin): immunmodulatorisch, antiinflammatorisch;
Wm/Wi (Dupilumab): Humaner monoklonaler IgG4-AK ⇒ Hemmung proinflammatorischer Zytokine durch Blockade des IL-4- und IL-13-Signalwegs;
Wm/Wi (Pimecrolimus, Tacrolimus): Calciumneurininhibitoren; immunsuppressiv, Hemmung von Produktion und Freisetzung proinflammatorischer Zytokine;
UW (Alitretinoin): Kopfschmerzen, Hypertriglyzeridämie, Hypercholesterinämie, Anämie, Fe-Bindungskapazität ↑, Thrombozyten ↓, TSH/FT4 ↓, Konjunktivitis, trockene Haut und Augen, Gesichtsröte, Transaminasen ↑, Myalgie, Arthralgie;
UW (Dupilumab): Konjunktivitis, Augenjucken, Blepharitis, oraler Herpes, Eosinophilie, Kopfschmerzen, Reaktionen an Inj.-Stelle;
UW (Tacrolimus): Brennen, Pruritus, Schmerzen, Exanthem, Wärmegefühl, Reizung, Parästhesie an der Applikationsstelle; Alkoholunverträglichkeit mit Hautrötung, Eczema herpeticum, Follikulitis, Herpes simplex, Herpesvirus-Infektion, Kaposis varicelliforme Eruption;
KI (Alitretinoin): bek. Überempf. gegen Retinoide, Frauen im gebärfähigen Alter (es sei denn, es werden alle Bedingungen des Grav.-Verhütungsprogramms eingehalten), Leberinsuffizienz, schwere Niereninsuffizienz, nicht ausreichend eingestellte Hypercholesterinämie/Hypertriglyzeridämie, nicht ausreichend eingestellter Hypothyroidismus, Hypervitaminose A, Allergie gegen Erdnüsse/Soja, gleichzeitige Anw. von Tetrazyklinen, Vitamin A oder anderen Retinoiden, Grav./Lakt.;
KI (Dupilumab): bek. Überempf.; **KI** (Tacrolimus): bek. Überempf.

Alitretinoin Rp	HWZ 2-10h
Toctino *Kps. 10, 30mg*	**Schweres chronisches Handekzem:** ini 1 x 30mg p.o., dann 10-30mg/d; Behandlungszyklus 12-24W; **DANI** KI bei schwerer NI; **DALI** KI bei LI
Dupilumab Rp	
Dupixent *Fertigspr. 300mg*	**Mittelschwere/schwere atopische Dermatitis:** ini 600mg s.c., dann 300mg alle 2W; **DANI** leichte-mäßige NI: 100%; schwere NI: keine Daten; **DALI** keine Daten
Pimecrolimus Rp	
Elidel 1% *Creme (1g enth. 10mg)*	**Leichtes/mittelschweres atopisches Ekzem:** 2 x tgl. auftragen bis Abheilung; **Ki.:** s. Erw.
Tacrolimus Rp	
Protopic 0.03%, 0.1% *Salbe (1g enth. 0.3, 1mg)*	**Mittelschweres/schweres atopisches Ekzem:** ini 0.1% 2 x tgl. auftragen, nach 2-3W 0.03% bis zur Abheilung; **Ki. > 2J:** 0.03% 2 x tgl. auftragen, nach 2-3W 1 x tgl. bis zur Abheilung

14.4 Antipsoriatika

14.4.1 Externa

Calcipotriol Rp	
Calcipotriol HEXAL *Salbe, Lsg. (100g enth. 5mg)* **Daivonex** *Creme, Salbe, Lsg. (100g enth. 5mg)*	**Leichte bis mittelschwere Psoriasis:** 2 x tgl. auftragen
Calcipotriol + Betamethason Rp	
Daivobet *Salbe, Gel (100g enth. 5+50mg)* **Enstilar** *Schaum (100g enth. 5+50mg)* **Xamiol** *Gel (100g enth. 5+50mg)*	**Leichte bis mittelschwere Psoriasis:** 1 x tgl. auftragen: Kopfhaut (nur Gel) 1-4g, max. 15g/d f. 4 W; übrige Hautpartien (Gel, Salbe, Schaum) max. 15g/d f. 4-8W
Dithranol Rp	
Micanol 1% *Creme (100g enth. 1mg)*	**Subakute/chron. Psoriasis:** 2 x tgl. auftragen
Dithranol + Harnstoff Rp	
Psoradexan *Creme (1g enth. 0.5, 1, 2mg + je 170mg Harnstoff)*	**Subakute/chronische Psoriasis:** 2 x tgl. auftragen
Steinkohlenteer Rp	
Lorinden Teersalbe *Salbe (1g enth. 15mg)* **Tarmed** *Shampoo (100g enth. 4g)* **Teer Linola Fett** *Salbe (1g enth. 20mg)*	**Seborrhoische Dermatitis, Seborrhoe oleosa, Pityriasis simplex capitis, Psoriasis der Kopfhaut:** 1-2 x/W auftragen/anwenden
Tazaroten Rp	
Zorac *Gel (1g enth. 1mg)*	**Leichte bis mittelschw. Plaque-Psoriasis:** 1 x tgl. für bis zu 12W auftragen

14.4.2 Interna

Wm/Wi (Acitretin): Vitamin-A-Derivat, normalisiert Wachstum/Differenzierung von Haut- und Schleimhautzellen; **Wm/Wi** (Brodalumab): humaner monoklonaler IgG2-AK, der an IL 17RA bindet ⇒ Hemmung proinflammatorischer Zytokine; **Wm/Wi** (Ciclosporin, Methotrexat): Hemmung aktivierter T-Zellen, deren Zytokine zur Hyperproliferation der Keratinozyten beitragen; **Wm/Wi** (Dimethylfumarat): vorübergehender Anstieg der intrazell. $Ca2^{+}$-Konz. ⇒ Prolierationshemmung der Keratinozyten, intraepidermale Infiltration mit Granulozyten u. T-Helferzellen ↓; **Wm/Wi** (Guselkumab): monoklonaler IgG1-AK, der an IL-23 bindet ⇒ Hemmung proinflammatorischer Zytokine; **Wm/Wi** (Ixekizumab): monoklonaler IgG4-AK, der an IL-17A bindet ⇒ Hemmung v. Proliferation u. Aktivierung der Keratinozyten; **Wm/Wi** (Secukinumab): humaner monoklon. AK, bindet an IL 17A ⇒ Hemmung proinflammatorischer Zytokine, Chemokine und Mediatoren der Gewebsschädigung; **Wm/Wi** (Ustekinumab): monoklon. AK, bindet an IL-12 u. IL-23 ⇒ Unterdrückung der gesteigerten Immunzellaktivierung;

UW (Acitretin): Trockenheit von Haut und Schleimhäuten, Lippenentzündung, Haarausfall, Transaminasen ↑, BB-Veränderungen, Lipide ↑; **UW** (Brodalumab): Grippe, Tinea-Infektionen, Neutropenie, Kopfschmerz, Schmerzen im Oropharynx, Diarrhoe, Übelkeit, Arthralgie, Myalgie, Ermüdung, Schmerzen an. Inj-Stelle; **UW** (Ciclosporin): Nierenschädigung, Leberfktsstrg., Kardiotoxizität, Tremor, Hirsutismus, Gingivahypertrophie, Ödeme; **UW** (Dimethylfumarat): Gesichtsrötung, Hitzegefühl, Diarrhoe, Völlegefühl, Oberbauchkrämpfe, Blähungen, Leukopenie, Lymphopenie, Eosinophilie; **UW** (Guselkumab): Infektion der oberen Atemwege, Gastroenteritis, Herpes-simplex-Infektionen, Tinea, Kopfschmerzen, Diarrhoe, Urtikaria, Arthralgie, Erythem an der Injektionsstelle; **UW** (Ixekizumab): Infektion der oberen Atenwege, Tinea-Infektion, oropharyngeale Schmerzen, Übelkeit, Reaktion a.d. Injektionsstelle; **UW** (Methotrexat): Exanthem, Haarausfall, GI-Ulzera, Übelkeit, Hämatopoesestörung; **UW** (Secukinumab): Infektionen der oberen Atemwege, oraler Herpes, Rhinorrhoe, Diarrhoe, Urtikaria; **UW** (Ustekinumab): Infektionen Hals/Atemwege, Kopfschmerzen, Schwindel, verstopfte Nase, oropharyngeale Schmerzen, Diarrhoe, Übelkeit, Erbrechen, Juckreiz, Rücken-, Muskelschmerzen, Müdigkeit; Erythem/Schmerzen a.d. Injektionsstelle; **KI** (Acitretin): bek. Überempf. gegen Retinoide, LI, NI, D. m., schwere Hyperlipidämie; gleichzeitige Einnahme von Vit. A oder anderen Retinoiden, Methotrexat, Tetrazykline; Grav./Lakt., Frauen im gebärfähigen Alter ohne sichere Kontrazeption; **KI** (Brodalumab): bek. Überempfindlichkeit, aktiver M. Crohn, relevante aktive Infektionen; **KI** (Ciclosporin): Nierenfktsstrg., unkontrollierte art. Hypertonie, unkontrollierte Infektionen, Tumoren, schwere Lebererkr., Lakt., Cave in Grav.; **KI** (Dimethylfumarat): bek. Überempf., gastroduodenale Ulzera, schwere Leber- und Nierenerkrankungen, leichte Formen der Psoriasis (zu hohes Behandlungsrisiko), Psoriasis pustulosa (fehlende Erfahrung), Pat. <18J, Grav., Lakt.; **KI** (Guselkumab Ixekizumab): bek. Überempf., klinisch relevante aktive Infektionen; **KI** (Methotrexat): akute Infektionen, schwere Knochenmarksdepression, Leberfunktionsstrg., GI-Ulzera, Niereninsuff., Grav./Lakt.; **KI** (Secukinumab): bek. Überempf., klinisch relevante Infektionen; **KI** (Ustekinumab): bek. Überempf., klinisch relevante aktive Infektionen

Acitretin Rp	HWZ 50(60)h, Q0 1.0, PPB 99%, PRC X, Lact ?
Acicutan *Kps. 10, 25mg* **Neotigason** *Kps. 10, 25mg*	**Psoriasis, Hyperkeratosis palmoplant., M. Darier, Pust. palmoplant., Ichthyosis, Pityriasis rubra pil., Lichen ruber planis:** ini 30mg/d p.o. für 2-4 W, dann ggf. bis max. 75mg/d; **Ki.:** ini 0.5mg/kg/d, ggf. bis 1mg/kg/d, max. 35mg/d, Erh.Dos. 0.1mg/kg/d, max. 0.2mg/kg/d; **DANI, DALI** KI
Brodalumab Rp	HWZ 11d
Kyntheum *Fertigspr. 210mg*	**Mittelschwere bis schwere Psoriasis:** W0, 1, 2: 210mg s.c., dann 210mg alle 2W **DANI, DALI** keine Daten
Ciclosporin Rp	HWZ 7-8(16-19)h, Q0 1.0, PPB 90%, ther. Serumspiegel (µg/l): 100-300
Cicloral *Kps. 25, 50, 100mg* **Ciclosporin Pro** *Kps. 25, 50, 100mg* **Immunosporin** *Kps. 25, 50, 100mg* **Sandimmun** *Kps. 10, 25, 50, 100mg; Susp. (1ml = 100mg); Amp. 50mg/1ml, 250mg/5ml*	**Schwerste Formen der Psoriasis:** 2.5mg/kg/d p.o., max. 5mg/kg/d; Kreatininkontrolle! **DANI** KI → 285; **DALI** 50-75%

Dimethylfumarat + Ethylhydrogenfumarat Rp	HWZ 11min (36h)
Fumaderm initial *Tbl. 30 +75mg* **Fumaderm** *Tbl. 120 +95mg*	**Mittelschwere bis schwere Psoriasis:** W1 1 x 30+75mg; W2 2 x 30+75mg; W3 3 x 30+75mg; W4 1 x 120+95mg, dann nach Wi um 120+95mg/W bis max. 3 x 240+190mg steigern; **DANI, DALI** KI bei schwerer NI, LI
Guselkumab Rp	HWZ 17d
Tremfya *Fertigspr. 100mg/1ml*	**Mittelschwere bis schwere Psoriasis:** W0, 4 100mg s.c.; dann 100mg alle 8W; **DANI, DALI** keine Daten
Ixekizumab Rp	HWZ 13d
Taltz *Fertigspr. 80mg; Pen 80mg*	**Mittelschwere bis schwere Psoriasis:** W0 160mg s.c.; W 2, 4, 6, 8, 10, 12 jeweils 80mg, dann 80mg alle 4W; **DANI, DALI** keine Daten
Methotrexat → 218 Rp	HWZ 5-9h, Q_0 0.06, PPB 50%, PRC X, Lact -
Lantarel *Tbl. 2.5, 7.5, 10mg; Fertigspr. 7.5mg/1ml, 10mg/1.34ml, 15mg/2ml, 20mg/2.67ml, 25mg/1ml* **Metex** *Tbl. 2.5, 7.5, 10mg; Inj.Lsg. 7.5, 10, 15, 20, 25mg; Fertigspr. 7.5mg/0.15ml, 10mg/0.20ml, 15mg/0.30ml, 20mg/0.40ml, 25mg/0.50ml, 30mg/0.60ml* **MTX HEXAL** *Tbl. 2.5, 5, 7.5, 10mg; Inj.Lsg. 5mg/2ml, 10mg/4ml, 25mg/1ml, 50mg/2ml, 500mg/20ml, 1g/40ml, 5g/200ml; Fertigspr. 2.5mg/0.33ml, 7.5mg/1ml, 10mg/1.33ml, 15mg/2ml, 20mg/2.67ml, 25mg/3.33ml*	**Schwerste Formen der Psoriasis:** ini 1 x 2.5-5mg zur Toxizitätsabschätzung; dann 7.5-25mg 1 x/W p.o./s.c./i.m./i.v., max. 30mg/W; **DANI** CrCl > 80: 100%, 80: 75%, 60: 63%, < 60: KI
Methoxsalen Rp	HWZ 5h, Q_0 1.0
Meladinine *Tbl. 10mg; Lsg. (1ml enth. 3mg)*	**Schw. Psoriasis, Mycosis fungoides, Vitiligo:** 0.6mg/kg 2h vor UV-A-Bestrahlung; **Leichtere Psoriasis:** Lsg. als Badezusatz (0.5mg/l Badewasser) vor UV-A-Bestrahlung; **DANI** KI bei stark eingeschränkter Nierenfkt.; **DALI** KI bei Hepatopathie
Secukinumab Rp	HWZ 18-46d PRC B, Lact ?
Cosentyx *Fertigspr., Pen 150mg*	**Mittelschwere bis schw. Plaque-Psoriasis:** ini 300mg s.c. 1x/W, nach 4W 300mg alle 4W; **DANI, DALI** keine Daten

Ustekinumab Rp	HWZ 15-32d
Stelara *Inj.Lsg. 45, 90mg; Fertigspr. 45, 90mg; Inf.lsg. 130mg*	**Mittelschw. bis schw. Plaque-Psoriasis:** W0 und 4, dann alle 12W: 45mg s.c.; >100kg: jeweils 90mg s.c.; **Ki. ab12J:** W0 und 4, dann alle 12W: < 60kg: 0.75mg/kg s.c.; 60-100kg: 45mg s.c.; > 100kg: 90mg s.c.; **Psoriasisarthritis:** W0 und 4, dann alle 12W: 45mg s.c.; > 100kg: jeweils 90mg s.c. möglich; **M. Crohn:** ini i.v.-Gabe ≤ 55kg: 260mg; 55-85kg: 390mg; > 85kg: 520mg; n. 8W 90mg s.c., dann 90mg alle 12W; **DANI, DALI** keine Daten
Adalimumab, Etanercept, Infliximab → 222	

14.5 Aknemittel

14.5.1 Antibiotikahaltige Externa

Chlortetrazyklin Rp	
Aureomycin *Salbe (100g enth. 3g)*	**Akne vulgaris:** 1-2 x tgl. auftragen
Clindamycin Rp	
Zindaclin *Gel (100g enth. 1g)*	**Akne vulgaris:** 1-2 x tgl. auftragen
Erythromycin Rp	
Aknefug EL *Lsg. (100ml = 1g)* **Aknemycin** *Salbe, Lsg. (100g enth. 2g)* **Inderm** *Lsg. (100g enth. 1g); Gel (100g enth. 2, 4g)*	**Akne vulgaris:** 2 x tgl. auftragen
Nadifloxacin Rp	
Nadixa *Creme (1g enth. 10mg)*	**Akne vulgaris:** 2 x tgl. auftragen für 8W, max. für 12W
Tetracyclin Rp	
Imex *Salbe (100g enth. 3g)*	**Akne vulgaris:** 1-3 x tgl. auftragen

14.5.2 Peroxide

Benzoylperoxid OTC	PRC C, Lact ?
Aknefug Oxid *Gel (100g enth. 3, 5, 10g); Susp. (100g enth. 4g)* **Akneroxid** *Gel (100g enth. 5, 10g); Susp. (100g enth. 4g)* **Benzaknen** *Gel (100g enth. 5, 10g); Susp. (100ml = 5g)* **Cordes BPO** *Gel (100g enth. 3, 5, 10g)*	**Akne vulgaris:** 1-2 x tgl. auftragen

14.5.3 Retinoide zur topischen Anwendung, Kombinationen

Adapalen Rp	PRC C, Lact ?
Differin *Creme, Gel (100g enth. 100mg)* **Dipalen** *Creme, Gel (100g enth. 100mg)*	**Akne vulgaris:** 1 x tgl. auftragen
Adapalen + Benzoylperoxid Rp	
Epiduo *Gel (100g enth. 100+2500mg, 300+2500mg)*	**Akne vulgaris:** 1 x tgl. auftragen
Isotretinoin Rp	PRC X, Lact -
Isotrex *Gel (100g enth. 50mg)*	**Akne vulgaris:** 1-2 x tgl. auftragen
Isotretinoin + Erythromycin Rp	PRC X, Lact -
Isotrexin *Gel (100g enth. 50mg +2g)*	**Mittelschw. Akne vulgaris:** 1-2 x tgl. auftragen
Tretinoin Rp	PRC C (top)/D (syst.), Lact ? (top)/-(syst.)
Airol *Creme (100g enth. 50mg)* **Cordes VAS** *Creme (100g enth. 50mg)*	**Akne vulgaris, Halogenakne, Akne medicamentosa:** 1-2 x tgl. auftragen
Tretinoin + Clindamycin Rp	PRC C (top)/D (syst.), Lact ? (top)/-(syst.)
Acnatac *Gel (100g enth. 25mg + 1g)*	**Akne vulgaris mit Komedonen, Papeln und Pusten:** 1 x tgl. auftragen f. max. 12W

14.5.4 Weitere Externa

Wm/Wi (Ivermectin): antientzündlich durch Hemmung der Lipopolysaccharid-induzierten Produktion entzündlicher Zytokine; antiparasitär Abtötung von Demodex-Milben

Azelainsäure Rp	PPB 43%
Skinoren *Creme (100g enth. 20g); Gel (100g enth. 15g)*	**Akne vulgaris, papulopustulöse Rosacea:** 2 x tgl. auftragen
Ivermectin Rp	
Soolantra *Creme (1g enth. 10mg)*	**Papulopustulöse Rosacea:** 1 x tgl. auftragen, Ther.-Dauer bis 4M; **DANI** nicht erforderl.; **DALI** schwere LI: vorsichtige Anw.

14.5.5 Interna

Wm/Wi (Isotretinoin): Mitoserate von Epidermiszellen ↑, Auflockerung der Hornschicht, Talgproduktion ↓; **Wm/Wi** (Minocyclin): Tetracyclin-Antibiotikum, hemmt Lipase der Propionibakterien; **UW** (Isotretinoin): trockene Haut und Schleimhäute, Lippenentzündung, Haarausfall, Transaminasen ↑, BB-Veränderung, Lipide ↑; **UW** (Minocyclin): Schwindel, Kopfschmerz, Übelkeit, allergische Hautreakt., phototoxische Reaktionen, reversible Knochenwachstumsverzögerung (Ki. < 8J), irreversible Zahnverfärbung u. Zahnschmelzschädigung (Ki. < 8J), ICP ↑, BB-Veränderungen, Superinfektion durch Bakterien/Sprosspilze; **KI** (Isotretinoin): bek. Überempf., Frauen im gebärfähigen Alter (es sei denn, es werden alle Bedingungen des Grav.-Verhütungsprogramms eingehalten), präpubertäre Akne, LI, übermäßig erhöhte Blutfette, Hypervitaminose A, gleichzeitige Behandlung mit Tetrazyklinen, Grav./Lakt.; **KI** (Minocyclin): Tetracyclinüberempf., schw. Leberfktsstrg., Niereninsuff., Ki. < 8J, Grav./Lakt.

Doxycyclin → 240 Rp	HWZ 12-24h, Q0 0.7, PPB 80-90%, PRC D, Lact ?
Doxakne *Tbl. 50mg* **Doxyderma** *Tbl. 50, 100mg* **Oraycea** *Tbl. 40mg* *(veränderte Wirkstofffreisetzung)*	**Akne vulgaris, Rosacea:** 1 x 100mg p.o. für 7-21d, dann 1 x 50mg für 2-12W; Oraycea: **Rosacea:** 1 x 40mg p.o. **DANI** nicht erforderlich; **DALI** KI

Isotretinoin Rp	HWZ 10-20h, Q0 1.0, PPB 99%, PRC X, Lact -
Aknenormin *Kps. 10, 20mg* **Isoderm** *Kps. 10, 20mg* **IsoGalen** *Kps. 10, 20mg* **Isotret HEXAL** *Kps. 10, 20mg* **Isotretinoin-ratioph.** *Kps. 10, 20mg*	**Schwere therapieresist. Akne:** ini 0.5mg/kg/d p.o., Erh.Dos. 0.5-1mg/kg/d, in schweren Fällen bis 2mg/kg/d; Gesamtdosis pro Behandlung 120mg/kg; **DANI** ini 10mg/d, dann langsam steigern auf 1mg/kg/d; **DALI** KI

Minocyclin → 241 Rp	HWZ 11-22h, Q0 0.85, PPB 70-75%, PRC D, Lact +
Aknosan *Tbl. 50mg* **Minocyclin-ratioph.** *Kps. 50, 100mg* **Skid** *Tbl. 50, 100mg* **Udima** *Kps. 50, 100mg*	**Akne vulgaris:** 2 x 50mg p.o.; **DALI** KI

14.6 Antiinfektiva

14.6.1 Antibiotika

Framycetin Rp	
Leukase N *Salbe (100g enth. 2g);* *Puder (100g enth. 2g);* *Wundkegel 10mg (+ Lidocain 2mg)*	**Pyodermien, Ulcus cruris, Dekubitus, infizierte Wunden, Impetigo, Verbrennungen, bakteriell bedingte Ekzeme:** 1 x tgl. auftragen; 1-2 Wundkegel einmalig einlegen; **DANI** KI

Fusidinsäure Rp	
Fucidine *Creme, Salbe (100g enth. 2g);* *Wundgaze* **Fusicutan** *Creme, Salbe (100g enth. 2g)*	**Infizierte Hauterkrankungen:** 2-3 x tgl. auftragen; Gaze: 2-3d belassen

Gentamicin Rp	PRC C, Lact ?
Infectogenta *Creme, Salbe (100g enth. 100mg)* **Refobacin** *Creme (100g enth. 100mg)*	**Ulcus cruris, Dekubitus:** 2-3 x tgl. auftragen
Retapamulin Rp	PRC C, Lact ?
Altargo *Salbe (1g enth. 10mg)*	**Kurzzeitbehandlung oberflächlicher Hautinfektionen:** 2 x tgl. über 5d auftragen

14.6.2 Virustatika

Aciclovir OTC/Rp	PRC B, Lact ?
Acic, **Aciclovir-ratioph.**, **Aciclostad**, **Zovirax** *Creme (100g enth. 5g)*	**Herpes labialis, Herpes genitalis:** 5 x tgl. auftragen
Docosanol OTC	
Docosanol Engelhard *Creme (1g enth. 100mg)* **Muxan** *Creme (1g enth. 100mg)*	**Herpes labialis:** 5 x tgl. auftragen
Foscarnet Rp	
Triapten *Creme (100g enth. 2g)*	**Herpes labialis, H. genitalis, Herpes integumentalis:** 6 x tgl. auftragen
Penciclovir OTC	PRC B, Lact -
Pencivir *Creme (100g enth. 1g)*	**Rezid. Herpes labialis:** 6-8 x tgl. auftragen

14.6.3 Antimykotika

Amorolfin OTC	
Amofin 5% *Nagellack (1ml = 50mg)* **Amorolfin-ratioph. 5%** *Nagellack (1ml = 50mg)* **Loceryl** *Creme (100g enth. 250mg); Nagellack (1ml = 50mg)*	**Hautmykosen durch Dermatophyten, kutane Candidose:** 1 x tgl. auftragen; **Nagelmykose:** Nagellack 1-2 x/W auftragen
Bifonazol OTC	
Antifungol HEXAL EXTRA *Creme (100g enth. 1g), Lsg. (1ml = 10mg)* **Bifon** *Creme, Gel (100g enth. 1g); Lsg. (1ml = 10mg); Spray (1 Hub = 1.4mg)* **Canesten Extra** *Creme, Spray (100g enth. 1g)*	**Hautmykosen durch Dermatophyten, Hefen, Schimmelpilze, Mallassezia furfur, Infektion durch Corynebacterium minutissimum:** 1 x tgl. auftragen bzw. 1 x 3 Gtt. bzw. 1 x 2 Hübe

Ciclopirox OTC/Rp	
Batrafen *Creme, Vaginalcreme, Gel, Puder, Lsg., Shampoo (100g enth. 1g)* **Ciclopirox-ratioph.** *Creme, Lsg. (100g enth. 1g)* **Ciclopirox Winthrop** *Nagellsg. (100g enth. 8g)* **Inimur Myko** *Vaginalcreme (100g enth. 1g); Vaginalsupp. 100mg* **Nagel Batrafen** *Nagellsg. (100g enth. 8g)* **Sebiprox** *Lsg. (100g enth. 1.5g)* **Selergo** *Creme, Lsg. (100g enth. 1g)* **Stieprox** *Shampoo (100ml enth. 1.5g)*	**Alle Dermatomykosen:** 2 x tgl. auftragen; **Nagelmykosen:** Nagellösung W1-4: alle 2d auftragen, W5-8: 2 x/W, ab W9: 1 x/W; **vaginale Candidose:** 1 x tgl. 100mg vaginal; **seborrhoische Dermatitis der Kopfhaut:** 1-3 x/W auf die Kopfhaut auftragen, einmassieren und ausspülen
Clotrimazol OTC/Rp	HWZ 3.5-5h, PRC B, Lact ?
Antifungol *Creme, Lsg., Spray, Vaginalcreme (100g enth. 1, 2g); Vaginaltbl. 200, 500mg* **Canifug** *Creme, Lsg. (100g enth. 1g); Vaginalcreme (100g enth. 1, 2g); Vaginalsupp. 100, 200mg* **Canesten** *Creme, Lsg., Spray (100g enth. 1g)* **Canesten Gyn** *Vaginalcreme (100g enth. 1, 2, 10g); Vaginaltbl. 100, 200, 500mg* **Fungizid-ratioph.** *Creme, Vaginalcreme, Spray (100g enth. 1g); Vaginaltbl. 100, 200mg*	**Hautmykosen durch Dermatophyten, Hefen, Schimmelpilze, Mallassezia furfur, Infektion durch Corynebacterium minutissimum:** 2-3 x tgl. auftragen; **vaginale Mykosen:** einmalig 1 Applikatorfüllung Creme 10% oder 1Tbl. 500mg vaginal; 1 x 1 Applikatorfüllung Creme 2% oder 1Tbl./Supp. 200mg vaginal für 3d; 1 x 1 Applikatorfüllung Creme 1% oder 1Tbl./Supp. 100mg vaginal für 6d
Econazol OTC/Rp	PRC C, Lact ?
Epi-Pevaryl *Creme, Lsg., Lotio (100g enth. 1g)* **Gyno-Pevaryl** *Ovulum 50, 150, 150(ret.)mg; Vaginalcreme (100g enth. 1g)*	**Alle Dermatomykosen:** 2-3 x tgl. auftragen; **vaginale Mykosen:** einmalig 150mg (ret.) vaginal; 1 x 150mg für 3d; 1 x 50mg für 6d
Ketoconazol OTC	PRC C, Lact ?
Fungoral *Creme, Lsg. (100g enth. 2g)* **Nizoral** *Creme (100g enth. 2g)* **Terzolin** *Creme, Lsg. (100g enth. 2g)* **Ketozolin** *Shampoo (100g enth. 2g)*	**Seborrhoische Dermatitis:** 2 x tgl. auftragen; Shampoo: 2x/W f. 2-4W; **Pityriasis versicolor:** 1 x tgl. auftragen; Shampoo: 1x/d für 5d
Miconazol OTC/Rp	PRC C, Lact ?
Daktar *Creme, Mundgel (100g enth. 2g)* **Gyno-Mykotral** *Vaginalcreme (100g enth. 2g)* **Micotar** *Creme, Lsg., Mundgel (100g enth. 2g)* **Vobamyk** *Creme (100g enth. 2g)*	**Dermatomykosen, Miconazol-empf. grampositive Hautinfekte:** 2 x tgl. auftragen; **Mundsoor: Erw., Ki.:** 4 x 1/2 Messl. p.o.; **Sgl.:** 4 x 1/4 Messl.; **vaginale Candidose:** 1 x 1 Applikatorfüllung vaginal; 1 x 1 Ovulum 100mg vaginal
Naftifin OTC	PRC B, Lact ?
Exoderil *Creme, Gel (100g enth. 1g)*	**Dermatomykosen durch Dermatophyten, Hefen, Schimmelpilze:** 1 x tgl. auftragen

Nystatin OTC	PRC C, Lact ?
Adiclair *Creme, Salbe, Mundgel (100g enth. 10 Mio IE)* **Candio-Hermal** *Creme, Salbe (100g enth. 10 Mio IE); Mundgel (100g enth. 25 Mio IE)* **Lederlind** *Paste, Mundgel (100g enth. 10 Mio IE)* **Nystaderm** *Creme, Paste Mundgel (100g enth. 10 Mio IE)*	**Hautinfektionen durch Nystatin-empf. Hefepilze:** 2-3 x tgl. auftragen; **Mundsoor: Erw. u. Ki.:** 4 x 1g Gel p.o.; **Sgl.:** 4 x 0.5-1g
Oxiconazol OTC	PRC B, Lact ?
Myfungar *Creme; Vaginaltbl. 688mg*	**Dermatomykosen durch Dermatophyten, Hefen, Schimmelpilze:** Creme 1 x/d auftragen; Vaginitis durch Candida, Hefepilze: 1 x 1 Vaginaltbl. abends, ggf. 2. Dosis nach 1W
Sertaconazol OTC	
Mykosert *Creme, Lsg., Spray (100g enth. 2g)* **Zalain** *Creme (100g enth. 2g)*	**Dermatomykosen durch Dermatophyten, Hefen:** 2 x tgl. auftragen; **Nagelmykose:** Pflaster alle 7d wechseln, Ther. max. 24W
Terbinafin OTC	
Fungizid-ratioph. Extra *Creme (100g enth. 1g)* **Lamisil** *Creme, Gel, Lsg., Spray (100g enth. 1g)* **Terbinafin-CT, Terbinafinhydrochlorid AL/ Stada** *Creme (100g enth. 1g)*	**Dermatomykosen durch Dermatophyten und Hefepilze, Pityriasis versicolor:** 1 x tgl. auftragen
Tolnaftat OTC	
Tinatox *Creme, Lösung (100g enth. 1g)*	**Dermatomykosen durch Dermatophyten, Pityriasis versicolor:** 1-2 x tgl. auftragen

14.6.4 Antimykotika-Glukokortikoid-Kombinationen

Clotrimazol + Betamethason Rp	
Flotiran, Lotricomb, Lotriderm *Creme, Salbe (100g enth. 1g+50mg)*	**Dermatomykosen mit Entzündung/Ekzem:** 1 x tgl. auftragen f. 3-5d
Clotrimazol + Hydrocortison Rp	
Baycuten HC *Creme (100g enth. 1+1g)*	**Dermatomykosen mit Entzündung/Ekzem:** 1-2 x tgl. auftragen, nach 7d Weiterbehandlung ohne Kortikoid
Econazol + Triamcinolonacetonid Rp	
Epipevisone *Creme (100g enth. 1+0.1g)*	**Dermatomykosen mit Entzündung, Ekzeme mit Pilzinfektion:** 2 x tgl. auftragen, nach 7d Weiterbehandlung ohne Kortikoid
Miconazol + Flupredniden Rp	
Decoderm Tri *Creme (100g enth. 2+0.1g)* **Vobaderm** *Creme (100g enth. 2+0.1g)*	**Dermatomykosen mit Entzündung, Ekzeme mit Pilzinfektion:** 2 x tgl. auftragen, nach 7d Weiterbehandlung ohne Kortikoid

14.6.5 Antiparasitäre Mittel

Wm/Wi (Malathion): Metabolit wird irreversibel an Acetylcholinesterase gebunden und inaktiviert sie ⇒ Kumulation von ACh ⇒ Überstimulation und Tod der Insekten (ovizide Wi);
UW (Benzylbenzoat): Kontaktdermatitis, Urtikaria;
UW (Allethrin/Piperonylbutoxid): Haut-/Schleimhautreizung;
UW (Dimeticon): keine sehr häufigen oder häufigen UW;
UW (Permethrin): Hautirritation, Brennen, Pruritus;
KI (Benzylbenzoat): Anwendungsbeschränkung bei Sgl./Kleinki.;
KI (Allethrin/Piperonylbutoxid): Grav. (1. Trim.), Lakt., Sgl.;
KI (Dimeticon): bek. Überempf.; **KI** (Permethrin): bek. Überempf., Ki. < 2M

Allethrin + Piperonylbutoxid OTC	
Jacutin Pedicul *Spray (1g enth. 6.6+26.4mg)*	**Befall mit Kopf-, Filz-, Kleiderläusen, Scabies:** einmalige Applikation auf die befallenen Areale, ggf. Wdh. nach 8d
Benzylbenzoat OTC	PRC B
Antiscabiosum 10%, 25% *Emuls. (100g enth. 10, 25g)*	**Scabies:** an 3d gesamten Körper (ohne Kopf) einreiben; **Ki.:** 10% Emulsion verwenden
Dimeticon OTC	
Nyda *Lsg. 50ml* **Nyda Express** *Lsg. 50ml* **Jacutin Pedicul Fluid** *Lsg. 100, 200ml*	**Befall mit Kopfläusen:** Nyda: Haare u. Kopfhaut benetzen, nach 45min auskämmen, nach 8h mit Shampoo waschen; Wdh. nach 8-10d; Nyda express, Jacutin Pedicul fluid: Haare und Kopfhaut benetzen, mind. 10min einwirken lassen, dann auskämmen, dann mit Shampoo 2 x waschen; Wdh. nach 8-10d
Ivermectin (systemisch) → 281	
Permethrin OTC	PRC B
Infectopedicul *Lsg. (100g enth. 430mg)* **Infectoscab 5%** *Creme (1g enth. 50mg)* **Permethrin Biomo** *Lsg. (1ml enth. 4.3mg), Creme (1g enth. 50mg)*	**Befall mit Kopfläusen:** 30-45min einwirken lassen, dann ausspülen; **Ki. 2M-3J:** max. 25ml; **Scabies:** dünn auftragen, bis 30g; **Ki. > 12J:** s. Erw.; **Ki. 6-12J:** bis 15g; **Ki. 2M-5J:** bis 7g
Pyrethrine OTC	PRC B
Goldgeist Forte *Lsg. (100g enth. 75mg)*	**Befall mit Kopf-, Filz-, Kleiderläusen:** 30-45min einwirken lassen, dann ausspülen

14.7 Keratolytika

Harnstoff OTC	
Basodexan *Creme, Fettcreme, Salbe (100g enth. 10g)* **Elacutan** *Creme, Fettcreme (100g enth. 10g)* **Linola Urea** *Creme (100g enth. 12g)* **Nubral** *Creme (100g enth. 10g)* **Ureotop** *Creme, Salbe (100g enth. 12g)*	**Trockene, rauhe Haut, Ichthyosis, Intervall- und Nachbehandlung abgeklungener Dermatosen bei Kortikoid- und Phototherapie:** 1-2 x tgl. auftragen
Salicylsäure OTC	
Guttaplast *Pflaster enth. 1.39g* **Salicylvaseline** *Salbe (100g enth. 2, 5, 10g)* **Verrucid** *Lsg. (100g enth. 10g)*	**Hyperkeratosen:** Pflaster: 2d belassen, Lsg.: 2 x tgl. auftragen
Salicylsäure + Fluorouracil + Dimethylsulfoxid Rp	
Verrumal *Lsg. (100g enth. 10+0.5+8g)*	**Vulgäre Warzen, plane juv. Warzen, Dornwarzen:** 2-3 x tgl. auftragen
Salicylsäure + Milchsäure OTC	
Duofilm *Lsg. (100g enth. 16.7+16.7g)*	**Warzen:** 3-4 x tgl. auftragen

14.8 Haarwuchsmittel

Wm/Wi (Alfatradiol): Estradiol-Isomer, Antagonisierung der hemmenden Testosteronwirkung am Haarfollikel; **Wm/Wi** (Finasterid): Hemmung der 5-Alpha-Reduktase ⇒ Umwandlungshemmung von Testosteron in Dihydrotestosteron ⇒ Haardichte ↑; **Wm/Wi** (Minoxidil): unbekannt;
UW (Alfatradiol): Brennen, Rötung, Juckreiz der Haut; **UW** (Finasterid): Libido-/Erektionsstrg., Gynäkomastie, Lippenschwellung, Hautausschlag, Cave: schwangere Frauen dürfen Tablettenbruch nicht berühren; **UW** (Minoxidil): Pruritus, Hautabschuppung, Dermatitis, Salz-/ Wasserretention, Tachykardie, Schwindel, Angina pectoris, Otitis externa, Hypertrichose, Haarausfall;
KI (Alfatradiol): bek. Überempf.; **KI** (Finasterid): Frauen;
KI (Minoxidil): Frauen, Männer < 18J o. > 49J, Glatzenbildung im Schläfenbereich, Anw. anderer topischer Arzneimittel an der Kopfhaut, plötzlich auftretender/unregelmäßiger Haarausfall

Alfatradiol OTC-L!	
Ell Cranell *Lsg. (1ml = 0.25mg)* **Pantostin** *Lsg. (1ml = 0.25mg)*	**Androgen. Alopezie:** 1 x 3ml auftragen
Finasterid Rp-L!	HWZ 6h, Q0 1.0, PPB 93%, PRC X, Lact -
Finahair, Finasterid Stada, Propecia *Tbl. 1mg*	**Androgenetische Alopezie:** 1 x 1mg p.o.
Minoxidil Rp-L!	PRC C, keine PPB, Lact ?
Alopexy *Lsg. (1ml = 50mg)* **Minoxicutan Frauen** *Lsg. (1ml = 20mg)* **Minoxicutan Männer** *Lsg. (1ml = 50mg)* **Regaine Frauen** *Lsg. (1ml = 20mg)* **Regaine Männer** *Lsg., Schaum (1ml = 50mg)*	**Androgenetische Alopezie:** 2 x tgl. 1ml auf die Kopfhaut im Tonsurbereich auftragen

14.9 Photosensitizer

Wm/Wi: Metabolisation zu Protoporphyrin IX ⇒ intrazelluläre Kumulation in aktinischer Keratoseläsion ⇒ Aktivierung durch Rotlicht ⇒ Zerstörung der Zielzelle;
UW (5-Aminolävulinsäure): Kopfschmerzen, Reaktion an Applikationsstelle (Hautstraffung, Brennen, Erythem, Schmerzen, Pruritus, Ödem, Exfoliation, Induration, Schorfbildung, Vesikel, Parästhesie, Hyperalgesie, Wärmeempf., Erosion); **UW** (5-Amino-4-oxopentansäure): lok. Reakt. (Pruritus, Brennen, Erythem, Schmerzen, Krustenbildung, Hautabschälung, Irritationen, Blutung, Abschuppung, Sekretion, störendes Hautgefühl, Hypo-/Hyperpigmentierung, Erosion, Ödem, Schwellung, Blasen, Pusteln), Kopfschmerzen;
UW (Methyl-5-amino-4-oxopentanoat): Schmerz, Brennen, Krustenbildung, Erytheme, Parästhesie, Kopfschmerz, Infektion, Geschwürbildung, Ödem, Schwellung, Blasen, Bluten der Haut, Pruritus, Hautabschälung, Hauterwärmung, Reakt. an Behandlungsstelle, Wärmeempfindung;
KI (5-Aminolävulinsäure): bek. Überempf., Porphyrie, bek. Photodermatosen;
KI (5-Amino-4-oxopentansäure): bek. Überempf., kein Ansprechen, Porphyrie;
KI (Methyl-5-amino-4-oxopent.): bek. Überempf., Porphyrie, morphaeaformes Basaliom

5-Aminolävulinsäure Rp	PRC B, Lact ?
Ameluz *Gel (1g enth. 78mg)*	**Aktinische Keratose im Gesicht/Kopfhaut (Grad I-II nach Olsen):** 1mm auf betroffene Areale + 5mm Randsaum, in Komb. mit PDT
5-Amino-4-oxopentansäure Rp	Lact ?
Alacare *Pflaster 8mg*	**Leichte aktinische Keratose im Gesicht/ Kopfhaut:** Pflaster (max. 6 Stück) für 4h auf betroffene Läsionen, dann PDT
Methyl-5-amino-4-oxopentanoat Rp	
Luxerm *Creme (1g enth. 160mg)* **Metvix** *Creme (1g enth. 160mg)*	**Aktinische Keratose:** Luxerm: erst Sonnenschutz auf alle lichtexponierten Körperteile, nach Eintrocknen Creme dünn auf Läsionen auftragen, für 2h ins Freie gehen, danach Creme abwaschen; s.a. FI; **Aktinische Keratose, oberflächl. Basaliom:** Metvix: 1mm dick auf Läsion und 5-10mm auf umgebende Haut okklusiv auftragen, nach 3h PDT

14.10 Protektiva gegen UV-Strahlen

Wm/Wi (Afamelanotid): Analogon des alpha-Melanozyten-stimulierenden Hormons, bindet an Melanocortin-1-Rezeptor ⇒ Bildung des schwarz-braunen Pigments Eumelanin ⇒ verstärkte Hautpigmentierung, antioxidative Wi.; **UW** (Afamelanotid): Infektionen d. oberen Atemwege, verminderter Appetit, Kopfschmerzen, Migräne, Lethargie, Schläfrigkeit, Schwindel, Hitzegefühl, Hitzewallung, Übelkeit, Bauchschmerzen, Diarrhoe, Erbrechen, Erythem, melanozytärer Nävus, Pigmentstörung, Verfärbung der Haut, Hyperpigmentierung der Haut, Sommersprossen, Pruritus, Rückenschmerzen, Reaktionen an der Implantatstelle, CK-Erhöhung; **KI** (Afamelanotid): bek. Überempf.; schwere Lebererkrankung, LI, NI

Afamelanotid Rp	
Scenesse *Implantat 16mg*	**Pro. von Phototoxizität bei erythropoetischer Protoporphyrie:** 1 Implantat s.c./2M von Frühjahr bis Frühherbst; 3 Implantate/Jahr, max. 4/Jahr; **DANI:** KI; **DALI:** KI

14.11 Topische Antihistaminika

Wm/Wi: lokal wirksame Antihistaminika	
Bamipin OTC	
Soventol *Gel (1g enth. 20mg)*	**Juckreiz, Insektenstiche, Sonnenbrand, Quallenerytheme, Kälteschäden, leichte Verbrennungen:** mehrmals tgl. auftragen
Chlorphenoxamin OTC	
Systral *Creme, Gel (1g enth. 15mg)*	**Insektenstiche, Sonnenbrand, Qualleneryth., Frostbeulen, leichte Verbrennungen, Urtikaria, Ekzeme:** mehrmals tgl. auftragen
Dimetinden OTC	
Fenistil *Gel (1g enth. 1mg)*	**Juckende/allerg. Hauterkr., Sonnenbrand, Insektenstiche:** mehrmals tgl. auftragen
Tripelennamin OTC	
Azaron *Stick (5.75g enth. 115mg)*	**Insektenstiche, nach Kontakt mit Quallen, Brennnesseln:** 1 x tgl. auftragen

14.12 Weitere Externa

Wm/Wi (Brimonidin): selektiver alpha-2-Rezeptoragonist ⇒ direkte kutane Vasokonstriktion; **Wm/Wi** (Diclofenac): Wm bei aktinischer Keratose nicht bekannt, evtl. assoziiert mit COX-Hemmung ⇒ Synthese von Prostaglandin E2 ↓; **Wm/Wi** (Eflornithin): Hemmung der Ornithin-Decarboxylase ⇒ Putrescinsynthese ↓⇒ Zellwachstum im Haarfollikel ↓;
Wm/Wi (Grünteeblätterextrakt): Wachstumshemmung aktivierter Keratinozyten; antioxidative Effekte am Applikationsort; **Wm/Wi** (Imiquimod): Immunmodul. durch Induktion v. Zytokinen;
Wm/Wi (Ingenolmebutat): direkte lok. Zytotoxizität, Förderung einer Entzündungsreakt. mit Infiltration immunkompet. Zellen;
Wm/Wi (Podophyllotoxin): antimitotische Eigenschaften durch Wirkung am Tubulin ⇒ Blockade der Zellteilung, Nekrose des Warzengewebes;
UW (Brimonidin): Hitzewallungen, Erythem, Juckreiz, Brennen der Haut;
UW (Diclofenac): Reakt. am Applikationsort, systemische Wi, Hyper-/Parästhesie, Muskelhypertonie, Konjunktivitis; **UW** (Ingenolmebutat): Kopfschmerzen, Augenlid-/Periorbitalödem, Reaktionen am Anwendungsort: Pusteln, Infektion, Erosion, Bläschen, Schwellung, Exfoliation, Schorf, Erythem, Schmerz, Juckreiz, Reizung;
KI (Brimonidin): bek. Überempf. Ki. < 2J, gleichz. Anw. von MAO-Hemmern (Selegilin, Moclobemid) bzw. trizyklische o. tetrazyklische Antidepressiva (Maprotilin, Mianserin, Mirtazapin), die die noradregenerge Übertragung beeinflussen; **KI** (Ingenolmebutat): bek. Überempf.

Brimonidin Rp	
Mirvaso *Gel (1g enth. 3mg)*	**Gesichtserythem bei Rosazea:** 1 x tgl. auftragen, max. 1g Gel/d
Clostridium-histolyticum-Kollagenase + Proteasen Rp	
Iruxol N *Salbe (1g = 1.2E+0.24E)*	**Enzymatische Reinigung kutaner Ulzera von nekrotischem Gewebe:** 1-2 x tgl. auftragen
Diclofenac Rp	
Solaraze 3% *Gel (1g enth. 30mg)*	**Aktinische Keratose:** 2 x tgl. auf betroffene Hautstellen für 60-90d; max. 8g/d
Eflornithin Rp	
Vaniqa *Creme (1g enth. 115mg)*	**Hirsutismus im Gesicht bei Frauen:** 2 x tgl. auftragen
Grünteeblätterextrakt (Catechine) Rp	
Veregen *Salbe (1g enth. 100mg)*	**Condylomata acuminata:** 3 x tgl. auftragen bis zur kompletten Abheilung, max. für 16W
Imiquimod Rp	PRC B, Lact ?
Aldara *Creme (100g enth. 5g)* **Zyclara** *Creme (1g enth. 37.5mg)*	**Condylomata acuminata:** Aldara: 3 x/W auftragen; **Aktinische Keratose:** Zyclara: 2 Zyklen: 1 x/d 250-500mg Creme für 14d abends auftragen, zwischenzeitlich 2W Pause
Ingenolmebutat Rp	
Picato *Gel (1g enth. 150, 500µg)*	**Aktinische Keratose:** Kopf: 150µg/g: jeweils 1 x/d 1 Tube (70µg) an 3 Tagen hintereinander auftragen; Stamm/Extremitäten: 500µg/g: jeweils 1 x/d 1 Tube (235µg) an 2 aufeinanderfolgenden Tagen auftragen
Natrium-Pentosanpolysulfat (Na-PPS) OTC	HWZ 24h, Q0 0.7, PRC B, Lact -
Thrombocid *Gel (100g enth. 1.5g);* *Salbe (100g enth. 0.1g)*	**Adjuvante topische Ther. der Thrombophlebitis superficialis:** mehrmals tgl. auftragen
Podophyllotoxin Rp	
Condylox *Lsg. (1ml enth. 5mg)* **Wartec** *Creme (1g enth. 1.5mg)*	**Condylomata acuminata:** 2 x/d an 3 aufeinanderfolgenden Tagen auf max. 10 Condylome einer Größe von 1-10mm und insgesamt etwa 1,5 cm^2 Fläche auftragen, max. ED 0.25ml; Anw. bis zur Abheilung wöchentlich wdh., max. für 4W

15 Ophthalmologie

15.1 Oberflächenanästhetika

UW: allergische Reaktionen, Hornhautschäden bei längerer Anwendung

Oxybuprocain Rp

Conjuncain-EDO *AT (1ml = 4mg)* **Novesine 0.4%** *AT (1ml = 4mg)*	**Tonometrie:** 1-2Gtt. 30s vorher; **Anästhesie bei kleinen chirurg. Eingriffen:** 3-6 x 1Gtt. im Abstand von 30-60s

Proxymetacain Rp

Proparakain-POS 0.5% *AT (1ml = 5mg)*	**Tonometrie:** 1-2Gtt. 30s vorher; **Anästhesie bei kleinen chirurg. Eingriffen:** 3-6 x 1Gtt. im Abstand von 30-60s

15.2 Antiinfektiva

15.2.1 Aminoglykoside

Gentamicin Rp — PRC C, Lact ?

Refobacin *AT (1ml = 3mg)* **Gentamicin-POS** *AT, AS (1ml = 3mg)* **Gent-Ophtal** *AS (1g enth. 3mg)* **Infectogenta** *AT (1ml=3mg); AS (1g enth. 3mg)*	**Bakterielle Infektion/Infektionspro. bei Verletzung des vorderen Augenabschnitts, intraokuläre Eingriffe:** 4-6 x 1Gtt. bzw. 2-3 x 0.5cm Salbenstrang

Kanamycin Rp

Kanamycin-POS *AT (1ml = 5mg); AS (1g enth. 5mg)*	**Bakt. Infektion/Verletzung des äußeren Auges, nach op. Eingriffen:** 3-6 x/d 1Gtt. alle 2-3h bzw. 1cm Salbenstrang alle 3-4h

Tobramycin Rp — PRC B, Lact -

Tobramaxin *AT (1ml = 3mg);* *AS (1g enth. 3mg)*	**Bakt. Infektion des äußeren Auges/vorderen Augenabschnitts:** leichte bis mittelschwere Infektion: 1-2Gtt. alle 4h bzw. 2-3 x 1.5cm Salbenstrang; schwere Infektion: 1-2Gtt. alle 1/2-1h bzw. 1.5cm Salbenstrang alle 3-4h

15.2.2 Breitspektrumantibiotika

Azithromycin Rp — PRC C, Lact -

Azyter *AT (1g enth. 15mg)* **Infectoazit** *AT (1g enth. 15mg)*	**Bakterielle Konjunktivitis, trachomatöse Konjunktivitis:** 2 x 1Gtt. für 3d

Chloramphenicol Rp — PRC C, Lact -

Posifenicol C *AS (1g enth. 10mg)*	**Bakterielle Infektion des vorderen Augenabschnitts/der Konjunktiven/des Tränenkanals:** 0.5cm Salbenstrang alle 2h; Rezidivpro.: 3-4 x 0.5cm Salbenstrang für 2-3d

Ciprofloxacin Rp	PRC C, Lact -
Ciloxan *AT (1ml = 3mg)*	**Hornhautulzera:** d1: h0-6 1Gtt./15min, h7-24 1Gtt./30min, d2: 1Gtt./h, d3-14: 1Gtt./4h; **bakterielle Konjunktivitis, Blepharitis:** 4 x 1Gtt. für 7d
Fusidinsäure Rp	
Fucithalmic *AT (1g enth. 10mg)*	**Bakterielle Konjunktivitis:** 2 x 1Gtt.
Levofloxacin Rp	
Oftaquix *AT (1ml = 5mg)*	**Bakterielle Infektion des vorderen Augenabschnitts:** d1+2: bis 8 x 1-2Gtt., d3-5: 4 x 1-2Gtt.
Ofloxacin Rp	PRC C, Lact -
Floxal *AT (1ml = 3mg); AS (1g enth. 3mg)* **Ofloxacin-Ophtal** *AT (1ml = 3mg)* **Oflaxacin-ratioph.** *AT (1ml = 3mg)* **Ofloxacin Stulln** *AT (1ml = 3mg)*	**Bakterielle Infektion des vorderen Augenabschnitts:** 4 x 1Gtt. bzw. 3-5 x 1cm Salbenstrang
Oxytetracyclin Rp	
Oxytetracyclin *AS (1g = 10mg)*	**Bakterielle Infektion des vorderen Augenabschnitts:** 3-6 x 1cm Salbenstrang
Polymyxin B + Neomycin + Gramicidin Rp	PRC C, Lact ?
Polyspectran *AT (1ml = 7.500+3.500I.E.+0.02mg)*	**Bakterielle Infektion des äußeren Auges und seiner Adnexe, Infektionspro. vor und nach Augen-OP:** 3-5 x 1Gtt.; in akuten Fällen alle 2h

15.2.3 Virustatika

Aciclovir Rp	PRC B, Lact ?
Acic-Ophtal, Acivision, Virupos, Zovirax *AS (1g enth. 30mg)*	**Keratitis durch Herpes-simplex-Virus:** 5 x 1cm Salbenstrang
Ganciclovir Rp	
Virgan *Augengel (1g enth. 1.5mg)*	**Keratitis durch H.-simplex-Virus:** 5 x 1Gtt. bis zur vollständigen Reepithelisierung der Cornea, dann 3 x 1Gtt. f. 7d, Behandlungsdauer max 21d

15.2.4 Antiseptika

Bibrocathol OTC	
Posiformin *AS (1g enth. 20mg)*	**Reizzustände des äußeren Auges, Blepharitis, Hordeolum, nichtinfizierte frische Hornhautwunden:** **Ki. > 12J/Erw.:** 3-5 x 0.5cm Salbenstrang

15.3 Antiphlogistika

15.3.1 Kortikoide

UW: Glaukom, Katarakt, Hornhautulcus, Sekundärinfektion;
KI: bakterielle, virale und pilzbedingte Augenerkrankungen, Verletzungen, Hornhautulzera

Dexamethason Rp	PRC C, Lact -
Dexapos, Dexa-sine, Isopto-Dex, Spersadex *AT (1ml = 1mg)* **Dexamethason Augensalbe, Isopto-Dex** *AS (1g enth. 1mg)* **Ozurdex** *Implantat 700µg*	**Nichtinfizierte akute u. chron. entzündl. Erkrankungen des vord. Augenabschnitts, Verätzungen, Verbrennungen, postop.:** 2-3 x 1-2Gtt., in akuten Fällen bis 6 x 1-2Gtt. an d1 bzw. 3-4 x 1cm Salbenstrang; **Makulaödem als Folge eines retinalen Venenast-/Zentralvenenverschluss:** 1 Impl. intravitreal; **DANI/DALI** nicht erf.
Fluocinolonacetonid Rp	
Iluvien *Implantat 190µg*	**Chron. diabetisches Makulaödem mit unzureichendem Ansprechen auf andere Therapien:** Implantat im betroffenen Auge applizieren, ggf. weiteres Implantat nach 12M
Fluorometholon Rp	PRC C, Lact ?
Efflumidex *AT (1ml = 1mg)* **Fluoropos** *AT (1ml = 1mg)*	**Nichtbakt. oder allerg. Entzündung des vorderen Augenabschnitts, postoperativ:** 2-4 x 1-2Gtt.
Hydrocortison Rp	PRC C (top), Lact ?
Ficortril *AS (1g enth. 5mg)* **Hydrocortison POS** *AS (1g enth. 10, 25mg)*	**Allerg. Veränderungen an Lid/Konjunktiven, nichtinfektiöse Konjunktivitis, Keratitis, Skleritis, nichtbakt. Uveitis (Iritis, Zyklitis, Chorioiditis), Retinitis:** 2-3 x 1cm Salbenstrang
Loteprednol Rp	
Lotemax *AT (1ml = 5mg)*	**Postop. Entzündung am Auge:** 4 x 1-2Gtt.
Prednisolon Rp	PRC C, Lact -
Inflanefran forte *AT (1ml = 10mg)* **Predni POS** *AT (1ml = 5, 10mg)* **Ultracortenol** *AT (1ml = 5mg); AS (1g enth. 5mg)*	**Nichtinfektiöse entzündliche Erkrankung des Auges, postoperative Entzündung:** 2-4 x 1Gtt. bzw. 2-4 x 0.5cm Salbenstrang
Rimexolon Rp	PRC C, Lact ?
Vexol *AT (1ml = 10mg)*	**Postoperative Entzündung, steroidempf. Entzündung:** 4 x 1Gtt.; **Uveitis:** W1: 1Gtt./h, W2: 1Gtt. alle 2h, W3: 4 x 1Gtt., W4: d1-4: 2 x 1Gtt., d5-7: 1 x 1Gtt.

15.3.2 Antibiotika-Kortikoid-Kombinationen

Gentamicin + Dexamethason Rp	
Dexa-Gentamicin, Dexamytrex *AT (1ml = 3+1mg); AS (1g enth. 3+0.3mg)*	**Infektion des vorderen Augenabschnitts/ Lidrands, allergische, superinfizierte Entzündung der Konjunktiven/des Lidrands:** 4-6 x 1Gtt. bzw. 2-3 x 0.5cm Salbenstrang

Neomycin + Polymyxin B + Dexamethason Rp	PRC C, Lact ?
Isopto-Max *AT (1ml = 3500IE+6000IE+1mg), AS (1g = 3500IE+6000IE+1mg)* **Maxitrol** *AT (1ml = 3500IE+6000IE+1mg)*	**Entzündung des vorderen Augenabschnitts, Infektionspro., periphere Keratitis, Blepharitis, Verätzungen:** 3-6 x 1-2Gtt. bzw. W1-2: 3-4 x 1cm Salbenstrang, dann Dosisreduktion

15.3.3 Nichtsteroidale Antiphlogistika

Wm/Wi (Nepafenac): antiphlogistisch und analgetisch wirkendes Prodrug ⇒ Umwandlung in Amfenac ⇒ Inhibition der Prostaglandin-H-Synthase;
UW (Nepafenac): Keratitis punctata;
KI (Nepafenac): bek. Überempfindlichkeit gegen bzw. NSAR, Reaktion auf ASS oder NSAR mit Asthma, Urtikaria oder akuter Rhinitis

Diclofenac Rp	PRC B, Lact ?
Diclo Vision *AT (1ml = 1mg)* **Voltaren ophtha** *AT (1ml = 1mg)* **Difen Stulln Ud** *AT (1ml = 1mg)*	**Postoperative Entzündung, chronische/ nichtinfektiöse Entzündung, Aufrechterhaltung der Mydriasis präop.:** 3-5 x 1Gtt.

Flurbiprofen Rp	PRC B, Lact ?
Ocuflur O.K. *AT (1ml = 0.3mg)*	**Postop. Entzündung des vorderen Augenabschnitts, Entz. nach Lasertrabekuloplastik:** 4 x 1Gtt.; **Vermeidung einer Miosis intraoperativ:** 2h vor OP alle 30min 1Gtt.

Ketorolac Rp	PRC C, Lact ?
Acular *AT (1ml = 5mg)* **Ketovision** *AT (1ml = 5mg)*	**Pro./Ther. postop. Entzündung nach Kataraktextraktion:** 3 x 1Gtt. für 3-4W, erstmalig 24h präop.

Nepafenac Rp	PRC C, Lact +
Nevanac *AT (1ml = 1mg)*	**Pro./Ther. postop. Entzündung nach Kataraktoperationen, Pro. postoperativer Makulaödeme nach Katarakt-OP bei Diabetikern:** 1 x 1Gtt. 30-120 min. präop., dann 3 x 1Gtt. für 21d bzw. 60d, erstmalig 24h präop.

15.3.4 Immunsuppressiva

Wm/Wi (Ciclosporin): Hemmung von Produktion bzw. Freisetzung proinflammatorischer Zytokine einschließlich IL-2 und T-Zell-Wachstumsfaktor;
UW (Ciclosporin): Erythem des Augenlids, verstärkte Produktion von Tränenflüssigkeit, okulare Hyperämie, verschwommenes Sehen, Augenlidödem, konjunktivale Hyperämie, Augenreizung, Augenschmerzen, Schmerzen an der Verabreichungsstelle;
KI (Ciclosporin): bek. Überempf.; akute oder vermutete okulare oder periokulare Infektion

Ciclosporin Rp	
Ikervis *AT (1ml = 1mg)*	**Schwere Keratitis bei trockenem Auge ohne Erfolg einer Tränenersatzmittel-Ther.:** 1 x 1Gtt.

15.4 Glaukommittel

15.4.1 Betablocker

UW: Auge: Bindehautreizung, trockenes Auge, Verschlechterung der Papillenperfusion; systemisch: Bronchospasmus, HF ↓, Hypotonie, Verstärkung einer Herzinsuffizienz;
KI: Herzinsuffizienz (NYHA III und IV), HF ↓, Asthma bronchiale

Betaxolol Rp	PRC C, Lact ?
Betoptima *AT (1ml = 5.6mg)*	**Chronisches Weitwinkelglaukom, okuläre Hypertension, Sekundärglaukom:** 2 x 1Gtt.
Carteolol Rp	PRC C, Lact ?
Arteoptic *AT (1ml = 10, 20mg)*	**Okuläre Hypertension, chronisches Weitwinkelglaukom:** 2 x 1Gtt.
Levobunolol Rp	PRC C, Lact -
Vistagan Liquifilm *AT (1ml = 5mg)*	**Okuläre Hypertension, chronisches Weitwinkelglaukom:** 2 x 1Gtt.
Metipranolol Rp	
Betamann *AT (1ml = 1, 3, 6mg)*	**Okuläre Hypertension, chronisches Weitwinkelglaukom, Glaukom bei Aphakie/ Linsenextraktion:** 2 x 1Gtt.
Timolol Rp	PRC C, Lact -
Arutimol, Chibro-Timoptol, Dispatim, Timo-Comod, Timo-Stulln, TimoHEXAL, Timolol 1A Pharma, Tim-Ophtal, Timo Vision *AT (1ml = 1, 2.5, 5mg)*	**Okuläre Hypertension, chronisches Offenwinkelglaukom, Aphakieglaukom, kindliches Glaukom:** 2 x 1Gtt.

15.4.2 Parasympathomimetika

UW (Pilocarpin): Linsenflattern, permanente vordere und hintere Synechien, Pupillarblock (bei engem Kammerwinkel und bestehender Linsentrübung), verminderte Sehschärfe bei Linsentrübung, gestörte Akkommodation mit vorübergehender Kurzsichtigkeit, Akkommodationsspasmen die bis zu 2–3h anhalten können, Pupillenverengung mit Störung des Sehens bei Dämmerung und Dunkelheit besonders bei Pat. < 40J, Muskelkrämpfe des Lids; **KI** (Pilocarpin): bek. Überempfindlichkeit, Iritis acuta und andere Erkrankungen, bei denen eine Pupillenverengung kontraindiziert ist

Pilocarpin Rp	PRC C, Lact ?
Pilomann *AT (1ml = 5, 10, 20mg)* **Spersacarpin** *AT (1ml = 5, 20mg)*	**Chron. Offenwinkelglaukom, chron. Engwinkelglaukom, Miosis nach Mydriatikagabe:** 2-4 x 1Gtt.; ölige Substanzen bzw. Gel z.N.; **akuter Glaukomanfall:** in den ersten 30min alle 5min 1Gtt. (0.5-1%), dann alle 15min 1Gtt. bis zum Erreichen des erforderlichen Druckniveaus

15.4.3 Sympathomimetika

Apraclonidin Rp	PRC C, Lact ?
Iopidine *AT (1 ml = 5mg)*	**Zusatzther.bei chron. Glaukom:** 3 x 1Gtt.
Brimonidintartrat Rp	PRC B, Lact -
Alphagan, Brimogen, Brimo Ophtal, Brimonidin HEXAL *AT (1ml = 2mg)*	**Okuläre Hypertension, Offenwinkelglaukom:** 2 x 1Gtt.
Clonidin Rp	PRC C, Lact ?
Clonid-Ophtal *AT (1ml = 0.625, 1.25mg)*	**Alle Formen des Glaukoms:** 2-3 x 1Gtt.

15.4.4 Carboanhydrasehemmer

Brinzolamid Rp	PRC C, Lact -
Azopt *AT (1ml = 10mg)* **Brinzolamid AL** *AT (1ml = 10mg)* **Brinzolamid-ratioph.** *AT (1ml = 10mg)*	**Okuläre Hypertension, Offenwinkelglaukom:** 2 x 1Gtt.
Dorzolamid Rp	PRC C, Lact -
Dorlazept *AT (1ml = 20mg)* **Dorzo Vision** *AT 1ml = 20mg* **Dorzolamid 1A** *AT (1ml = 20mg)* **Trusopt** *AT (1ml = 20mg)*	**Okuläre Hypertension, Offenwinkelglaukom, Pseudoexfoliationsglaukom:** 2-3 x 1Gtt.

15.4.5 Prostaglandin-Derivate

Bimatoprost Rp	PRC C, Lact ?
Bimato Vision *AT (1ml = 0.3mg)* **Bimatoprost HEXAL** *AT (1ml = 0.3mg)* **Lumigan** *AT (1ml = 0.1, 0.3mg)*	**Okuläre Hypertension, chronisches Offenwinkelglaukom:** 1 x 1Gtt.

Latanoprost Rp	PRC C, Lact ?
Arulatan, Latan-Ophtal, Latanoprost HEXAL, Monoprost, Xalatan *AT (1ml = 50µg)*	**Okuläre Hypertension, chronisches Offenwinkelglaukom:** 1 x 1Gtt.
Tafluprost Rp	
Taflotan *AT (1ml = 15µg)*	**Okuläre Hypertension, chronisches Offenwinkelglaukom:** 1 x 1Gtt.
Travoprost Rp	PRC C, Lact ?
Travatan *AT (1ml = 40µg)*	**Okuläre Hypertension, chron. Offenwinkelglaukom: Erw., Ki. ab 2M:** 1 x 1Gtt.
15.4.6 Kombinationen	
Bimatoprost + Timolol Rp	
Ganfort *AT (1ml = 0.3+5mg)*	**Okuläre Hypertension, Offenwinkelglaukom:** 1 x 1Gtt.
Brimonidin + Timolol Rp	
Combigan *AT (1ml = 2+5mg)*	**Okuläre Hypertension, chronisches Weitwinkelglaukom:** 2 x 1Gtt.
Brinzolamid + Timolol Rp	
Azarga *AT (1ml = 10+5mg)*	**Okuläre Hypertension, Offenwinkelglaukom:** 2 x 1Gtt.
Brinzolamid + Brimonidin Rp	
Simbrinza *AT (1ml = 10+2mg)*	**Okuläre Hypertension, Offenwinkelglaukom:** 2 x 1Gtt.
Dorzolamid + Timolol Rp	
Arutidor *AT (1ml = 20+5mg)* **Cosopt** *AT (1ml = 20+5mg)* **Dorzocomp Vision** *AT (1ml = 20+5mg)* **Dorzolamid HEXAL comp.** *AT (1ml = 20+5mg)* **Duokopt** *AT (1ml = 20+5mg)*	**Offenwinkelglaukom, Pseudoexfoliationsglaukom:** 2 x 1Gtt.
Latanoprost + Timolol Rp	
Arucom *AT (1ml = 0.05+5mg)* **Latanoprost HEXAL comp.** *AT (1ml = 0.05+5mg)* **Latanotim Vision** *AT (1ml = 0.05+5mg)* **Xalacom** *AT (1ml = 0.05+5mg)*	**Okuläre Hypertension, Offenwinkelglaukom:** 1 x 1Gtt.
Pilocarpin + Metipranolol Rp	
Normoglaucon *AT (1ml = 20+1mg)* **Normoglaucon Mite** *AT (1ml = 5+1mg)*	**Eng-, Weitwinkelglaukom:** 2-4 x 1Gtt.

Pilocarpin + Timolol Rp	
Fotil *AT (1ml = 20+5mg)* **TP-Ophtal** *AT (1ml = 10+5mg)*	**Okuläre Hypertension, Kapselhäutchen-, primäres Weitwinkelglaukom:** 2 x 1Gtt.
Travoprost + Timolol Rp	
Duotrav *AT (1ml = 0.04+5mg)*	**Offenwinkelglaukom, okuläre Hypertension:** 1 x 1Gtt.

15.4.7 Interna

Acetazolamid Rp	HWZ 4-8h, Qo 0.2, PPB 90%, PRC C, Lact -
Acemit *Tbl. 250mg* **Diamox** *Tbl. 250mg; Inj.Lsg. 500mg* **Glaupax** *Tbl. 250mg*	**Primäres/sekundäres Glaukom, nach Katarakt-, Glaukom-OP:** 125-500mg p.o.; 500mg langsam i.v./i.m.; **akutes Winkelblockglaukom:** ini 1 x 500mg p.o./i.v., dann 125-500mg p.o. alle 4h
Mannitol OTC	HWZ 71-100min, PRC C, Lact ?
Mannitol 10%, 15%, 20% *Inf.Lsg. 25g/250ml, 50g/500ml, 37.5g/250ml, 50g/250ml*	**Glaukom:** 1.5-2g/kg über 30min i.v.

15.5 Mydriatika und Zykloplegika

Atropin Rp	PRC C, Lact ?
Atropin-POS *AT (1ml = 5mg)*	**Ausschaltung der Akkommodation, Refraktionsbestimmung:** 3 x 1Gtt.; **akute/chron. intraokuläre Entzündung:** 1-2 x 1Gtt.; **Penalisation:** 1 x 1Gtt.; **Sprengung von Synechien:** 3 x 1Gtt.
Cyclopentolat Rp	PRC C, Lact ?
Cyclopentolat *AT (1ml = 5, 10mg)* **Zyklolat** *AT (1ml = 5mg)*	**Mydriasis zur Fundoskopie, Zykloplegie zur Refraktionsbestimmung:** 1 x 1Gtt., nach 5-10min wdh.; **Iritis, Iridozyklitis:** 1 x 1Gtt. alle 5-6h
Phenylephrin Rp	PRC C, Lact +
Neosynephrin-POS *AT (1ml = 50, 100mg)*	**Mydriasis zur Fundoskopie, Pro./Therapie hinterer Synechien:** 1-4 x 1Gtt.
Tropicamid Rp	PRC C, Lact ?
Mydriaticum *AT (1ml = 5mg)* **Mydrum** *AT (1ml = 5mg)*	**Diagnostische Mydriasis:** 1 x 1Gtt.
Tropicamid + Phenylephrin Rp	PRC C, Lact -
Mydriasert *Insert 0,28/5,4mg*	**Präoperative/diagnostische Mydriasis:** 1 Insert pro Auge, max. 2h vor Eingriff

15.6 Antiallergika

Azelastin OTC	
Allergodil akut *AT (1ml = 0.5mg)* **Azela Vision** *AT (1ml = 0.5mg)* **Vividrin akut Azela** *AT (1ml = 0.5mg)*	**Saisonale/perenniale allergische Konjunktivitis:** 2-4 x 1Gtt.
Cromoglicinsäure OTC	PRC B
Allergo Comod, Allergocrom, Cromo-HEXAL, Cromo-ratioph., Dispacromil, Vividrin *AT (1ml = 20mg)*	**Allergisch bedingte akute/chronische Konjunktivitis:** 4-8 x 1Gtt.
Emedastin Rp	
Emadine *AT (1ml = 0.5mg)*	**Saisonale, allergische Konjunktivitis:** 2-4 x 1Gtt.
Epinastin Rp	
Relestat *AT (1ml = 0.5mg)*	**Saisonale, allergische Konjunktivitis:** 2 x 1Gtt.
Ketotifen Rp	
Allergo Vision, Ketotifen Stulln, Zaditen ophtha, Zalerg ophtha *AT (1ml = 0.25mg)*	**Saisonale, allergische Konjunktivitis:** 2 x 1Gtt.
Levocabastin OTC	PRC C, Lact ?
Livocab *AT (1ml = 0.5mg)*	**Allergische Konjunktivitis, Conjunctivitis vernalis:** 2-4 x 1Gtt.
Lodoxamid OTC	
Alomide *AT (1ml = 1mg)*	**Allergische Konjunktivitis:** 4 x 1Gtt.
Olopatadin Rp	
Opatanol *AT (1ml = 1mg)*	**Saisonale, allergische Konjunktivitis:** 2 x 1Gtt.

15.7 Vasokonstriktiva

UW: Bindehautreizung, Bindehautverdickung, Glaukomanfall, Mydriasis, Akkommodationsstrg., Tachykardie, RR ↑, AP; **KI:** Engwinkelglaukom, Kinder < 2J

Naphazolin OTC	PRC C, Lact ?
Proculin *AT (1ml = 0.3mg)* **Televis Stulln** *AT (1ml = 0.1mg)*	**Nichtinfektiöse/allerg. Konjunkt.:** **Erw., Ki. > 6J:** 3-4 x 1Gtt.; **2-6J:** 2 x 1Gtt.
Phenylephrin OTC	PRC C, Lact +
Visadron *AT (1ml = 1.25mg)*	**Hyperämie der Konjunktiva, Konjunktivitis:** 1-5 x 1Gtt.

Tetryzolin OTC	
Berberil N, Ophtalmin N, Vasopos N, Visine Yxin *AT (1ml = 0.5mg)*	**Augenreizungen, allergische Entzündungen des Auges:** 2-3 x 1Gtt.
Tramazolin OTC	
Biciron *AT (1ml = 0.5mg)*	**Nichtinfektiöse Konjunktivitis:** 2-4 x 1Gtt.

15.8 Hornhautpflegemittel

Filmbildner (Povidon Polyvinylalkohol, Hyaluronsäure, Hypromellose, Carbomer) OTC	
Artelac, Celluvisc, Dispatenol, Lacrimal, Lac-Ophtalsystem, Lacrisic, Liquifilm, Protagent, Siccaprotect, Systane, Thilo-Tears	**Keratokonjunktivitis sicca, Nachbenetzung bei Tragen von Kontaktlinsen:** 4-6 x 1Gtt.
Dexpanthenol OTC	
Bepanthen *AS (1g enth. 50mg)* **Corneregel** *AT, AS (1ml = 50mg)* **Pan Ophtal** *AT (1ml = 50mg); AS (1g enth. 50mg)*	**Läsionen der Schleimhautoberfläche des Auges:** 2-4 x 1Gtt. bzw. 1cm Salbenstrang
Hyaluronsäure OTC	
Artelac Splash *AT (1ml = 2.4mg)* **Hylan** *AT (0.0975mg/0.65ml)* **Hylo Gel** *AT (1ml = 2mg)* **Xidan Edo** *AT (0.0975mg/0.65ml)*	**Keratokonjunktivitis sicca, Nachbenetzung bei Tragen von Kontaktlinsen:** 4-8 x 1Gtt.
Perfluorohexyloctan Rp	
Evotears *AT*	**Keratokonjunktivitis sicca, Nachbenetzung bei Tragen von Kontaktlinsen:** nach Bedarf mehrmals tgl. 1-2Gtt.
Trehalose OTC	
Thealoz *AT (1ml = 30mg)*	**Keratokonjunktivitis sicca, Nachbenetzung bei Tragen von Kontaktlinsen:** nach Bedarf mehrmals tgl. 1-2Gtt.
Trehalose + Hyaluronsäure OTC	
Thealoz Duo *AT, Gel (1ml = 30 + 1.5mg)*	**Keratokonjunktivitis sicca, Nachbenetzung bei Tragen von Kontaktlinsen:** nach Bedarf mehrmals tgl. 1-2Gtt.

15.9 Antineovaskuläre Mittel, Enzyme

Wm/Wi (Aflibercept): löslicher Köderrezeptor, der den vaskulären endothelialen Wachstumsfaktor A (VEGF-A) und den Plazenta-Wachstumsfaktor (PIGF) mit hoher Affinität bindet ⇒ hemmt die Bindung und Aktivierung der artverwandten VEGF-Rezeptoren;
Wm/Wi (Idebenon): Antioxidans ⇒ Wiederherstellung der zelluären ATP-Gewinnung ⇒ Reaktivierung retinaler Ganglienzellen; **Wm/Wi** (Ocriplasmin): proteolytisch auf Proteinbestandteile des Glaskörpers und der vitreoretinalen Grenzschicht ⇒ Auflösung der Proteinmatrix, die für abnorme vitreomakulare Adhäsion verantwortlich ist;
Wm/Wi (Pegaptanib): Oligonukleotid, bindet hochspezifisch an VEGF ⇒ Hemmung der Angiogenese, Gefäßpermeabilität ↓; **Wm/Wi** (Ranibizumab): Antikörper, der an den hum. endothelialen Wachstumsfaktor (VEGF) bindet;
Wm/Wi (Verteporfin): Photosensibilisator, nach Lichtapplikation entsteht Singulett-Sauerstoff, der zu Zellschäden und vaskulären Verschlüssen führt;
UW (Aflibercept): Bindehautentzündung, Augenschmerzen, Netzhautablösung, Einriss/Abhebung des retinalen Pigmentepithels, Netzhautdegeneration, Katarakt, Hornhautabrasion, Anstieg des Augeninnendrucks, verschwommenes Sehen, Glaskörperschlieren/-abhebung, Hornhautödem, Schmerzen/Blutungen an Inj.Stelle, Fremdkörpergefühl, Tränensekretion ↑, Augenlidödem, Bindehauthyperämie, okuläre Hyperämie;
UW (Idebenon): Nasopharyngitis, Diarrhoe, Husten, Rückenschmerzen;
UW (Ocriplasmin): Mouches volantes, Augenschmerzen, Bindehautblutung, Sehstörungen, Netzhaut-/Glaskörperblutung, Netzhautabriss/-ablösung/-degeneration, erhöhter intraokularer Druck, Makulaloch/-degeneration/-ödem, Ödem der Retina, Pigmentepithelerkrankung, Metamorphopsie, Glaskörperadhäsionen/-ablösung, Bindehautödem, Augenlidödem, Viritis, Iritis, Vorderkammerflackern, Photopsie, Bindehauthyperämie, okulare Hyperämie, Augenbeschwerden, Photophobie, Chromatopsie;
UW (Pegaptanib): Endophthalmitis, Glaskörper-/Netzhautblutungen, Netzhautablösungen, Augenschmerzen, Kopfschmerzen, erhöhter Augeninnendruck, Keratitis punctata, Mouches volantes, Glaskörpertrübungen, Konjunktivitis, Hornhautödem;
UW (Verteporfin): Übelkeit, Photosensibilitätsreaktionen, Rückenschmerzen, Pruritus, Asthenie, Schmerzen an der Injektionsstelle, Sehstörung, Visusverschlechterung, subretinale Hämorrhagie, Störung der Tränenbildung;
UW (Ranibizumab): Übelkeit, Kopfschmerzen, Bindehautblutung, Augenschmerzen, Mouches volantes, retinale Einblutungen, Erhöhung des Augeninnendrucks, Glaskörperabhebung, intraokulare Entzündungen, Augenirritation, Katarakt, Fremdkörpergefühl, Blepharitis, subretinale Fibrose, okulare Hyperämie, Visusverschlechterung, trockenes Auge, Vitritis, Konjunktivitis, retinale Exsudation, lokale Reaktionen an der Injektionsstelle, verstärkter Tränenfluss, Pruritus des Auges, Konjunktivitis, Makulopathie, Abhebung des retinalen Pigmentepithels;
KI (Aflibercept): Überempf., bestehende oder vermutete (peri-)okulare Infektion, schwere intraokulare Entzündung; **KI** (Idebenon): bek. Überempf.;
KI (Ocriplasmin): bek. Überempf., okulare/periokulare Infektion;
KI (Pegaptanib): bek. Überempf., okuläre/periokuläre Infektionen, Grav.;
KI (Ranibizumab): bek. Überempf., okuläre/periokuläre Infektionen, schwere intraokuläre Entzündung, Grav.;
KI (Verteporfin): Porphyrie, bekannte Überempfindlichkeit, schwere Leberfktsstörung, Grav.

Aflibercept Rp	PRC C, Lact ?
Eylea *Inj.Lsg. 4mg/100µl*	**Neovaskuläre altersabhängige Makuladegeneration:** 2mg intravitreal alle 4W für 12W, dann 2mg alle 8W; **Makulaödem infolge retinalen Venenverschlusses:** 2mg intravitreal alle 4W; **diabet Makulaödem:** 2mg intravitreal alle 4W für 20W, dann 2mg alle 8W; **myope choroidale Neovaskularisation:** einmalig 2mg intravitreal; **DANI, DALI** nicht erforderlich
Idebenon Rp	PPB 96%
Raxone *Tbl. 150mg*	**Lebersche hereditäre Opitkusneuropathie:** 3 x 300mg p.o.; **DANI, DALI** vorsichtige Anw., keine Daten
Ocriplasmin Rp	
Jetrea *Inj.Lsg. 0.5mg/0.2ml*	**Vitreomakuläre Traktion:** 0.125mg intravitreal, einmalige Anw.; **DANI, DALI** nicht erforderlich
Pegaptanib Rp	
Macugen *Fertigspr. 0.3mg*	**Neovaskuläre altersabhängige Makuladegeneration:** 0.3mg intravitreal alle 6W; **DANI, DALI** nicht erforderlich
Ranibizumab Rp	
Lucentis *Inj.Lsg. 3mg/0.3ml*	**Neovaskuläre altersabhängige Makuladegeneration: 0.5mg intravitreal alle 4W; DANI, DALI nicht erforderlich**
Verteporfin Rp	PPB 90%
Visudyne *Inf.Lsg. 15mg*	**Neovaskuläre altersabhängige Makuladegeneration:** 6mg/m^2 über 10min i.v., dann Lichtaktivierung durch Laser auf die neovaskulären Läsionen; 1-4 x/J; **DALI** KI bei schwerer Leberfunktionsstrg.

15.10 Neutralisierungslösungen bei Verätzungen

Natriumdihydrogenphosphat OTC	
Isogutt MP *Lsg. 250ml*	**Verätzungen am Auge:** Bindehautsack sofort kräftig spülen, bis schädigender Stoff ausgespült ist

16 HNO

16.1 Rhinologika

16.1.1 Sympathomimetika

Wm/Wi: alpha-adrenerg wirkende Sympathomimetika ⇒ Vasokonstriktion ⇒ Schleimhautabschwellung; **UW** (Naphazolin): Herzklopfen, Pulsbeschleunigung, Blutdruckanstieg, Brennen und Trockenheit der Nasenschleimhaut, nach Abklingen der Wirkung stärkeres Gefühl einer „verstopften Nase" durch reaktive Hyperämie; **UW** (Xylometazolin): reaktive Hyperämie; **KI** (Naphazolin): bek. Überempf., Rhinitis sicca, Grav. (1. Trimenon), Engwinkelglaukom, Z.n. transsphenoidaler Hypophysektomie oder anderen operativen Eingriffen, die die Dura Mater beschädigen; **KI** (Xylometazolin): bek. Überempf., Rhintis sicca, Ki. < 6J

Naphazolin OTC	PRC C, Lact ?
Privin *Lsg. (1ml = 1mg)* **Rhinex Nasenspray** *Spray (1g enth. 0.5mg)*	**Entzündliche Schleimhautschwellung der Nase/NNH:** 1-6 x 1-2Gtt. bzw. Sprühstöße
Oxymetazolin OTC	HWZ 5-8h, PRC C, Lact ?
Nasivin *NT (1ml = 0.1, 0.25, 0.5mg); Spray (1ml = 0.25, 0.5mg)* **Wick Sinex** *Spray (1ml = 0.5mg)*	**Entzündliche Schleimhautschwellung der Nase/NNH:** 1-3 x 1-2Gtt. bzw. Sprühstöße
Tramazolin OTC	
Rhinospray *Spray (1ml = 1mg)*	**Entzündliche Schleimhautschwellung der Nase/NNH:** 1-3 x 1-2Gtt. bzw. Sprühstöße
Xylometazolin OTC	
Nasengel/-spray-ratioph. *Gel (1g enth. 1mg); Spray (1Hub = 0.045, 0.09mg)* **Nasentropfen-ratioph.** *NT (1ml = 0.5, 1mg)* **Olynth** *NT (1ml = 0.25, 0.5, 1mg); Gel (1g enth. 0.5mg)* **Otriven** *NT (1ml = 0.25, 0.5mg); Spray (1ml = 0.5, 1mg); Gel (1g enth. 1mg)* **Snup** *Spray (1ml = 0.5, 1mg)*	**Entzündliche Schleimhautschwellung der Nase/NNH:** 1-3 x 1-2Gtt. bzw. Sprühstöße

16.1.2 Antihistaminika

Siehe auch Pneumologie - Antihistaminika → 97

Azelastin Rp	
Allergodil *Spray (1ml = 1mg)*	**Allergische Rhinitis:** 2 x 1 Sprühstoß
Cromoglicinsäure OTC	
CromoHEXAL, Cromo-ratioph., Vividrin gegen Heuschnupfen *Spray (1ml = 20mg)*	**Allergische Rhinitis:** 4 x 1 Sprühstoß
Levocabastin OTC	
Livocab *Spray (1ml = 0.5mg)*	**Allergische Rhinitis:** 2-4 x 2 Sprühstöße

16.1.3 Kortikoide

Beclometason Rp	PPB 87%
Beclomet Nasal *Spray (1 Hub = 0.1mg)* **Beclometason-ratioph.** *Spray (1 Hub = 0.05, 0.1mg)* **Beclorhinol, Beconase** *Spray (1 Hub = 0.05mg)* **Rhinivict** *Spray (1 Hub = 0.05, 0.1mg)*	**Allergische Rhinitis, Nasenpolypen:** 2-4 x 0.1mg
Budesonid Rp	HWZ 2-3h, PPB 86-90%, PRC C, Lact ?
Aquacort, Budapp, Budes *Spray (1 Hub = 0.05mg)* **Pulmicort Topinasal** *Spray (1 Hub=64µg)*	**Allergische Rhinitis, Nasenpolypen:** 2 x 1 Sprühstoß
Dexamethason Rp	
Dexa Rhinospray N sine, Solupen sine *Spray (1 Hub = 10.26µg)* **Dexa Siozwo** *Nasensalbe (1g enth. 0.181mg)*	**Allergische Rhinitis: Erw., Ki. ab 6J:** 3 x 1-2 Sprühstöße; 3-4 x 1cm Salbenstrang in jede Nasenöffnung
Flunisolid Rp	HWZ 1-2h, PRC C, Lact ?
Syntaris *Spray (1ml = 0.25mg)*	**Allergische Rhinitis:** 2-3 x 2 Sprühstöße
Fluticason Rp	HWZ 7.8h, PPB 81-95%, PRC C, Lact ?
Avamys *Spray (1 Hub = 22.7µg)* **Flutide Nasal** *Spray (1 Hub = 0.05mg)* **Otri Allergie Fluticason** *Spray (1 Hub = 0.05mg)*	**Allergische Rhinitis:** 1-2 x 2 Sprühstöße; **Nasenpolypen:** 1-2 x 0.2ml in jedes Nasenloch
Mometason Rp	HWZ 6h, PRC C, Lact ?
Aphiasone *Spray (1 Hub = 0.05mg)* **Mometa HEXAL** *Spray (1 Hub = 0.05mg)* **Mometason Abz** *Spray (1 Hub = 0.05mg)* **Mometason-ratioph.** *Spray (1 Hub = 0.05mg)* **Nasonex** *Spray (1 Hub = 0.05mg)*	**Allergische Rhinitis: Erw., Ki. ab 12J:** 1 x 2 Sprühstöße in jedes Nasenloch; **Ki. 3-11J:** 1 x 1 Sprühstoß; **Nasenpolypen: Erw.:** 1 x 2 Sprühstöße
Triamcinolon Rp	HWZ 3h, PRC C, Lact ?
Nasacort *Spray (1 Hub = 0.05mg)* **Rhinisan** *Spray (1 Hub = 0.05mg)*	**Allergische Rhinitis: Erw., Ki. ab 12J:** 1 x 2 Sprühstöße in jedes Nasenloch; **Ki. 6-11J:** 1 x 1 Sprühstoß

16.1.4 Antihistaminika + Kortikoide

Wm/Wi (Azelastin + Fluticason): synergistischer Effekt durch H_1-Rezeptorblockade und entzündungshemmende Wirkung; **UW** (Azelastin + Fluticason): Kopfschmerzen, unangenehmer Geschmack/Geruch; **KI** (Azelastin + Fluticason): bekannte Überempfindlichkeit

Azelastin + Fluticason Rp	
Dymista *Spray (1 Hub = 130 + 50µg)*	**Allergische Rhinitis: Erw., Ki ab 12J:** 2 x 1 Sprühstoß in jedes Nasenloch

16.1.5 Topische Antibiotika

Wm/Wi: Kompetitive Hemmung der bakteriellen Isoleucyl-Transfer-RNA-Synthetase; **UW:** Reaktionen an der Nasenschleimhaut; **KI:** bek. Überempfindlichkeit, Anw. bei Sgl.

Mupirocin Rp	
Bactroban *Salbe (1g enth. 20mg)* **Turixin** *Salbe (1g enth. 20mg)*	**Elimination von Staphylokokken einschließl. Methicillin-resistenter Stämme aus der Nasenschleimhaut: Erw. und Ki.:** ca. 2mm Salbenstrang 2-3 x/d in die Nase

16.2 Nasale Dekongestiva + Antihistaminikum

Wm/Wi (Pseudoephedrin): Alpha-sympathomimetisch ⇒ Vasokonstriktion ⇒ Abschwellen der Nasenschleimhaut; **UW** (Pseudoephedrin + Cetirizin): Nervosität, Schlaflosigkeit, Schwindel, Kopfschmerzen, Somnolenz, Gleichgewichtsstrg., Tachykardie, Mundtrockenheit, Übelkeit, Asthenie; **UW** (Pseudoephedrin + Triprolidin): Müdigkeit, Hypertonie; **KI** (Pseudoephedrin + Cetirizin/Triprolidin): bek. Überempfindlichkeit, Glaukom, Komb. mit MAO-Hemmern, schwere Nierenenerkr., Harnverhalt, schwere Hypertonie, Tachyarrhythmien, ischämische Herzkrankheiten, Hyperthyreose, hämorrhag. Schlaganfall, Grav.

Pseudoephedrin + Cetirizin OTC	
Reactine Duo *Tbl. 120 + 5(ret.)mg*	**Allerg. Rhinitis mit nasaler Kongestion: Erw. bis 60J, Ki. > 12J:** 2 x 120 + 5mg p.o., für max. 14d; **DANI, DALI** KI
Pseudoephedrin + Triprolidin OTC	
Rhinopront Kombi *Tbl. 60 + 2.5mg*	**Allergische oder vasomotorische Rhinitis mit nasaler Kongestion: Erw. bis 60J, Ki. > 12J:** 3 x 60 + 2.5mg p.o. für max. 10d; **DANI, DALI** KI bei schwerer NI, LI

16.3 Otologika

Phenazon + Procain OTC	
Otalgan *OT (1g enth. 50+10mg)*	**Otitis externa, Otitis media: Erw., Ki. > 15J:** 3-4 x 5Gtt.; **Ki. bis 14J:** 3-4 x 2-3Gtt.
Docusat + Ethanol OTC	
Otitex *OT (1ml enth. 50+150mg)* **Otowaxol** *OT (1ml enth. 50+150mg)*	**Entfernung überschüssigen Cerumens:** 10Gtt. in den äußeren Gehörgang, nach 5-10min ausspülen
Dexamethason + Cinchocain Rp	
Otobacid N *OT (1ml = 0.22+5.6mg)*	**Entzündl. Erkr. von Ohrmuschel/Gehörgang, Gehörgangsekzem:** 3-4 x 2-4Gtt.

Ciprofloxacin Rp	
Ciloxan *OT (1ml = 3mg)* **Infectocipro** *OT (1ml = 2mg)* **Panotile Cipro** *OT (0.5ml = 1mg)*	**Otitis externa, chron. eitrige Otitis media:** Ciloxan: 2 x 4Gtt.; **Ki. ab 1J:** 2 x 3Gtt.; Infectocipro: **Erw. u. Ki. ab 1J:** 2 x 0.5mg; Panotile: **Erw. u. Ki. ab 2J:** 2 x 1 Pipette
Ciprofloxacin + Dexamethason Rp	
Cilodex *OT (1ml = 3+1mg)*	**Otitis media mit Paukenröhrchen, Otitis ext.: Erw., Ki. ≥ 6M:** 2 x 4Gtt. f. 7d
Ciprofloxacin + Fluocinolonacetonid Rp	
Infectociprocort *OT (1ml = 3+0.25mg)*	**Otitis ext.: Erw., Ki. ≥ 7J:** 3 x 4-6Gtt. f. 8d
Polymyxin B + Neomycin + Gramicidin Rp	
Polyspectran *OT (1ml = 7500IE+3500IE+0.02mg)*	**Otitis externa:** 3-5 x 2-3 Gtt.

16.4 Weitere Hals-Rachen-Therapeutika

16.4.1 Antiseptika

Wm/Wi (Chlorhexidin, Hexamidin): lokal antiseptisch; **UW** (Chlorhexidin): keine sehr häufigen bzw. häufigen UW; **UW** (Hexamidin): allerg. Schleimhautreaktionen; **KI** (Chlorhexidin): bek. Überempf., Asthma bronchiale, Wunden, Ulzerationen, erosiv-desquamative Veränderungen der Mundschleimhaut; Grav., Lakt.; **KI** (Hexamidin): bek. Überempf.

Chlorhexidindiglukonat OTC	
Chlorhexamed *Lsg. (1ml enth. 1, 2mg)*	**Zur vorübergehenden Keimzahlminderung d. Mundhöhle, Gingivitis, eingeschränkte Mundhygienefähigkeit:** 2 x tgl. Mundspülung mit je 15ml
Hexamidin OTC	
Laryngomedin N *Spray (1g enth. 1mg)*	**Bakterielle Entzündungen der Mund/Rachenschleimhaut:** mehrmals/d 1-2 Hübe

16.4.2 Lokalanästhetika

Benzocain OTC	
Anästhesin *Lutschtbl. 8mg* **Angin HEXAL Dolo** *Lutschtbl. 8mg* **Benzocain 1A** *Lutschtbl. 8mg*	**Schmerzhafte Beschwerden in Mund- und Rachenraum:** Erw., **Ki. >16J:** n. Bed. 1 Lutschtbl./2h, max. 6 Lutschtbl./d
Lidocain OTC	
Dynexan Mundgel *Gel (1g enth. 20mg)*	**Schmerzen an Mundschleimhaut, Zahnfleich und Lippen:** 4-8 x/d erbsengroßes Stück Gel auftragen und leicht einmassieren

16.4.3 Antiseptika-Kombinationen

Wm/Wi (Benzalkonium, Cetrimonium): quartäre Ammoniumverbindungen mit hoher Oberflächenaktivität, die sowohl grampositive als auch gramnegative Keime erfassen; **Wm/Wi** (Tyrothricin): Polypeptidantibiotikum mit bakterizider Wi gegen grampos. Keime; **UW:** Überempfindlichkeitsreaktionen; **KI:** bekannte Überempfindlichkeit

Benzalkonium + Benzocain + Tyrothricin OTC

Dorithricin *Lutschtbl. 1+1.5+0.5mg*	**Halsentzündung mit Schluckbeschwerden:** alle 2-3h 1Tbl. lutschen

Cetrimonium + Lidocain + Tyrothricin OTC

Lemocin *Lutschtbl. 2+1+4mg*	**Halsentzündung mit Schluckbeschwerden:** alle 1-3h 1Tbl. lutschen, max. 8Tbl./d

16.4.4 Antiphlogistika

Wm/Wi (Benzydamin): Indazolderivat mit antiphlogistischen, lokalanästhetischen, bakteriziden und fungiziden Eigenschaften;
UW (Benzydamin)**:** keine sehr häufigen bzw. häufigen UW;
KI (Benzydamin)**:** bekannte Überempfindlichkeit

Benzydamin OTC

Tantum Verde *Lutschtbl. 3mg; Spray, Lsg. (1ml enth. 1.5mg)*	**Schmerzen und Reizungen in Mund- und Rachenraum:** Erw., **Ki. > 6J:** 1 Lutschtbl. 3 x/d; 2-5 x/d mit 15ml Lsg. spülen bzw. gurgeln; bis 5 x 6 Sprühstöße in den Rachen

17 Urologie

17.1 Urospasmolytika

Wm: Parasympatholytisch durch Blockade des Muscarinrezeptors, v.a. direkte Einwirkung auf die glatte Muskulatur (papaverinartig);
Wi: Tonussenkung der glatten Muskulatur von Magen-Darm- und Urogenitaltrakt;
UW: Schweißdrüsensekretion ↓, Mundtrockenheit, Tachykardie, Akkommodationsstrg., Glaukomanfall, abdominelle Schmerzen, Diarrhoe, Obstipation, Dysurie, Schlaflosigkeit;
KI: Glaukom, Blasenentleerungsstrg. mit Restharn, Tachyarrhythmie, Stenosen im GI-Trakt, toxisches Megacolon, Myasthenia gravis, Grav./Lakt., gleichz. Anw. von CYP3A4 -Hemmern bei mäßiger/schwerer LI/NI, schwere Colitis ulcerosa, Child-C;

Darifenacin Rp	PPB 98%
Emselex *Tbl. 7.5(ret.), 15(ret.)mg*	**Dranginkontinenz, Pollakisurie, imperativer Harndrang:** 1 x 7.5mg p.o., ggf. nach 2W steigern auf 1 x 15mg; **DANI** nicht erforderlich; **DALI** Child B-C: max. 7.5mg/d
Desfesoterodin Rp	HWZ 7 h, PPB 50%
Tovedeso *Tbl. 3.5(ret.), 7(ret.)mg*	**Dranginkontinenz, Pollakisurie, imperativer Harndrang:** 1 x 3.5mg p.o., max. 1 x 7mg/d; **DANI** CrCl < 30: max. 3.5mg/d; **DALI** Child B: max. 3.5mg/d, Child C: KI; s. FachInfo b. Komb. mit CYP3A4-Hemmern
Fesoterodin Rp	HWZ 7h, PPB 50%
Toviaz *Tbl. 4(ret.), 8(ret.)mg*	**Dranginkontinenz, Pollakisurie, imperativer Harndrang:** 1 x 4mg p.o., max. 1 x 8mg/d p.o.; **DANI** CrCl > 30: 100%, < 30: max. 4mg/d p.o.; **DALI** Child B: max. 4mg/d, Child C: KI
Flavoxat OTC	HWZ 3h PRC B, Lact ?
Spasuret *Tbl. 200mg*	**Dranginkontinenz, Pollakisurie, imperativer Harndrang:** 3-4 x 200mg p.o.
Oxybutynin Rp	HWZ 1.1-2.3h, Q0 1.0, PRC B, Lact ?
Dridase *Tbl. 5mg* **Kentera** *TTS 3.9mg/24h* **Oxybutynin-ratioph.** *Tbl. 2.5, 5mg* **Spasyt** *Tbl. 5mg*	**Dranginkontinenz, Pollakisurie, imperativer Harndrang:** 3 x 2.5-5mg p.o.; ini 1 x 5mg (ret.), ggf. steigern um 5mg/W, max. 20mg/d; **Ki. > 5J:** ini 2 x 2.5mg p.o., max. 0.3-0.4mg/kg/d; TTS: alle 3-4d wechseln; **DANI** nicht erforderlich

Propiverin Rp	HWZ 20h, Qo 0.9, PPB 90%
Mictonetten *Tbl. 5, 10mg* **Mictonorm** *Tbl. 15mg; Kps. 30(ret.), 45(ret.)mg* **Prodrom** *Tbl. 5, 15mg* **Proges** *Tbl. 5, 15mg* **Pronenz** *Tbl. 15mg* **Propiverin AL** *Tbl. 5, 15mg* **Propiverin HEXAL** *Tbl. 5, 15mg*	**Dranginkontinenz, Pollakisurie, imperativer Harndrang:** 2-3 x 15mg p.o.; 1 x 30-45mg (ret.); **Ki. ab 5J:** 0.8mg/kg/d in 2-3- Einzelgaben; **DANI** CrCl >30: 100%, vorsichtige Anw.; < 30: max. 30mg/d; **DALI** mittelschwere bis schwere LI: Anw. nicht empfohlen
Solifenacin Rp	HWZ 45-68h
Vesicare *Tbl. 5, 10mg* **Vesikur** *Tbl. 5, 10mg*	**Dranginkontinenz, Pollakisurie, imperativer Harndrang:** 1 x 5mg p.o., ggf. 1 x 10mg; **DANI** CrCl > 30: 100%; < 30: max. 5mg/d; **DALI** Child-Pugh 7-9: max. 5mg/d
Tolterodin Rp	HWZ 1.9-3.7h, PPB 96%, PRC C, Lact -
Detrusitol *Tbl. 1, 2mg; Kps. 4(ret.)mg* **Tolterodin Puren** *Tbl. 1, 2mg; Kps. 4(ret.)mg* **Tolterodin HEXAL** *Tbl. 1, 2mg; Kps. 4(ret.)mg*	**Dranginkontinenz, Pollakisurie, imperativer Harndrang:** 2 x 2mg p.o.; 1 x 4mg (ret.) p.o.; **DANI** CrCl < 30: max. 2mg/d; **DALI** max. 2mg/d
Trospiumchlorid Rp	HWZ 5-21h
Spasmex *Tbl. 5, 15, 30, 45mg; Amp. 1.2mg/2ml, 2mg/2ml* **Spasmolyt** *Tbl. 5, 10, 20, 30mg* **Spasmo-Urgenin TC** *Tbl. 5mg* **Trospi** *Tbl. 30mg* **Urivesc** *Kps. 60(ret.)mg*	**Dranginkontinenz, Pollakisurie, imperativer Harndrang, Spasmen der glatten Muskulatur:** 3 x 15mg, 2 x 20mg p.o. oder 30-0-15mg; 1 x 60mg (ret.) p.o; **Magen-Darm-Diagnostik:** 1.2-2mg i.v.; **DANI:** CrCl 10-30: max. 20mg/d

17.2 Prostatamittel

Wm/Wi (Alfuzosin, Silodosin, Tamsulosin, Terazosin): selektive Blockade von Alpha-1-Rezeptoren in der glatten Muskulatur von Prostata und Blasenhals ⇒ Urinflussrate ↑;
Wm/Wi (Dutasterid, Finasterid): Hemmung der 5-Alpha-Reduktase ⇒ Umwandlungshemmung von Testosteron in Dihydrotestosteron ⇒ Rückbildung der Hyperplasie;
Wm/Wi (Silodosin): Antagonismus am Alpha-1A-Rezeptor ⇒ Entspannung der glatten Muskulatur ⇒ Verminderung des Blasenauslasswiderstandes;
UW (Alfuzosin, Tamsulosin, Terazosin): Schwindel, orthostatische Hypotension, Kopfschmerzen, Herzklopfen, retrograde Ejakulation; **UW** (Dutasterid): Potenzstörung, Libidoverlust, Gynäkomastie, Ejakulationsstörung; **UW** (Finasterid): Potenzstörung, Libidoverlust, Gynäkomastie, Ejakulationsstörung, Cave: Tablettenbruch darf von schwangeren Frauen nicht berührt werden! **UW** (Silodosin): retrograde Ejakulation, Anejakulation, Schwindel, orthostatische Hypotonie, Nasenverstopfung, Diarrhoe;
KI (Alfuzosin, Tamsulosin, Terazosin): orthostatische Dysregulation, schwere Leberinsuffizienz;
KI (Dutasterid, Finasterid): schwere Leberinsuffzienz, Anwendung bei Frauen;
KI (Silodosin): bekannte Überempfindlichkeit

Alfuzosin Rp	HWZ 4-6h, Q0 0.9, PPB 90%
Alfunar *Tbl. 10(ret.)mg* **Alfuzosin HEXAL** *Tbl. 10(ret.)mg* **Alfuzosin Winthrop** *Tbl. 2.5, 5(ret.), 10(ret.)mg* **Uroxatral** *Tbl. 2.5, 10(ret.)mg*	**Benigne Prostatahyperplasie:** 2-3 x 2.5mg p.o.; 1-2 x 5mg (ret.); 1 x 10mg (ret.)
Finasterid Rp	HWZ 6-8h, Q0 1.0, PPB 93%
Finamed, Finasterid HEXAL, Finasterid-ratioph., Finasterid Sandoz, Finural, Proscar, Prosmin *Tbl. 5mg*	**Benigne Prostatahyperplasie:** 1 x 5mg p.o.; **DANI** nicht erforderlich; **DALI** keine Daten
Dutasterid Rp	HWZ 3-5W, PPB > 99,5%
Avodart *Kps. 0.5mg* **Dutascar** *Kps. 0.5mg*	**Benigne Prostatahyperplasie:** 1 x 0.5mg p.o.; **DANI** nicht erforderl.; **DALI** leichte bis mittelschwere LI: vorsichtige Anw.; schwere LI: KI
Dutasterid + Tamsulosin Rp	
Duodart *Kps. 0.5 + 0.4mg*	**Benigne Prostatahyperplasie:** 1 x 0.5+0.4mg p.o.; **DANI** nicht erforderl.; **DALI** leichte bis mittelschwere LI: vorsichtige Anw.; schwere LI: KI
Silodosin Rp	HWZ 40-52h, PPB 95%
Urorec *Kps. 4, 8mg*	**Benigne Prostatahyperpl.:** 1 x 8mg p.o.; **DANI** CrCl 30-50: ini 4mg, ggf. nach 1W 1 x 8mg; < 30: Anwendung nicht empfohlen; **DALI** leichte bis mittelschwere LI: 100%; schwere LI: Anwendung nicht empfohlen
Sitosterin (Phytosterol) OTC	
Harzol *Kps. 10mg* **Sitosterin Prostata** *Kps. 10mg*	**Benigne Prostatahyperplasie:** 3 x 20mg p.o.; 2 x 65mg
Tamsulosin Rp	HWZ 9-13h, Q0 0.9, PPB 99%, PRC B, Lact -
Alna Ocas, Omnic Ocas, Omsula, Prostadil, Prostazid, Tadin, Tamsu-Astellas, Tamsulosin Beta, Tamsulosin HEXAL *Kps. 0.4(ret.)mg*	**Benigne Prostatahyperplasie:** 1 x 0.4mg (ret.) p.o.; **DANI** nicht erforderlich; **DALI** KI bei schwerer LI
Terazosin Rp	HWZ 9-12h, Q0 0.95, PPB 92%, PRC C, Lact ?
Flotrin *Tbl. 1, 2, 5, 10mg* **Terablock** *Tbl. 2, 5mg* **Teranar** *Tbl. 1, 2, 5mg* **Tera Tad** *Tbl. 2, 5, 10mg* **Terazosin HEXAL** *Tbl. 2, 5mg*	**Benigne Prostatahyperplasie:** ini 1 x 1mg p.o., nach 7d 1 x 2mg, Erh.Dos. 2-5mg/d; max. 10mg/d; **DANI** nicht erforderlich; **DALI** vorsichtige Anw.; schwere LI: Anw. nicht empfohlen

17.3 Erektile Dysfunktion

Wm (Alprostadil): Prostaglandinvermittelte Vasodilatation des Corpus cavernosum; **Wm/Wi** (Avanafil, Sildenafil, Tadalafil, Vardenafil): selektive Hemmung der cGMP-spezifischen Phosphodiesterase (PDE5) ⇒ cGMP im Corpus cavernosumm bei sexueller Erregung ⇒ Relaxierung der glatten Muskulatur ⇒ Bluteinstrom ↑ ⇒ Erektion; **Wm/Wi** (Yohimbin): Blockade zentraler Alpha-2-Rez. ⇒ erektionsfördernde Efferenzen ↑; **UW** (Avanafil, Sildenafil, Tadalafil, Vardenafil): Kopfschmerz, Flush, Schwindel, Hitzegefühl, Nasenverstopfung, Dyspepsie, Muskelschmerzen, Rückenschmerzen; **UW** (Yohimbin): Tremor, Erregungszustände; **KI** (Avanafil): Herzinfarkt, Schlaganfall oder eine lebensbedrohliche Arrhythmie in den vergangenen 6 M; anhaltender Hypotonie < 90/50 mmHg oder Hypertonie > 170/100mmHg; instabile Angina pectoris, Angina pectoris während des Geschlechtsverkehrs, Herzinsuffiz. (≥ NYHA II); schwere Leberfunktionsstörung (Child C), schwere Nierenfunktionsstörung (Krea-Clearance < 30 ml/min); nicht arteriitische anteriore ischämische Optikusneuropathie (NAION); bekannte erbliche degenerative Netzhauterkrankungen, gleichzeitige Einnhame von starken CYP3A4-Inhibitoren anwenden (u.a. Ketoconazol, Ritonavir, Atazanavir, Clarithromycin, Indinavir, Itraconazol, Nefazodon, Nelfinavir, Saquinavir und Telithromycin); **KI** (Sildenafil, Tadalafil, Vardenafil): bek. Überempfindlichkeit; instabile Angina pectoris, schwere Herz- oder Leberinsuffizienz, Z.n. Schlaganfall/Herzinfarkt, Retinitis pigmentosa; gleichzeitige Anw. v. Nitraten; **KI** (Yohimbin): Hypotonie

Alprostadil Rp	HWZ 5-10(0.5)min, PRC X, Lact -
Caverject *Inj.Lsg. 10, 20µg* **Muse** *Stäbch. 250, 500, 1000µg* **Viridal** *Inj.Lsg. 10, 20, 40µg*	**Erektile Dysfunktion:** ini 1.25-2.5µg intrakavernös, je nach Wi steigern: 2.5-5-7.5-10µg, max. 40µg; ini 250µg intraurethral, je nach Wi steigern auf 500-1000µg

Avanafil Rp-L!	HWZ 6-17h PPB 99%, PRC X, Lact -
Spedra *Tbl. 50, 100, 200mg*	**Erektile Dysfunktion:** ini 100mg p.o. 0.5h vor Koitus, je nach Wi Dosisanpassung auf 50 bzw. 200mg, max. 200mg; max. 1 x/d; **DANI** CrCl ≥ 30: 100%; < 30: KI; **DALI** Child A, B: mit niedrigst wirks. Dosis beginnen; C: KI

Sildenafil Rp-L!	HWZ 4h, Q_0 > 0.85, PPB 96%, PRC B, Lact -
Duraviril *Tbl. 25, 50, 100mg* **Ereq** *Tbl. 50, 100mg* **Sildegra** *Tbl. 25, 50, 100mg; Lingualtbl. 25, 50, 100mg* **SildeHEXAL** *Tbl. 25, 50, 100mg* **Sildenafil-ratioph.** *Tbl. 25, 50, 75, 100mg* **Viagra** *Tbl. 25, 50, 100mg*	**Erektile Dysfunktion:** ini 50mg p.o. 1h vor Koitus, je nach Wi Dosisanpassung auf 25 bzw. 100mg, max. 100mg; max. 1 x/d; **DALI, DANI** CrCl < 30: ini 25mg

Tadalafil Rp-L!	HWZ 17.5h, PPB 94%
Cialis *Tbl. 5, 10, 20mg* **Tadagis** *Tbl. 10, 20mg* **Tadalafil Mylan** *Tbl. 5, 10, 20mg*	**Erektile Dysfunktion:** ini 10mg p.o. 0.5-12h vor Koitus, je nach Wi Dosisanpassung auf 20mg; bei tgl. Anwendung 1 x 2.5-5mg; **DANI** bei schwerer Niereninsuffizienz max. 10mg; **DALI** max. 10mg
Vardenafil Rp-L!	HWZ 4h, PPB 95%
Levitra *Tbl. 5, 10, 20mg; Lingualtbl. 10mg*	**Erektile Dysfunktion:** ini 10mg p.o. 25-60 min vor Koitus, je nach Wi Dosisanpassung auf 5 bzw. 20mg, max. 20mg; max. 1 x/d; **DANI:** CrCl < 30: ini 5mg; **DALI** Child A-B max. 10mg
Yohimbin Rp-L!	HWZ 0.6(6)h, PRC N, Lact -
Yocon-Glenwood *Tbl. 5mg*	**Erektile Dysfunktion:** 3 x 5-10mg p.o.

17.4 Sexualhormone

17.4.1 Androgene

Wm/Wi: Entwicklungsförderung der sekundären männlichen Geschlechtsmerkmale, Regulation der Spermienproduktion, Libido ↑, Potentia coeundi ↑, Muskelaufbau ↑, Knochendichte ↑, Talgproduktion ↑; **UW:** Cholestase, Spermatogenesehemmung, Priapismus, beschleunigte Knochenreifung, Virilisierung bei Frauen, Ödeme, Gewicht ↑, Gynäkomastie, Alopezie, Libido ↑, Prostataschmerzen, Kopfschmerzen, Nausea, Polyzythämie; **KI:** Prostatakarzinom, Mammakarzinom, Grav.

Testosteron Rp	HWZ 10-100min (i.m.), PRC X, Lact ?
Andriol *Kps. 40mg* **Androtop** *Gel-Btl. 25, 50mg* **Axiron** *Lösung 30mg/1.5ml* **Testim** *Gel 10mg/1g* **Testogel** *Gel-Btl. 25, 50mg* **Testopatch** *TTS 1.2, 1.8, 2.4mg/24h* **Testosteron-Depot** *Amp. 250mg/1ml* **Testoviron-Depot** *Amp. 250mg/1ml* **Tostran 2%** *Gel 20mg/1g*	**Hodenunterfunktion, Hypogonadismus:** ini 120-160mg/d p.o., nach 2-3W 40-120mg/d; 50-100mg alle 1-3W i.m.; 250mg alle 2-4W i.m.; Axiron: 30mg unter jede Achsel auftragen; Testopatch: ini 2 Pflaster mit 2.4mg alle 48h; Dosisanpassung nach Testosteronspiegel; Gel: 1 x 50mg auftragen, max. 100mg/d; **Pubertas tarda:** 1 x/M 250mg i.m. für 3M, evtl. Wdh. nach 3-6M; **Unterdrückung übermäßigen Längenwachstums bei Knaben:** 500mg i.m. alle 2W für 1-2J; **Aplast., renale Anämie beim Mann:** 250mg 2-3 x/W i.m., max. 1000mg/W
Testosteronundecanoat Rp	HWZ 10-100min (i.m.), PRC X, Lact ?
Nebido *Inj.Lsg. 1g/4ml*	**Hodenunterfunktion, Hypogonadismus:** 1g alle 10-14W i.m.

17.4.2 Antiandrogene

Wm/Wi (Abirateronacetat): Inhibition der 17-Alpha-Hydroxylase (CYP17) → Hemmung der Androgenbiosynthese in Hoden, Nebennieren und im Prostatatumorgewebe; Mineralkortikoidsynthese in Nebennieren ↑; **Wm/Wi** (Bicalutamid, Flutamid): reines Antiandrogen ohne gestagene Wi; **Wm/Wi** (Cyproteronacetat): kompetitiver Antagonismus am Androgenrezeptor, starke gestagene Wi ⇒ LHo ⇒ Testosteron ↓; **Wm/Wi** (Enzalutamid): starker Inhibitor des Androgenrezeptor-Signalwegs; keine agonistische Wirkung am Androgenrez. ⇒ Wachstum der Prostatakarzinomzellen ↓, Zelltod der Krebszellen, Tumorregression;
UW (Abirateronacetat): periphere Ödeme, Hypokaliämie, Hypertonie, Harnweginfektion, Herzinsuffizienz, HRST, Angina pectoris, Hypertriglyzeridämie, Hepatotoxizität, Nebenniereninsuffizienz; **UW** (Cyproteronacetat): Übelkeit, Erbrechen, Gynäkomastie, Libido- und Potenzverlust, Leberfunktionsstörung; **UW** (Enzalutamid): Neutropenie, visuelle Halluzinationen, Angst, Kopfschmerzen, kognitive Störung, Gedächtnisstörung, Hitzewallungen, Hypertonie, trockene Haut, Pruritus, Frakturen, Stürze;
KI (Abirateronacetat): bek. Überempf. Grav.; **KI** (Cyproteronacetat): Lebererkr., idiopathischer Schwangerschaftsikterus, Schwangerschaftspruritus/Herpes gestationis in der Anamnese, konsumierende Erkrankung (außer Prostata-Ca), schwere Depressionen, Thromboembolien, Sichelzellenanämie, Diabetes mellitus mit Gefäßveränderungen, Jugendliche vor Abschluss der Pubertät, Kinder, Grav./Lakt.; **KI** (Enzalutamid): bek. Überempf., Grav./Lakt.

Abirateronacetat Rp	HWZ 15h, Q0 0.95, PPB 99%, PRC C, Lact ?
Zytiga *Tbl. 250, 500mg*	**Metastasiertes, kastrationsresistentes, trotz docetaxelhaltiger Chemother. progredientes Prostata-Ca:** Männer > 18J: 1 x 1g in Komb. mit 10mg/d Prednison oder Prednisolon (> 2h nach o. 1h vor Mahlzeiten)*; **DANI:** nicht erf.; **DALI:** Child B-C: Anw. nicht empf.

* In klinischen Studien Anwendung nur bei Gabe eines LHRH-Agonisten oder nach Orchiektomie

Bicalutamid Rp	HWZ 5.8d, PPB 96%, PRC X, Lact ?
Androcal *Tbl. 50, 150mg* **Bicalutamid beta, Bicalutamid Axcount, Bicalutamid Medac** *Tbl. 50, 150mg* **Bicalutin** *Tbl. 50mg, 150mg* **Bicamed** *Tbl. 50, 150mg* **Casodex** *Tbl. 50, 150mg*	**Fortgeschrittenes Prostata-Ca:** 1 x 50mg p.o., Komb. mit medikam. od. chir. Kastration; 1 x 150mg als Monother. oder adjuvant nach Prostatektomie/Bestrahlung; **DANI** nicht erf.; **DALI** leichte LI: 100%, mittlere bis schwere LI: vorsichtige Anw.

Cyproteronacetat Rp	HWZ 38-58h, Q0 1.0, PRC X, Lact -
Androcur *Tbl. 10, 50mg; Amp. 300mg/3ml* **Cyproteronacetat beta** *Tbl. 50, 100mg* **Cyproteronacetat-GRY** *Tbl. 50mg*	**Prostata-Ca:** nach Orchiektomie 1-2 x 100mg p.o.; 300mg i.m. alle 14d; ohne Orchiekt. 2-3 x 100mg p.o.; 300mg i.m. alle 7d; **Triebdämpfung bei Sexualdeviation:** ini 2 x 50mg p.o., evtl. nach 4W 2-3 x 100mg, bei Therapieerfolg langsame Dosisreduktion je nach Wi bis 2 x 25mg; 300mg i.m. alle 10-14d; **Androgenisierungserscheinungen bei Frauen:** Zyklustag 1-10: 100mg p.o., Komb. mit Östrogen, s. FachInfo; **DALI** KI bei LI

Enzalutamid Rp	HWZ 5.8d, PPB 97%,
Xtandi Kps. 40mg	**Metastasiertes Prostata-Ca nach Versagen einer Androgenentzugsther. oder während/ nach CTX mit Docetaxel:** 1 x 160mg p.o.; **DANI** CrCl > 30: 100%, < 30: vorsicht. Anw.; **DALI** Child-Pugh A: 100%; B: vorsichtige Anw.; C: Anw. nicht empfohlen
Flutamid Rp	HWZ 9.6(5-6)h, Q0 1.0, PRC D, Lact ?
Fluta Cell *Tbl. 250mg* **Flutamid AL** *Tbl. 250mg*	**Prostata-Ca:** 3 x 250mg p.o.; **DANI, DALI** vorsichtige Anwendung

17.4.3 Gn-RH-Antagonisten

Wm/Wi: Antagonismus am Gonadotropin-Releasing-Hormon-Rezeptor ⇒ LH↓, FSH↓ ⇒ hormonelle Kastration ohne initialen Testosteronanstieg;
UW: Hitzewallungen, Reaktionen an der Injektionsstelle, Schlaflosigkeit, Schwindel, Kopfschmerzen, Übelkeit, Hyperhidrosis, Transaminasen↑, Schüttelfrost, Pyrexie, Asthenie, Müdigkeit, grippeähnliche Symptome, Gewicht↑;
KI: bekannte Überempfindlichkeit, Frauen, Kinder

Degarelix Rp	HWZ 28d, PPB 90%, PRC X, Lact -
Firmagon *Inj.Lsg. 80, 120mg*	**Fortgeschrittenes Prostata-Ca:** ini 2 x 120mg s.c., dann 1 x 80mg alle 4W; **DANI, DALI** leichte bis mittelschwere NI/LI: nicht erf.; schwere NI/LI: keine Daten

17.4.4 Gn-RH-Agonisten

Wm/Wi (Triptorelin): LHRH-Analogon ⇒ Inhibition der LH-Sekretion ⇒ Testosteron ↓, initial Testosteronanstieg mögl.; **UW** (Triptorelin): Hitzewallungen, Größe der Genitalien ↓, Skelettschmerzen, Schmerzen an der Injektionsstelle, Rücken- und Beinschmerzen, Müdigkeit, Brustkorbschmerzen, Asthenie, periphere Ödeme, Hypertonie, Gynäkomastie, Obstipation, Diarrhoe, Übelkeit, Bauchschmerzen, Dyspepsie, abnorme Leberfunktion, aP ↑, Gicht, Arthralgie, Aufflammen des Tumors, Kopfschmerzen, Schwindel, Beinkrämpfe, Schlaflosigkeit, Impotenz, Anorexie, Libido ↓, Husten, Dyspnoe, Pharyngitis, Exanthem, Augenschmerzen, Konjunktivitis, Dysurie, Harnverhalt; **KI** (Triptorelin): bekannte Überempfindlichkeit

Buserelin Rp	HWZ 50-80min, PRC X, Lact -
Profact Depot 2 *Implantat 6.3mg* **Profact Depot 3** *Implantat 9.45mg* **Profact nasal** *Spray (1Hub = 0.1mg)* **Profact pro injectione** *Inj.Lsg. 5.5mg/5.5ml* **Suprefact Depot** *Implantat 6.3mg, 9.45mg*	**Fortgeschrittenes Prostata-Ca:** 6.3mg alle 2M s.c.; 9.45mg alle 3M s.c.; 6 x 0.2mg/d nasal; 3 x 0.5mg s.c.; 5d vor Ther. Gabe von Antiandrogen, dann für 3-4W Komb. mit Antiandrogen
Goserelin Rp	HWZ 2.3-4.2h, Q0 0.4, PRC X, Lact -
Zoladex *Implantat 3.6, 10.8mg*	**Fortgeschr. Prostata-Ca:** 3.6mg 1 x/M s.c.; 10.8mg alle 3M s.c.; **DANI** nicht erforderl:

Leuprorelin Rp	HWZ 2.9h
Eligard *Inj.Lsg. 7.5, 22.5, 45mg* **Enantone-Monatsdepot** *Fertigspr. 3.75mg/1ml* **Leuprone HEXAL** *Implantat 3.78mg/1ml, 5.25mg/1ml* **Trenantone** *Fertigspr. 11.25mg/1ml* **Sixantone** *Fertigspr. 28.58mg/1ml*	**Fortgeschrittenes Prostata-Ca:** 3.75mg s.c. alle 4W; 11.25mg s.c. alle 3M; 28.58mg s.c. alle 6M; Eligard: 7.5mg s.c alle 4W; 22.5mg s.c. alle 3M; **DANI** nicht erforderlich
Triptorelin Rp	HWZ 2.8h, PPB 0%, PRC X, Lact ?
Pamorelin LA *Inj.Lsg. 3.75, 11.25, 22.5mg* **Salvacyl** *Inj.Lsg 11.25mg*	**Fortgeschrittenes Prostata-Ca:** 3.75mg alle 4W, 11.25mg alle 3M, 22.5mg alle 6M i.m.; **schw. sexuelle Abnormität bei Männern:** Salvacyl: 11.25mg alle 12W i.m.; **DANI, DALI** nicht erforderlich

17.5 Urolithiasismittel

Wm/Wi (Citrat): Urinalkalisierung; **Wm/Wi** (Methionin): Urinansäuerung

Citronensäure + Natriumcitrat OTC	
Blemaren N *Brausetbl. 1197+835.5mg*	**Harnalkalisierung, Harnsäure-/-oxalatsteine, Zystinsteine:** 3 x 1-2Tbl. p.o.
Kalium-Natrium-Hydrogencitrat OTC	
Uralyt-U *Gran. (1 Messl. = 2.5g)*	**Harnalkalisierung bei Zytostatikatherapie, Harnsäure-, Harnsäureoxalat-/Kalziumsteine, Zystinsteine:** 1-1-2 Messl. p.o.
Methionin OTC	HWZ 1-2h
Acimethin, Acimol, Methionin HEXAL, Urol Methin *Tbl. 500mg*	**Harnansäuerung, Zusatzther. bei Harnweginfektionen, Infektsteine, Phosphatsteine:** 3 x 500-1000mg p.o.

17.6 Phosphatbinder → 124

17.7 Kationenaustauscher

Wm/Wi (Partiromer): nicht resorbierbares Kationenaustauschpolymer ⇒ bindet Kalium im GI-Trakt ⇒ fäkale Kaliumausscheidung ↑; **Wm/Wi** (Polysulfonsäure): enterale Zufuhr eines unlöslichen Kunststoffs mit Sulfonsäure als Grundgerüst, Austausch von Kationen zur Neutralisierung der Säure entspr. dem Konzentrationsverhältnis im Darmlumen ⇒ Bindung von Kalium; **UW** (Partiromer): Hypomagnesiämie, Obstipation, Diarrhoe, Bauchschmerzen, Flatulenz; **UW** (Polysulfonsäure): Übelkeit, Erbrechen, Obstipation, Hyperkalzämie; **KI** (Partiromer): Hypokaliämie, Hyperkalzämie, stenosierende Darmerkr.; **KI** (Partiromer): bek. Überempf.

Patiromer Rp	
Veltassa *Btl. 8.4, 16.8, 25.2g*	**Hyperkaliämie:** 1 x 8.4g p.o., ggf. steigern, max. 25.2g/d

Polysulfonsäure Rp	
Anti-Kalium Na *Btl. 15g* **CPS Pulver** *Btl. 15g* **Resonium A** *Dose 500g*	**Hyperkaliämie:** 2-4 x 15g p.o.; 1-2 x 30g in 150-200 ml Wasser rekt. als Einlauf; **NG, Ki.:** 0.5-1g/kg in mehreren ED

17.8 Weitere Urologika

Wm/Wi (Dapoxetin): Serotonin-Reuptake-Hemmung ⇒ Neurotransmitterwirkung auf prä-/postsynaptische Rezeptoren ↑; **Wm/Wi** (Duloxetin): kombinierte Serotonin- und Noradrenalin-Reuptake-Hemmung ⇒ Neurotransmitter-Konzentration im sakralen Rückenmark ↑ ⇒ N.pudendus-Stimulation ↑ ⇒ Tonus des Harnröhrenschließmuskels ↑; **Wm/Wi** (Pentosanpolysulfat): Ausscheidung als Glykosaminoglykane in den Urin ⇒ Bindung an die geschädigte Blasenschleimhaut;
UW (Dapoxetin): Schwindel, Kopfschmerzen, Übelkeit, Insomnie, Angstzustände, Agitation, Libido ↓, Ruhelosigkeit, Somnolenz, Aufmerksamkeitsstrg., Tremor, Parästhesien, Tinnitus, Erröten, Nasennebenhöhlenverstopfung, Verschwommensehen, Durchfall, Erbrechen, Obstipation, Abdominalschmerz, Hyperhidrose, erektile Dysfunktion, Müdigkeit, Hypotonie; **UW** (Duloxetin): Schlaflosigkeit, trockener Mund, Durst, Übelkeit, Erbrechen, Obstipation, Diarrhoe, Müdigkeit, Angst, Libido ↓, Anorgasmie, Kopfschmerzen, Schwindel, Tremor, Verschwommensehen, Nervosität, Schwitzen ↑, Lethargie, Pruritus, Schwäche; **UW** (Pentosanpolysulfat): Infektionen, Influenza, Kopfschmerzen, Schwindel, Übelkeit, Diarrhoe, Dyspepsie, Unterleibschmerzen, Abdomenvergrößerung, rektale Blutungen, peripheres Ödem, Haarausfall, Rückenschmerzen, häufiger Harndrang, Asthenie, Beckenschmerzen;
KI (Dapoxetin): bekannte Überempfindlichkeit, bekannte kardiale Vorerkrankung, gleichzeitige Behandlung mit MAO-Hemmern, Thioridazin, SSRI, CYP3A4-Hemmern, Leberfunktionsstrg. (Child B, C), < 18J; **KI** (Duloxetin): Leberfunktionsstörung, Grav./Lakt.; **KI** (Pentosanpolysulfat): bek. Überempfindlichkeit, aktive Blutungen

Dapoxetin Rp-L!	HWZ 19h
Priligy *Tbl. 30, 60mg*	**Ejaculatio praecox:** 18-64J: 1 x 30-60mg p.o. 1-3h vor sexueller Aktivität; **DANI** leichte bis mittelschwere NI: vorsicht. Anw., schwere NI: nicht empfohlen; **DALI** Child B, C: KI
Duloxetin Rp	**HWZ 8-17h**
Dulovesic *Kps. 20, 40mg* **Duloxetin-ratioph. Uro** *Kps. 20, 40mg* **Yentreve** *Kps. 20, 40mg*	**Belastungsinkontinenz bei Frauen:** 2 x 40mg p.o., ggf. Dosisreduktion nach 4W auf 2 x 20mg, je nach UW; **DANI** CrCl 30-80: 100%; < 30: KI; **DALI** KI
Pentosanpolysulfat-Natrium Rp	**HWZ 24-34h**
Elmiron *Kps. 100mg*	**Chronische Blasenschmerzen durch Glomerulationen oder Hunner-Läsionen:** 3 x 100mg p.o.; DANI, DALI keine Daten, vorsichtige Anw.

18 Gynäkologie

18.1 Hormonpräparate

18.1.1 Östrogene

Wi (Estradiol/Estradiolvalerat): synthetisches 17b-Estradiol, das mit dem körpereigenen humanen Estradiol chemisch und biologisch identisch ist, substituiert den Verlust der Östrogenproduktion bei menopausalen Frauen und mindert die damit verbundenen Beschwerden; beugt dem Verlust an Knochenmasse nach der Menopause/Ovarektomie vor;
Wi (konjugierte Östrogene): substituieren den Verlust der Östrogenproduktion bei menopausalen Frauen und mindern die damit verbundenen Beschwerden; sie beugen dem Verlust an Knochenmasse nach der Menopause/Ovarektomie vor;
Hinweis: Die alleinige Anwendung von Östrogenen (ohne regelmäßigen Zusatz von Gestagenen) darf nur bei hysterektomierten Frauen erfolgen;
UW: Mammakarzinom, Endometriumhyperplasie, Endometriumkarzinom, Ovarialkarzinom, venöse Thromboembolien, KHK, Schlaganfall, Erkrankung der Gallenblase, Chloasma, Erythema multiforme, Erythema nodosum, vaskuläre Purpura, wahrscheinliche Demenz bei Frauen > 65 J.;
KI: bestehender oder früherer Brustkrebs bzw. ein entsprechender Verdacht, östrogenabhängiger maligner Tumor bzw. ein entsprechender Verdacht (v.a. Endometriumkarzinom), nicht abgeklärte Blutung im Genitalbereich, unbehandelte Endometriumhyperplasie, frühere/bestehende venöse thromboembolische Erkrankungen (v.a. tiefe Venenthrombose, Lungenembolie), bekannte thrombophile Erkrankungen (z. B. Protein-C-, Protein-S- oder Antithrombin-Mangel), bestehende oder erst kurze Zeit zurückliegende arterielle thromboembolische Erkrankungen (v.a. Angina pectoris, Myokardinfarkt), akute Lebererkrankung oder zurückliegende Lebererkrankungen (solange sich die relevanten Leberenzymwerte nicht normalisiert haben), Porphyrie, bekannte Überempfindlichkeit ggü. dem Wirkstoff oder einem der sonstigen Bestandteile

Estradiol (oral) Rp — HWZ 1 h, PRC X, Lact -

Femoston mono *Tbl. 2mg*	**Postmenopausale Hormonsubstitution bei Östrogenmangelsymptomen, Osteoporose-Pro. bei postmenopausalen Frauen mit hohem Frakturrisiko und Unverträglichkeit oder KI gg. andere zur Osteoporoseprävention zugelassene Arzneimittel:** 1 x 1 Tbl. p.o.; **DANI:** auf Flüssigkeitsretention achten
Estradiol Jenapharm *Tbl. 2mg* **Estrifam** *Tbl. 1, 2mg* **Gynokadin** *Tbl. 2mg* **Merimono** *Tbl. 1, 2mg* **Progynova 21 (mite)** *Tbl. 1, 2mg*	**Postmenopausale Hormonsubstitution bei Östrogenmangelsymptomen:** 1 x 1-2 Tbl. p.o.; **DANI:** auf Flüssigkeitsretention achten

Estradiol (transdermal) Rp	HWZ 1 h, PRC X, Lact -
Estradot *TTS 25, 37.5, 50, 75, 100µg/24h* **Fem7** *TTS 50µg/24h*	**Postmenopausale Hormonsubstitution bei Östrogenmangelsympt., Osteoporose-Pro. bei postmenopausalen Frauen mit hohem Frakturrisiko und Unverträgl./KI gg. and. zur Osteoporosepräv. zugel. Arzneimittel:** Estradot: 2 x/W 25-100µg/24h; Fem7: 1x/W 50µg/24h; **DANI:** auf Flüssigkeitsretention achten
Dermestril *TTS 25, 50µg/24h* **Dermestril-Septem** *TTS 25, 50, 75µg/24h* **Estreva** *Gel 0.1%* **Gynokadin** *Gel 0.06%* **Lenzetto** *Dosierspray (1.53mg/Sprühstoß)*	**Postmenopausale Hormonsubstitution bei Östrogenmangelsymptomen:** TTS: 1–2 x/W 25-100µg/24h; Gel: 1 x tgl. 0.5-3mg auf die Haut auftragen; Dosierspray: ini 1 x 1.53mg auf Unterarmhaut, je nach Ansprechen steigern, max. 4.59mg/d; **DANI:** auf Flüssigkeitsretention achten
Estriol Rp	HWZ 0.5-1 h
Estriol Jenapharm *Tbl. 2mg* **OeKolp** *Tbl. 2mg* **Ovestin** *Tbl. 1mg*	**Postmenopausale Hormonsubstitution bei Östrogenmangelsymptomen:** ini 1 x 2-4mg p.o., nach einigen W 1 x 1-2mg; **DANI:** auf Flüssigkeitsretention achten
Konj. Östrogene Rp	HWZ 4-18.5h, PRC X, Lact -
Presomen 28 *Tbl. 0.3, 0.6*	**Postmenop. Hormonsubst. bei Östrogenmangelsymptomen, Osteoporose-Pro. bei postmenopausalen Frauen mit hohem Frakturrisiko und Unverträgl./KI gg. andere zur Osteoporoseprävention zugel. Arzneimittel:** 1 x 0.3-1.25mg p.o.; **DANI:** auf Flüssigkeitsretention achten

18.1.2 Gestagene

Wi (Chlormadinon): ausgeprägte antiöstrogene Wirkung, hemmt Uteruswachstum und Proliferation des Endometriums, sekretorische Transformation des Endometriums, hemmt Hyperplasie des Endometriums, Tubenmotilität ↓, Zervikalsekret: Menge ↓ u. Viskosität ↑, in hoher Dosierung Gonadotropinsekretion ↓, antiandrogene Partialwirkung durch Verdrängung der Antiandrogene von Androgenrezeptoren an den Erfolgsorganen (Haarfollikel, Talgdrüsen), geringe glukokortikoide Wirkung in hoher Dosierung, keine androgene Partialwirkung, dosisabhängige Verschlechterung der Insulinsensibilität;
Wi (Dienogest): antiandrogene und starke gestagene Wirkung, keine signif. androgenen/mineralokortikoiden/glukokortikoiden Eigenschaften, verringert bei Endometriose die endogene Estradiolproduktion, führt bei kontinuierlicher Gabe zu einem hypoöstrogenen und hypergestagenen endokrinen Zustand mit folgernder Atrophie endometrischer Läsionen;

Wi (Dydrogesteron): bewirkt volle sekretorische Transformation des unter Östrogeneinfluss aufgebauten Endometriums; in additiver Gabe Verringerung des östrogenbedingten Risikos einer Endometriumhyperplasie und/oder -karzinoms; keine östrogene, androgene, thermogene, anabole oder kortikoide Aktivität;
Wi (Medroxyprogesteronacetat): blockiert die Proteinsynthese im Zellkern, dadurch Bildung von Östrogenrezeptoren ↓ u. Verringerung des wachstumsfördernden Östrogeneffekts, in hoher Dosierung direkte zytotoxische Wi auf den Tumor durch Störung der DNA- u. RNA-Synthese und Blockade des E2-Rezeptors, FSH- u. LH-Sekretion der Hypophyse ↓; ACTH-Sekretion ↓ ⇒ Kortisol- u. Androgenspiegel ↓; Hemmung der Hormonsynthese in der Nebennierenrinde; Östrogenaktivität ↓ durch Erhöhung der Aktivität von 17-ß-Steroid-Dehydrogenase (Umbau Estradiol in Estron), Förderung der Bildung von 5-Alpha-Reduktase in Leber (Abbau zirkulierenden Androgens u. Vermind. der Umwandlung von Androgen in Estrogen);
Wi (Megestrolacetat): hemmt RNA-Synthese u. Proteinsynthese ⇒ Abnahme zytoplasmatischer Östrogenrezeptoren; direkter östrogenunabh. wachstumshemmender Effekt; hohe Affinität zu Progesteronrezeptoren, deutliche Affinität zu Androgen- u. Glukokortikoidrez.; FSH-Ausschüttung ↓ ⇒ Östrogen- und Androgensynthese ↓; Aufhebung des wachstumsstimulierenden Effekts von Östrogenen; Reduktion des hypophysären LH-Gehalts u. der LH-Sekretion; **Wi** (Progesteron): entspricht in seiner Struktur der physiol. Form des im Verlauf des weibl. Ovarialzyklus sezernierten Gelbkörperhormons, bewirkt sekret. Transformation des Endometriums, reduziert östrogeninduziertes Risiko einer Endometriumhyperplasie;
UW: s. jeweilige Fach-Info;
KI (Chlormadinon): Brustkrebs, nicht abgeklärte Vaginalblutungen, vorausgegangene/besteh. Lungenembolie/venöse Thrombose, kürzlich vorangegangene/bestehende arterielle Thrombose, schwere Lebererkrankungen (noch pathol. Leberwerte), cholestatischer Ikterus, vorausgegangene/bestehende Lebertumoren, Porphyrie, bek. Überempf., Grav./Lakt.;
KI (Dienogest): bestehende venöse thromboembolische Erkrankungen, vorausgegangene/best. arterielle u. kardiovaskuläre Erkrankungen, Diabetes mellitus mit Gefäßbeteiligung, bestehende/vorausgegangene schwere Lebererkr. (noch pathol. Leberwerte), bestehende/vorausgegangene benigne/maligne Lebertumoren, bek. od. vermutete sexualhormonabhängige maligne Tumoren, nicht abgeklärte Vaginalblutungen, bek. Überempf., Grav./Lakt.;
KI (Dydrogesteron): schwere akute/chron. Lebererkr., Strg. im Stoffwechsel d. Gallenfarbstoffe (z.B. Dubin-Johnson-, Rotor-Syndr.), idiopathischer Grav.-Ikterus in der Vorgeschichte, Lebertumoren, Hypertonie, nicht abgegeklärte Vaginalblutungen, Thrombophlebitis, thromboembolische Erkrankungen, Hypercholesterinämie, bekannter oder V.a. gestagenabhängigen Tumor, bek. Überempf. Grav./Lakt.; **KI** (Medroxyprogesteronacetat): Thromboembolien, Thrombophlebitis, apoplektischer Insult (auch Z.n.), Hyperkalzämie bei Pat. mit Knochenmetastasen, schwere Leberfktstrg., schwerer Diabetes mellitus, schwere arterielle Hypertonie, verhaltener Abort, bekannte Überempfindlichkeit, Grav., erste 6W d. Lakt.;
KI (Megestrolacetat): schwere Leberfktstrg., Thrombophlebitis, thromboembolische Erkrankungen, bek. Überempf., Grav./Lakt.; **KI** (Progesteron): schwere akute/chron. Lebererkrankung, Strg. im Stoffwechsel der Gallenfarbstoffe (z.B. Dubin-Johnson-, Rotor-Syndr.), Leberzelltumoren, maligne Tumoren der Brust/Genitalorgane, nicht abgeklärte Vaginalblutungen, Thrombophlebitis, thromboembolische Erkrankungen, Z.n. Herpes gestationis, Hirnblutung, Porphyrie, bek. Überempf. (auch gegen Soja, Erdnuss), Grav./Lakt.

Chlormadinon Rp	HWZ 39h
Chlormadinon Jenapharm *Tbl. 2mg*	**Oligo-, Poly- u. Hypermenorrhoe:** 1 x 2-4mg p.o. vom 16.-25. Zyklustag; **funktionelle Dysmenorrhoe:** 1 x 2mg für 10-14d bis zum 25. Zyklustag; **Endometriose:** 1 x 4mg, max. 10mg für 4-6M; **sek. Amenorrhoe:** 1 x 2mg vom 16.-25. Zyklustag + Östrogen; **DALI** KI bei akuten/chronischen Lebererkr.
Dienogest Rp	HWZ 9h
Visanne *Tbl. 2mg*	**Endometriose:** 1 x 2mg p.o. möglichst zur selben Zeit einnehmen; **DANI** nicht erforderl.; **DALI** KI bei schw. Lebererkr.
Dydrogesteron Rp	HWZ 7h
Duphaston *Tbl. 10mg*	**Zyklusstrg. bei Corpus-luteum-Insuffizienz:** 1 x 10-20mg p.o. v. 12.-26. Zyklustag; **klimakterische Beschwerden:** 1 x 10-20mg vom 15.-28. Zyklustag + Östrogen; **DALI** KI bei schwerer Leberfunktionsstörung
Medroxyprogesteronacetat Rp	HWZ 24-50h; HWZ i.m.: 30-40d, Q0 0.55
MPA HEXAL *Tbl. 250, 500mg*	**Metastasiertes Mamma-Ca:** 300-1000mg/d p.o. in 1-3ED; **Endometriumkarzinom:** 300-600mg/d; **DALI** KI bei schwerer Leberfunktionsstörung
Megestrolacetat Rp	HWZ 15-20h
Megestat *Tbl. 160mg*	**Mamma-Ca:** 1 x 160mg p.o.; **Endometriumkarzinom:** 1 x 80-320mg; **DALI** KI bei schwerer Leberfunktionsstörung
Progesteron Rp	
Famenita *Kps. 100, 200mg* **Progestan** *Kps. 100mg* **Utrogest** *Kps. 100mg* **Utrogestan** *Kps. 100mg*	**Endometriumprotektion bei Östrogenbeh. wg. peri-/postmenopausaler Östrogenmangelbeschwerden oder nach chirurgisch induzierter Menopause:** 200-300mg/d: 2 Kps. abends vor dem Schlafengehen, ggf. zusätzl. 1 Kps. morgens vor dem Frühstück; **zur sequenziellen Progesteronsubst. und komb. Ther. mit Östrogenen peri-/postmenopausal:** Einnahme über gewöhnlich 12d pro 28-tägigem Anwendungszyklus, beginnend mit 10. Tag der Östrogenbehandlung; **DALI** KI bei schwerer Leberfunktionsstörung
Diverse andere Gestagene in Kombination mit Östrogenen, s. hormonelle Kontrazeptiva → 434	

18.1.3 Kombinationspräparate (Östrogene + Gestagene), synthetische Steroide

Wi, UW, KI: s. Östrogene → 425 und Gestagene → 426;
Östrogene fördern das Endometriumwachstum und erhöhen bei ungehinderter Gabe das Risiko von Endometriumhyperplasie und -karzinom. Die Kombination mit einem Gestagen reduziert das östrogenbedingte Riskio einer Endometriumhyperplasie deutlich.

Estradiol + Cyproteronacetat Rp	
Climen *Tbl. 2+1mg*	**Postmenopausale Hormonsubstitution bei Östrogenmangelsympt., Osteoporose-Pro. bei postmenopausalen Frauen mit hohem Frakturrisiko und Unverträgl./KI gg. and. zur Osteoporosepräv. zugel. Arzneimittel:** 1 x 1 Tbl. (zyklisch); **DANI:** auf Flüssigkeitsretention achten
Estradiol + Dienogest	
Lafamme *Tbl. 1+2mg, 2+2mg*	**Postmenopa.usale Hormonsubstitution bei Östrogenmangelsymptomen:** 1 x 1 Tbl. (kontinuierlich kombiniert); **DANI:** auf Flüssigkeitsretention achten
Estradiol + Drospirenon	
Angeliq *Tbl. 1+2mg*	**Postmenopausale Hormonsubstitution bei Östrogenmangelsympt., Osteoporose-Pro. bei postmenopausalen Frauen mit hohem Frakturrisiko und Unverträgl./KI gg. and. zur Osteoporosepräv. zugel. Arzneimittel:** 1 x 1 Tbl. (kontinuierlich kombiniert); **DANI:** auf Flüssigkeitsretention achten
Estradiol + Dydrogesteron Rp	
Femoston *Tbl. 1+5mg, 1+10mg, 2+10mg* **Femoston conti** *Tbl. 1+5mg* **Femoston mini** *Tbl. 0.5+2.5mg*	**Postmenopausale Hormonsubstitution bei Östrogenmangelsympt., Osteoporose-Pro. bei postmenopausalen Frauen mit hohem Frakturrisiko und Unverträgl./KI gg. and. zur Osteoporosepräv. zugel. Arzneimittel:** 1 x 1 Tbl. (Femoston: kontinuierlich sequenziell, Femoston conti, mini: kontin. kombin.); **DANI:** auf Flüssigkeitsretention achten

Estradiol + Levonorgestrel Rp	
Östronara *Drg. 2+0,075mg*	**Postmenopausale Hormonsubstitution bei Östrogenmangelsympt., Osteoporose-Pro. bei postmenopausalen Frauen mit hohem Frakturrisiko und Unverträgl./KI gg. and. zur Osteoporosepräv. zugel. Arzneimittel:** 1 x 1 Tbl. (kontinuierlich sequenziell); **DANI:** auf Flüssigkeitsretention achten
Cyclo-Progynova *Tbl. 2+0.15mg* **Fem 7 Combi** *TTS 50µg+10µg/24h* **Fem 7 Conti** *TTS 50µg+7µg/24h* **Klimonorm** *Tbl. 2+0.15mg* **Wellnara** *Tbl. 1+0,04mg*	**Postmenopausale Hormonsubstitution bei Östrogenmangelsymptomen:** 1 x 1 Tbl. (Cyclo-Progynova, Klimonorm: zyklisch, Wellnara: kontinuierlich sequenziell); TTS: 1 x/W (Fem7 Combi kontin. sequenziell, Fem7 Conti kontinuierlich kombiniert); **DANI:** auf Flüssigkeitsretention achten
Estradiol + Medroxyprogesteron Rp	
Indivina *1+2.5, 1+5, 2+5mg*	**Postmenopausale Hormonsubstitution bei Östrogenmangelsympt., Osteoporose-Pro. bei postmenopausalen Frauen mit hohem Frakturrisiko und Unverträgl./KI gg. and. zur Osteoporosepräv. zugel. Arzneimittel:** 1 x 1 Tbl. (zyklisch); **DANI:** auf Flüssigkeitsretention achten
Estradiol + Norethisteron Rp	
Activelle *Tbl. 1+0.5mg* **Clionara** *Tbl. 2+1mg* **Cliovelle** *Tbl. 1+0.5mg* **Kliogest N** *Tbl. 2+1mg* **Novofem** *Tbl. 1+1* **Sequidot** *TTS 0.51+4.8mg* **Trisequens** *Tbl. 2+0/2+1/1+0mg*	**Postmenopausale Hormonsubstitution bei Östrogenmangelsympt., Osteoporose-Pro. bei postmenopausalen Frauen mit hohem Frakturrisiko und Unverträgl./KI gg. and. zur Osteoporosepräv. zugel. Arzneimittel:** 1 x 1 Tbl. (kontin. kombin., nur Trisequens: kontinuierlich sequenziell); TTS: 2 x/W 1 Pflaster (kontin. sequenziell); **DANI:** auf Flüssigkeitsretention achten
Ethinylestradiol + Cyproteronacetat Rp	
Attempta-ratioph. *Tbl. 2+0.035mg* **Cyproderm** *Tbl. 2+0.035mg* **Diane 35** *Tbl. 2+0.035mg* **Morea sanol** *Tbl. 2+0.035mg*	**Androgenisierungserscheinungen der Frau (Akne, Hirsutismus, androgen. Alopezie):** 1 x 1Tbl. für 21d, dann 7d Pause (wirkt auch kontrazeptiv); **DANI:** auf Flüssigkeitsretention achten

Konj. Östrogene + Medrogeston Rp	
Presomen 28 compositum *Tbl. 0.3+5mg, 0.6+5mg* **Presomen conti** *Tbl. 0.6+2mg*	**Postmenopausale Hormonsubstitution bei Östrogenmangelsympt., Osteoporose-Pro. bei postmenopausalen Frauen mit hohem Frakturrisiko und Unverträgl./KI gg. and. zur Osteoporosepräv. zugel. Arzneimittel:** 1 x 1 Tbl. (Presomen conti: kontinuierl. kombiniert, Presomen 28 compositum: kontinuierlich sequenziell); **DANI:** auf Flüssigkeitsretention achten

Tibolon Rp	HWZ (6h)
Livial *Tbl. 2.5mg* **Liviella** *Tbl. 2.5mg* **Tibolon Aristo** *Tbl. 2.5mg*	**Klimakterische Beschwerden:** 1 x 1 Tbl. abends; **DANI:** auf Flüssigkeitsretention achten

18.1.4 Selektive Östrogenrezeptor-Modulatoren

Wm/Wi (Ospemifen): Bindung an Östrogenrezeptoren ⇒ Aktivierung östrogener Signalwege ⇒ vermehrte Zellreifung und Schleimbildung des Vaginalepithels;
Wm/Wi (Raloxifen): Bindung an Östrogenrezeptoren ⇒ selektive Expression östrogenregulierter Gene ⇒ Knochendichte ↑, Gesamt- + LDL-Cholesterin ↓;
UW (Ospemifen): vulvovaginale Candidiasis/Pilzinfektionen, Hitzewallungen, Muskelspasmen, Scheidenausfluss, Ausfluss aus dem Genitalbereich, Hautausschlag;
UW (Raloxifen): Wadenkrämpfe, erhöhtes Risiko thromboembolischer Erkrankungen, Ödeme, Hitzewallungen, Schläfrigkeit, Urtikaria, Mundtrockenheit;
KI (Ospemifen): bek. Überempfindlichkeit, aktive oder anamnest. bek. venöse thromboembolische Ereignisse, ungeklärte vaginale Blutungen, Pat. mit Verdacht auf Mammakarzinom oder Pat., welche wegen eines Mammakarzinoms aktiv (auch adjuvant) behandelt werden; Verdacht auf oder aktives geschlechtshormonabhängiges Malignom (z.B. Endometriumkarzinom), Pat. mit Anzeichen oder Symptomen einer Endometriumhyperplasie;
KI (Raloxifen): thromboemb.Erkrankung in der Anamnese, Frauen im gebärfähigen Alter, schw. Leber- und Niereninsuff., Endometrium-/Mammakarzinom, nicht abgeklärte Uterusblutung

Ospemifen Rp	HWZ 25h, PPB 99%, PRC X, Lact ?
Senshio *Tbl. 60mg*	**Mittelschwere bis schwere postmenopausale vulvovaginale Atrophie:** 1 x 60mg p.o.; **DANI** nicht erforderlich; **DALI** leichte bis mäßige LI: 100%; schwere LI: Anw. nicht empfohlen

Raloxifen Rp	HWZ 27.7h, Q0 0.9, PRC X, Lact ?
Evista *Tbl. 60mg* **Optruma** *Tbl. 60mg* **Raloxifen HEXAL** *Tbl. 60mg* **Raloxifen Stada** *Tbl. 60mg*	**Therapie der Osteoporose bei postmenopausalen Frauen:** 1 x 60mg p.o; **DALI** KI

18.1.5 Antiöstrogene

Wm (Anastrozol, Exemestan, Letrozol): Hemmung der Aromatase ⇒ Östrogensynthese ↓;
Wm (Fulvestrant): vollst. kompet. Blockade von Östrogenrez. ohne partiellen Agonismus;
Wm (Tamoxifen): Blockade peripherer Östrogenrez. mit partiellem Agonismus;
UW (Exemestan): Appetitlosigkeit, Schlaflosigkeit, Depression, Kopfschmerzen, Benommenheit, Karpaltunnelsyndrom, Hitzewallungen, Übelkeit, Bauchschmerzen, Obstipation, Diarrhoe, Dyspepsie, Erbrechen, vermehrtes Schwitzen, Exanthem, Haarausfall, Gelenkschmerzen, Muskelschmerzen, Osteoporose, Frakturen;
UW (Fulvestrant): Hitzewallungen, Übelkeit, Erbrechen, Durchfall, Anorexie, Hautausschlag, venöse Thromboembolien, Kopfschmerzen, Asthenie, Rückenschmerzen;
UW (Tamoxifen): Alopezie, Knochenschmerzen, Hitzewallungen, Vaginalblutungen, Zyklusstrg., Endometriumhyperplasie, Nausea, Erbrechen, Hyperkalzämie;
KI (Exemestan): bekannte Überempfindlichkeit, prämenopausale Frauen, Grav./Lakt.;
KI (Fulvestrant): bek. Überempf., schwere Leberfunktionsstörung, Grav./Lakt.;
KI (Tamoxifen): schwere Leuko-/Thrombopenie, schwere Hyperkalzämie, Grav./Lakt.

Anastrozol Rp	HWZ 40-50h
Anablock *Tbl. 1mg* **Anastro-Cell** *Tbl. 1mg* **Anastrozol HEXAL** *Tbl. 1mg* **Arimidex** *Tbl. 1mg*	**Adjuv. Ther. des Hormonrez.-pos. frühen Mamma-Ca postmenopausal** (mit und ohne 2-3-jähriger Tamoxifen-Vorther.); **metastasiertes Hormonrez.-pos. Mamma-Ca postmenopausal:** 1 x 1mg p.o.; **DANI** CrCl < 30: vorsichtige Anwendung; **DALI** mäßige-schwere LI: vorsichtige Anw.

Exemestan Rp	HWZ 24h, Qo 0.5
Aromasin *Tbl. 25mg* **Exemestan Actavis** *Tbl. 25mg* **Exemestan HEXAL** *Tbl. 25mg* **Exemestan-ratioph.** *Tbl. 25mg* **Exestan** *Tbl. 25mg*	**Adjuvante Therapie des Östrogenrez.-pos. frühen Mamma-Ca postmenopausal** (nach 2-3J initialer Tamoxifen-Therapie); **metast. Mamma-Ca postmenopausal nach Progress unter Antiöstrogen-Ther.:** 1 x 25mg p.o.; **DANI, DALI** nicht erforderl.

Fulvestrant Rp	
Faslodex *Fertigspr. 250mg/5ml* **Fulvestrant HEXAL** *Inj.Lsg. 250mg/5ml*	**Mamma-Ca postmenopausal, Östrogenrez.-pos.** (lokal fortgeschr. od. metast.); **bei Rezidiv währ./nach adjuv. Antiöstrogen-ther. od. bei Progression der Erkr. unter Ther. mit Antiöstrogen:** 1 x/M 250mg i.m.; **DANI** CrCl > 30: 100%, < 30: vorsichtig dosieren; **DALI** KI bei schwerer LI

Letrozol Rp	HWZ 48h, Qo 0.95
Femara *Tbl. 2.5mg* **Letroblock** *Tbl. 2.5mg* **LetroHEXAL** *Tbl. 2.5mg* **Letrozol Winthrop** *Tbl. 2.5mg*	**Mamma-Ca postmenopausal adjuvant und fortgeschritten:** 1 x 2.5mg p.o.; **DANI** CrCl > 30: 100%; < 30: keine Daten; **DALI** Child C: sorgfältige Dosiseinstellung

Tamoxifen Rp	HWZ 7 d, Qo 1.0, PRC D, Lact ?
Nolvadex *Tbl. 20mg* **Tamox 1A** *Tbl. 10, 20, 30mg* **Tamoxifen HEXAL** *Tbl. 10, 20, 30, 40mg* **Tamoxifen-ratioph.** *Tbl. 20mg*	**Mamma-Ca adjuvant:** 1 x 20-40mg p.o. für 5J; **metastasiertes Mamma-Ca:** 1 x 20-40mg

18.1.6 LH-RH-Agonisten

Wi/Wm: hochdosierte Gabe von Gonadotropin-Releasing-Hormonen ⇒ vollständige Down-Reg. der hypophysären Rezeptoren ⇒ Bildung von Sexualhormonen sinkt auf Kastrationsniveau

Buserelin Rp	HWZ 50-80min, PRC X, Lact -
Metrelef *Spray (1Hub = 0.15mg)*	**Endometriose:** 3 x 0.3mg nasal, max. 1.8mg/d; **Vorbereitung d. Ovulationsinduktion:** 4 x 0.15mg nasal, ggf. 4 x 0.3mg

Goserelin Rp	HWZ 2.3-4.2h, Qo 0.4, PRC X, Lact -
Zoladex *Implantat 3.6, 10.8mg*	**Mamma-Ca prä- u. perimenopausal, Endometriose, Uterus myomatosus:** 3.6mg s.c. alle 28d; **DANI** nicht erforderlich

Leuprorelin Rp	HWZ 2.9h
Enantone-Monatsdepot *Fertigspr. 3.75mg/1ml* **Trenantone** *Fertigspr. 11.25mg/1ml*	**Mamma-Ca prä- und perimenopausal, Endometriose, Uterus myomatosus:** 3.75mg s.c. alle 4W; 11.25mg alle 3M; **DANI** nicht erforderlich

18.1.7 FSH-Agonisten

Wi/Wm (Corifollitropin): Follikelstimulans mit deutlich längerer Wirkung als FSH;
Wi/Wm (Follitropin): rekombinantes FSH ⇒ Entwicklung reifer Graafscher Follikel;
UW (Corifollitropin, Follitropin): Kopfschmerzen, Übelkeit, Schmerzen im Becken, Brustbeschwerden, Erschöpfung, ovarielles Hyperstimulationssyndrom;
KI (Corifollitropin, Follitropin): bek. Überempf., Tumoren der Ovarien, der Brust, des Uterus, der Hypophyse oder des Hypothalamus, abnormale vaginale Blutungen ohne bek. Ursache, primäre Ovarialinsuff., Ovarialzysten oder vergrößerte Ovarien, ovarielles Überstimulationssyndrom in der Anamnese, vorangegangener COS-Behandlungszyklus, der laut Ultraschalluntersuchung zu mehr als 30 Follikel > 11mm führte, Ausgangszahl antraler Follikel > 20, Uterusmyome, die eine Grav. nicht zulassen, Missbildungen von Geschlechtsorganen

Corifollitropin alfa Rp	HWZ 69h
Elonva *Fertigspr. 100µg/0.5ml, 150µg/0.5ml*	**Kontrollierte ovarielle Stimulation:** < 60kg: 100µg als ED, > 60kg 150µg s.c.; Komb. mit GnRH-Antag. d5 oder d6, s.a. FI; **DANI** Anw. nicht empf.; **DALI** keine Daten

Follitropin alfa Rp	HWZ 24h
Gonal F *Inj.Lsg. 75, 450, 1050 IE; Fertigspr. 300, 450, 900 IE*	**Anovulation, kontroll. ovarielle Stimulation, Follikelstim. bei LH/FSH-Mangel, Stim. der Spermatogenese bei Männern mit hypogonadotropem Hypogonadismus:** s. FachInfo

Follitropin beta Rp	HWZ 40h
Puregon *Inj.Lsg.; Pen 50, 300, 600, 900IE*	**Anovulation, kontrollierte ovarielle Überstim., Stim. der Spermatogenese bei Männern mit hypogonadotropem Hypogonadismus:** s. FachInfo
Follitropin delta Rp	HWZ 28-40h
Rekovelle *Inj.Lsg. 12µg/0.36ml, 36µg/1.08ml, 72µg/2.16ml*	**Kontrollierte ovarielle Stimulation:** Dos. nach AMH-Spiegel, s. FachInfo

18.2 Hormonelle Kontrazeptiva

18.2.1 Depotpräparate

Wm/Wi: Ovulationshemmung durch reine Gestagengabe als Depotapplikation; **UW** (Depotpräparate), s. UW Gestagene → 426

Etonogestrel Rp	HWZ 25h
Implanon *Implantat 68mg*	**Kontrazeption:** s.c.-Implantation für 3J
Medroxyprogesteronacetat Rp	HWZ 30-40d (i.m.), Q0 0.55
Depo-Clinovir *Fertigspr. 150mg/1ml* **Depo-Provera** *Fertigspr. 150mg/1ml*	**Kontrazeption:** 150mg alle 3M i.m.; **DALI** KI bei schwerer Leberfunktionsstörung
Norethisteronenantat Rp	HWZ 7-9h
Noristerat *Amp. 200mg/1ml*	**Kontrazeption:** 200mg i.m.; die nächsten 3 Injektionen alle 8W, danach alle 12W; **DALI** KI bei PBC

18.2.2 Einphasenpräparate

Wi/Wm: Verabreichung einer fixen Östrogen-Gestagen-Kombination über 21d ⇒ Unterdrückung der Ovulation durch antigonadotropen Effekt;
UW/KI (Einphasenpräparate), s. UW Dreiphasenpräparate → 436;
UW (Estradiol + Nomgestrol): Akne, abnormale Abbruchblutung, Libido ↓, Depression, Stimmungsschwankungen, Kopfschmerzen, Migräne Übelkeit, Metrorrhagie, Menorrhagie, Brustschmerz, Unterbauchschmerz, Gewicht ↑; **KI** (Estradiol + Nomgestrol): bek. Überempf., bestehende oder vorausgegangene venöse Thrombosen, Lungenembolie, arterielle Thrombosen (z. B. Myokardinfarkt) oder Prodrome einer Thrombose (z. B. TIA, AP), bestehender oder vorausgegangener Schlaganfall, Migräne mit fokalen neurologischen Symptomen in der Anamnese, Vorliegen eines schwerwiegenden Risikofaktors oder mehrerer Risikofaktoren für eine venöse oder eine arterielle Thrombose wie Diabetes mellitus mit Gefäßveränderungen, schw. Hypertonie, schw. Dyslipoproteinämie; erbliche oder erworbene Prädisposition für venöse oder arterielle Thrombosen, wie aktivierte Protein-C-(APC)-Resistenz, Antithrombin-III-Mangel, Protein-C-Mangel, Protein-S-Mangel, Hyperhomozysteinämie, Antiphospholipid-Antikörper; bestehende oder vorausgegangene Pankreatitis in Verbindung mit schwerer Hypertriglyzeridämie, bestehende oder vorausgegangene schwere Lebererkr., solange sich die Leberfunktionswerte nicht normalisiert haben, bestehende oder vorausgegangene Lebertumoren (benigne oder maligne); bek. oder vermutete sexualhormonabhängige maligne Tumoren (z. B. der Genitalorgane oder der Brust); nicht abgekärte vaginale Blutungen

Estradiol + Nomegestrolacetat Rp	
Zoely *Tbl. 1.5+2.5mg*	**Kontrazeption:** 1 x 1Tbl. p.o.
Ethinylestradiol + Chlormadinon Rp	
Angiletta, Belara, Bellissima, Chariva, Chloee, Enriqa *Tbl. 0.03+2mg*	**Kontrazeption:** 1 x 1Tbl. p.o.
Ethinylestradiol + Desogestrel Rp	
Desmin *Tbl. 0.02+0.15mg; 0.03+0.15mg* **Gracial** *Tbl. 0.03+0.125mg* **Lamuna** *Tbl. 0.02+0.15mg; 0.03+0.15mg* **Lovelle** *Tbl. 0.02+0.15mg* **Marvelon** *Tbl. 0.03+0.15mg* **Mercilon** *Tbl. 0.02+0.15mg*	**Kontrazeption:** 1 x 1Tbl. p.o.
Ethinylestradiol + Dienogest Rp	
Amelie, Bonadea, Finic, Laviola, Maxim Mayra, Sibilla, Starletta, Stella, Valette, Velafee *Tbl. 0.03+2mg*	**Kontrazeption:** 1 x 1Tbl. p.o.
Ethinylestradiol + Drospirenon Rp	
Aida *Tbl. 0.02+3mg* **Lamiva** *Tbl. 0.02+3mg* **Petibelle** *Tbl. 0.03+3mg* **Yasmin** *Tbl. 0.03+3mg* **Yasminelle** *Tbl. 0.02+3mg* **Yaz** *Tbl. 0.02+3mg*	**Kontrazeption:** 1 x 1Tbl. p.o.
Ethinylestradiol + Gestoden Rp	
Femodene *Tbl. 0.03+0.075mg* **Femovan** *Tbl. 0.03+0.075mg* **Lisvy** *TTS 0.013+0.06mg/24h* **Minulet** *Tbl. 0.03+0.075mg*	**Kontrazeption:** 1 x 1Tbl. p.o.; Lisvy: d1-21 Pflaster wöchentl. wechseln; d22-28 kein Pflaster
Ethinylestradiol + Levonorgestrel Rp	PRC X, Lact -
Estelle *Tbl. 0.02+0.1mg* **Femigoa** *Tbl. 0.03+0.15mg* **Femigyne-ratioph.** *Tbl. 0.03+0.15mg* **Femranette** *Tbl. 0.03+0.15mg* **Gravistat 125** *Tbl. 0.05+0.125mg* **Illina** *Tbl. 0.02+0.1mg* **Leios** *Tbl. 0.02+0.1mg* **Leona HEXAL** *Tbl. 0.02+0.1mg* **Luisa HEXAL** *Tbl. 0.03+0.15mg* **Microgynon 21** *Tbl. 0.03+0.15mg* **Minisiston** *Tbl. 0.02+0.1mg, 0.03+0.125mg* **Miranova** *Tbl. 0.02+0.1mg* **MonoStep** *Tbl. 0.03+0.125mg* **Stediril 30** *Tbl. 0.03+0.15mg*	**Kontrazeption:** 1 x 1Tbl. p.o.

Ethinylestradiol + Norethisteron Rp	
Conceplan M *Tbl. 0.03+0.5mg* **Eve 20** *Tbl. 0.02+0.5mg*	**Kontrazeption:** 1 x 1Tbl. p.o.

Ethinylestradiol + Norgestimat Rp	PRC X, Lact -
Amicette *Tbl. 0.035+0.25mg* **Lysandra** *Tbl. 0.035+0.25mg*	**Kontrazeption:** 1 x 1Tbl. p.o.

18.2.3 Zweiphasenpräparate

Wi/Wm: erste Zyklusphase: nur Östrogene oder kombiniert mit niedrig dosierten Gestagenen, zweite Zyklusphase: übliche Östrogen-Gestagen-Kombination ⇒ Ovulationshemmung;
UW/KI (Zweiphasenpräparate), s.u. UW Dreiphasenpräparate

Ethinylestradiol + Chlormadinon Rp	
Neo-Eunomin *Tbl. 0.05+1mg, 0.05+2mg*	**Kontrazeption:** 1 x 1Tbl. p.o.

Ethinylestradiol + Desogestrel Rp	PRC X, Lact -
Biviol *Tbl. 0.04+0.025mg, 0.03+0.125mg*	**Kontrazeption:** 1 x 1Tbl. p.o.

18.2.4 Dreiphasenpräparate

Wi/Wm: d1-6: niedrige Östrogen- u. Gestagendosis; d7-11: erhöhte Östrogen- und Gestagendosis; d12-21: niedrige Östrogen- und deutlich höhere Gestagendosis ⇒ Ovulationshemmung;
UW (Östrogen-Gestagen-Kombinationen): Seborrhoe, Akne, Schwindel, Kopfschmerzen, Übelkeit, Erbrechen, Brustspannungen, Depression, Vaginalcandidose, Thrombosen;
KI (Östrogen-Gestagen-Kombinationen): Leberfunktionsstrg., Cholestase, Lebertumoren, hormonabhängige maligne Tumoren, Thrombosen, Grav./Lakt.

Estradiol + Dienogest Rp	PRC X, Lact -
Qlaira *Tbl. 3+0mg, 2+2mg, 2+3mg, 1+0mg*	**Kontrazeption:** 1 x 1Tbl. p.o.

Ethinylestradiol + Desogestrel Rp	PRC X, Lact -
Novial *Tbl. 0.035+0.05mg, 0.03+0.1mg, 0.03+0.15mg*	**Kontrazeption:** 1 x 1Tbl. p.o.

Ethinylestradiol + Levonorgestrel Rp	PRC X, Lact -
Novastep, Trigoa, Trinordiol, Triquilar, Trisiston *Tbl. 0.03+0.05mg, 0.04+0.075mg, 0.03+0.125mg*	**Kontrazeption:** 1 x 1Tbl. p.o.

Ethinylestradiol + Norethisteron Rp	
Synphase *Tbl. 0.035+0.5mg, 0.035+1mg, 0.035+0.5mg*	**Kontrazeption:** 1 x 1Tbl. p.o.

18.2.5 Minipille

Wi/Wm: niedrig dosierte reine Gestagengabe über 28d ⇒ Viskosität des Zervixschleims ↑, keine Ovulationshemmung; Desogestrel: zusätzlich Ovulationshemmung;
UW (Desogestrel): veränd. Stimmungslage, depressive Verstimmung, Libido ↑, Kopfschmerzen, Übelkeit, Akne, Brustschmerzen, unregelmäßige Blutungen, Amenorrhoe, Gewicht ↑;
KI (Desogestrel): bek. Überempf., aktive venöse thromboembolische Erkrankung, vorausgegangene oder bestehende schwere Lebererkr. bis zur Normalisierung der Leberfunktionswerte, bestehende/ vermutete geschlechtshormonabh. bösartige Tumore, nicht abgeklärte vaginale Blutungen

Desogestrel Rp	HWZ 30h
Cerazette, Chalant, Damara, Desirett, Desofemono, Desogestrel Aristo, Diamilla, Evakadin, Feanolla, Jubrele, Simonette, Tevanette, Yvette-ratioph. *Tbl. 0.075mg*	**Kontrazeption:** 1 x 1Tbl. p.o.
Levonorgestrel Rp	HWZ 11-45h, PRC X, Lact ?
28-mini, Microlut *Tbl. 0.03mg*	**Kontrazeption:** 1 x 1Tbl. p.o.

18.2.6 Postkoitalpille

Wm/Wi (Levonorgestrel): Hemmung der Ovulation; nach bereits erfolgter Ovulation Hemmung der Implantation;
Wm/Wi (Ulipristalacetat): Progesteronrezeptormodulator ⇒ Hemmung/Verzögerung der Ovulation, Beeinflussung des Endometriums;
UW (Levonorgestrel): Spannungsgefühl in den Brüsten, Übelkeit, Erbrechen, Durchfall, Kopf-, Unterbauchschmerzen;
UW (Ulipristalacetat): Kopf-, Bauchschmerzen, Menstruationsunregelmäßigkeiten, Schwindel, Infektionen, affektive Störungen, Übelkeit, Erbrechen, Muskelkrämpfe;
KI (Levonorgestrel): bek. Überempf.;
KI (Ulipristalacetat): bek. Überempf., Grav.

Levonorgestrel OTC	
Levonoraristo, Pidana, Postinor, Unofem *Tbl. 1.5mg*	**Notfallkontrazeption:** bis max. 72h postkoital 1.5mg p.o.
Ulipristalacetat OTC	HWZ 32h, PPB 98%
Ellaone *Tbl. 30mg*	**Notfallkontrazeption:** bis max. 120h (5d) postkoital 30mg p.o.

18.2.7 Intrauterine und sonstige Kontrazeptiva

Wm/Wi (Vaginalring/TTS): Resorption der enthaltenen Hormone über die Vaginalschleimhaut/Haut ⇒ Ovulationshemmung; **Wm/Wi** (IUP + Cu): kontinuierliche Kupferfreisetzung ⇒ morphologische und biochemische Veränderung des Endometriums ⇒ Verhinderung der Nidation; **Wm/Wi** (IUP + Gestagen): kontinuierliche Gestagenfreisetzung ⇒ Verhinderung der Endometriumproliferation, Viskosität des Zervixschleims ↑ ;
UW (IUP): Unterleibs-/Kreuzschmerzen, stärkere/länger anhaltende Menstruationen, Schmierblutungen, Unterleibsinfektionen, Hautreaktionen; **UW** (Vaginalring): Kopfschmerzen, Vaginitis, Leukorrhoe, Bauchschmerzen, Übelkeit, Akne, Thromboembolie;
KI (Vaginalring): Thromboembolie in der Vorgeschichte, diabetische Angiopathie, schwere Lebererkrankung, benigne/maligne Lebertumoren, sexualhormonabhängige Tumoren, nicht abgeklärte Vaginalblutungen; **KI** (IUP): Grav., Malignome im Genitalbereich, chronische Unterleibsinfektionen, Endometriose, Extrauterin-Grav., Gerinnungsstörungen;
KI (IUP + Cu): M. Wilson; **KI** (IUP + Gestagen): akute Lebererkrankungen, Lebertumoren

Ethinylestradiol + Etonogestrel Rp	
Circlet, Nuvaring *Vaginalring 2.7+11.7mg*	**Kontrazeption:** vag. Einlage für 3W
Ethinylestradiol + Norelgestromin Rp	
EVRA *TTS 33.9+203µg/24h*	**Kontrazeption:** 1. Pfl. an d1 des Zyklus, 2./3.Pfl. an d8/15; d22-28 pflasterfrei
Intrauterinpessar mit Kupfer Rp	
Cu-Safe T 300 *IUP* **Multisafe Cu 375** *IUP* **Nova T** *IUP*	**Kontrazeption:** intrauterine Einlage für 3-5 J
Intrauterinpessar mit Levonorgestrel Rp	
Jaydess *IUP 13.5mg* **Mirena** *IUP 52mg (11-20µg/24h)*	**Kontrazeption, Hypermenorrhoe:** Mirena: intrauterine Einlage für 5J; **Kontrazeption:** Jaydess: intrauterine Einlage für 3J

18.3 Weheninduktion, Geburtseinleitung

Wm/Wi (Oxytocin): Stimulation von Kontraktionsfrequenz und kontraktiler Kraft der Uterusmuskulatur, Förderung der Milchejektion durch Kontraktion der glatten Muskulatur der Milchdrüse; **Wm/Wi** (Dinoproston): synthetisches Prostaglandin E2 ⇒ bewirkt Erweichung und Dilatation der Cervix uteri, löst Kontraktionen im schwangeren Uterus aus, erhöht die Durchblutung der Zervix, bewirkt Aufsplittung der Kollagenfasern und Vermehrung der Grundsubstanz der Zervix; **Wm/Wi** (Sulproston): synthetisches Prostaglandin E2, Kontraktion der Uterusmuskulatur, Konstriktion uteriner Gefäße, Plazentaablösung;
UW (Dinoproston): Kopfschmerzen, Übelkeit, Erbrechen, Krämpfe, Diarrhoe, Rückenschmerzen, Fieber, uterine Überstimulation, Wärmegefühl in der Vagina, abnormale den Fetus beeinflussende Wehen; beim Kind: Alteration der kindlichen Herzfrequenz und deren Oszillationsmuster, Fetal-distress-Syndrom; **UW** (Oxytocin): zu starke Wehentätigkeit, Tetanus uteri, Übelkeit, Erbrechen, HRST, allergische Reaktionen, Hypertonie, ausgeprägte Hypotonie mit Reflextachykardie, Wasserretention, Hyponatriämie;

UW (Sulproston): Übelkeit, Erbrechen, Hypotonie, Bauchkrämpfe, Diarrhoe, Fieber, erhöhte Körpertemperatur;
KI (Dinoproston): bek. Überempf. vorausgegangene Uterus-OP; bei Myomenukleation, Mehrlings-Grav., Multiparität, fehlendem Kopfeintritt in das Becken, fetopelvine Disproportion; fetale Herzfrequenzmuster, die Gefährdung des KIndes vermuten lassen; bei geburtshilflichen Situationen, die für operative Geburtsbeendigung sprechen; ungeklärter vaginaler Ausfluss, anormale Uterusblutungen, vorliegende Infektionen (z.B. Kolpitis, Zervizitis), regelwidrige Kindslage oder Poleinstellung, Zervixläsion, vorzeitige Plazentalösung, Placenta praevia, bei Einsetzen der Wehen, Komb. mit wehenfördernden Arzneimitteln;
KI (Oxytocin): bek. Überempf., EPH-Gestose, Neigung zu Tetanus uteri, drohende Uterusruptur, vorz. Plazentalösung, Placenta praevia, unreife Cervix, drohende Asphyxia fetalis, Lageanomalien des Kindes, z.B. Beckenendlage, mechanisches Geburtshindernis;
KI (Sulproston): bek. Überempf. Bronchialasthma, spastische Bronchitis, vorgeschädigtes Herz, Gefäßerkrankungen, KHK, schwere Hypertonie, schwere Leber- oder Nierenfunktionsstrg., dekomp. D.m., zerebrale Krampfleiden, Glaukom, Thyreotoxikose, akute gynäkologische Infektionen, Colitis ulcerosa, akutes Ulcus ventriculi, Sichelzellenanämie, Thalassämie, Krankheiten des rheumatischen Formenkreises, allgem. schw. Krankheiten, vorausgegangene Uterusoperationen, Geburtseinleitung bei lebensfähigem Kind

Dinoproston Rp	HWZ 1-3min, PPB 73%
Minprostin E2 *Vaginaltbl. 3mg; Vaginalgel 1, 2mg* **Prepidil** *Gel 0.5mg/2.5ml* **Propess** *Vaginalinsert 10mg*	**Geburtseinleitung bei unreifer Zervix:** Minprostin: Gel: ini 1mg intravaginal, ggf. nach 6h 2. Gabe mit 1-2mg, max. 3mg/d; Tbl.: 3mg intravaginal, ggf. nach 6-8h 2. Gabe, max. 6mg/d; Prepidil: 0.5mg intrazervikal, ggf. nach 8-12 h wdh., max. 1.5mg in 24h; Propess: intravaginal einführen, Freisetzung des Wirkstoffs über 24h

Oxytocin Rp	HWZ 1-12 min, PRC X, Lact -, Nasenspray +
Oxytocin HEXAL *Amp. 3IE/1ml, 5IE/1ml, 10IE/1ml* **Oxytocin Rotexmedica** *Amp. 3IE/1ml, 10IE/1ml*	**Geburtseinleitung:** ini 1-2milli-IE/min Dauerinfusion i.v., je nach Wehentätigkeit alle 15min steigern um 1-2milli-IE/min, max. 20-30 milli-IE/min i.v.; **postpartale Blutung:** 5-6IE langsam i.v.;5-10IE i.m; **Laktationsstörung, Mastitis-Pro.:** 4IE nasal 2-3min vor Stillen

Sulproston Rp	HWZ 2h, PPB 20-30%
Nalador *Amp. 500µg*	**Abortinduktion und Geburtseinleitung bei intrauterinem Fruchttod:** ini 1.7µg/min als Infusion i.v., ggf. steigern bis max. 8.3µg/min., für max. 10h bzw. max. 1500µg/24h; **Postpartale atonische Blutung:** ini 1.7µg/min als Infusion i.v., ggf. steigern bis max. 8.3µg/min., nach therapeutischer Wirkung Erh.Dos. 1.7µg/min; max. 1500µg/24h; **DANI, DALI** KI bei schwerer NI, LI

18.4 Prolaktinhemmer

Wm/Wi: Stimulation hypophysärer Dopaminrezeptoren ⇒ Hemmung der Prolaktinfreisetzung; **UW:** Übelkeit, Erbrechen, GI-Störungen, psychomot. und extrapyramidalmot. Störungen, RR↓, Bradykardie, periphere Durchblutungsstrg.; **KI:** Anwendungsbeschr. bei psychischen Störungen, gastroduodenalen Ulzera, schweren Herz-Kreislauf-Erkrankungen

Bromocriptin Rp	HWZ 50h, Qo 1.0, PRC B, Lact -
Bromocriptin-CT *Tbl. 2.5mg* **Bromocriptin-ratioph.** *Tbl. 2.5mg* **Kirim** *Tbl. 2.5mg* **Pravidel** *Tbl. 2.5mg*	**Primäres, sekundäres Abstillen:** d1: 2 x 1.25mg p.o., dann 2 x 2.5mg für 14d; **postpartaler Milchstau:** 2.5mg p.o., evtl. Wdh. nach 6-12h; **puerperale Mastitis:** d1-3: 3 x 2.5mg p.o.; d4-14: 2 x 2.5mg; **Galaktorrhoe, Amenorrhoe:** d1: 1.25mg p.o., ab d2: 3 x 1.25mg p.o., evtl. ↑ bis 2-3 x 2.5mg; **Akromegalie:** ini 2.5mg p.o., über 1-2W steigern bis 10-20mg/d in 4ED; **M. Parkinson** → 327
Cabergolin Rp	HWZ 63-69h, PRC B, Lact ?
Cabergolin Dura *Tbl. 0.5mg* **Cabergolin HEXAL** *Tbl. 0.5mg* **Cabergolin Teva** *Tbl. 0.5mg* **Dostinex** *Tbl. 0.5mg*	**Primäres Abstillen:** 1 x 1mg in den ersten 24h nach Geburt; **hyperprolaktinämische Störung:** ini 2 x/W 0.25mg p.o., monatlich steigern um 0.5mg/W bis 1-2mg/W, max. 4.5mg/W; **M. Parkinson** → 328
Quinagolid Rp	HWZ 11.5h
Norprolac *Tbl. 75, 150µg*	**Hyperprolaktinämie:** d1-3: 1 x 25µg p.o.; d4-6: 1 x 50µg, dann 1 x 75-150µg; **DANI, DALI** KI

18.5 Wehenhemmer

Wm/Wi (Atosiban): kompetitiver Antagonist am Oxytocinrezeptor ⇒ Senkung von Tonus und Kontraktionsfrequenz der Uterusmuskulatur ⇒ Wehenhemmung; **Wm/Wi** (Fenoterol): Stimulation von Beta-2-Rezeptoren ⇒ Erschlaffung d. Myometriums; **UW** (Atosiban): Übelkeit, Kopfschmerzen, Schwindel, Hitzewallungen, Tachykardie, Hyperglykämie, Schlaflosigkeit, Juckreiz, Fieber; **UW** (Fenoterol): Hypokaliämie, Tachykardie, Tremor, Schwindel, Unruhe- und Angstzustände, Hypotonie, Übelkeit, Erbrechen, Hyperhidrosis; **KI** (Atosiban): Dauer der Grav. < 24 bzw. > 33 W, vorzeitiger Blasensprung, intrauterine Wachstumsretardierung u. gestörte HF des Fetus, Eklampsie, intrauter. Fruchttod/Infektion, Placenta praevia; **KI** (Fenoterol): Erkr. in Gestationsalter < 22W, vorbestehende ischämische Herzerkr. oder Patientinnen mit signif. RF für eine ischämische Herzerkr., drohender Abort während des 1. u. 2. Trimesters; Erkr. der Mutter/des Fötus, bei der die Verlängerung der Schwangerschaft ein Risiko darstellt (z. B. schwere Toxämie, Intrauterininfektion, Vaginalblutung infolge einer Placenta praevia, Eklampsie oder schwere Präeklampsie, Ablösung der Placenta oder Nabelschnurkompression); intrauteriner Fruchttod; bek. letale erbliche oder letale chromos. Fehlbildung; bek. Überempf. gegen Beta-Sympathomimetika, Vena-cava-Kompressionssyndrom, schwere Hyperthyreose, Phäochromozytom, Amnioninfektionssyndrom,

Psychosen, Hypokaliämie, schwere Leber- und Nierenerkr., kardiale Erkr. (bes. Tachyarrhythmie, Myokarditis, Mitralklappenvitrium); bei vorbestehenden Erkr., bei denen ein Beta-Mimetikum eine UW hätte (z. B. bei pulmonaler Hypertonie und Herzerkrankungen, wie hypertropher obstruktiver Kardiomyopathie oder jeglicher Art einer Obstruktion des linksventrikulären Ausflusstraktes, z. B. Aortenstenose); Blutgerinnung ↓, unkontrollierter Diabetes mellitus

Atosiban Rp	HWZ 2h
Atosiban Ibisqus, Atosiban Sun *Inf.Lsg. 6.75mg/0.9ml; Inf.Konz. 37.5mg/5ml*	**Tokolyse:** ini 6.75mg i.v., dann 18mg/h für 3h, dann 6mg/h für insgesamt max. 48h
Fenoterol Rp	HWZ 3.2h, Q0 > 0.85, PPB 40-55%
Partusisten intrapartal *Amp. Konzentrat 25µg/1ml*	**Dystokien in Eröffnungs-/Austreibungsperiode, intrauterine Asphyxie, geburtshilfliche Notfälle, zur Uterusrelaxation z. B. bei Sectio:** ini 20-30µg über 2-3min i.v., ggf. Wdh., dann Dauerinf. mit bis zu 4µg/min (1ml Konzentrat + 4ml NaCl ⇒ 1ml enth. 5µg)
Partusisten *Amp. Konzentrat 0.5mg/10ml*	**Tokolyse 22.-37. Grav. W:** 0.5-3µg/min i.v.; Perf. 0.5mg/50ml ⇒ 3-18ml/h; Anw. max. 48h

18.6 Schwangerschaft, Stillzeit

18.6.1 Beratungsstelle für Arzneimittel

Pharmakovigilanz- und Beratungszentrum für Embryonaltoxikologie, Charité-Universitätsmedizin Berlin, Campus Virchow-Klinikum, Augustenburger Platz 1, 13353 Berlin, Tel. 030/450-525700, Fax 030/450-525902, http://www.embryotox.de

18.6.2 Schwangerschaftsrisikoklassen nach FDA[a] Pregnancy Risk Categories (PRC)

PRC A	Geeignete Studien bei schwangeren Frauen zeigten kein Risiko für den Fetus.
PRC B	Tierversuche zeigten kein Risiko für den Fetus, aber Studien an schwangeren Frauen fehlen **oder** Tierversuche zeigten Risiko, aber geeignete Studien an schwangeren Frauen zeigten kein Risiko für den Fetus.
PRC C	Tierversuche zeigten Risiko für den Fetus, Studien an schwangeren Frauen fehlen. Die therapeutischen Vorteile sind u.U. dennoch höher zu bewerten.
PRC D	Risiko für den Fetus ist nachgewiesen, aber therapeutische Vorteile sind u.U. im Grenzfall (z.B. keine med. Alternative) dennoch höher zu bewerten.
PRC X	Risiko für den Fetus ist eindeutig nachgewiesen. Das Risiko übersteigt den erwarteten therapeutischen Nutzen.
PRC ED	Einzeldosis (wahrscheinlich) unbedenklich.

18.6.3 Laktation (Stillperiode)[a]

Lact +	Zur Anwendung auch während der Stillperiode geeignet
Lact ?	Risiko für Säugling während Stillperiode nicht bekannt oder kontrovers diskutiert
Lact –	Anwendung während Schwangerschaft wird nicht empfohlen (Risiko für Säugling)

[a] Spezifische Angaben zu den Arzneimitteln in den Tabellen rechts neben dem Wirkstoff!

18.6.4 Arzneimittel in Schwangerschaft und Stillzeit

Allergien
- Loratadin
- Bewährte ältere H_1-Blocker wie Dimetinden

Asthma
- Beta-2-Sympathomimetika zur Inhalation
  - Kurz wirksame: z.B. Reproterol, Salbutamol
  - Lang wirksame: z.B. Formoterol, Salmeterol
- Glukokortikoide
- Theophyllin

Bakterielle Infektionen
- Penicilline
- Cephalosporine (Reserve: Makrolide)

Chronisch-entzündliche Darmerkrankungen
- Mesalazin, Olsalazin
- Sulfasalazin
- Glukokortikoide (Reserve: Azathioprin)

Depression
- Trizyklische Antidepressiva, z.B. Amitriptylin
- Selektive SSRI, z.B. Sertralin

Diabetes mellitus
- Humaninsulin

Gastritis
- Antazida, z.B. Magaldrat
- Bewährte H_2-Blocker, z.B. Ranitidin
- Protonenpumpenblocker, z.B. Omeprazol

Glaukom
- Beta-Rezeptorenblocker
- Carboanhydrasehemmstoffe
- Cholinergika

Hustendämpfung
- Dextromethorphan
- Codein

Hypertonus
- Alpha-Methyldopa
- Metoprolol
- Dihydralazin
- Nach dem 1. Trimenon auch Urapidil u.a.

Krätze (Skabies)
- Benzylbenzoat
- Crotamiton

Läuse
- Dimeticon

Migräne
- Siehe Schmerzen; ggf. auch Sumatriptan

Mukolytika
- Acetylcystein

Refluxösophagitis
- Omeprazol

Schlafstörungen
- Diphenhydramin
- Diazepam, Lorazepam

Schmerzen
- Paracetamol, ggf. mit Codein
- Ibuprofen, Diclofenac (nur bis SSW 28)
- Ggf. Tramadol

Übelkeit/Hyperemesis
- Dimenhydrinat
- Metoclopramid

Wurmerkrankung
- Pyrviniumembonat
- Mebendazol
- Niclosamid

19 Toxikologie

19.1 Allgemeines

1. Erstanamnese

Welches Gift? Stoff? Produktname? Bestandteile? Hersteller? Verpackung? **Giftaufnahme?** Oral? Inhalation? Haut? **Wann?** Einnahme? Erste Symptome? **Warum?** Suizid? Sucht? Irrtümlich? **Wieviel?** Menge? Konzentration? **Klinik?** Ansprechbar? Bewusstlos? Alter? Geschlecht? Gewicht? AZ?

2. Vergiftungszentrale verständigen

3. Soforthilfe durch den Laien

- **Lagerung:** bewusstloser Patient → stabile Seitenlage/Bauchlage mit seitlicher Kopflagerung; bei mechanischer Atemwegsverlegung: Kopf in Seitenlage und Mundhöhle säubern
- **Ersthilfe bei oraler Giftaufnahme** → Auslösen von Erbrechen durch Laien unbedingt vermeiden
  Hautkontamination: Reinigung mit Wasser und Seife
  Augenkontamination: Augenspülung unter laufendem Wasser

19.2 Ärztliche Behandlung (5-Finger-Regel)

1. Elementarhilfe (Stabilisierung der Vitalparameter)

Entsprechend dem Schweregrad der Vergiftung (= Ausmaß der Vigilanzminderung): Grad 0 = keine Vigilanzminderung; G1 = Somnolenz; G2 = Sopor; G3 = motorisch reaktives Koma; G4 = areaktives Koma mit respiratorischer Insuffizienz; G5 = Grad 4 mit instabilem Kreislauf

	Überwachung	Lagerung	Ven. Zugang	Atemweg sichern	Beatmung	Katecholamine
Bei Grad	Immer	≥ 1	≥ 2	≥ 3	≥ 4	5

2. Giftelimination

Primär (Giftentfernung vor Resorption)

- **Orale Giftaufnahme:**
  - **Aktivkohle** (Carbo medicinalis): **Cave:** Aspirationsrisiko ↑ bei bewusstlosen, nicht intubierten Pat. bei Applikation über Magensonde; **Dos.:** ca. 10-facher Überschuss an Kohle gegenüber Gift, bei unbekannter Menge im Allgemeinen 1g/kg; **Komb. von Kohle u. Laxans** beschleunigt Giftelimination; **KI:** fehlende Stabilisierung der Vitalparameter, Perforationsgefahr
  - **Induziertes Erbrechen** (meist erst in Klinik, möglichst innerhalb 1h): Ipecacuanha-Sirup: 1.Lj. (10ml), 2.Lj. (20ml), ab 3.Lj/Erw. (30ml); **KI:** Vigilanzminderung, Verätzung, Vergiftung mit organischen Lsg.-Mitteln, Tenside, Antiemetika
  - **Magenspülung** (Anm.: bei Medikamentenintoxikation besteht meist keine Indikation):
    1. Pro. eines reflektorischen Laryngospasmus: 1mg Atropin i.m.
    2. Lagerung: bei wachen/vigilanzgeminderten Pat. mit erhaltenem Schluckreflex: keine Intubation → stabile Seiten-, Bauchlage; bei bewusstlosen Pat.: Intubation → Rückenlage
    3. Spülung: weicher Magenschlauch (Erw. ø 18mm; Kleinkind ø 11mm) → Lagekontrolle → Spülung: 10-20l lauwarmes H_2O (mit je10ml x kg) → dann 50g Carbo med. + 15-20g Na-Sulfat in Wasser auflösen und in Magenspülschlauch instillieren → Schlauch abklemmen, entfernen
- **Inhalative Giftaufnahme:** Pat. aus Gefahrenbereich (Eigenschutz beachten!), O_2, Frischluft
- **Kutane Giftaufnahme:** Kleidung entfernen, Haut abwaschen Giftentfernung
- **Augenkontamination:** Augenspülung (10min unter fließendem Wasser) → Augenarzt

Sekundär (Giftentfernung nach Resorption)

Zuerst Giftnotrufzentrale konsultieren; dann ggf. alkalische Diurese, Hämodialyse, Hämoperfusion, Plasmapherese, Albumindialyse

19.3 Antidota

Wm/Wi (ACC): Verstoffwechslung in Hepatozyten zu Glutathion, das zur Entgiftung toxischer Paracetamolmetabolite benötigt wird;
Wm/Wi (Atropin): parasympatholytisch durch kompetitiven Antagonismus an muscarinartigen Cholinozeptoren;
Wm/Wi (Digitalisantitoxin): von Schafen gewonnene Immunglobulinfragmente, die freies und zellmembrangebundenes Digitalisglykosid binden;
Wm/Wi (4-DMAP): Bildung von Methämoglobin ⇒ Komplexbildung mit Cyanid ⇒ Entblockung der Cytochromoxidase;
Wm/Wi (DMPS): Chelatbildner, bildet mit Schwermetallen stabile Komplexe, die renal ausgeschieden werden;
Wm/Wi (Ethanol): hat höhere Bindungskonstante an die Alkoholdehydrogenase (ADH) als Methanol, durch Sättigung der ADH mit Ethanol wird die Methanoloxidation gehemmt, es entstehen weniger toxische Metabolite wie Formaldehyd und Ameisensäure;
UW (ACC): Abfall des Prothrombinwerts, anaphylaktische Reaktionen;
UW (Atropin): Schweißdrüsensekretion ↓, Tachykardie, Miktionstrg., Mundtrockenheit, Glaukomanfall, Akkommodationsstrg., Unruhe, Halluzinationen, Krämpfe, Delirien;
UW (Digitalisantitoxin): allergische Reaktionen, Anaphylaxie, Hypokaliämie;
UW (4-DMAP): Methämoglobinämie, Brechreiz, Durchfall, Asthmaanfall, Vigilanzminderung, Schock;
UW (DMPS): Fieber, Schüttelfrost, Übelkeit, allergische Hautreaktionen, Erythema exsudativum multiforme, Stevens-Johnson-Syndrom, Transaminasenanstieg, Leukopenie, Angina pectoris, Geschmacksveränderungen, abdominelle Beschwerden, Appetitverlust, Zink- und Kupfermangel;
KI (ACC): keine;
KI (Atropin): Engwinkelglaukom, Tachykardie bei Herzinsuffizienz und Thyreotoxikose, tachykarde Herzrhythmusstrg., Koronarstenose, mechanische Verschlüsse des Magen-Darm-Trakts, paralytischer Ileus, Megacolon, obstruktive Harnwegserkrankungen, Prostatahypertrophie mit Restharnbildung, Myasthenia gravis, akutes Lungenödem, Schwangerschaftstoxikose, bekannte Überempfindlichkeit gegenüber Atropin und anderen Anticholinergika;
KI (Digitalisantitoxin): bekannte Überempfindlichkeit, Schafeiweißallergie;
KI (4-DMAP): Glukose-6-Phosphat-Dehydrogenasemangel;
KI (DMPS): bekannte Überempfindlichkeit

Acetylcystein (ACC) Rp — HWZ 30-40min, Q_0 0.7, PRC B, Lact ?

Fluimucil Antidot 20% *Amp. 5g/25ml*	**Paracetamolintoxikation:** ini 150mg/kg in 200ml Glucose 5% über 15min i.v., dann 50mg/kg in 500ml Glucose 5% über 4h i.v., dann 100mg/kg in 1l Glucose 5% über 16h i.v.; **DANI** nicht erforderlich

Atropin Rp	HWZ 2-3h, Q0 0.45, PPB 2-40%, PRC C, Lact ?
Atropinsulfat *Amp. 0.5mg/1ml; Inj.Lsg. 100mg/10ml* **Atropinum sulfuricum** *Amp. 0.25mg/1ml, 0.5mg/1ml, 1mg/1ml*	**Alkylphosphatvergiftung:** 2-5mg alle 10-15min i.v. bis zum Rückgang der Bronchialsekretion, bis zu 50mg in Einzelfällen, Erh.Dos. 0.5-1mg alle 1-4h; **Ki.:** 0.5-2mg i.v., Erh.Dos. nach Klinik; **Neostigmin- und Pyridostigmin-überdosierung:** 1-2mg i.v.
Digitalisantitoxin Rp	
DigiFab *Inj.Lsg. 40mg (Int. Apotheke)*	**Digitalisintoxikation:** Allergietestung durch Intrakutan- bzw. Konjunktivaltest: 160mg als Infusion über 20min i.v., dann Dauerinfusion mit 30mg/h über 7-8h; nach Bolusgabe kann auf die Digitalisbestimmung gewartet werden, um dann die notwendige Menge für die kontinuierliche Infusion zu errechnen; **bei bekanntem Serumspiegel: Errechnung des Körperbestands:** Digoxin: Serumkonzentration in ng/ml x 5.6 x kg: 1000; Digitoxin: Serumkonzentration in ng/ml x 0.56 x kg: 1000; Antikörperdosis (mg) = Körperbestand (mg) x 80; Cave: falsch hoher Digitalisspiegel nach Antidotgabe!
Dimethylaminophenol (4-DMAP) Rp	
4-DMAP *Amp. 250mg/5ml*	**Cyanidintoxikation:** 3-4 mg/kg langsam i.v., **Ki.:** 3 mg/kg langsam i.v.; nach 4-DMAP Natriumthiosulfat geben!
Dimercaptopropansulfonat (DMPS) Rp	PPB 90%
Dimaval *Amp. 250mg/5ml; Kps.100mg*	**Akute Quecksilbervergiftung:** an d1 250mg i.v. alle 3-4h, d2 250mg alle 4-6h, d3 250mg alle 6-8h, d4 250mg alle 8-12h, dann 250mg 1-3 x/d; 12 x 100-200mg p.o.; **chronische Quecksilber-, Bleivergiftung:** 300-400mg/d p.o.; **DANI** Anwendung nur bei gleichzeitiger Dialyse möglich
Ethanol OTC	
Alkohol 95% *Amp. 15g/20ml*	**Methanolintoxikation:** 0.5-0.75g/kg über 30min i.v. in Glucose 5%, dann 0.1-0.2g/kg; Serumalkoholspiegel von 0.5-1‰ anstreben

Wm/Wi (Flumazenil): Antagonismus an Benzodiazepinrezeptoren;
Wm/Wi (Fomepizol): Hemmung der Alkoholdehydrogenase ⇒ verhindert Bildung toxischer Metaboliten in der Leber;
Wm/Wi (Hydroxycobalamin): bindet Cyanid im Plasma, indem der Hydroxoligand durch einen Cyanoliganden ersetzt wird, das dabei entstandene Cyanocobalamin wird rasch mit dem Urin ausgeschieden; **Wm/Wi** (Kohle): durch die große Absorptionsfläche der Kohle (1000-2000m^2/g) können Giftstoffe gebunden werden, da Kohle vom Magen-Darm-Trakt nicht resorbiert wird, werden die gebundenen Giftstoffe mit dem Stuhl ausgeschieden;
Wm/Wi (Natriumthiosulfat): Schwefeldonator ⇒ Sulfatierung der Cyanide, dadurch schnellere Bildung des weniger giftigen Rhodanids;
Wm/Wi (Obidoxim): Reaktivierung der blockierten Acetylcholinesterase, Verhinderung der Phosphorylierung und Inaktivierung des Enzyms;
Wm/Wi (Physostigmin): reversible Hemmung der Cholinesterase ⇒ Anstieg von Acetylcholin im synaptischen Spalt ⇒ indirekte parasympathomimetische Wirkung;
Wm/Wi (Simeticon): = Silikon, setzt Oberflächenspannung herab, Verhinderung der Schaumbildung, keine Resorption; **Wm/Wi** (Tiopronin): Chelatbildner, Schwermetallbindung;
Wm/Wi (Toloniumchlorid): Reduktion von Methämoglobin zu Hämoglobin;
UW (Flumazenil): Übelkeit, Erbrechen, Blutdruckschwankungen, Herzklopfen, Gefühl von Bedrohung, Auslösung von Benzodiazepinentzugssymptomen;
UW (Fomepizol): Bradykardie, Tachykardie, RR-Anstieg, Vertigo, Anfälle, Sehstörungen, Nystagmus, Sprachstörungen, Angst- und Unruhezustände, Transaminasenanstieg, Übelkeit, Erbrechen, Diarrhoe, Dyspepsie, Schluckauf, Schmerzen an der Injektionsstelle, Phlebitis, Juckreiz, Hautausschlag, Hypereonsinophilie, Anaemie, CK-Erhöhung;
UW (Hydroxycobalamin): allergische Reaktionen, dunkelrote Verfärbung des Urins;
UW (Kohle): Obstipation, mechanischer Ileus bei sehr hohen Dosen;
UW (Natriumthiosulfat): Überempfindlichkeitsreaktionen wie z.B. Brechreiz, Durchfall, Asthmaanfall, Bewusstseinsstrg., Schock; **UW** (Obidoxim): Hitzegefühl, Kälteempfinden, Mentholgeschmack, Taubheitsgefühl, Muskelschwäche, Mundtrockenheit, Tachykardie, Hypertonie, EKG-Veränderungen, Herzrhythmusstrg., Leberfunktionsstrg.; nach Gabe von 3-10g innerhalb von 1-3d cholestatischer Ikterus möglich;
UW (Physostigmin): Erbrechen, Übelkeit, Speichelfluss, Harn- und Stuhlinkontinenz, Krampfanfälle, Bradykardie, Durchfall, Asthmaanfall, Bewusstseinsstrg.;
UW (Simeticon): keine; **UW** (Tiopronin): Diarrhoe, Geschmacksstrg., Pruritus, Hautreaktionen, Stomatitis, Blutbildveränderungen, Hepatitis, Temperaturerhöhung;
UW (Toloniumchlorid): Blaufärbung von Haut und Urin;
KI (Fomepizol): bek. Überempf. gegen F. oder andere Pyrazole;
KI (Hydroxycobalamin): nach Anw. von Natriumthiosulfat; **KI** (Kohle): Vergiftung mit ätzenden Stoffen, diagn.-endoskopische Maßnahmen erschwert;
KI (Natriumthiosulfat): Sulfitüberempfindlichkeit;
KI (Obidoxim): Carbamatintoxikation (z.B. Aldicarb = Temik 5G);
KI (Physostigmin): bek. Überempf., Asthma bronchiale, Gangrän, koronare Herzerkrankungen, mechanische Obstipation, mechanische Harnsperre, Dystrophia myotonica, Depolarisationsblock nach depolarisierenden Muskelrelaxantien, Intoxikationen durch "irreversibel wirkende" Cholinesterasehemmer, geschlossene Schädel-Hirn-Traumen, Obstruktionen im Magen-Darm-Trakt oder in den ableitenden Harnwegen, Vergiftung mit depolarisierenden Muskelrelaxantien vom Suxamethonium-Typ;

KI (Flumazenil): bek. Überempf.; bei Pat. mit Epilepsie, die Benzodiazepine als Zusatzmed. erhielten; mit Angstzuständen und Selbstmordneigung, die deshalb vorher mit Benzodiazepinen behandelt wurden; die eine niedrige Dosis eines kurz wirkenden Benzodiazepin-Derivates erhielten; denen Benzodiazepine zur Beherrschung eines potenziell lebensbedrohlichen Zustands verabreicht wurden (z. B. intrakranielle Druckregulierung oder Status epilepticus); in der postoperativen Periode bei anhaltendem, atemdepressivem Effekt der Opiate und bereits bestehender Bewusstseinsklarheit; **KI** (Simeticon): bekannte Überempf.; **KI** (Tiopronin): Albuminurie, Glomerulonephritis, Myasthenie, Polymyositis, Pemphigus, arzneimittelbedingte Zytopenien, Grav.; **KI** (Toloniumchlorid): keine bei korrekter Indikation

Fomepizol Rp	
Fomepizole Eusa Pharma *Inf.Lsg. 100mg/20ml*	**Ethylenglykolintoxikation:** ini 15mg/kg über 30-45min i.v., n. 12h 10mg/kg, weiter je nach Ethylenglykol-Serumspiegel, s. FachInfo **DANI** Krea > 3mg/dl: HD erforderl., ini 15mg/kg ber 3-45min i.v., dann 1mg/kg/h während der gesamten HD
Flumazenil Rp	HWZ 1h, Q0 1.0, PPB 50%
Anexate *Amp. 0.5mg/5ml, 1mg/10ml* **Flumanzenil HEXAL/Hameln/Kabi** *Amp. 0.5mg/5ml, 1mg/10ml*	**Aufhebung der Benzodiazepinwirkung:** ini 0.2mg i.v., ggf. minütliche Nachinjektion von 0.1mg bis max. 1mg Gesamtdosis; **Ki. > 1J:** 0.01mg/kg über 15s i.v., ggf. minütliche Nachinjektionen bis max. 0.05mg/kg bzw. 1mg Gesamtdosis
Hydroxocobalamin	
Cyanokit *Inj.Lsg. 5g*	**Cyanidintoxikation:** ini 5g in 200ml NaCl 0.9% über 30min i.v., je nach Klinik weitere 5g über 0.5-2h; **Ki.:** 70mg/kg über 20-30min i.v.
Kohle, medizinische (Carbo medicinalis) OTC	
Kohle Hevert *Tbl. 250mg* **Kohle Pulvis** *Pulver 10g* **Ultracarbon** *Granulat 50g*	**Intoxikationen durch Nahrungsmittel, Schwermetalle, Arzneimittel:** 1g/kg p.o. oder über Magenschlauch applizieren; 10g Kohle werden in 70-80ml Wasser aufgeschüttelt; **Ki.:** 0.5g/kg; **wirkt nicht bei:** Lithium, Thallium, Eisensalzen, Blausäure, Borsäure, DDT, Tolbutamid, Methanol, Ethanol, Ethylenglykol
Natriumthiosulfat OTC	HWZ 2h
Natriumthiosulfat 10%, 25% *Amp. 1g/10ml; Inf.Lsg. 10g/100ml, 25g/100ml, 50g/500ml*	**Cyanidintoxikation:** 50-100mg/kg i.v.; **Sgl.:** bis zu 1g i.v., **Kleinki.:** bis zu 2g, **Schulki.:** bis zu 5g; **Intoxik. mit Alkylantien:** bis zu 500mg/kg i.v.; **Intoxik. mit Bromat und Jod:** 100mg/kg i.v.; Magenspülung mit 1% Lsg.

Obidoximchlorid OTC	HWZ 2h Q0 0.85
Toxogonin *Amp. 250mg/1ml*	**Intoxikationen mit Organophosphaten:** 250mg i.v., dann Dauerinfusion mit 750mg/d; **Ki.:** 4-8mg/kg i.v., dann Dauerinfusion mit 10mg/kg/d; zuerst Atropin-Gabe!
Physostigmin Rp	
Anticholium *Amp. 2mg/5ml*	**Anticholinerges Syndrom bei Vergiftungen** (Atropin, trizyklische Antidepressiva, Antihistaminika): ini 2mg oder 0.04mg/kg langsam i.v. oder i.m., 1-4mg alle 20min i.v. bzw. Wdh. der Vollwirkdosis, wenn Vergiftungssymptome wieder auftreten; **Ki.:** 0.5mg i.v. oder i.m., Wdh. alle 5min bis Gesamtdosis von 2mg, so lange die anticholinergen Symptome weiterbestehen und keine cholinergen Symptome auftreten
Simeticon OTC	
Espumisan *Emulsion (1ml = 40mg)* **sab simplex** *Emulsion (1ml = 69mg)*	**Spülmittelintoxikation:** 10ml p.o.; **Ki.:** 5ml p.o.
Tiopronin Rp	
Captimer *Tbl. 100, 250mg*	**Quecksilber-, Eisen-, Kupfer-, Zink-, Polonium-, Cadmiumintoxikation, M. Wilson, Hämosiderose:** 7-10mg/kg p.o.
Toloniumchlorid Rp	
Toluidinblau *Amp. 300mg/10ml*	**Intoxikationen mit Methämoglobinbildnern** (z.B. Anilin, Nitrobenzol, Nitrit, aromatische Amine, oxidierende, organische Lösungsmittel, Dapsone, manche Lokalanästhetika), **DMAP-Überdosierung:** 2-4mg/kg langsam i.v.; **Ki.:** s. Erw.

19.4 Transport

Durch Notarzt/Rettungsmittel mit Rettungsassistenz in nächstes Krankenhaus; dort ggf. Sekundärverlegung, bei schweren/unklaren Vergiftungen Kontakt mit Giftnotrufzentrale durch Arzt

19.5 Asservierung

Immer: Urin, Blut in EDTA-Röhrchen, Blut nativ, u.U. bei Lebensmittel- oder Pilzvergiftungen Stuhl, bei Gasvergiftung Ausatemluft in Atemballon; Beschriftung der Probe (Entnahmezeit, Material, Patientendaten); **sachgemäße Lagerung** (bei 4°C im Kühlschrank), vor jeder Antidotgabe Asservierung von Blut und Urin

19.6 Giftinformationszentralen (D, A, CH)

Berlin
Tel. 030 19 24 0
Fax 030 30 686-799

Bonn
Tel. 0228 19 240
Fax 0228 287-33314

Erfurt
Tel. 0361 73 07 30
Fax 0361 73 073 17

Freiburg
Tel. 0761 19 240
Fax 0761 27 04 4570

Göttingen
Tel. 0551 19 240
Fax 0551 38 31 881

Homburg/Saar
Tel. 06841 19 240
Fax 06841 16 28 43 8

Mainz
Tel. 06131 19 240
Fax 06131-17 66 05

München
Tel. 089 19 240
Fax 089 4140-24 67

Wien
Tel. 0043 140 643 43

Zürich
Tel. 0041 1 251-51 51 (Notruf)
Tel. 0041 1 251-66 66 (Allg. Anfragen)

Mobile Gegengift-Depots (24-Stunden-Bereitschaft)

Bayern-Süd
Klinikum recht der Isar
Abteilung für klinische Toxikologie
Tel. 089 19240

Bayern-Nord
Klinikum Nürnberg
Tel. 0911 398-0
Tel. 0911 398-2451

Allgemeine Informationen:
www.klinitox.de
(Homepage der Gesellschaft für klinische Toxikologie, Zusammenschluss aller deutschsprachigen Giftinformationszentralen)

20 Geriatrie (Michael Drey)

20.1 Potenziell inadäquate Medikation (PIM)[1]

PIM (Wirkstoffe)	Bedenken	Alternative
Analgetika		
NSAR → 209	Hohes Risiko für GI-Blutung	**Metamizol** → 214, **Paracetamol** → 303
Pethidin → 298	Hohes Risiko für Delir und Stürze	**Tilidin + Naloxon** → 301, **Oxycodon** → 297
Antiarrhythmika		
Chinidin → 62	Zentralnervöse UW, erhöhte Mortalität	**Betablocker** → 40, **Amiodaron** → 64
Digoxin → 66	Geringe therapeutische Breite bei häufig gleichzeitig bestehender Niereninsuffizienz	Vorhofflimmern: zunächst **Betablocker** → 40; Herzinsuffizienz: zunächst **ACE-Hemmer** → 34 + **Betablocker** → 40 alternativ: **Digitoxin** → 66
Flecainid → 63 **Sotalol** → 42	Proarrhythmierisiko bei häufig gleichzeitig bestehender KHK	**Betablocker** → 40, **Amiodaron** → 64
Antibiotika		
Nitrofurantoin → 250	Ungünstiges Nutzen-Risiko-Verhältnis	**Cephalosporine** → 233, **Cotrimoxazol** → 248, **Trimethoprim** → 248
Antidementiva		
Naftidrofuryl → 82, **Nicergolin** → 341, **Pentoxifyllin** → 82, **Piracetam** → 342	Kein sicherer Wirksamkeitsnachweis, ungünstiges Nutzen-Risiko-Verhältnis	**Donepezil** → 341 **Galantamin** → 341 **Rivastigmin** → 342 **Memantin** → 341
Antidepressiva		
Antidepressiva, trizyklische: **Amitriptylin** → 349, **Imipramin** → 350, **Trimipramin** → 350	Anticholinerge Wirkung (Obstipation, Mundtrockenheit, Verwirrtheit, kognitive Defizite)	**Citalopram** (max. 20mg) → 353 **Mirtazapin** → 351
MAO-Hemmer: **Tranylcypromin** → 352	Blutdruckkrisen, maligne Hyperthermie	**Citalopram** (max. 20mg) → 353, **Mirtazapin** → 351

PIM (Wirkstoffe)	Bedenken	Alternative
Antidepressiva (Fortsetzung)		
SSRI: Fluoxetin → 354	Zentralnervöse UW (Übelkeit, Schlafstörung, Schwindel, Verwirrtheit)	**Citalopram** (max. 20mg) → 353, **Mirtazapin** → 351
Antiemetika		
Dimenhydrinat → 118	Anticholinerge Wirkung	**Metoclopramid** (nicht bei Parkinsonpatienten) → 110, **Domperidon** → 110
Antiepileptika		
Phenobarbital → 319	Sedierung, paradoxe Erregungszustände	**Levetiracetam** → 324, **Lamotrigin** → 318, **Valproinsäure** → 321, **Gabapentin** → 322
Antihistaminika		
Dimetinden → 98, **Hydroxyzin** → 99, **Triprolidin** → 413	Anticholinerge Wirkung	**Cetirizin** → 98, **Loratadin** → 99
Antihypertensiva		
Alphablocker → 46: **Clonidin** → 46, **Doxazosin** → 46, **Terazosin** → 46, **Methyldopa** → 45	Hypotension, Benommenheit, Mundtrockenheit	**ACE-Hemmer** → 34, **Alphablocker** → 46, **lang wirksame Ca-Antagonisten (Dihydropyridintyp)** → 44, **(Thiazid-)Diuretika** → 55, **Betablocker** → 40
Nifedipin (nicht retardiert) → 44	Erhöhtes Myokardinfarktrisiko, erhöhte Sterblichkeit	**ACE-Hemmer** → 34, **Alphablocker** → 46, **lang wirksame Ca-Antagonisten (Dihydropyridintyp)** → 44, **(Thiazid-)Diuretika** → 55, **Betablocker** → 40
Reserpin	Hypotension, Sedierung, Depression	**ACE-Hemmer** → 34, **Alphablocker** → 46, **lang wirksame Ca-Antagonisten (Dihydropyridintyp)** → 44, **(Thiazid-)Diuretika** → 55, **Betablocker** → 40

PIM (Wirkstoffe)	Bedenken	Alternative
Antihypertensiva (Fortsetzung)		
Verapamil → 43	Negativ inotrop bei häufig gleichzeitig bestehender Herzinsuffizienz	**ACE-Hemmer** → 34, **Alphablocker** → 46, **lang wirksame Ca-Antagonisten (Dihydropyridintyp)** → 44, **(Thiazid-)Diuretika** → 55, **Betablocker** → 40
Antikoagulantien		
Prasugrel → 81	Erhöhtes Blutungsrisiko für Patienten über 75 Jahre	**ASS** → 209, **Clopidogrel** → 80
Ticlopidin → 81	Blutbildveränderungen	**ASS** → 209, **Clopidogrel** → 80
Ergotamin und -Derivate		
Dihydroergotoxin → 341, **Ergotamin** → 333	Ungünstiges Nutzen-Risiko-Verhältnis	**Andere Parkinson-medikamente** → 325 Ergotamin bei Migräne: **Sumatriptan** → 335;
Muskelrelaxantien		
Baclofen → 338	Amnesie, Verwirrtheit, Sturz	**Physiotherapie, Tolperison** → 339
Neuroleptika		
Fluphenazin → 364, **Levomepromazin** → 360, **Perphenazin** → 362, **Thioridazin** → 361	Anticholinerge und extrapyramidale Wirkung, Parkinsonismus, Hypotonie, Sedierung, erhöhte Sterblichkeit bei Demenzpatienten	**Risperidon** → 369, **Quetiapin** → 368, **Melperon** → 361, **Pipamperon** → 361
Sedativa		
Benzodiazepine, lang wirksame: **Bromazepam** → 371, **Chlordiazepoxid** → 371, **Clobazam** → 371, **Diazepam** → 372, **Dikaliumclorazepat** → 372, **Flunitrazepam** → 372, **Flurazepam** → 372, **Medazepam** → 373, **Nitrazepam** → 373	Muskelrelaxierende Wirkung mit Sturzgefahr, verzögertes Reaktionsvermögen, kognitive Funktionseinschränkungen, paradoxe Reaktion (Unruhe, Reizbarkeit, Halluzinationen)	**kurz wirksame Benzodiazepine in geringer Dosis (Zolpidem** → 376, **Zopiclon** → 376), **Mirtazapin** → 351, **Melperon** → 361, **Pipamperon** → 361

PIM (Wirkstoffe)	Bedenken	Alternative
Sedativa (Fortsetzung)		
Benzodiazepine, mittellang wirksame: Alprazolam → 371, **Brotizolam** (> 0.125mg/d) → 371, **Lorazepam** (> 2mg/d) → 372, **Lormetazepam** (> 0.5mg/d) → 373, **Oxazepam** (> 60mg/d) → 373, **Temazepam** → 374, **Triazolam** → 374	Muskelrelaxierende Wirkung mit Sturzgefahr, verzögertes Reaktionsvermögen, kognitive Funktionseinschränkungen, paradoxe Reaktion (Unruhe, Reizbarkeit, Halluzinationen)	**Schlafhygiene, Baldrian, Melperon** → 361, **Pipamperon** → 361, **Mirtazapin** → 351, **Zolpidem** (< 5mg/d) → 376
Benzodiazepine, kurz wirksame: Zopiclon (> 3.75mg/d) → 376, **Zolpidem** (> 5mg/d) → 376	Muskelrelaxierende Wirkung mit Sturzgefahr, verzögertes Reaktionsvermögen, kognitive Funktionseinschränkungen, paradoxe Reaktion (Unruhe, Reizbarkeit, Halluzinationen)	**Schlafhygiene, Baldrian, Melperon** → 361, **Pipamperon** → 361, **Mirtazapin** → 351
Weitere Sedativa: Chloralhydrat → 375, **Diphenhydramin** → 375, **Doxylamin** → 375	Anticholinerge Wirkung, Schwindel, EKG-Veränderungen	**Schlafhygiene, Baldrian, Melperon** → 361, **Pipamperon** → 361, **Mirtazapin** → 351, **Zolpidem** (< 5mg/d) → 376
Urospasmolytika		
Oxybutynin → 416, **Tolterodin** → 417	Anticholinerge Wirkung (Obstipation, Mundtrockenheit, Verwirrtheit, kognitive Defizite), QT-Verlängerung	**Trospiumchlorid** → 417, **Darifenacin** → 416

[1] Holt S., Schmiedl S, Türmann PA: Priscus-Liste potenziell inadäquater Medikamente für ältere Menschen, Lehrstuhl für Klinische Pharmakologie, Private Universität Witten/Herdecke gGmbH, Witten; Philipp Klee-Institut für Klinische Pharmakologie, HELIOS Klinikum Wuppertal, Wuppertal, Stand 01.02.2011

21 Zusatzinfos

21.1 Pharmakologische Grundbegriffe

21.1.1 Resorption

Nach oraler Zufuhr wird ein Wirkstoff im Wesentlichen durch das Epithel des Dünndarms in die Blutbahn aufgenommen. Daneben existieren andere Wege, über die ein Pharmakon in den Organismus gelangen kann:

- Rektal: Resorption über die Rektumschleimhaut
- Nasal: Resorption über die Nasenschleimhaut
- Pulmonal: Diffusion über die Alveolen oder Resorption über die Bronchialschleimhaut
- Dermal: Resorption über die Haut
- Parenteral: durch intravenöse, intraarterielle oder subkutane Applikation

Die **Bioverfügbarkeit** bezeichnet den Prozentsatz einer verabreichten Dosis, der im Organismus zur Wirkung kommen kann.

21.1.2 Verteilung

Nachdem ein Arzneimittel in die Blutbahn gelangt ist, wird es infolge eines Konzentrationsgefälles in verschiedene Kompartimente des Organismus verteilt. Man unterscheidet hier:

- Intrazellulärraum (intrazelluläre Flüssigkeit und feste Zellbestandteile)
- Extrazellulärraum (Plasmawasser, interstitieller Raum, transzelluläre Flüssigkeit)

In welche Verteilungsräume eine Substanz eintritt, ist abhängig von physikalisch-chemischen Eigenschaften, wie Lipophilie und Molekülgröße, sowie von bestimmten Eigenschaften der begrenzenden biologischen Membranen.
Zahlreiche Arzneimittel sind im Blut reversibel an Plasmaproteine gebunden, neben der Plasmaproteinbindung (PPB) existiert ein nicht gebundener freier Anteil. Für die pharmakologische Wirkung ist fast ausschließlich der freie Anteil verantwortlich. Da der eiweißgebundene Anteil keiner Metabolisierung unterliegt, hat er eine Art Reservoirfunktion. Pharmaka können sich gegenseitig aus ihrer Proteinbindung verdrängen, darüber hinaus gibt es zahlreiche andere Faktoren, die das Ausmaß der PPB verändern können.
Erhöht sich durch eine Änderung der PPB die freie Konzentration eines Pharmakons, so ist dies meist klinisch wenig relevant, da sich die Eliminationsgeschwindigkeit proportional zur der freien Konzentration verhält.

21.1.3 Wirkung

Die meisten Wirkungen von Arzneimitteln lassen sich auf folgende Wirkmechanismen zurückführen:

- Interaktionen mit spezifischen Rezeptoren
- Öffnen oder Blockieren von spannungsabhängigen Ionenkanälen
- Beeinflussung von Transportsystemen
- Hemmung oder Aktivierung von Enzymen
- Störung von Biosynthesen in Mikroorganismen

21.1.4 Dosis-Wirkungs-Beziehung

Zur Durchführung einer sinnvollen Pharmakotherapie ist es erforderlich, durch eine bestimmte Dosierung einen gewünschten Effekt ohne vermeidbare Nebenwirkungen zu erzielen. Da der ausgelöste Effekt von der Konzentration am Wirkort abhängig ist, sollte eine Dosisangabe möglichst genau erfolgen, d.h. in Abhängigkeit vom Körpergewicht (z.B. mg/kg) oder von der Körperoberfläche (mg/m^2). Bei Erwachsenen wird jedoch häufig ein Durchschnittsgewicht von 70kg für absolute Dosierungsangaben zugrunde gelegt.
Die therapeutische Breite gilt als Maß für die Sicherheit zwischen therapeutischer und toxischer Wirkung, d.h., ein Medikament ist umso ungefährlicher, je größer seine therapeutische Breite ist. Für Medikamente mit geringer therapeutischer Breite eignet sich das sog. Drug Monitoring, d.h., die Dosis eines Pharmakons wird durch Messungen seiner Konzentration im Blut (therapeutischer Serumspiegel) modifiziert.

21.1.5 Elimination

Im Organismus existieren verschiedene Mechanismen, durch die ein Arzneistoff wieder aus dem Körper verschwindet: Bei der **Biotransformation** handelt es sich um biochemische Abbaureaktionen, z.B. Hydrolyse, Reduktion, Oxidation und Konjugation, die zum größten Teil im endoplasmatischen Retikulum der Leber über das Cytochrom P450 erfolgen.
Nach Resorption oral verabreichter Pharmaka sind diese bereits in der Darmwand bzw. bei der ersten Leberpassage über den Pfortaderkreislauf einer Metabolisierung ausgesetzt. Dieses Phänomen ist je nach Wirkstoff unterschiedlich stark ausgeprägt und wird als **First-pass-Metabolismus** bezeichnet.
Ein weiterer Eliminationsweg ist die **Exkretion**. Bei der **biliären Exkretion** werden Arzneistoffe oder deren Metabolite über die Gallenflüssigkeit via Darm ausgeschieden.
Die Ausscheidung über die Niere wird als **renale Exkretion** bezeichnet, sie ist abhängig vom Ausmaß der glomerulären Filtration, der tubulären Sekretion und der tubulären Reabsorption.
Die **Clearance** ist ein Maß für die Eliminationsleistung, mit der die Eliminationsgeschwindigkeit eines Pharmakons gemessen werden kann.
Bei der **Elimination nullter Ordnung** ist die pro Zeiteinheit ausgeschiedene Menge immer konstant und damit unabhängig von der jeweiligen Plasmakonzentration.
Die **Elimination erster Ordnung** bedeutet, dass die pro Zeiteinheit ausgeschiedene Menge proportional zur jeweiligen Plasmakonzentration ist, der zeitliche Verlauf der Plasmakonzentration lässt sich als Exponentialfunktion beschreiben.
Als **Halbwertszeit** (HWZ) bezeichnet man die Zeitspanne, in der die Wirkstoffkonzentration im Plasma um die Hälfte abgenommen hat. Eine konstante Halbwertszeit gibt es nur für Substanzen, die durch eine Kinetik erster Ordnung eliminiert werden. Häufig entstehen von verabreichten Wirkstoffen durch die o.g. Mechanismen pharmakologisch wirksame Metaboliten, deren Halbwertszeit sich oft von der Ausgangssubstanz unterscheidet.
Der **Qo-Wert** gibt den Anteil eines Pharmakons an, der bei normaler Nierenfunktion extrarenal eliminiert wird (**extrarenale Eliminationsfraktion**). Als Maß für die exkretorische Nierenfunktion gilt die glomeruläre Filtrationsrate (GFR), die eng mit der Kreatininclearance korreliert.
Die Kreatininclearance kann für jeden Menschen auf verschiedene Arten ermittelt werden, mittlerweile hat sich zur Abschätzung der **individuellen exkretorischen Nierenfunktion** (eGFR) die **Formel nach Levey** durchgesetzt, in die Alter, Serumkreatinin, Geschlecht und Rasse eingehen:

$$eGFR = 186 \times Cr^{-1,154} \times Alter^{-0,203} \times (0,742 \text{ falls weiblich}) \times (1,210 \text{ falls Afroamerikaner})$$

Dies hat Bedeutung für die Stadieneinteilung der chronischen Niereninsuffizienz. Außerdem kann mit der eGFR und dem Qo-Wert die individuelle Eliminationskapaziät (Q) eines Patienten bezüglich eines bestimmten Arzneimittels errechnet werden (Formel nach Dettli):

$$Q = Qo + (1 - Qo) \times eGFR/100ml/min$$

Mithilfe des Q-Werts kann eine **Dosisanpassung bei Niereninsuffizienz (DANI)** errechnet werden. Entsprechend der folgenden Formel kann eine Dosisanpassung entweder durch eine **Erniedrigung der Erhaltungsdosis** oder durch eine **Verlängerung des Dosierungsintervalls** erfolgen:

$\text{Erhaltungsdosis}_{NI}$ / $\text{Dosierungsintervall}_{NI}$ = Q x ($\text{Erhaltungsdosis}_{N}$ / $\text{Dosierungsintervall}_{N}$)
NI: für Patient mit Niereninsuffizienz; N für Nierengesunde; die Formel darf für einige Antibiotika mit kleinem Qo-Wert nicht angewandt werden (Amikacin, Amoxycillin, Ampicillin, Bacampicillin, Benzylpenicillin, Cefadroxil, Cefamandol, Ceftazidim, Ceftizoxim, Cefuroxim, Cephalexin, Cephazolin, Fosfomycin, Gentamicin, Latamoxef, Netilmicin, Spectinomycin, Streptomycin, Tobramycin).

21.1.6 Wechselwirkungen

Wechselwirkungen, auch Interaktionen genannt, bezeichnen die gegenseitige Beeinflussung von Wirkstoffen. Durch vielfältige Mechanismen kann die Wirkung eines Pharmakons durch ein zweites verstärkt, abgeschwächt, verlängert oder verkürzt werden. Interaktionen entstehen z.B. durch Hemmung oder Induktion des Metabolismus, wobei häufig das Monooxygenasesystem Cytochrom P450 (CYP) mit seinen Isoenzymen betroffen ist. Hierbei ist relevant, ob ein Pharmakon Substrat, Induktor oder Hemmer eines bestimmten CYP-Isoenzyms ist.

21.1.7 Unerwünschte Wirkungen

Unerwünschte Wirkungen (UW), auch Nebenwirkungen genannt, sind Wirkungen, die neben der Hauptwirkung eines Arzneimittels beobachtet werden. Sie können bedeutungslos oder gravierend sein, sie können dosisabhängig oder nicht dosisabhängig sein.
Bei der Pharmakotherapie ist die Kenntnis von Art und Häufigkeit unerwünschter Wirkungen essentiell zur Beurteilung einer Nutzen-Risiko-Relation. Die Arzneimittelhersteller sind verpflichtet, unerwünschte Wirkungen vorzugsweise mit Häufigkeitsangaben zu nennen.
Hier hat sich folgende Einteilung etabliert: sehr häufig (≥ 1/10), häufig (≥ 1/100, < 1/10), gelegentlich (≥ 1/1.000, < 1/100), selten (≥ 1/10.000, < 1/1.000), sehr selten (< 1/10.000), nicht bekannt (Häufigkeit auf Grundlage der verfügbaren Daten nicht abschätzbar). Im Arzneimittel pocket werden unter der Rubrik UW vorwiegend sehr häufige und häufige unerwünschte Wirkungen genannt.

21.1.8 Indikation

Indikation im pharmakologischen Sinn bedeutet, wenn für eine bestimmte Erkrankung eine medikamentöse Therapie angezeigt ist. Darf ein Medikament hingegen bei bestimmten Erkrankungen nicht eingesetzt werden, spricht man von Kontraindikation.

21.1.9 Schwangerschaft und Stillzeit

Schwangerschaft und Stillzeit gelten als besondere Situationen in der Pharmakotherapie.
Da eine Vielzahl von Arzneistoffen die Plazenta passieren bzw. in die Muttermilch übergehen, soll eine Pharmakotherapie nur bei strenger Indikationsstellung unter Abwägung des Risikos für Mutter und Kind erfolgen. Entsprechende Angaben zum Risiko sind in den Fachinformationen bzw. in den Beipackzetteln der Handelspräparate enthalten, des Weiteren sind in der Roten Liste Angaben zum embryotoxischen und teratogenen Risiko angegeben.
In den USA hatte sich eine Einteilung durchgesetzt, bei der 6 sog. Pregnancy Risk Categories (PRC) bzw. 3 Kategorien zum Risiko in der Stillzeit (Lact) unterschieden wurden (*s. Umschlaginnenseite*).
Diese Einteilung soll jetzt durch eine neue "Pregnancy and Lactation Labeling Rule" (PLLR) ersetzt werden, bei der auf eine Kategorisierung verzichtet wird zu Gunsten einer möglichst ausführlichen Aufzählung relevanter Risiken für Mutter und Embryo.

21.1.10 Verschreibungspflicht

In Deutschland regelt das Arzneimittelgesetz (AMG), ob ein Medikament **verschreibungspflichtig** (Rp) ist, d.h., es ist ein ärztliches Rezept für den Einsatz erforderlich. Arzneimittel, die nicht verschreibungspflichtig sind, aber nur über Apotheken verkauft werden dürfen, werden als **apothekenpflichtig** bezeichnet, hierfür wurde aus dem angloamerikanischen Sprachgebrauch die Abkürzung OTC ("over the counter") übernommen.
Während für nahezu alle verschreibungspflichtigen Medikamente die Kosten von der gesetzlichen Krankenkasse (GKV) in Deutschland übernommen werden, müssen apothekenpflichtige Medikamente größtenteils vom Patienten selbst bezahlt werden.

Diesbezüglich existieren folgende Ausnahmeregelungen: Apothekenpflichtige nichtverschreibungspflichtige Arzneimittel sind ausnahmsweise erstattungsfähig, wenn die Arzneimittel bei der Behandlung schwerwiegender Erkrankungen als Therapiestandard gelten **(OTC-Ausnahmeliste)**. Ausgeschlossen von der Erstattung durch die GKV sind andererseits verschreibungspflichtige Medikamente, deren Anwendung zur Erhöhung der Lebensqualität dient, sog. **Lifestyle-Arzneimittel** (Rp-L!).

21.2 Dosisanpassung bei Niereninsuffizienz

21.2.1 Chronische Niereninsuffizienz

Eine chronische Niereninsuffizienz ist eine über längere Zeit (Jahre) bestehende, meist irreversible Einschränkung der exkretorischen Nierenfunktion.

21.2.2 Glomeruläre Filtrationsrate

Die GFR ist die Produktionsrate von Primärharn, also das pro Zeiteinheit in den Nierenglomeruli filtrierte Flüssigkeitsvolumen. Die GFR ist ein **Maß für die exkretorische Nierenfunktion**.

Die GFR ist geschlechtsabhängig: **Mann: ~125 ml/min; Frau: ~110 ml/min**

Bei den folgenden Überlegungen und Berechnungen wird eine durchschnittliche normale GFR, GFR_N von 100 ml/min zugrunde gelegt.

21.2.3 Estimated GFR

Da die individuelle GFR nicht direkt gemessen werden kann, **muss** die GFR geschätzt werden (estimated GFR = eGFR). Die Bestimmung der eGFR erfolgt mithilfe von Substanzen, die ausschließlich glomerulär filtriert, also nicht tubulär resorbiert, sezerniert oder metabolisiert werden, z.B. Inulin, Kreatinin.

Die **Kreatininclearance** wurde früher als Schätzmaß für die GFR herangezogen, entweder ermittelt mit der Sammelurinmethode oder berechnet anhand der Cockcroft-Gault-Formel.
Die **renale Clearance** (Klärfähigkeit) bezeichnet das Plasmavolumen, das renal pro Zeiteinheit von einer bestimmten Substanzmenge vollständig befreit wird.

Inzwischen erfolgt die Abschätzung der GFR und damit die Abschätzung der exkretorischen Nierenfunktion mit der genaueren sog. verkürzten **MDRD-Formel** (nach Levey), und zwar nur noch unter Zuhilfenahme des Serumkreatininwerts und Berücksichtigung von Alter, Geschlecht und Ethnizität des Patienten:

$$eGFR = 186 \times Cr^{-1,154} \times Alter^{-0,203} \times (0,742 \text{ falls weiblich}) \times (1,210 \text{ falls Afroamerikaner})$$

(Simplified 4-variable MDRD study formula, Cr = Serumkreatininwert [mg/100ml], Alter in Jahren.)

21.2.4 Stadien der chronischen Niereninsuffizienz

Die chronische Niereninsuffizienz kann anhand der eGFR (geschätzte glomeruläre Filtrationsrate) in Stadien eingeteilt werden.

Stadium I	GFR > 90 ml/min
Stadium II	GFR 60–89 ml/min
Stadium III	GFR 30–59 ml/min
Stadium IV	GFR 15–29 ml/min
Stadium V	GFR < 15 ml/min

21.2.5 Elimination von Arzneimitteln

Arzneimittel werden eliminiert durch Metabolisierung (v.a. in der Leber), unveränderte extrarenale Ausscheidung und unveränderte renale Ausscheidung.
Die sog. totale Arzneimittelclearance entspricht der Summe der extrarenalen (v.a. hepatischen) und der renalen Clearance.

Qo ist dabei die extrarenale Elliminationsfraktion, also der extrarenal ausgeschiedene bioverfügbare Dosisanteil bei normaler Nierenfunktion.

1 - Qo ist die renale Eliminationsfraktion, also der bioverfügbare Dosisanteil bei normaler Nierenfunktion, der in aktiver Form renal eliminiert wird.
Der Anteil der Niere an der Gesamtclearance eines Arzneimittels (renale Eliminationsfraktion 1 - Qo) ist substanzspezifisch.

21.2.6 Individuelle Eliminationskapazität (in %)

Bei Niereninsuffizienz kann nun bei Kenntnis der eGFR anhand der extrarenalen Eliminationsfraktion Qo die **individuelle Eliminationskapazität Q** (nach Dettli) für ein bestimmtes Arzneimittel errechnet werden (Dettli-Formel):

Q = Qo + (eGFR / 100 ml/min) × (1 - Qo)

Q beim jungen, nierengesunden Patienten ist also 1.0.

Qo = extrarenale Eliminationsfraktion bei normaler Nierenfunktion
eGFR in ml/min
100 ml/min ist die GFR_N, also die GFR für den Normalfall.

21.2.7 Dosisanpassung bei Niereninsuffizienz

Bei Kenntnis der individuellen Eliminationskapazität Q eines Patienten bezüglich eines bestimmten Arzneimittels kann dann eine Dosisanpassung bei Niereninsuffizienz (DANI) erfolgen.
Die Loading Dose bleibt dabei unverändert. Es wird gemäß folgender Formel entweder die Erhaltungsdosis und/oder das Dosierungsintervall verändert.

$Erhaltungsdosis_{NI}$ / $Dosierungsintervall_{NI}$ = Q x ($Erhaltungsdosis_N$ / $Dosierungsintervall_N$)
NI für Patient mit Niereninsuffizienz, N für Nierengesunde

Dettli-Regel 1: Erniedrigung der Erhaltungsdosis des Arzneimittels um den Faktor der individuellen Ausscheidungskapazität Q **oder**
Dettli-Regel 2: Verlängerung des Dosierungsintervalls um den Faktor 1/individuelle Ausscheidungskapazität Q **oder**
Kombination von Dettli-Regel 1 und Dettli-Regel 2

21.3 Arzneistoffe und andere Xenobiotika, die über Enzyme des Zytochrom-P450-Systems verstoffwechselt werden oder sie beeinflussen[a]

CYP1A2	
Ind	Carbamazepin, Omeprazol, Phenobarbital, Phenytoin, Rifampin, Ritonavir; Rauchen, über Holzkohle gegrilltes Fleisch[b], Kreuzblütengewächse
Inh	Amiodaron, Azithromycin, Cimetidin, Clarithromycin, Erythromycin, Fluoxetin, Fluvoxamin, Gyrasehemmstoffe[c], Interferon (?), Isoniazid, Methoxsalen, Mibefradil, Nefazodon; Grapefruitsaft (Naringenin), Ticlopidin, Troleandomycin
Sub	Aminophyllin, Amitriptylin, Betaxolol, Chlorpromazin, Clomipramin, Clopidogrel (Nebenweg), Clozapin, Coffein, Fluvoxamin, Haloperidol, Imipramin, Methadon, Metoclopramid, Olanzapin, Ondansetron, Paracetamol (Acetaminophen), Phenacetin, Phenazon (Antipyrin), Propranolol, Ropivacain, R-Warfarin, Tacrin, Tamoxifen, Theophyllin, Thioridazin, Trifluoperazin, Verapamil
CYP3A	
Ind	Carbamazepin, Dexamethason, Phenobarbital, Phenytoin, Prednison, Rifampicin, Rifapentin, Somatotropin, Troglitazon
Inh	Antidepressiva[d], Azolantimykotika[e], Cimetidin[f], Ciprofloxacin, Clarithromycin, Diltiazem, Erythro-mycin, Fluoxetin, Fluvoxamin, Isoniazid, Metronidazol, Nefazodon, Omeprazol, Propoxyphen, Proteaseinhibitoren[g], Quinupristin/Dalfopristin, Troleandomycin, Verapamil; Grapefruitsaft, Sevilla-Orangen
CYP3B	
Sub	Alfentanil, Amiodaron, Amitriptylin, Astemizol, Benzodiazepine[h], Budesonid, Bupropion, Buspiron, Carbamazepine, Cerivastatin, Chinidin, Cisaprid, Clarithromycin, Clomipramin, Clopidogrel, Cocain, Codein, Coffein, Cortisol, Cyclosporin, Dapson, Delavirdin, Dexamethason, Dextromethorphan, Diazepam, Dihydroepiandrosteron, Dihydroergotamin, Dihydropyridine[i], Diltiazem, Disopyramid, Donepezil, Doxycyclin, Efavirenz, Erythromycin, Estradiol, Ethinylestradiol, Fluoxetin, Fluvastatin, Gestoden, Glyburid, Imipramin, Ketoconazol, Lansoprazol, Lidocain, Loratadin, Losartan, Lovastatin, Methadon, Miconazol, Nefazodon, Nevirapin, Norethindron, Omeprazol, Ondansetron, Orphenadrin, Paclitaxel, Paracetamol (Acetaminophen), Paroxetin, Progesteron, Propafenon, Proteaseinhibitoren, Quetiapin, Rapamycin, Repaglinid, Rifampin, Ropivacain, R-Warfarin, Sertralin, Sibutramin, Sildenafil, Simvastatin, Sirolimus, Sufentanil, Sulfamethoxazol, Tacrolimus, Tamoxifen, Terfenadin, Testosteron, Theophyllin, Toremifen, Trazodon, Troleandomycin, Venlafaxin, Verapamil, Vinblastin, Zaleplon, Zolpidem, Zopiclon
CYP2C9	
Ind	Carbamazepin, Ethanol, Phenytoin, Rifampin
Inh	Amiodaron, Azolantimykotika, Clopidogrel, Fluoxetin, Fluvastatin, Fluvoxamin, Isoniazid, Leflunomid[j], Lovastatin, Metronidazol, Paroxetin, Phenylbutazon, Probenecid (?), Ritonavir, Sertralin, Sulfamethoxazol, Sulfaphenazol, Teniposid, Trimethoprim, Zafirlukast
Sub	Amitriptylin, Cerivastatin, D9-Tetrahydrocannabinol, Diclofenac, Fluoxetin, Fluvastatin, Hexobarbital, Ibuprofen, Irbesartan, Losartan, Naproxen, Phenprocoumon, Phenytoin, Piroxicam, S-Warfarin, Tamoxifen, Tolbutamid, Torasemid, Trimethadion

CYP2C19	
Ind	Piroxicam, Rifampin
Inh	Cimetidin, Felbamat, Fluoxetin, Fluvoxamin, Indometacin, Isoniazid, Ketoconazol, Lansoprazol, Modafinil, Omeprazol, Paroxetin, Probenecid (?), Ritonavir, Sertralin, Telmisartan, Ticlopidin, Topiramat
Sub	Amitriptylin, Citalopram, Clomipramin, Diazepam, Flunitrazepam, Imipramin, Lansoprazol, Naproxen, Omeprazol, Propranolol, S-Mephenytoin
CYP2D6	
Ind	Schwangerschaft
Inh	Amiodarone, Amitriptylin, Chinidin, Cimetidin, Clomipramin, Diphenhydramin, Fluoxetin, Fluphenazin, Fluvoxamin, Haloperidol, Nefazodon, Paroxetin, Perphenazin, Ritonavir, Sertralin, Thioridazin, Ticlopidin, Venlafaxin
Sub	4-Methoxy-Amphetamin, Amitriptylin, Betaxolol, Carvedilol, Clomipramin, Clozapin, Codein, Debrisoquin, Desipramin, Dextromethorphan, Donepezil, Doxepin, Encainid, Flecainid, Fluoxetin, Guanoxan, Haloperidol, Hydrocodon, Imipramin, Methadon, Metoprolol, Mexiletin, Nebivolol, Nortriptylin, Olanzapin, Ondansetron, Orphenadrin, Oxycodon, Paroxetin, Penbutolol, Perphenazin, Phenformin, Pindolol, Propafenon, Propoxyphen, Propranolol, Risperidon, Selegilin, Sertralin, Spartein, Thioridazin, Timolol, Tramadol, Trazodon, Venlafaxin
CYP2E1	
Ind	Ethanol, Isoniazid[k], Ritonavir
Inh	Cimetidin, Disulfiram, Isoniazid[k]; Brunnenkresse
Sub	Chlorzoxazon, Coffein, Dapson (N-Oxidation), Dextromethorphan, Enfluran, Ethanol (Nebenweg), Halothan, Paracetamol (Acetaminophen), Theophyllin, Venlafaxin
Sub = Substrat; Ind = Induktor; Inh = Inhibitor	

[a] Haupt- und/oder Nebenwege des Stoffwechsels des jeweiligen Substrats
[b] Neben CYP1A2 weitere Enzyme beteiligt
[c] Ciprofloxacin, Enoxacin, Grepafloxacin, Norfloxacin, Ofloxacin, Lomefloxacin, Pipemidsäure
[d] Nefazodon, Fluvoxamin, Fluoxetin, Sertralin, Paroxetin, Venlafaxin
[e] Ketoconazol, Itraconazol, Fluconazol
[f] Hemmt nicht alle CYP3A-Substrate, keine Hemmung des Stoffwechsels von Terfenadin
[g] Ritonavir, Saquinavir, Indinavir, Nelfinavir
[h] Alprazolam, Clonazepam, Diazepam, Midazolam, Triazolam
[i] Nifedipin, Felodipin, Nicardipin, Nisoldipin
[j] Der aktive Metabolit von Leflunomid hemmt CYP2C9
[k] INH hat eine biphasische Wirkung auf CYP2E1 (Hemmung-Induktion), was einige Interaktionen von INH erklärt

21.4 Bestimmung der Körperoberfläche (KOF)

Nomogramm zur Bestimmung der Körperoberfläche in m^2

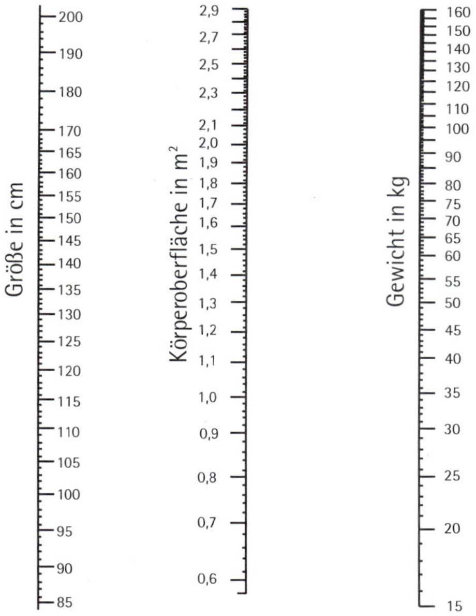

Formel: KOF (m^2) = (Gewicht in kg)^{0,425} x (Körpergröße in cm)^{0,725} x 0,007184
Quelle: DuBois D, DuBois EF: A formula to estimate the approximate surface area if height and weight be known. Arch Intern Med 1916;17:863
Modifizierte Formel: KOF = Wurzel (Größe [cm] x Gewicht [kg]/3600)
Quelle: Mosteller RD: Simplified calculation of body-surface area. NEJM 1987;317:1098-9

Tabelle zur Bestimmung der Körperoberfläche in m^2 (nach der Formel von DuBois u. DuBois)

Gewicht kg	KG 60cm	70cm	80cm	90cm	100cm	110cm	120cm	130cm
15	0,44	0,49	0,54	0,59	0,64	0,69	0,73	0,77
17,5	0,47	0,53	0,58	0,63	0,68	0,73	0,78	0,83
20	0,50	0,56	0,62	0,67	0,72	0,78	0,83	0,87
22,5	0,53	0,59	0,65	0,70	0,76	0,81	0,87	0,92
25	0,55	0,61	0,68	0,74	0,80	0,85	0,91	0,96
27,5	0,57	0,64	0,70	0,77	0,83	0,89	0,95	1,00
30	0,59	0,66	0,73	0,80	0,86	0,92	0,98	1,04
32,5	0,61	0,69	0,76	0,82	0,89	0,95	1,01	1,08
35	0,63	0,71	0,78	0,85	0,92	0,98	1,05	1,11
37,5	0,65	0,73	0,80	0,88	0,94	1,01	1,08	1,14
40	0,67	0,75	0,83	0,90	0,97	1,04	1,11	1,17
42,5	0,69	0,77	0,85	0,92	1,00	1,07	1,14	1,21
45	0,70	0,79	0,87	0,95	1,02	1,09	1,17	1,23
47,5	0,72	0,81	0,89	0,97	1,04	1,12	1,19	1,26
50	0,74	0,82	0,91	0,99	1,07	1,14	1,22	1,29
52,5	0,75	0,84	0,93	1,01	1,09	1,17	1,24	1,32
55	0,77	0,86	0,95	1,03	1,11	1,19	1,27	1,34
57,5	0,78	0,87	0,96	1,05	1,13	1,21	1,29	1,37
60	0,80	0,89	0,98	1,07	1,15	1,24	1,32	1,40
62,5	0,81	0,91	1,00	1,09	1,17	1,26	1,34	1,42
65	0,82	0,92	1,02	1,11	1,19	1,28	1,36	1,44
67,5	0,84	0,94	1,03	1,12	1,21	1,30	1,38	1,47
70	0,85	0,95	1,05	1,14	1,23	1,32	1,41	1,49
75	0,88	0,98	1,08	1,18	1,27	1,36	1,45	1,53
80	0,90	1,01	1,11	1,21	1,30	1,40	1,49	1,58
85	0,92	1,03	1,14	1,24	1,34	1,43	1,53	1,62
90	0,95	1,06	1,17	1,27	1,37	1,47	1,56	1,66
95	0,97	1,08	1,19	1,30	1,40	1,50	1,60	1,70
100	0,99	1,11	1,22	1,33	1,43	1,54	1,64	1,73
105	1,01	1,13	1,24	1,36	1,46	1,57	1,67	1,77
110	1,03	1,15	1,27	1,38	1,49	1,60	1,70	1,81
115	1,05	1,17	1,29	1,41	1,52	1,63	1,74	1,84
120	1,07	1,20	1,32	1,43	1,55	1,66	1,77	1,87
125	1,09	1,22	1,34	1,46	1,58	1,69	1,80	1,91
130	1,11	1,24	1,36	1,48	1,60	1,72	1,83	1,94
135	1,12	1,26	1,39	1,51	1,63	1,74	1,86	1,97
140	1,14	1,28	1,41	1,53	1,65	1,77	1,89	2,00
145	1,16	1,30	1,43	1,56	1,68	1,80	1,92	2,03
150	1,18	1,31	1,45	1,58	1,70	1,82	1,94	2,06

Gewicht kg	KG 140cm	150cm	160cm	170cm	180cm	190cm	200cm	210cm
15	0,82	0,86	0,90	0,94	0,98	1,02	1,06	1,10
17,5	0,87	0,92	0,96	1,00	1,05	1,09	1,13	1,17
20	0,92	0,97	1,02	1,06	1,11	1,15	1,20	1,24
22,5	0,97	1,02	1,07	1,12	1,16	1,21	1,26	1,30
25	1,01	1,07	1,12	1,17	1,22	1,27	1,31	1,36
27,5	1,06	1,11	1,16	1,22	1,27	1,32	1,37	1,42
30	1,10	1,15	1,21	1,26	1,32	1,37	1,42	1,47
32,5	1,13	1,19	1,25	1,31	1,36	1,42	1,47	1,52
35	1,17	1,23	1,29	1,35	1,40	1,46	1,52	1,57
37,5	1,21	1,27	1,33	1,39	1,45	1,50	1,56	1,62
40	1,24	1,30	1,37	1,43	1,49	1,55	1,61	1,66
42,5	1,27	1,34	1,40	1,46	1,53	1,59	1,65	1,71
45	1,30	1,37	1,44	1,50	1,56	1,63	1,69	1,75
47,5	1,33	1,40	1,47	1,53	1,60	1,66	1,73	1,79
50	1,36	1,43	1,50	1,57	1,63	1,70	1,76	1,83
52,5	1,39	1,46	1,53	1,60	1,67	1,74	1,80	1,87
55	1,42	1,49	1,56	1,63	1,70	1,77	1,84	1,90
57,5	1,45	1,52	1,59	1,66	1,73	1,80	1,87	1,94
60	1,47	1,55	1,62	1,69	1,77	1,84	1,91	1,98
62,5	1,50	1,58	1,65	1,72	1,80	1,87	1,94	2,01
65	1,52	1,60	1,68	1,75	1,83	1,90	1,97	2,04
67,5	1,55	1,63	1,71	1,78	1,86	1,93	2,00	2,08
70	1,57	1,65	1,73	1,81	1,89	1,96	2,04	2,11
75	1,62	1,70	1,78	1,86	1,94	2,02	2,10	2,17
80	1,66	1,75	1,83	1,92	2,00	2,08	2,15	2,23
85	1,71	1,79	1,88	1,97	2,05	2,13	2,21	2,29
90	1,75	1,84	1,93	2,01	2,10	2,18	2,27	2,35
95	1,79	1,88	1,97	2,06	2,15	2,23	2,32	2,40
100	1,83	1,92	2,02	2,11	2,20	2,28	2,37	2,45
105	1,87	1,96	2,06	2,15	2,24	2,33	2,42	2,51
110	1,91	2,00	2,10	2,19	2,29	2,38	2,47	2,56
115	1,94	2,04	2,14	2,23	2,33	2,42	2,51	2,60
120	1,98	2,08	2,18	2,28	2,37	2,47	2,56	2,65
125	2,01	2,11	2,22	2,32	2,41	2,51	2,60	2,70
130	2,05	2,15	2,25	2,35	2,45	2,55	2,65	2,74
135	2,08	2,18	2,29	2,39	2,49	2,59	2,69	2,79
140	2,11	2,22	2,33	2,43	2,53	2,63	2,73	2,83
145	2,14	2,25	2,36	2,47	2,57	2,67	2,77	2,87
150	2,17	2,28	2,39	2,50	2,61	2,71	2,81	2,92

21.5 Doping

21.5.1 Verbotene Arzneimittel im Sport

Die Einnahme verbotener Medikamente im Sport wird als Doping bezeichnet. Die World Anti-Doping Agency (WADA) definiert Doping als den Nachweis eines Verstoßes gegen die Anti-Doping-Regeln. Dazu gehören u.a. das Vorhandensein eines verbotenen Stoffs, seiner Metaboliten oder Marker in der Probe eines Sportlers. Aber auch die Anwendung, der Versuch der Anwendung sowie der Besitz eines verbotenen Wirkstoffs oder einer verbotenen Methode und der Verstoß gegen das Meldesystem (Whereabouts) werden bestraft. Die Regelstrafe beträgt seit dem 01.01.2015 vier Jahre, die Verjährungszeit zehn Jahre.
Im Arzneimittelgesetz wird Doping seit dem 11.09.1998 als Straftatbestand genannt. In § 6a „Verbot von Arzneimitteln zu Dopingzwecken im Sport" heißt es: Es ist verboten, Arzneimittel zu Dopingzwecken im Sport in den Verkehr zu bringen, zu verschreiben, bei anderen anzuwenden oder in nicht geringen Mengen zu besitzen.
Zur Aufnahme in die WADA-Liste der verbotenen Wirkstoffe und Methoden müssen zwei der drei folgenden Kriterien erfüllt sein:

(1)Die sportliche Leistung kann gesteigert werden,
(2)Es besteht ein gesundheitliches Risiko für den Sportler und/oder
(3)Es liegt ein Verstoß gegen den Geist des Sports vor.

Die aktuelle Liste der WADA (gültig ab 01.01.2018) umfasst:
Anabole Wirkstoffe, Stimulanzien, Narkotika, Peptidhormone, Wachstumsfaktoren, Beta-2-Agonisten, Hormonantagonisten und -Modulatoren, Diuretika, Maskierungsmittel, Cannabinoide (THC) und Glukokortikoide. Betablocker und Alkohol (Bogenschießen, Luft- und Motorsport) sind sportartspezifisch verboten. Zu den verbotenen Methoden zählen Maßnahmen zur Erhöhung des Sauerstofftransfers, chemische und physikalische Manipulationen an Blut oder Urin und Gendoping. Verbotene Wirkstoffe können in Nahrungsergänzungsmitteln verborgen sein.

Kritische Wirkstoffe sind mit einer Hand ✋ gekennzeichnet.

Die Einhaltung der Verbote wird durch Kontrollen nach Wettkämpfen und außerhalb von Wettkämpfen (sog. Trainingskontrollen) überprüft. In Deutschland ist die Nationale Anti-Doping Agentur (NADA) für diese Aktivitäten zuständig.
Die WADA hat im International Standard for Therapeutic Use Exemptions (TUE) festgeschrieben, unter welchen Bedingungen der Einsatz von verbotenen Wirkstoffen zur ärztlichen Behandlung erfolgen kann (www.wada-ama.org). Der internationale Standard für TUE enthält Kriterien für die Beurteilung, die Weitergabe der Informationen, die Zusammensetzung der Ärztegruppe (TUEC = Therapeutic Use Exemption Committee) und den Anerkennungsprozess.

Formulare und weitere Informationen unter **www.nada-bonn.de**

21.5.2 Liste der nach WADA verbotenen Wirkstoffe

Anabole Wirkstoffe

Wirkstoff	Einsatzgebiet	Verweis
Danazol	Endometriose	
Clenbuterol	Asthmamittel	→ 88
DHEA	M. Addison	
Testosteron	Androgene	→ 420

Exogene androgene anabole Steroide (Auswahl von Bsp.) → 420
1-Androstendiol, 1-Androstendion, 1-Testosteron, 4-Hydroxytestosteron, 19-Norandrostenedion, Bolandiol, Bolasteron, Boldenon, Boldion, Calusteron, Clostebol, Dehydrochloromethyltestosteron, Desoxymethyltestosteron, Drostanolon, Ethylestrenol, Fluoxymesteron, Formebolon, Furazabol, Gestrinon, Mestanolon, Mesterolon, Metenolon, Methandienon, Methandriol, Methasteron, Methyl-1-Testosteron, Methyldienolon, Methylnortestosteron, Methyltestosteron, Methyltrienolon, Miboleron, Nandrolon, Norboleton, Norclostebol, Norethandrolon, Oxabolon, Oxandrolon, Oxymesteron, Oxymetholon, Prostanozol, Quinbolon, Stanozolol, Stenbolon, Tetrahydrogestrinon, Trenbolon und andere Wirkstoffe mit ähnlicher chemischer Struktur oder ähnlichen biologischen Wirkungen
Endogene androgene anabole Steroide → 420
Androstenediol, Androstenedion, Dihydrotestosteron, Epitestosteron, Prasteron, Testosteron sowie Metaboliten und Isomere **TUE:** Der Einsatz verbotener Wirkstoffe, um erniedrigte Spiegel von endogenen Hormonen anzuheben, ist nicht als akzeptable therapeutische Maßnahme anzusehen. In Deutschland nicht mehr im Handel: Dianabol® (Metandionon), Megagrisivit® (Clostebol), Oral-Turinabol® (Dehydromethyltestosteron), Primobolan® (Metenolon), Proviron® (Mesterolon)
Andere anabole Wirkstoffe
Clenbuterol, selektive Androgenrezeptor-Modulatoren (SARMs), Tibolon, Zeranol, Zilpaterol

Stimulanzien

Wirkstoff	Einsatzgebiet	Verweis
Amfepramon	Gewichtsreduktion	→ 147
Amphetamin		
Amfetaminil	Psychostimulanz	
Cocain		
Ephedrin		
Etilefrin	Hypotonie	→ 68
Methylpenidat	ADHS	
Modafinil	Narkolepsie	→ 378
Norfenefrin	Hypotonie	
Pemolin	ADHS	
Pholedrin		
Selegilin		→ 329

Weitere Wirkstoffe dieser Gruppe (Auswahl von Beispielen)
4-Phenylpiracetam (Carphedon), Adrafinil, Adrenalin, Amiphenazol, Benzphetamin, Bromantan, Cathin, Clobenzorex, Cropropamid, Crotetamid, Cyclazodon, Dimethylamphetamin, Etamivan, Etilamphetamin, Famprofazon, Fenbutrazat, Fencamfamin, Fencamin, Fenetyllin, Fenfluramin, Fenproporex, Furfenorex, Heptaminol, Isomethepten, Levmethamfetamin, Meclofenoxat, Mefenorex, Mephentermin, Mesocarb, Methamphetamin (D-), Methylendioxyamphetamin, Methylendioxymethamphetamin, Methylephedrin, Nikethamid, Norfenfluramin, Octopamin, Ortetamin, Oxilofrin, Parahydroxyamphetamin, Pentetrazol, Phendimetrazin, Phenmetrazin, Phenpromethamine, Phentermin, p-Methylamphetamin, Prolintan, Propylhexedrin, Sibutramin, Strychnin, Tuaminoheptan und andere Wirkstoffe mit ähnlicher chemischer Struktur oder ähnlichen biologischen Wirkungen. **TUE:** Behandlung von ADHS mit Methylphenidat In Deutschland nicht mehr im Handel: Captagon® (Fenetyllin), Micoren® (Cropropamid, Crotetamid), Katovit® (Prolintan), Pervitin® (Methamphetamin), Preludin® (Phentermin)

Peptidhormone, Wachstumsfaktoren und verwandte Wirkstoffe	
Wirkstoff	**Verweis**
Erythropoetin (EPO)	→ 157
Wachstumshormon (hGH)	
Somatomedin C (IGF-1)	
Gonadotropine (LH, HCG), (verboten nur bei Männern)	
Kortikotropine (ACTH)	→ 155
Hormonantagonisten und Modulatoren	
Aromatasehemmer: Anastrozol, Letrozol, Aminogluthetimid, Exemestan, Formestan, Testolacton	→ 432
Selektive Östrogenrezeptorenmodulatoren (SERMs): Raloxifen, Tamoxifen, Toremifen	→ 431
Andere antiöstrogene Wirkstoffe: Fulvestrant, Clomifen, Cyclofenil, Myostatinhemmer	→ 432
Insulin	→ 131
Meldonium (in D nicht zugelassen)	

Beta-2-Agonisten (→ 86)
Für den Einsatz von Beta-2-Agonisten bedarf es einer **TUE**.
Zum Einsatz der Beta-2-Agonisten Salbutamol, Formoterol und Salmeterol und der Glukokortikoide zur Inhalation bedarf es nur einer Anzeige.
Clenbuterol ist wegen seiner möglichen anabolen Wirkung grundsätzlich von einer Freistellung ausgeschlossen.

Verbotene Methoden: Manipulation von Blut und Blutprodukten
Bluttransfusion
Erythrozytenkonzentration
Entnahme und Reinjektion von Blut

Betablocker (→ 40)

Bei Sportarten, deren Leistung vorwiegend durch koordinative, konzentrative und psychische Faktoren begrenzt sind, können Betablocker die überschießenden Herz-Kreislauf-Reaktionen und die allgemeinen Symptome wie Schwitzen und Tremor dämpfen. Betablocker → 40 dürfen bei Wettkampfkontrollen nicht nachgewiesen werden.
Zu ihnen gehören u.a. Acebutolol, Alprenolol, Atenolol, Betaxolol, Bisoprolol, Bunolol, Carteolol, Carvedilol, Celiprolol, Esmolol, Labetalol, Levobunolol, Metipranolol, Metoprolol, Nadolol, Oxprenolol, Pindolol, Propranolol, Sotalol, Timolol.
Alle Betablocker sind in ausgewählten Sportarten verboten. Einige Beispiele: Bogenschießen, Dart, Golf, Motorsport, Schießen, Skispringen.
Cave: Bei Patienten unter Betablockern kommt es v.a. im Ausdauerbereich zu einer metabolisch bedingten Leistungseinschränkung.

Narkotika (→ 303)

Narkotika dürfen bei Wettkampfkontrollen nicht nachgewiesen werden.
Die Liste ist geschlossen.
Buprenorphin, Dextromoramid, Diamorphin (Heroin), Fentanyl (auch Alfentanil, Sufentanil), Hydromorphon, Methadon, Morphin, Oxycodon, Oxymorphon, Pentazocin, Pethidin.
Der Einsatz von Lokalanästhetika unterliegt keinem Verbot.

Glukokortikoide (→ 219)

Die systemische Anwendung von Glukokortikoiden durch orale, rektale, intravenöse oder intramuskuläre Gabe ist nur im Wettkampf verboten, d.h., der verbotene Wirkstoff darf bei einer Wettkampfkontrolle nicht nachgewiesen werden. Es ist zu bedenken, dass die Nachweisbarkeit der unterschiedlichen Wirkstoffe und Zubereitungen Tage bis Wochen anhalten kann. Nach einer erforderlichen Notfallbehandlung ist eine entsprechende ärztliche Bescheinigung auszustellen und bei der NADA zu hinterlegen. Eine durchgehend erforderliche systemische Behandlung bedarf einer TUE wie z.B. bei Morbus Crohn. Die nichtsystemische Anwendung von Glukokortikoiden als Inhalation oder Injektionen unter sportorthopäd. Gesichtspunkten in die großen Gelenke, Sehnen- und Muskelansätze bedarf einer Anzeige. Der topische Einsatz an Auge, Haut, Mundhöhle, Nase, Ohren ist zulässig.

Diuretika und weitere Maskierungsmittel

Diuretika → 55

Mit dem Verbot der Diuretika soll eine mögliche Manipulation bei der Urinabgabe verhindert werden. Über einen gezielten Einsatz von Diuretika und ausreichendes Trinken nach Wettkämpfen könnte ein geringer konzentrierter Urin produziert werden. Die analytischen Nachweismöglichkeiten wären dadurch möglicherweise erschwert.
Acetazolamid, Amilorid, Bumetanid, Cancrenon, Chlortalidon, Etacrynsäure, Furosemid, Indapamid, Metolazon, Spironolacton, Thiazide (z.B. Bendroflumethiazid, Chlorothiazid, Hydrochlorothiazide), Triamteren und andere Wirkstoffe mit ähnlicher chem. Struktur oder ähnlichen biol. Wirkungen.

Weitere Maskierungsmittel

Desmopressin	
Probenecid (Urikosurika)	
Plasmaexpander	Albumin, Dextran, HES, Mannitol, Glycerol
Infusion	Ohne ärztliche Indikation (bei ärztlicher Indikation nachträgliche Anzeige erforderlich)

21.6 Betäubungsmittelverordnung

Wichtige Angaben auf Btm-Rezepten

Die stark wirksamen Opioide unterliegen der Betäubungsmittel-Verschreibungsverordnung (BtMVV) und müssen auf besonderen Rezepten verordnet werden.
Die Anschrift der Bundesopiumstelle lautet:

Bundesinstitut für Arzneimittel und Medizinprodukte – Bundesopiumstelle
Kurt-Georg-Kiesinger-Allee 3
53175 Bonn

Bei Verschreibung für einen **Patienten (Substituenten)** oder den **Praxisbedarf** sind auf dem BtM-Rezept anzugeben:

- Der Name, der Vorname und die Anschrift (Straße, Hausnummer, Ortschaft) des Patienten, ggf. der Vermerk „Praxisbedarf" und das Ausstellungsdatum
- Die Arzneimittelbezeichnung, sofern dadurch das (die) verordnete(n) BtM nicht zweifelsfrei bestimmt ist (sind), zusätzlich die Gewichtsmenge(n) des (der) BtM je Packungseinheit(en), bei abgeteilten Zubereitungen je abgeteilte Form sowie die Darreichungsform(en), ggf. den Verdünnungsgrad
- Die Menge des Arzneimittels in g oder ml – Nominalgehalt –, die Stückzahl(en) der abgeteilten Form(en) – bei Ampullen, Suppositorien, Tabletten u.a. – z.B. Dolantin Inj.Lsg. 50mg Nr. 20 etc.
- Die Gebrauchsanweisung mit Einzel- und Tagesgabe; falls dem Patienten eine schriftliche Gebrauchsanweisung übergeben wurde, der Vermerk „gemäß schriftlicher Anordnung"
- Im Fall einer Verschreibung über einen Bedarf im Rahmen einer Substitution zusätzlich die Zahl der Anwendungstage
- Die zusätzliche Kennzeichnung bei einer Verschreibung für einen besonderen Einzelfall durch den Buchstaben A , im Zuge einer Substitution durch den Buchstaben S , für ein Kauffahrteischiff durch den Buchstaben K , in einem Notfall durch den Buchstaben N; (in den beiden zuletzt genannten Fällen sind diese Kennzeichnungen nur auf den nachträglich auszustellenden BtM-Rezepten vorzunehmen).
- Der Name des Verschreibenden, seine Berufsbezeichnung und Anschrift (Straße, Hausnummer, Ortschaft) sowie seine Telefonnummer
- Die Unterschrift des Verschreibenden, im Vertretungsfall darüber hinaus der Vermerk „i.V."
- In einem **Notfall** (d.h., wenn kein BtM-Rezept zur Verfügung steht) dürfen für einen Patienten – ausgenommen im Fall einer Substitution – oder einen Praxisbedarf BtM in einem zur Behebung des Notfalls erforderlichen Umfang auf einem **Normalrezept** verschrieben werden.

Bei Verschreibungen für einen **Stationsbedarf** oder eine Einrichtung des **Rettungsdienstes** sind auf dem (den) BtM-Anforderungsschein(en) anzugeben:

- Der Name oder die Bezeichnung und die Anschrift (Straße, Hausnummer, Ortschaft) der Einrichtung - ggf. ferner der Teileinheit bei einer gegliederten Einrichtung -, für die das (die) BtM bestimmt ist (sind)
- Das Ausstellungsdatum, die Bezeichnung des (der) BtM und dessen (deren) Menge(n)
- Name und Telefonnummer des Verschreibenden, Unterschrift des Verschreibenden

Betäubungsmittel-Rezept

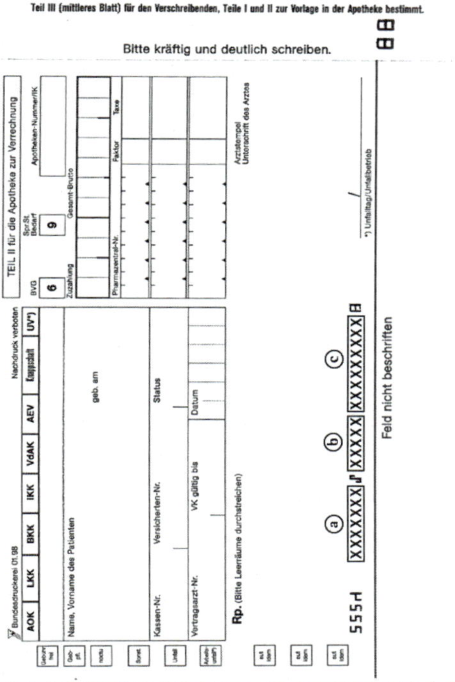
Teil III (mittleres Blatt) für den Verschreibenden, Teile I und II zur Vorlage in der Apotheke bestimmt.

Bitte kräftig und deutlich schreiben.

TEIL II für die Apotheke zur Verrechnung

BVG 6 | Spr.St. Bedarf 9 | Apotheken-Nummer/IK

Zuzahlung | Gesamt-Brutto

Pharmazentral-Nr. | Faktor | Taxe

Arztstempel Unterschrift des Arztes

*) Unfalltag/Unfallbetrieb

Bundesdruckerei 01.98 | Nachdruck verboten

AOK | LKK | BKK | IKK | VdAK | AEV | Knappschaft | UV*)

Gebühr frei | Geb.-pfl. | noctu | Sonst. | Unfall | Arbeitsunfall

Name, Vorname des Patienten | geb. am

Kassen-Nr. | Versicherten-Nr. | Status

Vertragsarzt-Nr. | VK gültig bis | Datum

Rp. (Bitte Leerräume durchstreichen)

aut idem | aut idem | aut idem

555 rl (a) XXXXXXX (b) XXXXX (c) XXXXXXXXX

Feld nicht beschriften

Die Abbildung zeigt eine Musterdarstellung eines Btm-Rezepts.
Die Codierung der BtM-Rezepte lässt sich folgendermaßen entschlüsseln:

	a	b	c
555 rl	7-stellige BtM-Nummer	Technisches Datum	9-stellige Rezeptnummer

21.7 Unerwünschte Arzneimittelwirkungen

Bitte melden Sie unbekannte, insbesondere schwerwiegende unerwünschte Azrneimittelwirkungen an das **Bundesinstitut für Arzneimittel und Medizinprodukte** (www.bfarm.de).

BERICHT ÜBER UNERWÜNSCHTE ARZNEIMITTELWIRKUNGEN (auch Verdachtsfälle)
Bundesinstitut für Arzneimittel und Medizinprodukte, Kurt-Georg-Kiesinger-Allee 3, 53175 Bonn, Tel.: 0228/207-30, FAX: 0228/207-5207

BfArM

Firmen Code Nr.	Pat. Init.	Geburtsdatum	Geschlecht	Größe	Gewicht	Schwangerschaftswoche:
	N-name ☐ V-name ☐		m ☐ w ☐			

Beobachtete unerwünschte Wirkungen — aufgetreten am — Dauer

Arzneimittel / Darreichungsform	Tagesdosis	Applikation	gegeben von / bis	wegen (Indikation)
1 Chrg.-Nr				
2 Chrg.-Nr				
3 Chrg.-Nr				
4 Chrg.-Nr				

Vermuteter Zusammenhang mit Arzneimittel Nr. 1 2 3 4	dieses früher gegeben ja ☐ nein ☐	vertragen ja ☐ nein ☐	ggf. Reexposition neg. ☐ pos. ☐

Grunderkrankung: — Begleiterkrankungen:

Anamn. Besonderheiten: Nikotin ☐ Alkohol ☐ Kontrazeptiva ☐ Schrittmacher ☐
Implantate ☐ Strahlentherapie ☐ physikal. Therapie ☐ Diät ☐ Allergien* ☐
Stoffwechseldefekte ☐ Arzneimittelabusus* ☐ Sonstige: ☐
weitere Erläuterungen

Veränderung von Laborparametern in Zusammenhang mit der unerwünschten Arzneimittelwirkung: (ggf. Befund beifügen)

Verlauf der Therapie der unerwünschten Arzneimittelwirkung: — lebensbedrohend ja ☐ nein ☐

Ausgang der unerwünschten Arzneimittelwirkung:
wiederhergestellt ☐ bleibender Schaden ☐ noch nicht wiederhergestellt ☐ unbekannt ☐
Exitus ☐ Sektion ja ☐ nein ☐ (ggf. Befund beifügen)
Todesursache:

a) beh. Arzt
b) Hersteller
c) Arznei. Komm.

Beurteilung des Kausalzusammenhanges: gesichert ☐ wahrscheinlich ☐ möglich ☐ unwahrscheinlich ☐ unbeurteilt ☐ nicht zu beurteilen ☐

Weitere Bemerkungen:
(ggf. Anlage verwenden)

Wer wurde informiert: BfArM ☐ Hersteller ☐ Arznm.-Komm.-Ärzte ☐ Sonstige:

Name des Arztes: Fachrichtung: PLZ Klinik: ja ☐ nein ☐ (ggf. Stempel)	Hersteller:	Datum: Unterschrift:

BfArM 643 / I (10.99)

21.8 Internetlinks zur Arzneimitteltherapie

Arzneimittelkomission, Arzneimittelsicherheit	
www.akdae.de	Arzneimittelkomission der deutschen Ärzteschaft: Meldung aktueller UW; Verzeichnis von Rote-Hand-Briefen etc.
www.bfarm.de	Bundesinstitut für Arzneimittel und Medizinprodukte
www.arzneitelegramm.de	Volltextregister d. Arzneitelegramms; UW-Datenbank (Abonnenten); Arzneimitteldatenbank (kostenpfl.)
Arzneimittelinteraktionen	
http://medicine.iupui.edu/clinpharm/ddis/main-table	Tabellen über Arzneimittelinteraktionen
www.hiv-druginteractions.org	Arzneimittelinteraktionen bei HIV-Therapie
Datenbanken, Arzneimittelverzeichnisse, Literaturrecherche, neue Arzneimittel	
www.fachinfo.de	Zugang zu allen verfügbaren FachInfos (DocCheck)
www.rote-liste.de	Die Rote Liste online (DocCheck)
www.ifap.de	Onlinedatenbank Wirkstoffe, Handelsnamen, Preise (DocCheck)
www.dimdi.de/de/amg/index.htm	DIMDI PharmSearch: umfangreiche Datenbank aller deutschen Arzneimittel (DocCheck)
www.infomed.org	Homepage der Schweizer pharma-kritik
www.medline.de	Onlinerecherche medizinischer Publikationen
www.centerwatch.com/drug-information/	Neue, von der FDA zugelassene Medikamente
www.edruginfo.com	Informationen über neue Medikamente
Pharmakotherapie	
http://leitlinien.net	AWMF-Leitlinien für Diagnostik und Therapie
www.dosing.de	Angaben zur Dosisreduktion bei Niereninsuffizienz
www.aerzteblatt.de	Volltextregister des Deutschen Ärzteblatts

Numerics

28-mini *(Levonorgestrel)* 437
4-Aminosalicylsäure 261
4-DMAP *(Dimethylaminophenol)* 445
4-Hydroxybuttersäure 304, 324
5-alpha-Reduktase-Hemmer 417
5-Amino-4-oxopentansäure 396
5-Aminolävulinsäure 396
5-ASA 116
5-Finger-Regel 443
5-FU 172
5-FU HEXAL *(Fluorouracil)* 172
5-FU medac *(Fluorouracil)* 172
5-HT3-Rezeptorblocker 119

A

A.T. 10 *(Dihydrotachysterol)* 161
Aarane N *(Cromoglicinsäure + Reproterol)* 100
Abacavir 264, 266, 275
Abacavir HEXAL *(Abacavir)* 264
Abacavir/Lamivudin beta *(Abacavir + Lamivudin)* 264
Abacavir/Lamivudin HEXAL *(Abacavir + Lamivudin)* 264
Abasaglar *(Insulin glargin)* 131, 132
Abatacept 223
Abciximab 80
Abdominelle Infektionen 231–235, 241, 244–251
Abilify *(Aripiprazol)* 367
Abilify Maintena *(Aripiprazol)* 367
Abirateronacetat 421
Abmagerungsmittel 147
Abortinduktion 439
Abortneigung 310
Abraxane *(Paclitaxel)* 176
Abseamed *(Epoetin alfa)* 158
Absencen 319, 324
Abstillen 440
Abstinenzsyndrome 332
Abstral *(Fentanyl oral/nasal)* 296
Abszess 381
Acamprosat 379
Acara *(Risedronsäure)* 145
Acarbose 127
Acarbose AL *(Acarbose)* 127
Acarbose Stada *(Acarbose)* 127
ACC HEXAL *(Acetylcystein)* 95
Accofil *(Filgrastim)* 163
Accupro *(Quinapril)* 37
Accuzide *(Quinapril + Hydrochlorothiazid)* 49
Accuzide diuplus *(Quinapril + Hydrochlorothiazid)* 49
Aceclofenac 212
ACE-Hemmer 34, 47, 54
- Geriatrie 450, 451, 452
ACE-Hemmer-ratioph. *(Captopril)* 35
ACE-Hemmer-ratioph. comp. *(Captopril + Hydrochlorothiazid)* 48
Acemetacin 212
Acemetacin Stada *(Acemetacin)* 212
Acemit *(Acetazolamid)* 406
Acercomp *(Lisinopril + Hydrochlorothiazid)* 48
Acesal *(Acetylsalicylsäure)* 209
Acetaminophen 303
Acetazolamid 406
Acetylcystein 95, 444
Acetylsalicylsäure 13, 29, 80, 137, 209, 215
- Geriatrie 452
Acic *(Aciclovir)* 261, 391
Aciclostad *(Aciclovir)* 261, 391
Aciclovir 261, 391, 400
Aciclovir-ratioph. *(Aciclovir)* 261, 391
Acic-Ophtal *(Aciclovir)* 400
Acicutan *(Acitretin)* 386
Acimethin *(Methionin)* 423
Acimol *(Methionin)* 423
Acitretin 386
Acivision *(Aciclovir)* 400
Aclasta *(Zoledronsäure)* 146
Aclidiniumbromid 89, 90
Acnatac *(Tretinoin + Clindamycin)* 389
Actelsar *(Telmisartan + Hydrochlorothiazid)* 50
ACTH 155
ACTH-Insuffizienz 155
Actilyse *(Alteplase)* 77
Actilyse Cathflo *(Alteplase)* 77
Actinomyces 227
Actiq *(Fentanyl oral/nasal)* 296
Actira *(Moxifloxacin)* 247
Activelle *(Estradiol + Norethisteron)* 430
Actonel *(Risedronsäure)* 145
Actos *(Pioglitazon)* 129
Actraphane *(Normalinsulin + Verzögerungsinsulin)* 132
Actrapid HM *(Insulin normal)* 131
Acular *(Ketorolac)* 402
Acylaminopenicilline 231
Adalat *(Nifedipin)* 31, 44
Adalimumab 224
Adapalen 389
Adartrel *(Ropinirol)* 328
Adasuve *(Loxapin)* 367
Adcetris *(Brentuximab Vedotin)* 195
Adcirca *(Tadalafil)* 104
Addison-Krise 32, 221
Adefovir 264
Adempas *(Riociguat)* 104
Adenoscan *(Adenosin)* 65
Adenosin 29, 65
Adenosin Life Medical *(Adenosin)* 65
Adenosin-Desaminase, Mangel 289
Adenuric *(Febuxostat)* 143
Adepend *(Naltrexon)* 379
ADHS 377, 378
Adiclair *(Nystatin)* 280, 393
Adipositas 147
Adrekar *(Adenosin)* 29, 65

Adrenalin 29, 68, 89
Adrenalin Infectopharm *(Adrenalin)* 68
Adrenogenitales Syndrom 220
Adrimedac *(Doxorubicin)* 177
Adult Advanced Life Support 33
Adumbran *(Oxazepam)* 373
Advagraf *(Tacrolimus)* 286
Advanced Life Support 33
Advantan *(Methylprednisolon)* 383
Advate *(Faktor VIII)* 83
Adynovi *(Faktor VIII)* 15, 83
Aequamen *(Betahistin)* 118
Aerius *(Desloratadin)* 98
Aerivio Spiromax *(Salmeterol + Fluticasonpropionat)* 93
Aerodur *(Terbutalin)* 86
Afamelanotid 397
Afatinib 185
Afibrinogenämie 82
Afinitor *(Everolimus)* 190
Aflibercept 203, 410
Afstyla *(Lonoctocog alfa/ Faktor VIII)* 13, 83
Agalsidase alfa 149
Agalsidase beta 149
Aggrastat *(Tirofiban)* 81
Aggrenox *(ASS + Dipyridamol)* 80
Aggresivität 369
Aggression
- bei Autismus 364
- bei Demenz 364
Agiocur *(Flohsamen)* 112
Agiolax *(Flohsamen + Sennoside)* 112
Agiolax Pico *(Natriumpicosulfat)* 112
Agitiertheit 367
Agomelatin 357
Agopton *(Lansoprazol)* 106
AH 3 N *(Hydroxyzin)* 99
Aida *(Ethinylestradiol + Drospirenon)* 435
AIDS 163, 176, 177, 204, 242, 264–269, 274, 275, 288
Airflusal *(Salmeterol + Fluticasonpropionat)* 93
Airol *(Tretinoin)* 389
Ajmalin 29, 62
AKE 1100 mit Xylit *(Aminosäurelösung)* 313
Akineton *(Biperiden)* 29, 331
Akkommodationshemmung 406
Akne 390, 430
- chronische 114
- durch Halogene 389
- medicamentosa 389
- vulgaris 240, 241, 388–390
Akne vulgaris 388, 389, 390
Aknefug EL *(Erythromycin)* 388
Aknefug Oxid *(Benzoylperoxid)* 389
Aknemittel 388
- antibiotikahaltige Externa 388
- Externa 389
- Interna 390
- Peroxide 389
- Retinoide 389
Aknemycin *(Erythromycin)* 388
Aknenormin *(Isotretinoin)* 390
Akneroxid *(Benzoylperoxid)* 389
Aknosan *(Minocyclin)* 241, 390
Akrinor *(Theodrenalin + Cafedrin)* 69
Akromegalie 122, 153, 155, 440
Aktinische Keratose 396, 398
Aktren *(Ibuprofen)* 210
Akutes Koronarsyndrom 29, 31, 35, 60, 72, 74, 75, 80, 81
Akynzeo *(Palonosetron + Netupitant)* 119
Alacare *(5-Amino-4-oxopentansäure)* 396
Albendazol 281
Albiglutid 127
Aldactone *(Kaliumcanrenoat)* 57
Aldactone *(Spironolacton)* 58
Aldara *(Imiquimod)* 398
Aldesleukin 204
Aldosteronantagonisten 57
Aldurazyme *(Laronidase)* 151
Alecensa *(Alectinib)* 13, 185
Alectinib 13, 185
Alemtuzumab 344
Alendrokit Dura *(Alendronsäure + Colecalciferol + Calcium)* 144
Alendron Beta *(Alendronsäure)* 144
Alendron HEXAL *(Alendronsäure)* 144
Alendron HEXAL plus Calcium D *(Alendronsäure + Colecalciferol + Calcium)* 144
Alendronsäure 144
Alendronsäure Basics *(Alendronsäure)* 144
Alendronsäure/Colecalciferol AbZ *(Alendronsäure + Colecalciferol)* 144
Alendronsäure-ratioph. *(Alendronsäure)* 144
Alendronsäure-ratioph. + Colecalciferol *(Alendronsäure + Colecalciferol)* 144
Alendronsäure-ratioph. plus *(Alendronsäure + Alfacalcidol)* 144
Aleve *(Naproxen)* 211
Alexan *(Cytosinarabinosid)* 172
Alfacalcidol 144, 160
Alfacalcidol HEXAL *(Alfacalcidol)* 160
Alfason *(Hydrocortisonbutyrat)* 382
Alfatradiol 395
Alfentanil 294, 295
Alfentanil-Hameln *(Alfentanil)* 295
Alfunar *(Alfuzosin)* 418
Alfuzosin 418
Alfuzosin HEXAL *(Alfuzosin)* 418
Alfuzosin Winthrop *(Alfuzosin)* 418
Algix *(Etoricoxib)* 214
Alglucosidase alfa 149
Alimta *(Pemetrexed)* 169

Alirocumab 139
Aliskiren 43, 53
Alitretinoin 204, 384
Alizaprid 118
Alkaloide 173
Alkalose 315
- metabolische 315
Alkalosetherapeutika 315
Alkeran *(Melphalan)* 166
Alkindi *(Hydrocortison)* 220
Alkohol 95% *(Ethanol)* 445
Alkoholentwöhnungsmittel 379
Alkoholentzug 317, 378, 379
Alkoholintoxikation 332
Alkylantienintoxikation 447
Alkylierende Mittel 165
Alkylphosphatintoxikation 29, 69, 445
Alkylsulfonate 166
ALL 165–178, 186, 187, 195, 196, 204
Allegro *(Frovatriptan)* 334
Allergie 29, 98–100, 361, 381, 383, 397, 401, 407–413
- Nahrungsmittel 100
Allergische Rhinitis 412
Allergo Comod *(Cromoglicinsäure)* 407
Allergo Vision *(Ketotifen)* 407
Allergocrom *(Cromoglicinsäure)* 407
Allergodil *(Azelastin)* 98, 411
Allergodil akut *(Azelastin)* 407
Allergospasmin N *(Cromoglicinsäure + Reproterol)* 100
Allergoval *(Cromoglicinsäure)* 100
Allethrin 394
Allo-CT *(Allopurinol)* 143
Allopurinol 143
Allopurinol-ratioph. *(Allopurinol)* 143
Allopurinol-ratioph. comp. *(Allopurinol + Benzbromaron)* 143
Almasilat 108
Al-Mg-Silicat 108
Almirid Cripar *(Dihydroergocriptin)* 333
Almogran *(Almotriptan)* 334
Almotriptan 334
Alna Ocas *(Tamsulosin)* 418
Al-Na-Carbonat-Dihydroxid 108
Alomide *(Lodoxamid)* 407
Alopexy *(Minoxidil)* 395
Alopezie 395, 430
Aloxi *(Palonosetron)* 119
Al-oxid 108
Alpha-1-Proteinase-Inhibitor 84
Alpha-1-Proteinase-Inhibitor-Mangel 84
Alpha-2-Rezeptoragonisten 45
Alpha-2-Rezeptorantagonisten 351
Alphablocker 46
- Geriatrie 451, 452
Alpha-Galactosidase-A-Mangel 149
Alphagan *(Brimonidin)* 404
Alpha-Glucosidase-Mangel 149
Alpha-Glukosidase-Inhibitoren 127
Alpha-Lipogamma *(Alpha-Liponsäure)* 346
Alpha-Liponsäure 346
Alpha-Methyldopa 45
Alphanine *(Faktor IX)* 83
Alpha-Sympathomimetika, zentral wirksame 378
Alprazolam 371
- Geriatrie 453
Alprazolam 1A *(Alprazolam)* 371
Alprazolam-ratioph. *(Alprazolam)* 371
Alprolix *(Faktor IX)* 83
Alprostadil 82, 419
Alrheumun *(Ketoprofen)* 210
ALS 33
Altargo *(Retapamulin)* 391
Alteplase 77
Altinsulin 131, 132
Aluminiumchloridhydroxid-Komplex 124
Alupent *(Orciprenalin)* 88
Alvesco *(Ciclesonid)* 91
Alzheimer-Demenz 341, 342, 369
Amantadin 263, 332
Amantadin HEXAL *(Amantadin)* 263, 332
Amantadin Serag *(Amantadin)* 332
Amantadin-neuraxpharm *(Amantadin)* 332
Amantadin-ratioph. *(Amantadin)* 263
Amaryl *(Glimepirid)* 125
Ambene *(Phenylbutazon)* 215
AmBisome *(Amphotericin B liposomal)* 278
Ambrisentan 103
AmbroHEXAL *(Ambroxol)* 95
Ambroxol 95
Amciderm *(Amcinonid)* 382
Amcinonid 382
Amelie *(Ethinylestradiol + Dienogest)* 435
Ameluz *(5-Aminolävulinsäure)* 396
Amenorrhoe 428, 440
Ametycine *(Mitomycin)* 178
Amfebutamon 380
Amfepramon 147
Amiada *(Terbinafin)* 280
Amicette *(Ethinylestradiol + Norgestimat)* 436
Amifampridin 149
Amikacin 244
Amikacin B. Braun *(Amikacin)* 244
Amikacin Fresenius *(Amikacin)* 244
Amiloretik *(Amilorid + Hydrochlorothiazid)* 58
Amilorid 57, 58
Amilorid comp.-ratioph. *(Amilorid + Hydrochlorothiazid)* 58
Amineurin *(Amitriptylin)* 349
Aminoglykoside 244

Aminoglykoside, Auge 399
Aminomel nephro *(Aminosäurelösung)* 313
Aminomethylbenzoesäure 79
Aminomix 3 Novum *(Aminosäurelösung)* 313
Aminophyllin 94
Aminophyllin 125 *(Aminophyllin)* 94
Aminoplasmal Hepa10% *(Aminosäurelösung)* 313
Aminosalicylate 116
Aminosäurelösungen 313
Aminosteril N Hepa 8% *(Aminosäurelösung)* 313
Amiodaron 29, 64
- Geriatrie 450
Amiodaron-ratioph. *(Amiodaron)* 64
AmioHEXAL *(Amiodaron)* 64
Amioxid-neuraxpharm *(Amitriptylinoxid)* 349
Amisulprid 366
Amisulprid HEXAL *(Amisulprid)* 366
AmisulpridLich *(Amisulprid)* 366
Amitriptylin 349
- Geriatrie 450
Amitriptylin-neuraxpharm *(Amitriptylin)* 349
Amitriptylinoxid 349
AML 165, 171–178, 187, 204, 205
Amlobesilat Sandoz *(Amlodipin)* 44
Amlodipin 44, 50–54, 137
Amlodipin besilat Dexcel *(Amlodipin)* 44
Amlodipin HEXAL *(Amlodipin)* 44
Amlodipin HEXAL Valsartan *(Valsartan + Amlodipin)* 51
Amlodipin-ratioph. *(Amlodipin)* 44
Ammonaps *(Natriumphenylbutyrat)* 151
Ammoniumbituminosulfonat 381
Amöbenenteritis 255
Amöbiasis 249
Amoclav plus *(Amoxicillin + Clavulansäure)* 232
Amofin 5% *(Amorolfin)* 391
Amorolfin 391
Amorolfin-ratioph. 5% *(Amorolfin)* 391
Amoxicillin 107, 108, 227–232
Amoxicillin-ratioph. *(Amoxicillin)* 230
Amoxidura plus *(Amoxicillin + Clavulansäure)* 232
AmoxiHEXAL *(Amoxicillin)* 230
Amoxi-Saar *(Amoxicillin)* 230
Ampho-Moronal *(Amphotericin B)* 280
Amphotericin B 278, 280
Amphotericin B *(Amphotericin B)* 278
Amphotericin B liposomal 278
Ampicillin 230, 232, 233
Ampicillin + Sulbactam Aurobindo *(Ampicillin + Sulbactam)* 232
Ampicillin + Sulbactam-ratioph. *(Ampicillin + Sulbactam)* 232
Ampicillin/Sul Kabi *(Ampicillin + Sulbactam)* 232
Ampicillin-ratioph. *(Ampicillin)* 230
Ampres *(Chloroprocain)* 308
Amsacrin 204
Amsidyl *(Amsacrin)* 204
Anablock *(Anastrozol)* 432
Anafranil *(Clomipramin)* 350
Anagrelid 204
Anakinra 224
Analekzem 123
Analeptika 376
Analfissuren 123
Analgesie 29–31, 97, 209–216, 292, 296–309, 317, 322, 333, 349, 350, 355, 360
Analgetika 294
Analgetika-Kombinationen 215
Analgin *(Metamizol)* 214
Analkarzinom 292
Anämie
- aplastische 85, 420
- bei Chemotherapie 157, 158
- bei Eisenmangel 156
- bei Niereninsuffizienz 157, 158
- hämolytische 285
- perniziöse 160
Anaphylaxie 29, 32, 68, 220
Anästhesie 30–32, 69, 295–298, 303–307, 372, 373
- lokale 31, 308, 399
- peridurale 308
- regionale 296, 308
- spinale 308
Anästhesin *(Benzocain)* 414
Anastro-Cell *(Anastrozol)* 432
Anastrozol 432
Anastrozol HEXAL *(Anastrozol)* 432
Anbinex *(Antithrombin III)* 83
Ancid *(Hydrotalcit)* 108
Ancotil *(Flucytosin)* 279
Andriol *(Testosteron)* 420
Androcal *(Bicalutamid)* 421
Androcur *(Cyproteronacetat)* 421
Androgene 420
Androgenisierung 421, 430
Androtop *(Testosteron)* 420
Anexate *(Flumazenil)* 30, 447
Angeliq *(Estradiol + Drospirenon)* 429
Angiletta *(Ethinylestradiol + Chlormadinon)* 435
Angin HEXAL Dolo *(Benzocain)* 414
Angina pectoris 31, 41, 44, 45, 53, 60, 61, 72–75, 80, 81
Angioödem 84
Angiotensin-II-Blocker 38, 49–52
Angst 42, 99, 322, 350, 354–359, 371–375
Anidulafungin 278

Anilinderivate 303
Ankylosierende Spondylitis 224
Ankylostomiasis 281, 282
Anoro Ellipta *(Umeclidiniumbromid + Vilanterol)* 90
Anovulation 433, 434
Antagonisierung, Muskelrelaxantien 307, 339, 340
Antazida 108
Antelepsin *(Clonazepam)* 320
Antepan *(Protirelin)* 155
Anthelmintika 280
Anthracycline 176
Antianämika 156
Antiandrogene 421
Antianginosa 59
Antiarrhythmika 61
- Klasse Ia 61
- Klasse Ib 62
- Klasse II 64
- Klasse III 64
- Klasse IV 64
Antibiotika 227
- Auge 399, 402
- Haut 390
- HNO 413
- inhalative 255
- intestinale 254
Anticholinerges Syndrom 448
Anticholinergika 89, 90, 109, 120
- inhalative 89
- synthetische 309
- zentral wirksame 330
Anticholium *(Physostigmin)* 448
Antidementiva 340
Antidepressiva 348
- tetrazyklische 351
- trizyklische 348
Antidiabetika 125
Antidiarrhoika 114
Antidota 444
Antiemetika 118
Antiepileptika 316
Antifibrinolytika 78
Antifungol *(Clotrimazol)* 392
Antifungol HEXAL EXTRA *(Bifonazol)* 391
Antihämophiles Globulin A 83
Antihämophiles Globulin B 83
Antihistaminika 97, 118, 413
- HNO 412
- topische 397
Antihypertensiva 34
Antihypoglykämika 132
Antiinfektiva
- Auge 399
- Haut 390
- HNO 413, 414
Anti-Kalium Na *(Polysulfonsäure)* 424
Antikoagulantien
- Antidota 76
Antikoagulation 75, 76, 77
- bei Dialyse 71, 72
- kontinuierliche 71
Antikörper 190
- bei CED 117
- monoklonale 100
Antimalariamittel 282
Antimanika 358
Antimetabolite 169
- Folsäure-Analoga 169
- Purin-Analoga 170
- Pyrimidin-Analoga 171
Antimykotika
- Haut 391
- systemische 276
- topische 280
Antimykotika-Glukokortikoid-Kombinationen
- Haut 393
Antineovaskuläre Mittel 409
Antiöstrogene 432
Antiparasitäre Mittel
- Haut 394
Antiparkinsonmittel 325
Antiphlogistika
- Auge 401
- Haut 381
Antiprotozoenmittel 256
Antipruriginosa 381
Antipsoriatika 385
- Externa 385
- Interna 385
Antirheumatika, non-steroidale 209
Antiscabiosum *(Benzylbenzoat)* 394
Antiseptika, Auge 400
Antithrombin III 83
Antitussiva 96
Antivertiginosa 118
Antra Mups *(Omeprazol)* 107
Anxiolytika 359
Anxut *(Buspiron)* 375
Aphiasone *(Mometason)* 412
Apidra *(Insulin glulisin)* 131
Apixaban 73
Aplastische Anämie 85
Apnoe, Frühgeborene 307
APO-go *(Apomorphin)* 332
Apomorphin 332
Apomorphin-Archimedes *(Apomorphin)* 332
Apomorphinhydrochlorid *(Apomorphin)* 332
Aponal *(Doxepin)* 350
Apothekenpflicht 457
Apraclonidin 404
Apremilast 224
Aprepitant 120
Aprical *(Nifedipin)* 44
Aprotinin 79
Aprovel *(Irbesartan)* 39
Apsomol N *(Salbutamol)* 86
Aptivus *(Tipranavir)* 269
Apydan Extent *(Oxcarbazepin)* 318
Aquacort *(Budesonid)* 412
Äquianalgetische Dosierungen 294
ARA-cell *(Cytarabin)* 172
Aranesp *(Darbepoetin alfa)* 157
Arava *(Leflunomid)* 218
Arcoxia *(Etoricoxib)* 214
Ardeydorm *(Tryptophan)* 375
Ardeytropin *(Tryptophan)* 375
Aredia *(Pamidronsäure)* 145

Arelix *(Piretanid)* 55
Arelix ACE *(Ramipril + Piretanid)* 49
Argatra *(Argatroban)* 75
Argatroban 75
Argininhydrochlorid 315
Argipressin 153
Aricept *(Donepezil)* 341
Ariclaim *(Duloxetin)* 355
Arilin *(Metronidazol)* 249
Arimidex *(Anastrozol)* 432
Aripipan *(Aripiprazol)* 367
Aripiprazol 367
Aripiprazol-ratioph. *(Aripiprazol)* 367
Arixtra *(Fondaparinux)* 74
Arlevert *(Dimenhydrinat + Cinnarizin)* 121
Aromasin *(Exemestan)* 432
Arrhythmie 42
- absolute 32
Artane *(Trihexyphenidyl)* 331
Artelac *(Hypromellose)* 408
Artelac Splash *(Hyaluronsäure)* 408
Artemether 282
Arteoptic *(Carteolol)* 403
Arterenol *(Norepinephrin)* 68
Arthotec forte *(Diclofenac + Misoprostol)* 216
Arthrex Schmerzgel *(Diclofenac)* 212
Arthritis 210–220, 223–226, 285
- juvenile 211, 217–219, 223–225
Arthrose 212–216, 219
Arthrotec forte *(Diclofenac + Misoprostol)* 216
Artrotec forte *(Diclofenac + Misoprostol)* 216
Arucom *(Latanoprost + Timolol)* 405
Arulatan *(Latanoprost)* 405
Arutidor *(Dorzolamid + Timolol)* 405
Arutimol *(Timolol)* 403
Arzerra *(Ofatumumab)* 197
Arzneimittel
- in der Schwangerschaft, Beratungstellen 441
- Internetlinks 471
- Intoxikation 447
- verbotene 464
Arzneimittelgesetz 457
Asacol *(Mesalazin)* 116
Asasantin Retard *(ASS + Dipyridamol)* 80
Ascariasis 281, 282
Ascendra *(Ibandronsäure)* 145
Ascorbinsäure 113, 160
Ascorvit *(Ascorbinsäure)* 160
AscoTop *(Zolmitriptan)* 335
Asenapin 367
Asfotase alfa 149
Asmanex *(Mometason)* 91
Asparaginase 204
Asparaginase Medac *(Asparaginase)* 204
Aspirationspneumonie 219
Aspirin *(Acetylsalicylsäure)* 80, 209
Aspirin i.v. *(Acetylsalicylsäure)* 29, 209
ASS Dexcel protect *(Acetylsalicylsäure)* 80
ASS HEXAL *(Acetylsalicylsäure)* 209
ASS-ratioph. *(Acetylsalicylsäure)* 80, 209
Asthma
- anstrengungsinduziert 86, 94
- bronchiale 30, 32, 86–94, 100, 101, 219, 220
Astonin H *(Fludrocortison)* 220
Aszites 55, 58, 59
- maligner 195
AT III Nf *(Antithrombin III)* 83
Atacand *(Candesartan)* 38
Atacand plus *(Candesartan + Hydrochlorothiazid)* 49
Ataluren 150
Atarax *(Hydroxyzin)* 99
Atazanavir 268
AteHEXAL *(Atenolol)* 40
AteHEXAL comp. *(Atenolol + Chlortalidon)* 52
Atelektasenprophylaxe 95
Atemdepression, postoperative 300
Atemnot 86
Atemnotsyndrom 95
Atemwegentzündung 96
Atemweginfektionen 229– 257
Atenativ *(Antithrombin III)* 83
Atenogamma comp. *(Atenolol + Chlortalidon)* 52
Atenolol 40, 52, 53
Atenolol comp. Stada *(Atenolol + Chlortalidon)* 52
Atenolol-ratioph. *(Atenolol)* 40
Atezolizumab 13, 194
AT-III-Mangel 83
Atimos *(Formoterol)* 87
Atiten *(Dihydrotachysterol)* 161
Atmadisc *(Salmeterol + Fluticasonpropionat)* 93
Atomoxetin 377
Atoris *(Atorvastatin)* 134
Atorvastatin 13, 54, 134–138
Atorvastatin HEXAL *(Atorvastatin)* 134
Atorvastatin-CT *(Atorvastatin)* 134
Atosiban 441
Atosiban Ibisqus *(Atosiban)* 441
Atosiban Sun *(Atosiban)* 441
Atosil *(Promethazin)* 361
Atosil N *(Promethazin)* 32
Atovaquon 256, 283
Atovaquon Proguanil AL *(Proguanil + Atovaquon)* 283
Atovaquon Proguanil Stada *(Proguanil + Atovaquon)* 283
Atozet *(Ezetimib + Atorvastatin)* 138
Atracurium 306
Atracurium Hameln *(Atracurium)* 306

Atracurium HEXAL *(Atracurium)* 306
Atracurium Hikma *(Atracurium)* 306
Atriance *(Nelarabin)* 170
Atripla *(Efavirenz + Emtricitabin + Tenofovir)* 267
Atropin 29, 69, 111, 406, 445
Atropin-POS *(Atropin)* 406
Atropinsulfat *(Atropin)* 29, 69, 445
Atropinum sulfuricum *(Atropin)* 69, 445
Atrovent *(Ipratropiumbromid)* 89
Atrovent Ls *(Ipratropiumbromid)* 89
Attempta-ratioph. *(Ethinylestradiol + Cyproteronacetat)* 430
Attentin *(Dexamfetamin)* 377
Aubagio *(Teriflunomid)* 345
Aufmerksamkeitsdefizitstörung 377, 378
Auge
- Anästhesie 399
- Antiallergika 407
- Antiinfektiva 399, 402
- Antiphlogistika 401
- Antiseptika 400
- Betablocker 403
- Entzündung 401, 402, 406, 408
- Infektion 399, 400
- Oberflächenanästhetika 399
- Parasympathomimetika 404
- Schleimhautläsionen 408
- Sympathomimetika 404
- Verätzung 401, 402, 410
- Verbrennungen 401

Augmentan *(Amoxicillin + Clavulansäure)* 232
Augmentin *(Amoxicillin + Clavulansäure)* 232
Auranofin 217
Aureomycin *(Chlortetrazyklin)* 388
Aurorix *(Moclobemid)* 352
Autoimmune hämolytische Anämie 285
Autoimmunhepatitis 117, 285
Avalox *(Moxifloxacin)* 247
Avamys *(Fluticason)* 412
Avanafil 419
Avastin *(Bevacizumab)* 195
Avelox *(Moxifloxacin)* 247
Avelumab 13, 195
Avibactam 14, 237
AVK 80, 82
Avodart *(Dutasterid)* 418
Avonex *(Interferon beta-1a)* 345
Axiale Spondylarthritis 224, 225
Axicarb *(Carboplatin)* 167
Axidronat *(Pamidronsäure)* 145
Axigran *(Granisetron)* 119
Axiron *(Testosteron)* 420
Axirubicin *(Epirubicin)* 177
Axisetron *(Ondansetron)* 119
Axitinib 185
Axura *(Memantin)* 341
Aza Q *(Azathioprin)* 285
Azacitidin 172
Azafalk *(Azathioprin)* 285
Azaimun *(Azathioprin)* 285
Azamedac *(Azathioprin)* 285
Azarga *(Brinzolamid + Timolol)* 405
Azaron *(Tripelennamin)* 397
Azathioprin 285
Azathioprin HEXAL *(Azathioprin)* 285
Azathioprin-ratioph. *(Azathioprin)* 285
Azeat *(Acemetacin)* 212
Azela Vision *(Azelastin)* 407
Azelainsäure 389
Azelastin 98, 407, 411, 412
Azi Teva *(Azithromycin)* 242
Azidose 315
- metabolische 31, 315

Azidosetherapeutika 315
Azilect *(Rasagilin)* 329
Azilsartanmedoxomil 38
Azithrobeta *(Azithromycin)* 242
Azithromycin 242, 399
Azithromycin HEXAL *(Azithromycin)* 242
Azole 276
Azopt *(Brinzolamid)* 404
Aztreonam 240
Azulfidine *(Sulfasalazin)* 117
Azulfidine RA *(Sulfasalazin)* 218
Azur compositum *(Paracetamol + Coffein + Codein)* 216
Azyter *(Azithromycin)* 399
Azzalure *(Clostridium-botulinum-Toxin Typ A)* 337

B

B1 Asmedic *(Thiamin)* 159
B12-Ankermann *(Cyanocobalamin)* 160
B2-Asmedic *(Riboflavin)* 159
B6 Asmedic *(Pyridoxin)* 160
B6-Vicotrat *(Pyridoxin)* 160
Baclofen 338
- Geriatrie 452

Baclofen-neuraxpharm *(Baclofen)* 338
Baclofen-ratioph. *(Baclofen)* 338
Bacteroides fragilis 227
Bactroban *(Mupirocin)* 413
Balanitis, Candida 277
Bambec *(Bambuterol)* 88
Bambuterol 88
Bamipin 397
Baraclude *(Entecavir)* 265
Barazan *(Norfloxacin)* 245
Barbiturate 303
Baricitinib 14, 224
Basaliom 172, 396
Basalzellkarzinom 207, 208
Basiliximab 285
Basodexan *(Harnstoff)* 395
Batrafen *(Ciclopirox)* 392
Bavencio *(Avelumab)* 13, 195
Baycuten HC *(Clotrimazol + Hydrocortison)* 393

Baymycard *(Nisoldipin)* 45
Baymycard RR *(Nisoldipin)* 45
Bayotensin *(Nitrendipin)* 45
BecloHEXAL *(Beclometason)* 91
Beclomet *(Beclometason)* 91
Beclomet Nasal *(Beclometason)* 412
Beclometason 13, 91–93, 412
Beclometason-ratioph. *(Beclometason)* 91, 412
Beclorhinol *(Beclometason)* 412
Beconase *(Beclometason)* 412
Bedaquilin 258
Befibrat *(Bezafibrat)* 133
Belara *(Ethinylestradiol + Chlormadinon)* 435
Belastungsstörung, posttraumatische 354
Belatacept 285
Belimumab 225
Bellissima *(Ethinylestradiol + Chlormadinon)* 435
Bellymed Abführpulver *(Macrogol)* 112
Belnif *(Nifedipin + Metropololtartrat)* 53
Beloc *(Metoprololtartrat)* 31, 41
Beloc-Zok *(Metoprololsuccinat)* 41
Beloc-Zok comp *(Metoprololsuccinat + Hydrochlorothiazid)* 52
Belsar *(Olmesartan)* 39
Belsar plus *(Olmesartan + Hydrochlorothiazid)* 50
Bemetizid 56, 59
Bemon *(Betamethason)* 382
Benalapril *(Enalapril)* 36
Benazeplus AL *(Benazepril + Hydrochlorothiazid)* 47
Benazeplus Stada *(Benazepril + Hydrochlorothiazid)* 47
Benazepril 35, 47
Benazepril AL *(Benazepril)* 35
Benazepril HEXAL *(Benazepril)* 35
Benazepril HEXAL comp. *(Benazepril + Hydrochlorothiazid)* 47
Benazepril Winthrop comp. *(Benazepril + Hydrochlorothiazid)* 47
Benda 5 Fu *(Fluorouracil)* 172
Bendadocel *(Docetaxel)* 175
Bendaepi *(Epirubicin)* 177
Bendamustin 165
Bendamustin HEXAL *(Bendamustin)* 165
Bendamustin Ribosepharm *(Bendamustin)* 165
Bendarabin *(Fludarabin)* 170
Bendarelbin *(Vinorelbin)* 174
Bendroflumethiazid 56, 58
Benefix *(Faktor IX)* 83
Benepali *(Etanercept)* 225
Benlysta *(Belimumab)* 225
Benperidol 364
Benperidol-neuraxpharm *(Benperidol)* 364
Benralizumab 15, 100
Benserazid 326
Ben-u-ron *(Paracetamol)* 303
Benzaknen *(Benzoylperoxid)* 389
Benzalkonium 415
Benzbromaron 142, 143
Benzbromaron AL *(Benzbromaron)* 142
Benzocain 414, 415
Benzocain 1A *(Benzocain)* 414
Benzodiazepine 320, 369
Benzodiazepinintoxikation 30, 447
Benzothiadiazine 56
Benzoylperoxid 389
Benzydamin 415
Benzylbenzoat 394
Benzylpenicillin 228
Benzylpenicillin-Benzathin 228
Beofenac *(Aceclofenac)* 212
Bepanthen *(Dexpanthenol)* 408
Berberil N *(Tetryzolin)* 408
Beriate P *(Faktor VIII)* 83
Berinert *(C1-Esterase-Inhibitor)* 84
Berinin HS *(Faktor IX)* 83
Beriplex *(Prothrombinkomplex)* 83
Berlinsulin H 30/70 *(Normalinsulin + Verzögerungsinsulin)* 132
Berlinsulin H Basal *(Verzögerungsinsulin)* 131
Berlinsulin H Normal *(Insulin normal)* 131
Berlosin *(Metamizol)* 214
Berlthyrox *(Levothyroxin)* 139
Berodual Ls *(Ipratropiumbromid + Fenoterol)* 90
Berodual N *(Ipratropiumbromid + Fenoterol)* 90
Berotec N *(Fenoterol)* 30, 86
Besponsa *(Inotuzumab Ozogamicin)* 13, 196
Beta-2-Sympathomimetika, inhalative 86
Beta-Acetyldigoxin 66
Betablocker 40, 52, 53, 64
- Auge 403
- Geriatrie 450, 451
Betacaroten 162
Betadorm D *(Diphenhydramin)* 375
Betaferon *(Interferon beta-1b)* 345
Betahistin 118
Betahistin-ratioph. *(Betahistin)* 118
Betain 150
Beta-Lactamase-Inhibitoren 231, 232, 237
Beta-Lactamase-resistente Penicilline 229
Beta-Lactamase-sensitive Penicilline 228
Betamann *(Metipranolol)* 403
Betamethason 117, 219, 382, 385, 393
Betasemid *(Penbutolol + Furosemid)* 52

Beta-Turfa *(Propranolol + Triamteren + Hydrochlorothiazid)* 53
Betäubungsmittelrezept 469
Betäubungsmittelverordnung 468
Betavert *(Betahistin)* 118
Betaxolol 40, 403
Bethanecholchlorid 339
Betnesol *(Betamethason)* 117
Betnesol V *(Betamethason)* 382
Betoptima *(Betaxolol)* 403
Bevacizumab 195
Bewusstseinsstörung 114
Bexaroten 204
Bexsero *(Meningokokken-B-Adsorbat)* 15, 289
Bezafibrat 133
Bezafibrat AL *(Bezafibrat)* 133
Bezafibrat-ratioph. *(Bezafibrat)* 133
Bezlotoxumab 15, 288
Bibrocathol 400
Bicalutamid 421
Bicalutamid Axcount *(Bicalutamid)* 421
Bicalutamid beta *(Bicalutamid)* 421
Bicalutamid Medac *(Bicalutamid)* 421
Bicalutin *(Bicalutamid)* 421
Bicamed *(Bicalutamid)* 421
bicaNorm *(Natrium-hydrogencarbonat)* 315
Biciron *(Tramazolin)* 408
Bifiteral *(Lactulose)* 112
Bifon *(Bifonazol)* 391
Bifonazol 391
Biguanide 126
Bikalm *(Zolpidem)* 376
Biltricide *(Praziquantel)* 281
Bimato Vision *(Bimatoprost)* 404
Bimatoprost 404, 405
Bimatoprost HEXAL *(Bimatoprost)* 404
Bindegewebserkrankung 219
Binocrit *(Epoetin alfa)* 158
Binosto *(Alendronsäure)* 144
Biofanal *(Nystatin)* 280
Bioflutin *(Etilefrin)* 68
Biopoin *(Epoetin theta)* 158
Biotransformation 455
Bioverfügbarkeit 454
Biperiden 29, 331
Biperiden-neuraxpharm *(Biperiden)* 331
Bipolare Störungen 358, 364, 367–369
BiPreterax N *(Perindopril + Indapamid)* 48
Biramlo *(Amlodipin + Bisoprolol)* 53
Bisacodyl 112
Bismolan H Corti *(Prednisolon + Bismut + Zinkoxid)* 123
Bismut 123
Bismut-III-Oxid-Citrat 108
Bisobeta *(Bisoprolol)* 40
Bisodipin *(Amlodipin + Bisoprolol)* 53
BisoHEXAL *(Bisoprolol)* 40
Bisolich comp. *(Bisoprolol + Hydrochlorothiazid)* 52
Bisolvon *(Bromhexin)* 95
Bisoplus AL *(Bisoprolol + Hydrochlorothiazid)* 52
Bisoplus Stada *(Bisoprolol + Hydrochlorothiazid)* 52
Bisoprolol 40, 52, 53
Bisoprolol-ratioph. *(Bisoprolol)* 40
Bisphosphonate 144
Bivalirudin 75
Bivalirudin Accord *(Bivalirudin)* 75
Biviol *(Ethinylestradiol + Desogestrel)* 436
Blasenatonie 339, 340
Blasenblutung 68
Blasenkarzinom 168, 173
Blasenschmerzen 424
Blasenstörung, neurogene 339
Blasentumoren 174, 177, 178
Blemaren N *(Citronensäure + Natriumcitrat)* 423
BLEO-cell *(Bleomycin)* 178
Bleomedac *(Bleomycin)* 178
Bleomycin 178
Bleomycin HEXAL *(Bleomycin)* 178
Blepharitis 400, 402
Blepharospasmus 337
Blinatumomab 195
Blincyto *(Blinatumomab)* 195
Blopresid plus *(Candesartan + Hydrochlorothiazid)* 49
Blopress *(Candesartan)* 38
Blopress plus *(Candesartan + Hydrochlorothiazid)* 49
Blutspende, autologe 158
Blutung
- bei Cumarinüberdosierung 83, 162
- bei Ösophagusvarizen 154
- Blase 68
- gastrointestinale 122
- hyperfibrinolytische 79
- postpartale 32, 439
- subarachnoidale 341
BNS-Krämpfe 373
Bocouture *(Clostridium-botulinum-Toxin Typ A)* 337
Bonadea *(Ethinylestradiol + Dienogest)* 435
Bondiol *(Alfacalcidol)* 160
Bondronat *(Ibandronsäure)* 145
Bonefos *(Clodronsäure)* 145
Bonviva *(Ibandronsäure)* 145
Boostrix *(Tetanus- + Diphtherie- + Pertussis-Toxoid)* 290
Bornaprin 331
Borrelia 227
Borreliose 235, 239, 240
Bortezomib 204
Bosentan 103
Bosulif *(Bosutinib)* 185
Bosutinib 185
Botox *(Clostridium-botulinum-Toxin Typ A)* 337

Bradykardie 29, 69, 309
Braltus Zonda *(Tiotropiumbromid)* 90
Bramitob *(Tobramycin)* 245
Breakyl *(Fentanyl oral/nasal)* 296
Brennnesselkontakt 397
Brentuximab Vedotin 195
Bresben Sandoz *(Nifedipin + Atenolol)* 53
Bretaris Genuair *(Aclidiniumbromid)* 89
Brevibloc *(Esmolol)* 30, 41
Brevimytal *(Methohexital)* 303
Bricanyl *(Terbutalin)* 32, 86, 88
Bridion *(Sugammadex)* 307
Brilique *(Ticagrelor)* 81
Brimica Genuair *(Aclidiniumbromid + Formoterol)* 90
Brimo Ophtal *(Brimonidin)* 404
Brimogen *(Brimonidin)* 404
Brimonidin 398, 404, 405
Brimonidin HEXAL *(Brimonidin)* 404
Brinavess *(Vernakalant-hydrochlorid)* 65
Brineura *(Cerliponase alfa)* 13, 150
Brinzolamid 404, 405
Brinzolamid AL *(Brinzolamid)* 404
Brinzolamid-ratioph. *(Brinzolamid)* 404
Brivaracetam 324
Briviact *(Brivaracetam)* 324
Brivudin 261
Brodalumab 14, 386
Bromat-Intoxikation 447
Bromazanil *(Bromazepam)* 371
Bromazepam 371
- Geriatrie 452
Bromazepam-ratioph. *(Bromazepam)* 371
Bromhexin 95
Bromhexin Berlin Chemie *(Bromhexin)* 95
Bromhexin KM *(Bromhexin)* 95
Bromocriptin 327, 440
Bromocriptin Abz *(Bromocriptin)* 327
Bromocriptin-CT *(Bromocriptin)* 440
Bromocriptin-ratioph. *(Bromocriptin)* 327, 440
Bromperidol 364
Bronchialkarzinom 178
- kleinzelliges 165–179
- nichtkleinzelliges 166–169, 173–176, 185–188, 195, 196
Bronchicum Mono Codein *(Codein)* 96
Bronchitis 95, 221, 246, 247
- chronische 88, 243
Bronchitol *(Mannitol)* 96
Bronchodilatatoren 93
Bronchokonstriktion 88, 94
Bronchoparat *(Theophyllin)* 32
Bronchopulmonale Erkrankung 95, 96
Bronchoretard *(Theophyllin)* 94
Bronchospasmin *(Reproterol)* 88
Bronchospasmolyse 93
Bronchospray *(Salbutamol)* 86
Brotizolam 371
- Geriatrie 453
Brucellose 260
BS Inj. Carino. *(Butylscopolamin)* 111
BS-ratioph. *(Butylscopolamin)* 111
Bucain *(Bupivacain)* 308
Buccolam *(Midazolam)* 373
Budapp *(Budesonid)* 412
Budenofalk *(Budesonid)* 117
Budes *(Budesonid)* 412
Budes N *(Budesonid)* 91
Budesonid 15, 91, 92, 117, 412
Budiair *(Budesonid)* 91
Budipin 333
Bulimie 354
Bullöses Pemphigoid 285
Bup 4-Tagepflaster *(Buprenorphin)* 299
Bupensan *(Buprenorphin)* 299
Bupivacain 308
Buprenaddict *(Buprenorphin)* 299
Buprenorphin 294, 299
Buprenorphin AWD *(Buprenorphin)* 299
Buprenorphin-ratioph. Matrixpflaster *(Buprenorphin)* 299
Bupropion 357, 380
Bupropion-neuraxpharm *(Bupropion)* 357
Buscopan *(Butylscopolamin)* 29, 111
Buscopan plus *(Paracetamol + N-Butylscopolamin)* 216
Buserelin 422, 433
Busilvex *(Busulfan)* 167
Busp *(Buspiron)* 375
Buspiron 375
Busulfan 167
Butavate *(Clobetasol)* 383
Butylscopolamin 29, 111
Butylscopolamin Rotexmed *(Butylscopolamin)* 111
Bydureon *(Exenatid)* 128
Byetta *(Exenatid)* 128
B-Zell-Lymphom 198

C

C1-Esterase-Inhibitor 84
Cabaseril *(Cabergolin)* 328
Cabazitaxel 175
Cabergolin 328, 440
Cabergolin Dura *(Cabergolin)* 440
Cabergolin HEXAL *(Cabergolin)* 328, 440
Cabergolin Teva *(Cabergolin)* 328, 440
Cabergolin-ratioph. *(Cabergolin)* 328

Cabozantinib 185
Cadmiumintoxikation 448
Caelyx *(Doxorubicin liposomal, polyethylenglykolisiert)* 177
Cafedrin 69
Calcet *(Calciumacetat)* 124
Calci Aps D3 *(Colecalciferol + Calciumcarbonat)* 161
Calcicare D3 *(Colecalciferol + Calciumcarbonat)* 161
CalciHEXAL *(Calcitonin)* 146
Calcimagon D3 *(Colecalciferol + Calciumcarbonat)* 161
Calcipotriol 385
Calcipotriol HEXAL *(Calcipotriol)* 385
Calcitonin 146
Calcitonin Rotexmedica *(Calcitonin)* 146
Calcitrat *(Calcium-Ion)* 310
Calcitriol 161
Calcitriol Kyramed *(Calcitriol)* 161
Calcium 144
Calcium HEXAL *(Calcium-Ion)* 310
Calciumacetat *(Calciumacetat)* 124
Calciumacetat Prorenal *(Calciumacetat)* 124
Calciumacetat-Nefro *(Calciumacetat)* 124
Calciumcarbonat 161
Calciumdiacetat 124
Calciumdiacetat + Mg2+ 124
Calciumfolinat HEXAL *(Folinsäure)* 205
Calciumgluconat Braun 10% *(Calciumglukonat)* 310
Calciumglukonat 310
Calcium-Ion 310
Calciumneurininhibitoren 384
Calcium-Sandoz *(Calcium-Ion)* 310
Calcivit D *(Colecalciferol + Calciumcarbonat)* 161
Calcort *(Deflazacort)* 220
Camlostar *(Candesartan + Amlodipin)* 50
Campral *(Acamprosat)* 379
Canakinumab 150, 225
Cancidas *(Caspofungin)* 279
Candeamlo HEXAL *(Candesartan + Amlodipin)* 50
Candecor *(Candesartan)* 38
Candesartan 38, 49, 50
Candesartan HEXAL *(Candesartan)* 38
Candesartan Q-Pharm *(Candesartan)* 38
Candesartan Stada *(Candesartan)* 38
Candesartan-ratioph. comp. *(Candesartan + Hydrochlorothiazid)* 49
Candidose
- oropharyngeale 277
- ösophageale 277
- vulvovaginale 277
Candidurie 277
Candio-Hermal *(Nystatin)* 393
Canemes *(Nabilon)* 13, 121
Canesten *(Clotrimazol)* 392
Canesten Extra *(Bifonazol)* 391
Canesten Gyn *(Clotrimazol)* 392
Cangrelor 80
Canifug *(Clotrimazol)* 392
Cannabidiol 343
Cannabinoide 121, 343
Capecitabin 172
Capecitabin Accord *(Capecitabin)* 172
Capecitabin HEXAL *(Capecitabin)* 172
Capecitabin Medac *(Capecitabin)* 172
Caprelsa *(Vandetanib)* 189
Capreomycin 260
Capros *(Morphin)* 297
CAPS 150
Capsaicin 309
Captimer *(Tiopronin)* 448
Captogamma *(Captopril)* 35
CaptoHEXAL *(Captopril)* 35
CaptoHEXAL comp. *(Captopril + Hydrochlorothiazid)* 48
Captopril 35, 48
Capval *(Noscapin)* 97
Caramlo *(Candesartan + Amlodipin)* 50
Carbadura *(Carbamazepin)* 317
Carbaglu *(Carglumsäure)* 150
Carbamazepin 317
Carbamazepin HEXAL *(Carbamazepin)* 317
Carbamazepin-ratioph. *(Carbamazepin)* 317
Carbapeneme 250
Carbidopa 326
Carbimazol 140
Carbimazol Aristo *(Carbimazol)* 140
Carbimazol Henning *(Carbimazol)* 140
Carbimazol HEXAL *(Carbimazol)* 140
Carbo medicinalis 114, 447
Carboanhydrasehemmer 404
CARBO-cell *(Carboplatin)* 167
Carbocistein 96
Carboplatin 167
Carboplatin HEXAL *(Carboplatin)* 167
Carboplatin-GRY *(Carboplatin)* 167
Carbostesin *(Bupivacain)* 308
Cardular PP *(Doxazosin)* 46
Carfilzomib 205
Carglumsäure 150
Cariprazin 15, 367
Carmen *(Lercanidipin)* 44
Carmen ACE *(Lercanidipin + Enalapril)* 54
Carotaben *(Betacaroten)* 162
Carotinoide 162
Carteolol 403
Carvedilol 41
Carvedilol HEXAL *(Carvedilol)* 41

Handelsnamen = fett *Wirkstoffe = kursiv*

Carvedilol-ratioph. *(Carvedilol)* 41
Casodex *(Bicalutamid)* 421
Caspofungin 279
Caspofungin Zentiva *(Caspofungin)* 279
Caspofungin-ratioph. *(Caspofungin)* 279
Castlemann-Krankheit 198
Catapresan *(Clonidin)* 46
Catechine 398
Catumaxomab 195
Caverject *(Alprostadil)* 419
Cayston *(Aztreonam)* 240
CD34+ Zellsuspension 289
Cebrotonin *(Piracetam)* 342
CEC *(Cefaclor)* 238
Cecenu *(Lomustin)* 167
Cedur *(Bezafibrat)* 133
Cefaclor 238
Cefaclor-ratioph. *(Cefaclor)* 238
Cefadroxil 227, 238
Cefadroxil 1A *(Cefadroxil)* 238
Cefadroxil HEXAL *(Cefadroxil)* 238
Cefalexin 238
Cefasel *(Selen)* 311
Cefazink *(Zink)* 311
Cefazolin 233
Cefazolin HEXAL *(Cefazolin)* 233
Cefazolin Hikma *(Cefazolin)* 233
Cefazolin Saar *(Cefazolin)* 233
Cefepim 236
Cefepim Rotexmedica *(Cefepim)* 236
Cefixdura *(Cefixim)* 239
Cefixim 239
Cefixim 1A *(Cefixim)* 239
Cefixim-ratioph. *(Cefixim)* 239
Cefotaxim 227, 235
Cefotaxim Eberth *(Cefotaxim)* 235
Cefotaxim Fresenius *(Cefotaxim)* 235
Cefotaxim HEXAL *(Cefotaxim)* 235
Cefotrix *(Ceftriaxon)* 235
Cefpo Basics *(Cefpodoxim-Proxetil)* 239
Cefpodoxim-Proxetil 239
Cefpodoxim-ratioph. *(Cefpodoxim-Proxetil)* 239
Ceftarolinfosamil 236
Ceftazidim 14, 235, 237
Ceftazidim Eberth *(Ceftazidim)* 235
Ceftazidim HEXAL *(Ceftazidim)* 235
Ceftazidim Kabi *(Ceftazidim)* 235
Ceftobiprol 237
Ceftolozan 237
Ceftriaxon 235
Ceftriaxon HEXAL *(Ceftriaxon)* 235
Ceftriaxon Kabi *(Ceftriaxon)* 235
Ceftriaxon-ratioph. *(Ceftriaxon)* 235
CefuHEXAL *(Cefuroxim-Axetil)* 239
Cefurax *(Cefuroxim-Axetil)* 239
Cefuroxim 234
Cefuroxim Fresenius *(Cefuroxim)* 234
Cefuroxim-Axetil 239
Cefuroxim-ratioph. *(Cefuroxim)* 234
Cefuroxim-ratioph. *(Cefuroxim-Axetil)* 239
Celebrex *(Celecoxib)* 214
Celecox HEXAL *(Celecoxib)* 214
Celecoxib 214
Celecoxib Actavis *(Celecoxib)* 214
Celecoxib ratioph. *(Celecoxib)* 214
Celecoxib Stada *(Celecoxib)* 214
Celestamine N *(Betamethason)* 219
Celestan Depot *(Betamethason)* 219
Celestan solubile *(Betamethason)* 219
Celestan V *(Betamethason)* 382
Celestone *(Betamethason)* 219
Celipro Lich *(Celiprolol)* 41
Celiprolol 41
Celitin *(Celiprolol)* 41
CellCept *(Mycophenolatmofetil)* 286
Cellcristin *(Vincristin)* 174
Cellmustin *(Estramustin)* 205
Cellondan *(Ondansetron)* 119
Celltaxel *(Paclitaxel)* 176
Celluvisc *(Carmellose-Natrium)* 408
Celsentri *(Maraviroc)* 275
Cephalex-CT *(Cefalexin)* 238
Cephalexin-ratioph. *(Cefalexin)* 238
Cephalosporine 233
- Geriatrie 450
- orale, Gr. 1 238
- orale, Gr. 2 239
- orale, Gr. 3 239
- parenterale, Gr. 1 233
- parenterale, Gr. 2 234
- parenterale, Gr. 3a 234
- parenterale, Gr. 3b 235
- parenterale, Gr. 4 236
- parenterale, Gr. 5 236
Cephazolin Fresenius *(Cefazolin)* 233
Ceplene *(Histamin-dihydrochlorid)* 205
Ceprotin *(Protein C)* 78
Cerazette *(Desogestrel)* 437
Cerdelga *(Eliglustat)* 150
Cerezyme *(Imiglucerase)* 151
Ceritinib 185
Cerliponase alfa 13, 150
Ceroid-Lipofuszinose, neuronale 150
Cerson *(Flumetason)* 382
Certican *(Everolimus)* 286
Certolizumab Pegol 225
Certoparin 71
Cervarix *(Papillomvirusimpfstoff)* 292
Cetebe *(Ascorbinsäure)* 160

Cetidex *(Cetirizin)* 98
Cetirizin 98, 413
- Geriatrie 451
Cetirizin 1A *(Cetirizin)* 98
Cetirizin HEXAL *(Cetirizin)* 98
Cetrimonium 415
Cetuximab 195
Chalant *(Desogestrel)* 437
Champix *(Vareniclin)* 380
Chariva *(Ethinylestradiol + Chlormadinon)* 435
Chibro-Timoptol *(Timolol)* 403
Chinidin 62
- Geriatrie 450
Chininsulfat 336
Chinolone 245
- fluorierte, Gruppe 1 245
- fluorierte, Gruppe 2 245
- fluorierte, Gruppe 3 246
- fluorierte, Gruppe 4 247
Chlamydia trachomatis 242
Chlamydien 227
Chloee *(Ethinylestradiol + Chlormadinon)* 435
Chloraldurat *(Chloralhydrat)* 375
Chloralhydrat 375
- Geriatrie 453
Chlorambucil 166
Chloramphenicol 399
Chlordiazepoxid 371
- Geriatrie 452
Chlorhexamed *(Chlorhexidindiglukonat)* 414
Chlorhexidindiglukonat 414
Chlormadinon 428, 435, 436
Chlormadinon Jenapharm *(Chlormadinon)* 428
Chloroprocain 308
Chloroquinphosphat 217, 283
Chlorphenoxamin 397
Chlorprothixen 360
Chlorprothixen-neuraxpharm *(Chlorprothixen)* 360
Chlorprotixen Holsten *(Chlorprothixen)* 360
Chlortalidon 52, 56
Chlortetrazyklin 388
Cholangitis, primär biliäre 115
Cholestagel *(Colesevelam)* 137
Cholesterinresorptionshemmstoffe 138
Cholesterinsteine 115
Cholesterinsynthesehemmer 134
Cholesterolsyntheseenzym 134
Cholinergika 339
Cholsäure 150
Chorea Huntington 346, 347, 364
Chorioiditis 401
Chorionepitheliom 169
Chorionkarzinom 175
Christmasfaktor 83
Chronisch entzündliche Darmerkrankungen 116, 117
Chronisch inflammatorische demyelinisierende Polyneuropathie 288
Chronische Migräne 337
Cialis *(Tadalafil)* 420
Ciatyl-Z *(Zuclopenthixol)* 362
Ciatyl-Z Acuphase *(Zuclopenthixol)* 362
Ciatyl-Z-Depot *(Zuclopenthixol)* 362
Cibacen *(Benazepril)* 35
Cibadrex *(Benazepril + Hydrochlorothiazid)* 47
Ciclesonid 91
Ciclopirox 392
Ciclopirox Winthrop *(Ciclopirox)* 392
Ciclopirox-ratioph. *(Ciclopirox)* 392
Cicloral *(Ciclosporin)* 285, 386
Ciclosporin 285, 386, 403
Ciclosporin 1A *(Ciclosporin)* 285
Ciclosporin Pro *(Ciclosporin)* 386
CIDP 288
Cil *(Fenofibrat)* 134
Cilastatin 251
Cilazapril 36, 48
Cilodex *(Ciprofloxacin + Dexamethason)* 414
Cilostazol 80
Cilostazol AL *(Cilostazol)* 80
Cilostazol HEXAL *(Cilostazol)* 80
Ciloxan *(Ciprofloxacin)* 400, 414
Cim Lich *(Cimetidin)* 105
Cimetidin 105
Cimetidin Acis *(Cimetidin)* 105
Cimzia *(Certolizumab Pegol)* 225
Cinacalcet 142
Cinchocain 123, 413
Cinna/Dimen-neuraxpharm *(Dimenhydrinat + Cinnarizin)* 121
Cinnarizin 121
Cinqaero *(Reslizumab)* 13, 101
Cinryze *(C1-Esterase-Inhibitor)* 84
Cipralex *(Escitalopram)* 354
Cipramil *(Citalopram)* 353
Cipro HEXAL *(Ciprofloxacin)* 246
Ciprobay *(Ciprofloxacin)* 246
Ciprobeta *(Ciprofloxacin)* 246
Ciprofloxacin 227, 246, 400, 414
Ciprofloxacin-ratioph. *(Ciprofloxacin)* 246
Circadin *(Melatonin)* 357
Circlet *(Ethinylestradiol + Etonogestrel)* 438
Cisatracurium 306
Cisatracurium Accord *(Cisatracurium)* 306
Cisatracurium Hameln *(Cisatracurium)* 306
Cisatracurium HEXAL *(Cisatracurium)* 306
Cisplatin 168
Cisplatin HEXAL PI *(Cisplatin)* 168
Cisplatin medac *(Cisplatin)* 168
Cisplatin Neocorp *(Cisplatin)* 168
Cisplatin-Lsg.-Ribosepharm *(Cisplatin)* 168
Citalich *(Citalopram)* 353
Citalon *(Citalopram)* 353
Citalopram 353
- Geriatrie 450, 451

Citalopram HEXAL *(Citalopram)* 353
Citalopram Stada *(Citalopram)* 353
Citalopram-ratioph. *(Citalopram)* 353
Citrafleet *(Citronensäure + Magnesiumoxid + Natriumpicosulfat)* 113
Citronensäure 113, 423
Cladribin 14, 170
Claforan *(Cefotaxim)* 235
Clarilind *(Clarithromycin)* 242
Clarithromycin 107, 108, 227, 242
Clarithromycin 1A *(Clarithromycin)* 242
Clarithromycin-ratioph. *(Clarithromycin)* 242
Clarium *(Piribedil)* 328
Claversal *(Mesalazin)* 116
Clavulansäure 227, 231, 232
Clearance 455
- Arzneimittel 458
- Kreatinin 457
- renale 457
Clemastin 29, 98
Clenbuterol 88
Clexane *(Enoxaparin)* 72
Clexane multidose *(Enoxaparin)* 72
Clift *(Glatirameracetat)* 345
Climen *(Estradiol + Cyproteronacetat)* 429
ClindaHEXAL *(Clindamycin)* 244
Clindamycin 244, 388, 389
Clindamycin-ratioph. *(Clindamycin)* 244
Clindasol *(Clindamycin)* 244
Clindastad *(Clindamycin)* 244
Clionara *(Estradiol + Norethisteron)* 430
Cliovelle *(Estradiol + Norethisteron)* 430
Clivarin 1750 *(Reviparin)* 72
Clivarin 5726 *(Reviparin)* 72
Clivarodi *(Reviparin)* 72
CLL 165, 166, 170, 186, 197, 198, 206, 208, 226
Clobazam 371
- Geriatrie 452
Clobegalen *(Clobetasol)* 383
Clobetasol 383
Clobetasol Acis *(Clobetasol)* 383
Clobetason 381
Clodron HEXAL *(Clodronsäure)* 145
Clodronsäure 145
Clofarabin 170
Clomethiazol 375
Clomipramin 350
Clomipramin-neuraxpharm *(Clomipramin)* 350
Clonazepam 320
Clonazepam-neuraxpharm *(Clonazepam)* 320
Clonidin 46, 378, 404
- Geriatrie 451
Clonidin-ratioph. *(Clonidin)* 46
Clonid-Ophtal *(Clonidin)* 404
Clonistada *(Clonidin)* 46
Clopamid 56
Clopidogrel 80
- Geriatrie 452
Clopidogrel HEXAL *(Clopidogrel)* 80
Clopidogrel HEXAL plus ASS 100 *(Clopidogrel + Acetylsalicylsäure)* 80
Clopidogrel-ratioph. *(Clopidogrel)* 80
Clopixol *(Zuclopenthixol)* 362
Cloprednol 219
Closin *(Promethazin)* 361
Clostridien 227
Clostridium-botulinum-Toxin Typ A 337
Clostridium-botulinum-Toxin Typ B 337
Clostridium-difficile-Infektion 255
Clostridium-histolyticum-Kollagenase 398
Clotrimazol 392, 393
Clozapin 367
Clozapin-ratioph. *(Clozapin)* 367
CML 167, 178, 186, 187, 205
- Blastenkrise 185, 188
- Blastenschub 174
CMML 172
CMV-Präparate 262
CoAprovel *(Irbesartan + Hydrochlorothiazid)* 49
Cobicistat 14, 274
Cobimetinib 185
Codein 96, 215, 216, 294
Codeintropfen-CT *(Codein)* 96
Codicaps Mono *(Codein)* 96
Codicompren *(Codein)* 96
CoDiovan *(Valsartan + Hydrochlorothiazid)* 50
Coffein 215, 216
Coffeincitrat 307
Colchicin 143
Colchicum-Dispert *(Colchicin)* 143
Colchysat *(Colchicin)* 143
Colecalciferol 144, 161
Colesevelam 137
Colestyramin 137
Colestyramin HEXAL *(Colestyramin)* 137
Colestyramin-ratioph. *(Colestyramin)* 137
Colifoam *(Hydrocortison)* 117
Colimune *(Cromoglicinsäure)* 100
Colina *(Smektit)* 114
Colistimethatnatrium 255
Colistin 254
Colistin CF *(Colistimethatnatrium)* 255
Colitis ulcerosa 116, 117, 224–226, 285
Colobreathe *(Colistimethatnatrium)* 255
Colo-Pleon *(Sulfasalazin)* 117
Coma hepaticum 255
Combigan *(Brimonidin + Timolol)* 405

Combiprasal *(Ipratropiumbromid + Salbutamol)* 90
Combivir *(Lamivudin + Zidovudin)* 266
Cometriq *(Cabozantinib)* 185
Competact *(Pioglitazon + Metformin)* 129
Comtess *(Entacapon)* 330
COMT-Hemmer 329
Conceplan M *(Ethinylestradiol + Norethisteron)* 436
Concerta *(Methylphenidat)* 378
Concor *(Bisoprolol)* 40
Concor Cor *(Bisoprolol)* 40
Concor plus *(Bisoprolol + Hydrochlorothiazid)* 52
Condylomata acuminata 292, 398
Condylox *(Podophyllotoxin)* 398
Conestat alfa 84
Conjuncain-EDO *(Oxybuprocain)* 399
Constella *(Linaclotid)* 110
Contiphyllin *(Theophyllin)* 94
Convulex *(Valproinsäure)* 321
Copalia *(Valsartan + Amlodipin)* 51
Copalia HCT *(Amlodipin + Valsartan + Hydrochlorothiazid)* 51
Copaxone *(Glatirameracetat)* 345
COPD 86–94
Copegus *(Ribavirin)* 275
Cordarex *(Amiodaron)* 29, 64
Cordarone *(Amiodaron)* 64
Cordes BPO *(Benzoylperoxid)* 389
Cordes VAS *(Tretinoin)* 389
Cordichin *(Chinidin + Verapamil)* 62
Corifeo *(Lercanidipin)* 44
Corifollitropin alfa 433
Corneregel *(Dexpanthenol)* 408
Corpus-luteum-Insuffizienz 428
Corticorelin 155
Cortiment MMX *(Budesonid)* 117
Cortirel *(Corticorelin)* 155
Cortisol 220
Corvaton *(Molsidomin)* 60
Corvo *(Enalapril)* 36
Corvo HCT *(Enalapril + Hydrochlorothiazid)* 48
Corynebacterium diphtheriae 227
Cosentyx *(Secukinumab)* 387
CosmoFer *(Eisen-III-Hydroxid-Dextran-Komplex)* 156
Cosopt *(Dorzolamid + Timolol)* 405
Cotareg *(Valsartan + Hydrochlorothiazid)* 50
Cotazym *(Pankreatin)* 115
Cotellic *(Cobimetinib)* 185
Cotrim 960 1A Pharma *(Trimethoprim + Sulfamethoxazol)* 248
CotrimHEXAL *(Trimethoprim + Sulfamethoxazol)* 248
Cotrimoxazol 227, 248
- Geriatrie 450
Cotrim-ratioph. *(Trimethoprim + Sulfamethoxazol)* 248
Coumadin *(Warfarin)* 77
Covaxis *(Tetanus- + Diphtherie- + Pertussis-Toxoid)* 290
Coversum Arginin *(Perindopril-Arginin)* 36
Coxibe 213
Cozaar comp. *(Losartan + Hydrochlorothiazid)* 50
Cozaar Protect *(Losartan)* 39
CPS Pulver *(Polysulfonsäure)* 424
Cresemba *(Isavuconazol)* 277
Crestor *(Rosuvastatin)* 135
CRH 155
CRH Ferring *(Corticorelin)* 155
Crilomus *(Tacrolimus)* 286
Crixivan *(Indinavir)* 269
Crizotinib 186
Croloxat *(Oxaliplatin)* 168
Cromoglicinsäure 100, 407, 411
CromoHEXAL *(Cromoglicinsäure)* 407, 411
Cromo-ratioph. *(Cromoglicinsäure)* 407, 411
Cryopyrin-assoziierte periodische Syndrome 150, 224, 225
CSE-Hemmer 134
Cubicin *(Daptomycin)* 253
Cumarinderivate 76
Cumarinüberdosierung 83, 162
Curazink *Zink* 311
Cu-Safe T 300 *(Intrauterinpessar mit Kupfer)* 438
Cushing-Syndrom 152, 155
Cutason *(Prednison)* 221
Cyanidintoxikation 445, 447
Cyanocobalamin 160
Cyanokit *(Hydroxocobalamin)* 447
Cycline 240
Cyclocaps Budesonid *(Budesonid)* 91
Cyclopentolat 406
Cyclopentolat *(Cyclopentolat)* 406
Cyclophosphamid 165, 217
Cyclophosphamid Baxter *(Cyclophosphamid)* 165
Cyclophosphamid HEXAL *(Cyclophosphamid)* 217
Cyclo-Progynova *(Estradiol + Levonorgestrel)* 430
Cyklocapron *(Tranexamsäure)* 79
Cymbalta *(Duloxetin)* 355
Cymeven *(Ganciclovir)* 262
Cyproderm *(Ethinylestradiol + Cyproteronacetat)* 430
Cyproteronacetat 421, 429, 430
Cyproteronacetat beta *(Cyproteronacetat)* 421
Cyproteronacetat-GRY *(Cyproteronacetat)* 421
Cyramza *(Ramucirumab)* 198
Cystadane *(Betain)* 150
Cysticide *(Praziquantel)* 281
Cytarabin 172

Cytomegalie-Virus
- Infektion 262
- Präparate 262
- Retinitis 262, 263
Cytotec *(Misoprostol)* 109

D

D 3 Vicotrat *(Colecalciferol)* 161
Dabigatran
- Antagonisierung 76
Dabigatran 75
Dabrafenib 186
Dacarbazin 168
Dacarbazin Lipomed *(Dacarbazin)* 168
Daclatasvir 270
Dafiro *(Valsartan + Amlodipin)* 51
Dafiro HCT *(Amlodipin + Valsartan + Hydrochlorothiazid)* 51
Daivobet *(Calcipotriol + Betamethason)* 385
Daivonex *(Calcipotriol)* 385
Daklinza *(Daclatasvir)* 270
Daktar *(Miconazol)* 392
Dalbavancin 252
Dalmadorm *(Flurazepam)* 372
Dalteparin 71
Damara *(Desogestrel)* 437
Danaparoid 74
DANI 456
Dantamacrin *(Dantrolen)* 337
Dantrolen 337
Dantrolen IV *(Dantrolen)* 337
Dapagliflozin 130
Dapoxetin 424
Dapson 260
Dapson-Fatol *(Dapson)* 260
Daptomycin 253
Daraprim *(Pyrimethamin)* 256
Daratumumab 196
Darbepoetin alfa 157
Darifenacin 416
- Geriatrie 453
Darmatonie 339, 340
Darmdekontamination
- präoperative 255
- selektive 254
Darm-Lavage-Lösungen 113
Darob *(Sotalol)* 42
Darunavir 14, 268, 274
Darzalex *(Daratumumab)* 196
Dasabuvir (DSV) 271
Dasatinib 186
Dasselta *(Desloratadin)* 98
Daunoblastin *(Daunorubicin)* 176
Daunorubicin 176
Daunorubicin liposomal 177
Daunoxome *(Daunorubicin liposomal)* 177
Daxas *(Roflumilast)* 94
Decarboxlase-Hemmstoffe 325
Decoderm *(Flupredniden)* 382
Decoderm Tri *(Miconazol + Flupredniden)* 393
Decortin *(Prednison)* 221
Decortin H *(Prednisolon)* 221
Decostriol *(Calcitriol)* 161
Deferasirox 159
Deferipron 159
Deferoxamin 159
Defibrotid 76
Defitelio *(Defibrotid)* 76
Deflazacort 220
Degarelix 422
Dehydratation
- hypertone 312, 313
- hypotone 312
- isotone 312
Dehydro sanol tri *(Triamteren + Bemetizid)* 59
Dekongestiva, nasale 413
Dekristol *(Colecalciferol)* 161
Dekubitus 390, 391
Delagil *(Phenolsulfonsäure)* 381
Delamanin 258
Delcoprep *(Macrogol + Na2SO4 + NaHCO3 + NaCl + KCl)* 113
Delgesic *(Acetylsalicylsäure)* 209
Delir 362, 375
Delirium 364
Delix *(Ramipril)* 37
Delix plus *(Ramipril + Hydrochlorothiazid)* 49
Delmuno *(Felodipin + Ramipril)* 54
Delphicort *(Triamcinolonacetonid)* 382
Deltalipid 20% *(Fettlösung)* 314
Deltaran *(Dexibuprofen)* 210
Deltyba *(Delamanid)* 258
Demenz 341, 342, 362, 369
Demetrin *(Prazepam)* 373
Demex *(Propyphenazon)* 215
Denosumab 146
Depakine *(Valproinsäure)* 321
Depo-Clinovir *(Medroxy-progesteronacetat)* 434
DepoCyte *(Cytarabin)* 172
Depo-Provera *(Medroxy-progesteronacetat)* 434
Depression 317, 349–361, 368
Dermatin *(Terbinafin)* 280
Dermatitiden 381–383
- seborrhoische 381, 385, 392
Dermatofibrosarcoma protuberans 187
Dermatomyositis 285
Dermatop *(Prednicarbat)* 382
Dermestril *(Estradiol)* 426
Dermestril-Septem *(Estradiol)* 426
Dermoxin *(Clobetasol)* 383
Dermoxinale *(Clobetasol)* 383
Descovy *(Emtricitabin + Tenofovir)* 265
Desferal *(Deferoxamin)* 159
Desfesoterodin 15, 416
Desfluran 305
Desiquet *(Quetiapin)* 368
Desirett *(Desogestrel)* 437
Desizon *(Zonisamid)* 318
Desloraderm *(Desloratadin)* 98
Desloratadin 98
Desloratadine-ratioph. *(Desloratadin)* 98
Desmin *(Ethinylestradiol + Desogestrel)* 435

Desmogalen *(Desmopressin)* 154
Desmopressin 154
Desmopressin *(Desmopressin)* 154
Desmotabs *(Desmopressin)* 154
Desofemono *(Desogestrel)* 437
Desogestrel 435, 436, 437
Desogestrel Aristo *(Desogestrel)* 437
Desoximetason 382
Detimedac *(Dacarbazin)* 168
Detrusitol *(Tolterodin)* 417
Dettli-Regel 458
Dexa Loscon Mono *(Dexamethason)* 381
Dexa Rhinospray N sine *(Dexamethason)* 412
Dexa Siozwo *(Dexamethason)* 412
Dexa-Allvoran *(Dexamethason)* 220
Dexaflam Inject *(Dexamethason)* 220
Dexa-Gentamicin *(Dexamethason + Gentamicin)* 402
DexaHEXAL *(Dexamethason)* 220
Dexamethason 220, 381, 401, 402, 412–414
Dexamethason Augensalbe *(Dexamethason)* 401
Dexamethason LAW *(Dexamethason)* 381
Dexamethason-ratioph. *(Dexamethason)* 220
Dexamfetamin 377
Dexamytrex *(Gentamicin + Dexamethason)* 402
Dexapos *(Dexamethason)* 401
Dexa-sine *(Dexamethason)* 401
Dexdor *(Dexmedetomidin)* 305
Dexibuprofen 210
Dexilant *(Dexlansoprazol)* 106
Deximune *(Ciclosporin)* 285
Dexketoprofen 210
Dexlansoprazol 106
Dexmedetomidin 305
Dexpanthenol 408
Dextro Bolder *(Dextromethorphan)* 97
Dextromethorphan 97
D-Fluoretten *(Colecalciferol + Fluorid)* 161
DHC *(Dihydrocodein)* 97
Diabesin *(Metformin)* 126
Diabetes
- insipidus 56
- insipidus centralis 154
- mellitus 125–132
Diabetischer Fuß 233
Diacomit *(Stiripentol)* 323
Diamicron Uno *(Gliclazid)* 125
Diamilla *(Desogestrel)* 437
Diamox *(Acetazolamid)* 406
Diane 35 *(Ethinylestradiol + Cyproteronacetat)* 430
Diaphal *(Amilorid + Furosemid)* 58
Diaroent Mono *(Colistin)* 254
Diarrhoe 114, 255
Diarrhoe, chologene 137
Diastabol *(Miglitol)* 127
Diazepam 29, 320, 372
- Geriatrie 452
Diazepam Desitin rectal tube *(Diazepam)* 29, 372
Diazepam-ratioph. *(Diazepam)* 372
Diazoxid 132
Dibenzyran *(Phenoxybenzamin)* 46
Diblocin PP *(Doxazosin)* 46
Dibotermin alfa 147
Diclac *(Diclofenac)* 212
Diclac Dolo *(Diclofenac)* 212
Diclo Vision *(Diclofenac)* 402
Diclofenac 212–216, 398, 402
Diclofenac-ratioph. *(Diclofenac)* 212
Didanosin 264
Dienogest 428, 429, 435, 436
Difen Stulln Ud *(Diclofenac)* 402
Differin *(Adapalen)* 389
Dificlir *(Fidaxomicin)* 255
Diflucan *(Fluconazol)* 277
Diflucortolon 383
Digacin *(Digoxin)* 66
DigiFab *(Digitalisantitoxin)* 445
Digimed *(Digitoxin)* 66
Digimerck *(Digitoxin)* 66
Digitalisantitoxin 445
Digitalisglykoside 66
Digitalisintoxikation 445
Digitoxin 66
- Geriatrie 450
Digitoxin Philo *(Digitoxin)* 66
Digitoxin Teva *(Digitoxin)* 66
Digoxin 30, 66
- Geriatrie 450
Dihydralazin 47
Dihydroartemisinin 283
Dihydrocodein 97, 294
Dihydroergocriptin 333
Dihydroergotoxin 341
- Geriatrie 452
Dihydropyridine 44
Dihydrotachysterol 161
Dikaliumclorazepat 320, 372
- Geriatrie 452
Dilatrend *(Carvedilol)* 41
DiltaHEXAL *(Diltiazem)* 43
Diltiazem 43
Diltiazem-ratioph. *(Diltiazem)* 43
Dilzem *(Diltiazem)* 43
Dimaval *(Dimercaptopropansulfonat)* 445
Dimenhydrinat 118, 121
- Geriatrie 451
Dimenhydrinat AL *(Dimenhydrinat)* 118
Dimercaptopropansulfonat 445
Dimethylaminophenol 445
Dimethylfumarat 344, 387
Dimethylsulfoxid 395
Dimeticon 116, 394
Dimetinden 98, 397
- Geriatrie 451
Dinoproston 439
Diovan *(Valsartan)* 39

Dipalen *(Adapalen)* 389
Dipentum *(Olsalazin)* 116
Diphenhydramin 375
- Geriatrie 453
Diphenhydramin Hevert *(Diphenhydramin)* 375
Diphtherie-Immunisierung 290, 292
Diphtherie-Tetanus-Pertussis-Poliomyelitis-Haemophilus influenzae-Hepatitis-B-Impfstoff 292
Dipidolor *(Piritramid)* 298
Dipiperon *(Pipamperon)* 361
Diprosis *(Betamethason)* 382
Diprosone *(Betamethason)* 382
Dipyridamol 80
Dipyridamol Ass beta *(ASS + Dipyridamol)* 80
Direkte Renininhibitoren 43, 53
Disalunil *(Hydrochlorothiazid)* 56
Disease modifying antirheumatic drugs 216
Disoprivan *(Propofol)* 32, 305
Dispacromil *(Cromoglicinsäure)* 407
Dispatenol *(Dexpanthenol u.a.)* 408
Dispatim *(Timolol)* 403
Distigmin 339
Distraneurin *(Clomethiazol)* 375
Dithranol 385
Diucomb *(Triamteren + Bemetizid)* 59
Diuretika 47–55
- kaliumsparende 57
Diuretika-Kombinationen 58
Diursan *(Amilorid + Hydrochlorothiazid)* 58
DMAP-Überdosierung 448
DMARD 216
DNCG Oral paedia *(Cromoglicinsäure)* 100
Dobutamin 68
Dobutamin Carino *(Dobutamin)* 68
Dobutamin Fresenius *(Dobutamin)* 68
Dobutamin HEXAL *(Dobutamin)* 68
Dobutamin-ratioph. *(Dobutamin)* 68
Docetaxel 175
Docetaxel HEXAL *(Docetaxel)* 175
Docetaxel Nc *(Docetaxel)* 175
Dociteren *(Propranolol + Triamteren + Hydrchlorothiazid)* 53
Dociton *(Propranolol)* 42
Docosanol 391
Docosanol Engelhard *(Docosanol)* 391
Docusat 413
Dogmatil *(Sulpirid)* 361
Dolanaest *(Bupivacain)* 308
Dolantin *(Pethidin)* 298
Dolcontral *(Pethidin)* 298
Dolestan *(Diphenhydramin)* 375
Dolgit *(Ibuprofen)* 210
Dolo Posterine Haemotamp *(Cinchocain)* 123
Dolo Posterine N *(Cinchocain)* 123
Dolomagon *(Dexibuprofen)* 210
Dolomo TN *(ASS + Paracetamol + Codein/Coffein)* 215
Doloproct *(Fluocortolon + Lidocain)* 123
Dolopyrin AL *(ASS + Paracetamol + Coffein)* 215
Dolormin *(Ibuprofen)* 210
Dolortriptan *(Almotriptan)* 334
Dolovisano Methocarbamol *(Methocarbamol)* 338
Dolutegravir 275
Dolviran N *(ASS + Codein)* 215
Dominal *(Prothipendyl)* 361
Domperidon 110, 118
Domperidon HEXAL *(Domperidon)* 110
Domperidon Teva *(Domperidon)* 110
Doneliquid Geriasan *(Donepezil)* 341
Donepezil 341
- Geriatrie 450
Donepezil HEXAL *(Donepezil)* 341
Doneurin *(Doxepin)* 350
Dopamin 30, 68
Dopamin *(Dopamin)* 30
Dopamin Carino *(Dopamin)* 68
Dopamin Fresenius *(Dopamin)* 68
Dopaminagonisten 327
Dopaminantagonisten 109, 347, 359
Dopamin-Decarboxylase-Inhibitoren 325
Dopaminergika 325, 327, 329
Dopegyt *(Alpha-Methyldopa)* 45
Doping 464
- Beta-2-Agonisten 466
- Betablocker 467
- Diuretika und weitere Maskierungsmittel 467
- endogene androgene anabole Steroide 465
- exogene androgene anabole Steroide 465
- Glukokortikoide 467
- Hormonantagonisten 466
- Liste verbotener Wirkstoffe 464
- Narkotika 467
- Peptidhormone 466
- Stimulanzien 465
- Wachstumsfaktoren 466
Dorithricin *(Benzalkonium + Benzocain + Tyrothricin)* 415
Dorlazept *(Dorzolamid)* 404
Dormicum *(Midazolam)* 373
Dormutil N *(Diphenhydramin)* 375
Dorzo Vision *(Dorzolamid)* 404
Dorzocomp Vision *(Dorzolamid + Timolol)* 405
Dorzolamid 404, 405
Dorzolamid 1A *(Dorzolamid)* 404
Dorzolamid HEXAL comp. *(Dorzolamid + Timolol)* 405

Dosierungen, äquianalgetische 294
Dosisanpassung bei Niereninsuffizienz 456–458
Dosis-Wirkungs-Beziehung 455
Doss *(Alfacalcidol)* 160
Dostinex *(Cabergolin)* 440
Doxacor *(Doxazosin)* 46
Doxakne *(Doxycyclin)* 390
Doxazosin 46
- Geriatrie 451
Doxazosin Stada *(Doxazosin)* 46
Doxazosin-ratioph. *(Doxazosin)* 46
Doxepin 350
Doxepin-ratioph. *(Doxepin)* 350
DOXO-cell *(Doxorubicin)* 177
Doxorubicin 177
Doxorubicin HEXAL *(Doxorubicin)* 177
Doxorubicin liposomal 177
- polyethylenglykolisiert 177
Doxorubicin NC *(Doxorubicin)* 177
Doxycyclin 227, 240, 390
Doxycyclin-ratioph. *(Doxycyclin)* 240
Doxyderma *(Doxycyclin)* 390
DoxyHEXAL *(Doxycyclin)* 240
Doxylamin 375
- Geriatrie 453
DPP-4-Inhibitoren 128
- Kombinationen 129
Dravet-Syndrom 323
Dridase *(Oxybutynin)* 416
Dronedaron 65
Droperidol 120
Droperidol Rotexmedica *(Droperidol)* 120
Dropropizin 97
Drospirenon 429, 435
Duaklir Genuair *(Aclidiniumbromid + Formoterol)* 90
Duchenne-Muskeldystrophie 150
Ductus arteriosus Botalli 210
Dulaglutid 128
Dulcolax *(Bisacodyl)* 112
Dulcolax M Balance *(Macrogol)* 112
Dulovesic *(Duloxetin)* 424
Duloxetin 355, 424
Duloxetin-ratioph. Uro *(Duloxetin)* 424
Duodart *(Dutasterid + Tamsulosin)* 418
Duodopa *(L-Dopa + Carbidopa)* 326
Duofilm *(Salicylsäure + Milchsäure)* 395
Duogalen *(Flumetason + Triclosan)* 383
Duokopt *(Dorzolamid + Timolol)* 405
DuoPlavin *(Clopidogrel + Acetylsalicylsäure)* 80
DuoResp *(Formoterol + Budesonid)* 92
Duotrav *(Travoprost + Timolol)* 406
Duovent *(Ipratropiumbromid + Fenoterol)* 90
Duphaston *(Dydrogesteron)* 428
Dupilumab 14, 384
Dupixent *(Dupilumab)* 14, 384
Durafenat *(Fenofibrat)* 134
Duraviril *(Sildenafil)* 419
Durazepam *(Oxazepam)* 373
Durchblutungsfördernde Mittel 82
Durogesic SMAT *(Fentanyl transdermal)* 296
Dusodril *(Naftidrofuryl)* 82
Duspatal *(Mebeverin)* 111
Duspatalin *(Mebeverin)* 111
Dutascar *(Dutasterid)* 418
Dutasterid 418
Dydrogesteron 428, 429
Dymista *(Azelastin + Fluticason)* 412
Dynastat *(Parecoxib)* 214
Dynexan Mundgel *(Lidocain)* 414
Dynorm *(Cilazapril)* 36
Dynorm Plus *(Cilazapril + Hydrochlorothiazid)* 48
Dysfibrinogenämie 82
Dysfunktion, erektile 419, 420
Dyskinesien 29, 346, 347
Dyslipidämie, gemischte 139
Dysmenorrhoe 210, 211, 216, 428
Dysphorie 361
Dysport *(Clostridium-botulinum-Toxin Typ A)* 337
Dystokie 441
Dystonie, zervikale 337
Dysurgal *(Atropin)* 111
Dytide H *(Triamteren + Hydrochlorothiazid)* 58

E

Eatan N *(Nitrazepam)* 373
Ebastel *(Ebastin)* 98
Ebastin 98
Ebastin Aristo *(Ebastin)* 98
Ebastin Lindopharm *(Ebastin)* 98
Ebixa *(Memantin)* 341
Ebrantil *(Urapidil)* 32, 47
Ecalta *(Anidulafungin)* 278
Ecansya *(Capecitabin)* 172
Echinocandine 278
Echinokokkose 281
Econazol 392, 393
Eculizumab 196
Ecural *(Mometason)* 383
Edarbi *(Azilsartanmedoxomil)* 38
Edoxaban 74
Edronax *(Reboxetin)* 356
Edurant *(Rilpivirin)* 267
Efavirenz 267
Efavirenz Teva *(Efavirenz)* 267
Eferox *(Levothyroxin)* 139
Eferox-Jod *(Levothyroxin + Kaliumiodid)* 140
Effekton *(Diclofenac)* 212
Effentora *(Fentanyl oral/nasal)* 296

Handelsnamen = fett *Wirkstoffe = kursiv*

Efflumidex *(Fluorometholon)* 401
Effortil *(Etilefrin)* 68
Efient *(Prasugrel)* 81
Eflornithin 398
Efudix *(Fluorouracil)* 172
Eileiterkarzinom 195, 207
EinsAlpha *(Alfacalcidol)* 160
Eisen 124, 156
Eisenchelatbildner 159
Eisen-III-Hydroxid-Dextran-Komplex 156
Eisen-III-Hydroxid-Oxidcitrat-Isomaltooligosaccharidalkohol-Hydrat-Komplex 156
Eisen-III-Hydroxid-Polymaltose-Komplex 157
Eisen-III-Ion 156
Eisen-III-Maltol 157
Eisen-II-Ion 156, 162
Eisen-Intoxikation 448
Eisenmangel 156, 157, 162
Eisentabletten-ratioph. *(Eisen-II-Ion)* 156
Eisenüberladung 159
Ejaculatio praecox 424
Eklampsie 47
Eklira Genuair *(Aclidiniumbromid)* 89
Ekzem 381–384, 390, 393, 397
Elacutan *(Harnstoff)* 395
Elaprase *(Idursulfase)* 151
Elbasvir 272
Eldisine *(Vindesin)* 174
Elebrato *(Vilanterol + Fluticasonfuroat + Umeclidinium)* 13, 93
Eletriptan 334
Elidel *(Pimecrolimus)* 384
Eligard *(Leuprorelin)* 423
Eliglustat 150
Elimination 455
- Arzneimittel 458
- extrarenale Fraktion 455
- Geschwindigkeit 454
- individuelle Kapazität 458
Eliquis *(Apixaban)* 73
Ell Cranell *(Alfatradiol)* 395
Ellaone *(Ulipristalacetat)* 437
Elmiron *(Pentosanpol* 14, 424
Elobact *(Cefuroxim-Axetil)* 239
Elocon *(Mometason)* 383
Elocta *(Faktor VIII)* 83
Elontril *(Bupropion)* 357
Elonva *(Corifollitropin alfa)* 433
Elosulfase alfa 150
Elotuzumab 196
Eloxatin *(Oxaliplatin)* 168
Eltrombopag 85
Elugan *(Simeticon)* 113
Elvanse *(Lisdexamfetamin)* 377
Elvitegravir 274
Emadine *(Emedastin)* 407
EMB-Fatol *(Ethambutol)* 259
Embolie bei Vorhofflimmern 74, 75
Emedastin 407
Emend *(Aprepitant)* 120
Emerade *(Adrenalin)* 68
Emesan *(Diphenhydramin)* 375
Emicizumab 15, 85
Emovate *(Clobetason)* 381
Empagliflozin 130
Emphysem 88
Empliciti *(Elotuzumab)* 196
Empressin *(Argipressin)* 153
Emselex *(Darifenacin)* 416
Emtricitabin 14, 265, 267, 274
Emtriva *(Emtricitabin)* 265
Enacanpin *(Lercanidipin + Enalapril)* 54
EnaHEXAL *(Enalapril)* 36
EnaHEXAL comp. *(Enalapril + Hydrochlorothiazid)* 48
Enalagamma HCT *(Enalapril + Hydrochlorothiazid)* 48
Enalapril 36, 48, 54
Enalapril HCT Sandoz *(Enalapril + Hydrochlorothiazid)* 48
Enalapril-ratioph. *(Enalapril)* 36
Enantone-Monatsdepot *(Leuprorelin)* 423, 433
Enaplus AL *(Enalapril + Hydrochlorothiazid)* 48
Enbrel *(Etanercept)* 225
Encepur Erwachsene *(FSME-Impfstoff, Stamm K23)* 291
Encepur Kinder *(FSME-Impfstoff, Stamm K23)* 291
Endofalk Classic *(Macrogol + NaCl + NaHCO3+ KCl)* 113
Endokarditis 228–235, 244, 245, 249, 253, 257
- Enterokokken 260
- infektiöse 252
- Prophylaxe 229, 230
Endokrinologische Diagnostik 155
Endometriose 428, 433
Endometriumkarzinom 168, 177, 428
Endo-Paractol *(Simeticon)* 113
Endothelinrezeptorblocker 102
Endoxan *(Cyclophosphamid)* 165, 217
Eneas *(Nitrendipin + Enalapril)* 54
Enelfa *(Paracetamol)* 303
Energiebedarfsdeckung 312
Enfuvirtid 275
Engerix B Erwachsene *(Hepatitis-B-Impfstoff)* 291
Engerix B Kinder *(Hepatitis-B-Impfstoff)* 291
Enoxaparin 72
Enoximon 70
Enriqa *(Ethinylestradiol + Chlormadinon)* 435
Enstilar *(Calcipotriol + Betamethason)* 385
Entacapon 326, 330
Entacapon-neuraxpharm *(Entacapon)* 330
Entecavir 265
Entecavir HEXAL *(Entecavir)* 265
Enteritis 245–248, 255
Enterobacter 227
Enterobiasis 281, 282
Enterokokken 227
- vancomycinresistent 227, 241
Enthesitis-assoziierte Arthritis 224

Entocort Kapseln *(Budesonid)* 117
Entocort rektal *(Budesonid)* 117
Entresto *(Sacubitril + Valsartan)* 52
Entyvio *(Vedolizumab)* 226
Entzug 300, 317, 350, 375–380
Enuresis 154, 350
Envarsus *(Tacrolimus)* 286
Enyglid *(Repaglinid)* 126
Enzalutamid 422
Enzephalitis 261
Enzephalopathie
- hepatische 112, 114, 255, 313
- portosystemische 255
Enzym Lefax *(Pankreatin + Simeticon)* 116
Enzyminhibitoren 84
Epclusa *(Sofosbuvir + Velpatasvir)* 272
Eperzan *(Albiglutid)* 127
Ephedrin 68
Ephedrin Carino *(Ephedrin)* 68
Ephedrin Meduna *(Ephedrin)* 68
EPI-cell *(Epirubicin)* 177
Epidropal *(Allopurinol)* 143
Epiduo *(Adapalen + Benzoylperoxid)* 389
Epilepsie 317–324, 371
Epinastin 407
Epinephrin 29, 68, 89
Epipen *(Adrenalin)* 68
Epi-Pevaryl *(Econazol)* 392
Epipevisone *(Econazol + Triamcinolonacetonid)* 393
Epirubicin 177
Epirubicin HEXAL *(Epirubicin)* 177
Epivir *(Lamivudin)* 265
Epleren Stada *(Eplerenon)* 57
EplerenHEXAL *(Eplerenon)* 57
Eplerenon 57
Epoetin alfa 158
Epoetin Alfa HEXAL *(Epoetin alfa)* 158
Epoetin beta 158
Epoetin theta 158
Epoetin zeta 158
Eporatio *(Epoetin theta)* 158
Eprosartan 38, 49
Eprosartan-ratioph. *(Eprosartan)* 38
Eprosartan-ratioph. comp. *(Eprosartan + Hydrochlorothiazid)* 49
Eptacog alfa 82
Eptifibatid 81
Eptifibatid Accord *(Eptifibatid)* 81
Equasym *(Methylphenidat)* 378
Eradikation, Helicobacter pylori 106, 107, 108, 230, 242
Erbitux *(Cetuximab)* 195
Erbrechen 110, 118–121, 220, 332, 364, 375
- chemotherapieinduziertes 110
- induziertes 443
- postoperatives 110
- strahlentherapieinduziertes 110
Erektile Dysfunktion 419, 420
Erelzi *(Etanercept)* 225
Eremfat *(Rifampicin)* 259
Ereq *(Sildenafil)* 419
Ergenyl *(Valproinsäure)* 321
Ergobel *(Nicergolin)* 341
Ergocalm *(Lormetazepam)* 373
Ergo-Kranit Migräne *(Ergotamin)* 333
Ergotamin 333
- Geriatrie 452
Ergotamine 333
Eribulin 205
Erivedge *(Vismodegib)* 208
Erlotinib 186
Ernährung, parenterale 311
Erregungszustände 29, 360–364, 371–375
Ertapenem 250
Ertuglifozin 15, 130
Eryfer *(Eisen-II-Ion)* 156
EryHEXAL *(Erythromycin)* 243
Erypo *(Epoetin alfa)* 158
Erysipel 229
Erythema migrans 239
Erythrasma 393
Erythrocin *(Erythromycin)* 243
Erythromycin 243, 388, 389
Erythromycin-ratioph. *(Erythromycin)* 243
Erythropoetin 157
Erythropoetische Protoporphyrie 162
ESBL 241
Esbriet *(Pirfenidon)* 101
Escherichia coli 227
Escitalex *(Escitalopram)* 354
Escitalopram 354
Escitalopram HEXAL *(Escitalopram)* 354
Escitalopram-neuraxpharm *(Escitalopram)* 354
Escor *(Nilvadipin)* 45
Esidrix *(Hydrochlorothiazid)* 56
Eskazole *(Albendazol)* 281
Esketamin 30, 304
Eslicarbazepinacetat 317
Esmeron *(Rocuronium)* 306
Esmocard *(Esmolol)* 41
Esmolol 30, 41
Esomep *(Esomeprazol)* 106
Esomeprazol 106
Esomeprazol Normon *(Esomeprazol)* 106
Esomeprazol-CT *(Esomeprazol)* 106
Esomeprazol-ratioph. *(Esomeprazol)* 106
Espumisan *(Simeticon)* 113, 448
Essigsäurederivate 211
Estelle *(Ethinylestradiol + Levonorgestrel)* 435
Esther 307
Estimated GFR 457
Estracyt *(Estramustin)* 205
Estradiol 425–430, 435, 436
Estradiol Jenapharm *(Estradiol)* 425
Estradot *(Estradiol)* 426
Estramustin 205

Estramustin HEXAL *(Estramustin)* 205
Estreva *(Estradiol)* 426
Estrifam *(Estradiol)* 425
Estriol 426
Estriol Jenapharm *(Estriol)* 426
Etanercept 225
Etelcalcetid 13, 142
Ethambutol 259
Ethanol 413, 445
Ethinylestradiol 430, 435–438
Ethosuximid 319
Ethosuximid-neuraxpharm *(Ethosuximid)* 319
Ethylenglykolintoxikation 447
Ethylhydrogenfumarat 387
Etidronat Jenapharm *(Etidronsäure)* 145
Etidronsäure 145
Etilefrin 68
Eto Cell *(Etoposid)* 175
Eto-GRY *(Etoposid)* 175
Etomedac *(Etoposid)* 175
Etomidat 30, 304
Etomidat lipuro *(Etomidat)* 304
Etonogestrel 434, 438
Etopophos *(Etoposid)* 175
Etoposid 175
Etoposid HEXAL *(Etoposid)* 175
Etoriax *(Etoricoxib)* 214
Etoricoxib 214
Etoricoxib Libra *(Etoricoxib)* 214
Etoricoxib Puren *(Etoricoxib)* 214
Etravirin 267
Eubiol *(Saccharomyces boulardii)* 114
Eu-Med *(Phenazon)* 215
Euphylong *(Theophyllin)* 32, 94
Eurartesim *(Piperaquintetraphosphat + Dihydroartemisinin)* 283
Eurofluor *(Fluorouracil)* 172
Eusaprim *(Trimethoprim + Sulfamethoxazol)* 248
Euthyrox *(Levothyroxin)* 139
Evakadin *(Desogestrel)* 437
Eve 20 *(Ethinylestradiol + Norethisteron)* 436
Everolimus 190, 286
Eviplera *(Emtricitabin + Tenofovir + Rilpivirin)* 265
Evista *(Raloxifen)* 431
Evolocumab 139
Evoltra *(Clofarabin)* 170
Evotears *(Perfluorohexyloctan)* 408
EVRA *(Ethinylestradiol + Norelgestromin)* 438
Ewing-Sarkom 165, 166, 177
Exelon *(Rivastigmin)* 342
Exemestan 432
Exemestan Actavis *(Exemestan)* 432
Exemestan HEXAL *(Exemestan)* 432
Exemestan-ratioph. *(Exemestan)* 432
Exenatid 128
Exestan *(Exemestan)* 432
Exforge *(Valsartan + Amlodipin)* 51
Exforge HCT *(Amlodipin + Valsartan + Hydrochlorothiazid)* 51
Exjade *(Deferasirox)* 159
Exkretion, biliäre 455
Exkretion, renale 455
Exoderil *(Naftifin)* 392
Extavia *(Interferon beta-1b)* 345
Extended Spectrum-Beta-Lactamase 241
Extrapyramidale Symptomatik 331, 332
Extrazellulärraum 454
Exviera *(Dasabuvir)* 271
Exxiv *(Etoricoxib)* 214
Eylea *(Aflibercept)* 410
Ezetimib 138
Ezetrol *(Ezetimib)* 138
Ezielen *(Kaliumsulfat + Magnesiumsulfat + Natriumsulfat)* 113

F

Fabrazyme *(Agalsidase beta)* 149
Faktor I 82
Faktor II 83
Faktor IX 83
Faktor VII 83
Faktor VIIa 82
Faktor VIII 83
Faktor X 83
Faktor XIII 83
Faktor-II-Mangel 83
Faktor-IX-Mangel 83
Faktor-VIII-Aktivierung 154
Faktor-VIII-Mangel 83
Faktor-VII-Mangel 83
Faktor-Xa-Hemmer 73
Faktor-XIII-Mangel 83
Faktor-XI-Mangel 83
Faktor-X-Mangel 83
Falithrom *(Phenprocoumon)* 76
Faltenbehandlung 337
Famciclovir 262
Famenita *(Progesteron)* 428
Famotidin 105
Famotidin STADA *(Famotidin)* 105
Famotidin-ratioph. *(Famotidin)* 105
Fampridin 342
Fampyra *(Fampridin)* 342
Famvir *(Famciclovir)* 262
Farmorubicin *(Epirubicin)* 177
Farydak *(Panobinostat)* 207
Fasenra *(Benralizumab)* 15, 100
Faslodex *(Fulvestrant)* 432
Fastjekt *(Adrenalin)* 68
Fasturtec *(Rasburicase)* 143
Feanolla *(Desogestrel)* 437
Febuxostat 143
FEIBA *(Prothrombinkomplex)* 83
Felbamat 324
Felocor *(Felodipin)* 44
Felodipin 44, 53, 54
Felodipin Stada *(Felodipin)* 44
Felodipin-CT *(Felodipin)* 44

Fem 7 Combi *(Estradiol + Levonorgestrel)* 430
Fem 7 Conti *(Estradiol + Levonorgestrel)* 430
Fem7 *(Estradiol)* 426
Femara *(Letrozol)* 432
Femigoa *(Ethinylestradiol + Levonorgestrel)* 435
Femigyne-ratioph. *(Ethinylestradiol + Levonorgestrel)* 435
Femodene *(Ethinylestradiol + Gestoden)* 435
Femoston *(Estradiol + Dydrogesteron)* 429
Femoston conti *(Estradiol + Dydrogesteron)* 429
Femoston mini *(Estradiol + Dydrogesteron)* 429
Femoston mono *(Estradiol)* 425
Femovan *(Ethinylestradiol + Gestoden)* 435
Fempress Plus *(Moexipril + Hydrochlorothiazid)* 48
Femranette *(Ethinylestradiol + Levonorgestrel)* 435
Fenistil *(Dimetinden)* 98, 397
Fenofibrat 54, 134, 137
Fenofibrat-ratioph. *(Fenofibrat)* 134
Fenoterol 30, 86, 90, 441
Fentadolon *(Fentanyl transdermal)* 296
Fentamat *(Fentanyl transdermal)* 296
Fentanyl 30, 294, 296
Fentanyl Hameln *(Fentanyl)* 296
Fentanyl HEXAL *(Fentanyl oral/nasal)* 296
Fentanyl HEXAL *(Fentanyl transdermal)* 296
Fentanyl HEXAL *(Fentanyl)* 296
Fentanyl oral/nasal 296
Fentanyl Sandoz *(Fentanyl transdermal)* 296
Fentanyl-Janssen *(Fentanyl)* 30, 296
Fentavera *(Fentanyl transdermal)* 296
Feraccru *(Eisen-III-Maltol)* 157
Ferinject *(Eisen-III-Hydroxid-Polymaltose-Komplex)* 157
Ferriprox *(Deferipron)* 159
Ferrlecit *(Eisen-III-Ion)* 156
Ferro sanol *(Eisen-II-Ion)* 156
Ferro sanol duodenal *(Eisen-II-Ion)* 156
Ferrum Hausmann *(Eisen-III-Hydroxid-Polymaltose-Komplex)* 157
Ferrum Hausmann *(Eisen-II-Ion)* 156
Fesoterodin 416
Fettlösungen 314
Fevarin *(Fluvoxamin)* 354
Fexofenaderm *(Fexofenadin)* 99
Fexofenadin 99
Fexofenadin Winthrop *(Fexofenadin)* 99
Fiasp *(Insulinaspart)* 131
Fibrate 133
Fibrinogen 82
Fibrinogenmangel 82
Fibrinolytika 77
Fibrinstabilisierender Faktor 83
Fibrogammin *(Faktor XIII)* 83
Ficortril *(Hydrocortison)* 401
Fidaxomicin 255
Fieber 209, 210, 211, 214, 215
- rheumatisches 219, 228, 229
Filgrastim (G-CSF) 163
Filgrastim HEXAL *(Filgrastim)* 163
Filmbildner 408
Filtrationsrate, glomeruläre 455, 457
Finahair *(Finasterid)* 395
Finamed *(Finasterid)* 418
Finasterid 395, 418
Finasterid HEXAL *(Finasterid)* 418
Finasterid Sandoz *(Finasterid)* 418
Finasterid Stada *(Finasterid)* 395
Finasterid-ratioph. *(Finasterid)* 418
Fingolimod 345
Finic *(Ethinylestradiol + Dienogest)* 435
Finural *(Finasterid)* 418
Firazyr *(Icatibant)* 84
Firdapse *(Amifampridin)* 149
Firmagon *(Degarelix)* 422
First-pass-Metabolismus 455
Fischbandwurm 281
Fissuren 122, 123
Flavoxat 416
Flebogamma 5% *(Immunglobuline)* 288
Flecadura *(Flecainid)* 63
Flecainid 63
- Geriatrie 450
Flecainid HEXAL *(Flecainid)* 63
Flixabi *(Infliximab)* 226
Flohsamen 112
Flosine Balance *(Flohsamen)* 112
Flotiran *(Clotrimazol + Betamethason)* 393
Flotrin *(Terazosin)* 418
Floxal *(Ofloxacin)* 400
Fluad 2016/2017 *(Epidemische-Influenza-Impfstoff)* 291
Fluanxol *(Flupentixol)* 367
Flucinar *(Fluocinolon)* 383
Fluclox *(Flucloxacillin)* 229
Flucloxacillin 227, 229
Flucloxacillin Altamedics *(Flucloxacillin)* 229
Flucobeta *(Fluconazol)* 277
Fluconazol 277
Fluconazol Deltaselect *(Fluconazol)* 277
Fluconazol HEXAL *(Fluconazol)* 277
Fluconazol-ratioph. *(Fluconazol)* 277

Handelsnamen = fett *Wirkstoffe = kursiv*

Flucytosin 279
Fludara *(Fludarabin)* 170
Fludarabin 170
Fludarabinphosphat-GRY *(Fludarabin)* 170
Fludrocortison 220
Fluimucil *(Acetylcystein)* 95
Fluimucil Antidot *(Acetylcystein)* 444
Flumanzenil Hameln *(Flumazenil)* 447
Flumanzenil HEXAL *(Flumazenil)* 447
Flumanzenil Kabi *(Flumazenil)* 447
Flumazenil 30, 447
Flumetason 382, 383
Flunarizin 346
Flunarizin-CT *(Flunarizin)* 346
Flunavert *(Flunarizin)* 346
Flunazul *(Fluconazol)* 277
Fluninoc *(Flunitrazepam)* 372
Flunisolid 412
Flunitrazepam 372
- Geriatrie 452
Flunitrazepam 1A *(Flunitrazepam)* 372
Fluocinolon 383
Fluocinolonacetonid 401, 414
Fluocinonid 123, 383
Fluocortolon 123
Fluorid 161
Fluorometholon 401
Fluoropos *(Fluorometholon)* 401
Fluorouracil 172, 395
Fluorouracil-GRY *(Fluorouracil)* 172
Fluor-Vigantoletten *(Colecalciferol + Fluorid)* 161
Fluoxetin 354
- Geriatrie 451
Fluoxetin 1A *(Fluoxetin)* 354
Fluoxetin HEXAL *(Fluoxetin)* 354
Fluoxetin-ratioph. *(Fluoxetin)* 354
Flupendura *(Flupentixol)* 367
Flupentixol 367
Flupentixol-neuraxpharm *(Flupentixol)* 367
Fluphenazin 364
- Geriatrie 452
Fluphenazin-neuraxpharm *(Fluphenazin)* 364
Flupredniden 382, 393
Flurazepam 372
- Geriatrie 452
Flurazepam Real *(Flurazepam)* 372
Flurbiprofen 402
Flusarion Easyhaler *(Salmeterol + Fluticasonpropionat)* 93
Fluspirilen 364
Flüssigkeitsersatz 312
- kaliumfreier 312
Flusssäureverätzung 310
Fluta Cell *(Flutamid)* 422
Flutamid 422
Flutamid AL *(Flutamid)* 422
Fluticason 412
Fluticason Cipla *(Fluticasonpropionat)* 91
Fluticasonfuroat 13, 93
Fluticasonpropionat 91, 93
Flutide *(Fluticasonpropionat)* 91
Flutide Nasal *(Fluticason)* 412
Flutiform *(Formoterol + Fluticasonpropionat)* 93
FlutiHEXAL *(Fluticasonpropionat)* 91
Fluvastatin 135
Fluvastatin HEXAL *(Fluvastatin)* 135
Fluvastatin PUREN *(Fluvastatin)* 135
Fluvoxamin 354
Fluvoxamin-neuraxpharm *(Fluvoxamin)* 354
Fokale Spastizität 337
Fokaler Anfall 317, 319, 324
Folarell *(Folsäure)* 162
Foli Cell *(Folinsäure)* 205
Folinsäure 205
Follikelstimulation 433
Follikuläres Lymphom 198, 206
Follikulitis 383
Follitropin alfa 433
Follitropin beta 434
Follitropin delta 14, 434
Folsan *(Folsäure)* 162
Folsäure 160, 162
- Analoga 169
- Antagonisten 247
Folsäure Hevert *(Folsäure)* 162
Folsäuremangel 160, 162
Fomepizol 447
Fomepizole Eusa Pharma *(Fomepizol)* 447
Fondaparinux 74
Fondaparinux-Natrium beta *(Fondaparinux)* 74
Foradil P *(Formoterol)* 87
Forair *(Formoterol)* 87
Forene *(Isofluran)* 305
Formatris *(Formoterol)* 87
Formigran *(Naratriptan)* 335
Formodual *(Formoterol + Beclometason)* 92
Formoterol 13, 87, 90, 92, 93
Formoterol-ratioph. *(Formoterol)* 87
Formotop *(Formoterol)* 87
Forsteo *(Teriparatid)* 141
Fortecortin *(Dexamethason)* 220
Fortzaar *(Losartan + Hydrochlorothiazid)* 50
Forxiga *(Dapagliflozin)* 130
Fosamax *(Alendronsäure)* 144
Fosamprenavir 269
Fosaprepitant 120
Fosavance *(Alendronsäure + Colecalciferol)* 144
Foscarnet 262, 391
Foscavir *(Foscarnet)* 262

Fosfomycin 257
Fosfomycin Aristo *(Fosfomycin)* 257
Fosfouro *(Fosfomycin)* 257
Fosinopril 36, 48
Fosinopril Act comp. *(Fodinopril + Hydrochlorothiazid)* 48
Fosinopril Teva *(Fosinopril)* 36
Fosinorm *(Fosinopril)* 36
Fosrenol *(Lanthancarbonat)* 124
Foster *(Formoterol + Beclometason)* 92
Fotil *(Pilocarpin + Timolol)* 406
Fotivda (Tivozanib) 14, 189
Fragmin *(Dalteparin)* 71
Fragmin D *(Dalteparin)* 71
Fragmin Multidose *(Dalteparin)* 71
Fragmin P *(Dalteparin)* 71
Fragmin P forte *(Dalteparin)* 71
Framycetin 390
Fraxiparin *(Nadroparin)* 72
Fraxiparin Multi *(Nadroparin)* 72
Fraxodi *(Nadroparin)* 72
Frisium *(Clobazam)* 371
Frovatriptan 334
Frubiase Calcium *(Calcium-Ion)* 310
Frühgeborenenanämie, Prophylaxe 158
Frühgeburt 219
FSH-Agonisten 433
FSME Immun *(FSME-Impfstoff Stamm Neudörfl)* 291
FSME Immun Junior *(FSME-Impfstoff Stamm Neudörfl)* 291
FSME-Immunisierung 291
FSME-Impfstoff (Stamm K23) 291
FSME-Impfstoff (Stamm Neudörfl) 291
Fucidine *(Fusidinsäure)* 390
Fucithalmic *(Fusidinsäure)* 400
Fulvestrant 432
Fulvestrant HEXAL *(Fulvestrant)* 432
Fumaderm *(Dimethylfumarat + Ethylhydrogenfumarat)* 387
Fumaderm initial *(Dimethylfumarat + Ethylhydrogenfumarat)* 387
Fünf-Finger-Regel 443
Fungata *(Fluconazol)* 277
Fungizid-ratioph. *(Clotrimazol)* 392
Fungizid-ratioph. Extra *(Terbinafin)* 393
Fungizone *(Amphotericin B)* 278
Fungoral *(Ketoconazol)* 392
Furadantin *(Nitrofurantoin)* 250
Furanthril *(Furosemid)* 55
Furesis comp. *(Triamteren + Furosemid)* 59
Furorese *(Furosemid)* 55
Furosemid 30, 52, 55, 58, 59
Furosemid-ratioph. *(Furosemid)* 55
Furunkel 381
Fusicutan *(Fusidinsäure)* 390
Fusid *(Furosemid)* 55
Fusidinsäure 390, 400
Fusionsproteine 85
Fuzeon *(Enfuvirtid)* 275

G

GABA-erge Substanzen 319, 320
Gabaliquid Geriasan *(Gabapentin)* 322
Gabapentin 322
- Geriatrie 451
Gabapentin HEXAL *(Gabapentin)* 322
Gabapentin Stada *(Gabapentin)* 322
Gabapentin-ratioph. *(Gabapentin)* 322
Gabrilen N *(Ketoprofen)* 210
Galafold *(Migalastat)* 151
Galaktorrhoe 440
Galantamin 341
- Geriatrie 450
Galantamin HEXAL *(Galantamin)* 341
Gallengangsverschluss 137
Gallenrefluxgastritis 115
Gallensäurenkomplexbildner 137
Gallensäuresynthese, Störung 150
Gallensteine 115
Gallenweginfektionen 233, 236, 239, 257
Galnora *(Galantamin)* 341
Galsulfase 151
Gammagard S/D *(Immunglobuline)* 288
Gamunex 10% *(Immunglobuline)* 288
Ganciclovir 262, 400
Ganciclovir HEXAL *(Ganciclovir)* 262
Ganfort *(Bimatoprost + Timolol)* 405
Gardasil *(Papillomvirusimpfstoff)* 292
Gastroduodenale Ulzera, Prophylaxe 106–109
Gastrointestinale
- Blutung 122
- Infektionen 230, 241
- Tumoren, hormonaktiv 122
Gastronerton *(Metoclopramid)* 110
Gastrosil *(Metoclopramid)* 110
Gastroskopie, Vorbereitung 113
Gastrozepin *(Pirenzepin)* 109
Gastrozol *(Pantoprazol)* 107
Gazyvaro *(Obinutuzumab)* 197
G-CSF 163
Geburtseinleitung 438, 439
Gefäßverschluss 31, 78
Gefitinib 186
Gegengift-Depots, mobile 449
Gehörgangsekzem 413
Gelafundin *(Gelatinederivat)* 314
Gelafusal N *(Gelatinederivat)* 314
Gelatinederivate 314
Gelbfieber-Immunisierung 291
Gelbfieber-Impfstoff 291

Gelenkinfektionen 232, 252
Gelonida Schmerztbl. *(Paracetamol + Codein)* 215
Gelusil Lac *(Al-Mg-Silicat)* 108
Gemci Cell *(Gemcitabin)* 173
Gemcitabin 173
Gemcitabin HEXAL *(Gemcitabin)* 173
Gemedac *(Gemcitabin)* 173
Gemfibrozil 134
Gemzar *(Gemcitabin)* 173
Genitalinfektionen 242, 247–251
Gent Ophtal *(Gentamicin)* 399
Gentamicin 227, 244, 391, 399, 402
Gentamicin HEXAL *(Gentamicin)* 244
Gentamicin-POS *(Gentamicin)* 399
Gentamicin-ratioph. *(Gentamicin)* 244
Genvoya *(Cobicistat + Elvitegravir + Emtricitabin + Tenofovir)* 274
Gerbstoff 381
Gerinnung 70
Gerinnungsfaktoren 82
Gernebcin *(Tobramycin)* 245
Gestagene 426, 429
Gestoden 435
Gevilon *(Gemfibrozil)* 134
GFR 457
- estimated 457
GHRH 155
GHRH Ferring *(Somatorelin)* 155
Gibiter *(Formoterol + Budesonid)* 92
Gicht 143, 214, 215
Gichtanfall, akuter 211
Gichtarthritis 225
Gichtmittel 142
Giftelimination 443
Giftinformationszentralen 449
Gilenya *(Fingolimod)* 345
Gilurytmal *(Ajmalin)* 29, 62
Gimeracil 173
Gingivitis 414
Giotrif *(Afatinib)* 185
GIST 187, 189
Gittalun *(Doxylamin)* 375
Gladem *(Sertralin)* 354
Glatirameracetat 345
Glaukom 403, 404, 405, 406
Glaukommittel 403
Glaupax *(Acetazolamid)* 406
Glecaprevir 14, 272
Glepark *(Pramipexol)* 328
Glianimon *(Benperidol)* 364
Glibenclamid 125
Gliben-CT *(Glibenclamid)* 125
GlibenHEXAL *(Glibenclamid)* 125
Glib-ratioph. *(Glibenclamid)* 125
Gliclazid 125
Gliclazid Axcount *(Gliclazid)* 125
Glimepirid 125
Glimepirid HEXAL *(Glimepirid)* 125
Glimepirid Stada *(Glimepirid)* 125
Glimepirid-CT *(Glimepirid)* 125
Glinide 126
Gliom 169
Gliquidon 125
Glitazone 129
Glivec *(Imatinib)* 187
Glomeruläre Filtrationsrate 455, 457
GLP1-Agonisten 127
GlucaGen *(Glucagon)* 132
Glucagon 132
Glucobay *(Acarbose)* 127
Glucophage *(Metformin)* 126
Glucose 5% *(Kohlenhydratlösung)* 313
Glucose 10% *(Kohlenhydratlösung)* 313
Glucose 20% *(Kohlenhydratlösung)* 313
Glucose 40 Braun *(Glucose 40%)* 30
Glucose 40 Miniplasco *(Glucose 40%)* 133
Glucose 40% 30, 133
Glucose 40% *(Kohlenhydratlösung)* 313
Glucose 50% *(Kohlenhydratlösung)* 313
Glucose 70% *(Kohlenhydratlösung)* 313
Glucosteril 40% *(Glucose 40%)* 133
Glukokortikoide 117, 219, 381
- Glukokortikoid + Triclosan 383
- inhalative 91
- Potenz 219
- topische, mittelstark wirksame 381
- topische, schwach wirksame 381
- topische, sehr stark wirksame 383
- topische, stark wirksame 382
Glurenorm *(Gliquidon)* 125
Glutamatrezeptorantagonisten 331
Glyceroltrinitrat 31, 60, 123
Glycopyrronium 13, 93
Glycopyrroniumbromid 89, 90, 309
Glycylcycline 241
Glycylpressin *(Terlipressin)* 154
Glykopeptide 251
Gn-RH-Agonisten 422
Gn-RH-Antagonisten 422
Godamed *(Acetylsalicylsäure)* 80, 209
Goldgeist Forte *(Pyrethrine)* 394
Golimumab 225
Goltor *(Ezetimib + Simvastatin)* 138
Gonadenfunktion 155
Gonadorelin 155
Gonal F *(Follitropin alfa)* 433
Gonorrhoe 232–246
Goserelin 422, 433
Gracial *(Ethinylestradiol + Desogestrel)* 435
Gramicidin 400
Granisetron 119

Granisetron HEXAL *(Granisetron)* 119
Granisetron Stada *(Granisetron)* 119
Granisetron-ratioph. *(Granisetron)* 119
Granocyte 13 *(Lenograstim)* 163
Granocyte 34 *(Lenograstim)* 163
Granpidam *(Sildenafil)* 104
Granulomatose 226, 287
Granupas *(4-Aminosalicylsäure)* 261
Grastofil *(Filgrastim)* 163
Gravistat 125 *(Ethinylestradiol + Levonorgestrel)* 435
Grazoprevir 272
Grepid *(Clopidogrel)* 80
Griseo-CT *(Griseofulvin)* 280
Griseofulvin 280
Grüncef *(Cefadroxil)* 238
Grünteeblätterextrakt 398
Guanfacin 378
Guillain-Barré-Syndrom 288
Guselkumab 14, 387
Gutron *(Midodrin)* 68
Guttalax *(Natriumpicosulfat)* 112
Guttaplast *(Salicylsäure)* 395
Gynäkologische Infektionen 231, 238, 250
Gynokadin *(Estradiol)* 425, 426
Gyno-Mykotral *(Miconazol)* 392
Gyno-Pevaryl *(Econazol)* 392
Gyrasehemmer 245

H

H1-Antihistaminika 118
H2-Blocker-ratioph. *(Cimetidin)* 105
H2-Rezeptor-Blocker 105
Haarwuchsmittel 395
Haarzell-Leukämie 170, 207
Haemate HS *(Faktor VIII)* 83
Haemocomplettan P *(Faktor I)* 82
Haemoctin *(Faktor VIII)* 83
Haemophilus influenzae 227
Haemophilus-influenzae-Immunisierung 292
Haemopressin *(Terlipressin)* 154
Hakenwurm 282
Halaven *(Eribulin)* 205
Halbelektrolytlösungen 312
Halbmond *(Diphenhydramin)* 375
Halbwertszeit 455
Halcion *(Triazolam)* 374
Haldol *(Haloperidol)* 30
Haldol Janssen *(Haloperidol)* 364
Halogenakne 389
Halometason 383
Haloperidol 30, 364
Haloperidol-neuraxpharm *(Haloperidol)* 364
Haloperidol-ratioph. *(Haloperidol)* 364
Hals-Rachen-Entzündung 415
Hämolyse 285
Hämolytische Anämie 285
Hämophilie 82
- A 83
- B 83
- erworbene 83
Hämorrhoidalmittel 123
Hämorrhoiden 122, 123
Hämosiderose 448
Harnalkalisierung 423
Harnansäuerung 423
Harnblasenkarzinom 177
Harndrang 416, 417
Harninkontinenz 416, 417, 424
Harnsäureoxalatsteine 423
Harnstoff 385, 395
Harnstoffzyklusstörungen 151
Harnweginfektionen 230–252, 257, 423
Harnwegspasmen 111
Harnwegtoxizität 208
Harvoni *(Ledipasvir + Sofosbuvir)* 272
Harzol *(Sitosterin)* 418
Hautanästhesie 308
Hautantiinfektiva 390
Hautentzündung 381, 383
Hautinfektion 229–257, 390–392
Hautmetastasen 206
Hautmykose 277, 280, 391–393
Hautnekrosen, cumarininduzierte 78
Hautulkus 390, 391, 398
Havrix *(Hepatitis-A-Impfstoff)* 291
Hbvaxpro *(Engerix B Erwachsene)* 291
HCT Beta *(Hydrochlorothiazid)* 56
HCT HEXAL *(Hydrochlorothiazid)* 56
HCTad *(Hydrochlorothiazid)* 56
Heitrin *(Terazosin)* 46
Helicobacter-pylori-Eradikation 106–108, 230, 242
Helimbra *(Emicizumab)* 15, 85
Heliodrei *(Colecalciferol)* 161
Helixate *(Faktor- VIII)* 83
Helmex *(Pyrantel)* 282
Hemangiol *(Propranolol)* 42
Hemin 151
Hemmkörper 82
Hemolax *(Bisacodyl)* 112
Hepa Merz *(Ornithinaspartat)* 114
Heparin
- Antagonisierung 76
- niedermolekulares 71
- unfraktioniertes 70
Heparin 31, 71
Heparin-Calcium-ratioph. *(Heparin)* 71
Heparin-Natrium-ratioph. *(Heparin)* 31, 71
Heparinoide 73
Hepatitis B 264, 265, 266, 287
Hepatitis C 270–275, 287
Hepatitis-A- + -B-Impfstoff 291
Hepatitis-A-Immunisierung 291
Hepatitis-A-Impfstoff 291
Hepatitis-B-Immunisierung 291, 292
Hepatitis-B-Impfstoff 291
Hepatobiliäre Erkrankung 115

Hepa-Vibolex *(Ornithinaspartat)* 114
Hepsera *(Adefovir)* 264
Herceptin *(Trastuzumab)* 198
Herceptin s.c. *(Trastuzumab)* 198
Herpes
- Aciclovir-Resistenz 262
- Enzephalitis 261
- genitalis 261, 262, 391
- integumentalis 391
- Keratitis 400
- labialis 391
- Präparate 261
- zoster 261, 262
- zoster, Immunisierung 292
Herz ASS-ratioph. *(Acetylsalicylsäure)* 80
Herzinfarkt 31, 35–39, 72, 74, 77–81, 138
Herzinsuffizienz 31, 35–42, 52, 56–59, 61, 66, 68, 70
Herzrhythmusstörungen 32
- bradykarde 69
- supraventrikuläre 40, 64
- tachykarde 30, 41, 42
- ventrikuläre 40, 42, 62, 64
Herzsyndrom, hyperkinetisches 40–42
Herztransplantation 286
Hetlioz *(Tasimelteon)* 357
Heweneural *(Lidocain)* 308
Hexamidin 414
Hidradenitis suppurativa 224
Hirnabszess 249
Hirnleistungsstörung 341
Hirnmetastasen 167
Hirnödem 58, 220
Hirntumoren 167, 169
Hirsutismus 398, 430
Histaminagonisten, partielle 118
Histamindihydrochlorid 205
Histiocytosis X 174
Histoplasmose 277
HIV 163, 176, 177, 204, 242, 264–269, 274, 275, 288
HMG-CoA-Reduktase-Hemmer 134
HNO-Infektionen 229, 230, 234, 238–248, 257
Hodenkarzinom 165–168, 174, 175, 178
Hodenunterfunktion 420
Hoggar Night *(Doxylamin)* 375
Holoxan *(Ifosfamid)* 166
Homocystinurie 150
Hordeolum 400
Hormonaktiver Tumor 122
Hormonelle Kontrazeptiva 434
- Depotpräparate 434
- Dreiphasenpräparate 436
- Einphasenpräparate 434
- Minipille 437
- Zweiphasenpräparate 436
Hormonpräparate 425
Hornhautpflegemittel 408
Hornhautulkus 400
Hornhautverletzung 400
Horton-Syndrom 335
Humalog *(Insulin lispro)* 131
Humalog Mix 25, 50 *(Insulin lispro + Verzögerungsinsulin)* 132
Humatin *(Paromomycin)* 255
Huminsulin Basal *(Verzögerungsinsulin)* 131
Huminsulin Normal *(Insulin normal)* 131
Huminsulin Profil III *(Normalinsulin + Verzögerungsinsulin)* 132
Humira *(Adalimumab)* 224
Humulin Basal *(Verzögerungsinsulin)* 131
Humulin Normal *(Insulin normal)* 131
Hunner-Läsionen 424
Hunter-Syndrom 151
Hustenstiller-ratioph. Dmp. *(Dextromethorphan)* 97
Hyaluronsäure 408
Hycamtin *(Topotecan)* 179
Hydergin forte *(Dihydroergotoxin)* 341
Hydrea *(Hydroxycarbamid)* 205
Hydrochlorothiazid 47–58
Hydrochlorothiazid *(Telmisartan + Hydrochlorothiazid)* 50
Hydrocodon 294
Hydrocortison 117, 123, 220, 381, 393, 401
Hydrocortison *(Hydrocortison)* 220
Hydrocortison Acis *(Hydrocortison)* 220
Hydrocortison HEXAL *(Hydrocortison)* 381
Hydrocortison Hoechst *(Hydrocortison)* 220
Hydrocortison POS *(Hydrocortison)* 401
Hydrocortisonbutyrat 382
Hydrocutan *(Hydrocortison)* 381
Hydromorphon 294, 296
Hydromorphon HEXAL *(Hydromorphon)* 296
Hydromorphon Oros 294, 297
Hydromorphon Stada *(Hydromorphon)* 296
Hydrotalcit 108
Hydrotalcit-ratioph. *(Hydrotalcit)* 108
Hydroxocobalamin 447
Hydroxycarbamid 205
Hydroxycarbamid 1A *(Hydroxycarbamid)* 205
Hydroxychloroquinsulfat 217
Hydroxyethylstärke 314
Hydroxyzin 99
- Geriatrie 451
Hydroxyzin Bluefish *(Hydroxyzin)* 99
Hygroton *(Chlortalidon)* 56
Hylan *(Hyaluronsäure)* 408
Hylo Gel *(Hyaluronsäure)* 408
Hyperaktivitätsstörung 377, 378
Hyperaldosteronismus 57–59

Hypercholesterinämie 54, 134–139
Hypereosinophiles Syndrom 187
Hyperhidrosis 331
Hyperkaliämie 423, 424
Hyperkalzämie 142, 146
- tumorinduzierte 145, 146
Hyperkeratosen 395
Hyperkeratosis palmoplantaris 386
Hyperlipidämie 54, 133–137
Hypermammonämie 150
Hypermenorrhoe 428, 438
Hyperparathyreoidismus 142
Hyperphenylalaninämie 152
Hyperphosphatämie 124, 310
Hyperprolaktinämie 440
Hypertension, okuläre 403–406
Hypertensive Krise 44, 45, 46, 47
Hypertensiver Notfall 31, 32, 47
Hyperthermie, maligne 337
Hyperthyreose 42, 140, 141
Hypertonie 31–59, 137
- pulmonale 103, 104
Hypertonie, pulmonale 103, 104
Hypertriglyzeridämie 133, 134, 138
Hyperurikämie 142, 143
Hypnomidate *(Etomidat)* 30, 304
Hypnorex retard *(Lithiumcarbonat)* 358
Hypnotika 369
Hypofibrinogenämie 82
Hypoglykämie 30, 132, 133
Hypogonadismus 420, 433, 434
Hypokalzämie 161, 310
Hypomagnesiämie 310
Hyponatriämie
- Natriummangel 154
Hypoparathyreoidismus 161
- Prophylaxe 161
Hypoparathyreoidismus, chronischer 141
Hypophosphatasie 149
Hypophysenfunktion 155
Hypophysenhinterlappenhormone 153
Hypothalamusfunktion 155
Hypothalamushormone 153
Hypothyreose 139, 140
Hypothyreotes Koma 139
Hypotonie 30, 68, 69, 153, 220

I

Ibandronsäure 145
Ibandronsäure HEXAL *(Ibandronsäure)* 145
Ibandronsäure Stada *(Ibandronsäure)* 145
Ibandronsäure-ratioph. *(Ibandronsäure)* 145
Iblias *(F. VIII, Octocog alfa)* 83
Ibrance *(Palbociclib)* 188
Ibrutinib 186
IbuHEXAL *(Ibuprofen)* 210
Ibuprofen 210
Ibu-ratioph. *(Ibuprofen)* 210
ib-u-ron *(Ibuprofen)* 210
Icatibant 84
Ichtholan *(Ammoniumbituminosulfonat)* 381
Ichtholan spezial *(Ammoniumbituminosulfonat)* 381
Ichthyosis 386, 395
Iclusig *(Ponatinib)* 188
Idarubicin 178
Idarucizumab 76
Idebenon 410
Idelalisib 206
Idelvion *(Faktor IX)* 83
IDEOS *(Colecalciferol + Calciumcarbonat)* 161
Idiopathische thrombozytopenische Purpura 285, 288
Idursulfase 151
Ifirmasta *(Irbesartan)* 39
If-Kanal-Hemmer 60
IFO-cell *(Ifosfamid)* 166
Ifosfamid 166
IgG-Wärmeantikörper 285
Ikervis *(Ciclosporin)* 403
Ikterus 137
Ilaris *(Canakinumab)* 150, 225
Ileus 340
Illina *(Ethinylestradiol + Levonorgestrel)* 435
Ilomedin *(Iloprost)* 82
Iloprost 82, 103
Iloprost Ibisqus *(Iloprost)* 82
Iltria *(ASS + Atorvastatin + Ramipril)* 13, 137
Iluvien *(Fluocinolonacetonid)* 401
Imanivec *(Imatinib)* 187
Imap *(Fluspirilen)* 364
Imatinib 187
Imatinib Heumann *(Imatinib)* 187
Imatinib Onkovis *(Imatinib)* 187
Imbruvica *(Ibrutinib)* 186
Imbun IBU-Lysinat *(Ibuprofen)* 210
Imeson *(Nitrazepam)* 373
Imex *(Tetracyclin)* 388
Imiglucerase 151
Imigran *(Sumatriptan)* 335
Imipenem 227, 251
Imipenem/Cilastatin Actavis *(Imipenem + Cilastatin)* 251
Imipenem/Cilastatin Basics *(Imipenem + Cilastatin)* 251
Imipramin 350
- Geriatrie 450
Imipramin-neuraxpharm *(Imipramin)* 350
Imiquimod 398
Imlygic *(Talimogen laherparepvec)* 207
Immunate *(Faktor VIII)* 83
Immunglobuline 288
- spezifische 288
Immunine STIM plus *(Faktor IX)* 83
Immunmangelsyndrome 288
Immunosporin *(Ciclosporin)* 285, 386
Immunstimulanzien 288
Immunsuppression 165
Immunsuppressiva 284, 403
- selektive 222, 343

Immunthrombozytopenische Purpura 85
Imnovid *(Pomalidomid)* 207
Imodium *(Loperamid)* 114
Imogas *(Simeticon)* 113
Imovax Polio 292
Impavido *(Miltefosin)* 206
Impetigo 390
Impfkalender 293
Impfstoffe 289
- bakterielle 289
- bakterielle + virale 292
- virale 290
Implanon *(Etonogestrel)* 434
Implicor *(Metoprololtratrat + Ivabradin)* 61
Impromen *(Bromperidol)* 364
Imukin *(Interferon gamma-1b)* 287
Imurek *(Azathioprin)* 285
Imurel *(Azathioprin)* 285
INa-late Inhibitor 61
Incruse Ellipta *(Umeclidiniumbromid)* 90
Indacaterol 87, 90
Indapamid 48, 57
Indapamid AL *(Indapamid)* 57
Indapamid Heumann *(Indapamid)* 57
Inderal *(Propranolol)* 42
Inderm *(Erythromycin)* 388
Indikation 456
Indinavir 269
Indivina *(Estradiol + Medroxyprogesteron)* 430
Indo-CT *(Indometacin)* 212
Indometacin 212
Indometacin AL *(Indometacin)* 212
Indomet-ratioph. *(Indometacin)* 212
Indo-paed *(Indometacin)* 212
InductOs *(Dibotermin alfa)* 147
Inegy *(Ezetimib + Simvastatin)* 138
Infanrix *(Tetanus- + Diphtherie- + Pertussis-Toxoid)* 290
Infanrix Hexa *(Diphtherie-Tetanus-Pertussis-Poliomyelitis-Haemophilus influenzae-Hepatitis-B-Impfstoff)* 292
Infectoazit *(Azithromycin)* 399
Infectocef *(Cefaclor)* 238
Infectocillin *(Penicillin V)* 229
Infectocillin Parent *(Penicillin G)* 228
Infectocipro *(Ciprofloxacin)* 414
Infectociprocort *(Ciprofloxacin + Fluocinolonacetonid)* 414
Infectocortikrupp *(Prednisolon)* 32, 221
Infectocortisept *(Halometason + Triclosan)* 383
Infectofos *(Fosfomycin)* 257
Infectogenta *(Gentamicin)* 391, 399
InfectoKrupp Inhal *(Epinephrin)* 89
Infectomox *(Amoxicillin)* 230
Infectomycin *(Erythromycin)* 243
Infectopedicul *(Permethrin)* 394
Infectoscab *(Permethrin)* 394
Infectosupramox *(Amoxicillin + Clavulansäure)* 232
Infectotrimet *(Trimethoprim)* 248
Infektion
- intraabdominelle 237
- postpartale 251
Infektsteine 423
Infiltrationsanästhesie 308
Infizierte Ekzeme 383
Inflanefran *(Prednisolon)* 401
Inflectra *(Infliximab)* 226
Infliximab 226
Influenza 263
- Immunisierung 291
- Präparate 263
Influenza-Impfstoff 291
Influvac 2016/2017 *(Epidemische-Influenza-Impfstoff)* 291
Ingenolmebutat 398
Inhalationsnarkotika 305
Inhalative Alpha- und Beta-Sympathomimetika 89
Inhalative Anticholinergika 89
Inhalative Beta-2-Sympathomimetika 86
Inhalative Sympathomimetika 87
Inimur Myko *(Ciclopirox)* 392
Injektionsnarkotika 303–305
Inkontinenz 337, 416, 417, 424
Inlyta *(Axitinib)* 185
innohep *(Tinzaparin)* 72
innohep 20000 *(Tinzaparin)* 72
innohep multi *(Tinzaparin)* 72
Inotuzumab Ozogamicin 13, 196
Inovelon *(Rufinamid)* 318
Insektenstiche 397
Insidon *(Opipramol)* 359
Insomnie 357
Inspra *(Eplerenon)* 57
Instanyl *(Fentanyl oral/nasal)* 296
Insulatard *(Verzögerungsinsulin)* 131
Insulin detemir 131, 132
Insulin glargin 131, 132
Insulin glulisin 131
Insulin lispro 131, 132
Insulin Lispro Sanofi *(Insulin lispro)* 131
Insulin normal 131, 132
Insulin-Analoga
- lang wirksame 132
- sehr kurz wirksame 131
Insulinaspart 131, 132
Insuline 131
- kurz wirksame 131
- mittellang wirksame 131
Insulin-Kombinationen 132
Insuman BASAL *(Verzögerungsinsulin)* 131
Insuman Comb *(Normalinsulin + Verzögerungsinsulin)* 132

Insuman Infusat *(Insulin normal)* 131
Insuman RAPID *(Insulin normal)* 131
Intal *(Cromoglicinsäure)* 100
Integrilin *(Eptifibatid)* 81
Intelence *(Etravirin)* 267
Interaktionen 456
Interferon alfa-2a 287
Interferon alfa-2b 287
Interferon beta-1a 345
Interferon beta-1b 345
Interferon gamma-1b 287
Interferone 287
Intertrigo 382
Intestifalk *(Budesonid)* 117
Intestinale Antibiotika 254, 255
Intoxikation 114, 443
- Alkylantien 447
- Alkylphosphate 29, 69, 445
- Arzneimittel 447
- Benzodiazepine 30, 447
- Bromat 447
- Cadmium 448
- Cyanid 445, 447
- Digitalis 445
- Eisen 448
- Ethylenglykol 447
- Jod 447
- Kupfer 448
- Methämoglobinbildner 448
- Methanol 445
- Methotrexat 205
- Nahrungsmittel 447
- Neostigmin 69, 445
- Nikotin 331
- Opioide 31, 300
- Organophosphate 448
- Paracetamol 95, 444
- Polonium 448
- Pyridostigmin 69, 445
- Quecksilber 445, 448
- Schwermetalle 447
- Spülmittel 113, 448
- Zink 448

Intrauterine Kontrazeptiva 438
Intrauterinpessar mit Kupfer 438
Intrauterinpessar mit Levonorgestrel 438
Intrazellulärraum 454
Intron A *(Interferon alfa-2b)* 287
Intuniv *(Guanfacin)* 378
Inuvair *(Formoterol + Beclometason)* 92
Invanz *(Ertapenem)* 250
Invega *(Paliperidon)* 368
Invirase *(Saquinavir)* 269
Iopidine *(Apraclonidin)* 404
Ipilimumab 196
Iprabronch *(Ipratropiumbromid)* 89
Ipramol *(Ipratropiumbromid + Salbutamol)* 90
Ipratropium Teva *(Ipratropiumbromid)* 89
Ipratropiumbromid 89, 90
Ipratropiumbromid HEXAL *(Ipratropiumbromid)* 89
IPV Merieux *(Poliomyelitis-Impfstoff)* 292
Irbecor comp. *(Irbesatan + Hydrochlorothiazid)* 49
Irbesartan 39, 49
Irbesartan 1A *(Irbesartan)* 39
Irbesartan AL *(Irbesartan)* 39
Irbesartan comp. HEXAL *(Irbesatan + Hydrochlorothiazid)* 49
Irenat *(Natriumperchlorat)* 141
Iressa *(Gefitinib)* 186
Irinotecan 179
Irinotecan HEXAL *(Irinotecan)* 179
Irinotecan liposomal 179
Iritis 401, 406
Iruxol N *(Clostridium-histolyticum-Kollagenase + Proteasen)* 398
IS 5 mono-ratioph. *(Isosorbidmononitrat)* 60
Isavuconazol 277
Ischämie, zerebrale 77, 80, 81
Iscover *(Clopidogrel)* 80
ISDN HEXALI *(Isosorbiddinitrat)* 60
ISDN-ratioph. *(Isosorbiddinitrat)* 60
Isentress *(Raltegravir)* 275
Isicom *(L-Dopa + Carbidopa)* 326
ISMN-CT *(Isosorbidmononitrat)* 60
Ismo *(Isosorbidmononitrat)* 60
Isocillin *(Penicillin V)* 229
Isoderm *(Isotretinoin)* 390
Iso-Eremfat *(Rifampicin + Isoniazid)* 260
Isofluran 305
Isofluran Baxter *(Isofluran)* 305
Isofluran Piramal *(Isofluran)* 305
IsoGalen *(Isotretinoin)* 390
Isogutt MP Lösung *(Natrium-dihydrogenphosphat)* 410
Isoket *(Isosorbiddinitrat)* 60
Isomol *(Macrogol + NaCl + NaHCO3 + KCl)* 112, 113
Isoniazid 259, 260
Isoptin *(Verapamil)* 32, 43
Isoptin RR plus *(Verapamil + Hydrochlorothiazid)* 53
Isopto-Dex *(Dexamethason)* 401
Isopto-Max *(Neomycin + Polymyxin B + Dexamethason)* 402
Isosorbiddinitrat 60
Isosorbidmononitrat 60
Isotret HEXAL *(Isotretinoin)* 390
Isotretinoin 389, 390
Isotretinoin-ratioph. *(Isotretinoin)* 390
Isotrex *(Isotretinoin)* 389
Isotrexin *(Isotretinoin + Erythromycin)* 389
Isoxazolylpenicilline 229
Isozid *(Isoniazid)* 259
Isozid compositum *(Isoniazid + Pyridoxin)* 260
Isradipin 44
Itraconazol 277

Itraconazol-ratioph. *(Itraconazol)* 277
Ivabradin 61
Ivabradine Anpharm *(Ivabradin)* 61
Ivacaftor 151
Ivemend *(Fosaprepitant)* 120
Ivermectin 281, 389, 394
Ixazomib 13, 206
Ixekizumab 14, 387
Ixiaro *(Japanische-Enzephalitis-Virus-Impfstoff)* 291
Ixoten *(Trofosfamid)* 166

J

Jacutin Pedicul *(Allethrin + Piperonylbutoxid)* 394
Jacutin Pedicul Fluid *(Dimeticon)* 394
Jakavi *(Ruxolitinib)* 188
Janumet *(Sitagliptin + Metformin)* 129
Januvia *(Sitagliptin)* 129
Japanische-B-Enzephalitis-Immunisierung 291
Japanische-Enzephalitis-Virus-Impfstoff 291
Jardiance *(Empagliflozin)* 130
Jatrosom *(Tranylcypromin)* 352
Javlor *(Vinflunin)* 174
Jaydess *(Intrauterinpessar mit Levonorgestrel)* 438
Jellin *(Fluocinolon)* 383
Jelliproct *(Fluocinonid + Lidocain)* 123
Jenapurinol *(Allopurinol)* 143
Jetrea *(Ocriplasmin)* 410
Jevtana *(Cabazitaxel)* 175
Jext *(Adrenalin)* 68
Jinarc *(Tolvaptan)* 154
Jod-Intoxikation 447
Jodthyrox *(Levothyroxin + Kaliumiodid)* 140
Jonosteril *(Vollelektrolytlösung)* 312
Jonosteril HD 5 *(Halbelektrolytlösung)* 312
Jonosteril Na 100 *(Zweidrittelelektrolytlösung)* 312
Jorveza *(Budesonid)* 15, 117
Jubrele *(Desogestrel)* 437
Juckreiz 123, 381, 383, 397
Juformin *(Metformin)* 126
Junik *(Beclometason)* 91
Jurnista *(Hydromorphon Oros)* 297
Jutabis *(Bisoprolol)* 40
Jutabloc *(Metoprololtartrat)* 41
Jutalar *(Doxazosin)* 46
Jutapress *(Nitrendipin)* 45
Jutaxan *(Enalapril)* 36
juvenile idiopath. Arthritis 226
Juvental *(Atenolol)* 40

K

Ka Vit *(Vitamin K)* 162
Kadcyla *(Trastuzumab Emtansin)* 199
Kaletra *(Lopinavir + Ritonavir)* 269
Kalinor *(Kalium)* 309
Kalinor ret. P *(Kalium)* 309
Kalitrans *(Kalium)* 309
Kalium 309, 310, 311
Kalium Verla *(Kalium)* 309
Kaliumcanrenoat 57
Kaliumchlorid 309
Kaliumchlorid 7.45% *(Kaliumchlorid)* 309
Kaliumfreie Lösungen 312
Kaliumiodid 140
Kaliumkanalblocker 342
Kalium-Natrium-Hydrogencitrat 423
Kaliumpräparate 309
Kaliumsparende Diuretika 57
Kaliumsubstitution 309, 310
Kaliumsulfat 113
Kalma *(Tryptophan)* 375
Kälteschäden 397
Kalydeco *(Ivacaftor)* 151
Kalymin *(Pyridostigmin)* 340
Kalziumantagonisten 43, 44, 50–54, 64, 346
- Geriatrie 451, 452
Kalziumblocker 319
Kalziummangel 161, 310
Kalziumpräparate 310
Kalziumstoffwechselregulatoren 144
Kalziumsubstitution 310
Kanamycin 399
Kanamycin-POS *(Kanamycin)* 399
Kantos *(Formoterol + Beclometason)* 92
Kanuma *(Sebelipase alfa)* 152
Kaposi-Sarkom 176, 177, 204
Kardiostimulanzien 69
Karditis 219
Karies-Prophylaxe 161
Karison *(Clobetasol)* 383
Karminativa 113
Karvea *(Irbesartan)* 39
Karvezide *(Irbesartan + Hydrochlorothiazid)* 49
Karzinoid 122
Kataplexie 322, 324
Katatonie 362
Kationenaustauscher 124, 423
Kawasaki-Syndrom 288
KCl 112, 113
Keciflox *(Ciprofloxacin)* 246
Keimempfindlichkeit 227
Kengrexal *(Cangrelor)* 80
Kentera *(Oxybutynin)* 416
Kepinol *(Trimethoprim + Sulfamethoxazol)* 248
Keppra *(Levetiracetam)* 324
Keratitis 400–403, 408
Keratokonjunktivitis sicca 408
Keratolytika 395
Keratose 172
- aktinische 396, 398
Kerlone *(Betaxolol)* 40

Ketamin 31, 304
Ketamin Hameln *(Ketamin)* 304
Ketamin Inresa *(Ketamin)* 304
Ketamin Rotexmedica *(Ketamin)* 304
Ketamin-ratioph. *(Ketamin)* 31
Ketanest S *(Esketamin)* 30, 304
Ketek *(Telithromycin)* 243
Ketoconazol 152, 392
Ketoconazole HRA *(Ketoconazol)* 152
Ketof *(Ketotifen)* 100
Ketolide 242
Ketoprofen 210
Ketorolac 402
Ketotifen 100, 407
Ketotifen Stada *(Ketotifen)* 100
Ketotifen Stulln *(Ketotifen)* 407
Ketovision *(Ketorolac)* 402
Ketozolin *(Ketoconazol)* 392
Kevatril *(Granisetron)* 119
Kevzara *(Sarilumab)* 14, 226
Keytruda *(Pembrolizumab)* 197
Kieferinfektionen 229, 244, 249
Kinderlax *(Macrogol)* 112
Kineret *(Anakinra)* 224
Kinetose 375
Kinzal mono *(Telmisartan)* 39
Kinzalkomb *(Telmisartan + Hydrochlorothiazid)* 50
Kiovig *(Immunglobuline)* 288
Kirim *(Bromocriptin)* 327, 440
Kisplix *(Lenvatinib)* 187
Kisqali *(Ribociclib)* 14, 188
Kivexa *(Abacavir + Lamivudin)* 264
Klacid *(Clarithromycin)* 242
Klasse-Ia-Antiarrhythmika 61
Klasse-Ib-Antiarrhythmika 62
Klasse-II-Antiarrhythmika 64
Klasse-III-Antiarrhythmika 64
Klasse-IV-Antiarrhythmika 64
Klean Prep *(Macrogol + Na2SO4 + NaHCO3 + NaCl + KCl)* 113
Klebsiella 227
Klimakterium 428, 431
Klimonorm *(Estradiol + Levonorgestrel)* 430
Kliogest N *(Estradiol + Norethisteron)* 430
Klismacort *(Prednisolon)* 32, 221
Knocheninfektionen 231–238, 244–253, 257
Knochenmarktransplantation 285, 288
Knochenmetastasen 145, 146
Knochenmorphogene Proteine 147
Knochentumore 146
Knochenverlust, Prophylaxe 146
Kogenate *(Faktor VIII)* 83
Kohle Hevert *(Kohle, medizinische)* 114, 447
Kohle Pulvis *(Kohle, medizinische)* 114, 447
Kohle, medizinische 447
Kohle-Compretten *(Kohle, medizinische)* 114
Kohlenhydratlösungen 313
Kolik 29, 214
Kolitis, kollagene 117
Kolonkarzinom 168, 172, 173, 178, 179, 195–197, 203, 205
Koloskopie, Vorbereitung 113
Koma 114
Kombiglyze *(Saxagliptin + Metformin)* 129
Kompartimente 454
Kompensan *(Al-Na-Carbonat-dihydroxid)* 108
Konakion *(Phytomenadion)* 162
Kongestion, nasale 413
Konjugierte Östrogene 426, 431
Konjunktiven, Hyperämie 407
Konjunktivitis 399–402, 407, 408
- allergische 98, 401, 407
Konjunktivitis, allergische 407
Kontaktlinsen 408
Kontrazeption 434–438
- hormonelle 434
- intrauterine 438
Kopf-Hals-Karzinom 167–169, 174, 175, 178, 195
Kopfschmerzen, vaskuläre 333
Koproporphyrie 151
Koprostase 112
Koronare Herzerkrankung 40–44, 61, 80, 134, 135, 137
- stabile 36
Koronarintervention 75, 80
Koronarsyndrom, akutes 29, 31, 35, 60, 72, 74, 75, 80, 81
Körperoberflächenberechnung 461
Kortikoide 117, 219
- Auge 401, 402
- HNO 412
Kortikoid-ratioph. *(Triamcinolonacetonid)* 382
Kovaltry *(Faktor VIII)* 83
Krampfanfall 29, 32, 318, 320, 372, 373
Kreatininclearance 457
Kreon *(Pankreatin)* 115
Kreon f. Kinder *(Pankreatin)* 115
Krupp 221
Kryptokokkenmeningitis 277, 279
Kupferintoxikation 448
Kurzdarmsyndrom 122
Kuvan *(Sapropterin)* 152
Kybernin Hs *(Antithrombin III)* 83
Kyntheum *(Brodalumab)* 14, 386
Kyprolis *(Carfilzomib)* 205
Kytril *(Granisetron)* 119

L

LABA (long acting beta-agonist) 87
Lac-Ophtalsystem *(Filmbildner)* 408
Lacosamid 317
Lacrimal *(Hypromellose)* 408
Lacrisic *(Filmbildner)* 408
Lactuflor *(Lactulose)* 112
Lactulose 112
Lactulose-ratioph. *(Lactulose)* 112

Lafamme *(Estradiol + Dienogest)* 429
Laktation 441
Laktationsstörung 439
Lambert-Eaton-Myasthenisches-Syndrom 149
Lambliasis 249
Lamictal *(Lamotrigin)* 318, 358
Lamisil *(Terbinafin)* 280, 393
Lamiva *(Ethinylestradiol + Drospirenon)* 435
Lamivudin 264, 265, 266, 275
Lamivudin HEXAL *(Lamivudin)* 265
Lamivudin Teva *(Lamivudin)* 265
Lamivudin/Zidovudin HEXAL *(Lamivudin + Zidovudin)* 266
Lamizido *(Lamivudin + Zidovudin)* 266
Lamotrigin 318, 358
- Geriatrie 451
Lamotrigin Acis *(Lamotrigin)* 318
Lamotrigin HEXAL *(Lamotrigin)* 318
Lamotrigin-neuraxpharm *(Lamotrigin)* 358
Lamotrigin-ratioph. *(Lamotrigin)* 318, 358
Lamuna *(Ethinylestradiol + Desogestrel)* 435
Landiolol 13, 41
Lanicor *(Digoxin)* 30, 66
Lanitop *(Metildigoxin)* 66
Lanreotid 122
Lansoprazol 106
Lansoprazol AL *(Lansoprazol)* 106
Lansoprazol HEXAL *(Lansoprazol)* 106
Lansoprazol-ratioph. *(Lansoprazol)* 106
Lantarel *(Methotrexat)* 218, 387
Lanthancarbonat 124
Lantus *(Insulin glargin)* 131, 132
Lapatinib 187
Larbex *(Budesonid)* 91
L-Arginin-Hydrochlorid 21% *(Argininhydrochlorid)* 315
Lariam *(Mefloquin)* 283
Laronidase 151
Lartruvo *(Olaratumab)* 197
Larylin Hustenstiller *(Dropropizin)* 97
Laryngomedin N *(Hexamidin)* 414
Laryngotracheitis 89
Lasix *(Furosemid)* 30, 55
Lastet *(Etoposid)* 175
Latan-Ophtal *(Latanoprost)* 405
Latanoprost 405
Latanoprost HEXAL *(Latanoprost)* 405
Latanoprost HEXAL comp. *(Latanoprost + Timolol)* 405
Latanotim Vision *(Latanoprost + Timolol)* 405
Laticort *(Hydrocortisonbutyrat)* 382
Läuse 394
Laviola *(Ethinylestradiol + Dienogest)* 435
Laxans-ratioph. *(Bisacodyl)* 112
Laxantien 111
Laxoberal *(Natriumpicosulfat)* 112
Laxofalk *(Macrogol)* 112
LCE 1A-Pharma *(L-Dopa + Carbidopa + Entacapon)* 326
L-Dopa 326
Leberegel 281
Leberinsuffizienz 313
Lebertherapeutika 114
Lebertransplantation 286
Leberzellkarzinom 178, 189
Lederlind *(Nystatin)* 393
Ledipasvir 272
Ledipasvir (LDV) 270
Lefax *(Simeticon)* 113
Leflunomid 218
Leflunomid HEXAL *(Leflunomid)* 218
Leflunomid medac *(Leflunomid)* 218
Leflunomid Stada *(Leflunomid)* 218
Leflunomid Winthrop *(Leflunomid)* 218
Leganto *(Rotigotin)* 328
Legionella 227
Leios *(Ethinylestradiol + Levonorgestrel)* 435
Leishmaniasis 206, 256
Leitungsanästhesie 308
Lemocin *(Cetrimonium + Lidocain + Tyrothricin)* 415
Lemtrada *(Alemtuzumab)* 344
Lenalidomid 206
Lendenwirbelfusion 147
Lendorm *(Brotizolam)* 371
Lendormin *(Brotizolam)* 371
Lennox-Gastaut-Syndrom 318, 324
Lenograstim (G-CSF) 163
Lenoxin *(Digoxin)* 66
Lenvatinib 187
Lenvima *(Lenvatinib)* 187
Lenzetto *(Estradiol)* 426
Leona HEXAL *(Ethinylestradiol + Levonorgestrel)* 435
Leponex *(Clozapin)* 367
Lepra 260
Leptilan *(Valproinsäure)* 321
Lercanidipin 44, 54
Lercanidipin Heumann *(Lercanidipin)* 44
Lercanidipin Stada *(Lercanidipin)* 44
Lercaprel *(Lercanidipin + Enalapril)* 54
Lesch-Nyhan-Syndrom 143
Letermovir 15, 262
Letroblock *(Letrozol)* 432
LetroHEXAL *(Letrozol)* 432
Letrozol 432

Letrozol Winthrop *(Letrozol)* 432
Leukämie
- akute 165, 169–178, 186, 187, 195, 204, 205
- chronische 165–178, 186, 187, 197, 198, 205–208, 226
- chronische eosinophile 187
- chronische myelomonozytäre 172
- Haarzell 170
- Promyelozyten 208
Leukase N *(Framycetin)* 390
Leukeran *(Chlorambucil)* 166
Leukotrienrezeptorantagonisten 94
Leukovorin *(Folinsäure)* 205
Leuprone HEXAL *(Leuprorelin)* 423
Leuprorelin 423, 433
Leustatin *(Cladribin)* 170
Levact *(Bendamustin)* 165
Levemir *(Insulin detemir)* 132
Levetiracetam 324
- Geriatrie 451
Levetiracetam UCB *(Levetiracetam)* 324
Levetiracetam Winthrop *(Levetiracetam)* 324
Levey-Formel 455
Levitis *(Levofloxacin)* 246
Levitra *(Vardenafil)* 420
Levium *(Levomepromazin)* 360
Levobunolol 403
Levocabastin 407, 411
Levocetirizin 99
Levocetirizin HEXAL *(Levocetirizin)* 99
Levocetirizin Stada *(Levocetirizin)* 99
Levodopa 325
Levodopa Comp *(L-Dopa + Benserazid)* 326
Levodopa-ratioph. comp *(L-Dopa + Carbidopa)* 326
Levofloxacin 227, 246, 400
Levofloxacin Actavis *(Levofloxacin)* 246
Levofloxacin HEXAL *(Levofloxacin)* 246
Levofloxacin Kabi *(Levofloxacin)* 246
Levoflox-CT *(Levofloxacin)* 246
Levomepromazin 360
- Geriatrie 452
Levomepromazin-neuraxpharm *(Levomepromazin)* 360
Levomethadon 294, 297
Levonoraristo *(Levonorgestrel)* 437
Levonorgestrel 430, 435–437
Levopar *(L-Dopa + Benserazid)* 326
Levosimendan 70
Levothyroxin 139, 140
Lexostad *(Bromazepam)* 371
LHRH 155
LhRh Ferring *(Gonadorelin)* 155
LH-RH-Agonisten 433
Librium *(Chlordiazepoxid)* 371
Licain *(Lidocain)* 308
Lichen
- ruber 382, 383, 386
- sclerosus 382, 383
Lichtdermatosen 162
Lidocain 62, 123, 160, 308, 414, 415
Lifestyle-Arzneimittel 457
Limptar N *(Chininsulfat)* 336
Linaclotid 110
Lincosamide 243
Linezolid 227, 254
Linezolid 1A *(Linezolid)* 254
Linezolid HEXAL *(Linezolid)* 254
Linksherzinsuffizienz 60
Linola Urea *(Harnstoff)* 395
Linolacort Hydro *(Hydrocortison)* 381
Linola-H N *(Prednisolon)* 381
Linola-H-Fett N *(Prednisolon)* 381
Lioresal *(Baclofen)* 338
Liothyronin 139, 140
Lipasehemmer 147
Lipegfilgrastim (G-CSF) 163
Lipidil *(Fenofibrat)* 134
Lipidil 145 ONE *(Fenofibrat)* 134
Lipidil Ter *(Fenofibrat)* 134
Lipidsenker 133
Lipitor *(Atorvastatin)* 134
Lipocol *(Colestyramin)* 137
Lipofundin 20% *(Fettlösung)* 314
Lipopeptide 253
Lipotalon *(Dexamethason)* 220
Lipovenös MCT 20 *(Fettlösung)* 314
Liprolog *(Insulin lispro)* 131
Liprolog Mix *(Insulin lispro + Verzögerungsinsulin)* 132
Liquifilm *(Filmbildner)* 408
Liraglutid 128
Lisdexamfetamin 377
Lisi Lich *(Lisinopril)* 36
Lisibeta comp. *(Lisinopril + Hydrochlorothiazid)* 48
Lisidigal *(Lisinopril)* 36
Lisigamma HCT *(Lisinopril + Hydrochlorothiazid)* 48
LisiHEXAL*(Lisinopril)* 36
Lisinopril 36, 48
Lisinopril 1A *(Lisinopril)* 36
Lisinopril 1A plus *(Lisinopril + Hydrochlorothiazid)* 48
Lisinopril AL *(Lisinopril)* 36
Liskantin *(Primidon)* 324
Listeriose 230
Lisvy *(Ethinylestradiol + Gestoden)* 435
LITAK *(Cladribin)* 170
Litalir *(Hydroxycarbamid)* 205
Lithiofor *(Lithiumsulfat)* 358
Lithium Apogepha *(Lithiumcarbonat)* 358
Lithiumcarbonat 358
Lithiumsulfat 358

Livial *(Tibolon)* 431
Liviella *(Tibolon)* 431
Livocab *(Levocabastin)* 407, 411
Lixiana *(Edoxaban)* 74
Locacorten *(Flumetason)* 382
Loceryl *(Amorolfin)* 391
Locol *(Fluvastatin)* 135
Lodotra *(Prednison)* 221
Lodoxamid 407
Logimat *(Felodipin + Metoprololsuccinat)* 53
Logimax *(Felodipin + Metoprololsuccinat)* 53
Lokalanästhesie 31, 308, 399
Lokalanästhetika 307
Lomir Sro *(Isradipin)* 44
Lomustin 167
Long acting beta-agonist (LABA) 87
Loniten *(Minoxidil)* 47
Lonoctocog alfa (Faktor VIII) 13
Lonolox *(Minoxidil)* 47
Lonoten *(Minoxidil)* 47
Lonsurf *(Trifluridin + Tipiracil)* 173
Lopedium *(Loperamid)* 114
Loperamid 114
Loperamid-ratioph. *(Loperamid)* 114
Loperhoe *(Loperamid)* 114
Lophakomp B12 *(Cyanocobalamin)* 160
Lopinavir 269
Lopresor *(Metoprololtartrat)* 31
Loraderm *(Loratadin)* 99
Lorano *(Loratadin)* 99
Loratadin 99
- Geriatrie 451
Loratadin Stada *(Loratadin)* 99
Lorazepam 320, 372
- Geriatrie 453
Lorazepam-neuraxpharm *(Lorazepam)* 372
Loretam *(Lormetazepam)* 373
Lorinden Teersalbe *(Steinkohlenteer)* 385
Lormetazepam 373
- Geriatrie 453
Lormetazepam-ratioph. *(Lormetazepam)* 373
Lorzaar *(Losartan)* 39
Lorzaar plus *(Losartan + Hydrochlorothiazid)* 50
LosAmlo *(Losartan + Amlodipin)* 51
Losar Teva *(Losartan)* 39
Losar-Q *(Losartan)* 39
Losar-Q comp. *(Losartan + Hydrochlorothiazid)* 50
Losartan 39, 50, 51
Losartan HEXAL *(Losartan)* 39
Losartan HEXAL comp. *(Losartan + Hydrochlorothiazid)* 50
Lösferron *(Eisen-II-Ion)* 156
Lotemax *(Loteprednol)* 401
Loteprednol 401
Lotricomb *(Clotrimazol + Betamethason)* 393
Lotriderm *(Clotrimazol + Betamethason)* 393
Lovabeta *(Lovastatin)* 135
LovaHEXAL *(Lovastatin)* 135
Lovastatin 135
Lovastatin-ratioph. *(Lovastatin)* 135
Lovelle *(Ethinylestradiol + Desogestrel)* 435
Lovenox *(Enoxaparin)* 72
Loxapin 367
L-Poladdict *(Levomethadon)* 297
L-Polaflux *(Levomethadon)* 297
L-Polamidon *(Levomethadon)* 297
L-Polamidon Lsg. *(Levomethadon)* 297
L-Thyrox Jod HEXAL *(Levothyroxin + Kaliumiodid)* 140
L-Thyroxin HEXAL *(Levothyroxin)* 139
L-Thyroxin inject Henning *(Levothyroxin)* 139
L-Thyroxin-ratioph. *(Levothyroxin)* 139
L-Tryptophan-ratioph. *(Tryptophan)* 375
Lucentis *(Ranibizumab)* 410
Ludiomil *(Maprotilin)* 351
Lues 228, 240, 243
Luisa HEXAL *(Ethinylestradiol + Levonorgestrel)* 435
Lumacaftor 151
Lumbago 338
Lumefantrin 282
Lumigan *(Bimatoprost)* 404
Luminal *(Phenobarbital)* 319
Luminaletten *(Phenobarbital)* 319
Lungenegel 281
Lungenembolie 31, 73–78
Lungenfibrose, idiopathische 101
Lungenmilzbrand 246
Lungenödem 30, 31
- toxisches 32, 221
Lungenreife, Induktion 219
Lupus erythematodes 217, 219, 225, 285, 382
Lupus-Nephritis 217
Luxerm *(Methyl-5-amino-4-oxopentanoat)* 396
Lymphadenitis 229
Lymphom 163, 165, 169, 174
- anaplastisches 195
- B-Zell 198
- follikulares 198, 206
- kutanes T-Zell 204
- T-lymphoblastisches 170
Lynparza *(Olaparib)* 207
Lyogen *(Fluphenazin)* 364
Lyrica *(Pregabalin)* 322
Lysandra *(Ethinylestradiol + Norgestimat)* 436
Lysodren *(Mitotan)* 206
Lysosomale saure Lipase
- Mangel 152
Lysthenon *(Suxamethonium)* 307

M

M PredniHEXAL *(Methylprednisolon)* 221
Maalox *(Mg-hydroxid + Al-oxid)* 108
Maaloxan *(Mg-hydroxid + Al-oxid)* 108
MabThera *(Rituximab)* 198, 226
MabThera SC *(Rituximab)* 198
Macitentan 104
Macrogol 112, 113
Macrogol Stada *(Macrogol + NaCl + NaHCO3 + KCl)* 112
Macugen *(Pegaptanib)* 410
Madopar *(L-Dopa + Benserazid)* 326
Magaldrat 108
Magaldrat-ratioph. *(Magaldrat)* 108
Magenbeschwerden, säurebedingte 108
Magen-Darm-Infektionen 230, 241
Magen-Darm-Relaxation 132
Magen-Darm-Schmerzen, krampfartige 216
Magen-Darm-Spasmen 111
Magen-Darm-Störungen, funktionelle 114
Magen-Darm-Tumoren 187, 189
Magenkarzinom 172–178, 198
- Adenokarzinom 198
Magenspülung 443
Magium *(Magnesium)* 310
Magnesiocard *(Magnesium)* 310
Magnesium 310
Magnesium Diasporal *(Magnesium)* 310
Magnesium Verla *(Magnesium)* 310
Magnesiummangel 310
Magnesiumoxid 113
Magnesiumpräparate 310
Magnesium-ratioph. *(Magnesium)* 310
Magnesiumsubstitution 310
Magnetrans *(Magnesium)* 310
Makrolide 242
Makuladegeneration 410
Makulaödem 401, 410
- diabetisches 401, 410
Malabsorption 161
Malarex *(Proguanil + Atovaquon)* 283
Malaria 282, 283
Malarone *(Proguanil + Atovaquon)* 283
Malarone junior *(Proguanil + Atovaquon)* 283
Maligne Hyperthermie 337
Malignes Melanom 167, 168, 174, 185, 186, 189, 197, 207
Malignome, hämatologische 143
Mammakarzinom 165, 166, 169, 172–178, 187–190, 195, 198, 199, 205, 206, 428, 432, 433
Manidipin 44
Manie 317, 321, 358, 364–368
Maninil *(Glibenclamid)* 125
Mannit *(Mannitol)* 58
Mannitol 58, 96, 406
Mannitol *(Mannitol)* 58, 406
Mantelzell-Lymphom 186
Manyper *(Manidipin)* 44
MAO-A-Hemmer 352
MAO-B-Hemmer 329, 352
Maprotilin 351
Maprotilin-CT *(Maprotilin)* 351
Maprotilin-neuraxpharm *(Maprotilin)* 351
Maprotilin-ratioph. *(Maprotilin)* 351
Maraviroc 275
Marax *(Magaldrat)* 108
Marcumar *(Phenprocoumon)* 76
Mareen *(Doxepin)* 350
Marvelon *(Ethinylestradiol + Desogestrel)* 435
Masern-Immunisierung 291, 292
Masern-Mumps-Röteln-Impfstoff 291
Masern-Mumps-Röteln-Varizellen-Impfstoff 292
Masern-Prophylaxe 288
Mastitis 440
Mastitisprophylaxe 439
Mastozytose 187
Mastzell-Leukämie 187
Mastzellstabilisatoren 100
Matrifen *(Fentanyl transdermal)* 296
Mavenclad *(Cladribin)* 14, 170
Maviret *(Glecaprevir+ Pibrentasvir)* 14, 272
Maxalt *(Rizatriptan)* 335
Maxim *(Ethinylestradiol + Dienogest)* 435
Maxipime *(Cefepim)* 236
Maxitrol *(Neomycin + Polymyxin B + Dexamethason)* 402
Mayra *(Ethinylestradiol + Dienogest)* 435
MCP HEXAL *(Metoclopramid)* 110
MCP Stada *(Metoclopramid)* 110
MCP-ratioph. *(Metoclopramid)* 110
MDRD-Formel 457
Meaverin *(Mepivacain)* 308
Mebendazol 281
Mebeverin 111
Mebeverin Puren *(Mebeverin)* 111
Medazepam 373
- Geriatrie 452
Medikinet *(Methylphenidat)* 378
Medivitan IM mit Lidocain *(Pyridoxin + Cyanocobalamin + Folsäure + Lidocain)* 160
Medivitan N Neuro *(Thiamin + Pyridoxin)* 160
Medoxa *(Oxaliplatin)* 168
Medrogeston 431
Medroxyprogesteron 430
Medroxyprogesteronacetat 428, 434

Handelsnamen = fett *Wirkstoffe = kursiv*

Mefloquin 283
Mefrusid 57
Megalac Almasilat *(Almasilat)* 108
Megestat *(Megestrolacetat)* 428
Megestrolacetat 428
Mehrkanalblocker 64
Mekinist *(Trametinib)* 189
Meladinine *(Methoxsalen)* 387
Melanom, malignes 167, 168, 174, 185–189, 196, 197, 207
Melatonin 357
Melatonin-Rezeptoragonisten 356
Melleril *(Thioridazin)* 361
Melneurin *(Melperon)* 361
Meloxicam 213
Meloxicam AL *(Meloxicam)* 213
Meloxicam-ratioph. *(Meloxicam)* 213
Melperon 361
- Geriatrie 452, 453
Melperon-ratioph. *(Melperon)* 361
Melphalan 166
Memando *(Memantin)* 341
Memantin 341
- Geriatrie 450
Memantin Hennig *(Memantin)* 341
Memantin-neuraxpharm *(Memantin)* 341
Mencord plus *(Olmesartan + Hydrochlorothiazid)* 50
Meningeosis
- carcinomatosa 169
- leucaemica 169
- lymphomatosa 172
Meningitec *(Meningokokken-C-Oligosaccharid)* 289
Meningitis 220, 228–231, 235, 244, 245, 251, 257, 277, 279
Meningokokken
- Prophylaxe 259
Meningokokken-A-,-C-,-W135, -Y-Oligosaccharid 289
Meningokokken-B-Adsorbat 15, 289
Meningokokken-B-Immunisierung 289
Meningokokken-C-Oligosaccharid 289
Meningokokken-Immunisierung 289
Menjugate *(Meningokokken-C-Oligosaccharid)* 289
Menstruationsbeschwerden 428
Menstruationsstörungen 428, 440
Menveo *(Meningokokken-A-, -C-, -W135, -Y-Oligosacharid)* 289
Mepact *(Mifamurtid)* 206
MepiHEXAL *(Mepivacain)* 308
Mepivacain 31, 308
Mepolizumab 101
Meptazinol 294, 299
Meptid *(Meptazinol)* 299
Mercaptopurin 170
Mercaptopurin Medice *(Mercaptopurin)* 170
Mercilon *(Ethinylestradiol + Desogestrel)* 435
Meresa *(Sulpirid)* 361
Merimono *(Estradiol)* 425
Merkelzellkarzinom 195
Meronem *(Meropenem)* 251
Meropenem 251
Meropenem HEXAL *(Meropenem)* 251
Meropenem Kabi *(Meropenem)* 251
Mesalazin 116
Mesalazin Kohlpharma *(Mesalazin)* 116
Mesavancol *(Mesalazin)* 116
Mesna 208
Mesna Cell *(Mesna)* 208
Mestinon *(Pyridostigmin)* 340
Mesuximid 324
Metalcaptase *(Penicillamin)* 218
Metalyse *(Tenecteplase)* 78
Metamizol 31, 214
- Geriatrie 450
Metamizol HEXAL *(Metamizol)* 214
Metamucil *(Flohsamen)* 112
Meteorismus 113, 116
Meteozym *(Pankreatin + Simeticon)* 116
Metex *(Methotrexat)* 218, 387
Metfoliquid Geriasan *(Metformin)* 126
Metformin 126, 129, 130
Metformin Dura *(Metformin)* 126
Metformin-ratioph. *(Metformin)* 126
Methadon 294, 297
Methämoglobinämie 160
Methämoglobinbildnerintoxikation 448
Methanolintoxikation 445
Methicillin 229
Methicillinresistenter Staph. aureus 227, 234, 241, 251, 413
Methicillinresistenter Staph.aureus 229
Methicillinsensitiver Staph. aureus 227, 229
Methionin 423
Methionin HEXAL *(Methionin)* 423
Methizol *(Thiamazol)* 141
Methocarbamol 338
Methocarbamol Neuraxph. *(Methocarbamol)* 338
Methohexital 303
Methotrexat 169, 218, 387
Methotrexat medac *(Methotrexat)* 169
Methotrexat-GRY *(Methotrexat)* 169
Methotrexatintoxikation 205
Methoxsalen 387
Methyl-5-amino-4-oxopentanoat 396
Methyldopa
- Geriatrie 451
Methyldopa Stada *(Alpha-Methyldopa)* 45

Methylnaltrexon 110
Methylphenidat 378
Methylphenidat HEXAL *(Methylphenidat)* 378
Methylprednisolon 221, 383
Methylprednisolon Acis *(Methylprednisolon)* 221
Methylxanthine 93
Metildigoxin 66
Metipranolol 403, 405
Metoclopramid 31, 110, 118, 216
- Geriatrie 451
MetoHEXAL *(MetoproloItartrat)* 41
MetoHEXAL comp. *(Metoprololtartrat + Hydrchlorothiazid)* 52
MetoHEXAL Succ comp. *(Metoprololsuccinat + Hydrochlorothiazid)* 52
MetoHEXAL-Succ *(Metoprololsuccinat)* 41
Metopiron *(Metyrapon)* 155
Metoprolol AWD *(Metoprololtartrat)* 41
Metoprolol-ratioph. *(Metoprololtartrat)* 41
Metoprolol-ratioph. comp. *(Metoprololtartrat + Hydrchlorothiazid)* 52
Metoprololsuccinat 41, 52, 53
Metoprololsuccinat plus 1A *(Metoprololsuccinat + Hydrochlorothiazid)* 52
Metoprololtartrat 31, 41, 52, 53
Metoprololtratrat 61
Meto-Succinat Sandoz *(Metoprololsuccinat)* 41
Metrelef *(Buserelin)* 433
Metronidazol 108, 227, 249
Metronidazol Fresenius *(Metronidazol)* 249
Metronidazol Serag *(Metronidazol)* 249
Metronidazol-ratioph. *(Metronidazol)* 249
Metsop *(Metformin)* 126
Metvix *(Methyl-5-amino-4-oxopentanoat)* 396
Metypred *(Methylprednisolon)* 221
Metyrapon 155
Mezavant *(Mesalazin)* 116
Mg 5 Sulfat *(Magnesium)* 310
Mg 5-Longoral *(Magnesium)* 310
Mg-hydroxid 108
Mianserin 351
Mianserin Holsten *(Mianserin)* 351
Mianserin-neuraxpharm *(Mianserin)* 351
Micafungin 279
Micanol *(Dithranol)* 385
Micardis *(Telmisartan)* 39
Micardis plus *(Telmisartan + Hydrochlorothiazid)* 50
Miconazol 392, 393
Micotar *(Miconazol)* 392
Microgynon 21 *(Ethinylestradiol + Levonorgestrel)* 435
Microlut *(Levonorgestrel)* 437
Mictonetten *(Propiverin)* 417
Mictonorm *(Propiverin)* 417
Midazolam 373
Midazolam HEXAL *(Midazolam)* 373
Midazolam-ratioph. *(Midazolam)* 373
Midodrin 68
Midostaurin 13, 187
Mifamurtid 206
Miflonide *(Budesonid)* 91
Migalastat 151
Miglitol 127
Miglustat 151
Migraeflux Mcp *(Paracetamol + Metoclopramid)* 216
Migräne 29, 215, 216, 321, 333–335, 346
- chronische 337
Migräne-Kranit *(Phenazon)* 215
Migränemittel 333
Migräneprophylaxe 41, 42, 336
Migränerton *(Paracetamol + Metoclopramid)* 216
Mikrofilarämie 281
Milchsäure 395
Milchstau 440
Milnacipran 355
Milnaneurax *(Milnacipran)* 355
Milrinon 70
Milrinon Carino *(Milrinon)* 70
Milrinon Hikma *(Milrinon)* 70
Milrinon Stragen *(Milrinon)* 70
Miltefosin 206
Milzbrand 246
Mimpara *(Cinacalcet)* 142
Mineralokortikoide Potenz 219
Mineralstoffe 309
Minipille 437
Minirin *(Desmopressin)* 154
Minisiston *(Ethinylestradiol + Levonorgestrel)* 435
Minitrans *(Glyceroltrinitrat)* 60
Minocyclin 241, 390
Minocyclin-ratioph. *(Minocyclin)* 241, 390
Minoxicutan Frauen *(Minoxidil)* 395
Minoxicutan Männer *(Minoxidil)* 395
Minoxidil 47, 395
Minprostin E2 *(Dinoproston)* 439
Minulet *(Ethinylestradiol + Gestoden)* 435
Miosis 404
Miranova *(Ethinylestradiol + Levonorgestrel)* 435
Mirapexin *(Pramipexol)* 328
Mircera *(PEG-Epoetin beta)* 158
Mirena *(Intrauterinpessar mit Levonorgestrel)* 438
Mirtazapin 351
- Geriatrie 450–453
Mirtazapin Stada *(Mirtazapin)* 351

Mirtazelon *(Mirtazapin)* 351
Mirvaso *(Brimonidin)* 398
Misoprostol 109, 216
Mitem *(Mitomycin)* 178
Mito-extra *(Mitomycin)* 178
Mito-medac *(Mitomycin)* 178
Mitomycin 178
Mitomycin HEXAL *(Mitomycin)* 178
Mitomycin medac *(Mitomycin)* 178
Mitotan 206
Mitoxantron 178
Mitoxantron HEXAL *(Mitoxantron)* 178
Mivacron *(Mivacurium)* 306
Mivacurium 306
Mixtard 30 *(Normalinsulin + Verzögerungsinsulin)* 132
Mizolastin 99
Mizollen *(Mizolastin)* 99
M-long *(Morphin)* 297
MMR Triplovax *(Masern-Mumps-Röteln-Impfstoff)* 291
MMR Vaxpro *(Masern-Mumps-Röteln-Impfstoff)* 291
Mobec *(Meloxicam)* 213
Mobloc *(Felodipin + Metoprololsuccinat)* 53
Moclobemid 352
Moclobemid HEXAL *(Moclobemid)* 352
Moclobemid Stada *(Moclobemid)* 352
Modafinil 378
Modafinil Heumann *(Modafinil)* 378
Modafinil-neuraxpharm *(Modafinil)* 378
Modigraf *(Tacrolimus)* 286
Modip *(Felodipin)* 44
Moexipril 48
Mogadan *(Nitrazepam)* 373
MOI 352
Molevac *(Pyrvinium)* 282
Molsidomin 60
Molsidomin Heumann *(Molsidomin)* 60
MolsiHEXAL *(Molsidomin)* 60
Momegalen *(Mometason)* 383
Mometa Abz *(Mometason)* 412
Mometa HEXAL *(Mometason)* 412
Mometason 91, 383, 412
Mometason-ratioph. *(Mometason)* 412
Monkasta *(Montelukast)* 94
Mono Demetrin *(Prazepam)* 373
Monobactame 240
Monoclair *(Isosorbidmononitrat)* 60
Mono-Embolex *(Certoparin)* 71
Mono-Embolex multi *(Certoparin)* 71
MonoFer *(Eisen-III-Hydroxid-Oxidcitrat-Isomaltooligosaccharidalkohol-Hydrat-Komplex)* 156
Monoklonale Antikörper 100
Mono-Mack Depot *(Isosorbidmononitrat)* 60
Mononine *(Faktor IX)* 83
Monoprost *(Latanoprost)* 405
MonoStep *(Ethinylestradiol + Levonorgestrel)* 435
Montelair HEXAL *(Montelukast)* 94
Montelubronch *(Montelukast)* 94
Montelukast 94
Montelukast AL *(Montelukast)* 94
Monuril *(Fosfomycin)* 257
Morbus
- Addison 32, 220
- Bechterew 212–215, 225, 226
- Behcet 285
- Bowen 172
- Crohn 117, 218, 224, 226, 285, 388
- Cushing 153
- Darier 386
- Fabry 149, 151
- Gaucher, Typ I 150, 151, 152
- Gaucher, Typ I/III 151
- haemorrhagicus 162
- Hodgkin 166–169, 174–178, 195
- Menière 118
- Paget 145, 146
- Parkinson 326–333
- Pompe 149
- Waldenström 166
- Werlhof 174, 285, 288
- Wilson 218, 448

Morea sanol *(Ethinylestradiol + Cyproteronacetat)* 430
MOR-NRI 294, 301
Moronal *(Nystatin)* 280
Morphanton *(Morphin)* 297
Morphin 31, 294, 297
Morphin *(Morphin)* 31
Morphin Merck *(Morphin)* 297
Motilitätssteigernde Mittel 109
Motilium *(Domperidon)* 110
Moventig *(Naloxegol)* 111
Movicol *(Macrogol + NaCl + NaHCO3 + KCl)* 112
Movicol Junior *(Macrogol + NaCl + NaHCO3 + KCl)* 112
Moviprep *(Macrogol + Na2SO4 + NaCl + KCl + Ascorbinsäure + Natriumascorbat)* 113
Mowel *(Mycophenolatmofetil)* 286
Moxifloxacin 227, 247
Moxifloxacin Actavis *(Moxifloxacin)* 247
Moxifloxacin HEXAL *(Moxifloxacin)* 247
Moxifloxacin Kabi *(Moxifloxacin)* 247
Moxobeta *(Moxonidin)* 46
Moxonidin 46
Moxonidin HEXAL *(Moxonidin)* 46
Mozobil *(Plerixafor)* 163
MPA HEXAL *(Medroxy-progesteronacetat)* 428

MRSA 227, 229, 234, 241, 251, 413
MS 178, 285, 342–345
MSI *(Morphin)* 31, 297
MSR *(Morphin)* 297
MSSA 227, 229
MST *(Morphin)* 297
mTOR-Inhibitoren 190
MTX HEXAL *(Methotrexat)* 169, 218, 387
Mucofalk *(Flohsamen)* 112
Mucopolysaccharidose 150
Mucosolvan *(Ambroxol)* 95
Mukolytika 95
Mukopolysaccharidose 151
Mukormykose 277
Mukoviszidose 95, 96, 151, 240, 245, 255
Multaq *(Dronedaron)* 65
Multiple Sklerose 178, 285, 342–345
Multiples Myelom 145, 163–166, 177, 196, 204–208
Multisafe Cu 375 *(Intrauterinpessar mit Kupfer)* 438
Mumps-Immunisierung 291, 292
Mundinfektionen 229, 249
Mund-Rachen-Entzündung 414, 415
Mundsoor 280, 392, 393
Mundspülung 414
Mund-Zahnfleisch-Entzündung 414
Mupirocin 413
Muse *(Alprostadil)* 419
Muskelatrophie, spinale 347
Muskelrelaxantien 306, 336
- Antagonisierung 307, 339, 340
- Antagonisten 307
- depolarisierende 305, 307
- peripher wirksame 336
- stabilisierende 306
- zentral wirksame 337
Muskelrelaxierung 306, 307
Muskelschmerzen 338
Muskelspasmen 338
Muskelverspannung 338, 372
Muxan *(Docosanol)* 391
Myasthenia gravis 285, 339, 340
Myasthenisches Syndrom 149
Mycamine *(Micafungin)* 279
Mycobacterium avium intracellulare 242, 261
Mycobutin *(Rifabutin)* 261
Myconormin *(Terbinafin)* 280
Mycophenolatmofetil 286
Mycophenolatmofetil AL *(Mycophenolatmofetil)* 286
Mycophenolatnatrium 286
Mycosis fungoides 387
Mydocalm *(Tolperison)* 339
Mydriasert *(Tropicamid + Phenylephrin)* 406
Mydriasis 402, 406
Mydriaticum *(Tropicamid)* 406
Mydriatika 406
Mydrum *(Tropicamid)* 406
Myelodysplastisches Syndrom 172, 187, 206
Myelofibrose 188
Myelom, multiples 163, 165, 166, 177, 196, 204–208
Myelose, funikuläre 160
Myfenax *(Mycophenolatmofetil)* 286
Myfortic *(Mycophenolatnatrium)* 286
Myfungar *(Oxiconazol)* 393
Mykoplasmen 227
Mykose 277, 278
- Aspergillose 277–279
- Candidose 277–280, 391–393
- Chromoblastomykose 277, 279
- Fusariose 277
- Haare 280
- Haut 277, 280, 391, 392, 393
- Kokzidioidomykose 277
- Myzetom 277
- Nagel 391, 392, 393
- Pityriasis 385, 393
- Prophylaxe 277, 279
- vaginale 392
Mykosert *(Sertaconazol)* 393
Mykundex *(Nystatin)* 280
Mylepsinum *(Primidon)* 324
Myleran *(Busulfan)* 167
Myocet *(Doxorubicin liposomal)* 177
Myocholine-Glenwood *(Bethanecholchlorid)* 339
Myokardinfarkt 60, 81
Myokardischämie, pharmakologische Provokation 65
Myoklonie 319
Myoklonus-Syndrom 342
Myom 433
Myopridin *(Pridinol)* 338
Myotonolytika 337
Myozyme *(Alglucosidase alfa)* 149

N

Na2SO4 113
Nabilon 13, 121
NAC Stada akut *(Acetylcystein)* 95
NaCl 112, 113
NaCl 0,9% *(Elektrolytlösung, kaliumfrei)* 312
Nacom *(L-Dopa + Carbidopa)* 326
NAC-ratioph. *(Acetylcystein)* 95
Nadifloxacin 388
Nadixa *(Nadifloxacin)* 388
Nadroparin 72
Naftidrofuryl 82
- Geriatrie 450
Naftifin 392
Naftilong *(Naftidrofuryl)* 82
Nafti-ratioph. *(Naftidrofuryl)* 82
Nagel Batrafen *(Ciclopirox)* 392
Nagelmykose 391, 392, 393
Naglazyme *(Galsulfase)* 151
NaHCO3 112, 113
Nahrungsmittelallergie 100
Nahrungsmittelintoxikation 447
Nalador *(Sulproston)* 439

Nalbuphin 299
Nalmefen 379
Nalorex *(Naltrexon)* 300
Naloxegol 111
Naloxon 31, 294, 298–301
- Geriatrie 450
Naloxon Hameln *(Naloxon)* 300
Naloxon Inresa *(Naloxon)* 300
Naloxon-ratioph. *(Naloxon)* 31, 300
Nalpain *(Nalbuphin)* 299
Naltrexon 300, 379
Naltrexon-HCL neuraxpharm *(Naltrexon)* 300
Naphazolin 407, 411
Na-PPS 398
Naproxen 211
Naproxen AL *(Naproxen)* 211
Naproxen HEXAL *(Naproxen)* 211
Naproxen Infectoph. *(Naproxen)* 211
Naproxen Stada *(Naproxen)* 211
Naramig *(Naratriptan)* 335
Naratriptan 335
Naratriptan Actavis *(Naratriptan)* 335
Naratriptan-neuraxpharm *(Naratriptan)* 335
Narcaricin mite *(Benzbromaron)* 142
NARI 356
Narkolepsie 322, 324, 350, 378
Narkose 30–32, 295–298, 303, 304–307, 373
Narkoseprämedikation 69, 372, 373
Narkotika 303
Naropin *(Ropivacain)* 308
Nasacort *(Triamcinolon)* 412
Nasale Dekongestiva 413
Nasale Kongestion 413
Nasengel-ratioph. *(Xylometazolin)* 411
Nasenpolypen 412
Nasenspray-ratioph. *(Xylometazolin)* 411
Nasentropfen-ratioph. *(Xylometazolin)* 411
Nasivin *(Oxymetazolin)* 411
Nasonex *(Mometason)* 412
Natalizumab 345
Natamycin 280
Nateglinide 126
Natil N *(Flunarizin)* 346
Natpar *(Parathyroidhormon)* 13, 141
Natrilix *(Indapamid)* 57
Natriumascorbat 113
Natrium-Blocker 316, 320
Natriumcitrat 423
Natriumdihydrogenphosphat 410
Natriumhydrogencarbonat 31, 315
Natriumhydrogencarbonat 4.2% *(Natriumhydrogencarbonat)* 315
Natriumhydrogencarbonat 8.4% *(Natriumhydrogencarbonat)* 31, 315
Natriumoxybat 324
Natrium-Pentosanpolysulfat 398
Natriumperchlorat 141
Natriumphenylbutyrat 151
Natriumpicosulfat 112, 113
Natriumsulfat 113
Natriumthiosulfat 447
Natriumthiosulfat *(Natriumthiosulfat)* 447
Natulan *(Procarbazin)* 169
Navelbine *(Vinorelbin)* 174
Navirel *(Vinorelbin)* 174
Navoban *(Tropisetron)* 120
N-Butylscopolamin 216
Nebennierenrindenfunktion 155
Nebennierenrindeninsuffizienz 220
Nebennierenrindenkarzinom 206
Nebenschilddrüsenhormone 141
Nebenschilddrüsenkarzinom 142
Nebido *(Testosteron-undecanoat)* 420
Nebilet *(Nebivolol)* 42
Nebivolol 42
Nebivolol Actavis *(Nebivolol)* 42
Nebivolol Stada *(Nebivolol)* 42
Necitumumab 196
Neisseria meningitidis 227
Neisvac C *(Meningokokken-C-Oligosaccharid)* 289
Nelarabin 170
Nemexin *(Naltrexon)* 300
Neo-Eunomin *(Ethinylestradiol + Chlormadinon)* 436
Neo-Gilurytmal *(Prajmaliumbitartrat)* 62
Neomycin 400, 402
NeoRecormon *(Epoetin beta)* 158
Neostig Carino *(Neostigmin)* 339
Neostigmin 339
Neostigmin Rotexmedica *(Neostigmin)* 339
Neostigminintoxikation 69, 445
Neosynephrin-POS *(Phenylephrin)* 406
Neotaxan *(Paclitaxel)* 176
Neotigason *(Acitretin)* 386
Neotri *(Triamteren + Xipamid)* 59
Neovaskularisation, choroidale 410
Nepafenac 402
Nephral *(Triamteren + Hydrochlorothiazid)* 58
Nephropathie, diabetische 35, 36, 39
Nephrotect *(Aminosäurelösung)* 313
Nephrotisches Syndrom 285
Nepresol *(Dihydralazin)* 47
Neprilysinhemmer 52
Nerisona *(Diflucortolon)* 383
Nervo Opt N *(Diphenhydramin)* 375
Netupitant 119
Neulasta *(Pegfilgrastim)* 163
Neupogen 30, 48 *(Filgrastim)* 163

Neupro *(Rotigotin)* 328
Neuralgie 292, 308, 309, 317, 322, 355
Neuralgin *(ASS + Paracetamol + Coffein)* 215
Neuranidal N *(ASS + Paracetamol + Coffein)* 215
Neuritis 308
Neurium *(Alpha-Liponsäure)* 346
Neuroblastom 165, 174, 177
NeuroBloc *(Clostridium-botulinum-Toxin Typ B)* 337
Neurocil *(Levomepromazin)* 360
Neurodermitis 382, 383
Neuroendokrine Tumore 189, 190
Neurogene Detrusorhyperaktivität 337
Neurokinin-1-Antagonisten 120
Neuroleptanalgesie 296
Neuroleptika 120, 359
- mittelstark potente 362
- schwach potente 359
- sehr stark potente 363
- stark potente 362
Neurontin *(Gabapentin)* 322
Neuropathie 160
Neuropathiepräparate 346
Neuro-ratioph. 100/100 *(Thiamin + Pyridoxin)* 160
Neurotrat S forte *(Thiamin + Pyridoxin)* 160
Neurozystizerkose 281
Neutralisierungslösungen, Auge 410
Neutropenie 163, 245, 246, 251, 279
Nevanac *(Nepafenac)* 402
Nevirapin 267
Nevirapin Aurobindo *(Nevirapin)* 267
Nevirapin HEXAL *(Nevirapin)* 267
Nevirapin-ratioph. *(Nevirapin)* 267
Nexavar *(Sorafenib)* 189
Nexium *(Esomeprazol)* 106
Nexium Mups *(Esomeprazol)* 106
Nicergolin 341
- Geriatrie 450
Nicergolin-neuraxpharm *(Nicergolin)* 341
Nichtselektive Monoamin-Reuptake-Inhibitoren 348
Nichtsteroidale Antiphlogistika, Auge 402
Niclosamid 281
Nierenfunktion, exkretorische 457
Niereninsuffizienz 55, 124, 142, 157, 158, 161, 313, 457, 458
- Dosisanpassung 456–458
Nierensteine 143, 423
Nierentransplantation 285, 286
Nierenversagen 55, 58
Nierenzellkarzinom 185, 187, 188, 189, 190, 195, 204
Nif Ten *(Nifedipin + Atenolol)* 53
Nifatenol *(Nifedipin + Atenolol)* 53
Nifedipin 31, 44, 53
- Geriatrie 451
NifeHEXAL *(Nifedipin)* 44
Nifical *(Nifedipin)* 44
Nifurantin *(Nitrofurantoin)* 250
Nifuretten *(Nitrofurantoin)* 250
Nikotinintoxikation 331
Nilotinib 187
Nilox midi *(Notroxolin)* 250
Nilox mini *(Notroxolin)* 250
Nilvadipin 45
Nimbex *(Cisatracurium)* 306
Nimodipin 341
Nimodipin Carino *(Nimodipin)* 341
Nimodipin HEXAL *(Nimodipin)* 341
Nimotop *(Nimodipin)* 341
Nimvastid *(Rivastigmin)* 342
Ninlaro *(Ixazomib)* 13, 206
Nintedanib 101, 188
Nipent *(Pentostatin)* 207
Niraparib 14, 207
Nisoldipin 45
Nitisinon 152
Nitoman *(Tetrabenazin)* 346
Nitrate 59
Nitrazepam 373
- Geriatrie 452
Nitrazepam-neuraxpharm *(Nitrazepam)* 373
Nitrendipin 45, 54
Nitrendipin-ratioph. *(Nitrendipin)* 45
Nitrepress *(Nitrendipin)* 45
Nitro Carino *(Glyceroltrinitrat)* 60
Nitroderm *(Glyceroltrinitrat)* 60
Nitrofurane 249
Nitrofurantoin 250
- Geriatrie 450
Nitrofurantoin-ratioph. *(Nitrofurantoin)* 250
Nitroglycerin 31, 60
Nitroimidazole 249
Nitrolingual *(Glyceroltrinitrat)* 31, 60
Nitronal *(Glyceroltrinitrat)* 60
Nitrosoharnstoffe 167
Nitroxolin 250
Nitroxolin forte *(Notroxolin)* 250
Nivadil *(Nilvadipin)* 45
Nivestim *(Filgrastim)* 163
Nivolumab 197
Nizoral *(Ketoconazol)* 392
NOAK 73, 75
Nocardiose 248
Noctamid *(Lormetazepam)* 373
Nocturin *(Desmopressin)* 154
Nocutil *(Desmopressin)* 154
Nolvadex *(Tamoxifen)* 433
Nomegestrolacetat 435
Nonacog beta pegol (Faktor IX) 13
Non-Dihydropyridine 43
Non-Hodgkin-Lymphom 165, 166, 169, 172–178, 204, 226
Non-nukleosidische Reverse-Transkriptase-Inhibitoren 267
Non-steroidale Antirheumatika 209
Nootrop *(Piracetam)* 342

Noradrenalin 68
Noradrenalin-Reuptake-Inhibitoren 356
Norelgestromin 438
Norepinephrin 68
Norethisteron 430, 436
Norethisteronenantat 434
Norflex *(Orphenadrin)* 338
NorfloHEXAL *(Norfloxacin)* 245
Norflosal *(Norfloxacin)* 245
Norfloxacin 245
Norfloxacin Stada *(Norfloxacin)* 245
Norfluxx *(Norfloxacin)* 245
Norgestimat 436
Noristerat *(Norethisteronenantat)* 434
Normoc *(Bromazepam)* 371
Normofundin G5 *(Zweidrittelelektrolytlösung)* 312
Normofundin OP *(Halbelektrolytlösung)* 312
Normoglaucon *(Pilocarpin + Metipranolol)* 405
Normoglaucon Mite *(Pilocarpin + Metipranolol)* 405
Normosang *(Hemin)* 151
Norprolac *(Quinagolid)* 440
Norspan *(Buprenorphin)* 299
Nortrilen *(Nortriptylin)* 350
Nortriptylin 350
Norvasc *(Amlodipin)* 44
Norvir *(Ritonavir)* 269
Noscapin 97
Notfallkontrazeption 437
Notfallmedikamente 29
Nova T *(Intrauterinpessar mit Kupfer)* 438
Novalgin *(Metamizol)* 31, 214
Novaminsulfon-ratioph. *(Metamizol)* 214
Novanox *(Nitrazepam)* 373
Novantron *(Mitoxantron)* 178
Novastep *(Ethinylestradiol + Levonorgestrel)* 436
Novesine *(Oxybuprocain)* 399
Novial *(Ethinylestradiol + Desogestrel)* 436
Novirell B1 *(Thiamin)* 159
Novirell B12 *(Cyanocobalamin)* 160
Novodigal *(Beta-Acetyldigoxin)* 66
NovoEight *(Faktor VIII)* 83
Novofem *(Estradiol + Norethisteron)* 430
Novomix 30 *(Insulinaspart + Verzögerungsinsulin)* 132
Novonorm *(Repaglinid)* 126
Novopulmon *(Budesonid)* 91
NovoRapid *(Insulinaspart)* 131
NovoSeven *(Faktor VIIa)* 82
Novothyral *(Levothyroxin + Liothyronin)* 140
Noxafil *(Posaconazol)* 277
NPA-Insulin 132
NPH-Insulin 131
Nplate *(Romiplostim)* 85
NPL-Insulin 132
NS5A-Inhibitoren 270
NS5B-Inhibitoren
- nicht-nukleosidisch 271
- nukleos(t)idisch 270
NSAR 209
- Geriatrie 450
NSCLC 185–188, 196
NSMRI 348
Nubral *(Harnstoff)* 395
Nucala *(Mepolizumab)* 101
Nukleosidische Reverse-Transkriptase-Inhibitoren 264
Nukleotidische Reverse-Transkriptase-Inhibitoren 264
Nulojix *(Belatacept)* 285
Nurofen *(Ibuprofen)* 210
Nusinersen 14, 347
Nutriflex combi *(Aminosäurelösung)* 313
Nuvaring *(Ethinylestradiol + Etonogestrel)* 438
Nuwiq *(Faktor VIII)* 83
Nyda *(Dimeticon)* 394
Nyda Express *(Dimeticon)* 394
Nykturie 154
Nystaderm *(Nystatin)* 393
Nystatin 280, 393
Nystatin Stada *(Nystatin)* 280

O

Oberflächenanästhetika, Auge 399
Obeticholsäure 13, 115
Obidoximchlorid 448
Obinutuzumab 197
Obizur *(Faktor VIII)* 83
Obsidan *(Propranolol)* 42
Obstinol M *(Paraffin)* 112
Obstipation 110, 111, 112
Ocaliva *(Obeticholsäure)* 13, 115
Ocrelizumab 15, 345
Ocrevus *(Ocrelizumab)* 15, 345
Ocriplasmin 410
Octagam *(Immunglobuline)* 288
Octanine *(Faktor IX)* 83
Octaplex *(Prothrombinkomplex)* 83
Octostim *(Desmopressin)* 154
Octreotid 122
Octreotid HEXAL *(Octreotid)* 122
Ocuflur O.K. *(Flurbiprofen)* 402
Odefsey *(Emtricitabin + Tenofovir + Rilpivirin)* 265
Ödeme 55, 56, 57, 58, 59
Odomzo *(Sonidegib)* 15, 207
OeKolp *(Estriol)* 426
Ofatumumab 197
Ofev *(Nintedanib)* 101
OfloHEXAL *(Ofloxacin)* 246
Oflox Basics *(Ofloxacin)* 246
Ofloxacin 246, 400
Ofloxacin Stada *(Ofloxacin)* 246
Ofloxacin Stulln *(Ofloxacin)* 400
Ofloxacin-Ophtal *(Ofloxacin)* 400
Ofloxacin-ratioph. *(Ofloxacin)* 246, 400
Oftaquix *(Levofloxacin)* 400

Ogostal *(Capreomycin)* 260
Ohrenentzündung 413, 414
Olanzapin 368
Olanzapin HEXAL *(Olanzapin)* 368
Olaparib 207
Olaratumab 197
Oligomenorrhoe 428
Oligurie 55
Olmeamlo *(Olmesartan + Amlodipin)* 51
Olmecor *(Olmesartan)* 39
Olmedipin *(Olmesartan + Amlodipin)* 51
Olmesartan 39, 50, 51
Olmesartan AbZ *(Olmesartan)* 39
Olmetec *(Olmesartan)* 39
Olmetec plus *(Olmesartan + Hydrochlorothiazid)* 50
Olodaterol 87, 90
Olopatadin 407
Olsalazin 116
Olumiant *(Baricitinib)* 14, 224
Olynth *(Xylometazolin)* 411
Olysio *(Simeprevir)* 269
Omacor *(Omega-3-Säurenethylester)* 138
Omalizumab 101
Ombitasvir 272
Ombitasvir (OMW) 270
Ome Tad *(Omeprazol)* 107
Omebeta *(Omeprazol)* 107
Omega-3-Fettsäuren 138
Omega-3-Säurenethylester 138
Omep *(Omeprazol)* 107
Omep plus *(Omeprazol + Amoxicillin + Clarithromycin)* 108
Omeprazol 107, 108
Omeprazol Dexcel *(Omeprazol)* 107
Omeprazol-ratioph. NT *(Omeprazol)* 107
Omnic Ocas *(Tamsulosin)* 418
Omsula *(Tamsulosin)* 418
Onbrez Breezhaler *(Indacaterol)* 87
Oncaspar *(Asparaginase)* 204
Oncofolic *(Folinsäure)* 205
Ondansetron 119
Ondansetron HEXAL *(Ondansetron)* 119
Ondansetron-ratioph. *(Ondansetron)* 119
One-Alpha *(Alfacalcidol)* 160
Ongentys *(Opicapon)* 330
Onglyza *(Saxagliptin)* 129
Onivyde *(Irinotecan liposomal)* 179
Onkotrone *(Mitoxantron)* 178
Opatanol *(Olopatadin)* 407
Opdivo *(Nivolumab)* 197
Ophel *(Opipramol)* 359
Ophtalmin N *(Tetryzolin)* 408
Opicapon 330
Opioide 294
- Abhängigkeit 297, 299, 300
- Agonist mit Noradrenalin-Reuptake-Hemmung 294, 302
- Agonisten 295
- Agonisten-Antagonisten 299
- Antagonisten 300
- Entzug 300
- Intoxikation 31, 300
- Überhang 31
- Umstellung 294

Opipram *(Opipramol)* 359
Opipramol 359
Opipramol-neuraxpharm *(Opipramol)* 359
Opipramol-ratioph. *(Opipramol)* 359
Opitkusneuropathie 410
Oprymea *(Pramipexol)* 328
Opsumit *(Macitentan)* 104
Optidorm *(Zopiclon)* 376
Optruma *(Raloxifen)* 431
Orap *(Pimozid)* 365
Oraycea *(Doxycyclin)* 390
Orciprenalin 88
Orelox *(Cefpodoxim-Proxetil)* 239
Orencia *(Abatacept)* 223
Orfadin *(Nitisinon)* 152
Orfiril *(Valproinsäure)* 321
Organophosphatintoxikation 448
Organtransplantation 165, 285, 286
Orgaran *(Danaparoid)* 74
Orkambi *(Ivacaftor + Lumacaftor)* 151
Orlistat 147
Orlistat HEXAL *(Orlistat)* 147
Orlistat-ratioph. *(Orlistat)* 147
Ornithinaspartat 114
Orphacol *(Cholsäure)* 150
Orphan Drugs 147
Orphenadrin 338
orticollis 338
Ortoton *(Methocarbamol)* 338
Oseltamivir 263
Osimertinib 188
Osmofundin *(Mannitol)* 58
Osmosteril *(Mannitol)* 58
Osmotische Diuretika 58
Osnervan *(Procyclidin)* 331
Ösophagitis, eosinophile 117
Ösophaguskarzinom 168, 174, 178
Ösophagusvarizenblutung 154
Ospemifen 431
Ospolot *(Sultiam)* 323
Ossofortin D *(Colecalciferol + Calciumcarbonat)* 161
Ossofortin forte *(Colecalciferol + Calciumcarbonat)* 161
Ostac *(Clodronsäure)* 145
Osteodystrophie, renale 160, 161
Osteolyse 145
Osteomalazie 160, 161
Osteomyelitis 230
Osteopetrose 287
Osteoporose 141–146, 160, 161, 310
Osteoporoseprophylaxe, Postmenopause 425–431
Osteosarkom 168, 169, 177, 178, 206
Osteotriol *(Calcitriol)* 161

Östrogene 425, 429
Östrogene, konjugierte 426, 431
Östrogen-Gestagen-Kombination 434, 436
Östrogenmangel 425–431
Östrogenrezeptor-Modulatoren 431
Östronara *(Estradiol + Levonorgestrel)* 430
OsvaRen *(Calciumdiacetat + Mg2+)* 124
Osyrol *(Spironolacton)* 58
Osyrol-Lasix *(Spironolacton + Furosemid)* 59
Otalgan *(Phenazon + Procain)* 413
OTC-Ausnahmeliste 457
Oteracil 173
Otezla *(Apremilast)* 224
Otitex *(Docusat + Ethanol)* 413
Otitis externa 413, 414
Otitis media 413, 414
Otobacid N *(Dexamethason + Cinchocain)* 413
Otologika 413
Otowaxol *(Docusat + Ethanol)* 413
Otri Allergie Fluticason *(Fluticason)* 412
Otriven *(Xylometazolin)* 411
Ovarialkarzinom 165–168, 173, 175–179, 195, 207
Ovastat *(Treosulfan)* 167
Ovestin *(Estriol)* 426
Ovulationshemmer 434–438
Ovulationsinduktion 433
Ovulationsstimulation 433, 434
Oxaliplatin 168
Oxaliplatin HEXAL *(Oxaliplatin)* 168
Oxazepam 373
- Geriatrie 453
Oxazepam-ratioph. *(Oxazepam)* 373
Oxazolidinone 253
Oxcarbazepin 318
Oxcarbazepin Dura *(Oxcarbazepin)* 318
Oxicame 212
Oxiconazol 393
Oxis *(Formoterol)* 87
Oxybuprocain 399
Oxybutynin 416
- Geriatrie 453
Oxybutynin-ratioph. *(Oxybutynin)* 416
Oxycodon 294, 297, 298
- Geriatrie 450
Oxycodon Beta *(Oxycodon)* 297
Oxycodon HEXAL *(Oxycodon)* 297
Oxycodon Stada *(Oxycodon)* 297
Oxycodon-ratioph. *(Oxycodon)* 297
Oxygesic *(Oxycodon)* 297
Oxymetazolin 411
Oxytetracyclin 400
Oxytetracyclin *(Oxytetracyclin)* 400
Oxytocin 32, 154, 439
Oxytocin HEXAL *(Oxytocin)* 32, 439
Oxytocin Rotexmedica *(Oxytocin)* 439
Ozurdex *(Dexamethason)* 401
Ozym *(Pankreatin)* 115

P

Paclitaxel 176
Paclitaxel HEXAL *(Paclitaxel)* 176
Paediamuc *(Ambroxol)* 95
Paediathrocin *(Erythromycin)* 243
Painbreak *(Morphin)* 297
Palbociclib 188
Palexia retard *(Tapentadol)* 302
Paliperidon 368
Palladon *(Hydromorphon)* 296
Palliativtherapie 220
Palonosetron 119
Palonosetron HEXAL *(Palonosetron)* 119
Palonosetron Riboseph. *(Palonosetron)* 119
Pamba *(Aminomethylbenzoesäure)* 79
Pamidron HEXAL *(Pamidronsäure)* 145
Pamidronsäure 145
Pamifos *(Pamidronsäure)* 145
Pamorelin LA *(Triptorelin)* 423
Pan Ophtal *(Dexpanthenol)* 408
Panarteriitis nodosa 219, 285
Pancuronium 306
Pancuronium Hikma *(Pancuronium)* 306
Pancuronium Inresa *(Pancuronium)* 306
Pancuronium Rotexmedica *(Pancuronium)* 306
Pangrol *(Pankreatin)* 115
Panikstörung 350–356, 371
Panitumomab 197
Pankreasfistel 122
Pankreasinsuffizienz
- bei Mukoviszidose 115
- exokrine 115, 116
Pankreaskarzinom 172, 173, 178, 179, 186
Pankreatin 115, 116
Pankreatin Mikro-ratioph. *(Pankreatin)* 115
Panobinostat 207
Panoral *(Cefaclor)* 238
Panotile Cipro *(Ciprofloxacin)* 414
Panretin *(Alitretinoin)* 204
Pantoprazol 107
Pantoprazol HEXAL *(Pantoprazol)* 107
Pantoprazol NYC *(Pantoprazol)* 107
Pantoprazol Stada *(Pantoprazol)* 107
Pantorc *(Pantoprazol)* 107
Pantostin *(Alfatradiol)* 395

Pantozol *(Pantoprazol)* 107
Pantozol control *(Pantoprazol)* 107
Panzytrat *(Pankreatin)* 115
Papillomvirus-Immunisierung 292
Papillomvirusimpfstoff 292
Paracefan *(Clonidin)* 378
Paracetamol 215, 216, 303
- Geriatrie 450
Paracetamol comp. Stada *(Paracetamol + Codein)* 215
Paracetamol HEXAL *(Paracetamol)* 303
Paracetamolintoxikation 95, 444
Paracetamol-ratioph. *(Paracetamol)* 303
Paracodin *(Dihydrocodein)* 97
Paraffin 112
Parasympatholytika 69, 109, 111, 416
Parasympathomimetika, Auge 404
Parathormon 142
Parathyroidhormon 13, 141
Parecoxib 214
Parenterale Cephalosporine 237
Parenterale Ernährung 311
- Stufenschema 311
- Tagesbedarf 311
Paricalcitol 161
Paricalcitol HEXAL *(Paricalcitol)* 161
Pariet *(Rabeprazol)* 107
Paritaprevir 269, 272
Parkinsan *(Budipin)* 333
Parkinson-Syndrom 326, 331
Parkopan *(Trihexphenidyl)* 331
Paromomycin 255
Paroxat *(Paroxetin)* 354
Paroxetin 354
Paroxetin Stada *(Paroxetin)* 354
Paroxetin-ratioph. *(Paroxetin)* 354
Parsabiv *(Etelcalcetid)* 13, 142
Parsabiv d(Etelcalcetid) 13, 142
Partielle Histaminagonisten 118
Partusisten *(Fenoterol)* 30, 441
Partusisten intrapartal *(Fenoterol)* 441
Pasconeural Injectopas *(Procain)* 308
Pascorbin *(Ascorbinsäure)* 160
PAS-Fatol N *(4-Aminosalicylsäure)* 261
Pasireotid 153
Pasonican *(Paricalcitol)* 161
Paspertin *(Metoclopramid)* 31, 110
Patiromer 15, 423
Pazopanib 188
PCI 81
PecFent *(Fentanyl oral/nasal)* 296
Pedea *(Ibuprofen)* 210
Pegaptanib 410
Pegasys *(Peginterferon alfa-2a)* 287
PEG-Epoetin beta 158
Pegfilgrastim (G-CSF) 163
Peginterferon alfa-2a 287
Peginterferon alfa-2b 287
Pegintron *(Peginterferon alfa-2b)* 287
Pegvisomant 155
Pembrolizumab 197
Pemetrexed 169
Pemphigoid, bullöses 285
Pemphigus vulgaris 285
Pen Mega *(Penicillin V)* 229
Penbutolol 52
Penciclovir 391
Pencivir *(Penciclovir)* 391
Pendysin *(Benzylpenicillin-Benzathin)* 228
PenHEXAL *(Penicillin V)* 229
Penicillamin 218
Penicillin G 227, 228
Penicillin G infectoph. *(Penicillin G)* 228
Penicillin V 227, 229
Penicillin V-CT *(Penicillin V)* 229
Penicillin V-ratioph. *(Penicillin V)* 229
Penicilline 228, 232
- mit erweitertem Spektrum 230
- mit Pseudomonaswirkung 231
Pentacarinat *(Pentamidin)* 256
Pentaerithrityltetranitrat 60
Pentalong *(Pentaerithrityltetranitrat)* 60
Pentamidin 256
Pentamol *(Salbutamol)* 86
Pentasa *(Mesalazin)* 116
Pentatop *(Cromoglicinsäure)* 100
PentoHEXAL *(Pentoxifyllin)* 82
Pentosanpolysulfat-Natrium 14, 424
Pentostatin 207
Pentoxifyllin 82
- Geriatrie 450
Pentoxyverin 97
Pepdul *(Famotidin)* 105
Peptide, regulatorische 121
Perazin 362
Perazin-neuraxpharm *(Perazin)* 362
Perchlorat-Discharge-Test 141
Perenterol *(Saccharomyces boulardii)* 114
Perfalgan *(Paracetamol)* 303
Perfan *(Enoximon)* 70
Perfluorohexyloctan 408
Pergolid 328
Pergolid HEXAL *(Pergolid)* 328
Pergolid-neuraxpharm *(Pergolid)* 328
Periduralanästhesie 308
Perindo In 1A *(Perindopril + Indapamid)* 48
Perindopril 48, 54, 137
Perindopril-Arginin 36, 54
Peritonealkarzinom 195, 207
Peritonealkarzinose 207
Peritonitis 231, 252
Perjeta *(Pertuzumab)* 198
Permethrin 394
Permethrin Biomo *(Permethrin)* 394

Perocur forte *(Saccharomyces boulardii)* 114
Peroxidasehemmer 140
Perphenazin 362
- Geriatrie 452
Perphenazin-neuraxpharm *(Perphenazin)* 362
Pertussis-Immunisierung 290, 292
Pertuzumab 198
Peteha *(Protionamid)* 259
Pethidin 294, 298
- Geriatrie 450
Pethidin Hameln *(Pethidin)* 298
Petibelle *(Ethinylestradiol + Drospirenon)* 435
Petinutin *(Mesuximid)* 324
Petnidan *(Ethosuximid)* 319
Peyona *(Coffeincitrat)* 307
Phäochromozytom 46
Phardol Ketoprofen *(Ketoprofen)* 210
Pharmakologie, Grundbegriffe 454
Pheburane *(Natriumphenylbutyrat)* 151
Phenazon 215, 413
Phenhydan *(Phenytoin)* 32, 318
Phenobarbital 319
- Geriatrie 451
Phenobarbital-neuraxpharm *(Phenobarbital)* 319
Phenolsulfonsäure 381
Phenoxybenzamin 46
Phenoxymethylpenicillin 229
Phenprocoumon 76
Phenprocoumon Acis *(Phenprocoumon)* 76
Phenprogamma *(Phenprocoumon)* 76
Phenpro-ratioph. *(Phenprocoumon)* 76
Phenylbutazon 215
Phenylephrin 406, 407
Phenylketonurie 152
Phenytoin 32, 318
Phenytoin AWD *(Phenytoin)* 318
Phobie 350, 352, 354
Phosphatbinder 124, 423
Phosphodiesterase-4-Inhibitor 94
Phosphodiesterase-5-Inhibitor 102
Phosphodiesterasehemmer 419
Phosphonorm *(Aluminium-chloridhydroxid-Komplex)* 124
Photosensitizer 396
Phototoxizität, Prophylaxe 397
Physiotens *(Moxonidin)* 46
Physostigmin 448
Phytomenadion 162
Phytosterol 418
Pibrentasvir 14, 270, 272
Picato *(Ingenolmebutat)* 398
Picoprep *(Citronensäure + Magnesiumoxid + Natriumpicosulfat)* 113
Pidana *(Levonorgestrel)* 437
Pigmentstörungen 162
Pilocarpin 404, 405, 406
Pilomann *(Pilocarpin)* 404
Pimafucin *(Natamycin)* 280
Pimecrolimus 384
Pimozid 365
Pindolol 42
Pioglitazon 129
Pioglitazon Aurobindo *(Pioglitazon)* 129
Pipamperon 361
- Geriatrie 452, 453
Pipamperon HEXAL *(Pipamperon)* 361
Pipamperon-neuraxpharm *(Pipamperon)* 361
Piperacillin 227, 231, 233
Piperacillin Eberth *(Piperacillin)* 231
Piperacillin Fresenius *(Piperacillin)* 231
Piperacillin Hikma *(Piperacillin)* 231
Piperacillin Ibisqus *(Piperacillin)* 231
Piperacillin/Tazobactam Aurobindo *(Piperacillin + Tazobactam)* 233
Piperacillin/Tazobactam HEXAL *(Piperacillin + Tazobactam)* 233
Piperacillin/Tazobactam Kabi *(Piperacillin + Tazobactam)* 233
Piperaquintetraphosphat 283
Piperonylbutoxid 394
Piracetam 342
- Geriatrie 450
Piracetam Stada *(Piracetam)* 342
Piracetam-neuraxpharm *(Piracetam)* 342
Piracetam-ratioph. *(Piracetam)* 342
Pirenzepin 109
Piretanid 49, 55
Piretanid 1A *(Piretanid)* 55
Piretanid HEXAL *(Piretanid)* 55
Piretanid Stada *(Piretanid)* 55
Pirfenidon 101
Piribedil 328
Piritramid 294, 298
Piritramid Hameln *(Piritramid)* 298
Piroxicam 213
Piroxicam AL *(Piroxicam)* 213
Piroxicam HEXAL *(Piroxicam)* 213
Piroxicam-ratioph. *(Piroxicam)* 213
Pitolisant 322
Pityriasis 385, 386, 392, 393
Pivmecillinam 231
Pixantron 178
Pixuvri *(Pixantron)* 178
PK-Merz *(Amantadin)* 332
Pladizol *(Cilostazol)* 80
Plantago ovata 112
Planum *(Temazepam)* 374
Plaquenil *(Hydroxy-chloroquinsulfat)* 217
Plaque-Psoriasis 224
Plasmaersatzmittel 314

Plasmaproteinbindung 454
Plastulen Duo *(Folsäure + Eisen)* 162
Platinhaltige Verbindungen 167
Plavix *(Clopidogrel)* 80
Plazentaschranke 456
Plegridy *(Interferon beta-1a)* 345
Plenvu *(Macrogol + Na2SO4 + NaCl + KCl + Ascorbinsäure + Natriumascorbat)* 113
Pleon RA *(Sulfasalazin)* 218
Plerixafor 163
Pletal *(Cilostazol)* 80
Pleuraergüsse, maligne 178
Pleuramesotheliom, malignes 169
Plexusblockade 308
Pneumocystis-jirovecii-Pneumonie 248, 256
Pneumokokken-Immunisierung 289
Pneumokokkenpolysaccharid 289
Pneumonie 219, 231–237, 242–254
- ambulant erworbene 237, 243, 252
- nosokomiale 233, 237, 252
Pneumovax 23 *(Pneumokokkenpolysaccharid)* 289
Podomexef *(Cefpodoxim-Proxetil)* 239
Podophyllotoxin 398
Podophyllotoxin-Derivate 175
Poliomyelitis-Immunisierung 292
Poliomyelitis-Impfstoff 292
Pollakisurie 416, 417
Poloniumintoxikation 448
Polyangiitis 226
Polyarthritis 212–219, 223–226, 285
Polyartikuläre juvenile idiopath. Arthritis 226
Polycythaemia vera 167, 188, 205
Polyene 278
Polymenorrhoe 428
Polymyxin B 400, 402, 414
Polyneuropathie 317, 346, 355
Polyspectran *(Polymyxin B + Bacitracin + Hydrocortison)* 414
Polyspectran *(Polymyxin B + Neomycin + Gramicidin)* 400
Polysulfonsäure 424
Pomalidomid 207
Ponatinib 188
Ponveridol *(Droperidol)* 120
Porphyrie 151, 162
Portrazza *(Necitumumab)* 196
Posaconazol 277
Posifenicol C *(Chloramphenicol)* 399
Posiformin *(Bibrocathol)* 400
Postanoxisches Myoklonus-Syndrom 342
Postericort *(Hydrocortison)* 123
Posterisan Akut *(Lidocain)* 123
Postherpetische Neuralgie, Prophylaxe 292
Postinor *(Levonorgestrel)* 437
Postkoitalpille 437
Postkommotionelles Syndrom 342
Postmenopause 425–431
Postpartale Blutung 32, 439
Postpartale Infektion 251
Post-Transplantations-Hyperlipidämie 135
Potactsol *(Topotecan)* 179
Potenzen, analgetische 294
Präcoma 255
Pradaxa *(Dabigatran)* 75
Prajmaliumbitartrat 62
Praluent *(Alirocumab)* 139
Prämedikation 69, 296, 372, 373
Pramidopa *(L-Dopa + Carbidopa + Pramipexol)* 326
Pramipexol 326, 328
Pramipexol HEXAL *(Pramipexol)* 328
Prandin *(Repaglinid)* 126
Prasugrel 81
- Geriatrie 452
Prava Basics *(Pravastatin)* 135
Pravafenix *(Fenofibrat + Pravastatin)* 137
Pravalich *(Pravastatin)* 135
Pravasin protect *(Pravastatin)* 135
Pravastatin 135, 137
Pravastatin HEXAL *(Pravastatin)* 135
Pravastatin-CT *(Pravastatin)* 135
Pravidel *(Bromocriptin)* 327, 440
Praxbind *Idarucizumab* 76
Praxiten *(Oxazepam)* 373
Prazepam 373
Praziquantel 281
Predni POS *(Prednisolon)* 401
Prednicarbat 382
Prednicarbat Acis *(Prednicarbat)* 382
PredniHEXAL *(Prednisolon)* 221
Prednisolon 32, 123, 221, 381, 401
Prednisolon Jenapharm *(Prednisolon)* 221
Prednisolon LAW *(Prednisolon)* 381
Prednisolon-ratioph. *(Prednisolon)* 221
Prednisolut *(Prednisolon)* 221
Prednison 221
Prednison HEXAL *(Prednison)* 221
Prednitop *(Prednicarbat)* 382
Pregaba HEXAL *(Pregabalin)* 322
Pregabador *(Pregabalin)* 322
Pregabalin 322
Pregabalin Glenmark *(Pregabalin)* 322
Pregnancy Risk Categories 456
Prellungen 210
Prepidil *(Dinoproston)* 439
Presinol *(Alpha-Methyldopa)* 45
Presomen 28 *(Konjugierte Östrogene)* 426
Presomen 28 compositum *(konjugierte Östrogene + Medrogeston)* 431

Presomen conti *(konjugierte Östrogene + Medrogeston)* 431
Preterax N *(Perindopril + Indapamid)* 48
Prevenar-13 *(Pneumokokkenpolysaccharid)* 289
Prevymis *(Letermovir)* 15, 262
Prezista *(Darunavir)* 268
Prialt *(Ziconotid)* 302
Pridax *(Alprostadil)* 82
Pridinol 338
Priligy *(Dapoxetin)* 424
Prilocain 308
Primaquin 283
Primaquine *(Primaquin)* 283
Primidon 324
Primidon Holsten *(Primidon)* 324
PRIND 81
Priorix MMR *(Masern-Mumps-Röteln-Impfstoff)* 291
Priorix Tetra *(Masern-Mumps-Röteln-Varizellen-Impfstoff)* 292
Privigen *(Immunglobuline)* 288
Privin *(Naphazolin)* 411
Probenecid 142
Probenecid *(Probenecid)* 142
Procain 308, 413
Procain Actavis *(Procain)* 308
Procarbazin 169
Procoralan *(Ivabradin)* 61
Proculin *(Naphazolin)* 407
Procyclidin 331
Prodrom *(Propiverin)* 417
Profact Depot 2 *(Buserelin)* 422
Profact Depot 3 *(Buserelin)* 422
Profact nasal *(Buserelin)* 422
Profact pro injectione *(Buserelin)* 422
Proges *(Propiverin)* 417
Progestan *(Progesteron)* 428
Progesteron 428
Proglicem *(Diazoxid)* 132
Prograf *(Tacrolimus)* 286
Proguanil 283
Progynova 21 (mite) *(Estradiol)* 425
Prokinetika 118
Proktitis 123
Proktosigmoiditis 117
Prolaktinhemmer 440
Prolastin *(Alpha-1-Proteinase-Inhibitor)* 84
Proleukin S *(Aldesleukin)* 204
Prolia *(Denosumab)* 146
Promethazin 32, 361
Promethazin-neuraxpharm *(Promethazin)* 361
Promixin *(Colistimethatnatrium)* 255
Promyelozytenleukämie 208
Pronenz *(Propiverin)* 417
Proneurin *(Promethazin)* 361
Pronoran *(Piribedil)* 328
Propafenon 63
Propafenon-ratioph. *(Propafenon)* 63
Proparakain-POS *(Proxymetacain)* 399
Propecia *(Finasterid)* 395
Propess *(Dinoproston)* 439
Propionsäurederivate 209
Propiverin 417
Propiverin AL *(Propiverin)* 417
Propiverin HEXAL *(Propiverin)* 417
Propofol 32, 305
Propofol lipuro *(Propofol)* 32, 305
Propofol-ratioph. *(Propofol)* 305
Propra comp.-ratioph. *(Propranolol + Triamteren + Hydrochlorothiazid)* 53
Propranolol 42, 53
Propranolol Stada *(Propranolol)* 42
Propra-ratioph. *(Propranolol)* 42
Propycil *(Propylthiouracil)* 140
Propylthiouracil 140
Propyphenazon 215
ProQuad *(Masern-Mumps-Röteln-Varizellen-Impfstoff)* 292
Proscar *(Finasterid)* 418
Prosmin *(Finasterid)* 418
Prostadil *(Tamsulosin)* 418
Prostaglandin-Derivate 404
Prostaglandinsynthesehemmer 209–214, 303
Prostatahyperplasie 418
Prostatakarzinom 168, 175, 178, 205, 421, 422, 423
Prostatamittel 417
Prostatitis 245, 246
Prostavasin *(Alprostadil)* 82
Prostazid *(Tamsulosin)* 418
Protagent *(Filmbildner)* 408
Protamin Me *(Protamin-HCl)* 76
Protamin-HCl 76
Protaminsulfat Leo *(Protamin-HCl)* 76
Protaphane *(Verzögerungsinsulin)* 131
Protease-Inhibitoren 268
Proteasen 398
Protein C 78
Protein-C-Mangel 78
Proteine, knochenmorphogene 147
Proteinkinase-Inhibitoren 180
Proteus mirabilis 227
Proteus vulgaris 227
Prothazin *(Promethazin)* 361
Prothipendyl 361
Prothrombinkomplex 83
Prothyrid *(Levothyroxin + Liothyronin)* 140
Protionamid 259
Protirelin 155
Protonenpumpenblocker 106
Protopic *(Tacrolimus)* 384
Protoporphyrie, erythropoetische 397
Provas *(Valsartan)* 39
Provas comp. *(Valsartan + Hydrochlorothiazid)* 50

Provas maxx *(Valsartan + Hydrochlorothiazid)* 50
Proxymetacain 399
Prucaloprid 111
Pruritus 122, 123, 137
Pseudoephedrin 413
Pseudokrupp 32, 221
Pseudomonas aeruginosa 227, 245
Pseudomonas-aeruginosa-Pneumonie, chronische 240, 255
Pseudomonaspenicilline 231
Psoradexan *(Dithranol + Harnstoff)* 385
Psoriasis 224–226, 285, 381–388
Psoriasisarthritis 218, 224–226, 388
Psychoanaleptika 376
Psychose 30, 360–367
Pubertas tarda 420
Pulmelia *(Formoterol + Budesonid)* 92
Pulmicort *(Budesonid)* 91
Pulmicort Topinasal *(Budesonid)* 412
Pulmonale Hypertonie 103, 104
- Therapeutika 102

Puregon *(Follitropin beta)* 434
Purin-Analoga 170
Puri-Nethol *(Mercaptopurin)* 170
Purpura
- fulminans 78
- idiopathische thrombozytopenische 288
- immunthrombozytopenische 85

Pustulosis palmoplantaris 383, 386
Pyelonephritis 237
Pylera *(Bismut-III-Oxid-Citrat + Metronidazol + Tetracyclin)* 108
Pyodermien 390
Pyrafat *(Pyrazinamid)* 259
Pyrantel 282
Pyrazinamid 259
Pyrazinamid *(Pyrazinamid)* 259
Pyrazolonderivate 214
Pyrcon *(Pyrvinium)* 282
Pyrethrine 394
Pyridostigmin 340
Pyridostigminintoxikation 69, 445
Pyridoxin 160, 260
Pyrilax *(Bisacodyl)* 112
Pyrimethamin 256
Pyrimidin-Analoga 171
Pyrvinium 282

Q

Qlaira *(Estradiol + Dienogest)* 436
Qo-Wert 455, 458
Quallenerytheme 397
Quantalan *(Colestyramin)* 137
Quecksilberintoxikation 445, 448
Quensyl *(Hydroxy-chloroquinsulfat)* 217
Quentiax *(Quetiapin)* 368
Querto *(Carvedilol)* 41
Questran *(Colestyramin)* 137
Quetiapin 368
- Geriatrie 452

Quetiapin HEXAL *(Quetiapin)* 368
Quetiapin-neuraxpharm *(Quetiapin)* 368
Quilonorm *(Lithiumcarbonat)* 358
Quilonum retard *(Lithiumcarbonat)* 358
Quinagolid 440
Quinaplus Stada *(Quinapril + Hydrochlorothiazid)* 49
Quinapril 37, 49
Quinapril HEXAL comp. *(Quinapril + Hydrochlorothiazid)* 49
Quinsair *(Levofloxacin)* 246
Qutenza *(Capsaicin)* 309
Q-Wert 456, 458

R

Rabeprazol 107
Rabeprazol Puren *(Rabeprazol)* 107
Rabeprazol-ratioph. *(Rabeprazol)* 107
Rabipur *(Tollwutimpfstoff)* 292
Racecadotril 114
Rachitis 161
Rachitis-Prophylaxe 161
Ralenova *(Mitoxantron)* 178
Ralnea *(Ropinirol)* 328
Raloxifen 431
Raloxifen HEXAL *(Raloxifen)* 431
Raloxifen Stada *(Raloxifen)* 431
Raltegravir 275
Ramidipin *(Amlodipin + Ramipril)* 54
Ramilich *(Ramipril)* 37
Ramiplus AL *(Ramipril + Hydrochlorothiazid)* 49
Ramipril 13, 37, 49, 54, 137
Ramipril comp.-CT *(Ramipril + Hydrochlorothiazid)* 49
Ramipril HEXAL *(Ramipril)* 37
Ramipril HEXAL plus Amlodipin *(Amlodipin + Ramipril)* 54
Ramipril Piretanid Actavis *(Ramipril + Piretanid)* 49
Ramipril-CT *(Ramipril)* 37
Ramipril-ratioph. *(Ramipril)* 37
Ramipril-ratioph. comp. *(Ramipril + Hydrochlorothiazid)* 49
Ramitanid AL *(Ramipril + Piretanid)* 49
Ramucirumab 198
Ranexa *(Ranolazin)* 61
Ranibeta *(Ranitidin)* 105
Ranibizumab 410
Ranitic *(Ranitidin)* 105
Ranitidin 105
Ranitidin-ratioph. *(Ranitidin)* 105

RANKL-Inhibitoren 146
Ranolazin 61
Rantudil *(Acemetacin)* 212
Rapamune *(Sirolimus)* 286
Rapibloc *(Landiolol)* 13, 41
Rapifen *(Alfentanil)* 295
Rasagilin 329
Rasagilin-ratioph. *(Rasagilin)* 329
Rasburicase 143
Rasilez *(Aliskiren)* 43
Rasilez HCT *(Aliskiren + Hydrochlorothiazid)* 53
Ratiograstim *(Filgrastim)* 163
Rauchentwöhnungsmittel 380
Raucherentwöhnung 380
Rauchgasinhalation 91
Raxone *(Idebenon)* 410
Raynaud-Syndrom 44
Reactine *(Cetirizin)* 98
Reactine Duo *(Pseudoephedrin + Cetirizin)* 413
Reagila *(Cariprazin)* 15, 367
Reanimation 29, 68
Rebetol *(Ribavirin)* 275
Rebif *(Interferon beta-1a)* 345
Reboxetin 356
Recombinate *(Faktor VIII)* 83
Rectodelt *(Prednison)* 221
Rectogesic *(Glyceroltrinitrat)* 123
Refixia *(Faktor IX)* 13, 83
Refluxösophagitis 105–109
Refobacin *(Gentamicin)* 244, 391, 399
Refraktionsbestimmung 406
Regaine Frauen *(Minoxidil)* 395
Regaine Männer *(Minoxidil)* 395
Regenon *(Amfepramon)* 147
Regulatorische Peptide 121
Regulax picosulfat *(Natriumpicosulfat)* 112
Reisediarrhoe-Prophylaxe 114
Reisegold *(Dimenhydrinat)* 118
Reisekrankheit 118, 120
Reisetabletten-ratioph. *(Dimenhydrinat)* 118
Reizdarm 110, 111
Reizhusten 96, 97
Reizsyndrom, zentrales vestibuläres 118
Rekawan *(Kalium)* 309
Rekovelle *(Follitropin delta)* 14, 434
Rektumkarzinom 168, 172, 173, 178, 179, 195–197, 203, 205
Relefact LHRH *(Gonadorelin)* 155
Relenza *(Zanamivir)* 263
Relestat *(Epinastin)* 407
Relistor *(Methylnaltrexon)* 110
Relpax *(Eletriptan)* 334
Relvar Ellipta *(Vilanterol + Fluticasonfuroat)* 93
Remergil *(Mirtazapin)* 351
Remeron *(Mirtazapin)* 351
Remestan *(Temazepam)* 374
Remicade *(Infliximab)* 226
Remifentanil 294, 298
Remifentanyl B. Braun *(Remifentanil)* 298
Remifentanyl Hameln *(Remifentanil)* 298
Remifentanyl Kabi *(Remifentanil)* 298
Reminyl *(Galantamin)* 341
Remodulin *(Treprostinil)* 104
Removab *(Catumaxomab)* 195
Remsima *(Infliximab)* 226
Renacet *(Calciumacetat)* 124
Renacor *(Enalapril + Hydrochlorothiazid)* 48
Renagel *(Sevelamer)* 124
RenaMag *(Calciumdiacetat + Mg2+)* 124
Renatriol *(Calcitriol)* 161
Reninhibitoren, direkte 43, 53
Rentibloc *(Sotalol)* 42
Rentylin *(Pentoxifyllin)* 82
Renvela *(Sevelamer)* 124
ReoPro *(Abciximab)* 80
Repaglinid 126
Repaglinid HEXAL *(Repaglinid)* 126
Repaglinid Stada *(Repaglinid)* 126
Repatha *(Evolocumab)* 139
Replagal *(Agalsidase alfa)* 149
Reproterol 88, 100
ReQuip *(Ropinirol)* 328
Reserpin
- Geriatrie 451
Reslizumab 13, 101
Resochin *(Chloroquin)* 217
Resochin *(Chloroquinphosphat)* 283
Resolor *(Prucaloprid)* 111
Resonium A *(Polysulfonsäure)* 424
Resorption 454
Respreeza *(Alpha-1-Proteinase-Inhibitor)* 84
Restex *(L-Dopa + Benserazid)* 326
Restless-Legs-Syndrom 326, 328
Retacrit *(Epoetin zeta)* 158
Retapamulin 391
Retinitis 262, 263, 401
Retrovir *(Zidovudin)* 266
Revatio *(Sildenafil)* 104
Reverse-Transkriptase-Inhibitoren
- non-nukleosidisch 267
- nukleosidisch 264
- nukleotidisch 264
Revestive *(Teduglutid)* 122
Reviparin 72
Revlimid *(Lenalidomid)* 206
Revolade *(Eltrombopag)* 85
Reyataz *(Atazanavir)* 268
Rhabdomyosarkom 165
Rheuma-Basistherapeutika 216
Rheumatische Erkrankungen 210–220
Rheumatisches Fieber 219, 228, 229
Rheumatoide Arthritis 198
Rheumatologie 209
Rhinex Nasenspray *(Naphazolin)* 411

Rhinisan *(Triamcinolon)* 412
Rhinitis
- allergische 98, 99, 411–413
- vasomotorische 413
Rhinivict *(Beclometason)* 412
Rhinologika 411
Rhinopront *(Pseudoephedrin + Triprolidin)* 413
Rhinospray *(Tramazolin)* 411
Riamet *(Artemether + Lumefantrin)* 282
Ribavirin 275
Ribavirin-CT *(Ribavirin)* 275
Ribavirin-ratioph. *(Ribavirin)* 275
Ribobandron *(Ibandronsäure)* 145
Ribocarbo-L *(Carboplatin)* 167
Ribociclib 14, 188
Ribodocel *(Docetaxel)* 175
Ribodoxo *(Doxorubicin)* 177
Ribodronat *(Pamidronsäure)* 145
Riboepi *(Epirubicin)* 177
Riboflavin 159
Ribofluor *(Fluorouracil)* 172
Riboirino *(Irinotecan)* 179
Ribometa *(Zoledronsäure)* 146
Riboposid *(Etoposid)* 175
Ribotax *(Paclitaxel)* 176
Riboxatin *(Oxaliplatin)* 168
Rickettsien 227
Ridaura *(Auranofin)* 217
Rifabutin 261
Rifampicin 259, 260
Rifaxan *(Rifaximin)* 255
Rifaximin 255
Rifun *(Pantoprazol)* 107
Rilpivirin 265, 267
Rimexolon 401
Ringer-Lactat *(Vollelektrolytlösung)* 312
Ringer-Lösung *(Vollelektrolytlösung)* 312
Riociguat 104
Riopan *(Magaldrat)* 108
Risedron HEXAL *(Risedronsäure)* 145
Risedronat Heumann *(Risedronsäure)* 145
Risedronsäure 145
Risedronsäure-CT *(Risedronsäure)* 145
Risperdal *(Risperidon)* 369
Risperdal Consta *(Risperidon)* 369
Risperidon
- Geriatrie 452
Risperidon 369
Risperidon AL *(Risperidon)* 369
Rispolept Consta *(Risperidon)* 369
Ritalin *(Methylphenidat)* 378
Ritalin Adult *(Methylphenidat)* 378
Ritonavir 269, 272
Rituximab 14, 198, 226
Rivaroxaban 74
Rivastigmin 342
- Geriatrie 450
Rivastigmin HEXAL *(Rivastigmin)* 342
Rivastigmin Neuraxph. *(Rivastigmin)* 342
Rivotril *(Clonazepan)* 320
Rixathon *(Rituximab)* 226
Rixubis *(Faktor IX)* 83
Rizatriptan 335
Rizatriptan HEXAL *(Rizatriptan)* 335
Rizatriptan-neuraxpharm *(Rizatriptan)* 335
RoActemra *(Tocilizumab)* 226
Robinul *(Glycopyrroniumbromid)* 309
Rocaltrol *(Calcitriol)* 161
Rocephin *(Ceftriaxon)* 235
Rocornal *(Trapidil)* 60
Rocuronium 306
Rocuronium-Antagonisierung 307
Rocuroniumbromid Inresa *(Rocuronium)* 306
Rocuroniumbromid Kabi *(Rocuronium)* 306
Rodavan S *(Dimenhydrinat)* 118
Roferon A *(Interferon alfa-2a)* 287
Roflumilast 94
Rohypnol *(Flunitrazepam)* 372
Rolando-Epilepsie 323
Rolapitant 13, 121
Rolenium *(Salmeterol + Fluticasonpropionat)* 93
Rolufta Ellipta *(Umeclidiniumbromid)* 90
Romiplostim 85
Ropinirol 328
Ropinirol dura *(Ropinirol)* 328
Ropinirol HEXAL *(Ropinirol)* 328
Ropivacain 308
Ropivacain Kabi *(Ropivacain)* 308
Rosacea 240, 389, 390
Rosuhexal *(Rosuvastatin)* 135
Rosuvador *(Rosuvastatin)* 135
Rosuvastatin 135
Rosuvastatin Heumann *(Rosuvastatin)* 135
Rotarix *(Rotavirusimpfstoff)* 292
RotaTeq *(Rotavirusimpfstoff)* 292
Rotaviren-Immunisierung 292
Rotavirusimpfstoff 292
Röteln-Immunisierung 291, 292
Rotigotin 328
Rotop Adenosin *(Adenosin)* 65
Roxi Aristo *(Roxithromycin)* 243
Roxi HEXAL *(Roxithromycin)* 243
Roxithromycin 243
Roxithromycin Heumann *(Roxithromycin)* 243
rt-PA 77
Rubiefol *(Folsäure)* 162
Rubiemen *(Dimenhydrinat)* 118
Rubiemol *(Paracetamol)* 303
Ruconest *(Conestat alfa)* 84

Rudotel *(Medazepam)* 373
Rufinamid 318
Rulid *(Roxithromycin)* 243
Rupafin *(Rupatadin)* 99
Rupatadin 99
Rupatadin AL *(Rupatadin)* 99
Rurioctocog alpha (Faktor VIII) 15
Ruxolitinib 188
Rydapt *(Midostaurin)* 13, 187
Rytmonorm *(Propafenon)* 63
Rytmonorm SR *(Propafenon)* 63

S

sab simplex *(Simeticon)* 113, 448
SABA (short acting beta-agonist) 86
Sabril *(Vigabatrin)* 319
Saccharomyces boulardii 114
Sacubitril 52
Safinamidn 329
Salazopyrine *(Sulfasalazin)* 117
Salazopyrine RA *(Sulfasalazin)* 218
Salbubronch Elixier *(Salbutamol)* 88
Salbubronch Forte *(Salbutamol)* 88
SalbuHEXAL *(Salbutamol)* 86
SalbuHEXAL plus Ipratropiumbromid *(Ipratropiumbromid + Salbutamol)* 90
Salbulair N *(Salbutamol)* 86
Salbutamol 86, 88, 90
Salbutamol-ratioph. *(Salbutamol)* 86
Salicylsäure 395
Salicylsäurederivate 209
Salicylvaseline *(Salicylsäure)* 395
Salizylate 209
Salmeterol 87, 93
Salmeterol HEXAL *(Salmeterol)* 87
Salmonella 227
Salmonella-typhi-Polysaccharid 289
Salmonellose 248
Salofalk *(Mesalazin)* 116
Salvacyl *(Triptorelin)* 423
Salzsäure 315
Salzsäure 7.25% *(Salzsäure)* 315
Salzverlustsyndrom 220
SAMA (short acting muscarinergic-agonist) 89
Samsca *(Tolvaptan)* 154
Sanasthmax *(Beclometason)* 91
Sancuso *(Granisetron)* 119
Sandimmun *(Ciclosporin)* 285, 386
Sandocal-D *(Colecalciferol + Calciumcarbonat)* 161
Sandostatin *(Octreotid)* 122
Sandostatin LAR Monatsdepot *(Octreotid)* 122
Sapropterin 152
Saquinavir 269
Sarilumab 14, 226
Sarkom 165–169, 174–178, 188, 204, 206, 208
Saroten *(Amitriptylin)* 349
Sartane 38
Sativex *(Tetrahydrocannabinol + Cannabidiol)* 343
Säureamide 307
Saxagliptin 129
Saxenda *(Liraglutid)* 128
Scabies 394
Scabioral *(Ivermectin)* 281
Scandicain *(Mepivacain)* 31, 308
Scenesse *(Afamelanotid)* 397
Scharlach 229
Schilddrüsenblockade 141
Schilddrüsenhormone 139
Schilddrüsenkarzinom 185–189
Schilddrüsenmalignom 139, 140, 177
Schilddrüsensuppressionstest 139
Schistosomiasis 281
Schizophrenie 360, 364–369
Schlafsterne *(Doxylamin)* 375
Schlafstörungen 361, 371–376
Schlaftabletten N *(Diphenhydramin)* 375
SchlafTabs-ratioph. *(Doxylamin)* 375
Schlaganfall 339
Schlaganfallprophylaxe 74, 75
Schleifendiuretika 55
Schleimhautanästhesie 308
Schleimhautläsionen, Auge 408
Schleimhautprotektiva 109, 216
Schleimhautschwellung, Nase 411
Schmerz 29–31, 97, 209–216, 296–308, 333, 349, 350, 360
Schmerz, neuropathischer 292, 308, 309, 317, 322, 355
Schock 30, 58, 68, 220
- anaphylaktischer 29, 32, 68, 98, 220, 221
- septischer 68
Schwangerschaft 456
- Beratungsstellen für Arzneimittel 441
- Hypertonus 45
- Risikoklassen (FDA) 441
Schwarze Salbe Lichtenstein *(Ammoniumbitumino-sulfonat)* 381
Schwellung 210–213
Schwermetallintoxikation 447
Schwindel 118, 121, 346, 361, 375
Scopoderm TTS *(Scopolamin)* 120
Scopolamin 120
Sebelipase alfa 152
Sebiprox *(Ciclopirox)* 392
Sebivo *(Telbivudin)* 266
Seborrhoe oleosa 385
Secale-Alkaloide 333
Secukinumab 387
Sedalam *(Lormetazepam)* 373
Sedaplus *(Doxylamin)* 375
Sedativa 369
Sedierung 32, 305, 373
Sedotussin *(Pentoxyverin)* 97

Seebri Breezhaler *(Glycopyrroniumbromid)* 89
Sehnen(scheiden)entzündung 213
Sekretionshemmung 309
Sekretolyse 95
Sekretolytika 95
Selegilin 329
Selegilin-neuraxpharm *(Selegilin)* 329
Selegilin-ratioph. *(Selegilin)* 329
Selektive Darmdekontamination 254
Selektive Immunsuppressiva 222, 343
Selektive Serotonin-Reuptake-Inhibitoren 352
Selenase *(Selen)* 311
Selenmangel 311
Selergo *(Ciclopirox)* 392
Selexipag 104
Selincro *(Nalmefen)* 379
Sempera *(Itraconazol)* 277
Sennoside 112
Senshio *(Ospemifen)* 431
Sepsis 231–236, 244–246, 249, 251, 253, 257
Septischer Schock 68
Sequidot *(Estradiol + Norethisteron)* 430
Serdolect *(Sertindol)* 369
Seretide *(Salmeterol + Fluticasonpropionat)* 93
Serevent *(Salmeterol)* 87
Seroplex *(Escitalopram)* 354
Seroquel *(Quetiapin)* 368
Serotoninantagonisten 119
Serotonin-Noradrenalin-Reuptake-Inhibitoren 355
Serotonin-Reuptake-Inhibitoren, selektive 352
Serotoninsyntheseinhibitoren 122
Seroxat *(Paroxetin)* 354
Serratia 227
Serroflo *(Salmeterol + Fluticasonpropionat)* 93
Sertaconazol 393
Sertindol 369
Sertralin 354
Sertralin Aristo *(Sertralin)* 354
Sertralin HEXAL *(Sertralin)* 354
Sertralin-neuraxpharm *(Sertralin)* 354
Sevelamer 124
Sevelamer HEXAL *(Sevelamer)* 124
Sevikar *(Olmesartan + Amlodipin)* 51
Sevikar HCT *(Olmesartan + Amlodipin + Hydrochlorothiazid)* 51
Sevofluran 306
Sevofluran Piramal *(Sevofluran)* 306
Sevoflurane Baxter *(Sevofluran)* 306
Sevorane *(Sevofluran)* 306
Sevredol *(Morphin)* 297
Sexualhormone 420, 422
Sexuelle Abnormität bei Männern 423
SGLT-2-Inhibitoren 130
SGLT-2-Inhibitor-Kombination 130
Shigellose 248
Shingrix *(Varicella-Zoster-Impfstoff)* 15, 292
Short acting beta-agonist (SABA) 86
Short acting muscarinergic-agonist (SAMA) 89
SIADH 154
Sibilla *(Ethinylestradiol + Dienogest)* 435
Siccaprotect *(Filmbildner)* 408
Sifrol *(Pramipexol)* 328
Signifor *(Pasireotid)* 153
Siklos *(Hydroxycarbamid)* 205
Silapo *(Epoetin zeta)* 158
Sildegra *(Sildenafil)* 419
SildeHEXAL *(Sildenafil)* 419
SildeHEXAL PAH *(Sildenafil)* 104
Sildenafil 104, 419
Sildenafil-ratioph. *(Sildenafil)* 419
Silodosin 418
Silomat Pentoxyverin *(Pentoxyverin)* 97
Siltuximab 198
Simagel *(Almasilat)* 108
Simbrinza *(Brinzolamid + Brimonidin)* 405
Simdax *(Levosimendan)* 70
Simeprevir 269
Simethicon-ratioph. *(Simeticon)* 113
Simeticon 113, 116, 448
Simonette *(Desogestrel)* 437
Simponi *(Golimumab)* 225
Simulect *(Basiliximab)* 285
Simva Aristo *(Simvastatin)* 135
Simvabeta *(Simvastatin)* 135
SimvaHEXAL *(Simvastatin)* 135
Simvastatin 135, 138
Simvastatin-ratioph. *(Simvastatin)* 135
Sinemet *(L-Dopa + Carbidopa)* 326
Singulair *(Montelukast)* 94
Sinora *(Norepinephrin)* 68
Sinusitis 243, 246, 247
Siofor *(Metformin)* 126
Sirdalud *(Tizanidin)* 338
Sirolimus 286
Siros *(Itraconazol)* 277
Sirturo *(Bedaquilin)* 258
Sitagliptin 15, 129, 130
Sitosterin 418
Sitosterin Prostata *(Sitosterin)* 418
Sitosterinämie 138
Sivextro *(Tedizolid)* 254
Sixantone *(Leuprorelin)* 423
Skabies 281
Skid *(Minocyclin)* 241, 390
Skinoren *(Azelainsäure)* 389
Skleritis 401
SLE 217, 219, 225
Smektit 114

SNRI 355
Snup *(Xylometazolin)* 411
Sobelin *(Clindamycin)* 244
Sodbrennen 105
Sodormwell *(Diphenhydramin)* 375
Sofosbuvir 14, 270–273
Solaraze *(Diclofenac)* 398
Solian *(Amisulprid)* 366
Solifenacin 417
Soliris *(Eculizumab)* 196
Solosin *(Theophyllin)* 94
Solu-Decortin H *(Prednisolon)* 32, 221
Solupen sine *(Dexamethason)* 412
Solvex *(Reboxetin)* 356
Somatoforme Störungen 359
Somatorelin 155
Somatostatin 122
Somatostatin HEXAL *(Somatostatin)* 122
Somatostatin Inresa *(Somatostatin)* 122
Somatostatin-Analagon 153
Somatuline Autogel *(Lanreotid)* 122
Somavert *(Pegvisomant)* 155
Somnosan *(Zopiclon)* 376
Somsanit *(4-Hydroxybuttersäure)* 304
Sonidegib 15, 207
Sonnenbrand 397
Sonstige Mittel 138
Soolantra *(Ivermectin)* 389
Sorafenib 189
Sormodren *(Bornaprin)* 331
Sortis *(Atorvastatin)* 134
SotaHEXAL *(Sotalol)* 42
Sotalex *(Sotalol)* 42
Sotalol 42, 64
- Geriatrie 450
Sotalol-ratioph. *(Sotalol)* 42
Sovaldi *(Sofosbuvir)* 270
Soventol *(Bamipin)* 397
Spannungszustände 371–373
Spasmen 337, 338
- glatte Muskulatur 417
- Harnwege 111
- infantile 319
- Magen-Darm-Trakt 111
Spasmex *(Trospiumchlorid)* 417
Spasmolyt *(Trospiumchlorid)* 417
Spasmolytika 111
Spasmo-Urgenin TC *(Trospiumchlorid)* 417
Spastik 337, 338, 339, 343
Spasuret *(Flavoxat)* 416
Spasyt *(Oxybutynin)* 416
Spedra *(Avanafil)* 419
Spermatogenese, Stimulation 433, 434
Spersacarpin *(Pilocarpin)* 404
Spersadex *(Dexamethason)* 401
Spinalanästhesie 308
Spinraza *(Nusinersen)* 14, 347
Spiolto Respimat *(Tiotropiumbromid + Olodaterol)* 90
Spiriva HandiHaler *(Tiotropiumbromid)* 90
Spiriva Respimat *(Tiotropiumbromid)* 90
Spiro comp. *(Spironolacton + Furosemid)* 59
Spiro D *(Spironolacton + Furosemid)* 59
Spiro-CT *(Spironolacton)* 58
Spironolacton 58, 59
Spironolacton-ratioph. *(Spironolacton)* 58
Spiropent *(Clenbuterol)* 88
Sprycel *(Dasatinib)* 186
Spüllösung, antimikrobielle 257
Spülmittelintoxikation 113, 448
SSRI 352
Stalevo *(L-Dopa + Carbidopa + Entacapon)* 326
Stamaril *(Gelbfieber-Impfstoff)* 291
Stammzellenmobilisierung 163
Stammzellenspende 163
Stammzelltransplantation 167, 208
Stangyl *(Trimipramin)* 350
Staphylex *(Flucloxacillin)* 229
Staphylococcus aureus
- methicillinresistent 227, 229, 234, 241, 251, 413
- methicillinsensitiv 227, 229
Staphylokokkeninfektionen 229, 253, 413
Stärkederivate 314
Starletta *(Ethinylestradiol + Dienogest)* 435
Starlix *(Nateglinid)* 126
Statin-Kombinationen 136
Status
- asthmaticus 32, 88, 221, 304
- epilepticus 29, 32, 318, 320, 372
Staurodorm Neu *(Flurazepam)* 372
Stavudin 266
Stediril 30 *(Ethinylestradiol + Levonorgestrel)* 435
Steglujan *(Ertuglifozin+ Sitagliptin)* 15, 130
Steinkohlenteer 385
Stelara *(Ustekinumab)* 388
Stella *(Ethinylestradiol + Dienogest)* 435
Stenotrophomonas 227
Steozol *(Zoledronsäure)* 146
Sterofundin *(Vollelektrolytlösung)* 312
Steroide, synthetische 429
Steroidgenesehemmer 152
Stesolid *(Diazepam)* 29, 372
Stickstofflost-Analoga 165
Stieprox *(Ciclopirox)* 392
Still-Syndrom 225
Stillzeit 456
Stilnox *(Zolpidem)* 376

Stimmungsstabilisierer 358
Stiripentol 323
Stocrin *(Efavirenz)* 267
Strahlenkolitis 117
Strattera *(Atomoxetin)* 377
Strensiq *(Asfotase alfa)* 149
Streptase *(Streptokinase)* 78
Streptococcus pneumoniae 227
Streptococcus viridans 227
Strepto-Fatol *(Streptomycin)* 260
Streptokinase 78
Streptokokken 227
Streptomycin 260
Stressulkusprophylaxe 105
Stribild *(Cobicistat + Elvitegravir + Emtricitabin + Tenofovir)* 274
Strimvelis *(CD34+ Zellsuspension)* 289
Striverdi Respimat *(Olodaterol)* 87
Strongyloidiasis 281
Struma 139, 140
Subarachnoidalblutung 341
Suboxone *(Buprenorphin + Naloxon)* 299
Substitol *(Morphin)* 297
Subutex *(Buprenorphin)* 299
Succinylcholin (Suxamethonium) 307
Succinylcholin Inresa *(Suxamethonium)* 307
Sucrabest *(Sucralfat)* 109
Sucralfat 109
Sucroferric Oxyhydroxide 124
Sufentanil 294, 298
Sufentanil Hameln *(Sufentanil)* 298
Sufentanil Hikma *(Sufentanil)* 298
Sugammadex 307
Sulbactam 231, 232, 233
Sulbactam Eberth *(Sulbactam)* 231
Sulfadiazin 247
Sulfadiazin-Heyl *(Sulfadiazin)* 247
Sulfamethoxazol 248
Sulfasalazin 117, 218
Sulfasalazin HEXAL *(Sulfasalazin)* 117, 218
Sulfasalazin Heyl *(Sulfasalazin)* 117
Sulfonamide 247, 248
Sulfonylharnstoffe 125
Sulpirid 361
Sulpirid-CT *(Sulpirid)* 361
Sulpirid-ratioph. *(Sulpirid)* 361
Sulpivert *(Sulpirid)* 361
Sulproston 439
Sultamicillin 233
Sultamicillin-ratioph. *(Sultamicillin)* 233
Sultanol *(Salbutamol)* 86
Sultiam 323
Sumatriptan 335
- Geriatrie 452
Sumatriptan 1A *(Sumatriptan)* 335
Sumatriptan HEXAL *(Sumatriptan)* 335
Sumatriptan-CT *(Sumatriptan)* 335
Sumatriptan-ratioph. *(Sumatriptan)* 335
Sunitinib 189
Superpep *(Dimenhydrinat)* 118
Suprane *(Desfluran)* 305
Suprarenin *(Adrenalin)* 29, 68
Suprefact Depot *(Buserelin)* 422
Surfont *(Mebendazol)* 281
Surgam *(Tiaprofensäure)* 211
Sustiva *(Efavirenz)* 267
Sutent *(Sunitinib)* 189
Suxamethonium 307
Suxilep *(Ethosuximid)* 319
Sycrest *(Asenapin)* 367
Sylvant *(Siltuximab)* 198
Symbicort *(Formoterol + Budesonid)* 92
Sympal *(Dexketoprofen)* 210
Sympathomimetika 67, 87, 89
- Auge 404
- Nase 411
Symtuza *(Cobicistat + Darunavir + Emtricitabin + Tenofovir)* 14, 274
Synacthen *(Tetracosactid)* 155
Synechien 406
Syneudon *(Amitriptylin)* 349
Synflorix *(Pneumokokkenpolysaccharid)* 289
Synphase *(Ethinylestradiol + Norethisteron)* 436
Syntaris *(Flunisolid)* 412
Syntestan *(Cloprednol)* 219
Syrea *(Hydroxycarbamid)* 205
Systane *(Filmbildner)* 408
Systemische Beta-2-Sympathomimetika 87
Systemmykose 277
Systral *(Chlorphenoxamin)* 397

T

T3 139, 140
T4 139, 140
Tacholiquin *(Tyloxapol)* 96
Tachyarrhythmie 30
Tachykardie 66
- paroxysmale 29, 65
- supraventrikuläre 29, 30, 32, 41, 43, 62, 63
- ventrikuläre 62, 63
Tacni *(Tacrolimus)* 286
Tacpan *(Tacrolimus)* 286
Tacrolimus 286, 384
Tacrolimus HEXAL *(Tacrolimus)* 286
Tadagis *(Tadalafil)* 420
Tadalafil 104, 420
Tadalafil Mylan *(Tadalafil)* 420
Tadin *(Tamsulosin)* 418
Taeniasis 281
Tafamidis 152
Tafil *(Alprazolam)* 371
Tafinlar *(Dabrafenib)* 186

Taflotan *(Tafluprost)* 405
Tafluprost 405
Tagamet *(Cimetidin)* 105
Tagesbedarf
- Aminosäuren 311
- Elektrolyte 311
- Energie 311
- Fett 311
- Kohlenhydrate 311
- Wasser 311
Tagrisso *(Osimertinib)* 188
Takipril *(Prilocain)* 308
Talcid *(Hydrotalcit)* 108
Talidat *(Hydrotalcit)* 108
Talimogen laherparepvec 207
T-ALL 170
Taloxa *(Felbamat)* 324
Taltz *(Ixekizumab)* 14, 387
Talvosilen *(Paracetamol + Codein)* 215
Tambocor *(Flecainid)* 63
Tamiflu *(Oseltamivir)* 263
Tamox 1A *(Tamoxifen)* 433
Tamoxifen 433
Tamoxifen HEXAL *(Tamoxifen)* 433
Tamoxifen-ratioph. *(Tamoxifen)* 433
Tamsu-Astellas *(Tamsulosin)* 418
Tamsulosin 418
Tamsulosin Beta *(Tamsulosin)* 418
Tamsulosin HEXAL *(Tamsulosin)* 418
Tannolact *(Phenolsulfonsäure)* 381
Tannosynt *(Phenolsulfonsäure)* 381
Tantum Verde *(Benzydamin)* 415
Tapentadol 294, 302
Tarceva *(Erlotinib)* 186
Tardocillin *(Benzylpenicillin-Benzathin)* 228
Tardyferon *(Eisen-II-Ion)* 156
Tardyferon-FOL *(Folsäure + Eisen)* 162
Targin *(Oxycodon + Naloxon)* 298
Targocid *(Teicoplanin)* 252
Targretin *(Bexaroten)* 204
Tarivid *(Ofloxacin)* 246
Tarka *(Verapamil + Trandolapril)* 54
Tarmed *(Steinkohlenteer)* 385
Tasigna *(Nilotinib)* 187
Tasimelteon 357
Tasmar *(Tolcapon)* 330
Tauxib *(Etoricoxib)* 214
Tavanic *(Levofloxacin)* 246
Tavegil *(Clemastin)* 29, 98
Tavor *(Lorazepam)* 372
Taxane 175
Taxceus *(Docetaxel)* 175
Taxilan *(Perazin)* 362
Taxomedac *(Paclitaxel)* 176
Taxotere *(Docetaxel)* 175
Tazaroten 385
Tazobactam 237
Tazobactam 227, 231, 233
TD Rix *(Tetanus- + Diphtherie-Toxoid)* 290
Td-Impfstoff Mérieux *(Tetanus- + Diphtherie-Toxoid)* 290
Td-pur *(Tetanus- + Diphtherie-Toxoid)* 290
Tecentriq *(Atezolizumab)* 13, 194
Tecfidera *(Dimethylfumarat)* 344
Tedizolid 254
Teduglutid 122
Teer Linola Fett *(Steinkohlenteer)* 385
Tegafur 173
Tegretal *(Carbamazepin)* 317
Teicoplanin 252
Telavancin 252
Telbivudin 266
Televis Stulln *(Naphazolin)* 407
Telfast *(Fexofenadin)* 99
Telithromycin 243
Telmisartan 39, 50, 51
Telmisartan HEXAL *(Telmisartan)* 39
Telotristatethyl 13, 122
Telzir *(Fosamprenavir)* 269
Temagin Pac *(ASS + Paracetamol + Coffein)* 215
Temazepam 374
- Geriatrie 453
Temazep-CT *(Temazepam)* 374
Temgesic *(Buprenorphin)* 299
Temodal *(Temozolomid)* 169
Temozo Cell *(Temozolomid)* 169
Temozolomid 169
Temozolomid HEXAL *(Temozolomid)* 169
Temsirolimus 190
Tenecteplase 78
Teneretic *(Atenolol + Chlortalidon)* 52
Tenofovir 265, 274
Tenofovir-Alafenamid 14, 265, 266
Tenofovir-Disoproxil 14, 266, 267, 274
Tenormin *(Atenolol)* 40
Tensoflux *(Amilorid + Bendroflumethiazid)* 58
Tenuate *(Amfepramon)* 147
Tera Tad *(Terazosin)* 418
Terablock *(Terazosin)* 418
Teranar *(Terazosin)* 418
Terazosin 46, 418
- Geriatrie 451
Terazosin HEXAL *(Terazosin)* 418
Terazosin Stada *(Terazosin)* 46
Terbinafin 280, 393
Terbinafin HEXAL *(Terbinafin)* 280
Terbinafin Sandoz *(Terbinafin)* 280
Terbinafin-CT *(Terbinafin)* 393
Terbinafinhydrochlorid AL *(Terbinafin)* 393
Terbinafinhydrochlorid Stada *(Terbinafin)* 393
Terbutalin 32, 86, 88

Terbutalin AL *(Terbutalin)* 88
Terfenadin 99
Terfenadin AL *(Terfenadin)* 99
Teriflunomid 345
Teriparatid 141
Terlipressin 154
Terzolin *(Ketoconazol)* 392
Testim *(Testosteron)* 420
Testogel *(Testosteron)* 420
Testopatch *(Testosteron)* 420
Testosteron 420
Testosteron-Depot *(Testosteron)* 420
Testosteronundecanoat 420
Testoviron-Depot *(Testosteron)* 420
Tetanus- + Diphtherie- + Pertussis-Toxoid 290
Tetanus- + Diphtherie-Toxoid 290
Tetanus-Immunisierung 290, 292
Tetmodis *(Tetrabenazin)* 346
Tetrabenazin 346
Tetrabenazin neuraxph. *(Tetrabenazin)* 346
Tetracosactid 155
Tetracyclin 108, 241, 388
Tetracyclin Wolff *(Tetracyclin)* 241
Tetracycline 240
Tetrahydrobiopterin (BH4)-Mangel 152
Tetrahydrocannabinol 343
Tetrazyklische Antidepressiva 351
Tetryzolin 408
Tevabone *(Alendronsäure + Alfacalcidol)* 144
Tevanate *(Alendronsäure)* 144
Tevanette *(Desogestrel)* 437
Teveten Mono *(Eprosartan)* 38
Teveten plus *(Eprosartan + Hydrochlorothiazid)* 49
Teysuno *(Tegafur + Gimeracil + Oteracil)* 173
Thalassämie 159
Thalidomid 208
Thalidomide Celgene *(Thalidomid)* 208
Tham Koehler 3M *(Trometamol)* 315
Thealoz *(Trehalose)* 408
Thealoz Duo *(Trehalose + Hyaluronsäure)* 408
Theodrenalin 69
Theophyllin 32, 94
Theophyllin-ratioph. *(Theophyllin)* 94
Therapeutische Breite 455
Thevier *(Levothyroxin)* 139
Thiamazol 141
Thiamazol Henning *(Thiamazol)* 141
Thiamazol HEXAL *(Thiamazol)* 141
Thiamin 159, 160
Thiaziddiuretika, Geriatrie 451, 452
Thilo-Tears *(Filmbildner)* 408
Thiobitum *(Ammonium-bituminosulfonat)* 381
Thioctacid *(Alpha-Liponsäure)* 346
Thioguanin Aspen *(Tioguanin)* 171
Thioguanin Wellcome *(Tioguanin)* 171
Thiopental 303
Thiopental Inresa *(Thiopental)* 303
Thiopental Rotexmedica *(Thiopental)* 303
Thioridazin 361
- Geriatrie 452
Thioridazin-neuraxpharm *(Thioridazin)* 361
Thomapyrin Classic Schmerz *(ASS + Paracetamol + Coffein)* 215
Thomapyrin Intensiv *(ASS + Paracetamol + Coffein)* 215
Thrombangitis obliterans 82
Thrombininhibitoren 75, 83
Thrombocid *(Natrium-Pentosanpolysulfat)* 398
Thromboembolie 71, 72, 74, 78
Thromboembolische Risiken 77
Thrombopenie 85
Thrombophlebitis 398
Thrombose 71–74, 78
Thromboseprophylaxe 71–77
Thrombozytenaggregations-hemmer 79
Thrombozytendysfunktion 154
Thrombozythämie, essentielle 204, 205
Thrombozytopenische Purpura 285
Thybon *(Liothyronin)* 139
Thyreostatika 140
Thyreotoxische Krise 141
Thyronajod *(Levothyroxin + Kaliumiodid)* 140
Thyrotardin-inject *(Liothyronin)* 139
Thyrozol *(Thiamazol)* 141
TIA 80, 81
Tiamon *(Dihydrocodein)* 97
Tianeptin 358
Tianeurax *(Tianeptin)* 358
Tiaprid 347
Tiaprid HEXAL *(Tiaprid)* 347
Tiapridal *(Tiaprid)* 347
Tiapridex *(Tiaprid)* 347
Tiaprid-neuraxpharm *(Tiaprid)* 347
Tiaprofensäure 211
Tibiafraktur 147
Tibolon 431
Tibolon Aristo *(Tibolon)* 431
Ticagrelor 81
Tic-ErkrankungenTics 364
Ticlopidi Neuraxph. *(Ticlopidin)* 81
Ticlopidin 81
- Geriatrie 452
Ticlopidin AL *(Ticlopidin)* 81
Tigecyclin 241
Tigreat *(Frovatriptan)* 334

Tiklyd *(Ticlopidin)* 81
Tilicomp Beta *(Tilidin + Naloxon)* 301
Tilidin 294, 301
- Geriatrie 450
Tilidin HEXAL comp. *(Tilidin + Naloxon)* 301
Timo Vision *(Timolol)* 403
Timo-Comod *(Timolol)* 403
TimoHEXAL *(Timolol)* 403
Timolol 403, 405, 406
Timolol 1A Pharma *(Timolol)* 403
Timonil *(Carbamazepin)* 317
Tim-Ophtal *(Timolol)* 403
Timo-Stulln *(Timolol)* 403
Timox extent *(Oxcarbazepin)* 318
Tinatox *(Tolnaftat)* 393
Tinzaparin 72
Tioblis *(Ezetimib + Atorvastatin)* 138
Tioguanin 171
Tiopronin 448
Tiorfan *(Racecadotril)* 114
Tiotropiumbromid 90
Tipiracil 173
Tipranavir 269
Tirgon *(Bisacodyl)* 112
Tirofiban 81
Tirofiban HEXAL *(Tirofiban)* 81
Tirofiban Hikma *(Tirofiban)* 81
Titralgan *(ASS + Paracetamol + Coffein)* 215
Titretta *(Paracetamol + Codein)* 215
Tivicay *(Dolutegravir)* 275
Tivozanib 14, 189
Tixteller *(Rifaximin)* 255
Tizanidin 338
Tizanidin Teva *(Tizanidin)* 338
T-lymphoblstisches Lymphom 170
TNF-alpha 199, 222
Tobi *(Tobramycin)* 245
Tobi Podhaler *(Tobramycin)* 245
Tobramaxin *(Tobramycin)* 399
Tobramycin 245, 399
Tobramycin B. Braun *(Tobramycin)* 245
Tobrazid *(Tobramycin)* 245
Tocilizumab 226
Toctino *(Alitretinoin)* 384
Tofacitinib 14, 226
Tokolyse 30, 441
Tolcapon 330
Tolcapon-neuraxpharm *(Tolcapon)* 330
Tolid *(Lorazepam)* 372
Tollwut-Immunisierung 292
Tollwutimpfstoff 292
Tollwutimpfstoff (HDC) inaktiviert *(Tollwutimpfstoff)* 292
Tolnaftat 393
Toloniumchlorid 448
Tolperison 339
- Geriatrie 452
Tolperison HEXAL *(Tolperison)* 339
Tolperison Stada *(Tolperison)* 339
Tolterodin 417
- Geriatrie 453
Tolterodin HEXAL *(Tolterodin)* 417
Tolterodin Puren *(Tolterodin)* 417
Tolucombi *(Telmisartan + Hydrochlorothiazid)* 50
Toluidinblau *(Toloniumchlorid)* 448
Tolura *(Telmisartan)* 39
Tolvaptan 154
Tonometrie 399
Tonotec *(Amlodipin + Ramipril)* 54
Tonsillophyaryngitis
- Streptokokken 238
Topamax *(Topiramat)* 321, 336
Topiramat 321, 336
Topiramat Heumann *(Topiramat)* 321
Topiramat Migräne Stada *(Topiramat)* 336
Topiramat-neuraxpharm *(Topiramat)* 321
Topisolon *(Desoximetason)* 382
Topoisomerase-I-Hemmer 179
Topotecan 179
Topotecan Medac *(Topotecan)* 179
Topsym *(Fluocinonid)* 383
Toragamma *(Torasemid)* 55
Torasemid 55
Torasemid HEXAL *(Torasemid)* 55
Torem *(Torasemid)* 55
Torisel *Temsirolimus* 190
Torsade de pointes 310
Tostran 2% *(Testosteron)* 420
Toujeo *(Insulin glargin)* 131, 132
Tourette-Syndrom 364
Tovanor Breezhaler *(Glycopyrroniumbromid)* 89
Tovedeso 367
Tovedeso *(Desfesoterodin)* 15, 416
Toviaz *(Fesoterodin)* 416
Toxogonin *(Obidoximchlorid)* 448
Toxoplasmose 247, 256
TP-Ophtal *(Pilocarpin + Timolol)* 406
Trabectedin 208
Tracleer *(Bosentan)* 103
Traktion 410
Tramadol 216, 294, 301
Tramadolor *(Tramadol)* 301
Tramadol-ratioph. *(Tramadol)* 301
Tramal *(Tramadol)* 301
Tramal long *(Tramadol)* 301
Tramazolin 408, 411
Trametinib 189
Trandolapril 37, 54
Tränenkanalinfektion 399
Tranexamsäure 79
Tranexamsäure HEXAL *(Tranexamsäure)* 79

Transbronchin *(Carbocistein)* 96
Translarna *(Ataluren)* 150
Transtec PRO *(Buprenorphin)* 299
Transthyretin-Amyloidose 152
Tranxilium *(Dikaliumclorazepat)* 372
Tranylcypromin 352
- Geriatrie 450
Tranylcypromin Aristo *(Tranylcypromin)* 352
Tranylcypromin-neuraxpharm *(Tranylcypromin)* 352
Trapidil 60
Trastuzumab 198
Trastuzumab Emtansin 199
Trasylol *(Aprotinin)* 79
Travatan *(Travoprost)* 405
Travex One *(Tramadol)* 301
Travoprost 405, 406
Trazodon 358
Trazodon HEXAL *(Trazodon)* 358
Trazodon-neuraxpharm *(Trazodon)* 358
Tregor *(Amantadin)* 332
Trehalose 408
Trelegy Ellipta *(Vilanterol + Fluticasonfuroat +Umeclidinium)* 13, 93
Tremfya *(Guselkumab)* 14, 387
Tremor, essentieller 42
Trenantone *(Leuprorelin)* 423, 433
Trental *(Pentoxifyllin)* 82
Treosulfan 167
Treponema 227
Treprostinil 104
Tretinoin 208, 389
Trevicta *(Paliperidon)* 368
Trevilor *(Venlafaxin)* 356
Trexject Fertigspr. *(Methotrexat)* 218
TRH 155
TRH Ferring *(Protirelin)* 155
Tri Thiazid *(Triamteren + Hydrochlorothiazid)* 58
Triamcinolon 221, 412
Triamcinolonacetonid 382, 393
Triamgalen *(Triamcinolonacetonid)* 382
TriamHEXAL *(Triamcinolon)* 221
Triampur comp. *(Triamteren + Hydrochlorothiazid)* 58
Triamteren 53, 57, 58, 59
Triamteren comp.-ratioph. *(Triamteren + Hydrochlorothiazid)* 58
Triapten *(Foscarnet)* 391
Triarese *(Triamteren + Hydrochlorothiazid)* 58
Triazolam 374
- Geriatrie 453
Trichinose 281
Trichomoniasis 249
Trichuriasis 281
Triclosan 383
Triebdämpfung 421
Trifluridin 173
Trigeminusneuralgie 317
Trigoa *(Ethinylestradiol + Levonorgestrel)* 436
Trihexphenidyl 331
Trileptal *(Oxcarbazepin)* 318
Trimbow *(Formoterol + Beclometason + Glycopyrronium)* 13, 93
Trimethoprim 248
- Geriatrie 450
Trimineurin *(Trimipramin)* 350
Trimipramin 350
- Geriatrie 450
Trimipramin-neuraxpharm *(Trimipramin)* 350
Trinordiol *(Ethinylestradiol + Levonorgestrel)* 436
Tripelennamin 397
Triprolidin 413
- Geriatrie 451
Triptane 333
Triptorelin 423
Triquilar *(Ethinylestradiol + Levonorgestrel)* 436
Trisequens *(Estradiol + Norethisteron)* 430
Trisiston *(Ethinylestradiol + Levonorgestrel)* 436
Triumeq *(Dolutegravir + Abacavir + Lamivudin)* 275
Trivastal *(Piribedil)* 328
Triveram *(Atorvastatin + Perindopril + Amlodipin)* 54, 137
Trizivir *(Lamivudin + Zidovudin + Abacavir)* 266
Trizyklische Antidepressiva 348
Trofosfamid 166
Tromcardin Kalium + Magnesium *(Kalium + Magnesium)* 310
Trometamol 315
Tropicamid 406
Tropisetron 120
Trospi *(Trospiumchlorid)* 417
Trospiumchlorid 417
- Geriatrie 453
TRPV1-Rezeptoragonisten 309
Trulicity *(Dulaglutid)* 128
Trumenba *(Meningokokken-B-Adsorbat)* 15, 289
Trusopt *(Dorzolamid)* 404
Truvada *(Emtricitabin + Tenofovir)* 265
Truxal *(Chlorprothixen)* 360
Truxima *(Rituximab)* 14, 198, 226
Tryasol Codein *(Codein)* 96
Trypanosomiasis 256
Tryptophan 375
Tuberkulose 258–261
Tuberkulostatika 257
- Kombinationen 260
- Reservemittel 260
Tularämie 260
Tumor, hormonaktiv 122
Tumorlyse 143
Tumornekrosefaktor-alpha 199, 222
Tumorschmerz 214, 296, 297

Turfa Gamma *(Triamteren + Hydrochlorothiazid)* 58
Turixin *(Mupirocin)* 413
Tutofusin *(Vollelektrolytlösung)* 312
Tutofusin G5 *(Vollelektrolytlösung)* 312
Tutofusin H G5 *(Halbelektrolytlösung)* 312
Tutofusin OPG *(Zweidrittelelektrolytlösung)* 312
Tuttozem N *(Dexamethason)* 381
Twinrix Erwachsene *(Hepatitis-A- + -B-Impfstoff)* 291
Twinrix Kinder *(Hepatitis-A- + -B-Impfstoff)* 291
Twynsta *(Telmisartan + Amlodipin)* 51
Tygacil *(Tigecyclin)* 241
Tyloxapol 96
Typhim Vi *(Salmonella-typhi-Polysaccharid)* 289
Typhus 230
Typhus-Immunisierung 289
Tyrosinämie 152
Tyrothricin 415
Tysabri *(Natalizumab)* 345
Tyverb *(Lapatinib)* 187
T-Zellen, genetisch modifiziert 15, 208
T-Zell-Lymphom, kutanes 204

U

Übelkeit 31, 110, 118–121, 220, 375
- chemotherapieinduzierte 110
- postoperative 110, 364
- strahlentherapieinduzierte 110

Überaktive Blase 337
Übergangszellkarzinom 174
Ubretid *(Distigmin)* 339
UDC *(Ursodeoxycholsäure)* 115
Udima *(Minocyclin)* 241, 390
Udrik *(Trandolapril)* 37
Ulcus
- duodeni 109
- ventrikuli 109

Ulipristalacetat 437
Ulkus
- gastroduodenales 105–109
- Haut 390, 391, 398
- Hornhaut 400

Ulkusprophylaxe 105–109
Ulkustherapeutika 105
Ultibro Breezhaler *(Glycopyrroniumbromid + Indacaterol)* 90
Ultiva *(Remifentanil)* 298
Ultracarbon *(Kohle, medizinische)* 114, 447
Ultracortenol *(Prednisolon)* 401
Ultreon *(Azithromycin)* 242
Ulunar Breezhaler *(Glycopyrroniumbromid + Indacaterol)* 90
Umeclidiniumbromid 13, 90, 93
Unacid PD *(Sultamicillin)* 233
Unasyn PD oral *(Sultamicillin)* 233
Unat *(Torasemid)* 55
Unerwünschte Wirkungen 456
Uniphyllin *(Theophyllin)* 94
Unizink *Zink* 311
Unofem *(Levonorgestrel)* 437
Unruhe 32, 360, 361, 362, 375
Uptravi *(Selexipag)* 104
Uralyt-U *(Kalium-Natrium-Hydrogencitrat)* 423
Urapidil 32, 47
Urapidil Carino *(Urapidil)* 47
Urapidil Stragen *(Urapidil)* 47
Urat-Nephropathie 143
Urbason *(Methylprednisolon)* 221
Ureotop *(Harnstoff)* 395
Urethritis 243
Urikostatikum 143
Urikosurika 142
Urivesc *(Trospiumchlorid)* 417
Uro Methin *(Methionin)* 423
Urogenitalinfektionen 241–246
Urokinase 78
Urokinase medac *(Urokinase)* 78
UROKIT Doxo-cell *(Doxorubicin)* 177
Urolithiasismittel 423
Uromitexan *(Mesna)* 208
Urorec *(Silodosin)* 418
Urospasmolytika 416
Uro-Tablinen *(Nitrofurantoin)* 250
Urothelkarzinom 174, 194
Uroxatral *(Alfuzosin)* 418
Urso *(Ursodeoxycholsäure)* 115
Ursochol *(Ursodeoxycholsäure)* 115
Ursodeoxycholsäure 115
Ursofalk *(Ursodeoxycholsäure)* 115
Urticaria 98, 99, 397
- chronische 98

Urtimed *(Rupatadin)* 99
Ustekinumab 388
Uterus myomatosus 433
Utrogest *(Progesteron)* 428
Utrogestan *(Progesteron)* 428
Uveitis 224, 401
UV-Protektiva 396

V

Vagimid *(Metronidazol)* 249
Vaginitis, Candida 277
Vaginose, bakterielle 244
Valaciclovir 262
Valaciclovir 1A Pharma *(Valaciclovir)* 262
Valaciclovir HEXAL *(Valaciclovir)* 262
Valcyte *(Valganciclovir)* 263
Valdoxan *(Agomelatin)* 357
Valette *(Ethinylestradiol + Dienogest)* 435
Valganciclovir 263
Valganciclovir HEXAL *(Valganciclovir)* 263

Valganciclovir Mylan *(Valganciclovir)* 263
Valium *(Diazepam)* 29
Valocordin Diazepam *(Diazepam)* 372
Valoron N *(Tilidin + Naloxon)* 301
Valproat HEXAL *(Valproinsäure)* 321
Valproinsäure 321
- Geriatrie 451
Valsacor *(Valsartan)* 39
Valsacor comp. *(Valsartan + Hydrochlorothiazid)* 50
Valsartan 39, 50–52
Valsartan HEXAL *(Valsartan)* 39
Valsartan Puren *(Valsartan)* 39
Valsartan Stada *(Valsartan)* 39
Valsartan-ratioph. comp. *(Valsartan + Hydrochlorothiazid)* 50
Valtrex *(Valaciclovir)* 262
Vanco Cell *(Vancomycin)* 253
Vancomycin 227, 253
Vancomycin Enterocaps *(Vancomycin)* 253
Vancomycin Hikma *(Vancomycin)* 253
Vancomycin-ratioph. *(Vancomycin)* 253
Vancomycinresistente Enterokokken 227, 241
Vandetanib 189
Vaniqa *(Eflornithin)* 398
Vantobra *(Tobramycin)* 245
Vaprino *(Racecadotril)* 114
Vaqta *(Hepatitis-A-Impfstoff)* 291
Vardenafil 420
Vareniclin 380
Vargatef *(Nintedanib)* 188
Varicella-Zoster-Immunisierung 292
Varicella-Zoster-Impfstoff 15, 292
Varilrix *(Varizellen-Impfstoff)* 292
Variquel *(Terlipressin)* 154
Varivax *(Varizellen-Impfstoff)* 292
Varizellen-Immunisierung 292
Varizellen-Impfstoff 292
Varuby *(Rolapitant)* 13, 121
Vascal uno *(Isradipin)* 44
Vasodilatatoren, direkte 47
Vasokonstriktiva 407
Vasomotal *(Betahistin)* 118
Vasopos N *(Tetryzolin)* 408
Vasopressinantagonisten 154
Vasosan *(Colestyramin)* 137
Vasospasmen 341
Vectibix *(Panitumomab)* 197
Vecuronium 306
Vecuronium Hikma *(Vecuronium)* 306
Vecuronium Inresa *(Vecuronium)* 306
Vecuronium-Antagonisierung 307
Vedolizumab 226
Velafee *(Ethinylestradiol + Dienogest)* 435
Velaglucerase alfa 152
Velcade *(Bortezomib)* 204
Velmetia *(Sitagliptin + Metformin)* 129
Velpatasvir 14, 272, 273
Velphoro *(Sucroferric-Oxyhydroxid)* 124
Veltassa *(Patiromer)* 15, 423
Vemlidy *(Tenofovir-Alafenamid)* 14, 266
Vemurafenib 189
Venclyxto *(Venetoclax)* 14, 208
Venenthrombosen 73–75
Venetoclax 14, 208
Venlafaxin 356
Venlafaxin-CT *(Venlafaxin)* 356
Venlafaxin-ratioph. *(Venlafaxin)* 356
Venofer *(Eisen-III-Ion)* 156
Venofundin 6% *(Stärkederivat)* 314
Venookklusive Erkrankung, hepatische 76
Ventavis *(Iloprost)* 103
Ventilastin Novolizer *(Salbutamol)* 86
Ventolair *(Beclometason)* 91
Vepesid *(Etoposid)* 175
VeraHEXAL *(Verapamil)* 32, 43
Veramex *(Verapamil)* 43
Verapamil 32, 43, 53, 54, 62
- Geriatrie 452
Verapamil-ratioph. *(Verapamil)* 43
Veratide *(Verapamil + Hydrochlorothiazid + Triamteren)* 53
Verbrennungen 244, 390, 397
Verdauungsenzyme 115
Verdauungsstörung 116
Veregen *(Grünteeblätterextrakt)* 398
Vergentan *(Alizaprid)* 118
Vergiftung 114, 443
Verhaltensstörung 369
Vermox *(Mebendazol)* 281
Vernakalanthydrochlorid 65
Verrucid *(Salicylsäure)* 395
Verrumal *(Salicylsäure + Fluorouracil + Dimethylsulfoxid)* 395
Verschreibungspflicht 457
Verstauchungen 210
Verteilung 454
Verteporfin 410
Vertigo Meresa *(Sulpirid)* 361
Vertigo Neogama *(Sulpirid)* 361
Vertigo-Vomex *(Dimenhydrinat)* 118
Verwirrtheit 361, 362, 375
Verzögerungsinsulin 131, 132
Verzögerungsinsuline 131
Vesanoid *(Tretinoin)* 208
Vesicare *(Solifenacin)* 417
Vesikur *(Solifenacin)* 417
Vexol *(Rimexolon)* 401
VFEND *(Voriconazol)* 278
Viacoram *(Amlodipin + Perindopril-Arginin)* 54

Viacorind *(Perindopril + Amlodipin + Indapamid)* 48
Viagra *(Sildenafil)* 419
Viani *(Salmeterol + Fluticasonpropionat)* 93
Vibativ *(Telavancin)* 252
Victoza *(Liraglutid)* 128
Vidaza *(Azacitidin)* 172
Videx *(Didanosin)* 264
Viekirax *(Ombitasvir + Paritaprevir + Ritonavir)* 272
Vigabatrin 319
Vigantol *(Colecalciferol)* 161
Vigantoletten *(Colecalciferol)* 161
Vigil *(Modafinil)* 378
Vilanterol 13, 90, 93
Vimizim *(Elosulfase alfa)* 150
Vimpat *(Lacosamid)* 317
Vinblastin 174
Vinblastinsulfat Teva *(Vinblastin)* 174
Vinca-Alkaloide 173
Vincristin 174
Vincristin Liquid L *(Vincristin)* 174
Vincristinsulfat HEXAL *(Vincristin)* 174
Vincristinsulfat Teva *(Vincristin)* 174
Vindesin 174
Vinflunin 174
Vinorelbin 174
Vinorelbin Actavis *(Vinorelbin)* 174
Vinorelbin Nc *(Vinorelbin)* 174
Viramune *(Nevirapin)* 267
Viread *(Tenofovir-Disoproxil)* 266
Virgan *(Ganciclovir)* 400
Viridal *(Alprostadil)* 419
Virupos *(Aciclovir)* 400
Virustatika 261
- Auge 400
- Haut 391
Virzin *(Aciclovir)* 261
Visadron *(Phenylephrin)* 407
Visanne *(Dienogest)* 428
Visine Yxin *(Tetryzolin)* 408
Visken *(Pindolol)* 42
Vismodegib 208
Vistabel *(Clostridium-botulinum-Toxin Typ A)* 337
Vistagan Liquifilm *(Levobunolol)* 403
Visudyne *(Verteporfin)* 410
Vitaferro *(Eisen-II-Ion)* 156
Vitamin B 124, 159
Vitamin B1 (Thiamin) 159, 160
Vitamin B1 Hevert *(Thiamin)* 159
Vitamin B12 (Cyanocobalamin) 160
Vitamin B12-ratioph. *(Cyanocobalamin)* 160
Vitamin B1-ratioph. *(Thiamin)* 159
Vitamin B2 (Riboflavin) 159
Vitamin B2 Jenapharm *(Riboflavin)* 159
Vitamin B6 (Pyridoxin) 160
Vitamin B6 Hevert *(Pyridoxin)* 160
Vitamin B6-ratioph. *(Pyridoxin)* 160
Vitamin C 160
Vitamin C Loges *(Ascorbinsäure)* 160
Vitamin D 160
Vitamin D3 Hevert *(Colecalciferol)* 161
Vitamin K 162
Vitamin K1 *(Phytomenadion)* 162
Vitamin-B12-Mangel 160
Vitamin-B1-Mangel 159, 160
Vitamin-B2-Mangel 159
Vitamin-B6-Mangel 160
Vitamin-C-Mangel 160
Vitamin-D-Mangel 161
Vitiligo 387
Vividrin *(Cromoglicinsäure)* 407, 411
Vividrin akut Azela *(Azelastin)* 407
Vivinox Sleep *(Diphenhydramin)* 375
VMAT2-Inhibitoren 346
Vobaderm *(Miconazol + Flupredniden)* 393
Vobamyk *(Miconazol)* 392
Vocado *(Olmesartan + Amlodipin)* 51
Vocado HCT *(Olmesartan + Amlodipin + Hydrochlorothiazid)* 51
Volibris *(Ambrisentan)* 103
Volmac *(Salbutamol)* 88
Volon *(Triamcinolon)* 221
Volon A *(Triamcinolon)* 221
Volon A *(Triamcinolonacetonid)* 382
Volonimat *(Triamcinolonacetonid)* 382
Voltaren *(Diclofenac)* 212
Voltaren ophtha *(Diclofenac)* 402
Voltaren plus *(Diclofenac + Codein)* 215
Voluven 10% *(Stärkederivat)* 314
Voluven 6% *(Stärkederivat)* 314
Vomacur *(Dimenhydrinat)* 118
Vomex A *(Dimenhydrinat)* 118
Vorhofflimmern 30, 42, 62–66, 74, 75
Voriconazol 278
Voriconazol Aristo *(Voriconazol)* 278
Voriconazol HEXAL *(Voriconazol)* 278
Voriconazol Mylan *(Voriconazol)* 278
Voriconazol Stada *(Voriconazol)* 278
Vorina *(Folinsäure)* 205
Vosevi *(Sofosbuvir + Velpatasvir + Voxilaprevir)* 14, 273
Votrient *(Pazopanib)* 188
Votum *(Olmesartan)* 39

Votum plus *(Olmesartan + Hydrochlorothiazid)* 50
Voxilaprevir 14, 269, 273
Vpriv *(Velaglucerase alfa)* 152
VRE 227, 241
Vulvadysplasie 292
Vulvovaginale Atrophie 431
Vyndaqel *(Tafamidis)* 152
Vytorin *(Ezetimib + Simvastatin)* 138

W

Wachstumsfaktoren 162
Wachstumshormonrezeptor-antagonisten 155
Wachstumsunterdrückung 420
WADA 464
Wadenkrämpfe 336
Wakix *(Pitolisant)* 322
Warfarin 77
Wärmeautoantikörper 285
Wartec *(Podophyllotoxin)* 398
Warzen 395
Wechselwirkungen 456
Wegener-Granulomatose 217
Wehen, vorzeitige 30, 310, 441
Wehenhemmer 440
Weheninduktion 438
Weichteilinfektionen 230–247, 251–254, 257
Weichteilsarkom 166, 168, 177, 188, 197, 208
Wellnara *(Estradiol + Levonorgestrel)* 430
Wellvone *(Atovaquon)* 256
Wick Husten *(Dextromethorphan)* 97
Wick Sinex *(Oxymetazolin)* 411
Wilms-Tumor 174, 177
Wirkmechanismen 454
Wirkung von Arzneimitteln 454
World Anti-Doping Agency 464
WPW-Syndrom 29
Wundinfektion 390

X

Xadago *(Safinamid)* 329
Xagrid *(Anagrelid)* 204
Xalacom *(Latanoprost + Timolol)* 405
Xalatan *(Latanoprost)* 405
Xalkori *(Crizotinib)* 186
Xaluprine *(Mercaptopurin)* 170
Xamiol *(Calcipotriol + Betamethason)* 385
Xanef *(Enalapril)* 36
Xanthinderivate 307
Xanthin-Oxidase-Inhibitoren 143
Xarelto *(Rivaroxaban)* 74
Xelevia *(Sitagliptin)* 129
Xeljanz *(Tofacitinib)* 14, 226
Xeloda *(Capecitabin)* 172
Xenazine *(Tetrabenazin)* 346
Xenical *(Orlistat)* 147
Xeomin *(Clostridium-botulinum-Toxin Typ A)* 337
Xeplion *(Paliperidon)* 368
Xeristar *(Duloxetin)* 355
Xermelo *(Telotristatethyl)* 13, 122
Xgeva *(Denosumab)* 146
Xidan Edo *(Hyaluronsäure)* 408
Xifaxan *(Rifaximin)* 255
Xigduo *(Dapagliflozin + Metformin)* 130
Ximovan *(Zopiclon)* 376
Xipamid 57, 59
Xipamid AL *(Xipamid)* 57
Xipamid HEXAL *(Xipamid)* 57
Xipamid Stada *(Xipamid)* 57
Xolair *(Omalizumab)* 101
Xomolix *(Droperidol)* 120
Xoterna Breezhaler *(Glycopyrroniumbromid + Indacaterol)* 90
X-Systo *(Pivmecillinam)* 231
Xtandi *(Enzalutamid)* 422
Xusal *(Levocetirizin)* 99
Xydalba *(Dalbavancin)* 252
Xylocain *(Lidocain)* 62, 308
Xylocitin Cor *(Lidocain)* 62
Xylocitin Loc *(Lidocain)* 308
Xylometazolin 411
Xylonest *(Prilocain)* 308
Xyrem *(4-Hydroxybuttersäure)* 324
Xyzall *(Levocetirizin)* 99

Y

Yantil retard *(Tapentadol)* 302
Yasmin *(Ethinylestradiol + Drospirenon)* 435
Yasminelle *(Ethinylestradiol + Drospirenon)* 435
Yasnal *(Donepezil)* 341
Yaz *(Ethinylestradiol + Drospirenon)* 435
Yentreve *(Duloxetin)* 424
Yervoy *(Ipilimumab)* 196
Yocon-Glenwood *(Yohimbin)* 420
Yohimbin 420
Yomesan *(Niclosamid)* 281
Yomogi *(Saccharomyces boulardii)* 114
Yondelis *(Trabectedin)* 208
Yvette-ratioph. *(Desogestrel)* 437

Z

ZacPac *(Pantoprazol + Amoxicillin + Clarithromycin)* 107
Zaditen ophtha *(Ketotifen)* 407
Zahninfektionen 229, 244, 249
Zalain *(Sertaconazol)* 393
Zalasta *(Olanzapin)* 368
Zaldiar *(Paracetamol + Tramadol)* 216
Zalerg ophtha *(Ketotifen)* 407
Zalmoxis *(T-Zellen, genet. mod.)* 15, 208
Zaltrap *(Aflibercept)* 203
Zanamivir 263
Zanipress *(Lercanidipin + Enalapril)* 54

Zantic *(Ranitidin)* 105
Zarzio *(Filgrastim)* 163
Zavedos *(Idarubicin)* 178
Zavedos Oral *(Idarubicin)* 178
Zavesca *(Miglustat)* 151
Zavicefta *(Ceftazidim + Avibactam)* 14, 237
Zebinix *(Eslicarbazepinacetat)* 317
Zeffix *(Lamivudin)* 265
Zejula *(Niraparib)* 14, 207
Zelboraf *(Vemurafenib)* 189
Zeldox *(Ziprasidon)* 369
Zemplar *(Paricalcitol)* 161
Zentral wirksame Abmagerungsmittel 147
Zentrales vestibuläres Reizsyndrom 118
Zentropil *(Phenytoin)* 318
Zepatier *(Elbasvir + Grazoprevir)* 272
Zerbaxa *(Ceftolozan + Tazobactam)* 237
Zerit *(Stavudin)* 266
Zerlinda *(Zoledronsäure)* 146
Zerrungen 210
Zervikale Dystonie 337
Zervixdysplasie 292
Zervixkarzinom 166–168, 178, 292
Zetia *(Ezetimib)* 138
Zevtera *(Ceftobiprol)* 237
Ziagen *(Abacavir)* 264
Ziconotid 302
Zidovudin 266
Zidovudin Aurobindo *(Zidovudin)* 266
Ziel-INR 77
Zienam *(Imipenem + Cilastatin)* 251
Ziloxicum *(Acemetacin)* 212
Zinacef *(Cefuroxim)* 234
Zindaclin *(Clindamycin)* 388
Zinforo *(Ceftarolinfosamil)* 236
Zink 311
Zinkintoxikation 448
Zinkit *(Zink)* 311
Zinkmangel 311
Zinkoxid 123
Zinplava *(Bezlotoxumab)* 15, 288
Ziprasidon 369
Ziprasidon Actavis *(Ziprasidon)* 369
Ziprasidon HEXAL *(Ziprasidon)* 369
Zithromax *(Azithromycin)* 242
ZNS-Tumoren 167, 169
Zocor *(Simvastatin)* 135
Zodin *(Omega-3-Säurenethylester)* 138
Zoely *(Estradiol + Nomegestrolacetat)* 435
Zofenil *(Zofenopril)* 37
Zofenopril 37
Zofran *(Ondansetron)* 119
Zoladex *(Goserelin)* 422, 433
Zoledron HEXAL *(Zoledronsäure)* 146
Zoledronsäure 146
Zoledronsäure Actavis *(Zoledronsäure)* 146
Zoledronzentiva *(Zoledronsäure)* 146
Zolim *(Mizolastin)* 99
Zollinger-Ellison-Syndrom 105–107
Zolmitriptan 335
Zolmitriptan HEXAL *(Zolmitriptan)* 335
Zolmitriptan Stada *(Zolmitriptan)* 335
Zoloft *(Sertralin)* 354
Zolpidem 376
- Geriatrie 452, 453
Zolpidem Stada *(Zolpidem)* 376
Zolpidem-ratioph. *(Zolpidem)* 376
Zometa *(Zoledronsäure)* 146
Zomig *(Zolmitriptan)* 335
Zonegran *(Zonisamid)* 318
Zonisamid 318
Zonisamid-ratioph. *(Zonisamid)* 318
Zopiclon 376
- Geriatrie 452, 453
Zopiclon HEXAL *(Zopiclon)* 376
Zopiclon-ratioph. *(Zopiclon)* 376
Zorac *(Tazaroten)* 385
Zostavax *(Varicella-Zoster-Impfstoff)* 15, 292
Zoster ophthalmicus 262
Zostex *(Brivudin)* 261
Zovirax *(Aciclovir)* 261, 391, 400
Zuclopenthixol 362
Zwangsstörung 350, 354
Zweidrittelelektrolytlösungen 312
Zwergbandwurm 281
Zyban *(Bupropion)* 380
Zyclara *(Imiquimod)* 398
Zydelig *(Idelalisib)* 206
Zydlig *(Idelalisib)* 206
Zykadia *(Ceritinib)* 185
Zyklitis 401, 406
Zyklolat *(Cyclopentolat)* 406
Zykloplegie 406
Zykloplegika 406
Zyklusstörungen 428, 440
Zyloric *(Allopurinol)* 143
Zymafluor D *(Colecalciferol + Fluorid)* 161
Zypadhera *(Olanzapin)* 368
Zyprexa *(Olanzapin)* 368
Zyrtec *(Cetirizin)* 98
Zystinsteine 423
zystische Fibrose 115
Zystitis 231, 246
Zytiga *(Abirateronacetat)* 421
Zytochrom-P450-System 459
- CYP1A2 459
- CYP2C19 460
- CYP2C9 459
- CYP2D6 460
- CYP2E1 460
- CYP3A 459
Zytotoxische Antibiotika 176
Zytrim *(Azathioprin)* 285
Zyvoxid *(Linezolid)* 254

Arzneimittel
pocket
© 2019 Börm Bruckmeier Verlag GmbH
Börm
Bruckmeier
Verlag
Arzneimittel pocket
Suche
Therapie
Notfall-
medikamente
DANI
Kardiologie
Neurologie
Alternativ-
Medizin
HNO
Psychiatrie
Dermatologie
Arzneimittel pocket App

Programmübersicht

pockets

Akupunktur pocket	978-3-89862-291-2
Anästhesie pocket	978-3-89862-787-0
Arzneimittel pocket 2019	978-3-89862-795-5
Arzneimittel pocket plus 2019	978-3-89862-796-2
Arzneimittel Therapie pocket 2016	978-3-89862-773-3
Austria Arzneimittel pocket	978-3-89862-765-8
Bergmedizin Expeditionsmedizin p.	978-3-89862-743-6
Diabetes mellitus pocket	978-3-89862-794-8
Differenzialdiagnose pocket	978-3-89862-754-2
EKG pocket	978-3-89862-785-6
Heilpraktiker Kompaktwissen p.	978-3-89862-734-4
HNO pocket	978-3-89862-745-0
Homöopathie für Kinder pocket	978-3-89862-727-6
Homöopathie pocket	978-3-89862-747-4
Kardiologie pocket	978-3-89862-562-3
Kontrazeption pocket	978-3-89862-767-2
Labormedizin pocket	978-3-89862-777-1
Medizinisches Englisch pocket	978-3-89862-239-4
Mensch Körper pocket	978-3-89862-712-2
Neuro Imaging pocket	978-3-89862-749-8
Neurologie pocket	978-3-89862-746-7
Notfallmedikamente pocket	978-3-89862-776-4
Notfallmedizin pocket	978-3-89862-793-1
Phytotherapie pocket	978-3-89862-764-1
Schmerztherapie pocket	978-3-89862-774-0
Traumatologie pocket	978-3-89862-769-6
Wörterbuch Medizin pocket	978-3-89862-775-7
Wörterbuch Pflege pocket	978-3-89862-792-4

fasts

Anatomie fast – Crashkurs	978-3-89862-276-9
Chirurgie fast – 20h Crashkurs	978-3-89862-261-5
Psychiatrie fast – 6h Crashkurs	978-3-89862-557-9

XXL pockets

Mensch Körper pocket XXL, Band 3	978-3-89862-723-8

XXS pockets

Arzneimitteldosierungen bei Niereninsuffizienz XXS pocket	978-3-89862-756-6
Impfungen XXS pocket	978-3-89862-566-1
Stroke XXS pocket	978-3-89862-565-4

pocketcards

Anästhesie/Intensivmeds pc Set (2)	978-3-89862-193-9
Anästhesie pocketcard Set (3)	978-3-89862-175-5
Antibiotika pocketcard Set 2018 (2)	978-3-89862-195-3
Assessment i. d. Geriatrie pc Set (4)	978-3-89862-168-7
Beatmung pocketcard Set (5)	978-3-89862-190-8
Diabetes mellitus pc Set (3)	978-3-89862-197-7
Echokardiografie pc Set (2)	978-3-89862-177-9
EKG Lineal pocketcard	978-3-89862-011-6
EKG pocketcard	978-3-89862-172-4
EKG pocketcard Set (4)	978-3-89862-152-6
Elektrolyte/Säure-Basen pc Set (3)	978-3-89862-069-7
Gestationsdiabetes pc Set (3)	978-3-89862-157-1
Gicht pocketcard Set (2)	978-3-89862-156-4
Husten pocketcard Set (2)	978-3-89862-147-2
Kinderanästhesie pc Set (2)	978-3-89862-120-5
Lungenfunktion pocketcard Set (3)	978-3-89862-188-5
Malignes Melanom pc Set (4)	978-3-89862-159-5
Med. Englisch pocketcard Set (2)	978-3-89862-142-7
Med. Sprachtafeln pc Set (3)	978-3-89862-095-6
Neurologie pocketcard Set (4)	978-3-89862-180-9
Normalwerte pocketcard	978-3-89862-114-4
Notarzt pocketcard Set (3)	978-3-89862-196-0
Pädiatrie pocketcard Set (4)	978-3-89862-194-6
Palliativmedizin pocketcard Set (5)	978-3-89862-187-8
Periodensystem pocketcard	978-3-89862-153-3
Pflegeprozess pocketcard Set (3)	978-3-89862-173-1
Psoriasis pocketcard Set (3)	978-3-89862-161-8
Röntgen Thorax pocketcard Set (2)	978-3-89862-182-3
Sono Abdomen pocketcard Set (4)	978-3-89862-185-4

pockettools

EKG pockettool	978-3-89862-314-8

5-HT	5 Hydroxytryptamin = Serotonin
ACS	Akutes Koronarsyndrom
ACT	Activated clotting time
ADHS	Aufmerksamkeitsdefizit-/Hyperaktivitätsstörung
AGS	Adrenogenitales Syndrom
akt.	aktualisiert
Amp.	Ampulle
Anw.	Anwendung
Anw.Beschr.	Anwendungsbeschränkung
aP	Alkalische Phosphatase
AP	Aktionspotential
Appl.	Applikation
AS	Augensalbe
AT	Augentropfen
BE	Base excess/Broteinheit
Bed.	Bedarf
bek.	bekannt
Btl.	Beutel
Btm	Betäubungsmittelrezept erforderlich
BZ	Blutzucker
CED	Chronisch entzündlich Darmerkrankung
CPR	Kardiopulmonale Reanimation
CSE	Cholesterol-Synthese-Enzym
d	Tag(e)
DA	Dosieraerosol
DALI	Dosisanpassung bei Leberinsuffizienz
DANI	Dosisanpassung bei Niereninsuffizienz
Dep.	Depot-Lösung
D.m.	Diabetes mellitus
DTI	Dauertropfinfusion
ED	Einzeldosis
ELF	epithelial lining fluid
empf.	Empfohlen/empfindlich
Emul.	Emulsion
enth.	Enthalten
Erh. Dos.	Erhaltungsdosis
Erw.	Erwachsene
FDA	Food and Drug Administration
FG	Frühgeborene

FI	Fachinformation
G-6-PDH	Glukose-6-Phosphat-Dehydrogenase
G-CSF	Granulozyten-Kolonien stimulierender Faktor
GFR	Glomeruläre Filtrationsrate
GI	Gastrointestinal
Glu	Glukose
glu-Pot	Glukokortikoide Potenz
Glyc.	Glycerol
GM-CSF	Granulozyten-Makrophagen-Kolonienstimulierender Faktor
Gran.	Granulat
Gtt.	Tropfen
HD	Hämodialyse
HES	Hydroxyethylstärke
HF	Herzfrequenz
Hkt	Hämatokrit
HWI	Hinterwandinfarkt
HWZ	Halbwertszeit
HZV	Herzzeitvolumen
IE	Internationale Einheit(en)
Impl.	Implantat
Ind. Stell.	Indikationsstellung
Inf.Lsg.	Infusionslösung
Inh.Kps.	Inhalationskapseln
Inh.Lsg.	Inhalationslösung
ini	Initial
Inj.Lsg.	Injektionslösung
INR	International normalized ratio
i.o.	intraossär
ISA	Intrinsische sympathomimetische Aktivität
J	Jahr(e)
Jug.	Jugendliche(r)
KG	Körpergewicht
KHK	Koronare Herzerkrankung
KI	Kontraindikation
Ki.	Kinder
KM	Knochenmark
KOF	Körperoberfläche
Kps.	Kapseln
Krea	Kreatinin
KS	Kristallsuspension
Ktr.	Kontrolle

Lact	Laktation, Stillzeit
LCT	Langkettige Triglyzeride
LI	Leberinsuffizienz
Ling.Tbl.	Lingualtablette
LL	Leitlinie
Lsg.	Lösung
M	Monat(e)
MAC	Mycobacterium avium intracellulare
MAO	Monoaminoxidase
MCT	Mittelkettige Triglyzeride
MDS	Myelodysplastisches Syndrom
mgl.	Möglich
MI	Myokard-/Herzinfarkt
min-Pot	Mineralokortikoide Potenz
MRSI	Methicillin-resistente Staphylokokkeninfektion
MTD	Maximale Tagesdosis
MTX	Methotrexat
mU	Milliunits
mval	Millival
MW	Molekulargewicht
NG	Neugeborene
NI	Niereninsuffizienz
NOAK	Neue orale Antikoagulanzien
NPA	Neutral Protamin Aspart
NPL	Neutral Protamin Lispro
NSCLC	Nichtkleinzelliges Bronchial-Ca
NT	Nasentropfen
NYHA	New York Heart Association
OAK	Orale Antikoagulation
OP	Originalpackung
Osmo	Osmolarität
OT	Ohrentropfen
OTC	„Over the Counter", apothekenpflichtig
PAH	Pulmonal arterielle Hypertonie
Pat.	Patienten
Pck.Beil.	Packungsbeilage
Ph	Philadelphia-Chromosom
p.i.	per inhalationem
PIM	für ältere Patienten potenziell inadäquate Medikamente
PCR	Polymerase chain reaction

PDT	Photodynamische Therapie
Perf.	Perfusor (50 ml)
Pfl.	Pflaster
Pholip.	Phospholipide
PPB	Plasmaproteinbindung
PRC	Pregnancy Risk Category
Pro.	Prophylaxe
PTT	Partielle Thromboplastinzeit
RAA	Renin-Angiotensin-Aldosteron
ret.	Retard
RF	Risikofaktor(en)
Rp	Rezeptpflichtig
Rp-L	Lifestylepräparat
rt-PA	Recombinant tissuetype Plasminogen Activator
SCLC	Kleinzelliges Bronchial-CA
s.l.	Sublingual
Sgl.	Säuglinge
SR	Sinusrhythmus
SS(W)	Schwangerschaft(-swoche)
Strg.	Störung
Supp.	Suppositorium
Susp.	Suspension
SZ	Stillzeit
Ther.	Therapie
Trim.	Trimenon
TTS	Transdermales ther. System
Tx	Transplantation
ULN	Upper limit of normal
UW	Unerwünschte Wirkungen
W	Woche(n)
Wdh.	Wiederholung
Wi	Wirkung
Wm	Wirkmechanismus
WW	Wechselwirkungen
Xyl.	Xylit
z.N.	Zur Nacht
Zul.	Zulassung
↑	Zunahme/steigern/erhöht
↓	Abnahme/reduzieren/erniedrigt
	Doping-relevant
	für ältere Pat. potenziell inadäquates Medikament

Programmübersicht

Pocket-Leitlinien der DDG

Typ-1-Diabetes (Pocket Guideline 1/6)	978-3-89862-952-2
Typ-2-Diabetes (Pocket Guideline 2/6)	978-3-89862-953-9
Folgeerkrankungen bei Diabetes mellitus (Pocket Guideline 3/6)	978-3-89862-954-6
Diabetes mellitus bei Frauen (Pocket Guideline 4/6)	978-3-89862-955-3
Diabetes mellitus im Kindes- und Jugendalter (Pocket Guideline 5/6)	978-3-89862-956-0
Diabetes mellitus im Alter (Pocket Guideline 6/6)	978-3-89862-957-7

Pocket-Leitlinien der DGK

3. Allgemeine Definition des Myokardinfarktes	978-3-89862-945-4
Akutes Koronarsyndrom ohne ST-Hebung (NSTE-ACS)	978-3-89862-968-3
Aortenerkrankungen	978-3-89862-959-1
Device-Therapie b. Herzinsuffizienz	978-3-89862-924-9
Diabetes	978-3-89862-949-2
Diagnose und Behandlung der hypertrophen Kardiomyopathie	978-3-89862-963-8
Diagnose und Therapie der peripheren arteriellen Erkrankungen	978-3-89862-981-2
Diagnostik und Therapie der Dyslipidämien	978-3-89862-976-8
Diagnostik und Therapie der pulmonalen Hypertonie	978-3-89862-969-0
Diagnostik und Therapie von Synkopen	978-3-89862-923-2
Duale antithrombozytäre Therapie bei koronarer Herzkrankheit	978-3-89862-982-9
Fahreignung bei kardiovaskulären Erkrankungen	978-3-89862-984-3
Gendiagnostik bei kardiovaskulären Erkrankungen	978-3-89862-962-1
Herzinsuffizienz	978-3-89862-974-4
Implantation von Defibrillatoren	978-3-89862-926-3
Infektiöse Endokarditis	978-3-89862-970-6
Kardiopulmonale Reanimation	978-3-89862-966-9
Kardiovaskuläre Erkrankungen während der Schwangerschaft	978-3-89862-911-9
Kardiovaskuläre Komplikationen onkologischer Therapien	978-3-89862-975-1
Konsensusempfehlungen z. Einsatz der Herzbildgebung mit CT u. MRT	978-3-89862-944-7
Leitlinien für das Management der arteriellen Hypertonie	978-3-89862-948-5
Management der akuten Lungenembolie	978-3-89862-961-4
Management der stabilen koronaren Herzkrankheit	978-3-89862-951-5
Management von Herzklappenerkrankungen	978-3-89862-980-5
Management von Vorhofflimmern	978-3-89862-977-5
Myokardrevaskularisation	978-3-89862-964-5
Nichtkardiale chirurgische Eingriffe	978-3-89862-960-7
Perikarderkrankungen	978-3-89862-971-3
Prävention von Herz-Kreislauf-Erkrankungen	978-3-89862-972-0
Schrittmacher- und kardiale Resynchronisationstherapie	978-3-89862-950-8
Therapie d. akuten Herzinfarktes m. persistierender ST-Streckenhebung	978-3-89862-979-9
Ventrikuläre Arrhythmien und Prävention des plötzlichen Herztodes	978-3-89862-967-6

Publikationen der DGVS

Kodierleitfaden Gastroenterologie, Version 2018	978-3-89862-983-6

Publikationen des RKI

STIKO Impfempfehlungen 2018/19	978-3-89862-985-0

Stand: Juli 2018

Notizen

Vorwort zur 24. Auflage

Als vor 122 Jahren Aspirin entdeckt und vermarktet wurde, existierten nur wenige weitere chemisch definierte Arzneimittel. Wie alle anderen Bereiche der Medizin hat auch die Pharmakologie in den letzten 100 Jahren eine rasante Entwicklung durchgemacht, so dass wir in der Ausgabe des **Arzneimittel pocket 2019** rund 1400 Wirkstoffe listen, die für die klinisch-praktische Medizin relevant sind.
Im bewährten Tabellenformat sind Handelsnamen, Applikationsformen, Indikationen und Dosierungen aufgeführt, um dem Anwender die essentiellen Informationen für eine individuelle Pharmakotherapie zu liefern.

Die Inhalte des **Arzneimittel pocket** sind auch als iPhone- bzw. Android-App verfügbar, Informationen dazu finden Sie auf www.media4u.com.
Während viele Anwender sich gerne durch die digitale Version klicken, bevorzugen andere das Blättern und Nachschlagen in einem Kitteltaschenbuch, welches Sie als Klassiker in der **24. Auflage** in den Händen halten. Für Ihre Treue, Verbesserungsvorschläge und Kommentare, die wesentlich zu Qualität und Erfolg dieses Buches beitragen, möchte ich mich ganz herzlich bedanken.

Andreas Ruß — Hausham, im August 2018

FEEDBACK – Arzneimittel pocket

„**Perfekt für den Beruf.** Klasse Buch für die Kitteltasche. Es gibt im vorderen Teil einen Kalender und ein Register für wichtige Telefonnummern auf Station. Hier wurde mitgedacht und am Bedarf orientiert. Das Verzeichnis im hinteren Teil führt Medikamente sowohl als Wirkstoff als auch als gängiges Handelspräparart auf. Sehr nützlich im Klinikalltag. Ausführliche Nebenwirkungen in der gängigen Fachsprache. Absolut überzeugend."
Rezensentin/Rezensent – Amazon.de

„**Ein Muss für die Kitteltasche eines Anfängers.** Ich habe dieses Arzneimittelpocket zu Beginn meines Praktisches Jahres erworben und möchte es nicht missen. Seit nun einem halben Jahr leistet es mir treue Dienste und ich kann schnell mal eben nachschauen, was ich zu den Medikamenten der Patienten noch nicht (sicher) weiß...egal ob Wirkmechanismus, Kontraindikationen, Wechselwirkungen oder Anpassung bei schlechter Leber- oder Nierenfunktion, man bekommt schnell eine zuverlässige Info.
Natürlich fällt diese Info nicht unbedingt üppig aus, aber ein dicker Pharma-Wälzer ist im Klinikalltag nunmal nicht so handlich.
Auch nach einem halben Jahr in meiner Kitteltasche weist das Büchlein kaum Gebrauchsspuren auf, sodass ich guten Gewissens sagen kann, dass es gut verarbeitet ist. Meiner Meinung ist dieses Helferlein seine Investition wert."
Rezensentin/Rezensent – Amazon.de

„**Mega hilfreich.** Habe mir das Buch für meine Krankenpflegerausbildung gekauft. Es hilft mir im Unterricht und auf Station sehr! Meine Lehrer haben es auch bestellt. Gute Qualität. Buch trotz dünner Seiten (was ja logisch ist) sehr robust."
Rezensentin/Rezensent – Amazon.de

„**Immer wieder.** Seit Jahren kauf ich mir das Buch als Gesundheits- und Krankenpflegerin. Hat mir auch sehr in der Ausbildung geholfen. Kann ich nur jedem empfehlen!"
Rezensentin/Rezensent – Amazon.de

„**Klassiker.** Kaufe es mir (fast) jedes Jahr wieder, um auch die neuesten Medikamente zu kennen. Ist im täglichen Gebrauch und auch bei der Pflege beliebt."
Rezensentin/Rezensent – Amazon.de

„**Treuer Begleiter.** Was soll ich noch viel sagen. Immer topaktuell, ein treuer Begleiter, der auch ohne Strom auskommt. Ein Standardwerk das seinesgleichen sucht."
Rezensentin/Rezensent – Amazon.de